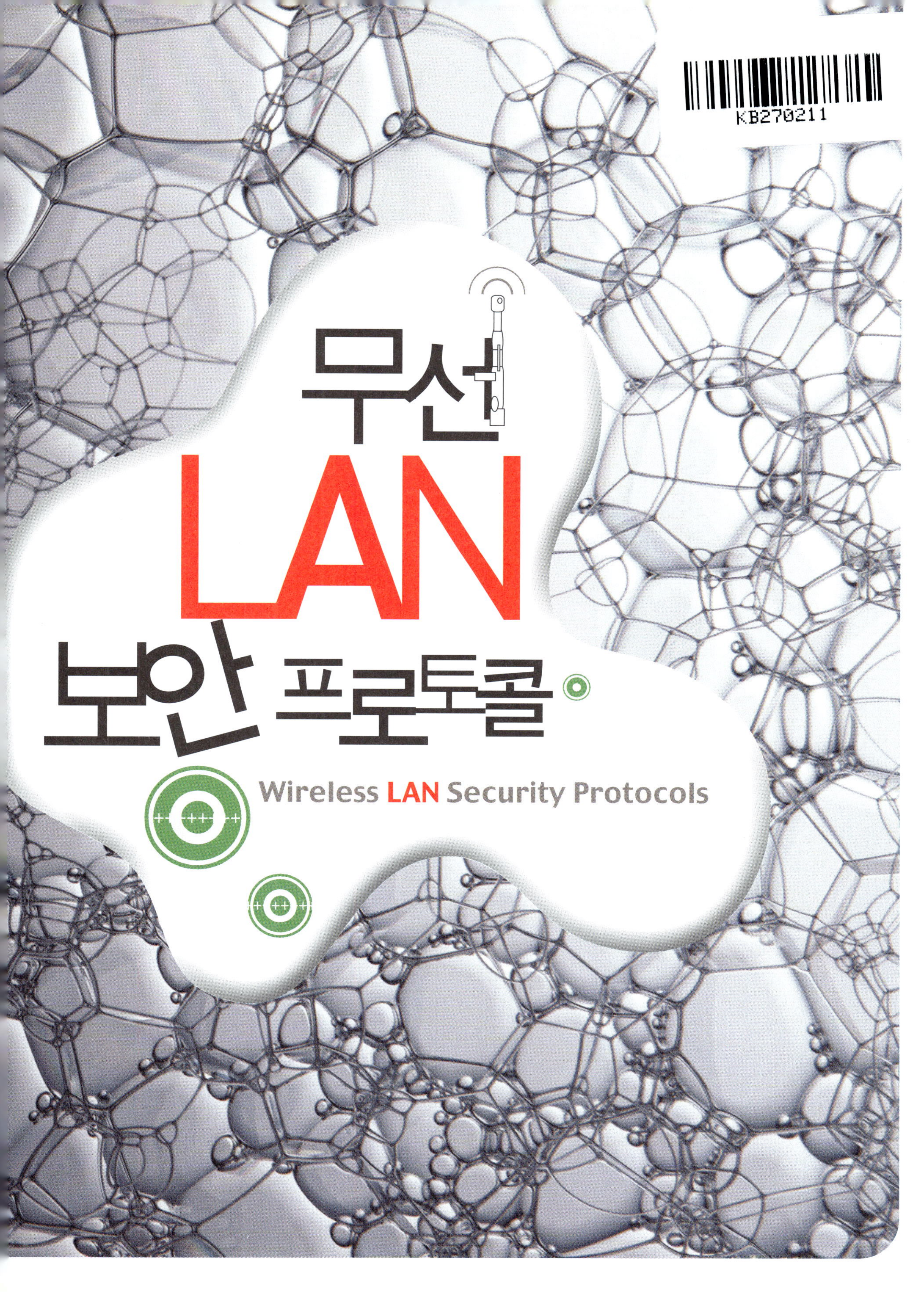

무선
LAN
보안 프로토콜
Wireless LAN Security Protocols
KB270211

무선 LAN 보안 프로토콜

2005년 8월 30일 초판 1쇄 발행
2011년 4월 20일 초판 3쇄 인쇄
2011년 4월 30일 초판 3쇄 발행

펴낸이 : 양철우
펴낸곳 : (주)교학사
지은이 : 윤종호
121-801 서울특별시 마포구 공덕동 105-67
전　화 : 02-7075-311(편집), 02-7075-155(영업)
팩　스 : 02-7075-316(편집), 02-839-2728(영업)
등　록 : 1962년 6월 26일〈18-7〉
정　가 : 28,000원

교학사 홈페이지 주소
http://www.kyohak.co.kr

책을 만든 사람들

● 저 자 : 윤종호　　● 기 획 : 정보산업부　　● 진 행 : 정보산업부
● 표 지 : 김지영　　● 편 집 : 고은주

서론

본 교재는 윈도우 2003(또는 2000) 서버와 유무선 프로토콜 분석기를 이용한 테스트베드상에서, 무선 LAN 시스템간의 암호 및 인증 방식에 관련된 보안 프로토콜들의 동작을 체험적으로 심도 있게 이해할 수 있도록 준비된 것이다.

2005년 현재의 무선 LAN은 자체의 매력적인 이동성과 유선 LAN에 근접하는 전송 특성에 의해 SOHO 및 캠퍼스 환경과 같은 로컬 환경뿐만 아니라 망 사업자들에 의한 공중 무선 LAN 서비스도 활발히 지원되고 있다.

하지만, 우리는 대부분의 일반 사용자들이 무선 특성상 단말과 액세스 포인트간 연결에 대하여 제 3 자에 의한 도청을 물리적으로 감지하기가 어렵다는 점에 불안해하고 있음을 알고 있을 것이다. 또한, 만약에 독자 자신이 망사업자라고 한다면, 엄청난 시설비를 투자한 공중 무선 LAN망에 대하여 정당한 요금을 지불하지 않은 불법 사용자가 공짜로 인터넷 서핑하는 것을 어떻게든 막으려고 할 것이다. 본 교재에서는 단말과 액세스 포인트간의 무선 링크상에서의 데이터 은닉성과 과금을 위한 사용자 인증 기능에 관련된 다양한 내용을 상세하게 다룰 것이다.

그 동안 대부분의 무선 LAN 보안 관련 교재들은 암호 및 인증절차에 대한 이론적인 설명에만 치중하여, 독자들이 실제적인 보안 프로토콜의 동작절차와 각 보안장비의 기능을 종합적으로 이해하는데 어려움이 있었다. 저자는 이러한 문제점을 해결하기 위하여, 설치 및 관리가 비교적 용이한 윈도우 계열 서버를 기반으로 하여, 관련 보안 프로토콜에 관련된 이론뿐만 아니라, 동작원리를 체험적으로 이해할 수 있도록 실제 프로토콜의 동작과정을 단계별로 현시하면서 상세하게 기술하였다. 즉, 서버 설치과정뿐만 아니라 서버와 클라이언트간의 실제적인 인증절차, 터널링절차, 키 분배절차 등에 관련된 프로토콜에 의해 송수신되는 패킷들에 대한 수집 및 분석과정을 통하여, 프로토콜의 헤더들의 각 영역들에 대한 의미를 이해할 수 있도록 하였다.

본 교재는 다음과 같이 크게 4부로 구성되어 있다.

- 제 1 부 무선 LAN 기술 : 무선 LAN 시스템의 구성요소와 특징을 요약한 후, 802.11 MAC의 상세한 동작을 소개하였다. 이것은 액세스 포인트와 단말간에 지원 가능하는 무선 LAN 보안 프로토콜의 협상절차를 이해하는데 필요하다.
- 제 2 부 기본 보안 기술 : 네트워크 보안을 위한 기반 기술인 암호, 인증, 네트워크 보안 프로토콜의 동작과정을 간략하게 소개하였다.
- 제 3 부 기본 무선 LAN 보안 프로토콜 : 기본적인 암호방법과 인증절차에 따른 기존 IEEE 802.11 무선 LAN 시스템용 보안프로토콜을 다룬다. WEP 암호 방식의 문제점과 Open System/Shared Key 인증 방법을 소개하고 관련 동작절차를 실험한다. 또한, 점 대 점 프로토콜인 PPP용 보안 프로토콜인 PAP, CHAP, IEEE 802.1x/EAP 인증 프로토콜과 대표적인

인증서버인 RADIUS에 대하여 소개함으로써, Enterprise 환경에서의 인증절차를 이해할 수 있도록 한다.

● 제 4 부 향상된 무선 LAN 보안 프로토콜 : 최근 사용이 증가되고 있는 IEEE 802.11i 무선 LAN 보안 프로토콜은 모두 인증서 기반의 TLS 절차를 이용한다. 이를 이해할 수 있도록 PKI 인증서의 필요성과 용도, TLS/SSL 동작절차를 각각 먼저 소개한다. 이어, 단말과 인증서버의 인증서가 모두 필요한 EAP-TLS 절차에 대하여 다룬 후, 인증서버의 인증서만 이용하여 TLS 터널을 개설한 후 사용자 인증을 수행하는 EAP-TTLS, Protected EAP, EAP-FAST 등의 인증절차를 다루고, 관련된 실험을 수행한다.

이 교재는 기본적인 무선 LAN 보안 프로토콜의 개념 소개뿐만 아니라, 약 300여 스텝의 실제적인 실습을 통하여 관련 이론과 절차를 체험할 수 있도록 되어 있다. 그리고, 지면의 제약으로 일부 축약된 내용 대신에 보다 상세한 패킷 형식이나 동작절차에 관심이 있다면, 자매 도서인 "네트워크 보안 프로토콜"을 참고하면 되겠다.

●●●e-Watch

e-Watch는 윈도우 98/Me/2003/XP 등에 소프트웨어로 동작하는 프로토콜 분석기로서, 특정 프로토콜들을 선택적으로 수집하여, 각 영역별로 상세하게 분석할 수 있다. 이 프로토콜 분석기의 공개 버전인 e-watch Lite는 http://ewatch.hangkong.ac.kr에서 내려받을 수 있다.

e-Watch의 간략한 기능은 다음과 같다.

● 프로토콜별, IP 주소별, MAC 주소별, 포트별 선택적인 필터링 및 패킷 수집기능
● 수집된 패킷들에 대한 요약, 상세, hexa dump 등 3가지 종류의 창 표시기능
● 트래픽 부하 및 프로토콜별 통계표시
● ARP, Ping, Tracert, NBTstat 등 NetTool 기능
● MIB browser 기능
● RMON에 따른 Traffic Matrix 표시기능
● 분석 가능한 프로토콜 종류 :
  ■ 보안 프로토콜 : Kerberos, S/MIME, LDAP, RADIUS, TLS/SSL, IPSec ISAKMP, 802.1Q VLAN, GVRP, L2TP, PPTP, PPPoE, PPP(LCP,PAP,IPCP,CHAP, LQR, EAP), EAPoL

- IEEE 802.3, DIX2.0, LLC, BPDU, SNAP, CDP, ISL, GARP, GMRP, 802.1X EAPoL, MAC Control(802.3 PAUSE), 802.3ad, EPON MPCP, NETBEUI, ARP, RARP,
- IPX, SPX, NCP, NLSP, NRIP, SAP, PXP
- IP, ICMP, IPinIP, IPSec, ESP, AH, RSVP, GRE, SCTP, LMP
- OSPFv2, RIP, EGP, GGP, IGRP, EIGRP, IS-IS, BGP, HSRP, VRRP,
- H.245, H225/Q.931, RAS, RTP, RTCP, SIP, MEGACO
- Mobile IP, GPRS_TP, GRE, WAP
- GMPLS, LDP/CR-LDP, RSVP-TE, GSMP, LMP
- TCP, UDP, HTTP, TELNET, FTP, ECHO, DISCARD, SNMP, SMTP, DNS, POP3, NETBIOS, BOOTP, DHCP, TFTP, TRAP
- IPv6, OSPFv3, BGP4+, RIPng

••• 교재의 대상

이 교재는 유무선 네트워크 및 보안 관련 과목을 수강하는 학생들의 주교재, 부교재 또는 실험교재로 활용할 수 있다. 각 장에서, 이론적인 프로토콜의 동작과 패킷형식을 소개한 다음, 관련된 실험을 수행하면, 실제 프로토콜의 운용과정을 심도 있게 이해할 수 있을 것이다.

저자의 경험에 의하면, 이러한 교재의 내용에 대한 강의 및 실습을 진행할 때, 충분한 시간을 주어야 보다 내실 있는 교육이 될 것이다. 즉, 단순히 실험이 성공했다는 차원이 아니라, 관련 RFC 문서와의 비교, 인증절차의 구성요소 등에 대한 상세한 분석을 요구하는 것이 바람직 할 것으로 사료된다.

••• 교재의 구성

제 1 장에서는 무선 LAN의 특징과 보안의 필요성을 다룬 후, 본 교재에서 다루어질 시험망의 구축 방법을 소개하였다.

이어 제 2 장에서는 무선 LAN의 상세 동작 과정을 다루었다. 이것을 다루는 이유는 단말과 액세스 포인트간 무선 LAN 보안을 위해서는 이들이 지원 가능한 보안기법에 대한 협상절차가 비컨, 인증, 결합 등의 무선 LAN MAC 메시지에 의해 수행되기 때문이다.

제 3 장에서 제 5 장까지는 각각 암호, 인증, 네트워크 보안 프로토콜들에 대하여 최대한 간략하게 소개함으로써, 이들의 특징과 기능을 비교할 수 있도록 하였다.

제 6 장에서는 기존 무선 LAN 시스템에서 널리 사용되고 있는 WEP 암호 방식, Open System/SharedKey 인증 방식에 대하여 소개하고, 이 절차에서 사용되는 프레임들을 수집하여 분석하는 실험을 수행하도록 하였다.

제 7 장에서는 PPP망에서 사용되고 있는 PAP와 CHAP 그리고 MS-CHAPv2 사용자 인증 프로토콜을 소개하고, 실제 실험하도록 하였다. 이것은 제 9 장의 EAP 인증프로토콜의 이해를 위한 것이다.

이어, 제 8 장에서는 Enterprise 환경에서의 사용자 인증 프로콜인 RADIUS를 다루었다. 일반적인 RADIUS서버외에도 RADIUS 프록시 서버의 필요성과 RADIUS의 여러가지 애트리뷰트들도 소개하였다. 그리고 실제 RADIUS 서버를 설치하여, 원격 사용자들에 대한 인증절차를 수행하는 실험절차도 다루어, RADIUS 클라이언트와 서버간의 프로토콜을 이해할 수 있도록 하였다.

그리고 제 9 장에서는 액세스 포인트에 의한 IEEE 802.1x 포트 보안 기술과 이를 위한 사용자 인증 프로토콜인 EAP의 이해 및 실험을 수행한다.

제 10 장에서는 인증서 기반구조를 소개하고, 인증서의 구성과 인증서의 발급절차 및 파일에 저장하는 절차를 소개하였다. 특히, PKCS#10과 PKCS#7 절차 및 CMC에 의해 인증서가 어떻게 인코딩되어 수납되는지 상세하게 소개하였다. 또한, 프로그램 서명용 인증서 작성 방법도 소개하였다. 이는 제 13 장과 14 장에서 다루어질 인증서 기반의 무선 LAN용 인증방식의 이해를 위한 것이다.

제 11 장에서는 인증서를 활용한 트랜스포트계층에서의 보안 프로토콜인 SSL/TLS를 다루었다. 보안 웹 서버를 구축하고, SSL연결에 의한 보안 연결을 실습하도록 하였다.

제 12 장에서는 Robust Secure Network을 위한 IEEE 802.11i 무선 LAN 보안 프로토콜을 소개하고, WPA-PSK 환경에서의 실험을 수행한다.

제 13 장에서는 사용자 및 인증서버의 인증서를 모두 사용하는 가장 강력한 상호인증 프로토콜인 EAP-TLS 절차를 다룬 후 관련된 실험을 수행한다. 그리고 인증서버의 인증서만 사용할 수 있는 TLS 터널 기반의 인증방식인 EAP-TTLS에 대해서도 다룬다.

마지막으로 제 14 장에서는 EAP-TLS보다 간편한 또다른 TLS 터널기반의 인증 방식인 Protected EAP와 EAP-FAST 인증절차에 대하여 상세하게 다룬 후, 관련된 실험을 수행한다.

이렇게 본 교재는 총 14개의 장으로 구성되어 있는데, 한 학기의 강의 및 실험에 충분할 것이다.

●●● 본 교재로 강의하시는 분들에게

강의에 필요한 파워포인트 자료와 기타 문의사항들은 yoonch@mail.hangkong.ac.kr로 연락 바랍니다.

●●● 감사의 글

저자들은 본 교재에서 다룬 모든 주제에 대한 실습과정을 선행하여 수행하고 여러가지를 제안한 주위의 학생들(정한균, 심정민, 전종근, 박관우, 최희경, 남혜진 군)의 노고와 지인들의 격려에 고마움을 표한다. 또한, 이 교재를 출판할 수 있도록 도와주신 (주)교학사의 양철우 사장님과 강원경 선생님께도 감사를 드린다.

마지막으로, 미국의 IEEE 802.11i와 중국의 WAPI 방식간의 심각한 무선 LAN 보안 방식에 대한 표준화 전쟁 뉴스와, 일본의 RSN 법제화 소식을 들으며, 이 교재로 인해 무선 LAN 보안 관련 프로토콜들에 대한 이해가 더 깊어지길 바라며, 이러한 이해를 통하여, 기존 보안 프로토콜 보다 우수한 프로토콜들이 국내에서도 많은 독자들에 의해 개발되고 보완될 수 있기를 진정으로 바란다.

2005년 8월

윤 종 호

제 9 장 802.1x/EAP/LEAP — 275

제 10 장 X.509 인증서와 PKI — 315

제 11 장

TLS와 SSL 389

제 12 장   IEEE 802.11i   433

제 13 장   EAP-TLS/EAP-TTLS   475

제 14 장   14   PEAP/EAP–FAST   523

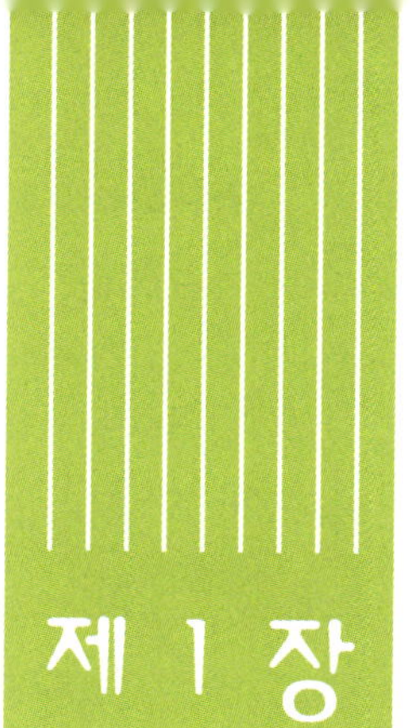

무선 LAN과 보안

1.1 개 요

무선 LAN은 매력적인 이동성과 유선 LAN에 근접한 속도를 지원하면서 빌딩이나 캠퍼스 환경에서 효율적으로 사용되고 있다. 최근에는 망 사업자들에 의한 공중 무선 LAN 서비스도 활성화되고 있다. 그러나 무전기를 사용하는 경찰이나 공항버스 기사들의 통화 내용을 무선채널 번호만 알면 쉽게 도청할 수 있다는 사실을 알고 있는 우리는 무선 LAN을 이용하여 은행계좌 이체를 안전하게 할 수 있을런지 불안해 하고 있다. 또한, 망 사업자도 엄청난 시설비를 투자한 자신의 공중 무선 LAN망을 가입비나 요금을 지불하지 않은 불법 사용자가 공짜로 인터넷 서핑을 즐기지 못하도록 해야 할 필요가 있을 것이다. 본 교재에서는 이러한 무선 LAN에서의 데이터의 은닉성과 과금을 위한 사용자 인증 기능에 관련된 내용을 주로 다루도록 한다.

본 장에서는 무선 LAN의 구성요소를 소개한 후, 무선망에 대한 보안의 필요성을 간략하게 다룬다. 이어서, 본 교재에서 사용할 시범망에 대하여 소개한 후, 실험에 사용할 윈도우 2003 서버의 설치과정을 알아본다.

1.2 무선 LAN 시스템

무선 LAN은 유선이 무선으로 대치된 것 외에는 기존의 이더넷 기반의 유선 LAN과 유사한 구성요소를 가진다. 구성요소는 다음과 같다.

- **무선 링크** : ISM(Industrial, Scientific, Medical) 밴드라고 하는 허가 받지 않고 사용 가능한 저 전력 주파수 대역(902~928MHz, 2.4~2.4835GHz, 5.725~5.825GHz) 중 2.4GHz 또는 5.7GHz의 주파수 대역을 사용한 단말과 단말 또는 단말과 액세스 포인트(AP)간의 무선 링크이다. 특히, 2.4GHz 대역은 전자 레인지나 코드리스 폰도 사용하고 있으므로, 상호간의 간섭현상이 있을 수 있다. 반면에, 5.7GHz 대역을 사용하는 장비는 아직 그다지 많지 않아 상대적으로 간섭현상이 적은 장점이 있지만 전송거리가 상대적으로 짧은 단점도 있다.

- **액세스 포인트(AP)** : 무선단말로부터 전달된 프레임을 다른 단말에게 중계하는 유무선 연동 브리지 기능을 수행한다. 이 AP는 이더넷의 브리지/스위치로 간주하면 된다. 일부 가정용 AP에는 이러한 브리징

기능 외에, 사설 IP를 할당해 주는 DHCP 서버 기능이나 IP 방화벽 기능도 추가된 라우터로도 동작하는데, 이러한 AP를 무선 LAN 라우터 또는 유무선 공유기라고도 부른다.

- 단말(스테이션, STA) : 무선 LAN용 Network Interface Card(NIC)를 장착하여, IEEE 802.11 표준에 기반한 물리계층 및 MAC계층의 동작을 수행한다. 다른 단말과 직접 연결될 수도 있지만, 대부분의 경우, 액세스 포인트에 결합되어 데이터 프레임을 전송한다.
- 분배 시스템(DS : Distribution system) : 여러 개의 AP를 연결하는 백본망으로써, 일반적으로 이더넷이 사용되지만, AP들을 무선을 연결하는 경우도 있다.
- 기본 서비스 집합(BSS : Basic Service Set) : 하나의 AP와 이것에 접속된 단말로 구성된 그룹이다. BSSID는 해당 AP의 MAC주소이다.
- 확장 서비스 집합(ESS : Extended service set) : 여러 개의 BSS들, 즉, 여러 개의 AP들이 이더넷을 사용한 분배망에 연결되어, 각 단말들간에 상호 접속이 가능한 확장된 그룹이다. ESSID는 논리적으로 ESS를 구분하는 식별자로서 문자열이다. 동일한 ESS에 속한 단말들은 서로 다른 AP에 결합되어 있더라도 상호간에 통신할 수 있다.

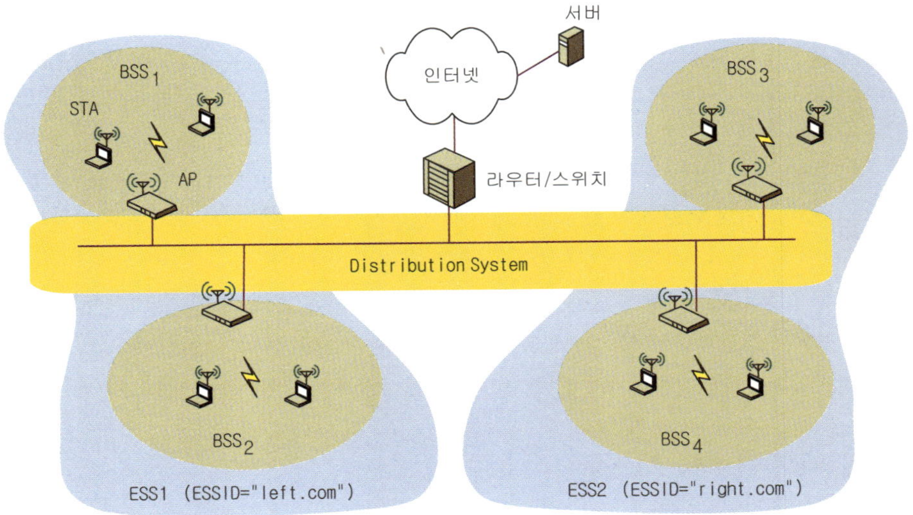

〈그림 1.1〉 IEEE 802.11 망의 구성

이러한 구성 요소들 사용하여 다음과 같은 무선 LAN을 구성할 수 있다.

- Home/SoHo용 무선 LAN : 무선 LAN 라우터를 사용하여 ADSL과 같은 고속 공중망에 접속한다.
- 기업용 무선 LAN : 여러 개의 AP가 백본 LAN에 연결된 망이다.
- 공중 무선 LAN : 여러 개의 AP가 연결된 공중망으로서, 사용자들은 과금을 위한 인증절차를 거쳐야만 AP에 접속이 가능하다.
- Ad Hoc 무선 LAN : 단말간 직접 점 대 점으로 연결되는 경우이다. 이때 단말은 Ad Hoc모드로 미리 설정해 놓아야 한다. 〈그림 1.2〉는 AP들이 백본 이더넷으로 연결된 망과 단말간 직접 연결된 망을 각각 도시한 것인데, 이들을 각각 Infrastructure와 ad-hoc 무선망이라고 부른다.

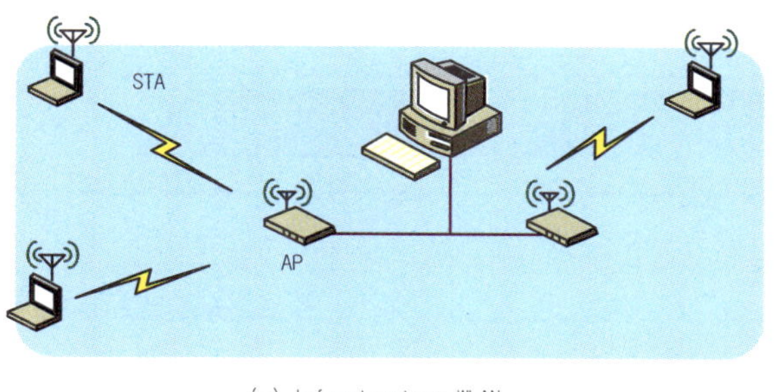

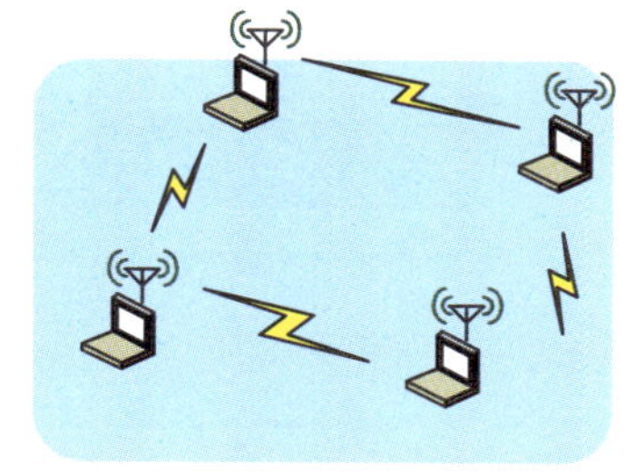

〈그림 1.2〉 IEEE802.11 망의 기본 분류

1.3 무선 LAN 기술

무선 LAN에 관련된 표준은 IEEE 802.11로, 이것은 MAC과 PHY계층에 대한 표준으로 구성되어 있다.

(1) 물리계층 기술

프레임을 구성하는 비트열을 안테나를 통하여 전파될 수 있도록 변복조하는 기술로써 전송 방식, 사용주파수, 속도에 따라 다음과 같은 다양한 종류가 있다.

- **초기 802.11** : 1997년 표준 방식으로, 2.4GHz대역에서 Frequency Hopping Spread Spectrum (FHSS)와 Direct Sequence Spread Spectrum(DSSS), 적외선 방식 등의 변조 기법을 사용하여 1 또는 2Mbps의 전송속도를 제공하였다.

- **802.11b** : 초기의 802.11 DSSS 방식의 속도를 11Mbps로 향상시킨 것으로, 현재 대부분의 무선 LAN 시스템에서 사용된다. 최대 100미터의 전송거리를 제공하는 장점이 있다. 총 13개의 무선 채널이 제공되지만, 이들은 다음 페이지의 〈그림 1.3〉처럼 서로 겹치는 대역을 점유하고 있기 때문에, 서로 겹치지 않는 실질적인 채널은 최대 3개에 불과하다[1]. 따라서, 대부분의 제품들은 1, 6, 11번 채널 중에 하나를 선택하여 사용한다. 또한, 기존의 802.11 무선 LAN과의 호환을 위하여, 1,2,5.5,11Mbps의 4가지 전송 속도를 선택할 수 있다.

- **802.11a** : 5GHz 대역에서 54Mbps의 전송속도를 제공할 수 있는 기술로서 최대 전송거리는 33미터이다. 이것의 장점은 속도뿐만 아니라, 12개의 중복되지 않는 채널을 제공할 수 있기 때문에 일정면적에 많은 수의 AP들을 서로 간섭 없이 설치할 수 있다. 또한 이 5GHz 대역을 사용하는 제품들이 아직은 많지 않기 때문에 간섭현상이 적다는 점이다. 단, 802.11a는 OFDM이라는 상이한 변조 방식을 사용하고 주파수 대역도 다르기 때문에 11b는 상호간 호환되지는 않는다.

- **802.11g** : 2003년에 표준이 완성된 것으로, 11b와 동일한 2.4GHz에서 54Mbps를 지원한다. 이것의 장점은 802.11b와 호환된다는 점이다.

---

1. 미국이나 일본에서는 각각 11개 및 14개의 채널을 할당한 반면, 한국에서는 2412~2462MHz 대역 내에 13개의 채널을 할당하고 있다. 각 채널의 중심주파수는 2412+5(n-1)MHz이며, 각 채널의 유효 대역폭은 22MHz이다.

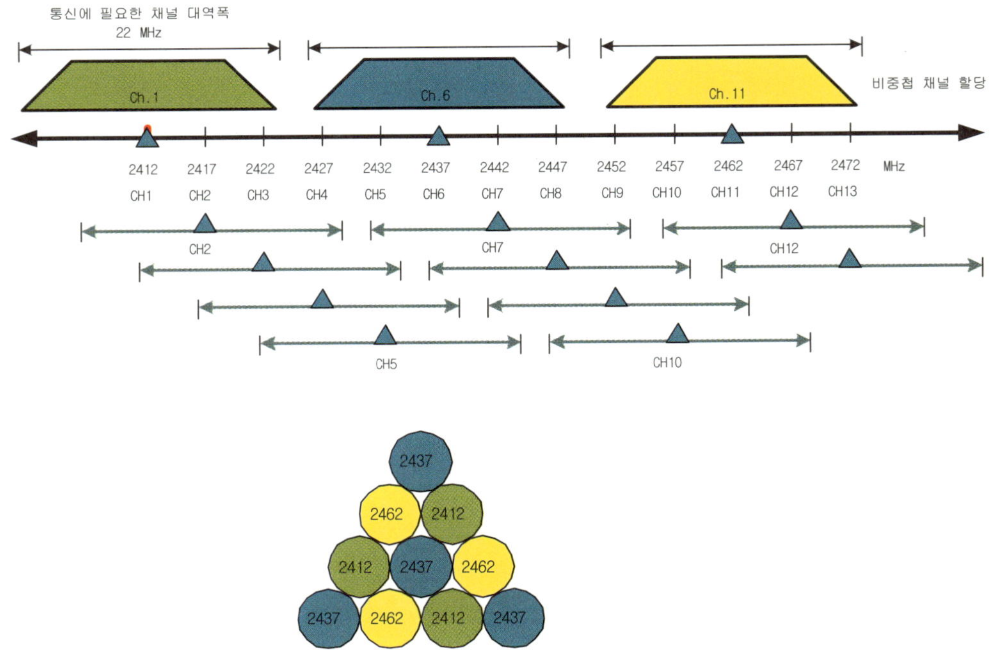

〈그림 1.3〉 IEEE 802.11 b망의 채널 활용

(2) MAC계층 기술

여러 대의 단말과 AP간에 공유하는 하나의 무선 전송매체의 사용권을 제어하면서, 이들이 균등하게 대역을 공유하면서 상위계층 패킷을 전송하는 기술이다. 이상적인 MAC의 경우, 유효 전송대역이 5Mbps라면, 10대의 단말들은 500Kbps의 전송률을 가질 수 있도록 제어된다. 상세한 내용은 제 2 장에서 다룬다.

(3) 무선 보안 기술

일반적인 기존 무선 LAN 단말은 실질적인 인증절차가 없는 Open Authentication 방법에 의해 AP에 접속한 후, 무선구간을 평문으로 전송한다. 이러한 방법은 서비스 거부 공격에 취약할 뿐만 아니라, 사용료를 지불하지 않은 사용자들도 아무런 제약 없이 AP를 거쳐 내부망이나 외부망을 사용할 수 있을 뿐만 아니라, 전송되는 프레임의 내용이 노출되거나 변조되는 문제가 있다. 이를 개선하기 위하여 IEEE 802.11 무선 LAN에서는 Wired Equivalent Privacy(WEP) 암호 방식과 단말과 AP간 인증절차인 Open Authentication 및 Shared Key(SK) 방식을 사용하도록 권고하고 있지만, 이들도 보안에 취약하다는 점이 밝혀졌다.

최근, 이러한 기존의 암호 및 인증 방식의 문제점을 해결하기 위하여, Robust Secure Network(RSN)이라고 하는 튼튼한 무선망을 위한 IEEE 802.11i 무선 LAN 보안규격 표준이 발표되었다. 이 보안 기술은 Transport Layer Security(TLS) 기반에서 상호인증 기능을 수행하며, 보다 강력한 암호 방식도 사용한다. 그리고 IEEE 802.11표준에 따른 제품들의 마케팅과 상호호환성을 제공하기 위한 연합체인 Wi-Fi Alliance

에서도 Wi-Fi Protected Access(WPA)라고 하는 무선 LAN 보안규격을 제정하고, 이 규격이 802.11i 보안 표준에 포함되도록 하였다.

이러한 WPA는 인증서버를 사용하는 기업용 WPA-Enterprise와 인증서버를 사용하지 않는 SOHO용 WPA-Personal 등 2가지의 인증절차를 규정하고 있다. 또한, 스트림 사이퍼 암호 방식인 TKIP를 사용하는 WPA-1과 블록 암호 방식인 CCMP를 사용하는 WPA-2도 규정하고 있다.

1.4 기본적인 무선 LAN 시스템의 동작절차

〈그림 1.4〉와 같이 탐색, 인증, 결합과정 후, AP를 경유한 데이터 전송과정이 수행된다.

● 탐색과정
  - AP : 자신에 접속하려는 단말들을 위하여, 자신이 지원할 수 있는 여러 가지의 능력(속도, 암호화 등)과 이 AP가 속한 서비스 그룹명인 Service Set ID(SSID) 등이 수납된 비컨 메시지를 주기적으로 방송한다.
  - 단말 : 각 단말은 먼저 자신의 주변에 어떤 AP가 있는지 탐색하는 과정을 수행한다. 이를 위하여, AP가 전송하는 비컨 메시지를 수동적으로 수신하여 해당 AP의 지원능력이나 SSID를 알게 된다. 또는, 능동적으로 단말이 프로브 요청 메시지를 AP에 방송하여, AP의 SSID와 동작속도 등이 수납된 프로브 응답 메시지를 수신하여 해당 AP를 선택할 수도 있다.
● 인증과정 : 탐색과정에 의해 적절한 AP를 선택한 단말은 해당 AP에 대하여 자신이 유효한 단말임을 증명하는 인증절차를 수행한다. 보안이 무시되는 경우, 통상적인 인증절차는 개방 시스템(Open System) 인증절차라고 하는 요식적인 인증절차가 수행된다. 이 외에 공유 키(Shared Key) 인증과정도 사용되지만 보안에 취약한 문제가 있다. 상세한 인증절차는 제 6 장에서 다루도록 한다.
● 결합과정 : 인증이 성공하면, 무선 단말이 AP에 접속하는 과정인 결합(association)과정을 수행한다. 이 절차는 이더넷 단말이 브리지/스위치의 포트에 RJ-45 커넥터로 연결하는 과정으로 생각하면 된다.
● 데이터 전송과정 : 이후, 데이터 메시지는 AP를 경유하여 다른 장치에 전달된다.

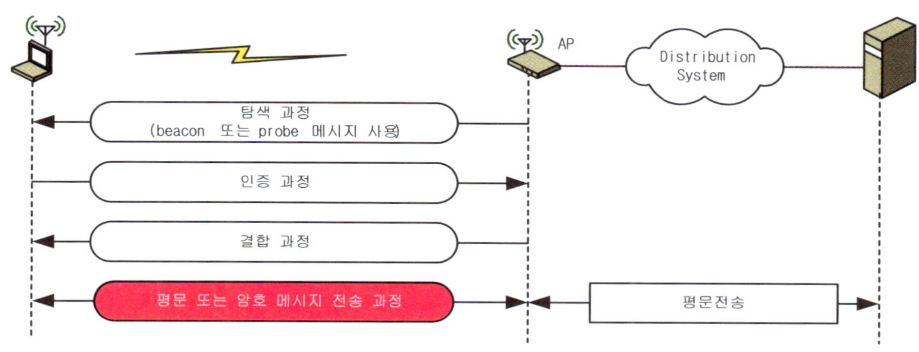

〈그림 1.4〉 기본적인 무선 LAN의 동작절차

2_ 802.11i에서는 결합과정 이후에 IEEE 802.1x/EAP, Pre-Shared key(PSK) 방식 등의 추가 인증절차가 수행된다.

1.5 무선 LAN에서 고려되어야 하는 사항

무선 LAN의 MAC계층은 하나의 무선 전송매체를 여러 단말(AP포함)들이 공유하도록 제어한다. 이러한 매체 공유 방식은 초기 이더넷과 유사하지만, 전송매체가 무선인 802.11 MAC에서 추가로 고려해야 할 사항은 다음과 같다.

(1) 무선 링크 품질을 고려한 MAC계층에서의 ACK 프레임 사용과 프레임 분할 기능

유선과 달리 무선 LAN 장비들이 사용하고 있는 ISM 밴드는 허가 받지 않는 기기들로부터의 간섭에 의해 전송한 프레임이 제대로 전달되었는지 보장받을 수 없다. 따라서, 수신측 MAC은 반드시 이에 대한 명시적인 확인을 해 주기 위하여 ACK 프레임으로 응답한다[3]. 단, 브로드캐스트 프레임에 대해서는 ACK를 하지 않는다.

또한, 긴 프레임의 전송 시 프레임 오류가 많이 발생하므로, 무선구간의 품질이 나빠지면 여러 개의 짧은 프레임으로 조각내어 전송하는 프레임 분할 기능이 사용된다[4].

그리고 연결된 AP로부터의 거리가 멀어짐에 따른 링크 품질저하가 감지되면, 즉시 다른 AP로의 재연결을 해야 한다.

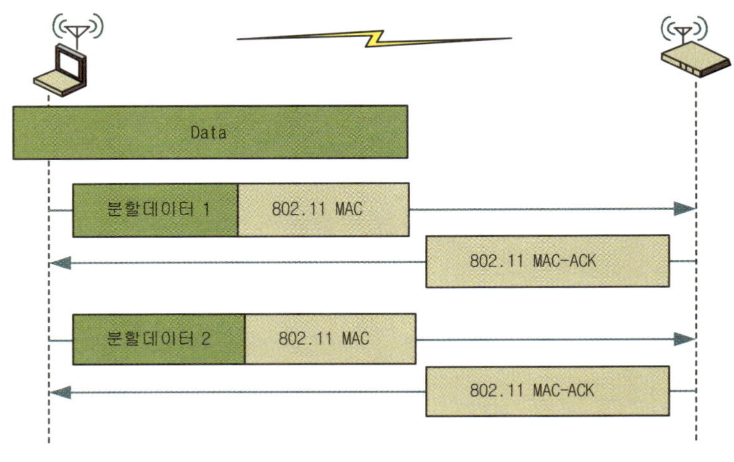

〈그림 1.5〉 MAC계층에서의 ACK와 프레임 분할 전송 동작

(2) 채널의 사용과 거리에 따른 전송속도의 변화

다수의 AP들이 밀집된 환경에서 각 AP를 중심으로 한 셀들간에 무선 채널은 상호 중첩되지 않도록 〈그림 1.6〉과 같이 설정된다. 또한, 단말은 AP와의 거리가 가까울수록 높은 전송속도를 지원받을 수 있다.

3_ 이러한 MAC계층에서의 ACK는 유선 이더넷에서는 사용되지 않는 것이다.
4_ IP계층에서도 이러한 분할 기능이 있음을 알고 있을 것이다.

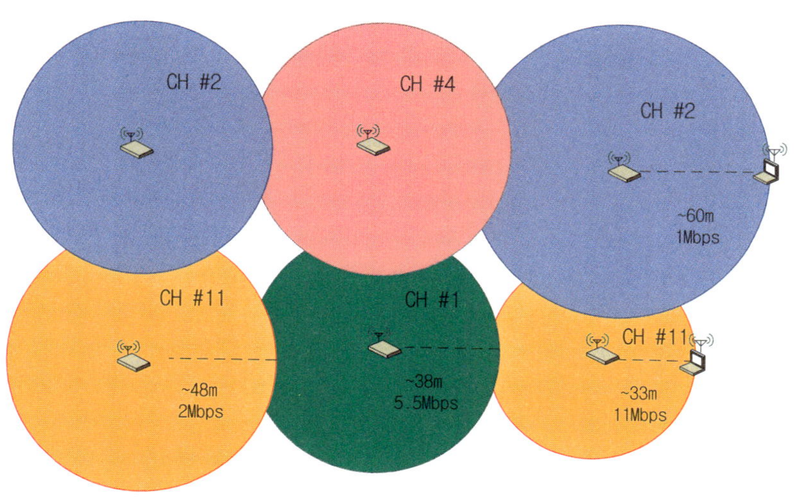

〈그림 1.6〉 무선 LAN에서의 채널 사용과 거리에 따른 전송속도의 변화

(3) 낮은 대역 활용률

802.11 MAC에서는 항상 MAC 프레임의 전송 후 이에 대한 MAC계층의 ACK를 수신하는데, 이 ACK프레임도 동일한 채널에 송신된다. 즉, 송수신 채널이 동일하기 때문에 쌍방은 동일한 무선 채널을 교대해서 사용하는 half-duplex 방식으로 동작한다. 따라서, 송수신 선로를 분리해서 언제라도 송수신이 가능한 full-duplex 이더넷에 비하여 효율이 낮다.

특히, 〈그림 1.7〉처럼 외부의 웹 서버와의 TCP 통신시, 단말이 AP에 송신한 패킷에 대한 MAC계층의 ACK 뿐만 아니라, 서버로부터 송신된 TCP계층의 ACK 패킷이 수납된 MAC 데이터 프레임에 대한 MAC계층의 ACK가 또 수행되어야 한다[5].

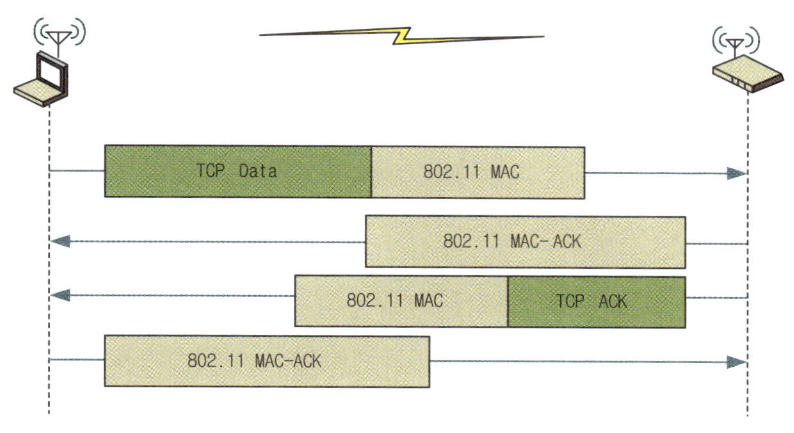

〈그림 1.7〉 TCP 전송시의 MAC계층에서의 ACK 동작

5_ 이러한 이유와 물리계층에서의 오버헤더 때문에, 11Mbps급 무선LAN의 경우, 유효 전송속도는 5.5Mbps 정도에 불과하다.

(4) 충돌 감지 기능

〈그림 1.8〉과 같이 허브를 여러 단말이 공유하는 유선 이더넷의 경우, 단말1과 단말 2가 동시에 송신했을 때를 도시한 것이다. 허브는 두 포트 이상에서의 입력신호가 감지되면, 이것을 충돌이라고 판단한다. 이어, 프레임의 수신을 중지하고 모든 포트로 재밍신호를 보낸다. 각 단말들은 자신의 송신 중에 수신케이블로부터 어떤 신호라도 수신되면, 충돌이 발생한 것으로 판단하고, 즉시 자신의 전송을 중지한다.

무선 LAN도 하나의 무선 채널을 여러 단말과 AP가 공유한다. 따라서, 어떤 단말이 전송하고자 할 때, 이더넷의 CSMA/CD 방식과 유사하게 먼저 전송매체를 검사하는 캐리어 감지동작을 수행한 후, 프레임을 전송한다. 하지만, 무선환경에서는 송수신 선로가 분리된 이더넷과 달리 하나의 채널만 사용하므로 전송 중에 발생하는 충돌을 감지할 방법이 없다.

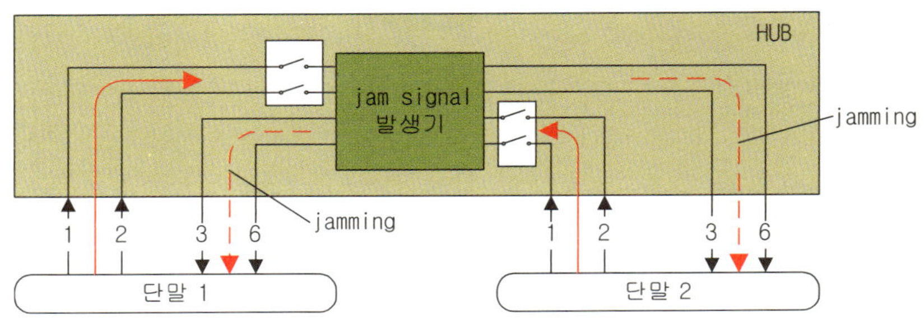

〈그림 1.8〉 이더넷에서 충돌이 발생한 경우 (각, 번호는 RJ-45 핀 번호임)

(5) 가상 캐리어 감지 기능에 의한 충돌 회피 기능

무선 LAN에서는 물리적 캐리어 감지와 가상 캐리어 감지를 각각 물리계층과 MAC계층에서 수행하면서, 여러 단말들이 하나의 채널을 공유할 수 있도록 한다. 물리적인 실제 캐리어 감지는 자신이 송신 중이 아닐 경우 물리계층으로부터 감지되는 실제신호에 의해 수행된다. 반면에, MAC계층에서 수행하는 가상 캐리어 감지 기능은 물리적으로 캐리어를 감지할 수 없는 상황을 해결하기 위하여 사용된다.

예를 들어, 〈그림 1.9〉와 같이 AP를 중심으로 Arami와 Ceromi 단말이 있고 이들이 동시에 송신을 준비 중이라고 하자. Arami나 Ceromi는 상대방이 송신 중인지 감지할 수 없으므로, 채널이 비어 있다고 판단하고 AP에게 자신의 프레임을 송신한다면, AP는 이들로부터 동시에 수신되는 프레임간의 충돌에 의해 유효 프

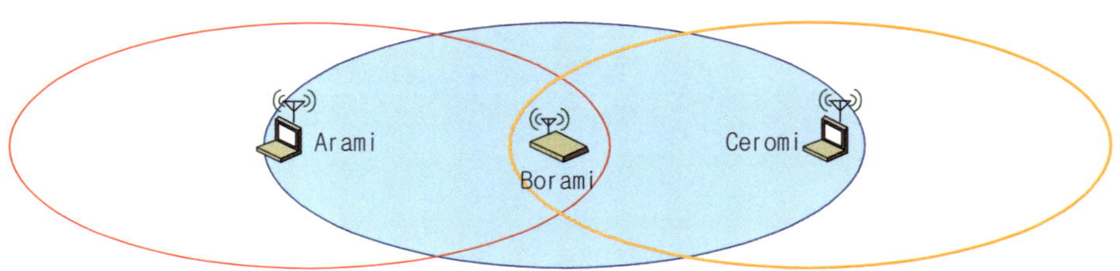

〈그림 1.9〉 Hidden-node 문제

레임을 수신할 수 없게 된다. 이것은 Arami나 Ceromi 입장에서 상대방은 숨겨진 노드(hidden node)이기 때문에 즉, 서로 떨어진 단말간에 캐리어를 직접 감지할 수 없기 때문에 발생한 것이다.

이러한 숨겨진 노드 문제에 의한 충돌현상을 예방하기 위하여 802.11 무선 LAN에서는 〈그림 1.10〉과 같은 Request_To_Send/Clear_To_Send 프레임을 선택적으로 사용한다.

이 경우, 단말은 자신이 데이터 프레임의 송신이 완료될 때까지의 채널 점유 기간인 NAV(Network Allocaton Vector)라고 하는 시간값이 명시된 RTS 프레임을 AP에 송신한다[6]. AP는 이 RTS프레임에 대한 응답으로 CTS 메시지를 송신한다.

이러한 RTS/CTS동작에 개입하지 않은 주변의 단말들은 이 RTS와 CTS 메시지에 수납된 채널 점유 기간 동안 침묵하게 된다. 분명히 CTS 메시지는 AP 주변의 Arami뿐만 아니라 Ceromi에게도 전달된다. 따라서, Ceromi는 직접 연결되지 않은 Arami의 전송동작도 알 수 있으므로, 자신의 송신동작을 지연할 수 있다[7].

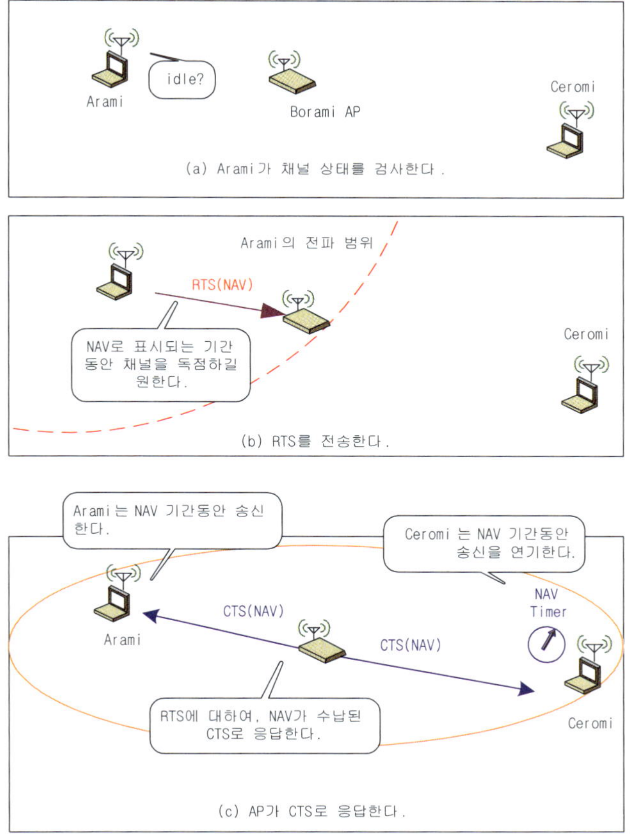

〈그림 1.10〉 RTS/CTS에 의한 Hidden-node 문제해결

6_ 물론, 여러 단말들이 거의 동시에 RTS를 송신할 경우, 이 과정은 실패할 수도 있지만, 이 경우에 각 단말들은 랜덤한 시간동안 지연한 후 이러한 과정을 재시도한다.

7_ 이러한 RTS/CTS 절차는 이 절차 없이 송신하는 경우에 비하여 오버헤드가 많으므로, 짧은 패킷의 전송 시에는 사용되지 않고 일정 길이 이상의 프레임에 대해서만 수행된다. 이때, RTS 스레시홀드값이 기준 값으로 사용되는데, 이 값보다 긴 프레임만 이러한 RTS/CTS 절차에 의해 전송된다.

이러한 RTS/CTS 과정에 의해, 실제 캐리어를 감지하지 않고도 지정된 기간 동안 마치 채널이 사용되고 있는 것으로 간주하는 채널 감지 동작을 가상적인 채널 감지(virtual carrier sense)절차라고 한다. 여기서 사용되는 NAV값은 이 시간동안 다른 단말들의 송신동작을 중지시킴으로써, 자신만의 무선 링크의 사용을 예약하는 용도로 사용된다. 이렇게 함으로써, 많은 경우의 충돌을 사전에 회피(collision avoidance)할 수 있으므로, 802.11MAC을 CSMA/CA 프로토콜이라고 한다.

(6) 전원절약

무선 LAN 장비들은 송신시 많은 전력을 소모한다. 이러한 무선 단말들의 전원을 절약하기 위하여, 자신이 송신할 때와 자신에게 수신될 프레임이 있을 때에만 전력을 소모하는 것이 전원절약 면에서 유리하다. 이를 위하여, 전원절약모드로 설정된 단말은 주기적으로 깨어나서, 자신에게 전달되어야 할 프레임을 AP가 보관하고 있는지를 알기 위하여, AP로부터의 비컨 메시지를 검사한다. 이 비컨 메시지에는 전달되어야 할 프레임의 목적지 단말에 대한 리스트가 수납되어 있다. 리스트에 명시된 단말은 Power-Saving Poll 메시지를 AP에 보내어, 자신에게 프레임을 전달하도록 요청한다. 그렇지 않은 단말은 다시 전원절약모드(Sleep모드)로 복귀한다.

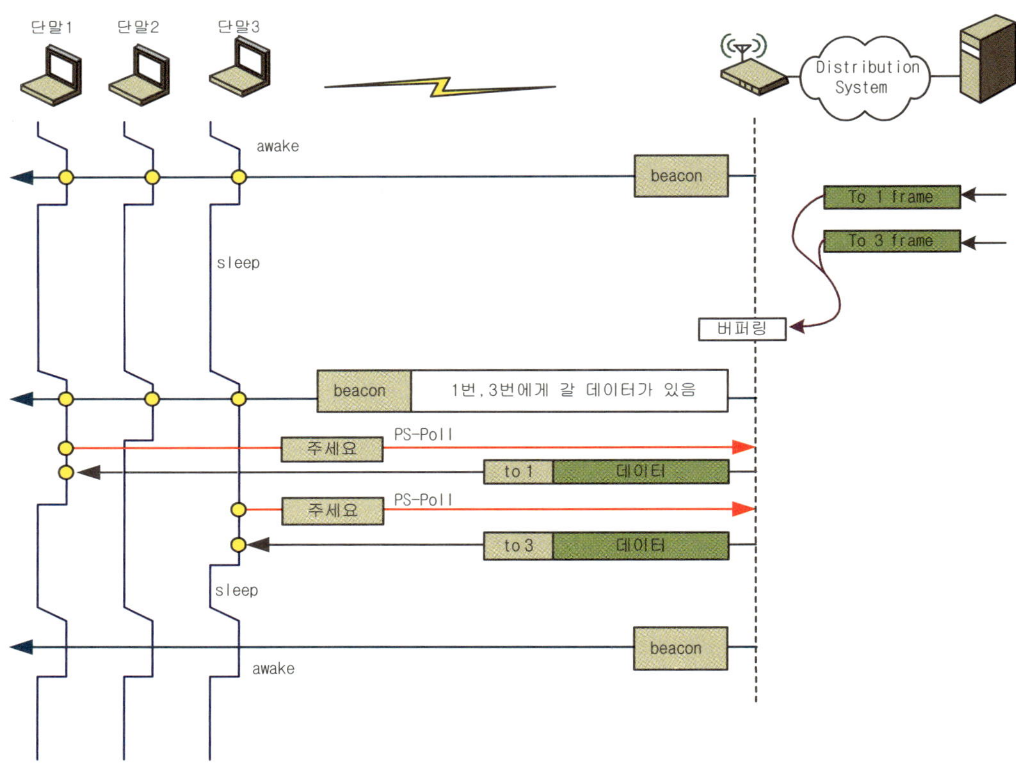

〈그림 1.11〉 802.11의 전원절약모드의 동작 절차

(7) 시간동기

앞에서, 전원절약모드에 있는 단말은 주기적으로 깨어나 혹시 자신에게 전달되어야 할 프레임을 AP가 보관하고 있는지 알아보기 위하여 비컨 메시지를 검사한다고 하였다. 이러한 동작은 AP가 송신하는 비컨 메시지의 전송주기를 알고 있어야 가능하기 때문에, AP와의 시간동기를 반드시 맞추어야 한다.

(8) 무경쟁 서비스

802.11 MAC에서는 경쟁기반의 CSMA/CA를 사용하는 기본적인 Distributed Coordination Function (DCF) 매체 접근 방식 외에도 무경쟁 contention-free(CF) 폴링 방식에 의해 동작하는 point coordination function(PCF)도 선택사양으로 지원된다. 이러한 무경쟁 매체 접근 방식은 지연에 민감한 트래픽을 전달하는데 사용될 수 있지만, 현재까지 PCF 기능을 지원하는 상용 장비는 없다.

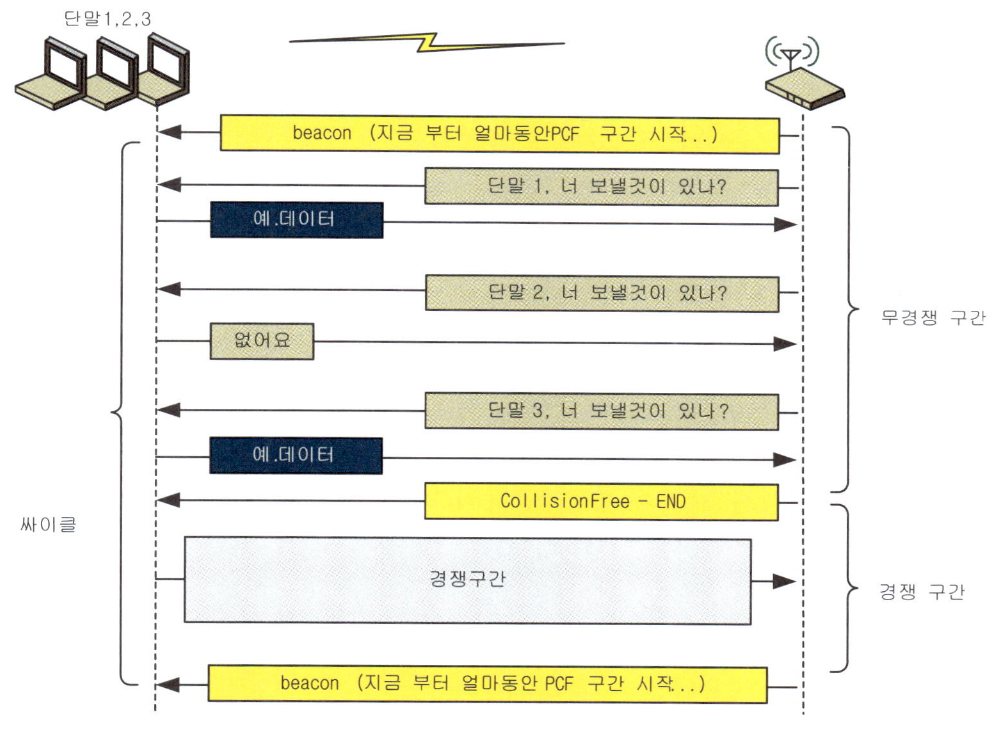

〈그림 1.12〉 PCF/DCF에 의한 데이터 프레임의 전송과정

(9) 무선구간의 보안

기본적으로, 무선 LAN 단말은 AP와의 실질적인 인증 기능이 없는 개방 시스템 인증절차에 의해 접속한 후, 무선구간을 평문으로 전송한다. 이러한 방법은 사용료를 지불하지 않은 사용자들도 아무런 제약 없이 AP를 거쳐 내부망이나 외부망을 사용할 수 있을 뿐만 아니라, 전송되는 프레임의 내용이 노출되거나 변조되는 문

제가 있다.

이를 개선하기 위해 초기 무선 LAN에서는 Wired Equivalent Privacy(WEP) 암호 방식 또는 단말과 AP간에 설정된 공유 키(Shared Key)방식의 인증절차가 사용되었다. 하지만, 이러한 암호 및 인증 방식의 문제점이 많이 도출되어, 최근에는 IEEE 802.11i 규격에 따른 TKIP(Temporal Key Integrity Protocol)/CCMP(Counter with CBC-MAC Protocol) 암호 방식과 인증서를 사용하는 EAP-TLS, EAP-TTLS, PEAP 등의 강화된 사용자 인증절차의 사용이 증가되고 있다. 본 교재는 바로 이 부분에 중점을 두고 있다.

(10) 이동성

많은 사람들은 무선 LAN이 유선 LAN과 달리 단말의 이동성을 잘 지원한다고 믿고 있다. 하지만, 다음과 같은 기술적인 제약 때문에 반드시 그렇지는 못하다.

(a) **ESS 내부에서의 이동** : 무선단말은 유선단말과 달리 이동할 수 있기 때문에, 현재 접속된 AP로 부터의 신호세기가 약해지면, 보다 강력한 신호가 감지되는 새로운 AP로의 연결을 재설정한다. 〈그림 1.13〉의 예는 이러한 ESS 내에서의 로밍(즉, BSS천이)동작을 도시한 것이다. 이 때 단말, 새로운 AP2, 기존의 AP1간에는 다음과 같은 동작이 수행된다[8].

- **단말**
  - 현재 접속된 AP와의 거리가 멀어지면서 신호의 세기가 약해짐을 감지한다. (이더넷 단말이 이동하여 현재 연결된 라인으로는 더 이상 사용할 수 없는 경우와 같다.)
  - 주변의 새로운 AP를 찾는다.
  - 새 AP에 대한 인증 후 재결합한다. (즉, 새 브리지에 RJ-45커넥터를 연결한다.)

- **AP2**
  - 자신에게 재결합을 요청한 단말로부터 기존 AP의 정보를 습득한다.
  - 해당 AP1에게 이 단말이 옮겨왔음을 알린다. 이러한 과정은 IAPP(Inter AP Protocol)에 의해 수행된다.

- **AP1**
  - AP2로부터의 IAPP 정보에 의해 해당 단말이 이동하였음을 감지하고, 해당 단말에 대한 결합정보를 삭제한다.

하지만, 이러한 이동성을 지원하기 위한 IAP 프로토콜은 현재 표준화가 되어 있지 않기 때문에 호환성에 문제가 있다.

(b) **다른 ESS로의 이동** : 기본적으로 다른 ESS로의 이동은 지원되지 않는다. 만약 라우터가 distribution system에 있다면 모바일 IP를 사용하여 가능하다.

8_ 이 과정은 유선 이더넷 포트에 연결된 단말을 이동시킬 때, 현재 연결된 라인이 짧아서 근처의 다른 스위치에 새로운 연결을 시도할 경우와 같다.

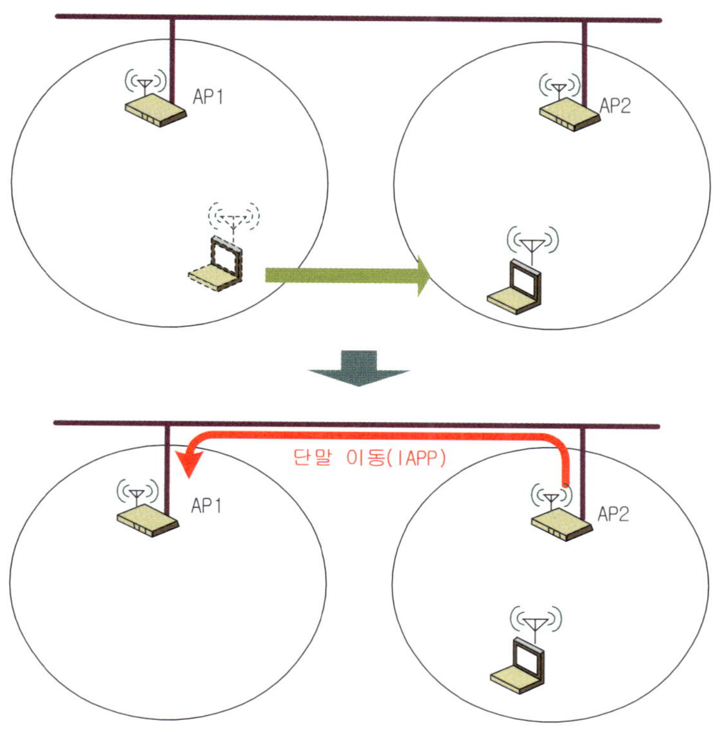

〈그림 1.13〉 무선 LAN의 이동성

(11) 주파수 간섭

802.11b 또는 802.11g가 사용하는 2.4GHz 대역은 전자 레인지, 플라즈마 전구, 블루투스, 무선 감시 카메라들이 이미 사용 중이다. 또한, 802.11g의 5.7GHz 대역도 ITS(지능형 교통시스템)용 DSRC 단말이 사용하는 5.8GHz에 가까이 있다. 따라서, 다음과 같이 가급적 주파수 간섭을 해결해야 한다.

- 전자 레인지 : 5m 이상 이격시켜야 한다. 그리고 AP의 무선 채널을 1, 2, 12, 13번으로 조정한다.
- 플라즈마 전구 : AP의 무선 채널을 11~13번으로 설정한다.
- 블루투스 : 5m 이상 이격시켜야 한다.
- DSRC : 802.11a의 AP의 경우 161번 채널을 사용하지 않는다.

그리고 802.11b AP가 밀집한 장소에서는 인접한 AP의 두 채널간에 3~4개의 채널 간격을 유지하도록 설정해야 한다. 예를 들어, 3개의 AP에 대하여 1, 6, 11번 채널을 할당하거나, 4개의 AP의 경우 1, 5, 9, 13번 채널로 할당해야 한다[9].

9_ 주변의 AP가 사용하는 채널 정보는 국내에서 개발된 "무선 랜 가이더"를 사용하면 얻을 수 있다.

1.6 무선 LAN 보안 위협

무선 LAN은 신호가 무선으로 전파되기 때문에 전송 중인 패킷들의 내용을 해커가 훔쳐볼 수 있으며, 필요한 경우, 변조나 서비스 거부 공격도 가능하다. 다음은 무선 LAN 환경에서 예상되는 보안 위협의 종류이다.

- **수동 패킷 모니터링** : 무선 프레임 수집 및 분석도구를 사용하여, 무선 구간의 프레임들의 내용을 도청할 수 있다. 해결책은 암호화 전송이다.

- **서비스 거부 공격(DoS)** : 해당 네트워크나 장비의 동작을 중지시키는 공격이다. 예를 들어, 엄청난 양의 트래픽을 생성하여 기존 사용자들이 무선망을 사용하지 못하도록 한다. 또는 2.4GHz 대역에 강한 방해전파를 생성하는 공격도 가능하다. 보안이 강화된 IEEE 802.11i 표준에서는 1초에 2개 이상의 허용되지 않는 프레임을 송신한 단말에 대해서는 해당 단말과의 물리적인 연결을 단절하는 대비책을 규정하고 있다.

- **비인가 접근** : AP로부터의 기본적인 접근 인증 방법은 개방 시스템 인증 방식이다. 다시 말하면, 패스워드나 인증서 없이도 AP에 결합될 수 있다. 따라서, 해커는 아무런 인증 없이도 회사의 무선 망에 결합하여 다양한 보안공격을 가할 수 있다. 이에 대한 대비책으로 AP와 단말간 패스워드나 인증서 기반의 상호인증기능이 필요하다. 이러한 목적으로 사용되는 것으로 EAP-MD5, EAP-TLS, Protected

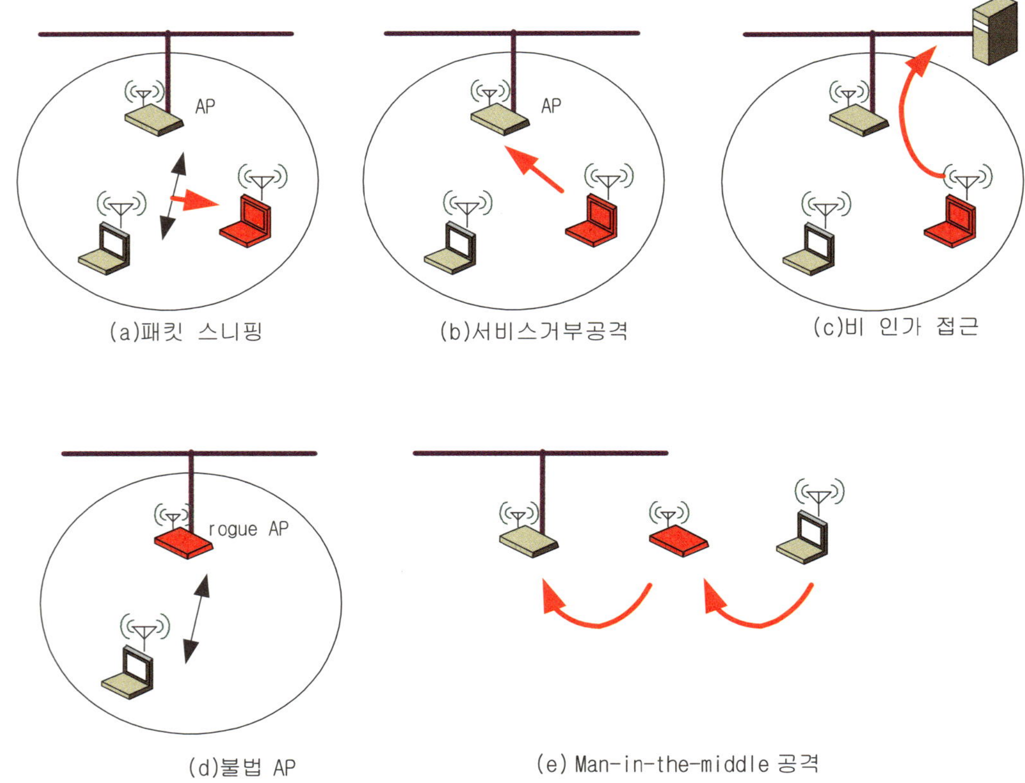

〈그림 1.14〉 무선 LAN에 대한 보안 위협

EAP 등이 있다.

- Rouge AP(불법 AP) : 해커가 불법 AP를 몰래 설치하여, 이 사실을 모르는 일반 사용자들이 송신하는 프레임을 모두 수집하면서 변조도 수행하는 Man-in-the-middle 공격의 일종이다. 이렇게 불법으로 설치된 AP가 있는지 탐색하는 것은 성가시고 어려운 일이다. 힘들겠지만, 망 관리자는 이러한 불법 AP가 설치되어 있는지 수시로 천정을 뜯더라도 사명감을 가지고 감시해야 한다[10]. 다행히, IEEE 802.11i에서 규정한 crypto-binding 기법을 사용하는 새로운 인증 방법을 사용하면, 불법 AP의 개입을 차단할 수 있는데, 상세한 내용은 제 12~14 장에서 다루도록 한다.

1.7 무선 LAN 보안 기술

다양한 보안 위협으로부터 무선 LAN을 보호하기 위한 방법으로 다음과 같은 암호 방식과 네트워크 접근인증 방식이 사용된다. 802.11i 표준에 의해 보안이 개선된 망을 robust security network(RSN)이라고 하는 반면에, 기존 약한 보안 기법에 의한 IEEE 802.11 무선망을 Pre-RSN이라고 부른다.

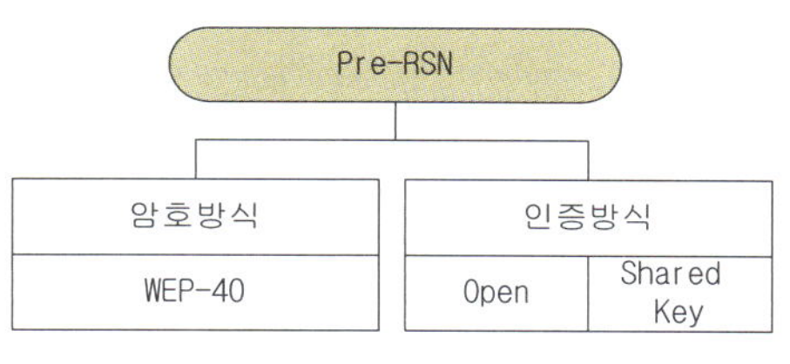

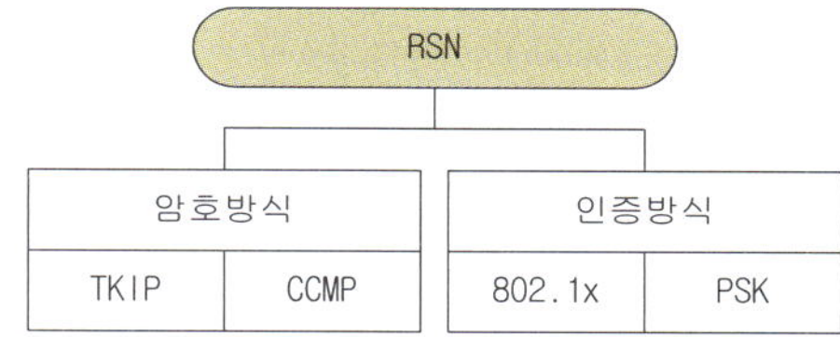

〈그림 1.15〉 무선 LAN의 보안 기술

(1) 암호 방식

암호화는 평문을 쌍방이 공유한 비밀 키를 사용하여 해커가 인지할 수 없는 문장으로 변경하는 작업으로서, 무선 LAN에서는 다음과 같은 3가지가 사용된다.

- Wired Equivalency Privacy(WEP) : 무선 LAN용 기본 암호 방식인 WEP은 전송되는 MAC 프레임들을 40비트 길이의 WEP 공유 비밀 키와 임의로 선택되는 24비트의 Initialization Vector(IV)로 조합된 총 64비트의 키를 이용한 RC4 스트림 암호 방식으로 보호한다. 이 이름이 뜻하는 것과 같이 단말과 AP간 무선링크를 유선망과 같은 품질의 보안성을 제공하는 것이다.
  기본적으로 단말과 AP는 동일한 패스워드 문장으로부터 4개의 고정된 장기 공유 키를 생성한 후, 이들 중에서 하나를 선택하여 암호 및 인증에 활용한다. 하지만, 선택된 공유 키의 KeyID와 IV값을 평문으로 상대방에게 알려 주어야 하기 때문에 WEP 키가 추출될 수 있는 약점이 있다. 최근, 일부 회사들은 기존 40비트 WEP 키의 길이를 104비트로 확장한 방법도 사용하지만 여전히 보안에 취약하다.
- Temporal Key Integrity Protocol(TKIP) : WEP과 동일한 RC4스트림 암호 방식을 사용하지만, 각 프레임별로 상이한 키를 적용하고, 필요한 경우 임시 비밀 키를 자동으로 갱신함으로써 보안성을 강화

10_ 혹시, 이것이 힘들다면 무료로 입수할 수 있는 NetStumbler 소프트웨어를 설치해 보라(단, 애플 컴퓨터에만 지원됨).

한 것이다. 또 다른 장점은 기존 WEP 암호 방식과 같이 소프트웨어로 동작하므로, 단순히 해당 장비의 펌웨어만 교체하면 된다는 점이다. WPA에서는 이것을 WPA-1 보안 방식이라고 한다.

● Counter with CBC-MAC Protocol(CCMP) : 블록 사이퍼를 사용한 가장 강력한 암호 방식이다. 최근에 출시되는 일부 무선 LAN 장비에 적용되고 있다. WPA에서는 이것을 WPA-2 보안 방식이라고 한다.

(2) AP 접근을 위한 인증 방식과 키 분배절차[11]

〈그림 1.16〉과 〈그림 1.17〉은 각각 단말로부터의 AP접근시 사용되는 기존 인증 방식과 개선된 인증 방식을 도시한 것이다.

● 기존 인증 방식
  ■ 개방 시스템 (Open System) 인증 : 단말로부터의 인증요청에 대하여, AP는 무조건 인증하는 방법으로써, 인증 기능이 미약하다. 또한, 암호용 키를 동적으로 분배할 수도 없다.
  ■ 공유 키(Shared Key) 인증 : 단말은 AP로부터의 평문으로 된 챌린지 문장을 받아, 이것을 AP와 공유하고 있는 WEP 키로 암호화하여 응답한다. AP가 이것을 복호했을 때, 자신이 이전에 송신하였던 챌린지 문장과 동일한 경우, 단말을 인증하는 방법이다. 즉, 쌍방이 동일한 키를 공유하고 있음을 확인하는 방법이다. 하지만, 이 과정에서 WEP 키가 노출될 수 있어, 가장 보안에 취약하기 때문에, 이것을 사용하면 안된다.

● 개선된 인증 방식
  IEEE 802.11i의 RSN을 위한 인증 방식으로써, 인증서버의 사용 여부에 따라 다음과 같은 2가지의 인증방법이 사용된다. 개선된 이러한 인증 방식도 모두 AP에 처음 결합될 때는 Open System인증 및 결합과정을 거친 후 수행된다.
  ■ 인증서버 기반의 인증 방식 : 사용자 정보를 저장하고 있는 인증서버와 단말간에 상호인증 기능을 제공하는 Extensible Authentication Protocol(EAP)기반의 다양한 인증 방법(authentication method)인 EAP-TLS, EAP-TTLS, Protected EAP, EAP-FAST 등에 의해 사용자의 AP접속을 인증한다[12]. 이때 AP는 802.1x 포트 접근제어 기술이 탑재된 것이어야 한다. 그리고 인증절차가 성공하면, 무선구간의 암호화(TKIP나 CCMP)에 필요한 임시 키도 Master Session Key(MSK)로 부터 IEEE 802.1x 표준에 규정된 키분배 절차에 따라 설정한다.
  ■ 사전 공유 키(Pre-shared Key) 인증 : 인증서버 없이 단말과 AP간에 공유한 사전 공유 키를 기반으로 AP 접속을 인증한다. 이 방법은 별도의 인증서버 없이 운영하는 SOHO 환경에서 사용될 수 있다. 그리고, 인증절차가 성공하면, 무선구간의 암호화(TKIP나 CCMP)에 필요한 임시키도 PSK로부터 802.1x 표준에 규정된 키분배 절차에 따라 설정한다.

11_ Authentication and Key Management(AKM)절차라고 한다.
12_ 역시 802.1x 포트 보안 기술을 활용하는 EAP-MD5 인증절차는 단말 입장에서 AP가 불법 AP인지 확인할 방법이 없는 상호인증 문제 때문에 802.11i에서는 사용하지 않도록 하고 있다.

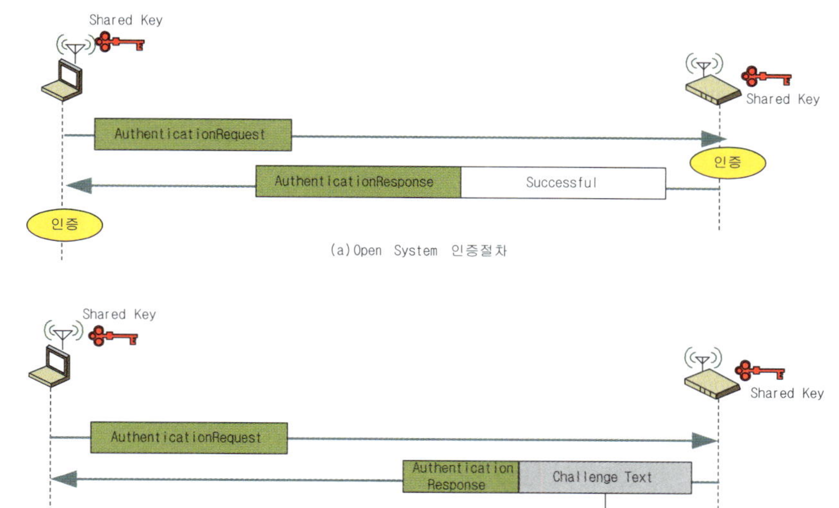

<그림 1.16> 기존 무선 LAN에서의 인증방법

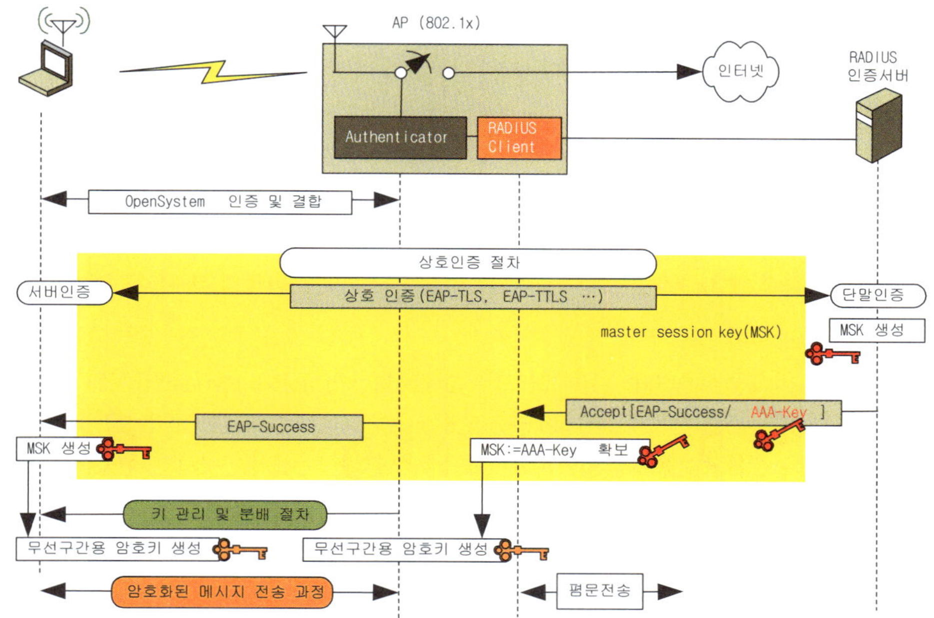

<그림 1.17> 802.11i RSN에서의 인증 방법(인증서버 기반의 경우)

1.8 사설망과 가상 사설망

지금까지, IEEE 802.11 무선망의 구성과 보안에 대하여 간략히 알아 보았다. 분명히, 단말과 AP간의 무선 링크상에서는 암호화를 통하여 안전하게 전달될 수도 있지만, AP너머에 있는 유선 백본 망을 경유하여 목적지까지의 안전한 전달은 보장할 수 없다. 본 절에서는 이러한 안전한 전달을 위한 가상 사설망 프로토콜에 대하여 알아본다.

공중망을 경유하지 않는 사설망은 외부로의 데이터 유출이나 외부로부터의 보안 공격이 없다. 하지만, 이러한 사설망을 확장하여 본사와 지사간 또는 본사와 출장 중인 구성원들 간의 연결 시에는 경제적인 이유로 전용선 대신에 공중망(public network)을 경유하게 되는데, 이 공중망에서의 데이터 유출이나 외부로 부터의 공격에 취약하게 되는 문제점이 있다.

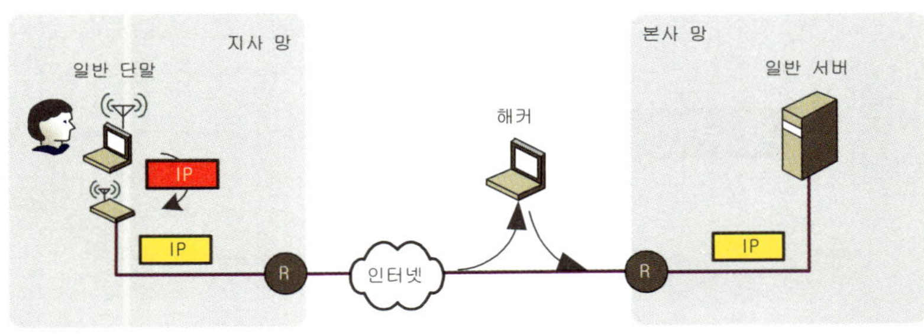

(a) 공중망에서의 보안 취약성

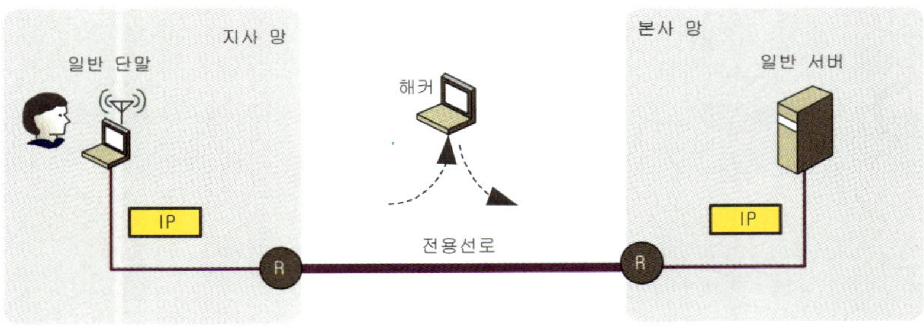

(b) 전용선로로 연결된 사설망

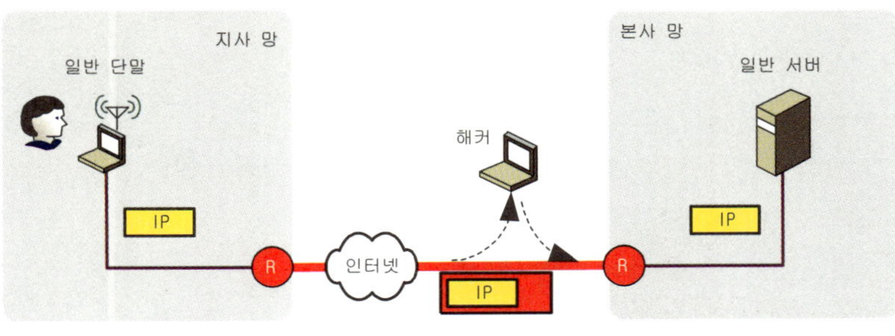

(c) 가상 사설망

〈그림 1.18〉 가상 사설망의 개념

이러한 문제점을 해결하기 위하여 공중망을 경유하더라도 네트워크 구성 요소들 간에 전송되는 프레임들을 보호함으로써, 보안 면에서는 전용 사설망과 같은 보안을 제공할 수 있는 망을 가상 사설망 VPN(Virtual Private Network)이라고 한다.

이러한 VPN의 경우, 두 컴퓨터 또는 지사와 본사의 라우터간에 안전한 연결을 설정하기 위한 방법으로 사용자 인증절차를 수행한 후, 암호 기법을 사용하여 공중망을 경유하는 연결이 마치 사설 링크로 연결된 것과 같은 서비스를 제공한다. 따라서, 사용자 관점에서의 VPN은 자신의 컴퓨터와 회사 서버간에 마치 전용선으로 연결된 것과 같으므로 경유하는 공중망에서의 보안문제를 해결할 수 있게 된다.

그렇다면 사설망(Private Network)과 가상 사설망(VPN)의 차이점은 무엇인가? 사설망은 전용선을 임대하여 본사와 지사간 연결되므로 전송대역이나 보안성을 보장받을 수 있다. 하지만, 수많은 지사들과 본사를 전용선으로 연결한다면, 고가의 전용선 임대료가 문제된다. 이러한 경제적인 이유로 VPN을 사용한다.

물론, 프레임 릴레이나 MPLS의 경우, 망 사업자와 계약하여, 특정 그룹에 속한 장비간에만 통신이 허용되는 closed user group(CUG)으로 망을 형성하여, 링크계층에서의 가상 사설망을 제공할 수도 있다. 하지만, 일반적으로 VPN이란 공중망을 경유하지만 암호 및 인증 기능을 강화함으로써, 마치 가상적인 사설망으로 동작하는 Secure VPN을 말한다. 다만, 전용선을 사용하는 사설망에 비하여, 이러한 VPN은 공중망에서 다른 IP 트래픽들에 의해 대역을 공유하므로, 필요한 대역을 보장받지 못하는 단점은 있다.

1.9 VPN의 구성

대부분의 VPN의 구성은 크게 3가지로 구분된다.

- **종점간 보안** : 전송계층 이상에서의 보안을 제공하는 Secure MIME, Secure Shell(SSH) 또는 Secure Sockets Layer(SSL)/Transport Layer Security(TLS)를 사용하여 단말간 직접 보안전송을 수행한다.

- **라우터-라우터간 보안(secure Site-to-Site)** : 본사와 지사를 연결하는 라우터간에 설치된 IPSec 기능을 이용하여 서로 떨어진 LAN들을 안전한 보안 터널로 연결한 경우로서, IP계층에서의 보안을 제공한다. 따라서, 본사와 지사망 내부에 있는 컴퓨터들간에는 특별한 보안 기법을 사용하지 않고도 상호간에 신뢰성있는 전송이 가능하다.

- **클라이언트와 라우터간 보안(secure Remote Access)** : 예전에는 모바일 사용자들이 Home LAN에 접근할 때 전화선 모뎀을 사용하여 직접 HomeLAN의 원격 접속 서버(Remote Access Server : RAS)와의 point-to-pont(PPP)923 연결을 설정하여, 이 장치로 부터의 사용자 인증과 내부 망용 IP 주소를 할당받았다. 이 경우, 전화망을 경유하므로 이 망에서의 보안은 지켜진다고 믿을 수 있었다. 인터넷을 경유하여 단말과 RAS 장치간에 PPP 연결을 설정하고자 하는 모바일 사용자에 대해서도 이러한 전화선 모뎀 활용 방법과 유사한 사용자 인증절차와 Home LAN용 IP주소 할당을 할 수 있다. 즉, PPP 프레임을 PPTP나 L2TP에 수납하고, 이것을 다시 단말과 RAS 장치간에만 유효한 새로운 IP에 수납하는 터널링 기법을 사용하여 RAS 장치까지 전달한다. 이때, IPSec과 같은 기법으로 내용을 보호

한다. 이것을 수신한 RAS 장치는 PPP 프레임을 취하여 사용자 인증과정을 수행하고, 내부 망용 IP주소를 할당한다. 결과적으로 PPP 연결이 공중망을 경유하여 단말과 RAS 장치까지 연장된다. 따라서, 이 방법은 전화선 모뎀을 사용한 다이얼링 접속 서비스와 유사한 서비스를 제공하므로, Virtual Private Dial Network 기능을 제공한다고 한다. 그리고 이러한 RAS 장치를 VPN 서버 또는 L2TP Network Server(LNS), PPTP Network Server(PNS)라고 부른다.

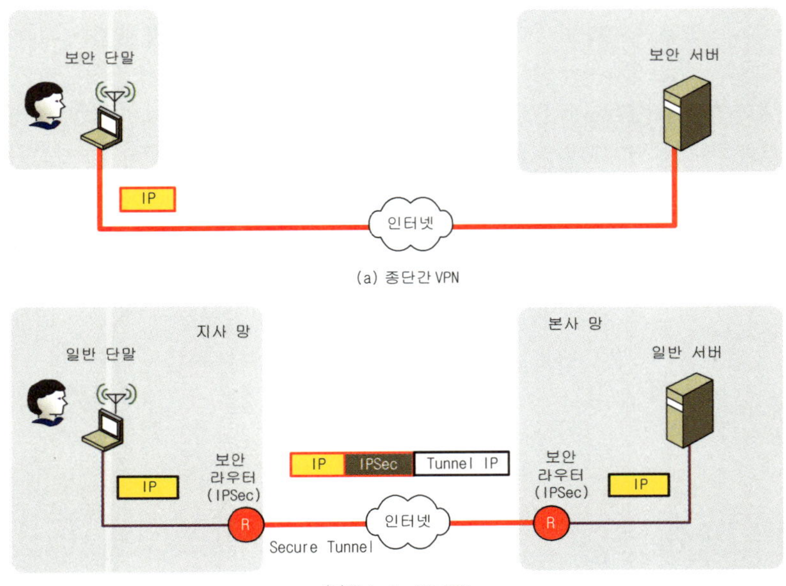

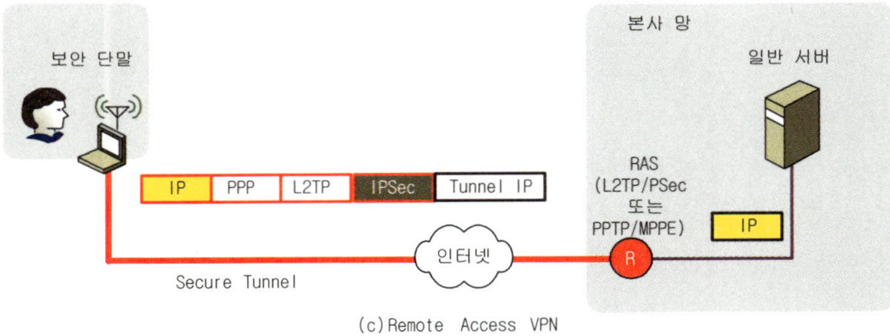

〈그림 1.19〉 VPN의 구성 방법

1.10 VPN 프로토콜의 종류

VPN에서 사용되는 각 프로토콜들은 상대방과의 보안협상을 통하여 다음과 같은 기능을 모두 또는 일부를 제공한다.

- 기밀성 : 데이터에 대한 암호화를 통하여 내용의 유출을 방지한다.
- 데이터 무결성(메시지 인증) : 데이터의 전송과정에서의 변조를 감지할 수 있도록 한다.
- 사용자 인증 : 망에 접속할 수 있는 자격에 대한 사용자 인증과정을 제공한다.

이러한 기능을 제공하는 VPN용 프로토콜들을 계층별로 정리하면 다음과 같다[13].

- 응용계층에서의 메시지 보안 프로토콜
  - S/MIME : 보안 e-mail 프로토콜
  - SSH : Secure Shell 프로토콜
- 트랜스포트 계층에서의 메시지 보안 프로토콜
  - SSL/TLS(Secure Socket Layer/Transport Layer Security) 프로토콜
- 망 계층에서의 메시지 보안 프로토콜
  - IPSec(IP Security) 프로토콜
- 링크계층 PPP 프로토콜에 의한 사용자 인증 프로토콜
  - PPP PAP(Password Authentication Protocol)
  - PPP CHAP(Challenge Handshaking Authentication Protocol)
  - PPP MS CHAP(Microsoft CHAP)
  - EAP-MD5(Extensible Authentication Protocol – Message Digest 5), EAP-TLS
- 링크계층 PPP 패킷을 수납하는 터널링 프로토콜/암호화 프로토콜
  - PPTP/MPPE(Point-to-point Tunneling Protocol /Microsoft Point-to-Point Encryption)
  - L2TP/IPSec(Layer 2 Tunneling Protocol/IPSec)
- 인증서버와 클라이언트간 인증 프로토콜
  - RADIUS(Remote Authentication Dial In User Service) 프로토콜
  - DIAMETER
  - LAN/WLAN에서의 스위치 포트 활성화를 위한 사용자 인증 프로토콜
  - 802.1x/EAP
- 무선 링크계층 암호화 프로토콜
  - WEP(Wire-Equivalent Privacy)
  - TKIP
  - CCMP

13_ 상세한 내용은 자매서인 "네트워크 보안 프로토콜"을 참조하라.

1.11 VPN의 예

〈그림 1.19〉와 같이, 공중 무선 LAN망에 연결된 단말이 원격지에 있는 Home LAN의 서버에 접속한다고 하자. 이때, 고려되어야 할 사항은 망 사업자 입장과 사용자 입장에서 각각 요금을 지불하지 않는 사용자의 망 접속을 금지하는 것과 전송 중의 보안 문제이다. 이러한 점을 고려한 절차의 예는 다음과 같다.

- **AP 접속권 확보 과정(사용자 인증 절차)**
  - 단말과 AP : 802.1X/Extensible Authentication Protocol(EAP) 절차에 의한 사용자 인증절차를 수행하기 위하여 자신의 사용자 정보와 패스워드를 AP에 전송한다.
  - AP와 망 사업자의 RADIUS 인증서버 : AP는 RADIUS 서버에게 사용자 정보를 전달하여 사용자에 대한 인증을 수행하도록 한다.
  - RADIUS 서버는 사용자 계정 데이터베이스를 검색하여, 유효한 사용자인지 판별한 후, 이 결과를 AP에 전송하고, 다시 AP는 단말에게 접속을 허용한다.
  - 단말과 AP간의 무선 데이터들은 Wired Equivalent Privacy(WEP)에 의해 암호화되어 전송된다.
- **인터넷을 통한 보안통신과정**
  일단 AP를 사용할 수 있게 된 단말은 다음과 같은 다양한 방법으로 VPN 연결을 수행한다.
  - e-mail 전송 : 본사의 S/MIME 서버와 암호 방식 등을 협상한 후, e-mail을 암호화하여 전송한다.
  - 웹 서버 접속 : 본사의 Secure 웹 서버에 접속할 경우, SSL에 의한 협상과정에 의해 자신을 인증한 후, 암호화된 웹 페이지들을 액세스한다. 웹 서버는 이 사용자가 유효한 사용자인지를 Home LAN에 있는 계정 데이터베이스(윈도우 시스템의 경우에는 액티브 디렉터리)를 참조하여 결정한다.
  - L2TP/IPSec에 의한 Home LAN 접속 : L2TP를 이용하여 이 단말과 Home LAN의 VPN 서버간에 인터넷을 경유한 PPP 연결을 설정하고, PPP에 의한 사용자 인증절차를 수행한다[14]. 이 과정에서 VPN 서버는 Home LAN에 있는 RADIUS 서버에게 사용자 인증과정을 요청하고, 그 결과에 따라 사용자를 인증한다. 인증된 단말은 전송 중 보안을 위하여 IPSec을 사용하고, Home LAN 내부의 모든 서버와 컴퓨터들을 마치 로컬망에 있는 것처럼 사용할 수 있다.

이 외에도, ADSL 유선망 가입자인 경우에는 전화국에 있는 Network Access Server(NAS)에 PPP로 접속하여 사용자 인증과 IP주소를 할당받은 후, 위에서 예를 든 과정과 유사한 방법으로 Home LAN과의 VPN 설정을 수행한다.

또한, Home LAN 내부에서도 커버로스 인증절차에 의해 인증받은 후 해당 보안 서버들을 액세스하도록 할 수도 있다[15].

14_ 여기서, VPN서버는 L2TP Network Server(LNS)부른다.
15_ 이 과정은 윈도우 시스템의 경우 도메인에 가입하는 절첵서 수행된다.

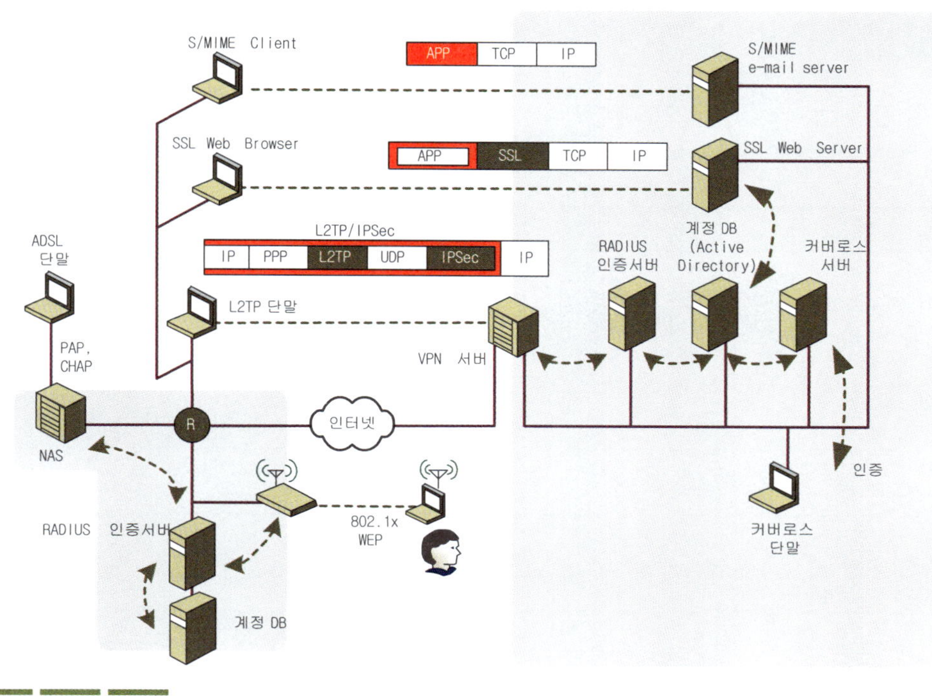

<그림 1.20> VPN의 예

1.12 보안용 소프트웨어

네트워크 보안용 소프트웨어들은 운영체제와 계층별로 다양한 종류들이 공개되어 있거나 상용화되어 있다. 다음은 그 예이다.

- FreeS/WAN : 리눅스용 IPSec 지원 프로그램
- openca : 리눅스용 인증서 발급 기관용 프로그램
- openssl : 리눅스용 SSL/TLS 서버 프로그램
- PoPToP : 공개용 PPTP 서버 프로그램.
- RASPPPoE : 공개용 PPPoE 클라이언트 및 서버 프로그램(윈도우 용)
- 윈도우 2003 서버 : 한 시스템에 라우터, RADIUS, 계정 DB, 커버로스, SSL 웹 서버, L2TP, PPTP 서버, 인증서 발급기관 등의 기능을 모두 가지고 있다. 단, 서비스명이 다음과 같이 조금 다르다.

기능	서비스 이름	설명
라우터	RRAS(라우팅 및 원격 액세스 서비스)	Routing and Remote Access Server
RADIUS	IAS(인증 서비스)	Internet Authentication Server
계정 DB	Active Directory	
L2TP	RRAS	Routing and Remote Access Server
PPTP	RRAS	Routing and Remote Access Server
Certificate Authority(CA)	인증 서비스	

1.13 실험망의 구성

〈그림 1.21〉과 〈그림 1.22〉는 본 교재에서 다루는 모든 예에서 사용될 시험망의 구성을 나타내고 있다. 기본적으로 모든 시스템은 윈도우 2003 서버이며, 필요에 따라서 XP와 같은 단말도 추가로 사용한다.

시스템 이름	사용자/관리자 이름	IP 주소	용도
DarongiCom (Doamin Controller)	Darongi	200.0.0.1	Domain Controller Active Directory Server DNS Root Certificate Authority
InsuniCom (인증서버)	Insuni	200.0.0.2	RADIUS Server Secure Web Server
BoramiCom (VPN 서버인 경우)	Borami	200.0.0.3 200.0.1.3	PPPoE Server(NAS) RADIUS Client
BoramiAP (AP인 경우) (SSID=Woorizip)	Borami	200.0.0.3	802.1x AP RADIUS Client
AramiCom (단말)	Arami	200.0.0.4 또는 200.0.1.4	범용 단말 SSL 단말 PPPoE Client 802.1x EAP단말 PAP/CHAP 단말

〈그림 1.21〉 시험망의 구성요소들에 대한 이름과 IP주소 할당 예

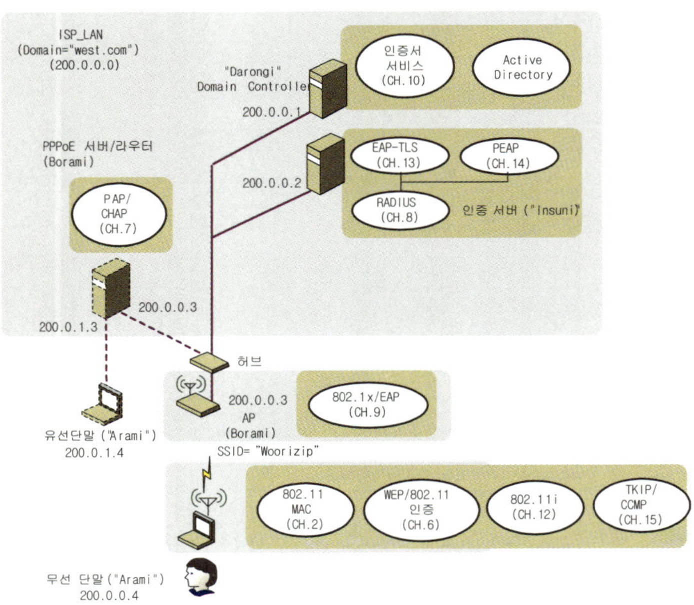

〈그림 1.22〉 실험망의 구성

윈도우 2003 서버의 상세한 설치과정은 다른 교재를 참고하도록 한다. 단, 초기 설치시 가급적 가능한 서비스들 모두 설치하면, 이후 실험에 필요한 서비스를 추가 설치해야 하는 번거로움을 없앨 수 있다. 그리고 방화벽이나 필터 기능은 모두 해제하도록 한다. 다음은 본 교재에서 필요한 서버 프로그램들이다.

- Domain Controller
- DNS
- Active Directory
- Routing and Remote Access Server (RRAS)
- 인증서 서비스
- 인터넷 인증 서비스
- IIS 웹 서버

1.14 도메인 구성과 액티브 디렉터리 설치

본 절에서는 제 6장부터 실험에 사용될 윈도우 2003 시스템 환경 구축을 위하여, "west.com" 도메인을 위한 도메인 컨트롤러와 액티브 디렉터리 및 DNS를 설치한다. 이를 위하여, 다음과 같이 수행한다.

(1) 기본 설정

STEP 1 도메인 컨트롤러를 설치할 컴퓨터에는 NTFS로 포맷된 볼륨이 있어야 한다. 윈도우 설치시에 하드 디스크를 FAT형식으로 포맷한 경우 도메인 컨트롤러를 설치할 수 없기 때문에 포맷형식을 NTFS 형식으로 바꾸어 준다. '실행' 창에서 convert c: /FS:NTFS 라고 입력하여 포맷 형식을 바꿀 수 있다.

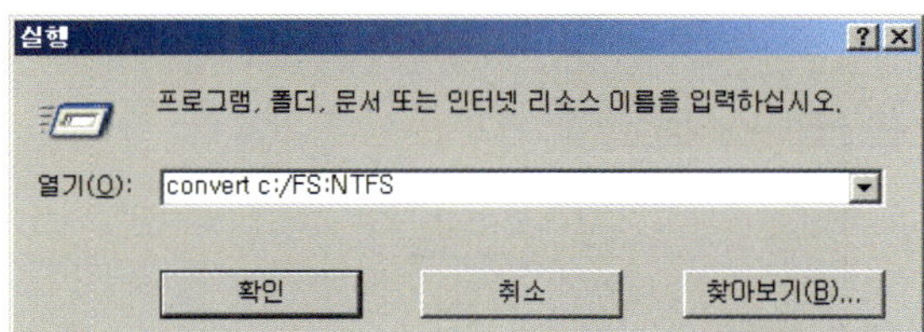

STEP 2 도메인 컨트롤러 컴퓨터의 IP주소와 DNS주소를 모두 200.0.0.1로 설정한다.

STEP 3 [실행] 창에서 dcpromo라고 입력하여 도메인 컨트롤러 설치 마법사를 시작시킬 때 표시되는 [Active Directory 설치 마법사 시작] 창에서 [다음]을 클릭한다.

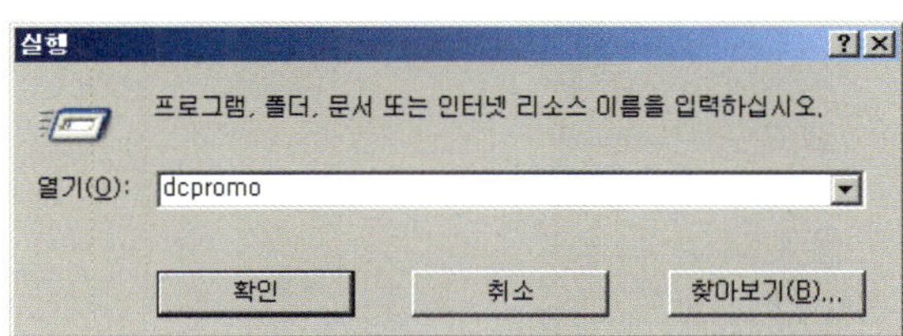

STEP 4 [도메인 컨트롤러 종류] 창에서, [새 도메인의 도메인 컨트롤러] 항목에 체크하고 [다음]을 클릭한다.

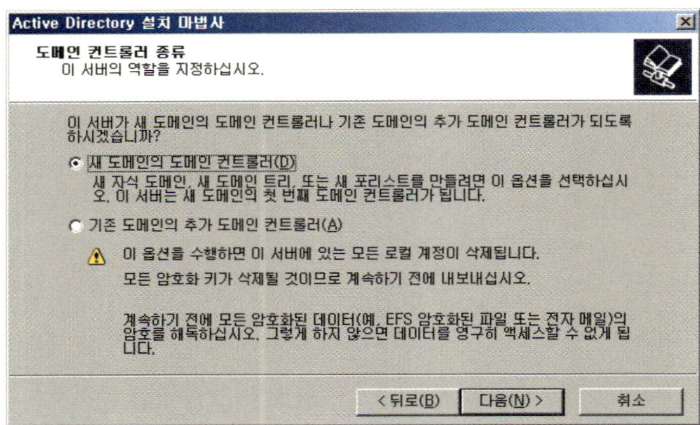

STEP 5 [새 포리스트에 있는 도메인] 항목에 체크하고 [다음]을 클릭한다.

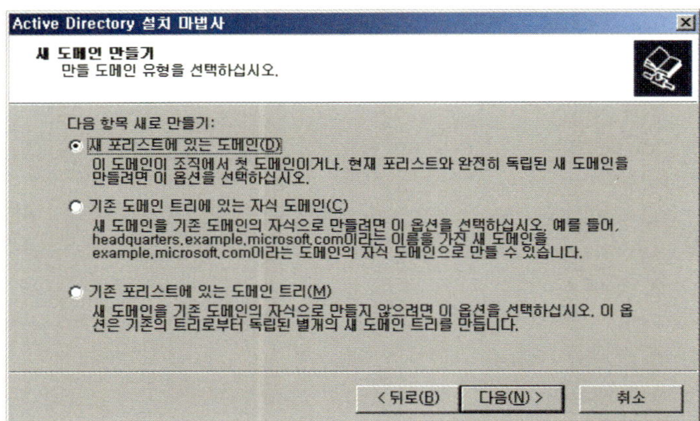

STEP 6 DNS 설치 또는 구성에서 "아니오… DNS를 설치하고 구성합니다"를 선택한다.

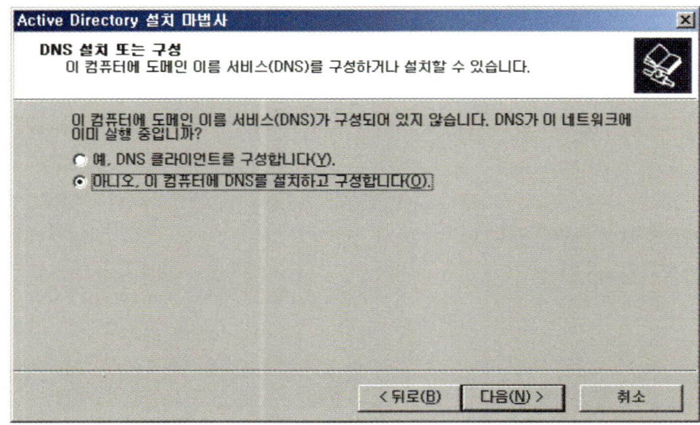

STEP 7 [새 도메인 이름]에 "west.com"을 입력하고 [다음]을 클릭한다.

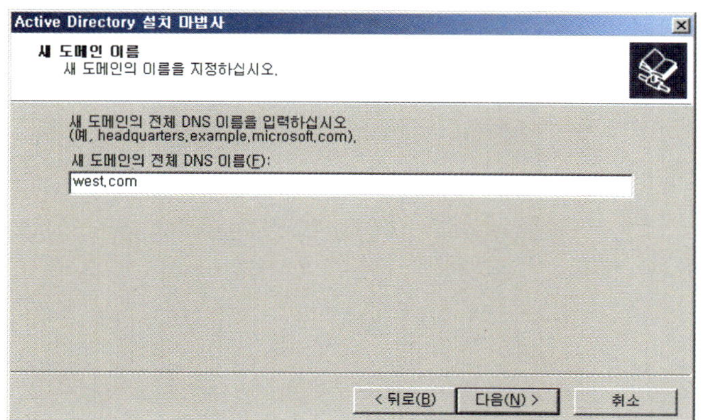

STEP 8 [NetBIOS 도메인 이름]에 WEST라고 적혀 있는 것을 확인하고 [다음]을 클릭한다. [NetBIOS 도메인 이름]은 Window 2000 이전의 Windows 9x나 NT 계열의 컴퓨터가 도메인을 식별하는데 사용되는 이름이다.

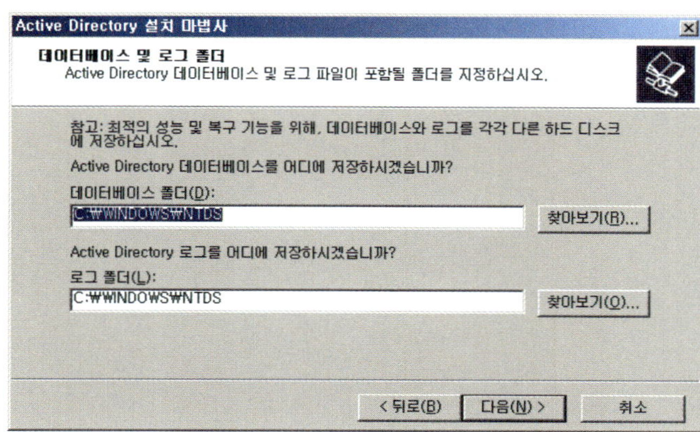

STEP 9 [데이터베이스 및 로그 폴더]는 디폴트 값을 유지하고 [다음]을 클릭한다.

STEP 10 [공유 시스템 볼륨]도 디폴트 값을 유지하고 [다음]을 클릭한다.

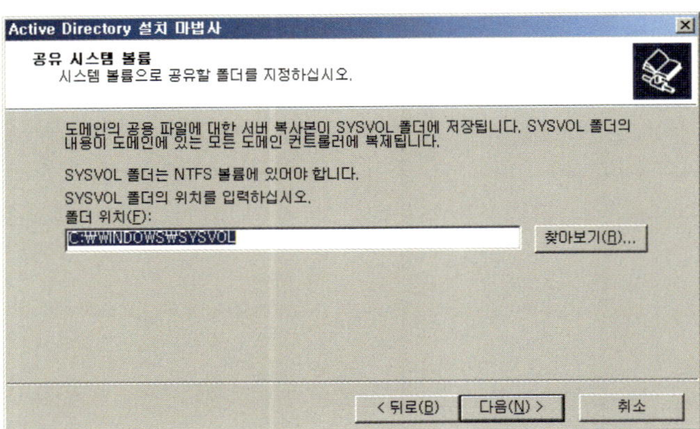

STEP 11 [사용 권한] 창에서, [Windows 2000 이전의 서버와 호환되는 사용 권한] 항목에 체크하고 [다음]을 클릭한다. 이 항목은 Windows 2000 이전의 서버와의 호환을 가능하게 한다. 어느 것을 선택해도 상관은 없다.

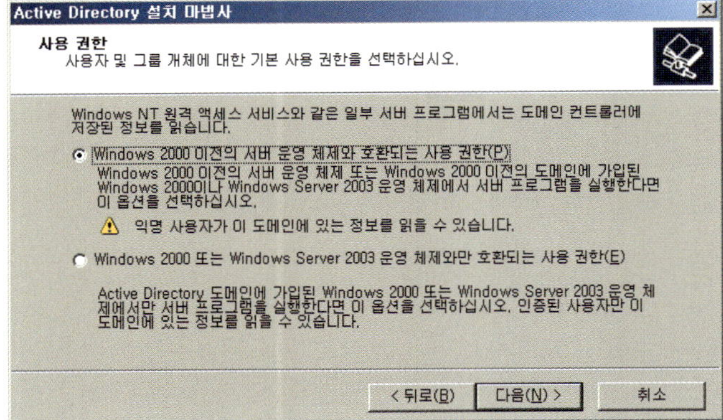

STEP 12 [디렉토리 서비스 복원 모드]로 시작할 때의 Administrator 계정의 암호를 지정해 주는 부분에서, 암호를 정해주거나 공란으로 비워도 가능하다.

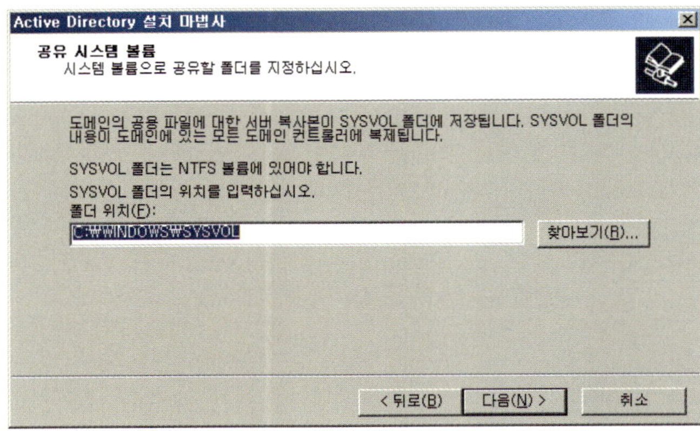

STEP 13 지금까지 설정한 내용을 확인하고 [다음]을 클릭하여 설치를 시작한다.

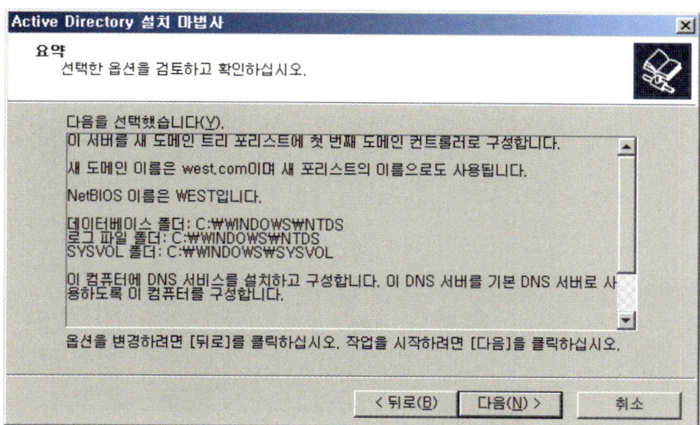

STEP 14 다음과 같은 화면이 나오면 액티브 디렉터리의 설치가 시작된 것이다. 10분에서 15분 정도 기다리면 설치가 완료된다. 설치 중 윈도우 2003 서버 설치용 CD를 넣으라는 메시지가 나올 수도 있다. 이 경우, 해당 CD를 넣고 설치를 완료할 수 있다.

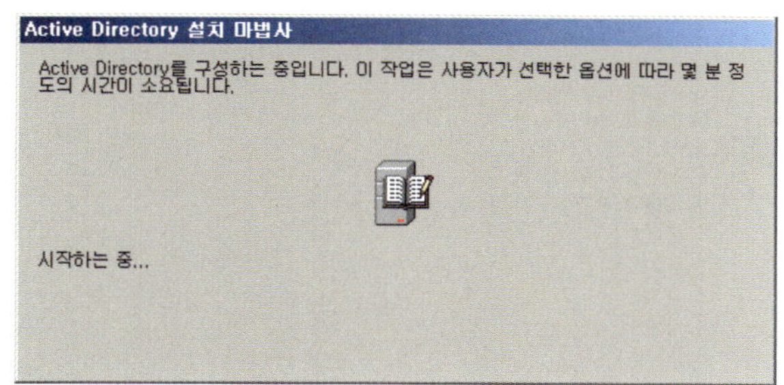

STEP 15 설치 완료 화면이 나오면 [다음]을 클릭하고 재부팅시킨다.

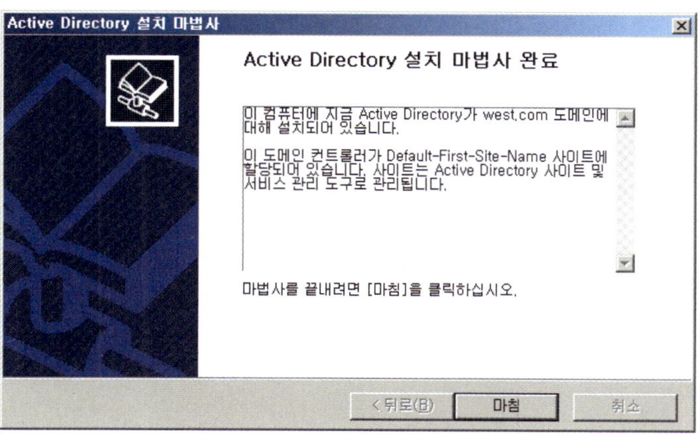

STEP 16 재부팅 후 대화형 로그온 화면에서 WEST 도메인에 Administrator 계정으로 로그온 할 수 있다.

제 1 장 무선 LAN과 보안

(2) 사용자 등록

본 교재의 실험부분에서 사용될 시스템의 이름과 사용자 계정을 미리 액티브 디렉터리에 등록한다. 먼저 사용자인 Arami와 Insuni를 모두 등록한다. 단, Borami는 도메인에 참여하지 않아도 되므로, 등록하지 않아도 된다.

STEP 17 [시작] ➜ [관리 도구] ➜ [Active Directory 사용자 및 컴퓨터] 창을 띄운 후 [Users] 폴더에서 마우스 오른쪽 버튼을 클릭하여 [새로 만들기] ➜ [사용자]를 선택한다.

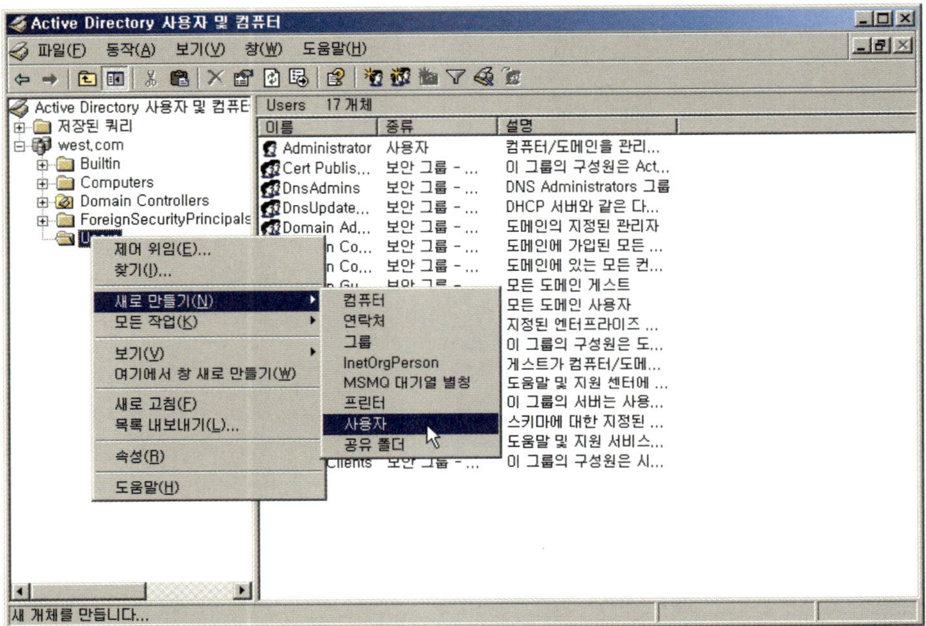

STEP 18 [Users] 항목에서 마우스 오른쪽 버튼을 클릭하여 [새로 만들기] ➜ [사용자]를 실행하여 다음과 같이 성과 이름, 로그온 이름 등을 입력하고 [다음]을 클릭한다.

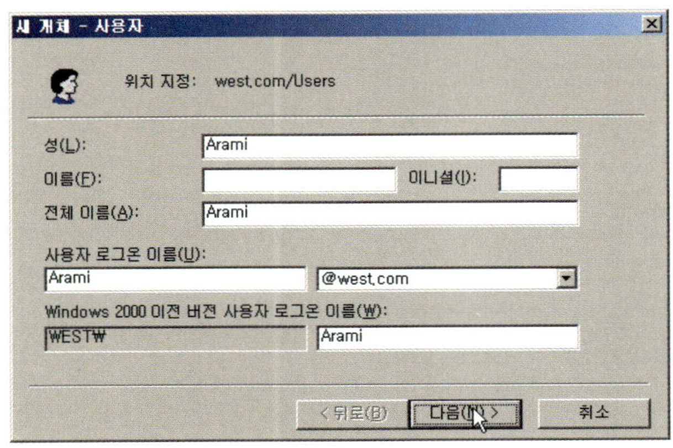

STEP 19 암호를 지정하고 [암호 변경할 수 없음]과 [암호 사용 기간 제한 없음]에 체크하고 [다음]을 클릭한다.

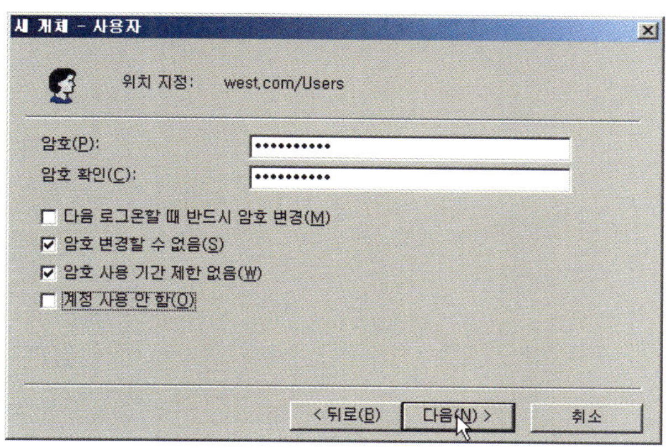

STEP 20 [Users] 폴더 안에 Arami라는 사용자가 추가된 것을 확인할 수 있다. 생성된 [Arami] 항목에서 마우스 오른쪽 버튼을 클릭하여 [속성]을 선택한다.

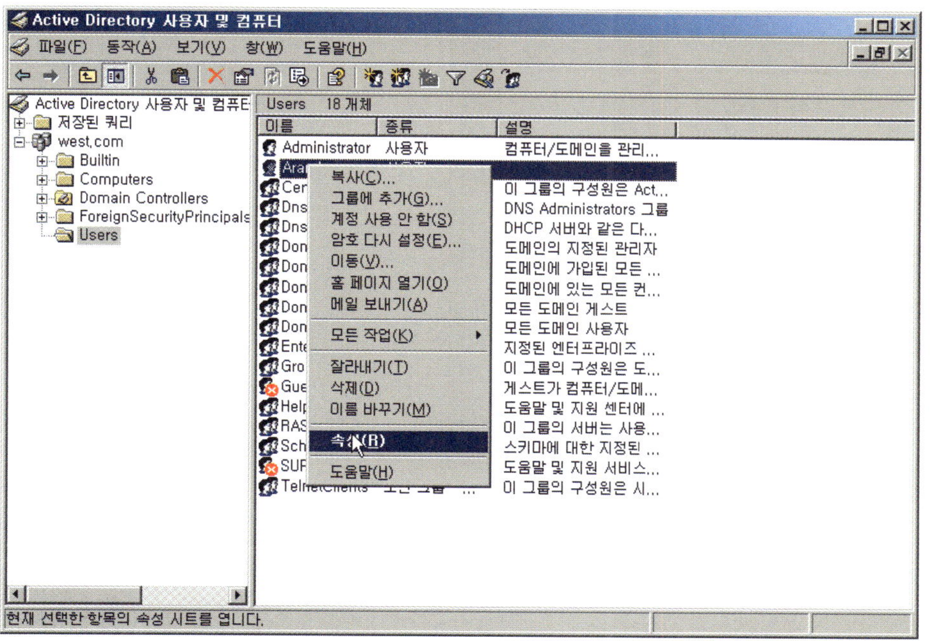

STEP 21 [전화 접속 로그인] 탭으로 이동하여 [액세스 허용] 라디오 버튼을 선택하고 [확인]을 클릭한다.

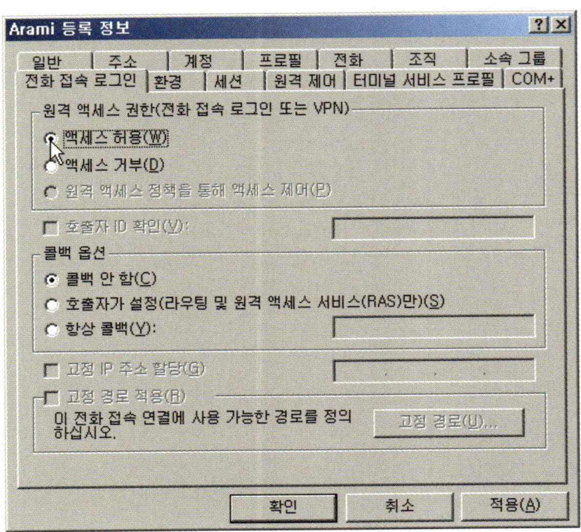

STEP 22 [계정] 탭으로 이동하여 [해독 가능한 암호화를 사용하여 암호 저장] 라디오 버튼을 선택하고 [확인]을 클릭한다. 이것은 CHAP이나 EAP-MD5 인증 방식이 사용될 경우를 대비한 것이다.

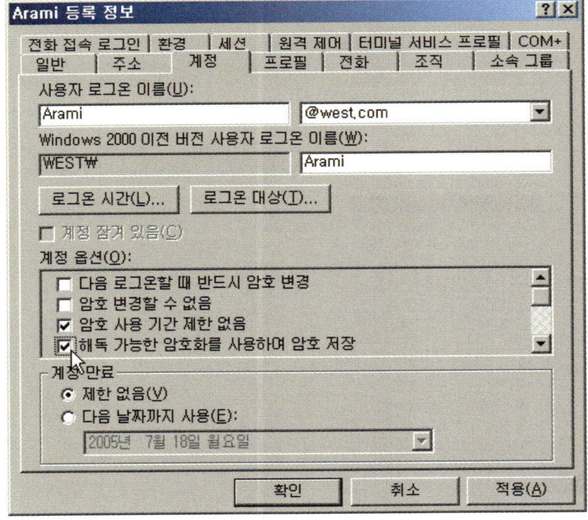

STEP 23 STEP 21~22를 반복하여 [Insuni] 계정도 생성한다. 한다. 이것은 CHAP이나 EAP-MD5 인증 방식이 사용될 경우를 대비한 것이다.

STEP 24 앞에서 생성한 Insuni 사용자 계정은 일반 Domain Users 계정이다. 이 Insuni는 앞으로 RADIUS 인증서버용으로 사용할 것인데, 이 Domain Users 계정으로는 제약이 따른다. 따라서 Insuni 계정을 "관리자 그룹의 구성원", 즉, [Domain Admins] 그룹에도 속하도록 추가해야만 RADIUS 인증서버로의 설정이 가능하다. 이를 위하여, Insuni 사용자 계정에서 마우스 오른쪽 버튼을 클릭하면 표시되는 메뉴에서 [속성]을 선택하면 표시되는 [Insuni 등록정보] 창의 [소속 그룹] 탭에서 추가를 클릭한다.

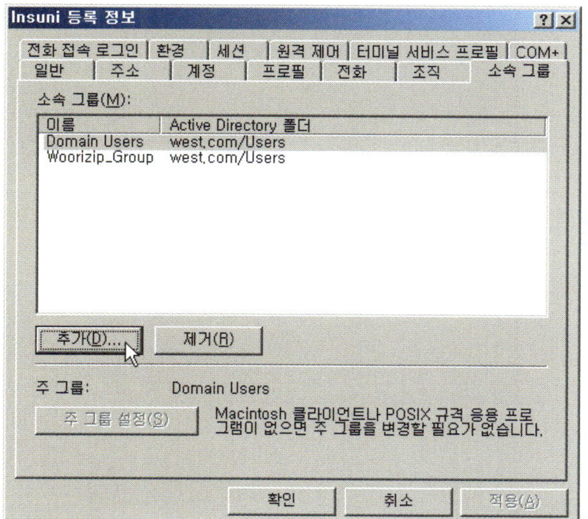

STEP 25 도메인 관리자 그룹인 [Domain Admins]를 입력하고 확인을 클릭한다.

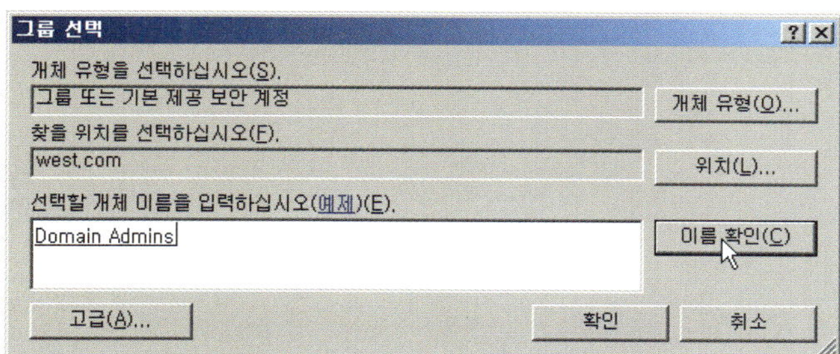

STEP 26 다음과 같이 [Domain Admins]가 추가된 것을 확인한다.

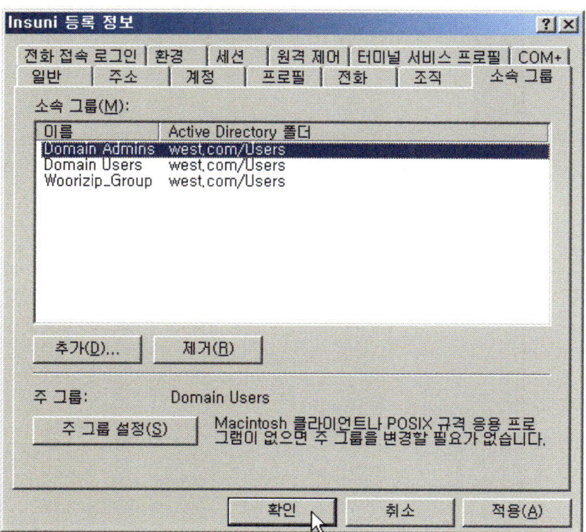

(3) 컴퓨터(시스템, 머신) 등록

사용자뿐만 아니라, 시스템도 등록하도록 한다. 이것은 앞으로 사용할 인증서를 사용하는 보안 프로토콜에서, 사용자뿐 만 아니라 시스템 인증서도 필요하기 때문이다.

STEP 27 [Computer] 항목에서 마우스 오른쪽 버튼을 클릭하면 표시되는 [새로 만들기]에서, [컴퓨터]를 클릭한다.

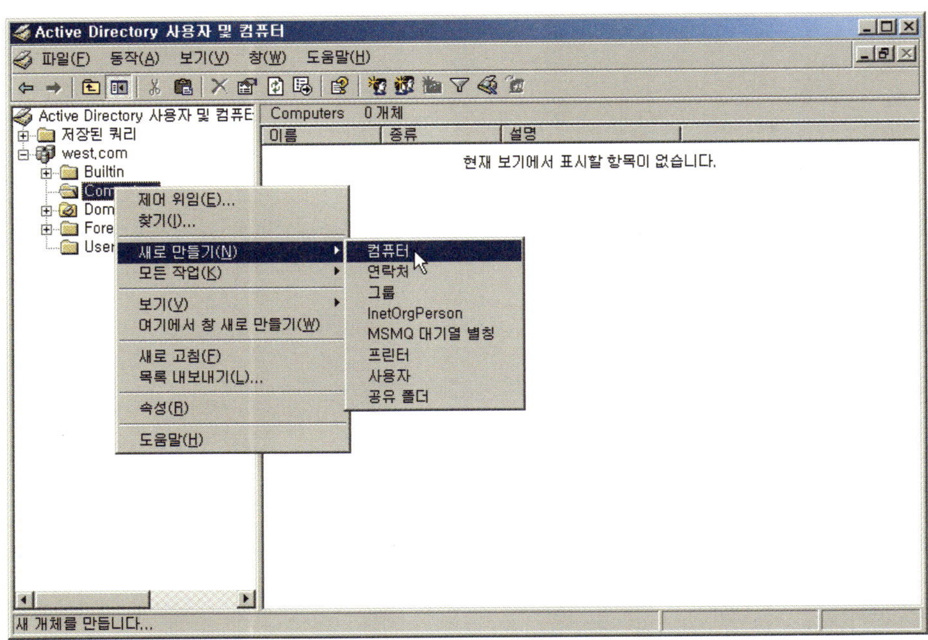

STEP 28 [다음]을 클릭한 후, [마침]을 클릭한다.

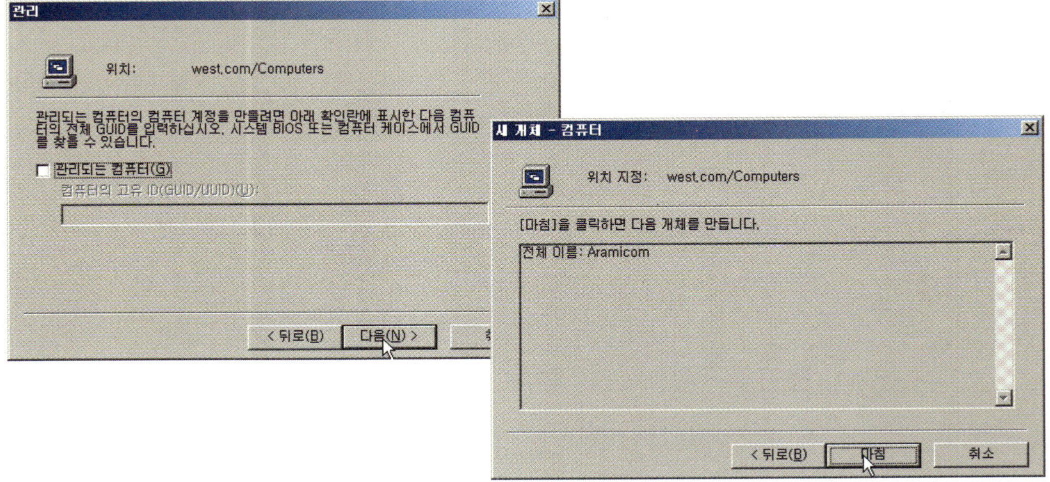

STEP 29 [Aramicom] 항목에서 마우스 오른쪽 버튼을 클릭하여 [속성]을 선택한다.

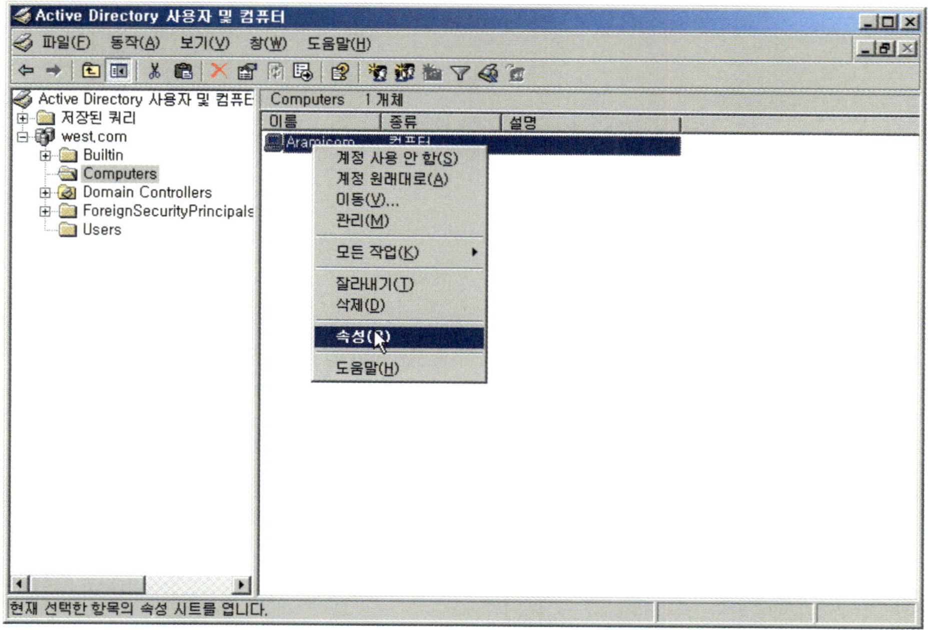

STEP 30 [전화 접속 로그인 탭]으로 이동하여 [액세스 허용] 라디오 버튼을 선택하고 확인을 클릭한다.

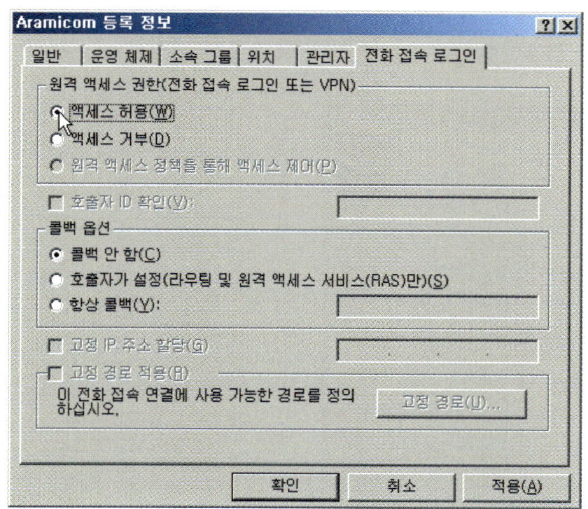

STEP 31 STEP 27~31을 반복하여 [InsuniCom] 계정도 생성한다. 이제, Aramicom(Arami사용자가 사용하는 컴퓨터 이름)과 Insunicom(Insuni 사용자가 사용하는 컴퓨터 이름)에서 각각 사용자 계정 Arami와 Insuni를 사용하여 west.com 도메인으로 가입할 수 있다.

이제 도메인의 구성요소가 완전히 구성되었다.

(4) Arami 컴퓨터로 'west.com' 도메인에 가입하기

각 단말들은 자신의 DNS서버로 darongicom의 IP주소인 200.0.0.1이 설정되어 있어야 한다.

STEP 32 단말 XP 컴퓨터에서 바탕화면의 [내 컴퓨터] 아이콘에서 마우스 오른쪽 버튼을 클릭하여 [속성] 페이지를 연다.

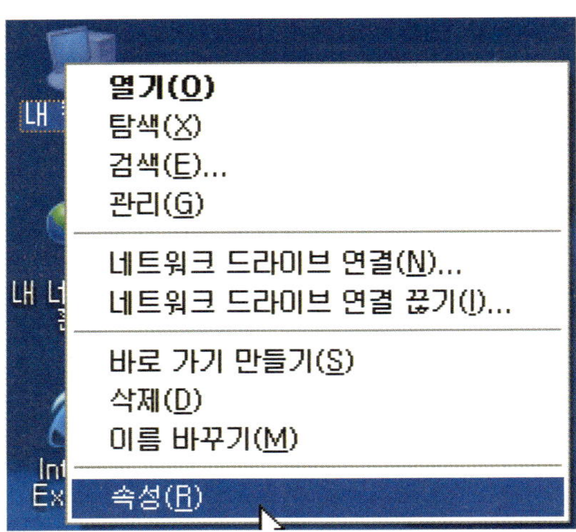

STEP 33 [시스템 등록 정보] 창에서, [컴퓨터 이름] 탭을 선택하고, 변경]을 클릭한다.

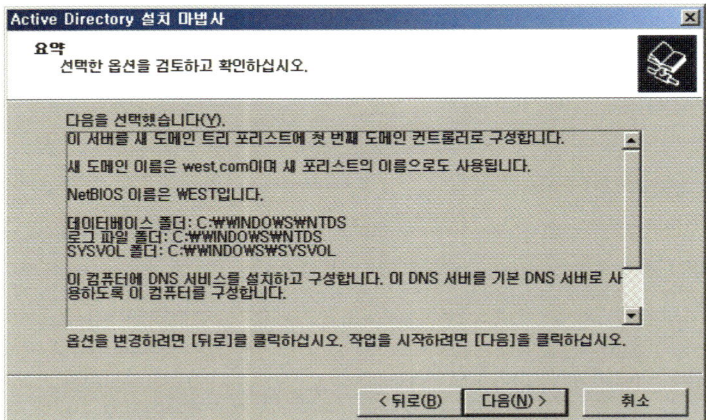

STEP 34 지금까지는 작업 그룹에 소속되어 있었을 것이다. 이제, 컴퓨터 이름을 "AramiCom"으로 변경하고, 도메인도 "West.com"으로 설정한다.

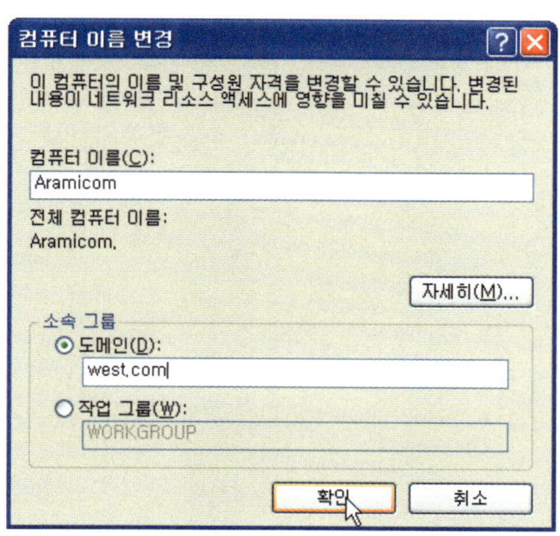

STEP 35 [확인]을 클릭하면, 표시되는 창에서, 자신의 관리자 계정인 "Administrator"와 해당 암호를 입력하고 [확인]을 클릭한다.

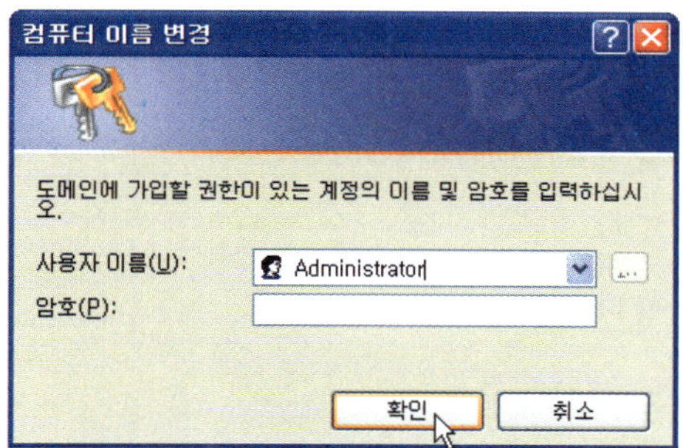

STEP 36 west.com 도메인 시작을 알리는 메시지가 뜨면 컴퓨터를 재부팅한다.

STEP 37 재부팅 후 대화형 로그온 상자에서 '옵션' 버튼을 클릭하여 'WEST' 도메인을 선택하고 주어진 Arami계정과 암호를 이용하여 로그온한다.

STEP 38 InsuniCom의 컴퓨터에서도 동일한 방법으로 도메인에 가입하고 로그온할 수 있다.

STEP 39 [내 네트워크 환경]에 'WEST' 도메인이 생성되었고 도메인에 속해 있는 컴퓨터들을 확인하도록 한다.

이러한 도메인과 액티브 디렉터리는 본 교재에서 다루어지는 윈도우 2003 기반의 사용자 인증 프로토콜들에서 기본적으로 사용된다.

1.15 IIS 웹 서버 설치

윈도우 2003 서버 운영체제를 최초로 설치할 때, 기존 운영체제와 달리 IIS 웹 서버는 기본적으로 함께 설치되지 않는다. 다음 절차에 따라 IIS 웹 서버를 InsuniCom에 추가 설치하도록 한다. 참고로, IIS서버는 Darongicom과 같은 도메인 컨트롤러에는 보안상 설치되지 않는다.

STEP 40 Administrator 계정에서, [시작] ➡ [제어판] ➡ [프로그램 추가/제거]를 클릭한다.

STEP 41 [윈도우 구성요소 추가/제거]를 선택하면 표시되는 마법사 창에서, "응용 프로그램 서버"를 클릭하고, [자세히] 버튼을 클릭한다.

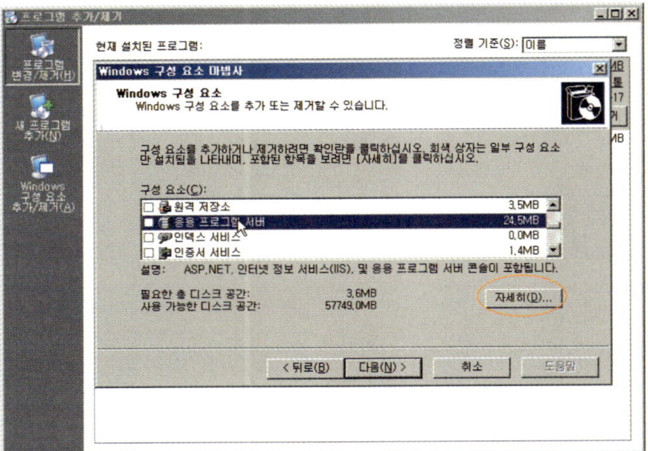

STEP 42 [응용 프로그램 서버]창에서 인터넷 정보 서비스(Internet Information Services(IIS))를 체크한 후 [확인]을 누르고, [다음]으로 진행한다.

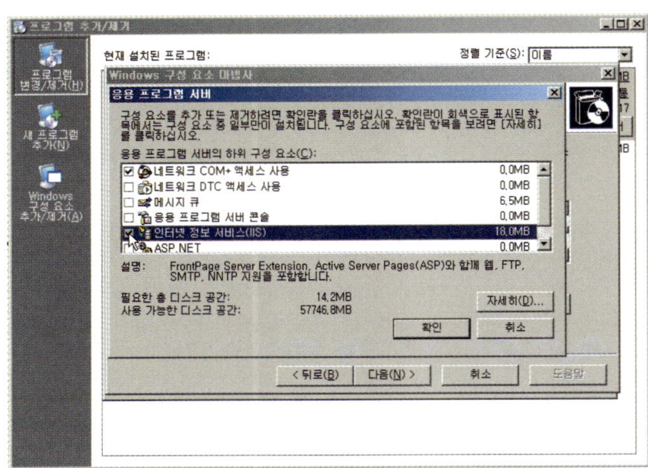

STEP 43 필요한 경우, 설치 CD를 사용하라고 하는 경우, CD를 설치한다. 이후 [마침]을 선택하여 마법사를 완료한다.

STEP 44 [기본 웹 사이트] 항목에서 마우스 오른쪽 버튼을 눌러 [속성]을 선택한다.

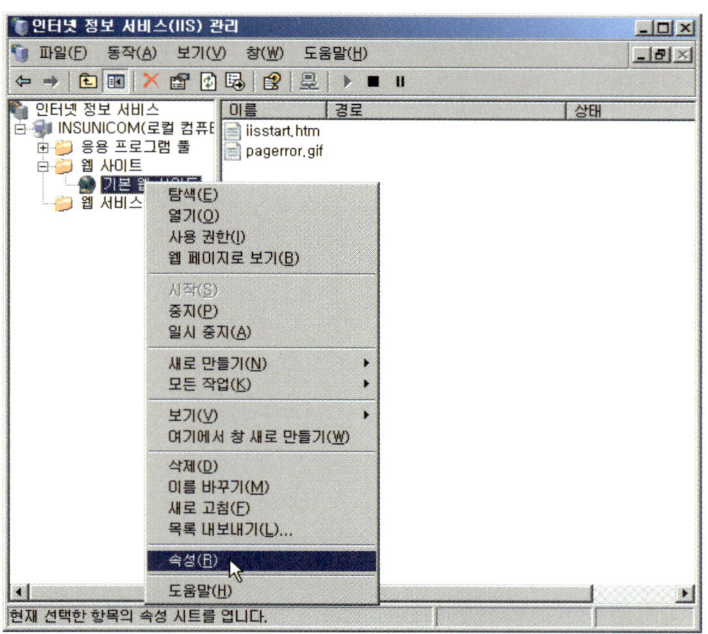

STEP 45 기본 [웹 사이트] 탭에서 다음과 같이 설정한다. 여기서, IP주소는 특별하게 설정하지 않아도 된다.

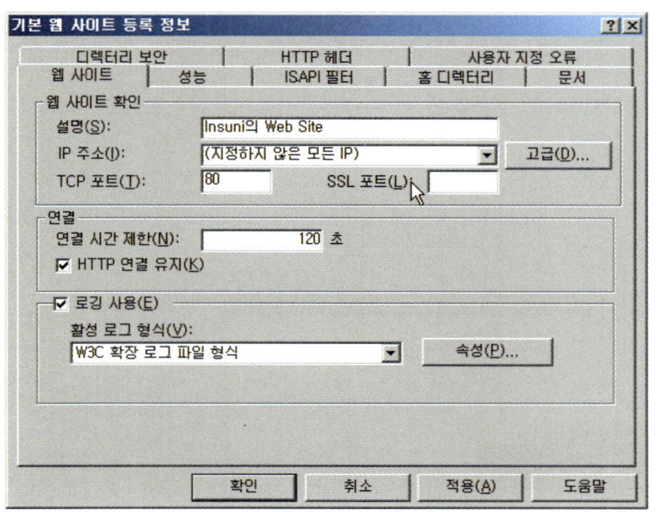

STEP 46 [디렉터리 보안] 탭에서, "인증 및 액세스 제어" 항목의 [편집]을 클릭한다.

STEP 47 [인증 방법] 창에서, "익명 액세스 가능"의 선택을 해제하고, "인증된 액세스" 항목의 "Windows 도메인 서버의 다이제스트 인증" 또는 "Windows 통합 인증"을 선택한다. 이것은 액티브 디렉터리에 등록된 사용자만이 접근할 수 있도록 하기 위함이다.

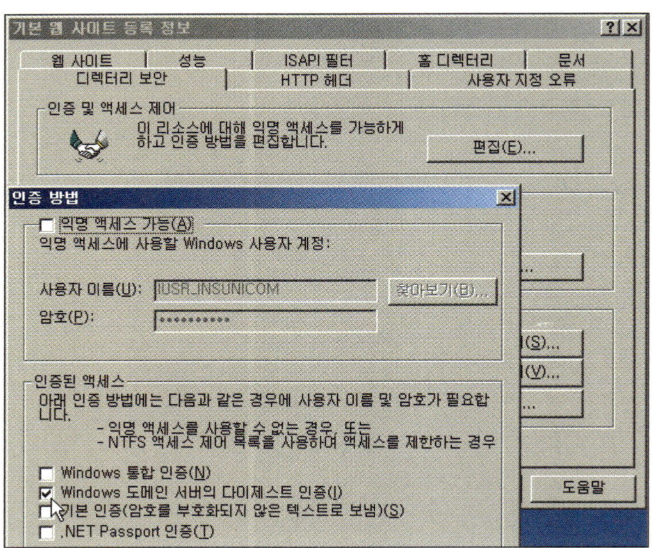

STEP 48 default.htm을 메모장으로 작성한 후, 이것을 홈 디렉터리 경로인 "C:\inetpub\wwwroot"에 저장한다.

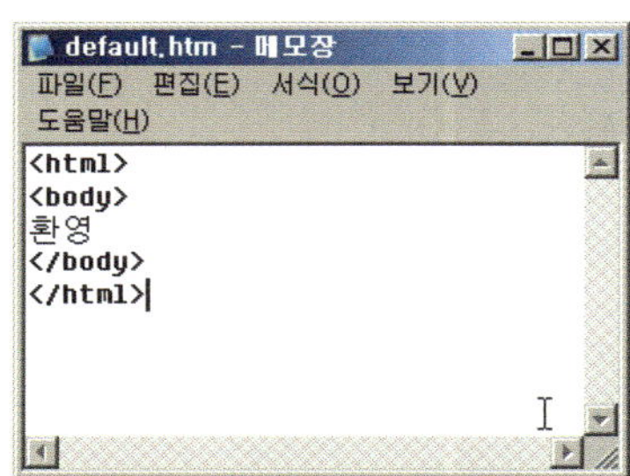

STEP 49 웹 서버를 재시동한다.

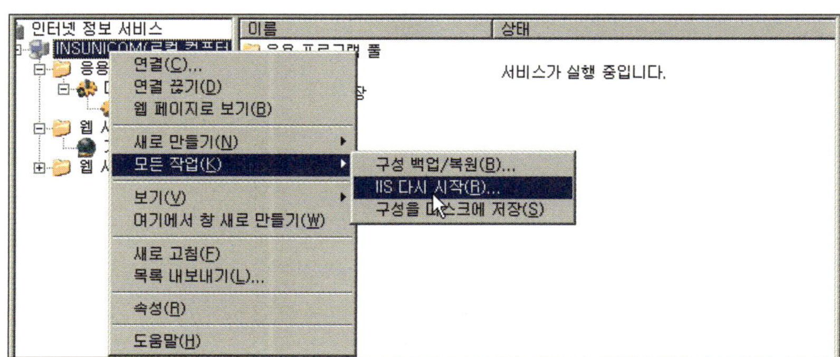

STEP 50 클라이언트인 Arami의 브라우저에서 http://insunicom을 입력하면, Arami의 로그온 계정을 입력하라는 창이 표시될 것이다. 이것은 웹 서버가 액티브 디렉터리에 등록된 Arami의 이름과 암호를 검증하도록 하는 것이다. 도메인에 등록된 이름인 "Arami"와 암호를 입력한다.

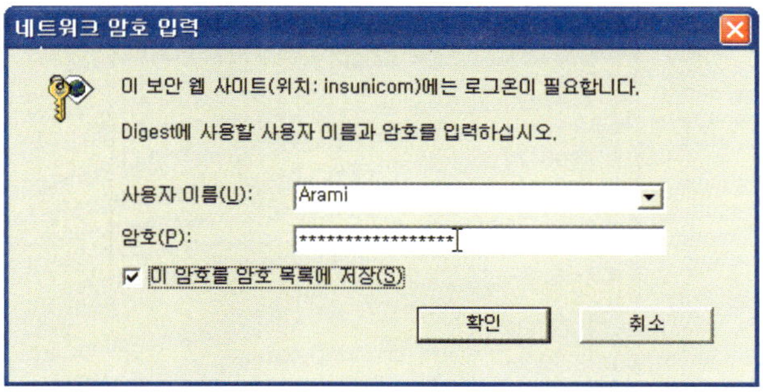

STEP 51 드디어 웹 페이지에 접근할 수 있다.

지금까지 사용자 및 컴퓨터 계정을 모두 액티브 디렉터리에 등록하였으며, 웹서버에 대한 접근도 액티브 디렉터리에 등록된 사용자만이 접근할 수 있도록 하였다. 이러한 액티브 디렉터리와 웹서버는 앞으로의 실험에 기반기능으로 활용되므로, 절차들을 다시 한번 검토해 보도록 하자.

1.16 프로토콜 분석기

다양한 종류의 프로토콜 분석기가 있지만, 본 교재에서는 e-watch를 사용하였다. e-Watch는 국내에서 최초로 개발된 프로토콜 분석 및 트래픽 모니터용 소프트웨어이다. 이것은 이더넷 카드가 장착된 Windows95/98/Me/NT/2000/2003/XP에서 모두 작동하며, CD로부터 자동 설치된다.

e-Watch는 크게 패킷 수집/분석, 트래픽 모니터링, 프레임 발생 기능, NetTools 등의 기능이 있다.

e-Watch는 LAN에서 전송되는 이더넷 프레임들 중에서, 미리 선정한 종류별 패킷들에 대한 실시간 수집동작에 의해 분석을 수행한다. 즉, 패킷 필터링(packet filtering) 동작을 수행한다. 이더넷 카드를 제외한 모든 부분은 PC의 구성품을 사용하므로, 추가의 하드웨어는 불필요하다.

 연습 문제

[1] 무선 LAN 의 무선 링크에 대한 설명 중 틀린 것은 _____ 이다.
(a) ISM 밴드는 허가받지 않고 사용할 수 있는 주파수 영역이다.
(b) 무선 LAN용으로 사용 가능한 주파수는 2.4GHz와 5.7GHz이다.
(c) 5.7GHz 대역은 2.4GHz 대역보다 전송거리가 길다.
(d) 2.4GHz 대역은 전자 레인지가 사용하는 주파수와 겹친다.

[2] AP의 기본 역할은 _____ 와 같다.
(a) 라우터   (b) 브리지
(c) 허브   (d) 단말

[3] 무선 LAN 구성요소에 대한 설명 중 틀린 것은 _____ 이다.
(a) 분배 시스템은 여러 개의 AP를 연결한 망으로써 주로 이더넷이 사용된다.
(b) BSS는 여러 개의 AP가 모인 집합체이다.
(c) BSS는 하나의 AP와 여기에 접속된 여러 단말로 구성된 집합체이다.
(d) ESS는 여러 개의 BSS로 구성되며, 각 ESS는 ESSID로 구분된다.
(e) ad-hoc망은 AP없이 단말간에 연결된 망이다.
(f) Intrastructur망은 AP를 사용하는 망이다.

[4] WPA에 대한 설명 중 틀린 것은 _____ 이다.
(a) WPA-1은 TKIP 암호 방식을 사용하는 규격이다.
(b) WPA-Personal은 PSK 인증 방식을 사용하는 규격이다.
(c) WPA-2는 WEP 암호 방식을 사용하는 규격이다.
(b) WPA-Enterprise는 인증서버를 사용하는 인증 방식에 대한 규격이다.

[5] 무선 LAN 물리계층에 대한 설명 중 틀린 것은 _____ 이다.
(a) 802.11b는 11Mbps급 DSSS방식의 물리계층을 사용한다.
(b) 802.11a는 5.7GHz에서 54Mbps급 물리계층을 사용한다.
(c) 802.11g는 2.4GHz에서 54Mbps급 물리계층을 사용하지만, 11b와 호환되지는 않는다.
(d) 802.11은 1~2Mbps급 물리계층을 사용한다.

[6] 무선 LAN의 기본 동작 절차를 순서대로 정렬하면 __ __ __ __ 이다.
(a) 탐색과정   (b) 결합과정
(c) 인증과정   (d) 데이터 전송과정

[7] 802.11 MAC이 지원하는 기능은 __, ___, ___이다.
(a) MAC 계층에서의 ACK기능 및 프레임 분할 전송기능
(b) RTS/CTS를 사용한 가상 캐리어 감지에 의한 충돌회피 기능
(c) 전원절약 기능   (d) ESS간 로밍 기능
(e) 실제 캐리어 감지 기능

[8] 무선 MAC에서 사용하는 암호 방식이 아닌 것은?
(a) WEP   (b) CCMP
(c) TKIP   (d) DES

[9] 무선 LAN용 인증 방식이 아닌 것은?

    (a) Open System

    (b) Shared Key

    (c) Pre-Shared Key

    (d) 인증서버를 사용한 EAP 인증 방식

    (e) 커버로스 인증 방식

[10] 윈도우 2000서버가 제공하는 서비스가 아닌 것은?

    (a) Active Directory   (b) 인증서 서비스

    (c) 커버로스 인증   (d) PGP

[11] 가상 사설망의 설명 중 틀린 것은?

    (a) 공중망을 경유한 터널링 방식을 사용한다.

    (b) 전용선을 사용한다.

    (c) 대부분의 경우, 대역을 보장 받아 사용할 수 없다.

    (d) 공중망을 경유하여 통신비용을 절감할 수 있다.

[12] VPN이 제공한 보안 서비스 중 틀린 것은 _____ 이다.

    (a) 기밀성 : 암호화한다.

    (b) 메시지 인증 : 전송과정에서의 변조를 감지할 수 있도록 한다.

    (c) 사용자 인증 : 망에 접속할 수 있는 자격을 검사한다

    (d) 단말과 무선구간의 암호화만 제공한다.

[13] 네트워크 보안 프로토콜의 특성 중 맞는 것은?

    (a) L2TP : PPP패킷이 IP망을 경유할 수 있도록 하는 터널링 프로토콜이다.

    (b) IPSec : 전송계층에서의 보안을 제공한다.

    (c) TLS : 응용계층에서의 보안을 제공한다.

    (d) S/MIME : 망계층에서의 보안을 제공한다.

[14] 윈도우 200 서버의 RRAS가 제공하는 2가지의 기능은 무엇인가?

    (a) Router   (b) Remote Access Server

    (c) RADIUS 인증서버   (d) 인증서 발급 서버

[15] 윈도우 2003 서버의 IAS의 기능은 무엇인가?

    (a) Router   (b) Remote Access Server

    (c) RADIUS 인증서버   (d) 인증서 발급 서버

[16] Secure VPN과 링크계층에서의 VPN을 비교 설명하라.

정답
[1] (c), [2] (b), [3] (b), [4] (c), [5] (c), [6] (a), (b), (c), (d), [7] (a), (b), (c), [8] (d), [9] (e), [10] (d), [11] (b), [12] (d), [13] (d), [14] (a), (b), [15] (c)

Mamo.

제 2 장

IEEE 802.11 무선 LAN

2.1 개 요

IEEE 802.11 MAC은 지난 30년간 유선 LAN 방식에서 독보적인 이더넷에서 사용하고 있는 CSMA/CD 기술과 유사한 CSMA/CA(carrier sense multiple access with collision avoidance)기술을 이용하여 하나의 무선 링크를 여러 대의 단말이 경쟁하면서 공유하도록 한다.

본 장에서는 제 1 장에 이어, IEEE 802.11 무선 LAN 시스템의 계층구조, 프레임 형식, 기본적인 전송절차를 소개한다. 이어, 액세스 포인트 탐색, 인증, 결합과 같은 연결절차를 다룬다. 참고로, 전원절약절차를 소개한 후, 무선 LAN 프로토콜 분석기를 사용한 프로브 및 비컨 메시지의 수집 및 분석과정을 다룰 것이다. 이해를 돕기 위하여, 기존 유선 LAN에서 사용되는 이더넷의 예도 함께 들도록 한다.

2.2 계층구조

무선 LAN 단말의 계층구조는 〈그림 2.1〉과 같이 MAC(Medium Access Control)과 Logical Link Control(LLC)로 구성되는 링크계층과 PLCP(Physical Layer Convergence Protocol)와 PMD(Physical Medium Dependent)의 물리계층(PHY)으로 구성된다.

그리고 MAC과 PHY를 제어하기 위한 모듈로 각각 MAC Sublayer Management Entity(MLME)와 PHY Layer Management Entity(PLME) 모듈이 정의되어 있으며, 이들을 이용하는 Station Management(SM) 블록으로 구성된다. 각 블록의 기능은 다음과 같다.

- **물리매체종속(Pysical Medium Dependent)계층** : 변복조를 하는 무선 모뎀 기능을 수행한다. 적외선, RF 등의 전송매체의 종류 마다 변복조 방식이 다르기 때문에 물리매체종속계층이라고 한다.
- **물리계층정합부(Physical Layer Convergence Protocol)계층** : 하부에 다양한 종류의 PMD가 있고, 상위에는 PMD 종류와 무관한 MAC계층이 있으므로, 이들간의 동작을 정합시키는 역할을 수행한다. MAC계층으로부터 전달된 MAC_PDU(MPDU)에 프리앰블과 PLCP 헤더를 추가로 부착한 후, 모뎀기능을 수행하는 PMD에 비트열로 전달하여, 송수신 동작을 수행한다.

- MAC 계층 : LLC와 같은 상위계층 패킷(MAC Service Data Unit – MSDU)이나 프로브, 비컨 등의 MAC 매니지먼트용 프레임(MMPDU)를 MPDU에 수납한 후, 캐리어 감지 및 재전송과정을 수행하는 CSMA/CA절차에 의해 전송한다. 필요에 따라서, MSDU나 MAC Management PDU(MMPDU)를 여러 개의 Fragmented SDU(FSDU)로 분할한 후, 각각을 MPDU로 전송한다.
- 물리부계층 매니지먼트 부(MAC Sublayer Management Entity) : 전원관리, 탐색, Join, 인증, 결합, 리셋, 시간동기 등의 MAC계층의 운영에 필요한 관리기능을 특별한 MMPDU(probe, beacon, association, authentication 등의 프레임)를 사용하여 수행한다.
- 물리계층 매니지먼트 부(PHY Layer Management Entity) : 물리계층부에 대한 리셋, 모뎀의 동작값(슬롯타임, 송수신 절환 지연시간, 프리앰블의 길이 등)을 설정하거나 설정값을 읽는다.
- 스테이션 매니지먼트 부 SM(Station Management) : 상위계층 사용자로부터의 리셋, 스캔, 연결(결합) 요청 명령에 의해, 해당 MLME나 PLME 블록에 대한 리셋, 탐색과정, 인증, 결합 등을 지시하고, 처리 결과를 상위계층에 전달하는 연결관리 기능의 총괄 모듈이다.
- LLC : 모든 상위계층 패킷을 LLC PDU에 수납한다.

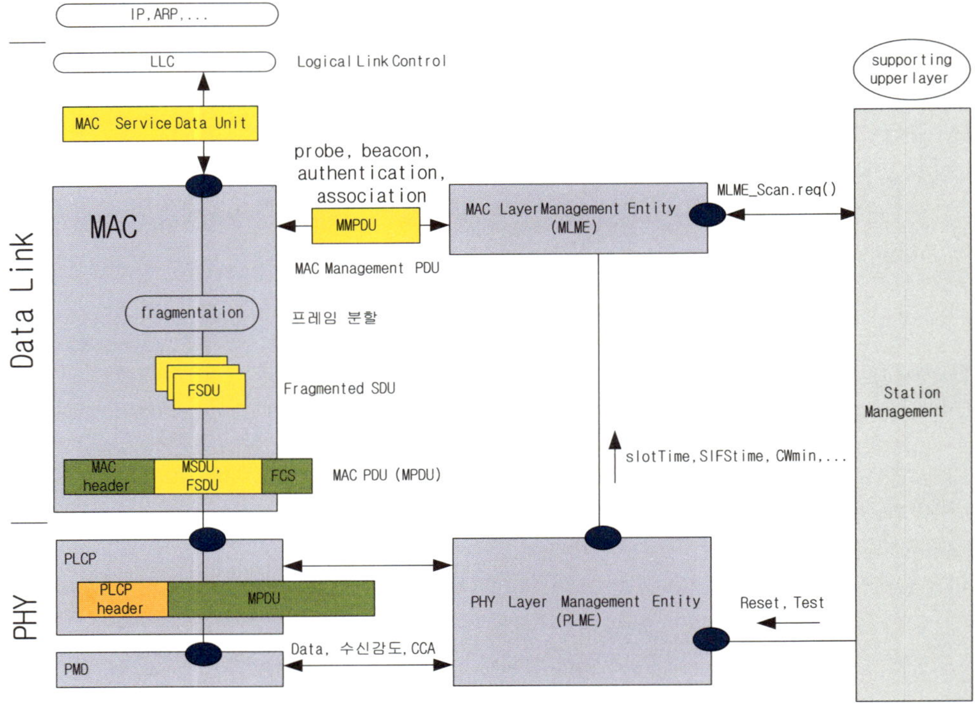

〈그림 2.1〉 802.11 MAC의 계층구조 및 PDU의 종류

2.3 물리계층의 프레임 형식

IEEE 802.11b의 물리계층은 비트동기 및 프레임 동기를 설정하고, 현재의 무선채널에 대한 idle 상태와

busy 상태를 MAC에 보고하는 clear channel assessment(CCA)기능을 수행함으로써, MAC으로 하여금 하나의 무선 채널을 여러 단말이 공유하는 CSMA/CA MAC이 동작할 수 있도록 한다.

PLCP에서 부착하거나 처리하는 PLCP헤더는 크게 128비트의 비트동기용 프리앰블 영역과 48비트의 PLCP헤더로 구성된다. 주의할 사항은 페이로드와는 달리 이 PLCP 영역은 기존 저속 무선 LAN과의 호환을 위하여, 1Mbps로 전송되고, 이후 페이로드 영역은 최대 11Mbps로 전송된다는 점이다.

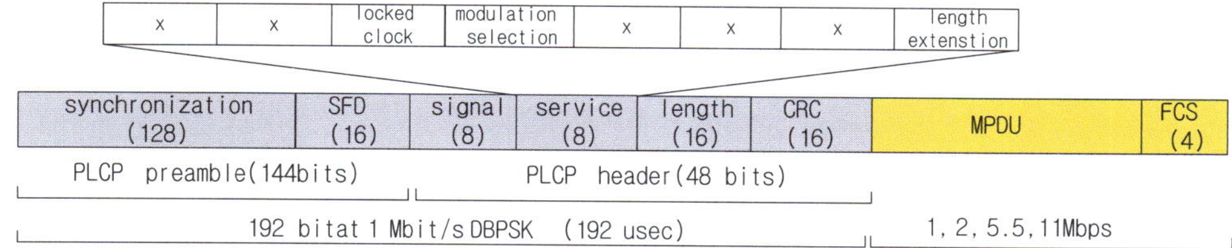

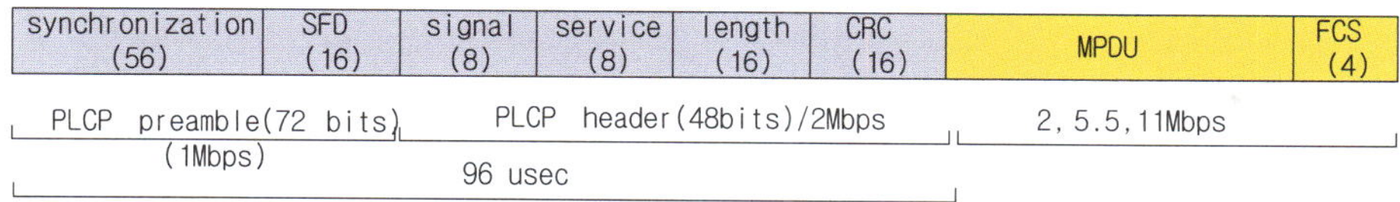

〈그림 2.2〉 802.11 PHY 프레임의 구성

각 영역의 상세는 다음과 같다.

- 프리앰블 영역 : 각각 128비트와 56비트의 길이를 가지는 long 프리앰블과 short 프리앰블 등 두 가지가 정의되어 있다. 구성요소는 다음과 같다.
  - Synchronization : 비트 동기용으로 사용되며, long 프리앰블과 short 프리앰블 방식에 대하여 각각 모두 1과 0으로 구성된다[1]. 수신측에서의 비트 동기시 앞부분의 몇 비트는 손실될 수도 있다.
  - SFD(Start Frame Delimiter) : 실제 프레임의 시작을 찾을 수 있도록 하는 특정 비트열로서, long 프리앰블과 short 프리앰블의 경우 각각 0xF3A0(1111001110100000)과 그 역순의 비트열이다.
- PLCP 헤더 : 프리앰블 다음에 위치한 48비트 영역으로, 물리계층에서 사용하는 동작값들을 지시한다.
  - 시그널 : 페이로드 부분의 전송속도를 숫자로 표시한다. (예 : 0x0A=1Mbps; 0x14=2Mbps, 0x37=5.5Mbps, 0x6E=11Mbps)
  - 서비스 : 16비트의 길이 영역으로는 최대 8Mbps밖에 표시할 수 없는 문제를 해결하고, 고정 클럭 및 변조 방식을 지시하는 용도로 사용된다.
  - 길이 : 하나의 MPDU를 송신하는데 필요한 usec 단위의 전송시간을 표시한다.
  - CRC : PLCP헤더 부분의 보호용이다.

---

[1] 실제로는 스크램블되어 전송된다.

2.4 MAC 프레임의 기본 형식

IEEE 802.11 MAC 프레임의 기본 형식은 〈그림 2.3〉과 같다. MAC 헤더의 길이는 Address 4영역의 유무에 따라 30 또는 24바이트이며, 프레임 바디의 최대 길이는 2312바이트이다. 또한, WEP 암호화가 사용될 경우, 8바이트가 추가된다. 참고로, 이더넷과 마찬가지로 각 바이트의 비트들은 LSB부터 전송된다.

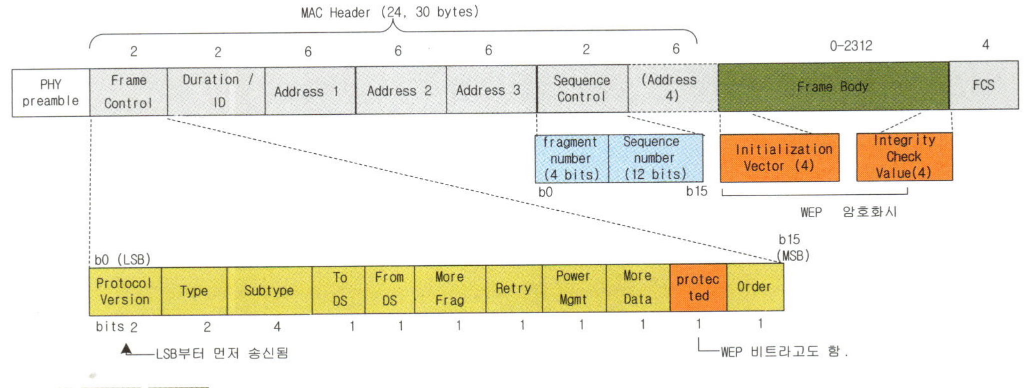

〈그림 2.3〉 MAC 프레임의 기본형식

각 프레임은 2바이트 길이의 프레임제어 영역으로부터 시작된다. 구성요소는 다음과 같다.

(1) 프레임 제어 영역

- 프로토콜 버전 : 00이다.
- 타입 : 해당 프레임이 control, management, data 프레임인지를 구분하는 2비트이다.
  - 00=매니지먼트 프레임(비컨이나 연결설정, 인증 등의 단말 관리용으로 사용된다.)
  - 01=제어 프레임(ACK, RTS 등 무선 채널의 MAC제어용으로 사용된다.)
  - 10=데이터 프레임
  - 11=사용되지 않는다.
- 서브타입 : 각 타입의 프레임에 대한 세부적인 프레임의 종류를 구분한다. 타입 영역과 서브타입 영역의 종류는 〈표 2.1〉과 같다.

〈표 2.1〉 Type/Subtype 영역 (Collision-Free용 프레임 제외)

타입 값 b3b2	서브타입 값 b7b6b5b4	서브타입 설명
00(Management)	0000	결합요청
	0001	결합응답
	0010	재결합요청
	0011	재결합응답
	0100	프로브요청
	0101	프로브응답
	0110-0111	예약됨

	1000	비컨
	1001	Announcement Traffic indication message(ATIM)
	1010	결합해제
	1011	인증
	1100	인증해제(Deauthentication)
	1101–1111	예약됨
01(Control)	0000–1001	예약됨
	1010	Power save(PS)–Poll
	1011	RTS
	1100	CTS
	1101	ACK
10(Data)	0000	데이터
	0100	Null function(no data)
	1000–1111	예약됨
11(예약됨)	0000–1111	예약됨

이 표에서 주의할 점은 각 타입과 서브타입의 비트들은 msb부터 기술되어 있다는 것이다. 이것은 실제 프레임의 송신 및 수신시 식별하기가 용이하도록 한 것일 뿐, 실제 전송은 각 바이트별로 lsb가 먼저 송신된다. 예를 들어 〈그림 2.4〉처럼, Probe Request 프레임을 수신해서 각 영역을 읽어볼 때, Frame Control 영역의 첫 바이트는 "0100 00 00"로 읽혀진다. 이것은 각각 순서대로 Subtype(0100)=Probe Request, Type(00)=Mgmt, Version=00으로 해석되며, 실제 비트열의 전송은 각 바이트의 lsb부터 전송된다.

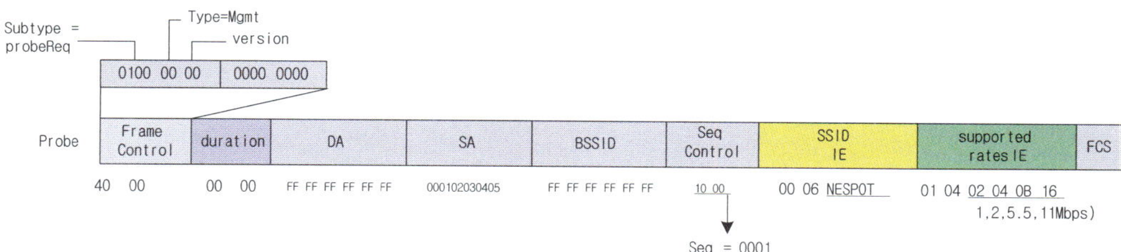

〈그림 2.4〉 프로브 요청 프레임의 예

- ● **ToDS와 FromDS 비트** : ToDS와 FromDS는 AP를 경유하여 이더넷 망(DS : Distribution System)으로 향하는 데이터 프레임인지 DS로부터의 데이터 프레임인지를 표시한다. 예를 들어, AP로 전송되는 프레임의 경우 ToDS=1로 표기된다. 반면에, AP로부터 수신되는 데이터 프레임의 경우 FromDS=1로 표기된다(단, 00인 경우에는 IBSS의 프레임이고, 11인 경우에는 무선 브리지의 데이터 프레임에 사용된다).

- ● **More Fragment 플래그** : 하나의 MAC프레임이 여러 개의 짧은 프레임으로 분할되어 전송될 때, 분할된 마지막 프레임을 제외하고는 이 비트는 1로 설정된다[2].

- ● **Retry 플래그** : 재전송된 것임을 표시하고, 중복 송신된 것인지 판단할 수 있도록 한다.

2_ IP 패킷이 분할되어 전송될 때 표시되는 more비트와 의미가 동일하다.

- Power Management 플래그 : 1은 STA 가 곧 전원절약 모드에 들어감을 표시하고, 0은 활성 모드로 진입할 예정임을 표시한다. 단, AP가 송신하는 모든 프레임에는 항상 0으로 설정된다. 참고로, 〈그림 2.5〉는 자신이 전송할 프레임이 없는 단말이 전원절약 모드로 진입함을 AP에게 알릴 때 사용되는 데이터 영역이 없는 널 데이터 프레임의 전송과정을 도시한 것이다.
- More Data 플래그 : 전원절약 모드에서, AP가 단말에게 전달해야 할 프레임이 더 있음을 표시한다.
- Protected 플래그(또는 WEP 플래그) : 해당 프레임이 Wired equivalent privacy(WEP), TKIP, CCMP 등의 무선 구간 암호 방식에 의한 암호화가 되어 있음을 표시한다.
- Order 플래그 : 1인 경우, 분할된 프레임들을 재조립할 때, 순서를 지켜서 처리하도록 요구한다.

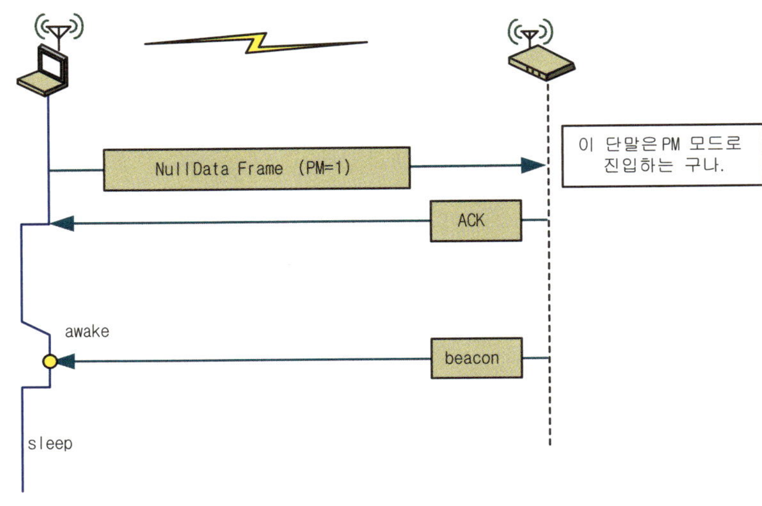

〈그림 2.5〉 전력관리시 사용되는 널 프레임의 사용 예

(2) Duration/ID

이 영역은 〈그림 2.6〉과 같이, 프레임의 종류에 따라 Duration 또는 Association ID(AID)의 복수 의미를 가진다.

Bit 15	Bit 14	Bit 13-0	용도
0	0-32767		Duration
1	1	1-2007	AID in PS-Poll frames

〈그림 2.6〉 Duration/AID 영역[3]

- Duration의 의미 : 이 시간 동안 다른 단말들의 채널 사용이 연기되도록 무선 링크의 사용을 예약하는 시간값인 Net Allocation Vector(NAV)값이 수납된다. 이때, 최상위 비트의 값은 0이다. 나머지 15비트의 값은 usec단위의 NAV값이다.

3_ Collision-Free MAC 방식에서 사용되는 경우는 표시하지 않았음

- AID의 의미 : 전원절약 모드에 있는 단말이 주기적으로 깨어나면서, 그 동안 자신에게 전달되어야 할 프레임을 AP가 보관하고 있는지 질의하는 PS–Poll 메시지를 송신할 때, 자신이 결합된 AP로부터 부여받은 결합번호(AID)를 Duariont/AID영역에 수납하여 전송한다. AP는 버퍼를 검사하여, 이 AID에 해당되는 단말에게 전달되어야 할 프레임을 선택하여, 이것을 단말에게 전달한다.

(3) Address 1, 2, 3, 4(A1, A2, A3, A4)

DA와 SA 등 2개의 주소만 사용하는 이더넷과 달리, 무선 LAN에서는 4개의 6바이트 길이의 주소가 사용된다. 하지만, 한 프레임에 A4가 없을 수도 있다. 각 영역의 활용은 다음과 같지만, 일반적으로, A1은 수신측 주소이고, A2는 송신측 주소이다. 이러한 4개의 주소 영역의 의미는 ToDS와 FromDS 비트에 의해 결정되고, 〈그림 2.7〉에 그 사용 예를 보여준다.

	To DS	From DS	Address 1	Address 2	Address 3	Address 4
To AP	1	0	BSSID(AP)	SA(STA)	DA(다른 단말)	–
From AP	0	1	DA(STA)	BSSID(AP)	SA(다른 단말)	–
Within Wireless DS	1	1	RA(rx AP)	TA(tx AP)	DA(rx STA)	SA(tx STA)
Ad hoc	0	0	DA	SA	BSSID	

이러한 4개의 주소는 다음과 같은 의미로 사용된다.

- Destination Address(DA) : 최종 목적지 주소이다.
- Source Address(SA) : 프레임의 최초 송신측 주소이다.
- Receiver Address(RA)와 Transmitter Address(TA) : 서로 다른 AP를 경유하는 경우, 즉, DA와 SA간에 경유하는 수신측 AP와 송신측 AP의 이더넷 주소이다.
- BSSID : AP의 MAC주소이다.

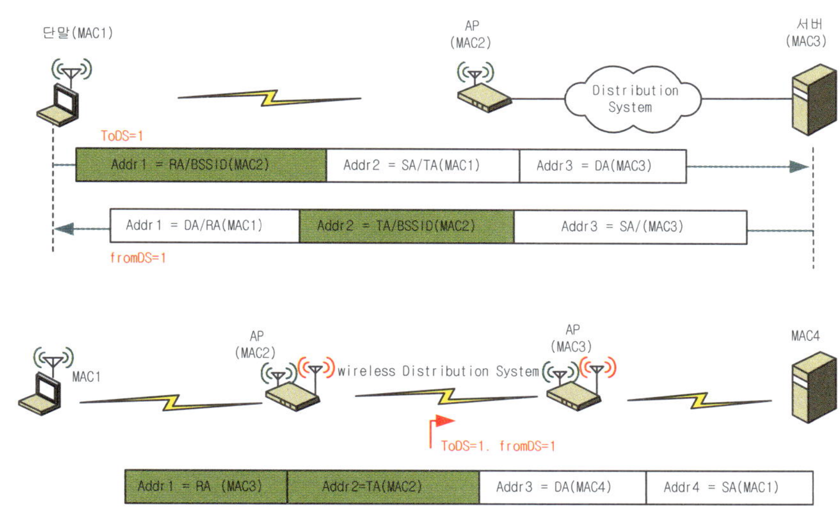

〈그림 2.7〉 데이터 프레임의 주소 영역 사용 예

(5) 순서번호/분할번호 영역

2바이트의 이 영역은 매 프레임당 할당되는 순서번호와 분할 프레임의 순서번호로 다음과 같이 구성된다.
이들은 모두 ACK의 손실에 의한 중복된 재전송 검사와 재조립할 때 사용된다.

- 순서번호(12비트) : 순서번호는 매 프레임 전송시 마다 1씩 증가된다. 물론 재전송되는 프레임의 경우,
  순서번호는 증가하지 않는다.
- 분할번호(4비트) : 한 프레임이 여러 개의 프레임으로 분할되어 전송되는 경우, 이들간의 순서를 구분
  하도록 하는 번호이다.

〈그림 2.8〉은 시퀀스/분할번호 영역의 구성의 예이다.

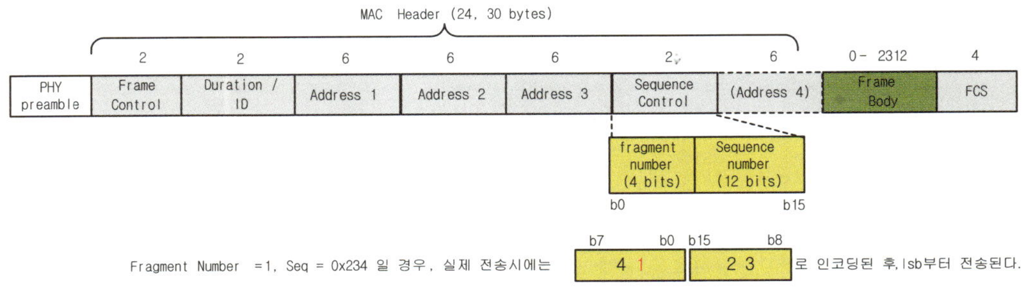

〈그림 2.8〉 시퀀스/분할번호 영역의 사용 예

(6) 프레임 바디

제어 및 관리용 정보나 LLC와 같은 상위계층 메시지 즉, MSDU가 수납된다. 이 영역의 최대 사이즈는
2304바이트이다. 프레임 바디 영역이 Wired Equivalent Privacy(WEP)으로 암호화될 경우, 프레임 바디
는 각각 4바이트 길이의 Initialization Vector(IV)와 Integrity Check Value(ICV) 등이 추가된다. 분할될
경우, 최소길이는 256바이트 이다. ARP나 IP와 같은 상위계층 패킷들은 항상 〈그림 2.9〉와 같이 LLC에 수
납되어 전송됨에 주의하라.

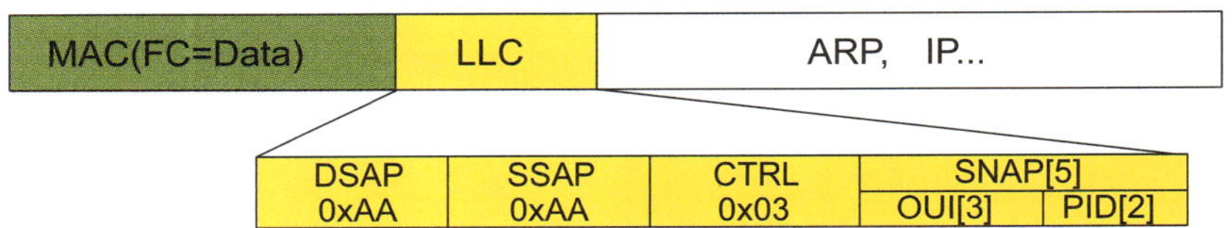

* DSAP = Destination Service Access Point (=0xAA)
* SSAP = Source SAP
* CTRL = Control Field (=0x03 = Unnumbered Information)
* SNAP = SubNetwork Access Protocol
* OUI = Organization Unique Identifier   (000000= IEEE802)
* PID = Protocol ID

〈그림 2.9〉 데이터 프레임의 경우

(7) FCS

4바이트의 오류검사코드이다.

2.5 MAC의 기본 데이터 전송동작

11Mbps급 802.11b 의 경우를 예로 들어 기본적인 데이터 전송동작을 소개한다.

(1) 기본동작

기본적으로, 송신측은 〈그림2.10〉과 같이 최초로 프레임 송신 시도시 채널이 idle이면, 50μsec 기간의 DIFS(DCF Inter-frame spacing)동안 기다린다[4]. 만약, 여전히 채널이 idle이면, 즉시 송신을 개시한다. 반면에, 채널이 busy하면, busy 상태가 종료될 때까지 전송을 지연한 후, 추가로 DIFS 기간과 슬롯타임 (20μsec)*contention window의 백오프기간 동안 추가 지연한 후에도 여전히 idle하다면 프레임을 송신 개 시한다[5].

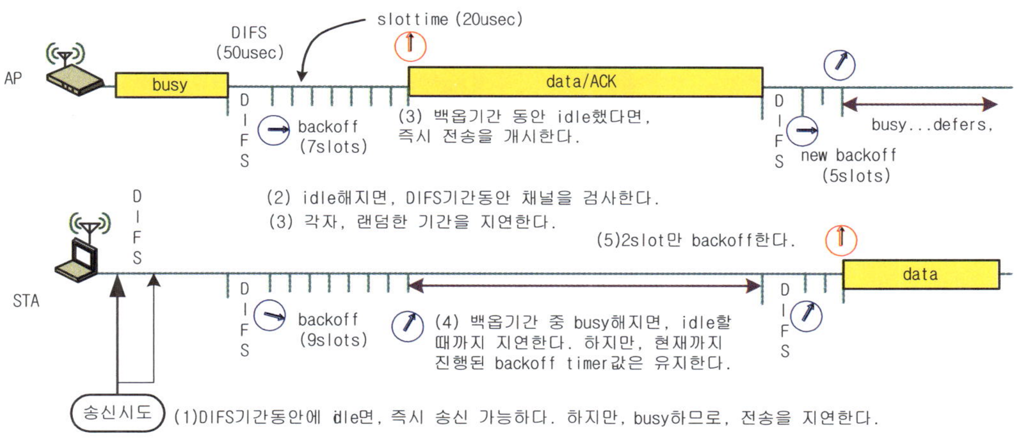

〈그림 2.10〉 백오프 절차에 의한 데이터 프레임의 전송절차

(2) 랜덤 백오프

DIFS 기간 이후에 슬롯타임의 랜덤한 배수기간을 기다리는 것은 이전의 충돌에 대한 재충돌확률을 감소시 키기 위함이다. 즉, 이더넷과 마찬가지로, 충돌 발생시 마다 〈그림 2.11〉과 같이 일정한 범위에서 랜덤하게

4_ 54Mbps의 802.11a의 경우, DIFS는 34μsec이다.

5_ 참고로, 11Mbps의 802.11b의 경우, SlotTime=20μsec, SifsTIme=10use, PIFS(Sifs+SlotTime)=30μsec, DIFS(SIfsTime+2*SlotTime)=10+2*20=50μsec으로 설정되어 있다.

선택되는 contention window(CW)값에 슬롯타임을 곱한 백오프 기간 동안 자신의 전송을 다음과 같이 추가로 지연한다[6].

$$\text{Backoff Time} = \text{Contention window}[0, \text{CW}] \times \text{SlotTime}$$

여기서, contention window값은 0과 CW 사이의 랜덤한 정수값이고, 802.11b의 경우 SlotTime은 20μsec이다. CW는 전송이 실패할 때 마다, 즉 충돌이나 잡음에 의해 상대방으로부터의 ACK 응답을 수신하지 못할 때 마다 증가한다.

이러한 CW값의 최소값과 최대값으로 규정된 CWmin과 CWmax값은 802.11a/b의 경우 각각 31과 1023의 값을 가진다. 만약, 재전송 시도가 성공하게 되면, CW는 CWmin값으로 초기화된다

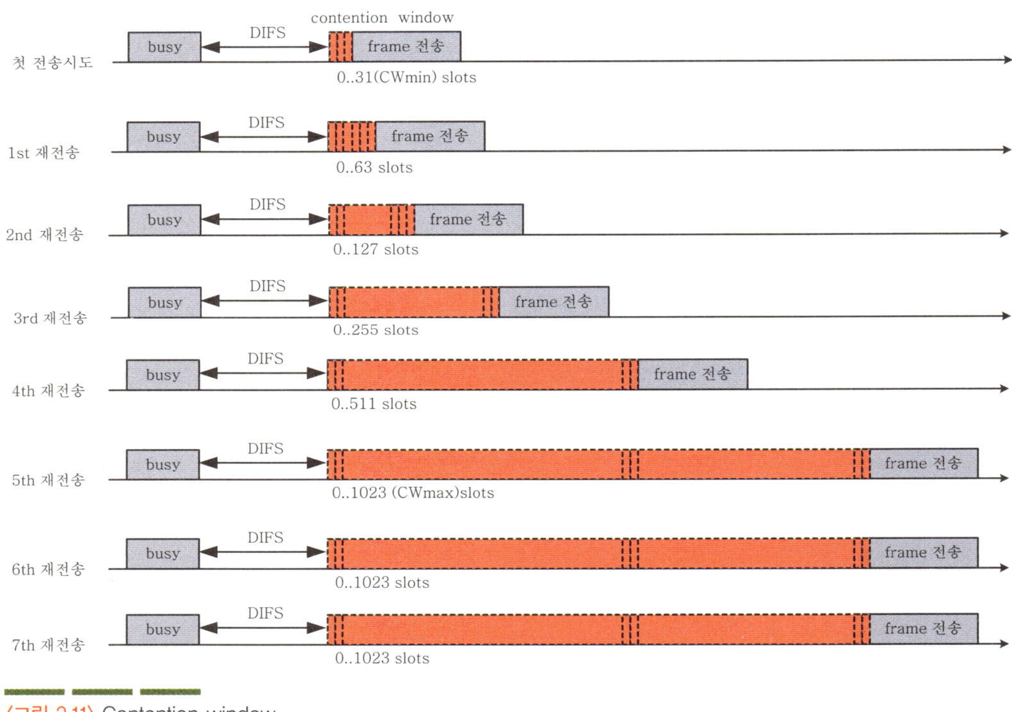

〈그림 2.11〉 Contention window

(3) 데이터 전송과정시 ACK 프레임의 사용

잡음이 예상되는 무선 채널의 특성을 고려하여, 데이터 프레임의 수신에 대한 ACK 절차는 〈그림 2.12〉와 같이 MAC 계층에서 수행된다. 이것은 이더넷과 같은 유선 채널에서는 없던 것이다.

데이터 프레임의 수신측은 SIFS(Short IFS=10usec)기간만 지연한 후, ACK패킷으로 응답한다. 이렇게 DIFS 기간보다 짧은 SIFS기간 이후에 ACK가 전송됨으로써, ACK 패킷의 우선순위가 데이터 프레임보다 높다는 것을 알 수 있다. 다른 단말들은 ACK 프레임의 송신이 완료된 이후, 링크가 idle해지면, {DIFS+BackoffTime}를 추가로 기다린 후, 여전히 idle하면 자신의 송신을 개시한다.

6_ 백오프 윈도우라고도 한다.

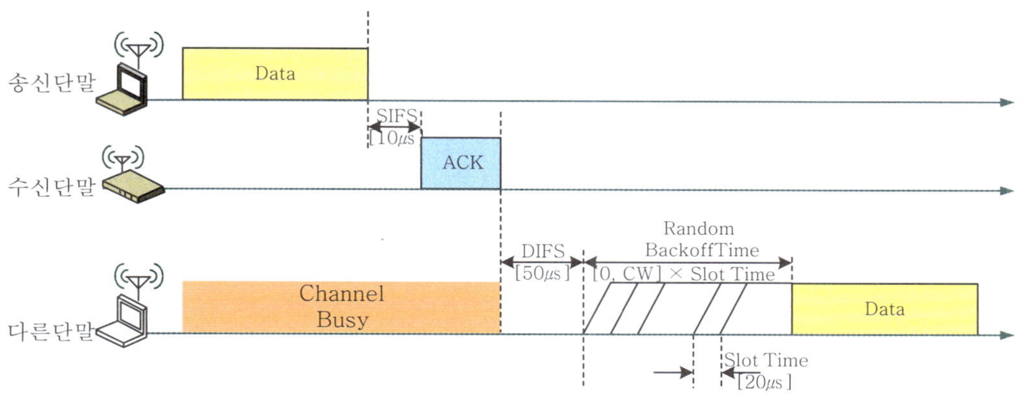

〈그림 2.12〉 ACK 프레임의 사용

(4) RTS/CTS의 동작

각 단말이 프레임을 송신할 때, 채널점유시간(NAV)이 포함된 RTS 프레임으로 이 시간 동안의 대역을 예약한다. 이 채널점유시간(NAV)은 이어서 송신될 데이터 패킷과 ACK패킷에 의한 채널점유시간을 모두 더한 것이다.

만약, SIFS기간 이후에 AP로부터의 CTS 응답이 도착한다면, 즉시 데이터 패킷의 송신을 개시하고, AP로부터의 ACK패킷을 대기한다. 물론, 이 CTS 프레임에도 NAV값이 수납되어 있는데, 이 값은 RTS 프레임에 수납되었던 NAV값에서 (SIFS+CTS 전송시간)이 감소된 것이다. 이러한 RTS/CTS 과정에서 다른 단말들은 RTS와 CTS에 기록된 NAV값 동안 자신들의 전송을 지연시킨다.

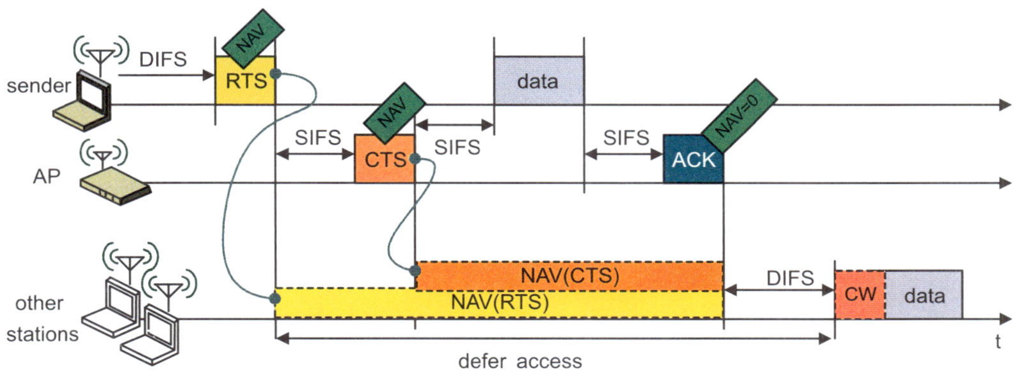

〈그림 2.13〉 802.11의 RTS/CTS에 의한 데이터 프레임 전송과정

보다 자세하게 설명하면 다음과 같다.

- RTS : 프레임 헤더의 duration 영역에 {송신할 데이터 패킷+CTS+ACK 패킷+이러한 패킷들의 전송시 필요한 3개의 SIFS} 기간이 모두 더해진 채널점유시간(NAV)을 기록하여 AP에게 송신한다. 이 패킷을 수신하는 모든 단말들은 자신의 NAV 타이머에 설정하고 이 기간 동안의 송신을 지연한다.

- CTS : RTS 패킷을 수신한 AP는 CTS로 응답하는데, 이 CTS 패킷의 duration영역에는 RTS의 duration영역에 기록되었던 값에서 이미 소비한 SIFS와 CTS 패킷의 전송시간을 뺀 값을 duration영역에 적어 수정된 이 기간동안의 채널점유시간을 예약한다. 이 CTS 패킷을 수신하는 모든 단말들은 자신의 NAV 타이머의 만기시간을 이것으로 수정한다.
- 데이터 패킷 : 다른 STA들은 모두 송신을 지연하고 있으므로, RTS을 송신하였던 단말만 이 데이터 패킷을 간섭없이 송신하게 된다.
- ACK : AP는 수신한 데이터 패킷에 more 비트가 설정되어 있지 않다면, 해당 단말로부터의 송신이 완료된 것이므로, ACK패킷의 duration영역의 값을 0으로 설정하여 응답한다. 이 duration=0값이 기록된 ACK 패킷을 수신한 다른 모든 단말들은 자신의 NAV 타이머값을 만기시켜 자신들의 전송이 개시될 수 있도록 한다.

(5) 재전송

만약 기대하는 ACK나 CTS응답이 수신되지 않으면, MAC은 〈그림 2.14〉와 같이 자동으로 재전송과정을 수행한다. 이 경우, ACK를 기대하고 있는 송신단말은 자신이 예약한 이 데이터 프레임용 NAV 기간에 의해 다른 단말들에 비하여 우선적으로 프레임을 재전송할 수 있다.

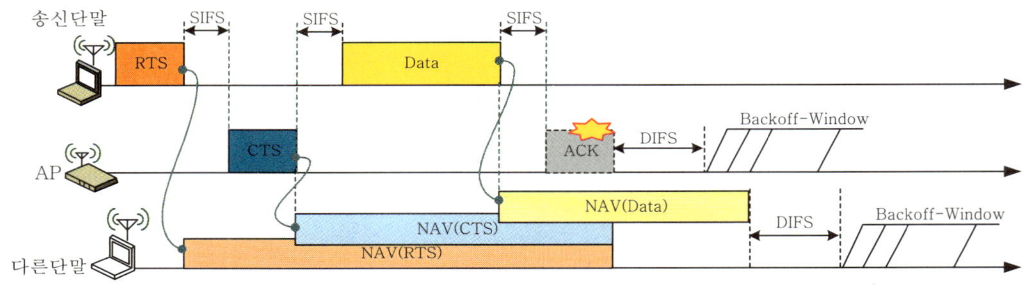

〈그림 2.14〉 ACK 프레임이 손실되는 경우

재전송시, 재전송횟수를 기록하는 다음과 같은 2개의 재시도 카운터가 사용된다. 여기서, 짧고 길다는 것은 재전송할 프레임의 길이가 FragmentationThreshold값보다 짧거나 긴 프레임의 재전송시 각각 적용된다는 의미이다.

- STA Short Retry Count(SSRC) : 최대값 7을 가지는데, 짧은 프레임의 재전송시 사용된다.
- STA Long Retry Count(SLRC) : 최대값 4로서, 긴 프레임의 재전송시 사용된다. 이렇게 긴 프레임의 재전송 최대값을 작게 한 이유는 긴 프레임의 재전송시보다 많은 버퍼가 필요하기 때문이다.

(6) 분할 전송과정

무선환경에서는 수신감도가 낮아 비트오류가 많이 발생할 경우, 긴 패킷을 송신하는 대신에 이 패킷을 분할하여 여러 개의 짧은 패킷으로 송신하면, 재전송동작을 감소시킬 수 있다. 분할되어 전송되는 데이터 패킷의 전송과정은 〈그림 2.15〉와 같다.

즉, LLC와 같은 MAC service data unit(MSDU) 나 제어 메시지인 MAC management PDU(MMPDU)가 여러 개의 fragmented SDU(FSDU)로 분할되면, 각 FSDU는 필요한 MAC헤더가 부착된 MAC PDU(MPDU)에 수납되어 전송된다.

이때, 분할된 패킷들의 재 조립을 용이하게 하기 위하여, 분할된 패킷에 대하여 오름차순 순서번호인 분할번호를 부착한다. 물론, 분할된 패킷마다 원래의 패킷에 할당된 순서번호는 각 FSDU에 동일하게 사용된다[7].

각 프레임에 대한 분할기준은 MSDU나 MMPDU의 길이가 FragmentationThreshold를 초과할 경우이다[8]. 보통, 이 경계값은 RTS 스레시홀드값과 동일한 값으로 설정되며, 이러한 분할기능은 유니캐스트 프레임에만 적용된다.

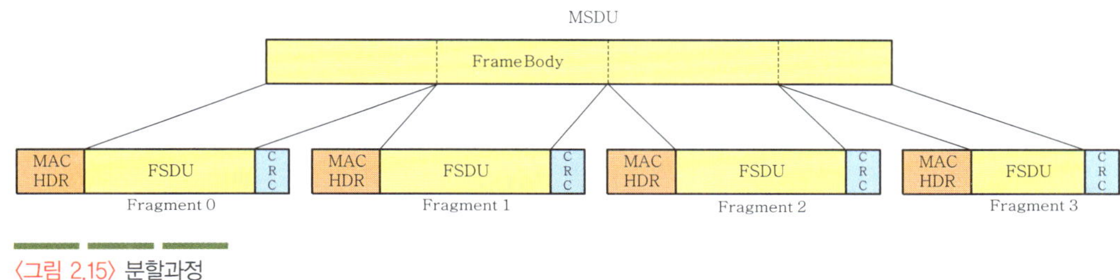

〈그림 2.15〉 분할과정

분할된 패킷의 전송시에는 〈그림 2.16〉과 같이 매 분할된 패킷의 전송시 마다 SIFS기간만 지연된 후 전송되며, 이때 마다 NAV시간은 갱신된다. 이렇게 함으로써, 분할된 프레임조각들을 모두 전송할 때까지 채널을 독점적으로 점유할 수 있다. 마지막 분할된 메시지의 ACK에는 NAV값이 0으로 설정하여, 채널점유권을 반환한다.

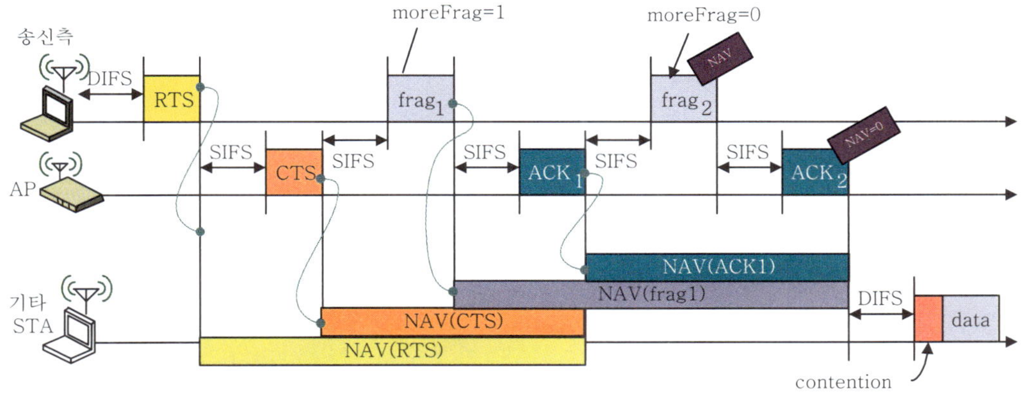

〈그림 2.16〉 분할된 프레임들의 전송과정

7_ IP계층에서는 필요한 경우 IP패킷을 여러 개의 패킷으로 분할 전송하는 사실을 알고 있을 것이다.

8_ 기본값은 2346이다. 즉, 기본적으로는 분할하지 않는다.

2.6 브로드캐스트 프레임의 전송

AP가 방송하는 비컨 메시지는 이 AP주변의 모든 단말들이 들을 수 있도록 브로드캐스트 프레임 형식으로 전송된다. 이러한 방송형 프레임은 수신측으로 부터의 확인응답이 불필요하며, 분할전송도 허용되지 않는다. 따라서, 이러한 프레임의 NAV값은 항상 0으로 설정된다.

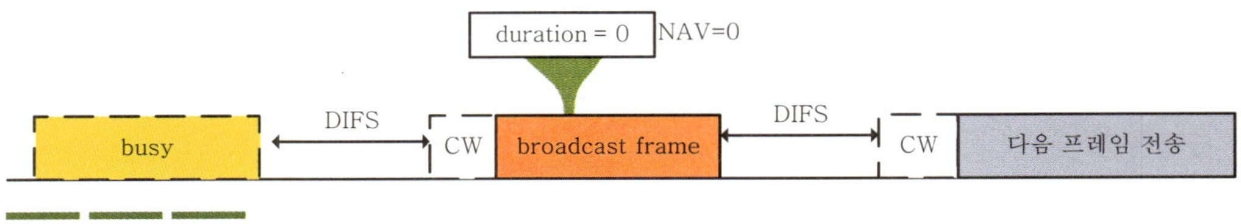

〈그림 2.17〉 브로드캐스트 프레임의 전송과정

2.7 연결절차

(1) 개 요

지금까지 데이터 및 제어 프레임을 이용한 MAC의 동작을 소개하였다. 이러한 단말과 AP간 MAC에 의한 데이터 전송과정이 수행되기 위해서는 MAC매니지먼트 기능부에 의한 결합, 인증, 동기, 전원관리 기능이 필요하다. 각 기능은 다음과 같이 요약된다.

- **탐색** : 비컨이나 프로브 메시지를 사용하여 주변의 AP를 찾는 과정이다. AP가 주기적으로 송신하는 비컨 프레임으로부터 해당 AP를 찾는 과정을 수동탐색과정이라고 하는 반면에, 단말이 각 채널별로 프로브 요청 프레임을 사용하여 AP를 탐색하는 것을 능동탐색과정이라고 한다.
- **Join** : 탐색된 AP 중에서 적당한 것을 내부적으로 선택하는 과정으로서, 선택한 AP로부터의 비컨 메시지를 수신하여, 이 AP가 지원하고 있는 동작값(속도, 변조 방법, 암호 방법 등)들을 추출하는 과정이다. 단말은 이 과정에서 실제 프레임을 송신하지는 않는다.
- **인증** : AP와의 인증절차와 암호 방식을 협상하는 과정이다. 대부분의 경우, Open System 인증방식을 사용하기 때문에, AP는 단말로 부터의 이러한 인증요구에 대하여 무조건 인증한다. 보다 강화된 인증 방법으로 802.1x 기반의 EAP-TLS, EAP-TTLS, EAP-FAST, PEAP 등이 있다.
- **결합** : 해당 AP와의 연결절차 수행과 다른 AP로의 이동시 재결합 과정을 수행한다. 여기서, 결합은 AP와 단말간의 식별 가능한 연결을 설정하는 것으로써, 결합이 완료된 단말만이 AP를 경유하여 다른 단말과의 통신에 참여할 수 있게 된다. 다시 말하면, 결합과정이란 단말이 무선 망에 참여(즉, 해당 AP에 접속)하는 동작으로서, 논리적으로는 유선단말의 이더넷 포트를 스위치에 접속하는 것과 동일한 동작에 불과하다. 즉, 결합을 하지 않은 단말은 이더넷 포트에 접속하지 않은 것과 같다. AP는 결합을 요청한 단말에 대하여 다른 단말과 구분될 수 있는 Assoication ID(AID)값을 수납한 결합응답 메시지를 송신한다.

이러한 연결절차의 개요는 〈그림 2.18〉과 같다.

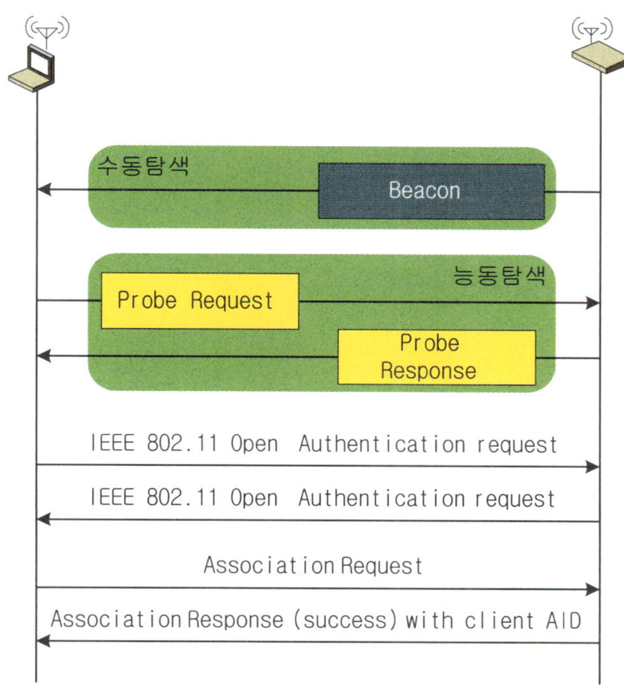

〈그림 2.18〉 매니지먼트 기능부에 의한 연결절차

이 외에도 다음과 같은 기능이 추가 사용된다.

- **재결합** : 단말이 이동 중에 결합된 AP의 신호가 약해지면, 다른 AP와의 새로운 결합을 설정하는 과정이다. 그리고 결합해제는 현 AP와의 결합을 해제하는 과정이다.
- **동기** : AP로부터 수신되는 비컨 메시지에 수납된 타임스탬프 값을 사용하여 AP의 시계와 동일한 시각을 설정하는 과정으로써, 전원관리 기능에 활용된다.
- **전원관리** : 단말이 Sleep모드에 있을 경우, 해당 단말로의 프레임을 AP가 일시 저장한다. 이후, 단말이 동기화된 시간정보를 이용하여 주기적으로 깨어날 때, 저장된 프레임을 전달하는 과정을 수행한다.
- **MIB(Management Information Base)** : 물리계층과 MAC계층에서의 동작변수와 설정값들을 저장한다.

(2) 탐색과정

이더넷에서는 벽에 있는 RJ-45 포트를 눈으로 찾으면 되지만, 무선의 경우에는 AP가 제공해 주는 가상적인 포트를 다음과 같은 수동 또는 능동방식으로 탐색해야 한다.

- **수동탐색** : AP로부터의 비컨 메시지를 수신한다. 이 과정을 각 채널마다 수행한다. 능동탐색에 비하여, 단순히 수신만 하므로 전원을 절약할 수 있지만, 탐색시간이 길다.

● **능동탐색** : 각 채널마다 능동적으로 프로브 요청 메시지를 방송하고, 각 AP로 부터의 프로브 응답을 수신하여 처리한다. 또는 특정 채널이나 SSID를 지정할 수도 있기 때문에 탐색시간이 짧다.

참고로, 탐색시 상위계층에서는 다음과 같은 탐색요청을 MAC_Layer_Management_Entity(MLME)에 요청한다.

```
MLME-SCANreq(BSSType=INFRASTRUCTURE, BSSID=0xff..ff, SSID="NULL",
      ScanType=active,ProdeDelay=5μsec, ChannelList={1,2,3….14},
      MinChannelTime=1 TU, MaxChannelTime=2 TU)
```

● **BSSType** : 인프라 스트럭처 또는 애드혹 모드
● **BSSID** : AP의 주소를 알면 해당 AP의 MAC주소를 사용하지만, 탐색시에는 브로드캐스트 주소를 사용한다.
● **SSID** : 해당 AP의 SSID를 지시할 수도 있지만, 탐색시에는 Null을 사용한다.
● **ScanType** : 능동형이나 수동형을 지시한다.
● **프로브 지연시간** : 5μsec
● **채널 리스트** : 스캔할 채널 리스트 정보
● **minChannelTime** : 각 채널별 최소한 탐색하면서 머무를 시간. 만약 이 기간 동안 매체가 idle하면, 이 채널을 사용하는 AP가 없으므로 다른 채널을 검색한다. 기간은 1TU이다.
● **MaxChannelTime** : minChannelTime동안에 채널이 busy하면, 이 채널에서 최대한 머무르면서, 이 채널을 사용하는 AP로부터의 응답을 기다린다. 기간은 2TU이다.

가) 능동탐색과정

수동탐색과정과 달리, 단말은 특정한 SSID를 설정하지 않은 프로브 메시지를 각 채널별로 송신한다. 이 송신에 대하여, 관련된 AP는 자신의 SSID를 명시한 프로브 응답 메시지로 응답한다. 이 응답 메시지가 수신되면, capability(ESS, IBSS, CF, Privacy 등), SSID, supported rate 등에 대한 정보를 BSS Description 테이블에 기록할 수 있다. 이러한 과정을 모든 채널에 대하여 수행한 다음, 완전히 작성된 정보를 BSS Description 테이블의 내용을 탐색을 요청한 프로세스에 전달한다

이때, 프로브 응답 메시지를 기다리기 위한 타이머 값으로 min_channel_time값을 사용한다. 만약, 응답 메시지가 이 기간 내에 도착하지 않으면, 다음 채널을 검사한다. 반면에, 응답 메시지가 이 기간 내에 수신되면, 다른 AP로부터의 응답도 기대할 수 있으므로, 프로브 타이머값을 max_channel_time값으로 설정하여 추가의 응답을 대기한다. 이후, 이 타이머가 만기되면, 다음 채널에 대한 탐색을 계속 수행하게 된다.

9_ TU=time unit로서, 1024usec 또는 1msec이다.

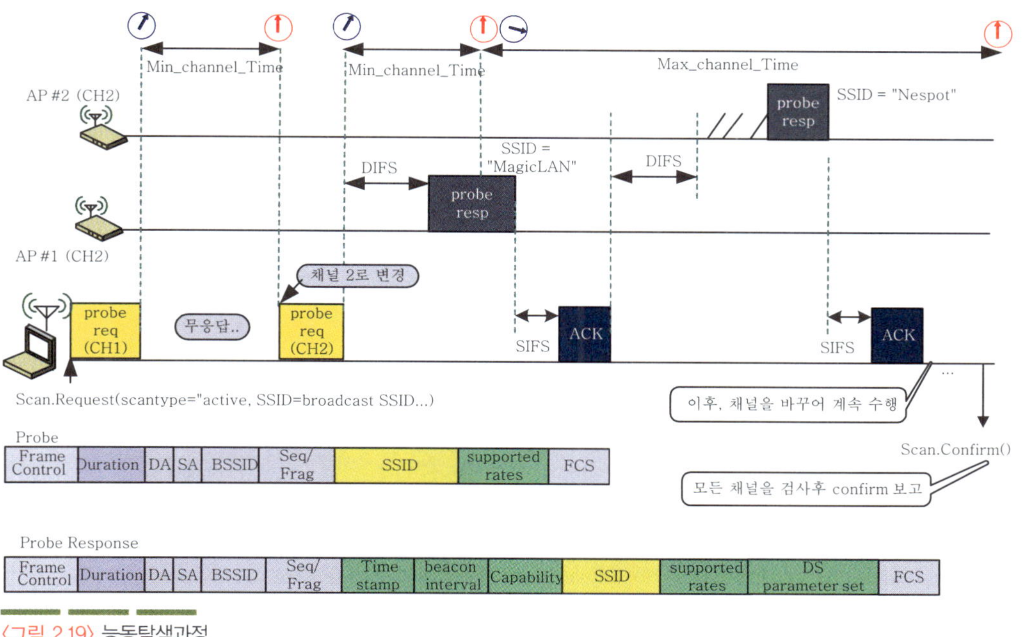

〈그림 2.19〉 능동탐색과정

나) 수동탐색과정

〈그림 2.20〉에서 알 수 있듯이, 단말은 각 채널별로 AP가 송신하는 비컨 메시지의 수신을 일정시간 대기한다. 만약, 이 기간 내에 비컨 메시지가 수신되면, 이 비컨메시지에 명시된 capability, SSID, supported rate 등에 대한 정보를 BSS Description 테이블에 기록한다. 이러한 과정을 모든 채널에 대하여 수행한 다음, 완전히 작성된 정보를 BSS Description 테이블의 내용을 탐색을 요청한 프로세스에 전달한다.

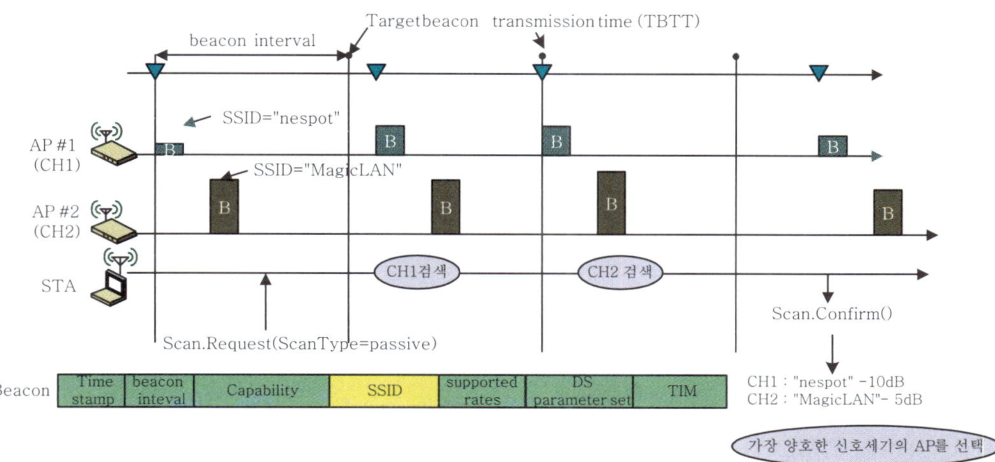

〈그림 2.19〉 수동탐색과정

(3) Join(참여)

탐색 결과로 얻어진 BSSDescriptionSet으로부터 가장 신호세기가 센 AP를 선택하거나 또 다른 규칙으로 선택한 특정 AP의 BSS description 정보를 이용하여 다음과 같은 참여 명령어를 MAC에게 제시한다.

```
MLME-Join.request(
  BSSDescription,
  JoinFailureTimeout
  ProbeDelay
  OperationalRateSet
)
```

이후, MAC은 선택된 AP로부터의 비컨 메시지가 수신되면, 이 메시지에 수록된 정보를 이용하여 동작파라미터와 타임스탬프값으로부터 AP와의 시간동기를 수행한다. 이 참여과정에서 특별한 프레임이 단말로부터 송신되는 것은 아니다. 단순히, 선택한 AP로부터의 비컨 메시지가 수신되면, 자신이 선택한 동작 파라미터들이 일치한 경우, 참여가 성공하였다고 상위계층에 보고한다.

(4) 인증절차

참여과정에 의해, 해당 AP에 대한 정보를 수집하였다면, 이 AP에 대한 결합을 수행해야 한다. 이 결합이 가능 하려면, 먼저 인증절차가 수행되어야 한다. 이러한 인증과정은 전송매체에 대한 보안이 취약한 무선망에서 인증을 거치지 않은 단말은 무선채널을 사용할 수 없도록 하기 위한 것이다.

802.11에서 사용하는 인증방식은 링크계층의 인증절차를 수행하는 것일 뿐, 종단간 인증절차는 수행하지 않는다. 즉, 802.11의 인증은 단말이 AP까지의 무선 링크를 사용할 수 있도록 하는 수준의 인증절차만 지원한다. 참고로, Open System 인증절차의 경우 패킷의 교환절차는 〈그림 2.21〉과 같다. 이 경우, AP는 인증요청에 대하여 무조건 인증한다.

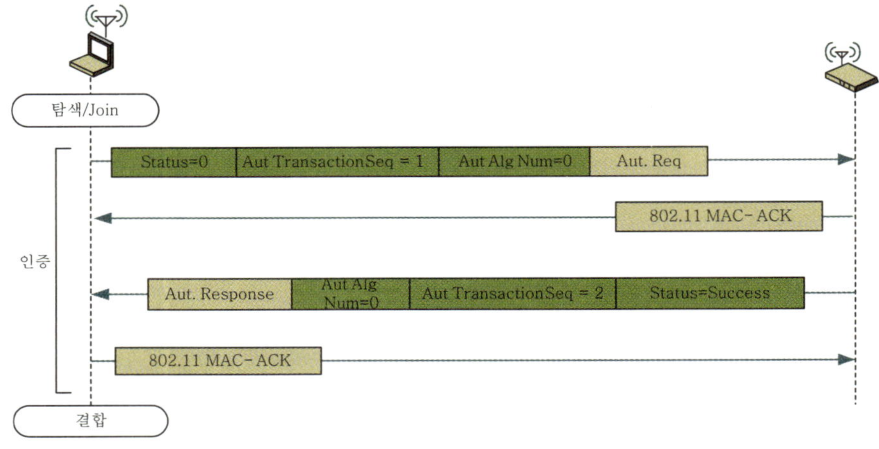

〈그림 2.21〉 인증절차의 예

(5) 결합(Association)

인증절차가 성공하면, 연결과정의 마지막인 결합과정이 수행된다. 결합이란 단말이 해당 AP에게 한 멤버로 참여하는 의미이다. 결합과정이 성공하면, 단말은 AP로부터의 결합 응답 메시지에 수납된 해당 단말에 대한 결합 ID(AID)를 할당받게 된다. 결과적으로, 이 결합절차에 의해 해당 단말이 이 AP에 최종적으로 연결되어, 단말은 이 AP를 경유하여 다른 단말과의 통신이 가능하게 된다. 만약 이더넷 환경이라면, 지금까지의 이러한 절차는 겨우 RJ-45 커넥터를 스위치에 연결한 것에 불과하다.

<table><tr><td>**2.8**</td><td>**재결합절차**</td></tr></table>

재결합은 무선 단말이 다른 AP의 영역에 이동하는 경우, 가급적 기존 AP에 저장된 프레임도 새로운 AP를 통하여 전달받아야 할 것이다. 이를 위하여, 〈그림 2.22〉와 같이, 새로운 AP에 결합할 때, 기존 AP의 주소를 Current AP 항목에 수납한 재결합요청 메시지를 보낸다. 이것을 수신한 AP는 이후, 기존 AP에 저장된 프레임을 자신에게로 중계하도록 IAPP(Inter-AP Protocol)로 요청한다.

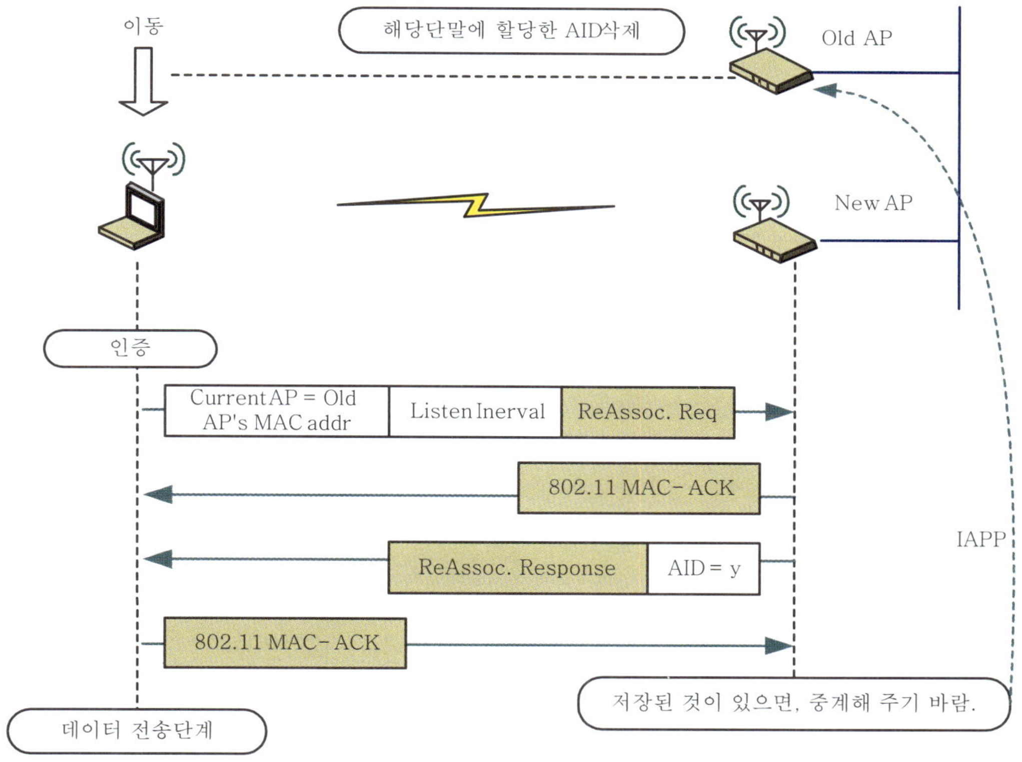

〈그림 2.22〉 재결합절차

2.9 시간동기 설정절차와 전원관리(참고)

(1) 시간동기

AP는 자신의 시간정보가 수납된 타임스탬프를 비컨 메시지에 실어 주기적으로 방송한다. 이 AP에 접속된 모든 단말들은 이 타임스탬프값을 자신의 로컬 클럭으로 설정하여 AP의 클럭과 동일한 시간을 가지는 동기 절차를 수행한다[10].

이러한 과정은 각 단말이 가지고 있는 timing synchronization function(TSF)기능에 의해 수행되며, 이 타이머를 TSF타이머라고 한다. 이 TSF 타이머는 전원관리 기능용으로 사용된다.

(2) 전원관리 기능

이 기능은 단말의 전원을 절약하기 위하여, 자신이 송신하지 않거나 자신에게 전달될 패킷이 없는 경우, 전력 소모가 많은 트랜시버의 작동을 일정시간 중지하는 기능이다.

이러한 전력관점에서의 각 단말은 Doze와 Awake의 두 상태 중 하나에서 동작하는데, 자신이 송신할 데이터가 있는 경우에는 언제라도 Doze에서 Awake 상태로 천이하여 송신을 개시하는 것은 자연스럽다.

하지만, 항상 켜져 있는 AP입장에서도 Doze 상태에 있는 단말에게 패킷을 송신할 수 있어야 한다. 이를 위하여, Doze 상태에 있던 모든 단말은 모두 동일한 시간에 깨어나서, AP가 자신에게 송신할 패킷이 있는지 알아보고, 있다면 이에 대한 전송을 요청해야 한다. 여기서, 모든 단말이 동시에 깨어날 수 있는 것은 AP와 공통의 클럭을 사용하기 때문에 가능하다. 이러한 동작순서를 열거하면 다음과 같다.

(a) 단말 : 초기 결합시, 결합요청 메시지에 비컨송신 주기의 배수인 Listen Interval을 명시하여 자신이 Doze모드에 들어갈 경우, 깨어날 주기를 AP에 통보한다. AP는 적어도 이 기간 동안에는 해당 단말로 중계해야 할 프레임들을 버퍼링해야 한다. 초기에 이렇게 하지 않더라도, 필요에 따라서, 자신이 Doze모드로 들어가니, 혹시 자신에게 전달될 프레임이 있다면, AP가 버퍼링해 주도록 PM=1로 설정된 데이터가 없는 널 데이터 프레임을 AP에게 전송하고, 이에 대한 ACK를 받으면 Doze모드로 진입할 수도 있다. 이후, 비컨이 수신될 시점 부근에서 잠시 깨어나 AP가 송신하는 비컨 메시지를 기다린다.

(b) AP : 해당 단말들로 향하는 프레임들을 버퍼링하면서, 이 프레임을 가져가야 할 단말들의 리스트를 나열한 Traffic Indication Map(TIM) 정보를 비컨 메시지에 실어 송신한다.

(c) 단말 : 비컨이 수신될 시점마다 주기적으로 깨어났을 때, 비컨 메시지의 TIM 정보영역에 자신이 명시되어 있으면, 계속 Awake 상태에 머물면서, PS-Poll 메시지로 해당 프레임의 전송을 AP에게 요청한다. 이때, PS-Poll 메시지의 Duration/AID 영역에는 해당 단말의 AID값이 수납된다.

(d) AP : PS-Poll 메시지를 수신한 AP는 저장되어 있는 데이터 프레임을 단말에게 전달한다. 버퍼링되어 있는 프레임이 더 있다면, 이 데이터 프레임의 more data 비트를 1로 설정한다.

〈그림 2.23〉의 예를 보자. 단말 1은 매 비컨 주기마다 깨어나는 반면에, 단말 2는 2비컨 주기마다 깨어나도록 설정되어 있는 경우이다. 먼저, 단말 1로 전달될 프레임이 AP에 버퍼링된 경우, 비컨 프레임의 TIM 영역

10_ 물론, 무선구간의 전파지연시간과 물리계층에서의 지연을 미리 추가한 시간정보가 사용된다.

에 있는 partial virtual bitmap에 해당 단말의 AID에 해당되는 첫번째 비트값을 1로 설정하여, 해당 단말로 전달될 프레임이 저장되어 있음을 표시한다. 이 비컨 메시지를 수신한 단말 1은 PS-Poll 메시지를 AP에 보내어 자신에게 전송하라고 요구한다.

반면에, listen interval이 2인 단말2가 깨어났을 때에는 이미 2개의 프레임이 AP에 저장되어 있다. 해당 단말은 PS-Poll 메시지로 프레임의 전달을 요청하면, AP는 moreData비트가 1로 설정된 데이터를 전달함으로써, 계속 데이터를 받아가도록 지시한다.

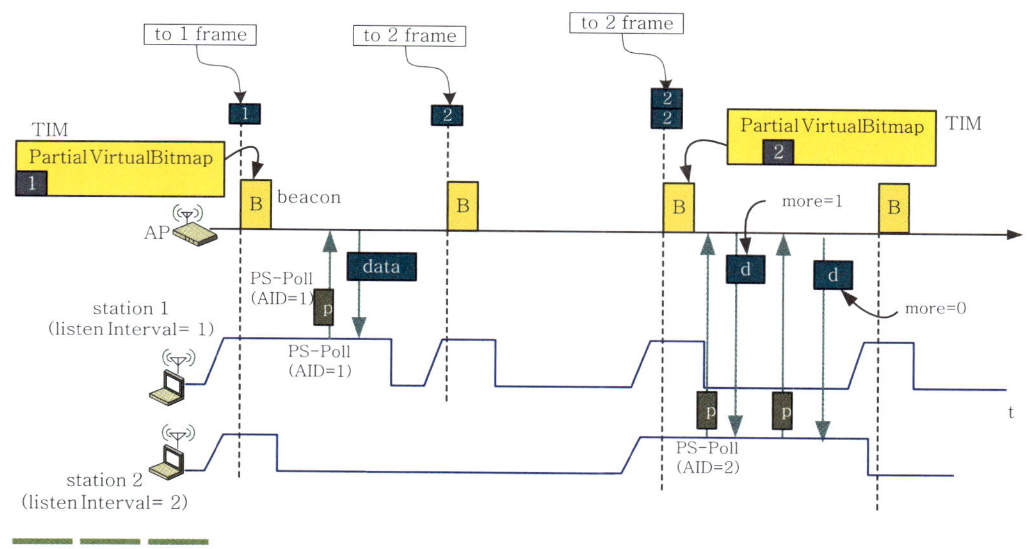

〈그림 2.23〉 전원관리절차

이 PS-Poll 프레임에는 Duration 영역 대신에 AID값이 수납되므로, NAV기간을 명시하지 못한다. 하지만, 주변의 단말들은 이 프레임에 대하여 묵시적으로 SIFS+ACK기간 동안 전송을 연기한다. 물론, 이 기간이 AP로부터 전송되는 데이터 프레임에 비하여 짧기는 하지만, NAV기간 이후 이 데이터 프레임에 의한 전송에 의해 채널이 busy하게 되므로, 전송연기는 지속될 수 있다.

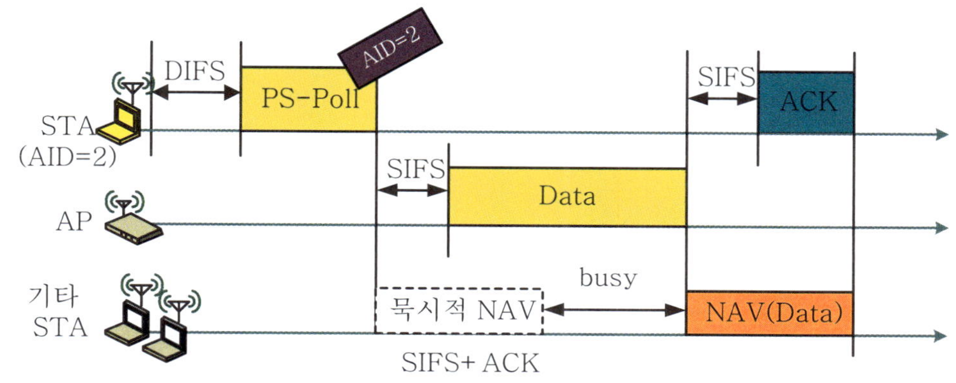

〈그림 2.24〉 묵시적인 NAV의 예

그리고 필요한 경우 〈그림 2.25〉와 같이, AP는 PS-Poll에 대한 응답으로 데이터를 전달하는 대신에, ACK로 응답하면서 해당 프레임의 전달을 지연시킬 수도 있다. 이것을 deferred PS-Poll 응답이라고 한다. PS-Poll을 송신하였음에도 불구하고, ACK만 수신한 단말은 이후, 데이터 프레임이 도착하더라도, 다음 비컨이 수신되어 자신에게 전달될 프레임이 없다는 것을 알게 될 때까지 계속 깨어 있어야 한다.

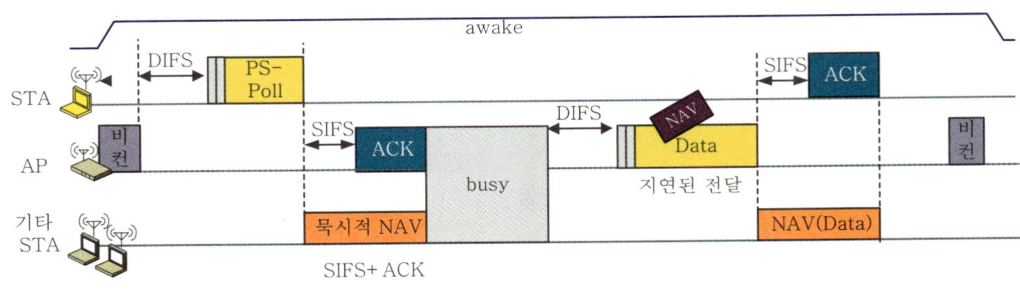

〈그림 2.25〉 지연된 PS-Poll 응답절차

유니캐스트 프레임의 전달을 위해 사용되는 TIM 외에도, AP가 단말들에게 방송할 ARP와 같은 프레임이 있는 경우에는 비컨 메시지에 Delivery Traffic Indication Map(DTIM) 정보를 수납하여 모든 단말들이 Awake 상태에 있도록 한다.

이 DTIM은 여러 개의 비컨 메시지의 전송 중 한번씩 송신되는데, 이 DTIM정보의 송신주기는 DTIM period와 DTIM count값으로 결정된다.

예를 들어, DTIM period=3인 경우, 3개의 비컨 메시지 전송시 마다 한번씩 DTIM정보가 송신됨을 의미한다. 즉, AP는 매 비컨 송신시 마다 0,1,2,0,1,2,… 등의 값으로 순환 증가되는 DTIM count값을 명시한 TIM 정보요소를 함께 전송하는데, 이 값이 0인 비컨 프레임이 송신되면, 이어 버퍼링되어 있던 방송형 프레임이 전송된다. 이 방송형 프레임의 AID값으로는 0이 사용된다.

따라서, 각 단말들은 DTIM peiod에 맞추어 DTIM count값이 0인 비컨 프레임이 수신될 경우를 예상해야 하며, 이 경우에는 반드시 awake상태에 머물러야 한다.

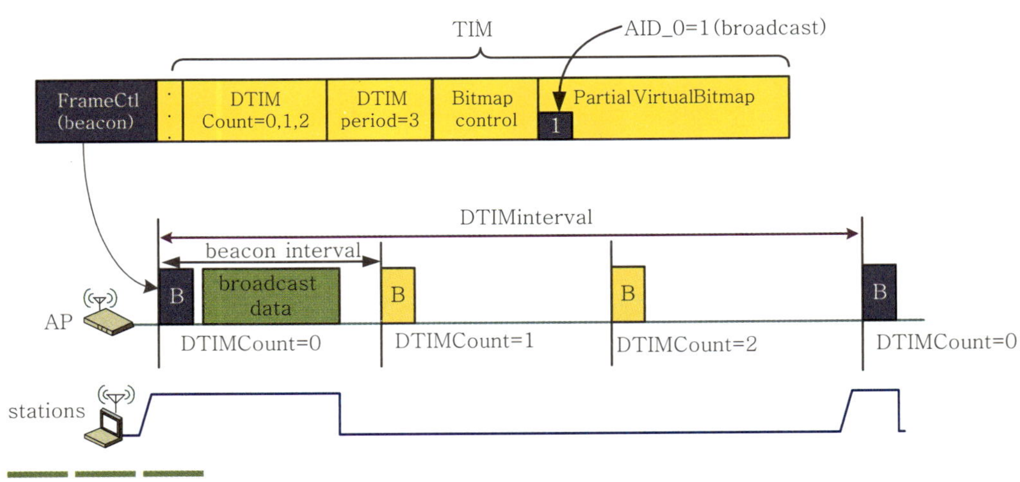

〈그림 2.26〉 DTM의 활용

2.10   제어 프레임의 구성

제어 프레임은 CSMA/CA MAC의 동작을 지원하는 프레임으로서, 형식은 〈그림 2.28~2.30〉과 같으며, RTS, CTS, ACK, CF-End, PS-Poll 등의 프레임들이 사용된다. 이 외에, Contension Free(CF)-End와 CF-End+CF-Ack 프레임들이 있다.

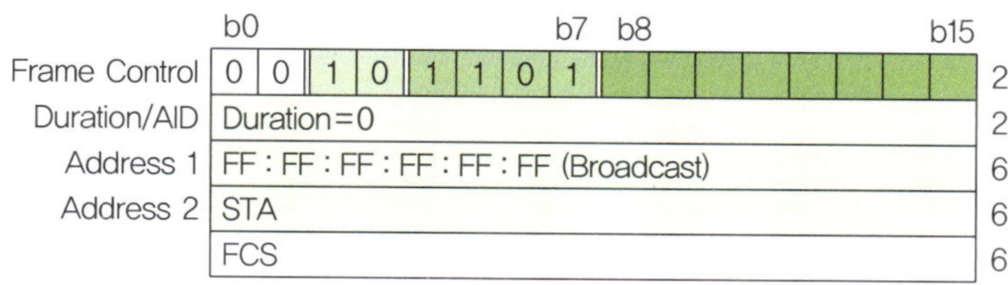

〈그림 2.27〉 Request To Send(RTS) 프레임 형식

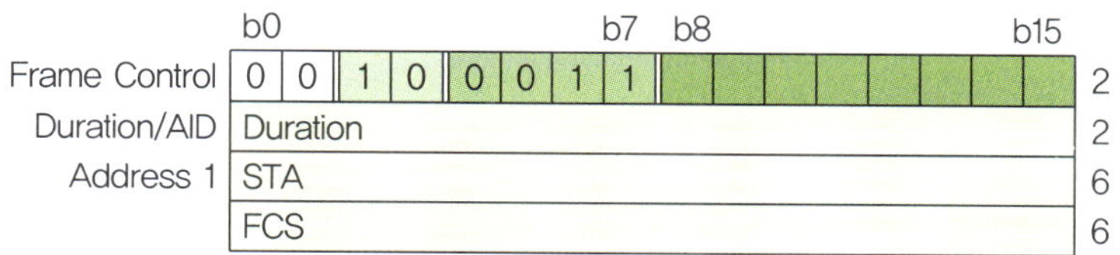

〈그림 2.28〉 Clear To Send(CTS) 프레임 형식

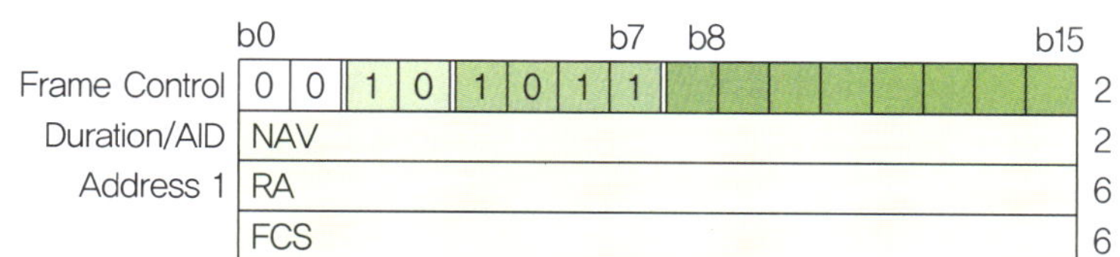

〈그림 2.29〉 Acknowledgment 프레임 형식

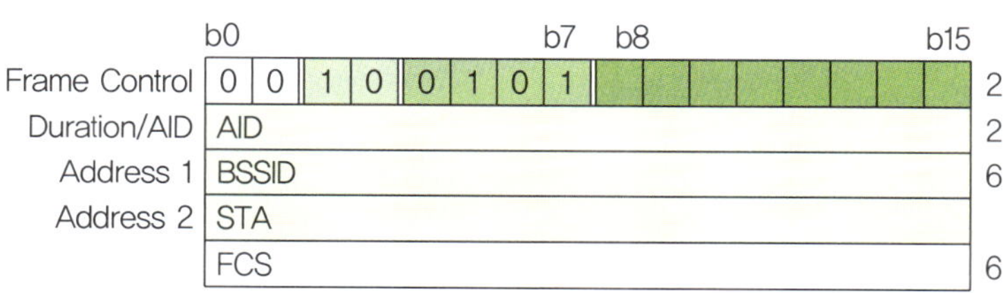

〈그림 2.30〉 PS-Poll 프레임 형식

2.11   데이터 프레임의 구성

데이터 프레임의 형식은 〈그림 2.31〉과 같다.

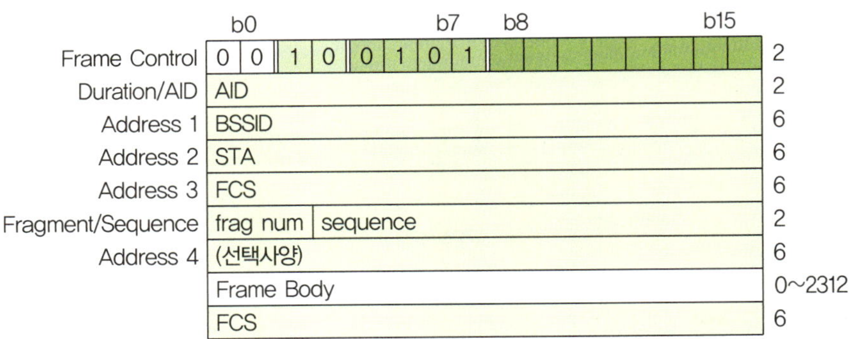

〈그림 2.31〉 데이터 프레임 형식

2.12   매니지먼트 프레임의 구성

(1) 기본 구성

매니지먼트 프레임은 탐색, 인증, 결합 등 다양한 링크계층에서의 관리절차에 사용되며, 기본 형식은 〈그림 2.32〉과 같다. 프레임 바디에는 다양한 종류의 고정길이 정보와 가변길이 정보가 수납된다.

Duration/AID	Frame Control	2
Address 1	NAV	2
Address 2	DA	6
Address 3	SA	6
Address 3	BSSID	6
Fragment/Sequence	frag | Sequence	2
Frame Body	고정길이 정보	0~2312
	가변길이 정보	
	FCS	4

〈그림 2.32〉 Management 프레임 형식

(2) 고정길이 정보의 구성요소

매니지먼트 프레임에 수납될 수 있는 고정길이 정보요소들은 다음과 같다.

영역 이름	길이
Authentication Algorithm Number	2
Authentication Transaction Sequence Number	2
비컨 간격	2
Capability 정보	2
Current AP address	6
Listen interval	2
Reason code	2
결합 ID(AID)	2
Status Code	2
Timestamp	8

(a) **인증 알고리듬 번호** : 이 영역은 간단한 인증 알고리듬의 종류를 표시한다. 길이는 2옥텟이다. 다음은 인증 알고리듬 번호의 예이다.

- 0 : Open System
- 1 : Shared Key
- 기타 : 예약

(b) **Authentication Transaction 순서번호** : 이 영역은 인증 현재 진행되고 있는 인증절차의 순서번호를 나타낸다.

(c) **비컨 간격** : 이 영역은 비컨의 전송 간격을 나타낸다. 단위는 1024usec의 TimeUnit(TU)로서, 약 1msec이다. 보통 비컨간격은 100 TU인데, 이것은 0.1초 마다 비컨이 전송됨을 의미한다.

(d) **Capability 정보** : 자신이 지원하는 능력을 표시하기 위해 일부 프레임에 수납된다.

B0	B1	B2	B3	B4	B5	B5	B7
ESS	IBSS	CFPoll able	CF-Poll Request	Privacy	Short Preamble	PBCC	Channel Agility

B8	B9	B10	B11	B12	B13	B14	B15
rsvd	rsvd	G Mode Short slot time	RSN enabled	rsvd	DSSS-OFDM	Rsvd	Rsvd

- **ESS/IBSS** : 인프라스트럭처인 경우, AP는 ESS=1로 설정하고, IBSS=0로 설정한다.
- **무경쟁 조사 비트(CF pollable, CF-Poll Request)** : 사용되지 않는다.
- **Privacy** : WEP 등의 무선구간 암호를 사용하자는 의미이다. 즉, 해당 AP에 접속하려면 WEP, TKIP, CCMP 등의 암호절차에 의해서만 접속 가능함을 표시한다. 이것이 인증 프레임에 표시될 경우, 자신은 앞으로 암호화해서 전송할 수 있음을 알린다.
- **짧은 프리앰블** : 802.11b에 규정된 짧은 프리앰블 옵션 사용시 1로 설정한다.
- **PBCC(Packet Binary Convolutional Coding)** : 11Mbps급 802.11b를 지원하기 위해 추가된 것으

로서 AP는 PBCC 변조 방식을 사용시 1로 설정한다.

- Channel Agility : HR/DSSS PHY의 Channel Agility 기능이 사용될 때 1로 설정된다.
- G Mode Short Slot Time : 통상적으로 slot time은 20usec이지만, 1로 설정된 경우에는 9usec의 짧은 slot time을 적용한다(IEEE802.11g).
- RSN Enabled : 802.11i Robust Secure Network의 기능의 지원 여부를 표시한다.
- DSSS OFDM : OFDM 변조 방식의 지원 여부를 표시한다.

(e) 현재 AP 주소 : 이 영역은 AP의 MAC 주소이고, 길이는 6바이트이다. 이것은 단말이 이동하여 새로운 AP에 재결합할 경우, 기존의 AP주소가 수납된다.

(f) 청취 간격 : 이 영역은 전원절약 모드에 있는 단말이 깨어나는 간격을 지시한다. 이 간격은 Doze 모드에 있는 단말을 위해 AP가 해당 프레임들을 얼마 동안 보관하고 있어야 하는지를 단말이 지시하며, 단위는 비컨간격이다. 예를 들어, 이 값이 3이고, 비컨간격이 100 TU이면, 0.3초이다.

(g) 이유코드 : 이 영역은 원하지 않은 결합해제 또는 인증해제 프레임이 생성된 원인을 표시한다.

(h) 결합 ID(AID) : 이 영역은 AP에 의해 해당 단말에 할당되는 값이며, 이 값은 결합과정 중에 결정된다.

(i) 상태코드 : 이 영역은 요청동작의 성공 혹은 실패에 대한 매니지먼트 프레임 응답에 사용된다. 만약, 동작이 성공적이라면, 이 값은 0이 되고, 그렇지 않으면 다양한 종류의 실패 이유를 표시한다.

(j) 타임스탬프 : 이 영역은 AP의 클럭으로 단말들이 동기될 수 있도록 usec 단위의 AP의 시계값이 수납된다.

(3) 가변길이 구성요소

가변길이의 구성요소를 Information Element(IE)라고 하며, 각각의 IE들은 element ID, 해당 정보영역의 길이 영역 그리고 가변 길이 정보 영역으로 구성된다. 다음은 엘리먼트 기본형식을 나타낸다.

Element ID	1
Length=n	1
Information	n

Element와 해당 element의 ID는 다음과 같다.

Information element	Element ID
SSID	0
Supported rates	1
FH Parameter Set	2
DS Parameter Set	3
CF Parameter Set	4
TIM	5
IBSS Parameter Set	6
Reserved	7–15
Challenge text	16

Reserved for challenge text extension	17–31
Reserved	32–255

(a) **Service Set Identity(SSID) 구성요소** : ESS 나 IBSS ID를 수납한다. SSID 영역의 길이는 0~32옥텟 사이이고, 길이가 0이라면, 브로드캐스트 SSID를 의미하는 것으로서, 단말이 AP를 탐색할 때 송신하는 프로브 요청 메시지에만 사용된다.

Information	Element ID=0	1
	Length=n	1
	Information	0~32

(b) **지원 전송률** : 무선구간의 동작속도를 명시한다. 총 8가지의 지원 속도를 표시할 수 있다. 각각의 supported rate항목은 500kbit/s 단위의 전송속도를 표시할 수 있다. 예를 들어, 이 항목이 0x04이면, 2Mbps이다[11].

Information	Element ID=1	1
	Length=n(1~8)	1
	Information	1~8

(c) **DS parameter Set IE** : 채널번호를 표시한다.

Information	Element ID=3	1
	Length=n(1~8)	1
	현재 채널 번호	1

(d) **TIM(Traffic Indication Map) IE** : 전원절약 모드시 필요한 DTIM Count, DTIM Period, Bitmap Control 그리고 Partial Virtual Bitmap으로 구성된다.

Information	Element ID=4	1
	Length=n	1
	DTIM Count	1
	DTIM Period	1
	Bitmap Control(bitmap offset)	1
	Partial Virtual Bitmap	1~251

● **DTIM Count 영역** : 방송형 프레임을 단말들에게 중계할 때 사용되며, 0부터 (DTIM Period−1) 까지 매 비컨 프레임 전송시 마다 증가되며 순환하는 값이다. 만약 이 값이 0이라면, 현재의 이 TIM 요소는 방송형 프레임이 곧 중계될 것임을 알리는 DTIM이 된다.

11_ Supported rate 항목의 값이 0x82인 경우, 1Mbps의 의미를 가진다. 이것은 지원속도가 기본 지원속도(BSSBasicRateSet)에 포함되는 것일 경우에는 최상위 비트를 1로 설정하기 때문이다.

- **DTIM Period 영역** : DTIM들간의 비컨 간격수를 말한다. 만약 이 값이 3이면, 세 개의 비컨간격 마다 브로드캐스트 프레임이 중계될 수 있다.

- **Bitmap Control 영역** : 비트 0의 값이 1이고, DTIM Count＝0이면, 브로드캐스트 프레임이 있음을 표시한다. 나머지 7비트는 다음 영역의 partial virtual bitmap에 대한 비트맵 오프셋용으로 사용된다.

- **Traffic-indication virtual bitmap** : 최대 2008비트로 구성되며, 각 비트의 의미는 AP의 버퍼에 전송할 트래픽의 유무를 말해 준다. 즉, 단말에 중계할 프레임이 버퍼링되어 있는 경우 1, 그렇지 않을 경우 0이 된다. Parital이라는 의미는 최대 2008개의 AID(단말)별로 TIM을 지원하기 위해서 251(2008비트)바이트의 영역이 필요하지만, bitmap control의 7비트값(비트맵 오프셋)을 사용하여, 0으로 설정되는 비트들은 뛰어 넘어 표시하자는 것이다. 예를 들어, 〈그림2.23〉과 같이 Length＝5, (DTIM Count＝x, DTIM Period＝y), Bitmap_Offset＝2, Partial_Virtual_Bitmap＝55 55인 경우를 보자. 이것은 첫 16비트에 해당되는 0~15번 AID 단말들에 대해서는 TIM 정보가 offset값에 의해 없다고 표시되어 있으며, 이후, 2바이트로 표시되는 0x5555에 해당되는 17,19,…번 단말들에는 TIM 정보가 있음을 표시한다. 그리고 명시되지는 않았지만 나머지 모든 단말들에 대해서는 해당 프레임이 없음을 묵시적으로 표시한다.

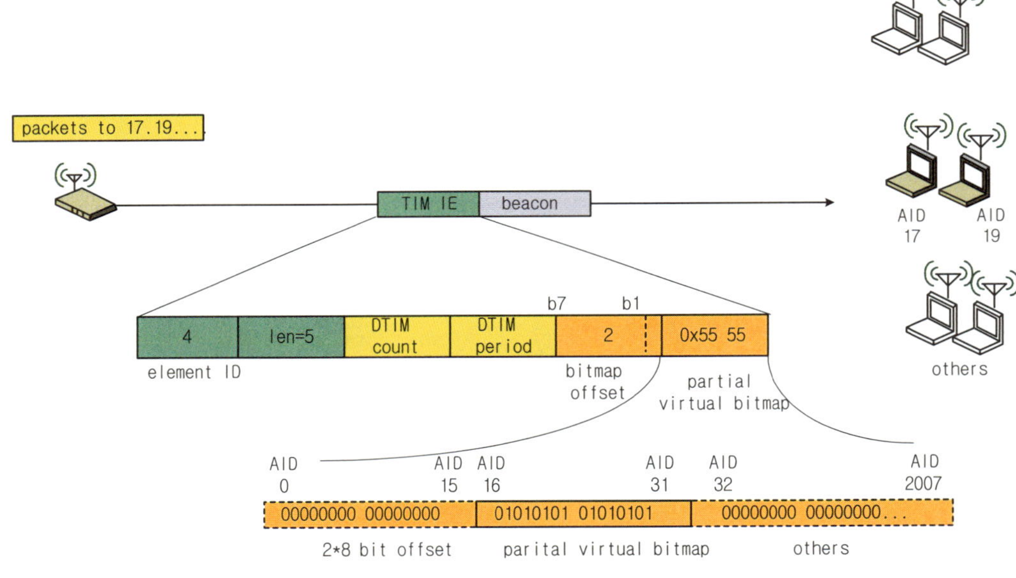

〈그림 2.33〉 TIM 정보 영역의 활용 예

(e) **챌린지 문 IE** : 제 6 장에서 다룰 공유키 인증방식에서 AP가 송신하는 challenge text가 수납된다. 보통 128바이트 길이의 challenge문이 사용된다.

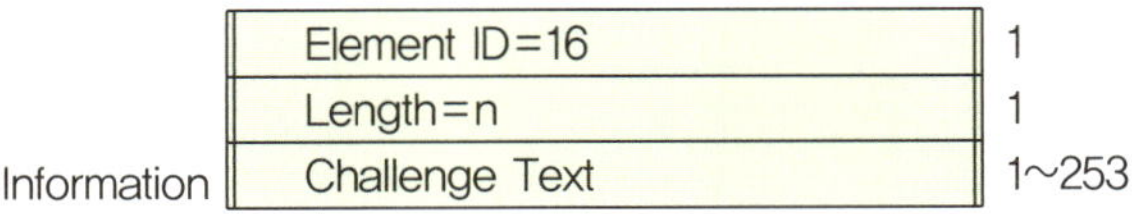

Information		
	Element ID=16	1
	Length=n	1
	Challenge Text	1~253

2.13 ## 매니지먼트 프레임의 상세구성

(1) 비컨 프레임

AP에서만 전송되며, AP의 존재와 지원능력을 주변 단말들에게 주기적으로 알린다. 단말들은 이 비컨 프레임으로부터 AP와의 시간을 동기화시켜, 단말들이 전원절약 모드로 동작할 수 있도록 한다. 비컨 프레임의 형식은 〈그림 3.34〉와 같다.

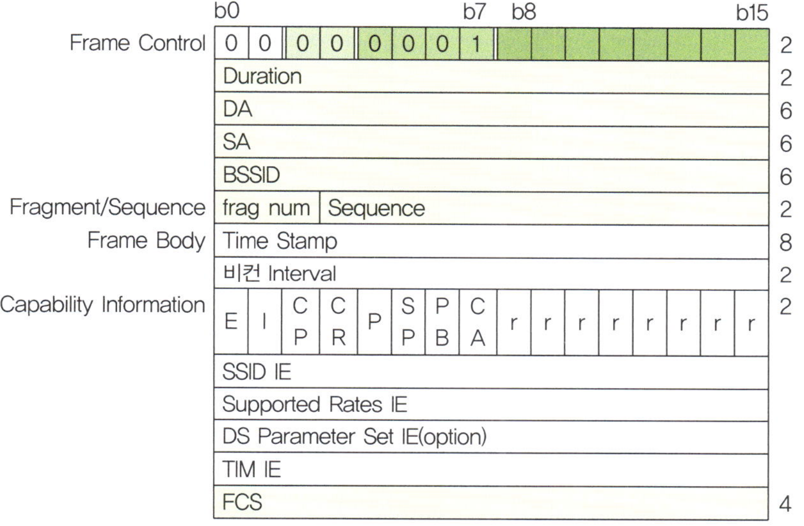

〈그림 2.34〉 비컨 프레임 형식[12]

그리고 이러한 비콘 프레임의 송신주기는 Target Beacon transmission time(TBTT)에 의해 결정되는데, 만약 전송될 시간에 채널이 busy하다면, 해당 비컨 프레임의 송신은 지연될 수도 있다.

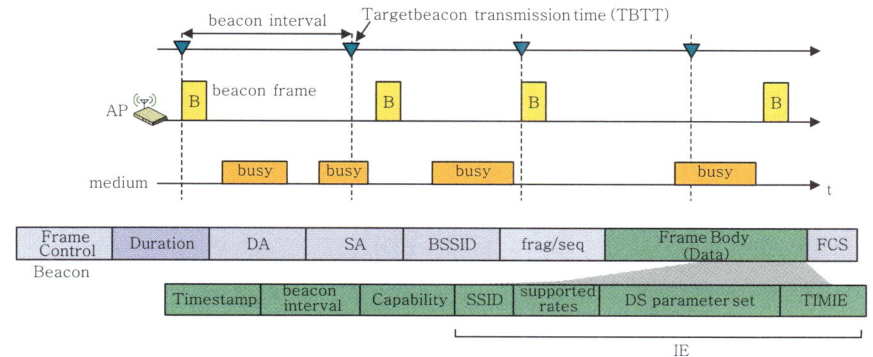

〈그림 2.35〉 비컨 프레임의 송신주기와 프레임의 구성의 예

12_ 선택사양인 여러가지의 파라미터 셋 중에서 802.11a/b에서는 FH, CF, IBSS 등의 정보 엘리먼트들은 송신되지 않는다.

(2) 프로브 요청 및 응답 프레임

능동 탐색시 사용되며, 각각의 형식은 다음과 같다. 특히, 응답 프레임을 비컨 메시지와 비교해 보면, 이 단말이 아직 AP에 결합되어 있지 않기 때문에 비컨 메시지에 있는 TIM영역을 제외하고는 유사함을 알 수 있다.

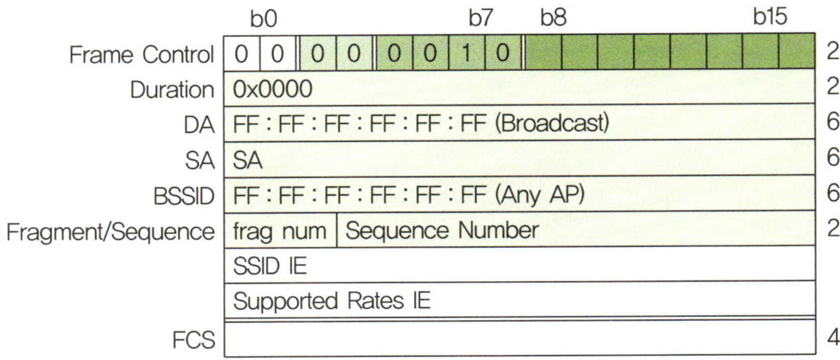

〈그림 2.36〉 프로브 요청 프레임의 구성

〈그림 2.37〉 프로브 응답 프레임의 구성

(3) 인증 프레임

인증 요청과 응답시 사용되며, 요청과 응답의 형식은 동일하지만 인증절차 순서번호(Authentication Transaction Seq)로 구분된다. Open System 인증시에는 Challenge Text영역이 없다.

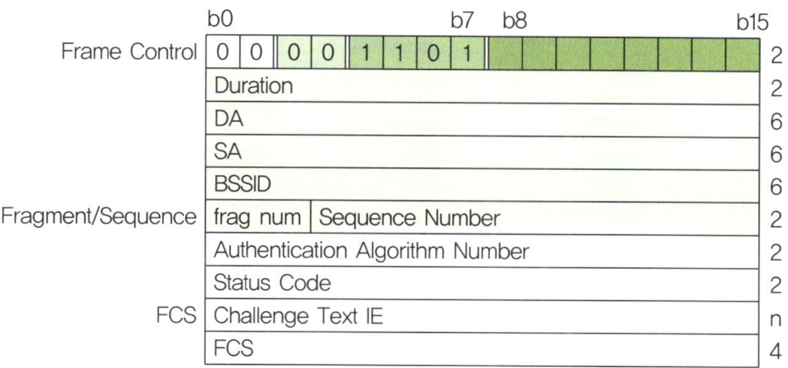

<그림 2.38> 인증 프레임의 구성

(4) 결합요청과 응답 프레임

결합요청과 응답 프레임의 형식은 각각 다음과 같다. 결합요청시 전원절약 모드에 머무를 기간을 명시하는 listen interval이 포함되고, 이에 대한 응답 프레임에는 AID값이 수납됨에 주의하라.

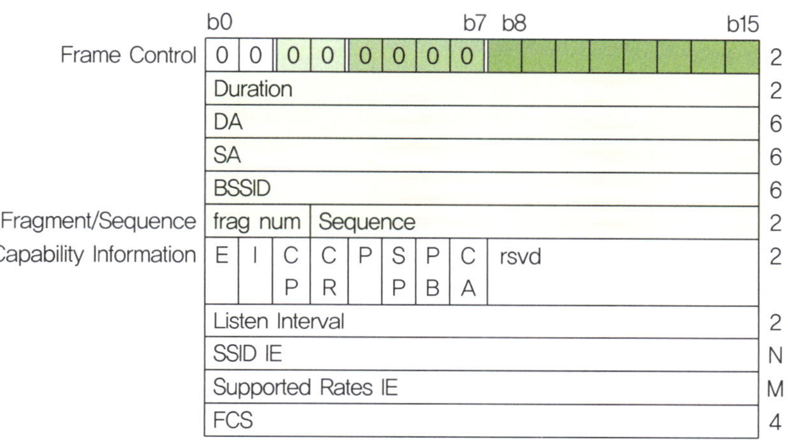

<그림 2.39> 결합요청 프레임의 형식

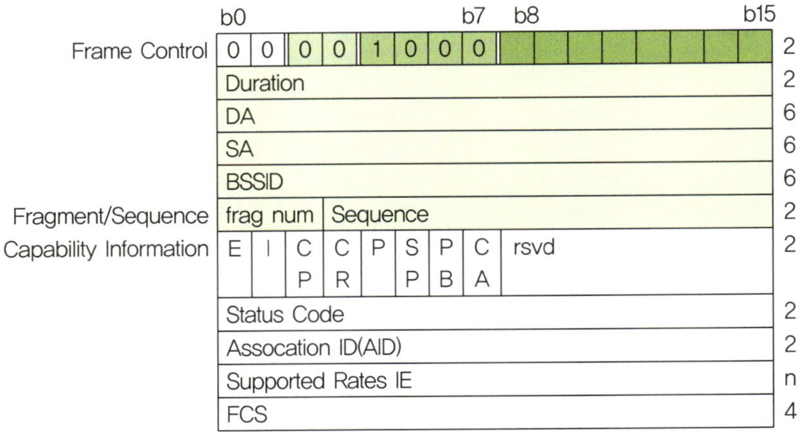

b0					b7	b8		b15	
Frame Control	0 0	0 0 1 0 0 0							2
Duration									2
DA									6
SA									6
BSSID									6
Fragment/Sequence	frag num	Sequence							2
Capability Information	E I	C P	C R	P	S P	P B	C A	rsvd	2
Status Code									2
Assocation ID(AID)									2
Supported Rates IE									n
FCS									4

〈그림 2.40〉 결합/재결합 응답 프레임의 형식

(5) 재결합요청과 응답 프레임

다른 AP로 이동하는 경우, 단말이 송신하는 재결합요청과 응답 프레임의 형식은 동일하다. 재결합요청시 전원절약 모드에 머무를 기간을 명시하는 listen interval과 특히, 기존 AP의 주소를 명시한 Current AP Address 항목이 포함됨에 주의하라. 이렇게 함으로써, 기존 AP에 저장된 프레임을 새로운 AP가 전달받아 단말에게 중계할 수 있다. 이에 대한 응답 프레임은 결합응답 프레임과 동일한 형식의 프레임이 사용된다.

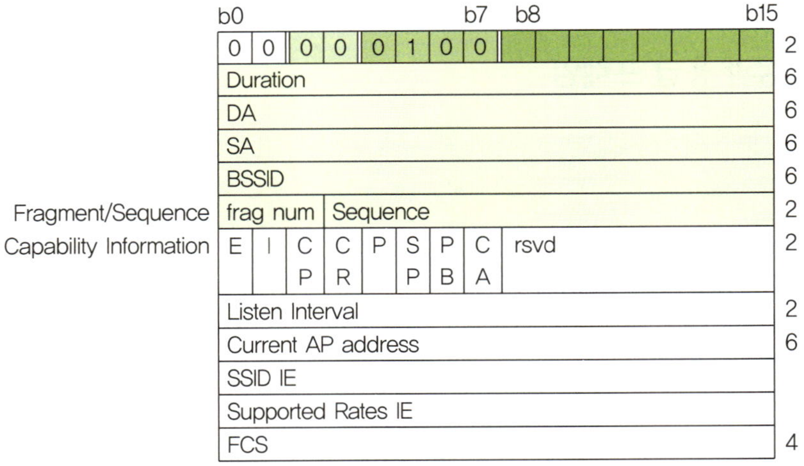

b0					b7	b8		b15	
	0 0	0 0 0 1 0 0							2
Duration									6
DA									6
SA									6
BSSID									6
Fragment/Sequence	frag num	Sequence							2
Capability Information	E I	C P	C R	P	S P	P B	C A	rsvd	2
Listen Interval									2
Current AP address									6
SSID IE									
Supported Rates IE									
FCS									4

〈그림 2.41〉 재결합 요청 프레임 형식

(6) 결합해제요청 프레임

결합을 해제할 때 송신되는 프레임의 형식은 〈그림 2.42〉와 같으며, 결합해제의 이유를 명시하는 reason 코드 부분이 수납된다

Frame Control	0	0	0	0	0	1	0	1									2
Duration																	2
DA																	6
SA																	6
SSID IE																	6
Fragment/Sequence — frag num / Sequence Number																	2
Reason Code																	2
FCS																	4

〈그림 2.42〉 결합해제 프레임 형식

(7) 인증해제요청 프레임

인증을 해제할 때 송신되는 프레임의 형식은 결합해제요청 프레임과 유사하며, 인증해제의 이유를 명시하는 reason 코드 부분이 수납된다.

2.14 802.11의 기본동작 과정분석

본 실험에서는 무선 프로토콜 분석기를 사용하여 무선상에서 전송되는 패킷을 단순히 수집하여 분석한다. 만약, 주변에 무선망이 없는 경우, 〈그림 2.43〉과 같은 망을 구성하도록 한다. 이러한 망의 상세한 설정절차는 제 6 장을 참고하라.

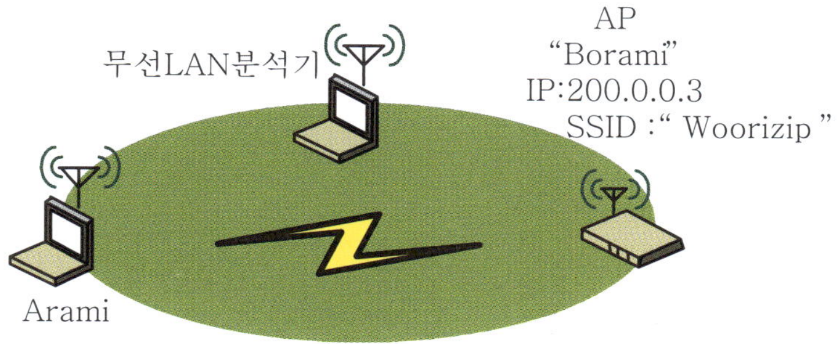

〈그림 2.43〉 실험환경

2.15 간략한 과정분석

수집된 프레임 중에서, 탐색, 인증, 결합, 데이터 프레임에 대한 상세를 이해하도록 한다. 일반적인 절차는 〈그림 2.44〉와 같다. 상위 계층 데이터는 모두 LLC 프레임에 수납되어 전송됨에 주의하라.

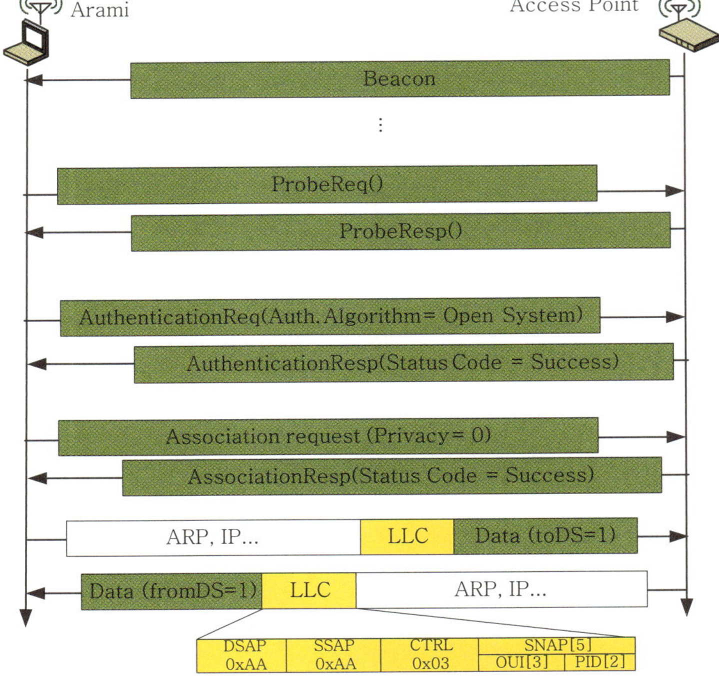

* DSAP = Destination Service Access Point (=0xAA)
* SSAP = Source SAP
* CTRL = Control Field (=0x03 = Unnumbered Information)
* SNAP = SubNetworkAccess Protocol
* OUI = Organization Unique Identifier(000000 = IEEE802)
* PID = Protocol ID

〈그림 2.44〉 절차의 예

2.16 수동 프로브 과정분석

무선 LAN 분석기로 비컨 메시지를 수집한다. 예는 다음과 같다.

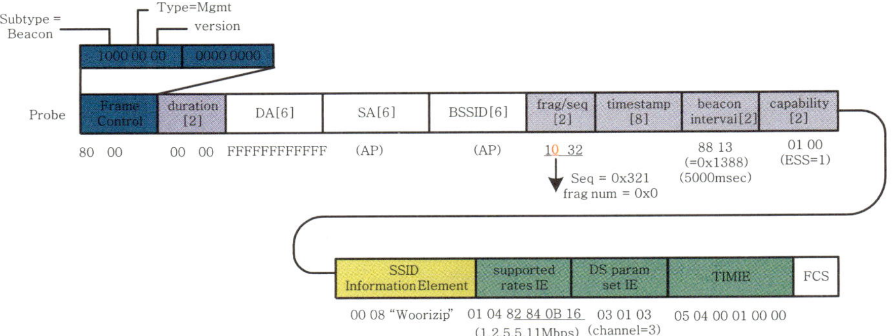

〈그림 2.45〉 비컨 프레임의 예

이 비컨 메시지는 AP로부터 송신된 것으로써, 비컨의 생성주기는 5000이며, SSID="Woorizip", 지원속도는 {1,2,5.5, 11} Mbps이다. 또한, DS 채널번호는 3이며, DTIM 주기는 1이다.

2.17 능동 프로브 과정분석

프로브 요청과 응답 메시지의 예는 다음과 같다.

● 프로브 요청 메시지

```
40 00  : Probe Request message(Subtype: 0100=ProbeReq,Type=00=Mgmt, Version:00, No WEP°¶)
00 00  : Duration = 0
FF FF FF FF FF FF  : DA
00:00:F0:65:43:21 : SA (STA)
FF FF FF FF FF FF : BSSID
10 00 : Seq/frag
00 08 "Woorizip"→ SSID IE = "Woorizip"
01 04 82 84 0B 16 24 30 48 6C : Supported Rates IE
```

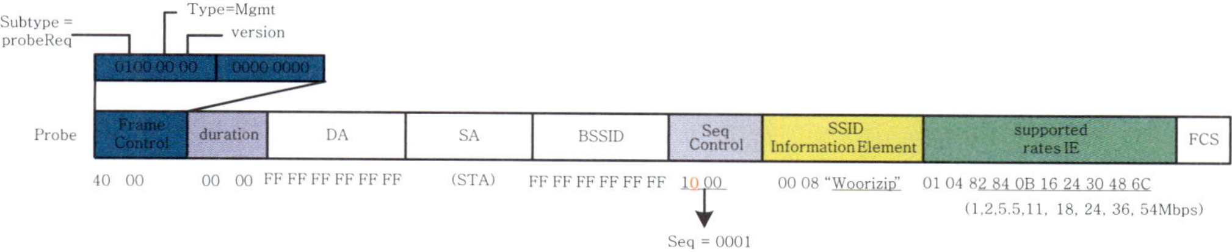

〈그림 2.46〉 프로브 요청 메시지의 구성

● 프로브 응답 메시지

```
50 00 : Probe Response message(Subtype = 0101(probeResp), Type = 00(Mgmt),Ver = 00,No WEP°¶)
3A 01  : Duration = 0x013A TU = 314 usec
00 00 F0 65 43 21 : DA (STA)
00 00 F0 64 01 03 :SA (AP)
00 00 F0 64 01 03 : BSSID (AP)
20 32  : Seq/frag
53 63 ab 07 00 00 00 00 : Timestamp
88 13  : Beacon Interval
01 00  : Capability (ESS = 1)
00 08 "Woorizip" --> SSID IE = "Woorizip"
01 04 82 84 0B 16 : Supported Rates IE
03 01 03 : DS Parameter Set IE (Channel No. = 3)
```

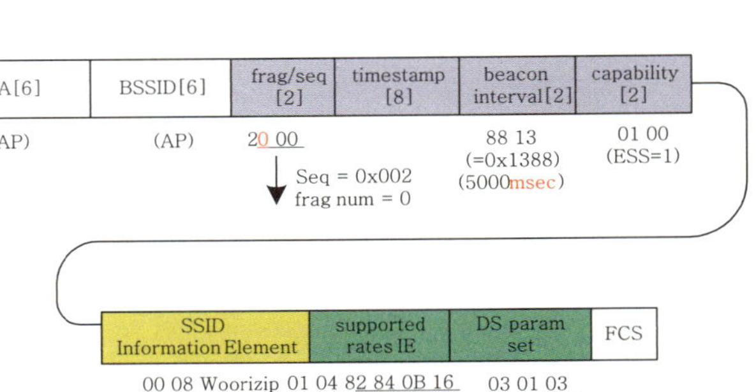

〈그림 2.47〉 프로브 응답 메시지의 예

이 프로브 요청 메시지는 40-00의 Frame Control 영역을 가지며, 브로드캐스트된다. 이후, 53바이트 길이의 프로브 응답 패킷이 AP로부터 수신되는데, 이 프레임의 시작이 50-00인 것으로부터 이 프레임이 프로브 응답 패킷임을 알 수 있다. 그리고, Address1 영역은 request를 송신한 STA의 MAC주소이다. 이 프로브 response 패킷에는 SSID인 "Woorizip"이 사용되었으며, 마지막의 information element인 "01-04-82-84-8b-96"으로부터 해당 AP가 지원 가능한 전송속도는 1, 2, 5.5, 11Mbps임을 알 수 있다.

이러한 프로브 응답이나 비컨 메시지에 수록된 정보로부터, BSSdescription을 구성하는 AP의 MAC주소인 BSSID, SSID, 비컨 프레임의 생성주기, 비컨프레임의 송신간격을 단위로 하는 DTIM 메시지의 송신주기, AP의 타임스탬프, DSSS의 경우 채널번호 정보가 수록된 PhyParameters 그리고 지원 가능한 전송속도 정보 등을 모두 기록 할 수 있다.

94

2.18 인증, 결합, 데이터 전송과정의 분석

제 6 장을 참조하라.

 연습 문제

[1] 무선 LAN 의 계층구조에 대한 설명 중 틀린 것은 _____ 이다.
  (a) PMD : 무선모뎀 기능을 수행하며, 무선 채널의 idle, busy상태를 보고한다.
  (b) PLCP : PMD와 MAC간을 정합한다. MAC PDU에 대하여 물리계층에서 사용할 프리앰블 등을 부착한다.
  (c) MAC : 상위계층 프레임인 MSDU에 대하여 MAC헤더를 부착하고, CSMA/CA동작을 수행한다.
  (d) MLME : 전원관리, 탐색, join, 인증, 결합, 리셋, 시간동기 등을 MMPDU를 사용하여 수행한다. 프레임 분할 기능도 수행한다.

[2] PLCP의 특징 중 틀린 것은 _____ 이다.
  (a) 프리앰블 및 PLCP헤더로 구성되며 이 영역의 전송속도는 페이로드 영역의 전송속도 보다 느리다.
  (b) 프리앰블의 길이는 128과 56비트 등 2가지가 있다.
  (c) PLCP헤더에 있는 시그널 영역은 페이로드 부분의 전송속도를 표시한다.
  (b) PLCP헤더에 있는 CRC 영역은 페이로드 부분에 대한 오류 검사용이다.

[3] MAC 프레임의 특징 중 틀린 것은 _____ 이다.
  (a) Address4영역은 없을 수도 있다.
  (b) Frame Control 영역은 프레임의 종류, 암호화 여부 등을 표시한다.
  (c) Duration 영역은 무선 링크 예약을 위한 시간값인 NAV값이 수납된다.
  (d) ToDS비트가 1이면 AP가 단말에게 전송하는 프레임임을 표시한다.

[4] 무선단말(MAC1)이 AP(MAC2)를 경유하여 DS에 있는 서버(MAC3)에게 전송할 때, 전송하는 프레임의 Address 1,2,3에는 각각 __, __, __가 수납되며, ToDS비트는 __로 설정된다.
  (a) MAC1   (b) MAC2
  (c) MAC3   (d) 1
  (e) 0

[5] 802.11b의 MAC 파라미터 값 중 틀린 것은 _____ 이다.
  (a) Slot_time = 20usec
  (b) SIFS = 10usec
  (c) DIFS = 50usec
  (d) Backoff time = [0..31] * Slot_time

[6] 802.11b의 MAC의 동작 중 틀린 것은 _____ 이다.
  (a) ACK프레임은 SIFS만 지연한 후 전송된다.
  (b) 채널이 busy함을 감지한 단말은 데이터 프레임 전송시 DIFS + backoff_time 지연 후 전송한다.
  (c) RTS와 CTS프레임은 모두 SIFS만 지연한 후 전송된다.
  (d) 분할된 각 프레임들의 전송은 모두 SIFS기간만 지연되면서 전송된다.
  (e) 브로드캐스트 프레임은 분할전송이 허용되지 않으며, 확인응답도 없다.

[7] NAV에 대한 설명 중 틀린 것은 _____ 이다.
  (a) Network Allocation Vector의 약어
  (b) 가상적인 캐리어 감지 기능 수행
  (c) 지정된 기간동안의 전송 예약
  (d) PS-Poll 메시지에도 NAV가 수납됨

[8] 802.11b의 MAC의 탐색동작 중 틀린 것은 _____ 이다.
   (a) 비컨에 의한 수동탐색과 probe 메시지에 의한 능동탐색이 있다.
   (b) 탐색결과로 해당 AP에 대한 BSS의 종류, AP의 주소, SSID, capability(암호화 방법) 등을 알 수 있다.
   (c) 탐색결과로 지원 가능한 전송속도도 알 수 있다.
   (d) 탐색결과에 의해 AP에 접속된 단말의 개수를 알 수 있다.

[9] 802.11b 보안에 대한 설명 중 틀린 것은 _____ 이다.
   (a) MAC프레임의 Frame Control 영역에 있는 Protected 비트가 1로 설정되어 있으면, 이 프레임은 암호화 되어 있음을 표시한다.
   (b) 비컨이나 probe response프레임의 capability영역에 있는 privacy 비트가 1로 설정되어 있으면, 해당 AP에 접속하려면 WEP, TKIP, CCMP 등의 암호절차에 의해서만 접속 가능함을 표시한다.
   (c) 인증 방법으로 Open System 인증과 Shared Key 인증 방법이 있는데, Shared Key 방식이 더 안전하다.
   (d) 802.11i에서는 보다 강화된 인증 방법인 EAP 기반의 RADIUS 인증과 PSK 인증을 규정하고 있다.

[10] 802.11b 전원절약에 대한 설명 중 틀린 것은 _____ 이다.
   (a) 단말은 결합요청 메시지에 비컨 주기의 배수인 Listen Interval을 명시하여 자신이 Doze모드에 들어갈 경우, 깨어날 주기를 AP에 알려준다.
   (b) AP는 해당 단말들로 향하는 프레임들을 버퍼링하면서, 이 프레임을 가져가야 할 단말들의 리스트를 나열한 Traffic Indication Map(TIM) 정보를 비컨 메시지에 실어 송신한다.
   (c) 전원절약모드에 있는 단말들은 AP가 주기적으로 보내는 비컨 메시지를 무시한다.
   (d) 자신에게 전달될 프레임을 AP가 저장하고 있다면, PS-Poll 메시지로 AP에게 전달을 요청한다.

[11] 잡음이 많은 경우, MAC이 하는 동작이 아닌 것은 _____ 이다.
   (a) RTS threshold값을 감소시킴
   (b) Fragmentation threshold 값을 증가시킴
   (c) 재전송시에도 제한값을 증가시킴

[12] 재결합 절차를 설명하라.

[13] 비컨 간격을 증가시키면 어떤 일이 예상되는가?

[14] IEEE 802.11e에 대하여 설명하라.

제 3 장

암호와 키 분배

- PKCS#1, RSA Cryptography Standard, 2002.
- PKCS#3, Diffie–Helman Key–Agreement Standard, 1993.

암호/복호과정이란 평문을 제 3자가 해독할 수 없는 문장인 암호문으로 변환하여 전송하고, 수신측에서 평문으로 암호문으로부터 평문을 복원하는 과정이다. 이러한 과정에서 사용되는 알고리듬을 **암호 알고리듬**이라고 하며, 암호화하고 복호하는데 핵심이 되는 것을 **키**라고 한다. 이러한 암호화 과정에서 필요한 키를 쌍방이 확보할 수 있는 방법에는 **공유 비밀 키 방식**(shared secret key)과 **공개 키 방식**(public key) 방식이 있다. 본 장에서는 다음과 같은 사항들을 다룬다.

- 공유 비밀 키 암호화 방식(shared secret key)
  - 스트림 사이퍼 : RC4, WEP, TKIP
  - 블록 사이퍼 : DES(Data Encryption Standard) / Triple DES, AES, RC5
- 공개 키 암호화 방식(public key)
  - RSA
- 키 분배 방식
  - Diffie-Hellman 방법에 의한 공유 비밀 키 분배 방법
  - RSA 공개 키 방식을 이용한 공유 비밀 키 분배 방법
  - 키 분배 센터(KDC)를 이용한 공유 비밀 키 분배 방법

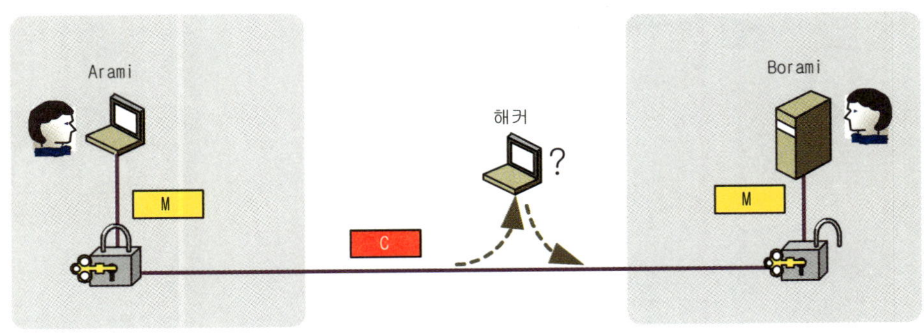

〈그림 3.1〉 암호/복호과정

3.3 암호의 기본 개념

암호/복호과정이란 평문을 제 3자가 해독할 수 없는 문장인 암호문으로 변환하여 전송하고, 수신측에서 평문으로 복원화는 과정이다. 예를 들어, "ABC"이라는 문장에 대하여 다음과 같은 규칙을 사용하여 전송한다고 하자.

"각 문자의 ASCII코드 값에 x씩 더하여 전송한다."
그리고 "x = 3"이다.

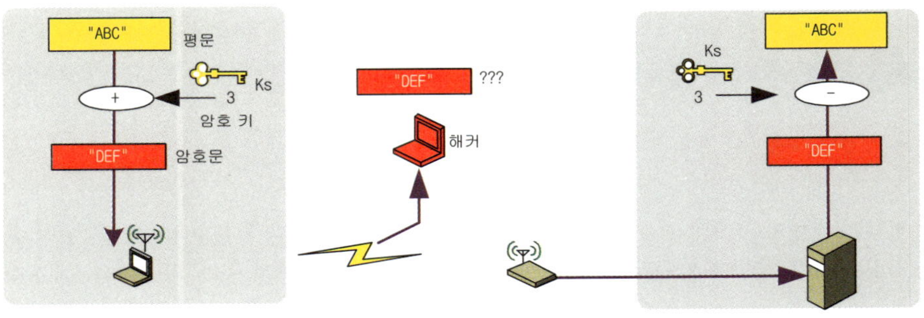

〈그림 3.2〉 암호화의 원리

이 경우, "ABC"문자열을 구성하는 0x41 0x42 0x43 값은 각각 0x44, 0x45, 0x46으로 변환되어 "DEF"로 전송된다. 이 규칙을 사전에 알고 있는 수신한 측은 수신된 바이트 열에서 3씩 빼서 원래의 "ABC"문자열로 복원한다.

이러한 전송과정과 수신과정에서 사용되는 변환 규칙인 "각 문자의 ASCII코드 값에 x씩 더하여 전송한다."을 **암호 알고리듬**이라고 하며, "x = 3"을 **키값**이라고 한다. 여기서, 암호 알고리듬은 제 3 자에게 공개되어도 되지만, 키값은 쌍방만이 알고 있어야 한다.

이러한 예에서 알 수 있듯이, 암호화란 널리 알려진 암호화 알고리듬을 사용하고, 쌍방간에만 알고 있는 키값을 사용하여 암호화하여 전송하고 복호하는 과정이다.

3.4 공유 비밀 키 암호화 방식

공유 비밀 키 암호화 방식은 쌍방이 공유하는 하나의 비밀 키를 사용하여 암호화하고 복호하는 방식으로서, **대칭(symmetric) 암호 방식**, 또는 **관용(conventional) 암호 방식**이라고도 한다. 이러한 공유 비밀 키 방식에는 DES(Data Encryption Standard), Triple DES, IDEA(International Data Encryption Algorithm), AES(Advanced Encryption Standard), RC4, RC5, CAST-128 등이 있다. 특히, RC4와 AES 방식은 무선 LAN의 보안을 위하여, IEEE 802.11과 802.11i에 규정된 암호화 방식이다. 이들은 크게 **스트림 암호화 방식**과 **블록 암호화 방식**으로 다시 분류된다.

(1) 스트림 암호화 방식(Stream cipher)

이것은 평문을 1비트(또는 1바이트씩)씩 암호화하는 방식이다. 대표적인 스트림 암호화 방식인 RC4는 〈그림 3.3〉과 같이, 쌍방간에 미리 결정된 40 또는 104비트 길이의 키를 이용하여 연속된 키 스트림을 생성하고, 이것을 전송할 평문과 exclusive OR한 암호문을 생성한다. 이것은 데이터를 전송하면서 동시에 암호화할 수 있기 때문에, 암호화에 필요한 지연시간이 거의 없는 장점이 있어, 무선 LAN의 AP와 단말간 전송되는 프레임의 암호화시 사용된다. 무선 LAN에서 사용되는 스트림 암호 방식은 WEP-40, WEP-104, Temporal Key Integrity Protocol(TKIP) 등이 있다.

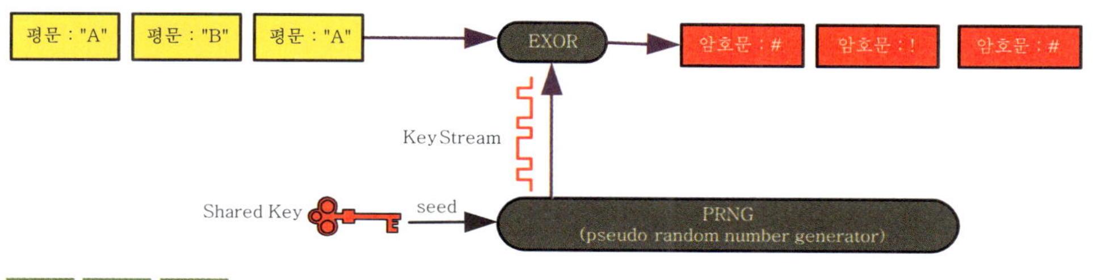

〈그림 3.3〉 스트림 암호 방식

(2) 블록 암호화 방식(Block cipher)

평문을 일정길이 단위로 분할한 블록들에 대하여 암호화 하는 방식으로서, DES(Data Encryption Standard), Triple DES, IDEA, RC5, AES 등이 있다. 〈그림 3.4(a)〉은 DES 방식으로서, 평문을 64비트의 블록으로 분할한 후, 각 블록에 대하여 56비트의 키로 암호화하여, 64비트의 암호문 블록을 생성한다. 만약 평문이 64비트로 분할되지 않는 경우, 필요한 비트 수만큼 패딩하여 암호화한다. 3DES는 〈그림 3.4(b)〉과 같이, 두 종류의 56비트 키와 세 번에 걸친 DES 과정을 수행하여 보다 안전한 암호문을 생성한다.

1_ 무선으로 전송되는 프레임들을 제3자가 도청하지 못하도록 하여, 마치 유선으로 직접 연결된 것과 유사한 정도의 보안을 제공하기 때문에 Wired Equivalent Privacy(WEP) 기능을 제공한다고 한다. 특히 스트림 사이퍼인 TKIP 방식의 802.11i 제품은 WPA-1 방식을 지원하는 제품이라고도 한다.

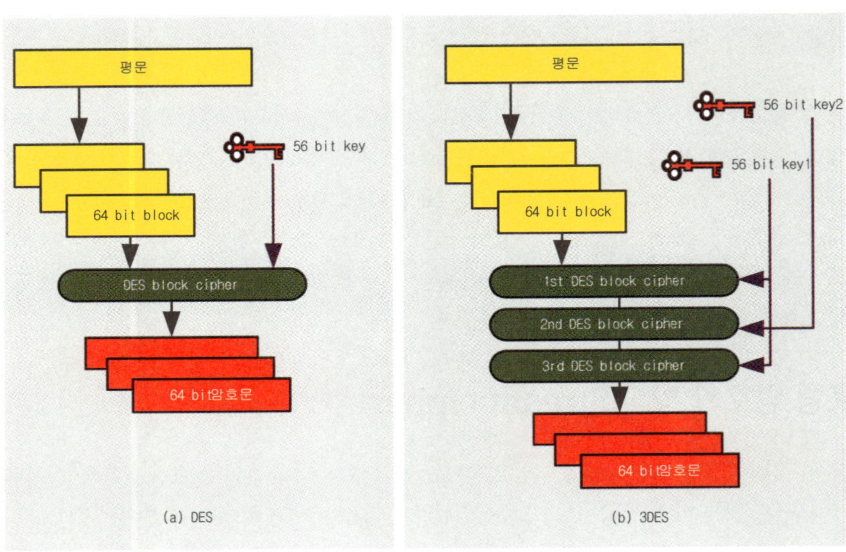

〈그림 3.4〉 블록 암호화 방식의 예(DES와 3DES)

〈표 3.1〉은 대표적인 블록 암호화 방식의 블록과 키의 길이를 정리한 것이다. 이 중에서 Advanced Encryption Standard(AES) 블록 암호 방식은 5가지의 동작모드를 지원한다. 이들은 각각 ECB(Electronic Code Book), CBC(Cipher Block Chaining), CFB(Cipher FeedBack), OFB(Output FeedBack), CTR(Counter) 모드이다. 무선 LAN 보안 표준인 802.11i에서 사용되는 블럭 사이퍼는 AES-CBC 방식으로 구성되어, 데이터 무결성을 제공하기 위한 Message Integritiy Check(MIC)를 계산한 후, 데이터 영역과 MIC 영역 모두에 대하여 AES-Counter(CTR) 방식의 암호화를 함으로써 802.11 MAC 프레임에 대한 무결성과 은닉성과 함께 제공한다[2]. 이렇게 AES의 2가지 모드가 모두 적용되는 경우, 이것을 Counter Mode with CBC-MAC(CCM) 방식이라고 한다.

암호화 방식	블록 길이(비트)	키 길이(비트)
DES	64	54
3DES	64	112
IDEA	64	128
RC5	32/64/128	0~2040
RC2	64	8~1024
AES	128	128

〈표 3.1〉 블록 암호화 방식

3.5　공개 키 암호화 방식

이것은 비대칭 암호 방식이라고도 하는데, 하나의 비밀 키만 사용하는 대칭 키 방식과 달리, {공개 키, 개인

2_ AES-CCM 방식의 802.11i 제품을 WPA-2방식을 지원하는 제품이라고도 한다.

키}의 쌍을 사용한다. 공개 키 방식의 암호화 알고리듬에는 대표적으로 RSA 공개 키 방식이 있다. 이 RSA 방식에서 사용되는 공개 키와 개인 키는 다음과 같다.

```
공개된 키 : KU = {e, n}
개인 키 : KR = {d, n}
```

여기서, e값과 n값은 공개된 키 값인 반면에, 비밀인 개인 키는 d와 n값으로 구성된다.
예를 들어, 공개 키와 개인 키값으로, KU = {e, n} = {5, 119}, KR = {d, n} = {77, 119}을 사용하여 한 바이트의 데이터 M = 19를 공개 키{e, n}으로 암호화해서 전송할 경우는 다음과 같다.

```
암호된 데이터 : C = Mᵉ % n = 19⁵ % 119 = 2476099 % 119 = 66
```

여기서, %기호는 나머지를 뜻하는 modulo 기호이다.
C = 66으로 수신된 암호문으로부터 원래의 데이터 값인 19로 복호하는 과정은 다음과 같다.

```
복호된 데이터 : M = Cᵈ % n = 6677 % 119 = 19
```

이러한 복호과정에서 개인 키값 {d, n}을 모르는 제 3 자는 공개된 키{e, n}로는 원래의 데이터를 복호하기가 어렵다. 이러한 RSA 암호/복호과정에서 사용되는 {e, n, d} 값은 정수론에 의해 결정되는 특수한 값이다.
그렇다면 왜 이러한 공개 키 방식이 사용되는가? 그 이유는 앞에서 다루었던 대칭 키 방식의 경우 쌍방이 알고 있어야 하는 대칭 키값을 안전하게 분배하는데 어렵다는 점이다.
반면에, 공개 키 방법은 이러한 문제를 해결할 수 있다. 즉, Arami와 Borami가 은닉통신을 하고자 할 때, Borami는 {개인 키, 공개 키}쌍을 생성한 후, 자신의 공개 키를 Arami에게 제공한다. 이 과정에서 이 공개 키가 제 3 자인 Z에게 유출될 수도 있지만, 문제가 없다. 그 이유는 Arami가 Borami에게 이 Borami의 공개 키로 암호화된 정보를 전송할 때, 이것을 도청한 제 3 자는 Borami의 개인 키를 모르기 때문에 암호화된 내용을 복호할 수 없기 때문이다.

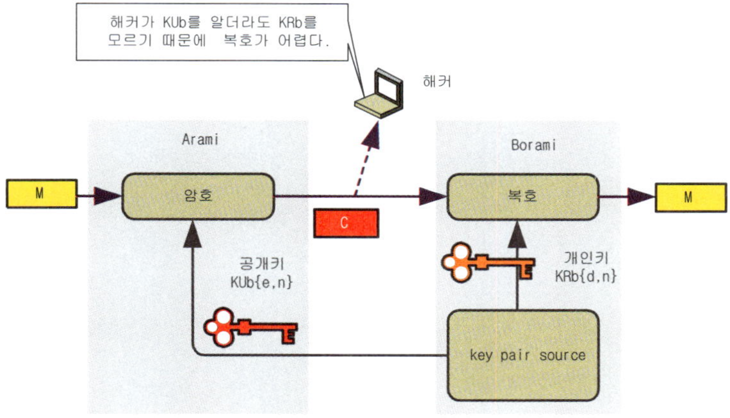

<그림 3.5> RSA의 암호화 기능

3.6 키 분배 방식

공개 키 암호 방식은 지수승 연산 등과 같은 계산시간을 많이 필요로 하며, 덧셈과 같은 고속처리가 가능한 연산을 사용한 대칭 키 방식에 비하여, 처리속도가 느린 단점이 있다. 따라서, 대부분의 경우, 데이터 전송시 공개 키 방식 보다는 대칭 키를 사용하는 공유 비밀 키 방식을 사용한다.

그렇다면 이 공개 키 방식은 언제 사용되는가? 이 공개 키 방식은 통신 쌍방이 암호화시 사용할 대칭 키를 안전하게 분배할 때 주로 사용되며, 이 분배과정을 키 분배 방식이라고 한다. 이러한 키 분배 방식으로는 다음과 같은 방법이 있을 수 있다.

- Arami가 공유 비밀 키를 선택하여 오프라인으로 Borami에게 전달한다.
- Diffie-Helman 공유 비밀 키 분배 방법
- RSA 공개 키 방식을 이용한 공유 비밀 키 분배 방법
- 키 분배 센터 (KDC) 방법을 이용한 공유 비밀 키 분배 방법

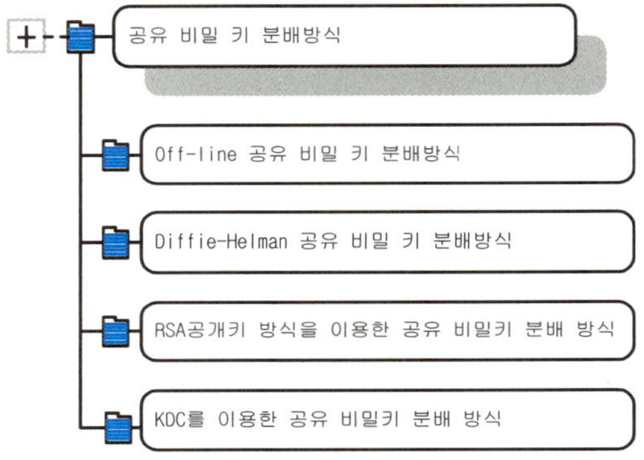

〈그림 3.6〉 공유 비밀 키 분배 방식

(1) 오프라인 방법

쌍방이 골목이나 까페에서 만나 비밀 키를 결정하는 방법이다. 그러나 클라이언트인 Arami가 여러 개의 서버와 연결하기를 원할 때 각 서버에 대해 개별적인 키들이 모두 필요하게 되므로, 이러한 모든 키들을 off-line으로 교환하기에는 여러가지의 문제가 발생한다. 마찬가지로 서버인 Borami가 여러 대의 클라이언트들과 연결할 때에도 각 클라이언트에 대한 키를 필요로 할 수도 있다. 이러한 경우, 물리적으로 키를 교환하기는 상당히 번거로운 문제점이 있다. 즉, 호스트 n명이 상호간에 비밀 키를 사용할 경우, $n(n-1)/2$개의 키가 필요하게 되는 문제가 있다. 뿐만 아니라, 각 호스트의 여러 응용 프로그램 별로 상이한 비밀 키가 사용되어야 한다면, 엄청나게 많은 비밀 키가 필요하게 된다.

(2) Diffie-Helman 키 분배 프로토콜

Diffie-Helman 키 분배 프로토콜은 쌍방간에 공유할 수 있는 공유 비밀 키를 실제로 전송하지 않으면서도 공유비밀 키를 가질 수 있도록 하는 절차로서, RFC2631에 규정되어 있다. 〈그림 3.7〉에 도시된 절차는 다음과 같다.

```
미리 알려진 값 : {p, g}

Arami가 생성하는 값
    Xa < p : 개인 값
    Ya = g^Xa % p : 공개 값

Borami가 생성하는 값
    Xb < p : 개인 값
    Yb = g^Xb % p : 공개 값

Arami와 Borami가 공유하는 Session Key값
    Arami : K = (Yb)^Xa % p
    Borami : K = (Ya)^Xb % p
```

여기서, p와 g는 각각 prime modulus와 generator라고 부른다. 그리고, X와 Y는 각각 개인 키와 공개 키 값이다.

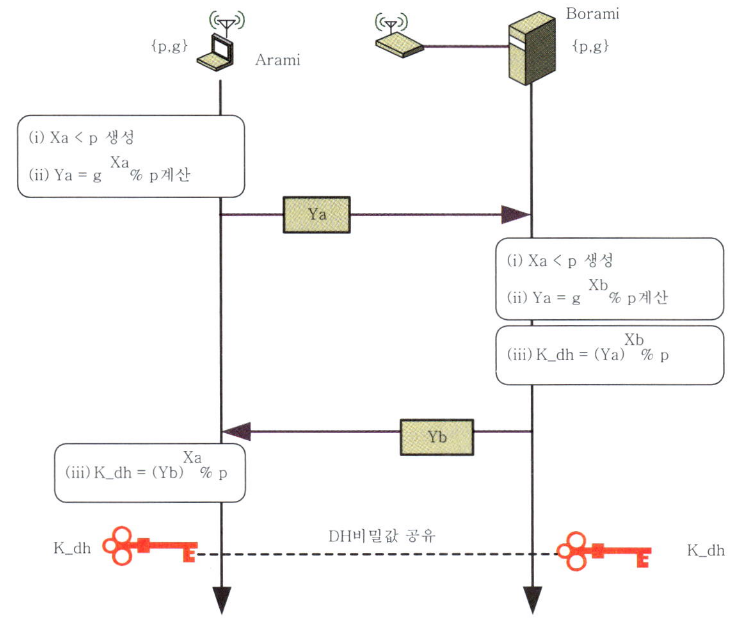

〈그림 3.7〉 Diffie-Helman 방식에 의한 공유 키 분배 과정

예를 들어, 다음과 같이 {p, g}값과 Y_a, Y_b값이 공개되어 있을 때, Arami와 Borami간의 공유 비밀 키는 다음과 같이 구해진다.

```
{p, g} = {97, 5}
Arami : Xa = 36 < p : 개인 값
    Ya = g^Xa % p : 공개 값
       = 5^36 % 97
       = 50
Borami : Xb = 58 < p : 개인 값
    Yb = g^Xb % p : 공개 값
       = 5^58 % 97
       = 44
Shared Key
Arami : K = (Yb)^Xa % p = (44)^36 % 97 = 75
Borami : K = (Ya)^Xb % p = (50)^58 % 97 = 75
```

결과적으로, Arami와 Borami는 알려진 $\{p, g\} = \{97, 5\}$와 $\{Y_a, Y_b\} = \{50, 44\}$ 로부터 공유 비밀 키 값인 K = 75를 사용할 수 있게 된다.

이 과정에서, 제 3 자인 Z는 공개된 $\{p, g, Y_a, Y_a\}$로부터 K값을 얻을 수는 없다. 왜냐하면, Arami와 Borami가 비밀리에 각각 선택한 $\{X_a, X_b\}$값을 알지 못하기 때문이다. 이러한 Diffie-Helman 키 분배 방식은 IPSec, SSL/TLS 등에서 널리 사용된다.

참고로, IPSec에서 사용되는 1536비트의 p와 g값은 각각 다음과 같다.

```
p = 2^1536 - 2^1472 - 1 + 2^64 * { [2^1406 pi] + 741804 }
  =
    FFFFFFFF FFFFFFFF C90FDAA2 2168C234 C4C6628B 80DC1CD1
    29024E08 8A67CC74 020BBEA6 3B139B22 514A0879 8E3404DD
    EF9519B3 CD3A431B 302B0A6D F25F1437 4FE1356D 6D51C245
    E485B576 625E7EC6 F44C42E9 A637ED6B 0BFF5CB6 F406B7ED
    EE386BFB 5A899FA5 AE9F2411 7C4B1FE6 49286651 ECE45B3D
    C2007CB8 A163BF05 98DA4836 1C55D39A 69163FA8 FD24CF5F
    83655D23 DCA3AD96 1C62F356 208552BB 9ED52907 7096966D
    670C354E 4ABC9804 F1746C08 CA237327 FFFFFFFF FFFFFFFF
  g = 2
```

하지만, 이러한 Diffie-Helman 키 분배 프로토콜의 문제점은 〈그림 3.8〉과 같은 man-in-the-middle 공격에 취약한 점이다. 즉,

- Arami가 Borami에게 전송하는 공개값인 Y_A를 Z가 가로챈다.
- Z는 자신이 Borami를 가장하여 자신이 생성한 Y_Z를 Arami에게 송신한다.
- 또한, Z는 Arami를 가장하여 자신이 생성한 Y'_Z를 생성하여 Borami에게 전송한다.
- Borami로 부터 Y_B를 받는다.

이 결과, Z는 Arami와 공유하는 키 K 뿐만 아니라 Borami와 공유하는 키 K′ 를 사용할 수 있게 된다. 따라서, Arami와 Borami간의 통신 내용을 모두 도청하거나 변조할 수 있다.

이러한 문제점은 Diffie-Hellman 키 교환 방식 그 자체가 상대방에 대한 인증기능이 없기 때문이다. 따라서, Diffie-Helman 방식을 사용하는 실제 키 분배 방식(예 : IPSec용 IKE절차)에서는 디지털 서명과 같은 별도의 메시지 인증절차를 추가로 수행한다.

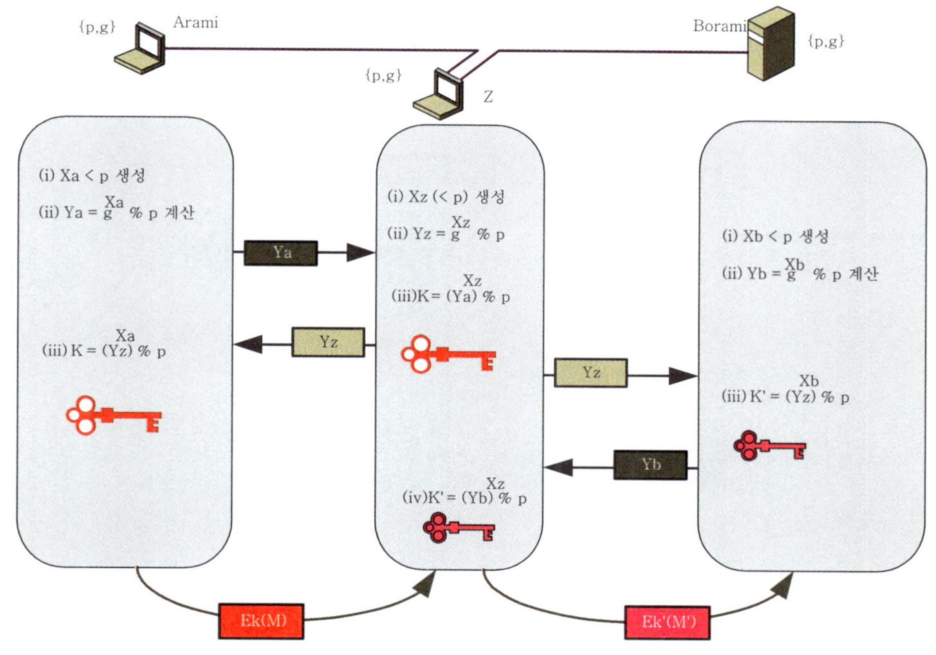

〈그림 3.8〉 Diffie-Helman의 Man-in-the-Middle Attack 취약점

(3) RSA 공개 키 방식을 이용한 공유 세션 키 분배 방법

가) 간단한 방법

쌍방간에 RSA 공개 키/개인 키가 설정되어 있으면, 다음과 같은 방법으로 Arami와 Borami간에 단기간 공유할 수 있는 비밀 키 K_s를 분배한다.

> Arami: 공개 키/개인 키 쌍 : KU_A = {e,n}, KR_A = {d,n}
>
> Arami: {KU_A, ID_A}를 Borami에게 송신한다. 이때 이것은 암호화되지 않은 평문이다.
> Borami: 공유 비밀 키 K_s를 생성하여 이것을 Arami에게 $E_{KUa}[K_s]$로 암호화하여 전송한다.:
>
> 결과적으로 Arami와 Borami는 비밀 키인 K_s를 공유하게 된다.

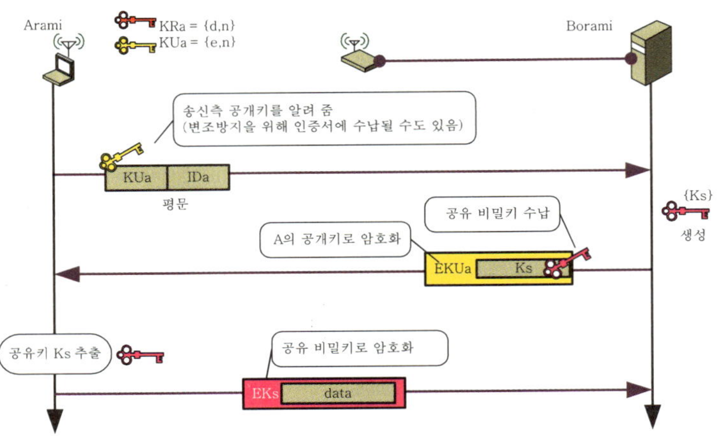

〈그림 3.9〉 공유 비밀 키를 설정하기 위한 간단한 RSA 공개 키 암호화 방식의 활용 예

하지만, 〈그림 2.9〉에 도시된 것과 같이, 이 방법의 문제점은 다음과 같다.

> Arami:　{KU_A, ID_A}를 Borami에게 송신한다.
> Z:　　　이것을 가로채어, 마치 자신이 A인 것처럼 {KU_Z, ID_A}를 Borami로 송신한다.
> Borami: 공유 비밀 키 K_s를 생성하여 이것을 Arami(사실 Z)에게 $E_{KU_Z}[K_s]$로 암호화하여 전송한다.
> Z:　　　이것을 가로채어, K_s를 저장한 다음, 다시 Arami에게 $E_{KUa}[K_s]$를 송신한다 .

이후, Arami와 Borami간 공유 비밀 키 K_s로 암호화되어 전송되는 모든 메시지들은 Z에 의해 가로채어 질 수 있는 문제가 있다.

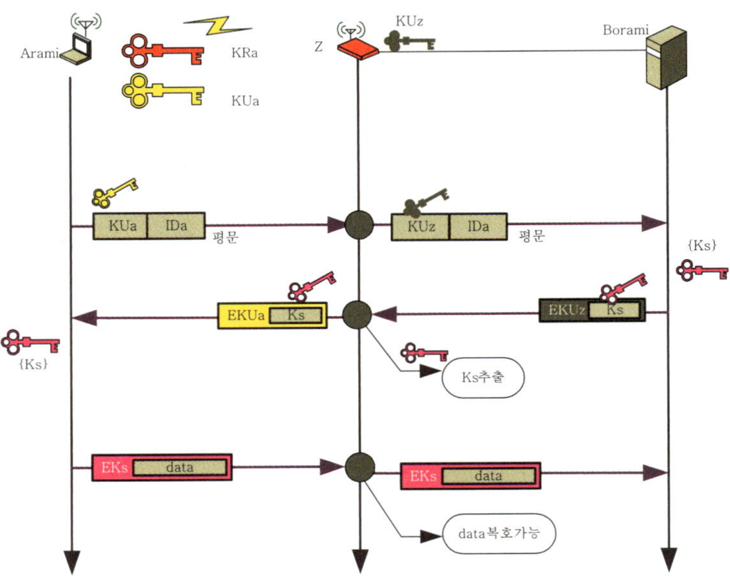

〈그림 3.10〉 세션 키를 설정하기 위한 간단한 공개 키 암호화 방식의 문제점

나) 안전한 방법

Nonce(임시값)을 사용하여 안전하게 K_s를 분배할 수 있는 방법은 다음과 같다.

```
Arami:  E_KUb [N_1, ID_A]
Borami: E_KUa [N_1, N_2]
Arami:  E_KUb [N_2 || E_KRa[K_s] ]
```

① Arami와 Borami : 상대방의 공개 키를 미리 확보하고 있다.

② Arami : {자신의 ID, 임시번호 N_1}를 Borami의 공개 키로 암호화하여, 즉, E_{KUb} {자신의 ID, 임시번호 N_1}를 전송한다. 이 메시지는 오직 Borami만이 읽을 수 있다.

③ Borami : 자신의 개인 키 KR_B 로 복호하여 얻어지는 임시번호 N_1과 자신이 생성한 N_2값을 Arami의 공개 키로 암호화하여 응답한다.

④ Arami : 수신된 내용에서 N_1값을 확인함으로써, Arami가 확보한 Borami의 공개 키에 대응되는 개인 키를 분명히 Borami가 가지고 있음을 믿을 수 있다.

⑤ Arami : Borami의 N_2와 자신이 생성한 공유 비밀 키 K_s값을 자신의 개인 키로 암호화한 것을 Borami의 공개 키로 암호화하여, 즉, E_{KUb} {N_2, E_{KRa} {K_s}}를 전송한다.

⑥ Borami : N_2값으로 부터 Borami가 확보한 Arami의 공개 키에 대응되는 개인 키를 분명히 Arami가 가지고 있음을 믿을 수 있다. 즉, N_1과 N_2와 같은 임시번호(nonce)들은 모두 상대방에 대한 인증을 위해 사용됨을 알 수 있다.

⑦ Borami : Arami의 공개 키값으로 K_s를 추출한다.

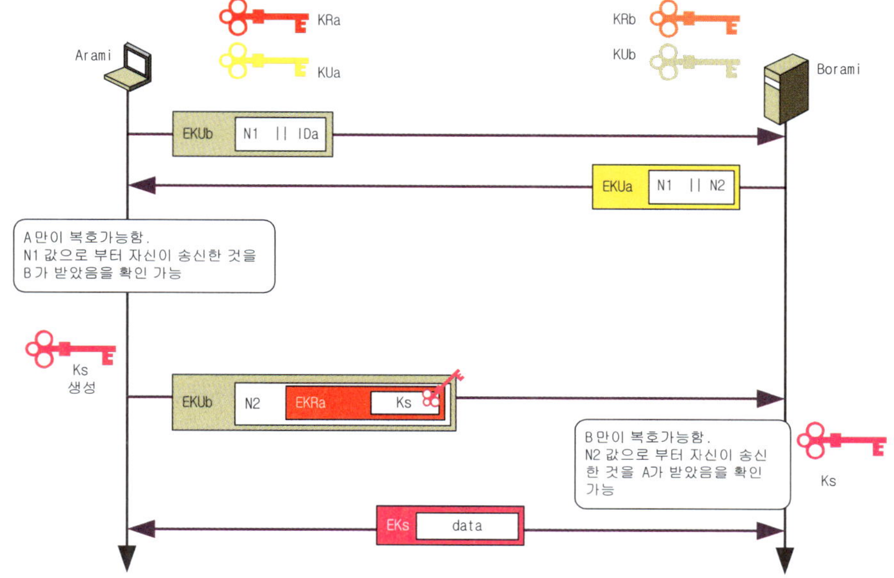

<그림 3.11> 개선된 공유 키 방식을 이용한 비밀 키 전달 방법

(4) KDC에 의한 공유 세션 키 분배 방법

공개 키를 사용하여 쌍방간에 공유 비밀 키를 분배하는 앞의 여러 방법들의 핵심적인 문제는 호스트 n명에 대하여 $n(n-1)/2$개의 키가 요구되는 점이다. 또한, 개별적인 컴퓨터들이 수많은 상대방의 키들을 모두 저장하여야 한다면 엄청난 보안 위험이 따르는 문제가 있다.

이러한 문제점을 해결하기 위한 방법 중 하나로, 단기간 사용될 세션 키(K_s) 분배과정을 책임지는 제 3 자인 Key Distribution Center(KDC)가 사용된다. 이 KDC는 각 사용자에 대한 정보뿐만 아니라 사용자와 KDC만 알고 있는 **장기 비밀 키(master secret key)**를 미리 공유하고 있다[3]. 이 장기키를 사용하여, 통신 쌍방간에 필요한 단기간의 **세션 키(K_s)**를 배포할 뿐만 아니라, 이들간에 상호인증할 수 있도록 한다[4]. 이러한 키 분배절차의 실제는 **커버로스(Kerberos)** 프로토콜이다.

이러한 KDC를 사용하여, 호스트 Arami가 Borami와의 보안 통신을 위한 세션 키를 KDC로부터 내려받는 과정의 예는 다음과 같다.

(1) Arami : KDC에게 {Arami ID, Borami ID, nonce값 N1}로 구성된 Request문을 평문으로 전송한다.

(2) KDC : 다음 내용들을 마스터 키 EKa로 암호화하여 Arami에게 응답한다.

- {세션 키 K_s, Request , N_1}
- E_{Kb} { 세션 키 K_s, Arami ID}. 이 항목은 오직 Borami만이 복호할 수 있다는 것으로서, **티켓**이라고도 부른다.

(3) Arami : 세션 키 K_s를 확보한다. 이어, Borami에게 티켓을 송신한다.

(4) Borami : 티켓의 내용을 복호하여 Arami와 Borami간의 공유 세션 키 K_s를 확보한다. 또한, Borami는 이 티켓을 암호화할 때 사용한 키는 오직 KDC와 자신만이 알고 있는 것이므로, 분명히 이 티켓을 KDC가 생성한 것임을 인증할 수 있고, 또한 상대방도 KDC가 인증한 Arami임을 믿게 된다. 이어, Arami에게 자신이 새로 생성한 임시값 N_2를 공유 키 K_s로 암호화하여 전송한다.

(5) Arami : N_2에 1을 더한 값으로 응답한다. 이렇게 함으로써, Borami가 Arami를 인증할 수 있도록 한다.

이러한 5가지의 절차는 다음과 같이 세션 키 분배과정과 인증과정으로 수행됨을 알 수 있다.

```
(키 분배과정)
Arami → KDC : Request (IDA, IDB ), N1)
KDC → A : EKa[ Ks, Request (IDA, IDB ), N1), ticket = EKb(Ks, IDA) ]
Arami → Borami : ticket = EKb(Ks, IDA)

(인증과정)
Borami→ Arami : EKs(N2)
Arami→ Borami : EKs(N2+1)
```

---

[3] 윈도우 시스템의 경우, Active Directory에 보관된다. 이 키는 장기간 설정되므로 장기 키(long-term key)라고도 부르며, 이 키는 사용자가 등록한 패스워드로부터 DES-CBC-MD5와 같은 해싱 방법에 의해 Arami의 장기 키가 생성된다. 또한, 단말도 로그온할 때 입력한 패스워드로부터 동일한 방법으로 동일한 암호 키값 K_A를 생성한다.

[4] KDC는 키만 분배하는 것이 아니라, 상호인증 기능도 제공하므로, Authentication Server(AS)라고도 한다.

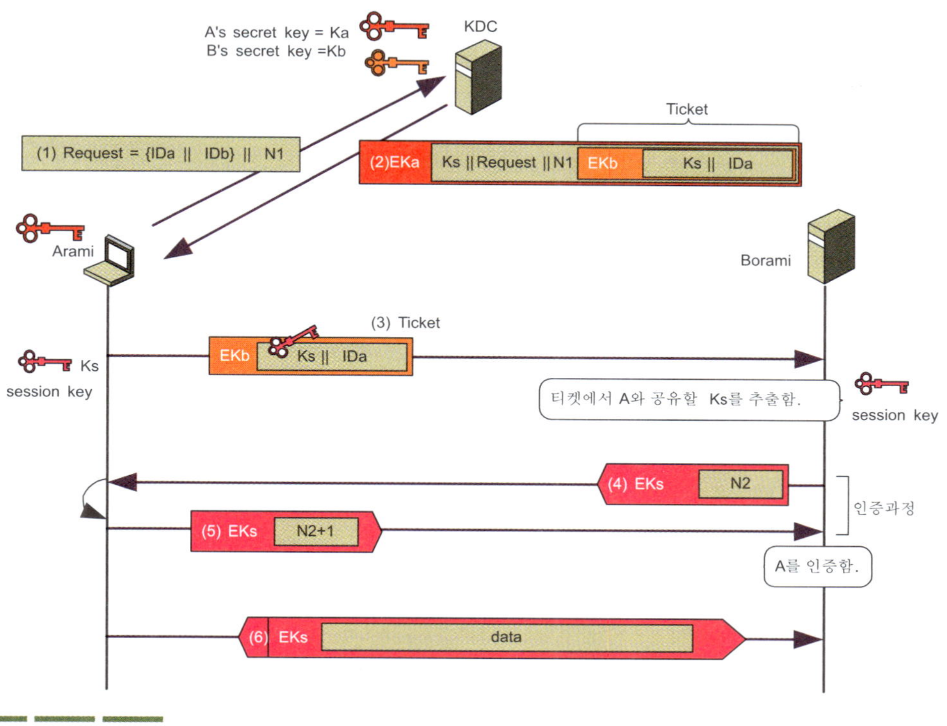

〈그림 3.12〉 KDC에 의한 공유 비밀 키 분배 방법

이러한 KDC를 이용하면 단말간 세션 키는 KDC에서 생성해 주기 때문에, 단말들은 오직 자신이 KDC에 등록한 마스터 키만 보관하고 있으면 된다. 그리고 단말간 연결시 필요한 세션 키는 KDC로부터 할당받아 사용하고 사용후에는 세션 키를 파기한다. 따라서, KDC를 사용하지 않고 단말들이 직접 키를 분배하는 경우에 비하여, 각 단말들은 키 생성 및 관리에 대한 부담을 경감할 수 있는 장점이 있다.

연습 문제

[1] 암호 방식에 대한 설명 중 틀린 것은?

(a) 대칭 키 방식은 암호화할 때의 키와 복호화할 때의 키가 동일하다.

(b) 대칭 키 방식은 암호화 및 복호화의 속도가 빠르다는 장점이 있으나 키 관리 및 분배가 어렵다.

(c) 대칭 키 방식으로는 DES, 3DES, SEED, RC2, RC4 등이 있다.

(d) 공개 키 방식을 비대칭 암호화 방식이라고 한다.

(e) 공개 키 방식은 암호화할 때의 키와 복호화할 때의 키가 서로 다르다.

(f) 공개 키 방식은 암호화 및 복호화의 속도가 빠르다.

(g) 공개 키 방식으로는 RSA, Elgamal 등이 있다.

(h) 공개 키 방식으로 대칭 키 암호화에 사용될 키를 교환한 후 이를 이용하여 암호화를 수행할 수 있다. SSL/TLS, S/MIME 등에서 사용된다.

[2] Diffie-Helman 방식에 대한 설명 중 틀린 것은?

(a) {p,g}값은 공개된다.

(b) 쌍방은 비밀값 X를 생성한 후, 이 값과 {p,g}값으로부터 공개값 Y를 생성하여 상대방에게 알린다.

(c) 상대방으로부터 전달받은 Y값과 {p,X}값으로부터 공유 비밀값 K를 생성한다.

(d) RSA사에서 제안한 방식이다.

(e) Man-in-middle-attack에 취약하다.

[3] 스트림 암호 방식에 대한 설명 중 틀린 것은?

(a) RC4 방식에서 사용된다.　　　　　　　(b) 반복되는 구문에 대하여 동일한 암호문이 생성된다.

(c) 블록 단위로 암호화한다.　　　　　　　(d) 주로 무선 LAN의 WEP과 TKIP 방식에 사용된다.

(e) 고속 암호화가 가능하다.

(f) 주로 무선 LAN의 CCMP방식에 사용된다.

[4] 블록 암호 방식에 대한 설명 중 틀린 것은?

(a) RC4 방식에서 사용된다.　　　　　　　(b) 일정길이의 블록으로 분할하여 암호화 한다.

(c) 블록으로 분할시 모자라는 부분은 패딩한다.　　(d) DES 방식에서 사용된다.

[5] KDC에 대한 설명 중 틀린 것은?

(a) 공유 비밀 키를 분배한다.　　　　　　(b) 상호인증도 수행한다.

(c) 세션 키 설정을 위한 티켓을 사용한다.　　(d) 세션 키는 단말간 협상에 의해 결정된다.

(e) KDC와 단말간에는 미리 공유 비밀 키를 설정해야 한다.

[6] 무선 LAN 링크계층용 암호 방식이 아닌 것은 ______ 이다.

(a) DES　　　　　　(b) RC4　　　　　　(c) AES-CCM　　　　　　(d) TKIP

[7] 0xAA를 연속적으로 생성하는 키 스트림을 가지는 RC4방식에서 평문 "ABC" 문자열은 어떻게 암호화되어 전송되며, 이를 복호하면 원래의 평문이 복원되는지를 설명하라.

[8] Diffie-Helman 방식이 사용되는 보안 프로토콜의 종류를 알아보라.

정답
[1] (f), [2] (d), [3] (c), (f), [4] (a), [5] (d), [6] (a), [8] SSL, SSH, IPSec, PKI

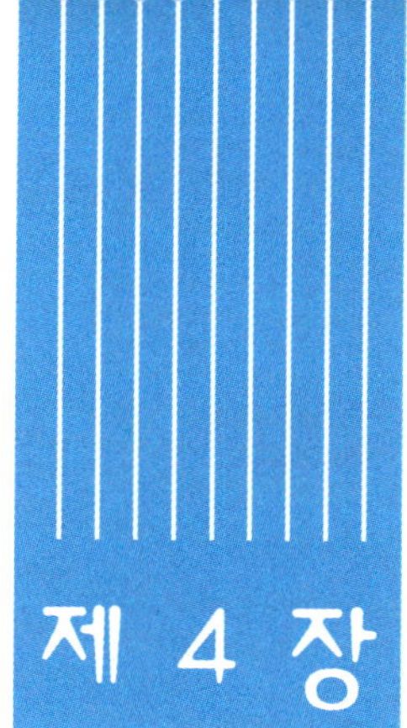

제 4 장

인 증

4.1 관련 표준

- RFC 1321, The MD5 Message-Digest Algorithm, 1992.
- RFC 2104, HMAC : Keyed-Hashing for Message Authentication, 1997.

4.2 개 요

인증은 상대방이 정당한 것인지 확인하는 **사용자 인증**과 이들간에 송수신되는 메시지의 내용에 대한 변조사실을 감지하는 **메시지 인증**으로 구분된다. 본 장에서는 다음과 같은 것에 대하여 간략하게 다룬 후, 디지털 서명과 공개 키가 수납된 공인 인증서에 대하여 소개한다.

- 메시지 인증
  - Hash : MD5(Message Digest 5), SHA(Secure Hash Algorithm)-1
  - MAC(Message Authentication Code)
  - HMAC(Hashed MAC)
  - 공개 키를 이용한 암호화
- 사용자/시스템 인증
  - 서버 접근용 사용자 인증 프로토콜
    - 커버로스
  - 네트워크 접근용 단말 인증 프로토콜
    - 공유키(shared key) 인증
  - 네트워크 접근용 사용자 인증 프로토콜
    - PAP(Password Authentication Protocol)
    - CHAP(Challenge Handshaking Authentication Protocol)
    - EAP(Extensible Authentication Protocol)
    - RADIUS 및 DIAMETER

4.3 메시지 인증

Arami가 Borami에게 전송한 메시지가 해커에 의해 변조된 것임을 발견할 수 있다면, 이에 대한 피해를 예방할 수 있을 것이다. 이를 위하여, 다음과 같은 방법이 사용되며 이들은 모두 메시지 무결성을 제공한다.

- Hash
  - MD5
  - SHA
  - CRC-32
- Message Authentication Code(MAC)
- HMAC
- 메시지 암호
  - 공유 비밀 키 방법
  - 공개 키 방법

(1) 해시(Hash) 방법

특정 키값을 사용하지 않고, 공개된 해시 함수 H를 사용하여 메시지에 대한 고정된 길이의 해시 코드 또는 메시지 다이제스트 값을 생성한 후, 이것을 메시지에 부착하여 전송하는 방법이다. 이것은 전송 중에 발생할 수 있는 메시지 변조를 예방하는 메시지 인증용으로 사용된다.

해시 함수의 예는 다음과 같다. 이 값의 계산시에는 비밀 키가 사용되지 않음에 주의하라.

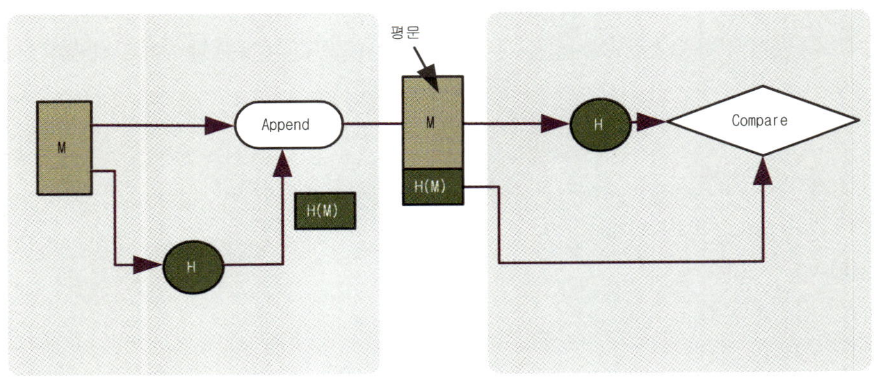

〈그림 4.1〉 해시절차

- MD5 알고리듬 : RFC 1321로 표준화된 해시 방식으로서, 512비트(64바이트)단위의 메시지 블럭들에 대한 128비트(16바이트)의 해시값을 생성한다.
- Secure Hash Algorithm(SHA) : 512비트(64바이트) 단위의 메시지 블럭들에 대한 160비트의 해시값을 생성한다. 이 값은 MD5의 것보다 길기 때문에 MD5 에 비하여 안전성이 높다.
- CRC-32 : 802.11 WLAN의 경우, 〈그림 4.2〉와 같이 평문의 데이터 영역에 대한 해시 함수로 CRC-32를 사용한 결과값인 Integrity Check Value(ICV)가 페이로드에 부착된다.

이러한 해시결과값은 대부분의 경우 데이터 영역과 함께 암호화되지만, 해커에 의해 복호되는 경우 이러한 해시값은 해당 해시 함수가 공개되어 있으며, 해시값의 생성시 비밀 키가 사용되지 않으므로, 내용 변조에 취약한 문제가 있다.

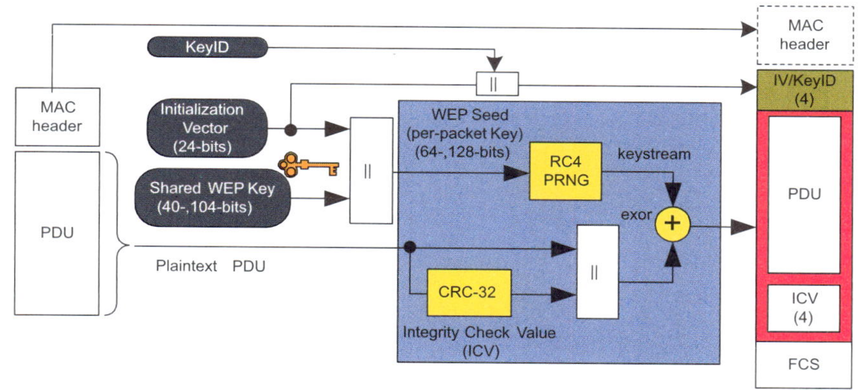

〈그림 4.2〉 무선 LAN의 CRC-32에 의한 메시지 인증과정

(2) Message Authentication Code(MAC), 메시지 인증 코드

MAC은 공유 비밀 키 K를 사용하여, 일정길이(예 : 64비트) 단위로 분할된 메시지에 대하여 암호화하고 이 결과를 다음의 64비트 메시지에 대하여 EXOR한 후, 다시 암호화하는 반복적인 작업결과로 얻어지는 $C_K(M)$값을 원래의 메시지에 부착하여 전송하는 방법이다.

수신측은 수신된 메시지에 대하여 공유 비밀 키 K를 사용하여 동일한 방법으로 MAC을 계산하고, 이 값을 수신된 MAC값과 비교하여 일치하는 경우에만 변조되지 않았다고 간주함으로써, 메시지에 대한 무결성 및 상대방에 대한 인증을 수행한다[1].

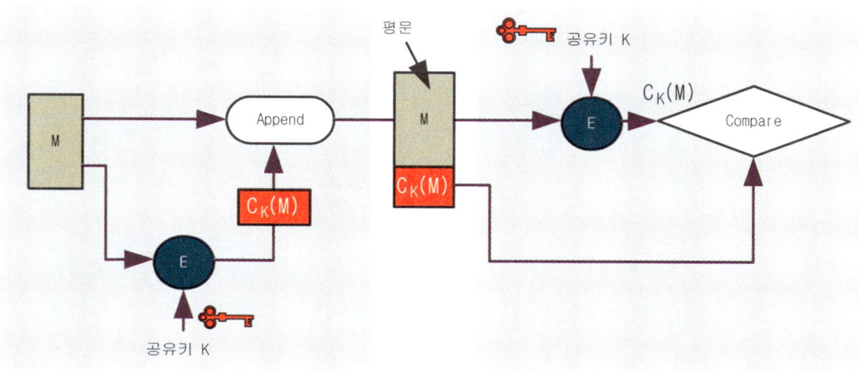

〈그림 4.3〉 MAC 방식의 메시지 인증 방법

1_ 물론, 동일한 비밀값 K를 상호간에 가지고 있으므로, 상대방에 대한 인증도 할 수 있다.

분명히 제 3 장에서 다루어진 여러가지의 메시지 암호화 방법들은 은닉 기능뿐만 아니라 메시지 인증 기능도 함께 제공할 수 있음에도 불구하고, 실제로는 이러한 MAC 방법이 더 많이 사용되는 이유는 다음과 같다.

- 굳이 메시지의 내용에 대한 은닉이 불필요한 경우 : SNMPv3와 같이 메시지의 내용이 노출되어도 좋지만 변조되지는 않아야 하는 경우
- 메시지가 방송되어야 할 경우 : 불특정 다수의 수신자들에게 암호 키값을 분배하는 것이 불가능할 경우로서, 메시지의 변조만 방지할 경우

(3) HMAC

앞에서 소개한 MAC 방식은 쌍방간에 공유 키 K를 사용하여 메시지 영역에 대한 암호화를 통하여 짧은 길이의 MAC 코드를 생성한 다음 원래의 메시지에 덧붙혀 전송하는 것이었다.

반면에, MD5나 SHA와 같은 해시 방법은 MAC 방법에 비하여 소프트웨어 처리 속도가 빠른 장점이 있지만, 해시 함수 H가 공개되어 있으므로, 보안성이 약한 문제가 있다.

따라서, 해시된 결과값을 암호화한 값 또는, 메시지에 공유 비밀 키를 첨부하고 이것을 해시한 값을 메시지에 부착하여 전송함으로써, 메시지 인증뿐만 아니라 쌍방간에 동일한 키를 가지고 있음에 의해 사용자 인증 기능도 제공하는 방법을 **Hashed MAC** 방법이라고 한다. 이러한 HMAC 방법에는 다음과 같은 여러가지의 방법이 있다. (〈그림 4.4〉 참조)

- 해시 결과값에 대한 공유 비밀 키 암호화 방법
- 해시 결과값에 대한 공개 키 암호화 방법
- 공유 비밀값을 메시지에 부착한 후, 이에 대한 해시 방법

RFC2104에서는 이러한 방식들 중에서 세 번째 방법을 활용한 것이다. 이것은 공유 비밀 키로부터 파생된 비밀값을 메시지에 첨부한 후, 이것의 해시값을 메시지에 부착하여 전송함으로써, 보안성과 처리속도를 모두 향상시킨다. IPSec이나 SSL에서는 이 HMAC이 기본적으로 사용된다. 해시 함수(H)로는 MD5과 SHA 등이 사용되는데, 이 경우, 각각 HMAC-MD5, HMAC-SHA라고 부른다.

이러한 표준 HMAC에서는 메시지와 비밀 키에 대하여, 〈그림 4.5〉와 같이, 다음과 같은 두 번에 걸친 해시 과정이 수행된다.

- 첫 번째 해시과정 : 전송할 메시지 M을 b 비트 단위로 분할한다. 그리고 공유 비밀 키 K의 길이가 b비트가 되도록 0을 추가한 공유 비밀 키 $K+$를 작성한 다음, ipad(=00110110)값과 exor한 결과 S0와 함께 해시한 $H(M \mid\mid S0)$를 구한다.
- 두 번째 해시과정 : 첫번째 해시 결과값을 opad(01011010)값과 공유 비밀 키 $K+$의 exor 결과값인 $S1$에 대한 해시를 수행하여, 최종적인 HMAC 코드인 $H(H(M \mid\mid S0) \mid\mid S1)$값을 얻는다.

이것을 메시지에 부착하여 전송하고, 수신측에서는 동일한 방법으로 계산한 결과와 비교함으로써, 메시지 및 사용자 인증을 수행한다.

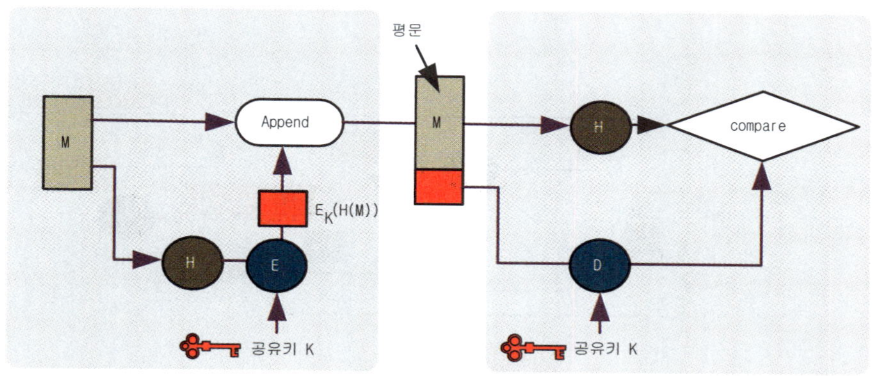

(a) 공유 비밀키를 사용한 인증기능

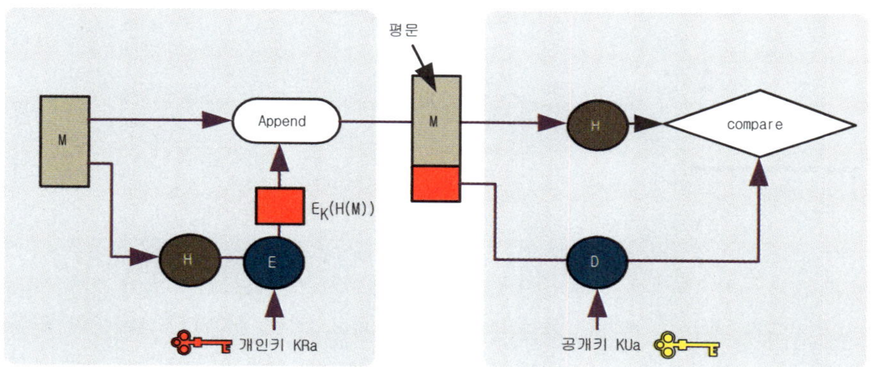

(b) 공개키를 사용한 인증기능

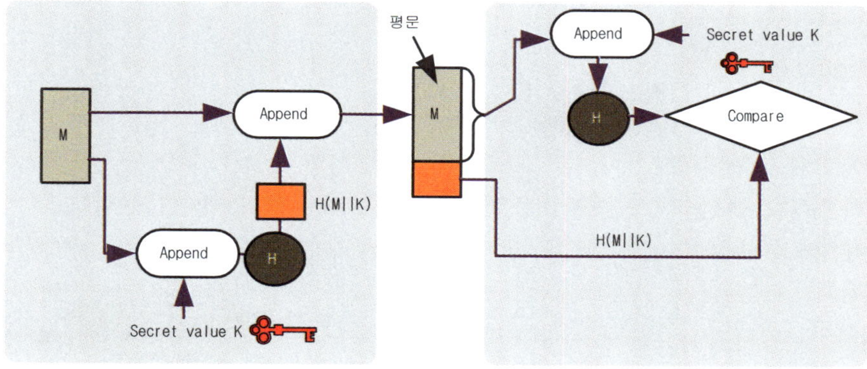

(c) 공유 비밀 값을 사용한 인증기능

〈그림 4.4〉 HMAC 방법

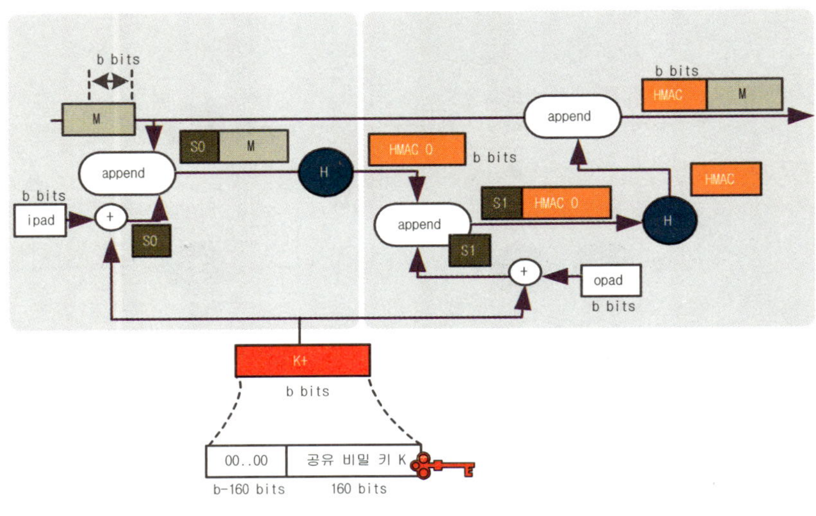

M = Message
H = Hash Function (e.g., MD5)
K+ = modified secret key padded with zeros on the left for expanding to b bits
ipad = 0x36이 반복되는 바이트 열(b/8 바이트의 길이)
opad = 0x5c가 반복되는 바이트 열(b/8 바이트의 길이)

〈그림 4.5〉 HMAC 메시지 인증 방법

기존 무선 LAN에서 사용되는 WEP에서는 무결성을 위해 사용되는 ICV값으로 CRC-32 방식에 의해 계산되는 단순한 해시값이 사용된다. 비록 이 영역은 데이터와 함께 암호화되지만, 암호 키가 노출되는 경우에는 무결성 보호을 위한 별도의 키가 없기 때문에 암호용 키를 추출한 해커는 프레임의 내용을 변조한 후 CRC32로 계산된 유효한 ICV값을 부착하고 이것을 암호화한 프레임을 생성할 수 있다. 이러한 취약점은 HMAC과 같이 암호 키와 별개의 무결성을 위한 키를 추가로 사용하지 않았기 때문에 발생한다.

802.11i에서는 암호 키뿐만 아니라 별도의 무결성 키를 사용하여, 데이터 영역뿐만 아니라 MAC헤더인 SA, DA 영역을 포함한 영역에 대한 무결성을 지원하는 TKIP(Temporal Key Integrity Protocol)절차를 사용한다. TKIP절차에서 사용되는 프레임의 구성은 〈그림 4.6〉과 같이, 기존 WEP 프레임 형식과 유사하지만, 기존 4바이트 길이의 ICV 영역 외에 8바이트의 MIC 영역도 추가되어 있다. 이 MIC 영역은 Michael이라고 불리는 알고리듬에 의해 별도의 메시지 인증용 MIC 키를 사용한 HMAC결과값이 수납된다. 따라서, 해커가 암호 키를 알아 복호하더라도, 메시지 인증용 키를 모르는 경우에는 내용을 변조하더라도 수신측에서 변조 사실을 감지해 낼 수 있다.

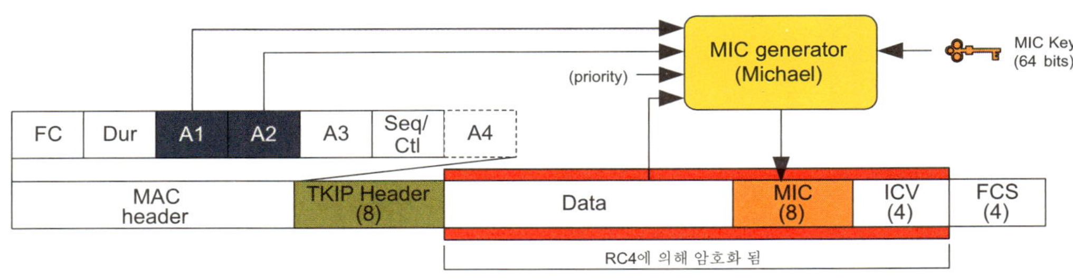

〈그림 4.6〉 TKIP 메시지 인증 방법

(4) 메시지 암호 방법에 의한 메시지 인증 방법

Arami와 Borami간의 공유 비밀 키로 암호화된 메시지를 Z가 변조한 경우, 수신측에서는 이 사실을 발견할 수 있다. 뿐만 아니라, 변조되지 않았다면 이 메시지가 분명히 Arami로부터 전송된 것임을 인증할 수 있다. 따라서, 이러한 공유 비밀 키 방법은 메시지의 은닉성뿐만 아니라 메시지 인증과 사용자 인증 기능을 모두 제공하므로, **메시지 복호형 디지털 서명** 기능이 있다고 한다. 즉, "이 메시지는 Arami가 작성한 것이다"라는 것을 밝힐 수 있을 뿐만 아니라, 메시지의 내용에 대한 무결성도 제공한다.

또한, 공유 비밀 키 대신에 공개 키 암호 방식을 활용하여 무결성을 제공할 수도 있다. 예를 들어, 송신측의 개인 키로 암호화하여 전송된 메시지는 〈그림 4.7〉과 같이 메시지에 대한 무결성을 제공할 수 있다.

하지만, 단순히 메시지에 대한 암호동작 만으로는 WEP에서 알 수 있듯이 해커에 의해 복호되는 경우 이에 대한 변조도 가능하기 때문에 이것만으로는 완벽한 무결성을 보장한다고 할 수 없다.

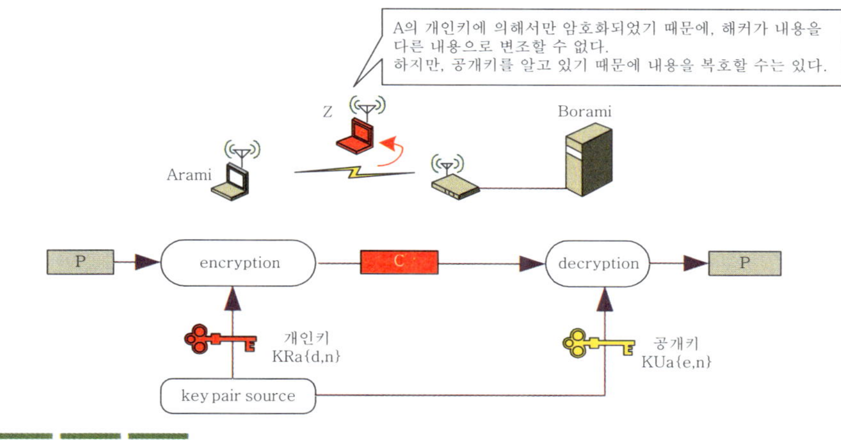

〈그림 4.7〉 공개 키 암호 방식에 의한 메시지 인증 기능

4.4　시스템 접근용 사용자 인증 프로토콜

지금까지, 메시지 전송과정에서 발생할 수 있는 변조 위협을 예방할 수 있는 해시, MAC, HMAC 등에 대하여 소개하였다.

이러한 메시지 인증 기능 외에, 서버에 로그온하는 사용자를 검사하는 사용자 인증 기능도 필요하다. 또한, 클라이언트 입장에서도 이 서버가 정말로 내가 원하던 그 서버인지도 인증할 수 있는 상호인증 기능도 필요하다. 본 절에서는 이러한 사용자 인증을 위한 공유 비밀 키 방식의 커버로스와 공개 키 인증서를 이용한 사용자 인증 프로토콜에 대하여 알아본다. 이러한 사용자 인증 프로토콜들은 사용자를 인증할 뿐만 아니라, 인증이 성공하는 경우, 세션키를 분배하기도 한다.

2_ 하지만, A가 보낸 메시지는 A의 공개 키를 알고 있는 제 3 자에 의해 노출될 수 있다.

(1) 간단한 1 : 1 인증절차

Arami와 Borami 서버간에 공유된 패스워드가 사용될 때, Borami는 Arami가 이 패스워드를 알고 있는지 확인할 수 있다면, Arami를 인증할 수 있다. 물론, 이것은 간단하고 효율적이지만, 패스워드가 평문으로 노출되는 문제가 있다.

또한, Z가 마치 해당 서버인 것 처럼 동작하는 경우, 오동작을 유발시킬 수 있는 문제점도 있다. 즉, 클라이언트 입장에서도 해당 서버가 자신이 원하던 유효한 서버인지 확인할 방법이 없다.

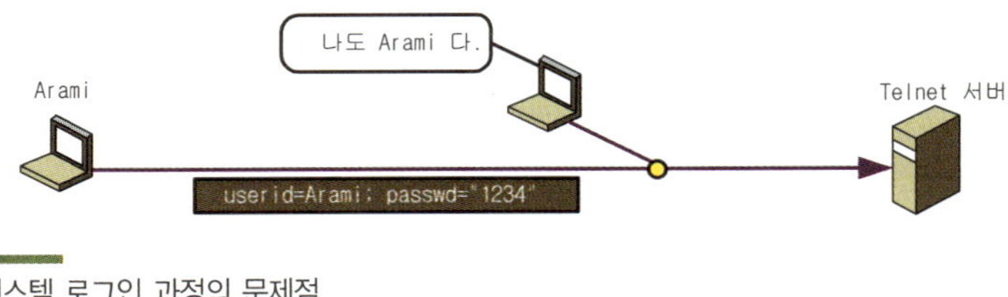

〈그림 4.8〉 기존 시스템 로그인 과정의 문제점

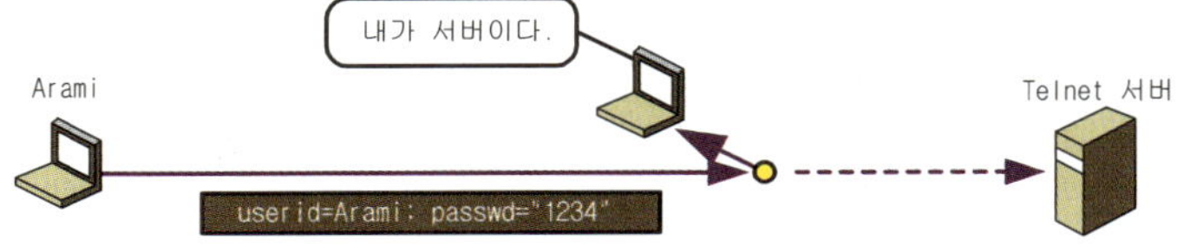

〈그림 4.9〉 기존 시스템 로그인 과정에서의 서버 도용 문제

(2) 인증서버를 사용한 제 3 자 인증 및 세션 키 분배 방법

시스템 접근 시도를 검사하는 사용자 인증기능 절차는 복잡하기 때문에, 사용자 인증 기능을 각 서버에 두는 대신에, 중앙집중형 인증서버(AS : Authentication Server)를 이용하여, Arami와 Borami를 상호인증할 수 있도록 하고, 또한, 이들간의 세션 키도 분배할 수 있다면 더 효율적일 것이다. 이러한 인증 및 키 분배 프로토콜로는 제 3 장에서 다루었던 커버로스가 있다[3].

 네트워크 접근용 인증 프로토콜

개인이 공중망 사업자가 제공하는 ADSL 또는 공중 무선 LAN 서비스를 사용할 경우, 사용자 인증절차가 수행되어야 자신의 첫 번째 망 장비(AP, 스위치, 라우터 등)를 경유하여 공중망에 접속될 수 있음을 알고 있을 것이다. 이러한 공중망 사업자에 의한 네트워크 접근용 인증절차의 주된 목적은 과금이지만, 이러한 인증절차에서 생성되는 키로부터 암호 키를 생성시켜 전송구간의 데이터를 보호하기도 한다.

반면에, 사무실이나 집에 설치된 로컬망의 경우, 대부분 아무런 인증절차 없이 사용되고 있는데, 해커가 지

---

[3] 키를 분배하는 관점에서는 KDC라고 부르고, 인증 기능을 수행하는 관점에서는 AS라고 부른다. 윈도우에서는 Keberos Key Distribution Center(KDC)라고 부른다.

나가는 패킷들을 훔쳐보거나 DoS 공격을 할 수 있는 문제가 있기 때문에, 공중망과 같은 수준의 인증 기능이 반드시 제공되어야 안전하다.

이러한 과금과 보안을 위하여, 다양한 방법의 네트워크 접근 인증 방식이 무선 LAN 환경에서 사용되고 있다. 이들을 분류하면, SOHO 환경에 적합하게 인증서버 없이 단말과 AP간에 미리 설정된 공유 키를 사용하는 방법과 별도의 인증서버를 사용한 인증 방법으로 구분된다. WPA에서는 이들을 각각 WPA-Personal과 WAP-Enterprise 보안 방법이라고 부른다.

(1) 공유 키(Shared-Key) 인증 방법

단말과 AP간에 동일한 공유 비밀 키를 가지고 있음을 확인함으로써 단말을 인증하는 방법으로서, 그 절차는 〈그림 4.10〉과 같다[4].

- AP는 단말로부터 공유 키 인증 방식을 사용하자는 인증요청 메시지를 수신하면, 랜덤하게 생성된 128 바이트 길이의 평문 Challenge Text가 수납된 인증 응답 메시지로 응답한다.
- 단말은 공유하고 있는 SK를 사용하여 Challenge Text가 포함된 두 번째 인증 요청 메시지를 암호화하여 응답한다.
- AP는 수신된 요청 메시지를 복호하여, 자신이 이전에 송신했던 Challenge Text와 복호된 Challenge Text가 동일한 경우, 단말이 동일한 비밀 키를 가지고 있음을 믿을 수 있으므로, 상대방을 인증한다.

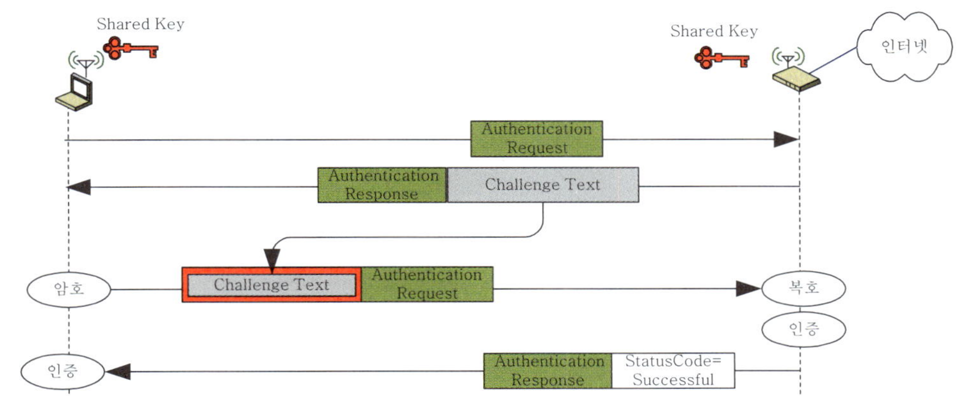

〈그림 4.10〉 공유 비밀 키 인증 방법(인증서버를 사용하지 않는 경우)

(2) 인증서버에 의한 사용자 인증

분명히, Shared Key 방식의 인증은 Shared Key가 설치된 단말, 즉 시스템 수준의 인증일 뿐, 이 단말을 사용하는 사용자에 대한 인증을 하는 것은 아니다. 예를 들어, 공유키가 설치된 Arami의 PC를 Borami나 Ceromi, 또는 해커가 자유롭게 사용할 수 있다.

4_ 이 방법은 차라리 인증하지 않은 Open system 인증절차 보다 더 보안에 취약하므로, 사용하지 않는 것 좋다. 상세한 내용은 제 6장에서 다룬다.

각 사용자별 네트워크 접근 인증을 위하여, 망 사업자들은 다양한 종류의 인증프로토콜을 사용한다. 즉, PPP연결을 사용하는 ADSL 유선망 사업자들은 유료 가입자 단말과 Network Access Server(NAS)간 연결을 허용하기 위한 사용자 인증 프로토콜로 PAP과 CHAP을 사용한다. 반면에, 공중 무선망 사업자들은 자신들의 AP에 대한 접근시에는 IEEE 802.1x 표준의 EAP over LAN(EAPoL) 연결로상에서 EAP 인증절차에 의한 사용자 인증을 수행한다.

그리고 망 사업자들의 수많은 NAS나 AP들에 모든 사용자 계정 정보를 설정하는 것은 비효율적이므로, 사용자 인증과정을 중앙에서 수행하는 인증서버를 사용하여, 이 인증서버와 NAS/AP간에 사용자 인증정보와 인증결과를 전달하는 프로토콜로 UDP를 사용하는 RADIUS(Remote Authentication Dial-in User Service)와 TCP를 사용하는 DIAMETER 등을 활용한다. 일반적으로, 이러한 인증서버는 사용자 인증뿐만 아니라 권한 관리 및 과금처리도 수행한다. 이러한 서버를 일컬어 AAA(authentication, authorization, accounting) 서버라고 부른다. 상세한 내용은 제 7 ~ 9 장에서 다루도록 한다.

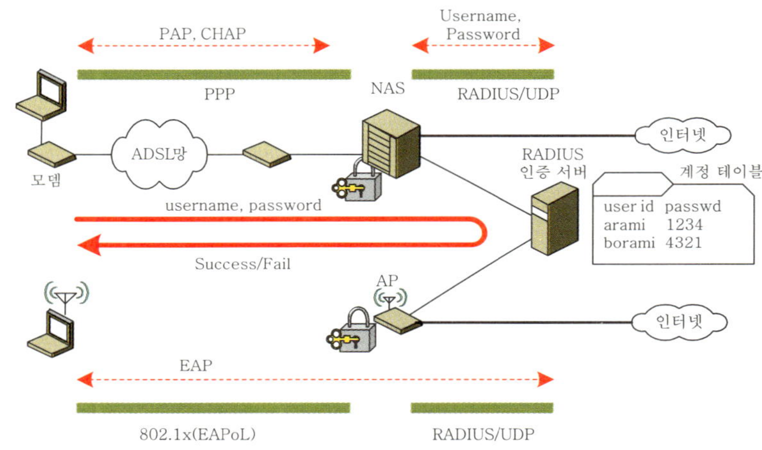

〈그림 4.11〉 네트워크 접근 인증 프로토콜(인증서버를 사용하는 경우)

4.6 디지털 서명

앞에서 다루었던 메시지 인증 기능은 쌍방간에 전송되는 메시지가 변조되는 것을 방지하는 기능이다. 하지만, 이 메시지 인증 기능만으로는 이 메시지를 생성한 사람 또는 장치를 인증하는데에는 문제가 있다. 다음의 예를 보자.

- Arami가 어떤 메시지를 생성하여 이것은 Borami로부터 받은 것이라고 주장할 수 있다. 즉, Arami와 Borami가 공유하는 비밀 키 K를 사용하여 Arami 자신이 임의로 생성한 메시지에 대한 MAC 코드를 생성하여 이 메시지를 Borami로부터 받은 것이라고 떼를 쓸 수 있다. 이 메시지에는 Arami가 생성한 MAC코드에 문제가 없기 때문에, Borami는 이 주장에 대하여 반박할 근거가 없다.

- Borami는 자신의 메시지 송신을 부정할 수 있다. 예를 들어, Arami가 로또에 당첨되었다고 하는 메시지를 은행 Borami가 실수로 송신하였다고 하자. Arami가 돈을 받기 위해 은행에 왔을 때, Borami는

위와 같은 첫 번째의 예를 들면서, Arami가 위조된 메시지를 생성한 것이 아니냐면서 떼를 쓸 수 있다.

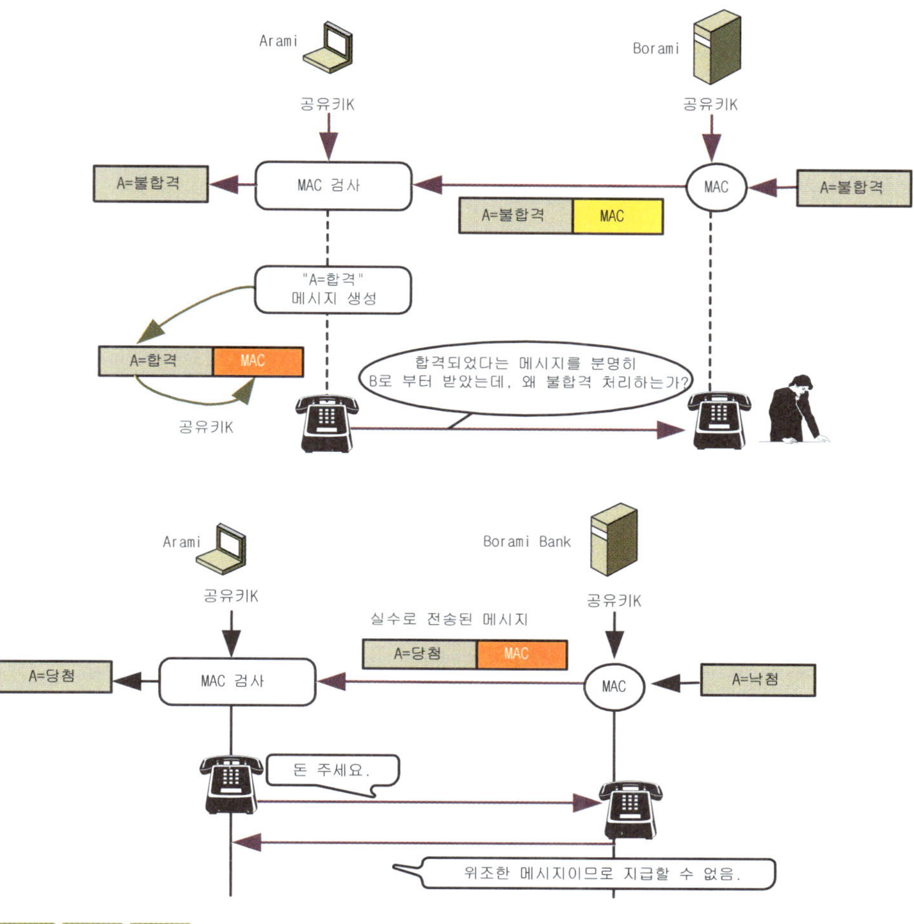

〈그림 4.12〉 부인봉쇄의 필요성

이러한 문제는 모두 서로를 신뢰할 수 없기 때문에 발생한다. 분명히, 메시지 내용에 대한 인증만으로는 이러한 문제점을 해결할 수 없다. 따라서, 메시지 무결성뿐만 아니라, 통신 주체가 정확한 것임을 확인할 수 있도록 해야 한다. 이를 해결할 수 있는 방법으로 다음과 같은 디지털 서명이 사용된다.

- RSA 디지털 서명 방식
- DSA 디지털 서명 방식

⑴ RSA 공개 키 방식을 이용한 디지털 서명 방식

Arami가 개인 키 KRA로 암호화한 메시지를 Borami에게 전송하면, Borami는 Arami의 공개 키 KUA로 복호한다. 암호화된 이 메시지를 해커 Z가 공개된 KUA 키 값으로 복호할 수는 있지만, 이 메시지의 내용을 변조할 수는 없다.

즉, 이러한 공개 키 암호 방식을 사용하면, 오직 Arami만이 이 메시지를 작성할 수 있기 때문에 **메시지 복호형 디지털 서명 기능**이 있다고 한다[5]. 또한, Z가 메시지의 내용을 변경할 수 없으므로 메시지 무결성도 제공한다.

이것을 응용한 **RSA 디지털 서명 방식**은 메시지에 대한 해시 결과에 대해서만 RSA 공개 키 암호 방식을 적용하고, 이것을 디지털 서명값으로 하여 메시지에 부착하여 전송한다[6]. 이렇게 함으로써, Arami가 아닌 다른 사람이 위조한 메시지를 전송할 수 없도록 한다. 이 디지털 서명시 사용되는 해시 방법으로는 MD5 또는 SHA-1 방식이 사용된다. 예를 들어, 공인인증서의 디지털 서명은 md5withRSAEncryption 또는 sha1withRSAEncryption 방식이 사용되는데, 이것은 각각 MD5 또는 SHA-1 에 의해 해시된 값을 RSA 개인 키로 암호화하는 서명방식이다.

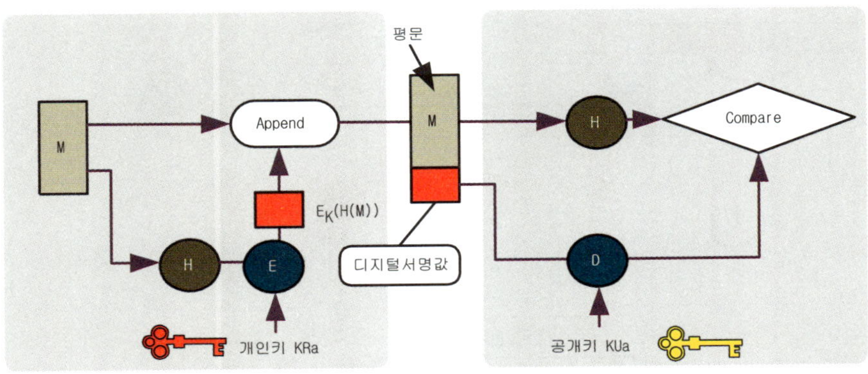

〈그림 4.13〉 RSA 디지털 서명 방법의 동작

결과적으로, 이러한 디지털 서명은 다음과 같은 3가지 기능을 제공한다.

- 송신측의 인증 : 이 메시지는 분명히 Arami가 전송한 것임을 인증할 수 있다. 왜냐하면, 이 메시지의 해시값은 Arami의 공개 키로만 복호되기 때문이다.
- 송신사실에 대한 부인방지 : Borami는 이 메시지가 분명히 Arami에 의해 작성된 것임을 확인할 수 있다. 왜냐하면, 이 메시지에 부착된 서명은 분명히 Arami의 개인 키로 작성된 것이기 때문이다. 따라서, Arami가 송신하고도 송신한 사실이 없다고 주장할 수 없도록 한다. 이것을 **부인봉쇄(non-repudiation)** 기능이라고 한다.
- 메시지 무결성 : 수신측 Borami는 메시지를 고의로 작성하거나 수정하여 Arami로부터 받은 것이라고 주장할 수 없다.

(2) Digital Signature Algorithm(DSA)

이것은 Digital Signature Starndard(DSS)에서 사용하는 공개 키 방식의 디지털 서명 방식이다. 이것은 Diffie-Helman과 유사한 ElGamal 방식의 공개 키값을 사용한다.

5_ 즉, "이 메시지는 A가 작성한 것이다"라는 것을 밝힐 수 있다.
6_ 이러한 RSA 공개 키 방식에 의한 디지털 서명 방법은 앞에서 소개한 hashed MAC 방식 중에서 두 번째 방법과 동일함을 알 수 있다.

4.7 # X.509 공인 인증서와 활용

(1) 공인 인증서

사용자의 공개 키를 신뢰성 있게 배포하기 위하여 {사용자 ID, 유효기간, 사용자의 공개 키, 공인 인증기관 (Certificate Authority)의 개인 키에 의한 디지털 서명}으로 구성된 인증서를 발급하고 보관하는 사용자 인증 절차에 대한 표준 중의 하나가 X.509이며, 이 절차에 의해 발급되는 인증서를 X.509 인증서라고 한다. 예를 들어, 사용자 B에 대한 인증서의 구성은 〈그림 4.14〉와 같다.

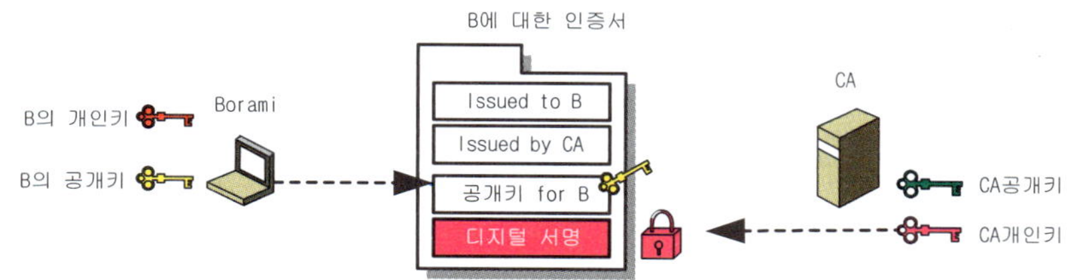

〈그림 4.14〉 사용자 B에 대한 인증서의 예

분명히, 이 인증서에 첨부된 사용자 Borami의 공개 키는 노출되어 있지만, CA의 개인 키를 사용한 디지털 서명이 첨부되어 있으므로, 이 인증서를 수신한 측은 공개된 CA의 서명용 공개 키를 이용하여 변조된 여부를 검사할 수 있다.

이 과정에서, CA의 개인 키로 암호화된 서명 부분을 확인하기 위해서는 CA의 공개 키도 필요하다고 하였다. 이를 위하여, CA가 스스로 발급하고, CA 자신의 비밀 키에 의해 스스로 서명하였으며, CA의 서명용 공개 키도 수납된 특별한 인증서도 확보되어야 한다. 이렇게 CA 자신이 생성하여 자신을 스스로 인증한 인증서를 루트인증서(Self-signed Digital Signature)라고 하며, 그 내용은 〈그림 4.15〉와 같다.

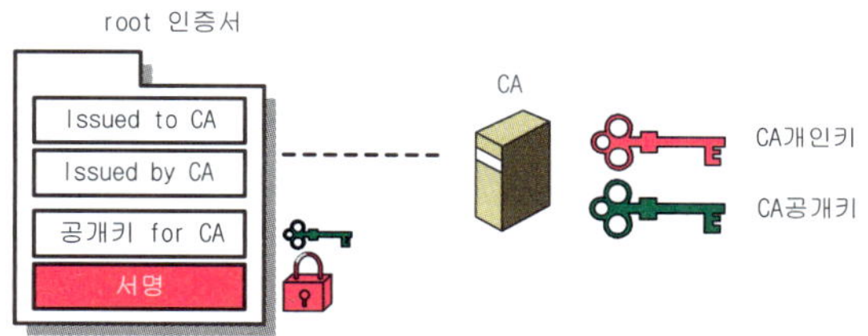

〈그림 4.15 루트 인증서의 예

이러한 인증서를 사용하여 Arami가 Borami에게 암호화된 메시지를 전송하는 절차의 예는 〈그림 4.16〉과 같다.

① CA는 자신의 서명용 공개 키가 수납된 루트 인증서를 만들어 둔다.
② 사용자 Borami는 자신의 {개인 키, 공개 키}쌍을 생성 후, CA에 공개 키를 등록한다.
③ CA는 Borami의 공개 키가 수납된 Borami용 인증서를 발급한다. 이 인증서는 CA의 개인 키로 서명된다.
④ Borami는 발급받은 인증서를 보관한다.

⑤ Arami가 Borami와의 보안연결을 설정할 때, CA 또는 Borami로 부터 Borami의 인증서를 확보한다.

⑥ 인증서를 수신한 Arami는 이 Borami의 인증서에 대한 유효성을 검사하기 위하여 CA가 서명한 서명부분을 확인한다.

⑦ 서명확인을 위하여, 필요한 CA의 서명용 공개 키가 수납된 루트 인증서를 확보한다.

⑧ CA의 서명용 공개 키로 Borami의 인증서에 있는 서명을 확인한다.

⑨ Borami의 인증서에 수납된 Borami의 공개 키를 확보한다.

⑩ Borami의 공개 키로 암호화된 메시지를 Arami에게 송신한다.

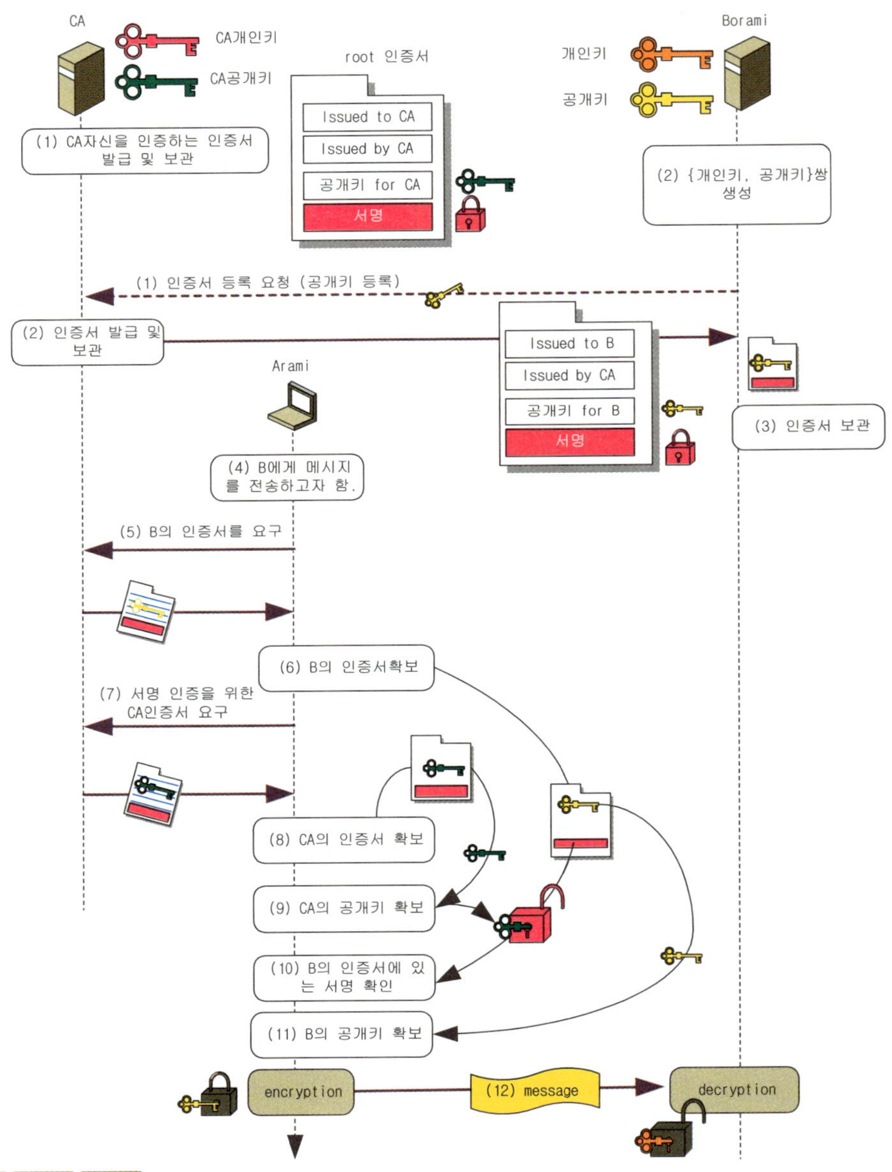

〈그림 4.16〉 암호용 공인 인증서를 이용한 암호화 절차

(2) 서명용 공인 인증서를 활용한 상호인증절차

Arami가 Borami서버에 접근할 때, 자신이 Arami임이 확인될 수 있도록 〈그림 4.17〉과 같이 Arami의 개인 키로 서명된 디지털 서명값과 인증서(서명용 공개 키가 수납된 것임)를 함께 전송한다. Borami는 동봉된 인증서에 있는 공개 키를 사용하여 이 서명값을 확인한다. 확인되는 경우, 이 공개 키와 한 쌍을 이루는 서명용 개인 키를 분명히 Arami가 가지고 있음을 알 수 있기 때문에, 이 단말이 Arami임을 인증할 수 있다.

필요시, Arami 입장에서도 지금 접속상대가 Borami임을 확인할 수 있어야 한다. 이를 위하여, Borami도 자신의 인증서와 서명값을 전송함으로써, 자신이 Borami임을 상호인증시킬 수 있다. 이러한 방법은 제 13장에서 다룰 EAP-TLS 인증절차에서 활용된다.

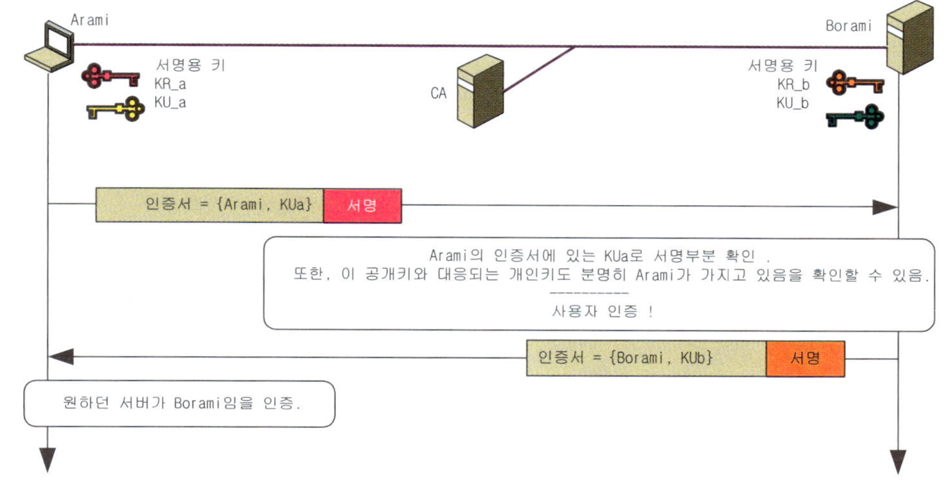

〈그림 4.17〉 서명용 공인 인증서를 이용한 상호인증절차

7_ Arami의 공인 인증서는 필요한 경우, 누구라도 확보할 수 있다. 따라서, Z가 이 Arami의 인증서를 사용하여, 자신이 Arami인 것처럼 접속한다면 문제가 발생할 수 있다. 이에 대한 해결책으로 Arami의 개인 키로 서명된 서명값을 전송한다. 분명히 Arami의 개인 키는 오직 Arami만이 가지고 있음을 상기하라.

 연습 문제

[1] 메시지 인증 방식이 아닌 것은?

  (a) MD5   (b) HMAC–SHA

  (c) HMAC–MD5   (d) CHAP

[2] HMAC의 설명 중 틀린 것은?

  (a) 데이터에 대한 MAC 결과값을 암호화한다.

  (b) 변조방지를 위하여 데이터에 대한 암호화도 수행한다.

  (c) MAC 방법에 따라, HMAC–SHA과 HMAC–MD5가 있다.

  (d) 공유 키를 사용한다.

[3] 사용자 인증 프로토콜이 아닌 것은?

  (a) PAP   (b) RADIUS

  (c) Kerberos   (d) Diffie–Helman

[4] 커버로스 프로토콜에 대한 설명 중 틀린 것 두 가지는 ?

  (a) 공유 키 분배   (b) 공개 키 분배

  (c) 상호인증   (d) AS 서버에는 각 단말의 마스터 키가 저장됨.

  (e) 티켓 사용   (f) RSA 공개 키 방식 사용

[5] MAC 방식에 대한 설명 중 맞는 것은?

  (a) 공유 비밀 키 필요   (b) 암호문 전송

  (c) MD5 알고리듬 사용   (d) DAA 알고리듬 사용

[6] MD5 방식에 대한 설명 중 맞는 것은?

  (a) 512비트 단위로 분할하여 128비트의 해시값 생성

  (b) 메시지 변조 및 은닉용

  (c) 해시값에 대한 암호화 수행

  (d) 공유 키 필요

[7] 디지털 서명에 대한 설명 중 틀린 것은?

  (a) 부인 방지

  (b) RSA 디지털 서명 방식은 메시지 해시값에 대한 RSA 공개 키 암호값을 서명값으로 사용

  (c) DSA 방법도 있음

  (d) 송신측의 인증

[8] RSA 디지털 서명에 대한 설명 중 틀린 것은?

  (a) 송신측의 인증 기능을 제공한다. 왜냐하면, 이 메시지의 해시값은 송신측의 공개 키로만 복호되기 때문이다.

  (b) 송신사실에 대한 부인방지 기능을 제공한다. 수신측은 자신이 가진 이 메시지가 분명히 송신측이 작성한 것임을 증명할 수 있다. 왜냐하면, 송신측의 개인 키로 작성된 것이기 때문이다.

  (c) MD5with RSAEncryption 방법은 RSA 개인 키로 평문을 암호화한 후 이에 대한 MD5 해시값을 서명값으로 사용한다.

  (d) 수신측은 메시지를 고의로 작성하거나 수정하여 송신측으로부터 받은 것이라고 주장할 수 없다.

[9] 인증서에 수납되는 것이 아닌 것은?

    (a) 사용자의 공개 키   (b) 사용자 ID

    (c) 공인 인증기관의 개인 키에 의한 디지털 서명   (d) 상대방의 공개 키

[10] 무선 LAN에서 사용하는 인증 방법이 아닌 것은?

    (a) Open System   (b) Shared Key

    (c) EAP 기반의 인증서버 인증   (d) Pre-shared Key

    (e) Kerberos 인증

[11] 다음 입력값에 대한 MD5의 결과를 확인하라.

    (a) MD5 ("a") = 0cc175b9c0f1b6a831c399e269772661

    (b) MD5 ("abc") = 900150983cd24fb0d6963f7d28e17f72

    (c) MD5 ("message digest") = f96b697d7cb7938d525a2f31aaf161d0

[12] 공개 키 방식은 응용에 따라, 기밀 기능과 인증 기능을 각각 지원한다. 이러한 은닉 기능과 인증 기능을 모두 지원할 필요가 있을 때에는 두 쌍의 개인 키와 공개 키를 사용하면 된다. 즉, 송신측은 먼저, 메시지 인증을 위하여 개인 키를 사용하여 메시지를 암호화한 후, 이것을 또 다른 공개 키를 사용하여 암호화 함으로써, 이 메시지의 내용에 대한 은닉 기능을 제공할 수 있다. 이러한 기능을 지원할 수 있는 구조를 도시하라.

정답
[1] (d), [2] (b), [3] (d), [4] (b), (f), [5] (a), [6] (a), [7] (b), [8] (c), [9] (d), [10] (e)

Mamo.

통신망 보안 프로토콜

5.1 관련 표준

- RFC 1661 The Point-to-Point Protocol(PPP), 1994.
- RFC 2516 A Method for Transmitting PPP Over Ethernet(PPPoE), 1999.
- RFC 1334 PPP Authentication protocols, 1992.
- RFC 1332 The PPP Internet Protocol Control Protocol(IPCP), 1992.
- RFC 2716 PPP EAP TLS Authentication Protocol,1999.
- RFC 3748, Extensible Authentication Protocol(EAP) 2004.

5.2 개 요

보통의 무선 LAN 및 인터넷은 〈그림 5.1〉과 같이 유 무선상에서 전송되는 모든 IP 패킷들의 내용들이 해커나 불법 AP에 의해 노출될 수 있을 뿐만 아니라, 허가받지 않은 사람이 전송하는 패킷에 의해 해당 서버나 클라이언트들에 부하가 가중되는 문제가 있다.

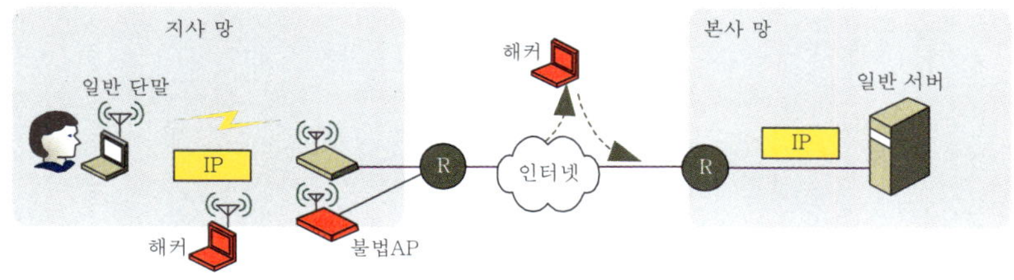

〈그림 5.1〉 네트워크 보안의 필요성

이러한 문제점을 해결하기 위한 통신망 보안 프로토콜은 공중망 연결로 개설과정에서의 **네트워크 접근용 사용자 인증 프로토콜**과 개설된 연결로상에서의 링크, 망, 트랜스포트 그리고 응용 계층에서의 메시지 암호화 또는 위변조 방지 기능을 제공하는 **메시지 보안 프로토콜**로 구분된다.

본 장에서는 이러한 통신망 보안 프로토콜들에 대한 특징과 실제 망에서 어떻게 활용되는지를 소개한다.

5.3 통신망 보안 프로토콜의 종류

네트워크 접근용 사용자 인증 프로토콜로는 단말과 NAS간의 PPP 연결로를 설정할 때 유효한 사용자인지를 인증하는 Password Authentication Protocol(PAP)과 Challenge-Handshake Authentication Protocol(CHAP)이 있다. 또한, AP에 대한 접근시 사용자 인증용으로 사용되는 프로토콜로는 Extensible Authentication Protocol(EAP)이 있다. 그리고 이러한 사용자 인증과정에서 사용자들에 대한 사용자 이름과 패스워드를 검사하는 중앙집중형 인증서버가 필요한데, 이러한 인증서버와 클라이언트간 프로토콜로는 RADIUS와 DIAMETER 등이 있다[1].

이후, 사용자에 대한 인증절차가 성공하여 연결로가 개설되면, 링크, 망, 트랜스포트, 그리고 응용 계층 등 각 계층에서의 메시지 암호화 또는 변조 방지를 위한 **메시지 보안 프로토콜**이 추가로 사용된다. 이러한 프로토콜로는 WEP, PPTP, L2TP, IPSec, SSL/TLS, S/MIME,SSH 등이 있다. 이러한 프로토콜들을 정리하면 다음과 같다. 그리고 〈그림 5.2〉와 〈그림 5.3〉은 현재 사용되고 있는 대표적인 네트워크 접근 인증 프로토콜과 **메시지 보안 프로토콜**들의 용도를 각각 요약한 것이다.

- 네트워크 접근용 시스템 인증 절차
    - 공유키 인증 방식
- 네트워크 접근용 사용자 인증 프로토콜
    - PPP 기반 인증 프로토콜 : PAP, CHAP, MS_CHAP
    - EAP 기반 인증 프로토콜
        - 패스워드 기반 : EAP-MD5, LEAP, EAP-FAST
        - 상호 인증서 기반 : EAP-TLS
        - 서버 인증서 기반 : EAP-TTLS, PEAP
- 인증서버와 클라이언트간 사용자 인증 프로토콜
    - RADIUS
    - DIAMETER
- 응용계층 메시지 보안 프로토콜
    - S/MIME
    - Secure Shell(SSH)
- 트랜스포트 계층 메시지 보안 프로토콜
    - SSL
    - TLS2
- 망 계층 메시지 보안 프로토콜
    - IPSec

---

[1] RADIUS에서의 클라이언트는 802.1x 기능이 있는 AP나 LAN 스위치 또는 망 사업자의 Network Access Server(NAS)이며, 최종 사용자는 아니다.

- 링크 계층 메시지 보안 프로토콜
  - PPTP/MPPE
  - L2TP/IPSec
  - WEP
  - TKIP
  - CCMP

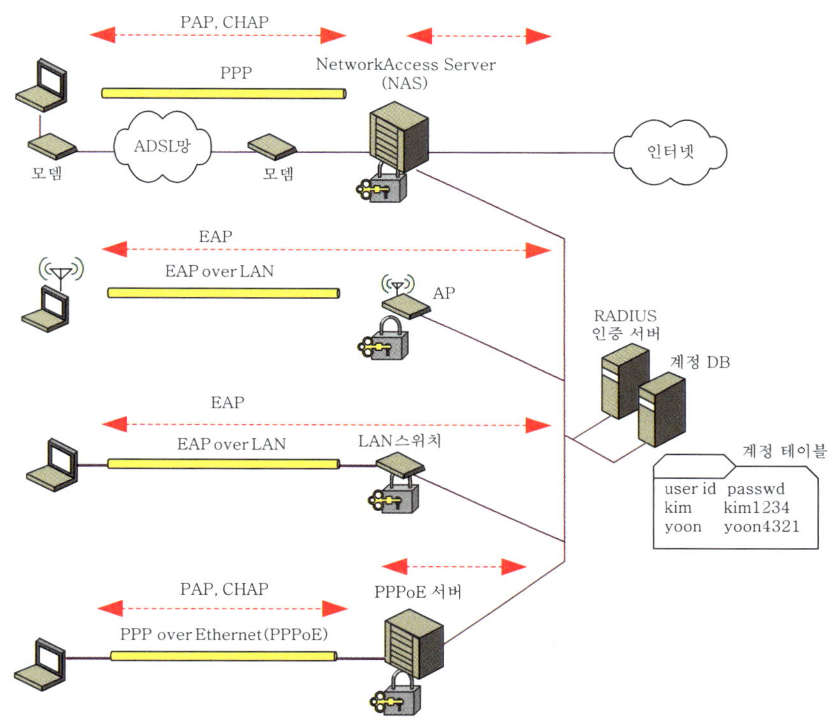

〈그림 5.2〉 네트워크 접근용 사용자 인증 프로토콜의 종류(인증서버를 사용하는 경우)

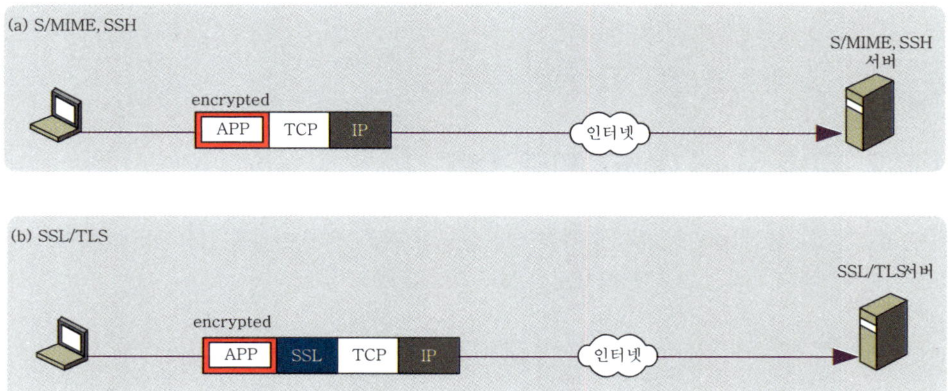

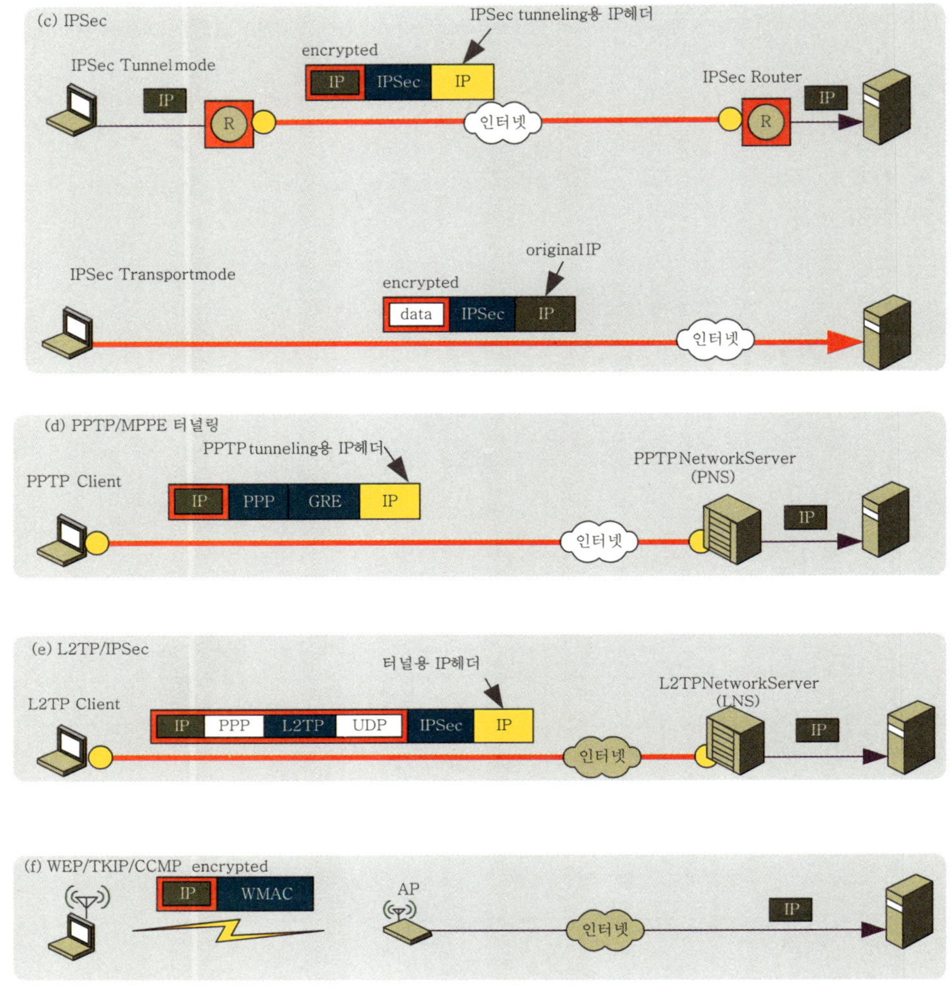

〈그림 5.3〉 메시지 보안 프로토콜

5.4 네트워크 접근용 인증 프로토콜

(1) 공유 키(Shared-Key) 인증 방법

단말과 AP간에 동일한 공유 비밀 키를 가지고 있음을 확인함으로써 단말을 인증하는 방법으로서, 그 절차의 개요는 제 4 장에서 다루었고, 상세한 내용은 제 6 장에서 다룰 것이다.

(2) Password Authentication Protocol(PAP)

PPP에서 기본적으로 사용되는 인증 프로토콜이다. {사용자 Id, 패스워드}를 Network Access Server (NAS)에 전달하면, NAS는 자신이 직접 사용자 계정을 참조하거나 RADIUS 서버에게 질의하여 해당 사용자에 대한 네트워크 사용 가능 여부를 인증하도록 한다. PAP는 〈그림 5.4〉에서도 알 수 있듯이 절차가 간단하여 현재 많이 사용되고 있지만, 패스워드가 보호되지 않고 전달되는 문제가 있다.

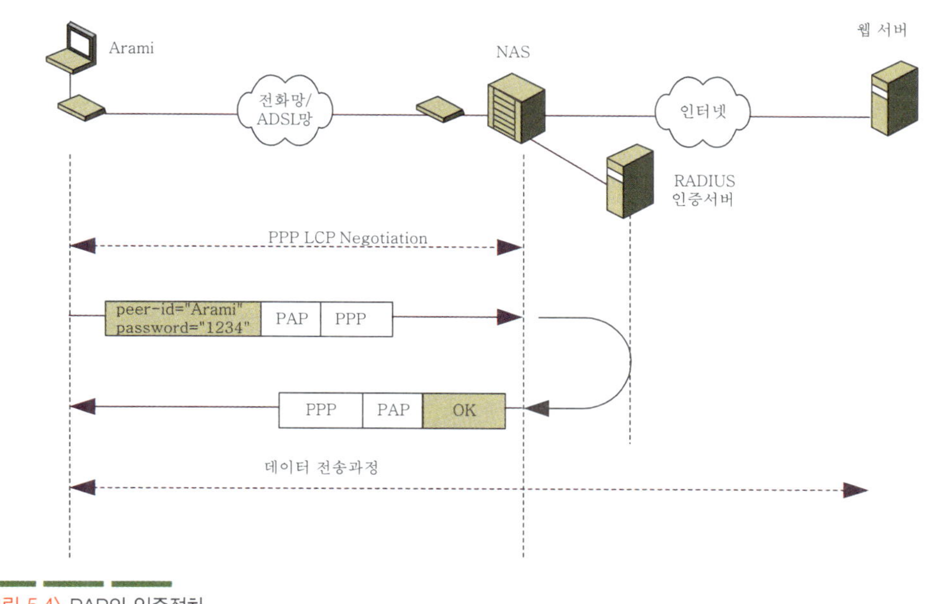

〈그림 5.4〉 PAP의 인증절차

(3) Challenge-Handshake Authentication Protocol(CHAP)

PAP 절차에서는 사용자의 패스워드가 노출되는 문제가 있다. 이것을 방지할 수 있는 사용자 인증프로토콜인 Challenge-Handshake Authentication Protocol(CHAP)은 〈그림 5.5〉와 같은 3-way 핸드쉐이킹 절차로 수행된다.

① 사용자 이름(user_ID)을 NAS에게 보낸다.
② 이에 대하여, NAS(또는 RADIUS 인증서버)는 {순서번호 seq_ID, 랜덤값인 Challenge Value(CV)}를 담은 CHAP Challenge 패킷을 단말에게 응답한다.
③ 이것을 수신한 단말은 {자신의 패스워드, CV, seq_ID}에 대하여 MD5 방식으로 생성한 Hash Value (HV)를 수납한 CHAP Response 패킷으로 응답한다.
④ NAS(또는 RADIUS 인증서버)는 이에 대하여 {계정 DB에 저장된 사용자에 대한 패스워드, CV, seq_ID}를 사용한 HV′ 값을 생성하여 수신된 HV값과 비교한다. 만약 HV와 HV′ 값이 일치한다면, 해당 사용자가 유효한 사용자이므로 Success 메시지로 응답한다.

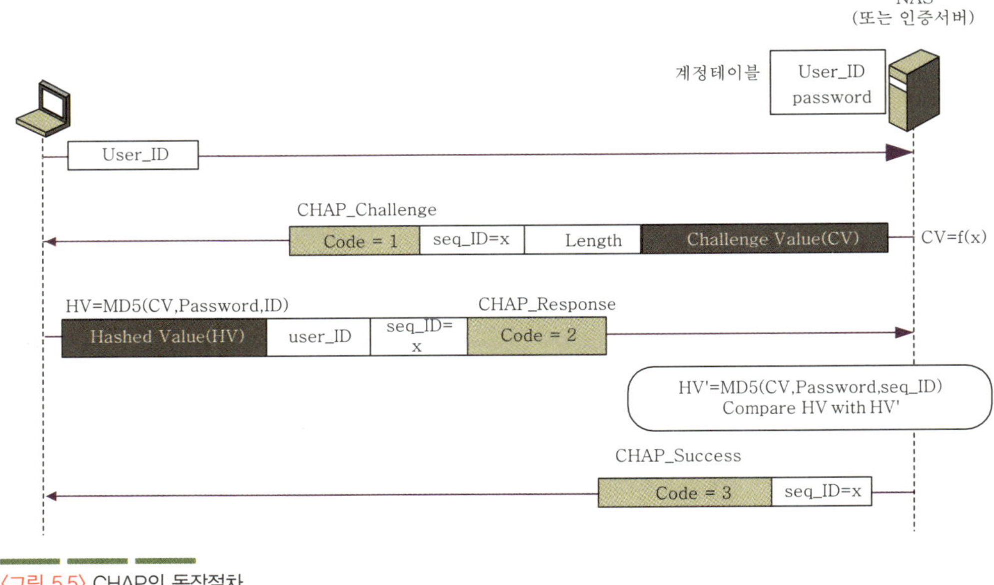

〈그림 5.5〉 CHAP의 동작절차

(4) Extensible Authentication Protocol(EAP)

EAP는 〈그림 5.6〉과 같이, MD5-Challenge, One-time password, token card 등의 다양한 인증 방식 (authentication method)을 모두 지원할 수 있는 확장성을 가진 인증 프로토콜로서, 특히, 무선 LAN의 단말과 Access Point(AP)간에 주로 사용되고 있다. 사실, EAP 자체는 다양한 종류의 인증 방식(EAP-method)을 전달하는 프로토콜임에 주의하라. 최근에는 무선 LAN에서는 보안 문제 때문에 단순한 EAP-MD5 방식 대신에 EAP-TLS, EAP-TTLS, Protected EAP(PEAP), Lightweight EAP(LEAP) 등이 사용되고 있다.

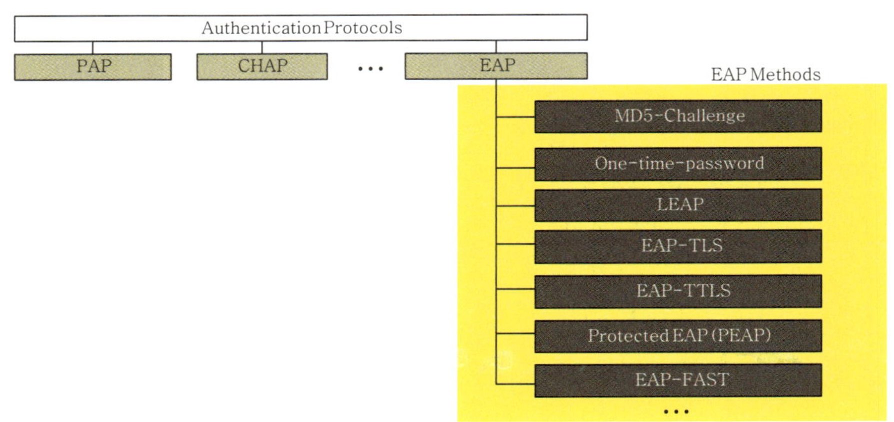

〈그림 5.6〉 EAP 인증 프로토콜

(a) EAP/MD5-Challenge 인증절차의 예

〈그림 5.7〉은 여러가지의 EAP 인증 방식 중, EAP MD5-Challenge 방식의 인증절차이다[2].

① 인증서버는 EAP-Request 프레임의 데이터 영역에 내용이 비어 있는 User ID 항목을 수납한 EAP-Request 패킷을 전송하여 사용자 ID를 전송하라고 요구한다

② 이것을 수신한 단말은 자신의 User ID가 수납된 EAP-Response 메시지를 응답한다.

③ 인증서버는 EAP-Request 프레임의 데이터 영역에 {순서번호 seq_ID, 랜덤값인 Challenge Value(CV)}를 수납하여 전송한다.

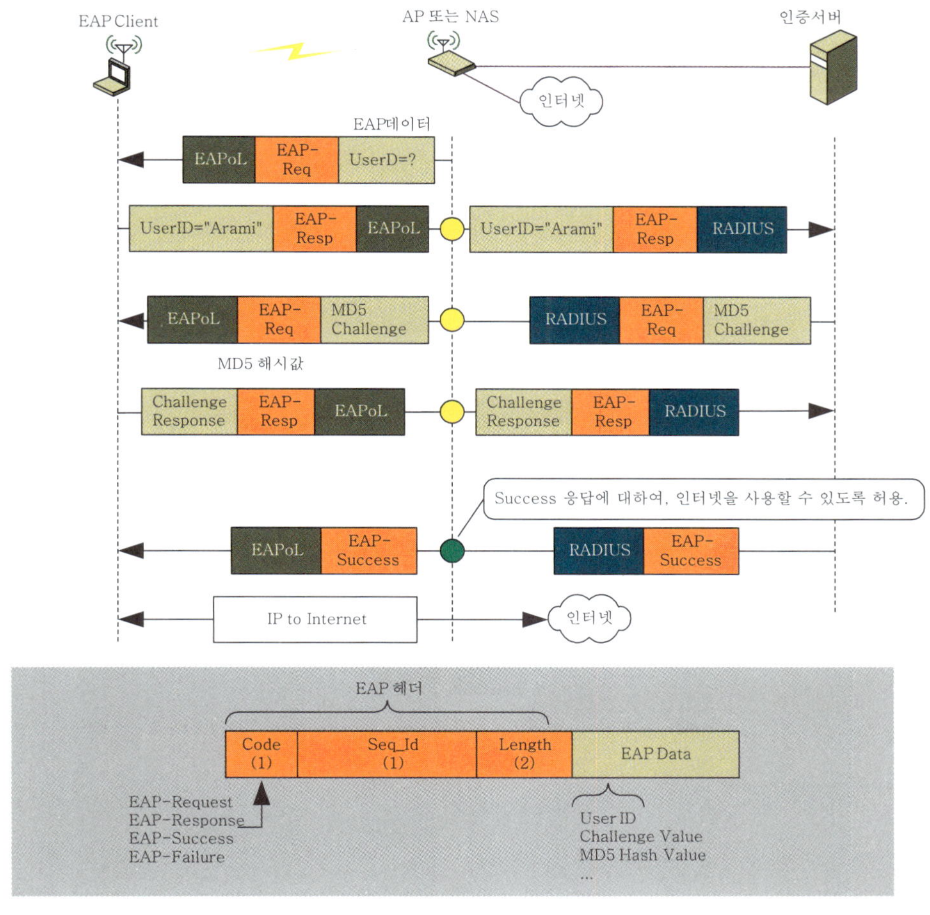

〈그림 5.7〉 EAP/MD5-Challenge 인증 프로토콜의 동작

2_ 이러한 절차는 분명히 CHAP 방식과 거의 동일하다. 그런데,, 왜 이러한 EAP 방식이 새로 정의되어 사용되을까? PPP 연결설정의 경우, LCP 단계에서 단말과 NAS 장치간에 지원 가능한 인증 프로토콜의 종류를 협상한다. 현재 사용되고 있는 PAP, CHAP 외에 새로운 인증 프로토콜들이 앞으로 계속 발표된다면, 이러한 인증 방식이 새로 적용될 수 있도록 수 많은 NAS 장치의 LCP 소프트웨어를 갱신해야 하는 번거로움이 있다. EAP는 NAS에게 이러한 번거로움을 부담시키지 않고, RADIUS 서버와 사용자간에만 새로운 인증 방법을 사용하도록 할 수 있다. 즉, EAP패킷이 NAS에 수신되면, NAS는 EAP의 상세한 인증 방법(MDS5, One-Time-Password, Token 등)과 상관없이, EAP패킷을 중앙의 RADIUS 서버에게 단순히 중계하고, 인증결과인 Success 또는 Failure 정보만 처리한다.

④ 단말은 {자신의 패스워드, CV, seq_Id}에 대하여 MD5 방식으로 생성한 Hash Value(HV)를 수납한 EAP–Response 패킷으로 응답한다.

⑤ 인증서버는 이에 대하여 {자신의 계정 테이블에 저장된 사용자에 대한 패스워드, CV, seq_Id}를 사용한 HV′ 값을 생성하여 수신된 HV값과 비교해 본다. 만약 HV와 HV′ 값이 일치한다면, 해당 사용자가 유효한 사용자이므로, EAP–Success 메시지로 응답한다.

이러한 EAP 메시지는 단말과 AP구간에는 EAP over LAN(EAPoL)프레임에 수납되는 반면에, AP와 RADIUS 인증서버간에는 RADIUS패킷에 수납되어 전달된다. 따라서, AP는 RADIUS 서버에 대하여 RADIUS 클라이언트 역할을 수행한다.

이러한 패스워드 기반의 인증 방식에는 EAP–MD5나 Lightweight EAP(LEAP)가 있다. 하지만 사용자와 인증서버간 상호인증 기능이 없어, 사용자는 서버를 무조건 믿기 때문에 가짜 AP에 의심없이 접속할 수 있는 문제가 있다. 즉, 〈그림 5.8〉과 같이, 해커가 불법으로 설치한 AP에 EAP–MD5로 인증절차를 수행하는 단말은 이 AP와 수행하는 인증절차로부터 해당 AP가 불법으로 설치되어 있는 것인지 알 수가 없다.

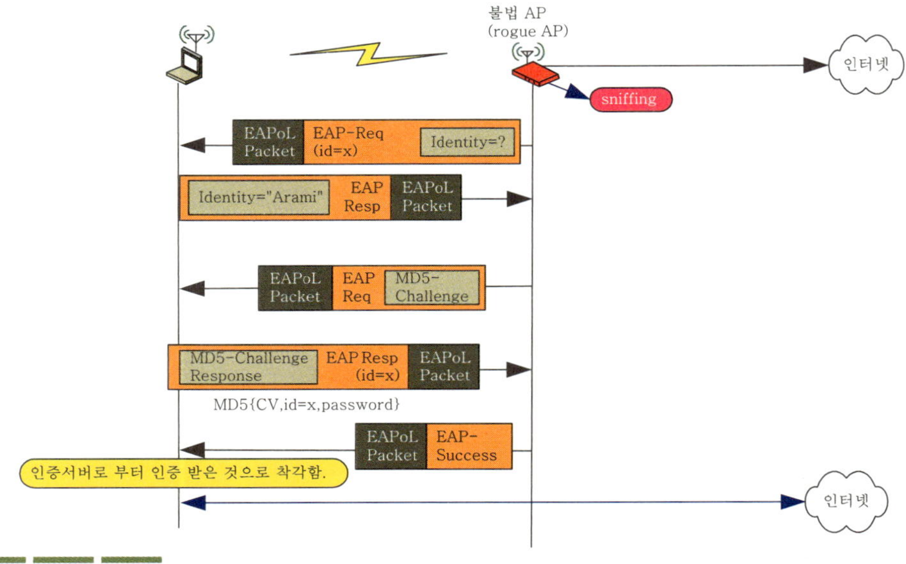

〈그림 5.8〉 EAP/MD5–Challenge 인증 프로토콜의 동작

(b) 상호인증을 위한 TLS기반의 EAP 인증절차

불법 AP에 의한 문제를 해결하려면, 기본적인 인증서버로 부터의 단말인증뿐만 아니라, 단말 입장에서도 인증서버가 유효한 서버인지를 인증하는 상호인증 기능이 필요하다. 이러한 상호 인증은 대부분 인증서를 사용하는 TLS기반의 EAP–TLS, EAP–TTLS, PEAP 등에서 제공된다. 또한, 인증서 없이, 단말과 인증서버 간에 설정된 일종의 PSK인 Protected Access Credential(PAC) 키를 사용하는 TLS 기반의 EAP–FAST가 있다. 이들은 모두 TLS 기반에서 동작하며, 인증서 사용여부에 따라 이들을 분류하면 다음과 같다.

● 인증서 기반
- EAP–TLS : 단말과 인증서버 모두 인증서 필요

- EAP-TTLS : 인증서버 인증서만 필요
- PEAP : 인증서버 인증서만 필요
- PAC키 기반
  - EAP-FAST : 단말과 인증서버 모두 인증서 불필요

사실, 단말과 인증서버 모두 인증서가 사용되는 〈그림 5.9a〉와 같은 EAP-TLS가 가장 확실한 인증 방법이지만, 단말에 인증서를 모두 설치하는 것은 비용이나 관리면에서 단점이 있다. 따라서, 〈그림 5.9b〉와 같이, 서버측에만 인증서를 사용하고, 사용자측 인증서는 없이 TLS의 강력한 보안채널(터널)을 설정한 후, 다양한 종류의 간단한 인증 방법(MS-CHAP 등) 을 사용하는 터널 방식의 EAP 인증 방법인 EAP-TTLS나 PEAP가 시장에서 더 유리하다. 또한, 서버 인증서 대신에 단말과 인증서버간에 설정된 PAC 키를 이용하여 TLS 채널을 설정한 후 간단한 인증 방법을 사용하는 〈그림 5.9c〉와 같은 EAP-FAST 방식도 있다. 상세한 내용은 제 13~14 장에서 다루도록 한다.

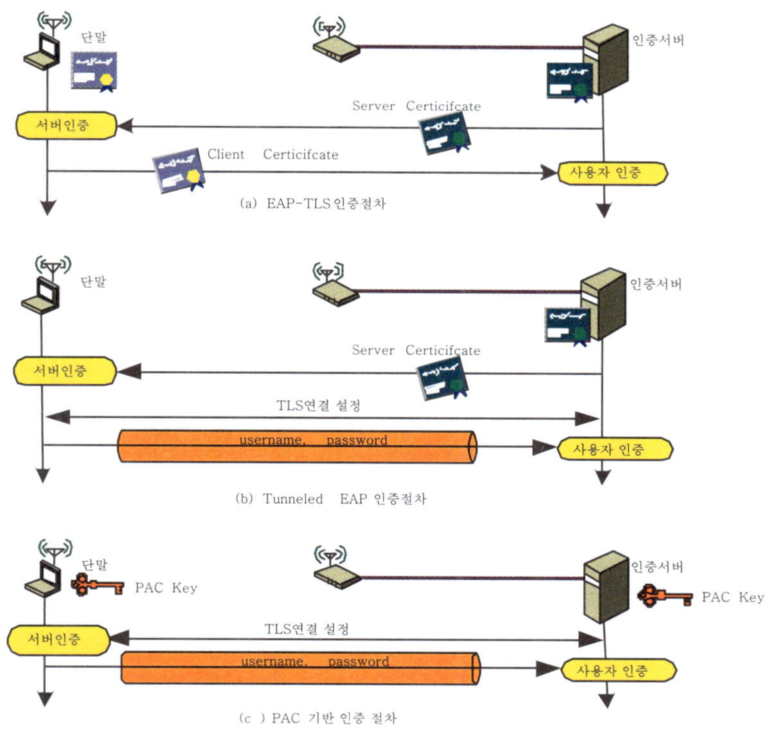

〈그림 5.9〉 TLS 기반의 사용자 인증절차의 비교

5.5 인증서버

Network Access Server(NAS)에 사용자 계정정보, 즉, {사용자 ID, 패스워드}를 저장함으로써, PPP 연결 요청에 대한 인증을 NAS가 직접 수행할 수도 있다. 하지만, 대부분의 망 사업자들은 수천 대의 NAS 또는

AP 장치에 모든 사용자들에 대한 계정정보를 일일이 입력하고 유지하는 것은 상당히 어렵다. 대신에, 중앙 집중화된 전용 인증서버를 사용한다. 즉, NAS는 사용자로 부터의 접속요청시, 사용자 정보{user ID, 패스워드 등}을 인증서버에게 중계하여, 이 서버로부터의 인증결과에 따라 접속요청을 수락하거나 거부한다.

이러한 인증서버로는 UDP를 사용하는 RADIUS(Remote Authentication Dial-in User Service)와 TCP를 사용하는 DIAMETER 등이 있다. 또한, 이러한 인증서버는 사용자 인증뿐만 아니라 권한 관리 및 과금처리도 수행하기 때문에 **AAA(authentication, authorization, accounting)**서버라고 부른다.

특별히, RADIUS는 인증관련 표준인 RFC2138(RADIUS) 및 과금관련 표준인 RFC2139로 구성되어 authentication, authorization 및 accounting(AAA) 서비스를 제공한다. 필요한 경우, 사용자 계정정보는 별도의 데이터베이스 시스템에 저장시키고, RADIUS 서버는 이 데이터베이스 시스템에 대하여 계정정보를 질의하여 사용자 인증을 수행하기도 한다.

이러한 RADIUS의 동작 예로서, 단말, AP 그리고 RADIUS 서버간에 PAP 인증 방식을 사용하는 경우, 동작절차는 〈그림5.10〉과 같다. 단말이 자신의 {사용자ID, 패스워드}를 수납한 PPP패킷을 NAS에게 전달하면, 이 정보를 RADIUS의 Access-Request 패킷에 수납하여 RADIUS 서버에게 전달한다. 이러한 요청을 수신한 RADIUS 서버는 해당 사용자에 대한 계정 테이블을 검사한 후, 이에 대한 응답을 NAS를 경유하여 단말에게 전달한다. 이때, NAS는 RADIUS 클라이언트로 동작한다.

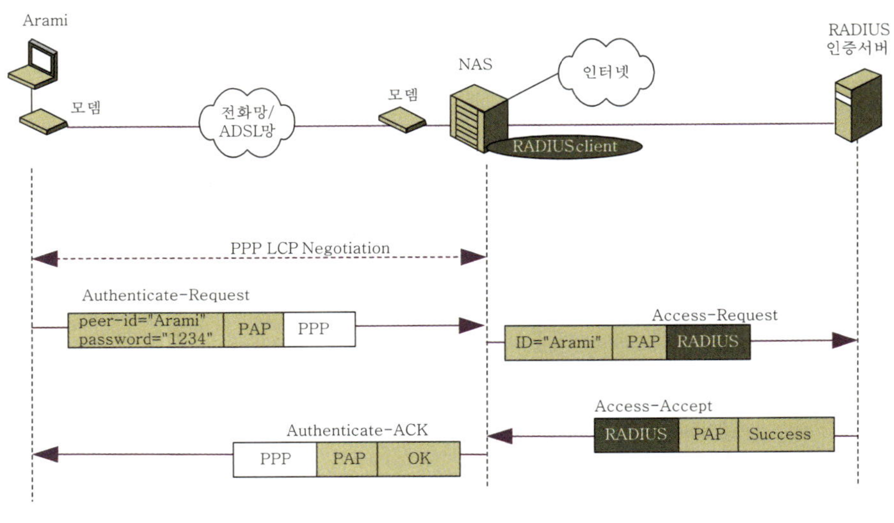

〈그림 5.10〉 RADIUS의 동작 예

5.6 802.1x 포트 보안 표준

(1) 개 요

기존 LAN 시스템에서는 대부분인 단말들이 인증절차 없이도 브리지의 물리적인 포트를 통하여 LAN에 접속된 다른 단말이나 서버들에 접근할 수 있기 때문에 망에 대한 공격이 가능한 문제점이 있다. 또한, 단말마다의 계정관리, 과금처리 등의 부가 기능이 불가능하다.

IEEE 802.1x 표준은 단말과 AP간에 EAP 인증 프로토콜을 수납할 수 있는 EAP over LAN(EAPoL) 프레임의 형식과 동작 절차를 규정한 것으로써, 단말과 인증서버간에 수행되는 EAP 인증결과에 의해 물리적인 포트의 연결 허용 또는 거부를 수행한다. 이 표준은 브리지 또는 무선 액세스 포인트(Access Point)의 물리적인 포트의 사용권을 인증서버로부터 획득해야만 단말의 망 접근을 허용하는 절차에 사용되어, **포트 보안 프로토콜**이라고 한다. 이렇게 포트별 인증절차를 수행하도록 한 경우에는 단말 별로 개별적인 과금정책이나 사용제한, 대역할당 등을 제어할 수 있는 장점이 있다.

〈그림 5.11〉은 802.1x 기능을 가진 무선 AP의 구조와 동작의 예로서 다음과 같은 순서로 동작한다.

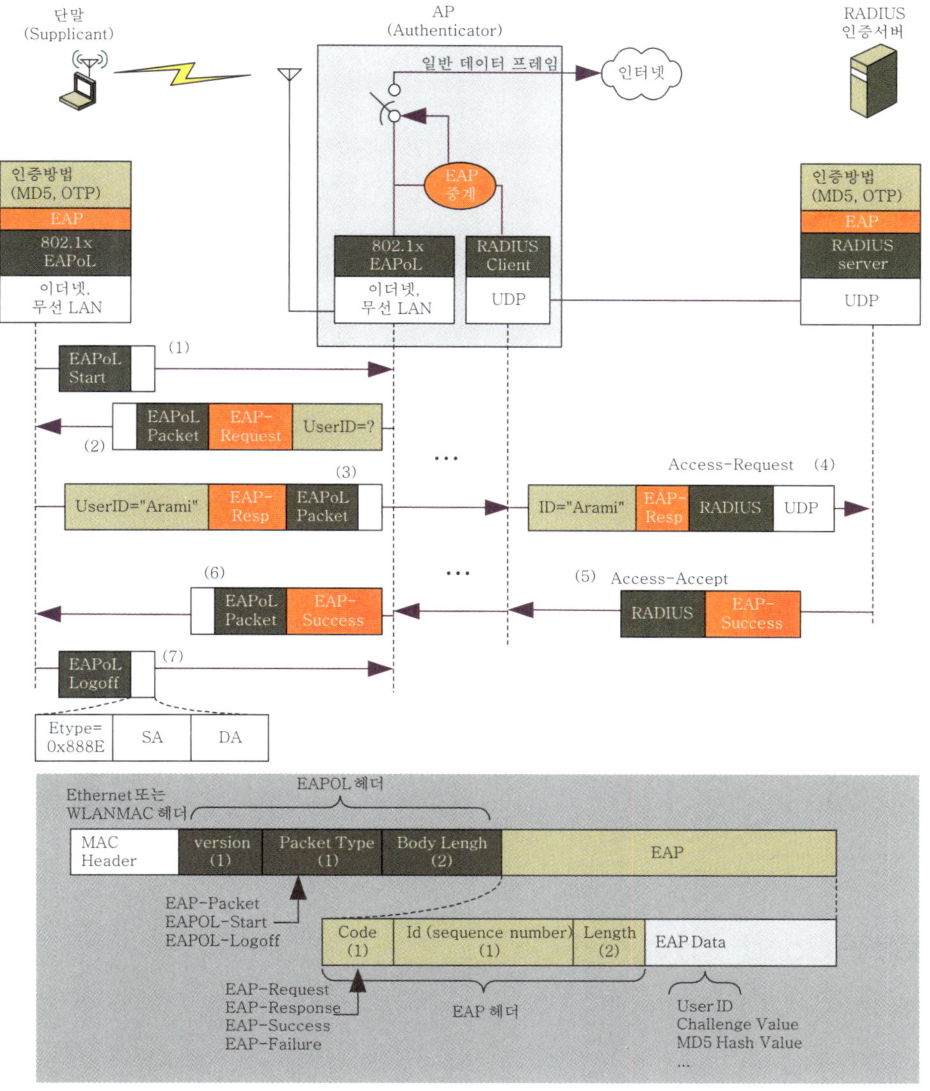

〈그림 5.11〉 802.1x 시스템의 구성과 동작(EAP-MD5 Challenge 방식의 경우)

(2) 동작 절차의 예

① 단말 Arami가 무선 AP에 접속하기 위하여, 802.1x EAPoL Start 프레임을 AP에 송신한다[3].

② 이에 대하여, AP는 EAP-Request프레임의 Identity 항목에 AP자신의 사용자ID 정보가 수납된 EAP-Request 패킷을 생성하고, 이것을 다시 802.1x EAPoL의 EAP-Packet 형식에 수납하여 단말에게 전송한다. 이 Request메시지는 자신의 ID를 알리면서, 사용자 ID의 전송을 요구할 때 전송된다.

③ 이것을 수신한 단말은 자신의 User ID를 수납한 EAP-Response 메시지를 802.1x EAPoL의 EAP-Packet 형식에 수납하여 응답한다.

④ AP는 이 프레임에서 EAPOL 헤더를 제거한 EAP 부분을 RADIUS 서버에 전달하여 인증절차를 개시한다.

⑤ RADIUS 인증서버는 이에 대하여 해당 사용자가 유효한 사용자인지 검사한 후, EAP Success 메시지를 RADIUS 메시지에 수납하여 AP에게 응답한다.

⑥ AP는 EAP Success 메시지를 EAPoL 프레임에 수납하여 중계하면서, 동시에 해당 포트를 활성화시켜, 이후, 사용자가 이 포트를 이용하여 인터넷에 접속할 수 있도록 한다.

⑦ 이후, 접속을 종료할 경우, 단말은 EAPoL Logoff 메시지를 전송한다.

5.7 응용계층에서의 메시지 보안 프로토콜

(1) S/MIME

전자우편 메시지는 기본적으로 ASCII 문자로만 구성된 텍스트 형식으로만 전달될 수 있다. 따라서, 그림이나 Java 애플릿 등의 이진파일들은 이들을 ASCII 텍스트 문자 형식으로 변환하는 Base64 인코딩 절차를 지원하는 MIME(Multipurpose Internet Mail Extensions)형태의 전자우편 메시지로 전송된다.

이러한 전자우편 메시지들이 인터넷에 전송될 경우 보안에 취약하므로, S/MIME은 메시지에 대한 암호화와 이 메시지에 대한 전자서명 그리고 필요한 경우 공인 인증서도 수납한 후, 이것을 MIME 형식으로 변환하여 전송하는 e-mail용 응용계층 보안 프로토콜이다.

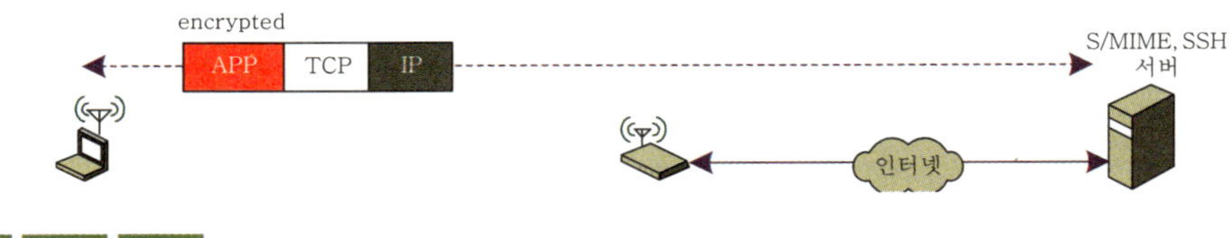

〈그림 5.12〉 RSA S/MIME과 SSH

(2) Pretty-Good-Privacy(PGP)

RFC2440 PGP도 전자우편용 보안 프로토콜로서 많이 활용되지만, 윈도우 계열의 전자우편 시스템에서서는 사용되지 않는다.

3_ AP와의 접속 즉, association 절차 직후, AP가 먼저 802.1x 인증절차를 수행할 경우에는 이 과정은 생략될 수 있다.

(3) Secure Shell(SSH)

Secure Shell(SSH)은 rlogin과 같은 원격접속에 대한 보안을 제공하는 응용계층 보안 프로토콜이다. 윈도우 2000에서는 이러한 서비스를 제공하지 않으므로, 본 교재에서는 다루지 않는다.

5.8 트랜스포트 계층에서의 메시지 보안 프로토콜

 Secure Socket Layer(SSL)은 TCP와 응용계층간에 위치하여, 응용계층 메시지에 대한 암호화를 지원하는 트랜스포트 계층에서의 보안 프로토콜이다. 원래, 이것은 넷스케이프사에서 웹 트래픽의 보안을 목적으로 개발되었지만 다양한 응용계층 프로토콜도 지원할 수 있으며, 현재 3.0버전까지 발표되어 있다.
 SSL은 〈그림 5.13〉과 같이 응용계층 메시지들에 대한 분할, 압축, 메시지 다이제스트, 암호화를 수행한다.

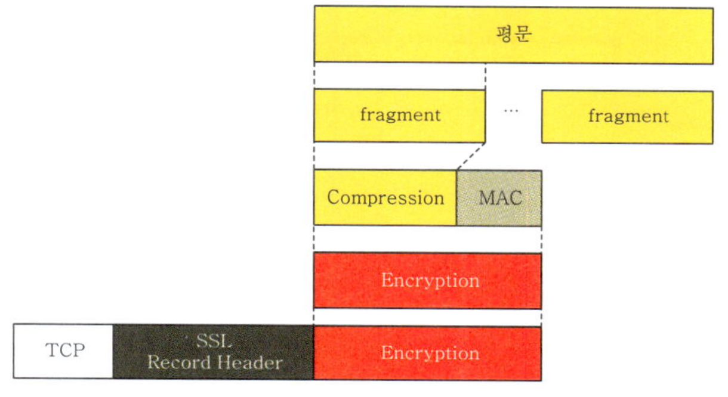

〈그림 5.13〉 SSL 레코드 프로토콜의 동작

이러한 암호 및 압축과정을 위하여, 당연히 쌍방간에 미리 이러한 작업들에 대한 설정을 협상하여야 한다. 이를 위하여, 〈그림 5.14〉와 같은 SSL Handshake, SSL Change Cipher Spec, SSL Alert 등의 제어 메시지들이 사용된다.

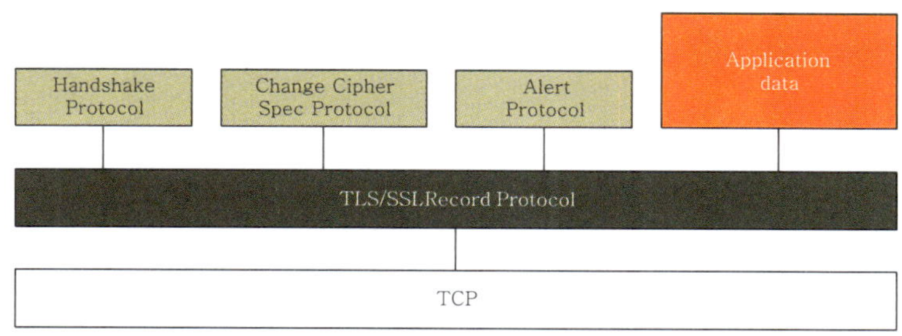

〈그림 5.14〉 SSL/TLS의 계층구조

이러한 제어 메시지와 암호화된 응용계층 메시지들은 모두 공통의 SSL Record 메시지에 수납된 후, TCP에 실려 상대방에게 전송된다.

(2) TLS

Transport Layer Security(TLS)는 SSL3.0을 기초로 만든 IETF의 RFC2246 표준인 트랜스포트 계층용 메시지 보안 프로토콜로서, 계층구조와 사용되는 프로토콜들이 모두 SSL3.0과 유사하지만 호환되지는 않는다.

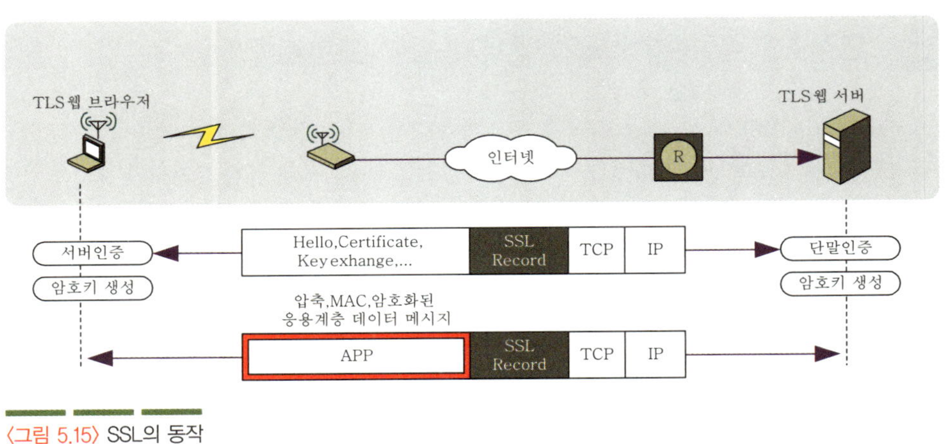

〈그림 5.15〉 SSL의 동작

5.9   망계층에서의 메시지 보안 프로토콜

IPSec은 다음과 같은 세 가지의 패킷 형식을 사용하여 IP계층에서의 데이터 변조나 노출되는 것을 방지한다.

- AH(Authentication Header) : IP 패킷 전체에 대한 MD5또는 SHA−1해시결과 값을 별도의 AH 헤더에 수납하여 전송함으로서 IP 패킷의 무결성을 제공한다. IP 패킷에 대한 암호화는 하지 않는다.
- ESP(Encapsulating Security Payload) : ESP 헤더와 트레일러 영역을 사용하여 IP의 데이터 부분에 대한 암호화를 제공한다. 또한, ESP Authentication 영역을 사용하여 ESP패킷 영역에 대한 메시지 인증 기능도 제공한다. 하지만, IP 헤더 영역에 대한 무결성은 제공하지 않는다.
- ESP+AH : ESP 패킷에 대하여, IP 헤더 부분을 포함한 영역에 대한 해시값이 수납된 AH 헤더 부분을 추가함으로써 IP 헤더에 대한 변조위협을 예방한다. 즉, ESP에 의한 암호와 AH에 의한 무결성이 모두 적용된다.

이러한 방법을 사용하는 IPSec은 종단 시스템간 보안을 제공하거나 라우터간에 설정된 IPSec 전용 터널을 이용하여 IP 레벨에서의 보안을 제공할 수 있는데, 이들을 각각 IPSec의 **전송모드**와 **터널모드**라고 부른다. 그리고, 이렇게 연결된 IPSec연결을 **보안연계**(security association(SA))라고 부르며, 필요한 키는 **Internet Key Exchange(IKE)** 절차에 의해 분배된다.

- **전송모드(Transport mode)** : IPSec 기능을 가진 종단 단말들 간에 IP 패킷을 전송할 때, 기존 IP 헤더와 IP데이터 영역 사이에 AH 또는 ESP용 영역을 추가하는 방식이다. 즉, 종단간 보안 방식이다.
- **터널모드** : IPSec 전용 라우터간에 생성된 IP 터널을 이용하여 사용자 IP 패킷들에 대한 보안을 제공한

다. 즉, IPSec라우터는 단말로부터 전달된 일반 IP 패킷에 대하여 AH, ESP 또는 AH+ESP 헤더를 부착한 IPSec 패킷으로 변환한 후, IP 망으로의 전송을 위한 터널용 IP 헤더를 새로 부착한다.

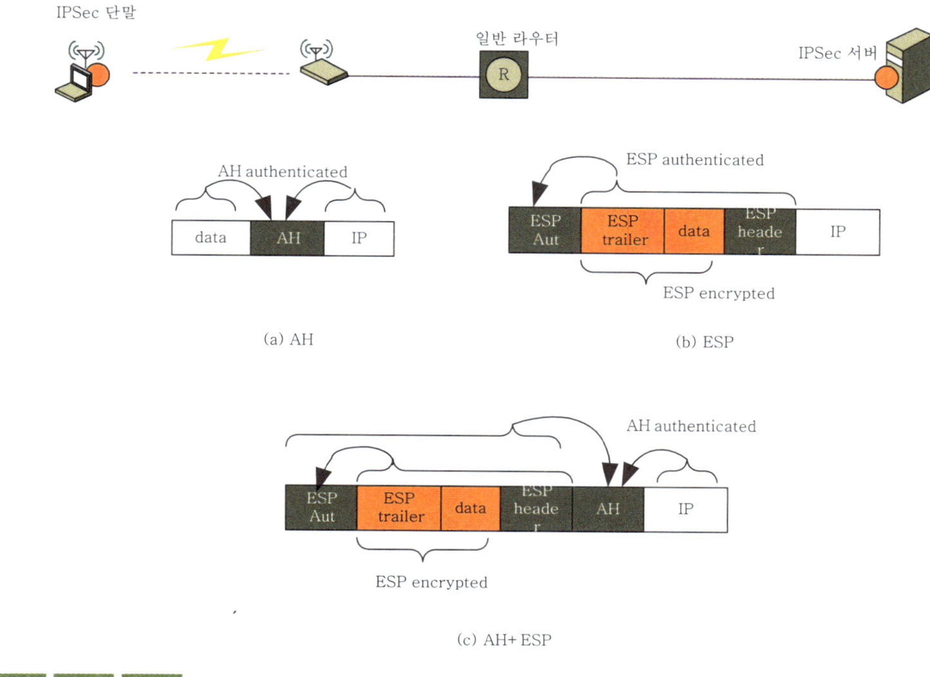

〈그림 5.16〉 전송모드에서의 3가지 보안기능

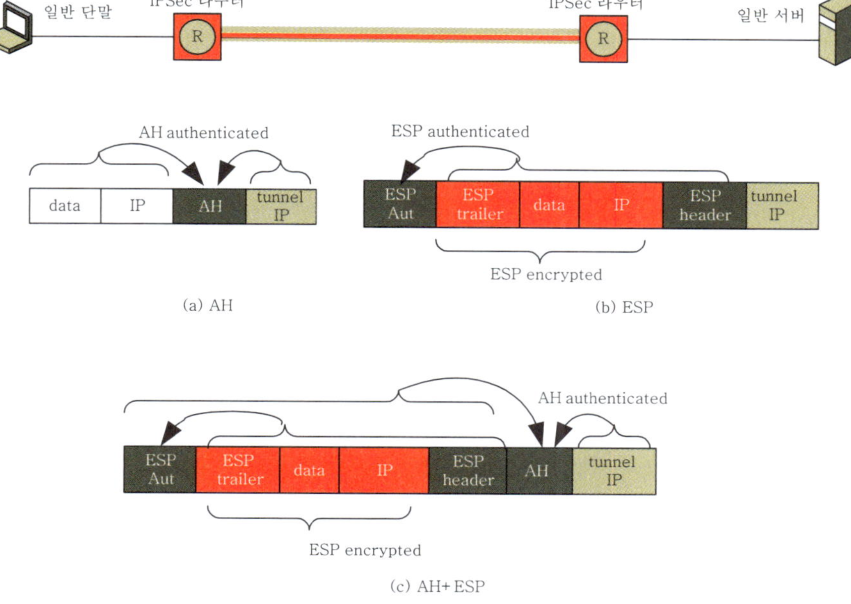

〈그림 5.16〉 터널모드에서의 3가지 보안 기능

 링크계층에서의 메시지 보안 프로토콜

(1) Wired Equivalent Priavcy(WEP)

1999년 IEEE 802.11무선 LAN 표준에 수록된 WEP(Wired Equivalency Privacy) 방식은 전송되는 MAC 프레임들을 RC4 스트림 암호 방식에 의해 보호한다. 이 이름이 뜻하는 것과 같이 무선 사용자에게 유선망과 같은 품질의 보안성을 제공하는 것으로서, 암호화된 프레임의 기본 형식은 〈그림 5.18〉과 같다.

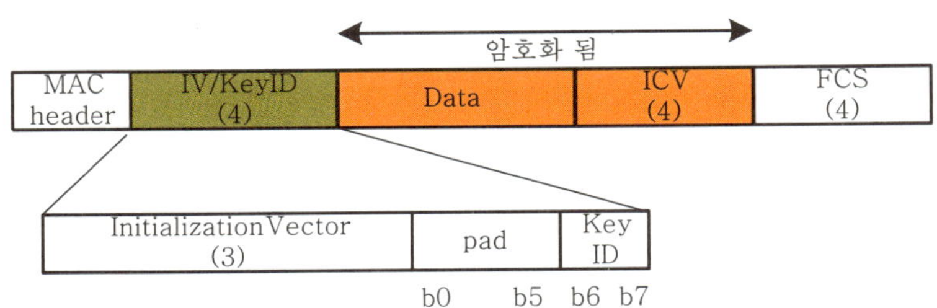

〈그림 5.18〉 WEP 암호화된 프레임의 형식

- IV : 총 4바이트로 구성되며, 다음과 같이 3개의 구성요소를 가진다.
  - Initialization vector : 각 프레임마다 상이한 3 바이트의 랜덤값이거나 일련번호이다.
  - Key ID : 4개의 secret key 중 하나를 지시하는 번호이다.
  - Pad : 6비트 길이로써 0으로 채워진다.
- Integrity Check Value(ICV) : 4바이트 길이의 CRC-32값으로서, 평문 데이터영역에 대한 무결성을 위해 계산된 값이다.

144

(2) Temporal Key Integrity Protocol(TKIP)

메시지 암호화를 고정된 공유 비밀 키에 의한 RC4 스트림 암호 방식으로 수행하는 WEP의 취약점을 해결하기 위한 TKIP는 EAP 사용자 인증결과로부터 단말과 AP간 무선 채널 보호용 임시 공유 비밀 키인 Temporal Key(TK)를 동적으로 생성하여 무선구간에서 전송되는 패킷들에 대한 RC4 방식의 암호화를 진행한다.

TKIP는 기존 WEP 방식에서 사용하던 것과 유사한 프레임 형식을 사용하지만, 기존 4바이트 길이의 IV 영역에 4바이트의 Extended IV 영역이 추가되어 있으며, 또한 8바이트의 MIC 영역도 추가되어 있다.

- extIV비트 : extended IV 영역의 존재 여부를 표시한다. 기존 WEP-40인 경우, 당연히 0이다.
- TKIP Sequence Count(TSC) : 총 6바이트로 구성되는 프레임 송신 일련번호로써, 매 프레임 송신시마다 1씩 증가된다. TSC5가 MSB이고, TSC0가 LSB이다. TSC0와 TSC1는 TKIP Phase 2 키 믹싱시 사용되며, TSC2~TSC5는 TKIP Phase 1 키 믹싱시 사용된다. 참고로, TSC5의 상위 4비트는 QoS 클래스를 표시하는데 사용되므로, 실제 TSC는 48비트가 아니라 44비트의 길이를 가진다.
- WEPSeed : 이 값은 (TSC1 | 0x20) & 0x7f로 설정되는 값으로써, TSC1의 검증용으로 사용된다.

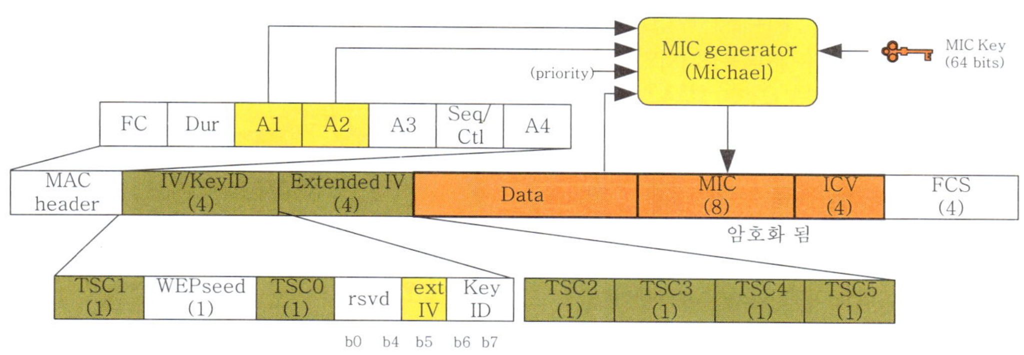

〈그림 5.19〉 TKIP로 암호화된 MAC프레임의 형식

이것의 특징은 다음과 같다.

- **2단계의 키 믹서(key mixer) 사용** : TKIP는 {Transmitter Address(TA), Temporal Key(TK), TSC} 값을 이용하여 〈그림 5.20〉과 같은 2단계의 키 믹서를 사용하여 WEP 암호를 위한 128비트 길이의 WEP seed(per-packet key)를 생성한다. 각 단계의 역할은 다음과 같다.
  - Phase 1 : 해당 temporal key(pairwise 또는 group 키)를 {TA, TSC의 상위 4바이트}에 적용하여 TKIP-mixed transmit address and key(TTAK)를 생성한다. 단말은 이 TTAK를 캐시하여 동일 한 TA와 TK를 사용하는 프레임에 대해서는 별도의 계산없이 재 사용할 수 있다.
  - Phase 2 : {단계1의 결과인 TTAK, TSC의 하위 2바이트}에 TK를 적용하여 per-packet key라고 도 하는 WEP seed를 생성하여 RC4암호화에 사용한다.

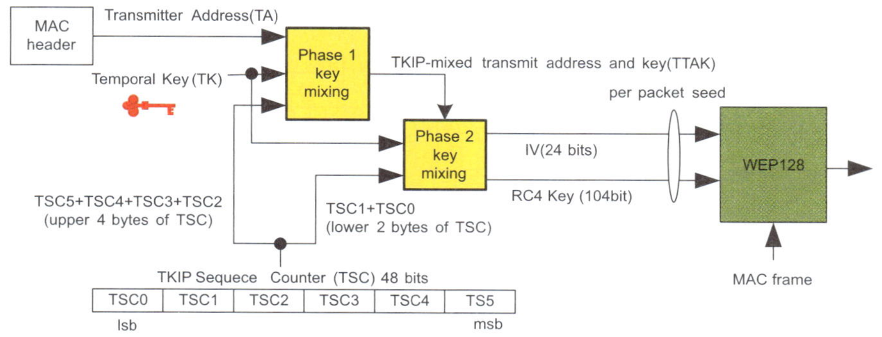

〈그림 5.20〉 TKIP의 2단계 키 믹서의 구성

- **MIC 사용** : 페이로드 뿐만 아니라, MAC헤더의 SA, DA를 포함한 영역에 대하여 MIC 키에 의한 8바 이트 길이의 MIC를 생성하여 패킷에 부착한다. 수신된 패킷에 대하여, CRC, ICV, IV를 검사한 후, MIC를 검증한다. 만약 MIC가 틀리면, 공격이 있었다고 간주하고, 해당 키의 사용을 중지한다.
- **48비트 길이의 IV값 사용** : 기존의 24비트 IV값 보다 2배 길어진 IV값으로서, TKIP sequence counter(TSC)라고도 한다. 이 TSC는 매 패킷마다 다른 값을 가지므로, 하나의 임시키로 전송되는 패 킷들은 2^{48}개의 패킷이 모두 전송되어야 동일한 IV값을 가지게 되어, 짧은 IV값이 재사용될 때 예상되

는 키 노출을 예방할 뿐만 아니라, 재시도 공격도 예방한다[4].

(3) CCMP 블록 암호 방식

NIST에서는 Advanced Encryption Standard(AES)와 같은 블록 사이퍼에 대하여 5가지의 동작모드를 규정하고 있다. 이들은 각각 ECB(Electronic Code Book), CBC(Cipher Block Chaining), CFB(Cipher FeedBack), OFB(Output FeedBack), CTR(Counter)모드이다. 이 중에서, 802.11i 표준에서는 데이터 무결성을 제공하기 위한 ICV 계산시 AES-CBC 방식을 사용하고, 암호시에는 AES-CTR 방식을 사용하도록 규정하고 있다. 이러한 2 가지 방식을 Counter Mode with CBC-MAC(CCM) 방식이라고 하며, MAC프레임에 대한 암호 및 데이터 인증기능을 제공한다.

즉, 이 CCM 방식은 데이터 무결성을 위하여 AES-Cipher Block Chaining-Message Authentication Code(CBC-MAC) 방식으로 데이터 무결성이 필요한 영역에 대한 Message Integritiy Check Value(MIC)를 계산한 후, 은닉성이 필요한 영역과 ICV 영역 모두에 대하여 다시 AES-Counter(CTR) 방식의 암호화를 함으로써 802.11i MAC 프레임에 대한 무결성과 은닉성과 함께 제공한다. 무결성 및 암호화 과정에서 공통적으로 사용되는 AES 블록 사이퍼는 128비트의 키와 128 비트 길이의 블록을 사용한다.

이들은 모두 고속 전송에 유리한 암호 방식으로써, 마치 스트림 사이퍼처럼 전송할 메시지에 대하여 단순히 블록별 XOR 동작에 의해 고속 암호 전송시킬 수 있다.

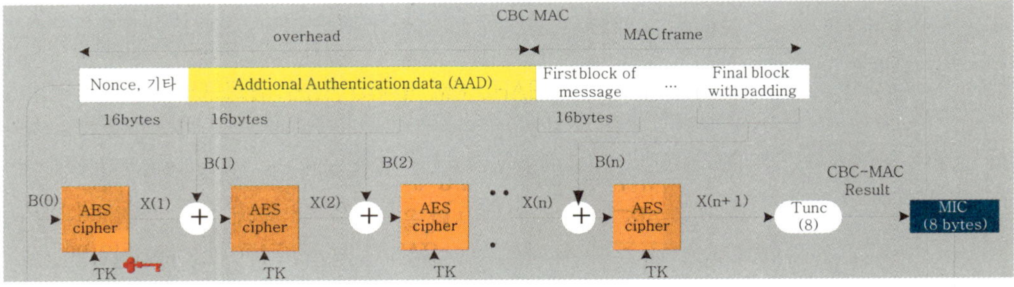

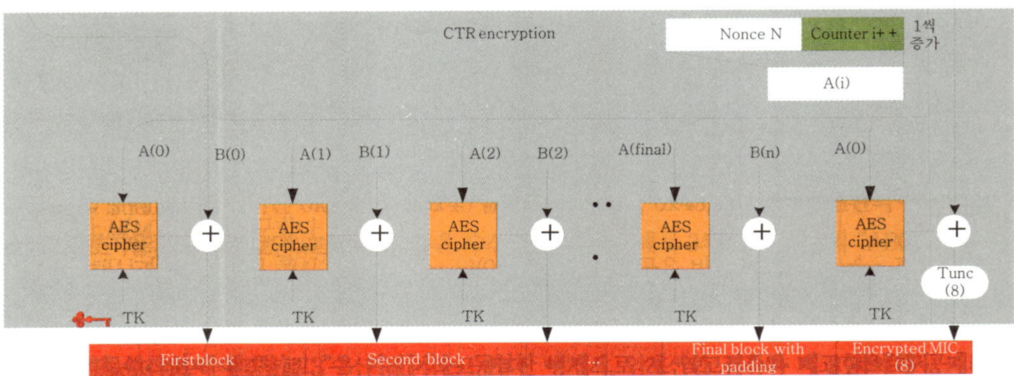

〈그림 5.21〉 CCMP 암호 방식의 구조

4_ WEP 키의 단점인 짧은 길이의 IV로부터 키를 추출하는 weak-key 공격이라고 한다.

이렇게 CCMP 방식으로 암호화된 802.11i 프레임의 구성은 〈그림5.22〉와 같다. 그림에서 PN은 packet number로서, TKIP의 TSC와 같은 의미를 가진다. 그리고 TKIP 프레임의 구조와 달리, ICV 영역이 없다.

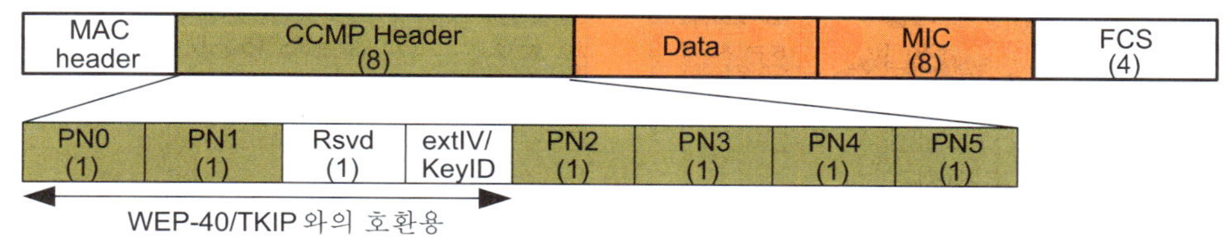

〈그림 5.22〉 CCMP 암호화된 프레임의 구조

(4) Point-to-point Tunneling Protocol(PPTP)/MPPE

기존의 전화접속 단말은 〈그림 5.23〉과 같이 ISP가 제공하는 Network Access Server(NAS)에 대하여 전화망이나 ADSL 등의 공중망을 경유한 PPP 접속을 수행한다. 이 과정에서 NAS는 다음과 같은 기능을 수행한다.

① 전화망이나 ISDN망에 대한 모뎀을 통한 접속기능을 수행한다.
② 최대 프레임 길이와 인증 방식을 협상하는 LCP(Link Control Protocol)절차를 수행한다.
③ PPP 사용자 인증 기능을 수행한다.
④ IP주소를 할당하고, PPP에 수납된 다양한 종류의 망계층 프로토콜을 다음 라우터로 중계한다.

이러한 절차에 의해, PPP단말은 사용자 인증과 IP주소를 할당받은 후 PPP 패킷에 수납된 IP 패킷을 전송한다. 분명히, PPP연결은 사용자와 NAS간에만 설정되고 IP 패킷은 인터넷상에서 전송되므로, 인터넷에서의 보안성이 취약한 문제점이 있다.

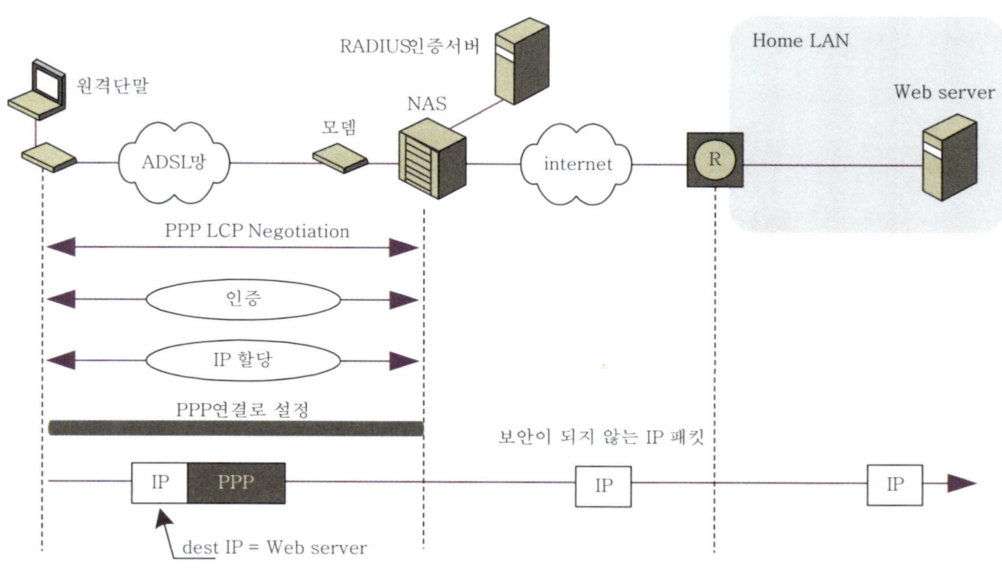

〈그림 5.23〉 기존 NAS에 의한 PPP 패킷의 전송과정

이러한 문제점을 해결할 수 있는 PPTP는 〈그림 5.24〉와 같이, 기본적으로 PPTP Network Server(PNS)와 PPTP Access Concentrator (PAC) 간에 IP 공중망을 경유하여 PPP 연결을 안전하게 연장시키는 프로토콜로서, 그 구성요소는 다음과 같다.

- Remote System : PPTP 기능이 없는 일반 단말이다.
- PPTP Network Server(PNS) : 단말에 대한 private IP 주소할당, PPP 사용자 인증 기능을 수행한다. 그리고 PPP 패킷에 수납된 망계층 패킷(IP, IPX 등)을 Home LAN에 라우팅한다.
- PPTP Access Concentrator(PAC) : Remote system으로 부터의 연결요청에 대하여 PNS와의 PPTP 제어 채널을 생성하고, 이후 단말로부터의 PPP패킷들을 IP+GRE(Generic Routing Encapsulation)의 페이로드에 수납하여 PNS로 중계한다. PNS와 기능적인 차잇점 중 가장 큰 것은 PNS가 망계층 패킷을 중계하는데 비하여, PAC는 PPP 패킷중계, 즉, 데이터링크계층 중계동작을 수행한다는 점이다. 사실, 이 PAC 장비는 실제 망에서 전혀 사용되지 않는다.
- PAC Client : PAC 기능이 내장된 단말이다. 기능적으로는 망계층 패킷을 처리할 수 있으므로, PNS의 기능을 수행한다고도 할 수 있다. 대부분의 윈도우 운영체제는 이러한 기능을 가지고 있다.

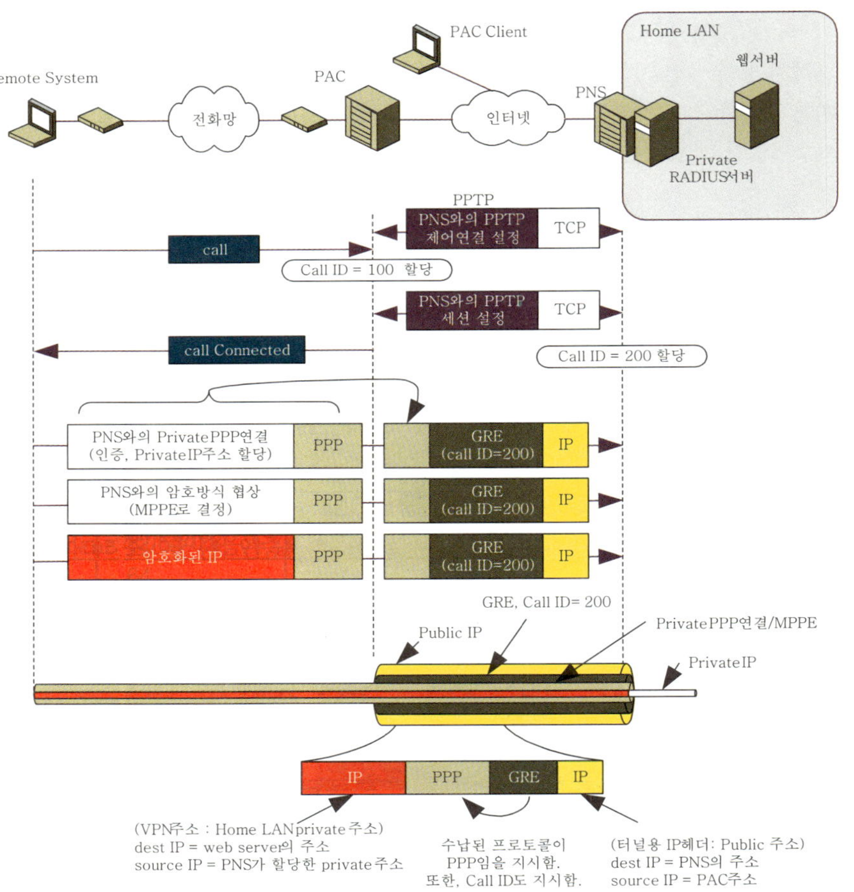

〈그림 5.24〉 PPTP의 구성요소와 동작

먼저, PAC에 연결된 Remote system이 PNS까지의 PPTP 연결을 설정하는 과정은 다음과 같다.

① Remote system이 PAC에 연결을 시도한다.

② PAC는 remote system의 전화번호 또는 걸려고 하는 전화번호를 참조하여, 해당 PNS와의 PPTP제어 연결을 설정한다. 이 결과, 해당 단말과 PNS간 세션에서 사용할 식별자인 Call ID값이 할당된다. 이후, PAC는 Remote system과 PNS간에 전송되는 PPP 패킷들은 모두 PAC와 PNS간에만 유효한 call ID값 이 수납된 GRE(Generic Routing Encapsulation) 헤더와 IP헤더를 사용하여 중계된다. 즉, {IP, GRE} 의 페이로드에 수납하여 전송되는 PPP패킷들은 **PPTP 제어연결에 의해 생성된 PPP 패킷을 수납할 수 있는 IP 터널(줄여서, PPTP 터널)**을 이용하여 전송된다고 한다. 그리고 Call ID는 여러 개의 Remote System들이 PAC와 PNS간 연결에서 구분될 수 있도록 각 세션을 구분하는 용도로 사용된다. 이 예에 서, PAC 가 PNS에 송신하는 패킷의 Call ID가 200으로 설정되어 있는데, 이것은 상대방 시스템에 할당 된 Call ID값이다. 물론, PNS가 PAC로 송신하는 패킷의 Call ID로는 100이 설정된다.

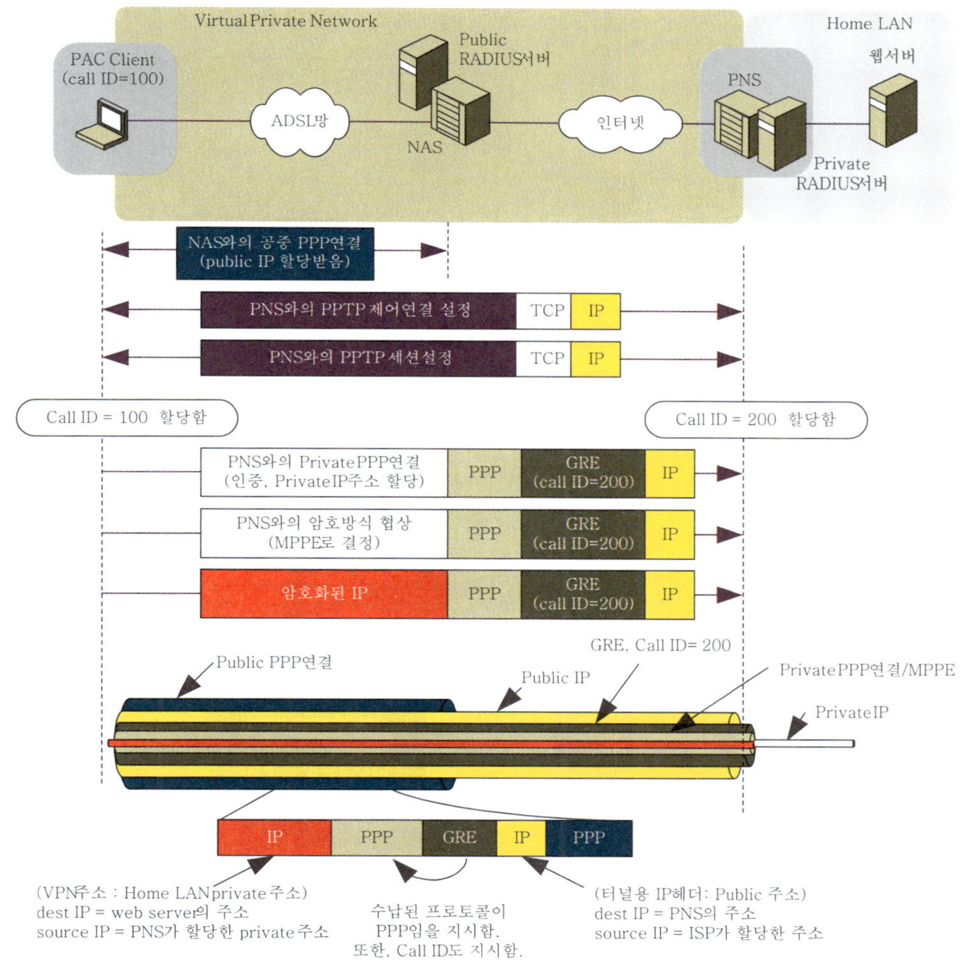

<그림 5.25> PPTP PAC Client와 PNS간의 동작

③ Remote system은 PNS와의 PPP 절차에 따른 사용자 인증과 Private IP주소 할당과정을 수행한다. 분명히, 사용자인증은 Home LAN의 인증서버에 의해 수행된다.

④ 이후, 전송될 사용자 IP 패킷에 대한 보호를 위하여, Microsoft Point-to-Point Encryption(MPPE)절차를 협상하고, 그 결과에 따라 IP 패킷들은 암호화되어 전송된다.

위에서 다루었던 PAC-PNS 구조는 모든 망 사업자들이 자신의 망에 PAC를 설치하지 않고 있기 때문에 거의 활용되지 않는다.

반면에, PAC 기능을 내장한 단말들을 활용하여, PNS에 직접 PPP 연결을 설정하는 경우가 대부분이다. 이러한 단말을 **PAC Client**라고 한다. 앞 페이지의 〈그림 5.25〉는 PAC Client와 PNS간 PPTP동작과정에 대한 것이다. PAC client와 PNS간에 ADSL망을 경유하는 경우, 다음과 같은 순서로 동작한다.

① 먼저, 단말은 ADSL망에 대한 접근을 위하여 NAS와의 PPP 연결을 설정한다. 이 과정에서 NAS 접근용 계정이 있어야 하며, 이 접속결과 NAS로부터 공인 IP를 할당받는다.

② PAC Client는 해당 PNS와의 PPTP 제어 연결을 설정한다. 이 결과, 해당 단말과 PNS간 세션에서 사용할 식별자인 Call ID값이 할당된다. 여기서, 터널용 IP헤더에는 ISP의 NAS가 단말에 할당한 공인 IP주소가 사용되며, 원래의 IP 헤더에는 PNS가 이 단말에 할당한 내부용 IP주소가 사용됨에 주의하라.

참고로, PAC와 PNS간에 설정되는 터널과 PAC Client와 PNS간에 설정되는 터널을 각각 **Compulsory PPTP 터널**과 **Voluntary PPTP 터널**이라고 한다.

지금까지 소개한 PPTP는 다음과 같은 장점이 있다.

- 원격지 PPP 단말에 대하여, Home LAN에서 사용자를 직접 인증할 수 있다.
- Microsoft Point-to-Point Encryption(MPPE) 방식에 의해 PPP에 수납된 내용들을 암호화해서 전송할 수 있다.
- PNS는 원격지 단말들에 대한 IP 주소를 Home LAN 내부에서 사용할 수 있는 주소로 할당할 수 있다. 따라서, 원격지 단말은 마치 내부망에 접속하여 사용하는 것처럼 가상 사설망 기능을 제공할 수 있다.
- IP만 중계되는 인터넷을 경유하여, IP가 아닌 IPX나 NetBEUI 패킷도 PPP 패킷에 수납하여 Home LAN까지 전송될 수 있다.
- 원격지 단말은 PNS까지의 장거리 전화를 사용하지 않는 대신에, 단말과 PAC간에만 전화망으로 연결시킨 후, PAC와 Home LAN의 PNS와는 저렴한 인터넷을 경유하여 PPP 세션을 설정할 수 있다. 즉, 장거리 전화비용을 절감할 수 있다.

(5) L2TP/IPSec

Layer Two Tunneling Protocol(L2TP)은 PPTP와 유사하게 {IP, UDP, L2TP} 터널링을 사용하여 PPP 패킷을 인터넷상에서 안전하게 전달할 수 있는 프로토콜이다. PPTP가 마이크로소프트사의 독자적인 터널링 프로토콜인 반면에, L2TP는 IETF 표준으로서 광범위하게 사용되고 있다. 이러한 L2TP망의 구성요소는 〈그림 5.26〉과 같다.

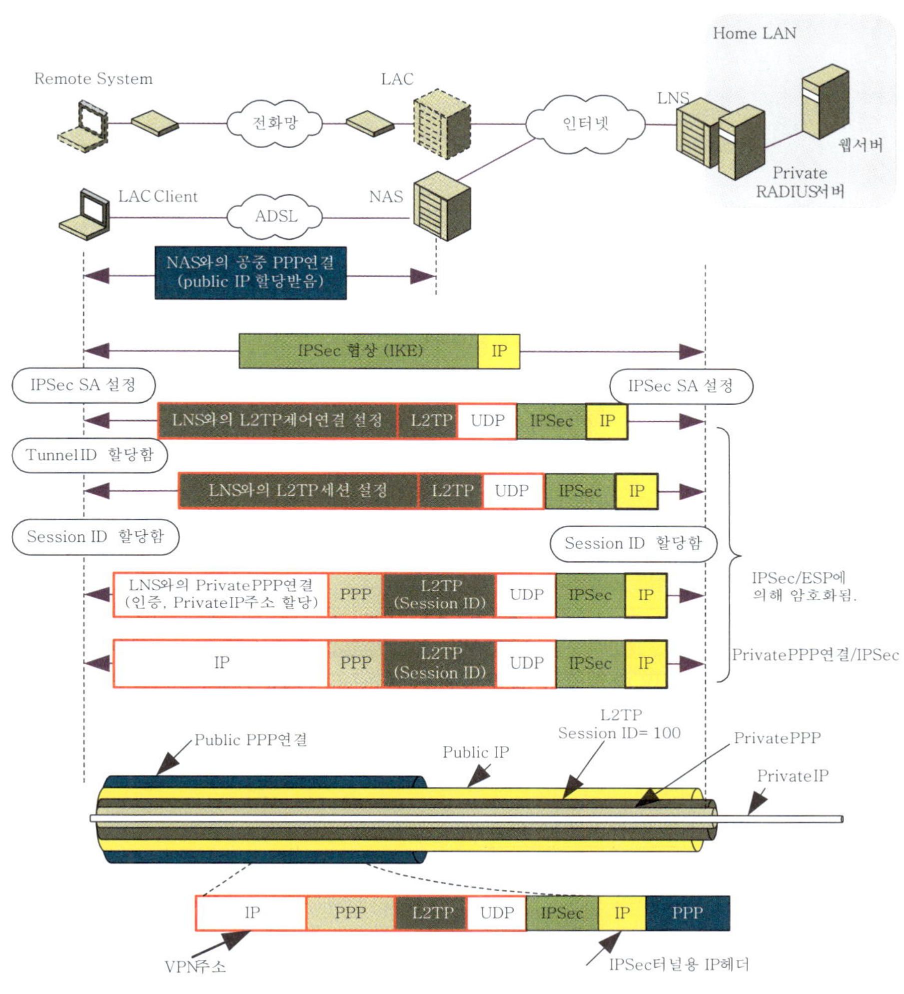

〈그림 5.26〉 L2TP망의 구성요소와 동작

PPTP의 〈그림 5.24〉와 비교해 보면, L2TP는 PPTP와 기본 구성은 동일하다. 단지, 장치의 이름만 L2TP Network Server(LNS), L2TP Access Concentrator(LAC) 등으로 조금 다를 뿐이다. 하지만, 터널링 방법과 암호화 방법은 상이하다. 다음은 L2TP voluntary 터널링 절차의 예이다.

① 단말은 ADSL망에 대한 접근을 위하여 NAS와의 PPP 연결을 설정한다. 이 과정에서 NAS 접근용 계정이 있어야 하며, 이 접속결과 NAS로부터 공인 IP를 할당받는다.

② LAC Client와 해당 LNS간의 IPSec 협상을 수행한다. 협상결과 설정되는 IPSec ESP모드에 의한 암호화과정에 의해, 이후의 L2TP 제어 채널 설정과정과 데이터 전송과정 등, L2TP 전 과정이 보호된다. PPTP의 경우, PPTP 협상과정은 모두 노출되었음에 유의하라.

③ LAC Client와 LNS간의 L2TP 제어 연결과 세션설정을 수행한다. 이 결과, 해당 단말과 LNS간 세션에서 사용할 식별자인 터널 ID와 Session ID값이 할당된다. 이러한 설정과정에서 전송되는 모든 L2TP 제어 패킷들은 UDP에 수납된다.

④ 이후, LAC Client는 LNS와의 PPP 협상을 진행하고, 이어서 IP 패킷이 수납된 PPP 패킷을 송신한다. 이 과정에서도 모든 패킷들은 {UDP, L2TP}에 수납되어 전송된다. 따라서, L2TP 터널이란 사용자 PPP 패킷을 {IP, UDP, L2TP}의 페이로드에 수납하여 전송할 수 있는 보안연결로라고 할 수 있다.

참고로, L2TP/IPSec의 계층구조는 〈그림 5.27〉과 같다.

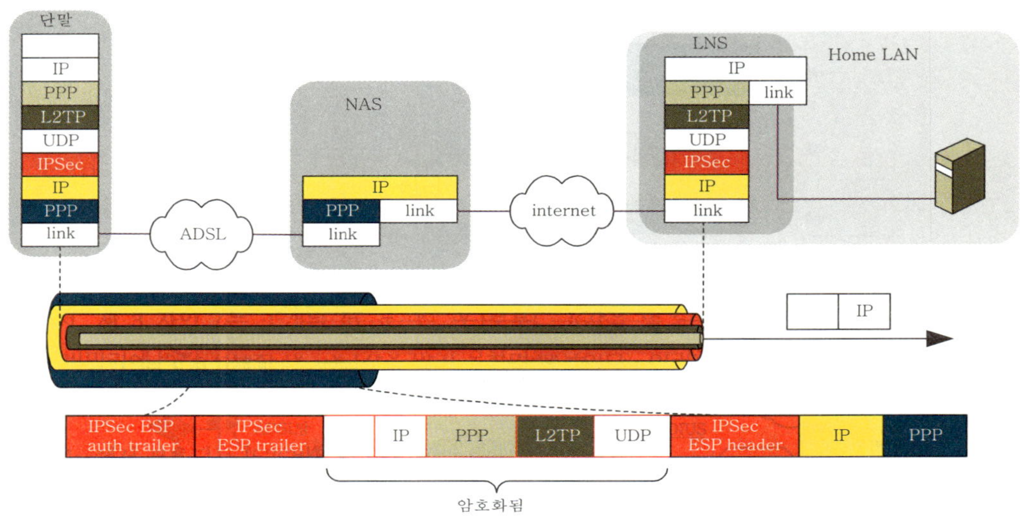

〈그림 5.27〉 L2TP/IPSec의 패킷 형식과 계층구조(Voluntary tunnel의 경우)

연습 문제

[1] 통신망 보안 프로토콜이 아닌 것은 ＿＿＿ 이다.
  (a) PAP   (b) EAP
  (c) L2TP   (d) MIME

[2] 다음 중 망 계층 보안 프로토콜과 트랜스포트 계층 보안 프로토콜은 각각 ＿＿＿과 ＿＿＿ 이다.
  (a) WEP   (b) TLS
  (c) L2TP   (d) IPSec

[3] 다음 중 포트 보안 프로토콜은 ＿＿＿ 이다.
  (a) 802.1x EAPoL   (b) EAP
  (c) RADIUS   (d) PPTP

[4] 단말 - AP - RADIUS 인증서버 연결시, RADIUS 클라이언트는 ＿＿＿ 이다.
  (a) 단말   (b) AP
  (c) RADIUS   (d) 없다.

[5] 응용계층 메시지 보안 프로토콜이 아닌 것은?

    (a) PGP   (b) S/MIME

    (c) RADIUS   (d) SSH

[6] PPP가 지원하는 기능이 아닌 것은?

    (a) 인증 기능   (b) 동적인 IP주소 할당

    (c) PPP 연결 설정값 협상   (d) 라우팅

[7] PPP에서 사용되는 인증프로토콜의 특징 중 맞는 것은?

    (a) PAP는 패스워드를 노출시키지 않는다.

    (b) CHAP은 사용자 이름을 노출시키지 않는다.

    (c) PAP는 사용자 이름을 노출시키지 않는다.

    (d) CHAP은 패스워드를 노출시키지 않는다.

[8] CHAP의 동작절차는 _____ 웨이 핸드쉐이킹으로 수행된다.

    (a) 1   (b) 2

    (c) 3   (d) 4

[9] RADIUS에 대한 설명 중 틀린 것은?

    (a) UDP에 수납된다.

    (b) 사용자 인증 및 과금 동작을 수행한다.

    (c) AAA서버라고도 한다.

    (d) IP에 수납된다.

[10] SSL이 제공하지 않는 기능은?

    (a) 압축   (b) 메시지 다이제스트

    (c) 암호화   (d) MIME 변환

[11] IPSec/IKE가 제공하지 않는 기능은?

    (a) 압축   (b) 메시지 다이제스트

    (c) 암호화   (d) 키 분배

[12] IPSec에 대한 설명 중 틀린 것은?

    (a) 트랜스포트모드 연결은 종단 단말간 IPSec 연결이다.

    (b) 터널모드 연결은 주로 IPSec전용 라우터간 IPSec 연결이다.

    (c) 터널 종단간 공유 비밀 키는 IKE에 의해 설정된다.

    (d) AH는 암호화를 제공하여 데이터를 은닉한다.

    (e) ESP의 경우, IP 헤더에 대한 보호를 하지 않는다.

[13] PPTP의 구성요소가 아닌 것은?

    (a) Remote System   (b) PAC

    (c) PAC Client   (d) PNC

[14] PPTP에 대한 설명 중 맞는 4가지는?

    (a) PPTP는 사용자 IP 패킷을 터널링한다.

    (b) PPTP는 IPSec을 이용하여 데이터를 보호한다.

    (c) PPTP의 PAC Client는 PNS와의 Compulsory Tunnel을 개설한다.

(d) PPTP 세션은 Call ID값으로 구분된다.
(e) PPTP 제어 패킷은 TCP에 수납된다.
(f) PPTP 데이터 패킷은 GRE에 수납된다.
(g) PPTP 데이터 패킷에는 사용자 PPP프레임이 수납된다.
(h) PPTP client는 home LAN으로부터 사용자 인증을 받는다.
(i) PPTP client는 home LAN으로부터 IP를 부여받는다.

[15] L2TP에 대한 설명 중 맞는 두 가지는?
(a) L2TP는 사용자 IP 패킷을 터널링한다.
(b) L2TP는 IPSec을 이용하여 데이터를 보호한다.
(c) L2TP 제어 패킷과 데이터 패킷은 모두 UDP에 수납된다.
(d) L2T P제어연결 설정 후, 전송되는 데이터 패킷 보호를 위한 IPSec을 적용한다.

[16] 무선 LAN 의 링크계층에서 사용하는 암호 방식인 WEP에 대한 설명 중 틀린 것은 _____ 이다.
(a) Initialization Vector값은 평문으로 전송되며, 매 프레임마다 상이한 값을 가진다.
(b) Key ID도 평문으로 전송되며, 4가지의 WEP 키 중 하나를 지시한다.
(c) ICV 영역은 페이로드 부분에 대하여 계산되는 CRC32값으로써, 암호화된다.
(d) MAC 헤더의 내용 중 일부도 ICV값 계산시 사용된다.

[17] 무선 LAN의 링크계층에서 사용하는 암호 방식인 TKIP에 대한 설명 중 틀린 것은 _____ 이다.
(a) 2단계의 키 믹서에 의해 MAC 헤더의 일부와 데이터 영역에 대한 MIC를 부착한다.
(b) MIC를 위한 별도의 HMAC 키를 사용한다.
(c) 매 프레임마다 1씩 증가되는 6바이트 길이의 TSC값을 IV로 사용하며, 평문으로 전송된다.
(d) MIC를 사용한 무결성을 제공하기 때문에, WEP과 달리 CRC32로 계산되는 ICV영역은 없다.

[18] 무선 LAN의 링크계층에서 사용하는 암호 방식인 CCMP에 대한 설명 중 틀린 것은 _____ 이다.
(a) 매 프레임마다 1씩 증가되는 6바이트 길이의 Packet Number값을 평문으로 전송한다.
(b) MIC를 위한 별도의 HMAC키를 사용한다.
(c) 블록 암호화를 사용한다.
(d) MIC를 사용한 무결성을 제공하면서, WEP과의 호환을 위하여 CRC32로 계산되는 ICV영역을 가진다.

[19] PPP PAP에서 인증에 실패하면, 서버에서 어떤 패킷이 전달되는가?

[20] L2TP의 계층구조를 그리고 설명하라.

[21] CHAP 은 매 접속시 마다 상이한 seq_ID번호를 사용한 challenge 값을 사용한다. 그 이유는 재시도 공격에 대비할 수 있기 때문이다. 왜 그런가?

정답
[1] (d), [2] (d), (b), [3] (a), [4] (b), [5] (c), [6] (d), [7] (a), [8] (c), [9] (d), [10] (d), [11] (b), [12] (d), [13] (d), [14] (d), (e), (h), (i), [15] (b), (c), [16] (d), [17] (d), [18] (d)

무선 LAN 기본 보안

6.1　개 요

일반적인 기존 무선 LAN 단말은 실질적인 인증절차가 없는 Open Authentication 방법에 의해 AP에 접속한 후, 무선구간을 평문으로 전송한다. 이러한 방법은 서비스 거부 공격에 취약할 뿐만 아니라, 사용료를 지불하지 않은 사용자들도 아무런 제약 없이 AP를 거쳐 내부 망이나 외부망을 사용할 수 있을 뿐만 아니라, 전송되는 프레임의 내용이 노출되거나 변조되는 문제가 있다.

본 장에서는 이를 개선하기 위하여 IEEE 802.11 무선 LAN용으로 사용되는 Wired Equivalent Privacy(WEP) 암호 방식과 Open System Authentication 및 Shared Key(SK) 인증 방식에 대하여 다룬다.

6.2　기존 무선 LAN 보안 기술

(1) 무선구간 암호 방법

IEEE 802.11 무선 LAN은 단말과 AP간 무선 링크에서 전송되는 MAC프레임을 보호할 때 RC4 스트림 암호 방식의 WEP을 사용한다[1]. 이때, 데이터 무결성을 위하여 CRC-32에 의해 생성된 Integrity Check Value(ICV)도 함께 첨부되어 전송된다[2].

(2) 인증 방식

기존 802.11에서는 〈그림 6.1〉과 같이 Open System 인증 또는 공유 비밀 키(Shared key : SK)에 의한 인

---

[1] 여기서, WEP 암호 방식은 이름이 뜻하는 것과 같이 무선 링크를 유선 링크와 동등한 품질의 보안성을 제공하는 것이다. 즉, 단말과 스위치간에 유선 링크를 사용하는 이더넷의 경우, 이 링크를 물리적으로 태핑하지 않는 한 전송되는 프레임을 적어도 이 링크구간에서는 도청할 수 없다. 반면에, 무선 LAN에서는 단말과 AP간 무선 링크가 다른 단말들과 공유되기 때문에 굳이 물리적으로 링크를 태핑하지 않더라도 도청이 가능하다. 이를 대비한 WEP는 유선 링크와 동등한 정도로 무선 링크상에 전송하는 프레임이 도청되지 않도록 하는 기능이다. 주의할 점은 WEP은 종단간 보안이 아니라, 단말과 AP간 무선 링크에서만의 보안 기능만을 제공한다는 것이다.

[2] 하지만, 이 WEP 암호 방식은 해커에 의해 WEP키가 누출될 수 있는 등의 약점이 공개되어, 보다 안전한 보안 방식인 TKIP나 CCMP 등의 암호 방식으로 대치되고 있다.

증 방식을 사용한다[3].

먼저, Open System 인증 방식은 어떤 단말이라도 AP를 경유하여 인터넷을 사용할 수 있는 것, 즉, 단말에 대한 실질적인 인증을 하지 않는 것이다. 반면에, SK 인증 방식은 상대방이 가지고 있는 WEP키를 자신도 알고 있음을 보임으로써 인증하는 방법이다.

주의할 점은 인증 방식과 암호 방식은 별개로 설정될 수 있다는 것이다. 즉, Open System 인증 방식을 사용할 경우에도 데이터 암호화는 선택 가능하다.

참고로, 보다 강력한 암호 및 인증 방식을 사용하는 IEEE 802.11i에 규정된 Robust Secure Network(RSN)에 비하여, 이러한 기존의 암호 및 인증 방식을 사용하는 무선망을 Pre-RSN이라고 부른다.

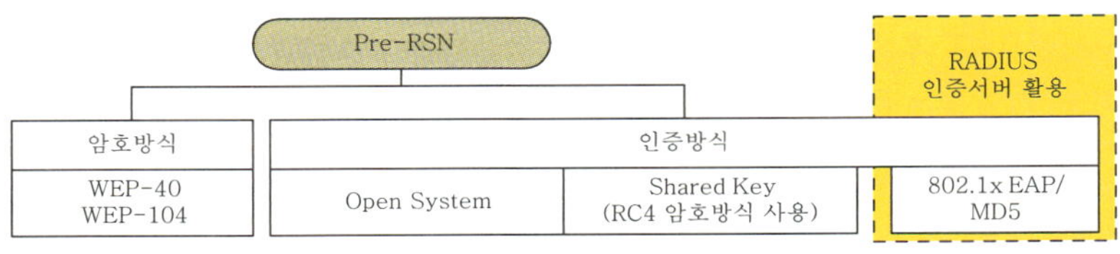

〈그림 6.1〉 기존 무선LAN에서의 암호 및 인증 방식

6.3 Wired Equivalent Privacy(WEP) 암호 방식

(1) 개 요

1999년의 IEEE 802.11무선 LAN 표준에 규정된 WEP(Wired Equivalent Privacy) 암호 방식은 무선 구간에서 전송되는 MAC프레임들을 40비트 길이의 WEP 공유 비밀 키와 임의로 선택되는 24비트의 Initialization Vector(IV)로 조합된 총 64비트의 키를 이용한 RC4 스트림 암호 방식이다. 이 이름이 뜻하는 것과 같이 무선사용자에게 유선망과 같은 품질의 보안성을 제공하는 것이다.

이러한 WEP에 의한 단말과 AP간 암호를 위하여, 먼저, 쌍방은 동일한 패스워드 문장으로부터 생성되는 4종류의 장기 공유 키를 자동 생성한다. 이 4개의 공유 키는 2비트의 KeyID로 각각 구분된다. 이후, 4개의 공유 키 중 하나를 선택하여, MAC 프레임에 대한 WEP 암호시 사용한다.

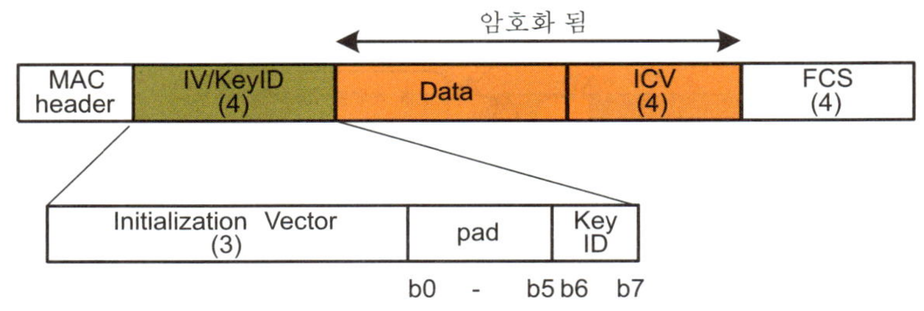

〈그림 6.2〉 WEP된 MPDU의 형식

3_ 또한, 별도의 인증서버를 사용하는 EAP-MD5 인증 방식도 있다. 이 방법은 제 9 장에서 다룰 것이다.

이때, 전송되는 각 MAC프레임에는 〈그림 6.2〉에서 보는 바와 같이 암호화된 데이터뿐만 아니라, {암호화시 사용된 Initialization Vector(IV), 사용한 공유 키의 KeyID, ICV} 값도 함께 수납된다. 결과적으로 원래의 MAC프레임은 8바이트가 길어짐을 알 수 있다.

WEP에 의해 암호화된 MAC 프레임의 상세 구성은 다음과 같다.

- IV/KeyID 영역
  - Initialization Vector : 3바이트 길이의 RC4 암호용 initialization vector(IV)값으로써, 매 프레임마다 임의로 선택되거나 1씩 단순 증가된다.
  - 패딩 영역 : 6비트의 길이를 가지며, 0으로 채워진다.
  - Key ID 영역 : 2비트의 길이를 가지며, 송신측이 선택한 4가지의 WEP 비밀 키 중 하나의 KeyID값을 명시한다. 이 키 ID는 세션 연결 후 변경되지 않는다.
- Data : 상위계층 데이터 영역이다.
- Integrity Check Value(ICV) : 평문 데이터 영역에 대한 무결성 보호를 위한 CRC-32값으로써, 데이터와 함께 암호화된다.

(2) 암호 및 복호절차

이러한 WEP-40 암호/복호절차는 다음과 같다.

① 쌍방은 40비트의 WEP 공유 비밀 키를 수동으로 설정한다. 이것을 shared RC4 base secret key 라고도 한다. 일부 제품에서는 104비트의 WEP 비밀 키를 사용하는데, 이들을 각각 WEP-40, WEP-104키라고 한다.

② MAC 데이터 부분에 대한 CRC-32계산의 결과값인 32비트 길이의 Integrity Check Value(ICV)를 얻어 페이로드 끝에 추가한다. 이 값은 수신측에서 데이터 무결성 검사시 활용된다.

③ 3바이트의 Initialization Vector(IV) 를 랜덤하게 생성한다.

④ 4바이트 길이의 {IV , pad, KeyID } 부분을 평문으로 구성하여, MAC 헤더 다음에 삽입한다.

⑤ {24비트의 IV || 40비트의 공유 WEP 키}로 구성되는 총 64비트 길이의 per-pacekt seed값을 생성한다[4].

⑥ 이 seed값을 RC4 Pseudo Random Number Generator(PRNG)에 입력하여, { 프레임의 페이로드 || ICV} 영역과 동일한 길이의 키 스트림을 생성한다. 이것을 {프레임의 페이로드 || ICV}에 대하여 비트별로 exor함으로써 암호화된 페이로드 부분을 생성한다.

⑦ 암호화시 사용된 seed의 일부인 3바이트의 IV 값은 매 패킷마다 상이한 값이 사용될 수 있음으로, 상대방이 복호할 수 있도록 프레임의 앞 부분에 {IV , pad, KeyID}를 평문으로 전송한다.

⑧ 수신측은 평문으로 전달된 {IV, pad, KeyID } 부분과 공유하고 있는 WEP 비밀 키를 조합하여 생성한 동일한 seed로부터 키 스트림을 생성한 후, 암호화된 {프레임의 페이로드 || ICV}를 exor하여 복호한 후 ICV값을 계산하여 변조가 있었는지 검사한다.

4_ 이렇게 40비트의 공유 비밀 키와 24비트의 IV로 구성된 총 64비트의 seed값을 RC4 WEP 키라고도 한다. 최근에는 104비트의 WEP 공유 비밀 키와 24비트의 IV로 구성된 총 128비트 값으로 구성된 WEP2 방식의 RC4 키도 일부 사용되고 있다.

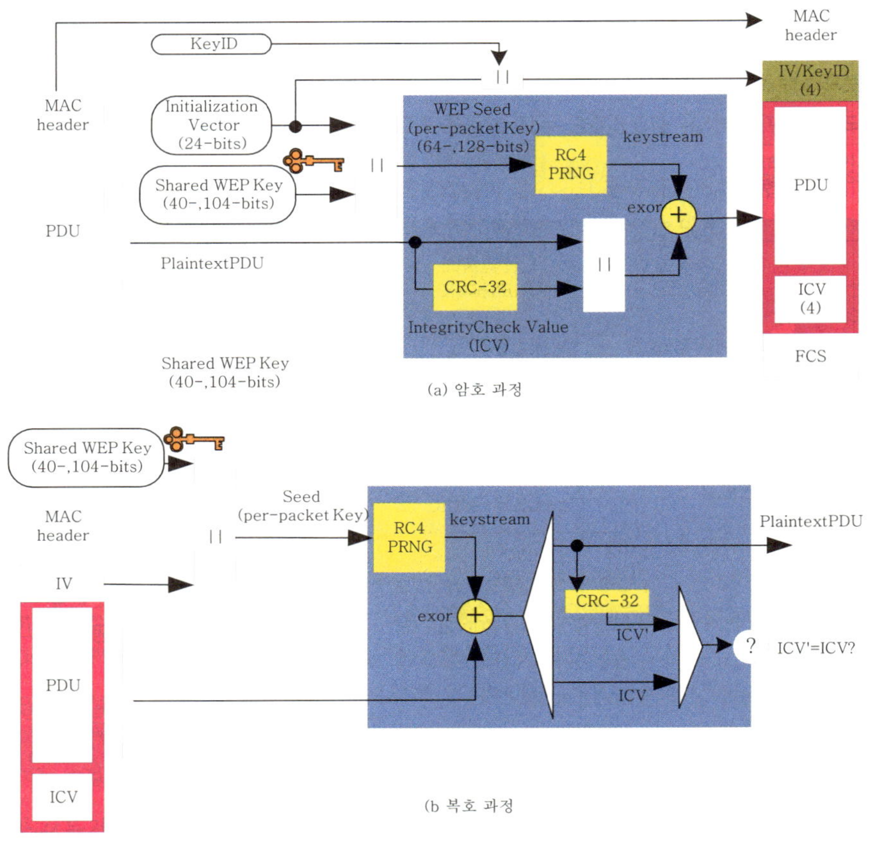

〈그림 6.3〉 WEP 암호 및 복호절차

(3) Weak Key 취약점[5]

WEP-40에서 사용하는 64비트 길이의 per-packet seed 중에서 24비트의 IV는 평문으로 노출된다. 더욱 이 4개의 shared WEP key 중 하나를 지시하는 KeyID도 세션 연결 중에 갱신되지 않기 때문에, 해커는 동일한 IV 값이 사용된 암호문을 몇 개 정도 수집하면, 키 스트림을 복원해 낼 수 있는 키 스트림 공격에 취약하게 된다.

예를 들어, 2개의 평문 $\{P_1, P_2\}$에 대하여 동일한 키 스트림(ks)에 의해 생성된 암호문을 각각 $\{C_1, C_2\}$이라고 하고, 이들을 해커가 수집하였다고 하자. 이 암호문은 다음과 같이 생성된 것일 것이다.

$$C_1 = P_1 \oplus ks$$
$$C_2 = P_2 \oplus ks$$

5_ Fluhrer, Mantin, and Shamir, Weaknesses in the Key Scheduling RC4; August 2001; http://www.crypto.com/papers/. Stubblefield, Ioannidis, and Rubin, Using the Fluhrer, Mantin and Shamir Attackto Break WEP; August 2001; http://www.cs.rice.edu/~astubble/papers.html.

물론, 해커는 평문과 이를 암호화할 때 사용한 키 스트림은 모르고 있다. 하지만, 수집된 2개의 암호문에 대하여 다음과 같이 서로 exor 하면 이것은 다음과 같이 이들의 평문을 서로 exor한 결과값과 같다.

$$C_1 \oplus C_2 = (P_1 \oplus ks) \oplus (P_2 \oplus ks)$$
$$= P_1 \oplus P_2$$

만약, 해커가 두 개의 암호문과 첫 번째 암호문에 대한 평문을 알고 있다면, 두 번째 암호문은 쉽게 복호될 수 있다. 즉, 평문 P_1을 알고 있다면, 다음과 같이 P_2를 찾을 수 있다.

$$(C_1 \oplus C_2) \oplus P_1 = P_2$$

물론, 첫번 째 P_1을 어떻게 알 수 있는가에 대한 의문이 있을 것이다. 하지만, IP, ARP, DHCP와 같이 잘 알려지고, 고정된 헤더 형식을 가진 패킷이 암호화된 것이라고 추측하고, 평문으로 전송되는 동일한 IV 값을 가진 패킷들을 수집하여 끈기있게 비교하면 된다. 특히, IV 값이 단순 증가하는 경우에는 이러한 작업이 더 용이하다.

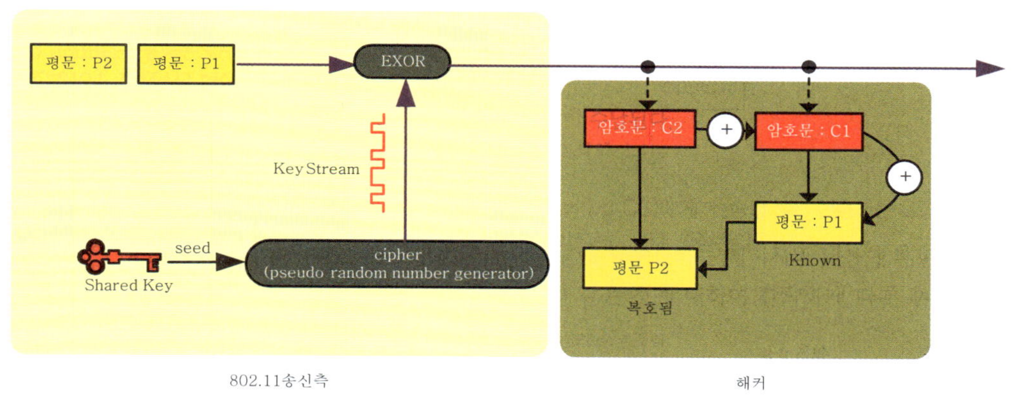

〈그림 6.4〉 WEP의 취약점

예를 들면, 다음과 같은 절차에 의해 shared key를 추출할 수 있다.

① IP 헤더와 같이 이미 알려진 형식의 평문 데이터 P_1을 준비한다.

② 24비트의 IV값과 모르는 40비트의 shared key가 결합된 64비트의 per-packet key에 의해 암호화된 패킷 C_2를 수집한다.

③ 해당 IV값과 추정된 40비트의 shared key가 결합된 64비트의 추정된 per-packet key를 사용하여, P_1에 대한 암호화를 하여 C1을 구한다.

④ 수집된 C_2에 대하여 {C1, P_1}을 사용하여 추정된 P_1로 복호한다. 즉, $(C_1 \oplus C_2) \oplus P_1 = P_2$.

⑤ 이 P_2가 유효한 IP 헤더 형식을 가진 것으로 판단될 때 까지 shared key를 변경하면서 반복하면, shared key를 찾을 수 있다.

이러한 WEP-40의 취약점은 〈그림 6.5〉와 같이, 64 비트 길이의 per-packet seed가 24비트 길이의 노출된 IV값에 때문에 실제로는 40 비트 길이의 키에 불과한 weak key를 이용하기 때문에 기인한다.

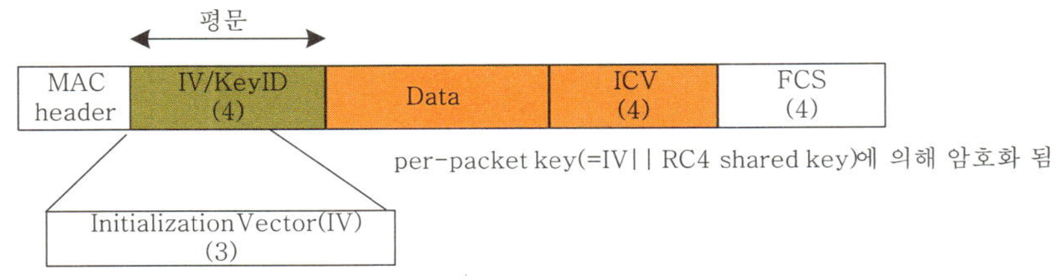

〈그림 6.5〉 WEP의 weak key 취약점

(4) Initialization Vector Collision

WEP으로 암호화된 프레임을 구성하는 IV 영역은 매 프레임 전송시 마다 상이한 값이 사용된다. 하지만, 이 IV 영역은 겨우 3바이트 밖에 되지 않기 때문에 많은 수의 프레임이 전송되는 경우, 언젠가는 이전에 사용되었던 IV값으로 암호화된 패킷이 전송될 것이다. 이렇게 IV가 재 사용되는 경우를 Initialization Vector Collision이라고 부른다.

이러한 IV Collision이 일어날 경우, 40비트 길이의 공유 비밀 키와 재 사용된 이 IV 값에 의해 생성된 키 스트림은 이전 것과 동일할 것이다. 분명히, 이 IV 값은 평문으로 전송되고, KeyID도 세션 연결 중에 갱신되지 않기 때문에, 해커는 동일한 IV 값이 사용된 암호문을 몇 개 정도 수집하면, 키 스트림을 복원해 낼 수 있다. 따라서, 공유 키는 적어도 2^{24}개의 패킷이 송신된 이후에는 반드시 변경하지 않으면, IV collision에 의해 데이터가 노출될 수 있다[6].

이러한 문제는 IV 영역의 길이가 짧아 비교적 단기간에 동일한 IV 값이 재사용되는 문제와 고정된 4개의 공유 키 중에서 하나를 선택하여 암호 및 인증에 활용한다는 점에 기인한다. 특히, 선택된 키의 ID 정보도 역시 평문으로 전송된다.

물론, 공유 비밀 키를 동적으로 변경하면 보다 안전할 수 있지만, 이러한 변경절차는 기존의 802.11 규격에 없기 때문에 현재는 공유 비밀 키를 심지어 1년 계속 사용하게 된다.

이러한 문제를 해결하기 위하여, 공유 비밀 키와 1씩 증가하는 순서번호로부터 매 프레임마다 동적으로

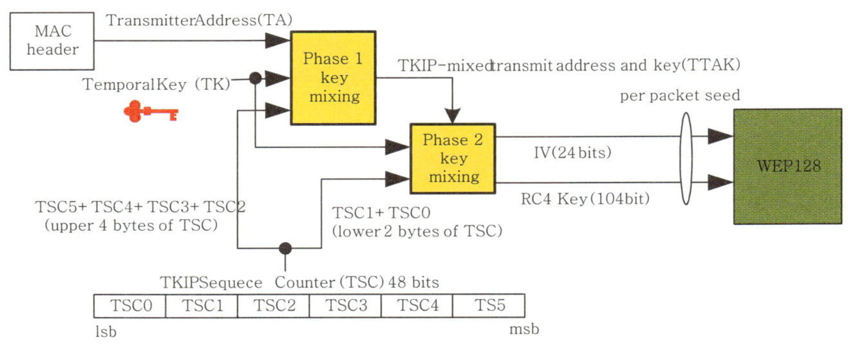

〈그림 6.6〉 TKIP의 키 믹서 구조

6_ 참고로, IV값은 랜덤하게 설정되거나, 0부터 순차적으로 증가된다.

WEP 키 자체를 갱신하는 절차가 바로 802.11i에서 규정한 Temporal Key Integrity Protocol(TKIP)이다. 〈그림 6.6〉에서 알 수 있듯이, TKIP의 per-packet seed는 2단계의 믹서에 의해 매 패킷마다 변경되기 때문에, 고정된 RC4키를 사용하는 WEP 방식보다 우수함을 알 수 있다.

(5) 검 토

이러한 WEP의 문제를 정리하면 다음과 같다.

- WEP-40에 입력되는 per-packet seed를 구성하는 공유 비밀 키가 장기간 고정되어 있다.
- IV의 길이가 너무 짧다.
- MAC 프레임 헤더 부분이 평문으로 전송되기 때문에 DoS 공격에 취약하다.
- CRC-32로 계산되는 ICV값을 이용하는 무결성검사 기능은 MAC용 비밀 키를 활용하는 HMAC 방식과 달리, 키의 개입없이 선형적으로 생성되므로, 해커에 의해 암호키가 알려진 경우, 프레임의 내용을 보호할 수 없다.

6.4 기존 802.11에서의 인증 방식

기존 802.11에서는 Open System 또는 공유 비밀 키(SK)에 의한 인증 방식이 사용된다. Open System인증 방식은 어떤 단말이라도 AP를 경유하여 인터넷을 사용할 수 있는 것인 반면, SK 방식은 WEP 키를 상대방에게 알고 있음을 보임으로써 인증하는 방법이다. 이러한 Open System 인증 방법과 SK 인증 방법은 보다 안전한 상호인증방법을 사용하는 RSN과 비교하여 모두 Pre-RSN 인증 방식이라고 한다.

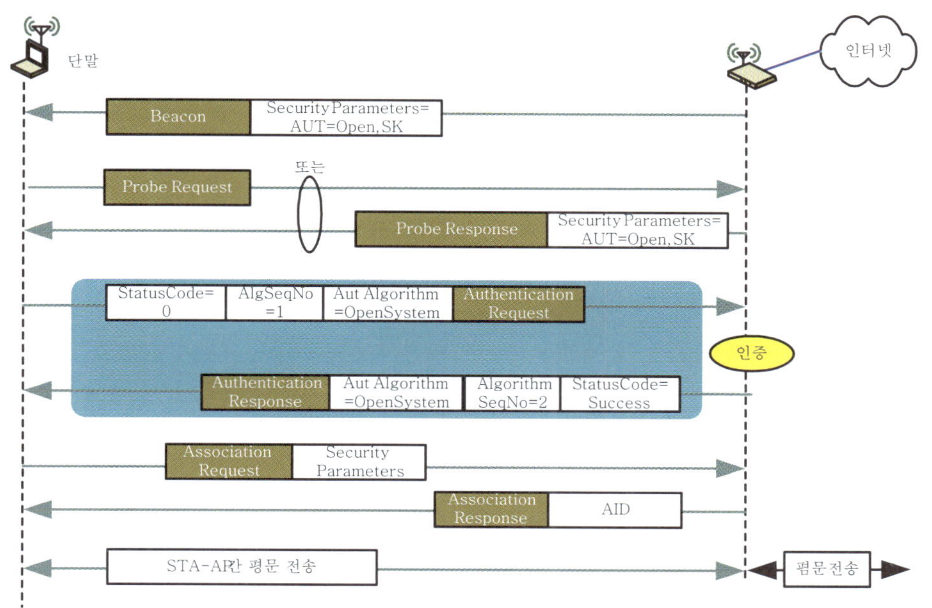

〈그림 6.7〉 Open System 인증절차

(1) Open System 인증 방식

이 방식의 절차는 〈그림6.7〉과 같다. 비컨 메시지나 프로브 메시지에 의해 현재 AP가 지원하는 인증 방식이 Open System 인증 방식이라는 것이 탐색되었다면, 단말은 {인증 방식 = OpenSystem}값이 수납된 인증요청 메시지를 전송한다. 이에 대하여, AP는 단순히 Success값이 수납된 인증 응답 메시지로 응답함으로써, 인증절차가 완료된다.

(2) Shared-Key 인증 방식

상대방이 동일한 공유 비밀 키(SK)를 가지고 있음을 확인함으로써 인증하는 방법으로서, 그 절차는 〈그림 6.8〉과 같다.

① AP : 단말로부터 {인증 방식 = Shared Key} 정보가 수납된 인증요청 메시지를 수신하면, 랜덤하게 생성된 128바이트 길이의 평문 Challenge Text가 수납된 인증 응답 메시지로 응답한다.

② 단말 : Shared Key를 사용하여 Challenge Text가 포함된 두 번째 인증 요청 메시지를 WEP암호화하여 응답한다.

③ AP : 수신된 요청 메시지를 복호하여, 자신이 이전에 송신했던 Challenge Text와 복호된 Challenge Text가 동일한 경우, 단말이 자신과 동일한 비밀 키를 가지고 있음을 믿고, 상대방을 인증한다.

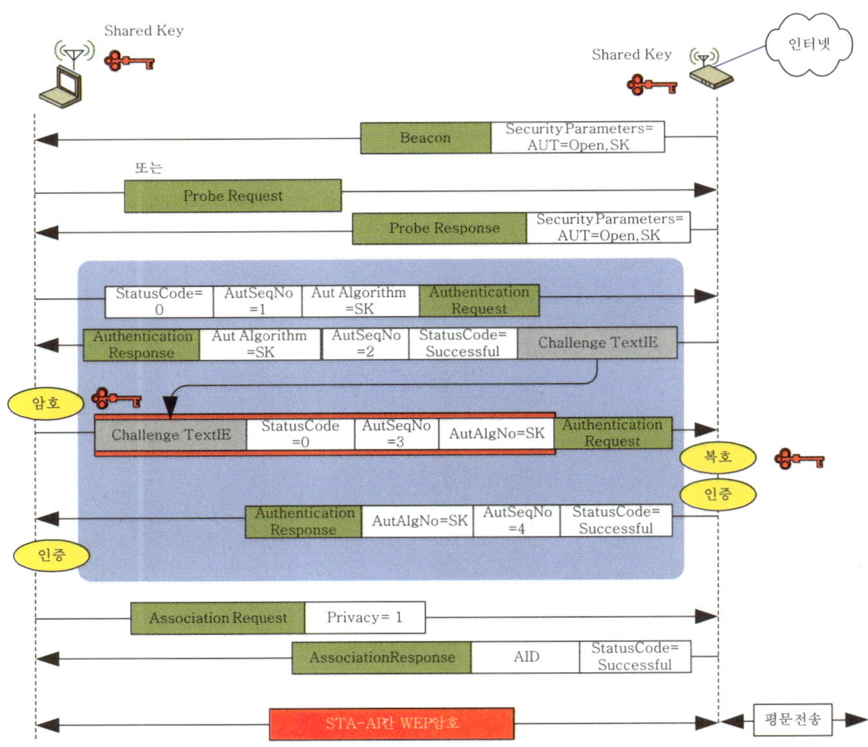

〈그림 6.8〉 공유 키 인증절차

이 과정에서 사용된 인증 메시지에 수납되는 각 영역의 내용은 다음과 같다.

- Authentication Algorithm Number (2바이트) : 인증 방식을 지시한다.
  - Open System = 0
  - Shared Key(SK) = 1
- Authentication Transaction Sequence Number(2바이트) : 인증절차의 순서번호를 표시한다.
- Status Code(2바이트) : 요청에 대한 결과를 표시한다.
  - 0 = Successful
  - 0이 아닌 값 = 실패의 이유를 표시한다.
- Challenge Text Information Element : 128바이트 길이의 Challenge Text를 수납한다.

하지만, 이러한 공유 키 인증과정의 문제점은 해커에 의해 프레임 2와 3가 수집되면 RC4 키 스트림이 즉시 노출될 수 있다는 점이다. 즉, 프레임2에 평문으로 전달된 challenge text와 암호문으로 전송되는 프레임3 으로부터 RC4키 스트림이 생성될 수 있다. 따라서, 우리들의 예상과 달리, shared key 인증 방식이 open system 인증 방식보다 더 취약하다는 것에 유의해야 한다.

이를 해결하기 위한 근본적인 방법은 EAP/TLS, EAP/TTLS 등의 인증서 기반의 안전한 인증절차의 사용이다.

(3) 무선 LAN의 보안 강도

지금까지 알아 보았던 무선 LAN 보안방법들에 대한 보안 강도를 비교하면 〈그림 6.10〉과 같다. 앞에서 알아 보았듯이, shared key 인증 방식이 open system 인증 방식에 비해 더 취약한 문제점이 있기 때문에, 가급적 이 방식을 사용하지 않는 것이 좋다.

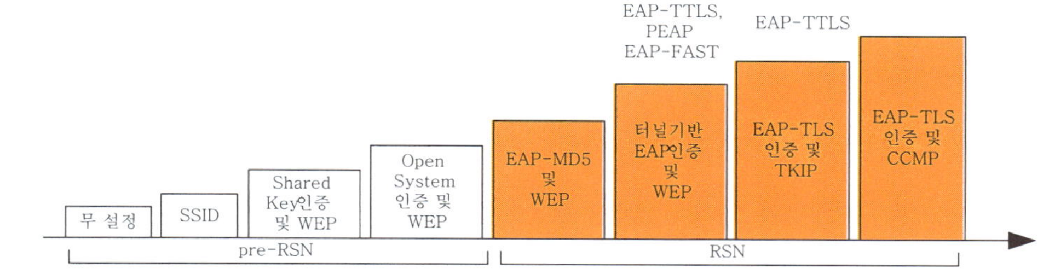

〈그림 6.9〉 무선 LAN 보안 강도의 비교

6.5 802.11에서의 인증절차 실험

본 실험에서는 접속 과정을 수행할 무선 LAN 단말과 AP, AP 설정용 프로그램 그리고 무선으로 전송되는 패킷을 수집할 무선 프로토콜 분석기가 필요하다.

전체적인 네트워크 구성은 다음과 같다.

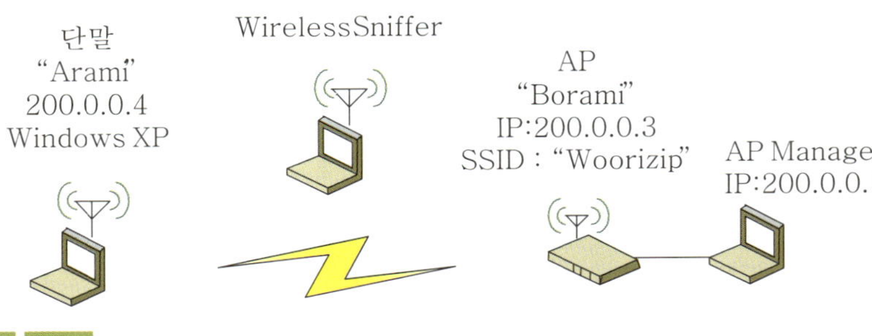

〈그림 6.10〉 실험환경

본 절에서는 다음과 같은 4가지의 인증절차 및 데이터 전송절차를 실험한다.

- Open System 인증/평문 전송단말 설정절차
- Open System 인증/WEP 데이터 암호화 전송단말 설정절차
- Shared Key 인증/WEP 데이터 암호화 전송단말 설정절차
- Shared Key 인증 및 평문전송 시도의 경우

6.6 Open System 인증/평문 전송단말 설정절차

(1) AP 설정

STEP 52 기본적인 AP의 설정용 프로그램의 예는 다음과 같다. 이곳에서는 AP의 IP 주소와 ESSID 정보를 보여주며, 관리자가 수동으로 수정할 수도 있다7. 여기서, Broadcast WEP Key Rotation 옵션은 정해진 기간마다 비컨 등의 방송용 WEP 키를 변경할 때 사용된다. LEAP, EAP-TLS, PEAP에서만 사용 가능하다.

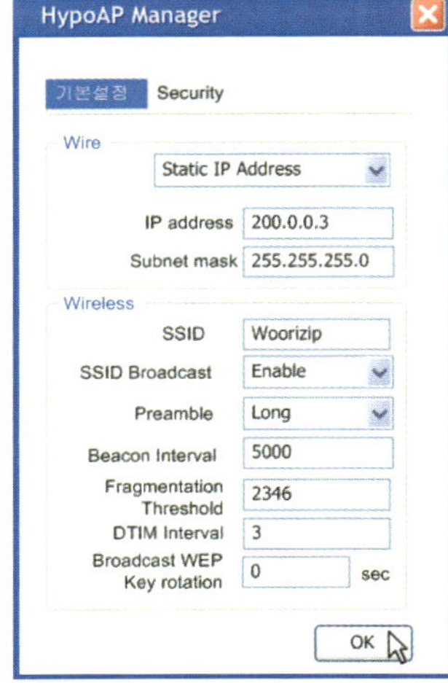

7_ 본 교재에서는 AP 제품 마다 설정 방식이 다르기 때문에, 가상적인 AP manager를 사용하였다.

STEP 53 Security 탭으로 이동하여 인증 방식을 "Open System"으로, 데이터 암호 방식은 "사용 안 함"으로 설정한다.

(2) 단말 설정

Windows XP/SP2에서 제공되는 자동 무선환경 설정절차(automatic wireless configuration, 또는 Wireless Zero Configuration)를 활용한다.

STEP 54 [내 네트워크 환경] 창에서, "네트워크 연결 보기"를 선택한다.

STEP 55 해당 "무선 네트워크 연결" 항에서 오른쪽 마우스를 클릭하여 "속성"을 선택한다.

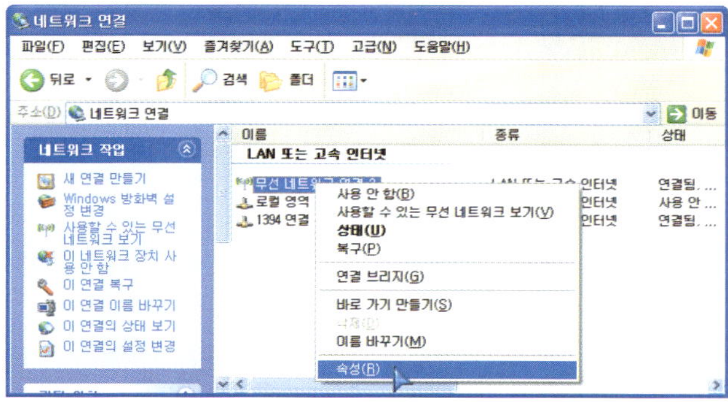

STEP 56 "무선 네트워크" 탭에서, 자동 무선망 설정을 실행하기 위하여, "Windows에서 무선 네트워크 구성"을 체크한다. 이 체크박스는 기본적으로 설정되어 있다. 만약, 카드 제조회사에서 제공하는 설정 프로그램을 사용한다면, 이 부분을 해제한다.

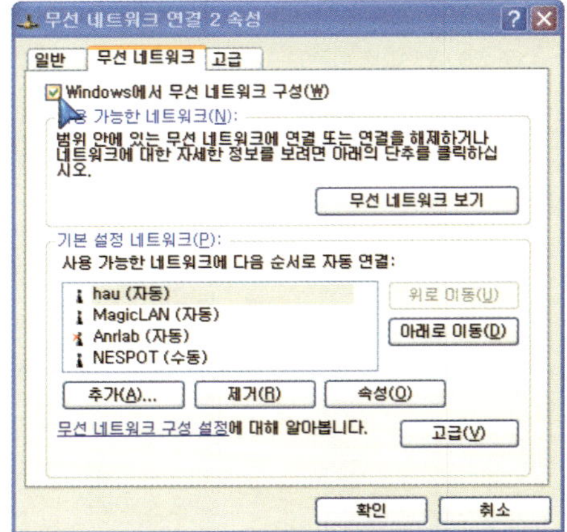

STEP 57 단말에서 위의 "기본 설정 네트워크(Preferred networks)" 박스에 표시되는 여러 개의 무선망에는 우리가 관심있는 "Woorizip" 무선망이 없으므로, 이것을 추가하기 위하여, [추가] 버튼을 클릭한다.

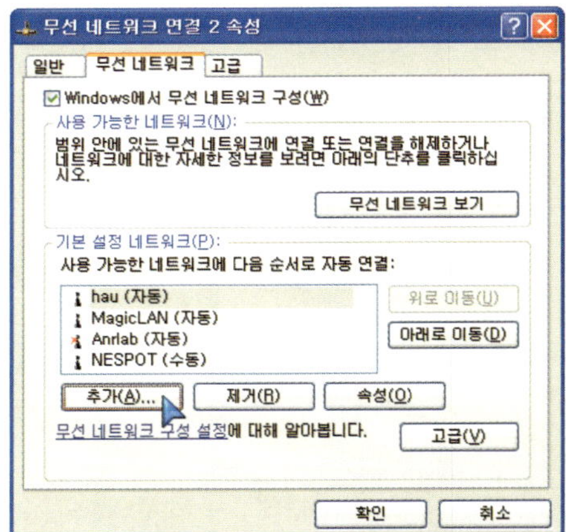

STEP 58 [연결정보] 탭에서 "네트워크 이름(SSID)"를 입력한다. 여기서, "연결 정보"란 Association을 의미한다. 그리고, "네트워크 인증과 데이터 암호화"를 각각 "개방모드"와 "사용 안함"으로 선택한다. 이 경우, "네트워크 키 입력" 창은 비 활성화된다. 그리고, "컴퓨터간 네트워크이며…" 부분은 Ad-hoc 모드일 때 사용하는 것이므로, 선택하지 않는다.

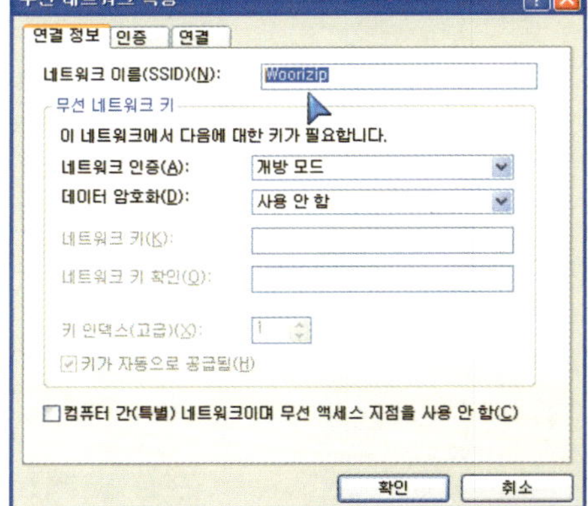

STEP 59 [인증]탭으로 이동해 본다. 하지만, 802.1x 인증은 항상 데이터 암호화가 필요하므로, 활성화시킬 수는 없다.

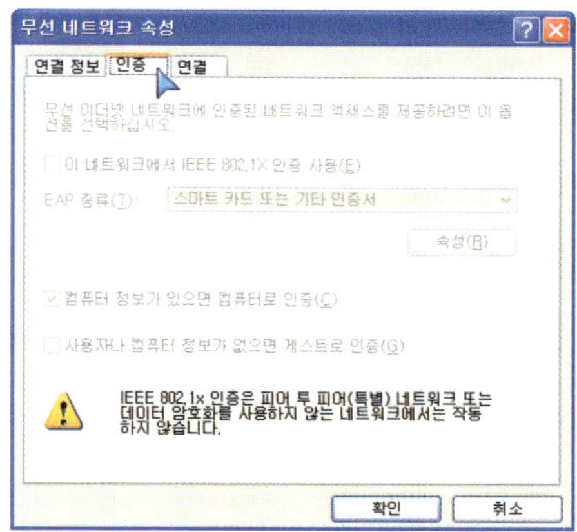

STEP 60 [연결] 탭으로 이동해 본다. 자동 연결 기능을 활성화시켜, 단말이 이 AP의 범위에 들면, 자동으로 연결되도록 한다.

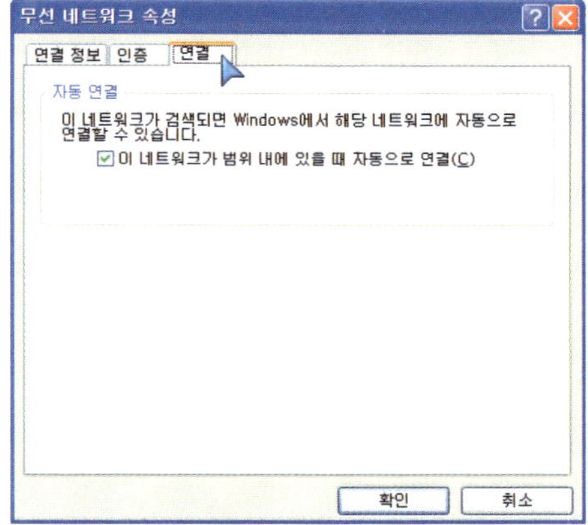

STEP 61 [확인] 버튼을 클릭하여, 지금까지 설정한 것이 반영되도록 한다. 지금 설정한 "Woorizip(자동)"망이 새로 추가되었음을 알 수 있다. 그리고, 설정된 내용을 확인하려면, [속성] 버튼을 클릭하면 된다. 그리고, 자동 연결 순서도 이 창에서 변경할 수 있다.

STEP 62 [고급] 버튼을 클릭한다. 여기에는 차례대로 {Infra 및 Ad-hoc 모두 지원, Infra만 지원, Ad-hoc만 지원}을 선택할 수 있다. 기본값은 Infra든 ac-hoc이든 접속 가능하도록 설정된다.

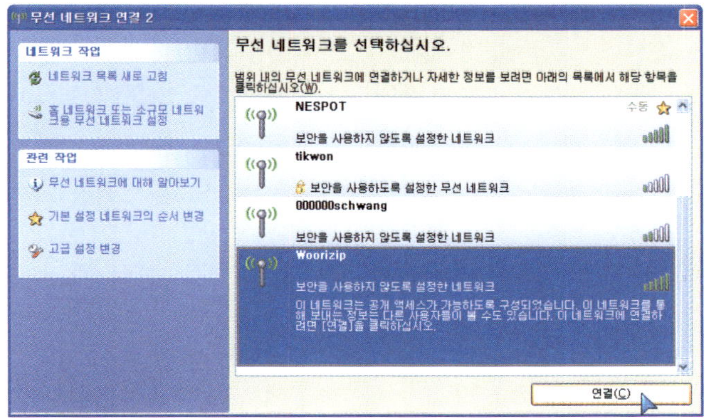

STEP 63 "사용 가능한 네트워크"를 탐색하기 위해서는 "무선 네트워크 보기"를 클릭한다.

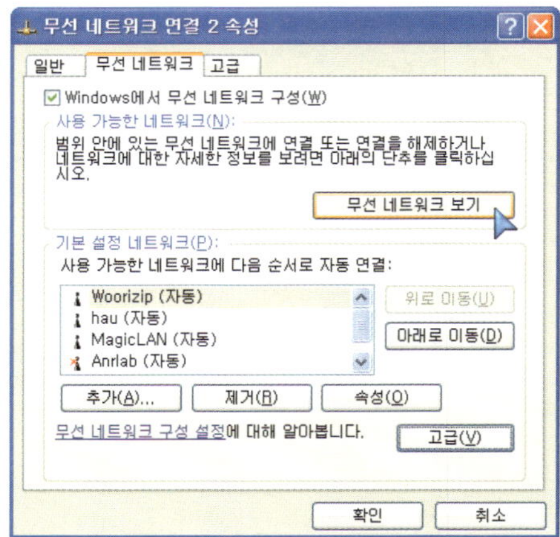

STEP 64 현재, 이 단말이 선택 가능한 무선망이 "기본 설정 네트워크" 박스에 있는 망 외에도 hau 등 여러 개의 무선망이 더 있음을 알 수 있다. 지금 설정한 Woorizip에 연결하기 위하여, 해당 항목을 선택한 후, [연결]을 클릭하면 된다. 이 망은 보안을 사용하지 않도록 설정한 네트워크 임을 표시하고 있다.

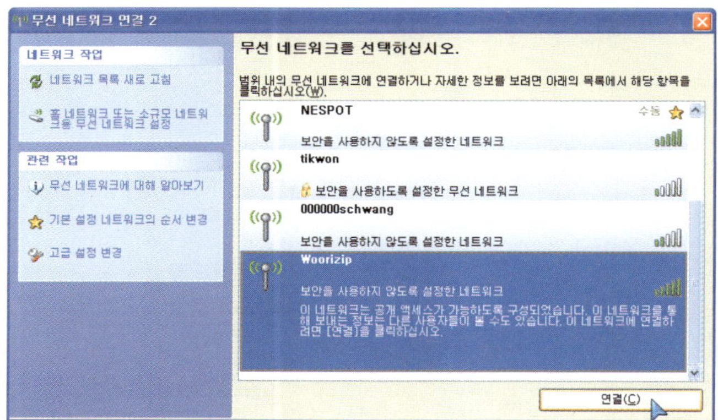

STEP 65 다음과 같이 연결이 된 것을 확인할 수 있다.

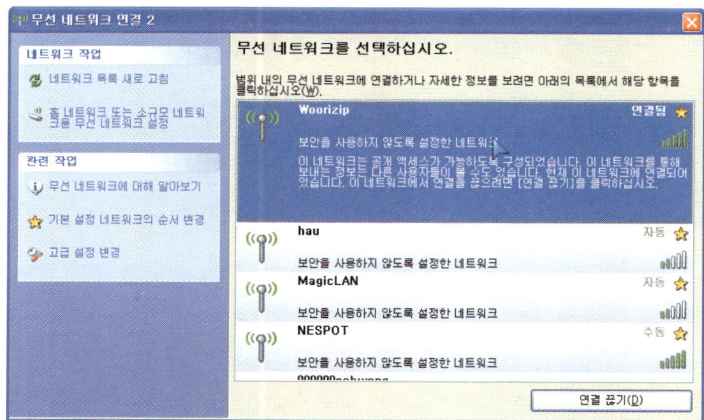

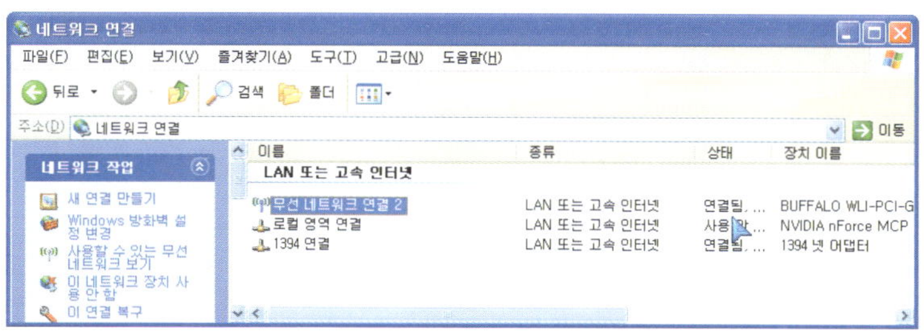

STEP 66 Wireless Client는 외부로의 연결이 가능함을 확인할 수 있다.

```
C:\WINDOWS\System32\cmd.exe

C:\>ipconfig

Windows IP Configuration

Ethernet adapter 무선 네트워크 연결 5:

        Connection-specific DSN Suffix  . :
        IP Address . . . . . . . . . . . : 200.0.0.4
        Subnet Mask . . . . . . . . . . : 255.255.255.0
        Default Gateway . . . . . . . . : 200.0.0.1

C:\>ping 200.0.0.1

Pining 200.0.0.1 with 32 bytes of data:

Reply from 200.0.0.1: bytes=32 time=4ms TTL=255
Reply from 200.0.0.1: bytes=32 time=4ms TTL=255
Reply from 200.0.0.1: bytes=32 time=4ms TTL=255
Reply from 200.0.0.1: bytes=32 time=4ms TTL=255
```

6.7 Open System 인증/WEP 데이터 암호화 전송단말 설정절차

(1) AP 설정

STEP 67 WEP를 사용하기 위해서는 "Security" 탭으로 이동한다.

STEP 68 인증 방식은 그대로 개방모드로 설정하고, 데이터 암호 부분을 WEP로 선택한다. 그리고, 키의 길이를 40비트로 선택한 후 key1 항목에 10자리의 키 스트링을 입력하고 OK를 클릭한다. 물론, 어떤 AP는 PassPhrase를 입력한 후 'Generate' 버튼을 클릭하면 4 개의 WEP 키가 자동 생성될 수 있다. 하지만, 이러한 키는 단말들도 알아야 하므로, 복잡한 키를 기억해야 하는 번거로움이 있다.

(2) 단말 설정

STEP 69 무선망을 탐색하여, Woorizip망을 찾아본다. 이 망은 보안을 사용하도록 설정한 네트워크 임을 자물쇠로 표시하고 있다. Woorizip망을 선택한 후, "고급 설정 변경"을 클릭한다.

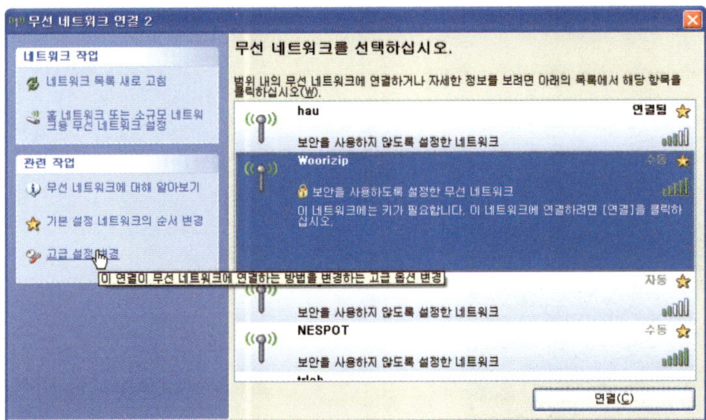

STEP 70 [무선 네트워크 연결 속성] 창의 [속성] 버튼을 클릭하면 표시되는 속성 창의 [연결 정보] 탭에서 데이터 암호화 부분을 WEP로 하고, 필요한 네트워크 키 및 키 인덱스를 설정한다(이미 관리자에 의해 키가 내장된 무선 LAN 카드가 장착된 경우에는 "키가 자동으로 공급됨"을 선택한다. 이 경우, 네트워크 키는 설정할 필요가 없다).

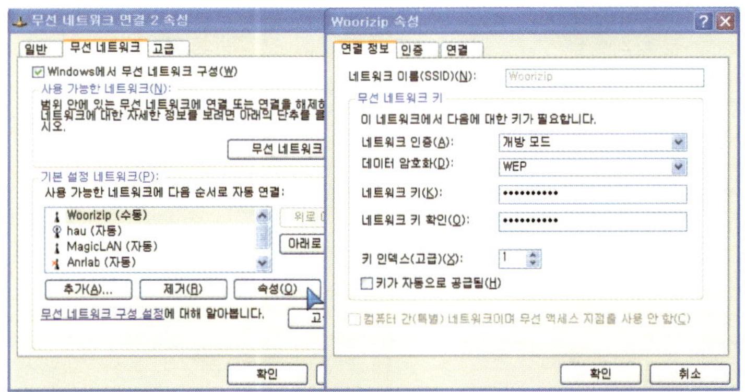

STEP 71 확인을 클릭한 후, 해당 무선망에 [연결]을 시도한다.

6.8   Shared Key 인증/WEP 데이터 암호화 전송단말 설정절차

(1) AP 설정

STEP 72 인증 방식만 공유 모드로 변경하고 WEP로 설정된 데이터 암호 부분을 그대로 사용한다.

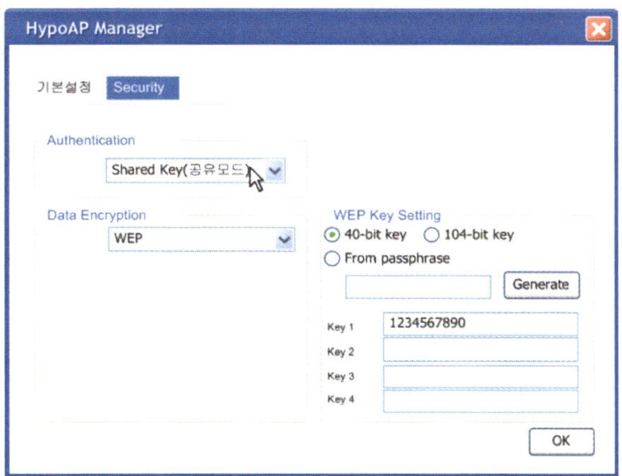

(2) 단말 설정

STEP 73 "무선 네트워크" 탭에서 [속성]을 클릭한다. [Woorizp 속성] 창에서 네트워크 인증 방법을 "공유모드"와 WEP 암호화 방법으로 설정한다.

6.9 인증과정의 패킷 분석

(1) Open System 인증절차

단말과 AP간 아무런 인증절차 없이 수행되는 이 경우 패킷의 교환 절차는 〈그림 6.11〉과 같다.
이 과정에서 전송된 Authentication 요청과 응답 메시지의 내용은 각각 〈그림 6.12〉, 〈그림 6.13〉과 같다.

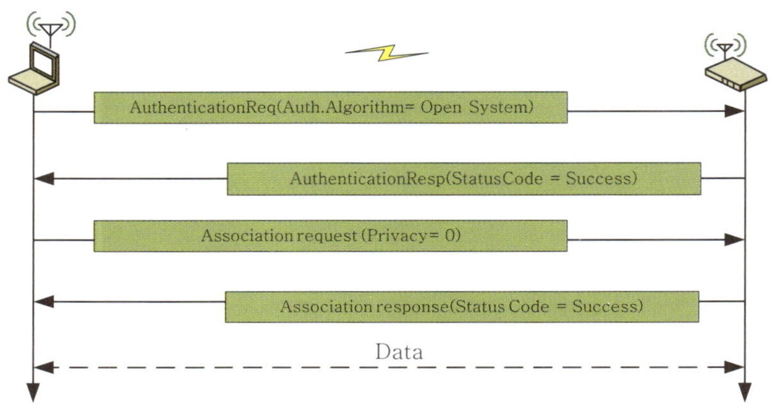

〈그림 6.11〉 Open System 인증절차

```
802.11 MAC Header
  Frame Control
        Version=0
        Type=00 (management)
        Subtype=1011 (Authentication)
        To DS = 0
        FromDS = 0
        MoreFrag = 0
        Retry=0
        PowerMgmt = 0
        MoreData=0
        WEP = 0
        Order=0
    Duration = 314 usec
    DA = 00:00:F0:64:01:03
    SA = 00:07:40:C4:FF:D6
    BSSID = 00:00:F0:64:01:03
    Seq Num/FragNum = 112/0
802.11 Management - Authentication
    Authentication Algorithm = 0 (OpenSystem)
    Authentication Seq. Number = 1
    Status Code = 0 (Rsvd)
    Padding (8 bytes)

0000 : B0 00 3A 01 00 00 F0 64 01 03 00 07 40 C4 EF D6
0010 : 00 00 F0 64 01 03 00 07 00 00 01 00 00 00 DD 06
0020 : 00 10 18 01 00 00
```

〈그림 6.12〉 인증 요청 패킷의 상세

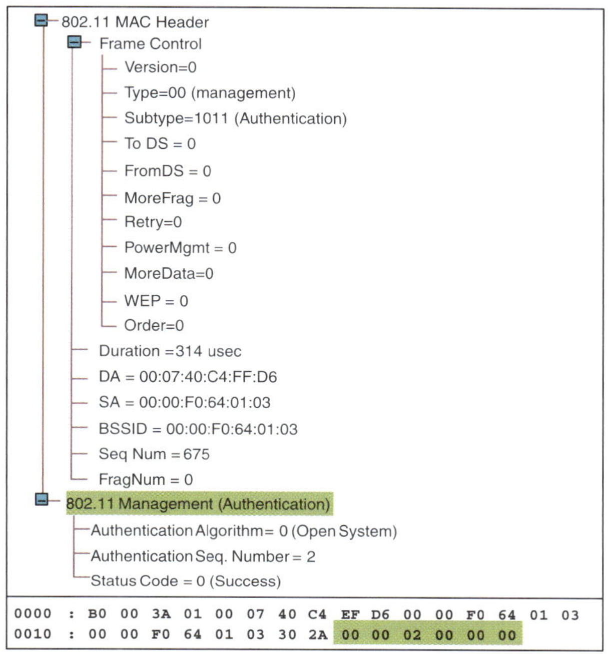

〈그림 6.13〉 인증 응답 패킷의 상세

(2) Open System 인증과 WEP 암호화절차

단말과 AP간 Open System 인증이 수행되지만, 실제 데이터 전송시에는 공유 비밀 키로 암호화하는 과정은 〈그림 6.14〉와 같다. 인증절차에 이어, 연계과정에서 Privacy 비트를 사용하여 WEP 암호화를 협상한 후, 모든 프레임은 암호화되어 전송됨을 알 수 있다.

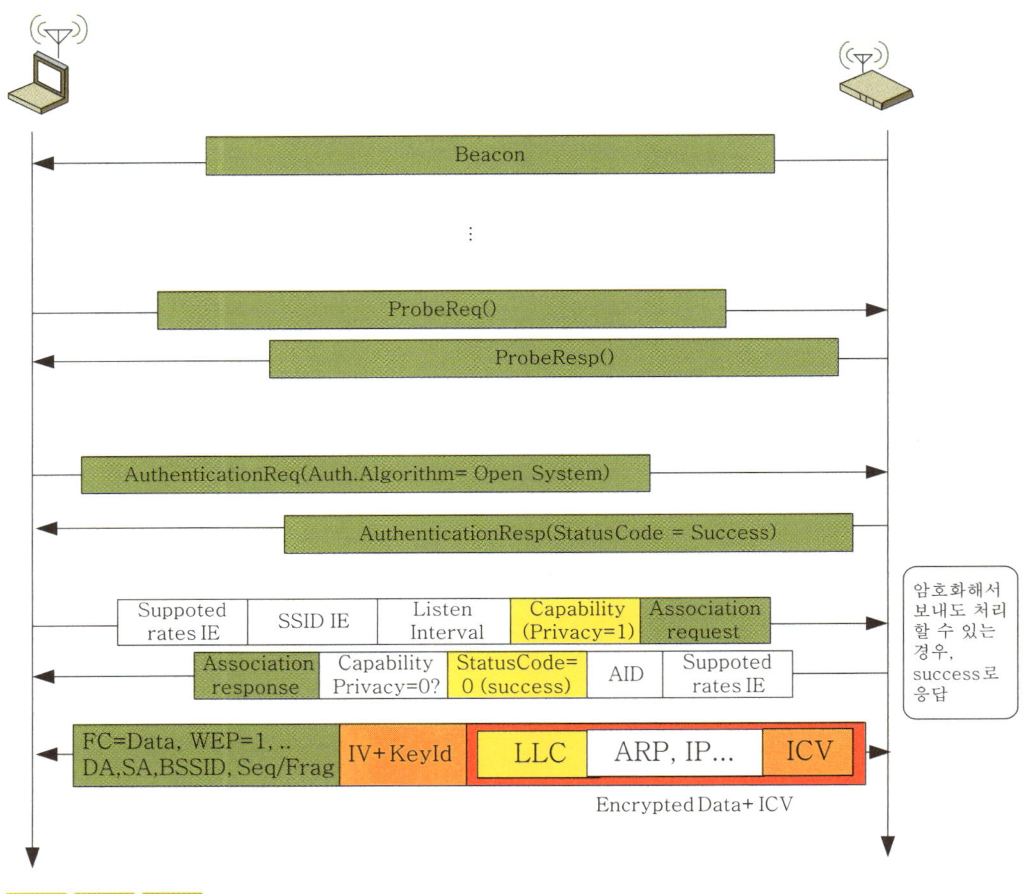

〈그림 6.14〉 Open System 인증 및 WEP 암호 전송절차

이 과정에서 전송되는 프레임 중에서, 2개의 인증 프레임은 앞에서 살펴 본 Open System 인증시 전송되는 프레임과 동일하다. 참고로, 연계과정에서 전송되는 2개의 프레임과 암호화된 데이터 프레임의 상세한 내용은 〈그림 6.15〉와 같다. 특히, 데이터 프레임의 Frame Control 영역의 Protected(WEP) 비트로 암호화되었음을 표시하고, 3바이트 길이의 IV와 2비트의 KeyID가 평문으로 전송되고 있음도 알 수 있다.

802.11 MAC Header
  Frame Control
    Version=0
    Type=00 (management)
    Subtype=0000 (AssociationRequest)
    To DS = 0
    FromDS = 0
    MoreFrag = 0
    Retry=0
    PowerMgmt = 0
    MoreData=0
    WEP = 0
    Order=0
  Duration = 314 usec
  DA = 00:00:F0:64:01:03
  SA = 00:07:40:C4:FF:D6
  BSSID = 00:00:F0:64:01:03
  Seq Num = 106
  FragNum = 0
Capability
  ESS = 1
  IBSS = 0
  CF Pollable = 0
  CF Poll Request = 0
  Privacy = 1
  Short Preamble = 1
  PBCC = 0
  Channel Agility = 0
  Rsvd = 4
Listen Interval = 10
Information Element (SSID)
  Element ID = 0 (SSID)
  Length = 8
  Value = "Woorizip"
Information Element (SupportedRates)
  Element ID = 1 (Supported Rates)
  Length = 4
  Rate[0] = 0x82 (1.0Mbps)
  Rate[1] = 0x84 (2.0Mbps)
  Rate[2] = 0x0B (5.5Mbps)
  Rate[3] = 0x16 (11.0Mbps)

```
0000 : 00 00 3A 01 00 00 F0 64 01 03 00 07 40 C4 EF D6
0010 : 00 00 F0 64 01 03 A0 06 31 04 0A 00 00 08 57 6F
0020 : 6F 72 69 7A 69 70 01 04 82 84 0B 16
```

〈그림 6.15〉 결합 요청 메시지 상세

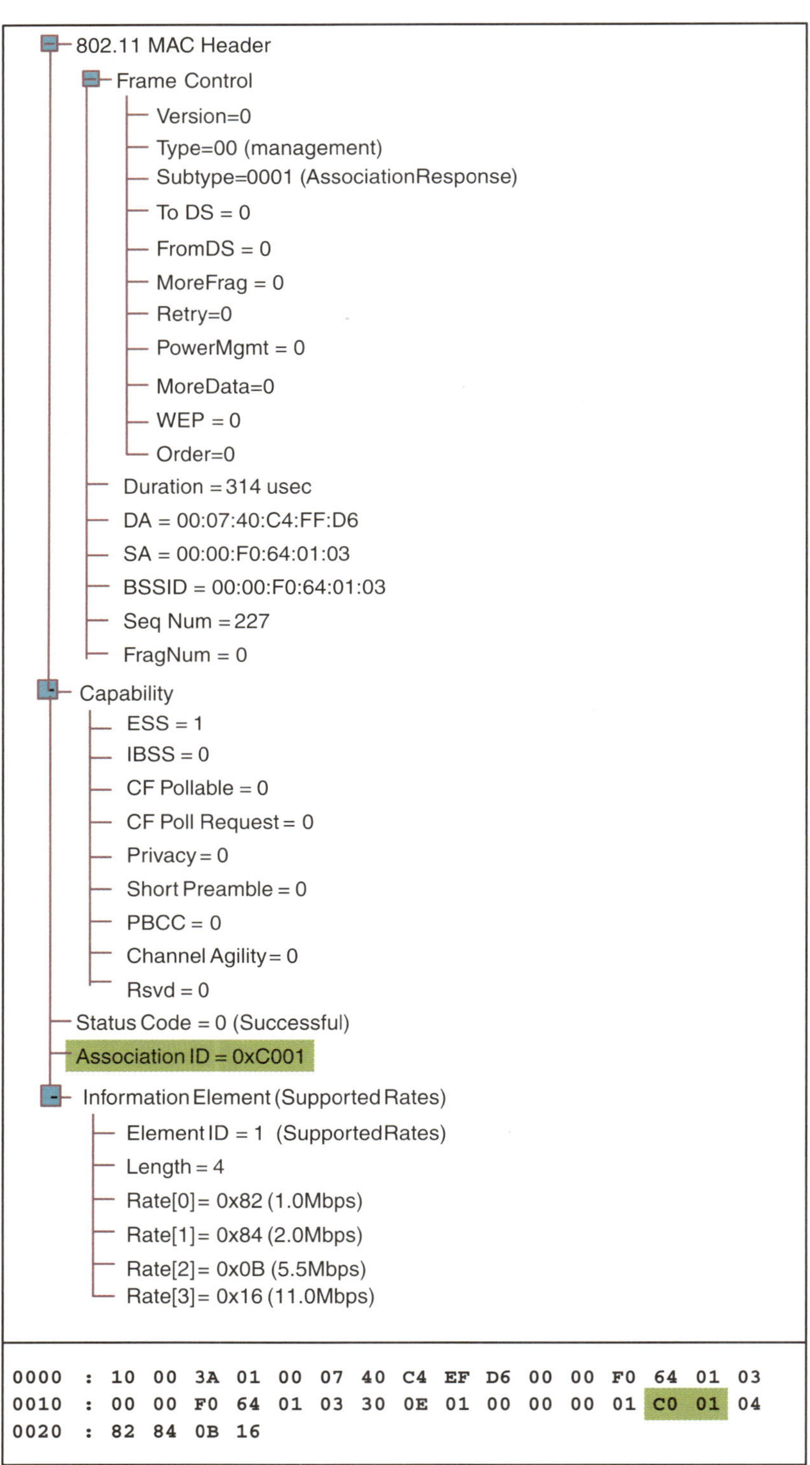

〈그림 6.16〉 결합응답 메시지 상세

802.11 MAC Header
  Frame Control
      Version=0
      Type=10 (Data)
      Subtype=0000 (Data Only)
      To DS = 0
      FromDS = 1
      MoreFrag = 0
      Retry=0
      PowerMgmt = 0
      MoreData=0
      WEP = 1
      Order=0
  Duration = 0 usec
  DA = FF:FF:FF:FF:FF:FF
  BSSID = 00:00:F0:64:01:03
  SA = 00:07:40:C4:FF:D6
  Seq Num = 255
  FragNum = 0
802.11 WEP Data
  WEP IV = 0x70A5E4
  WEP Key ID = 0 (keyID=1)
  WEP Data/ICV = 53 92 78 …

```
0000 : 08 42 00 00 FF FF FF FF FF FF 00 00 F0 64 01 03
0010 : 00 07 40 C4 EF D6 F0 0F 70 A5 E4 00 53 92 78 49
0020 : ...
```

〈그림 6.17〉 암호화된 데이터 메시지 상세

<table><tr><td>**6.10**</td><td></td></tr></table>

Shared Key 인증과 WEP 암호 데이터 전송절차

공유 키 인증절차에 이어 WEP으로 암호화된 데이터 프레임 전송절차는 〈그림 6.18〉과 같다. 탐색절차에서 쌍방이 모두 SK 인증절차를 지원한다고 협상되면, 4개의 인증관련 프레임을 교환하면서 상대방과 SK를 공유하는지 확인함으로써 상대방을 인증한다. 이러한 인증절차에 이어, 연계과정에서 Privacy 비트를 사용하여 WEP 암호화를 협상한 후, 모든 데이터 전송은 암호화되어 전송된다.

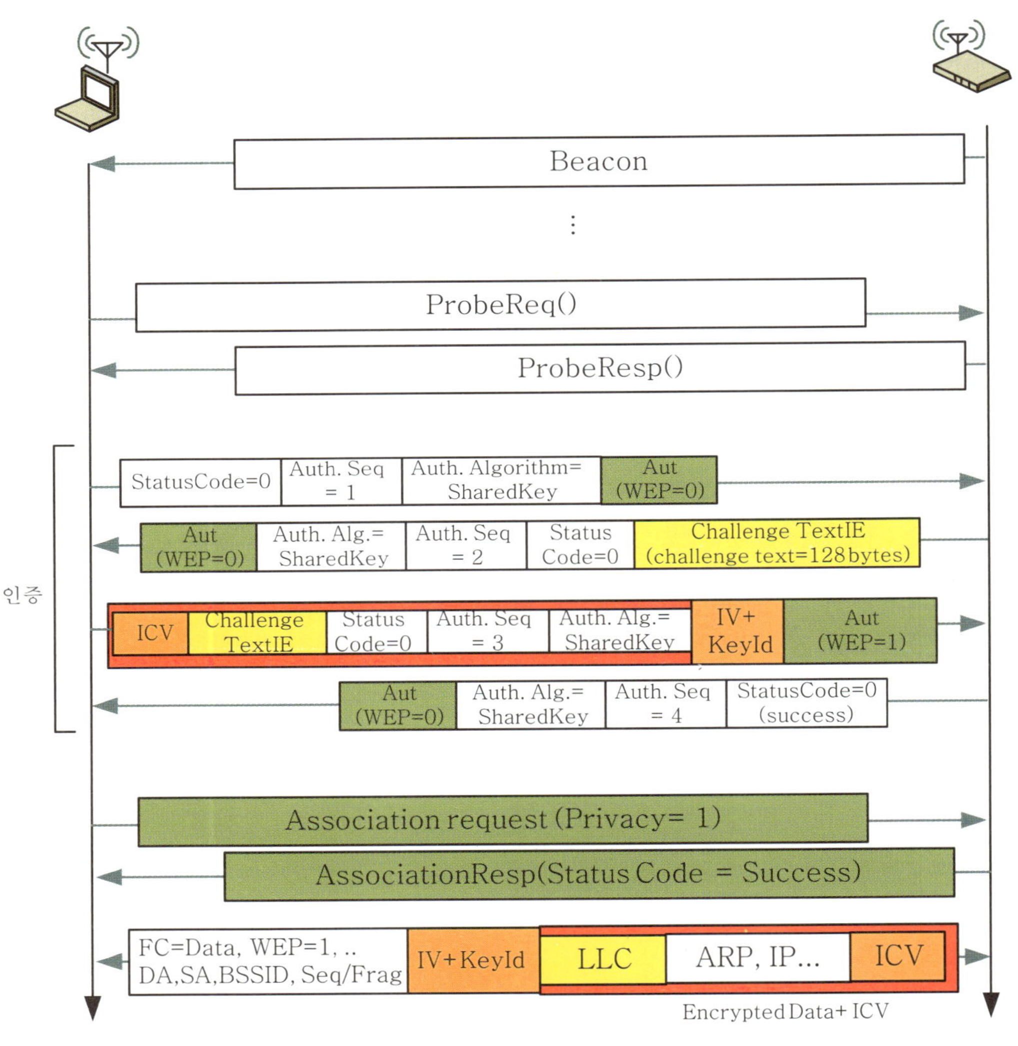

〈그림 6.18〉 공유 키 인증과 WEP 암호 데이터 전송절차

이 과정에서 전송되는 Authentication Request, Authentication Response with Challenge, Authentication Request with Encrypted Challenge, Authentication Response with Success 등 4개의 프레임에 대한 내용은 〈그림6.19〉와 같다.

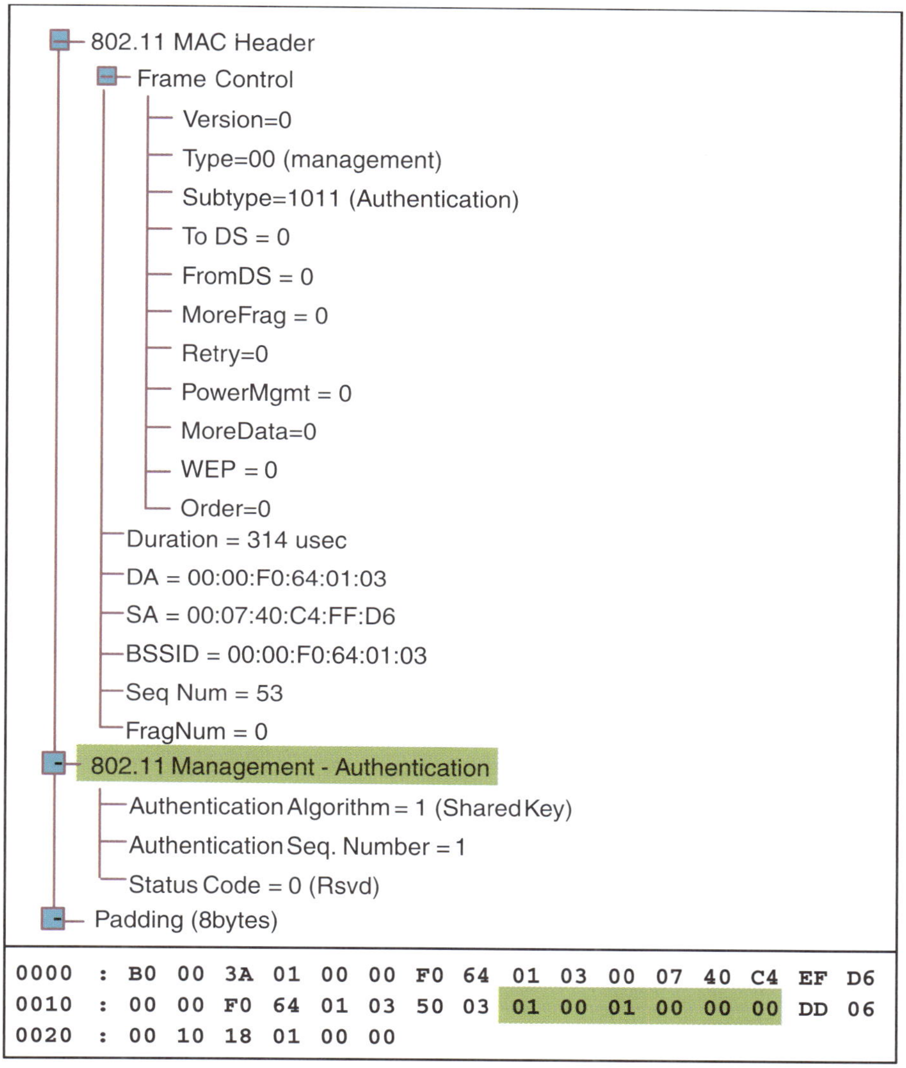

802.11 MAC Header
  Frame Control
    Version=0
    Type=00 (management)
    Subtype=1011 (Authentication)
    To DS = 0
    FromDS = 0
    MoreFrag = 0
    Retry=0
    PowerMgmt = 0
    MoreData=0
    WEP = 0
    Order=0
  Duration = 314 usec
  DA = 00:00:F0:64:01:03
  SA = 00:07:40:C4:FF:D6
  BSSID = 00:00:F0:64:01:03
  Seq Num = 53
  FragNum = 0
802.11 Management - Authentication
  Authentication Algorithm = 1 (Shared Key)
  Authentication Seq. Number = 1
  Status Code = 0 (Rsvd)
Padding (8bytes)

```
0000  :  B0  00  3A  01  00  00  F0  64  01  03  00  07  40  C4  EF  D6
0010  :  00  00  F0  64  01  03  50  03  01  00  01  00  00  00  DD  06
0020  :  00  10  18  01  00  00
```


〈그림 6.19〉 인증 요청 메시지 상세

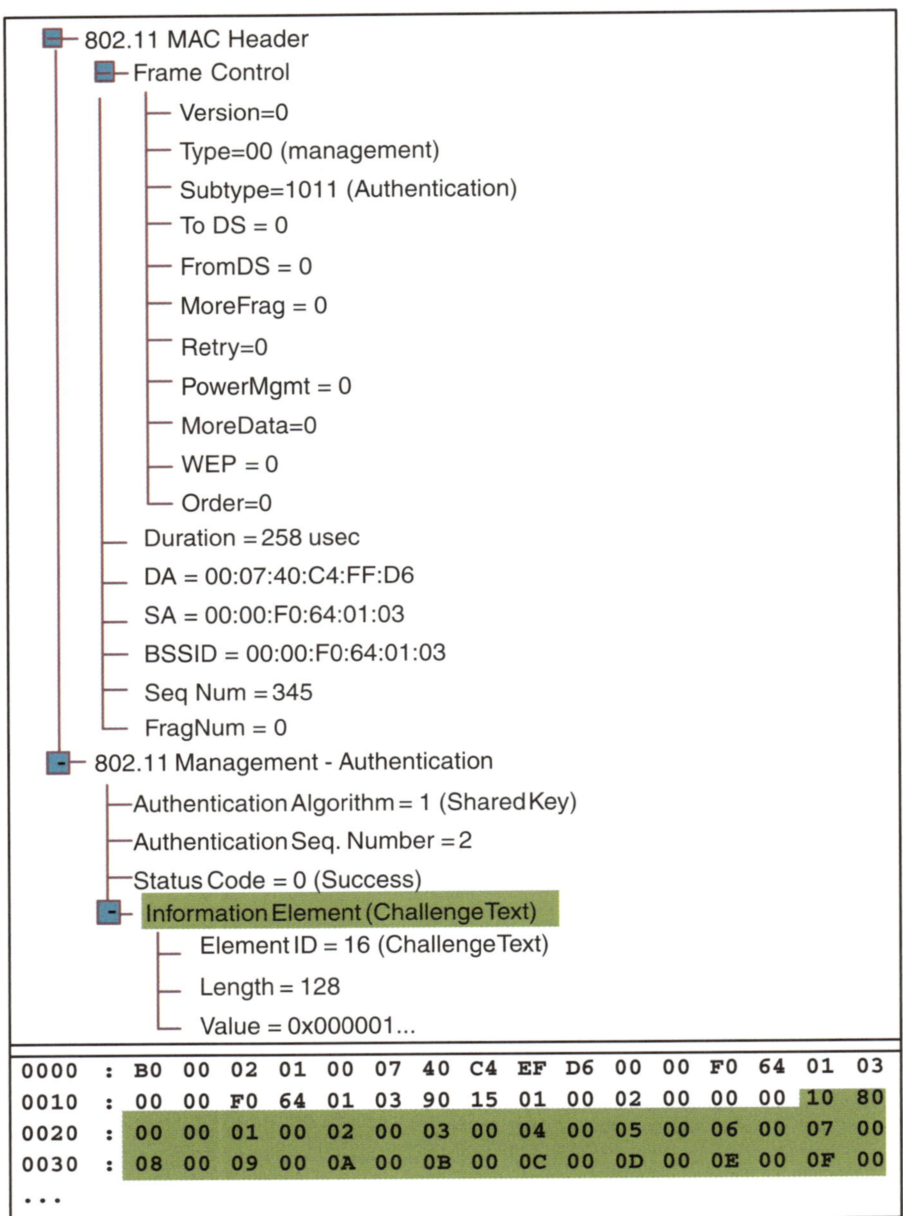

〈그림 6.20〉 인증 응답(평문 Challenge) 메시지의 상세

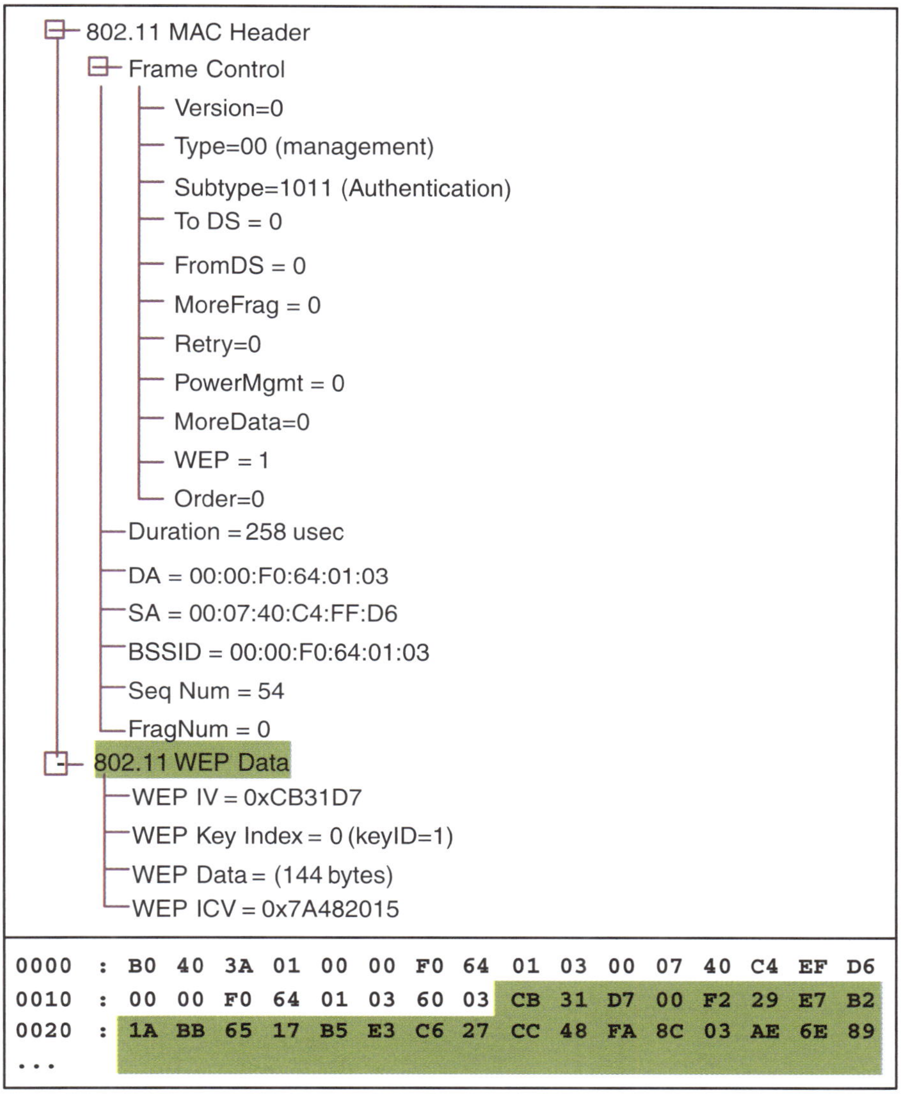

```
┌─ 802.11 MAC Header
│  ├─ Frame Control
│  │      ─ Version=0
│  │      ─ Type=00 (management)
│  │      ─ Subtype=1011 (Authentication)
│  │      ─ To DS = 0
│  │      ─ FromDS = 0
│  │      ─ MoreFrag = 0
│  │      ─ Retry=0
│  │      ─ PowerMgmt = 0
│  │      ─ MoreData=0
│  │      ─ WEP = 1
│  │      └─ Order=0
│  ─ Duration = 258 usec
│  ─ DA = 00:00:F0:64:01:03
│  ─ SA = 00:07:40:C4:FF:D6
│  ─ BSSID = 00:00:F0:64:01:03
│  ─ Seq Num = 54
│  ─ FragNum = 0
└─ 802.11 WEP Data
   ─ WEP IV = 0xCB31D7
   ─ WEP Key Index = 0 (keyID=1)
   ─ WEP Data = (144 bytes)
   └─ WEP ICV = 0x7A482015
```

```
0000 : B0 40 3A 01 00 00 F0 64 01 03 00 07 40 C4 EF D6
0010 : 00 00 F0 64 01 03 60 03 CB 31 D7 00 F2 29 E7 B2
0020 : 1A BB 65 17 B5 E3 C6 27 CC 48 FA 8C 03 AE 6E 89
...
```

〈그림 6.21〉 인증 요청(암호화된 Challenge)메시지의 상세

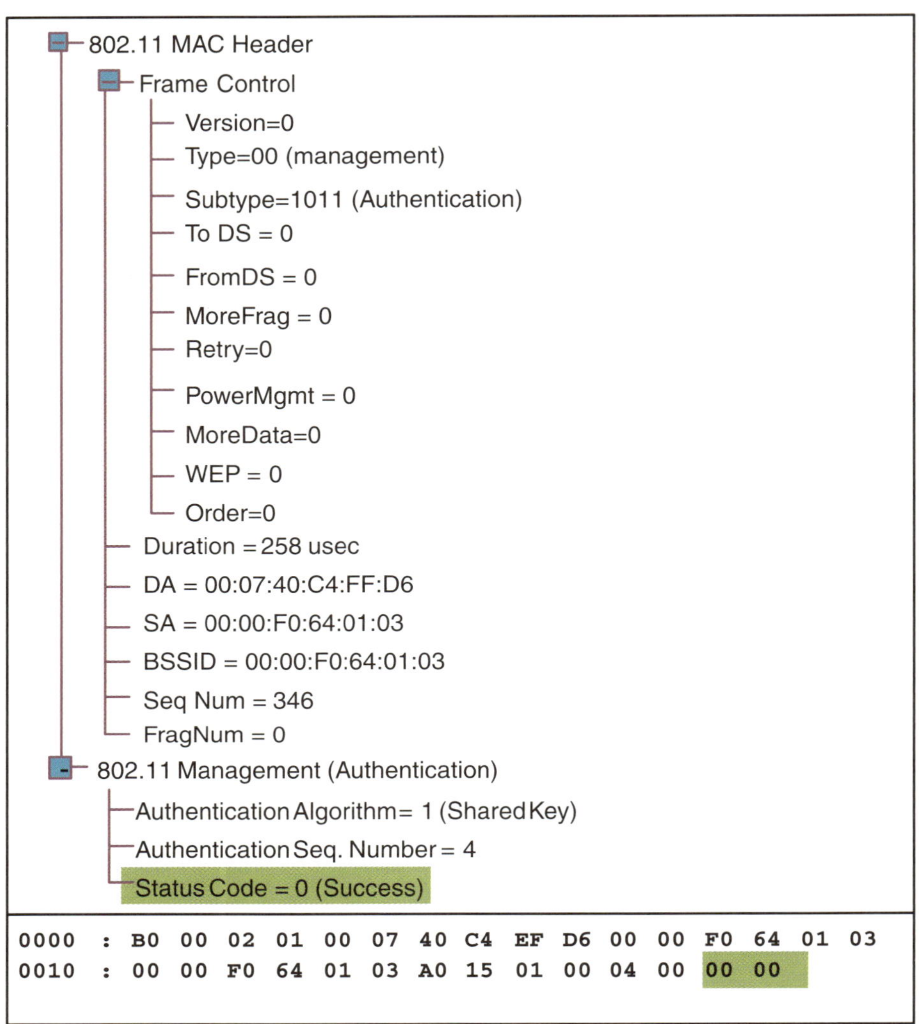

〈그림 6.22〉 인증 성공 메시지 상세

6.11 Shared Key 인증 및 평문전송 시도의 경우

예를 들어, 무선 단말은 Shared Key 방식으로 인증 받기를 원하지만 AP에는 WEP Key가 설정되어 있지 않는 경우, AP는 공유 키 인증절차에 필요한 challenge 문장을 복호할 수 없으므로, 단말은 다음 절차에 의해 인증받지 못한다.

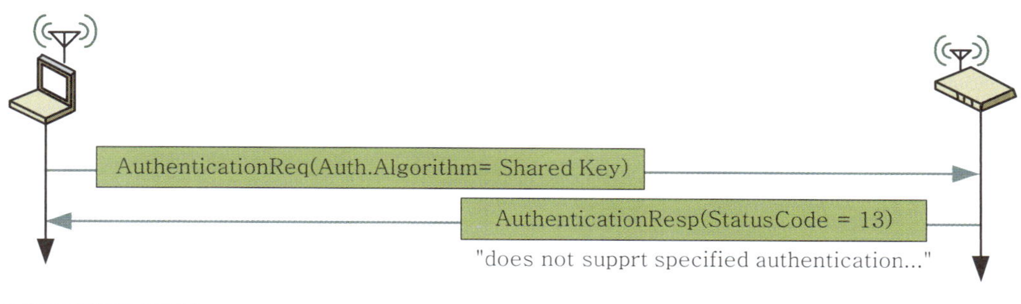

〈그림 6.23〉 공유 키 인증과 평문 데이터전송 시도의 예

이 경우, AP가 응답하는 인증 응답 메시지의 내용에는 다음과 같이 인증거부 이유가 상태코드에 명시된다.

```
802.11 MAC Header
    Frame Control
        Version=0
        Type=00 (management)
        Subtype=1011 (Authentication)
        To DS = 0
        FromDS = 0
        MoreFrag = 0
        Retry=0
        PowerMgmt = 0
        MoreData=0
        WEP = 0
        Order=0
    Duration =250 usec
    DA = 00:07:40:C4:FF:D6
    SA = 00:00:F0:64:01:03
    BSSID = 00:00:F0:64:01:03
    Seq Num =1700
    FragNum = 0
802.11 Management - Authentication
    Authentication Algorithm= 1 (Shared Key)
    Authentication Seq. Number = 2
    Status Code = 13 (Respondding station does not support the specified authentication..)

0000  :  B0  00  02  01  00  07  40  C4  EF  D6  00  00  F0  64  01  03
0010  :  00  00  F0  64  01  03  40  6A  01  00  02  00  0D  00
```

〈그림 6.24〉 인증 실패 메시지의 상세

연습 문제

[1] 기존 802.11에서 사용하는 무선 링크 구간 암호 방식은 _____ 이다.
  (a) AES
  (b) DES
  (c) RC4
  (d) RC5

[2] 기존 802.11에서 사용하는 단말 인증 방식은 _____ 와 _____ 이다.
  (a) Shared Key
  (b) Open System
  (c) EAP-MD5
  (d) EAP-TLS

[3] WEP-40의 설명으로 틀린 것은 _____ 이다.
  (a) 40 비트의 WEP 비밀 키 사용
  (b) 24비트 길이의 Initialization Vector 사용
  (c) 4개의 키 조합 중 하나를 선택 가능
  (d) ICV 계산시 메시지 인증용 키 사용
  (e) IV/Key ID는 평문으로 노출됨
  (f) ICV도 암호화되어 전송됨
  (g) 스트림 암호 방식이다.

[4] 무선 LAN인증방법의 설명으로 맞는 것은 _____ 이다.
  (a) Open System 인증절차에서 RADIUS 인증서버가 사용된다.
  (b) Shared Key 인증절차에서 단말이 AP로 전송하는 Challenge 문은 암호화된다.
  (c) 인증절차 이전에 연계절차가 수행된다.
  (d) 탐색절차에서는 쌍방간의 인증방법을 알 수 없다.

[5] 무선 LAN인증방법 중 하나인 shared key 인증절차의 순서를 나열하라.
  (a) Authentication Request[Authentication Algorithm = Shared key, Status Code =0]
  (b) Authentication Request[암호화된 {Authentication Algorithm = Shared key, Challenge Text, Status Code =0}]
  (c) Authentication Reply[Authentication Algorithm = Shared key, Status Code = 0, seq = 4]
  (d) Authentication Reply[Authentication Algorithm = Shared key, Status Code = 0]

[6] WEP의 KeyID의 설명 중 맞는 무엇인가?
  (a) 일단 연결되어도 KeyID값을 동적으로 변경할 수 있다.
  (b) KeyID는 2비트로 구성된다.
  (c) KeyID는 2가지 종류의 WEP key 중 하나를 지시한다.
  (d) Key ID는 암호화된다.

[7] 공유 키 인증과 평문전송으로 설정한 단말의 경우에 AP와의 결합이 _____ 하다.
  (a) 가능
  (b) 불가능

[8] 인증요청 메시지와 인증응답메시지의 Frame Control 영역에 있는 subtype의 값은 _____.
  (a) 같다.
  (b) 다르다.

[9] 공유 키 인증 방식이 Open System인증 보다 __ 하다.
  (a) 취약
  (b) 안전

[10] WEP 암호 방식에서 사용되는 IV값은 랜덤하거나 0부터 순차적으로 증가된다. 랜덤하게 결정되는 경우,
IV collision이 발생할 확률이 50%가 되는 것은 몇 개의 패킷이 전송되는 이후인가?

정답
[1] (c), [2] (a), (b), [3] (d), [4] (b), [5] (a), (d), (b), (c), [6] (b), [7] (b), [8] (a), [9] (a)

Mamo.

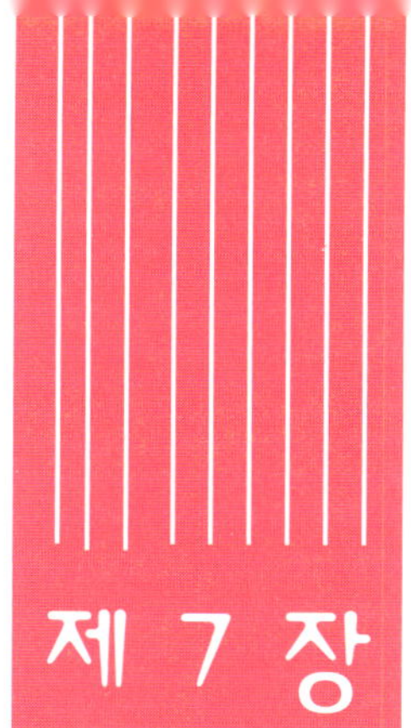

PPP/PPPoE/PAP/CHAP

7.1 관련 표준

- RFC 1661, The Point-to-Point Protocol(PPP), 1994.
- RFC 2516, A Method for Transmitting PPP Over Ethernet(PPPoE), 1999.
- RFC 1334, PPP Authentication protocols, 1992.
- RFC 1332, The PPP Internet Protocol Control Protocol(IPCP), 1992.
- RFC 2364, PPP over AAL5(PPPoA), 1998.
- RFC 1994, PPP Challenge Handshake Authentication Protocol(CHAP), 1996.
- RFC 2433, "Microsoft PPP CHAP Extensions", 1998.
- RFC 2759, Microsoft PPP CHAP Extensions, Version 2, 2000.

7.2 개 요

최근의 공중 무선 LAN AP에 접근하는 단말에 대하여, 유효한 사용자인지를 검사할 때 EAP(Extensible Authentication Protocol)이라고 하는 인증 프로토콜이 사용된다. 이 EAP는 원래 아날로그 모뎀 또는 ADSL 모뎀으로 연결된 단말과 망 사업자 장치간의 점 대 점 연결로를 설정하고, 이 연결로상에서 사용자의 IP패킷을 수납하여 전달하는 **Point-to-Point Protocol(PPP)** 점 대 점 링크계층 프로토콜에서 사용하는 인증 프로토콜인 PAP(Password Authentication Protocol) 또는 **CHAP**(Challenge Handshaking Authentication Protocol), 등의 개량형 인증프로토콜 이다.

본 장에서는 EAP 인증 프로토콜의 동작을 이해하기 전에, 이러한 PPP의 개요와 망의 구성요소를 알아본 후, 윈도우 2003 시스템에 PPPoE 서버를 설치하여 이더넷 LAN상에서 PPPoE와 PPP의 동작을 시험하도록 한다.

7.3　PPP의 필요성과 활용

〈그림 7.1 (a)〉와 같이, 전화용 아날로그 모뎀을 이용한 인터넷 서비스를 제공하는 망 사업자는 접속을 시도하는 사용자들에 대한 인증과정을 수행한 다음, 해당 단말에 대한 IP를 부여하여 외부 인터넷을 사용할 수 있거나 자사의 특정 서버들을 활용할 수 있도록 한다.

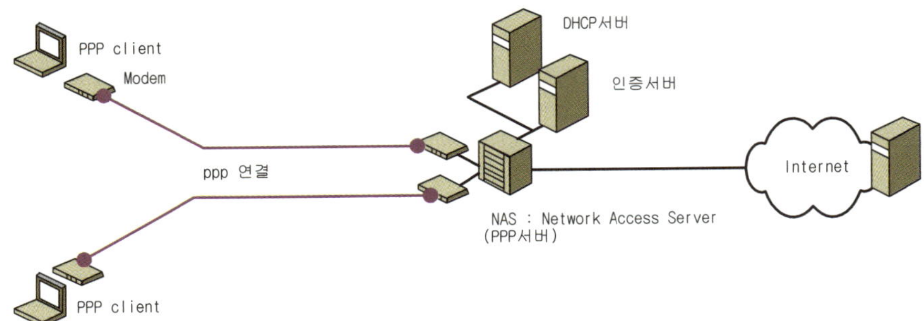

(a)　공중망에서의 PPP 활용 (ADSL 모뎀 환경).

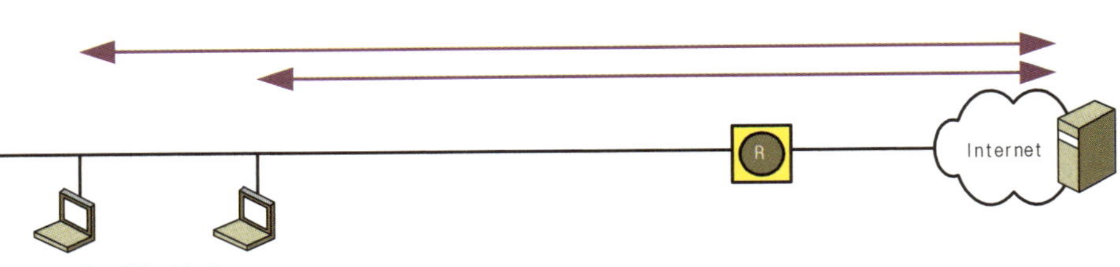

(b) LAN 환경에서의 인증절차가 없는 일반적인 경우.

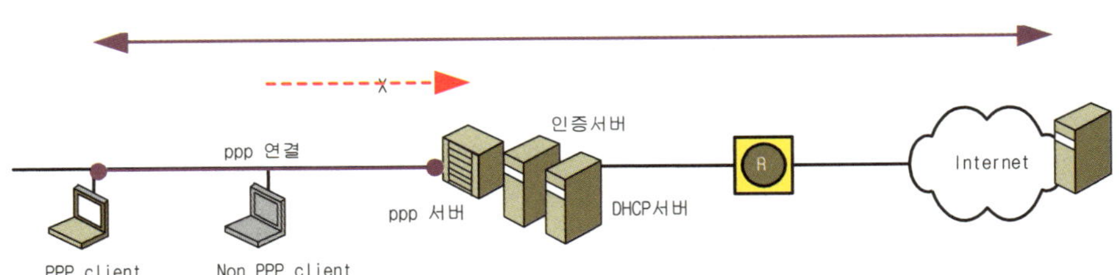

(c)　LAN 환경에서의 인증절차가 있는 경우.

〈그림 7.1〉 공중망과 LAN에서의 PPP 필요성

1_ 예전에 사용하던 56Kbps 모뎀을 사용하는 천리안 서비스 같은 경우이다.

이때,망 사업자의 PPP 종단 기능을 수행하는 장치를 **NAS**(Network Access Server), Access Concentrator(AC), 또는 Remote Access Server(RAS)라고 부른다. 이것은 PPP 사용자에 대한 PPP 서버의 기능을 수행함으로써, 단말과 이러한 장치간에 PPP 연결이 설정된다. 이 장치들은 일종의 라우터 기능에 PPP 종단 기능과 인증 기능 및 IP 할당 서비스가 추가된 것이다. 이러한 PPP에 의한 사용자 인증절차는 망 사업자의 과금정책에 대단히 중요한 기능임에 분명하다. 반면에, 〈그림 7.1 (b)〉와 같이, 이더넷 LAN과 같은 공유매체를 사용하는 다수의 사용자들은 PPP를 사용하지 않고도 외부에 접속할 수 있다.

하지만, 이러한 LAN에서도 각 사용자들에 대한 엄격한 관리가 필요한 경우, 즉 외부로의 과도한 트래픽을 발생시키거나 해킹을 하는 불법사용자들을 색출하고자 할 때, 〈그림 7.1 (c)〉와 같이, 이더넷상에서 PPP 프레임을 수납할 수 있는 **PPP over Ethernet(PPPoE)** 방법을 사용하여, 각 사용자들에 대하여 PPP에서 사용하는 인증과정을 거쳐야만 외부 인터넷으로의 접속을 허용하는 방법을 사용한다.

참고로, 단말에 대한 PPP 연결의 종단은 NAS이기 때문에 이 NAS에서 단말들에 대한 인증절차와 IP주소 할당과정을 모두 수행한다. 이러한 NAS 기능을 정리하면 다음과 같다.

① PPP 연결의 종단장치이다.
② Link Control Protocol(LCP) 절차에 의해 동작환경을 협상한다.
③ PPP 인증기능을 NAS가 직접 수행하거나, 별도의 RADIUS인증서버를 이용하여 수행한다.
④ PPP IPCP 절차에 의해 단말에 대한 IP 주소를 할당한다. 이때, NAS가 직접 할당하거나, 별도의 DHCP 서버를 이용하여 할당한다.
⑤ 인증된 단말에 대하여, PPP에 수납되어 전달되는 사용자 IP와 같은 망계층 프로토콜에 대한 중계동작, 즉, 라우터 기능을 수행한다.

7.4 PPP over Ethernet (RFC2516)

(1) 개 요

PPPoE는 PPP프레임이 이더넷에서 전송될 수 있도록, PPP 프레임을 이더넷 프레임에 수납하여, PPP 서버인 NAS까지 전달되도록 하는 일종의 PPP 수납용 링크계층 프로토콜이다. 이러한 PPP 기능을 이더넷 위에서 제공하기 위해서는 다음과 같은 사항이 고려되어야 한다.

- 이더넷상에 여러 개의 PPPoE 서버(즉, NAS)가 있을 수 있다. PPPoE 단말은 이러한 PPPoE 서버 중에서 하나를 선택할 수 있어야 한다.
- 한 대의 단말이 여러 개의 PPP세션을 설정할 수 있기 때문에, 이들을 구분할 수 있는 Session ID가 각 PPP연결마다 상이하게 설정되어야 한다.

따라서, PPPoE 단말은 NAS의 이더넷주소를 획득해야 할 뿐만 아니라 고유한 Session ID를 결정해야 한다. 이를 위하여, PPPoE 단말은 NAS를 탐색하기 위한 **PPPoE discovery 과정**을 먼저 수행하여 적합한 NAS를 선택하고 해당 Session ID를 할당받은 후, **PPPoE session 과정**이라고 불리는 상태에서 PPP 패킷들을 전송하게 된다.

(2) PPPoE의 동작과정 예

PPPoE는 discovery 및 session 상태 등 두 가지의 상태에서 동작한다. 단말이 PPPoE 연결과정을 개시할 때, 반드시 NAS의 이더넷 주소와 PPPoE Session ID를 획득하는 discovery, 과정을 반드시 수행해야 한다. ⟨그림 7.2⟩는 Discovery 과정에서 송수신되는 패킷들을 도시한 것으로서, 다음과 같은 절차로 수행된다.

① 단말은 NAS의 이더넷 주소를 알아내기 위하여 **PPPoE Active Discovery Initiation**(PADI) 프레임을 방송한다.

② 이에 대한 응답으로 NAS는 PPPoE Active Discovery Offer(PADO)로 자신의 이더넷 주소를 알려준다. 이때, 여러 개의 NAS로부터의 응답이 단말에게 전달될 수 있다.

③ 단말은 응답되는 PADO 패킷으로부터 적절한 NAS를 선택하고, 해당 NAS에게 직접 PPPoE Active Discovery Request(PADR) 패킷을 전송한다. 이때, 목적지 이더넷 주소는 방송형식이 아님에 주의하라.

④ PADR 패킷을 수신한 NAS는 PPPoE Active Discovery Session Confirm(PADS) 패킷으로 PPPoE 연결이 성공한 것을 확인시킴으로써, PPPoE의 discovery 과정이 완성된다.

이 discovery 과정이 종료되면, 단말과 NAS 간에 point-to-point 연결이 이더넷상에서 설정될 수 있는 기반이 제공된다[2]. 이 과정을 PPPoE 입장에서는 **Session 상태**라고 한다.

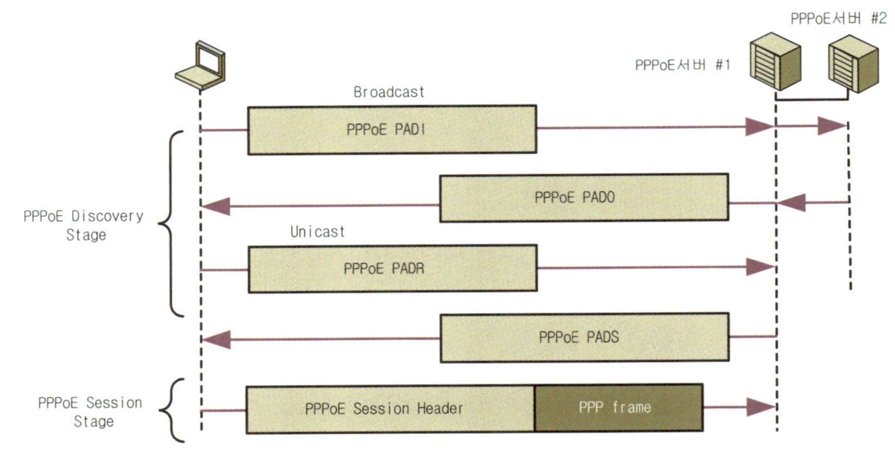

⟨그림 7.2⟩ PPPoE discovery 과정의 동작

(3) PPPoE 프레임 형식

⟨그림 7.3⟩은 PPPoE의 기본형식을 도시한 것이다.

2_ ADSL망에서는 이 이더넷 프레임이 AAL5에 실려간다.

<table>
<tr><td>Destination MAC address</td><td>6</td></tr>
<tr><td>Source MAC address</td><td>6</td></tr>
<tr><td>EtherType = 8863/8864</td><td>2</td></tr>
<tr><td>Version = 1 (default)</td><td>4 bit</td></tr>
<tr><td>Type = 1 (default)</td><td>4 bit</td></tr>
<tr><td>Code</td><td>2</td></tr>
<tr><td>Session ID</td><td>2</td></tr>
<tr><td>PPPoE Payload Length</td><td>2</td></tr>
<tr><td>TagType</td><td>2</td></tr>
<tr><td>TagValue Length</td><td>2</td></tr>
<tr><td>TagValue</td><td>TagValue Length</td></tr>
<tr><td>...</td><td></td></tr>
<tr><td>...</td><td></td></tr>
<tr><td>...</td><td></td></tr>
<tr><td>TagType</td><td>2</td></tr>
<tr><td>TagValue Length</td><td>2</td></tr>
<tr><td>TagValue</td><td>TagValue Length</td></tr>
</table>

〈그림 7.3〉 PPPoE 프레임의 형식

- **EtherType** : 다음과 같은 2가지가 사용된다.
  - 0x8863 : Discovery 과정에서 사용되는 PPPoE 패킷임을 표시한다.
  - 0x8864 : Session 상태에서 사용되는 PPPoE 패킷임을 표시한다. Discovery 과정이 성공하면, 이어서 PPP 프레임을 전달할 수 있는 session 과정이 수행된다.
- **Version과 Type** : 모두 1로 고정되어 있다.
- **Code** : 다음과 같은 5가지가 규정되어 있다.
  - 09 = PPPoE Active Discovery Initiation(PADI))
  - 07 = PPPoE Active Discovery Offer(PADO)
  - 19 = PPPoE Active Discovery Request(PADR)
  - 65 = PPPoE Active Discovery Session-Confirm(PADS)
  - 0 = PPPoE Session
- **Tag** : T-L-V 형식으로 구성되며, Length 영역은 Value의 길이를 나타낸다. 규정된 Tag의 종류의 일부는 다음과 같다.

태그 값	태그 이름	설명
0x0000	End-Of-List	태그 리스트의 마지막임을 표시한다.
0x0101	Service-Name	ISP의 이름이나 서비스 종류를 표시한다.
0x0102	AC-Name	Access Concentrator(또는 NAS)의 식별이름이다.
0x0103	Host-Uniq	단말이 송신하는 PADI나 PADR 요청 패킷의 식별번호로서, 이것을 수신한 AC가 응답하는 PADO나 PADS패킷에는 이 요청 패킷에 실려있던 Host-Uniq값과 동일한 값이 사용되어야 한다.

0x0104	AC-Cookie	이전에 사용된 AC-Cookie값을 재사용하는 denial of service(DoS) 공격을 방지하기 위하여 사용되며, 매 세션 연결시 마다 새로운 값이 사용된다.
0x0105	Vendor-Specific	제조회사 고유의 정보를 전달할 때 사용한다.

(4) PPPoE 프레임의 예

① PADI : 어디엔가 있을 NAS에게 방송된다. EtherType은 0x8863이며, Host-Unique와 service name 항목이 전달된다.

Page	No.	Delta(...	Length	Protocol	Summary	SrcMAC	DstMAC
1(~77)	0	0ms ...	60	PPPOE/DISCV	Initiation(PADI) sessionId=0x0000 Se...	000103460570	FFFFFFFFFFFF
	1	-27m...	82	PPPOE/DISCV	Offer(PADO) sessionId=0x0000 AC-...	0001034605F6	000103460570
	2	0ms ...	60	PPPOE/DISCV	Request(PADR) sessionId=0x0000 S...	000103460570	0001034605F6
	3	55ms ...	60	PPPOE/DISCV	Session-confirm(PADS) sessionId=0...	0001034605F6	000103460570
	4	1.008...	60	PPP/LCP	Code=ConfigureReq ID=1MRU=1492...	000103460570	0001034605F6
	5	15ms ...	60	PPP/LCP	Code=ConfigureReq ID=1AutType=P...	0001034605F6	000103460570
	6	0ms ...	60	PPP/LCP	Code=ConfigureAck ID=1MRU=1492...	0001034605F6	000103460570
	7	1ms ...	60	PPP/LCP	Code=ConfigureAck ID=1AutType=P...	000103460570	0001034605F6
	8	0ms ...	60	PPP/LCP	Code=EchoReq ID=0	000103460570	0001034605F6
	9	0ms ...	60	PPP/PAP	Code=AuthenticateReq ID=1 PeerID=...	000103460570	0001034605F6

```
MAC
    Destination Address(FF-FF-FF-FF-FF-FF)<--Source Address(00-01-03-46-05-70)
    Ether Type = 0x8863
PPPoE-PPP over Ethernet(RFC2516) - Discovery Stage
    Version(4bits) = 1
    Type(4bits) = 1
    Code = PPPoE Active Discovery Initiation(PADI) (0x09)
    Session ID = 0
    Payload Length = 12
Service-Name Tag
    Type = Service-Name (0x0101)
    Value Length = 0 -> No Service-Name
Host-Uniq Tag
    Type = Host-Uniq (0x0103)
    Value Length = 4
    Value = 86 36 00 00
```

```
00000000  -FF FF FF FF FF FF 00 01 03 46 05 70 88 63 11 09    .........F.p.c..
00000010  -00 00 00 0C 01 01 00 00 01 03 00 04 86 36 00 00    .............6..
00000020  -38 38 38 38 38 38 38 38 38 38 38 38 38 38 38 38    8888888888888888
00000030  -38 38 38 38 38 38 38 38 38 38 38 38                888888888888
```

〈그림 7.4〉 PADI의 예

② PADO : NAS가 응답한 패킷이다. 여기에는 NAS의 이름, service name, AC-Cookie, Host-Unique 항목들이 사용되었다.

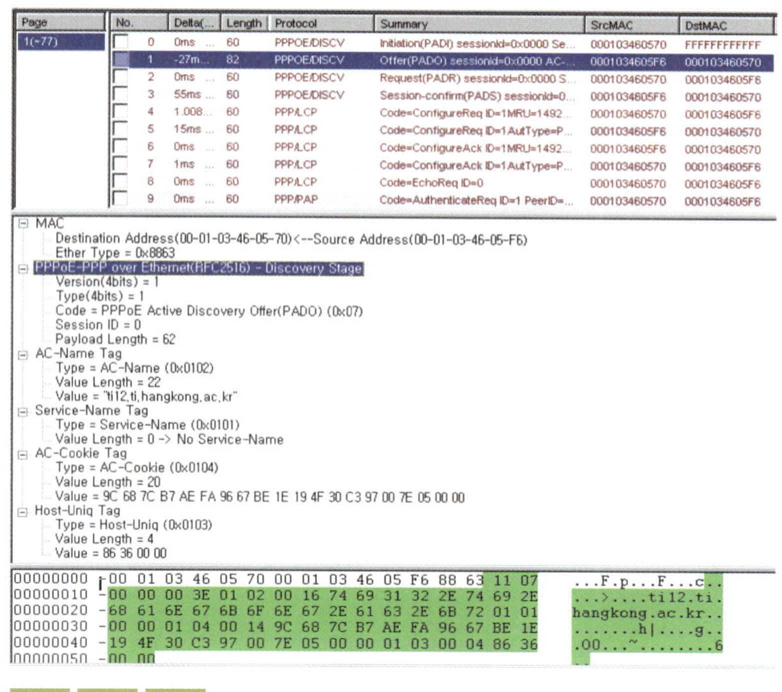

〈그림 7.5〉 PADO의 예

③ PADR : 서버(NAS)가 제시한 내용을 참고하여, 서버에게 PPPoE 세션을 설정하자고 요청하는 패킷이다. AC-Cookie값은 이전에 수신한 PADO의 것과 동일함을 알 수 있다.

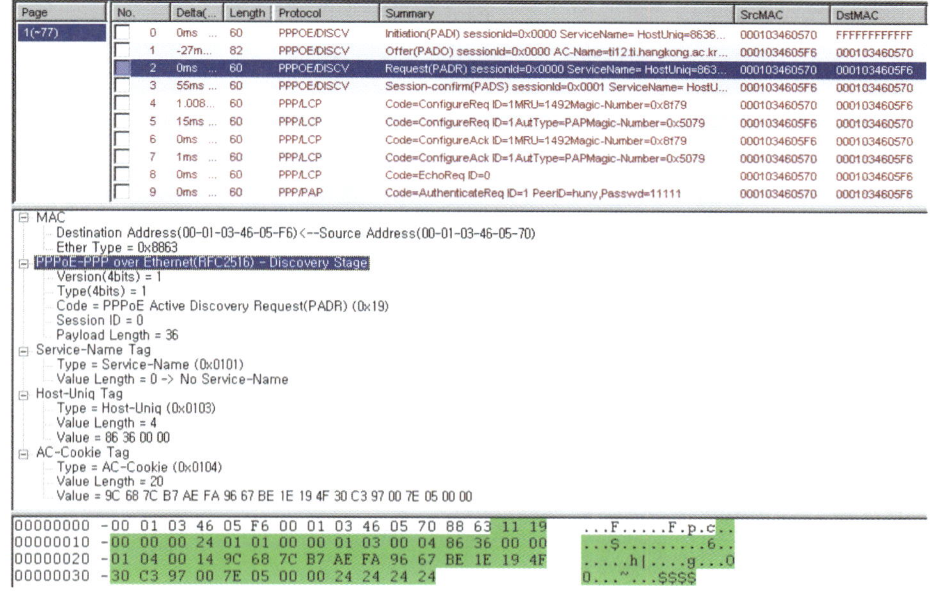

〈그림 7.6〉 PADR의 예

④ PADS : PPPoE 세션 상태로 들어가는 것을 확인하는 패킷으로서, 이후부터 해당 PPPoE 연결들은 모두 Session ID=1을 사용해야 함을 지시하고 있다.

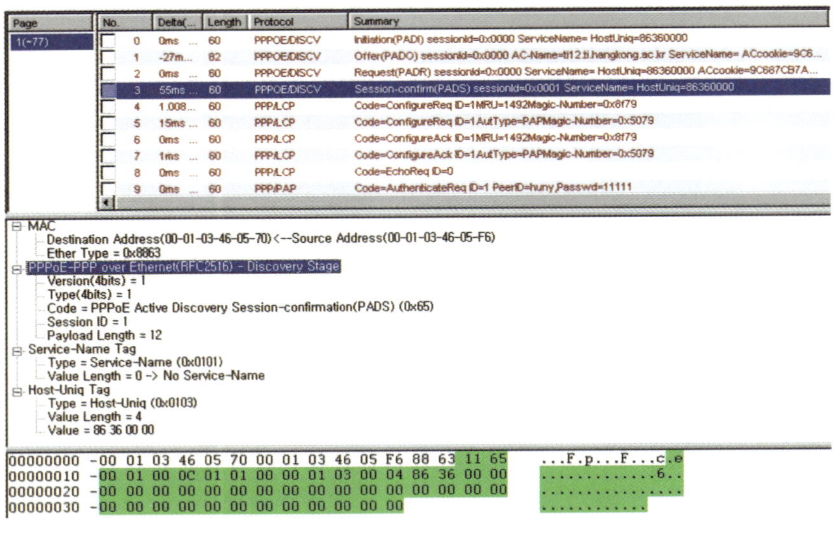

<그림 7.7> PADS의 예

⑤ 이후, PPPoE Session 상태에서는 PPP 패킷을 PPPoE 프레임에 수납하여 전송한다. <그림 7.8>은 PPP LCP 프레임을 PPPoE 프레임에 수납한 것으로서, PPPoE 의 Code=0값으로부터 이 PPPoE 프레임이 세션상태에서 전송되는 것임을 알 수 있다.

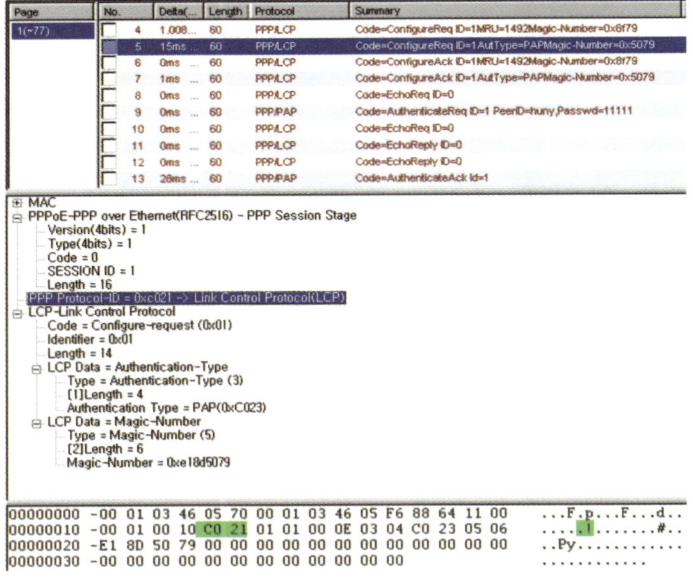

<그림 7.8> PPPoE 세션 상태에서 전송된 PPP 프레임의 예

7.5 PPP의 동작과정

(1) PPP 연결절차

PPP 연결을 설정하기 위해서는 다음과 같은 4 단계의 절차가 수행된다.

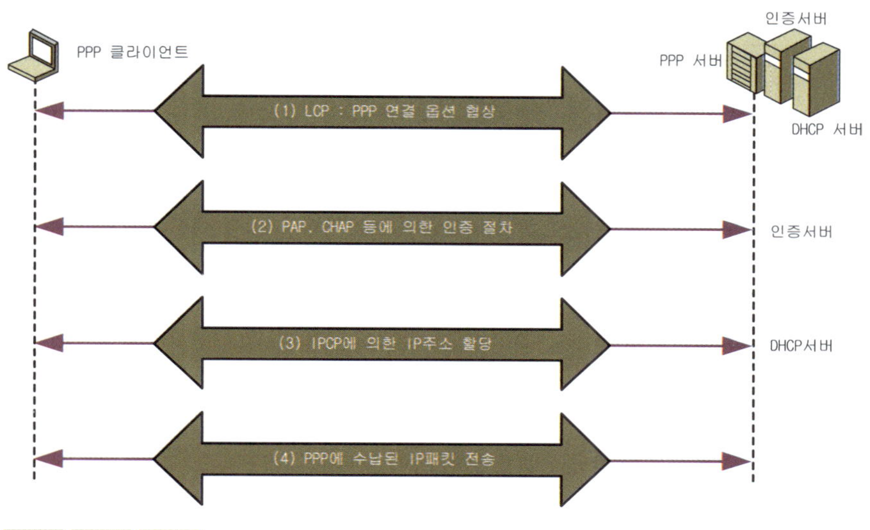

〈그림 7.9〉 PPP 연결절차

① Link Control Protocol(LCP)을 사용하여, PPP 연결에 필요한 최대 허용 프레임 길이와 인증과정에서 사용할 인증 프로토콜의 종류 등을 PPP 단말과 PPP 서버간에 협상한다.

② 이후, LCP단계에서 결정된 인증 프로토콜인 Password Authentication Protocol(PAP) 또는 Challenge Handshake Authentication Protocol(CHAP)을 사용하여 사용자 ID와 패스워드를 사용한 인증과정을 수행한다. 이때, PPP 서버는 자신의 내부에 인증서버가 있으면, 자신이 인증절차를 수행하고, 외부의 RADIUS 인증서버를 사용하는 경우, 이러한 인증정보들을 인증서버에게 전달한다.

③ 인증이 성공하면, IP Control Protocol(IPCP)를 사용하여, 네트워크계층 프로토콜(IP, IPX, IDP 등)에 대한 설정값 (단말의 주소, 게이트웨이 주소, DNS 주소 등)을 할당한다.

④ 이러한 세 가지의 연속된 과정들이 모두 성공하면, IP와 같은 네트워크 계층 프로토콜들은 PPP의 데이터 영역에 수납되어 PPP 연결로상에 전달된다.

(2) 일반적인 PPP의 옵션 설정절차

PPP 연결 쌍방간에 최대 패킷길이 또는 인증 프로토콜의 종류 등을 협상할 때 Configuration Request, Configuration NAK, Configuration Reject, Configuration ACK 등의 패킷을 사용한다. 이러한 패킷들

3_ 일단, PPPoE 연결은 설정되어 있다고 간주한다.
4_ IPCP와 같은 프로토콜을 Network Control Protocol(NCP)이라고 한다.

의 사용 예는 다음과 같다.

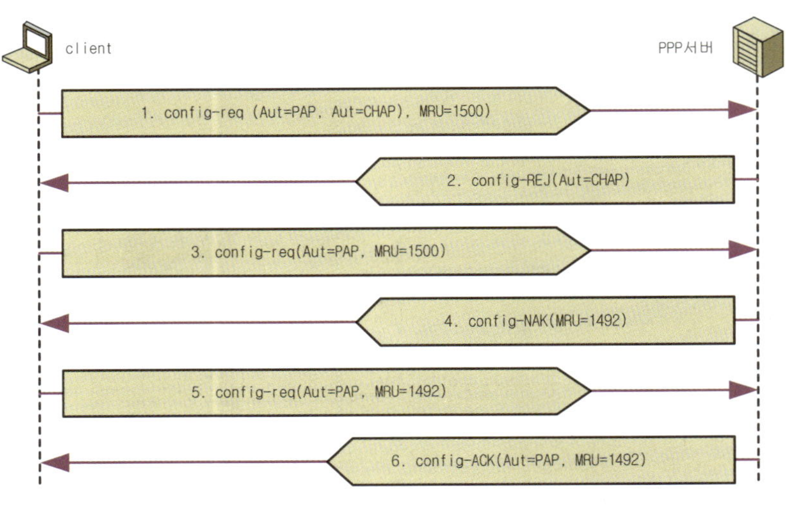

〈그림 7.10〉 일반적인 PPP 옵션 설정절차

① 자신은 인증 프로토콜로 PAP와 CHAP을 모두 지원할 수 있으며, 최대 수신 가능한 프레임 길이 (Maximum Receive Unit)는 1500바이트임을 알린다.

② 인증 프로토콜로 CHAP은 지원 불가능함을 REJECT로 알린다.

③ 그렇다면, CHAP을 제외한 PAP와 MRU=1500 옵션만 지원해달라고 요청한다.

④ MRU는 1492로 하자고 NAK한다. 여기서 NAK는 거부의 의미가 아니라, 수정 요청의 의미이다.

⑤ 할 수 없이, PAP와 MRU=1492 옵션을 요청한다.

⑥ 그렇게 하자고 응답한다.

(3) PPP 동작절차의 예

〈그림 7.11〉은 PPP 단말과 PPP 서버간에 LCP, PAP, IPCP에 의하여, 링크가 개설되는 절차를 도시한 것이다.

① 먼저, 단말은 LCP Request 패킷을 이용하여, 자신의 maximum receive unit(MRU), magic number 그리고 필요한 경우 인증프로토콜의 종류를 PPP 서버로 송신한다.

② 거의 동시에, PPP 서버도 자신의 LCP Request 패킷을 송신할 수도 있다.

③ PPP 서버로부터의 프레임 1에 대한 Configuration ACK 패킷 (프레임 2)을 수신하면, 이어서 PAP과정 으로 넘어간다.

④ PPP 서버도 역시 단말로부터 Configuration ACK를 수신한다[5].

⑤ PPP 서버는 단말에게 사용자 ID와 패스워드를 요구한다.

⑥ PPP 단말은 자신의 사용자 ID와 패스워드를 응답한다.

⑦ IPCP Configuration request를 최초로 송신하는 단말은 해당 Local IP, primary DNS, secondary

---

5_ 실제 PPP의 LCP 단계는 추가적인 옵션들을 조정하기 위하여 더 많은 LCP 패킷들이 교환된다.

DNS, primary NetBIOS Name server(PNBNS) 및 secondary NBNS(SNBNS) 주소를 요구하기 위하여, 0으로 채워진 IPCP request 패킷을 NAS로 송신한다.

⑧ NAS는 자신의 IP 주소가 실린 IPCP Configuration request 패킷을 보낸다.

⑨ 단말로부터 수신된 Configuration request 프레임 7에 대하여, NAS는 PNBNS와 SNBNS 주소는 제공하지 않는다는 의미로 Configuration Reject 패킷에 해당 항목을 0으로 채워서 거부한다.

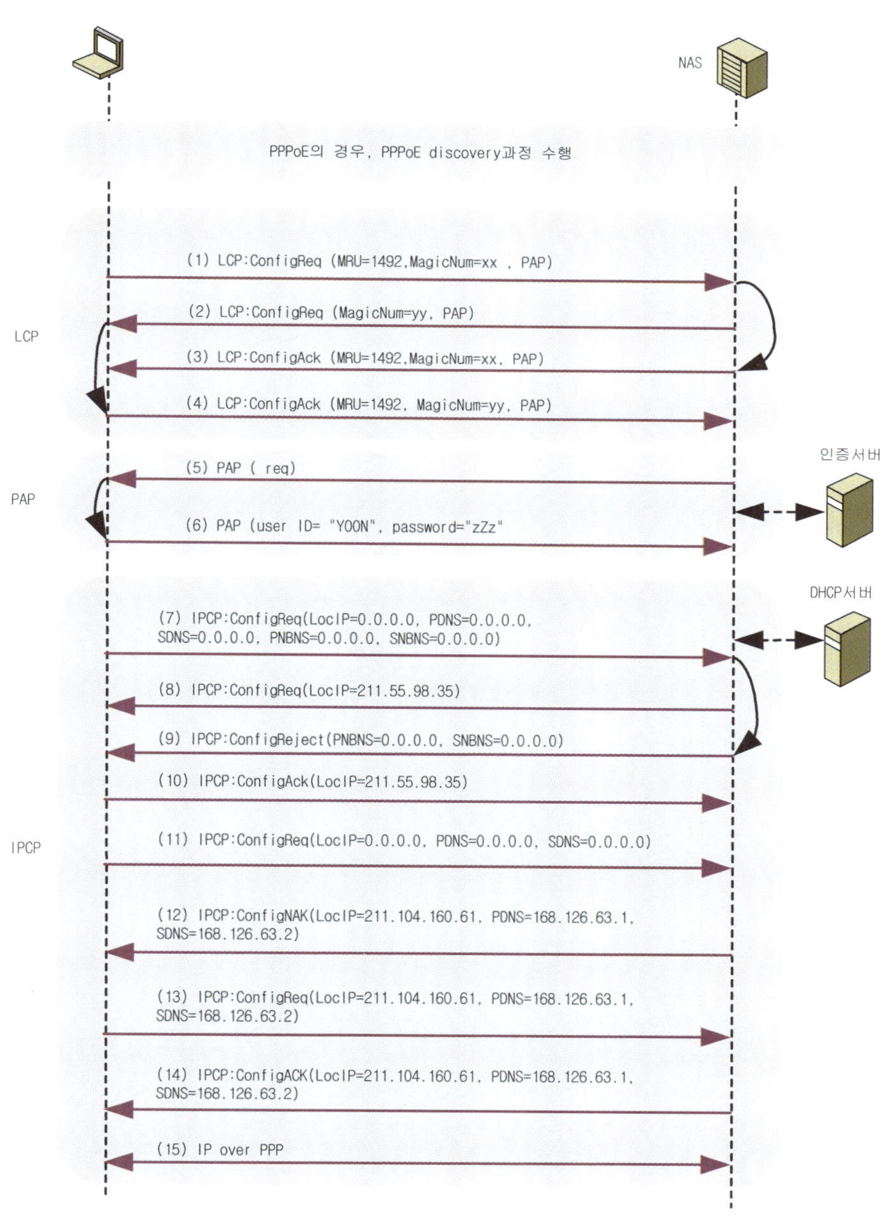

〈그림 7.11〉 PPP 절차의 예

⑩ 단말은 프레임 8에 대한 응답으로서, "그래, 너의 IP주소는 211.55.98.35지"라는 의미의 응답을 보낸다.

⑪ 단말은 PNBNS와 SNBNS 항목을 제외한, IP주소, Primary DNS, Secondary DNS주소 값이 모두 0으로 채워진 Configuration request 패킷을 다시 NAS로 송신하여 이들 주소에 대한 할당을 요구한다.

⑫ 이에 대하여, NAS는 요청받은 해당 주소들이 채워진 Configuration NAK 패킷으로 응답을 하는데, NAK의 의미는 0 대신에 이것을 사용하라는 뜻이다.

⑬ 이렇게 요구된 모든 주소항목을 수신한 단말은 마지막으로 자신이 획득한 주소항목을 채운 Configuration request 패킷을 NAS로 전송한다.

⑭ 단말은 프레임 13에 대한 응답으로서, 결국 NAS로부터 ACK 패킷을 수신하게 된다.

⑮ 이러한 과정이 수행되면, PPP상에서 IP 패킷들을 송신할 수 있게 된다.

7.6 PPP 패킷의 형식

(1) 기본 형식

PPP 패킷은 다음과 같이 별도의 전달용 프레임 내부에 수납되며, PPP와 관련된 여러 가지의 프로토콜 종류를 표시하는 Protocol ID 영역에 이어진 페이로드로 구성된다.

전달용 프레임 헤더 (PPPoE, HDLC, GRE, L2TP 등)	n
Protocol ID	2
페이로드	n
전달용 프레임 트레일러	n

〈그림 7.12〉 PPP 프레임의 형식

(2) Protocol 식별자(Prtocol ID)

PPP 패킷의 종류를 표시하는 용도로 사용되는 것으로서, 여러 가지가 있지만, 다음과 같은 것들이 많이 사용된다.

Protocol ID	Protocol Name	비고
C021	Link Control Protocol (LCP)	RFC 1661
C023	Password Authentication Protocol(PAP)	RFC 1334
C223	Challenge Handshake Authentication Protocol (CHAP)	RFC 1334
C227	EAP	RFC 2284
0021	IP	IP 수납시 사용됨
002b	IPX	IPX 수납시 사용됨

003d	PPP Multi-link Protocol	RFC 1990
00cf	PPP NLPID	RFC1483 ADSL 모뎀에서 사용
8021	Internet Protocol Control Protocol (IPCP)	RFC 1332
80FD	PPP Compression Control Protocol (CCP)	RFC 1962 데이터 압축 및 암호 협상 프로토콜

이 프로토콜 식별자 영역은 기본적으로 2바이트의 길이를 가지지만, LCP협상과정에서 Protocol Compression 옵션이 사용되는 경우, 0x00으로 시작되는 프로토콜 식별자들은 두 번째 바이트값만 사용되어 1바이트의 길이로 단축된다.

7.7 Link Control Protocol(LCP)의 형식

LCP는 각각 1 바이트인 code, ID 그리고 2 바이트길이의 length 영역으로 기본 헤더가 구성되며, 이어서 여러 개의 LCP용 설정옵션이 첨부된다. 여기서, 길이영역은 LCP 패킷의 전체길이, 즉 code부터 시작되는 길이를 표시한다.

전달용 링크 계층 프레임 헤더 (Ethernet, AAL5, HDLC 등)	
Protocol ID = C021	2
Code	1
ID	1
Length	2
LCP configuration options	n

〈그림 7.13〉 LCP 패킷의 형식

● Code 영역 : LCP의 종류를 규정하며, 다음과 같은 값이 규정되어 있다.

코드	LCP의 종류
1	Configure-Request
2	Configure-Ack
3	Configure-Nak
4	Configure-Reject
5	Terminate-Request
6	Terminate-Ack
7	Code-Reject
8	Protocol-Reject
9	Echo-Request
10	Echo-Reply
11	Discard-Request
12	Identification

- ID : LCP 패킷의 일련번호로서, 중복 수신되는 것을 감지할 수 있도록 한다.
- Length : Code 영역부터 끝까지의 길이
- LCP configuration options : LCP의 페이로드에 수납되는 협상용 옵션값들의 기본 형식은 다음과 같이 Type-Length-Data 형식으로 구성된다.

Type	1
Length	1
Data	n

  - Length : Type-Length-Data의 총 길이를 표시한다.
  - Type 영역 : 옵션의 종류가 수납된다. 다음은 현재 사용되고 있는 type 중의 일부이다.

Type	Name	Data
01	Maximum-Receive-Unit(MRU)	Default= 1500
03	Authentication-Protocol	c023=PAP; c223=CHAP; C227 =EAP
05	Magic-Number	4byte
07	Protocol-Field-Compression	없음.
08	Address-and-Control-Field-Compression	없음.

  - MRU : Maxium Receive Unit : PPP 수신측이 수신 가능한 최대바이트 수.
  - Authentication Protocol : LCP 단계에 이어지는 사용자 인증과정에서 사용될 인증 프로토콜의 종류를 지시.
  - Magic-Number : 랜덤하게 생성된 값으로서, 최근에 송신한 Configuration Request 패킷에 실려간 magic number 값과 이후 상대방으로부터 수신된 Configuration Request 패킷에 담긴 magic number를 비교하여, 같으면 링크가 루프백된 것으로 판단한다. 만약 다르다면, 루프백이 아닌 정상적인 경우이므로, Configuration ACK 패킷으로 응답한다. 이때 ACK 패킷의 magic number는 수신된 request 패킷의 그것과 같다.
  - Protocol-Field-Compression : Protocol 영역값이 0xFF이하의 값을 가지는 경우, 2바이트 길이의 Protocol영역 대신에, 한 바이트만 사용할 수 있도록 한다. 예를 들어, IP의 Protocol 값은 0x0021인데, 이 Protocol-Field-Compression옵션이 활성화되면, 0x21로 코딩된다.
  - Address-and-Control-Field-Compression (ACFC) : 이 값이 협상되면, PPP 헤더의 address와 control 영역이 사용되지 않는다. 즉, 고전적인 PPP프레임은 {Address, Control, Payload} 형식을 가지는데, 이 프레임이 이더넷 프레임에 수납되어 전송되는 경우, 이 Address 영역은 무의미하므로, Address-Compression 옵션이 협상되면 이 주소 영역(보통 0x03)을 사용하지 않는다.
- LCP 패킷의 예 : Protocol ID=0xC023인 LCP 패킷 중에서, 〈그림 7.14〉는 Configuration Request 패킷의 예이다. 특별히, 서버와의 인증 프로토콜의 종류를 협상하기 위하여, 자신은 PAP를 지원할 수 있음을 알리고 있음을 알 수 있다.

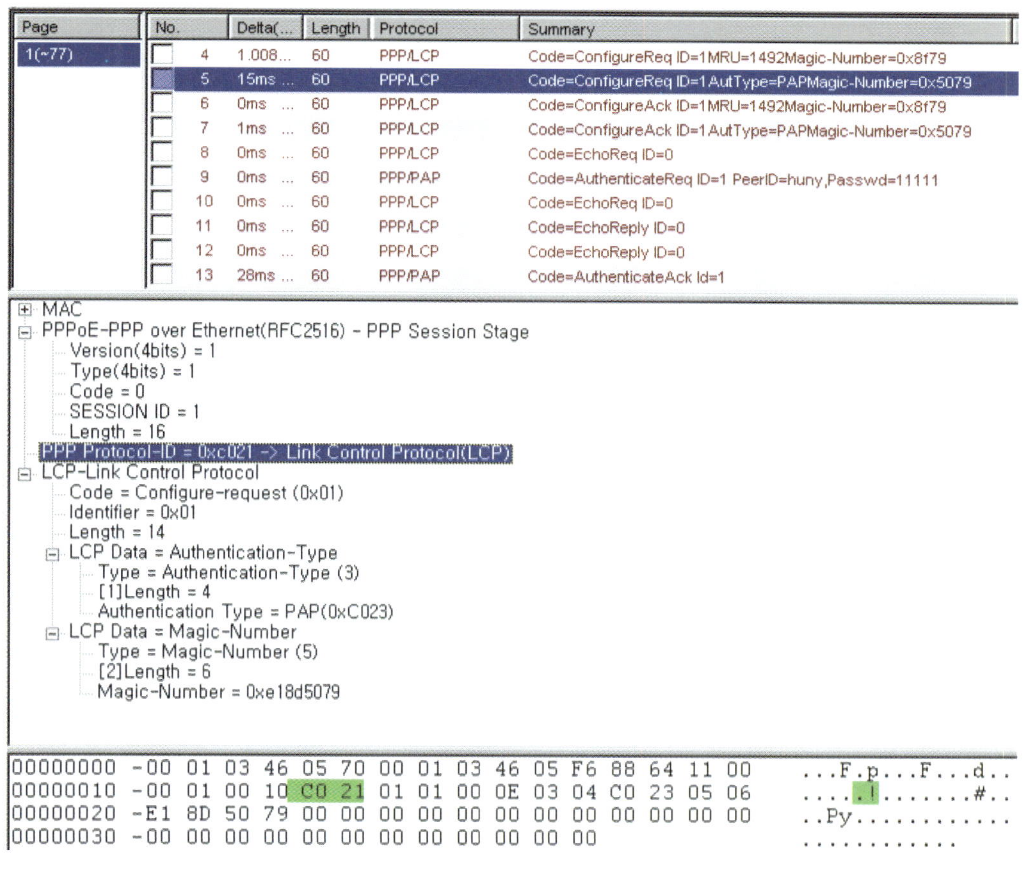

〈그림 7.14〉 LCP Configuration Request 패킷의 예

7.8 PAP(Password Authentication Protocol)

(1) 개 요

PPP의 LCP단계 이후, 사용자 인증을 위하여, PAP, CHAP, EAP 등 다양한 방법의 인증절차가 수행된다. 이들 중에서 PAP는 가장 기본적인 인증 방식으로서, 〈그림 7.15〉와 같이, {사용자Id, Password}를 PPP 서버인 NAS에게 전달함으로써, 사용자 인증이 수행된다. 이렇게 PAP는 간단한 사용자 인증 방식이기는 하지만, 패스워드 영역이 평문으로 전달되기 때문에 보안에 문제가 있다[6].

6_ 만약, 전화선로를 사용하는 ADSL망과 같이 물리적으로 점대점 연결인 경우 큰 문제는 없다.

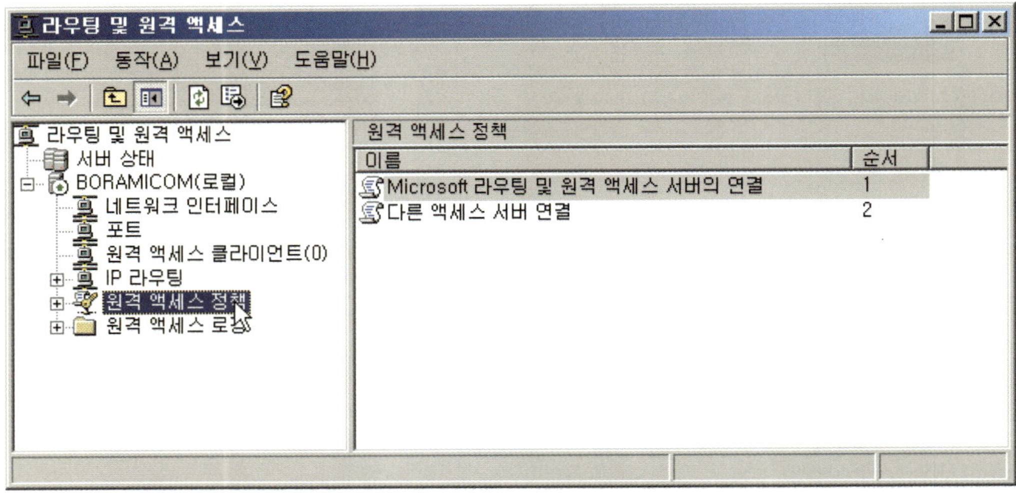

<그림 7.15> PAP의 인증절차

(2) PAP 패킷 형식

PAP 패킷의 형식은 REQ와 ACK, NAK 프레임의 종류에 따라 다음과 같이 서로 다르게 구성된다.

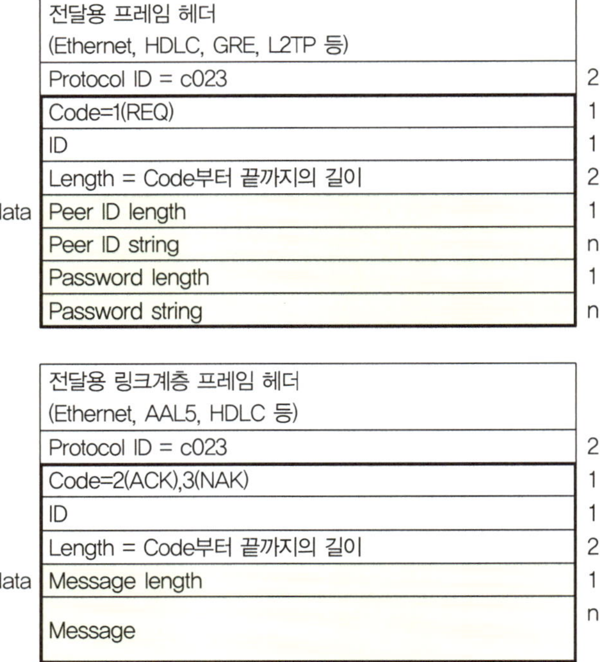

<그림 7.16> PAP 패킷의 형식

- Code
  - 1 : Authentication Request
  - 2 : Authentication ACK
  - 3 : Authentication NAK
- ID : 송신 일련번호로서, 요청 메시지와 응답 메시지의 번호는 동일해야 한다.
- Length : Code 영역부터 끝까지의 길이이다.
- PAP data
  - Authenticate-Request 메시지의 경우
    - PeerID : PeerID length와 peer ID 문자열(즉, username)로 구성된다[7].
    - Password : Password length와 password string으로 구성된다.
  - Authenticate-Ack와 Authenticate-Nak 패킷의 경우 : Message Length와 Message 영역으로 구성되며, 환영 또는 거부에 대한 이유를 표시하는 문자열이다.

(3) 인증절차의 예

{사용자 이름인 Peer-ID, 사용자 Password}가 수납된 Authenticate-Request 패킷이 수신되면, PPP 서버는 해당 정보가 합당한 경우, Authenticate-Ack 패킷으로 응답하고, 그렇지 않으면 Authenticate-Nak로 응답하고 링크를 단절한다.

이러한 PAP 패킷의 예는 〈그림 7.17〉과 같으며, PPPoE 헤더 다음에 수납되어 있음을 알 수 있다. PAP를 표시하는 Protocol ID에 이어, PAP 패킷에 사용자ID="pappap", 패스워드="123456"가 전송되었음을 알 수 있다. 이것에 대하여, PPP 서버는 Authentication ACK로 응답한다. 이 응답에는 〈그림 7.18〉과 같이 "Success"라는 데이터 메시지가 같이 포함된다.

Page		No.	Delta(...	Length	SrcIP/IPXsocket	DstIP/IPXsocket	Protocol	Summary
1(~21)		9	0ms ...	60	-.-.-.-	-.-.-.-	PPP/PAP	Code=AuthenticateReq ID=1 PeerID=...
		10	0ms ...	60	-.-.-.-	-.-.-.-	PPP/LCP	Code=EchoReq ID=0
		11	0ms ...	60	-.-.-.-	-.-.-.-	PPP/LCP	Code=EchoReply ID=0UndefinedType...
		12	10ms ...	60	-.-.-.-	-.-.-.-	PPP/LCP	Code=EchoReply ID=0
		13	40ms ...	60	-.-.-.-	-.-.-.-	PPP/PAP	Code=AuthenticateAck Id=1
		14	0ms ...	60	-.-.-.-	-.-.-.-	PPP/IPCP	Code=Configure-request, ID=1 LocIP...
		15	0ms ...	60	-.-.-.-	-.-.-.-	PPP/IPCP	Code=Configure-request, ID=1 LocIP...

```
⊟ MAC
      Destination Address(00-01-03-46-07-F7)<--Source Address(00-01-03-46-06-1B)
      Ether Type = 0x8864
⊟ PPPoE-PPP over Ethernet(RFC2516) - PPP Session Stage
      Version(4bits) = 1
      Type(4bits) = 1
      Code = 0
      SESSION ID = 1
      Length = 20
   PPP Protocol-ID = 0xc023 -> Password Authentication Protocol(PAP)
⊟ PAP-Password Authenticate Protocol (RFC1334)
      Code = Authenticate (0x01)
      Identifier = 0x01
      Length = 18
   ⊟ Data (14 bytes)
         Peer-ID Length = 6
         Peer-ID (6 bytes) = "pappap"
         Password Length = 6
         Password(6 bytes) = "123456"

00000000  -00  01  03  46  07  F7  00  01  03  46  06  1B  88  64  11  00    ...F.....F...d..
00000010  -00  01  00  14  C0  23  01  01  00  12  06  70  61  70  70  61    .....#.....pappa
00000020  -70  06  31  32  33  34  35  36  65  65  65  65  65  65  65  65    p.123456eeeeeeee
00000030  -65  65  65  65  65  65  65  65  65  65  65  65                    eeeeeeeeeeee
```

〈그림 7.17〉 PAP Authenticate 패킷의 예

7_ 여기서 peer라는 의미는 서버 입장에서 바라본 사용자이다.

Page		No.	Delta(...	Length	SrcIP/IPXsocket	DstIP/IPXsocket	Protocol	Summary
1(~21)		9	0ms ...	60	-.-.-.-	-.-.-.-	PPP/PAP	Code=AuthenticateReq ID=1 PeerID=...
		10	0ms ...	60	-.-.-.-	-.-.-.-	PPP/LCP	Code=EchoReq ID=0
		11	0ms ...	60	-.-.-.-	-.-.-.-	PPP/LCP	Code=EchoReply ID=0UndefinedType...
		12	10ms ...	60	-.-.-.-	-.-.-.-	PPP/LCP	Code=EchoReply ID=0
		13	40ms ...	60	-.-.-.-	-.-.-.-	PPP/PAP	Code=AuthenticateAck Id=1
		14	0ms ...	60	-.-.-.-	-.-.-.-	PPP/IPCP	Code=Configure-request, ID=1 LocIP...
		15	0ms ...	60	-.-.-.-	-.-.-.-	PPP/IPCP	Code=Configure-request, ID=1 LocIP...

```
⊟ MAC
      Destination Address(00-01-03-46-06-1B)<--Source Address(00-01-03-46-07-F7)
      Ether Type = 0x8864
⊟ PPPoE-PPP over Ethernet(RFC2516) - PPP Session Stage
      Version(4bits) = 1
      Type(4bits) = 1
      Code = 0
      SESSION ID = 1
      Length = 14
   PPP Protocol-ID = 0xc023 -> Password Authentication Protocol(PAP)
⊟ PAP-Password Authenticate Protocol (RFC1334)
      Code = Authenticate-Ack (0x02)
      Identifier = 0x01
      Length = 12
   ⊟ Data (8 bytes)
         Message Length = 7
         Message(7 bytes)
```

```
00000000 -00 01 03 46 06 1B 00 01 03 46 07 F7 88 64 11 00    ...F.....F...d..
00000010 -00 01 00 0E C0 23 02 01 00 0C 07 53 75 63 63 65    .....#.....Succe
00000020 -73 73 00 00 00 00 00 00 00 00 00 00 00 00 00 00    ss..............
00000030 -00 00 00 00 00 00 00 00 00 00 00 00 00             .............
```

〈그림 7.18〉 PAP Authenciation ACK 패킷의 예(Success의 경우)

7.9 IPCP 패킷 형식

인증이 완료된 PPP연결에 대하여, PPP 단말에 대한 IP주소와 DNS, 라우터 주소 등을 할당할 때 사용된다.

전달용 프레임 헤더 (Ethernet, HDLC, GRE, L2TP 등)	
Protocol ID = 0x8021	2
Code	1
ID	1
Length	2
IPCP configuration options	n

〈그림 7.19〉 IPCP의 형식

● Code 영역 : IPCP의 종류를 규정하며, 다음과 같은 code들이 규정되어 있다.

코드	태그 이름
1	Configure–Request
2	Configure–Ack
3	Configure–Nak
4	Configure–Reject

5	Terminate-Request
6	Terminate-Ack
7	Code-Reject

● Configuration option : IPCP의 데이터 부분에 들어가는 설정옵션의 기본형식은 다음과 같다.

Type	1
Length	1
Data	n

여기서, Type 영역은 1바이트로서, Configuration 종류를 표시한다. 다음은 현재 사용되고 있는 type들이다.

Type code	Name	관련RFCs
2	IP-Compression-Protocol	RFC1332
3	IP-Address	RFC1332
0x81(129)	Primary-DNS-Address	RFC1877
0x82(130)	Primary NBNS Address	RFC1877
0x83(131)	Secondary-DNS-Address	RFC1877
0x84(132)	Secondary-NBNS-Address	RFC1877

다음의 예는 서버가 송신한 IPCP-NAK 패킷으로서, 해당 단말에 대하여, 10.67.15.1을 단말의 IP주소로 할당한 것이다. 이 IPCP는 NAK 패킷인데, 이 NAK의 의미는 앞에서도 소개하였지만, 이 주소를 사용하라는 의미이다.

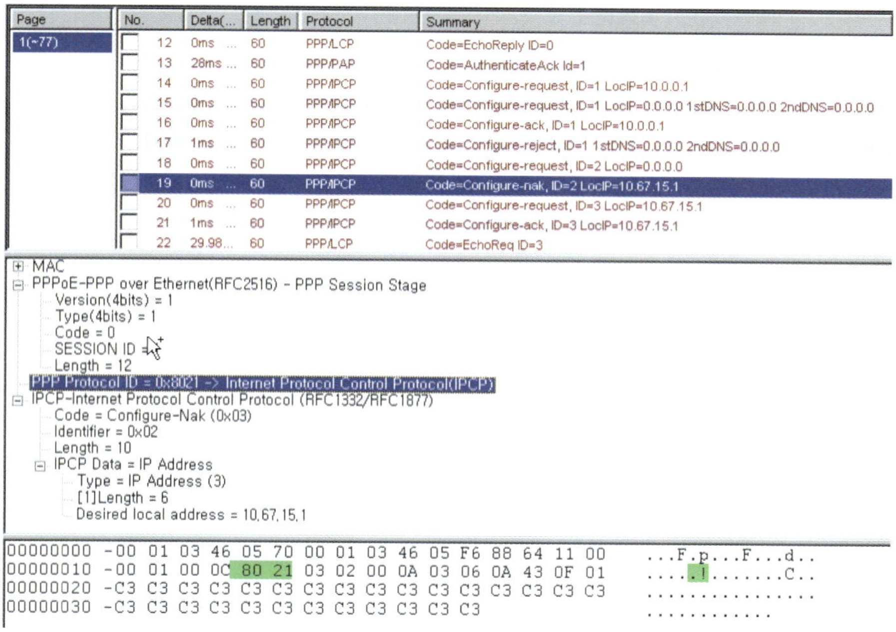

〈그림 7.20〉 IPCP 패킷의 예

7.10 IP가 수납된 PPP 패킷 형식

인증절차와 IP 주소할당 과정이 수행되면, 다음과 같이 PPP에 IP가 수납되어 전송된다.

전달용 링크계층 프레임 헤더 (Ethernet, AAL5, HDLC 등)	
Protocol ID = 0x0021	2
IP packet	n

〈그림 7.21〉 PPP IP 패킷의 형식

다음 〈그림 7.22〉는 IP를 수납한 PPP/PPPoE 패킷의 예로서, Protocol ID가 0x0021임을 알 수 있다[8].

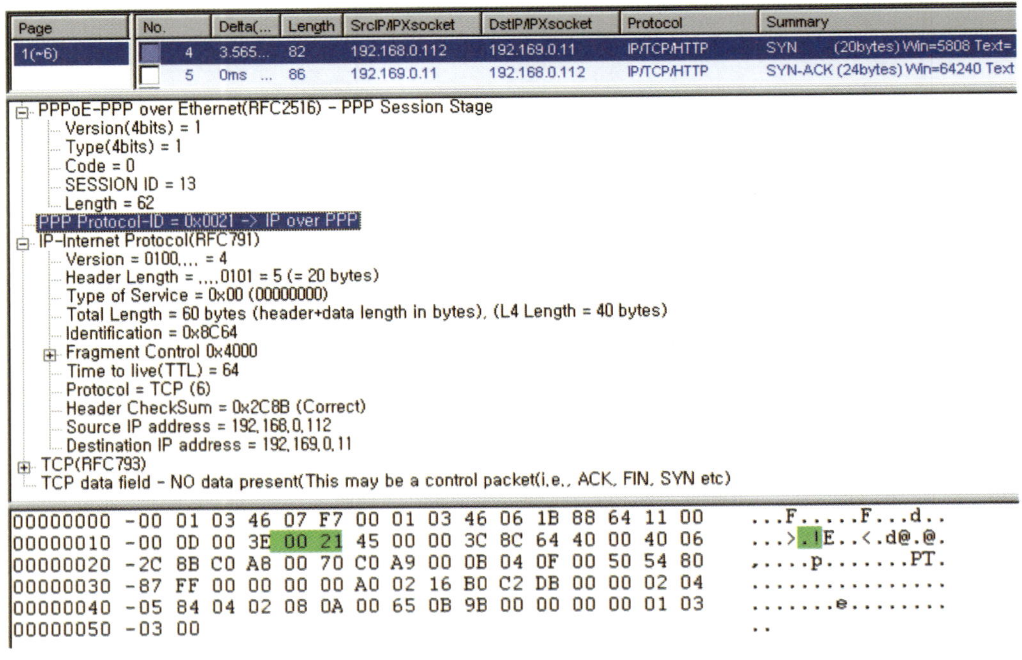

〈그림 7.22〉 IP를 수납한 PPP/PPPoE 패킷의 예

7.11 Challenge-Handshake Authentication Protocol(CHAP)

(1) 개 요

또 다른 인증 프로토콜인 CHAP은 패스워드가 전송되지 않기 때문에 PAP 보다 보안성이 높다. 이러한 CHAP 방식으로는 표준 CHAP, Microsoft CHAPv1/v2가 있다.

8_ 이 2바이트의 Protocol ID 0021은 LCP 협상과정에서 Control Field Compression이 설정된 경우, 0x21만 전송된다.

(2) 인증절차

기본적인 CHAP에 의한 인증 절차는 다음 〈그림 7.23〉과 같이 3-way 핸드쉐이킹 절차를 수행한다.

① 먼저, 사용자 이름(user_ID)을 PPP 서버(NAS)에 보내면, PPP 서버는 랜덤한 값인 Challenge Value (CV)와 순서번호(Id)가 수납된 CHAP Challenge 패킷을 단말에게 송신한다.

② 이것을 수신한 단말은 자신의 패스워드와 CV값, 그리고 순서번호인 ID값을 이용한 Message Digest 5 (MD5) 방식에 의해 생성된 Hash Value(HV)를 담은 CHAP Response 패킷으로 응답한다.

③ 패킷을 수신한 인증 서버는 자신이 생성했던 CV값과 자신의 계정 테이블에 저장된 패스워드와 패킷순서 번호(Id)를 사용한 HV' 값을 생성하여 수신된 HV값과 비교해 본다.

④ 만약 HV와 HV' 값이 일치한다면, 해당 사용자가 유효한 사용자이므로, Success 메시지로 응답하게 된다.

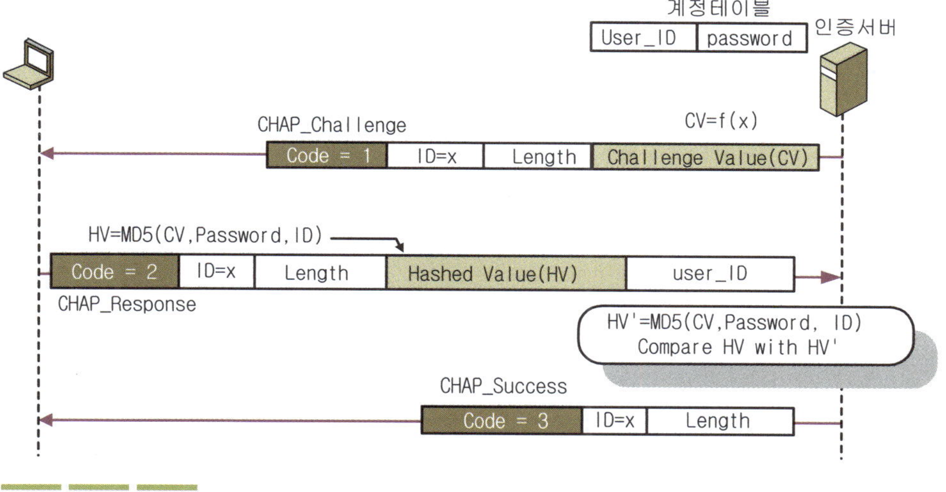

〈그림 7.23〉 CHAP의 동작절차

(3) CHAP 기본 형식

CHAP 패킷 형식은 다음과 같다.

전달용 링크계층 프레임 헤더 (Ethernet, AAL5, HDLC 등)	
Protocol ID = c223	2
Code = 1,2,3,4	1
ID	1
Length = Code부터 끝까지의 길이	2
CHAP data	n

〈그림 7.24〉 CHAP 패킷의 형식

- Code : 다음과 같이 CHAP 절차에 따른 CHAP 패킷의 종류를 표시한다.
  - 1 = Challenge
  - 2 = Response
  - 3 = Success
  - 4 = Fail
- ID : 송신일련번호
- Length : Code부터 끝까지의 길이
- CHAP 데이터 : Code의 종류에 따라, Challenge value, Hash value, Name, Message 등이 사용된다.

(4) Challenge와 Response 패킷 형식

CHAP Challenge와 Response패킷의 형식은 모두 프로토콜 ID로서 0xC223을 가지며, 각각 코드값으로 1과 2를 사용한다.

전달용 링크계층 프레임 헤더 (Ethernet, AAL5, HDLC 등)	
Protocol ID = c223 (CHAP)	2
Code = 1,2	1
ID	1
Length = Code부터 끝까지의 길이	2
Value Size	1
Value	N
Name	N

〈그림 7.25〉 Challenge-Response 패킷의 형식

- Value size : Value 영역의 길이이다.
- Value : Challenge value나 Hash value가 사용된다.
  - Challenge Value(CV) : 서버가 생성한 랜덤한 값이다.
  - Response Value : Response 메시지에서 사용되는 해시값으로서, {송신일련번호 ID, 패스워드, Challenge Value}값에 대한 인증 알고리듬의 결과 값이다. 이것의 길이는 해시 알고리듬에 따라 다르지만, MD5의 경우 16바이트이다.
- Name : 이 패킷의 송신측을 식별할 수 있는 시스템 이름으로서 NULL이 없는 문자 스트링이 사용된다. 이것의 길이는 (Length − value size − 1)로 묵시적으로 알 수 있다.

(6) Success와 Failure 패킷 형식

CHAP Challenge와 Response패킷의 교환에 의한 인증 결과가 수납되며, 코드값으로서 각각 3과 4가 사용된다.

전달용 링크계층 프레임 헤더 (Ethernet, AAL5, HDLC 등)	
Protocol ID = c223	2
Code = 3,4	1
ID	1
Length = Code부터 끝까지의 길이	2
Message	n

〈그림 7.26〉 Success/Failure패킷의 형식

● Message : 이 영역은 없을 수도 있는데, 있는 경우, ASCII문자로 구성된다.

(7) 예

다음의 그림들은 CHAP 과정에서 송수신된 패킷들의 예이다. 먼저, 〈그림 7.27〉은 CHAP Challenge 패킷의 예로서, PPP서버가 클라이언트에게 송신한 것이다. 이 메시지에는 서버가 생성한 Hash value값이 있으며, 참고 사항인 메시지도 포함되어 있다.

Page	No.	Delta(...	Length	SrcIP/IPXsocket	DstIP/IPXsocket	Protocol	Summary
1(~22)	☑ 10	0ms ...	64	-.-.-.-	-.-.-.-	PPP/CHAP	Code=Challenge, ID=1
	11	0ms ...	60	-.-.-.-	-.-.-.-	PPP/LCP	Code=EchoReply ID=0
	12	0ms ...	60	-.-.-.-	-.-.-.-	PPP/LCP	Code=EchoReply ID=0
	13	0ms ...	60	-.-.-.-	-.-.-.-	PPP/CHAP	Code=Response, ID=1
	14	0ms ...	60	-.-.-.-	-.-.-.-	PPP/CHAP	Code=Success, ID=1
	15	0ms ...	60	-.-.-.-	-.-.-.-	PPP/IPCP	Code=Configure-request, ID=1 LocIP...

```
⊟ MAC
    Destination Address(00-01-03-46-06-1B)<--Source Address(00-01-03-46-07-F7)
    Ether Type = 0x8864
⊟ PPPoE-PPP over Ethernet(RFC2516) - PPP Session Stage
    Version(4bits) = 1
    Type(4bits) = 1
    Code = 0
    SESSION ID = 1
    Length = 44
  PPP Protocol-ID = 0xc223 -> Challenge Handshake Authentication Protocol(CHAP)
⊟ CHAP-Challenge Handshake Authentication Protocol (RFC1994)
    Code = Challenge(1)
    Id = 01H
    Length = 42
⊟ CHAP Data (38 bytes)
  ⊟ CHAP Value Field
      Value Length = 16 bytes)
      Value (Hash Value) = 80 A9 5A 21 2C 9A 66 81 93 57 7C 7C 51 30 B0 52
    Message ="localhost,localdomain"
```

```
00000000 -00 01 03 46 06 1B 00 01 03 46 07 F7 88 64 11 00   ...F.....F...d..
00000010 -00 01 00 2C C2 23 01 01 00 2A 10 80 A9 5A 21 2C   ....,#...*...Z!,
00000020 -9A 66 81 93 57 7C 7C 51 30 B0 52 6C 6F 63 61 6C   .f..W||Q0.Rlocal
00000030 -68 6F 73 74 2E 6C 6F 63 61 6C 64 6F 6D 61 69 6E   host.localdomain
```

〈그림 7.27〉 CHAP Challenge 패킷의 예

CHAP Challenge 패킷에 대하여, 클라이언트가 응답한 CHAP Response 패킷의 예는 〈그림 7.28〉과 같다. 이 패킷에는 클라이언트가 자신의 패스워드 정보로부터 생성한 MD5 Hash값이 Value 영역에 실려가며, 동시에 자신의 사용자 이름인 "chapchap"도 전송됨을 알 수 있다.

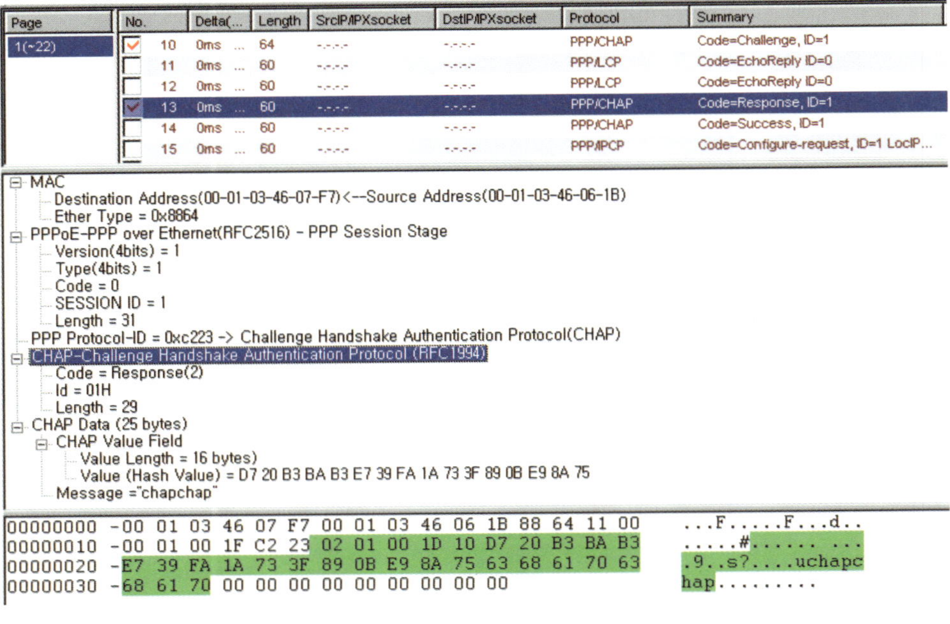

〈그림 7.28〉 CHAP Response 패킷의 예

클라이언트로부터의 응답에 대하여, 서버는 사용자인 "chapchap"에 대한 인증이 성공한 경우, 〈그림 7.29〉와 같은 CHAP Success 패킷으로 응답한다. 이 패킷에는 환영 메시지가 실려있음을 알 수 있다. 이후, IPCP에 의한 동적 IP 할당과정이 계속된다.

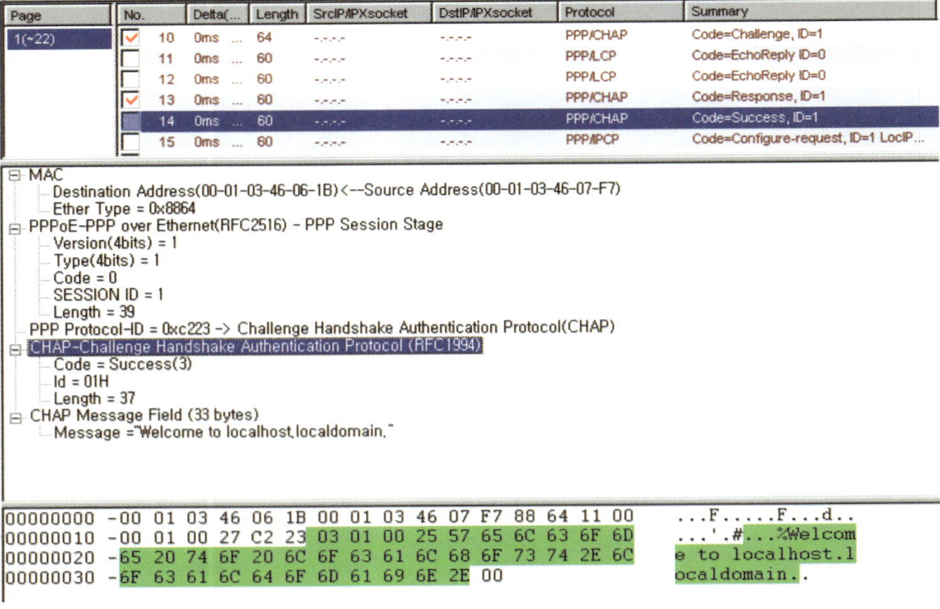

〈그림 7.29〉 CHAP Success 패킷의 예

(8) LCP 단계에서의 CHAP 인증방식 협상과정

참고로, CHAP 인증절차 이전에 수행되는 LCP 단계에서 수행되는 인증 프로토콜 종류의 협상시, CHAP 기능의 지원여부를 상대방에게 알리는 Authentication-Protocol 옵션의 형식은 다음과 같다. 기본적인 CHAP 방식은 MD5 방식이지만, 마이크로소프트사의 MS-CHAP, MS-CHAPv2 등도 협상할 수 있다.

전달용 링크계층 프레임 헤더 (Ethernet, AAL5, HDLC 등)	
Protocol ID = LCP	2
...	
Options — Type = 3 (Authentication Protocol)	1
Length = 5	1
Authentication Protocol = 0xC223 (CHAP)	2
Algorithm 0x05 = MD5, 0x80 = MS-CHAP, 0x81 = MS-CHAP-V2,	1

〈그림 7.30〉 CHAP 인증방식을 협상하기 위한 LCP 프레임의 Authentication-Protocol 옵션의 예

7.12 Microsoft PPP CHAP Extensions, Version 2

RFC2759 표준인 마이크로소프트사 전용 CHAP 프로토콜인 MS-CHAP-V2는 기존의 CHAP과 유사하다[9].

(1) Challenge와 Response 패킷 형식

MS-CHAP-V2 Challenge 패킷은 기존의 CHAP Challenge 패킷의 형식과 동일하다. 반면에, MS-CHAP-V2 Response 패킷은 기존 것과 형식은 동일하지만, Value 영역의 내용이 상이하다.

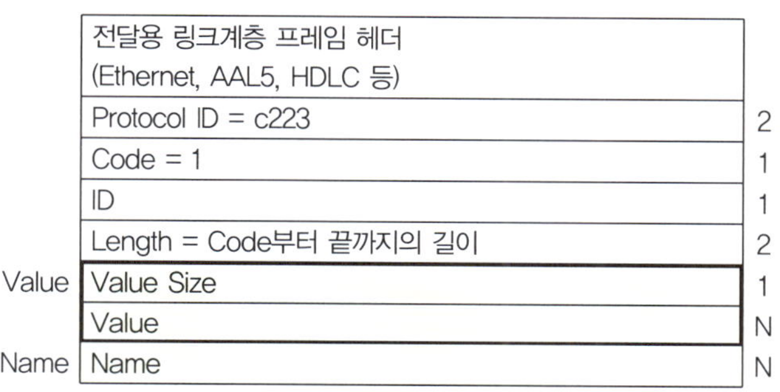

전달용 링크계층 프레임 헤더 (Ethernet, AAL5, HDLC 등)	
Protocol ID = c223	2
Code = 1	1
ID	1
Length = Code부터 끝까지의 길이	2
Value — Value Size	1
Value	N
Name — Name	N

(a) Challenge

9_ LCP configuration값은 CHAP과 같지만, Algorithm 영역의 값이 0x05(MD5)가 아니라 0x81이다.

<table>
<tr><td rowspan="5"></td><td colspan="2">전달용 링크계층 프레임 헤더
(Ethernet, AAL5, HDLC 등)</td><td></td></tr>
<tr><td colspan="2">Protocol ID = c223</td><td>2</td></tr>
<tr><td colspan="2">Code = 2</td><td>1</td></tr>
<tr><td colspan="2">ID</td><td>1</td></tr>
<tr><td colspan="2">Length = Code부터 끝까지의 길이</td><td>2</td></tr>
<tr><td rowspan="6">Value</td><td>Value Size</td><td>1</td></tr>
<tr><td>Peer-Challenge</td><td>16</td></tr>
<tr><td>Rsvd = all Zero's</td><td>8</td></tr>
<tr><td>NT-Response</td><td>24</td></tr>
<tr><td>Flags = all Zero's</td><td>1</td></tr>
<tr><td>Name</td><td>Transmitter's Name</td><td>N</td></tr>
</table>

(b) Response

〈그림 7.31〉 MS-CHAP-V2 메시지의 형식

- Value size : Value 영역의 길이이다.
- Value : Challenge나 Hash 값이 사용된다.
- Peer-Challenge : 서버가 생성한 16바이트의 랜덤값이다.
- NT-Response : {password, user name, Peer-Challenge, 수신된 Request 프레임에 있던 challenge} 로부터 계산되는 24바이트의 값이다.
- Flags : 사용되지 않는다.
- Name : 최대 256바이트의 사용자 계정이름이다.

(2) Success 패킷 형식

기존의 CHAP Success 패킷과 동일하지만, Message 영역에 인증서버로 부터의 인증결과에 대한 42바이트의 인증 스트링과 선택적인 메시지로 구성된다.

이것은 "S=〈auth_string〉 M=〈message〉" 형식을 가진다. 여기서, 〈auth_string〉 은 Challenge 패킷에 수납되었던 {challenge, Response 패킷에 있던 Peer-Challenge, NT-Response 영역, 상대방의 패스워드} 등으로부터 생성된 해시값으로서, 수신측 클라이언트는 이것을 이용하여 이 Success 메시지가 해당 서버로 부터 온 것인지를 인증한다. 이 인증값은 계산된 20바이트의 해시값을 40개의 16진수 값으로 표시된 것이다. 예를 들어, 20바이트 길이의 해시값 0x2037…은 40바이트 길이의 "2037…" 스트링으로 변환된다. 그리고, 〈message〉 영역은 사용자가 읽을 수 있는 문자열로 구성되는데, 이 메시지 영역은 없을 수도 있다.

(3) Failure 패킷 형식

이것도 기존의 CHAP Failure 패킷과 동일하지만, Message 영역은 보다 상세한 정보가 수납되도록 "E=eeeeeeeeee R=r C=cccccccccccccccccccccccccccccccccc V=vvvvvvvvvv M=〈msg〉" 형식을 가진다.

- "E=eeeeeeeeee" : ASCII값으로 표시되는 error code 이다. 규정된 오류코드는 다음과 같다.

```
646  ERROR_RESTRICTED_LOGON_HOURS
647  ERROR_ACCT_DISABLED
648  ERROR_PASSWD_EXPIRED
649  ERROR_NO_DIALIN_PERMISSION
691  ERROR_AUTHENTICATION_FAILURE
709  ERROR_CHANGING_PASSWORD
```

- "R=r" : '1'이면 retry 가 허용됨을 표시한다. 서버가 1로 설정하여 응답하면, 클라이언트는 response 메시지를 새로 생성해서 CHAP과정을 다시 수행하도록 한다.
- "C=cccccccccccccccccccccccccccccccc" : challenge 값으로서, 32바이트의 길이를 가진다.
- "V=vvvvvvvvv" : Version을 표시한다. MS-CHAP-V2의 경우, 3이다.
- ⟨msg⟩ : 읽을 수 있는 선택적인 문자열로 구성된다.

(4) Change-Password 패킷

이 패킷은 표준 CHAP 이나, MS-CHAP-V1에는 없었던 것으로서, 단말이 자신의 패스워드를 변경하고자 할 때 사용된다. 이것은 서버로부터 응답된 Failure 메시지에 패스워드가 만기되었다는 ERROR_PASSWD_EXPIRED (E=648) 오류코드가 명시된 경우에만 송신할 수 있다.

7.13 윈도우 2003을 이용한 PPPoE 실험

PAP인증을 사용하는 ADSL망과 유사한 망을 실험하기 위하여, ⟨그림 7.32⟩와 같이 PPPoE 단말, PPPoE 서버를 설치한다. 단, 사용자 계정정보는 모두 PPPoE 서버에 설정하도록 한다[10]. 그리고 접속하는 단말에 대한 IP주소를 동적으로 할당하기 위하여, PPPoE 서버가 단말들에 대한 IP주소를 직접 할당하는 방법을 사용하도록 한다[11].

이러한 실험환경에서, 다음과 같은 순서로 PPP의 인증 프로토콜을 실험한다.

- PPPoE 서버 설정
- RRAS 서버 설정
- PPPoE 단말에 의한 PAP 인증절차

10_ RADIUS 인증서버를 활용한 인증절차는 다음 장에서 다루도록 한다.
11_ 물론, DHCP 서버를 활용해도 된다.

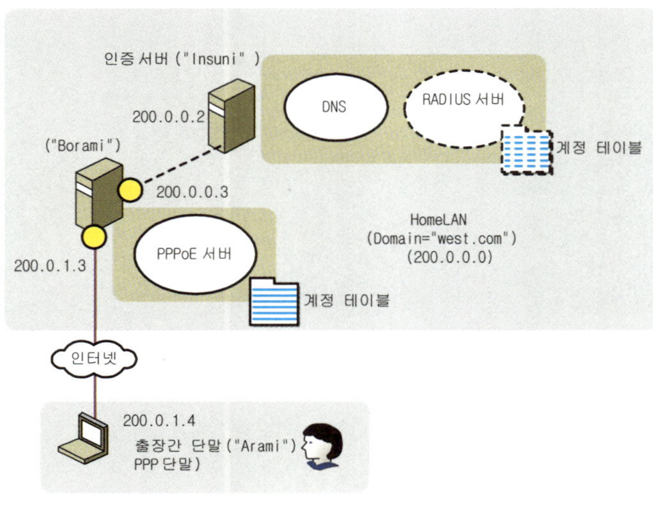

〈그림 7.32〉 PPPoE 실험망의 구성

7.14 윈도우 2003 서버용 PPPoE 서버 설정

STEP 74 PPPoE 서버인 BoramiCom은 도메인에 가입되지 않는 워크그룹 스테이션으로 설정되도록 한다. 그리고 관리자 계정으로 로그온한다.

STEP 75 http : //www.raspppoe.com/에서 RASPPPoE 프로그램을 PPPoE 서버인 BoramiCom에 내려 받아 압축을 해제한다. 윈도우 2000/2003 서버에 PPPoE 서버 기능이 지원되지 않기 때문에, PPPoE 서버 기능을 가진 공개용 소프트웨어인 RASPPPOE를 사용해야만 한다[12].

STEP 76 PPPoE 프로토콜을 설치하기 위해 바탕화면의 [네트워크 환경]의 [등록 정보]를 마우스로 선택한다. 화면에 표시되는 [네트워크 및 전화 접속 어댑터] 창에서 외부망 측 인터페이스에 해당되는 [로컬 영역 연결]의 [등록 정보] 창을 열고, RASPPPoE를 추가하기 위하여, [설치]를 클릭하고 [프로토콜]을 선택한 후 [추가]를 클릭한다.

STEP 77 [네트워크 프로토콜 선택] 창에서 '디스크 있음'을 클릭한다.

STEP 78 '찾아보기'를 클릭하여 압축을 해제한 폴더에서 'RASPPPOE' 파일을 선택하고 '열기' ➡ '확인'을 클릭한다.

STEP 79 [네트워크 프로토콜 선택] 창에 'PPP over Ethernet Protocol' 항목을 확인하고 '확인'을 클릭한다. 이후, 화면에 여러 번의 디지털 서명 경고 창이 표시되면, 모두 무시한다.

12_ 이 RASPPPOE는 PPPoE 클라이언트 기능으로 동작시킬 수도 있다.

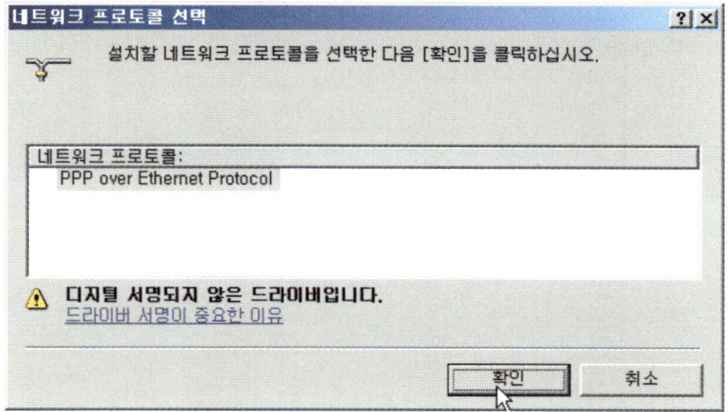

STEP 80 설치가 완료되면 [로컬 영역 연결 등록 정보] 창에 새로운 "PPP over Ethernet Protocol" 항목을 확인할 수 있다.

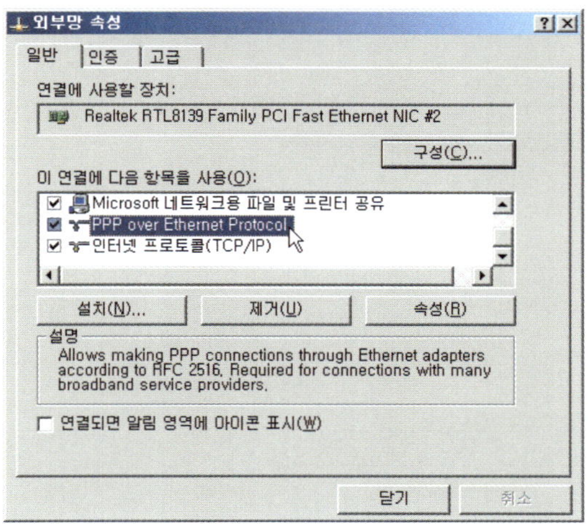

STEP 81 PPPoE 드라이버가 설치되었으면, 사용자 Arami를 Borami PPPoE 서버의 사용자로 계정을 등록하기 위하여, 관리 도구에 있는 "컴퓨터 관리"를 선택하고, 로컬 사용자 및 그룹 폴더에 있는 사용자 폴더를 열어, 이곳에 사용자 계정인 Arami를 새 사용자로 등록한다.

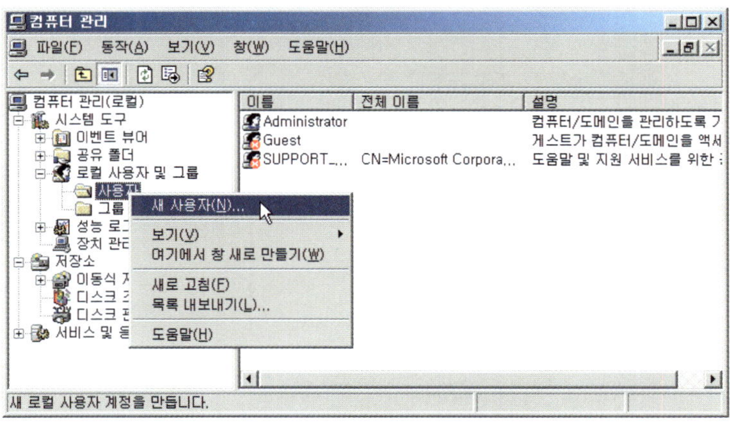

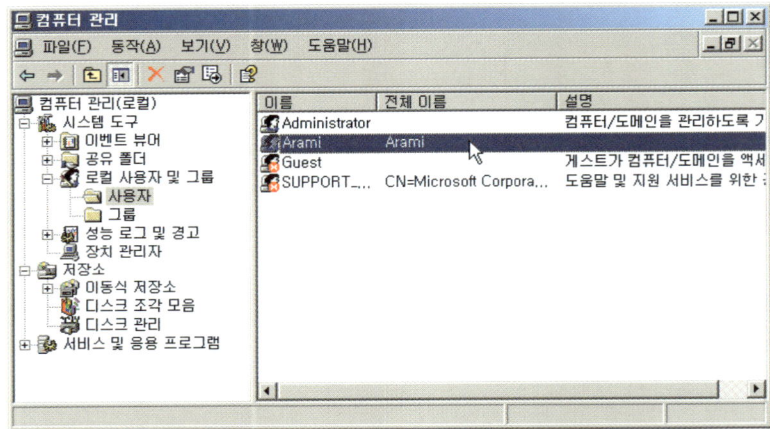

STEP 82 사용자 Arami의 [속성]을 선택하고, "전화 접속 로그인" 탭에서 '액세스 허용'을 클릭함으로써, 사용자 Arami의 등록을 완료한다.

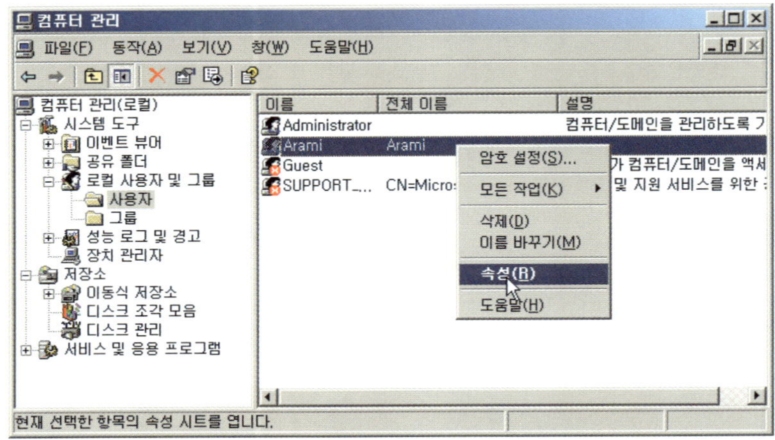

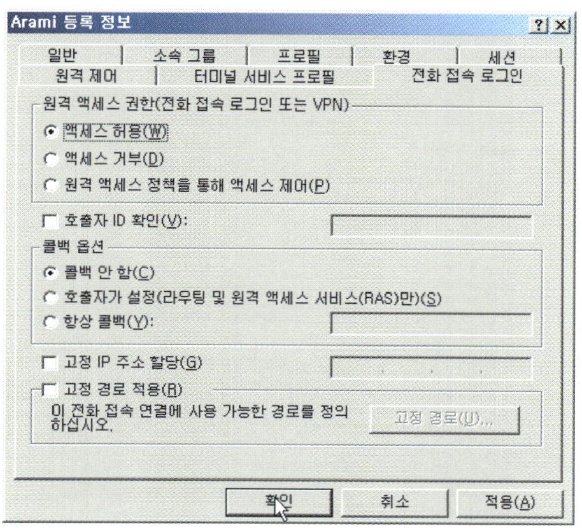

7.15 윈도우 2003 서버용 RRAS 서버 설정

STEP 83 지금부터, BoramiCom의 RAS, 즉, NAS 기능을 설정하도록 한다. 사용자로부터의 PPPoE 접속 요청이 수신되면, 이 사용자에 대한 PPP LCP 협상과 사용자 인증절차, PCP에 의한 IP주소 할당과정을 수행할 수 있도록 한다. 이후, PPP 패킷에 수납된 IP패킷들에 대한 라우팅 동작도 지원할 수 있도록 한다. 먼저, [시작] ➜ [프로그램] ➜ [관리도구] ➜ [라우팅 및 원격 액세스]를 실행한다.

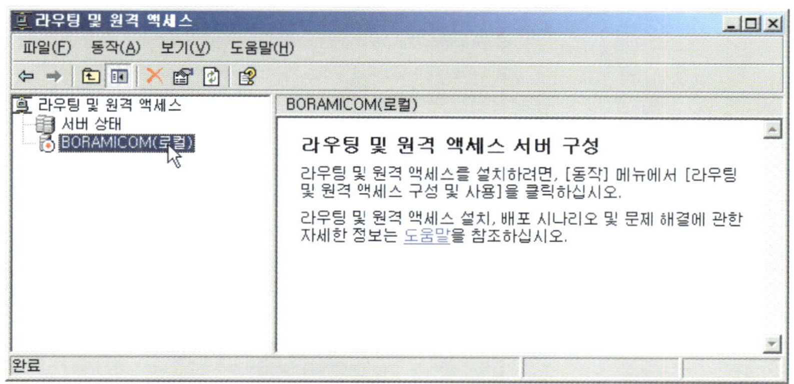

STEP 84 "BORAMI(로컬)" 항목에서 마우스 오른쪽 버튼을 클릭하여 '라우팅 및 원격 액세스 사용 및 구성'을 실행하여 마법사가 실행되도록 하고, '다음'을 클릭한다.

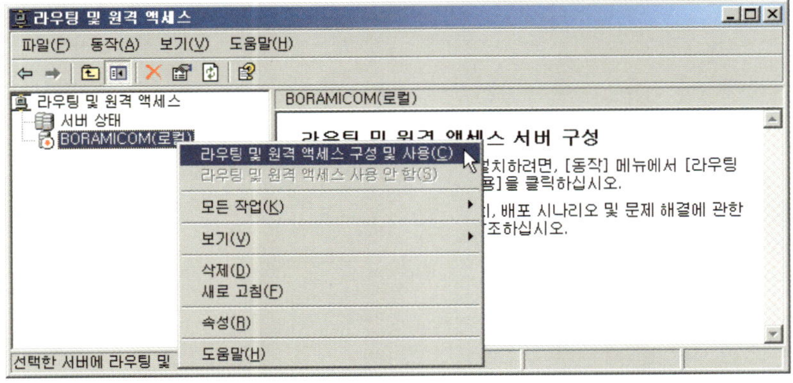

STEP 85 [사용자 지정 구성] 창에서, 그림과 같이 설정하고 마법사를 완료한다.

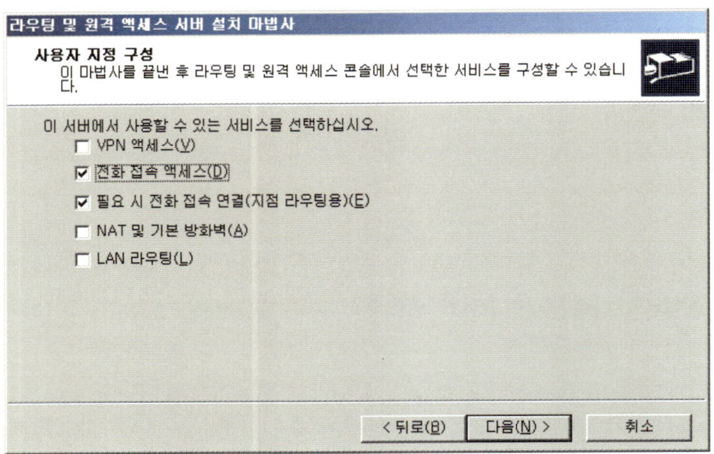

STEP 86 이제 부터, 액세스 정책을 설정한다. 다음과 같은 [라우팅 및 원격 액세스] 창에서, [원격 액세스 정책]을 선택하면 오른쪽에 표시되는 원격 액세스 정책중 "Microsoft 라우팅.."에 마우스 오른쪽 버튼을 클릭하여 [속성]을 선택한다.

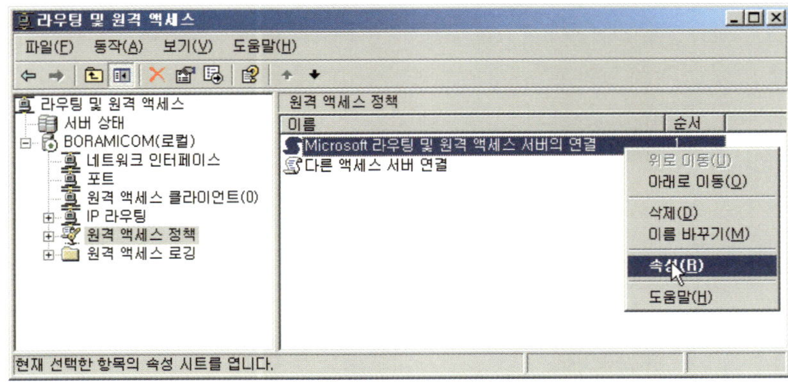

STEP 87 속성의 [설정] 창에서, [프로필 편집]을 클릭한다. 이때, [원격 액세스 권한 허용]도 미리 선택해 놓도록 한다.

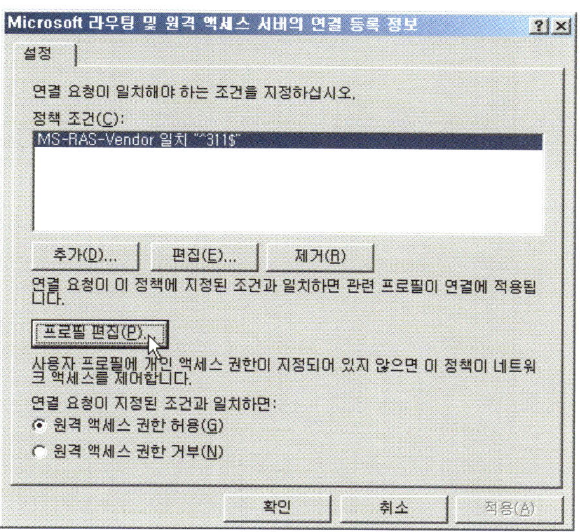

STEP 88 "전화 접속 로그인 프로필 편집"의 [인증] 탭에서, 사용자 인증 방법인 PAP를 선택한다.

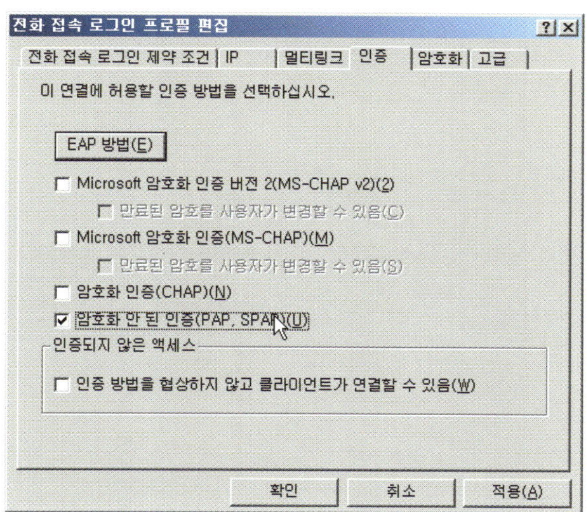

STEP 89 [확인]을 클릭한다.

STEP 90 [암호화] 탭에서, "암호화 안 함"을 선택한 후, [확인]한다.

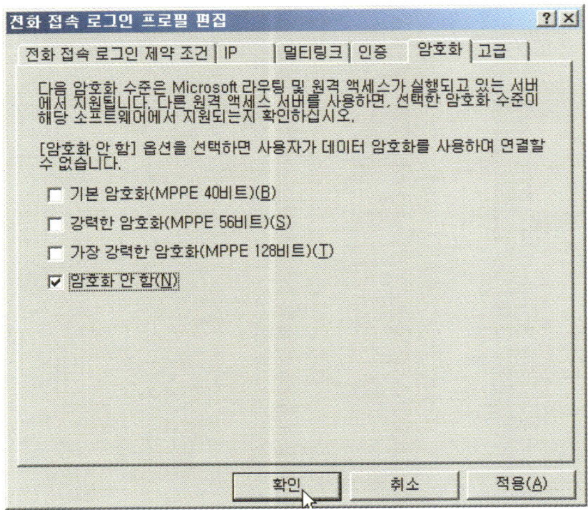

STEP 91 다시, [라우팅 및 원격 액세스] 창에서, 그림과 같이 [BORAMICOM(로컬)] 항목에서 마우스 오른쪽 버튼을 클릭하여 [속성]을 클릭한다.

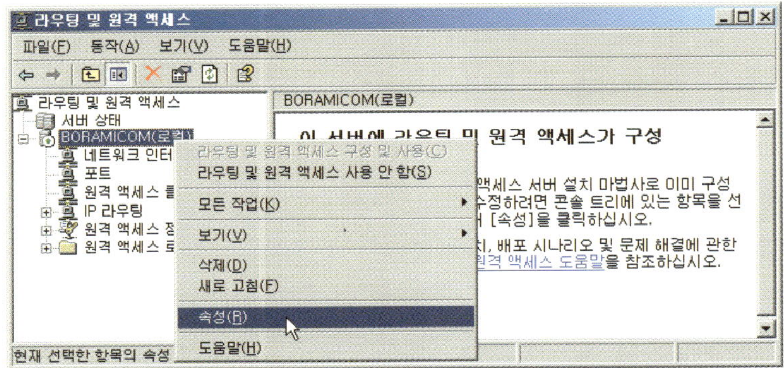

STEP 92 [등록 정보] 창에서, [일반] 탭에서 이 서버가 라우터 및 원격 액세스 서버로 동작할 수 있도록 설정한다.

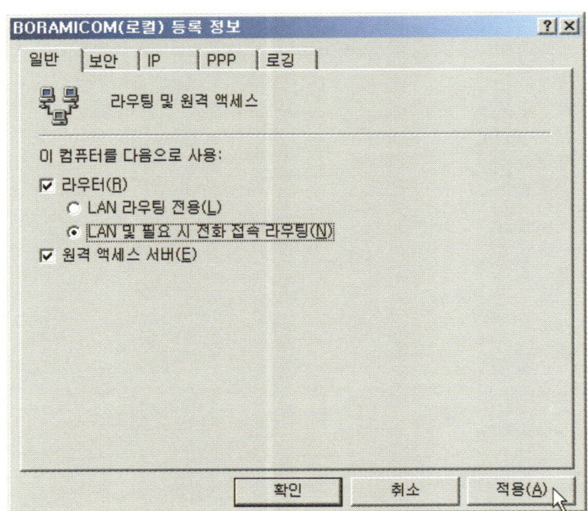

STEP 93 [BORAMICOM(로컬) 등록 정보] 창의 [보안] 탭으로 이동하여 '인증공급자' 와 '계정공급자' 의 항목을 "Windows 인증" 으로 설정함으로써, 이 서버에 등록된 사용자들에 대한 인증을 직접 BoramiCom이 수행하도록 한다. 만약, RADIUS 서버를 사용한 인증의 경우에는 'RADIUS인증' 을 선택해야 하는데, 이 과정은 제 8 장에서 다루도록 한다.

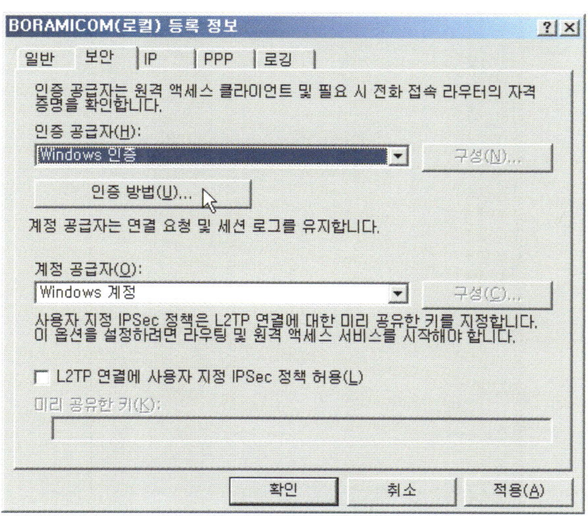

STEP 94 [보안] 탭을 선택하면, 표시되는 [인증 방법] 창에서 기본적인 인증프로토콜로 [부호화되지 않은 암호(PAP)]를 선택한다.

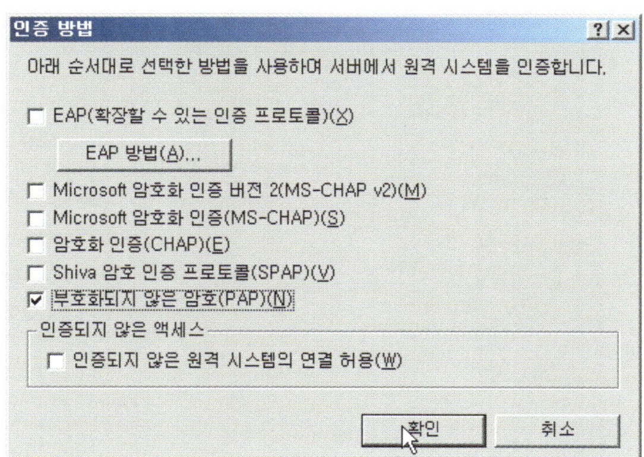

STEP 95 [IP] 탭에서 접속하는 원격 단말들에 대한 내부망 주소를 할당하는 방법으로, 200.0.0.10~19까지의 고정 주소 풀을 사용하도록 한다. 이를 위하여, [추가] 버튼을 이용하도록 한다.

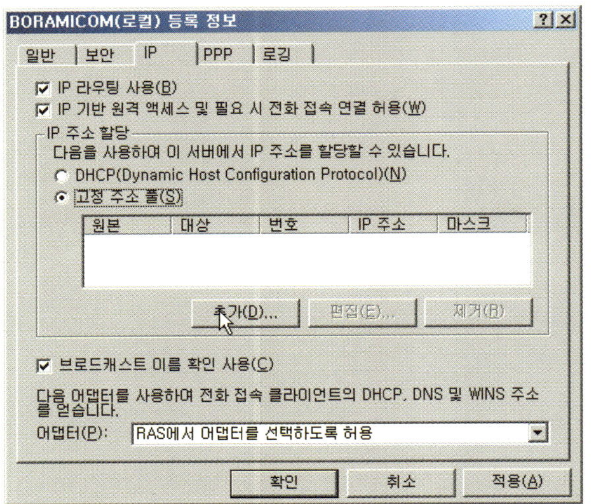

STEP 96 확인을 클릭한 후, [BORAMICOM(로컬) 항목]에서 마우스 오른쪽 버튼을 클릭하여 [모든작업] ➜ [다시 시작]을 실행한다. 이로서, PPPoE 서버인 BoramiCom의 설정이 완료된다.

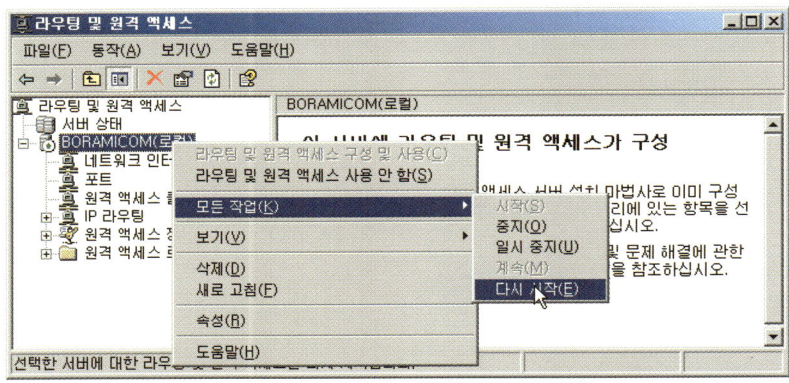

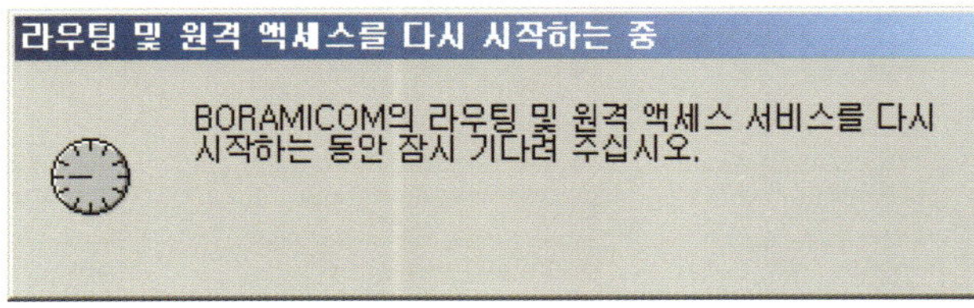

7.16 PPPoE 클라이언트(Arami) 설정

HomeLAN에 있는 시스템들에 대한 연결을 위하여, 윈도우 XP 시스템인 Arami 단말에 PPPoE 기능을 설치하여, 서버와의 PPPoE 접속을 시험한다.

STEP 97 먼저, 200.0.1.5 주소를 가지는 Arami의 DOS 창에서, PPPoE 서버에 접속을 하지 않을 상태에서, Home LAN에 있는 시스템에 대한 연결이 가능한지 시험한다. 당연히, PPPoE 서버에 접속을 하지 않고는 외부망에 접근을 할 수가 없다. 따라서, PPPoE로 접속할 수 있도록 PPPoE 클라이언트 기능을 설치하도록 한다.

STEP 98 Arami의 '내 네트워크 환경'에서 오른쪽 마우스 버튼을 클릭하여 [속성]을 선택하면, 다음과 같은 창이 표시된다. '새 연결 만들기'를 클릭하여 '새 연결 마법사'를 실행한다.

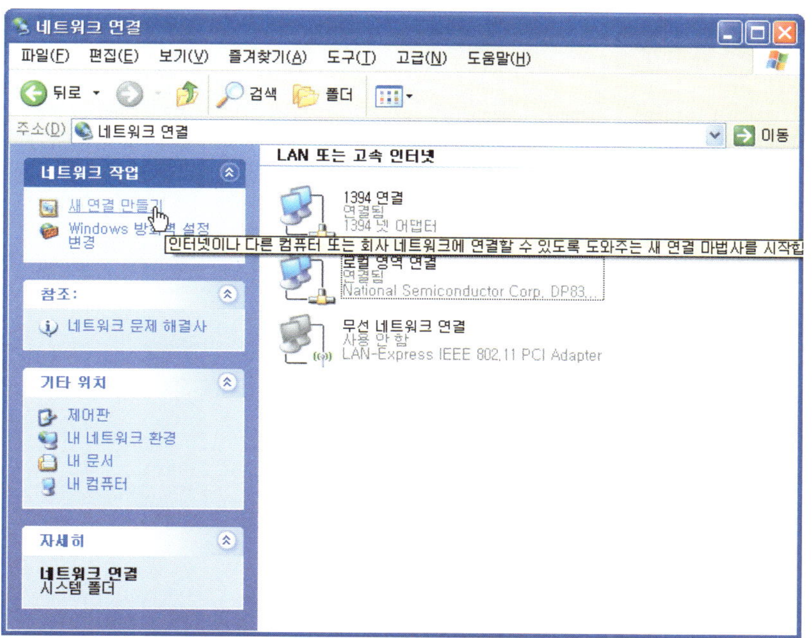

STEP 99 '인터넷에 연결' 항목을 체크하고 '다음'을 클릭한다.

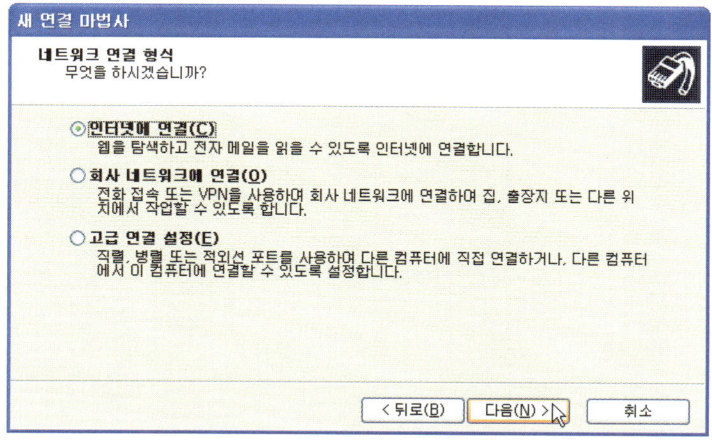

STEP 100 '연결을 수동으로 설정' 항목에 체크하고 '다음' 을 클릭한다.

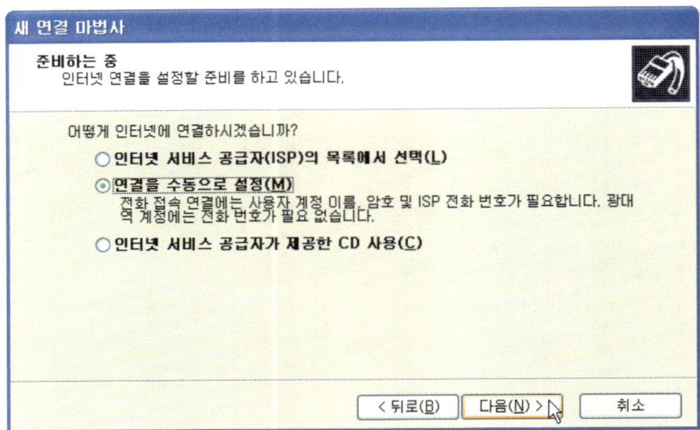

STEP 101 [사용자 이름 및 암호를 필요로 하는 광대역 연결을 사용하여 연결] 항목에 체크하고 '다음' 을 클릭한다.

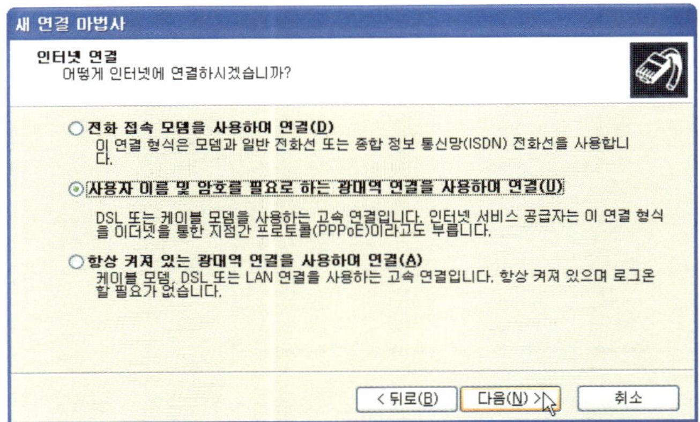

STEP 102 'ISP 이름' 에 임의의 이름을 적어주고 '다음' 을 클릭한다. 이 이름은 새로 만드는 연결의 이름이 된다.

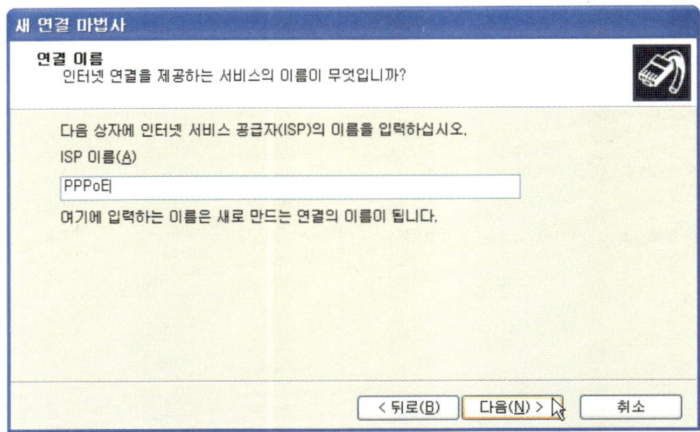

STEP 103 [연결 유용성]에서 [모두 사용]을 선택한다.

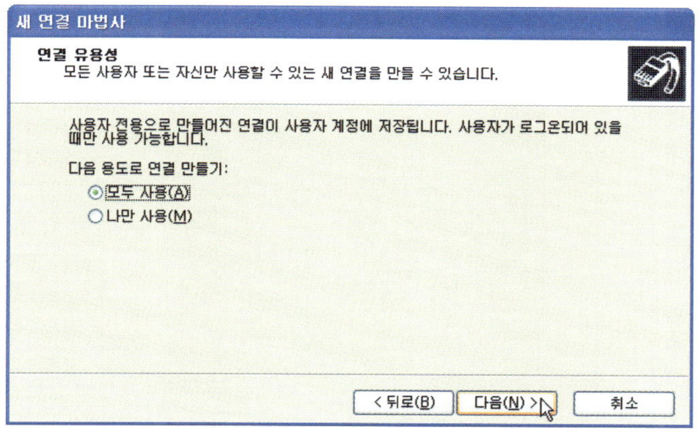

STEP 104 사용자 이름은 연결을 시도하면서 입력할 수 있으므로 그냥 '다음' 을 클릭하여 넘어간다. 이어, '마침' 을 클릭하여 마법사를 종료한다.

225

STEP 105 마법사를 종료하면 다음과 같은 연결화면이 표시된다. 여기서, '속성' 을 클릭하여 [PPPoE 속성] 창을 띄운 후 '보안' 탭으로 이동하여 '고급설정' 항목에 체크하고 '설정' 을 클릭한다.

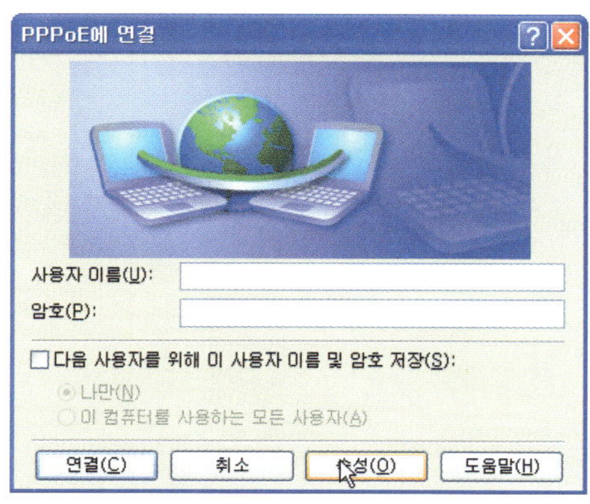

STEP 106 [PPPoE 속성] 창의 [보안] 탭으로 이동하여 '고급 설정' 항목에 체크하고 '설정' 을 클릭한다.

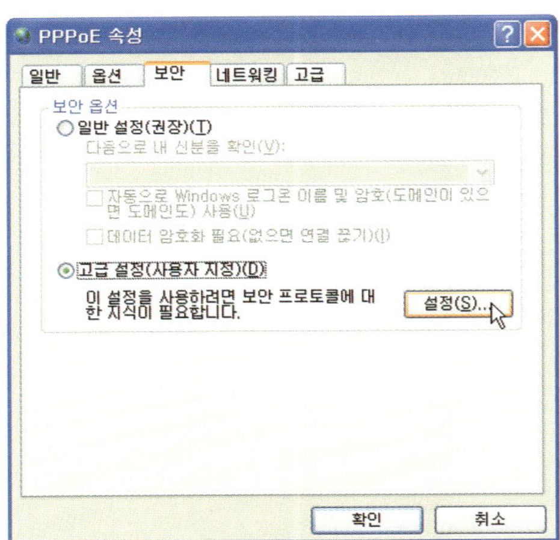

STEP 107 'PAP' 을 선택하고 '확인' 을 클릭한다. 이후, 경고 창이 보일 수도 있지만, [예]를 선택한다.

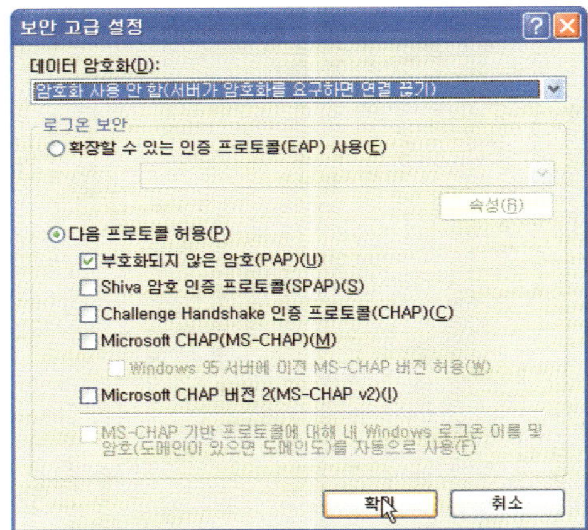

226

STEP 108 다시 연결화면에서 사용자 이름과 암호에 계정 정보를 입력하고 '연결' 을 클릭하여 접속을 시도한다.

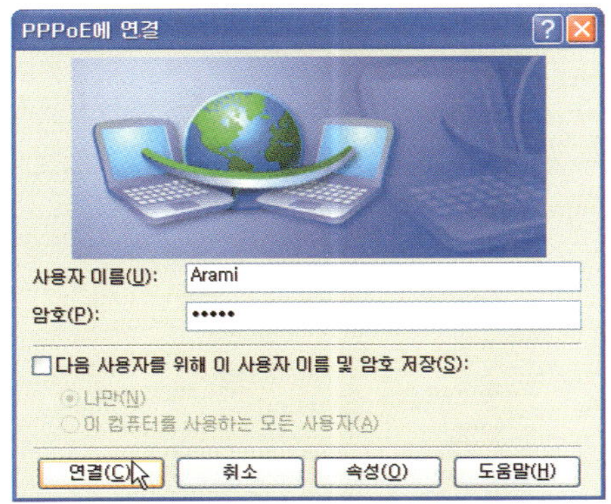

STEP 109 '연결'이라는 버튼을 클릭하면 접속이 시작되게 되는데, 먼저 PPPoE 연결과정이 개시된다.

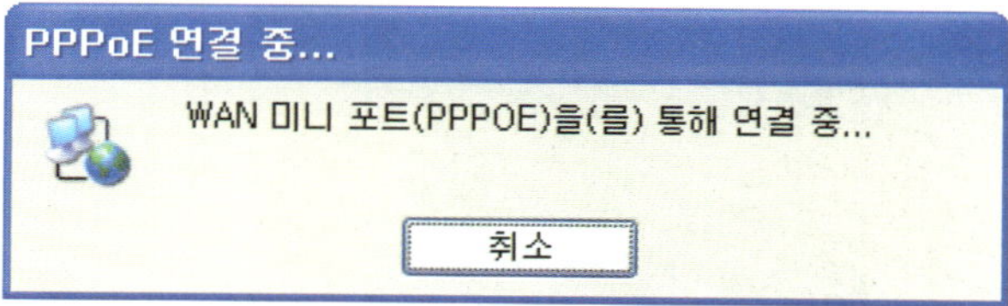

STEP 110 이어, 인증절차가 진행중임을 다음 그림으로 알 수 있다.

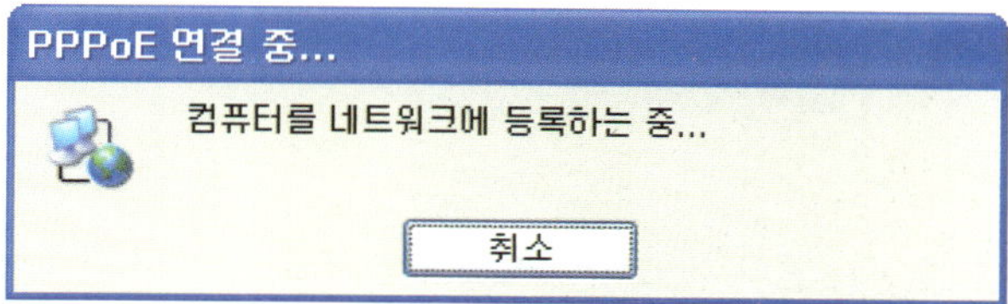

STEP 111 접속이 성공하면, PPPoE 연결이 설정된다.

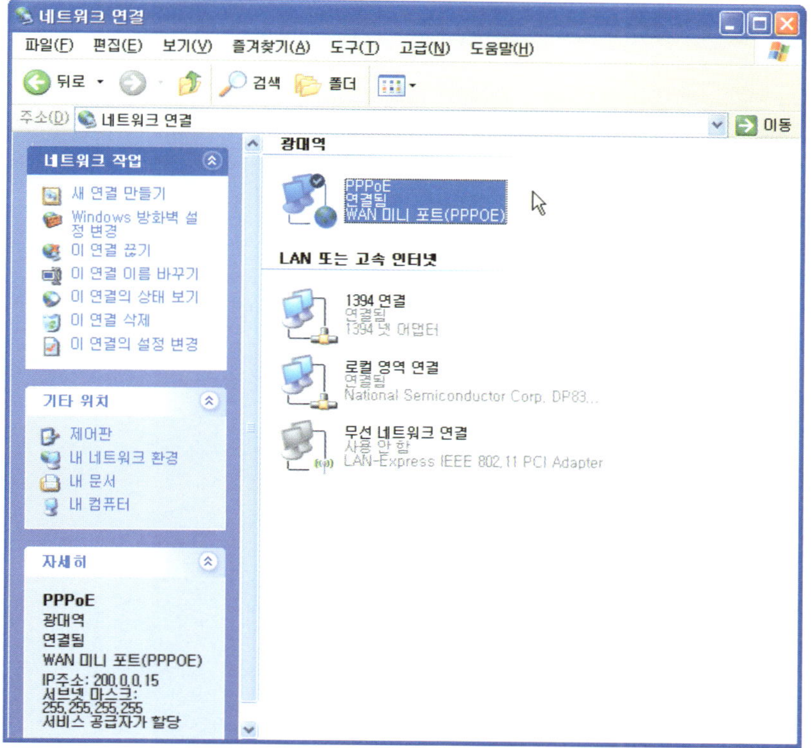

STEP 112 ping 시험을 수행하도록 한다. 또한, DOS 창에서 "route print"명령으로 확인한다. 자신의 IP인 200.0.1.4 외에, PPP 서버로부터 할당받은 Home LAN 내부망 주소인 200.0.0.16의 새로운 IP가 추가되었음을 알 수 있다. 확인을 클릭한 후, [BORAMI(로컬) 항목]에서 마우스 오른쪽 버튼을 클릭하여 '모든작업 ➜ ' 다시 시작'을 실

행한다. 이로서, PPPoE 서버인 BoramiCom의 설정이 완료된다.

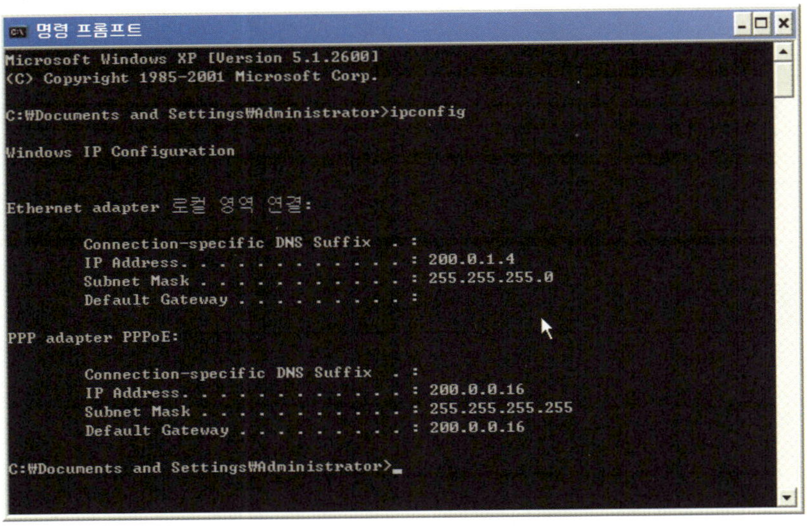

```
Microsoft Windows XP [Version 5.1.2600]
<C> Copyright 1985-2001 Microsoft Corp.

C:\Documents and Settings\Administrator>ipconfig

Windows IP Configuration


Ethernet adapter 로컬 영역 연결:

        Connection-specific DNS Suffix  . :
        IP Address. . . . . . . . . . . : 200.0.1.4
        Subnet Mask . . . . . . . . . . : 255.255.255.0
        Default Gateway . . . . . . . . :

PPP adapter PPPoE:

        Connection-specific DNS Suffix  . :
        IP Address. . . . . . . . . . . : 200.0.0.16
        Subnet Mask . . . . . . . . . . : 255.255.255.255
        Default Gateway . . . . . . . . : 200.0.0.16

C:\Documents and Settings\Administrator>
```

 **연습 문제**

[1] PPP가 지원하는 기능이 아닌 것은?
 (a) 인증기능   (b) 동적인 IP주소 할당
 (c) PPP 연결 설정값 협상   (d) 라우팅

[2] PPP 패킷이 수납되어 전송될 수 있는 링크계층 프레임이 아닌 것은?
 (a) AAL5   (b) HDLC   (c) Ethernet   (d) SLIP
 (e) Frame Relay   (f) ATM

[3] PPP와 직접 관련된 프로토콜이 아닌 것은?
 (a) LCP   (b) IPCP
 (c) ICMP   (d) IP

[4] PPPoE는 PPP 패킷을 _____ 에 수납하여 송신하기 위한 프로토콜이다.
 (a) ATM   (b) AAL5
 (c) 이더넷   (d) 프레임 릴레이

[5] PPPoE는 _____ 상태와 _____ 상태로 구성된다.
 (a) Discovery, Update   (b) Discovery, Session
 (c) IPCP, Authentication   (d) LCP, IPCP

[6] PPP는 ___, ___, ___순서로 연결과정이 수행된다.
 (a) LCP, CHAP, IPCP   (b) PAP, CHAP, IPCP
 (c) IPCP, LCP, PAP   (d) PAP, IPCP, LCP

[7] PPP에서, Config-NAK의 의미는 해당 옵션을 _____ 하도록 하는 것이다.
 (a) 삭제   (b) 수정
 (c) 거부   (d) 설정

[8] PPP에서, Config-Reject의 의미는 해당 옵션을 _____ 하도록 하는 것이다.
 (a) 무시   (b) 수정
 (c) 거부   (d) 설정

[9] PPP LCP의 _____ 은 랜덤하게 생성된 값으로서, 링크가 루프백된 것인지를 판단하는데 사용된다.
 (a) MRU Number   (b) Magic Number
 (c) Cookie Number   (4) Callback Number

[10] PPP에서 사용되는 인증 프로토콜의 특징 중 맞는 것은?
 (a) PAP는 패스워드를 노출시키지 않는다.
 (b) CHAP은 사용자 이름을 노출시키지 않는다.
 (c) PAP는 사용자 이름을 노출시키지 않는다.
 (d) CHAP은 패스워드를 노출시키지 않는다.

[11] PPP의 IPCP는 _____ 이다.
 (a) PPP용 ICMP   (b) PPP용 ARP
 (c) PPP용 IP주소 할당 프로토콜   (d) PPP용 IPX

[12] PPP망에서, IP도 PPP에 수납되어 전송된다.

    (a) 맞다   (b) 틀리다

[13] PPP의 Protocol ID로 틀리는 것은?

    (a) IP = 0021   (b) LCP = C021
    (c) IPCP = 8023   (d) PAP = C023

[14] ADSL 망의 구성요소가 아닌 것은?

    (a) NAS   (b) AC   (c) ATU–R   (d) DSLAM
    (e) 이더넷   (f) ATM   (g) Access Point

[15] PPPoE의 Discovery 과정은 ＿＿＿ 을(를) 찾는 과정이다.

    (a) DSLAM   (b) NAS
    (c) 라우터   (d) 단말

[16] CHAP의 동작절차는 ＿＿＿ 웨이 핸드쉐이킹으로 수행된다.

    (a) 1   (b) 2
    (c) 3   (d) 4

[17] CHAP의 동작절차 중 CHAP Response 메시지에 실려가는 Hash값에 포함되지 않는 항목은 ＿＿＿ 이다.

    (a) 송신 일련번호   (b) 패스워드
    (c) Challenge Value   (d) 송신측 사용자 ID

[18] EAP에 대한 설명 중 틀린 것은?

    (a) EAP는 단말과 NAS간에 이더넷으로 연결된 경우, EAPoL의 프레임에 수납되어 전송된다.
    (b) 브리지와 RADIUS 서버간에는 EAP가 RADIUS 패킷의 애트리뷰트에 실려 전달된다.
    (c) LCP 단계에서, EAP 인증 프로토콜의 종류를 명시하는 프로토콜 타입 영역의 값은 0xC227 이다.
    (d) EAP 자체가 구체적인 인증방식을 규정하고 있다.

[19] PPPoE/PPP 서버에서의 인증방 법을 CHAP만 지원하도록 설정하고, 인증절차를 프로토콜 분석기로 수집한 다음 분석하라.

[20] PPP PAP에서 인증에 실패하면, 서버에서 어떤 패킷이 전달되는가?

[21] PPPoE의 Tag 중에서, AC-Cookie 값이 denial-of-Service 공격을 예방할 수 있다고 하는데, 그 이유를 설명하라.

제 8 장

RADIUS 인증 프로토콜

8.1 관련 표준

- RFC2548, Microsoft RADIUS Attributes, 1999.
- RFC 2865, RFC2138 Remote Authentication Dial In User Service(RADIUS), 2000.
- RFC2866, RADIUS Accounting, 2000.
- RFC2867, RADIUS Accounting Modifications for Tunnel Protocol Support, 2000.
- RFC2868, RADIUS Attributes for Tunnel Protocol Support, 2000.
- RFC2869, RADIUS Extensions, 2000.
- RFC3162, RADIUS and IPv6, 2001.
- RFC3576 "Dynamic Authorization Extensions to Remote Authentication Dial In User Service (RADIUS)", 2003
- RFC3579 "RADIUS(Remote Authentication Dial In User Service) Support For Extensible Authentication Protocol(EAP)", 2003.
- RFC 3580, IEEE 802.1X Remote Authentication Dial In User Service(RADIUS) Usage Guidelines, 2003.

8.2 개 요

Remote Authentication Dial-In User Service(RADIUS) 프로토콜은 1997년 Livingston회사(현재, Lucent사에 합병됨)에서 제안한 인증관련 표준인 RFC2138(RADIUS) 및 과금관련 표준인 RFC2139로 구성되어 사용자에 대한 authentication, authorization 및 accounting(AAA) 서비스를 제공한다.

앞 장에서 다루었던 PPP망에서, 사용자가 전화국에 설치된 Network Access Server(NAS)에 PPP 연결을 시도할 때, NAS는 사용자가 전송한 유저네임과 패스워드를 기반으로 자신이 직접 사용자를 인증하여 인터넷의 사용을 허용할 수도 있지만, 전국에 설치된 NAS마다 모든 가입자 계정정보를 모두 설정하고 유지하는 것은 바람직하지 않다.

대신에, NAS는 중앙에 설치된 별도의 인증서버에게 해당 사용자의 정보인 username, password 등을 보내고, 이 인증서버로부터 통보되는 인증결과에 의거, 사용자의 인터넷 사용을 허가하거나 거부한다.

이러한 망 접근시 사용하는 사용자 인증방법은 네스팟 서비스와 같은 공중 무선 LAN에서도 NAS 역할을 하는 AP와 인증서버간에 수행된다.

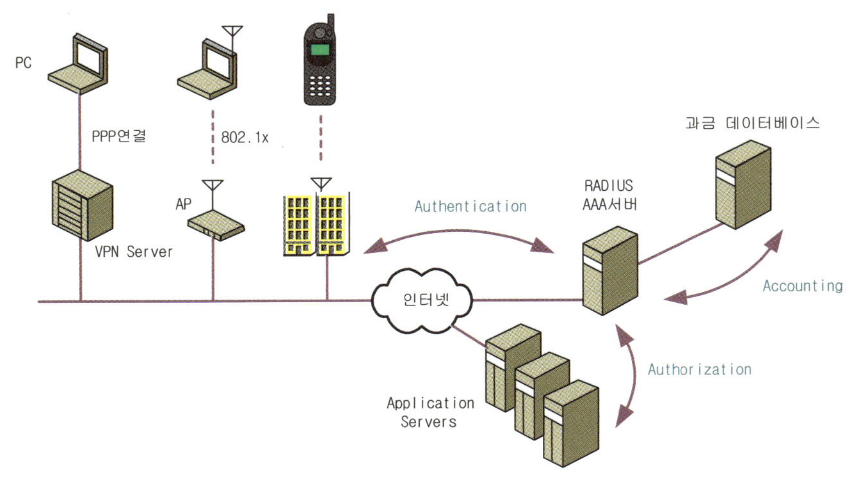

〈그림 8.1〉 AAA 서버의 역할

이렇게, NAS와 인증서버간에 사용자에 대한 사용자 정보, 인증 결과, 대역할당, 프레이밍 방법 등 다양한 정보들을 수납하여 전달하는 프로토콜로 RADIUS, DIAMETER, TAKACS+ 등이 사용된다.

이러한 인증서버는 사용자 인증 절차뿐만 아니라 사용자가 망을 사용한 시간에 따라 요금을 부과하는 과금처리(Accounting) 및 특정 서버에 대한 접근만 허용하거나 프린터의 사용권한을 제한하는 등의 권한관리(Authorization) 기능도 수행하기 때문에 이러한 서버를 **AAA 서버**라고 부른다.

본 장에서는 무선망에서의 인증절차를 알아보기 전에, 유선망 환경에서, 인증인증 서버의 한 종류인 RADIUS 서버와 관련된 프로토콜에 대하여 다루고, 윈도우 2000의 RADIUS 서버 기능인 Internet Authentication Service(IAS) 서버를 설치하여 동작과정을 분석한다. 단, RADIUS proxy의 기능을 수행하려면, 2003 버전이 필요하다.

8.3 유선망에서의 RADIUS 동작과 구성요소

ADSL망에 접속된 사용자 단말은 전화국의 NAS와의 PPP 연결을 설정하여 ISP가 제공하는 인터넷망에 접근하려면, 다음과 같은 절차가 수행되어야 한다.

① 사용자 단말은 자신의 username과 패스워드를 PPP패킷에 실어 NAS에게 인증을 요구한다.

② NAS는 이 사용자에 대한 인증을 중앙의 RADIUS 서버가 수행하도록 인증정보를 RADIUS에서 정의된 Access-Request 패킷에 실어 RADIUS 서버에 인증을 요청한다.

③ RADIUS 인증서버는 미리 설정되어 있는 사용자 계정 테이블(또는 별도의 계정 데이터베이스 서버에 질

의하여)에서 유효한 사용자인지를 검사한 후, 그 결과를 RADIUS Access-Accept 메시지에 실어 NAS
에게 응답한다.

④ 이 결과를 수신한 NAS는 해당 사용자에 대한 인터넷 사용을 허용한다.

⑤ NAS는 인증결과를 PPP 패킷으로 사용자에게 알린다.

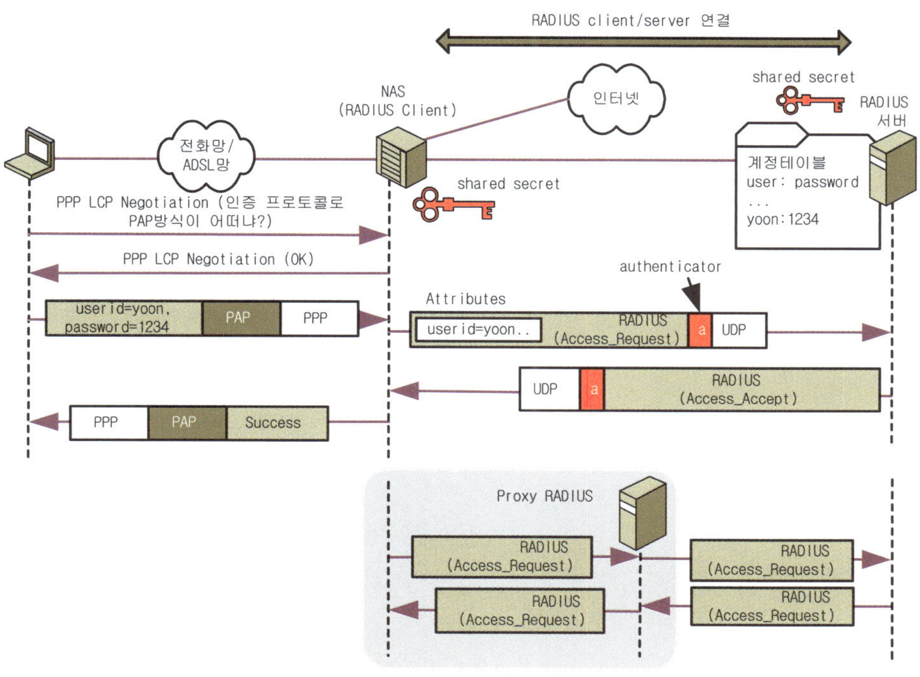

〈그림 8.2〉 ADSL망에서의 RADIUS 동작(PAP인증의 경우)

이러한 과정에서, NAS는 RADIUS 서버에 대한 클라이언트로 동작함을 알 수 있다. 다음은 RADIUS 시스
템을 구성하는 요소들이다.

- **사용자** : RADIUS 프로토콜과는 관련없이, NAS와의 연결로상에서 자신의 사용자 정보를 보내고, 이
  에 대한 결과에 따른다.

- **RADIUS 클라이언트** : 가입자 단말들을 집합하는 Network Access Server(NAS)가 RADIUS의 클라
  이언트로 동작하는데, 이 NAS는 단말이 PPP에 수납하여 전송하는 사용자 정보를 RADIUS 메시지에
  수납하여, 지정된 RADIUS 서버에게 전달하고, 그 결과를 사용자 단말에게 전달하는 기능을 수행한다.

- **RADIUS 서버** : RADIUS 클라이언트로부터의 RADIUS Access-Request 메시지를 수신하여, 사용자
  에 대한 인증을 수행한 후, 사용자에 필요한 모든 정보(사용자 IP, 사용시간, NAS의 IP주소, NAS의
  이름, DNS이름, DNS IP주소, 게이트웨이 주소 등)를 응답한다.

- **Proxy RADIUS** : NAS에 대해서는 RADIUS 서버로 동작하지만, 다른 RADIUS 서버에 대해서는
  RADIUS 클라이언트로 동작하며, RADIUS 패킷을 중계한다.

- **애트리뷰트** : RADIUS 패킷에 수납되는 사용자 IP, 사용시간, NAS의 IP주소, NAS의 이름, DNS 이
  름, DNS IP주소, 게이트웨이 주소) 등의 정보이다. 모두 AttributeType-Length-Value로 구성된다.

- 공유 Secret : RADIUS 클라이언트와 서버간에 전송되는 RADIUS Access-Request 메시지를 제외한 모든 RADIUS 메시지들에 대한 변조방지 및 일부 애트리뷰트(User-Password와 Tunnel-Password)의 암호화를 위하여 사용되는 RADIUS 클라이언트와 서버간에 설정되어야 하는 공유 비밀값이다.
- Authenticator : RADIUS 패킷의 변조를 방지하기 위한 MD5 해시값이다.

8.4 무선망에서의 RADIUS 동작과 구성요소

이더넷 유선망에서는 NAS를 경유하여 인증서버로 부터의 사용자 인증을 받고자 할 때, 단말과 NAS까지의 PPPoE 연결을 설정한 후 PAP나 CHAP 등의 인증절차를 수행한다.

반면에, AP를 경유하는 무선단말은 PAP나 CHAP 등의 인증절차 대신에 제 9 장에서 소개될 Extensible Authentication Protocol(EAP) 메시지에 의한 사용자 인증을 수행한다. 이러한 EAP 메시지는 PPPoE 대신에 EAP over LAN(EAPoL)이라고 하는 IEEE 802.1x에서 규정한 연결로상에서 다음과 같은 절차에 의해 전달된다.[1]

① 사용자 단말은 자신의 username을 수납한 EAP 메시지를 EAPoL 패킷에 수납하여 AP에게 송신한다.

② AP는 이 사용자에 대한 인증을 RADIUS 서버가 수행하도록 전달받은 EAP 메시지를 RADIUS 패킷에 수납하여 RADIUS 서버에게 전달한다.

③ RADIUS 인증서버는 미리 설정되어 있는 사용자 계정 테이블(또는 별도의 계정 데이터베이스 서버에 질의하여)에서 유효한 사용자인지를 검사한 후, 그 결과를 EAP Success 메시지가 수납된 RADIUS Access-Accept 메시지로 AP에게 통보한다.

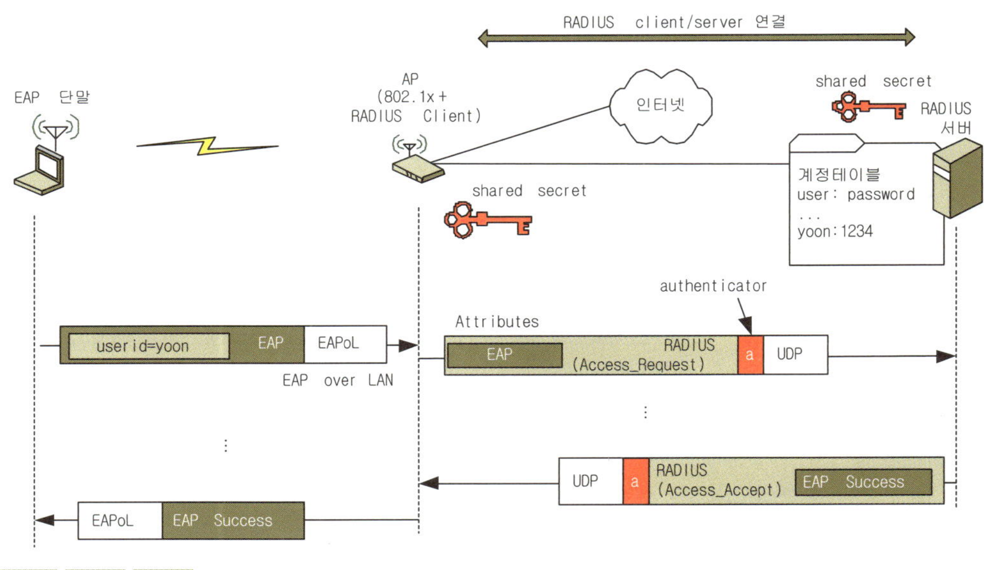

〈그림 8.3〉 무선 LAN망에서의 RADIUS 동작(EAP 인증의 경우)

1_ 무선망의 경우, EAP over Wireless(EAPoW)라고도 부른다.

④ 이 결과를 수신한 AP는 해당 사용자에 대한 인터넷 사용을 허용한다.

⑤ 또한, AP는 EAP Success 메시지를 EAPoL 패킷에 수납하여 사용자에게 알린다.

8.5 RADIUS Proxy 서버

RADIUS Proxy 서버는 〈그림 8.4〉와 같이 NAS에 대해서는 RADIUS 서버로 동작하지만, 다른 RADIUS 서버에 대해서는 RADIUS 클라이언트로 동작하면서, RADIUS 메시지를 중계하는 장치이다. 필요한 경우, Proxy 서버는 ISP에 설치되며, RADIUS 서버는 HomeLAN에 위치한다.

예를 들어, 사용자 인증시 어떻게 RADIUS 클라이언트와 서버가 동작하는지 보자.

① West.com사에 소속된 "Arami"가 외부에 출장가서, 자신의 HomeLAN인 West.com망에 접근하고자 한다. 이를 위하여, NAS에게 자신의 {username, password}를 전송하여 PPP 연결설정을 시도한다. 여기서, username은 이 사용자의 도메인(또는 realm)이 부착된 Arami@west.com이다.

② NAS는 RADIUS Access Request 메시지에 Arami의 username을 수납하여 RADIUS proxy 서버에게 전송한다. RADIUS proxy 서버는 Arami의 username에 있는 realm이 "west.com"임을 인지하고, Arami가 소속된 회사인 West.com의 RADIUS 서버에게 Access Request메시지를 중계한다.

③ West.com사의 RADIUS 서버는 Arami의 계정을 검사하여, 그 결과인 access-accept 메시지 또는 access-reject 메시지를 ISP의 RADIUS proxy 서버에게 응답한다.

④ RADIUS proxy 서버는 이 결과를 NAS에게 전달하여, NAS로 하여금 Arami의 연결요청을 수락하거나 거부한다.

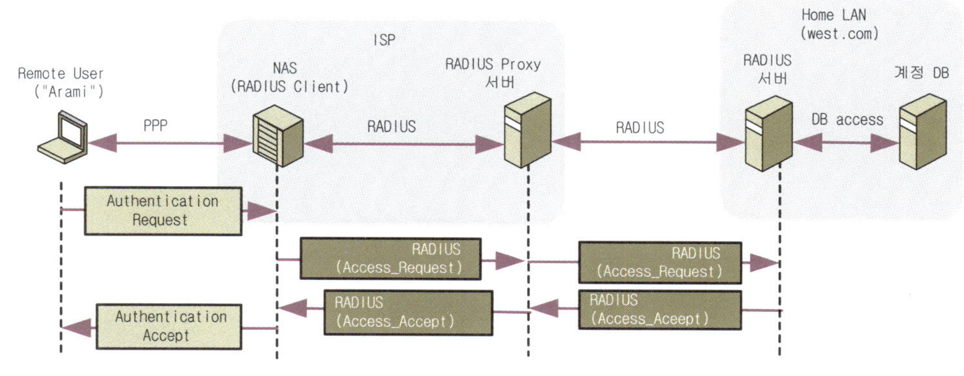

〈그림 8.4〉 그림 8.4 RADIUS Proxy의 동작

그렇다면, 왜 이러한 RADIUS proxy를 사용하는가? 〈그림 8.5〉와 같이, west.com과 east.com 등의 회사들은 ISP와 계약하여, 원격에 있는 직원들이 자신들의 HomeLAN에 접근하고자 할 때, 자신의 망에 있는 RADIUS 서버로부터의 인증절차를 먼저 거치도록 하는 VPN이 구성되어 있다고 하자.

원격지에 있는 west.com의 직원인 arami@west.com이 전화국 A의 NAS에 PPP로 접속시도하는 경우, 이 연결요청에 대하여 전화국 A의 NAS는 해당 사용자에 대한 RADIUS 서버가 west.com에 있다는 것을

username에 부착된 realm이름으로부터 파악하여 west.com에 있는 RADIUS 서버#1에 Access-Request를 전송한다. 이 과정이 수행되기 위해서는 물론 NAS와 RADIUS 서버간에 secret을 필수적으로 공유하고 있어야 한다. 지금까지는 별 문제가 없어 보인다.

하지만, 이 arami@west.com이 다른 곳으로 이동하여 새로운 NAS를 경유하여 HomeLAN에 접속하고자 할 때를 생각해보자. 이 새로운 NAS도 west.com사의 RADIUS 서버에 Access-Request 메시지를 송신할 수 있어야 하므로, ISP의 모든 NAS는 west.com사의 RADIUS 서버에 대한 정보뿐만 아니라 이 서버와의 secret도 모두 공유하고 있어야 한다.더욱이, 각 회사의 RADIUS 서버도 ISP의 모든 NAS와의 secret들을 모두 공유해야 하는 문제가 있다.

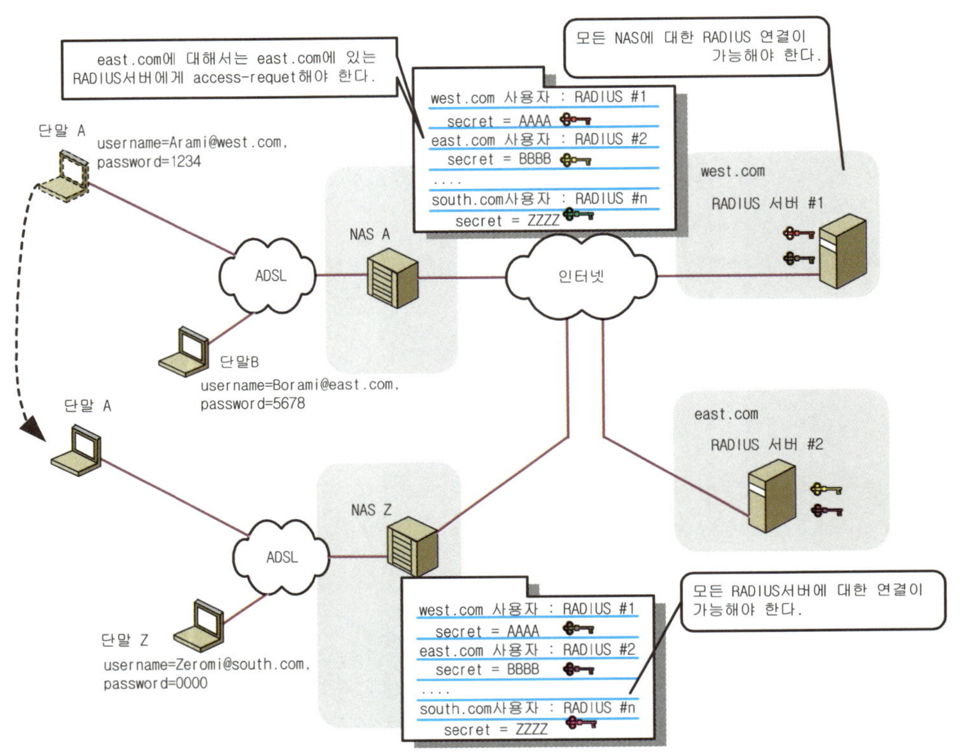

〈그림 8.5〉 RADIUS Proxy 서버를 사용하지 않는 경우의 문제점

RADIUS proxy는 이러한 문제를 해결할 수 있다. 〈그림 8.6〉을 보자. ISP는 자신의 망에 하나의 proxy RADIUS 서버를 설치하고, NAS와 연결시킨다. 또한, 이 proxy 서버를 ISP와 계약된 회사들의 RADIUS 서버와 연결시킨다. 이렇게 함으로써, 다음과 같은 장점이 있다.

- ISP는 계약을 맺은 여러 회사에 설치된 RADIUS 서버의 이름과 IP주소를 모든 NAS에 설정하는 대신에, RADIUS proxy 서버에만 설정하면 된다. 이후, 사용자로부터의 연결 요청에 대하여, ISP의 각 NAS는 자신이 알고 있는 proxy 서버에게 인증을 요청한다. 해당 proxy서버는 이 연결 요청에 명시된 username의 realm영역을 참조하여 이 사용자를 관리하는 HomeLAN에 있는 해당 RADIUS 서버에게 이 연결요청을 중계한다.

- ISP와 계약한 회사는 ISP에 있는 모든 NAS의 이름과 IP주소를 자신의 RADIUS 서버에 설정하는 대신에 ISP에 설치된 RADIUS proxy server의 이름과 IP주소만 설정한다.
- NAS와 HomeLAN의 RADIUS 서버들은 모두 proxy와의 RADIUS 연결을 위한 secret을 한 개씩만 가지면 된다.

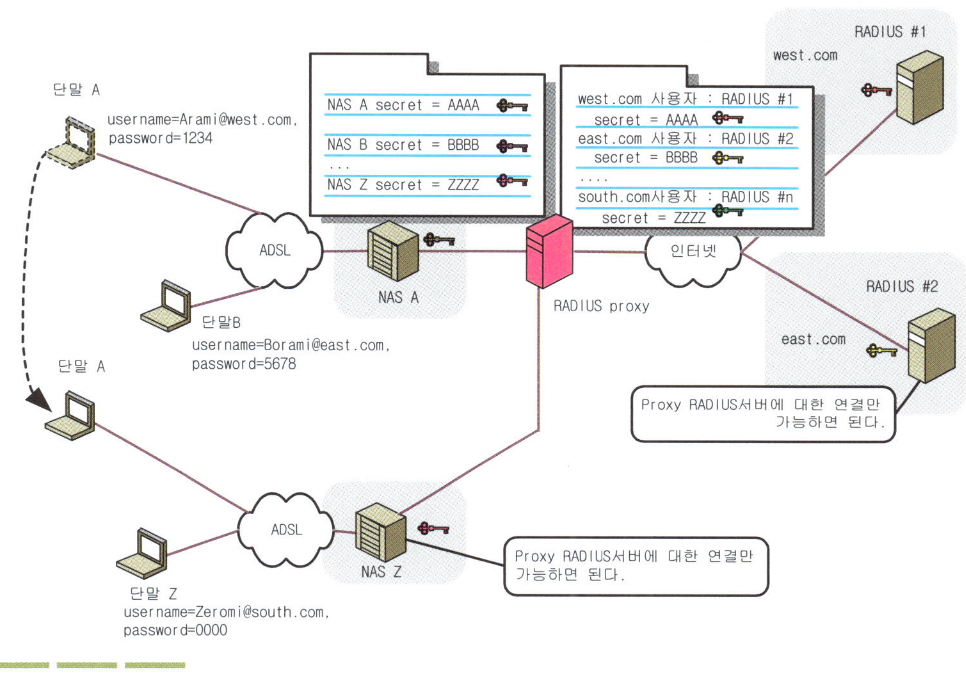

〈그림 8.6〉 RADIUS Proxy 서버의 사용

8.6 RADIUS Accounting

NAS의 RADIUS accounting 기능이 활성화 된 경우, NAS는 사용자와의 인증절차가 완료되면, 이 연결에 대한 과금을 위한 accounting절차를 수행한다.

예를 들어, 사용자가 NAS에 접속되면, NAS는 해당 사용자가 접속 개시하였음을 알리는 Accounting-Request 메시지를 RADIUS accounting 서버에 송신하고, 종료시에도 종료했음을 알리는 Accounting-Request 메시지를 전송함으로써, 해당 사용자가 얼마 동안 접속하였는지에 대한 정보가 accounting 서버에 기록되도록 한다. 또한, Acct-Output-Octets와 같이 사용자가 몇 바이트를 송신하였는지에 대한 정보가 수납된 Accounting-Request 메시지를 과금서버에 전송하기도 한다[2].

RADIUS accounting 서버는 수신된 accounting 정보를 accounting 데이터베이스나 로그파일에 기록한다. 이러한 절차는 RFC 2059 RADIUS accounting 프로토콜에 정의되어 있다.

---

[2] Request메시지는 정보를 보고하는 용도로 사용되고, Response메시지는 단순한 ACK의 의미이다.

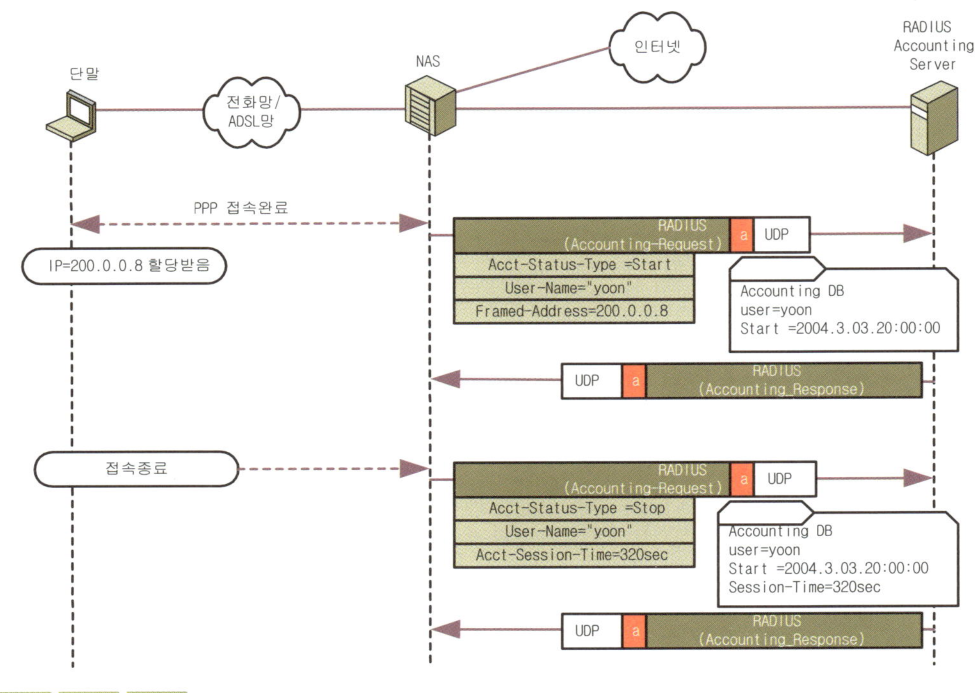

〈그림 8.7〉 RADIUS Accounting 프로토콜의 동작 예

8.7 RADIUS의 패킷 형식

RADIUS 패킷의 기본 형식은, 〈그림 8.8〉과 같이, {Code, ID, 길이, authenticator, 여러 개의 애트리뷰트(속성)}으로 구성된다.

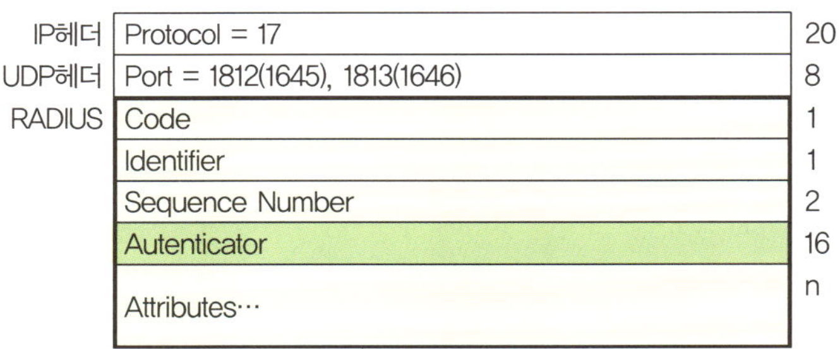

〈그림 8.8〉 RADIUS 패킷 형식

- UDP port : 1812번이 기본값이지만, 1645번도 기존 RADIUS 시스템과의 호환성을 위하여 사용된다. 또한, 1813과 1646번도 사용되는데, 이것은 과금을 위한 용도이다.
- Code : RADIUS 패킷의 종류를 표시하는데, 이 코드에 따른 패킷의 종류의 일부는 다음과 같다.

```
1    Access-Request
2    Access-Accept
3    Access-Reject
4    Accounting-Request (RFC2139, RADIUS Accouting)
5    Accounting-Response(RFC2139, RADIUS Accouting)
10   Accounting-Message
11   Access-Challenge
31   Terminate-Session
40   Disconnect-Request
41   Disconnect-ACK
```

- Identifier : 요청 메시지에 대한 응답메시지를 식별하기 위하여 사용되는 순서번호이다.
- Length : 전체길이를 표시한다. 최소길이는 20 바이트이다.
- Authenticator(인증값) : Access-Request 패킷에서는, 이 영역을 **Request Authenticator**라고 부르며, 16바이트의 랜덤값이다. 반면에, Access-Accept, Access-Reject, Access-Challenge 패킷 등의 응답패킷인 경우, 이 영역을 **Response Authenticator**라고 부른다. 이 값은 수신된 Accss-Request 패킷의 구성요소인 {Code, ID, Length, Request Authenticator값 , Attributes}에 shared Secret값을 추가한 영역에 대한 MD5 해시값이다. 당연히, 이러한 해시값을 전송하고 검사하기 위하여, 클라이언트와 서버는 공유 비밀값을 가지고 있어야 한다.
- Attribute(속성) : 사용자이름이나 패스워드 등의 인증에 관련된 여러 개의 속성들이다. 각 속성들의 상세한 내용은 다음 절에서 다룬다.

8.8 RADIUS 애트리뷰트의 종류와 예

RADIUS 패킷을 구성하는 각 애트리뷰트는 다음과 같은 TLV 구조로 되어 있다.

Type	1
Length (TLV 전체길이) = n	1
Attribute Value	n-2

〈그림 8.9〉 RADIUS Attribute 형식

여기서, Type은 애트리뷰트의 종류를 표시하며, 각각 다음과 같다[3].

attributes	이름
RFC2865	
1	User-Name
2	User-Password
3	CHAP-Password

3_ http://www.freeradius.org/rfc/attributes.html을 참조하면, 관련된 RFC에 접근할 수 있다.

4	NAS–IP–Address
5	NAS–Port
6	Service–Type
7	Framed–Protocol
8	Framed–IP–Address
9	Framed–IP–Netmask
10	Framed–Routing
11	Filter–Id
12	Framed–MTU
13	Framed–Compression
18	Reply–Message
22	Framed–Route
24	State
25	Class
26	Vendor–Specific
27	Session–Timeout
28	Idle–Timeout
29	Termination–Action
32	NAS–Identifier
33	Proxy–State
60	CHAP–Challenge
61	NAS–Port–Type (이더넷(15), 무선랜(19))
62	Port–Limit
RFC2866(Accounting)	
40	Acct–Status–Type
41	Acct–Delay–Time
42	Acct–Input–Octets
43	Acct–Output–Octets
44	Acct–Session–Id
45	Acct–Authentic
46	Acct–Session–Time
47	Acct–Input–Packets
48	Acct–Output–Packets
49	Acct–Terminate–Cause
50	Acct–Multi–Session–Id
51	Acct–Link–Count
RFC2869(Extensions)	
75	Password–Retry
76	Prompt
77	Connect–Info
78	Configuration–Token
79	EAP_Message
80	EAP_Message_Authenticator
85	Acct–Interim–Interval
86	Acct–Tunnel–Packets–Lost

87	NAS–Port–Id
88	Framed–Pool
94	Originating–Line–Info
96	Framed–Interface–Id
101	Error–Cause Attribute

이러한 애트리뷰트들의 사용 예를 보자. 〈그림 8.10〉은 Arami의 PAP 인증절차에 대하여, RADIUS 클라이언트인 NAS와 RADIUS 서버간에 전달되는 Access-Request와 Access-Accept 메시지의 예로서, 다음과 같은 사항을 알 수 있다.

- 이들간에는 공유 비밀값으로 "xyzzy5461"이 설정되어 있다.
- 단말이 PAP로 인증절차를 개시한다.

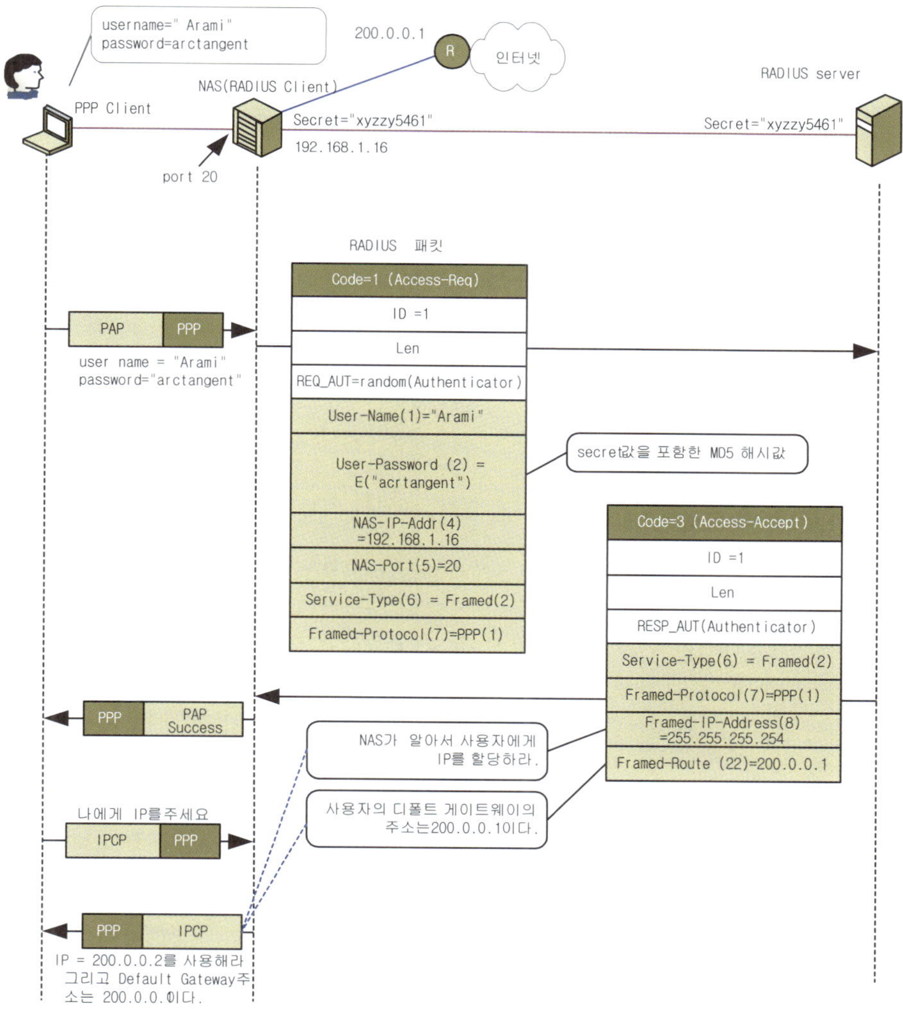

〈그림 8.10〉 RADIUS 애트리뷰트 활용 예

- 단말로부터 수신된 username과 패스워드 정보로부터 User-Name, User-Password 속성을 Access-Request메시지에 수납한다.
- NAS-IP-Address로 RADIUS 클라이언트인 NAS의 IP주소도 수납한다.
- NAS-Port는 단말이 접속된 물리포트의 번호이다.
- 단말이 요청한 서비스는 PPP Frame 전송 서비스이다
- 이에 대한 인증결과로 단말에 할당하는 IP주소와 기본 라우터의 주소를 응답한다. 여기서, IP주소는 특수한 255.255.255.254값을 가지는데, 이것은 Arami를 위한 IP주소 할당을 NAS가 직접 실시하도록 지시한다. 이것은 인증절차 이후에 수행되는 IPCP 단계에서 활용된다.

8.9 RADIUS의 애트리뷰트 상세

(1) User-Name

인증대상이 되는 사용자의 이름이다.

Type	1 (User-Name)	1
	Length (TLV 전체길이)	1
Value	User-Name String	4

- User-Name String : 텍스트, Network Access Identifier(RFC2486), distinguished name 등이 사용된다.

(2) User-Password

사용자의 암호화된 패스워드를 수납한다. 이 User-Password는 NAS와 RADIUS간에 공유하고 있는 secret값 S와 함께 헤더를 구성하는 16바이트의 Request Authenticator를 MD5한 값과 사용자의 패스워드를 EXOR한 값이다.

이 User-Password 속성이 수납된 Access-Request 패킷을 수신한 RADIUS 서버는 이 값으로부터 해당 사용자를 인증할 수 있다. 이 애트리뷰트는 PAP와 같은 인증 방식에서 사용된다. 따라서, 단말에서 AP 또는 NAS까지는 평문으로 된 패스워드가 전송되지만, AP에서 RADIUS 서버로 전송되는 패스워드는 이렇게 암호화되어 전송된다.

Type	2 (User-Password)	1
Length	= 18~130	1
Value	Ciphered Password String	(16~128)

- Ciphered Password String(암호화된 패스워드 문자열) : 16문자 단위로 구성되며, 다음과 같이 secret 값과 16바이트의 랜덤한 값인 Request Authenticator(RA)값에 대한 16바이트의 MD5 결과값을 16바이트 단위로 분할된 패스워드 p1,p2,,,와 XOR하여 얻어지는 16 바이트 길이의 값인 C(1), C(2)

등이 수납된다.

```
b1 = MD5(S + RA)           c(1) = p1 xor b1
b2 = MD5(S + c(1))         c(2) = p2 xor b2
         .                          .
         .                          .
bi = MD5(S + c(i-1))       c(i) = pi xor bi
```

(3) CHAP-Password

CHAP Challenge값에 대하여, {id, 사용자가 응답하는 Hash}값이 수납된다[4].

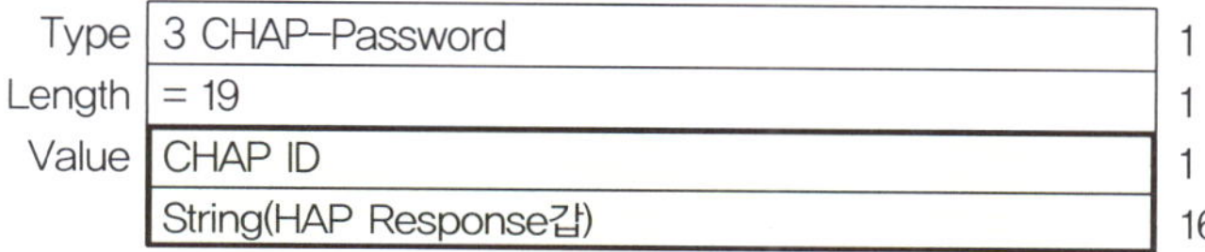

Type	3 CHAP-Password	1
Length	= 19	1
Value	CHAP ID	1
	String(HAP Response값)	16

- CHAP ID : CHAP response에 수납된 CHAP Identifier값이다.
- String : 사용자로부터 수신된 CHAP Response값, 즉, Hash 값을 수납한다.

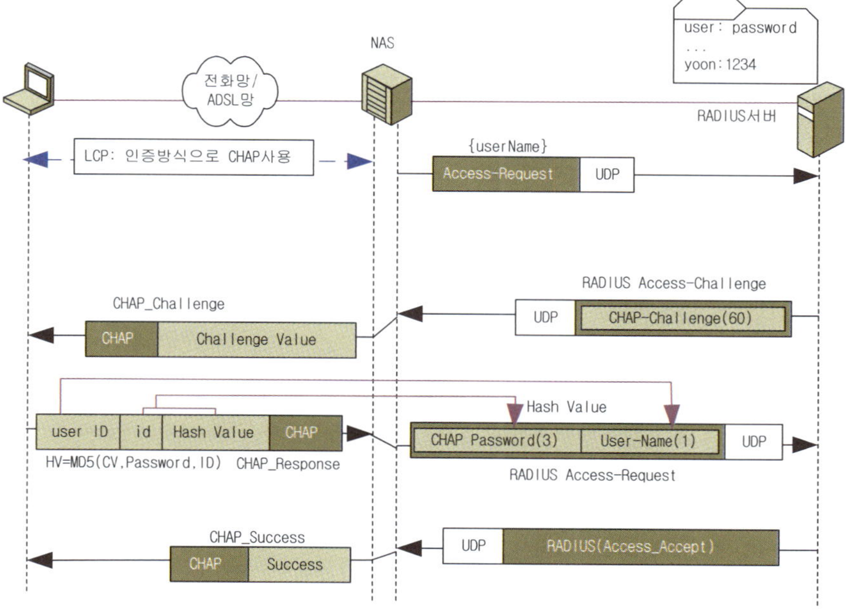

〈그림 8.11〉 RADIUS CHAP Password 애트리뷰트의 활용 예

4_ CHAP challenge 값은 CHAP-Challenge 애트리뷰트(60)에 있다. 만약, RADIUS 메시지에 없다면, RADIUS Access Challenge 메시지에 있는 Request Authenticator값을 challenge값으로 사용한다.

(4) NAS-IP Address

인증을 요청한 NAS의 IP주소이다.

Type	4 for NAS-IP-Address	1
Length	= 6	1
Value	Address	4

(5) NAS-Port

사용자와 접속하고 있는 NAS의 물리포트 번호이다.

Type	5 for NAS-Port	1
Length	= 6	1
Value	Value	4

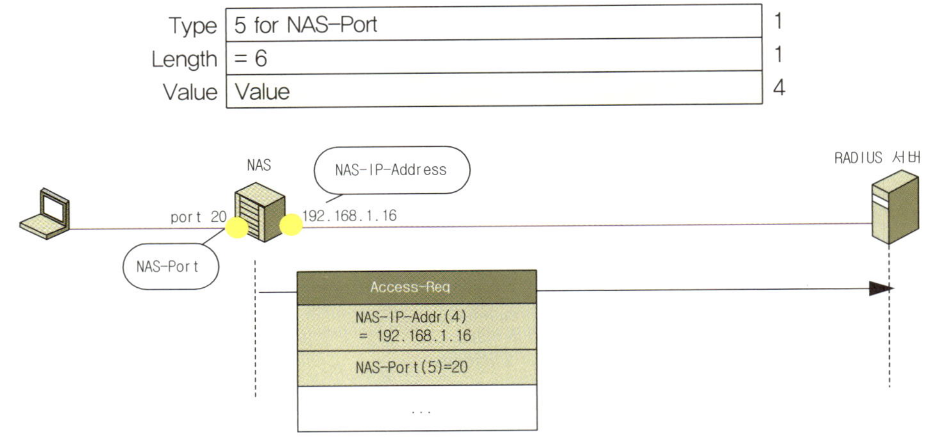

〈그림 8.12〉 RADIUS NAS port 애트리뷰트의 활용 예

(6) Service-Type

사용자의 연결요청에 대하여, RADIUS 서버가 NAS에게 사용자에 대한 지원 가능한 서비스 타입을 지시한다. 또는 NAS가 RADIUS 서버에게 해당 사용자에 대하여 제공할 수 있는 서비스 타입을 제시한다.

Type	6 for Service-Type	1
Length	= 6	1
Value	Value	4

- Value : 일부는 다음과 같다.
  - 1 : Login : 사용자의 연결요청에 대하여, 로그인해야만 사용 가능한 텔넷 또는 웹서버 서비스를 제공하도록 지시한다. 이때, 이 Service-Type 속성과 함께, 사용자가 접속할 서버의 종류와 IP주소인 Login-Service 속성과 Login-IP-Host 속성도 RADIUS 서버로부터 NAS에게 전달된다.
  - 2 : Framed : 사용자의 연결요청에 대하여 NAS가 RADIUS 서버에게 "이 사용자는 SLIP이나 PPP와 같은 링크계층 프레임을 사용한다"라고 보고할 때 사용된다. 또한 RADIUS 서버가 NAS에게 "이

사용자는 SLIP이나 PPP와 같은 링크계층 프레임을 사용해야 한다"라고 지시할 때 사용된다.

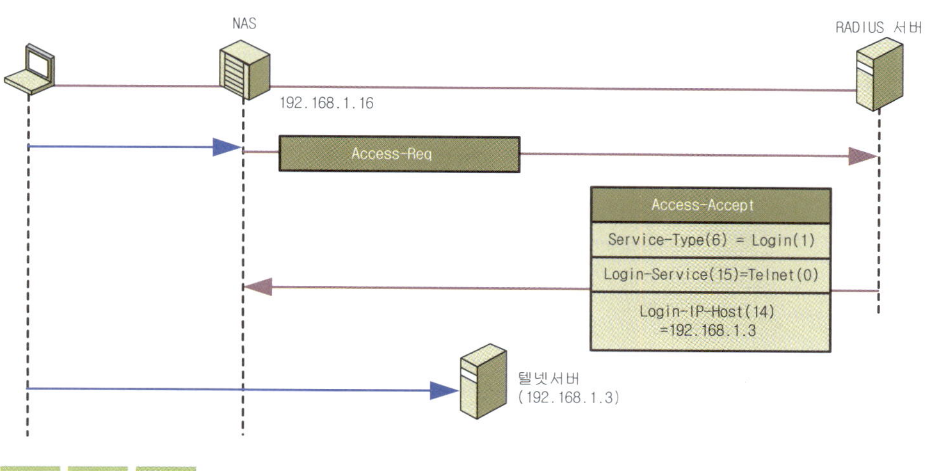

〈그림 8.13〉 RADIUS Service-Type 애트리뷰트의 활용 예

(7) Framed-Protocol

사용자가 사용하는 또는 사용해야 할 링크계층의 프레이밍 방식을 표시한다. PPP의 경우 1이다.

Type	7 for Framed-Protocol	1
Length	= 6	1
Value	Value	4

(8) Framed-IP-Address

RADIUS 서버가 NAS에게 사용자에 대한 IP주소를 NAS가 할당하도록 하거나, RADIUS 자신이 직접 할당할 때 사용된다.

Type	8 for Framed-IP-Address.	1
Length	= 6	1
Value	Address	4

● Address :

- 0xFFFFFFFF(255.255.255.255) : 사용자가 임의로 주소를 선택해서 사용할 수 있도록 지시한다.
- 0xFFFFFFFE(255.255.255.254) : NAS가 사용자에 대한 IP주소를 할당하도록 지시한다. 대부분의 경우, 이 값이 사용된다.
- 기타 : RADIUS 서버가 직접 사용자용으로 할당한 주소이다.

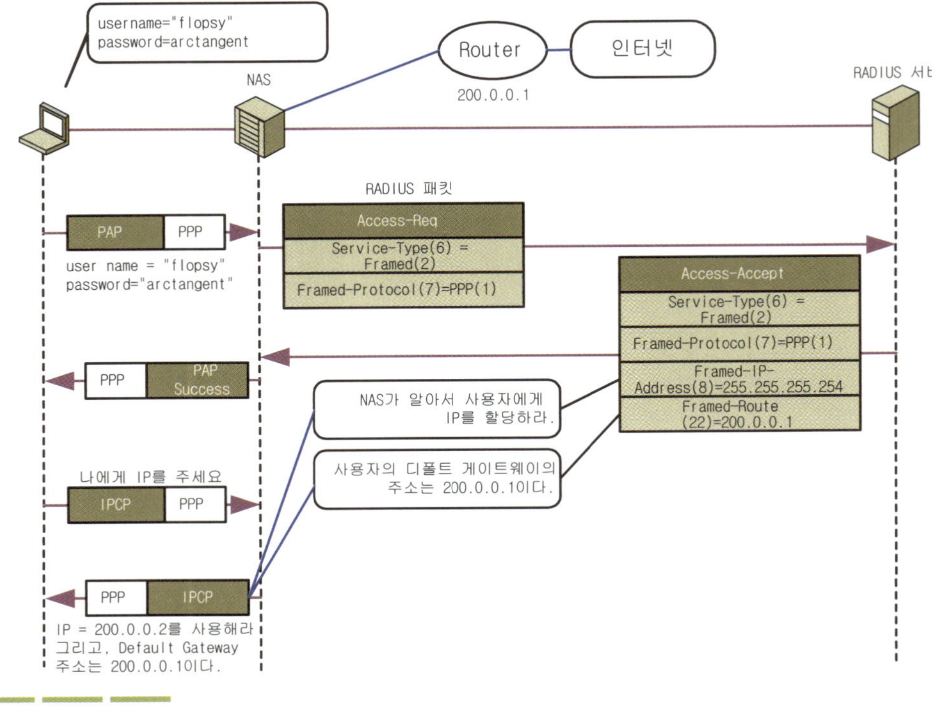

〈그림 8.14〉 RADIUS Framed–IP–Address 애트리뷰트의 활용 예

(9) Framed–IP–Netmask

사용자에게 할당하는 서브넷 마스크이다.

Type	9 for Framed–IP–Netmask	1
Length	= 6	1
Value	Address	4

(10) Framed–Routing

NAS에 접속한 장치(user)가 라우터일 때, 라우팅 프로토콜 패킷 (RIP, OSPF 등)에 대한 처리방식을 지시한다.

Type	10 for Framed–Routing	1
Length	= 6	1
Value	Value	4

- 0 : None
- 1 : 라우팅 패킷 송신 전용

- 2 : 라우팅 패킷 수신 전용
- 3 : 라우팅 패킷 송수신 모두 가능

(11) Framed-Compression

PPP와 같은 링크계층에서 사용할 압축 프로토콜을 지시한다.

Type	13 for Framed-MTU	1
Length	= 6	1
Value	Value	4

- 0 : None
- 1 : VJ-TCP/IP header compression
- 2 : IPX header compression
- 3 : Stac-LZS compression

(12) Login-IP-Host

사용자가 접속할 텔넷이나 웹 서버 호스트 시스템의 IP주소를 수납한다. 이 주소를 Access-Request에서 사용하면, NAS는 RADIUS 서버에게 해당 호스트를 선호한다고 힌트를 주는 의미이다. 반면에, Access-Response에서 사용되면, RADIUS 서버가 사용자가 접속해야 할 호스트 시스템의 IP주소를 지시한다. Login-Service 속성과 함께 사용된다.

Type	14 for Login-IP-Host	1
Length	= 6	1
Value	Address	4

- Address :
  - 0xFFFFFFFF(255.255.255.255) : NAS로 하여금 사용자가 해당 호스트의 주소를 선택할 수 있도록 허용해야 함을 지시한다.
  - 0 : 사용자가 접속할 호스트 주소를 NAS가 선택해야 함을 지시한다.
  - 기타 : RADIUS 서버가 직접 해당 호스트의 주소를 지시한다.

(13) Login-Service

사용자가 접속할 호스트에 로그인할 때 사용할 수 있는 서비스의 종류를 Access-Accept 메시지에 수납하여 지시한다.

Type	15 (Login–Service)	1
Length	= 6	1
Value	Value	4

- 0 : Telnet
- 1 : Rlogin

(14) Login-TCP-Port

사용자가 호스트에 대하여 로그인할 때 사용할 서비스의 포트번호를 지시한다.

Type	16 (Login–TCP Port)	1
Length	= 6	1
Value	Value	4

(15) Reply-Message

사용자에게 디스플레이될 텍스트가 수납된다. Access-Accept메시지에 수납될 경우, 이것은 success의 의미를 가지는 문장이겠지만, Access-Reject메시지에 수납된다면, failure 문장일 것이다. 그리고 Access-Challenge메시지에 수납된 경우에는 user에게 응답하라고 지시하는 prompt문장이 수납된다.

Type	18 for Reply–Message	1
Length	> 3	1
Value	Text(사용자가 읽을 수 있는 문자가 수납된다)	

(16) Framed-Route

RADIUS 서버가 응답한 Access-Accept메시지에 수납되며, 이 NAS에 접속한 사용자(라우터 포함)가 사용해야 할 기본 라우터의 주소와 메트릭을 알릴 때 사용된다.

Type	22 Framed–Route	1
Length	> 3	1
Value	Text = {망주소, 라우터주소, 메트릭}	

- Text : IP의 경우, {망주소, 라우터주소, 메트릭} 정보가 수납된다. 예를 들어, "192.168.1.0/24 192.168.1.1 2"인 경우, network주소 192.168.1.0망에 대한 라우터 192.168.1.1로 중계해야 하며, 이 경우의 metric은 {2}이다.

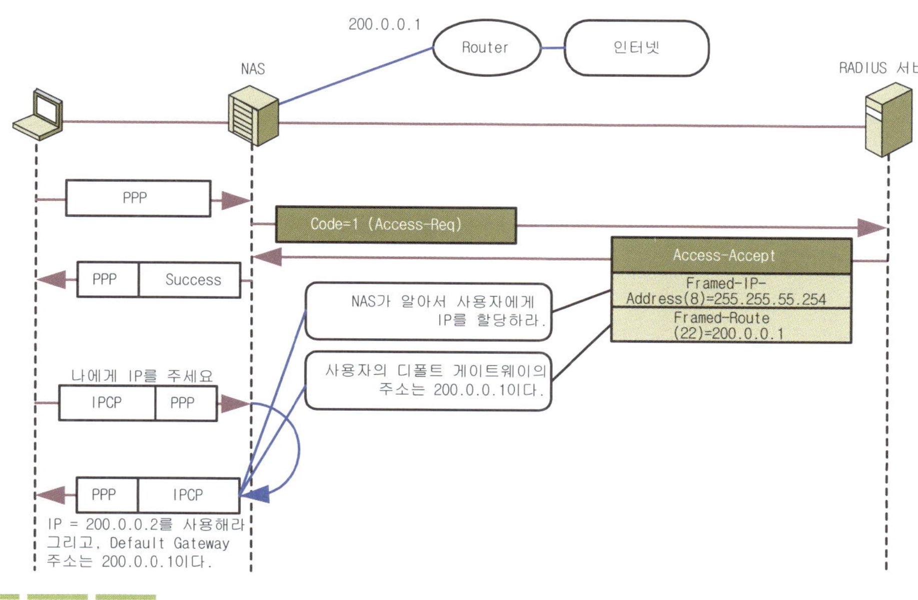

〈그림 8.15〉 RADIUS Framed-Route 애트리뷰트의 활용 예

(17) Vendor-Specific

표준이 아닌 애트리뷰트를 수납할 때 사용된다.

Type	26	1
Length	>= 7	1
Value	Vendor ID	4
	Vendor Type	1
	Vendor Length	1
	Attribute-Specific	

- Vendor-Id : 제조회사 코드 (예 : 311 = Microsoft)
- String : 회사별로 다르지만, Vendor Type, Vendor Length, Attribute-Specific 부분으로 구성된다 (다음 절에 있는 마이크로소프트사의 애트리뷰트를 참조).

(18) Session-Timeout

NAS에 의해 사용자의 세션이 유지될 초 단위의 최대 허용시간이다.

Type	27 for Session-Timeout	1
	Length = 6	1
Value	Value(sec)	

(19) Idle-Timeout

이 시간 동안 Idle하면 세션이 종료된다.

Type	28 for Idle-Timeout	1
Length	Length = 6	1
Value	Value(sec)	4

(20) NAS-Identifier

Access-Request를 송신한 NAS의 스트링 식별자이다. 기본적으로 FQDN이 사용된다.

Type	32 NAS-ID	1
Length	Length >= 3	1
Value	NAS의 FQDN String	4

(21) Acct-Status-Type

(Accounting) Accounting-Request 메시지에 수납되며, 이 요청이 사용자에 대한 서비스를 개시(Start)하는 것인지, 종료(Stop)하는지를 표시한다.

Type	40 for Acct-Status-Type	1
Length	= 6	1
Value	Value	4

(22) Acct-Input-Octets (Accounting)

사용자가 접속된 NAS 포트로부터 수신된 바이트 수를 수납한다.

Type	42 Acct-Input-Octets	1
Length	= 6	1
Value	Value	4

(23) Acct-Output-Octets (Accounting)

사용자가 접속된 NAS 포트로부터 사용자에게 송신된 바이트 수를 수납한다.

Type	43 Acct-Output-Octets	1
Length	= 6	1
Value	Value	4

(24) Acct-Session-Time (Accounting)

사용자의 세션 유지시간(초 단위)을 수납한다.

Type	46 Acct–Session–Time	1
Length	Length = 6	1
Value	Value	4

(25) Acct-Input-Packets (Accounting)

사용자로부터 NAS 포트에 수신된 패킷의 개수를 수납한다.

Type	47 Acct–Input–Packets	1
Length	Length = 6	1
Value	Value	4

(26) Acct-Output-Packets (Accounting)

사용자에게 NAS 포트로부터 송신된 패킷의 개수를 수납한다.

Type	48 Acct–Output–Packets	1
Length	Length = 6	1
Value	Value	4

(27) CHAP-Challenge (RFC2865)

NAS가 PPP CHAP 사용자에게 CHAP-challenge값을 전송할 때 사용된다.

Type	60 CHAP–Challenge	1
Length	>= 7	1
Value	CHAP Challenge String	

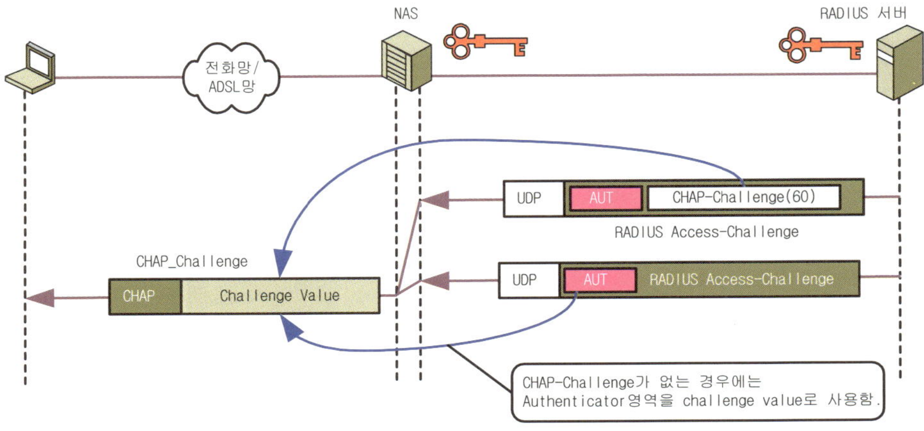

〈그림 8.16〉 RADIUS CHAP-Challenge 애트리뷰트의 활용 예

(28) NAS-Port-Type

사용자와 접속된 NAS의 물리포트의 타입을 지시한다.

Type	61 NAS-port-type	1
Length	= 6	1
Value	Value	4

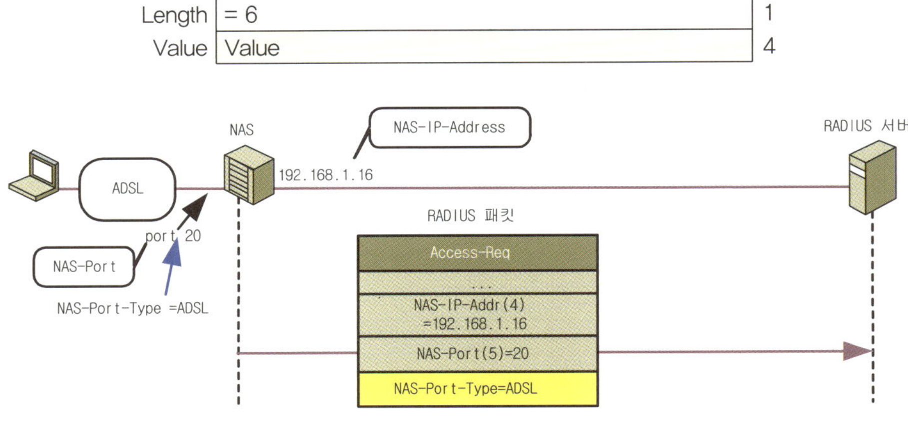

〈그림 8.17〉 8.17 RADIUS NAS-Port-Type 애트리뷰트의 활용 예

- 1 : Sync
- 12 : ADSL-CAP (Asymmetric DSL, Carrierless Amplitude Phase Modulation)
- 13 : ADSL-DMT (Asymmetric DSL, Discrete Multi-Tone)
- 15 : Ethernet
- 17 : Cable
- 19 : Wireless − IEEE 802.11

- 22 : Wireless – CDMA2000
- 23 : Wireless – UMTS
- 24 : Wireless – 1X–EV

(29) Port-Limit (RFC2865)

사용자에게 지원할 수 있는 NAS의 최대 포트 개수를 표시한다.

Type	62 for Port–Limit	1
Length	= 6	1
Value	Value	4

(30) EAP-Message (79) (RFC3579)

사용자가 전송한 EAP 메시지를 RADIUS 패킷에 수납할 때 사용된다. 항상 Message-Authenticator 애트리뷰트(80)와 함께 사용된다.

Type	79 for EAP–Message	1
Length	>= 3	1
String	EAP 메시지	n

- String : 사용자가 송신한 EAP 패킷이 수납된다.

(31) Message-Authenticator (RFC3579)

EAP 애트리뷰트가 포함된 RADIUS 메시지가 변조되지 않도록 한다.

Type	80 for Message–Authenticator	1
Length	= 18	1
String	Authenticator String	n

- Authenticator String
  - Access-Request 패킷의 경우 : 이 Message-Authenticator 영역은 Access-Request 패킷 전체에 대하여, 공유 비밀값을 사용한 HMAC-MD5 결과값이다.

```
Message-Authenticator = HMAC-MD5 (Type, Identifier, Length, Request Authenticator, Attributes)
```

- Access-Challenge, Access-Accept, Access-Reject의 경우 : 이 Message-Authenticator는 다음
과 같이 Access-Request 메시지 전체에 대하여 공유 비밀값을 사용한 HMAC-MD5 결과값이다.

Message-Authenticator = HMAC-MD5 (Type, Identifier, Length, Request Authenticator, Attributes)

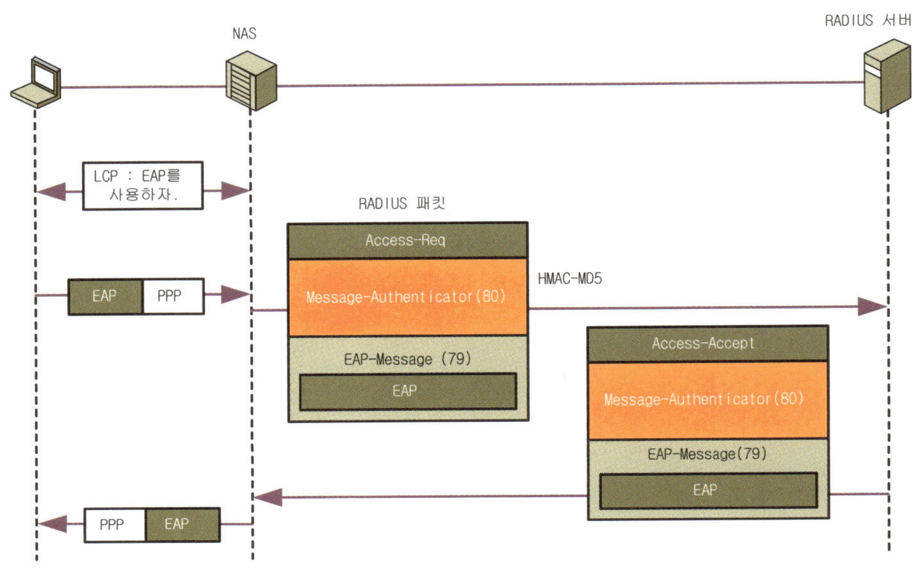

〈그림 8.18〉 EAP-Message(79)와 Message-Authenticator(80) 애트리뷰트의 활용 예

(32) NAS-Port-ID(RFC2869)

사용자를 인증하는 AP(NAS)의 물리포트 식별자 스트링이다.

Type	87 NAS-Port-ID	1
Length	>= 3	1
Value	Text	

(예) 앞에서 소개한 각 애트리뷰트들이 수납된 RADIUS 패킷의 예는 〈그림 8.19〉와 같다.

```
┼ 802.11 MAC Header
┼ IP(AP to  Insuni)
┼ UDP
├ RADIUS
    ├ RADIUS Header(Code=AccessReq(1); PacketID=0x0;Length=141)
    │   ├ Code = 01 (Access Request)
    │   ├ PacketID = 0x0 (0)
    │   └ Length = 141
    ├ Authenticator[16] = C752..7681
    ├ User Name Attribute(1) =  rami@west.com
    ├ NAS IP Address Attribute(4) = 200.0.0.3
    ├ Called Station ID(30)[14] = 1e03..6132
    ├ Calling Station ID(30)[14] = 1f0e..6436
    ├ NAS ID(32)[14] = 200e .. 6132
    ├ NAS Port(5)[6] (Value=61) = 0506 0000 003d
    ├ Framed MTU(12) = 1400 (0c06 0000 0578)
    ├ NAS Port Type(61) (value=19(WLAN)) = 3d06 0000 0013
    ├ EAP Message Attribute(79)
    │   ├ EAP
    │   │   ├ Code = 02 (response)
    │   │   ├ Identifier = 01
    │   │   └ Length[2] = 19
    │   ├ EAP-Type = 01 (Identifier)
    │   └ Identity[14] =  Arami@west.com
    └ EAP Message Authenticator(80) = 5012..f6cd
```

```
0000    00 0e 2e 3c 3a 37 00 13 10 41 e8 a0 08 00 45 00
0010    00 a9 2f 0c 40 00 40 11 7b 32 c8 00 00 03 c8 00
0020    00 02 08 14 07 14 00 95 18 3a 01 00 00 8d c7 52
0030    11 c6 b4 b5 44 47 69 bb 02 c1 94 cf 76 81 01 10
0040    41 72 61 6d 69 40 77 65 73 74 2e 63 6f 6d 04 06
0050    c8 00 00 03 1e 0e 30 30 31 33 31 30 34 31 65 38
0060    61 32 1f 0e 30 30 30 37 34 30 63 34 65 66 64 36
0070    20 0e 30 30 31 33 31 30 34 31 65 38 61 32 05 06
0080    00 00 00 3d 0c 06 00 00 05 78 3d 06 00 00 00 13
0090    4f 15 02 00 00 13 01 41 72 61 6d 69 40 77 65 73
00a0    74 2e 63 6f 6d 50 12 e6 94 ff d9 7d 2c 44 d5 df
00b0    35 e0 e5 ce 83 f6 cd
```

<그림 8.19> RADIUS 애트리뷰트의 예

8.10 Microsoft Vendor-Specific 애트리뷰트

RFC2548에 규정된 Microsoft사의 vendor-specific RADIUS 애트리뷰트는 기본적으로 Microsoft Point-to-Point Encryption Protocol(MPPE)에 의한 암호용 키를 전달할 때 사용된다. 하지만, 무선LAN에서의 이 애트리뷰트는 다음과 같이, 802.1 x EAP-TLS 기반의 인증절차 중에서 RADIUS 서버가 AP에게 무선구간 보호용 키인 AAA-Key를 수납하여 전달할 때 사용된다.

```
MS-MPPE-Recv-Key {AAA-Key[0..31] = "Peer to Authenticator Encryption Key" ± (Enc-RECV-Key)}
MS-MPPE-Send-Key {AAA-Key[32..63]= "Authenticator to Peer Encryption Key" ± (Enc-SEND-Key)}
```

(1) MS-MPPE-Recv-Key 속성(RFC2548)

이 속성의 이름이 의미하는 바와 같이, NAS가 단말에게, 즉, AP가 단말에게 송신하는 프레임에 대한 암호용 키를 수납한다. 이 속성은 Access-Accept 패킷에만 수납된다.

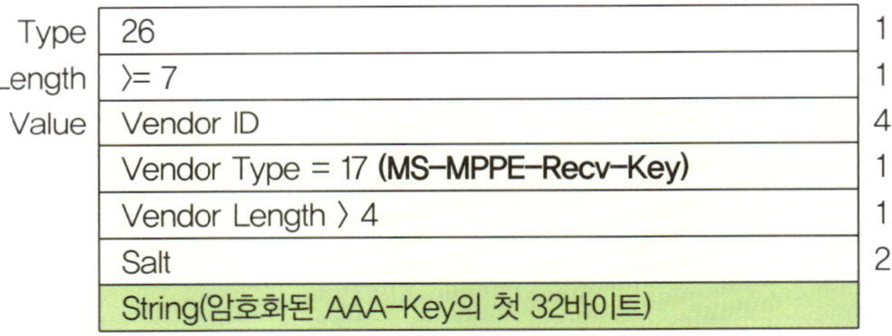

Type	26	1
Length	>= 7	1
Value	Vendor ID	4
	Vendor Type = 17 (MS-MPPE-Recv-Key)	1
	Vendor Length > 4	1
	Salt	2
	String(암호화된 AAA-Key의 첫 32바이트)	

- Salt : 이 속성에 수납된 스트링을 암호화할 때 사용한 키의 유일성을 확인할 수 있도록 하는 2바이트 길이의 정수값이다. MSB값은 1로 설정된다.
- String : 이 평문의 String 영역은 3개의 영역으로 구성되는데, 각각, Key-Length , Key, Padding이다. Key-Length는 1바이트 길이로서, 평문의 Key의 길이를 표시한다. Key에는 실제 암호키가 수납된다. 만약, 이 두 영역의 총 길이가 16의 배수가 아니면, Padding 영역이 추가된다.

스트링 영역은 다음과 같이 암호화된다. 먼저, 다음을 준비한다.

- P = 16바이트 배수 길이의 평문의 String = {Key-Length,Key, padding}
- C = 최종 암호화된 String
- S = 공유비밀값 (AP와 RADIUS 서버간의 공유 비밀값)
- R = 단말이 요청한 Access-Request 메시지에 수납된 랜덤한 128-bit Request Authenticator값
- A = Salt.
- p(1), p(2)...p(i) = P를 16바이트 길이로 분할한 것.

5_ String부분의 암호화시, salt값이 포함되어 계산된다.

- c(1), c(2)...c(i) = 암호화된 String을 16바이트 길이로 분할한 것.
- b(1), b(2)...b(i) = 중간 변수값

암호화 절차는 다음과 같다.

```
b(1) = MD5(S + R + A) ;
c(1) = p(1) xor b(1) ;
C = c(1) ;

b(2) = MD5(S + c(1)) ;
c(2) = p(2) xor b(2) ;
C = C + c(2) . . . . . .

b(i) = MD5(S + c(i-1))
c(i) = p(i) xor b(i)
C = C + c(i)
```

수신시, 이것의 역순으로 복호한다.

(2) MS-MPPE-Recv-Key

이 속성의 이름이 의미하는 바와 같이, 이 키는 단말이 AP에게 송신하는 프레임에 대한 암호용 키를 수납한다. 이 속성도 Access-Accept 패킷에만 수납된다. 형식은 다음과 같이 Vendor Type 값만 다를 뿐, MS-MPPE-Recv-Key형식과 동일하며, 암호절차도 동일하다.

Type	26	1
Length	>= 7	1
Value	Vendor ID	4
	Vendor Type = 16 (**MS-MPPE-Send-Key**)	1
	Vendor Length > 4	1
	Salt	2
	String (암호화된 AAA-Key의 나머지 32바이트)	

(3) 기타 Microsoft vendor-specific 속성

이 속성의 이름이 의미하는 바와 같이, 이 키는 단말이 AP에게 송신하는 프레임에 대한 암호용 키를 수납한다. 이 속성도 Access-Accept 패킷에만 수납된다. 형식은 다음과 같이 Vendor Type 값만 다를 뿐, MS-MPPE-Recv-Key 형식과 동일하며, 암호절차도 동일하다.

Vendor−Type	Vendor−Length	
For MS−CHAP v1		
11	>2	MS−CHAP−Challenge
1	52	MS−CHAP−Response
10	>3	MS−CHAP−Domain
2	>3	MS−CHAP−Error
3	72	MS−CHAP−Change_Password−1
4	86	MS−CHAP−Change_Password−2
5	>6	MS−CHAP−LM−Enc−PW
6	>6	MS−CHAP−NT−Enc−PW
For MS−CHAP−v2		
25	52	MS−CHAP2−Response
26	45	MS−CHAP2−Success
27	70	MS−CHAP2−CPW
MPPE support		
12	34	MS−CHAP−MPPE−Keys
16	>4	MS−MPPE−Send−Key
17	>4	MS−MPPE−Recv−Key
7	6	MS−MPPE−Encryption−Policy
8	6	MS−MPPE−Encryption−Types
기타		
9	6	MS−RAS−Vendor
18	>3	MS−RAS−Version
23	6	MS−Acct−Auth−Type
24	6	MS−Acct−EAP−Type
28	6	MS−Primary−DNS−Server
29	6	MS−Secondary−DNS−Server
30	6	MS−Primary−NBNS−Server
31	6	MS−Secondary−NBNS−Server

8.11　PPPoE 서버를 NAS로 이용한 RADIUS 실험

제 7 장의 PPPoE 실험환경에 RADIUS 서버를 추가하여, RADIUS 서버에 의한 사용자 인증절차를 분석한다. 이를 위하여, 윈도우 2003 서버에 있는 RADIUS 서버 기능인 Internet Autentication Server(IAS)기능과 RADIUS 클라이언트로서 제 7 장에서 다루었던 PPPoE 서버를 사용하여 이들간의 RADIUS 인증절차를 시험한다[6]. 이를 위한 시험환경은 〈그림 8.20〉과 같다.

RADIUS 인증서버 기능은 InsuniCom에 설치할 것이며, RADIUS 클라이언트는 BoramiCom이다. 이 BoramiCom은 출장간 PPPoE 클라이언트인 Arami에 대한 PPPoE 서버 동작을 동시에 수행한다.

---

[6]_ 윈도우 2000에서는 RADIUS 서버를 IAS 서버라고 부른다.

Arami로부터의 PPP 접속 요청에 의한 PAP 또는 CHAP에 의한 사용자 인증시, Borami는 이 정보를 Insuni RADIUS 서버에게 RADIUS 패킷으로 Access Request하고, 이에 대한 응답결과에 기반하여 Borami가 Arami를 인증하게 된다.

특히, 주의할 사항은 RADIUS 서버와 RADIUS 클라이언트간에는 미리 공유된 비밀 키(shared secret)를 가지고 있어야 한다는 점이다. 그리고 사용자 계정은 제 1 장에서 설치한 Darongi 액티브 디렉터리의 것을 사용할 것이므로, 각 장비들은 모두 도메인에 속한 장치로 동작하도록 설정한다.

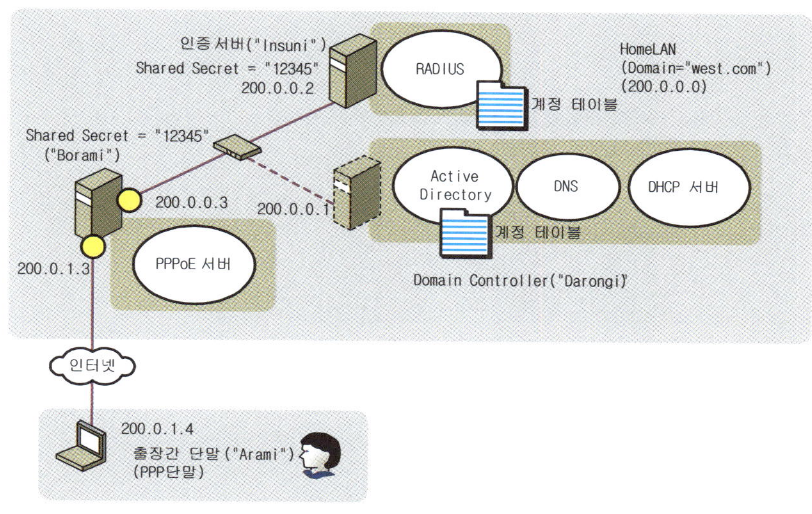

〈그림 8.20〉 RADIUS 인증절차 시험망의 구성

이러한 실험환경에서, 다음과 같은 항목을 실험한다.

- Insuni RADIUS 서버 설치
- Borami PPPoE 서버에 RADIUS 클라이언트 기능 설정
- Arami PPPoE 클라이언트 설정 및 PAP 인증절차 수행
- 동작과정 분석

8.12 RADIUS 서버에 대한 사용자 인증정보 설정

- 1장에서 수행했듯이 InsuniCom은 Darongi에 등록되어 있어야 한다.
- InsuniCom RADIUS 서버가 사용자 계정을 검색할 때 액티브 디렉터리인 Darongi를 활용할 수 있도록 [Active Directory에 서버 등록]을 수행한다.
- Insuni IAS에 RADIUS 클라이언트인 Borami를 등록하고, secret인 "12345"를 설정한다.
- 인증 방법으로 PAP를 사용한다.

STEP 113 만약 "인터넷 인증서버 (IAS)"가 서버에 설치되어 있지 않으면, [윈도우 구성 요소 추가/제거] 창에서, '네트워킹 서비스'를 클릭한 후, 표시되는 [네트워킹 서비스] 창에서, '인터넷 인증 서비스'를 선택하여 RADIUS 인증서버가 설치되도록 한다.

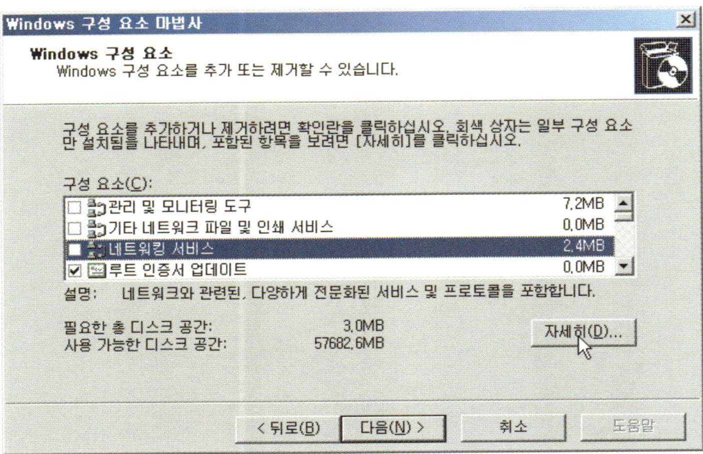

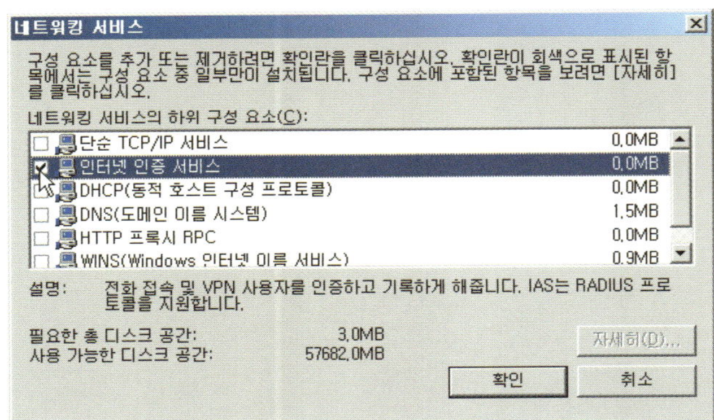

STEP 114 [시작] ➡ [관리 도구] 창에서 "인터넷 인증 서비스"를 클릭한다. 마우스 오른쪽 버튼을 클릭하여 Domain controller인 Darongi에 Insuni 자신을 등록시키기 위하여 [Active Directory에 서버 등록]을 클릭한다.

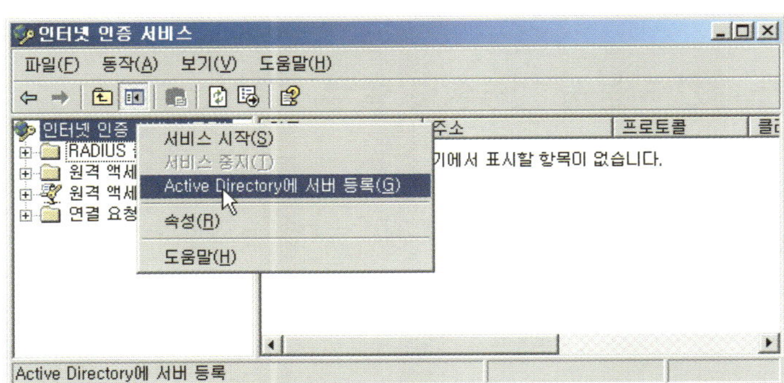

STEP 115 RADIUS 클라이언트인 BoramiCom을 등록한다. 이를 위하여, [인터넷 인증 서비스(로컬)] 콘솔에서, [클라이언트]를 오른쪽 마우스로 클릭한 후, [새 클라이언트]를 선택한다.

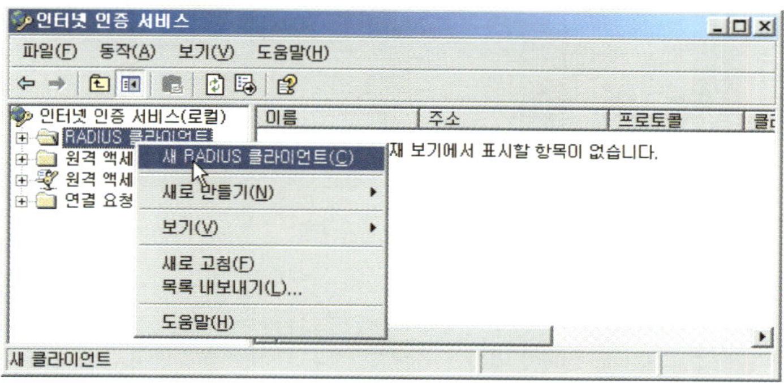

STEP 116 [클라이언트 추가] 창에서 해당 클라이언트의 이름과 프로토콜을 입력한다. 이름으로 **BoramiCom**을 입력하고, RADIUS 프로토콜도 지정한다.

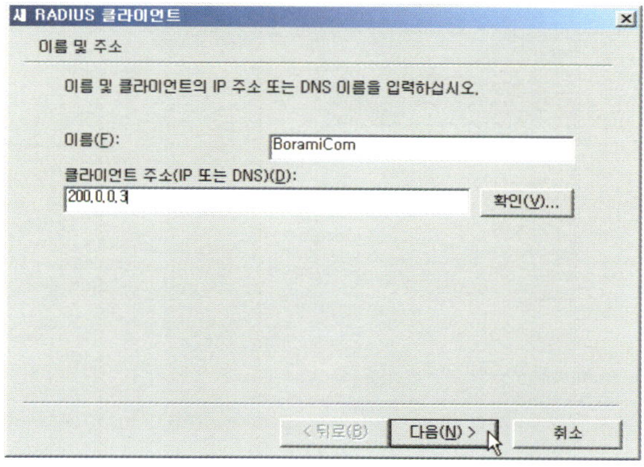

STEP 117 Borami의 IP주소와 Insuni와의 shared secret을 설정한다. 이를 위하여, [RADIUS 클라이언트 추가] 페이지에서, **Shared secret**인 "12345"를 입력한 후, [마침]을 선택한다.

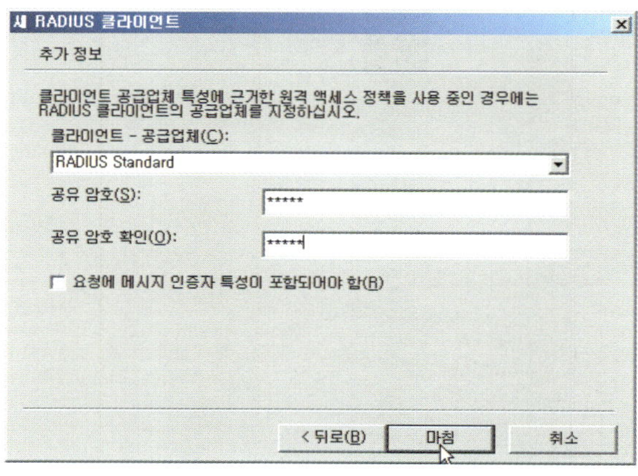

STEP 118 다음과 같이 새로 등록된 RADIUS 클라이언트인 BoramiCom이 있는지 확인한다.

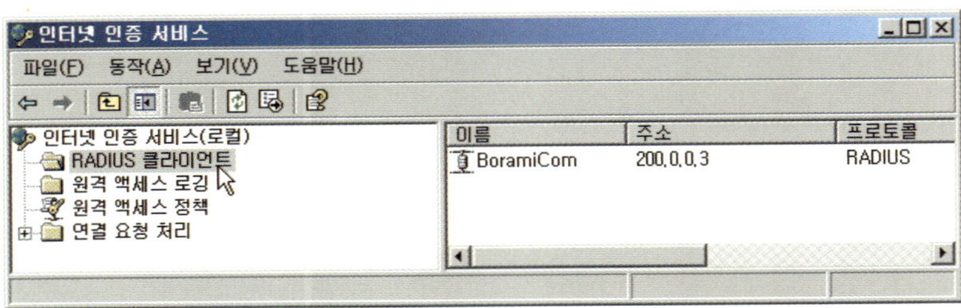

STEP 119 지금부터, 해당 사용자에 대한 인증조건을 부여할 것이다. 이를 위하여, [인터넷 인증서비스] 콘솔의 [원격 액세스 정책]폴더를 오른쪽 마우스로 선택하여, [새 원격 액세스 정책]을 선택한다. 이 정책에는 접속허용기간, NAS(PPPoE서버)의 IP주소 등의 접속허용 조건 중에서, 우리는 Arami가 액티브 디렉터리에 사용자로 등록되어 있는지 인증하도록 설정할 것이다.

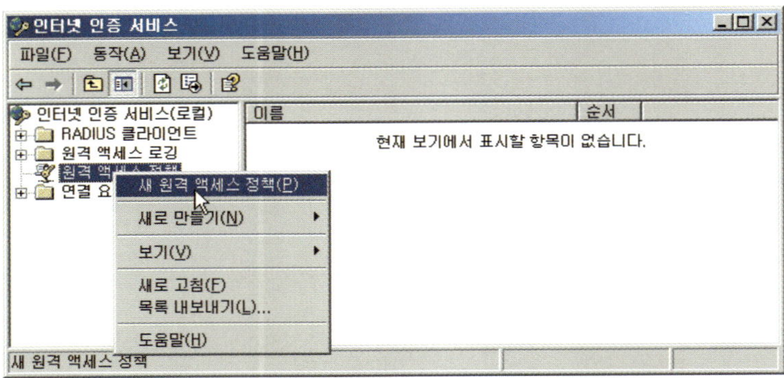

STEP 120 정책 이름인 "WOORIZIP_POLICY"을 임의로 입력하고, [다음]을 클릭한다.

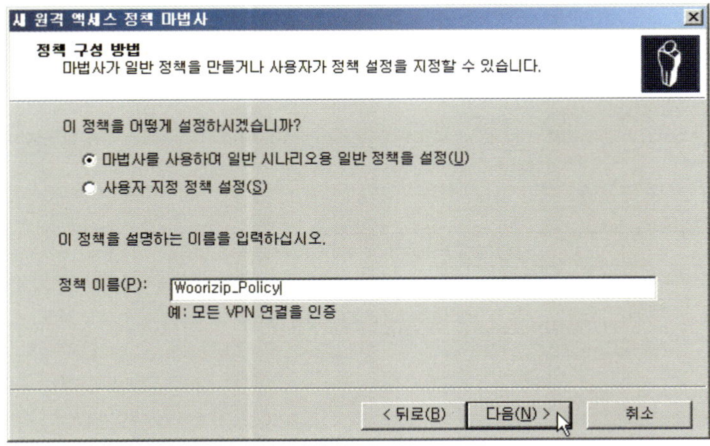

STEP 121 액세스 방법으로 [전화 접속]을 선택하고 [다음]을 클릭한다.

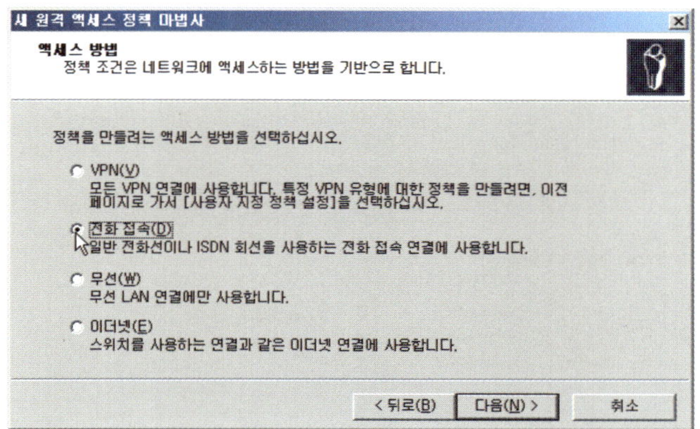

STEP 122 [새 원격 액세스 정책 마법사] 창이 표시된다. [사용자]를 선택하고, [다음]을 클릭한다.

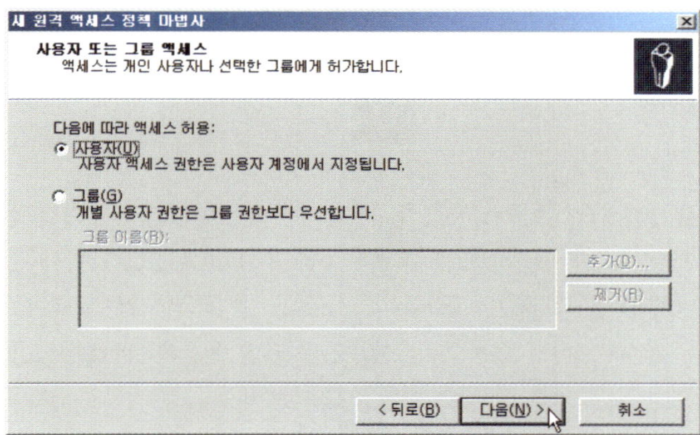

STEP 123 [인증 방법]에는 우리가 설정하고자 하는 PAP 인증 방법이 화면에 표시되지 않으므로, 기본적으로 설정된 MS-CHAPv2 부분의 설정을 일단 해제한 후, [뒤로]를 클릭한다.

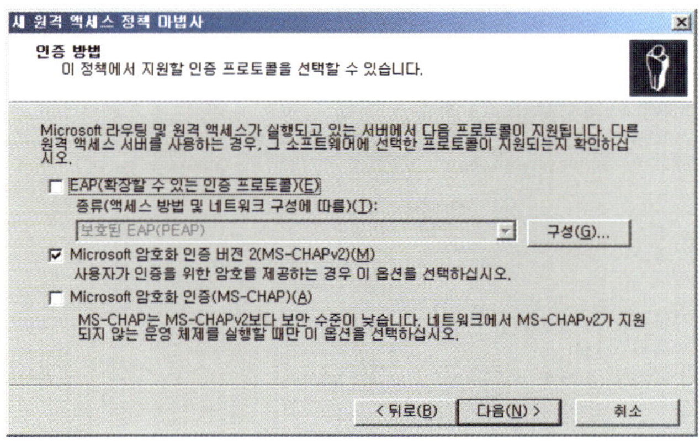

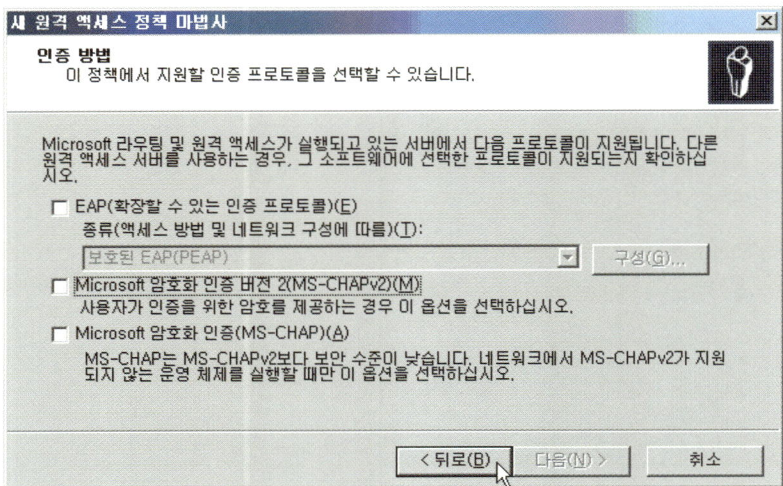

STEP 124 다시 표시되는 [사용자 또는 그룹 액세스] 창에서, [사용자]를 선택한 후, [다음]을 선택한다. 이렇게 하면, 표시되는 [인증 방법] 창에는 아무것도 선택되지 않도록 할 수 있다. [다음]을 클릭한다.

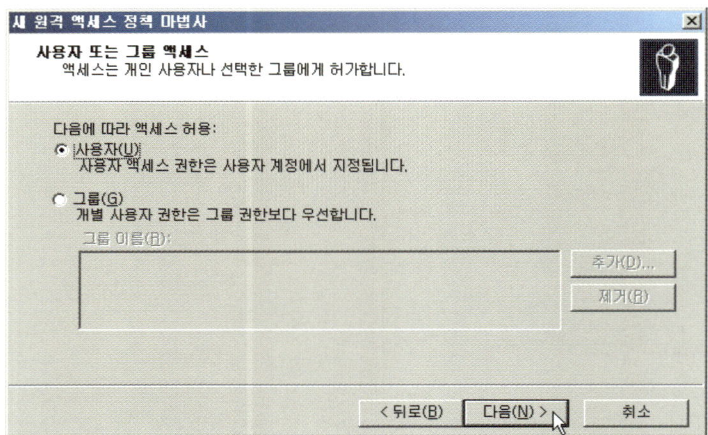

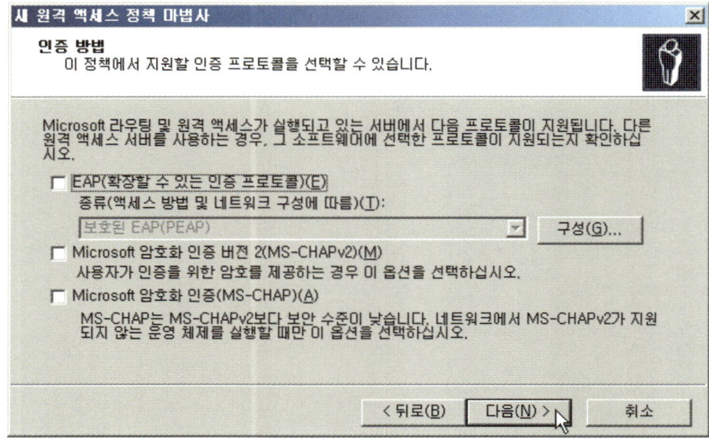

STEP 125 [정책 암호화 수준] 창에서, "암호화 안 함"을 선택하고 [다음]을 클릭한다.

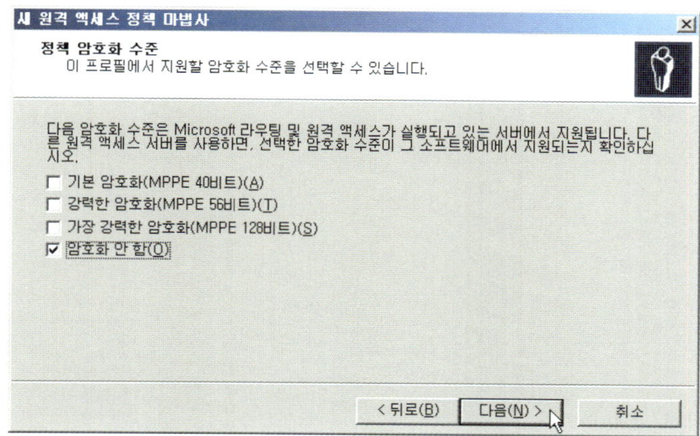

STEP 126 지금까지 만든 [원격 액세스 정책]인 "Woorizip_Policy"의 속성을 클릭한다.

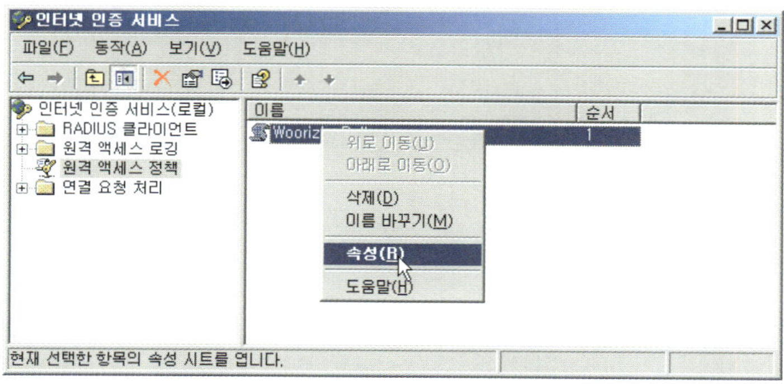

STEP 127 [설정] 창에서 [프로필 편집]을 클릭한다.

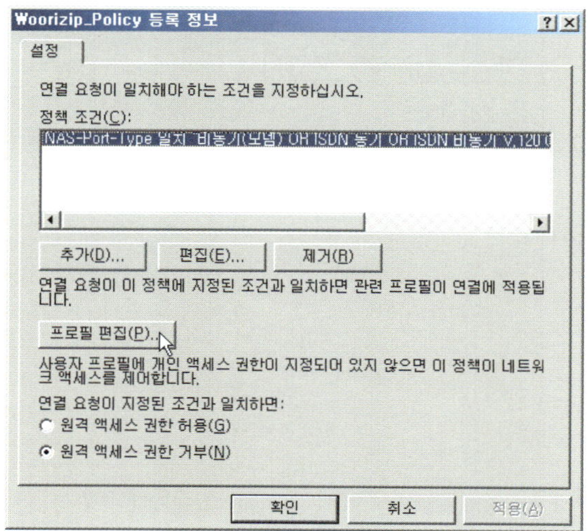

STEP 128 인증 프로토콜을 선택하기 위하여 [전화 접속 로그인 프로필 편집] 창의 [인증] 탭에서 "암호화 안된 인증 (PAP, SPAP)" 를 선택한다.

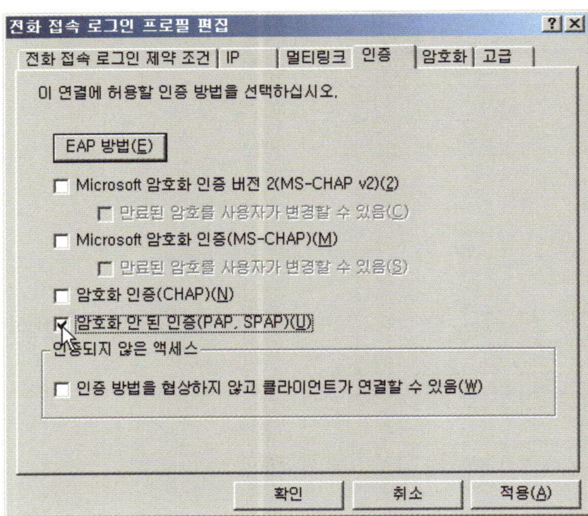

STEP 129 [확인]을 클릭한다.

STEP 130 이로서, BoramiCom NAS로부터의 인증 요청과 Woorizip_Group에 속하는 Arami로 부터의 인증요 청에 답할 수 있게 된다.

STEP 131 정책이 생성된 것을 확인한다.

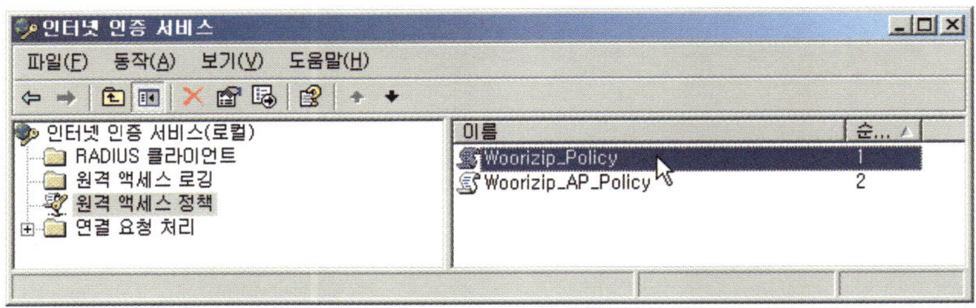

STEP 132 새로 생성한 [원격 액세스 정책]인 "WOORIZIP_POLICY"의 우선순위를 가장 높게 부여한다. 이를 위하 여, 필요한 경우, 해당 정책에 대하여 마우스의 오른쪽 버튼을 클릭하여 [위로 이동]을 선택한다.

이로서, Insuni RADIUS 인증서버에 대한 설정은 완료되었다.

8.13   Borami PPPoE 서버에 RADIUS 클라이언트 기능 설정

제 7 장에서 다루었던 PPPoE 서버에서는 "Windows 인증", 즉, 이 PPPoE 서버에 등록된 사용자 계정을 기반으로 원격 사용자 Arami에 대한 PPP 접속을 인증하였다. 본 장에서는 Borami PPPoE 서버가 RADIUS 서버에 사용자 인증을 요청하면, RADIUS 서버에 등록된 사용자가 맞는지 질의한 후, 그 결과에 따라 사용자의 연결요청을 허용하거나 거부하도록 한다. 이를 위하여, 계정공급하는 곳으로 "RADIUS 계정"을 선택하도록 한다. 설정 값은 다음과 같다.

- IP = 200.0.0.3 (Home LAN측), 200.0.1.3 (WAN)
- 계정 공급자를 "RADIUS 계정"을 설정.
- 대상 RADIUS 서버를 지정하고, 이 서버와의 Shared secret은 "12345"를 설정한다.
- 접속자에 대한 IP주소를 이 Borami가 직접 할당하도록 한다.

STEP 133 7장에서는 Borami PPPoE 서버가 직접 사용자를 인증하였다. 하지만, 8장에서는 RADIUS 인증서버에 질의하여 인증을 수행하도록 Borami의 [컴퓨터 관리] 창에서, 등록된 [사용자] "Arami"의 등록 정보를 [삭제]한다.

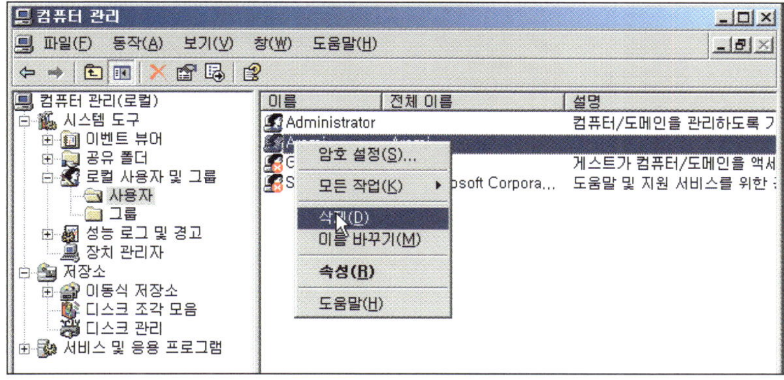

STEP 134 [라우팅 및 원격 액세스] 창의 "BoramiCom[로컬] 부분"에서 마우스 오른쪽 버튼을 사용하여, [속성]을 선택한다.

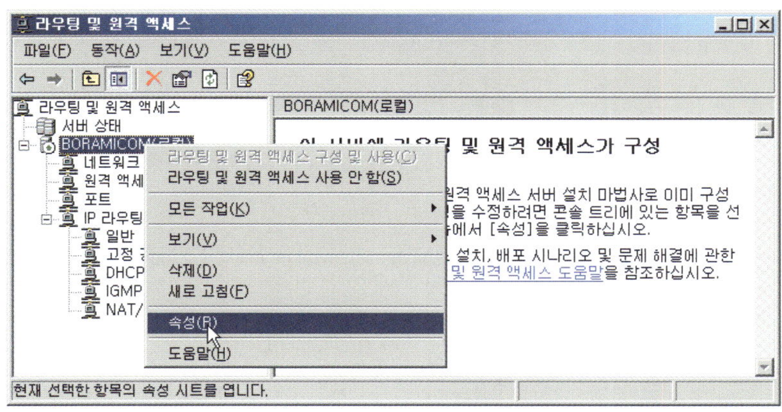

STEP 135 BORAMICOM(로컬) 등록 정보] 창에서, '인증공급자' 와 '계정공급자' 의 항목을 "Windows 인증" 대신에 'RADIUS 인증' 을 선택한다. [구성]을 클릭한다.

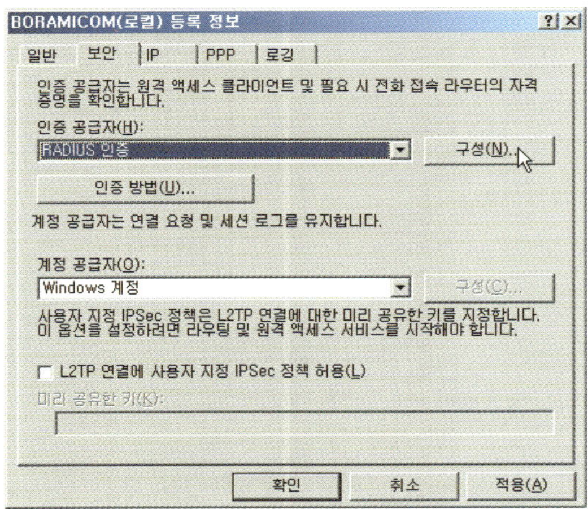

STEP 136 [RADIUS 인증] 창이 뜨면, Insuni RADIUS 서버를 추가하기 위하여, [추가]를 클릭한다.

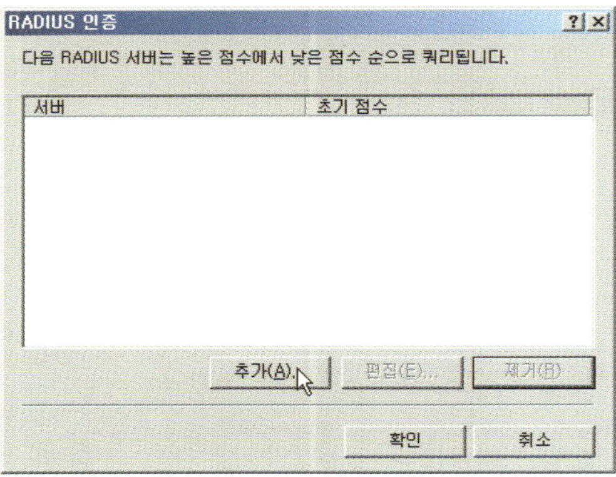

STEP 137 [RADIUS 서버 추가] 창에서 RADIUS 인증서버인 "Insuni"의 IP주소인 200.0.0.2를 설정한다. 여기서, [비밀] 항목은 RADIUS 서버와 공유된 비밀 키값을 입력하는 항목이다. [변경]을 클릭하여, "12345"를 입력하도록 한다.

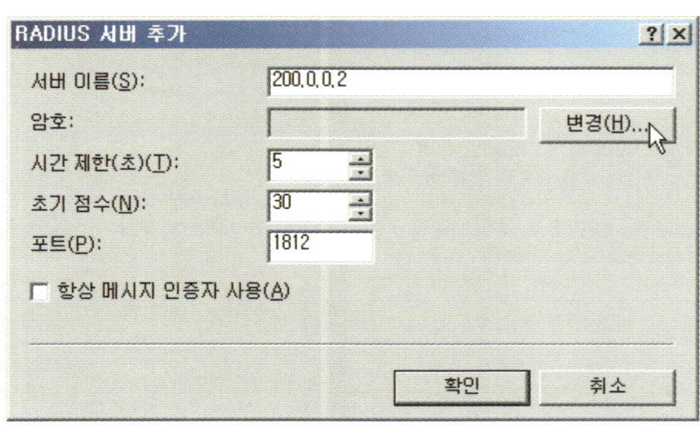

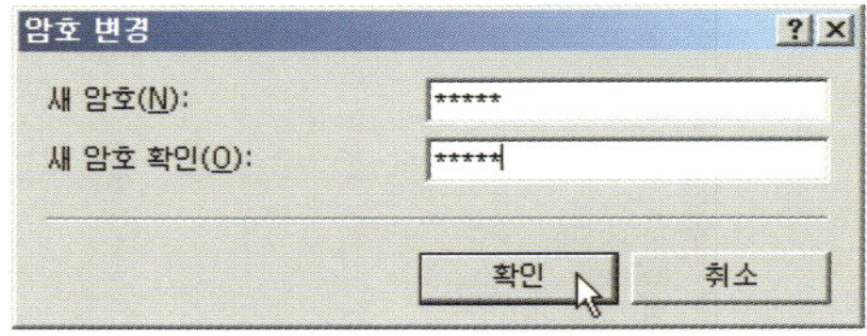

STEP 138 서버가 추가된 것을 확인하고 [확인]을 클릭한다.

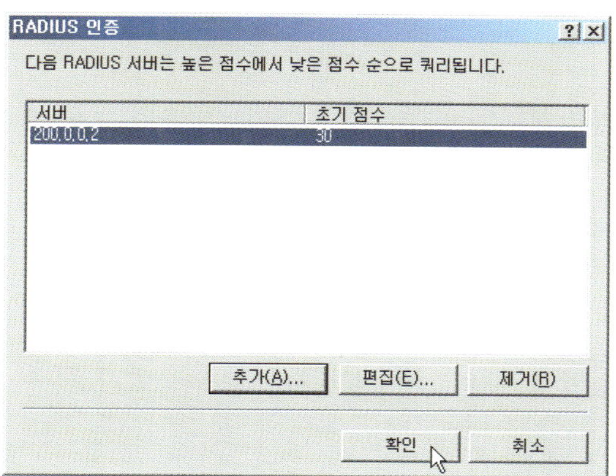

STEP 139 [BORAMICOM(로컬) 등록 정보] 창에서, [보안] 탭을 선택하고, [인증 방법]을 클릭한다.

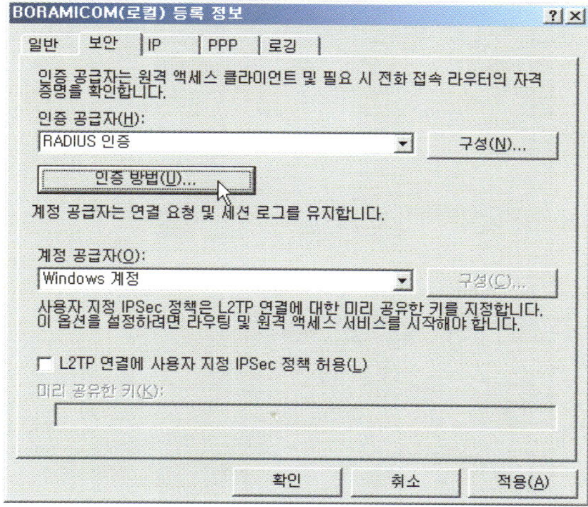

STEP 140 [인증 방법] 창에서 기본적인 인증프로토콜로 [PAP]를 선택한다.

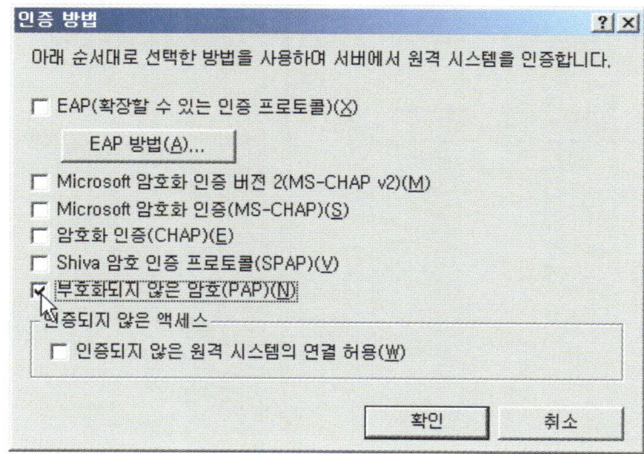

STEP 141 [확인]을 클릭한다.

STEP 142 접속자에 대한 IP주소를 DHCP를 사용하지 않고, 이 Borami가 직접 할당하도록 한다.

STEP 143 계정 공급자도 [RADIUS 계정]으로 선택하고 [구성]을 클릭하여 위와 동일하게 RADIUS 서버인 Insuni 를 추가한다.

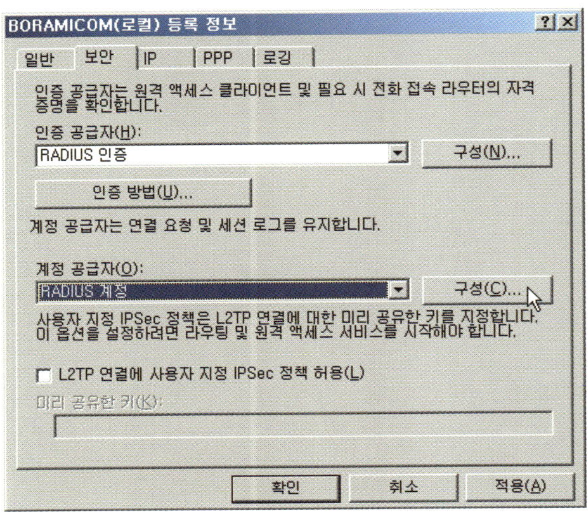

STEP 144 [BORAMI(로컬) 항목]에서 마우스 오른쪽 버튼을 클릭하여 [모든 작업] ➜ [다시 시작]을 실행한다. 이로서, PPPoE 서버인 Borami의 설정이 완료된다.

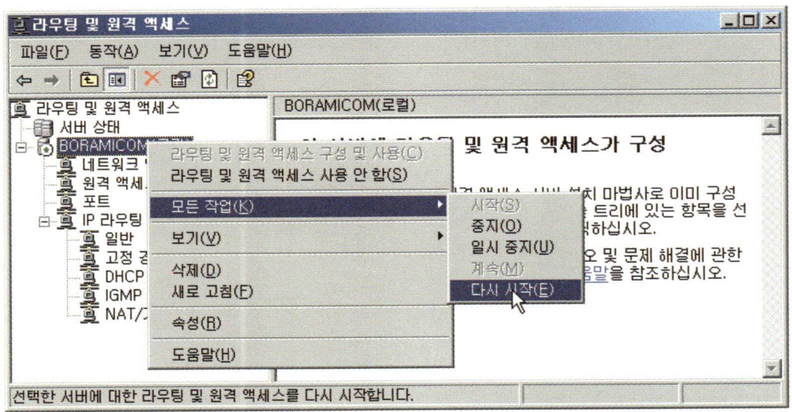

8.14 PPPoE 클라이언트 설정

Arami에 대한 설정은 제 7 장을 참조하라.

8.15 동작과정 분석

PPPoE 클라이언트인 Arami가 PPPoE로 접속하여 RADIUS 인증되는 절차는 다음 그림과 같다. 이 과정에서 송수신되는 RADIUS 패킷의 애트리뷰트를 분석한다.

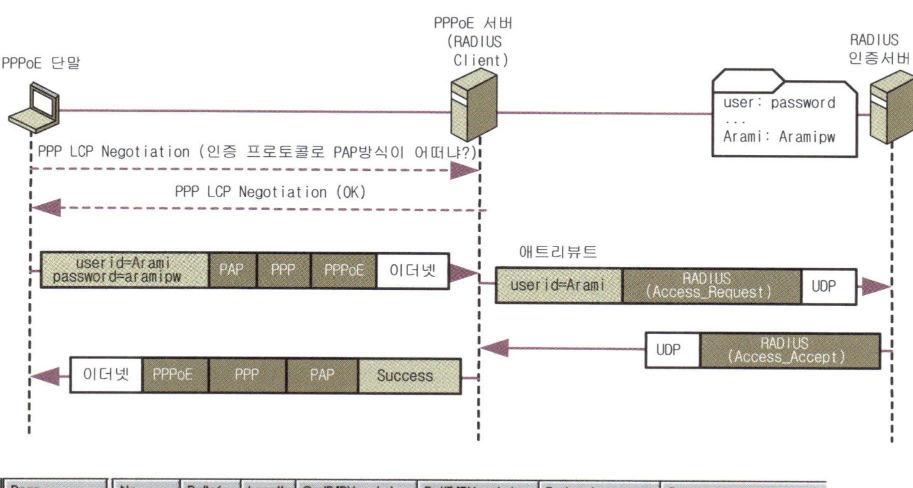

Page	No.	Delta(...	Length	SrcIP/IPXsocket	DstIP/IPXsocket	Protocol	Summary
1(~1)	0	0ms ...	147	200.0.0.3	200.0.0.2	IP/UDP/RADIUS	RADIUS-Authentication\Dj?
	1	7ms ...	106	200.0.0.2	200.0.0.3	IP/UDP/RADIUS	(port= 1812-> 1087)RADIUS

```
⊞ MAC
⊞ IP-Internet Protocol(RFC791)
⊞ UDP(RFC768)
⊟ RADIUS(RFC2865~2869)
     Code = Access Request (1)
     Id. = 4
     Length = 105
     Authenticator Field (16bytes) = "BE 42 4E 0E 65 44 7A 72 1A 67 CF 7C 63 50 45 09 "
  ⊟ Attribute-Vaule Pair[0] ( = NAS IP Address (4))
        Type = NAS IP Address (4)
        Length = 6
        Address = 200.0.1.3
  ⊟ Attribute-Vaule Pair[1] ( = Service Type (6))
        Type = Service Type (6)
        Length = 6
        Service Type = Framed (2)
  ⊟ Attribute-Vaule Pair[2] ( = Framed Protocol (7))
        Type = Framed Protocol (7)
        Length = 6
        Framed Protocol = PPP (1)
  ⊟ Attribute-Vaule Pair[3] ( = NAS Port (5))
        Type = NAS Port (5)
        Length = 6
        NAS Port = 6
  ⊞ Attribute-Vaule Pair[4] ( = Vendor Specific (26))
  ⊞ Attribute-Vaule Pair[5] ( = Vendor Specific (26))
  ⊟ Attribute-Vaule Pair[6] ( = NAS Port Type (61))
        Type = NAS Port Type (61)
        Length = 6
        NAS port type = ISDN Sync (2)
  ⊟ Attribute-Vaule Pair[7] ( = User Name (1))
        Type = User Name (1)
        Length = 7
        User Name = "arami"
  ⊟ Attribute-Vaule Pair[8] ( = User Password (2))
        Type = User Password (2)
        Length = 18
        User Passwd = "56 F8 87 F9 4D 91 D6 55 72 E8 04 5C 1F 07 4D 36 "
```

```
00000000 -00 01 03 40 CD D8 00 01 03 46 06 C5 08 00 45 00    ...@.k..F....E.
00000010 -00 85 30 AA 00 00 80 11 79 B8 C8 00 00 03 C8 00    ..0.....y......
00000020 -00 02 04 3F 07 14 00 71 82 E5 01 04 00 69 BE 42    ...?...q.....i.B
00000030 -4E 0E 65 44 7A 72 1A 67 CF 7C 63 50 45 09 04 06    N.eDzr.g.|cPE...
00000040 -C8 00 01 03 06 06 00 00 06 00 02 07 06 00 00 01    ...............
00000050 -05 06 00 00 00 06 1A 0C 00 00 01 37 09 06 00 00    ...........7...
```

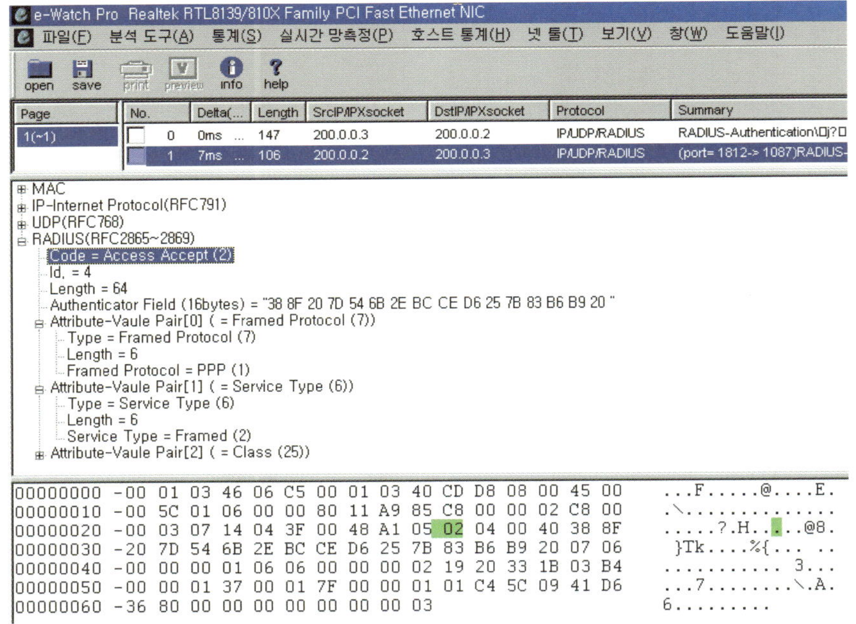

8.16 참고 : ProxyRADIUS

윈도우 2003의 IAS 서버는 RADIUS Proxy 기능을 제공한다.

연습 문제

[1] RADIUS 인증 메시지에서 사용되는 UDP 포트 번호는 _____ 와 _____ 이다.
    (a) 1812   (b) 1645
    (c) 1813   (d) 1646

[2] RADIUS 과금 메시지에서 사용되는 UDP 포트 번호는 _____ 와 _____ 이다.
    (a) 1812   (b) 1645
    (c) 1813   (d) 1646

[3] PPP단말, PPPoE서버, 라우터 그리고 RADIUS 서버로 연결된 망에서, RADIUS Client는 __이다.
    (a) PPP 단말   (b) PPPoE 서버
    (c) 라우터   (d) RADIUS 서버

[4] EAP 패킷은 RADIUS의 _____ 애트리뷰트 영역에 수납되어 전달된다.
    (a) User-Password   (b) Message-Authenticator
    (c) Framed-MTU   (d) EAP-Message

[5] RADIUS Proxy 서버에 대한 설명 중 틀린 것은?
    (a) NAS와 proxy간 secret만 있으면 된다.
    (b) Home LAN RADIUS와 proxy간 secret만 있으면 된다.
    (c) proxy는 Home LAN RADIUS에 대하여 클라이언트이다.
    (d) 사용자 계정 정보 복사본을 가진다. (0)

[6] RADIUS accounting에 대한 설명 중 틀린 것은?
    (a) 인증절차에 사용되는 포트번호와 별도의 포트를 사용한다.
    (b) 사용자 인증절차를 수행한다.
    (c) 사용자 과금처리를 한다.
    (d) authentication과 authoization기능과 별도로 동작한다.

[7] RADIUS 패킷의 종류가 아닌 것은?
    (a) Access-Request   (b) Access-Reject
    (c) Access-Accept   (d) Access-NAK

[8] User-Password 애트리뷰트에 수납되는 암호화된 16바이트의 사용자 패스워드의 구성요소가 아닌 것은?
    (a) shared secret   (b) request authenticator값
    (c) 패스워드   (d) nonce값

[9] PPP 사용자임을 표시하는 RADIUS 애트리뷰트는 _____ 이다.
    (a) Framed-Protocol   (b) Service-Type
    (c) Framed-MTU   (d) Login-Service

[10] NAS-Port-Type 애트리뷰트는 _____ 을 표시한다.
    (a) 사용자와 접속된 NAS의 물리 포트 형식
    (b) Home LAN측 NAS의 물리 포트 형식
    (c) 사용자와 접속된 NAS의 RADIUS UDP 포트 형식

(d) Home LAN측 NAS의 RADIUS UDP 포트 형식

[11] 윈도우 2000 서버에서 제공하는 RADIUS 서버 기능의 이름은 ______ 이다.
   (a) IIS   (b) IAS
   (c) 인증서 서비스   (d) RADIUS 서버

[12] RADIUS Client 프로그램인 NTRadPing 또는 RadClient 프로그램을 입수하여, RADIUS 서버와의 동작을 실험하라.

[13] EAP-MD5에 의한 인증시험은 802.1x EAP가 지원되는 AP와 WLAN 카드가 장착된 XP 단말간에 시험해 볼 수 있다. 물론, RADIUS 서버도 필요하며, AP는 RADIUS 클라이언트로 설정된다. 이러한 망의 구조에서 EAPoL과 802.1x, RADIUS의 동작을 설명하라.

[14] PPPoE 서버와 단말간에 CHAP 인증 방식을 사용하는 경우, PPPoE 서버와 RADIUS 서버간에는 새로운 RADIUS Access-Challenge 메시지가 사용된다. 이 절차를 시험하고, 설명하라.

[15] 윈도우 2003은 RADIUS Proxy 기능을 제공한다. 시험망을 구축하고, 그 절차를 분석하라.

정답
[1] (a), (b), [2] (c), (d), [3] (b), [4] (d), [5] (d), [6] (b), [7] (d), [8] (d), [9] (a), [10] (a), [11] (b)

802.1x/EAP/LEAP

9.1 관련 표준

- IEEE 802.1x, Standard for Port based Network Access Control, 2001.
- RFC 3748, Extensible Authentication Protocol(EAP) 2004.
- RFC3580, IEEE 802.1X Remote Authentication Dial In User Service(RADIUS) Usage Guidelines, 2003.
- RFC 1938, "An One-Time Password System", 1996.
- Microsoft PPP CHAP Extensions, Version 2(RFC2759)
- Microsoft EAP CHAP Extensions 〈draft-kamath-pppext-eap-mschapv2-01.txt〉, 2004.

9.2 개 요

본 장에서는 공중 무선 LAN에서 기본적으로 사용되는 EAP 인증절차를 알아본다. 원래, EAP는 유선망에서의 PPP 절차에 의한 사용자 인증을 위해 개발된 것이다. 유선망에서 사용되는 PPP 연결시 LCP 단계에 이어지는 사용자 인증과정에서는 LCP 단계에서 결정된 인증 방식에 따른 PAP와 같은 프레임을 NAS가 수신한 후, 별도의 인증서버인 RADIUS에게 중계하거나 자신이 처리한다. 이때, 이러한 인증 방식을 수납한 PPP 패킷은 Protocol ID로 구분된다. 예를 들어, PAP가 수납된 PPP 패킷의 경우, Protocol ID는 0xC023 이다.

하지만, 새로운 인증 프로토콜이 계속 개발될 때 마다 새로운 Protocol ID가 할당되어야 하고, 특히 NAS가 새로운 Protocol ID를 식별하고 이를 처리하려면, 인증 프로토콜 관련 소프트웨어 모듈을 지속적으로 갱신해야 하는 번거로움이 있다.

<그림 9.1> 기존 인증 프로토콜의 문제점

이러한 문제점을 해결하기 위하여, 〈그림 9.2〉와 같이, 앞으로 추가되는 새로운 인증 방식에 대하여 PPP 관점에서는 하나의 통일된 인증 프로토콜로 모두 수용 가능하게끔 한 것이 바로 RFC3748로 표준화된 Extensible Authentication Protocol(EAP)이다.

즉, EAP 헤더에 다양한 종류의 인증 방식(MD5-Challenge, TLS 등)을 명시할 수 있도록 확장성을 부여함으로써, NAS는 EAP에 수납된 상세한 인증 방식을 처리하는 대신에 EAP 메시지를 인증서버에게 단순히 중계하도록 한다. 이렇게 함으로써, 실제 인증절차는 사용자와 인증서버간에 수행하고, NAS는 인증서버로부터의 인증 결과만 처리하게 되어, 새로운 인증 방식을 위해 더 이상 NAS의 인증 모듈을 갱신할 필요가 없도록 한다.

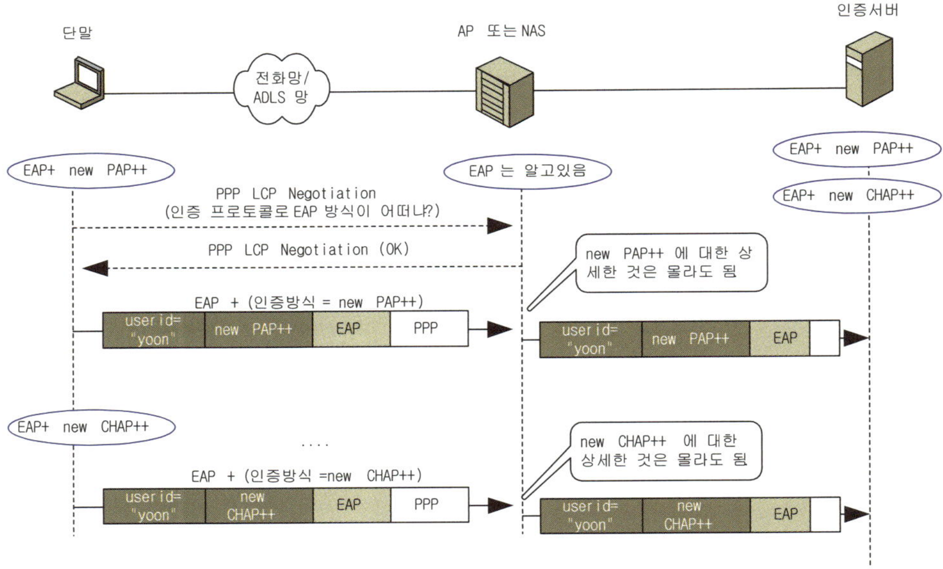

<그림 9.2> EAP의 장점

EAP에 수납되는 대표적인 무선 LAN 인증 방식으로는 MD5-Challenge와 TLS 방식이 있으며, 이들을 각각 EAP-MD5, EAP-TLS라고 부른다. 〈그림 9.3〉은 다양한 종류의 EAP 인증 방식을 정리한 것이다.

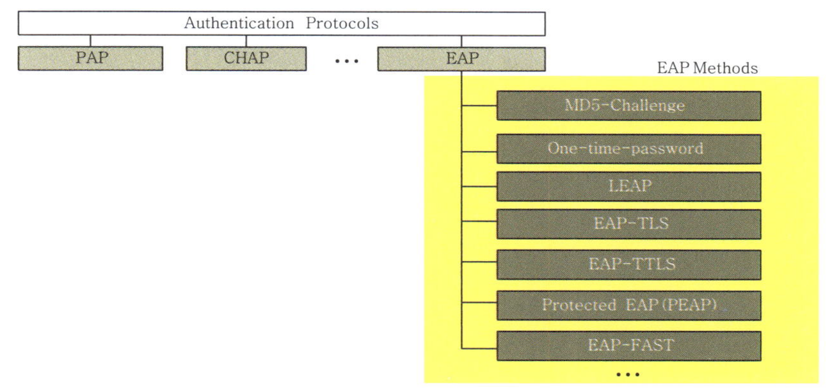

〈그림 9.3〉 EAP 인증 프로토콜

본 장에서는 EAP의 필요성을 소개한 본 절에 이어, EAP 패킷 형식, IEEE 802.1x 포트 접근제어 기술, 계층구조, LEAP, EAP-MS-CHAPv2를 소개한 후, PPPoE를 이용한 유선망에서의 EAP 실험과 무선 LAN에서의 EAP 실험을 수행하도록 한다.

9.3 EAP 패킷 형식

(1) 형 식

EAP 패킷은 다음 페이지의 〈그림 9.4〉와 같은 형식을 가진다.

- **Code** : 1 바이트로 표현되며, Request(0x01), Response(0x02), Success(0x03) 그리고 Failure(0x04) 정보를 나타낸다.
- **Identifier** : 1 바이트의 순서번호로서, 인증세션을 구분하는 식별자이다. 한 단말이 인증절차를 수행할 때 전송되는 모든 EAP 패킷들은 동일한 identifier값을 가져야 한다[1].
- **Length** : 2 바이트로 표시되며, EAP 패킷의 전체 길이를 나타낸다.
- **Type** : EAP Request/Response Types의 종류와 type에 따른 데이터 영역으로 구성된다. 〈표 9.1〉은 EAP에서 정의된 type의 종류를 도시한 것이다. Type번호 3까지는 EAP절차에 관련된 EAP 전용 메시지이고, Type 번호 4 이상은 모두 인증 방법(EAP method)의 종류를 구분한다.

1_ 이 영역의 길이가 1바이트 뿐이므로, 하나의 AP가 인증을 지원할 수 있는 단말의 개수는 256개로 제한된다.

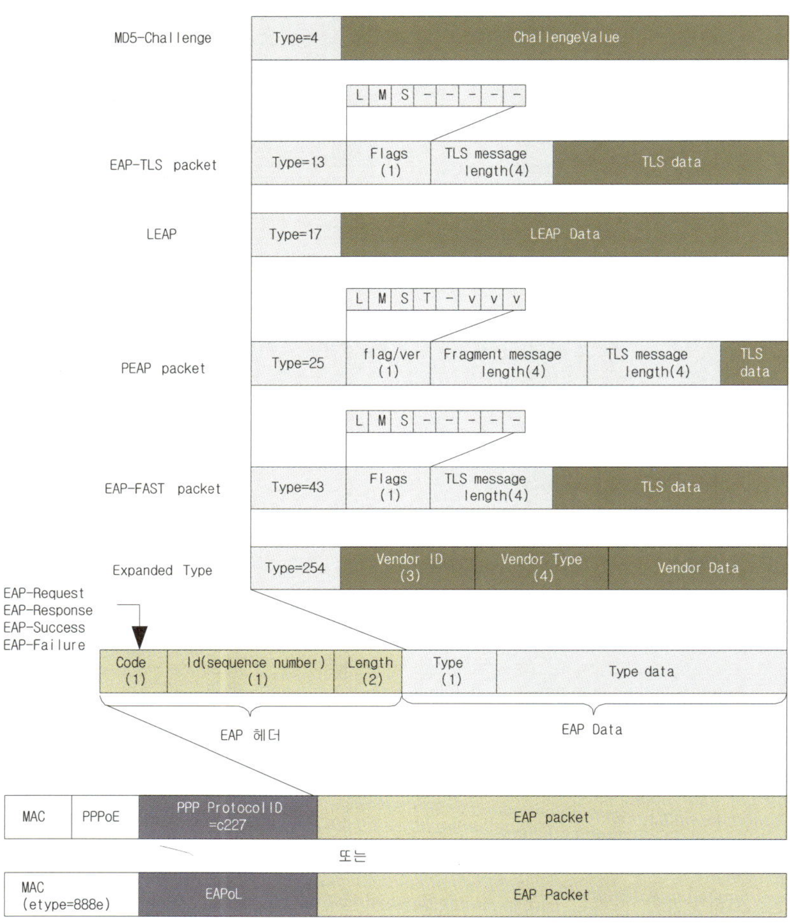

〈그림 9.4〉 EAP 패킷 형식

Type 번호	Type의 종류	Type 번호	Type의 종류
1	Identity	25	Protected EAP(PEAP)
2	Notification	26	MS-EAP-Authentication
3	NAK	27	Mutual Authentication w/Key Exchange (MAKE)
4	MD5-Challenge		
5	One-Time-Password	28	CRYPTOCard
6	Generic Token Card	29	EAP-MSCHAP-V2
7	rsvd	30	DynamID
8	rsvd	31	Rob EAP
9	RSA Public Key Authentication	32	SecurID EAP
10	DSS Unilateral	33	MS-Authentication-TLV
11	KEA	34	SentriNET
12	KEA Validate	35	EAP-Actiontec Wireless
13	EAP-TLS(RFC2716)	36	Cogent Systems Biometrics Authentication EAP
14	Defender Token		
15	Windows2000 EAP	37	AirFortress EAP
16	Arcot System EAP	38	EAP-HTTP Digest
17	Light EAP-Cisco Wireless	39	SecureSuite EAP
18	Nokia IP Smart Card Authentication	40	DeviceConnect EAP
19	SRP-SHA1 Part 1	41	EAP-SPEKE
20	SRP-SHA1 Part 2	42	EAP-MOBAC
21	EAP-Tunneled TLS	43	EAP-FAST
22	Remote Access Service	44	ZoneLabs EAP
23	UMTS Authentication and Key Agreement	45	EAP-Link
		254	Expanded Type
24	EAP-3Com Wireless	255	Vendor-specific

〈표 9.1〉 EAP type의 종류[2]

(2) 기본적인 EAP Type

● Identity(Type 1) : 일반적으로 AP가 상대방의 식별자를 요청할 때 사용된다. 선택적으로, 상대방에게 전달할 메시지를 수납할 수도 있다. 이에 대한 응답으로, 상대방은 자신의 Identity 식별자를 Type-Data 영역에 수납한 EAP 패킷을 전송해야 한다.

- Notification(Type 2) : 상대방에게 오류가 아닌 정보를 알릴 때 사용된다. 예를 들어, 패스워드의 만기 시점이 되었음을 알리거나, 인증이 실패할 수도 있음을 경고하는 용도로 사용된다. Notification Request에 대하여, 반드시 Notification Response로 응답해야 한다.
- Nak(Type 3) : 원하는 인증 방식이 아닌 경우에 거부하는 응답용으로 사용된다. Type-Data 영역에는 원하는 인증 방식이 수납된다.

(3) 특정 인증 방식용 EAP 타입

- MD5-Challenge(Type 4) : PPP CHAP 프로토콜과 유사한 인증 방식으로서, Request 패킷의 Type-Data 영역에는 상대방에 대한 "challenge" 값이 수납되며, Repsonse 패킷의 Type-Data 영역에는 MD5-Challenge나 Nak 정보가 수납된다.
- LEAP(Type 17) : 패스워드 기반의 상호인증 방법으로 제 12 장에서 다룬다.
- EAP-TLS(Type 13) : 사용자 인증서와 서버 인증서를 모두 사용한 상호인증 방법으로 제 13 장에서 다룬다.
- EAP-TTLS(Type 21) : 서버 인증서만 사용하여 TLS 터널을 개설한 후, 사용자 인증절차를 수행하며, 제 13 장에서 다룬다.
- Protected EAP(Type 25) : 서버 인증서만 사용하여 TLS 터널을 개설한 후, 사용자 인증절차를 수행하며, 제 14 장에서 다룬다.
- EAP-FAST(Type 43) : 패스워드를 사용하여 TLS 터널을 개설한 후 사용자 인증 절차를 수행하며, 제 14 장에서 다룬다.
- Expanded Type(type 254) : Vendor 고유의 인증 방식 협상시 사용된다.

(4) EAP 패킷의 수납용 프로토콜

앞의 〈그림 9.4〉에서 알 수 있듯이, EAP 패킷은 PPP나 EAPoL과 같은 다양한 종류의 링크계층 프레임에 수납될 수 있다. 또한, RADIUS 메시지에도 수납된다.

9.4 IEEE 802.1x 포트 보안 기술과 EAPoverLAN(EAPoL)

(1) 개 요

기존 무선 LAN 시스템에서는 단말들이 Open System 또는 공유 키를 사용한 인증절차에 의해 AP에 연결된다. 또한, 필요에 따라서, WEP 방식의 데이터 암호화에 의해 프레임들을 보호한다.

하지만, 이러한 인증절차 및 암호화 방법은 하나의 AP에 접속하는 모든 단말들이 WEP 공유 키를 공유하기 때문에 보안에 취약한 문제가 있다. 즉, 이러한 per-AP용 WEP 키는 해당 단말시스템에 대한 키일 뿐 이 단말을 사용하는 사용자에 대한 인증 및 데이터 암호용이 아니다. 또한, 단말마다의 계정관리, 과금처리 등의 부가 기능이 지원되지 못한다.

IEEE 802.1x는 유선 PPP망에서 사용되고 있던 사용자 인증용 프로토콜인 EAP를 유무선 LAN에 활용하는 표준이다. 이것은 EAP 메시지를 PPP 프레임 대신에 수납할 수 있는 EAP over LAN(EAPoL) 프레임 형식과 절차를 정의하고, 사용자별로 브리지 또는 무선 액세스 포인트의 물리적인 포트의 사용권을 외부의 인증 서버로부터 획득해야만 해당 사용자의 망 접근을 허용하는 절차에 대한 규정으로써, **포트 접근제어 프로토콜**이라고 한다. 이렇게 포트별로 인증절차를 수행하도록 한 경우에는 단말이 아닌, 사용자별로 개별적인 과금정책이나, 사용제한, 대역할당, 필요시 WEP 키 변경 등을 제공할 수 있는 장점이 있다.

〈그림 9.5〉는 무선 LAN에서 사용하던 기존 Open System/Shared Key 인증 방법과 EAP를 사용한 사용자 인증 방법을 비교한 것이다.

기존 방법은 AP가 아예 모든 단말들을 무조건 인증하거나, 단말이 자신과 동일한 키를 가지고 있는지에 따라 인증한다. 특히, 이러한 인증은 사용자 수준의 인증이 아니라, 시스템 수준의 인증이기 때문에 Arami가 로그아웃한 컴퓨터를 친구인 Borami 대신에 해커인 Borame가 아무런 제약없이 무선 LAN에 접속할 수 있는 단점이 있다.

반면에, EAP 인증 방법의 경우에는 해당 단말 시스템 수준이 아니라 사용자 수준의 인증을 사용하므로, Arami의 단말을 해커인 Borame가 사용하여 무선 LAN에 접속하려고 할 때, 틀린 Borami의 계정정보(사용자 이름 및 패스워드)에 대하여, AP는 인증서버에 질의하여 유효성을 검증한 후 접속을 거부하게 된다.

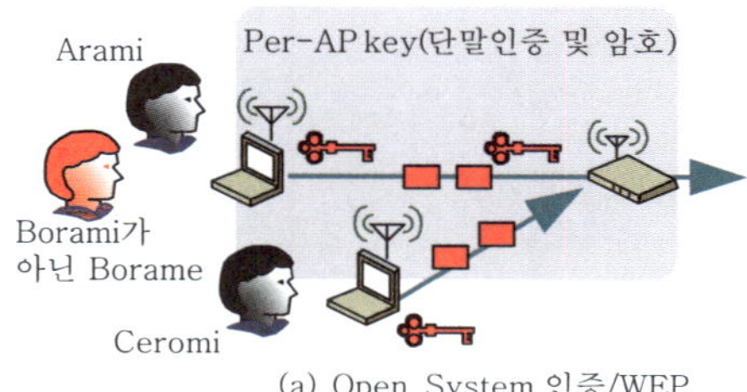

〈그림 9.5〉 기존 무선 LAN 인증 방법과 EAP 인증 방법의 비교

이러한 사용자 수준의 인증기능을 제공하는 802.1x/EAP 인증절차의 예는 〈그림 9.6〉과 같다.

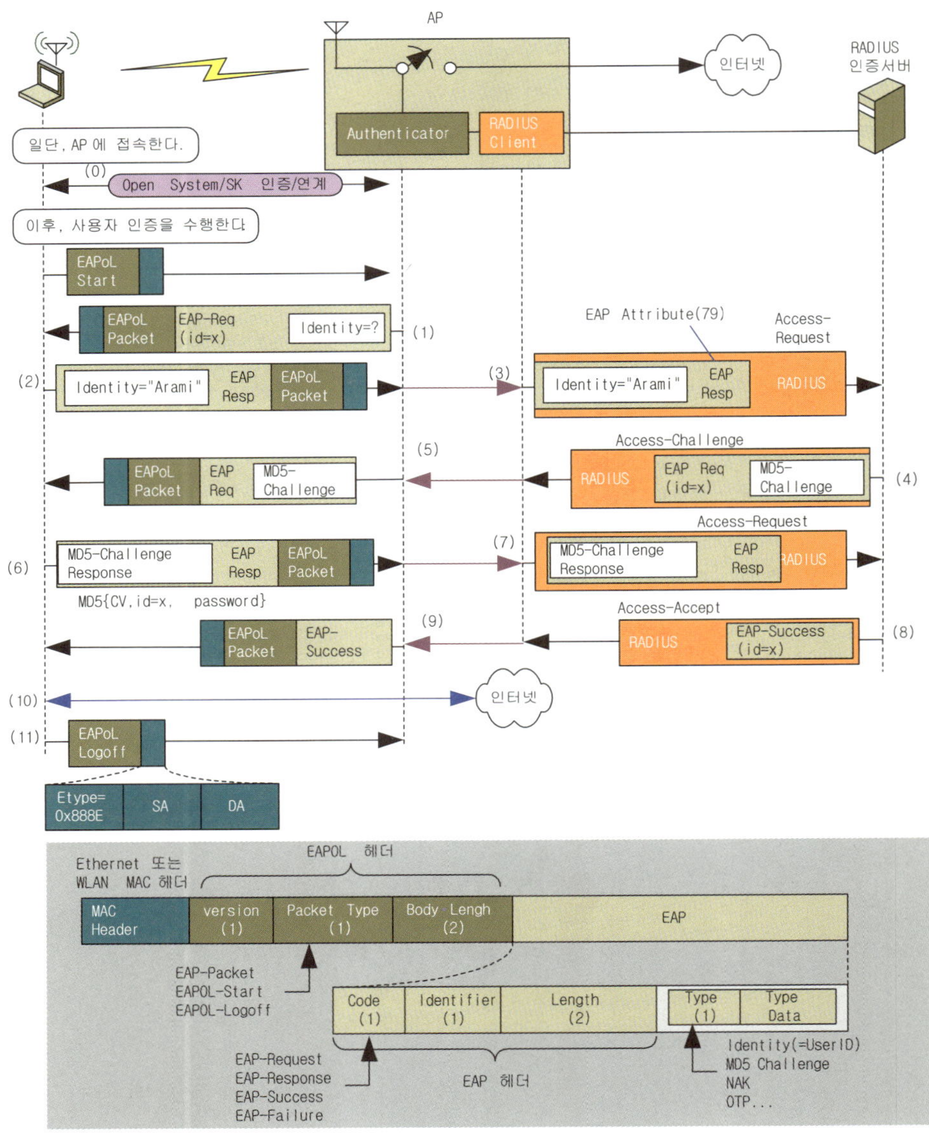

〈그림 9.6〉 802.1x 시스템의 구성과 동작(EAP-MD5 Challenge 방식의 경우)

(0) **단말과 AP** : 단말은 Open System 또는 Shared Key 방식으로 시스템 수준의 인증절차를 수행하여 AP
와 연결한다. 이 연결은 이더넷 단말이 스위치에 케이블로 연결한 것에 불과하다3. 이후, EAP 절차에 의
해 사용자 수준의 인증절차를 수행한다.

(1) **AP** : 단말로부터 EAPoL Start 메시지를 수신하거나, 단말이 접속된 사실을 감지하면 사용자 이름을 전
송하라는 EAP-Request [Identity] 메시지를 EAPoL Packet에 수납하여 단말에게 요청한다. 이 경우의
Identity 항목에는 사용자 이름은 없는 대신에 AP의 정보인 SSID, AP의 이름 등이 수납된다.

(2) **단말** : 자신의 사용자 이름이 수납된 EAP-Response [Identity] 메시지로 AP에 응답한다.

(3) AP : 단말로부터 수신한 EAP-Response[Identity] 메시지를 RADIUS 메시지의 EAP 애트리뷰트에 수납한 RADIUS Access-Request 메시지를 생성하여 인증서버에 중계한다. 이때 AP는 RADIUS 서버에 대한 RADIUS 클라이언트로 동작한다.

(4) RADIUS 서버 : MD5-Challenge Value(CV)가 수납된 EAP Request 메시지를 구성한 후, 이것을 RADIUS Access-Challenge 메시지의 EAP 속성에 수납하여 AP에 송신한다.

(5) AP : RADIUS 메시지의 EAP속성를 꺼낸 후, EAPoL 패킷에 다시 수납하여 단말에 중계한다.

(6) 단말 : {자신의 패스워드, CV, 자신의 사용자 이름}을 MD5로 해시한 값이 수납된 EAP-Response [MD5-Challenge Response] 메시지로 AP에 응답한다.

(7) AP : 단말로부터 전달받은 EAP-Response[MD5-Challenge Response] 메시지를 RADIUS 메시지의 EAP 애트리뷰트에 수납한 RADIUS Access-Request 메시지를 생성하여 RADIUS 인증서버에게 중계한다.

(8) RADIUS 서버 : 정당한 사용자인 경우, EAP Success 메시지를 구성한 후, 이것을 RADIUS Access-Accept 메시지의 EAP 속성에 수납하여 AP에 송신한다.

(9) AP : EAP Success 메시지를 단말에 중계하면서, 사용자를 인증하고, 해당 단말이 인터넷에 접근할 수 있도록 허용한다.

(10) 단말 : EAP Success 메시지를 수신하면, 이후부터 AP를 경유하여 외부 인터넷에 접근할 수 있게 된다.

(11) 단말 : Log off시에는 EAPoL Logoff 메시지를 AP에 송신한다. 하지만, 이 메시지는 아무런 보안특성이 없어, 해커가 임의로 전송하면 문제가 발생하기 때문에 실제로는 사용되지 않는다. 그리고, AP도 이 메시지를 무시한다.

여기서 알 수 있듯이, EAP-MD5는 EAP화 된 CHAP 인증 방식임을 알 수 있다.

(2) EAP Over LAN(EAPoL)의 프레임 형식

802.1x에서 규정한 EAPoL 프레임은 단말과 AP간에 EAP패킷을 이더넷이나 무선 LAN상에서 수납하는 것으로써, 프레임 구조는 다음과 같다.

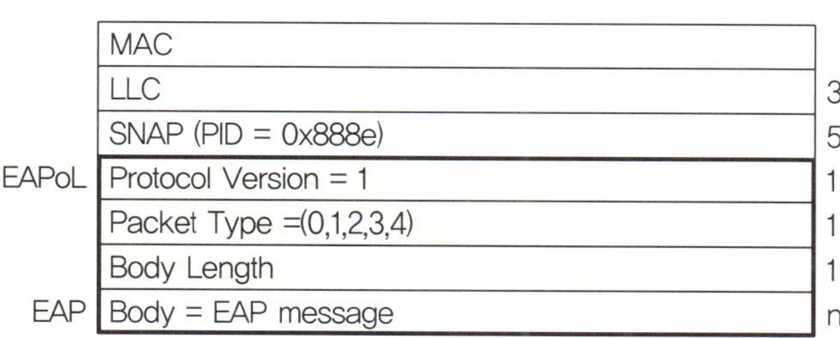

〈그림 9.7〉 EAPOL 프레임 형식

● Protocol Version : 1

3_ NESPOT 공중 LAN 서비스를 사용한 사람은 무선LAN은 연결되어 있지만, 사용자 이름과 패스워드를 추가로 입력해야 인터넷을 사용할 수 있음을 알고 있을 것이다.

- Packet Type : EAPoL 패킷 형식을 지시한다.
  - 0x00 : EAP-Packet
  - 0x01 : EAPoL-Start
  - 0x02 : EAPoL-Logoff
  - 0x03 ; EAPoL-Key
  - 0x04 : ASF Aalert
- Packet Body Length = Body의 길이를 표시한다.
- Packet Body : EAP 메시지가 수납된다.

(3) EAPoL 프레임의 상세 형식

(a) EAP-Packet

이 타입은 인증과정에 필요한 EAP 패킷을 실제로 수납할 때 사용된다. 무선 LAN의 경우, 그 형식은 다음과 같다[4].

	MAC	
	LLC	3
	SNAP (PID = 0x888e)	5
EAPoL	Protocol Version = 1	1
	Packet Type = 00 (=EAP Packet)	1
	Body Length = n	2
Body	EAP	n

〈그림 9.8〉 EAP-Packet의 형식

(b) EAPoL-Start/-Logoff

각각 EAPoL의 절차의 시작과 종료시 사용된다. 단, EAPoL-Logoff 메시지는 DoS 공격에 취약하여, 사용하지 않는 경우가 대부분이다.

	MAC	
	LLC	3
	SNAP (PID = 0x888e)	5
EAPoL	Protocol Version = 1	1
	Packet Type = 01/02	1
	Body Length = 0	2

〈그림 9.9〉 EAPoL-Start/-Logoff 패킷의 형식

(C) EAPOL-Key

이 패킷은 사용자 인증과정 이후, AP와 단말간 무선링크계층 보안을 위한 임시키를 분배할 목적으로 Key

4_ 유선 이더넷의 경우에는 LLC와 SNAP영역없이 EtherType= 0x888E를 사용한다.

Descriptor를 교환할 때 사용된다. 802.1x에서 규정한 키 디스크립터는 Descriptor Type과 Descriptor Body로 구성되며, RC4와 802.11i용으로 각각 정의되어 있다. 이것은 이 영역의 첫 부분에 있는 Descriptor Type으로 구분된다.기존 RC4 환경에서는 브로드캐스트용 키를 갱신할 때 주로 사용되는 반면에, 802.11i 에서는 유니캐스트용 키의 확보여부를 상호검증할 때에도 이 패킷을 사용한다 .

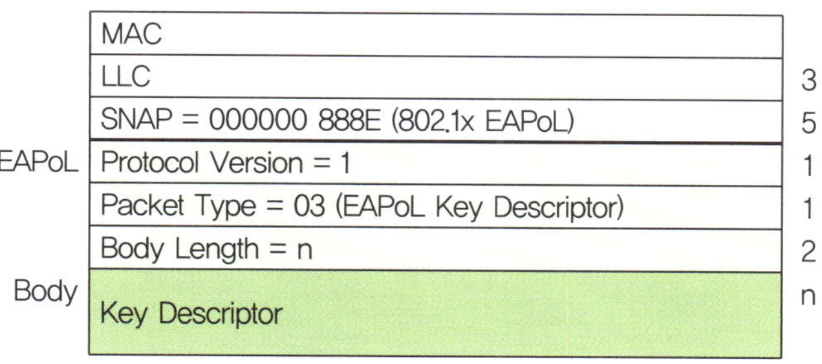

〈그림 9.10〉 EAPOL – Key 프레임 형식

- **RC4 키 디스크립터의 형식** : RC4 방식으로 키 데이터 영역을 암호화하는 방식이지만, 보안 문제점 때문에 앞으로는 사용되지 않는다. 단지, 기존 802.1x 표준에 따른 제품을 위해 정의된 것이다. 이러한 영역을 수납한 EAPOL-Key 프레임을 RC4 EAPOL-Key 프레임이라고 부른다.

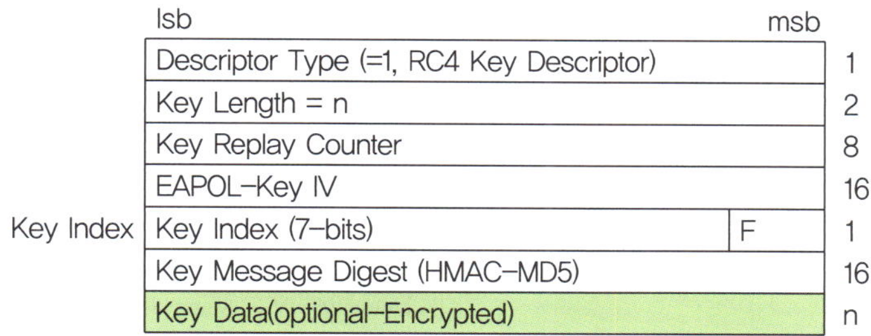

〈그림 9.11〉 RC4 Key Descriptor 형식

- Descriptor Type = 1 (RC4 Key Descriptor)
- **Key Length** : 바이트 단위이다. 5인 경우, 40비트 키이다.
- **Key Replay Counter** : 순서번호로서, replay 공격 대비용이다. RC4인 경우에는, 현재 시간값이 수납된다.
- **EAPoL-Key Initialization Vector** : 128비트의 랜덤값이다. RC4의 경우, RC4 암호키 생성용 IV으로 사용된다.
- **Key Index** : 7비트의 key index와 플래그로 구성되어 있다. 여러 개의 키가 사용될 경우에 해당 키를 지시하는 용도로 AP에 의해 설정된다. 비트 7의 flag가 1로 설정되면, 이 키가 유니캐스트용 키인 반면에, 0이면, 브로드캐스트용 키임을 지시한다.
- **Key Message Digest** : EAPoL 메시지 전체에 대한 무결성 코드값이다. RC4의 경우, HMAC-MD5 방식에 의해 계산된다.

- Key Data : 암호화된 5바이트 길이의 WEP-40용 키 또는 13바이트 길이의 WEP-104용 키를 수납한 영역이다. 이 영역이 없으면, 단말은 EAP 인증절차에서 생성된 것을 사용한다.

〈그림 9.12〉는 AP가 그룹키 갱신을 위해 송신한 RC4 키 디스크립터가 수납된 EAPoL-Key 메시지의 예이다.

```
802.11 MAC Header
    Frame Control
        Version = 0
        Type=10(Data)
        SubType=0000(DataOnly)
        ToDS = 0
        FromDS = 1
        MoreFrag = 0
        Retry=0
        PowerMgmt = 0
        MoreData = 0
        WEP=0
        Order = 0
    Duration = 258usec
    DA =00:07:40:C4:FF:D6
    SA =00:00:F0:64:01:03
    BSSID =00:00:F0:64:01:03
    FragNum/Seq Num = 0/345
802.2 LLC
    DSAP = 0xAA (SNAP)
    SSAP = 0xAA (SNAP)
    Command = 0x03 (Unnumbered Information)
    SNAP = 0x000000 888E (802.1x EAPoL)
802.1x
    Protocol Version = 1
    Packet Type = 3 (EAPoL-Key)
    Body Length = 49
    EAPoL-Key
        Type = 1 (RC4 Key Descriptor)
        Key Length = 5
        Replay Counter = 3096248245947831(0x0B000578D60DB7)
        Key IV = 0x7B…41
        Key Flag = 0 (Broadcast - Default Key)
        Key Index = 1
        Key Message Digest = 0x138E…9882
        Key = 0xBDEE596D71 (encrypted)

0000 : 08 02 02 01 00 07 40 C4 EF D6 00 00 F0 64 01 03
0010 : 00 00 F0 64 01 03 90 15 AA AA 03 00 00 00 88 8E
0020 : 01 03 00 31 01 00 05 00 0B 00 05 78 D6 0D B7 7B
0030 : 27 6E DD 41 08 0F 04 76 66 28 CE 44 B7 30 41 01
0040 : 13 8E D4 A4 09 E4 05 FE D3 55 0C 0B 7D CF 98 82
0050 : BD EE 59 6D 71
```

〈그림 9.12〉 EAPoL-Key Packet의 예

- 802.11i 키 디스크립터의 형식(참고) : RSN에서 사용되는 새로운 키 디스크립터이다. 앞으로는 이 형식이 사용된다. 상세한 내용은 제 12 장에서 다룬다.

	Descriptor Type (=2, 802.11i Key Descriptor)										1
Key Information bits	V(3)	T(2)	r(2)	I	A	M	S	E	Q	D	r(2)	2
	Key Length										2
	Key Replay Counter (KRC)										8
	Key Nonce										32
	EAPOL-Key IV										16
	KeyRSC										8
	Rsvd										8
	Key MIC										16
	Key Data Length										2
	Key Data(optional-Encrypted)										n

〈그림 9.13〉 802.11i Key Descriptor 형식

(4) EAPOL-Encapsulated-ASF-Alert

Alerting Standards Forum(ASF) 에서는 원격에서의 power ON/OFF, reboot등의 원격제어 기능에 대한 제어절차를 다루고 있다. 망의 장치들은 과열, 팬 고장, 전원고장시 인증되지 않은 스위치나 AP를 경유해서 SNMP trap 메시지로 보고할 수 있도록 이 형식을 가진 EAPOL 프레임을 AP가 통과시키도록 허용한다.

9.5 802.1x/EAP-MD5 인증절차의 예

무선 LAN 환경에서의 EAP/MD5-Challenge 인증 방식에서 전송되는 패킷의 예는 다음과 같다.

(1) 단말은 무선 AP에 접속하기 위하여, 802.1x EAPoL START 프레임을 AP에 송신한다.

```
802.11 MAC Header
  Frame Control (Data/DataOnly, ToDS=1)
  Duration = 258usec
  BSSID = AP
  SA =단말
  DA =AP
  FragNum/Seq Num = 0/512
802.2 LLC
  DSAP = 0xAA (SNAP)
  SSAP = 0xAA (SNAP)
  Command = 0x03 (Unnumbered Information)
  SNAP = 0x000000 888E (802.1x EAPoL)
802.1x(EAPoL)
  Protocol Version = 1
  Packet Type = 1 (EAPoL-Start)
  Body Length =0(0x0000)
Padding(42 bytes)
```

```
0000 : 08 01 02 01 00 40 96 31 3B 76 00 40 96 36 8B 35
0010 : 00 40 96 31 3B 76 00 20 AA AA 03 00 00 00 88 8E
0020 : 01 01 00 00 00 00 54 9C B3 F9 FC E2 F2 80 01 00
0030 : 00 00 E8 D0 F2 80 64 BC BD FF 38 97 EF 80 38 F5
0040 : BA F0 F0 D0 7F F9 F0 E2 F2 80 00 00 00 00 00 00
0040 : 00 00
```


5_ AP와의 접속, 즉, association 절차 직후, AP가 먼저 802.1x 인증절차를 수행할 경우에는 이 과정은 생략될 수 있다.

(2) 이에 대하여, AP는 Identity 항목이 비어있는 EAP-Request 패킷을 생성하고, 이것을 802.1x EAPoL에 수납하여 단말에게 전송한다. 이 Request 메시지는 사용자 ID의 전송을 요구할 때 전송된다. 기본적으로 Identity 항목은 {Null로 끝나는 user name string, networkid=*SSID*, nasid=*AP*의 이름 또는 MAC주소, portid=⟨*port id*⟩ 형식으로 구성되는데, 이 경우, user name string은 해당되지 않으므로, null 문자만 사용된다. 이 예에서는 Identity 항목으로 {type=01(*identity*) 00(*username string* = null) "networkid =Woorizip, nasid=AP340-368d13, portid =0"}으로 설정되어 있다.

```
802.11 MAC Header
   Frame Control (Data/DataOnly, FromDS=1)
   Duration = 258usec
   DA = 단말
   SA = AP
   BSSID = AP
   FragNum/Seq Num = 0/2
802.2 LLC
   DSAP = 0xAA (SNAP)
   SSAP = 0xAA (SNAP)
   Command = 0x03 (Unnumbered Information)
   SNAP = 0x000000 888E (802.1x EAPoL)
802.1x(EAPoL)
   Protocol Version = 1
   Packet Type = 0 (EAP-Packet)
   Body Length = 52(0x0034)
EAP
   Code=01 (Request)
   Identifier = 12
   Length[2] = 52(0x0034)
   Type = 1 (Identity)
   UsernameString = 0x00
   UsernameString = "networkid=Woorizip,nasid=AP340-368d13,portid=0"
```

```
0000 : 08 02 02 01 00 40 96 36 8B 35 00 40 96 31 3B 76
0010 : 00 40 96 31 3B 76 20 00 AA AA 03 00 00 00 88 8E
0020 : 01 00 00 34 01 0C 00 34 01 00 6E 65 74 77 6F 72
0030 : 6B 69 64 3D 57 6F 6F 72 69 7A 69 70 2C 6E 61 73
0040 : 69 64 3D 41 50 33 34 30 2D 33 36 38 64 31 33 2C
0050 : 70 6F 72 74 69 64 3D 30
```


(3) 이것을 수신한 단말은 자신의 User ID가 수납된 EAP-Response 메시지를 802.1x EAPoL의 EAP-Packet 형식에 수납하여 응답한다.

```
802.11 MAC Header
   Frame Control (Data/DataOnly, ToDS=1)
   Duration = 258usec
   BSSID = AP
   SA = 단말
   DA = AP
   FragNum/Seq Num = 0/513
802.2 LLC
   DSAP = 0xAA (SNAP)
   SSAP = 0xAA (SNAP)
   Command = 0x03 (Unnumbered Information)
   SNAP = 0x000000 888E (802.1x EAPoL)
802.1x(EAPoL)
   Protocol Version = 1
   Packet Type = 10(EAP-Packet)
   Body Length =10
EAP
   Code = 2 (Response)
   ID = 12
   Length = 10
   Type=1 (Identity)
   TypeData = "Arami"
Padding
```

```
0000 : 08 01 02 01 00 40 96 31 3B 76 00 40 96 36 8B 35
0010 : 00 40 96 31 3B 76 10 20 AA AA 03 00 00 00 88 8E
0020 : 01 00 00 0A 02 0C 00 0A 01 41 72 61 6D 69 DB 76
0030 : 00 00 E8 D0 F2 80 64 BC BD FF 38 97 EF 80 38 F5
0040 : BA F0 F0 D0 7F F9 F0 E2 F2 80 00 00 00 00 00 00
0040 : 00 00
```

(4) AP는 이 프레임에서 EAPOL 헤더를 제거한 EAP부분을 RADIUS 서버에게 전달하여 인증 절차를 개시한다. 이 과정을 path-through동작이라고 한다. RADIUS 애트리뷰트 79번에 EAP메시지가 그대로 수납되어 있음을 확인할 수 있다.

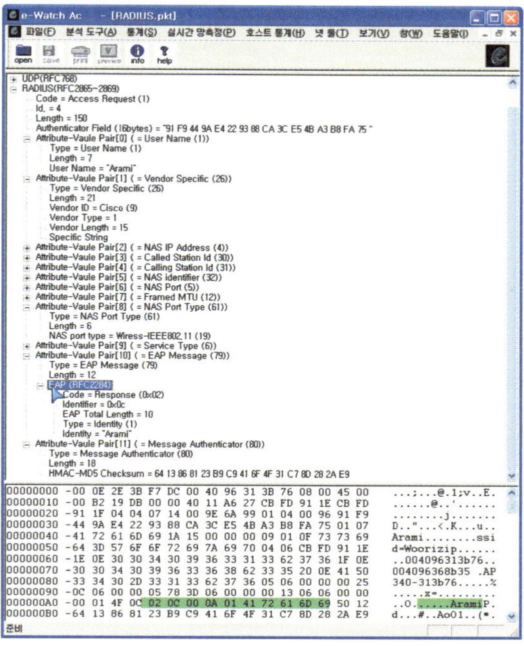

(5) RADIUS 서버는 {순서번호 seq_ID, 랜덤값인 Challenge Value (CV)}가 수납된 EAP 메시지를 RADIUS 메시지의 애트리뷰트 79번에 담아 전송한다.

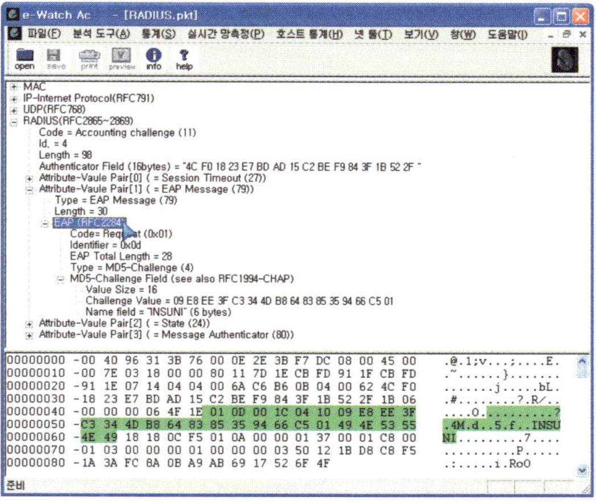

(6) 이 EAP 메시지는 AP에 의해 EAPoL 메시지
에 수납되어 단말에 그대로 중계된다.

```
- 802.11 MAC Header
  + Frame Control (Data/DataOnly, FromDS=1)
    Duration = 258usec
    DA = 단말
    SA = AP
    BSSID = AP
    FragNum/Seq Num = 0/57
- 802.2 LLC
    DSAP = 0xAA (SNAP)
    SSAP = 0xAA (SNAP)
    Command = 0x03 (Unnumbered Information)
    SNAP = 0x000000 888E (802.1x EAPoL)
- 802.1x(EAPoL)
    Protocol Version = 1
    Packet Type = 0 (EAP-Packet)
    Body Length = 28
- EAP(MD5-Challenge)
    Code=01 (Request)
    Identifier = 13
    Length[2] = 28
    Type = 4 (MD5-Challenge)
    Value Size = 16
    Challenge Value[16] = 09E8..C501
    Name Field[6]="INSUNI"

0000 : 08 02 02 01 00 40 96 36 8B 35 00 40 96 31 3B 76
0010 : 00 40 96 31 3B 76 90 03 AA AA 03 00 00 00 88 8E
0020 : 01 00 00 1C 01 0D 00 1C 04 10 09 E8 EE 3F C3 34
0030 : 4D B8 64 83 85 35 94 66 C5 01 49 4E 53 55 4E 49
0040 : 00 00 00 00
```

(7) 단말은 {자신의 패스워드, CV, seq_ID}에 대하여 MD5 방식으로 생성한 Hash Value (HV)를 수납한
CHAP Response 패킷으로 응답한다. 이것은 AP에 의하여 RADIUS 메시지에 수납되어 인증서버로 중
계된다.


```
- 802.11 MAC Header
  + Frame Control (Data/DataOnly, ToDS=1)
    Duration = 258usec
    BSSID = AP
    SA =단말
    DA =AP
    FragNum/Seq Num = 0/514
- 802.2 LLC
    DSAP = 0xAA (SNAP)
    SSAP = 0xAA (SNAP)
    Command = 0x03 (Unnumbered Information)
    SNAP = 0x000000 888E (802.1x EAPoL)
- 802.1x(EAPoL)
    Protocol Version = 1
    Packet Type = 0(EAP-Packet)
    Body Length =27
- EAP
    Code = 2 (Response)
    ID = 13
    Length = 27
    Type=4 (MD5-Challenge)
    Value Length = 16
    Value = EC59..09CC
    Name Field = "Arami"
  Padding

0000 : 08 01 02 01 00 40 96 31 3B 76 00 40 96 36 8B 35
0010 : 00 40 96 31 3B 76 20 20 AA AA 03 00 00 00 88 8E
0020 : 01 00 00 1B 02 0D 00 1B 04 10 EC 59 B1 63 C8 D4
0030 : 2F 91 D2 18 6B D5 AC D6 09 CC 41 72 61 6D 69 00
0040 : 00 00 00 00 00 00 00 00 00 00 00 00 00 00 00 00
0040 : 00 00
```

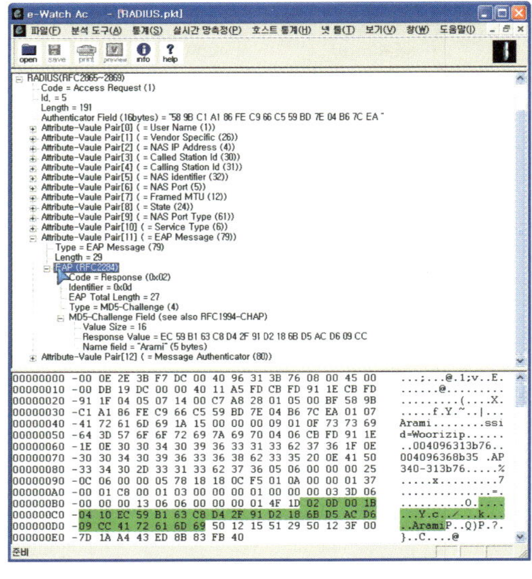

(8) RADIUS 인증서버는 이에 대하여 {자신의 계정 테이블에 저장된 사용자에 대한 패스워드, CV, seq_ID}를 사용한 HV′ 값을 생성하여 수신된 HV 값과 비교해 본다. 만약 HV와 HV′ 값이 일치한다면, 해당 사용자가 유효한 사용자이므로, EAP Success 메시지를 RADIUS 메시지에 수납하여 AP에게 응답한다.

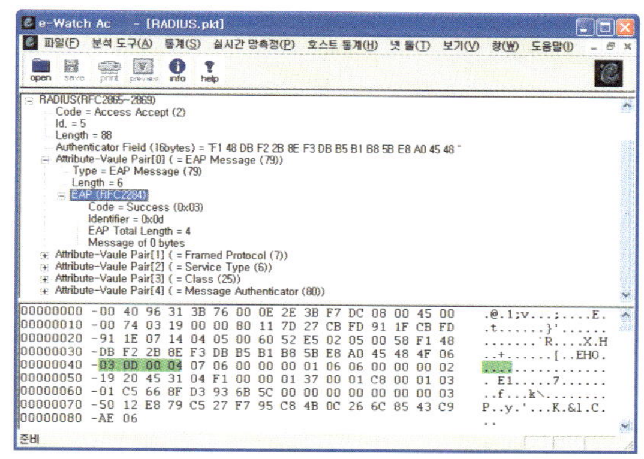

(9) AP는 EAP Success 메시지를 EAPoL 프레임에 수납하여 중계하면서, 동시에 해당 포트를 활성화시킴으로서, 이후 사용자가 이 포트를 이용하여 인터넷에 접속할 수 있도록 한다.

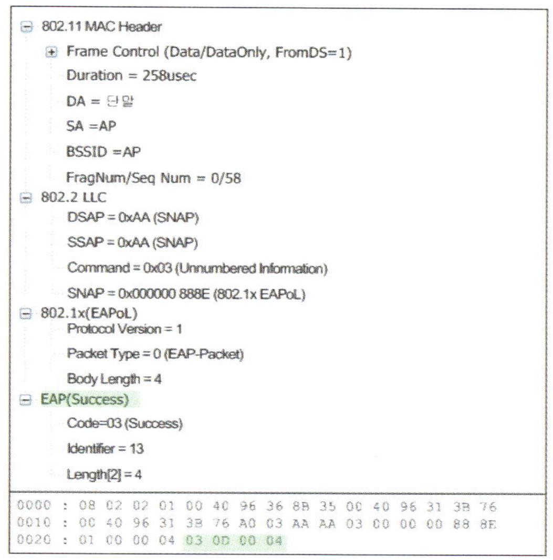

참고로, 이 EAP 패킷이 PPP에 수납될 경우에는 다음과 같다.

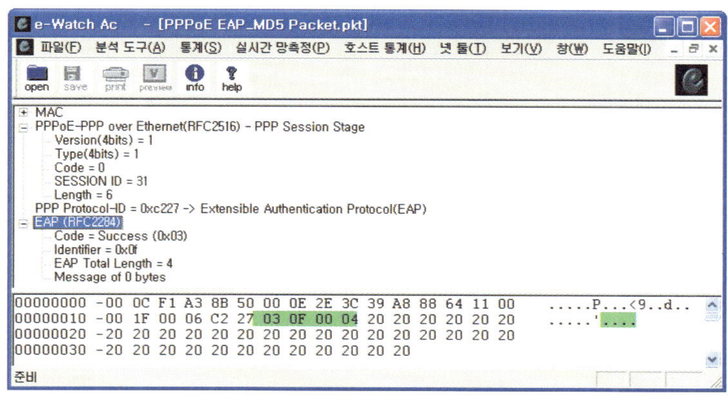

그리고 유선 802.1x 스위치를 사용할 경우, 이 EAP 메시지가 EAPoL 패킷에 수납된 예는 다음과 같다.

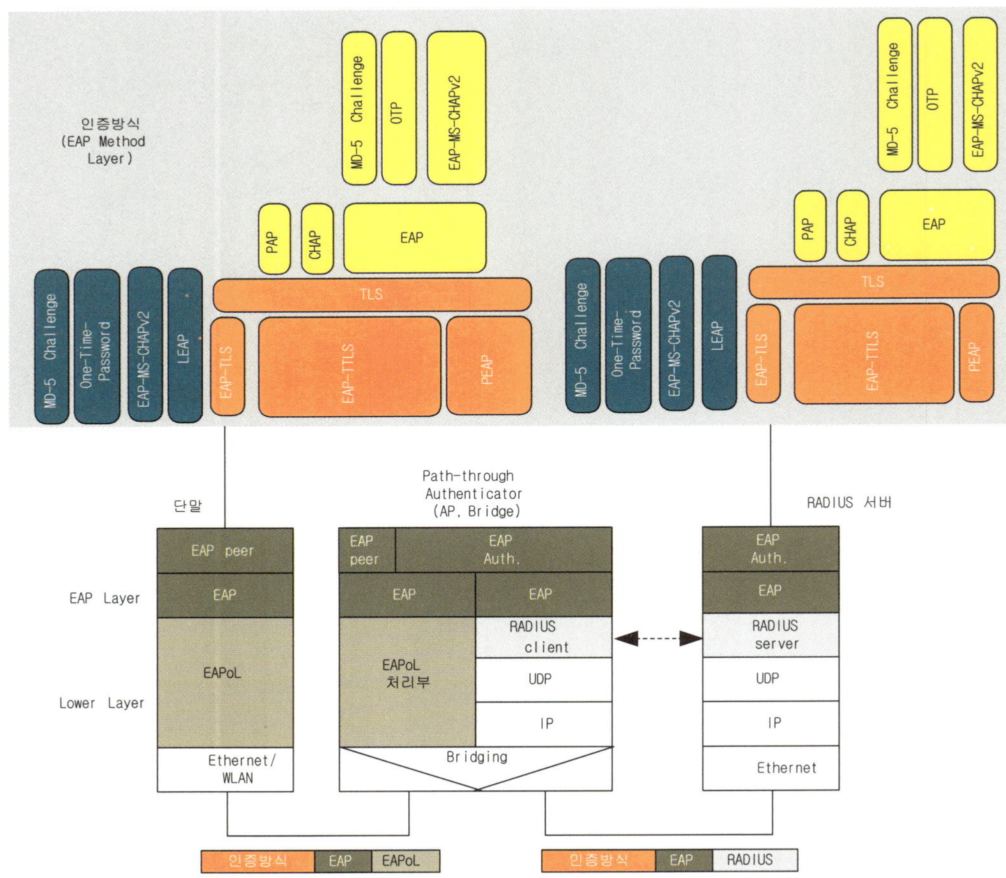

(10) 접속을 종료할 경우, 단말은 EAPoL Logoff 메시지를 전송한다.

9.6 802.1x 시스템의 계층구조와 구성요소

〈그림 9.14〉 802.1x를 지원하는 브리지 또는 AP의 계층구조

(1) 계층구조

〈그림 9.14〉는 이러한 802.1x 시스템의 계층구조를 도시한 것이다. 이 그림에서 알 수 있듯이, 802.1x를 지원하는 브리지 또는 AP는 EAPoL 처리 기능뿐만 아니라 IP, UDP, RADIUS 클라이언트 기능 등 거의 전 계층의 프로토콜 스택을 가지고 있어야 함을 알 수 있다. 그리고 EAP를 중계하는 path-through authenticator 기능을 가지고 있음을 알 수 있다.

- 하위계층 : EAP 프레임을 전달하는 계층으로서, EAPoL(802.1x), PPP, RADIUS 등이 있다.
- EAP계층 : EAP패킷을 송·수신, 중계하는 계층으로서, 재전송 및 중복수신 감지 기능이 있다. EAP 패킷 헤더의 Code값을 이용하여 EAP 패킷을 분류한 후, EAP peer나 EAP authentication 계층에 전달한다. 즉, Request, Success, Failure 등의 EAP 패킷들은 EAP peer 계층으로 전달되고, Response EAP 패킷은 EAP Authenticator 계층으로 전달된다.
- EAP peer/authenticator 계층 : EAP 패킷의 Type 영역을 참조하여, 해당 EAP 인증 방식처리 계층으로 전달한다.
- EAP method 계층 : 실제 다양한 종류의 인증 방식을 처리하는 계층이다.

(2) 구성요소

- Authenticator : EAP 인증절차를 개시하는 곳으로써, 802.1x 기능이 있는 AP나 이더넷 스위치이다. 이것은 단말과 인증서버간 전달되는 EAP 패킷들을 중계하는 path-through authenticator mode로 동작하는데, EAP패킷의 코드부분은 검사하면서 중계한다.
- Peer : Authenticator의 상대방을 의미한다. Authenticator에 대하여 supplicant라고 하며, 단말이다.
- Backend Authentication 서버 : EAP method 가 구현된 인증서버로서, AAA 서버라고도 하며, RADIUS, DIAMETER 인증서버 등이 있다.

9.7 EAP-MS-CHAPv2 (참고)

(1) 개 요

EAP-MS-CHAPv2는 기존에 PPP용으로 사용되고 있던 MS-CHAPv2 인증 프로토콜 메시지를 EAP 패킷에 수납하여 전송하는 방식이다. 동작절차는 〈그림 9.15〉와 같이, EAP에 수납되는 것 이외에는 기존의 MS-CHAPv2 방식과 동일하다. 참고로, CHAPv2는 기본적인 CHAP 인증절차 외에, 패스워드 변경이나, 패스워드 만기통지 기능이 추가되어 있다. 이 EAP-MS-CHAPv2는 다음에 소개될 Protected EAP(PEAP)에서도 사용된다.

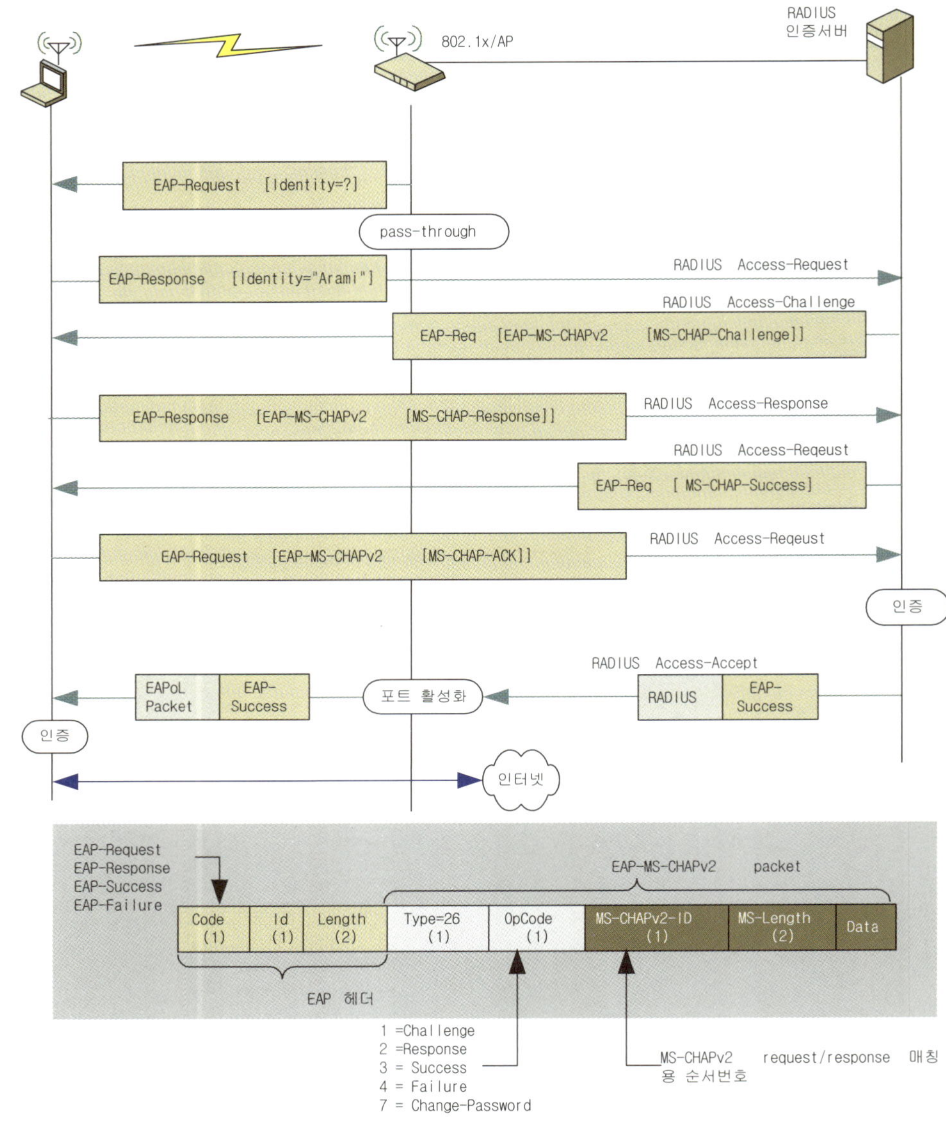

〈그림 9.15〉 EAP-MS-CHAPv2 인증절차

(2) 패킷 형식

EAP-MS-CHAP-V2의 request/response 패킷의 형식은 〈그림 9.16〉과 같다. EAP Type은 EAP-MS-CHAP V2를 의미하는 26이며, 이어서 MS-CHAP type 영역이 이어진다.

- Type : 26 – EAP MS-CHAP-V2
- OpCode : EAP MS-CHAP-v2 패킷의 종류를 지시한다.

  1 Challenge   2 Response

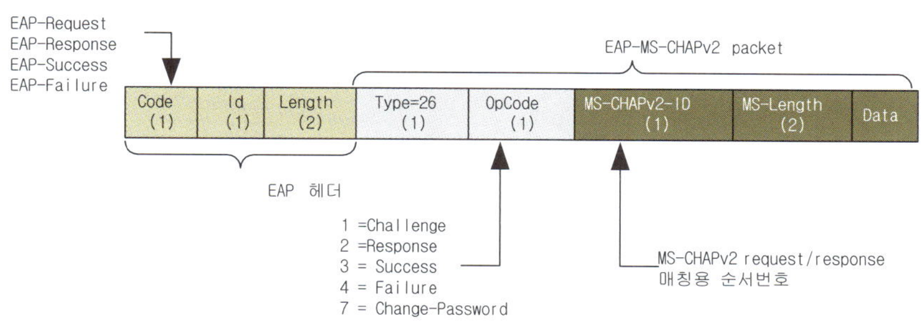

〈그림 9.16〉 EAP-MS-CHAPv2 메시지의 형식

3 Success   4 Failure
7 Change-Password

- MS-CHAPv2-ID : MSCHAP-v2 response와 request 패킷의 매칭용 순서번호로서, 이 영역의 값은 EAP 헤더의 Identifier값과 동일하다.
- MS-Length : OpCode부터 나머지 영역까지의 총 길이로서, Length 영역값 보다 5 작은 값이다.

(3) 패킷 형식 상세

(a) Challenge 패킷

Challenge값이 수납된 서버가 최초로 전송하는 패킷으로써, 그 형식은 다음과 같다.

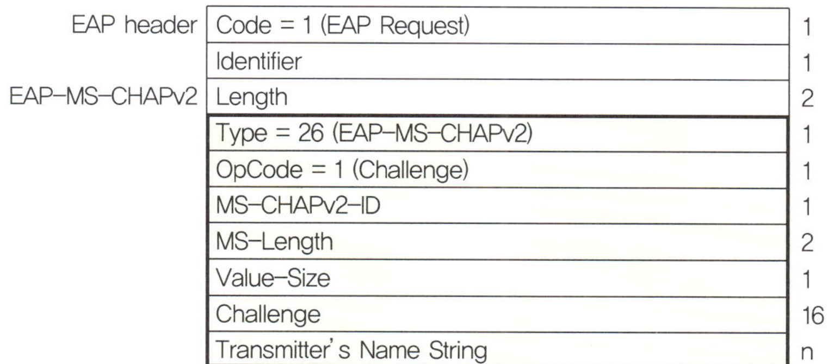

Code = 1 (EAP Request)	1
Identifier	1
Length	2
Type = 26 (EAP-MS-CHAPv2)	1
OpCode = 1 (Challenge)	1
MS-CHAPv2-ID	1
MS-Length	2
Value-Size	1
Challenge	16
Transmitter's Name String	n

〈그림 9.17〉 EAP-MS-CHAPv2 Challenge 패킷의 형식

- Value-Size : Challenge String의 길이로서, 16이다.
- Challenge : 16바이트 길이의 Challenge값이다.
- Name : 이 패킷을 송신하는 측의 시스템 이름 스트링이다.

(b) Challenge Response 패킷

Challenge Request에 대한 응답으로써, 자신이 생성한 peer Challenge 값 외에, {password, name field, peer-Challenge, 수신한 Challenge값에 대한 24바이트 길이의 해시 결과값인 NT-Response값이 수납된다. 이 NT-Response값은 기존 CHAP 방식에서의 challenge response값에 해당된다고 할 수 있다.

EAP header	Code = 2 (EAP Response)	1
	Identifier	1
	Length	2
EAP-MS-CHAPv2	Type = 26 (EAP-MS-CHAPv2)	1
	OpCode = 2 (Response)	1
	MS-CHAPv2-ID	1
	MS-Length	2
	Value-Size	1
Response	Peer Challenge	16
	MBZ	8
	NT-Response	24
	Flags = MBZ	1
Name	Name String	n

〈그림 9.18〉 EAP-MS-CHAPv2 Challenge Response 패킷의 형식

- Peer-Challenge : Peer, 즉, 단말이 생성한 16바이트의 랜덤값으로서, NT-Response영역의 값 계산시 활용된다.
- NT-Response : {password, Name, Peer-Challenge, 수신된 Challenge}값에 대하여, 마이크로소프트사 고유의 해시함수에 의한 24바이트 길이의 결과값이다. Name 영역은 Windows NT domain명은 제외하고 계산된다.
- Flag : 예약된 값으로서 현재 0이다.
- Name : 최대 256바이트 길이의 사용자 계정 이름으로써, 예를 들어, "WESTCOM\Arami"의 경우, westcom은 Windows NT 도메인명이며, Arami는 사용자 계정이름이다.

(c) Success Request 패킷

CHAP Response패킷이 수신되면, 인증서버는 자신이 계산한 값이 NT-Response영역의 값과 일치하면 Success-Request패킷을 보낸다. 이 패킷의 형식은 다음과 같다.

EAP header	Code = 1 (EAP Request)	1
	Identifier	1
	Length	2
EAP-MS-CHAPv2	Type = 26 (EAP-MS-CHAPv2)	1
	OpCode = 3 (Success)	1
	MS-CHAPv2-ID	1
	MS-Length	2
	Message = "S=<auth_string> M=<message>"	n

〈그림 9.19〉 Success Request 패킷의 형식

- **Message** : "S=〈auth_string〉 M=〈message〉"로 구성된다. authenticator_string은 {challenge, Peer-Challenge, NT-Response 영역, 사용자 password}으로부터 RFC2759에 규정된 함수에 의해 계산된 값이다. 수신측 클라이언트는 이것을 이용하여 이 Success 메시지가 해당 서버로부터 온 것인지를 인증해야 한다. 이 인증값은 계산된 20바이트의 해시값을 40개의 16진수 값으로 표시된 것이다. 예를 들어, 20바이트 길이의 해시값 "0x2037…"은 40바이트 길이의 "2037…."스트링으로 변환된다. 그리고 〈message〉 영역은 사용자가 읽을 수 있는 문자열로 구성되는데, 이 메시지 영역은 없을 수도 있다.

(d) Success Response

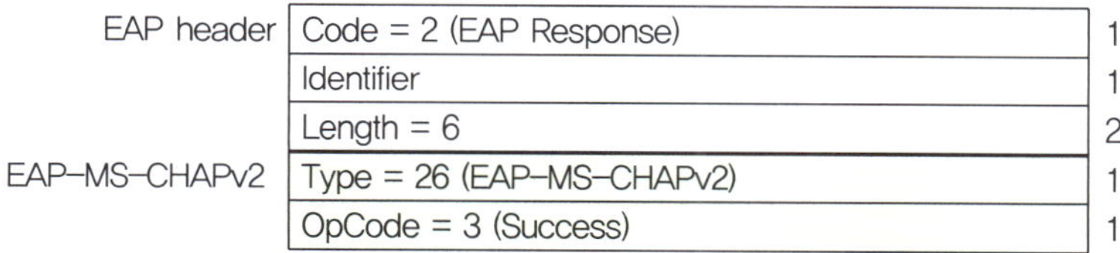

〈그림 9.20〉 EAP-MS-CHAPv2 Success Response 패킷의 형식

(e) Failure Request

인증서버는 수신된 Response값이 원하는 값이 아닐 때 이 패킷으로 응답한다. 그 형식은 다음과 같다.

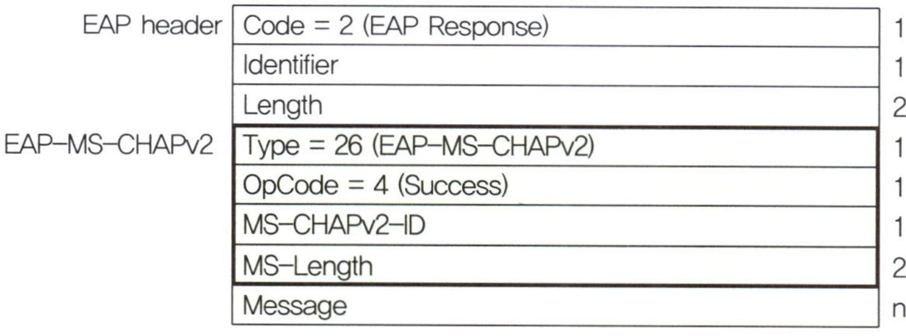

〈그림 9.21〉 EAP-MS-CHAPv2 Failure Request 패킷의 형식

- **Message 영역** : "E=eeeeeeeee R=r C=ccccccccccccccccccccccccccccccccc V=vvvvvvvvvv M=〈msg〉" 형식을 가진다.

  - "E=eeeeeeeee" : ASCII값으로 표시되는 error code 이다. 규정된 오류코드는 다음과 같다.

```
646 ERROR_RESTRICTED_LOGON_HOURS
647 ERROR_ACCT_DISABLED
648 ERROR_PASSWD_EXPIRED
649 ERROR_NO_DIALIN_PERMISSION
691 ERROR_AUTHENTICATION_FAILURE
709 ERROR_CHANGING_PASSWORD
```

- "R=r" : '1' 이면 retry 가 허용됨을 표시한다. 서버가 이 값을 1로 설정하여 응답하였다면, 클라이언트는 response 메시지를 새로 생성해서 CHAP 과정을 다시 수행하도록 한다.
- "C=ccccccccccccccccccccccccccccccccc" : challenge 값으로서, 32바이트의 길이를 가진다.
- "V=vvvvvvvvvv" : Version을 표시한다. MS-CHAP-V2의 경우, 3이다.
- 〈msg〉 : 읽을 수 있는 선택적인 문자열로 구성된다.

(f) Failure Response

단말이 인증서버로부터 수신한 Failure Request 패킷의 내용중 "R=1"인 값이 있다면, 새로운 Response 패킷을 송신하거나 Change Password 패킷을 송신함으로써, 인증절차를 재시도할 수 있다. 하지만, "R=0"인 Failure Request 패킷을 수신하였다면, 단말은 반드시 다음과 같은 Failure Response 패킷으로 응답해야 한다.

EAP header	Code = 2 (EAP Response)	1
	Identifier	1
	Length = 6	2
EAP-MS-CHAPv2	Type = 26 (EAP-MS-CHAPv2)	1
	OpCode = 4 (Failure)	1

〈그림 9.22〉 EAP-MS-CHAPv2 Failure Response 패킷의 형식

(g) Change-Password 패킷

이 패킷은 표준 CHAP 이나, MS-CHAP-V1에는 없었던 것으로서, 단말이 자신의 패스워드를 변경하고자 할 때 사용된다. 이것은 서버로부터 응답된 Failure 메시지에 패스워드가 만기되었다는 ERROR_PASSWD_EXPIRED(E=648) 오류코드가 명시된 경우에만 송신할 수 있다.

EAP header	Code = 2 (EAP Response)	1
	Identifier	1
	Length = 591	2
EAP-MS-CHAPv2	Type = 26 (EAP-MS-CHAPv2)	1
	OpCode = 7 (Change Password)	1
	MS-CHAPv2-ID	1
	MS-Length	1
Data	Encrypted-Password	516
	Encrypted-Hash	16
	Peer-Challenge	16
EAP-MS-CHAPv2	Rsvd	8
	NT-Response	24
	Flags	2

〈그림 9.23〉 EAP-MS-CHAPv2 Change-Password 패킷의 형식

● Encrypted-Password : 사용자의 새로운 패스워드가 이전의 패스워드 해시값으로 암호화된 값이다.

- Encrypted-Hash : 사용자 이전 패스워드의 해시값이 새로운 패스워드 해시값으로 암호화된 값이다.
- Peer-Challenge : 단말이 임의로 생성한 랜덤값이다.
- NT-Response : {new password, Name, Peer-Challenge, 수신된 Failure Request 패킷의 Challenge값}에 대하여, 마이크로소프트사 고유의 해시함수에 의한 24바이트 길이의 결과값이다.
- Flags : 모두 0이다.

9.8 EAP-MD5 인증 방식의 문제점

패스워드 기반의 인증 방식인 EAP-MD5나 EAP-MS-CHAPv2에는 사용자와 인증서버간 상호인증 기능이 없어, 사용자는 서버를 무조건 믿기 때문에 불법 AP에 의심없이 접속할 수 있는 문제가 있다.

즉, 〈그림 9.24〉와 같이, 해커가 불법으로 설치한 AP에 EAP-MD5로 인증절차를 수행하는 단말은 이 AP와 수행하는 인증절차로부터 해당 AP가 불법으로 설치되어 있는 것인지 알 수가 없다.

이러한 문제를 해결하려면, 기본적인 인증서버로 부터의 단말인증뿐만 아니라, 단말입장에서도 인증서버가 유효한 서버인지를 인증하는 상호인증 기능이 필요하다. 이러한 상호인증은 인증서를 사용하는 TLS 기반의 EAP-TLS, EAP-TTLS, PEAP 등과 PSK를 사용하는 TLS기반의 EAP-FAST가 있다. 상세한 내용은 제 13 장에서 다루도록 한다.

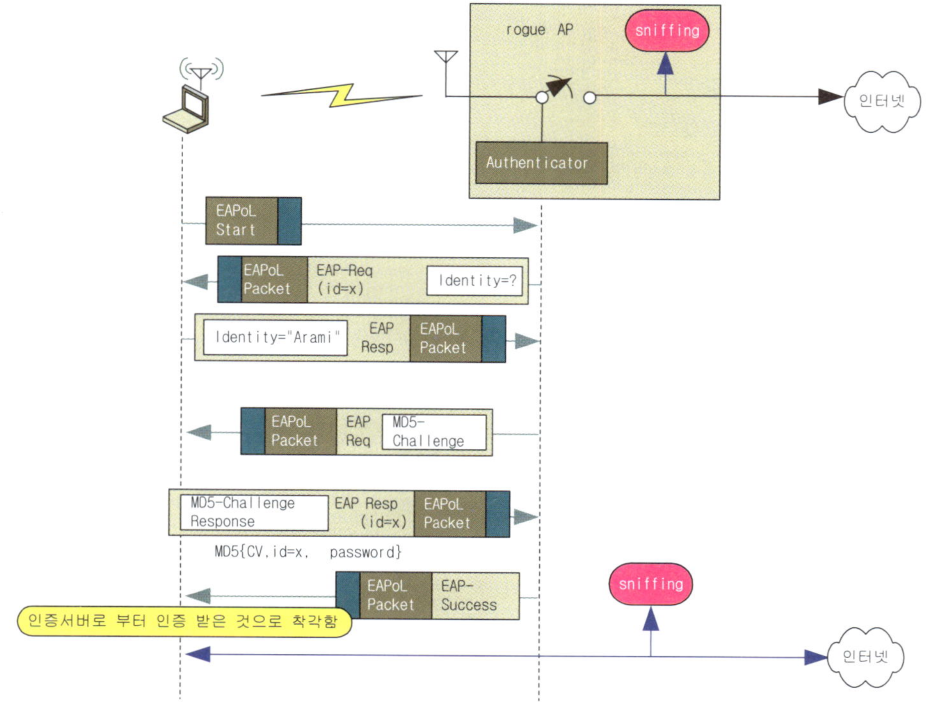

〈그림 9.24〉 불법 AP에 의한 패스워드 기반 EAP인증 방식의 문제점

9.9   Lightweight EAP(LEAP)

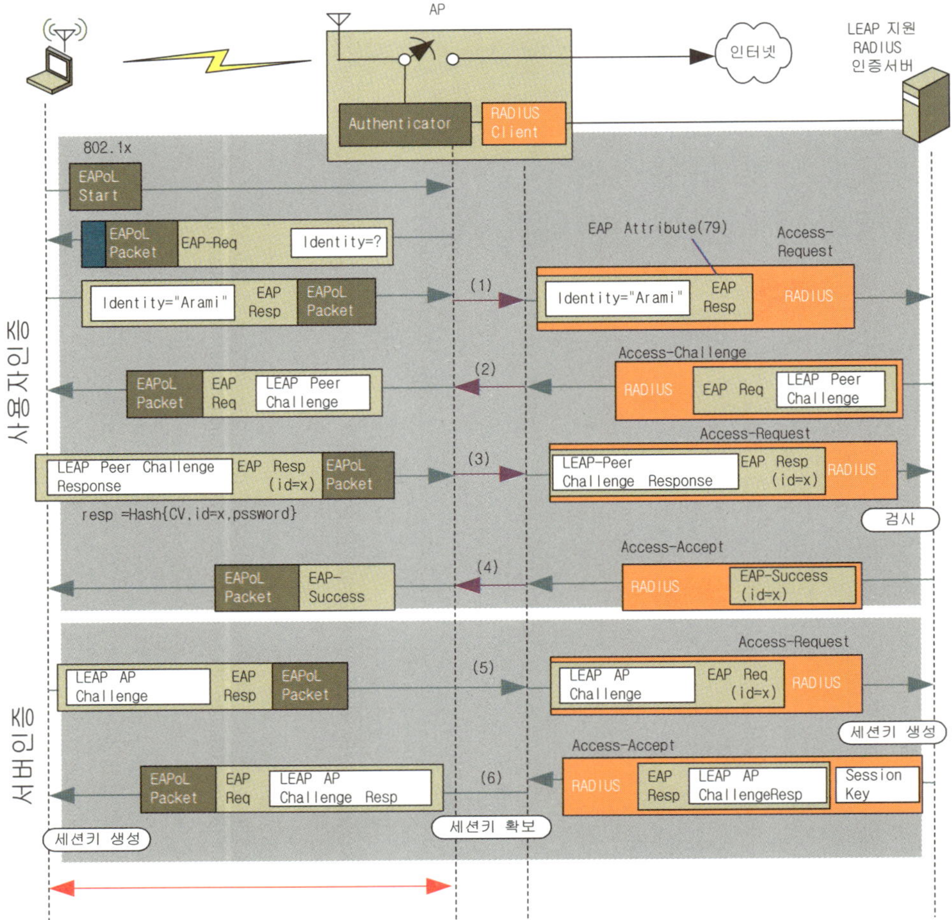

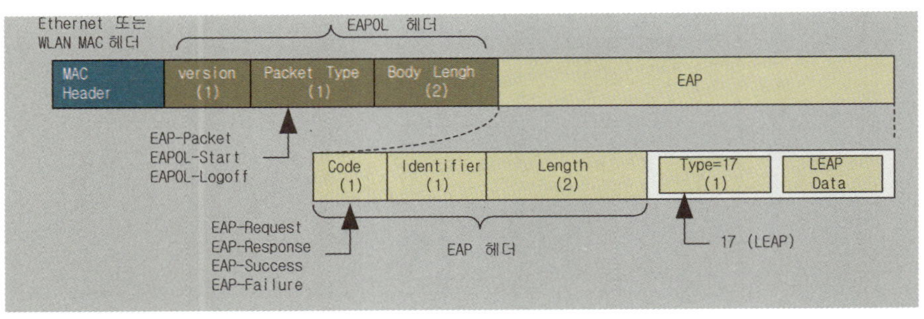

〈그림 9.25〉 LEAP의 동작절차

Lightweight Extended Authentication Protocol (LEAP)는 일부 Cisco Aironet AP에서만 사용되며, 국제표준은 아니다[6]. 이 LEAP는 이름에서 알 수 있듯이, 인증시에는 간단하게 사용자 단말의 패스워드의 해시 값을 사용한다.

이 LEAP는 국제표준이 아니기 때문에, 상세한 패킷 형식이나 동작절차가 공개되어 있지는 않기는 하지만, 대부분의 내용은 많은 사람들의 노력에 의해 거의 알려져 있다. 〈그림 9.25〉는 LEAP 인증절차의 개요이다. 이 그림에서 알 수 있듯이, LEAP는 사용자 인증과 서버인증을 모두 수행하는 상호인증절차가 사용되며, 상호인증 후에는 무선구간 보호용 키도 인증서버로부터 AP에게 전달됨을 알 수 있다[7].

① 단말 ➜ RADIUS 서버 : EAPresp {EAP Identity = "Arami"}. 사용자 Arami의 이름으로 인증요청을 개시한다.

② RADIUS 서버 ➜ 단말 : EAPreq {LEAP, MSCHAP Peer Challenge (PC)}. 랜덤하게 생성된 8바이트 길이의 challenge값을 단말에게 송신한다.

③ 단말 ➜ RADIUS 서버 : EAPresp { LEAP, MSCHAP Peer Challenge Response(PR) }. 24바이트 길이의 peer challenge response로 응답한다.

④ RADIUS 서버 ➜ 단말 : EAP Success. 인증할 경우, EAP Success 메시지로 알린다.

지금까지는 서버입장에서만 단말을 인증하였다. 이제, 단말입장에서 믿을 수 있는 서버인지를 인증하는 서버인증 절차를 수행한다.

⑤ 단말 ➜ RADIUS 서버 : EAPreq{ LEAP, Access Point Challenge (APC) }. 단말이 랜덤하게 생성한 8바이트 길이의 challenge문을 서버에게 보낸다.

⑥ RADIUS 서버 ➜ 단말 : EAPresp{LEAP, Access Point Challenge Response (APR), session key}. 24바이트 길이의 AP challenge response와 무선구간 보호용 세션 키를 AP에게 전달한다. 이때 Session Key (SK)는 시스코 전용 vendor specific RADIUS 속성에 수납된다. 이때 실려가는 값은 "leap : session-key=nnnn"이며, 여기서, nnnn은 34바이트의 SK로서, MPPE 암호 방식으로 암호화되어 있다.

〈그림 9.26〉은 이러한 LEAP절차에서 사용되는 LEAP 메시지의 형식이다.

EAP Data(LEAP)	EAP Header	2
	Type = 17 (LEAP)	1
	LEAP Version (=01)	1
	Unused (00)	1
	Count = Peer Challenge 영역 길이(8,24)	1
	Peer Challenge	m
	(User Name)	n

〈그림 9.26〉 LEAP 메시지 형식

6_ 또는 EAP-Cisco라고도 부른다.

7_ 이 LEAP는 인증서 기반의 인증절차가 아니기 때문에 EAP-MD5보다 강력한 인증절차를 제공하고, Challenge 방식에 의해 상호인증을 수행하지만, 불법 AP에 의심없이 접속할 수 있는 문제가 여전히 존재한다.

9.10 IEEE 802.1X RADIUS Usage Guideline (RFC3580)

이것은 802.1x AP가 RADIUS 서버의 RADIUS 클라이언트로 동작할 때, RADIUS 서버와 AP가 고려해야 할 사항을 규정한 것이다.

(1) RADIUS Authentication

- User-Name : 단말이 EAP-Response/Identity 메시지에 수납해서 전송하는 identity 스트링을 이 이 User-Name 애트리뷰트에 관련시킨다. 또는 이 애트뷰트에 단말의 MAC주소를 수납할 수도 있다.
- User-Password, CHAP-Password, CHAP-Challenge : IEEE 802.1X는 PAP나 CHAP 인증 방식을 지원하지 않으므로, 이 애트리뷰트들은 사용되지 않는다.
- NAS-IP-Address, NAS-IPv6-Address : AP의 IP주소가 사용된다.
- NAS-Port : 단말 측 포트번호가 사용되어야 하지만, AP는 무선쪽에는 물리적으로 구분되는 단말 포트를 가지지 않으므로, 각 단말에 할당된 2바이트 길이의 association ID값이 대신 사용된다.
- Service-Type : IEEE 802.1X의 경우, Framed (2), Authenticate Only (8), Call Check (10) 값이 자주 사용된다. Framed의 경우, 802형식의 프레임이 사용되어야 하며, Authenticate Only (8)는 Access-Accept 메시지에 추가적인 인증관련 정보가 필요없을 때 사용된다. 그리고, AP가 인증서버에 요청하는 Access-Request 메시지에 수납되는 Call Check은 해당 RADIUS 서버에 대하여 연결요청을 Called-Station-ID(AP의 MAC 주소)나 Calling-Station-ID(단말의 MAC주소)를 참조하여 승인하거나 거부하도록 한다. 이 경우, User-Name속성에는 Calling-Station-Id값이 수납되도록 한다.
- Framed-Protocol : IEEE 802 media에 해당되는 값이 규정되어 있지 않기 때문에 이 애트리뷰트는 사용되지 않는다.
- Framed-IP-Address, Framed-IP-Netmask : L3 기능을 수행하는 유무선 인터넷 공유기와 같은 AP의 경우에만, 해당 단말에 대한 IP를 동적으로 할당할 수 있다.
- Framed-Routing : 일반적인 AP에서는 사용되지 않는다. L3 기능을 수행할 경우에는 사용된다.
- Filter-ID : 해당 단말에 대한 L2 또는 L3 패킷 필터 리스트의 이름이다.
- Framed-MTU : 단말과 AP간에 허용되는 최대 IP패킷의 길이를 지시한다. 802.3의 경우 1500이고, 802.11의 경우에는 2304이다.
- Framed-Compression : AP에서는 사용되지 않으므로, 무시된다.
- Callback-Number, Callback-ID : 사용되지 않는다.
- Framed-Route, Framed-IPv6-Route : 단말에게 디폴트게이트웨이 정보를 알려줄 때 사용되며, L3기능을 수행하는 AP의 경우에만 적용된다.
- Vendor-Specific : MS-MPPE-Send-Key와 MS-MPPE-Recv-Key속성은 RC4 EAPOL-Key descriptor를 암호화하는데 사용된다.
- Session-Timeout : Termination-Action이 명시되어 있지 않거나 기본값으로 설정된 Access-Accept 메시지에 수납된 경우, 세션유지시간을 명시한다. 반면에, Access-Accept(Termination-Action value = 1) 인 경우, 재연계해야 할 수명시간을 지시한다. 이 값은 Access-Challenge에 수납

될 경우, EAP-Response 응답을 대기하는 시간으로 사용되며, 만기시 재전송한다.

- Idle-Timeout : 무선 단말이 AP의 영역을 벗어난 경우, 해당 단말에 대한 최대 지원시간을 지시한다.
- Termination-Action : 종료시 취해야 할 동작을 지시한다. 즉, Session-Time 만기시 재연계를 시도하거나 무조건 종료하도록 한다.
- Called-Station-Id : AP의 MAC주소로써, 하이픈으로 연결된 스트링이다. "00-10-A4-23-19-C0". SSID가 설정된 경우에는 MAC주소 다음에 " : 〈SSID〉"로 표시된다. 예를 들면 "00-10-A4-23-19-C0 : MagicLAN"이다.
- Calling-Station-Id : 단말의 MAC주소로써 하이픈으로 연결된 스트링이다.
- NAS-Identifier : Access-Request를 송신한 AP의 식별자 스트링이다.
- NAS-Port-Type : 단말과 접속된 포트의 종류를 표시하며, Ethernet (15), IEEE 802.11 (19) 등이다.
- Connect-Info : AP가 단말의 현재 연결상태를 보고할 때 사용된다. 예를 들어 Access- Request를 인증서버에 송신할 때, 단말의 연결 속도를 표시한다.즉, "CONNECT 11Mbps 802.11b"등이다. 또한, Accounting STOP 메시지를 송신할 경우에는 세션관련 정보인 재전송횟수 등을 수납할 수 있다.
- EAP-Message 애트리뷰트 : 단말과 인증서버간의 EAP 메시지를 수납할 때 사용된다.
- Message-Authenticator 애트리뷰트 : EAP 메시지가 RADIUS의 한 속성으로 수납될 때 무결성을 보장하기 위한 값이다.
- NAS-Port-Id : 단말인증시 사용한 4바이트 길이의 포트번호로써, 스트링으로 표시되는 NAS-Port와는 다르다.

(2) RADIUS Accounting 속성

- Acct-Terminate-Cause 애트리뷰트 : 세션종료에 대한 이유를 명시하는 애트리뷰트로서, 802.1x의 세션종료 이유값과 RADIUS에 정의된 종료 이유값을 다음과 같이 매핑시킨다.

802.1x	RADIUS
SupplicantLogoff(1)	User Request(1)
portFailure(2)	Lost Carrier(2)
SupplicantRestart(3)	Supplicant Restart(19)
reauthFailed(4)	Reauthentication Failure(20)
authControlForceUnauth(5)	Admin Reset(6)
portReInit(6)	Port Reinitialized(21)
portReInit(6)	Port Administratively Disabled(22)
notTerminatedYet(999)	N/A

- Acct-Multi-Session-Id 애트리뷰트 : 단말이 여러 개의 AP들을 로밍할 때, 여러 개의 RADIUS Accounting메시지를 각 AP로가 송신할 수 있다. 이때 이 애트리뷰트를 사용하여 이러한 로밍하고 있는 단말에 의한 여러 개의 세션을 하나로 연관시킬 수 있다. 이렇게 되려면, 해당 세션관련 정보가 AP 간에 전달된다면, 굳이 해당 인증절차를 RADIUS와 수행할 필요가 없을 것이다. 물론, 이 경우, Inter Access Point Protocol(IAPP)에 의해 이 Acc-Multi-Session-Id 애트리뷰트가 AP간에 전달되어야

한다. 이 ID값은 해당 단말을 AP들간에 구분될 수 있도록 {Original AP MAC Address | Supplicant MAC Address | NTP Timestamp} 식을 가지도록 한다.

● Acct-Link-Count : aggregate된 포트의 개수를 표시하는 애트리뷰트이다.

9.11 이더넷상에서의 EAP-MD5 인증 실험

(1) 실험망의 구성

다음 사항을 고려하여 유선환경에서의 실험망을 구성한다. 무선 환경에서의 EAP관련 인증절차는 다음 절에서 다루도록 한다.

● 윈도우 XP/Service Pack 1 운영체제 : 유선망에서는 EAP-MD5 사용자 인증절차를 지원하지만, 무선상에서의 EAP-MD5사용자 인증절차를 지원하지 않는다. 단, 오리지널 윈도우 XP 는 무선망에서도 EAP-MD5절차를 지원한다.

● 802.1x/EAP지원 이더넷 스위치/NAS : 일부 제조회사에서 이 기능을 지원하는 스위치가 있기는 하지만, 유선망에서는 실제 많이 사용되지는 않는다. 윈도우 2000/2003 서버의 RRAS도 이러한 기능을 지원하지 않는다.

● 윈도우 2000 서버 : PPPoE 기능이 지원되지 않는다.

● 윈도우 2003 서버 : PPPoE 기능이 내장되어 있다. 하지만, 이 PPPoE는 클라이언트용으로만 사용 가능하다[8].

이러한 제약조건을 고려하여, 다음과 같이 실험망을 구성한다.

● 단말(Arami) : 윈도우 XP. 유선망에서는 service pack설치 여부에 상관없다. 단, BoramiCom NAS까지 EAP 메시지를 전달할 때 필요한 하부 연결은 EAPoL대신에 PPPoE를 사용한다.

● 802.1x-EAP지원 라우터/NAS(BoramiCom) : 윈도우 2003 서버의 RRAS 기능에 RASPPPOE를 설치하여, PPPoE 서버 기능, 즉, NAS 기능을 수행하도록 한다. 또한, 이 장치가 RADIUS 클라이언트 기능으로도 수행되도록 한다. 이렇게 Arami와 Borami간에 직접 EAP over LAN을 사용하는 대신에 PPPoE를 사용하는 이유는 윈도우 2003 서버 운영체제가 EAPoL을 서버 입장에서 처리하지 못하기 때문이다. 결과적으로, Borami는 Arami로부터의 EAP over PPP over Ethernet 메시지를 받아 RADIUS 서버인 Insuni에게 EAP over RADIUS 메시지를 중계하도록 한다[9].

● RADIUS 인증서버(Insuni) : EAP-MD5 방식의 인증서버 기능을 수행한다. 실제 사용자 계정은 액티브디렉터리에 있다.

이러한 실험망의 구성은 제 7 장과 제 8 장에서 다루었던 PPPoE/RADIUS 인증 방식의 환경과 동일하다. Borami는 Arami로부터의 EAP over PPP over Ethernet 메시지를 받아 RADIUS 서버인 Insuni에게 EAP over RADIUS 메시지를 중계한다.

8_ Demand-Dial routing connection이 outbound only로만 설정된다.

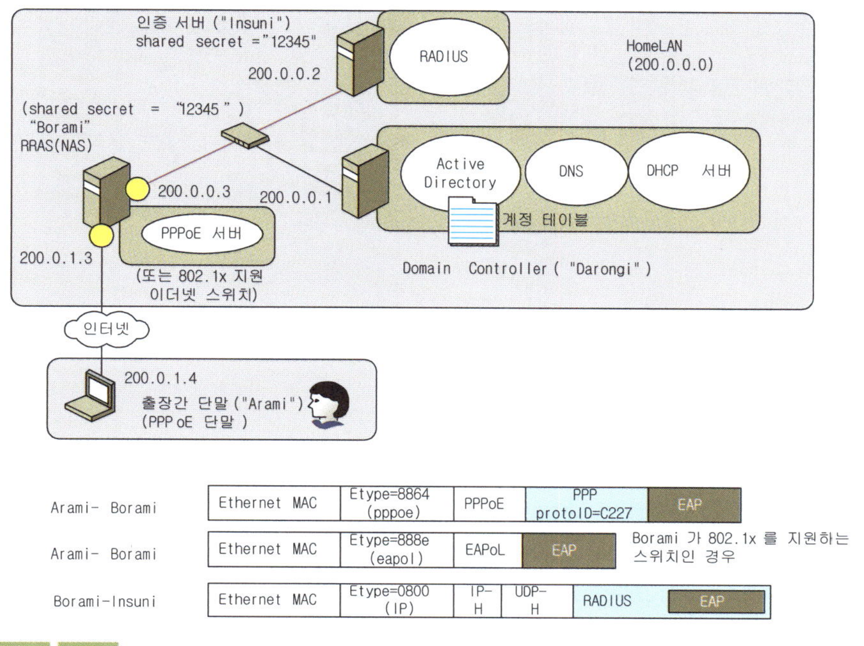

〈그림 9.27〉 EAP-MD5 실험망의 구성

(2) InsuniCom 인증서버 설정

STEP 145 제 8 장의 RADIUS 서버 설정절차와 동일하다. 단, Step122에서 인증 방식으로서 "확장할 수 있는 인증 프로토콜"인 EAP를 다음과 같이 설정한다. – [확장할 수 있는 인증 프로토콜]을 선택하고 EAP 형식을 [MD5-Challenge]로 설정한 후 [확인]을 클릭한다.

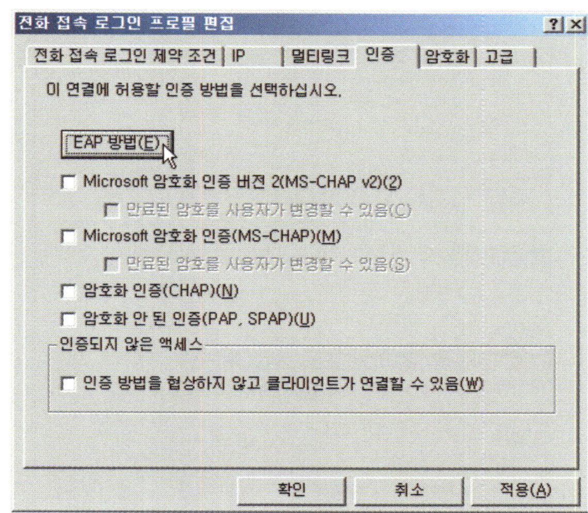

9_ EAP over PPPoE 연결이나 EAP over LAN 연결 모두 Arami와 Borami간에 EAP 메시지를 전달하기 위한 링크계층 연결이다.

STEP 146 EAP 종류 중 하나인 MD5-Challenge 방법을 지정하기 위하여, [추가]를 클릭한다.

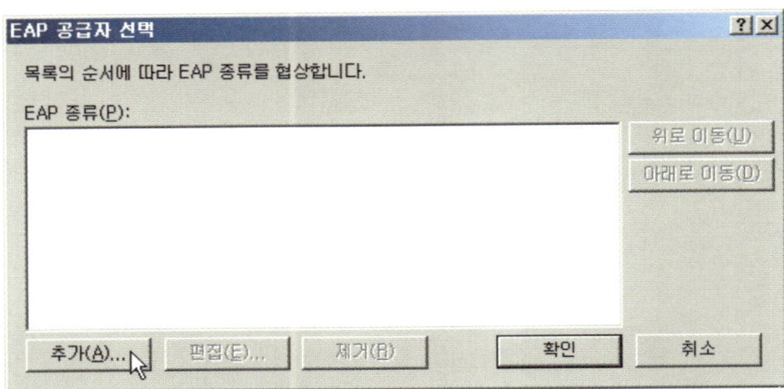

STEP 147 "MD5-Challenge"를 선택하고, [확인]한다.

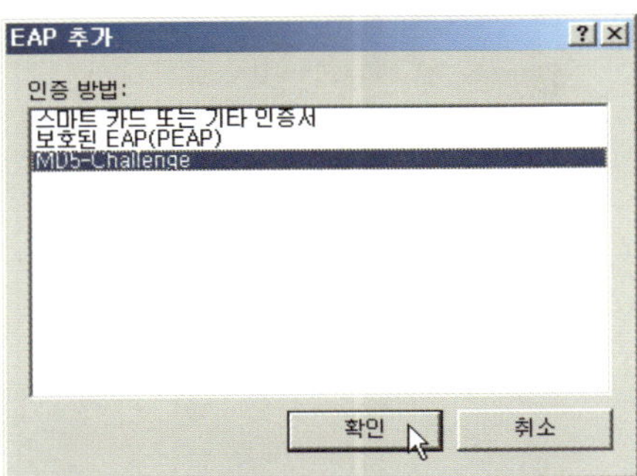

이로서, EAP/MD5-Challenge 인증 방식의 RADIUS 서버에 대한 설정은 완료되었다.

(3) Borami RRAS/PPPoE 서버 설정

STEP 148 제 8 장 절차의 STEP 133~144과 동일하게 수행한다. 단, STEP 140의 사용자 인증 방법을 EAP를 선택하고, EAP 방법으로는 MD5-Challenge를 선택한다.

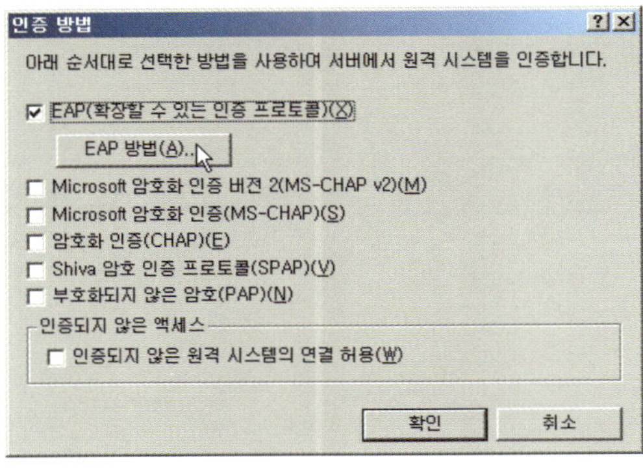

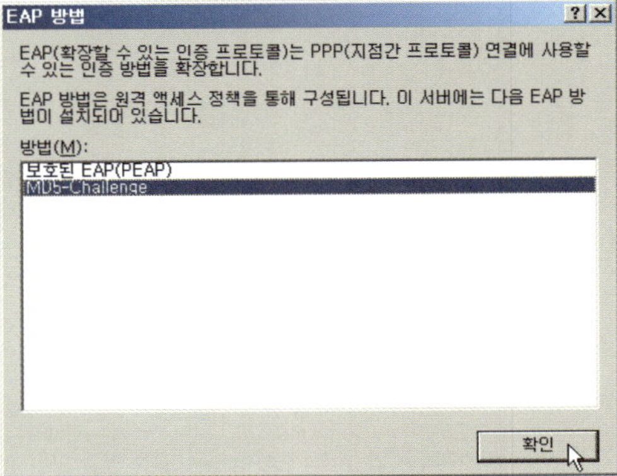

(4) 단말 설정

XP/SP1 이상의 운영체제를 가진 단말인 Arami는 인증 방법으로 EAP/MD5를 설정한다. SP1 이전의 윈도우 XP는 유무선 가리지 않고 EAP–MD5 인증 방법을 지원한다.

STEP 149 제 7 장의 Step 97~105를 진행한다.

STEP 150 [PPPoE속성] 창에서 [보안] 탭으로 이동하여 '고급설정' 항목에 체크하고 '설정'을 클릭한다. 또는 [네트워크 연결] 창에서, 해당 이더넷 연결을 오른쪽 마우스 버튼으로 클릭하여, [속성] 창에서 [인증] 탭을 선택한다.

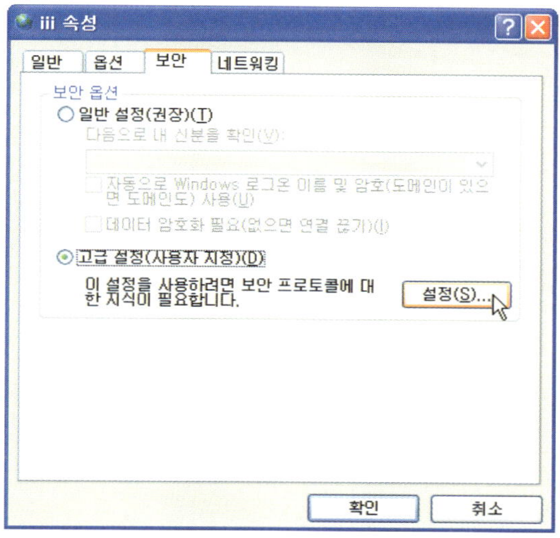

STEP 151 'EAP' 와 MD5-Challenge를 선택하고 '확인'을 클릭한다. 이후, 경고 창이 보일 수도 있지만, [예]를 선택한다.

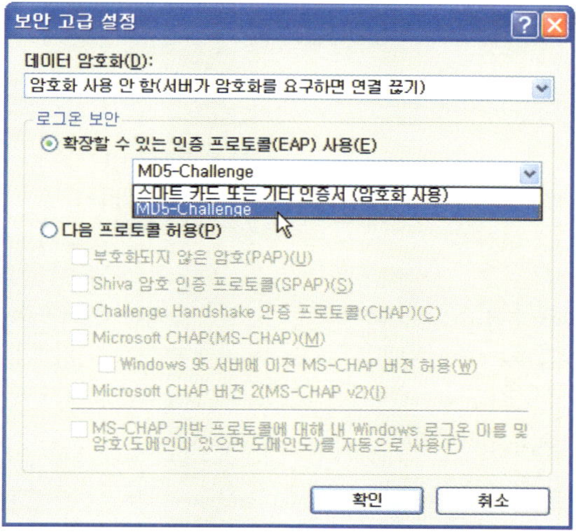

STEP 152 다시 연결화면에서 사용자 이름과 암호에 계정 정보를 입력하고 '연결' 을 클릭하여 접속을 시도한다.

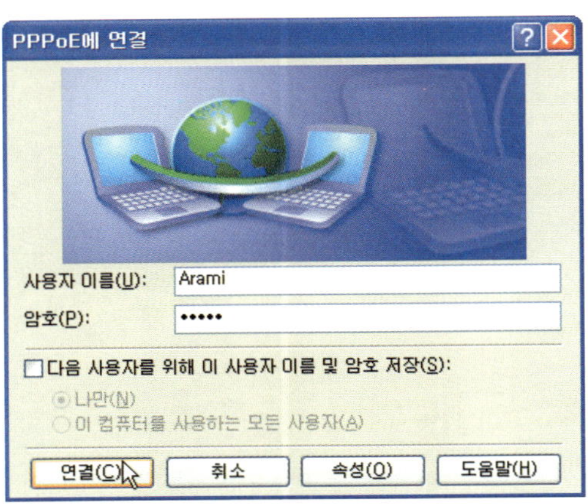

STEP 153 '연결' 이라는 버튼을 클릭하면 접속이 시작되게 되는데, 먼저 PPPoE 연결과정이 개시된다.

이 과정에서 전송되는 EAP 패킷 중 인증서버가 단말에게 전송한 EAP 패킷을 PPPoE 서버가 중계할 때 EAP패킷은 PPP Protocol ID= C227인 PPPoE 프레임에 수납됨을 프로토콜 분석기로 수집하라.

STEP 151 접속이 성공하면, ping시험을 수행하도록 한다. 또한, DOS 창에서 "route print" 명령으로 확인한다. PPP 서버로부터 할당받은 새로운 IP가 추가되었을 것이며, 디폴트 게이트웨이 항목은 PPP 서버의 IP 주소가 사용됨을 알 수 있다.

TIP : 802.1x 기능을 지원하는 유선 이더넷 스위치에 XP단말이 접속된 경우, 유선 단말의 기본 설정은 수동모드, 즉, EAPOL-Start 메시지를 802.1x 스위치로부터 수신한 이후에만 인증절차를 수행함으로써, 인증절차가 지연되는 문제가 있다. 반면에, 무선환경에서의 802.1x AP에 접속하려는 XP단말은 능동모드, 즉, EAPOL-Start 메시지를 직접 보낼 수 있다. 만약, 유선환경에서도 능동모드로 설정하고자 하려면, XP단말의 레지스트리를 HKEY_LOCAL_MACHINE\Software\Microsoft\EAPOL\Parameters\General\Global\SupplicantMode의 기본값인 2를 3으로 변경 설정하도록 한다. 단, 이 설정은 본 실험과 무관하다.

9.12 무선 LAN에서의 EAP-MD5 인증 실험

유선망에서의 EAP-MD5-Challenge 인증절차를 참조하여, 무선망에서의 802.1x/EAP 인증절차를 실험하도록 한다.

(1) 실험환경

앞에서 언급하였던, 제약조건을 고려하여, 다음과 같이 실험망을 구성한다.

- 단말(Arami) : EAPoL을 사용하여 AP를 경유하여 RADIUS 인증서버와의 EAP메시지를 송수신한다. 무선망에서의 MD5-Challenge 방식은 보안에 취약하기 때문에, 윈도우 XP/SP1 이상, 2003, 2000/SP4 단말은 무선 LAN 카드에 대한 EAP/MD5-Challenge 방식을 지원하지 않는다. 따라서, Service pack이 전혀 설치되어 있지 않은 오리지널 윈도우 XP 또는 윈도우 2000/SP2이하의 단말을 이용해야 한다. 유선망에서 EAP 메시지를 전달할 때 사용하였던 PPPoE 대신에 직접 EAPoL를 사용한다. 또한, AP는 브리지로 동작하기 때문에, 단말 Arami의 IP주소를 HomeLAN의 망에 속하는 주소로 변경해야 한다.

- 802.1x-EAP 지원 AP : EAPoL 메시지를 처리하면서 EAP 메시지를 단말과 RADIUS 인증서버간에 중계한다. 이를 위하여, RADIUS 클라이언트 기능을 수행하도록 설정한다. 결과적으로, Borami AP 는 Arami로부터의 EAP(over LAN) 메시지를 받아 RADIUS 서버인 Insuni에게 EAP (over RADIUS) 메시지를 중계한다.

- RADIUS 인증서버(Insuni) : EAP-MD5 방식의 인증서버 기능을 수행한다. 유선망에서 설정된 것을 변경없이 사용한다.

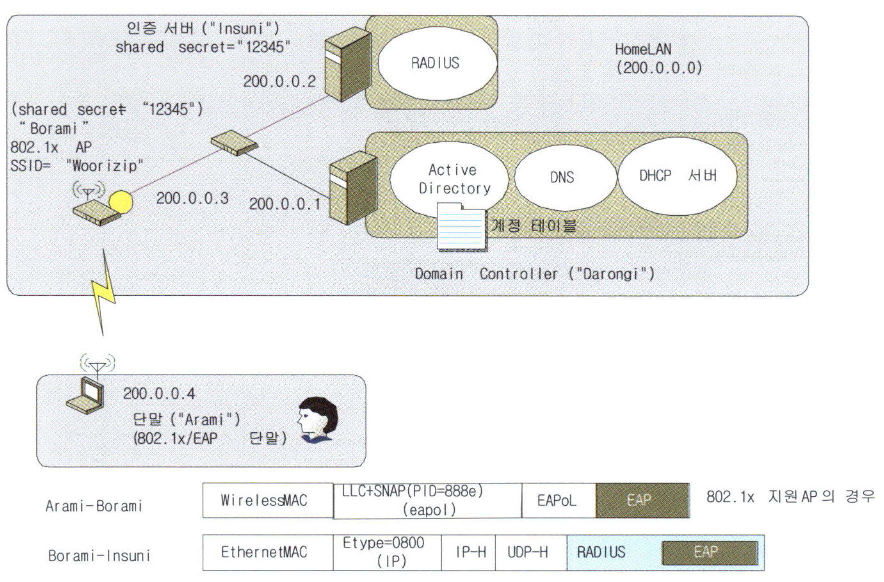

<그림 9.28> 무선망에서의 EAP 실험환경

(2) AP 설정

STEP 155 AP의 인증 방법을 EAP-MD5로 설정한다. 그리고 WEP를 하는 것이 좋기는 하지만, 프로토콜 분석을 위하여 데이터 암호화는 하지 않는다.

(3) 단말설정

Service pack이 설치되어 있지 않은 윈도우 XP나 윈도우 2000/SP3 이하의 단말을 준비한다.

STEP 156 네트워크 연결 창에서 무선 네트워크 연결 항목에서 마우스 오른쪽 버튼을 클릭하여 [속성]을 클릭한다.

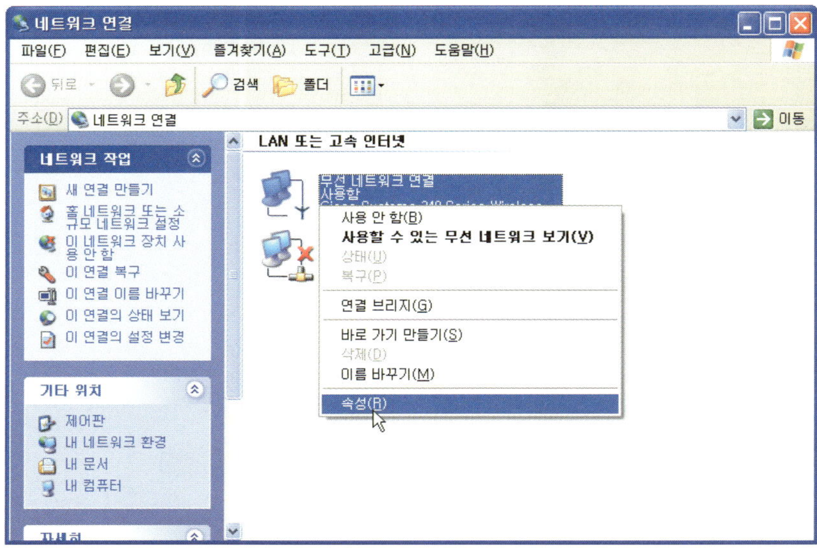

STEP 157 [인증] 탭으로 이동하여 [IEEE 802.1x를 사용하여 네트워크 액세스 제어] 항목을 체크하고 EAP 종류로 [MD5-Challenge]를 선택한다.

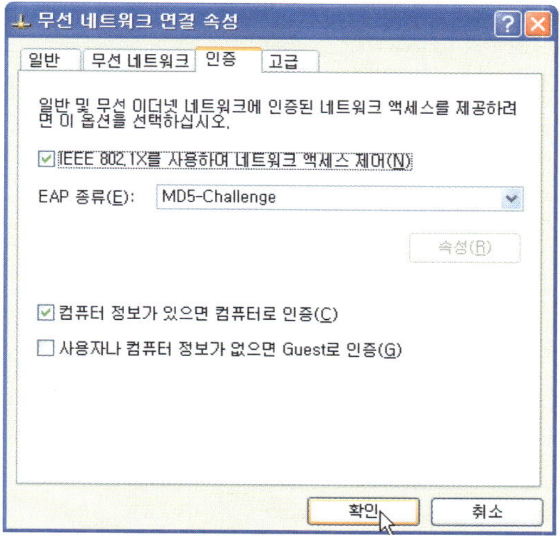

STEP 158 무선 네트워크 연결에서 마우스 오른쪽 버튼을 클릭하여 [사용할 수 있는 무선 네트워크 보기] 항목을 선택한다.

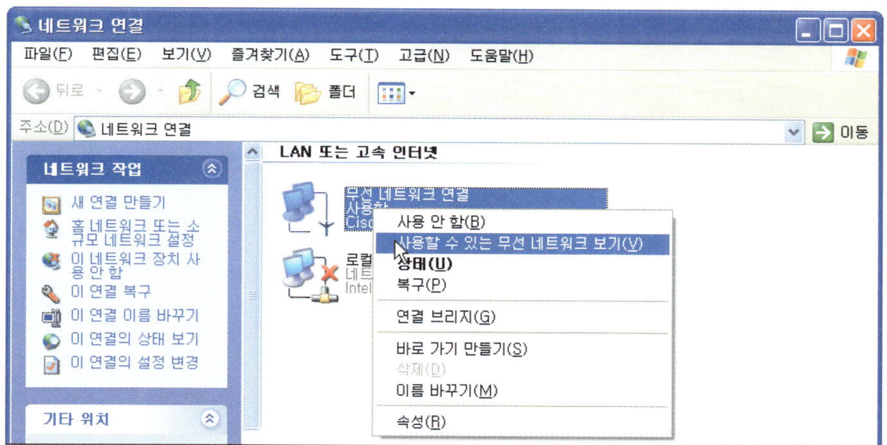

STEP 156 "Woorizip"이라는 무선 네트워크가 검색되면 선택하고 [연결]을 클릭한다.

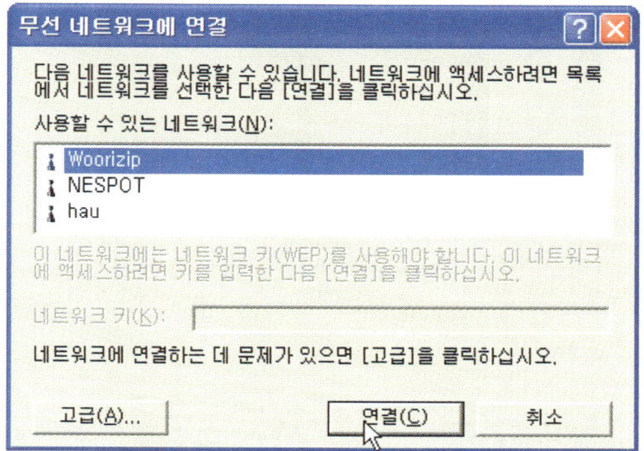

STEP 160 화면 하단 오른편에 다음과 같이 사용자 이름과 암호를 입력하라는 메시지가 뜨면 클릭한다.

STEP 161 사용자 이름과 암호를 입력한 후 [확인]을 클릭한다. 이 때 사용자 이름은 RADIUS 서버에서 생성한 사용자인 Arami이다.

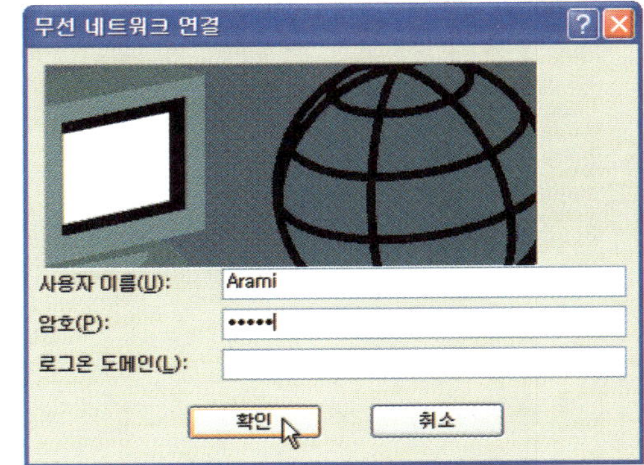

STEP 162 인증에 성공하여 연결이 된 것을 확인할 수 있다.

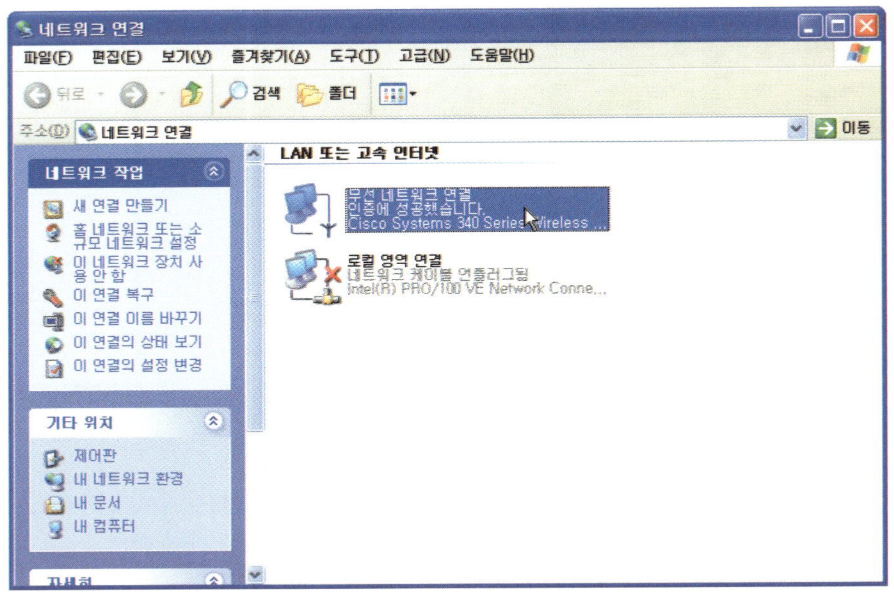

STEP 163 이로써 802.1x/EAP 인증절차 실험이 완료되었다.

연습 문제

[1] EAP의 Protocol ID는 _____ 이다.
  (a) 0021   (b) C021
  (c) C023   (d) C227

[2] EAP method가 아닌 것은?
  (a) MD5-Challenge   (b) LEAP
  (c) EAP-TLS   (d) PEAP
  (e) EAP-FAST   f) PAP

[3] EAP 패킷을 수납하는 프로토콜은 _____ 과 _____ 이다.
  (a) PPP   (b) EAPoL
  (c) ATM   (d) 무선 MAC

[4] EAP-MD5의 동작절차 중 Challenge Response메시지에 실려가는 Hash값에 포함되지 않는 항목은 _____ 이다.
  (a) 송신일련번호   (b) 패스워드
  (c) Challenge Value   (d) 송신측 사용자 ID

[5] EAP에 대한 설명 중 틀린 것은 ?
  (a) EAP는 단말과 NAS간에 이더넷으로 연결된 경우, EAPoL의 프레임에 수납되어 전송된다.
  (b) 브리지와 RADIUS 서버간에는 EAP가 RADIUS 패킷의 애트리뷰트에 실려 전달된다.
  (c) LCP단계에서, EAP 인증 프로토콜의 종류를 명시하는 프로토콜 타입 영역의 값은 0xC227 이다.
  (d) EAP 자체가 구체적인 인증 방식을 규정하고 있다.

[6] 802.1x에 대한 설명중 틀린 것은 _____ 와 _____ 이다.
  (a) 링크계층에서의 포트접근제어 프로토콜이다.
  (b) EAPoL 프레임과 동작절차를 규정한다.
  (c) 사용자나 단말별로 인증이 허용되지 않는 경우, 접근을 거부한다.
  (d) 유선 이더넷 스위치에서는 사용되지 못한다.
  (e) EAPoL 메시지를 사용하여 단말과 AP간 암호 키를 배포할 수 있다.
  (f) RADIUS 인증서버에 의한 사용자 인증시, RADIUS클라이언트는 단말이다.

[7] 다음 중 EAP Type 번호와 이름의 짝이 틀린 것은?
  (a) 1 = Identity   (b) 4 = MD5-Challenge
  (c) 25 = PEAP   (d) 21 = EAP-FAST

[8] EAPoL의 Ethettype값은 _____ 이다.
  (a) 888e   (b) 8863
  (c) 8864   (e) 1802

[9] EAPoL 패킷 type의 값과 이름의 짝이 틀린 것은 _____ 이다.
  (a) 0x00 = EAP-Packet   (b) 0x01 = EAPoL-Start
  (c) 0x04 = EAPoL-Logoff   (d) 0x03 = EAPoL-Key

[10] EAPoL-Packet이 수행하는 작업은 _____ 메시지를 수납하는 것이다.
    (a) EAP   (b) Logoff
    (c) Start   (d) Key

[11] EAPoL-Key 패킷의 용도에 대한 설명 중 틀린 것은 _____ 이다.
    (a) 단말과 AP간 암호화를 위한 Key Descriptor를 수납한다.
    (b) Key Descriptor에는 크게 RC4와 802.11i용이 있다.
    (c) RC4 key descriptor에는 무선구간 보호용 RC4키가 평문으로 수납된다.
    (d) 메시지 보호를 위한 Key Message Digest 영역이 사용된다.

[12] EAP 메시지가 RADIUS에 수납될 때 사용되는 애트리뷰트의 번호는 _____ 이다.
    (a) 79   (b) 80
    (c) 4   (d) 6

[13] EAP 메시지가 RADIUS에 수납될 때 이를 보호하는 추가 애트리뷰트는 _____ 이다.
    (a) Authenticator   (b) Message-Authenticator

[14] EAP-MD5의 문제점은 _____ 때문이다.
    (a) 서버인증 결여   (b) 사용자인증 결여

[15] LEAP의 특징이 아닌 것 _____ 와 _____ 이다.
    (a) 사용자 인증만 제공   (b) 상호인증 제공
    (c) EAP 기반에서 동작   (d) 인증서 기반에서 동작

[16] RADIUS와 802.1x와의 연결시 고려되어야 할 사항에 맞는 것은 _____ 이다.
    (a) User-password 애트리뷰트가 사용자 패스워드를 수납하기 위하여 사용된다.
    (b) NAS-port 애트리뷰트는 단말이 부착된 실제 포트번호를 수납한다.
    (c) Calling-Station-ID 애트리뷰트는 AP의 MAC주소이다.
    (d) 무선 LAN의 경우 NAS-port type값은 19이다.

정답
[1] (d), [2] (f), [3] (a,b), [4] (d), [5] (d), [6] (d)-(f), [7] (d), [8] (a), [9] (c), [10] (a), [11] (c), [12] (a), [13] (b), [14] (a),
[15] (a)-(d), [16] (d)

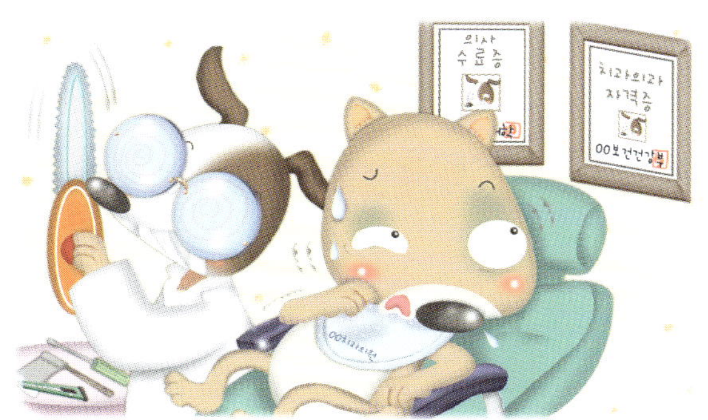

X.509 인증서와 PKI

10.1 관련 표준

- RFC 1684, Introduction to White Pages Services based on X.500, 1994.
- RFC 3280, Internet X.509 Public Key Infrastructure Certificate and Certificate Revocation List(CRL) Profile, 2002.
- RFC2510, Internet X.509 PKI Certificate Management Protocols, 1999.
- RFC2511, Internet X.509 Certificate Request Message Format(CRMF), 1999.
- RFC 2560, X.509 International Public Key Infrastructure Online Certificate Status Protocol-version 1.0, 1999.
- RFC2585, Internet X.509 PKI Operation Protocols : FTP and HTTP, 1999
- RFC 2986, Certification Request Syntax Specification Version 1.7, 2000.
- RFC 3369, Cryptographic Message Syntax(CMS), 2002.
- RFC3370, Cryptographic Message Syntax(CMS) Algorithms, 2002.
- RFC 2797, Certificate Management Messages over CMS, 2000.

10.2 개 요

인증서는 제 12 장부터 다루어지는 무선 LAN 인증 방법 중 TLS 기반의 EAP 인증 방법에 필수적으로 사용되기 때문에, 본 장에서 기본적인 인증서와 PKI 기반에 대하여 다루도록 한다.
앞에서, 우리는 RSA와 Diffie-Helman 방식에 의한 다음과 같은 공개 키 기반의 서명 또는 암호화 방식에 대하여 알아보았다.

- **공개 키 기반의 전자서명 방법** : 자신이 공개 키를 외부에 공개한 후, 송신할 메시지에 대한 해시값을 자신의 비밀 키로 암호화한 서명을 메시지에 부착하여 전송한다. 이것을 수신한 측은 송신측의 공개 키로 서명 부분을 복호하여 메시지에 대한 변조여부를 검사한다.

- **공개 키 기반의 암호5 방법** : 수신측의 공개 키로 메시지를 암호화하고, 이것을 수신한 측은 자신의 개인 키로 복호한다.

이러한 공개 키 기반의 보안통신이 가능하려면, 상대방의 공개 키를 미리 알고 있어야 하다는 전제조건이 있다. 하지만, 송신측이나 수신측이 아무런 보안 장치없이 자신의 공개 키를 공개한다면, 〈그림 10.1〉과 같이 해커 Z가 Arami로 가장하여 자신의 공개 키를 Borami에게 알려 줄 때, Z는 Borami가 Arami에게 전송하는 암호 메시지를 모두 가로챌 수 있는 문제가 있다.

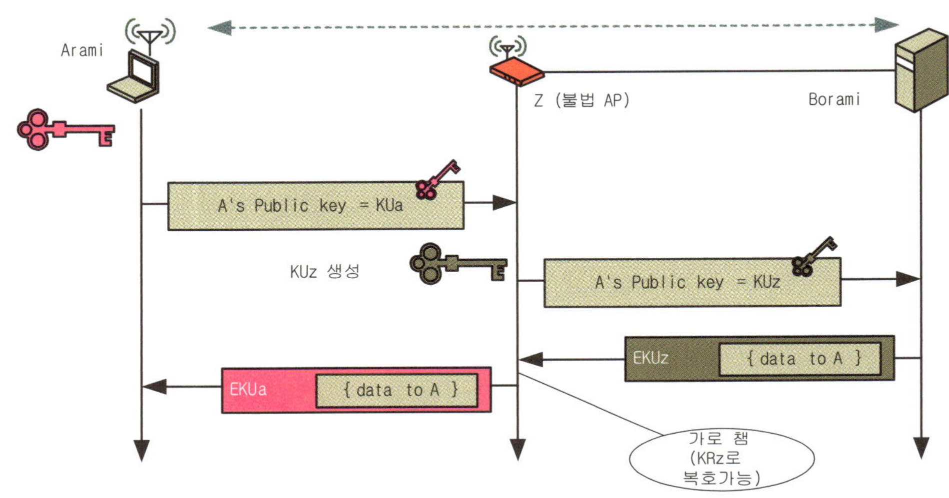

〈그림 10.1〉 공개 키 배포의 문제점

이러한 공개 키 배포시 발생할 수 있는 문제점을 해결하기 위하여, 제 3 자의 공인된 인증기관(Certification Authority : CA)에 자신의 공개 키를 등록하고, 이 공개 키가 수납된 〈그림 10.2〉와 같은 공인인증서를 발급받아, 이 키를 필요로 하는 사람에게 배포하는 공인 인증서 방법이 사용된다.

이 인증서에는 {사용자 Arami의 공개 키, 유효기간, 사용자 Arami의 ID, 발급기관인 CA 등}의 정보와 이 인증서의 변조를 방지하기 위한 CA의 개인 키에 의한 디지털 서명이 추가된다.

따라서, 이 Arami에 대한 인증서를 수신한 Borami는 CA의 공개 키를 사용하여 이 인증서에 서명된 CA의 디지털 서명에 대한 인증이 가능할 경우, 이 인증서에 수납된 공개 키가 Arami용 키라고 확신할 수 있다. 즉, 인증서란 "CA인 제가 사용자의 신분을 보장하고, 동봉된 키는 사용자 Arami의 공개 키가 확실함을 CA가 보장한다."라는 소개편지라고 할 수 있다.

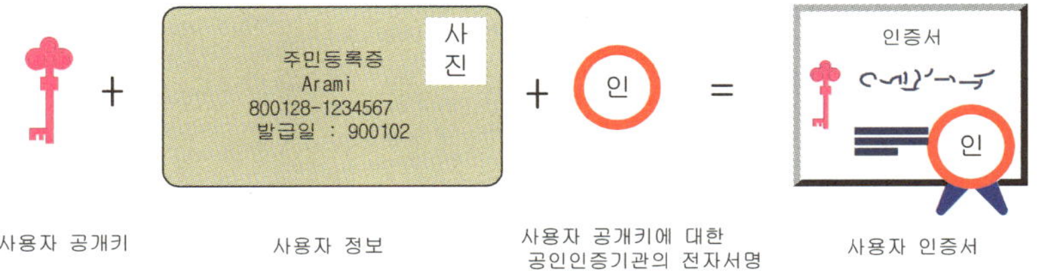

〈그림 10.2〉 인증서의 구성

이러한 인증서와 관련한 국제 표준으로는 ITU-T의 X.509 V3과 IETF의 PKIX 인증서 규격이 있으며, 용도에 따라, 전자메일용 (PGP, Secure MIME 인증서), SSL 인증서, 전자지불을 위한 SET인증서, 소프트웨어 배포용 코드서명 인증서, IPSec 용으로 사용된다.

본 장에서는, 이러한 공개 키 기반의 보안 프로토콜에서 사용되는 X.509 인증서의 형식 및 인증절차에 대하여 소개한다. 이어, 인증서를 발급 받거나 전송할 때 사용되는 형식이나 절차도 알아본다. 그리고, 윈도우 2003 서버의 인증서 서비스를 이용한 로컬 CA를 구축하여 인증서의 발급과정을 분석한다.

10.3 X.509 인증서의 종류

사용자의 공개 키를 신뢰성 있게 배포하기 위하여 {사용자 ID, 유효기간, 사용자의 공개 키, 공인 인증기관 (CA)의 개인 키에 의한 디지털 서명}으로 구성된 인증서를 발급하고 보관하는 사용자 인증 절차에 대한 표준 중의 하나가 X.509이며, 이 절차에 의해 발급되는 인증서를 X.509 인증서라고 한다. 예를 들어, 사용자 Borami에 대한 인증서의 구성은 〈그림 10.3〉과 같다.

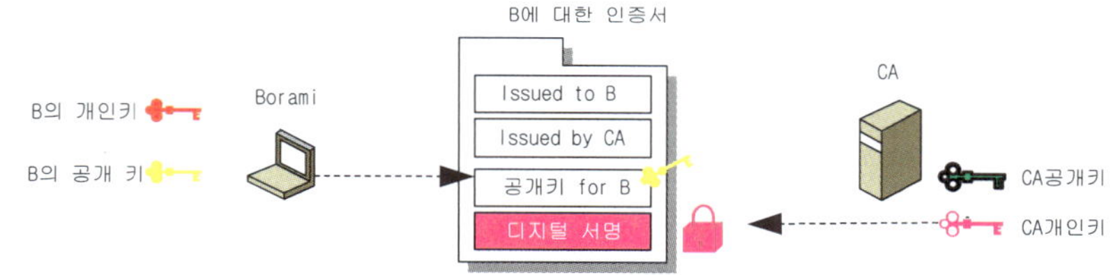

〈그림 10.3〉 사용자 B에 대한 인증서의 예

분명히, 이 인증서에 첨부된 Borami의 공개 키는 노출되어 있지만, CA의 개인 키에 의한 디지털 서명이 첨부되어 있으므로, 이 인증서를 수신한 측은 공개된 CA의 서명용 공개 키를 이용하여 변조여부를 검사할 수 있다. 만약 변조되지 않았다면, 이 인증서가 분명히 공인된 CA로부터 발급된 것인지를 인증할 수 있다.

이 과정에서, CA의 개인 키로 암호화된 디지털 서명 부분을 확인하기 위해서는 CA의 공개 키도 필요하다고 하였다. 따라서, CA가 스스로 발급하고, CA 스스로 서명하였으며, CA의 서명용 공개 키가 수납된 특별한 인증서도 확보해야 한다. 이렇게 CA 자신이 생성하여 자신을 스스로 인증한 인증서를 루트 인증서(Self-signed Digital Signature)라고 하며, 그 내용은 〈그림 10.4〉와 같다.

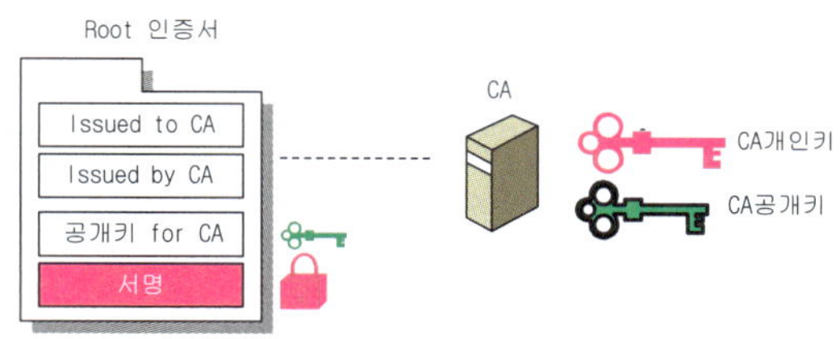

〈그림 10.4〉 루트 인증서의 예

1_ 공유 비밀 키를 사용하여 제 3 자 인증을 수행하는 커버로스와 다르다.

10.4 X.509 인증서의 활용절차

이러한 인증서는 사용목적에 따라 서버 인증, 사용자 인증, 컴퓨터 인증, 코드 서명, 전자메일 보안, IPSec 터널 종단 장치 등과 같은 다양한 용도로 구분된다.

인증서를 사용하여 Arami가 Borami에게 암호화된 메시지를 전송하는 절차의 예는 〈그림 10.5〉와 같다.

① CA는 자신의 서명용 공개 키가 수납된 루트 인증서를 가지고 있다.

② Borami가 자신의 {개인 키, 공개 키}쌍을 생성한 후, CA에 자신의 공개 키 KUB 와 함께 인증서 발급을 요청한다.

③ CA는 KUB가 수납된 Borami에 대한 인증서를 발급한다. 이 인증서는 CA의 개인 키로 서명된다. CA는 이 인증서를 별도의 인증서 보관소에 저장하여, 필요로 하는 곳에 Borami를 대신하여 전달할 수 있다.

④ Borami는 발급받은 인증서를 보관한다. 필요시, 이 인증서를 필요로 하는 곳에 전달하거나 다른 컴퓨터 또는 플래시 메모리에 저장할 수 있다.

⑤ Arami는 Borami와의 보안연결을 설정할 때 필요한 Borami의 공개 키를 확보하기 위하여, CA(또는 직접 Borami) 에게 Borami의 인증서를 요구한다.

⑥ 인증서를 수신한 Arami는 이 인증서의 유효성을 검사하기 위하여 CA가 서명한 서명부분을 확인한다.

⑦ 만약, 서명확인용으로 필요한 CA의 서명용 공개 키가 수납된 루트 인증서가 없다면, 이것을 입수하여, 루트 인증서로부터 CA의 서명용 공개 키를 확보한다.

⑧ CA의 서명용 공개 키로 Borami의 인증서에 있는 디지털 서명을 확인한다.

⑨ Borami의 인증서에 수납된 Borami의 공개 키를 확보한다.

⑩ Borami의 공개 키로 암호화된 메시지를 Borami에게 송신한다.

---

2 윈도우 시스템의 경우, 액티브 디렉토리에 인증서가 보관된다.

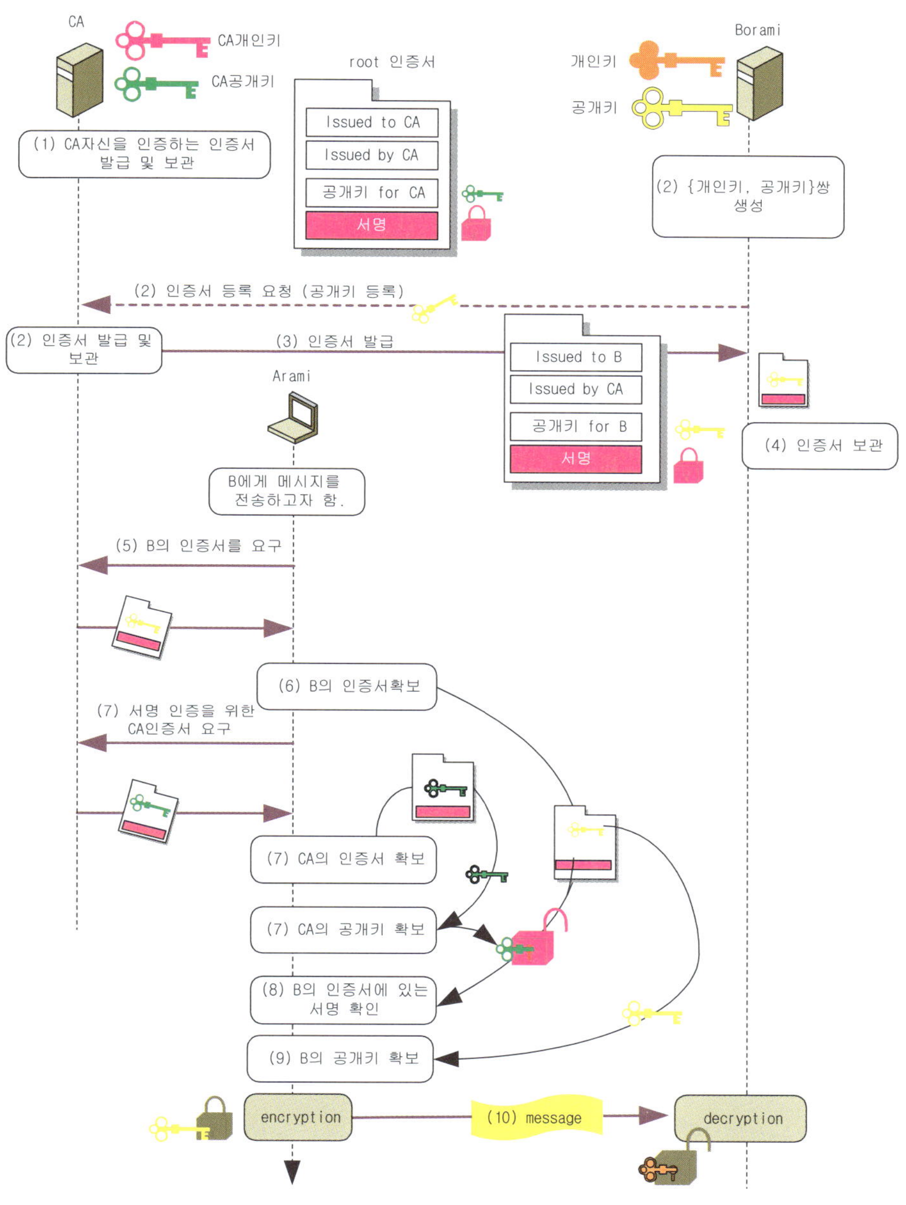

〈그림 10.5〉 인증서 기반의 공개 키 암호화 전송과정

10.5 X.509 인증서의 형식

X.509 인증서는 크게 ToBeCertificate(TBC), SignatureAlgorithm, 디지털 서명 등 세 부분으로 구성되며, 그 형식은 〈그림 10.6〉과 같이 버전에 따라 다르다.

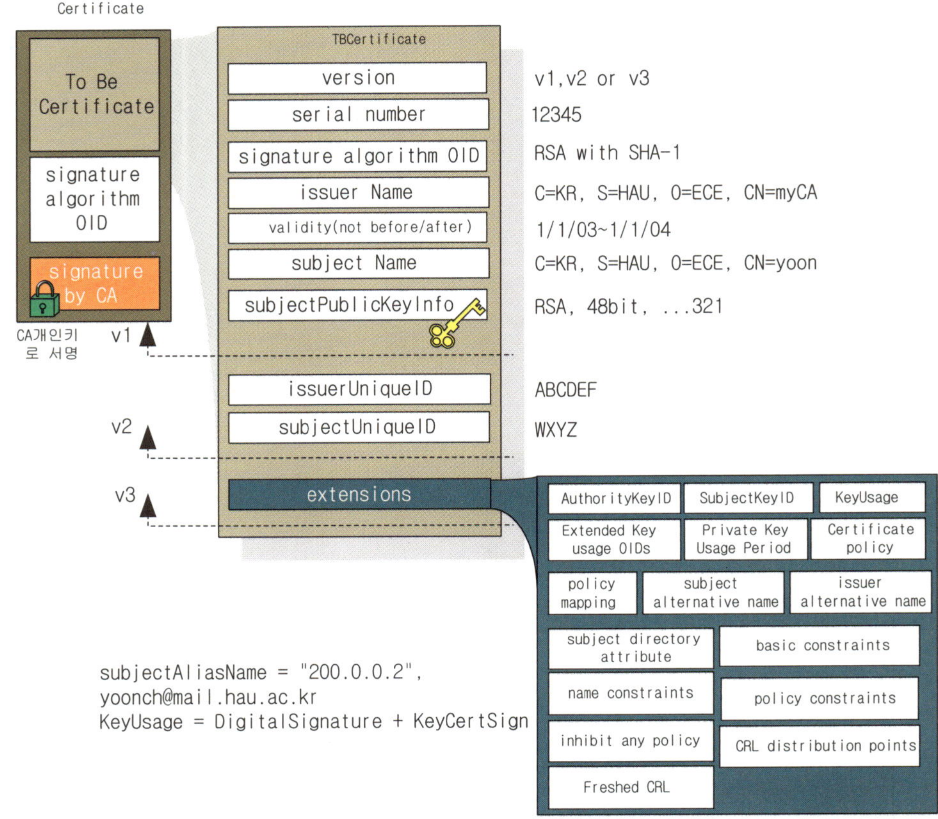

〈그림 10.6〉 버전에 따른 X.509 인증서의 형식

- **버전** : X.509 인증서 형식의 버전으로서, 현재 v1~v3까지 있으며, v3의 경우 RFC3280에 규정된다. 이 값은 0부터 시작하므로, 버전 3인 경우 이 값은 2이다.

- **일련번호(Serial Number)** : CA에서 인증서를 발행할 때 마다 할당되는 일련번호로서, 다른 인증서와 중복되지 않는 번호이다.

- **알고리즘 식별자(Algorithm Identifier)** : 디지털 서명 영역 구성시 CA가 사용한 RSA 또는 DSA 디지털 서명 알고리즘의 종류를 Object ID(OID)로 표시한다. 예를 들어, sha1withRSAEncryption 방식인 경우, OID는 1.2.840.113549.1.1.5이다.

- **발행자(Issuer)** : 인증서를 발행한 CA 의 이름이다.

- **유효 개시시간(Validity From)** : 인증서가 유효한 최초시간.

- **유효 만기시간(Valid To)** : 인증서가 유효한 마지막 시간.

- **주체(Subject)** : CA가 발행한 인증서의 증명 대상의 Distinguished Name(DN)이다. 이것은 사람뿐만 아니라 서버 등도 해당된다. 예를 들어, "대한민국의 West.com사의 Security 부서의 Arami"라는 사용자에 대해서는 다른 사람과 확실하게 구분되는 이름인 Distinguished Name(DN) 형식으로 된 "c=KR; o=west.com; ou=Security; CN=Arami" 스트링으로 표기된다[3]. 이 주체는 CA 자신이 될 수도 있는데, CA 자신이 발행하고, 또한 주체가 되는 이러한 인증서를 루트 인증서라고 한다.

- **주체 공개 키 정보(Subject Public-key information)** : 주체의 암호용 또는 서명용 공개 키, 이 키가 사용될 알고리즘의 종류, 키의 길이 정보로 구성된다.

- **Algorithm** : 공개 키 알고리듬 OID로서, rsaEncryption(RSA)와 dsaEncryption(DSA) 키 등을 지시한다.

- **Public key** : 공개 키 값이다.

- **서명(Signature)** : CA의 개인 서명키로 서명된 서명값이다. 예를 들어, 서명 알고리듬이 sha1withRSAEncryption인 경우, SHA-1 에 의해 해시된 값을 CA의 RSA 개인 키로 암호화된다.

(버전2에 추가된 영역)[4]

- **인증기관 고유 식별자(Issuer Unique ID)** : 한 주체에 대하여, 둘 이상의 인증기관으로부터 인증서가 발급된 경우, 인증기관 구분용으로 사용된다.

- **주체 고유 식별자(Subject Unique ID)** : 예를 들어, 같은 회사에 있는 동명이인이 있다면, 이들을 구분할 수 있도록 하는 식별자이다[5].

(버전 3에 추가된 영역 : 확장영역)

- **인증기관 키 식별자(Authority Key ID)** : 하나의 인증기관이 발급한 여러 개의 인증서에 대해 서명할 때 사용한 서명용 개인 키가 서로 다른 경우, 이 서명용 개인 키에 대응되는 서명용 공개 키가 식별될 수 있어야 한다. 이 식별자는 서명용 공개 키에 대한 SHA-1 해시값인 KeyIdentifier, 발행기관 이름, 일련번호로 구성된다. 예를 들어, Arami의 인증서를 확보한 Borami는 Arami 인증서의 서명을 확인할 때, 이 인증서를 발행한 CA의 루트 인증서가 필요하다. 만약 Borami가 이 CA로부터 발급된 여러 개의 루트 인증서를 가지고 있을 때, Arami 인증서 서명 시 사용한 CA의 서명용 개인 키에 해당되는 CA의 공개 키가 수납된 루트 인증서를 여러 개의 루트 인증서 중에서 신속하게 찾을 수 있도록 한다. 이 식별자의 예는 다음과 같다.

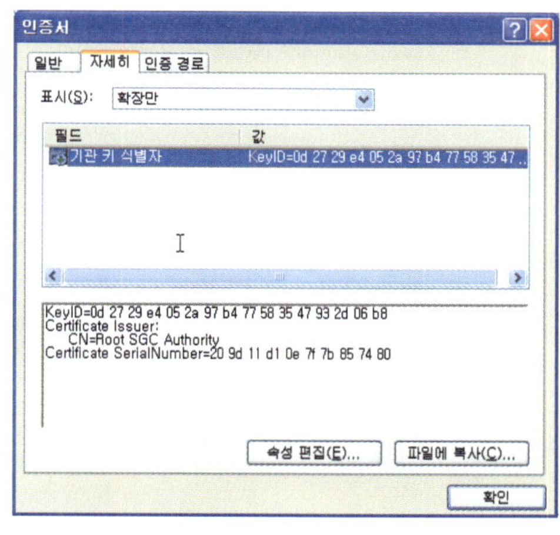

<그림 10.7> 기관 키 식별자의 예

---

[3] 여기서, "country (e.g. "C=KR"), organization name (e.g. "O=West.com"), organization unit (e.g. "OU=Security"), common name (e.g. "CN=Arami")"이다.

[4] 버전 2 영역은 거의 사용되지 않는다.

[5] v2 영역들은 거의 사용되지 않기 때문에, RFC3280에 의해 사용하지 않도록 권고된다.

- **주체 키 식별자(Subject Key ID)** : 인증기관 키 식별자와 유사한 목적으로 사용된다. 한 주체가 상이한 키 쌍에 의해 발급받은 여러 개의 인증서를 가지고 있는 경우, 이 인증서에 수납된 주체의 공개 키가 구분될 수 있도록 해당 공개 키에 대한 SHA-1 해시값으로 표시된다.

- **키 용도 (Key Usage)** : 해당 공개 키가 암호용 또는 서명용으로 발급되었는지를 해당 비트로 표시한다. 8가지의 용도는 다음과 같다. 예를 들어, {KeyAgreement =1, encipherOnly=1}이면, RSA 키 협상시에 사용된다.

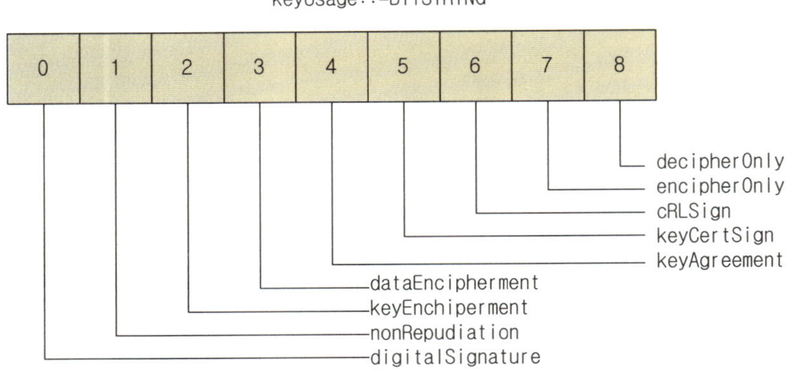

〈그림 10.8〉 키 용도 비트의 상세

- digitalSignature : keyCertSign (bit 5), 또는 cRLSign (bit 6)용을 제외한 서명용도의 공개 키임을 지시한다.

- nonRepudiation (1) : 부인방지를 위한 서명용 공개 키임을 지시한다.

- keyEncipherment (2) : 공유비밀 키를 RSA 공개 키 방식으로 암호화 할 때 필요한 공개 키임을 지시한다.

- dataEncipherment (3) : 데이터 암호용 공개 키임을 지시한다.

- keyAgreement (4) : Diffie-Helman과 같은 키 분배 프로토콜에서 사용할 공개값(Y)에 대한 인증서임을 지시한다. 단, 윈도우 2000 CA는 이러한 Diffie-Hellman 공개 키는 지원하지 않는다.

- keyCertSign (5) : 루트 인증서의 서명용 공개 키임을 지시한다.

- cRLSign (6) : CRL 서명용 공개 키임을 지시한다.

- encipherOnly (7) : keyAgreement 비트가 1일 때, 암호전용 공개 키임을 지시한다.

- decipherOnly (8) : keyAgreement 비트가 1일 때, 복호전용 공개 키임을 지시한다.

- **개인 키 사용 기간(Private key usage period)** : 인증서의 유효기간과 서명용 개인 키의 사용기간이 상이할 때 사용된다.

- **확장 키 사용(Extended Key Usage)** : Key Usage 항목으로 표시할 수 없는 세부적인 추가 용도를 OID 형태로 표시한다. 예를 들어, 이 공개 키가 TLS 웹 서버 인증용, TLS 웹 클라이언트 인증용, 다운로드 되는 실행 가능한 코드의 서명용, 보안 전자 우편, IPSec용 등을 지시한다(〈그림 10.9〉 참조).

● CRL 배포지점(Certification Revocation List Distribution Points) : 인증기관이 폐기한 인증서 리스트들을 여러 곳에 분배하여 놓았을 때, 폐기된 인증서 정보가 저장된 곳을 URL로 지시한다. 이 예에서는 LDAP서버인 203.233.91.35에 CRL이 저장되어 있음을 표시한다.

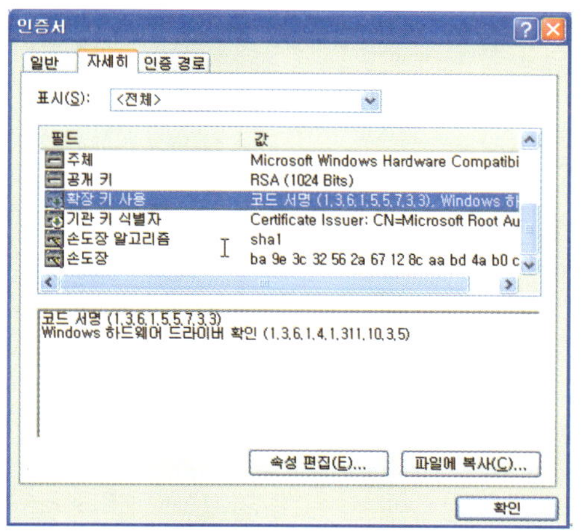

〈그림 10.9〉 확장 키 사용 영역의 예

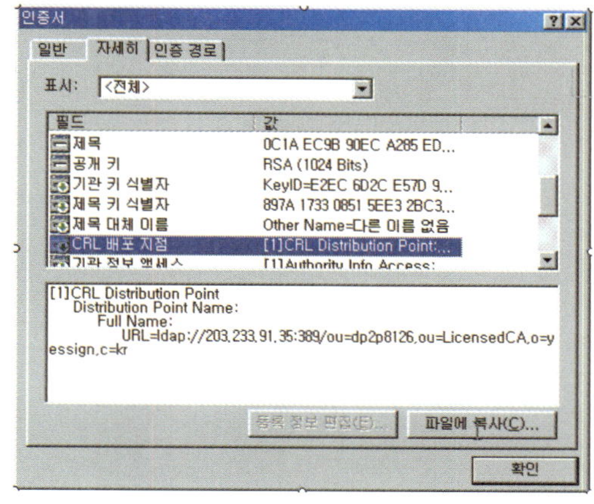

〈그림 10.10〉 CRL 배포지점의 예

● 개인 키 사용 기간(Private key usage period) : 공개 키와 대응되는 개인 키의 유효기간
● 주체의 대체 이름(Subject Alternative Names) : DNS이름("Arami.west.com")[6], IP주소 ("200.0.0.1"), 이 메일주소(Arami@west.com), 커버로스 이름(Arami) 등 주체 이름에 대한 또 다른 이름을 명시할 때 사용된다.

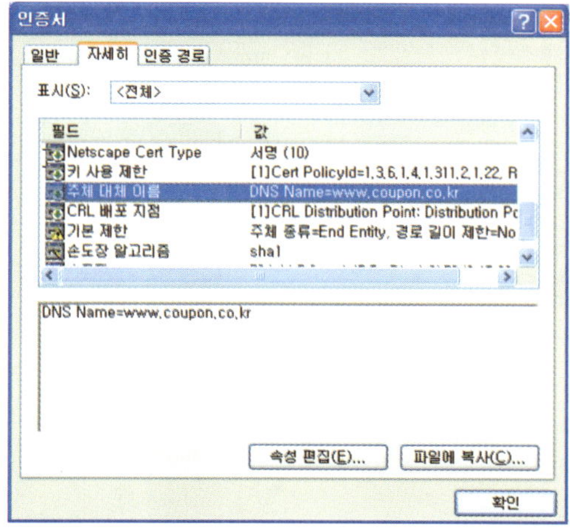

〈그림 10.11〉 주체 대체 이름의 예

6_ DNS 서버 이름이 아니라, 주체의 FQDN 이름이다.

- 발행자 대체 이름(Issuer Alternative Name) : CA의 또 다른 이름이다.
- 기본제한(Basic Constraints) : 이것은{CA 플래그, pathLenConstraint}로 구성된다. CA플래그는 이 인증서가 CA용으로 발급된 것인지 최종사용자용으로 발급된 것인지를 표시하는 Subject Type(주체종류)를 표시한다. CA플래그 값이 true, 즉, 주체종류가가 CA인 경우, 이 인증서는 CA상호간 인증서로서, 이 인증서로부터 확대 가능한 인증경로의 길이(즉, 인증기관의 수)를 표시하는 경로제한길이(Path Length Constraint)를 가진다. 예를 들어, 〈그림 10.12〉와 같이, 루트CA인 정보보호센터(KISA)의 하위에 signKorea CA가 있는 경우, 최종사용자B는 signKorea로부터 인증서를 발급받아, 이 인증서가 첨부된 서명된 파일을 사용자 A에게 전송한다고 하자. 사용자 A는 이 인증서의 유효성을 검증하기 위하여 먼저, signKorea CA의 인증서를 확보한다. 하지만, 이 인증서의 유효성도 다시 검증해야 하므로, 필요한 KISA CA 인증서를 다시 확보하여, 차례대로 검증한다. 이 과정에서, 루트CA인 KISA가 singKorea CA에게 발급하는 인증서의 경로제한길이는 1인데, 이것은 KISA CA가 signKorea CA에게 한 레벨의 추가적인 하위CA만 생성할 수 있음을 지시한다. 따라서, KISA CA로부터 인증된 signKorea CA는 {CA 플래그 = false, path length constraint = 0}인 최종 사용자용 인증서를 발급하거나, 또는, {CA 플래그 = true, path length constraint = 0}인 추가적인 하위 CA를 생성할 수 있다. 아예 이 Path Length Constraint영역이 없다면 certification path 길이에 제한이 없음을 의미하는데, 최종 사용자용 인증서인 경우에만 가능하다. 〈그림 10.13〉은 이러한 기본제한 영역에 대한 예이다.

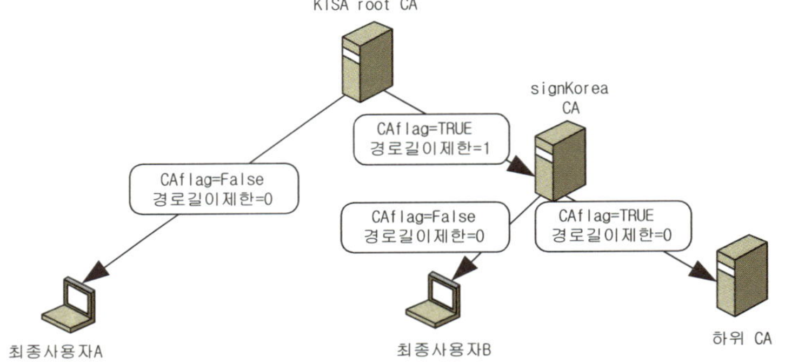

〈그림 10.12〉 기본 제한 영역의 예(signKorea CA 인증서)

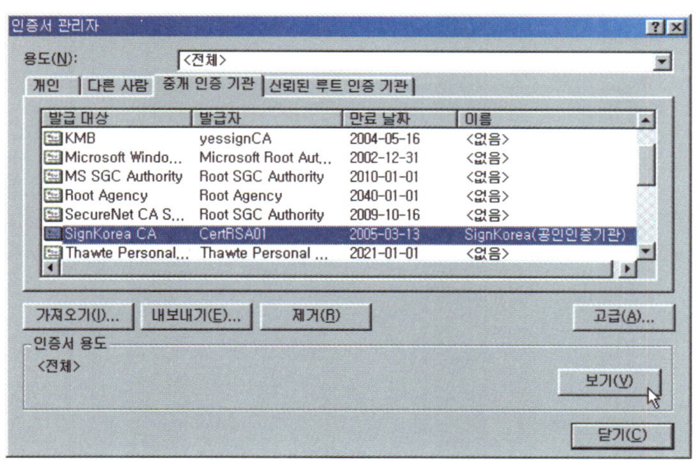

〈그림 10.13a〉 기본 제한 영역의 예 (signKorea CA 인증서)

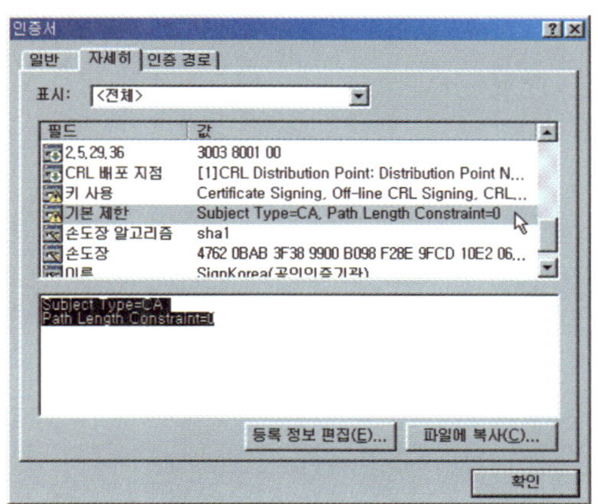

〈그림 10.13b〉 signKorea CA용 인증서의 기본 제한 영역 내용

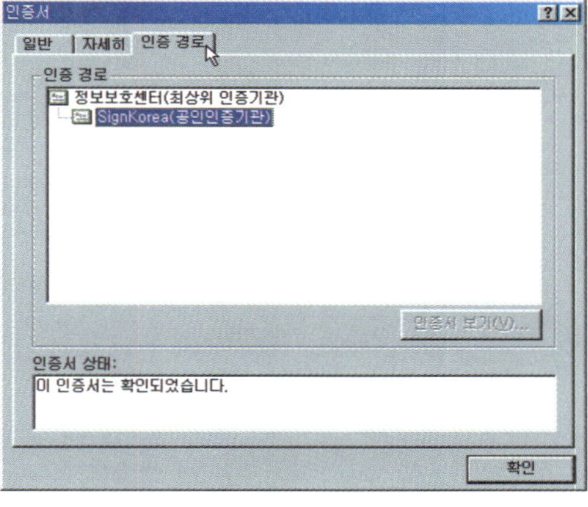

〈그림 10.13c〉 signKorea CA용 인증서의 인증경로

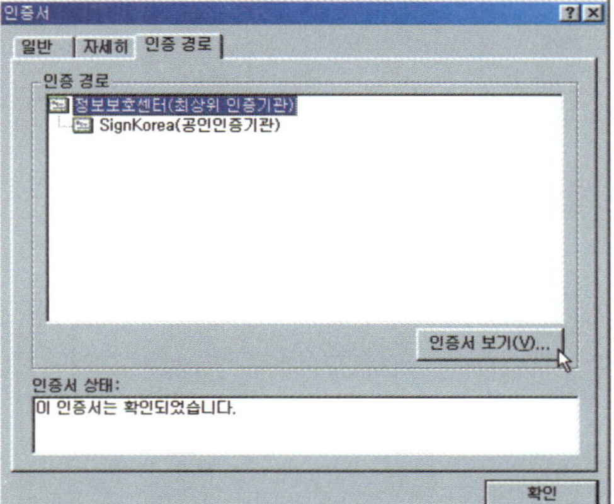

〈그림 10.13d〉 KISA 인증서(최상위 인증기관)

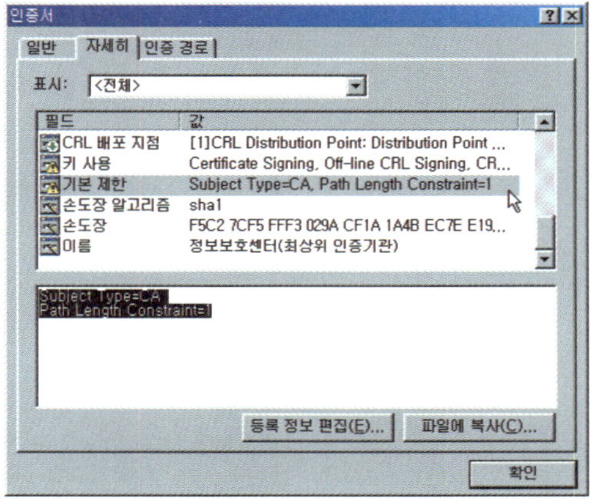

〈그림 10.13e〉 KISA 인증서의 기본 제한 영역 내용

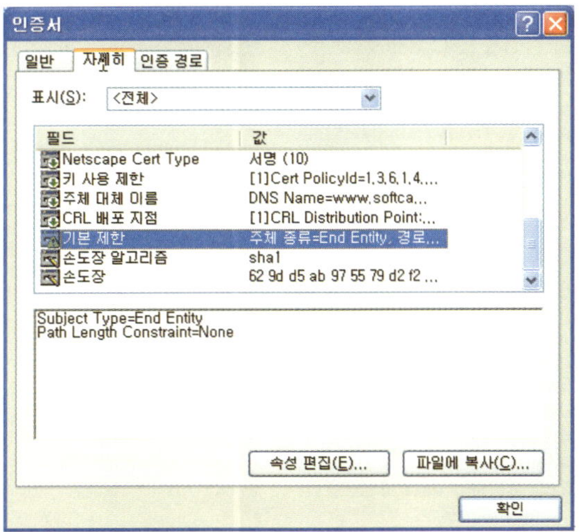

〈그림 10.14〉 기본 제한 영역의 예(최종 사용자용)

● 기관 정보 액세스(Authority Information Access) : 인증서 발급기관이 제공하는 인증서 관련 서비스에 접근할 수 있는 URL이나 프로토콜에 관련된 정보이다. 예를 들어, 온라인으로 인증서의 발급상태(발급 중, 발급완료, 취소 중, 취소 등)의 정보를 확인할 수 있는 정보를 제공한다. OCSP(온라인 보증서 상태 프로토콜)와 같은 접근방법을 지시하는 OID와 이 서비스를 제공하는 곳의 URL 위치정보를 제공한다.

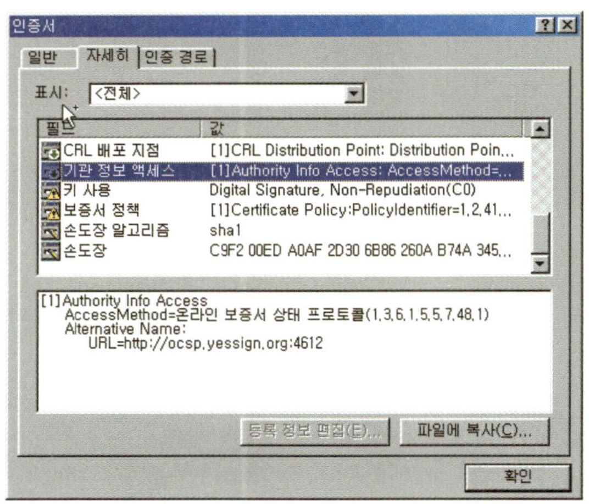

〈그림 10.15〉 기관 정보 액세스 영역의 예

● 주체 정보 액세스(Subject Information Access) : Authority Information Access와 마찬가지로 인 증서 주체가 제공할 수 있는 정보와 서비스를 어떻게 접근하는지에 대한 정보를 제공한다. 주로, CA의 루트 인증서에서 사용된다.

● *Certificate Policy*, *Name Constraints*, *Policy Constraints*, *Inhibit Any Policy*, *Freshest CRL Pointer*, Policy Mappings, Subject Directory Attributes 등의 확장자가 더 있다.

10.6　인증서의 예

인증서의 실제 구성을 간략히 알아보자. 윈도우 시스템의 경우, 〈그림 10.16〉과 같이, 브라우저의 [도구] ➔ [인터넷 옵션] ➔ [내용] 탭의 [인증서] 항목을 선택하면, 인증서의 여러 내용을 확인할 수 있다.

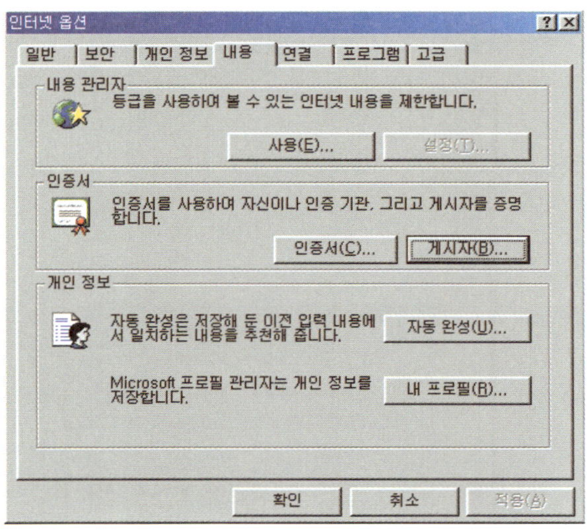

〈그림 10.16〉 인증서 확인 창

(1) 루트 인증서의 예

루트 인증서는 〈그림 10.17〉과 같이 발급대상과 발급자가 동일한 인증서임을 알 수 있다.

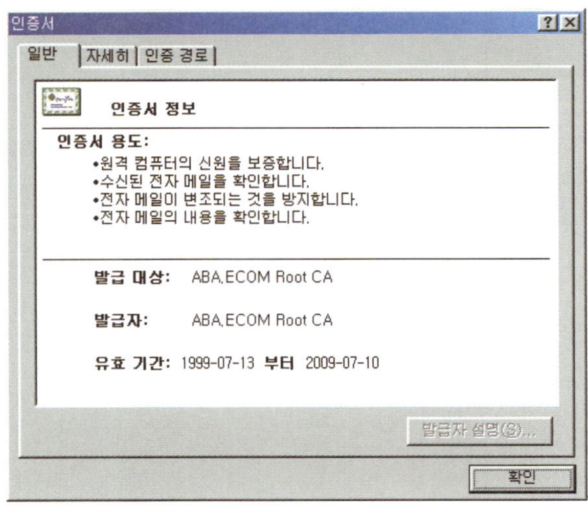

〈그림 10.17〉 루트 인증서의 예

(2) 개인 인증서

〈그림 10.18〉은 금융결제원으로부터 발급받은 국민은행용 개인 인증서의 내용이다[7]. 버전은 3이며, 서명 알고리즘으로 SHA1 RSA 방식이 사용되었다. 특히, 발급자는 금융결제원을 위한 공인인증기관인 yessignCA 이고, 이것의 Distinguished Name(DN)은 "CommonName(cn)=yessignCA, OrganizationalUnit(ou)= LicensedCA, Organization(o)=yessign, Country(c)=kr"임을 알 수 있다.

또한, 주체(또는 제목)라는 항목이 있는데, 이것은 Subject, 즉, 발급대상인 주체의 DN으로서, "CN=(인코딩된 한글이름), OU=KMB(국민은행), OU=personal, O= Organization=yessign, Country=kr"임을 알 수 있다. 그리고, 이 사용자에 대한 공개 키는 1024비트의 RSA 공개 키가 수납되어 있음을 알 수 있다.

그리고, v3에서 사용되는 기관 키 식별자, 주체(제목)키 식별자, 주체 대체이름, CRL 배포지점의 URL 등의 확장된 영역이 사용됨을 알 수 있다.

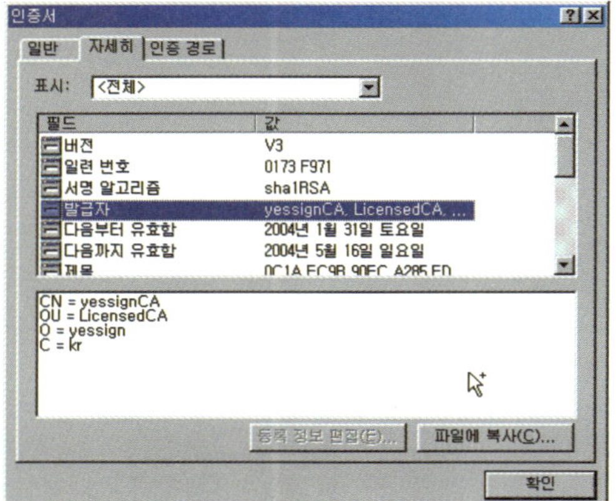
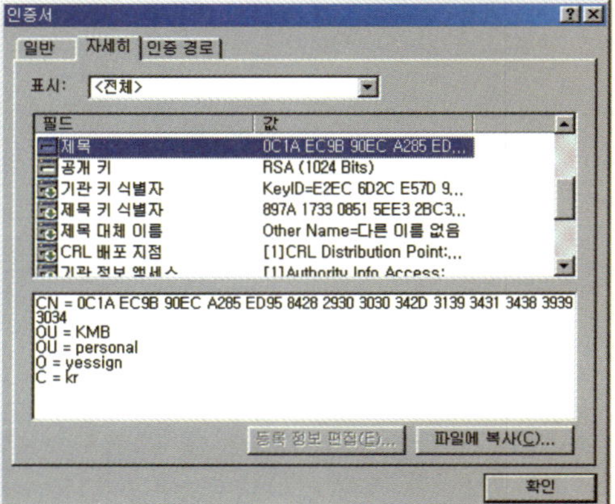
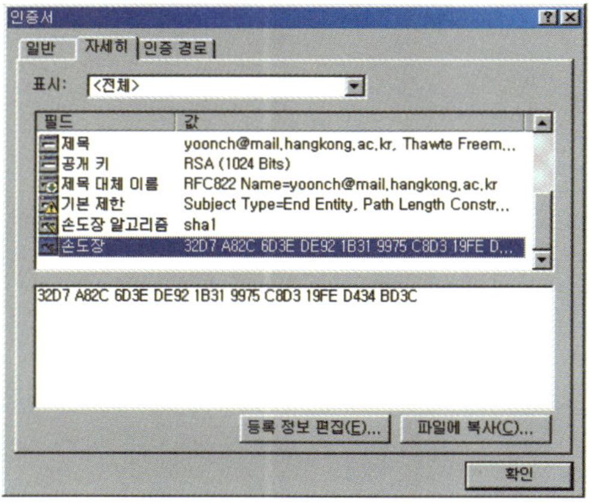

〈그림 10.18〉 개인 인증서의 각 영역의 예

7_ 이러한 인증서를 "전자거래 범용 개인 인증서"라고 한다.

특히 눈 여겨 볼 것은 다음과 같은 추가 정보이다.

- 손도장 알고리듬(Thumbprint algorithm)
- 손도장(Thumbprint)

여기서, X.509 인증서의 손도장(Thumbprint)은 서명을 포함한 인증서 전체에 대한 해시값으로서, 사용자가 인증서를 화면에서 확인할 때 마다 계산되며, 실제 인증서에는 포함되지는 않는다.

이것을 사용하는 목적은 두 사람이 서로 다른 CA로부터 발급받은 인증서에 대하여, 서로를 믿을 수 있도록 하는 것이다. 예를 들어, A가 CA_A로부터 발급된 인증서를 가지고 있고, B도 CA_B로 부터의 인증서를 가지고 있다고 하자. 그리고, 이 두 CA는 서로를 알지 못하여 신뢰할 수 없다고 하자. B가 A에게 CA_B로부터 발급받은 인증서가 부착된 메시지를 보냈을 때, A는 CA_B를 신뢰할 수 없기 때문에 이 메시지를 신뢰할 수 없다. 이 경우, A는 B의 인증서에 대한 손도장값을 읽은 후, 전화로 B에 연락하여 B 인증서에 대한 손도장 값을 알려달라고 한다. 만약, 이 값이 일치한다면 A는 B가 보내 온 인증서를 신뢰할 수 있게 된다.

10.7　인증서 신청/발행절차

(1) 국내 공인 인증서 발급기관

국내의 공인인증서 발급기관은 정부가 인가하며, 현재 국내에는 총 6개 기관이 있다. 특별히, 은행의 경우에는 Yessign을 사용한다.

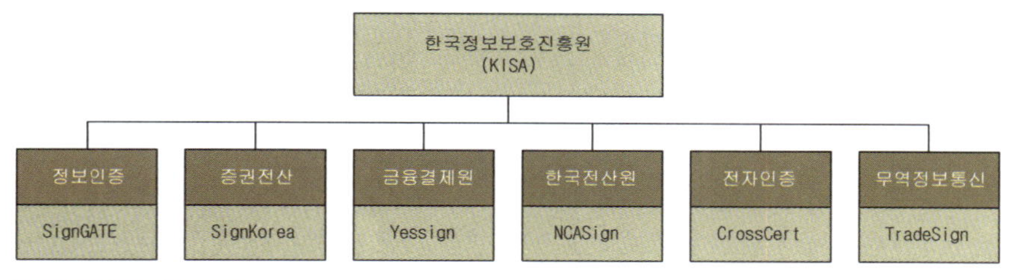

〈그림 10.19〉 국내 공인 인증기관의 종류

(2) 신청/발행절차

인증서 발급은 다음과 같은 방법에 의해 수행된다.

- **시험용 인증서 발급 방법** : Class 0
- **사용자에 의한 온라인 인증서 등록 방법** : Class 1
- **사용자에 대한 기본 정보에 기반하여 온라인상에서 기본적인 확인과정만 거친 후 발급하는 방법** : Class 2
- **사용자가 RA에 가서 직접 신원확인 절차를 거친 후 사용자용 인증서를 신청하는 방법** : Class 3

이러한 발급 방법은 다음과 같은 인증보장 수준에 관련된다.

- **낮은 수준의 인증보장 기능** : Arami가 Arami@west.com이라는 e-mail 주소 만으로 인증을 요구하면, CA는 이 사람을 확인하지 않고도 이에 대한 인증서를 발행하여 준다. 이러한 기능을 Class 1 인증 기능이라고 한다. 이 경우, 비 상업적인 목적인 경우 사용된다.

- **높은 수준의 인증 보장 기능** : CA가 Arami라는 사람을 실제로 확인한 후 인증서를 발행하는 경우이다. 보통 CA 대신에 CA에 위임받은 Registration Authority(RA)라고 하는 등록기관, 예를 들어 은행, 에서 Arami이라는 사람을 대면하여 확인한다. 결과적으로 CA는 RA가 보증하는 경우에만 Arami에 대한 인증서를 발급한다. 은행의 예는 다음과 같다.

  - 등록(Registration) : 은행에 방문하여 인증서 신청서 내용을 작성하여 접수한다. 또는 은행의 웹 사이트에 브라우저를 접속할 수도 있다.(사용하여 자신의 public/private 키를 생성하여, 공개 키와 함께 자신의 등록정보를 RA에 제출한다.)

  - 사용자 인증 : 등록기관 담당자가 신원확인 후 신청자 정보를 공인 인증기관에 온라인으로 전송한다.

  - 공인 인증기관(CA)는 신청자의 신청정보를 받아 발급정보 (참조번호+인가코드)를 등록기관에 전송하게 되고, 등록기관은 전송 받은 발급정보를 신청자에게 전달한다.

  - 발급 요청 : 신청자는 금융결제원의 공인 인증기관인 yessign 홈페이지에 접속하여 사용자 응용프로그램을 내려 받아 자신의 컴퓨터에 설치한 후, 등록기관으로부터 전달받은 발급정보(참조번호+인가코드)를 입력하여 인증서 발급을 요청한다. 이 과정을 web enrollment라고 한다.

  - 인증서 발급 요청시, 신청자 컴퓨터 프로그램은 한 쌍의 키(개인 키+공개 키)를 자동 생성하여, 개인 키는 신청자 컴퓨터에 저장되고 공개 키가 포함된 인증서 요청양식이 공인 인증기관으로 전송된다.

  - 인증서 확보 : 마지막으로, 공인 인증기관은 신청자의 발급정보를 확인하여 공인인증서를 발급하게 되고, 신청자가 인증서를 받아 설치하면 인증서 발급은 완료된다.

  - 인증서 활용 : 발급된 인증서를 사용하여 디지털 서명할 수 있고, 상대방 인증서를 확보하여 상대방의 공개 키로 암호화한 메시지를 전송할 수도 있다. 그리고 필요한 경우, 발급받은 인증서도 취소할 수도 있다.

10.8　X.509 인증서의 취소

자신의 신용카드가 분실되면, 즉시 카드회사에 신고하여 해당 카드를 무효화시킨다. 그리고, 상인들은 결제시 제시된 카드의 유효기간이 남아있더라도, 의심스러운 경우에는 이 카드가 취소된 것인지를 카드회사에 문의한다. 마찬가지로, X.509 PKI에서도 인증서와 관련된 개인 키가 유출된 경우와 기타 필요성에 의해 해당 인증서를 무효화시키거나 사용을 일시 중지시키고, 이렇게 무효화된 인증서들을 일정기간 동안 Certificate Revocation List(CRL) 저장소에 보관함으로써, 다른 사용자들이 해당 인증서에 대한 유효성을 검사할 때 이 CRL에 접근할 수 있도록 한다.

〈그림 10.20〉은 인터넷 뱅킹용 인증서를 폐기하고자 할 때 해당 등록기관에 접속한 화면의 예이다. 필요한 정보를 입력하면, 특별한 취소 메시지인 CRL 메시지가 CA에 전송되고, 취소된 인증서는 CRL 저장소에 일정기간 보관된다.

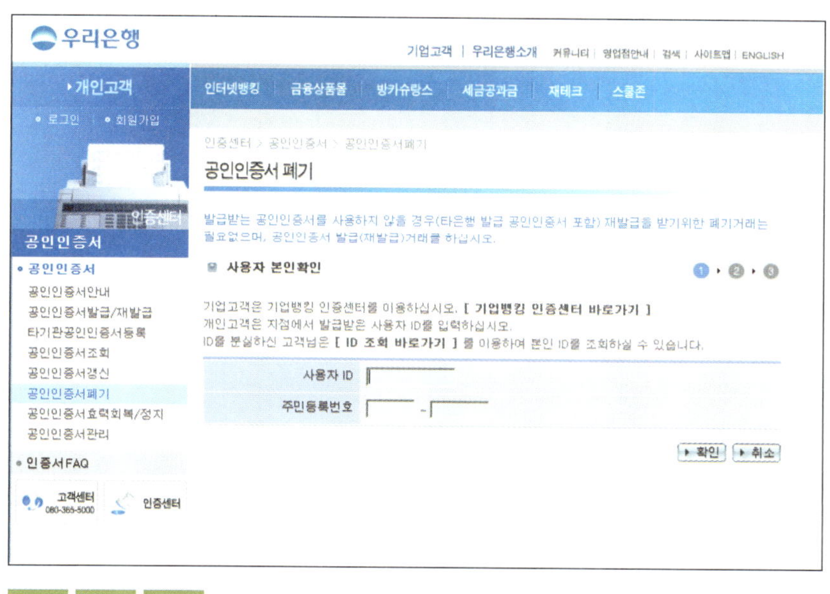

<그림 10.20> 공인 인증서 폐기 화면의 예

10.9 인증서의 활용

(1) 소프트웨어 배포 인증

인터넷상에서 ActiveX Control이나 Java 애플릿과 같은 응용프로그램을 다운받아서 사용하고자 할 때, 직접 실행해보기 전에는 이 프로그램이 유익한 프로그램인지 바이러스나 해킹 프로그램인지 전혀 알 수 없어 머뭇거릴 때가 있다.

하지만, 어떤 응용프로그램을 다운받을 때 <그림 10.21>과 같은 [보안 경고] 창이 팝업되면서, 이 프로그램의 다운여부를 묻는 경우도 있다. 이 때 나타나는 화면은 해당 응용프로그램에 대하여 공인된 인증기관이 "이 프로그램은 어떤 회사에서 개발한 것이 분명하다"라는 것을 인증하는 의미이므로, 사용자들은 이 프로그램의 안전성을 신뢰할 수 있어, 시용자는 프로그램을 다운받아 이용할 수 있다.

<그림 10.21> [보안 경고] 창의 예

그렇다면 이러한 팝업 창은 어떻게 생성된 것일까? 프로그램 개발자(publisher)가 인터넷상에 개발된 실행 파일이나 Java 애플릿, OCX, DLL 등을 배포하고자할 때, 이 파일에 대한 서명과 서명검증용 공개 키가 수납된 인증서를 이 파일에 첨부한다. 이러한 작업은 마이크로소프트사와 RSA사 연합에서 제공하는 Authenticode 기법을 사용하는 codesign 유틸리티에 의해 수행될 수 있으며, 결과적으로 원래의 파일보다 배포용 파일은 조금 커진다.

이렇게 코드 서명된 파일을 내려받은 최종 사용자들은 이 파일을 실행시키거나 다운로드 할 때, "인터넷 옵션"의 보안 옵션이 서명확인으로 설정되어 있다면, 윈도우 운영체제에서 이 프로그램의 서명 부분을 검사한 후 사용자가 판단할 수 있는 팝업 창을 생성시킨다.

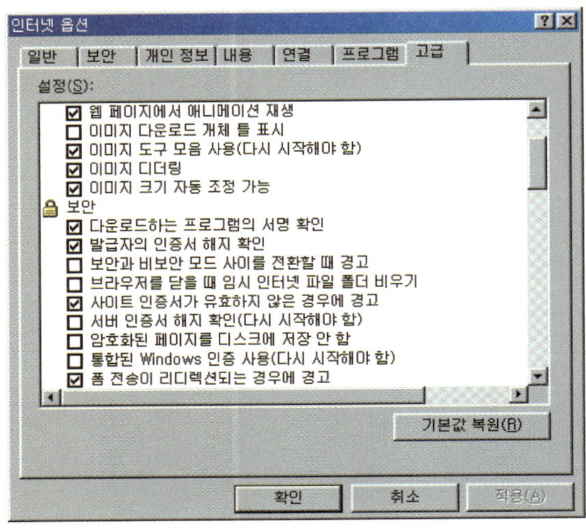

〈그림 10.22〉 사용자 컴퓨터의 보안 옵션 설정 창의 예

〈그림 10.21〉의 내용을 보면, Softforum사에서 배포하는 "XecureWeb Control v5.4" 프로그램에 첨부된 Thawate CA로부터 발급받은 코드 서명용 인증서를 이용하여, 이 프로그램의 서명값을 확인하여 분명히 이 프로그램은 Softforum 회사에서 개발한 것임을 표시한다. 이러한 정보에 대하여, 최종 사용자는 CA가 보증하는 이 회사를 믿는다면, 이 프로그램을 설치하게 된다.

반면에 코드 서명이 되어있지 않은 〈그림 10.23〉과 같은 화면이 표시될 경우에는 사용자가 프로그램의 신뢰도에대해 의심을 할 수 밖에 없고 당연히 다운받기를 꺼리게 된다.

〈그림 10.23〉 코드 서명이 되어 있지 않은 소프트웨어 설치시의 [보안 경고] 창의 예

이러한 코드서명과 활용절차는 〈그림 10.24〉와 같다.

- 코드 서명용 인증서를 공인기관으로부터 발급받는다[8].
- SIGNCODE.EXE를 사용하여 다음과 같은 값을 생성한다.
- MD5 또는 SHA 를 사용하여 프로그램의 해시값을 구한다.
- 개인 키로 해시값을 암호화한 HMAC값을 구한다.
- 프로그램, HMAC값, 인증서를 하나로 모아 웹에 개시한다.
- 이 서명된 프로그램을 내려 받고자 하는 사용자의 브라우저는 코드 서명된 프로그램에 첨부된 인증서를 검사한다.
- 이어, 인증서에 수납된 공개 키로 HMAC값을 복호한다.
- 브라우저도 동일한 방법으로 해시값을 구하고, 복호된 HMAC값을 비교한다. 만약 동일하면, 이 프로그램은 공인기관으로부터 인증되었으며, 이 코드가 그 회사로부터 분명히 작성된 것이고, 전송 중 변조되지 않았음을 신뢰하게 된다.

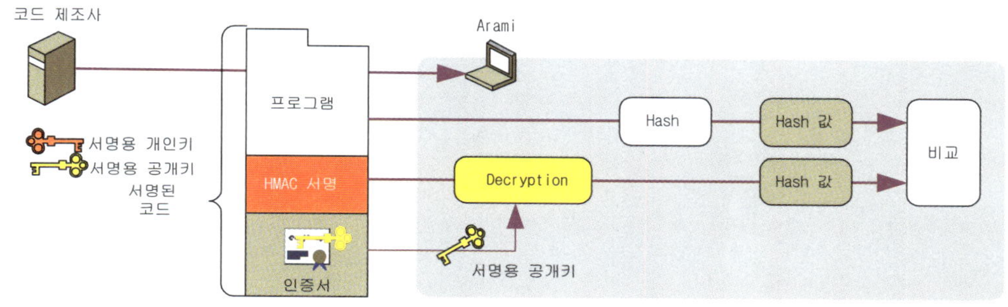

〈그림 10.24〉 코드 서명된 프로그램의 검증 절차

(2) 상호인증이 필요한 보안 통신 프로토콜에서의 활용

Arami가 Borami 서버에 접근할 때, 자신이 Arami인 것을 확인시킬 수 있도록, 〈그림 10.25〉와 같이, 공인 인증서와 Arami의 개인 키로 서명된 서명값도 함께 송신한다. Borami는 인증서에 수납된 공개 키로 이 서명을 확인할 수 있다면, 이 공개 키와 한 쌍을 이루는 개인 키를 Arami가 분명히 가지고 있고, 이 사용자가 Arami임을 인증할 수 있다[9].

또한, Arami 입장에서도 지금 접속상대가 Borami임을 확인할 수 있어야 한다. 이를 위하여, Borami도 자신의 인증서와 서명값을 전송함으로써, 자신이 Borami임을 상호인증시킬 수 있다.

---

8. 마이크로소프트에서는 인증서를 Digital ID라고 부른다.
9. Arami의 공인 인증서는 필요한 경우, 누구라도 확보할 수 있다. 따라서, Z가 이 Arami의 인증서를 사용하여, 자신이 Arami인 것처럼 접속한다면 문제가 발생할 수 있다. 이에 대한 해결책으로 Arami의 개인 키로 서명된 서명값을 전송한다. 분명히, Arami의 개인 키는 오직 Arami만이 가지고 있음을 상기하라.

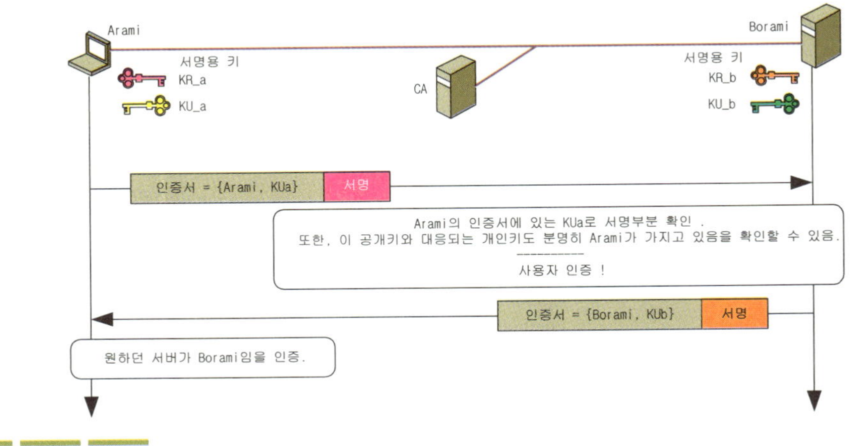

〈그림 10.25〉 인증서를 활용한 상호인증의 예

10.10 X.509 인증서의 ASN.1 형식

본 절에서는 X.509 인증서의 실제를 분석해 본다.

(1) 인증서의 구성 예

다음은 국민은행(KMB)구좌를 가지고 있는 Arami가 공인 인증기관인 yessign으로부터 발급 받은 인증서의 16진 파일의 내용이다. 이 인증서 파일 형식은 '*.der'인데, 이것은 Distinguished Encoding Rule(DER)로 인코딩된 것임을 표시한다.

(2) 인증서의 ASN.1 형식

이 인증서의 내용을 분석하기 위하여, 먼저 인증서의 ASN.1 형식을 알아보고, 이를 기반으로 각 영역을 분석해 보자. 인증서의 ASN.1 형식은 다음과 같다.

```
· 0000 : 30 82 03 de 30 82 03 47 a0 03 02 01 02 02 04 01 ; 0...0..G........
· 0010 : 73 f9 71 30 0d 06 09 2a 86 48 86 f7 0d 01 01 05 ; s.q0.....H......
· 0020 : 05 00 30 48 31 0b 30 09 06 03 55 04 06 13 02 6b ; ..0H1.0...U....k
· 0030 : 72 31 10 30 0e 06 03 55 04 0a 13 07 79 65 73 73 ; r1.0...U....yess
· 0040 : 69 67 6e 31 13 30 11 06 03 55 04 0b 13 0a 4c 69 ; ign1.0...U....Li
· 0050 : 63 65 6e 73 65 64 43 41 31 12 30 10 06 03 55 04 ; censedCA1.0...U.
· 0060 : 03 13 09 79 65 73 73 69 67 6e 43 41 30 1e 17 0d ; ...yessignCA0...
· 0070 : 30 34 30 31 33 30 31 35 30 30 30 30 5a 17 0d 30 ; 040130150000Z..0
· 0080 : 34 30 35 31 36 31 34 35 39 30 30 5a 30 65 31 0b ; 40516145900Z0e1.
· 0090 : 30 09 06 03 55 04 06 13 02 6b 72 31 10 30 0e 06 ; 0...U....kr1.0..
· 00a0 : 03 55 04 0a 13 07 79 65 73 73 69 67 6e 31 11 30 ; .U....yessign1.0
· 00b0 : 0f 06 03 55 04 0b 13 08 70 65 72 73 6f 6e 61 6c ; ...U....personal
```

```
· 00c0 : 31 0c 30 0a 06 03 55 04 0b 13 03 4b 4d 42 31 23 ; 1.0...U....KMB1.
· 00d0 : 30 21 06 03 55 04 03 0c 1a ec 9b 90 ec a2 85 ed ; 0...U...........
· 00e0 : 95 84 28 29 30 30 30 34 2d 31 39 34 31 34 38 39 ; ....0004.1941489
· 00f0 : 39 30 34 30 81 9e 30 0d 06 09 2a 86 48 86 f7 0d ; 9040..0.....H...
· 0100 : 01 01 01 05 00 03 81 8c 00 30 81 88 02 81 80 49 ; .........0.....I
· 0110 : 6b 9e e3 21 73 d7 a1 3e 7c 15 24 b0 91 04 d7 18 ; k...s...........
· 0120 : 07 62 03 1c 9b af 7e f1 d5 c0 f7 46 12 d4 9e 1b ; .b.....F....
· 0130 : 23 11 dc 77 e5 6f 90 1b 28 5e 17 a3 19 5b 10 a6 ; ...w.o.........
· 0140 : 27 54 5c 7d f9 84 7b 4d d8 48 29 40 bd 99 c8 5e ; .T.....M.H......
· 0150 : cb 93 31 ec 04 56 9c e8 b2 bc 7e ed e1 c8 bc 9c ; ..1..V..........
· 0160 : 81 46 4a a2 af 90 41 23 06 1c 3e 4d 9e 28 f4 9f ; .FJ...A...M....
· 0170 : 8e 67 a2 8b 5c b8 1c 29 a6 8c aa 1d 5e ed aa 68 ; .g............h
· 0180 : c2 92 bc db 47 47 9f f1 af 4b 95 0e 88 37 55 02 ; ....GG...K...7U.
· 0190 : 03 01 00 01 a3 82 01 b7 30 82 01 b3 30 1f 06 03 ; ........0...0...
· 01a0 : 55 1d 23 04 18 30 16 80 14 e2 ec 6d 2c e5 7d 9b ; U....0.....m....
· 01b0 : c0 9e ac 01 53 79 ba 9a 8f 9a 85 d9 0b 30 1d 06 ; ....Sy.......0..
· 01c0 : 03 55 1d 0e 04 16 04 14 89 7a 17 33 08 51 5e e3 ; .U.....z.3.Q..
· 01d0 : 2b c3 59 59 61 a8 b6 b9 0f aa b4 da 30 0e 06 03 ; ..YYa.......0..
· 01e0 : 55 1d 0f 01 01 ff 04 04 03 02 06 c0 30 79 06 03 ; U...........0y..
· 01f0 : 55 1d 20 01 01 ff 04 6f 30 6d 30 6b 06 09 2a 83 ; U......o0m0k....
· 0200 : 1a 8c 9a 45 01 01 01 30 5e 30 2e 06 08 2b 06 01 ; ...E...0.0......
· 0210 : 05 05 07 02 02 30 22 1e 20 c7 74 00 20 c7 78 c9 ; .....0...t...x.
· 0220 : 9d c1 1c b2 94 00 20 ac f5 c7 78 c7 78 c9 9d c1 ; .........x.x...
· 0230 : 1c 00 20 c7 85 b2 c8 b2 e4 30 2c 06 08 2b 06 01 ; .........0......
· 0240 : 05 05 07 02 01 16 20 68 74 74 70 3a 2f 2f 77 77 ; ......http..ww
· 0250 : 77 2e 79 65 73 73 69 67 6e 2e 6f 72 2e 6b 72 2f ; w.yessign.or.kr.
· 0260 : 63 70 73 2e 68 74 6d 30 58 06 03 55 1d 11 04 51 ; cps.htm0X..U...Q
· 0270 : 30 4f a0 4d 06 09 2a 83 1a 8c 9a 44 0a 01 01 a0 ; 0O.M.......D....
· 0280 : 40 30 3e 0c 09 ec 9b 90 ec a2 85 ed 95 84 30 31 ; .0............01
· 0290 : 30 2f 06 0a 2a 83 1a 8c 9a 44 0a 01 01 01 30 21 ; 0...*....D....0.
· 02a0 : 30 07 06 05 2b 0e 03 02 1a a0 16 04 14 ff 02 c6 ; 0...............
· 02b0 : 5c da f3 66 32 ae a1 04 ca 26 60 53 31 bd ed 3e ; ...f2......S1...
· 02c0 : fe 30 52 06 03 55 1d 1f 04 4b 30 49 30 47 a0 45 ; .0R..U...K0I0G.E
· 02d0 : a0 43 86 41 6c 64 61 70 3a 2f 2f 32 30 33 2e 32 ; .C.Aldap...203.2
· 02e0 : 33 33 2e 39 31 2e 33 35 3a 33 38 39 2f 6f 75 3d ; 33.91.35.389.ou.
· 02f0 : 64 70 32 70 38 31 32 36 2c 6f 75 3d 4c 69 63 65 ; dp2p8126.ou.Lice
· 0300 : 6e 73 65 64 43 41 2c 6f 3d 79 65 73 73 69 67 6e ; nsedCA.o.yessign
· 0310 : 2c 63 3d 6b 72 30 38 06 08 2b 06 01 05 05 07 01 ; .c.kr08.........
· 0320 : 01 04 2c 30 2a 30 28 06 08 2b 06 01 05 05 07 30 ; ...0.0.........0
· 0330 : 01 86 1c 68 74 74 70 3a 2f 2f 6f 63 73 70 2e 79 ; ...http...ocsp.y
· 0340 : 65 73 73 69 67 6e 2e 6f 72 67 3a 34 36 31 32 30 ; essign.org.46120
· 0350 : 0d 06 09 2a 86 48 86 f7 0d 01 01 05 05 00 03 81 ; .....H..........
· 0360 : 81 00 21 88 99 7e 9d ed 09 ca f9 d0 dd c8 50 c1 ; .............P.
· 0370 : 78 28 bd c7 ba 77 9e 55 f9 58 f4 f2 53 08 04 c0 ; x....w.U.X..S...
· 0380 : af 57 15 ee c8 b7 fb 71 86 79 0c 42 71 a3 8f 91 ; .W.....q.y.Bq...
· 0390 : 36 49 c7 4f 11 01 c6 e8 21 97 3a 16 6d 4b dc cc ; 6I.O.......mK...
· 03a0 : 1a ca 6a cc 87 ef b5 f2 3e 5e 90 50 cf b1 d6 b3 ; ..j.......P....
· 03b0 : 60 48 ff e7 1e 50 ff 54 13 bc 70 9e fe 49 0a 01 ; .H...P.T..p..I..
· 03c0 : 35 ed b1 ab a4 bd ec 4d 45 44 e4 e6 0a 34 85 de ; 5......MED...4..
· 03d0 : 3c 10 b3 7f 19 92 ac 06 53 b2 d9 4e 26 a8 10 9c ; ........S..N....
· 03e0 : 3c b6
```

<그림 10.26> 인증서 파일의 16진 형식의 예

```
Certificate ::= SEQUENCE {
       tbsCertificate TBSCertificate,
       signatureAlgorithm AlgorithmIdentifier,
       signatureValue BIT STRING
}

-- To Be Signed Certificate

TBSCertificate ::= SEQUENCE {
       version [0] EXPLICIT Version DEFAULT v1,
       serialNumber CertificateSerialNumber,
       signature AlgorithmIdentifier, --signatureAlgorithm 영역과 동일한 값임.
       issuer Name,
       validity Validity,
       subject Name,
       subjectPublicKeyInfo SubjectPublicKeyInfo,
       issuerUniqueID [1] IMPLICIT UniqueIdentifier OPTIONAL,
       subjectUniqueID [2] IMPLICIT UniqueIdentifier OPTIONAL,
       extensions [3] EXPLICIT Extensions OPTIONAL
 }
Version ::= INTEGER { v1(0), v2(1), v3(2) }

       Validity ::= SEQUENCE {
       notBefore Time,
       notAfter Time
}

SubjectPublicKeyInfo ::= SEQUENCE {
       algorithm AlgorithmIdentifier,
       subjectPublicKey BIT STRING
}

Extension ::= SEQUENCE {
       extnID OBJECT IDENTIFIER,
       critical BOOLEAN DEFAULT FALSE,
       extnValue OCTET STRING
}
```

(3) 인증서의 내용의 분석

인증서의 각 항목들은 모두 BER 인코딩되어 있으므로, 다음과 같이 분석된다. ASN.1에 의해 기술된 인증서 형식과 비교해 보라.

```
30 82 03 de{ // Seq (Certificate)
30 82 03 47{ // Seq (TBSCertificate)
//version
a0 03 02 01 02 ; version[0] = Integer 2 --> v3

//serialNumber
02 04 01 73 f9 71 ; serialNumber = 0x0173 f971

//Signature
30 0d { //Seq
06 09 2a 86 48 86 f7 0d 01 01 05 ; OID = 1.2.840.113549.1.1.5
   --> SignatureAlgorithm = (sha1withRSAEncryption)= sha1RSA
```

```
05 00 ; NULL
}
//Issuer
30 48 { //Seq
31 0b{ ···SET
30 09{ ······.Seq
06 03 55 04 06  ; OID = 2.5.4.6 = C //Country
13 02 6b 72 ; PrintableString = 'kr'
 }
}
31 10{ ···SET
30 0e{ ······Seq
06 03 55 04 0a  ; OID = 2.5.4.10 = O //Orgnization
13 07 79 65 73 73 69 67 6e ; Prin tableString = 'yessign'
 }
 }
31 13 { ···SET
30 11 { ······Seq
06 03 55 04 0b  ; OID = 2.5.4.11 = OU//OU
13 0a 4c 69 63 65 6e 73 65 73 73 69 ; PrintableStirng = 'LicencedCA'
 }
 }
31 12 { ···SET
30 10 { ······Seq
06 03 55 04 03 ; OID = 2.5.4.3 = CN //CommonName
13 09 79 65 73 73 69 67 6e 43 41  ; PrintableStirng = 'yessignCA'
 }
 }
} //Issuer
//Validity
30 1e { Seq
17 0d 30 34 30 31 33 30 31 35 30 30 30 30 5a  ; (UTCTime) '040130150000Z' = 2004.01.30부터
17 0d 30 34 30 35 31 36 31 34 35 39 30 30 5a  ; (UTCTime) '040516145900Z' = 2004.05.16까지
}
//Subejct Name
30 64 { //Seq
31 0b{ ···SET
30 09 {······Seq
06 03 55 04 06  ; OID = 2.5.4.6 = C//Country
13 02 6b 72  ; PrintableString = 'kr'
}
 }
31 10 {··· SET
30 0e { ······Seq
06 03 55 04 0a  ; OID = 2.5.4.10 = O //Orgnization
13 07 79 65 73 73 69 67 6e  ; ; PrintableString = 'yessign'
}
}
31 11 {··· SET
30 0f { ······Seq
06 03 55 04 0b  ; OID = 2.5.4.11 = OU//Organizational-Unit
13 08 70 65 72 73 6f 6e 61 6c  = PrintableStirng = 'personal'
}
```

```
}
31 0c { ⋯ SET
30 0a { ⋯⋯⋯Seq
06 03 |55 04 0b| ; ; OID = 2.5.4.11 = OU
13 03 |4b 4d 42| ; PrintableStirng = 'KMB' == 국민은행
  }
  }

31 23 { ⋯SET
30 21 { ⋯⋯⋯Seq
06 03 |55 04 03| ; OID = 2.5.4.3 = CN
0c 1a ec |9b 90 ec a2 85 ed 95 84 28 29 30 30 30 34 2d 31 39 34 31 34 38 39 39 30 34| ; UnicodeString
  --> Unicode로 변환된 주체의 이름
}
  }
}//Subejct Name
//SubjectPublicKeyInfo

30 81 9e{ ⋯ Seq
30 0d { ⋯Seq
 //⋯Algorithm ID
 06 09 |2a 86 48 86 f7 0d 01 01 01| ; //OID = 1.2.840.113549.1.1.1 = rsaEncryption (RSA)
 05 |00| ; NULL
}
//SubjectPublicKey
 03 81 8c ; BitString (8c)(1024비트(0x80= 128바이트))
 00 30 81 88 02 81 80 |49⋯⋯⋯⋯.02 03 01 00 01| ; SubjectPublicKey
}
--Extensions--
a3 82 01 b7 { Extensions[3] (1b7)
30 82 01 b3 { ⋯Seq(1b3)
-- Extension #1 : authorityKeyIdentifier (기관 키 식별자)
30 1f { (Seq)
06 03 |55 1d 23| ; OID = 2.5.29.35 = authrityKeyIdentifier (extension ID)
04 18 30 16 80 14 |e2 ec 6d 2c e5 7d 9b c0 9e ac 01 53 79 ba 9a 8f 9a 85 d9 0b|
}
-- Extension #2 : subjectKeyIdentifier (주체 키 식별자)
30 1d { (Seq)
06 03 |55 1d 0e| ; OID = 2.5.29.14 = subjectKeyIdentifier
04 16 04 14 |89 7a 17 33 08 51 5e e3 2b c3 59 59 61 a8 b6 b9 0f aa b4 da|
 }
-- Extension #3 : KeyUsage
30 0e { (Seq)
06 03 |55 1d 0f| ; OID = 2.5.29.15 = KeyUsage
01 01 |ff|; bool = critical flag = TRUE
04 04 ; OctetString {encapsulates}
03 02 06 |c0| - BITSTRING {1100 0000} = DigitalSignature || Non-Repudiation
}
-- Extension #4 : certificatePolices (보증서 정책)
30 79 {(Seq)
06 03 |55 1d 20| ; OID = 2.5.29.32 = ceritifcatePolices
01 01 |ff| ; bool = critical flag = TRUE
04 6f {
30 6d {
30 6b {
```

```
06 09 2a 83 ···74 6d; OctetString (value)
  }
 }
 }
 }
-- Extension #5 : subjectAltName (주체 대체 이름)
30 58 { (Seq)
06 03 [55 1d 11] ; OD = 2.5.29.17 ; SubjectAltName
04 51 {(octetstring) -- encapsulated
30 4f //GeneralName
a0 4d ; otherName[0]
06 09 [2a 83 1a 8c 9a 44 0a 01 01] OUI=1.2.1739930.83.10.1.1 ; Type-id
a0 40 ; Value[0] - EXPLICIT ANY DEFINED BY type-id
30 3e
0c 09 ec 9b 90 ec a2 85 ed 95 94 30 31···3e fe }
 }
30 52 { (Seq)
06 03 [55 1d 1f] ; OID = 2.5.29.31 = cRLDistributionPoints (CRL 배포지점)
04 4b {(octetstring) -- encapsulated
30 49{
30 47 {
a0 45 // DistributionPointName[0]
a0 43 // fullName[0]
86 41 // uniformResourceIdentifier[6] ((IA5String)
 [6c 64 61 70 3a 2f 2f 32 30 33 2e 32··············.. 2c 63 3d 6b 72]
 ('ldap://203.233.91.35:389/ou=dp2p8126,ou=LicencedCA,o=yessign,c=kr')
 }
  }
 }
  }
30 38 { (Seq)
06 08 [2b 06 01 05 05 07 01 01] ; OID = 1.3.6.1.5.5.7.1.1 = AUTHORITY_INFO_ACCESS
04 2c {(octetstring) -- encapsulated
30 2a { // AuthorityInfoAccessSyntax
30 28 { // AccessDescription
06 08 [2b 06 01 05 05 07 30 01]; OID = 1.3.6.1.5.5.7.48.1 (access-method = Online
Certificate Status Protocol (OCSP) [RFC 2560].)
86 1c //accessLocation = uniformResourceIdentifier[6](IA5String)
68 74 74 70 3a 2f 2f 6f 63 73 70 2e 79 ··· ··· ··· ··· ··· ..31 32
(http://ocsp.yessign.org:4612)
 }
  }
 }
  }
30 0d{ (Seq)
06 09 [2a 86 48 86 f7 0d 01 01 05]; OID = 1.2···...13.1.1.5
05 [00] ; NULL
 }
 }
} //end of content
}
//Signature
03 81 81 [00 21 88 ···3C B6] BitString
}
```


〈그림 10.27〉 인증서의 분석

10.11　인증서 관련 프로토콜

지금까지, 인증서의 구성을 알아보았다. 지금부터, 이 인증서를 어떻게 CA에 요청하고, CA로부터 발급되는 인증서는 어떤 형식으로 나에게 전송되는지를 알아본다. 그리고, 인증서를 파일에 저장하는 방식도 알아본다. 이에 관련된 프로토콜은 다음과 같다.

- 인증서 요청 메시지의 형식
  - RFC2314 PKCS#10 Certificate Request Syntax(CRS)
  - RFC 2511 Certificate Request Message Format(CRMF)
- 인증서가 수납된 응답 메시지의 형식
  - RFC 2315 PKCS #7
  - RFC 3369 Cryptographic Message Syntax(CMS)
- 인증서 요청 및 응답 절차(Certificate enrollment transaction protocol)
  - RFC 2510 Certificate Management Protocols(CMP)
  - RFC2797 Certificate Management Messages over CMS(CMC)
- 트랜스포트 프로토콜
  - MIME이 지원되는 SMTP와 HTTP
- 온라인 인증서 상태 프로토콜
  - RFC 2560 Online Certificate Status Protocol

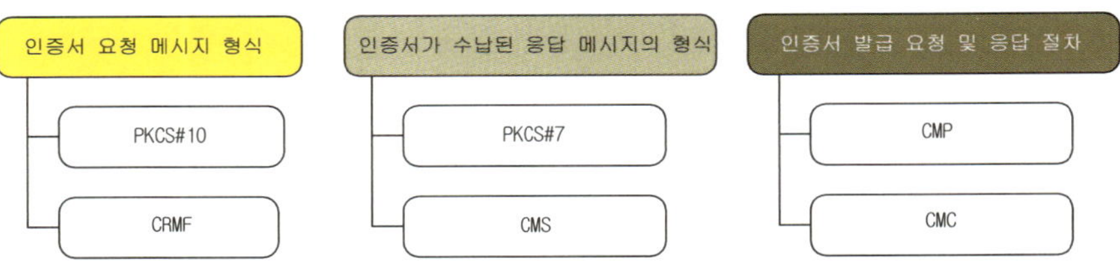

〈그림 10.28〉 인증서 관련 프로토콜

(1) 인증서 요청 메시지 형식의 종류

- PKCS#10 : 사용자가 새로운 인증서 발급을 요청하거나 발급되어 있는 인증서를 내려받고자 할 때 사용하는 요청 메시지의 형식을 규정한 것이다. 이 PKCS#10 형식은 요청자의 distinguished name(DN), 공개 키 등을 수납하고, 개인 키로 서명된 서명 영역으로 구성된다.
- Certificate Request Message Format(CRMF) : CRMF도 PKCS#10과 마찬가지의 인증서 요청 메시지 형식을 규정하고 있다.

(2) 인증서가 수납된 응답 메시지의 형식

인증서 발급 요청에 대하여 CA는 PKCS#7/CMS의 signedData 메시지 형식에 인증서를 수납한다. 그리고,

이 signedData 형식은 인증서를 플래시 메모리와 같은 다른 파일 시스템에 export하거나 다른 파일 시스템으로부터 import할 때에도 사용된다[10].

(3) 인증서 요청 및 응답 절차

위에서 다루어진 PKCS#10, CRMF, PKCS#7/CMS 등은 모두 요청과 응답 메시지의 형식만 규정한 것이다. 이러한 메시지 형식을 사용하여, 사용자가 CA에게 인증서를 요청하고 CA는 응답하는 절차가 필요한데, 이 절차를 **인증서 요청 및 응답 절차 프로토콜**(certificate enrollment transaction protocol)이라고 하며, 다음과 같은 종류가 있다.

- RFC2510 Certificate Management Protocols(CMP) : CMP는 CA와 사용자, 또는 CA와 CA(RA포함)간에서 사용될 수 있는 인증서 발급 요청 및 응답 절차, 그리고, 이와 관련된 메시지들을 규정하고 있다. 이 절차를 사용하여, PKCS#10와 같은 인증서 요청 형식을 이 메시지에 수납하여 전송할 수 있다. 또한, 요청된 인증서를 수납할 수 있는 응답메시지도 정의하고 있다. 하지만, SSH 에서만 이 CMP 프로토콜을 기본적으로 사용한다.
- RFC 2797 Certificate Management Messages over CMS(CMC) : CMP와 마찬가지로 PKCS#10과 CRMF 인증서 요청 형식을 모두 수용하며, 이에 대한 응답절차도 규정하고 있다.

10.12 **PKCS#10 Certificate Request Syntax(CRS)**

PKCS#10은 단말이 생성한 공개 키를 CA에 등록하고, 이에 대한 인증서를 요청할 때 사용하는 메시지 형식이다.

(1) PKCS#10 Certificate Request Syntax(CRS) 형식

```
CertificationRequest ::= SEQUENCE {
    certificationRequestInfo CertificationRequestInfo,
    signatureAlgorithm SignatureAlgorithmIdentifier,
    signature Signature
}

CertificationRequestInfo ::= SEQUENCE {
    version Version,
    subject Name,
    subjectPublicKeyInfo SubjectPublicKeyInfo,
    attributes [0] IMPLICIT Attributes
}
```

〈그림 10.29〉 PKCS#10 인증서 요청 형식의 ASN.1 형식

10_ PKCS#7을 개량한 것이 CMS 형식이므로, 인증서와 관련하여, 이들은 혼용되어 사용된다.

- certificateRequestInfo : 신청자의 이름과 공개 키 정보가 수납된다.
- version : 0
  - subject : 주체의 이름
  - subjectPublicKeyInfo : 주체의 공개 키 정보로서, 공개 키 알고리듬 식별자와 주체의 서명용 공개 키 값이다.
  - attributes : 필요시 추가정보를 수납한다.
- signatureAlgorithm : CertificateRequestInfo 영역에 대한 서명 방식을 지시한다.
- signature : 주체의 서명값이다. 이 메시지를 수신한 CA는 certificateRequestInfo영역에 있는 주체의 공개 키로 서명 부분을 확인할 수 있다.

(2) 전송 메시지의 형식

이렇게 생성된 CertificationRequest 메시지는 HTTP나 SMTP의 MIME 형식으로 인코딩되어 CA에게 전송된다. 이때, MIME의 헤더 정보는 다음과 같다.

```
Content-Type : application/pkcs10; name=smime.p10
Content-Transfer-Encoding : base64
Content-Disposition : attachment; filename=smime.p10
```


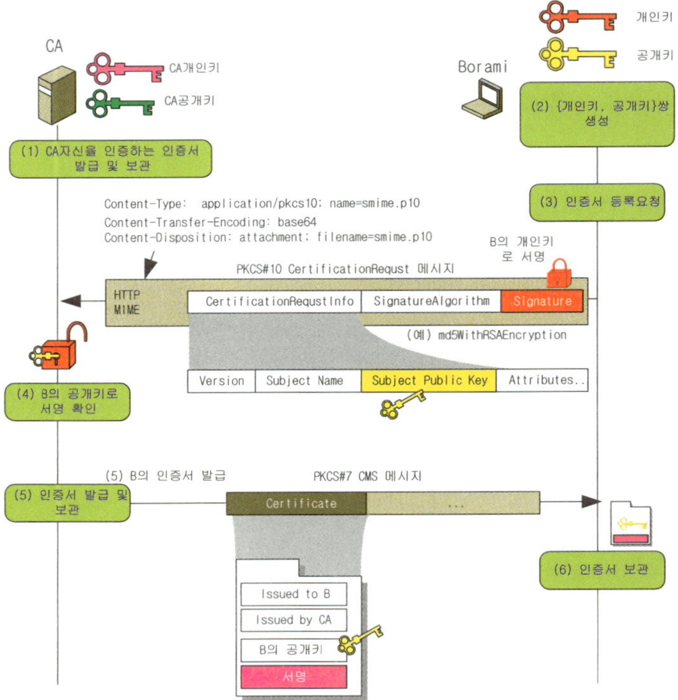

〈그림 10.30〉 PKCS#10 메시지의 활용

10.13 Certificate Request Message Format(CRMF)

PKCS#10과 유사한 또 다른 인증서 발급 요청 메시지의 형식인 RFC2511 CRMF는 CA에게 새로운 사용자에 대한 인증서의 발급을 요청할 때 사용하는 메시지의 형식을 규정한 것이지만, 거의 사용되지 않는다.

10.14 PKCS#7와 Cryptographic Message Syntax(CMS)

온라인으로 CA에게 인증서의 발급을 요청하고, 이에 대한 응답으로 인증서를 내려받는 경우를 생각해 보자. CA가 인증서를 아무런 처리없이 응답할 수도 있지만, 이것을 안전하게 수납할 필요도 있을 것이다. 이렇게 수납된 내용이 어떻게 처리되었는지를 명시하고, 필요한 경우, 암호화 방식이나 키 정보 등을 함께 수납하기 위한 공통의 메시지 형식이 필요하다.

이에 대한 표준인 PKCS#7는 RSA사의 공개 키 관련 표준 중의 하나로서, 전송할 내용에 대한 암호화 또는 디지털 서명에 사용할 수 있는 메시지 포장(encapsulation) 형식을 정의한 것이다. 이 PKCS#7의 IETF표준은 PKCS#7의 v1.5인 RFC2315였는데, 이것을 개량한 것이 RFC2630인 CMS(Cryptographic Message Syntax)이다[11]. 최근에 이를 다시 개량한 RFC3369와 RFC3370이 발표되었다.

CMS의 기본 구조인 ContentInfo는 다음과 같이 content의 종류를 표시하는 OID 형식의 content type과 실제 content로 구성된다.

```
ContentInfo ::= SEQUENCE {
contentType ContentType,
content [0] EXPLICIT ANY DEFINED BY contentType
}

ContentType ::= OBJECT IDENTIFIER
```

〈그림 10.31〉 CMS의 ASN.1 형식

이러한 메시지 포장 형식의 종류는 PKCS#7과 CMS별로 〈그림 10.32〉와 같이 다르다.

11_ PKCS#7도 CMS를 규정한 것이지만, 구분하기 위하여, CMS는 RFC2630,3369,3370에 대한 것으로 한다.

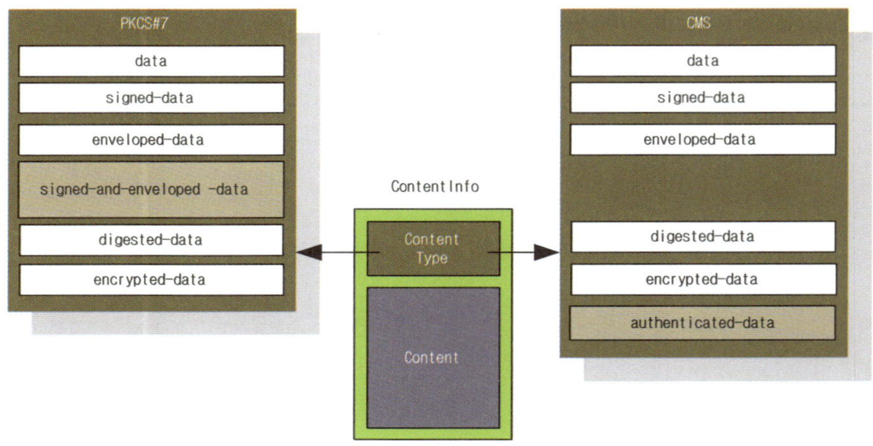

〈그림 10.32〉 ContentInfo의 기본구성과 content type의 종류

● content type : 다음과 같은 object identifier로 content의 종류를 표시한다[12].

```
id-data OBJECT IDENTIFIER ::= 1.2.840.113549.1.7.1
id-signedData OBJECT IDENTIFIER ::= 1.2.840.113549.1.7.2
id-envelopedData OBJECT IDENTIFIER ::= 1.2.840.113549.1.7.3
id-digestedData OBJECT IDENTIFIER ::= 1.2.840.113549.1.7.5
id-encryptedData OBJECT IDENTIFIER ::= 1.2.840.113549.1.7.6
id-ct-authData OBJECT IDENTIFIER ::= 1.2.840.113549.1.9.16.1.2
```

● content : 다음과 같은 내용이 수납된다.

- data : 평문 데이터를 수납한다.
- signed-data : 본문과 이에 대한 서명값을 수납한다.
- enveloped-data : Content-Encryption Key(CEK)로 암호화된 데이터와 이 데이터를 암호화할 때 사용된 CEK를 RSA 공개 키 방식으로 암호화하여 수납한다.
- digested-data : 데이터와 메시지 다이제스트값을 수납하여, 데이터 무결성을 제공한다.
- encrypted-data : 관용키로 암호화된 데이터를 수납한다. Enveoped-data 형식과 달리, CEK가 수납되지 않기 때문에, 이 키는 다른 방법, 즉, 공유 패스워드 등에서 추출되어야 한다.
- authenticated-data[13] : 평문 데이터와 이에 대한 무결성용 MAC 코드 그리고 이 MAC 코드 생성시 사용된 키의 암호화된 값을 수납한다. 즉, {data || MAC || encrypted authencation key}로 구성된다.

12_ PKCS#7 v.15에서도 6가지의 type이 정의되어 있으나, authenticated-data 대신에 signedAndEnvelopedData가 정의되어 있다. CMS에서는 signedData type과 envelopedData type을 조합하여 사용한다.
13_ PKCS#7 v1.5에는 없던 것이다.

그리고, 이러한 여러가지 형식들은 서로 조합되어 하나의 메시지를 구성할 수도 있다. 예를 들어, 〈그림 6.33〉과 같이 일반 data 형식으로 포장된 것이, 다시 서명된 signed 형식으로 포장되고, 이것은 다시 encrypted 형식으로 포장될 수도 있다.

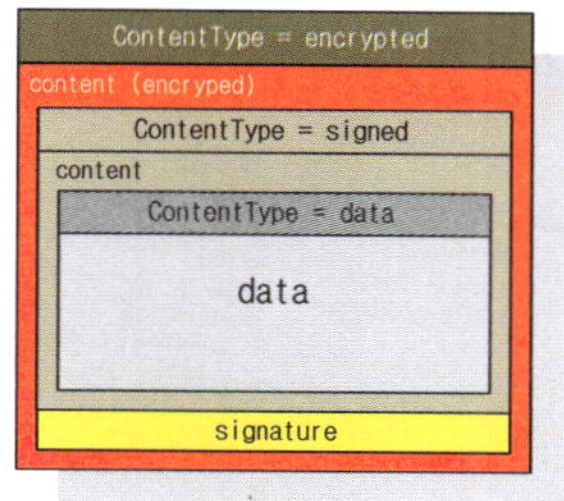

〈그림 10.33〉 nested된 content의 예

(1) data 형식

평문 데이터의 전송시 사용된다.

(2) Signed-data 형식

이것은 content내용과 content영역에 대한 디지털 서명 부분으로 구성된다. 특히, 이 형식은 인증서를 수납할 수 있는 영역이 있으므로, 인증서를 요청한 곳에 대한 응답시에 많이 사용된다. 참고로, 이 형식의 ASN.1 정의는 다음과 같다.

```
ContentInfo ::= SEQUENCE {
      contentType ContentType, (signedData 형식의 경우 OID=1.2.840.113549.1.7.2)
      content [0] EXPLICIT ANY DEFINED BY contentType
}

SignedData ::= SEQUENCE {
      version CMSVersion -- 1
      digestAlgorithms DigestAlgorithmIdentifiers,
      encapContentInfo EncapsulatedContentInfo,-- 필요한 데이터 수납 공간
      certificates [0] IMPLICIT CertificateSet OPTIONAL,-- 인증서
      crls [1] IMPLICIT CertificateRevocationLists OPTIONAL,-- 인증서 취소 목록
      signerInfos SignerInfos - 서명자 정보
}

EncapsulatedContentInfo ::= SEQUENCE {
      eContentType ContentType,
      eContent [0] EXPLICIT OCTET STRING OPTIONAL
}
```

〈그림 10.34〉 Signed-data 형식의 ASN.1 형식

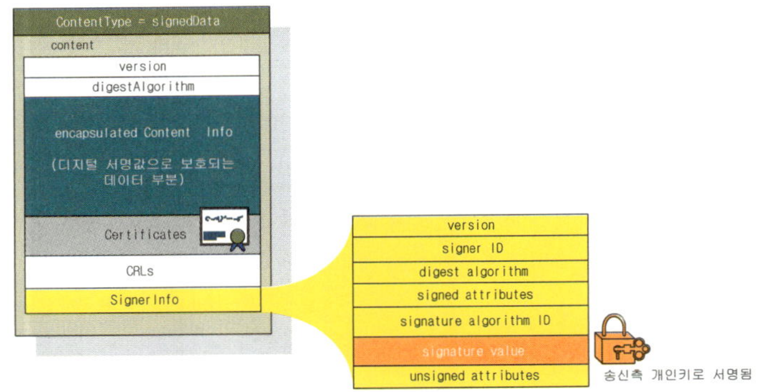

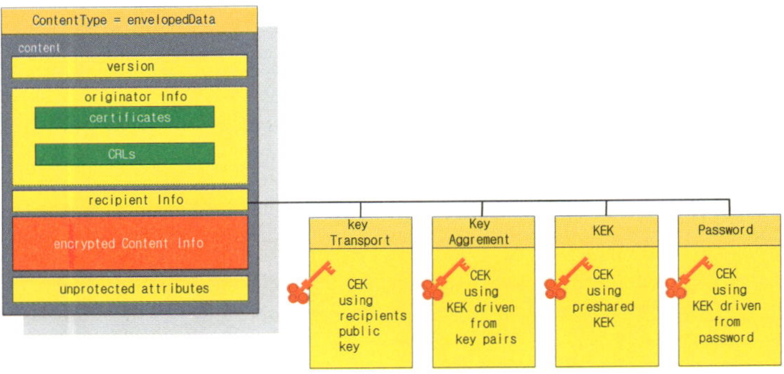

〈그림 10.35〉 Signed-data 형식의 구성

(3) Enveloped-data 형식

이 형식은 암호화된 content와 이 content를 암호화 할 때 사용한 content-encryption-key(CEK)를 다시 암호화한 영역으로 구성된다. 암호화 대상이 되는 content의 형식으로는 data, digested-data, 또는 signed-data 등이다. 이러한 EnvelopedData 형식은 다음과 같이 {version, 송신측 인증서가 수납된 송신측 정보, 수신측 정보, CEK로 암호화된 content, 보호되지 않는 영역}으로 구성된 구조를 가진다.

〈그림 10.36〉 Enveloped-data 형식의 구성

이 enveloped-data 메시지의 생성과정은 다음과 같다.

① 송신측은 content-encryption key(CEK)를 임의로 생성한다.
② 다음과 같은 4가지의 방법 중 하나를 사용하여 이 CEK를 암호화한다.

- **방법 0** : KeyTransRecipientInfo (KTRI) : Key Transport 방식이라고 하며, CEK를 수신측 RSA 공개 키로 암호화한다.
- **방법 1** : KeyAgreeRecipientInfo (KARI) : Key Agreement 방식이라고 하며, Diffie-Helman 방식에 의해 협상된 공유 키로 CEK를 암호화한다. 이 공유 키는 CEK를 암호화할 때 사용하는 키이므로, 이것을 Key-Encryption-Key (KEK)라고 부른다.

- **방법 2** : KEKRecipientInfo (kekri) : Symmetric key-encryption key 방식이라고 하며, 사전에 약속한 대칭 키인 KEK로 CEK를 암호화한다.
- **방법 3** : PasswordRecipientInfo (pwri) : 패스워드 방식으로서, 공유 패스워드 비밀값으로부터 생성된 KEK로 CEK를 암호화한다.

③ 이 암호화된 CEK와 수신측 정보를 RecipientInfo값으로 설정한다.
④ 전송할 content를 CEK로 암호화한다.
⑤ RecipientInfo값과 암호화된 content 영역 등을 EnvelopedData 형식에 수납하여 전송한다.
⑥ 수신측에서는 먼저 CEK를 복호하여, CEK를 추출한 후, 이 키를 사용하여 암호화된 content를 복호한다.

(4) Digested-data 형식

이 형식은 해당 content와 이에 대한 메시지 다이제스트값으로 구성된다. 보통, 단독으로 사용되기 보다는 다이제스트된 content를 앞에서 소개한 enveloped-data content 형식으로 재변환하여 전송할 때 사용된다. 절차는 다음과 같다.

① content에 대한 메시지 다이제스트값을 계산한다.
② 사용된 메시지 다이제스트 알고리듬과 메시지 다이제스트값을 첨부한다.

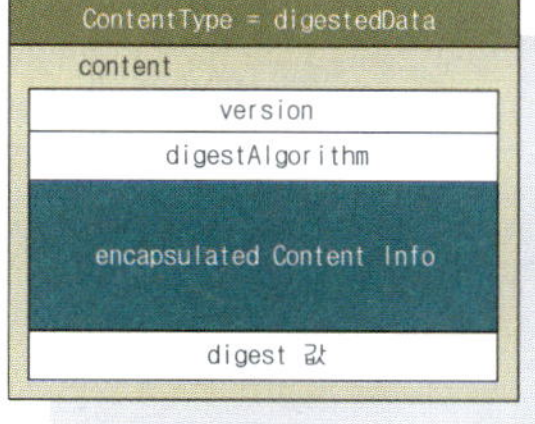

〈그림 10.37〉 Digested-data 형식의 구성

(5) Encrypted-data 형식

이것은 enveloped-data 형식과 달리, 수신측 정보와 CEK를 포함하지 않고, content에 대해서만 암호화된다. 따라서, 암호키는 다른 방법으로 이미 쌍방간에 알려져 있는 경우에만 사용될 수 있다.

〈그림 10.38〉 Encrypted-data 형식의 구성

(6) Authenticated-data 형식

이것은 송신측을 인증할 때 사용되며, 다음과 같은 절차에 따른다.

① HMAC용 키 생성
② 다음과 같은 4가지 방법 중 한 가지를 사용하여 HMAC용 키를 암호화한다.

- key transport : HMAC용 키를 수신측 RSA 공개 키로 암호화한다.
- key agreement : Diffie-Helman 공유 키(KEK)로 HMAC용 키를 암호화한다.
- symmetric key-encryption key : 사전에 약속한 대칭 키로 HMAC용 키를 암호화한다.
- password : 패스워드 등의 공유 비밀값으로부터 생성된 키로 HMAC용 키를 암호화한다.

③ 각 수신자에 대한 RecipientInfo 구성
④ HMAC값 계산 후 부착

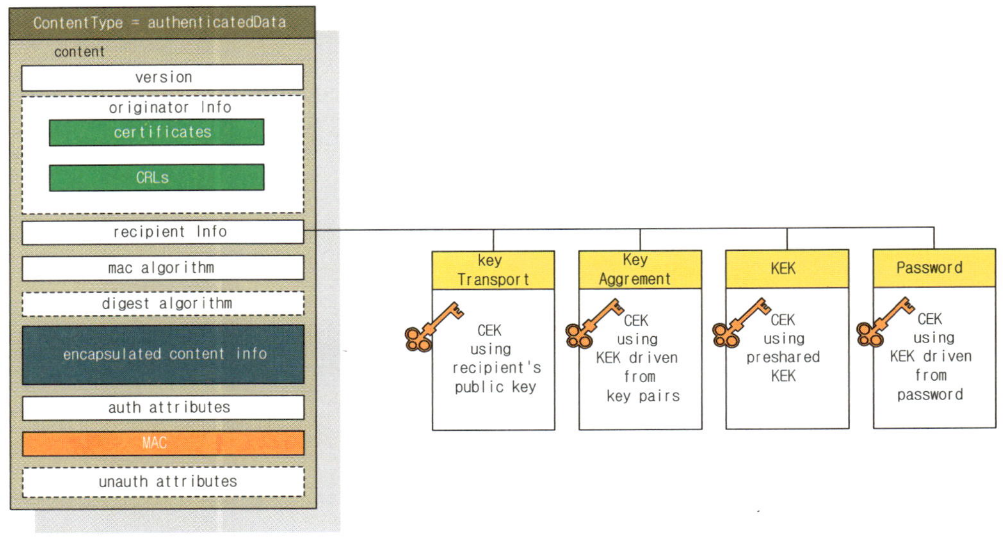

〈그림 10.39〉 Authenticated-data 형식의 구성

10.15 Certificate Management Messages over CMS(CMC)

앞에서 다루었던 인증서 발급 요청 메시지 형식인 PKCS#10과 CRMF 형식들은 모두 요청 메시지에 대한 규격일 뿐, 이 메시지를 안전하게 전송하는 절차와 이에 대한 응답절차도 규정되지 않았다.
RFC2797 Certificate Management protocol over CMS는 **CMC**라고 불리어지며, PKCS#10와 CRMF와 같은 상이한 인증서 발급 요청 형식과 이에 대한 인증서가 수납된 응답메시지 형식을 하나로 규정한 **인증서 요청/응답절차**로서 다음과 같이 **간단한 절차**와 **완전한 절차**가 있다.

- Simple 절차
  - 요청 : PKCS#10를 그대로 사용한다.
  - 응답 : 서명부분이 생략된 CMS의 signed Data형식(degenerate CMS signedData 형식이라고 한다)에 인증서가 수납된다.
- Full 절차 : 요청과 응답 메시지를 모두 CMS signedData 형식에 수납한다.
  - 요청 : PKCS#10나 CRMF 메시지를 CMC에 정의된 PKI Data 영역에 수납한 후, 이것을 CMS signedData 형식에 수납하여 전송한다.
  - 응답 : 인증서를 CMC에서 규정한 Response Body 영역을 수납한 후, 이것을 CMS signedData형식에 수납하여 전송한다.

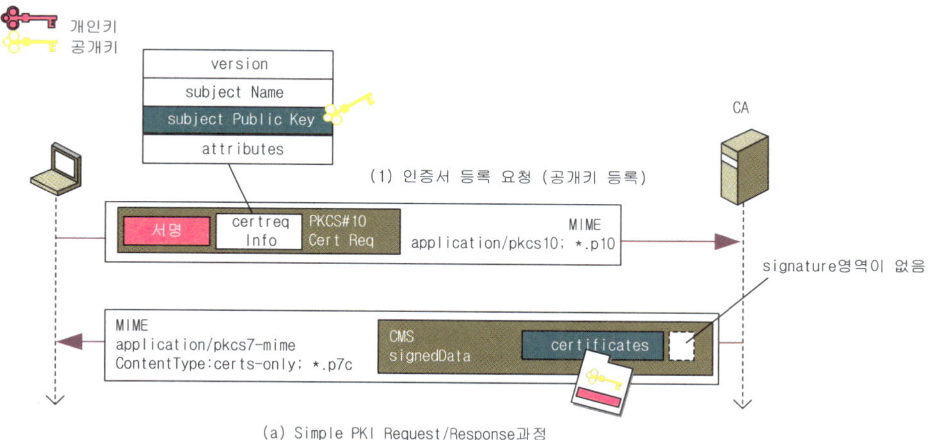

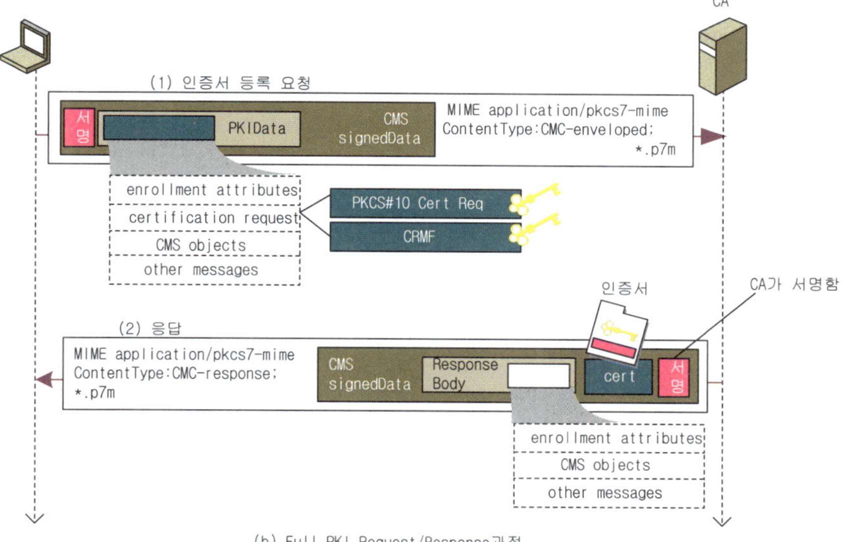

<그림 10.40> CMC의 형식과 동작절차

다음은 CMC의 형식이다.

```
-- (1) Full - Request시 사용하는 Object

PKIData ::= SEQUENCE {
        controlSequence SEQUENCE OF TaggedAttribute, -- GetCert, GetCRL 등의 제어시 사용
        reqSequence SEQUENCE OF TaggedRequest, -- PKCS#10이나 CRMF 요청 메시지
        cmsSequence SEQUENCE OF TaggedContentInfo, -- CMS 형식의 추가 정보 전송시
        otherMsgSequence SEQUENCE OF OtherMsg - 기타 메시지 전송시
    }

    TaggedRequest ::= CHOICE {
        tcr [0] TaggedCertificationRequest, -- PKCS#10의 경우
        crm [1] CertReqMsg - CRMF의 경우
    }
-- PKCS#10 CertRequest 형식
    TaggedCertificationRequest ::= SEQUENCE {
        bodyPartID BodyPartID,
        certificationRequest CertificationRequest , -- PKCS#10 CertRequest
    }
-- (2) Full - Response시 사용하는 Object

    ResponseBody ::= SEQUENCE {
        controlSequence SEQUENCE OF TaggedAttribute,
        cmsSequence SEQUENCE OF TaggedContentInfo,
        otherMsgSequence SEQUENCE OF OtherMsg
    }
```

〈그림 10.41〉 CMC의 ASN.1 형식

(1) CMC 메시지의 전송 방법

● MIME으로 전달되는 경우 : CMC 메시지를 이 메일이나 HTTP용 MIME으로 변환하여 전송하는 경우, 필요한 MIME type과 기타 정보는 다음과 같이 설정되어야 한다.

		MIME TYPE	파일 확장자	SMIME-TYPE
Simple	request	application/pkcs10	.p10	N/A
	Response	application/pkcs7-mime	.p7c	certs-only
Full	Request	application/pkcs7-mime	.p7m	CMC-request
	response	application/pkcs7-mime	.p7m	CMC-response

● 파일로 전달될 경우 : Enrollment messages와 응답은 디스켓에 저장할 수 있는 파일 방식에 의해서도 가능하다. 이 경우에는 CMC 메시지들을 MIME으로 변환하지 않아도 되지만, 파일 확장자는 request와 response에 대하여 각각 *.crq와 *.crp가 사용된다.

(2) PKI 메시지의 암호화

필요한 경우, CMC에 의한 요청 및 응답과정시 사용되는 PKIData와 ResponseBody 영역을 암호화하기 위하여 signedData 형식의 PKIData를 CMS EnvelopedData 형식으로 재 포장할 수 있다. 이 방법은 다음과 같이 암호화만 하는 option1과 서명까지 포함하는 option2가 가능하다.

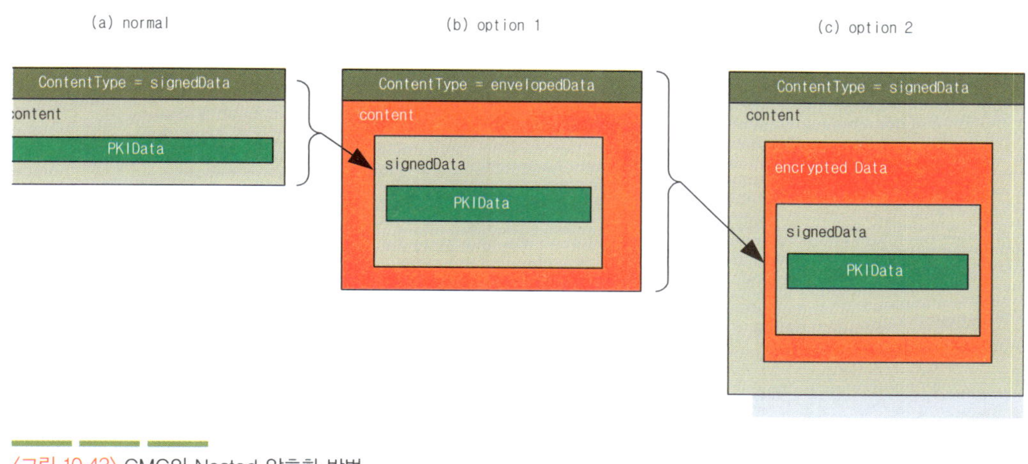

〈그림 10.42〉 CMC의 Nested 암호화 방법

10.16   PKI Certificate Management Protocol(CMP)

RFC2510 CMP는 CMC와 마찬가지로 CA와 단말간 또는 CA와 CA간에 인증서에 대한 요청과 응답에 대한 절차, 즉 인증서 요청/응답 프로토콜이다. 하지만, 현재 이 CMP는 거의 사용되지 않는다.

10.17   On-line certificate status checking(OCSP, RFC2560)

Online Certificate Status Protocol(OCSP)는 인증서의 유효성 검증이 필요한 고액 송금작업과 같은 경우 인증서의 발급상태와 취소여부를 실시간 파악할 수 있도록 한다.

이를 위하여, OCSP request와 response 메시지가 별도로 정의되어 있으며, 이를 처리할 수 있는 OCSP 서버도 사용된다.

다음 페이지의 〈그림 10.43〉은 이러한 OCSP의 활용 예로서, 사용자의 인증서 발급 현황(발급 중, 발급 완료, 취소 등)을 브라우저로 확인할 수 있다.

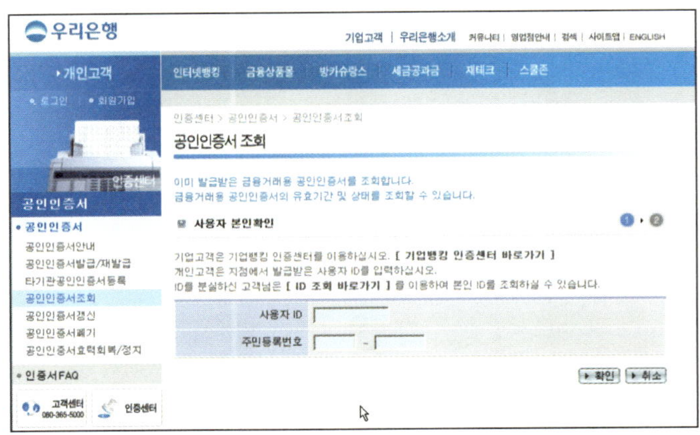

<그림 10.43> OCSP를 이용한 공인인증서 발급상태 조회의 예

10.18 인증서의 import/export 형식

인증서를 다른 컴퓨터에 백업하는 export 동작이나 다른 컴퓨터에서 import하는 경우, 인증서는 다음과 같은 4가지의 파일 형식으로 이동된다.

- Personal Information Exchange(PKCS-#12) : PKCS-#12 방식은 인증서와 해당되는 개인 키를 다른 컴퓨터나 플래시 메모리에 옮길 때 사용된다. 생성되는 인증서 파일의 확장자는 "*.pfx"나 ".p12"이다.
- PKCS#7/CMS : 인증서를 다른 컴퓨터나 플래시 메모리에 옮길 때 사용된다. 인증서가 수납되는 PKCS#7파일들은 "*.p7b"확장자를 가진다.
- DER Encoded Binary X.509 : DER (Distinguished Encoding Rules) 형식으로 인코딩된 인증서 파일로서 *.cer 확장자를 가진다.
- Base64 Encoded X.509 : DER인증서를 MIME용의 Base64 인코딩한 형식의 인증서 파일로서 DER방식과 동일한 *.cer 확장자를 가진다. 이 형식은 MIME 형식을 지원하는 브라우저나 이 메일을 이용한 인증서 전달시 사용된다.

이러한 이동 방법을 설명하기 위하여, 윈도우 시스템에서의 동작을 예로 든다.

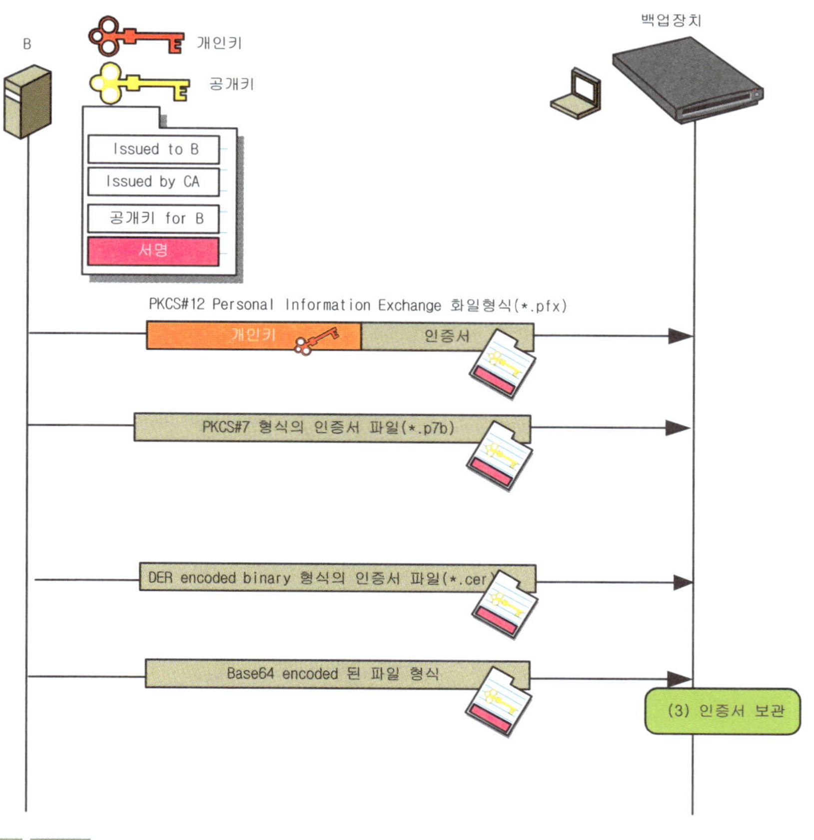

〈그림 10.44〉 인증서의 내보내기 방법의 종류

(1) DER encoded binary X.509 형식

임의의 인증서를 DER로 인코딩된 형식의 파일로 변환해 보자. 인증서 파일을 클릭할 때 표시되는 창에서, "파일에 복사ⓒ"를 선택하고, 이어지는 [인증서 관리자 내보내기 마법사] 창에서 "DER로 인코드된 X.509 바이너리(.CER)"을 선택한다.

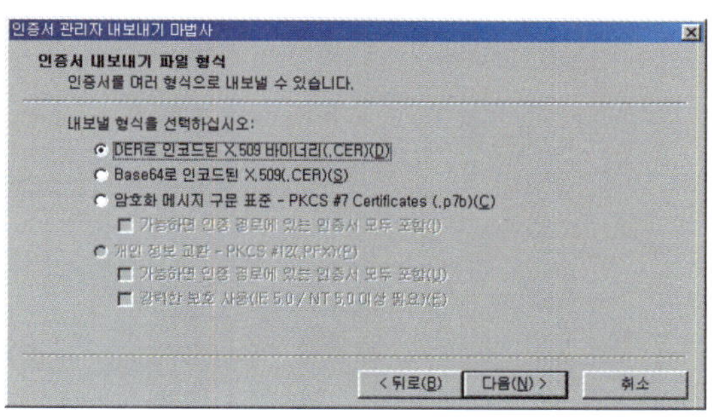

〈그림 10.45〉 DER로 인증서를 인코딩하여 파일로 저장하는 방법

이렇게 생성된 인증서는 *.cer 확장자가 붙은 DER형식으로 인코딩된 것으로서, 다음과 같은 내용으로 구성되어 있음을 ultra Editor 등으로 확인할 수 있다.

```
· 0000 : xx xx xx xx xx xx xx xx xx xx xx xx xx 30 82 03 ; ..H...........0..
· 0010 : de 30 82 03 47 a0 03 02 01 02 02 04 01 73 f9 71 ; .0..G.......s.q
· 0020 : 30 0d 06 09 2a 86 48 86 f7 0d 01 01 05 05 00 30 ; 0.....H........0
· 0030 : 48 31 0b 30 09 06 03 55 04 06 13 02 6b 72 31 10 ; H1.0...U...kr1.
· 0040 : 30 0e 06 03 55 04 0a 13 07 79 65 73 73 69 67 6e ; 0...U....yessign
· 0050 : 31 13 30 11 06 03 55 04 0b 13 0a 4c 69 63 65 6e ; 1.0...U....Licen
· 0060 : 73 65 64 43 41 31 12 30 10 06 03 55 04 03 13 09 ; sedCA1.0...U....
· 0070 : 79 65 73 73 69 67 6e 43 41 30 1e 17 0d 30 34 30 ; yessignCA0...040
· 0080 : 31 33 30 31 35 30 30 30 30 5a 17 0d 30 34 30 35 ; 130150000Z..0405
· ...
· 03e0 : 7f 19 92 ac 06 53 b2 d9 4e 26 a8 10 9c 3c b6 xx ; .....S..N......1
·
```

〈그림 10.46〉 DER로 인코딩된 인증서 파일의 내용 예

(2) Base64로 인코드된 형식의 인증서

이번에는 동일한 방법으로, "Base64로 인코드된 X.509(.CER)" 형식의 인증서를 생성하도록 한다.

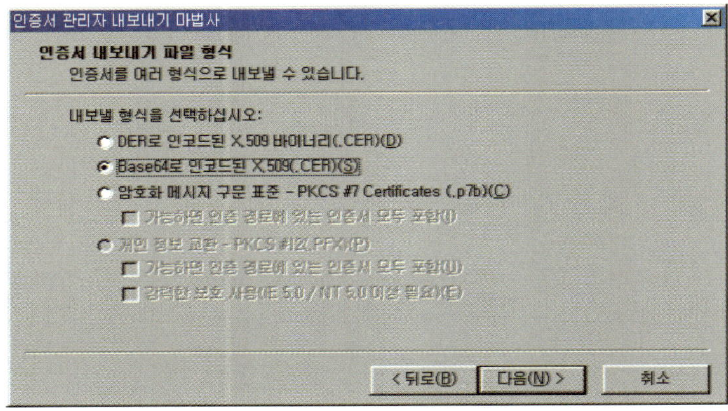

〈그림 10.47〉 MIME (Base 64)로 인증서를 인코딩하여 파일로 저장하는 방법

이렇게 생성된 인증서는 동일한 *.CER 확장자를 가지지만, 그 내용은 다음과 같이 MIME 형식으로 생성되어 있으며, 이 인증서는 모두 Base64 문자로 되어 있기 때문에, HTTP나 e-mail로 전송 가능하다.

참고로, MIME 형식으로 되어 있는 이 인증서의 첫 일부분인 'MIID3jC …' 를 MIME디코딩하면 '30 82 03 de …' 를 얻을 수 있는데, 분명히 DER 인코딩된 인증서가 MIME으로 변환되어 있음을 알 수 있다.

```
-----BEGIN CERTIFICATE-----
MIID3jCCA0egAwIBAgIEAXP5cTANBgkqhkiG9w0BAQUFADBIMQswCQYDVQQGEwJr
cjEQMA4GA1UEChMHeWVzc2lnbjETMBEGA1UECxMKTGljZW5zZWRRQTESMBAGA1UE
AxMJeWVzc2lnbkNBMB4XDTA0MDEzMDE1MDAwMFoXDTA0MDUxNjE0NTkwMFowZTEL
MAkGA1UEBhMCa3IxEDAOBgNVBAoTB3llc3NpZ24xETAPBgNVBAsTCHBlcnNvbmFs
MQwwCgYDVQQLEwNLTUIxIzAhBgNVBAMMGuybkOyihe2VhCgpMDAwNC0xOTQxNDg5
OTA0MIGeMA0GCSqGSIb3DQEBAQUAA4GMADCBiAKBgElrnuMhc9ehPnwVJLCRBNcY
B2IDHJuvfvHVwPdGEtSeGyMR3Hflb5AbKF4XoxlbEKYnVFx9+YR7TdhIKUC9mche
y5Mx7ARWnOiyvH7t4ci8nIFGSqKvkEEjBhw+TZ4o9J+OZ6KLXLgcKaaMqh1e7apo
wpK820dHn/GvS5UOiDdVAgMBAAGjggG3MIIBszAfBgNVHSMEGDAWgBTi7G0s5X2b
wJ6sAVN5upqPmoXZCzAdBgNVHQ4EFgQUiXoXMwhRXuMrw1lZYai2uQ+qtNowDgYD
VR0PAQH/BAQDAgbAMHkGA1UdIAEB/wRvMG0wawYJKoMajJpFAQEBMF4wLgYIKwYB
BQUHAgIwIh4gx3QAIMd4yZ3BHLKUACCs9cd4x3jJncEcACDHhbLIsuQwLAYIKwYB
BQUHAgEWIGh0dHA6Ly93d3cueWVzc2lnbi5vci5rci9jcHMuaHRtMFgGA1UdEQRR
ME+gTQYJKoMajJpECgEBoEAwPgwJ7JuQ7KKF7ZWEMDEwLwYKKoMajJpECgEBATAh
MAcGBSsOAwIaoBYEFP8Cxlza82YyrqEEyiZgUzG97T7+MFIGA1UdHwRLMEkwR6BF
oEOGQWxkYXA6Ly8yMDMuMjMzLjkxLjM1OjM4OS9vdT1kcDWoODEyNixvdT1MaWNl
bnNlZENBLG89eWVzc2lnbixjPWtyMDgGCCsGAQUFBwEBBCwwKjAoBggrBgEFBQcw
AYYcaHR0cDovL29jc3AueWVzc2lnbi5vcmc6NDYxMjANBgkqhkiG9w0BAQUFAAOB
gQAhiJl+ne0JyvnQ3chQwXgovce6d55V+Vj08lMIBMCvVxXuyLf7cYZ5DEJxo4+R
NknHTxEBxughlzoWbUvczBrKasyH77XyPl6QUM+x1rNgSP/nHlD/VBO8cJ7+SQoB
Ne2xq6S97E1FROTmCjSF3jwQs38ZkqwGU7LZTiaoEJw8tg==
-----END CERTIFICATE-----
```

〈그림 10.48〉 Base64로 인코딩된 인증서의 예

(3) PKCS#7/CMS 형식

유사한 방법으로, 인증서를 "암호화 메시지 구문 표준-PKCS#7 Certificates(.p7b)" 형식의 파일로 저장해
보자.

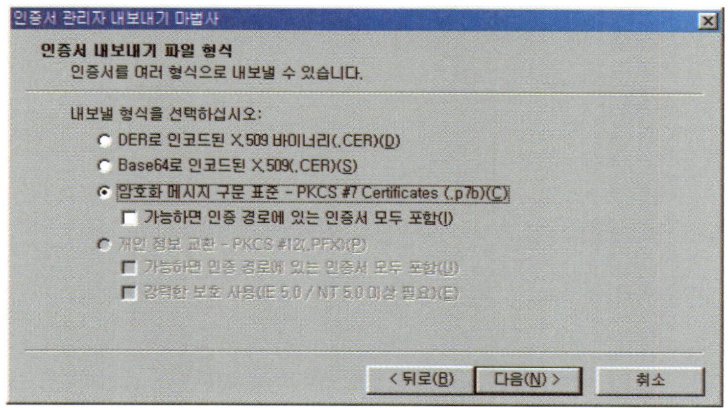

〈그림 10.49〉 Signed-data PKCS#7형식으로 인증서를 저장하는 방법

PKCS#7/CMS 형식은 앞에서 소개한 대로, 6가지의 메시지 수납 형식을 정의한 것이고, 이 중에서, signed data형식은 인증서 수납용 영역이 있음을 알고 있다.

지금 생성한 p7b 형식의 파일은 다음과 같이 분석된다.

```
30 82 04 0d{ -- (Seq) ContentInfo
--contentType
   06 09 2a 86 48 86 f7 0d 01 07 02 -- (OID)1.2.840.113549.1.7.2 = signedData

--content[0]
   a0 82 03 fe { -- [0]
      30 82 03 fa{ -- SignedData ::= SEQUENCE

      02 01 01 -- CMSVersion = 1

      -- DigestAlgorithmIdentifiers
      31 00{ ; SET
         -- empty
      }

      -- EncapsulatedContentInfo
      30 0b{
         06 09 2a 86 48 86 f7 0d 01 07 01 -- OID = 1.2.840.113549.1.7.1 = DataType
         (Empty parameters)
      }

      -- certificates [0] IMPLICIT CertificateSet OPTIONAL
      a0 82 0e e2{
         30 82 03 de 30 82 03 47 a0 03 02 01 02 02 04 01

         ...
         b3 f7 19 92 ac 06 53 b2 d9 4e 26 a8 10 9c 3c b6
      }
-- crls [1] IMPLICIT CertificateRevocationLists OPTIONAL
(empty)

-- SignerInfos
      31 00{ ; SET
         (empty)
      }
   }
 }
}
```

〈그림 10.50〉 Signed-data PKCS#7 형식으로 저장된 인증서 파일의 예(이탤릭체 부분이 인증서임)

이렇게 분석한 결과, mycert.p7b 인증서 파일은 사용자 Arami의 인증서를 수납한 PKCS#7/CMS signedData 형식으로 구성되어 있음을 알 수 있으므로, 이것을 필요로 하는 사람에게 이 파일을 디스켓이나 FTP등으로 전달할 수 있다. 이 인증서를 전달받은 사람은 수신된 인증서 파일을 클릭하면, 다음과 같은 "인증서 관리자 가져오기 마법사"가 자동으로 실행되면서 자신의 컴퓨터에 저장할 수 있다.

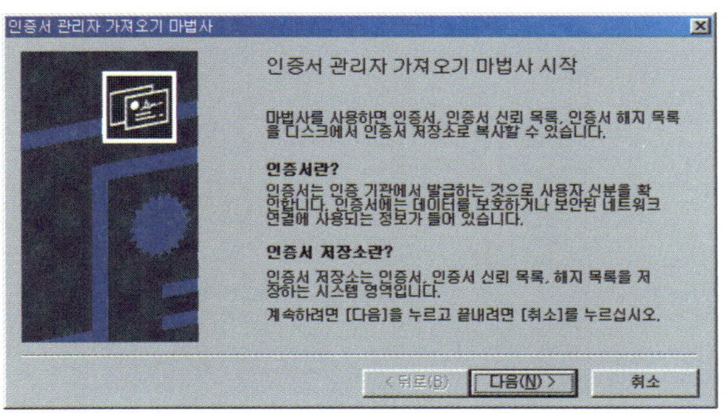

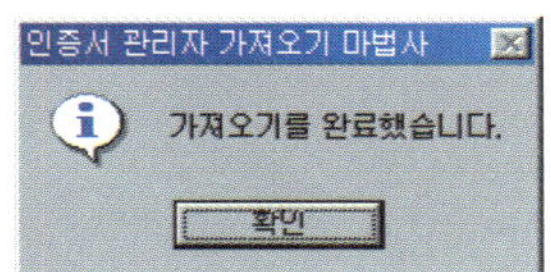

〈그림 10.51〉 인증서 불러오는 방법의 예

10.19 Public Key Infrastructure(PKI)

지금까지 다루어 왔던 공개 키 기반의 인증과 암호화 전송과정을 위한 CA, 인증서 보관소, 사용자로 구성되는 기반구조를 PKI라고 한다. 각각의 기능을 요약하면 다음과 같다.

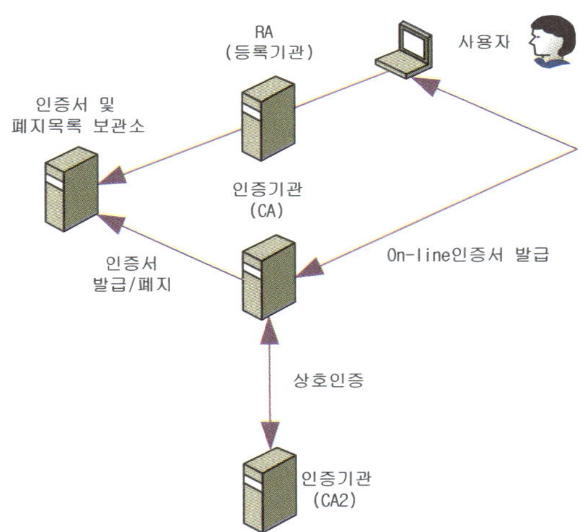

〈그림 10.52〉 PKI의 구성

● CA(Certification Authority : 인증기관) : yessign과 같은 기관이다.
  - 도메인 내의 사용자의 신분 확인
  - 인증서 발행
  - 인증서 취소 요구 처리
  - CA간 상호 인증
  - 사용자에게 자신의 공개 키 전달(루트 인증서 사용)
  - 발급되거나 취소한 인증서를 디렉토리 서버에 공개

- 인증서 보관소(certificate repository) : 인증서 저장소로서, "인증서 게시 지점"이라고도 한다. 윈도우 2000의 경우, 액티브 디렉터리가 이 기능을 수행한다.
- RA(Registration Authority : 등록기관) : 은행과 같은 기관이다.
  - 사용자와 인증기관 사이에서 사용자의 신분과 소속의 대면 확인 기능
  - 신분 확인 후 인증서 요청 메시지를 CA에 전송
  - CA에 사용자 인증서 취소 요구
  - 사용자에 대한 유일하게 구분되는 X.500 이름(DN) 할당
- Client
  - 메시지 암호/복호화
  - {개인 키, 공개 키} 쌍 생성 및 인증서 발급 요청
  - 인증서 취소/갱신 요청
  - 전자서명 생성 및 검사
  - X.509 인증서 검사
  - 디렉토리 서버에 접속하여 상대방 인증서 사용 및 인증서 폐기목록 검사

이외에, CA의 상급기관인 PAA(Policy Approving Authority : 정책승인기관)과 PCA(Policy Certification Authority : 정책인증기관) 등이 더 있다.

10.20 윈도우 2003의 인증서 서비스

윈도우 2003 시스템을 활용하면 CA, 인증서 보관소, 클라이언트 등으로 구성되는 PKI를 내부적으로 구성할 수 있다. 특별히, 윈도우 2003에서는 액티브 디렉토리를 활용하여 CA와 인증서 보관소를 한 시스템에 구축할 수 있다.

(1) CA

윈도우 2003에서 제공할 수 있는 CA의 모델은 엔터프라이즈 CA와 독립실행형 CA가 있다.

(a) 엔터프라이즈 CA

엔터프라이즈 CA는 윈도우 도메인 환경이 제공될 경우, 액티브 디렉터리의 도움을 받아 도메인 내의 모든 멤버들에 대한 인증서를 자동으로 발급하고 관리할 때 유용하다. 사용자 인증서와 Certificate Revocation List (CRL)은 액티브 디렉터리에 보관된다. 특히, 이 엔터프라이즈 Root CA의 루트 인증서는 도메인내의 모든 장치의 "신뢰된 루트 인증기관 (Trusted Root Certification Authorities)" 폴더에 자동으로 설치된다. 그리고 멤버 단말들은 모두 커버로스에 의해 사용자 인증 후 액티브 디렉터리 도메인에 참여하므로 별도의 인증절차 없이도 인증서 발급 및 해제절차를 즉시 처리한다. 물론, 도메인 멤버가 아닌 사용자는 Web enrollment 방식에 의해 인증서를 발급받을 수 있다.

(b) 독립실행형 CA(stand-alone CA)

액티브 디렉터리가 없는, 즉, 윈도우 도메인 환경이 아닌 독립적인 환경에서 동작하는 CA용으로 활용할 수 있다. 예를 들어, 이 윈도우 인증서버 기능을 사용하여 독립적인 인증회사를 창업할 수도 있다. 사용자들은 이 독립실행형 CA의 Web enrollment 웹 페이지에 접속하여 인증서를 발급 신청할 수 있는데, CA입장에서는 인증서 발급을 요청한 사람이나 컴퓨터의 계정정보는 알 수 없기 때문에 수동으로 신원을 확인해야 한다. 따라서, 발급요청에 대하여 즉시 응답하지 않고, 관리자가 요청한 사람을 확인한 후 발급한다. 또한, 이 독립실행형 CA용 루트 인증서는 단말의 "신뢰된 루트 인증기관" 폴더에 자동적으로 저장되지 않으므로, 각 사용자는 이 루트 인증서를 이 폴더에 수동으로 저장해야 한다.

(2) 인증서 보관소

윈도우 시스템의 경우, 인증서 보관소로 액티브 디렉터리가 사용된다. 즉, 액티브 디렉토리는 모든 네트워크 사용자와 장치 정보를 저장하는 기본 기능 외에 인증서 보관소(Certificate Repository) 기능과 CRL 저장 기능도 함께 제공한다.

(3) Auto-enrollment

오프라인인 경우의 인증서 발급은 PKCS#10 인증서 요청 형식에 따른 파일을 작성하여, 이것을 디스켓에 담아 CA 시스템에 가져가서 이 파일을 처리하여 얻어지는 PKCS#7 형식에 따른 인증서 파일을 생성하고, 이것을 다시 사용자 시스템에 가져와서 설치해야 한다.

윈도우 XP와 2003의 경우, 사용자와 컴퓨터에 대한 인증서를 모두 자동으로 등록하는 기능이 있는데, 이것을 auto-enrollment 기능이라고 한다.

사용자는 시스템에 부팅하여 도메인에 로그인할 때, 자동으로 액티브 디렉터리에 이 시스템이나 사용자에 대한 인증서를 요청하여 시스템에 저장한다. 물론, 액티브 디렉터리 설정시, 자동 인증서 발급기능을 설정해 두어야 한다. 또는 커맨드 창에서 gpupdate 명령어를 사용하여 group policy refresh하면 된다.

이러한 사용자 인증서에 대한 자동등록 및 발급기능은 액티브 디렉터리 서비스 환경에서 smart card logon, SSL, S/MIME 등의 인증서가 필요한 PKI 응용에 편리하다.

하지만, 이러한 자동등록절차는 802.1x와 같은 포트보안 기능이 활성화된 무선 AP를 경유하여 수행되어야 할 경우, 인증이 되어야 포트가 활성화되어, 사용자 및 시스템 인증서를 가져와서 설치할 수 있는데, 문제는 포트사용 인증시 인증서가 필요하다는 점이다[14]. 따라서 다음과 같은 편법이 사용되어야 한다.

- 플로피에 저장된 인증서를 설치한다.
- 유선 LAN을 통하여 자동 설치한다.
- 사용자 인증서가 필요없는 PEAP로 일단 연결한 후, EAP-TLS용 사용자 인증서를 발급받는다.

14_ 닭이 먼저냐 달걀이 먼저냐의 문제이다.

10.21　윈도우 PKI 기본 설정 실험을 위한 실험망의 구성

"west.com"도메인 내에서만 유효한 인증서를 발급하는 엔터프라이즈 CA 인증 서버를 설정한 후, 인증서 발급과정을 분석한다. 이를 위하여, 다음과 같이 각 시스템에 기능을 부여한다.

- Darongi : 엔터프라이즈 CA 인증서버, 도메인 컨트롤러, 액티브 디렉터리, DNS, 커버로스
- Arami : 단말

주의할 점은 사용자 인증서와 컴퓨터(시스템) 인증서는 구분되는데, 이들은 각각 도메인 계정과 Administrator 계정으로 각각 logon해서만 발급받을 수 있다.

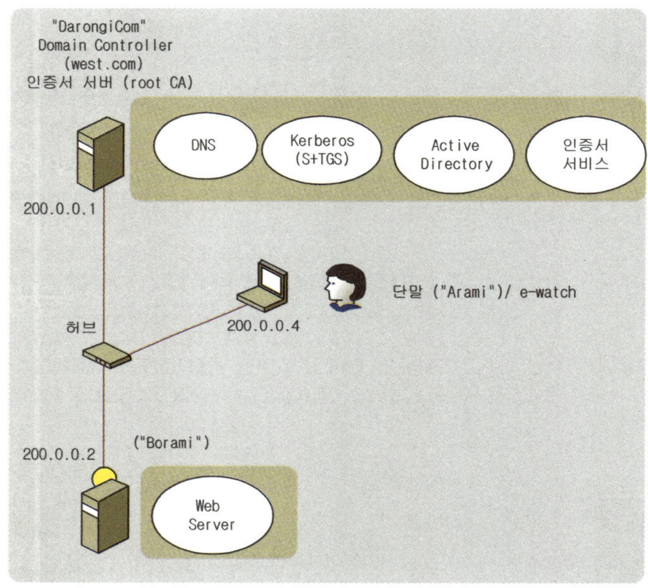

〈그림 10.53〉 시험망의 구성

10.22　West CA 설정

도메인 컨트롤러이면서 액티브 디렉터리인 DarongiCom에 루트 인증서버를 설치한다. 이 인증서버의 액티브 디렉터리는 인증서의 보관장소로 활용된다. 그리고, 사용자가 브라우저로 자신의 인증서를 발급받을 수 있도록 IIS 웹 서버가 기본적으로 설치되어 있어야 한다.

STEP 164 인증서 서버를 구성하기 위해 [시작] ➜ [제어판] ➜ [프로그램 추가 / 제거]에서 [Windows 구성요소 추가 /제거]를 선택한다.

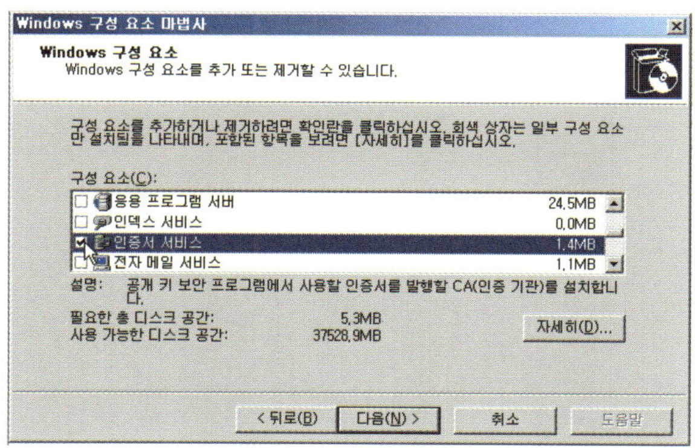

STEP 165 인증서 서비스를 체크하면 경고 메시지가 뜨는데, 계속한다. '예'를 클릭한다.

STEP 166 [다음]을 클릭하면 인증 기관 종류를 선택하는 창이 나타난다. 네 가지 종류 중, 우리는 도메인내에서 사용할 인증서에 대하여 다룰 예정이므로, 엔터프라이즈 루트 CA를 선택한다. 단, 엔터프라이즈 CA의 경우, 이 컴퓨터에 액티브 디렉터리가 설치되어 있어야 하며, 이 도메인 사용자들에 대한 정보도 설정되어 있어야 한다.

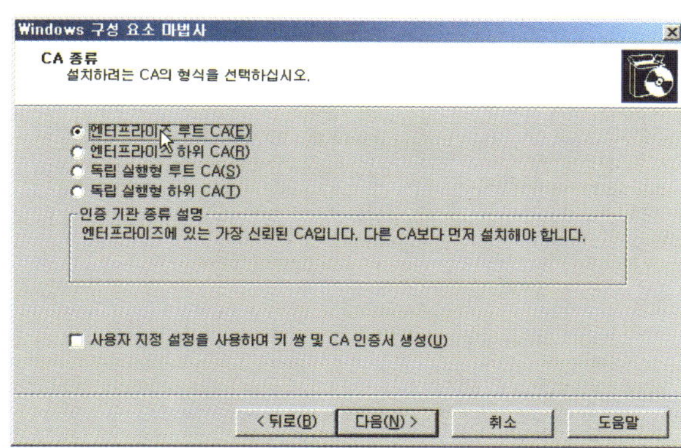

STEP 167 [CA 확인 정보] 창이 뜨면, 이 CA를 식별할 정보로 "West CA" 등을 입력한다.

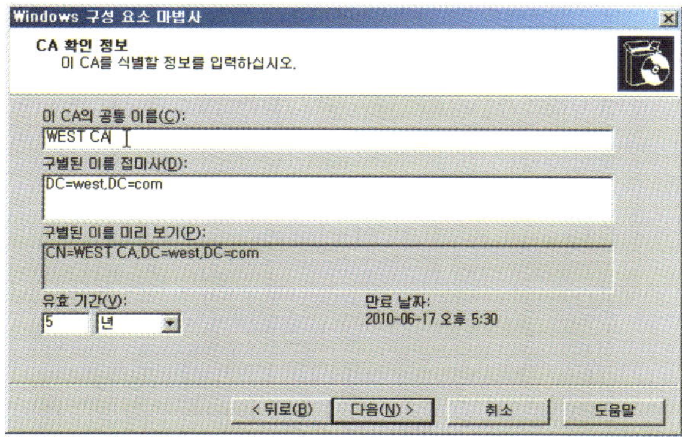

STEP 168 인증서 저장소를 지정할 수 있는 화면이 표시되면, [다음]을 클릭한다. 이것은 인증서 저장소를 동일한 시스템에 두고자 함이다.

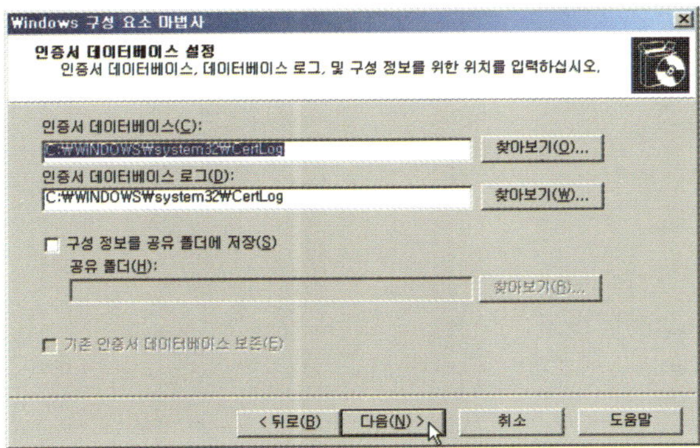

STEP 169 필요한 경우, 윈도우 2003 CD를 넣고 설치를 계속한다.

STEP 170 지금까지 한 작업결과인 "인증 기관(CA)"가 관리도구에 설치되었는지 확인하기 위하여, [시작] ➜ [제어판] ➜ [관리도구] ➜ [인증 기관]을 선택한다.

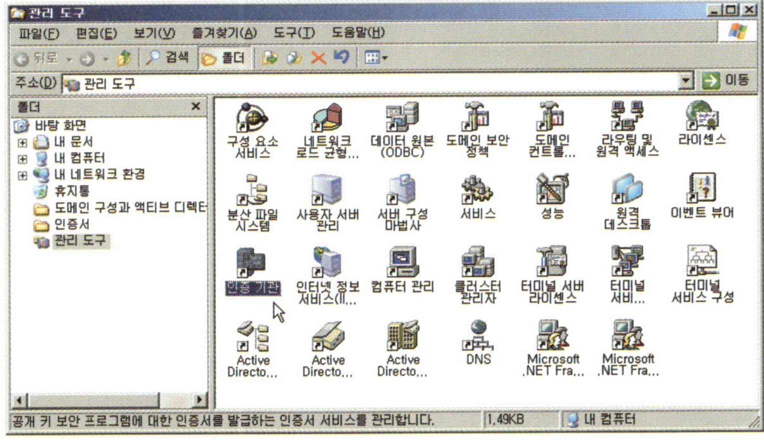

STEP 171 [인증기관]을 클릭하면 다음과 같은 "West CA"란 인증 기관이 생긴 것을 확인할 수 있다.

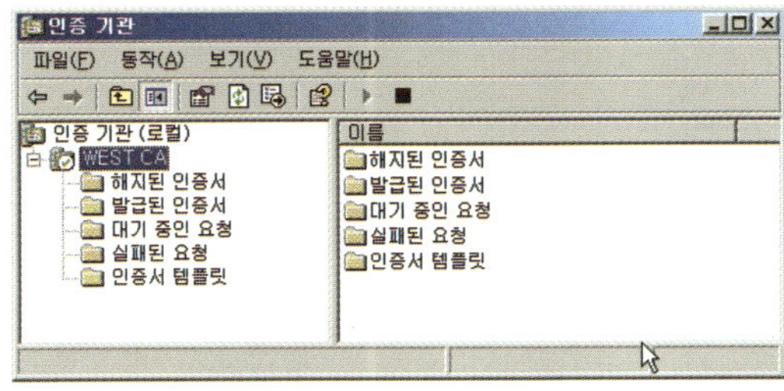

STEP 172 West CA 폴더에서 오른쪽 마우스를 클릭하고, 이어, [등록 정보]를 클릭한다. 루트 인증서가 작성되었는지 [인증서 보기]를 클릭한다. 이 인증서는 발급 대상과 발급자가 동일한 루트 인증서임을 확인할 수 있다.

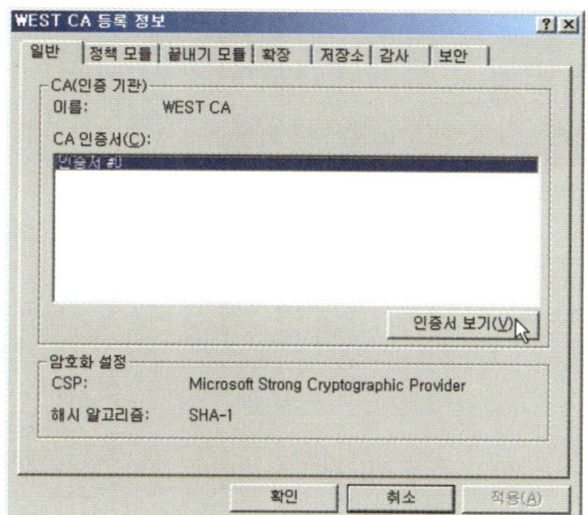

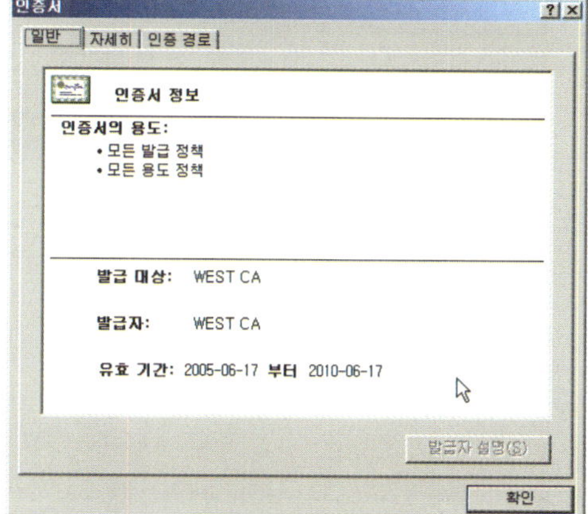

STEP 173 앞으로, web-enrollment 방법에 의해 사용자들이 자신의 인증서를 요청할 것이므로, 다음과 같이 C:\windows\system32 폴더에 있는 CertSrv폴더에 대하여, 마우스 오른쪽 버튼을 클릭하여, [속성]을 선택한다. 이어, [웹 공유] 탭의 내용에 있는 "이 폴더의 내용을 공유 함"을 선택하도록 한다. 이렇게 하지 않으면, 다음 절에서 수행할 web-enrollment 방법을 수행할 수 없다.

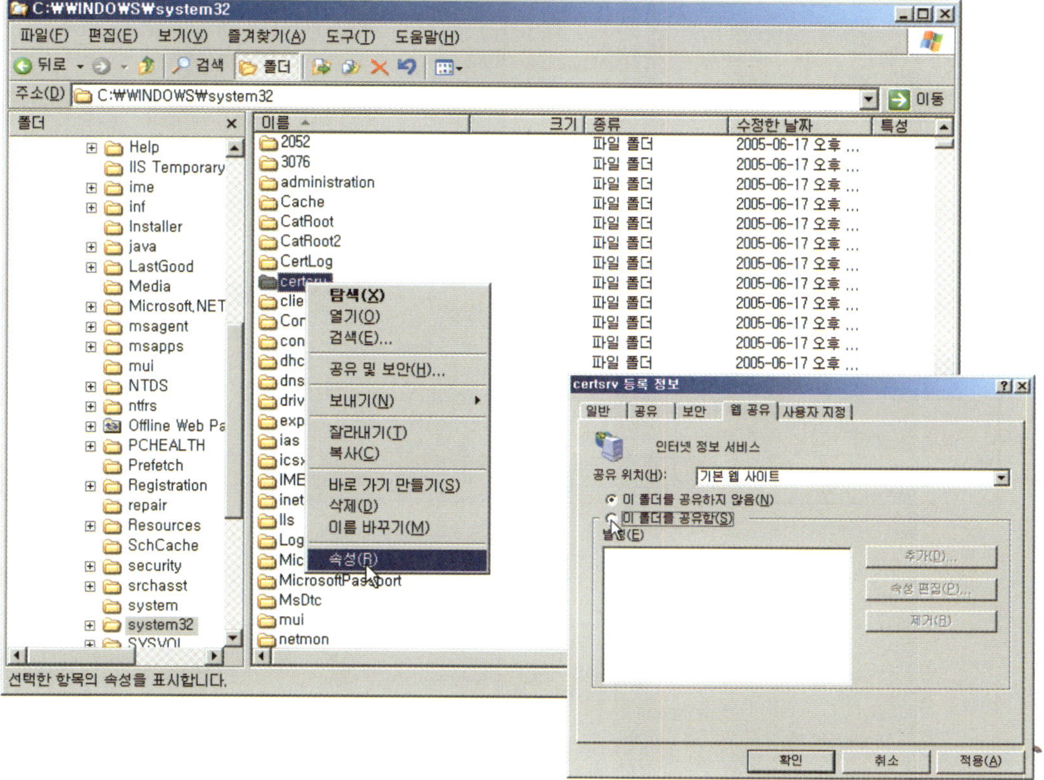

STEP 174 IIS관리 창에서, "웹 서비스 확장" 부분을 클릭하면 표시되는 오른쪽 부분에서 "Active Server Pages" 부분이 "금지됨"으로 설정되어 있다면, 반드시 "허용"으로 설정하도록 한다.

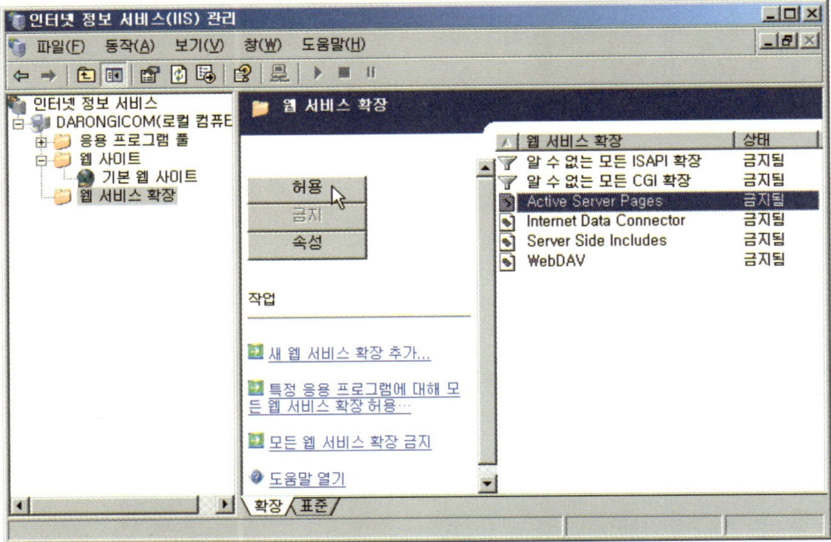

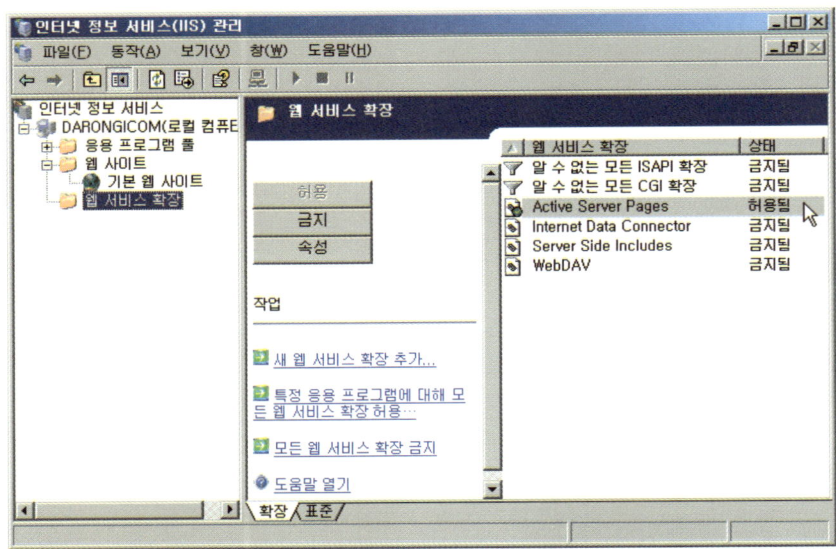

10.23 클라이언트 Arami에 의한 West CA의 루트 인증서 확보과정

Arami가 West.com 도메인의 root CA로써의 인증서 서비스를 하는 DarongiCom에 브라우저로 접근하여 자신의 인증서를 생성하여 내려받기 전에, 먼저, root CA의 인증서가 확보되도록 한다.
이러한 절차는 모두 도메인 계정이나 Arami의 관리자 계정에서 모두 동작한다.

STEP 175 Arami의 바탕화면의 [시작] ➜ [실행]을 클릭한 후, [실행] 창에서 인증서버 접속을 위한 "http:// darongicom/certsrv"를 입력한다. 이때, 표시되는 연결 창에서 사용자 Arami의 암호를 입력하고 [확인]을 클릭한다.

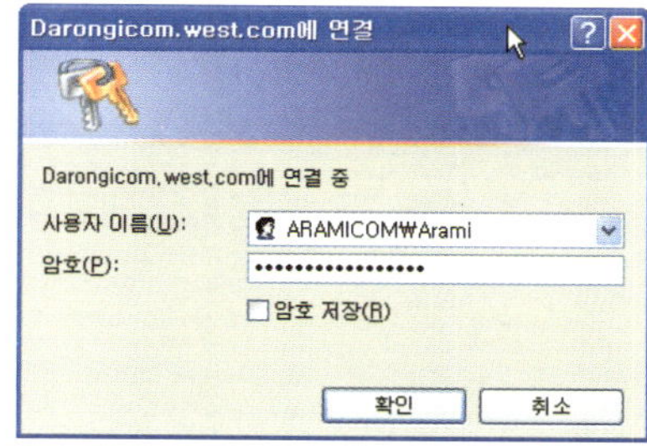

STEP 176 Darongicom 루트 인증서버가 관리하는 West CA가 제공하는 웹 인증서 발급절차를 위한 초기화면이 표시되면, 우선, West CA 루트 인증서를 확보하기 위하여 "CA 인증서…" 부분을 클릭한다.

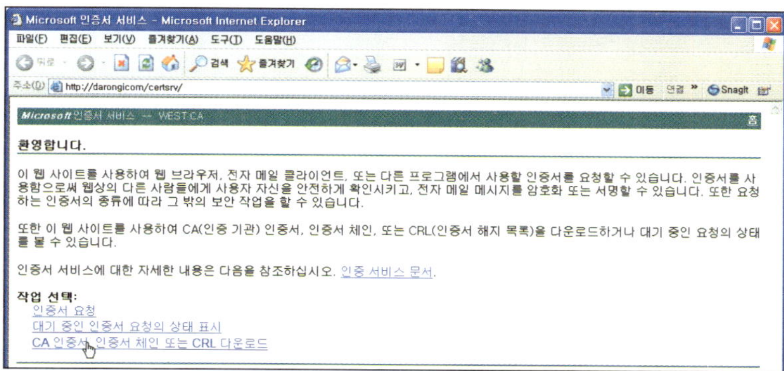

STEP 177 "CA 인증서 다운로드"를 선택한다.

STEP 178 다음과 같은 [보안 경고] 창은 새로운 루트 인증서를 추가할 때의 [보안 경고] 창으로서, 우리는 West CA 를 믿으므로, [예]를 선택한다.

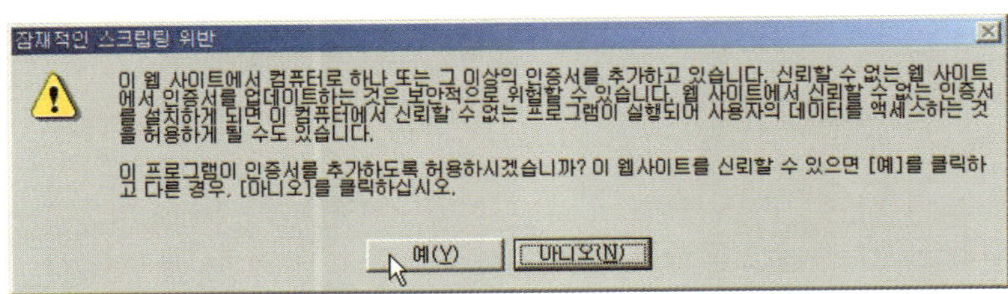

STEP 179 그리고 West CA의 루트 인증서 파일 이름인 "certnew.cer"을 열거나 저장을 선택하는 창이 표시되면, [열기]를 선택하여 확인해 보도록 한다. 물론, [저장]을 선택해도 된다.

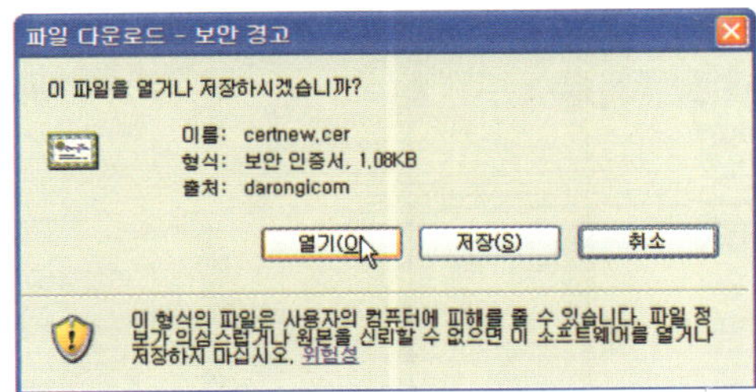

STEP 180 확인 결과, 발급대상과 발급자가 동일한 루트 인증서임이 확인되므로, [인증서 설치]를 클릭한다.

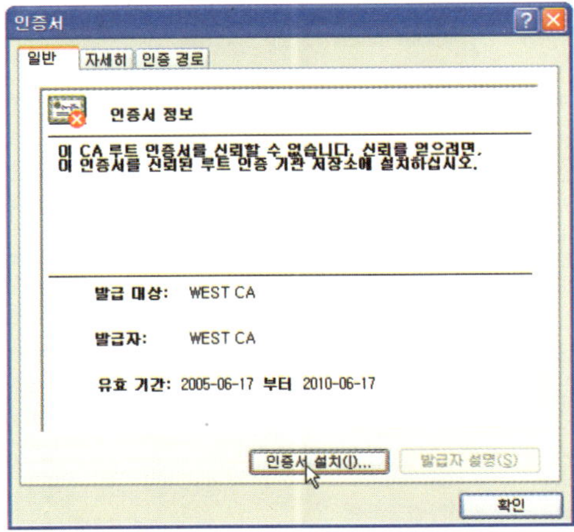

STEP 181 인증서 가져오기 마법사가 시작되면, [다음]을 선택한다.

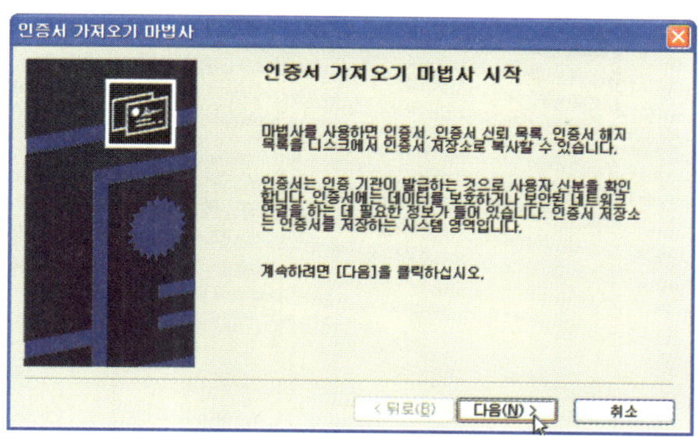

STEP 182 인증서 저장소를 물어보면, "자동"부분을 선택한다. 이 루트 인증서는 실제로 "……"에 저장된다. 이후 마법사를 종료한다.

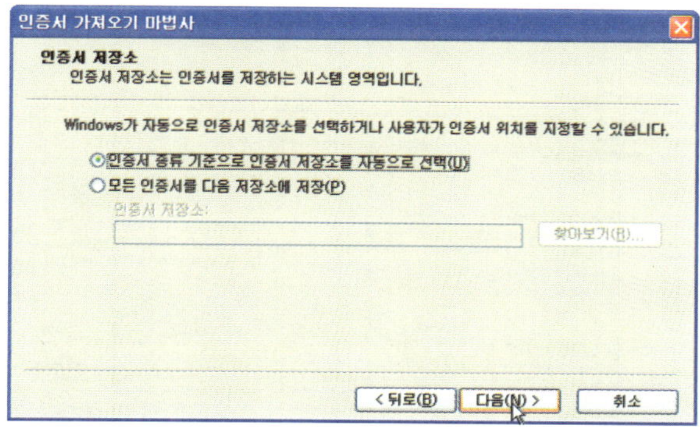

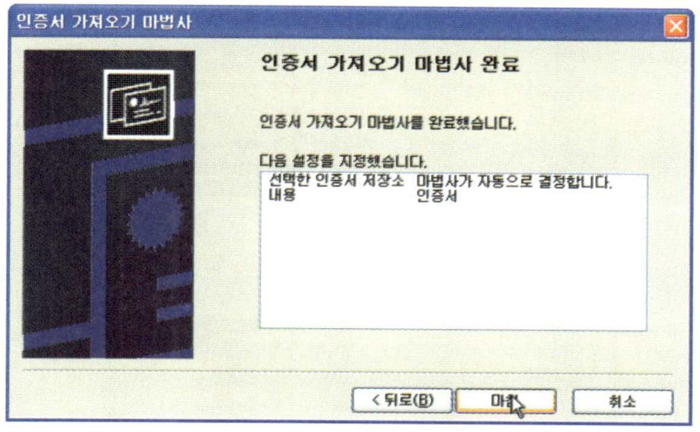

STEP 183 웹 브라우저의 [도구] ➜ [인터넷 옵션] ➜ [내용] ➜ [인증서]를 선택하고, [신뢰된 루트 인증 기관] 탭을 선택하면, 지금 설치한 West CA 루트 인증서가 확인될 것이다. [보기]를 선택하여, West CA 루트 인증서의 내용을 확인하라.

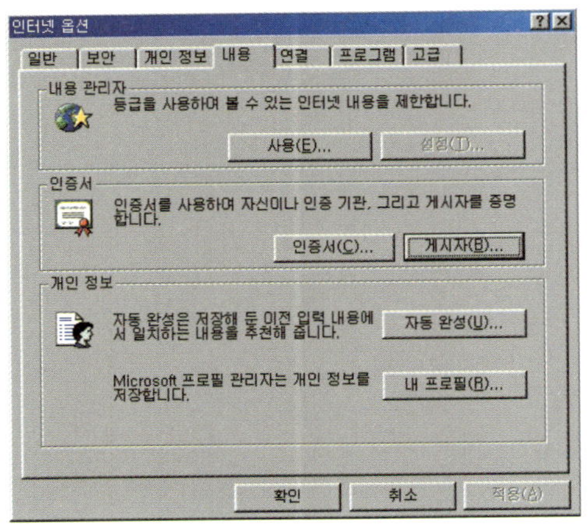

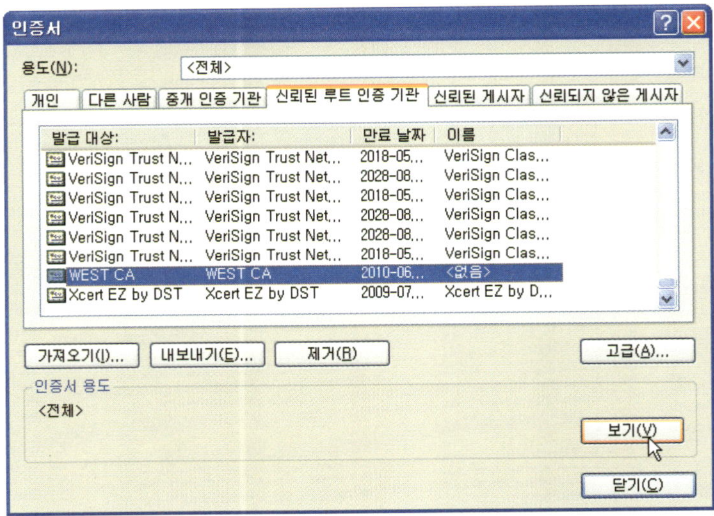

10.24 Arami의 사용자 인증서 발급절차(Web Enrollment 방법)

우리는 이번 절과 다음 절에서 각각 Arami와 InsuniCom에 대한 각각의 인증서 즉, 사용자 인증서와 시스템인증서를 각각 설치한다. 이렇게 인증서를 설치하는 방법에는 브라우저를 사용하는 web-enrollment방법, command에 의한 MMC Snap-in 방법, auto-enrollment 방법 등 3가지 방법이 있는데, 이들의 제약조건들이 상이하다.

먼저, Arami 사용자 인증서를 web-enrollment 방법으로 발급받도록 한다. 이 절차에 따르면, Arami는 사용자 인증서 발급요청과 수령절차를 브라우저를 사용하여 PKCS#10과 PKCS#7에 의거 자신의 사용자 인증서 발급을 요청하고 수령하는데, 이 절차는 모두 HTTP의 MIME 형식으로 수행된다. 단, 이렇게 사용자 인증서를 발급받고자 하는 Arami는 west.com 도메인 가입자로 로그온되어 있어야 한다.

STEP 184 먼저, Arami의 브라우저에 있는 [도구] → [인터넷 옵션] 창에서 "개인 정보" 탭의 설정 슬라이더를 최저로 내린다.

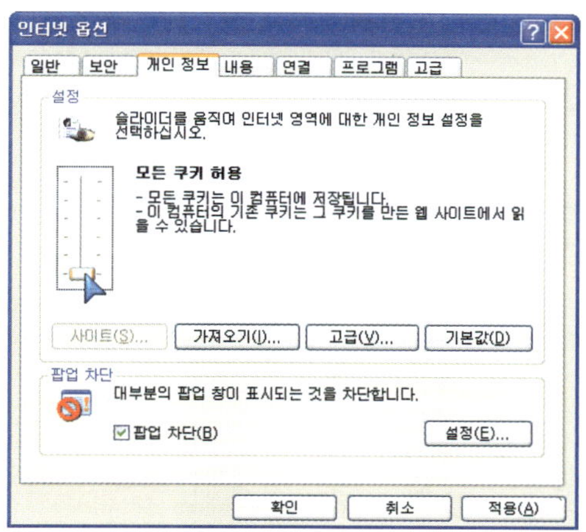

STEP 185 Arami의 바탕화면의 [시작] → [실행]을 클릭한 후, [실행] 창에서 인증서버 접속을 위한 "http://darongicom/certsrv"를 입력한다. Arami에는 다음과 같은 화면이 출력된다. 여기서, 우리는 온라인으로 PKCS#10 방식으로 사용자의 인증서 발급을 요청할 것이므로, "인증서 요청"을 선택한다.

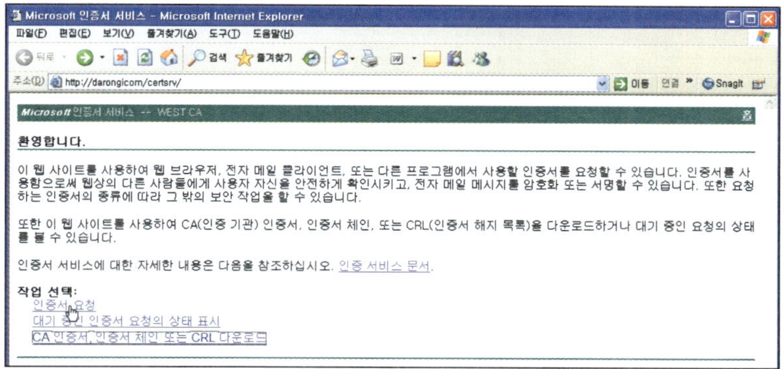

STEP 186 "요청 종류 선택" 창에서, "사용자 인증서 요청"을 선택하고 다음을 클릭한다. 고급 인증서 요청을 선택하는 방법도 있다.

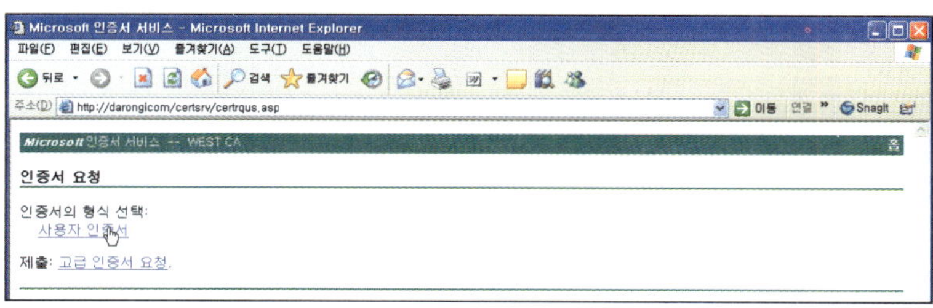

STEP 187 그 결과, [사용자 인증서 – 확인 정보] 창이 표시된다. 이것은 PKCS#10에 의한 인증서 요청 구문의 작성이 완료되었음을 의미하며, 이것을 CSR이라고도 부른다. 분명히, 이 요청구문에는 자신의 공개 키와 이름이 수납되어 있다. "제출"을 클릭하면, 이 요청메시지는 MIME 형식으로 변환되어 해당 인증서버로 전송된다. 이때, 전송 메시지를 수집하여 분석한다. 이 패킷들은 MIME으로 인코딩된 PKCS#10 메시지이다.

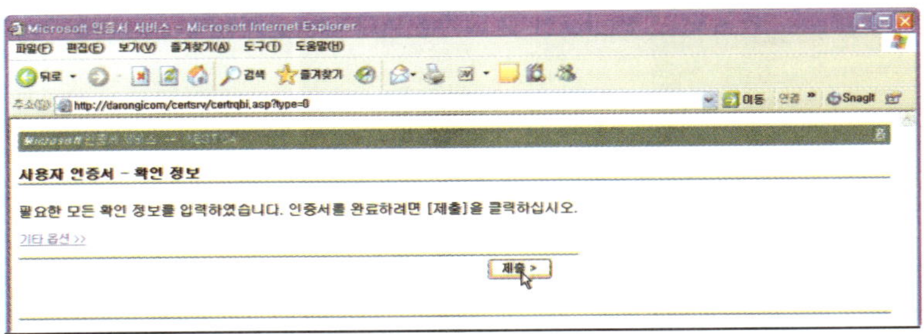

STEP 188 다음과 같은 [보안 경고] 창은 무시하고, 인증 서버로 부터의 응답, 즉, PKCS#7에 의한 응답을 기다린다.

STEP 189 PKCS#7 형식으로 된 인증서가 도착하면, "인증서 발급됨"이 화면에 표시된다. 이제, 수신된 발급된 인증서를 자신의 컴퓨터에 저장하기 위하여, "이 인증서 설치"를 클릭한다.

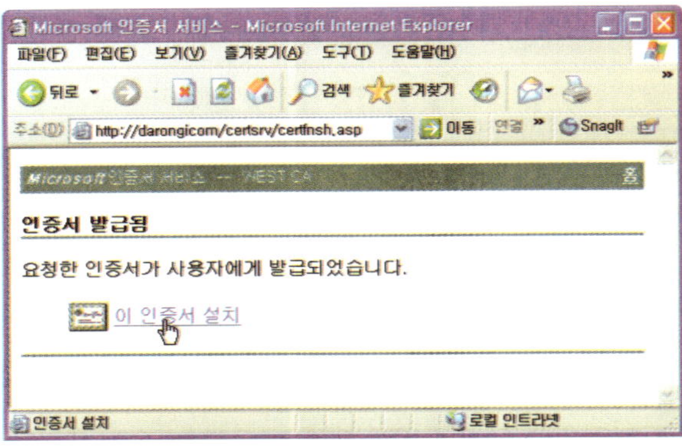

STEP 190 다음과 같은 [보안 경고] 창은 새로 설치될 인증서가 신뢰할 수 있는 것인지 질의하는 것인데, 우리는 West CA를 믿으므로 [예]를 선택한다.

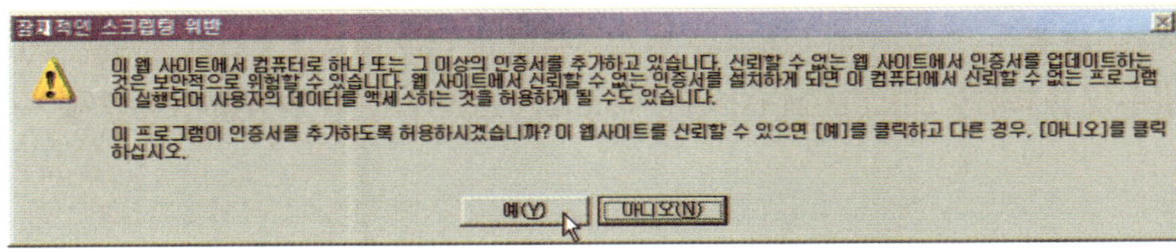

STEP 191 드디어, 인증서 설치가 완료된다.

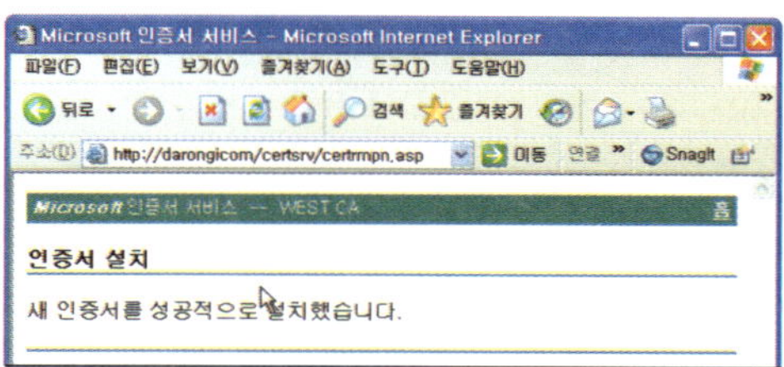

STEP 192 설치된 인증서를 확인한다. 이를 위하여, 웹 브라우저의 [도구] ➜ [인터넷 옵션] ➜ [내용] 탭을 선택하고, [인증서]를 클릭한다.

STEP 193 West CA로부터 클라이언트인 Arami에게 발급된 인증서와 신뢰된 루트 인증기관에 West CA가 등록된 것을 확인한다.

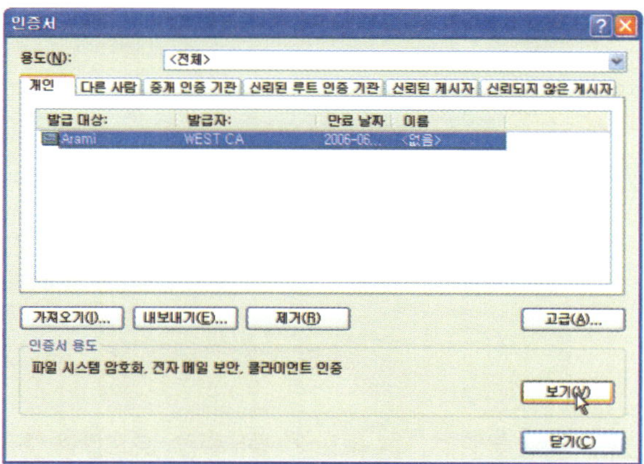

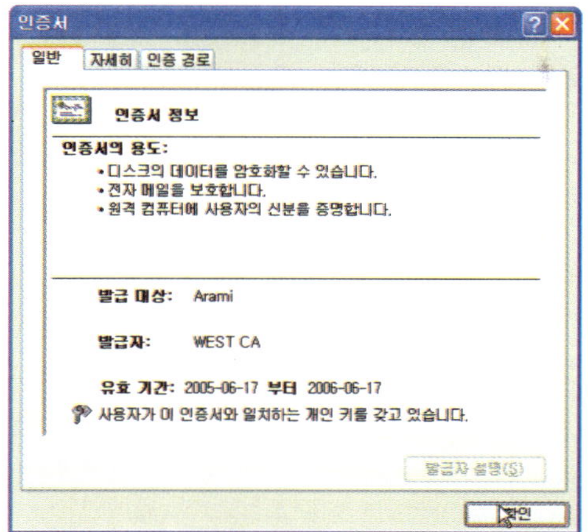

STEP 194 인증 서버에서도, [발급된 인증서]를 확인해서 Arami용 인증서가 발급되었음을 확인한다.

STEP 195 이 과정에서 전송된 PKCS#10 요청 메시지와 PKCS#7 응답 메시지를 분석한다.

10.25 MMC를 사용한 컴퓨터 인증서 발급/요청절차 실험

앞에서는 브라우저를 사용한 web enrollment 방식으로 Arami의 사용자 인증서를 발급받았다. 이번에는 MMC를 사용하여, AramiCom에 대한 시스템 인증서를 요청하고, 해지하는 과정을 시험하도록 한다. 이 절차는 반드시 Administrator 계정에서 수행되어야 한다. 물론, 사용자 인증서도 MMC를 사용하여 Administrator 계정으로 발급받을 수 있지만, 주체의 이름이 Insuni가 아니라 모호한 Administrator 명의로 발급되어 사용할 수 없음에 주의하라.

STEP 196 현재의 도메인 계정에서 logout하여, 다시 Administrator 계정으로 logon한다.

STEP 197 [실행] 창에서 [mmc]를 입력하여 [mmc]를 실행한다.

STEP 198 [파일] 메뉴에서 [스냅인 추가/제거]를 선택한다.

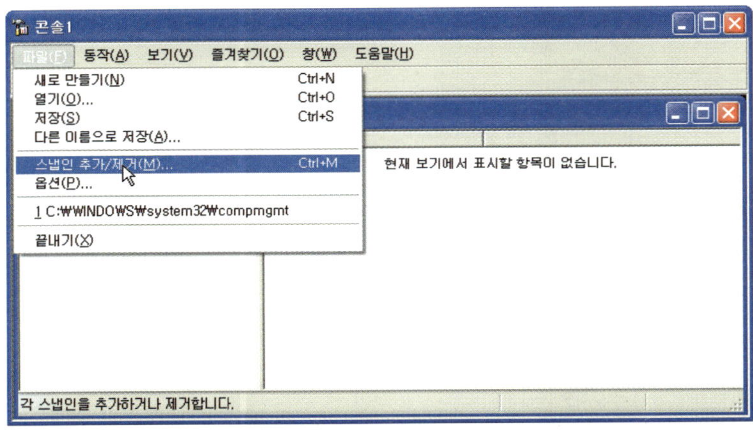

STEP 199 [스냅인 추가/제거] 창에서 [추가]를 클릭한다.

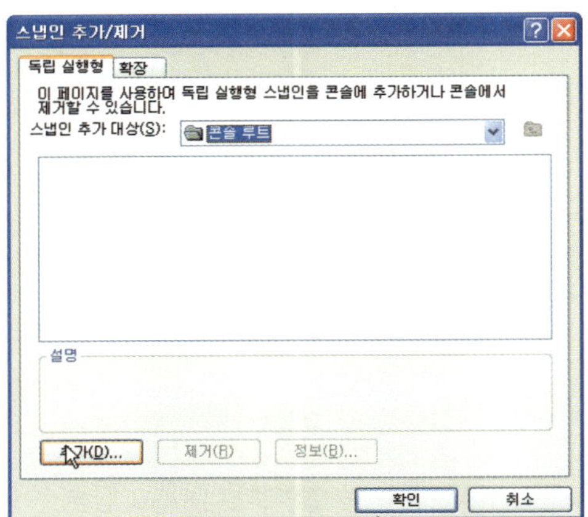

STEP 200 [독립 실행형 스냅인 추가] 창에서 [인증서] 항목을 [추가]한다.

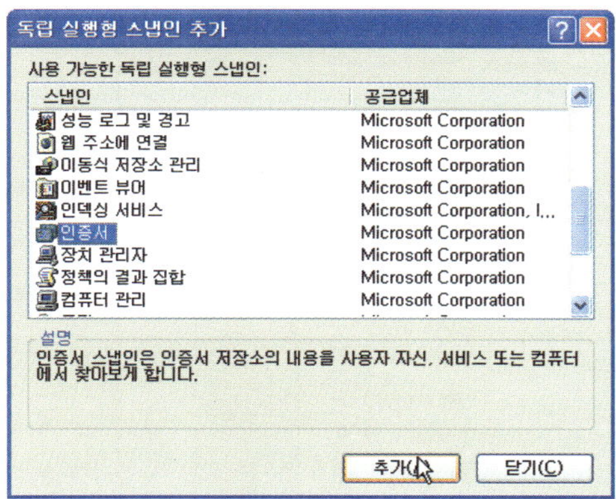

STEP 201 [인증서 스냅인] 창에서, 관리할 인증서 대상으로 [컴퓨터 계정]을 선택한다. 이 화면은 도메인 계정으로 로 그온하였을 때에는 볼 수 없던 창이다. 만약 이 화면이 표시되지 않는다면, InsuniCom을 logout하여, Administrator 계정으로 다시 logon하도록 한다.

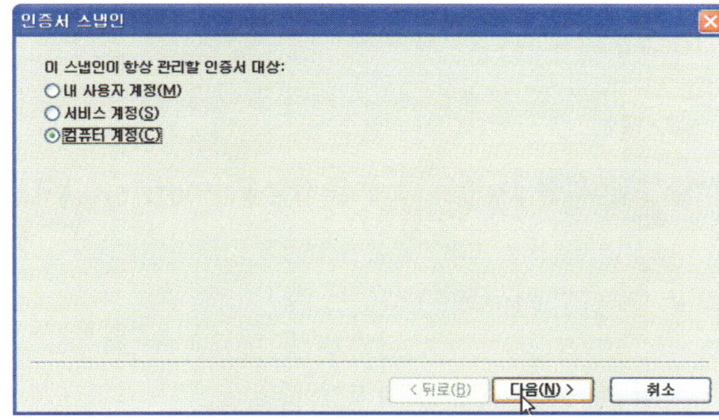

STEP 202 [이 스냅인이 관리할 컴퓨터를 선택하십시오]에서, "로컬 컴퓨터.."를 선택하고 마친다.

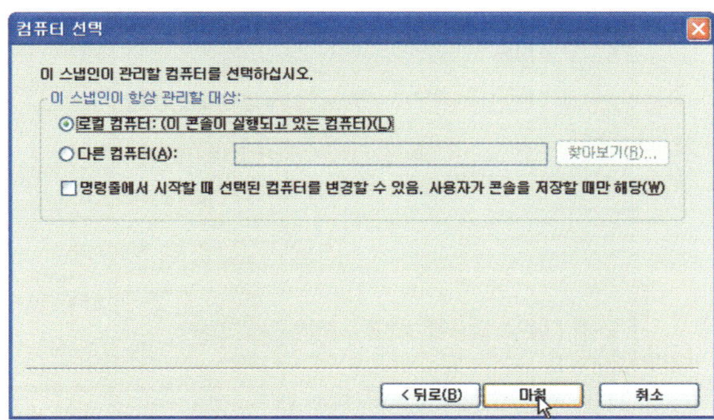

STEP 203 콘솔 루트 창의 [인증서(로컬 컴퓨터)] ➔ [개인] 항목에서 마우스 오른쪽 버튼을 클릭한다. 이어, [모든 작업] ➔ [새 인증서 요청]을 클릭한다.

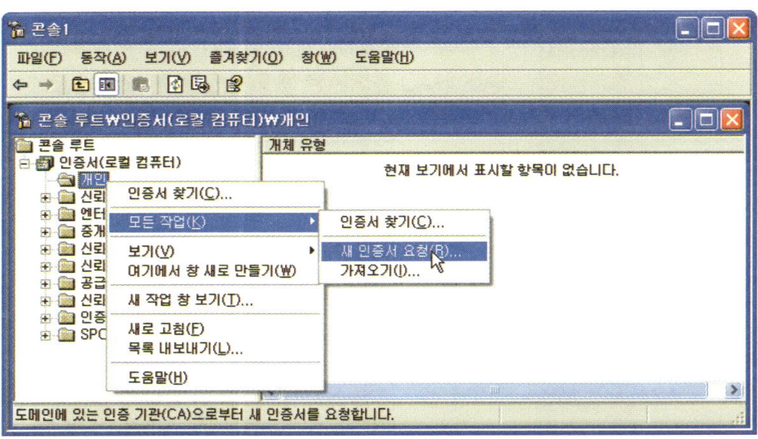

TIP : 만약 다음과 같은 오류가 표시되면, 컴퓨터 인증서를 검증할 루트 인증서가 없다는 의미이다.

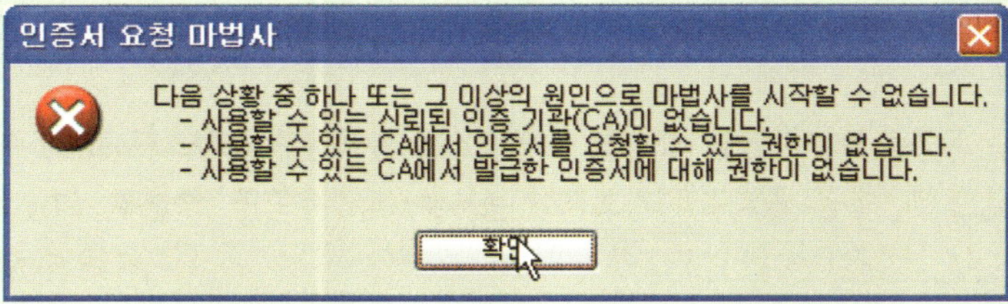

이 경우, 이전에 발급받았던 root인증서인 certnew.cer파일을 찾아서 가져오기를 한다. [새 인증서 요청]을 다시 시도한다.

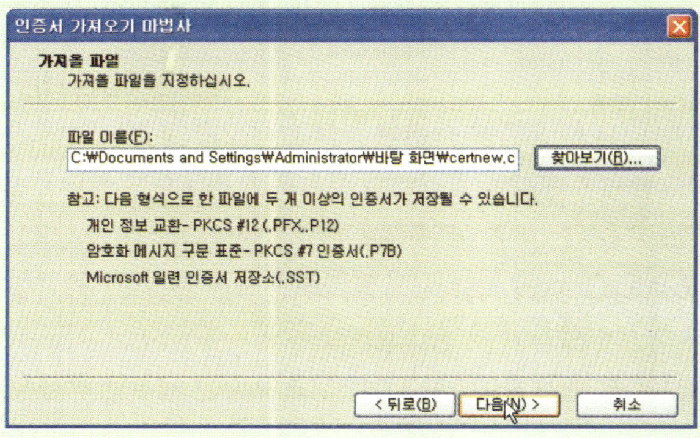

STEP 204 [새 인증서 요청]에 의해 인증서 요청 마법사가 시작된다.

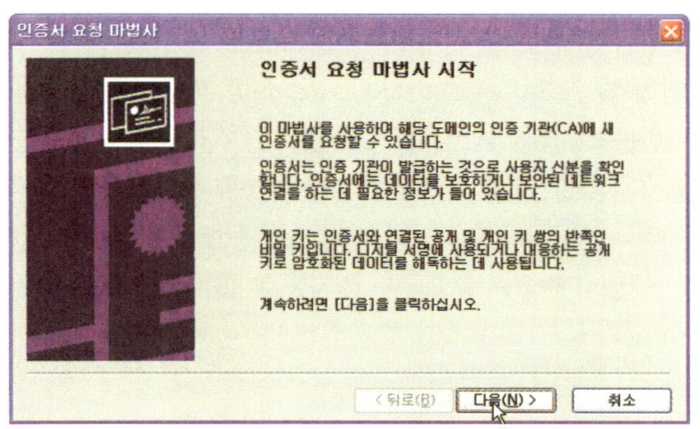

STEP 205 [인증서 종류]로 [컴퓨터] 속성을 지시할 것이다. 이것은 사용자 인증서가 아니라, 서버 및 클라이언트 인증용 컴퓨터 인증서임을 표시한다.

375

STEP 206 [이름]에 AramiCom 컴퓨터 이름을 설정하고 [다음]을 수행한다.

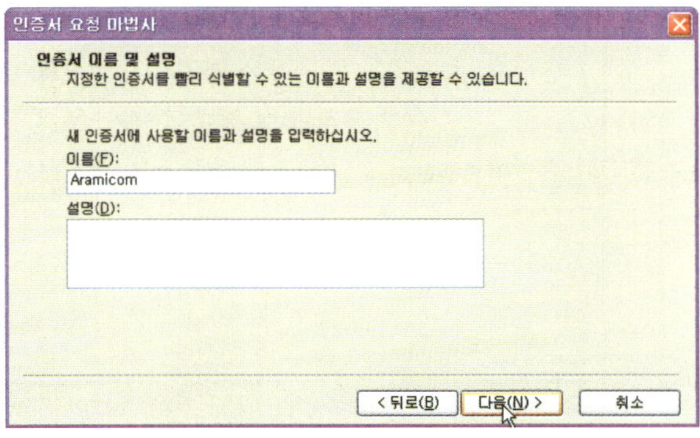

STEP 207 [인증서 요청 마법사 완료] 창이 뜨면, 요약 내용을 확인한 후, [마침]을 클릭한다.

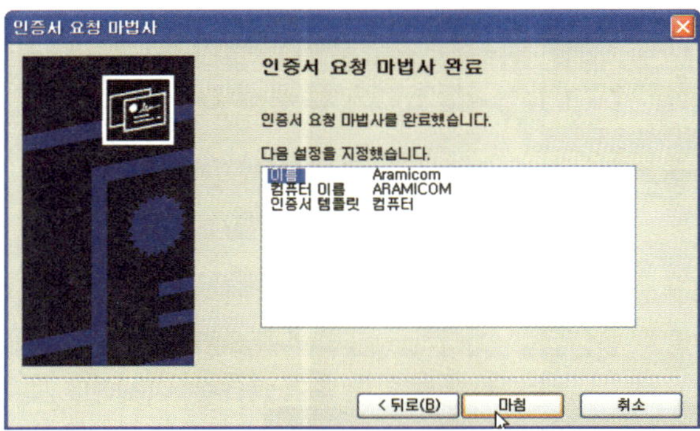

STEP 208 콘솔 루트 창의 [인증서(로컬 컴퓨터] 항목의 [개인] ➔ [인증서] 폴더에서 AramiCom 컴퓨터 인증서가 추가된 것을 확인한다.

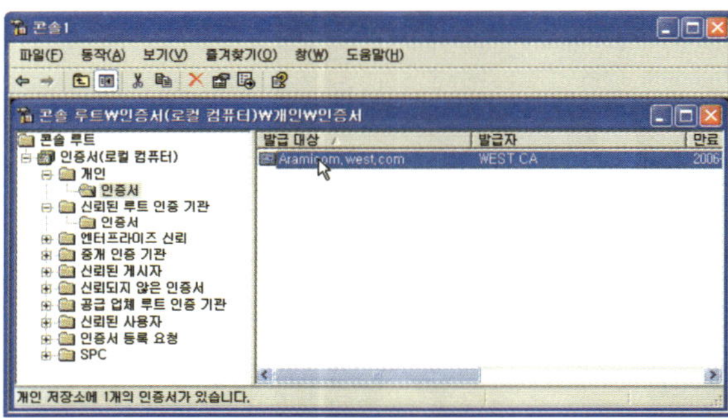

STEP 209 인증서의 내용을 확인한다. 특히 용도가 서버인증인지 확인한다. 비록 AramiCom이 서버로는 사용되지 않지만, InsuniCom은 앞으로 TLS 웹 서버, EAP-TLS, PEAP 등의 서버용으로 사용될 것이므로, InsuniCom은 반드시 이러한 컴퓨터 인증서를 확보하여야 한다.

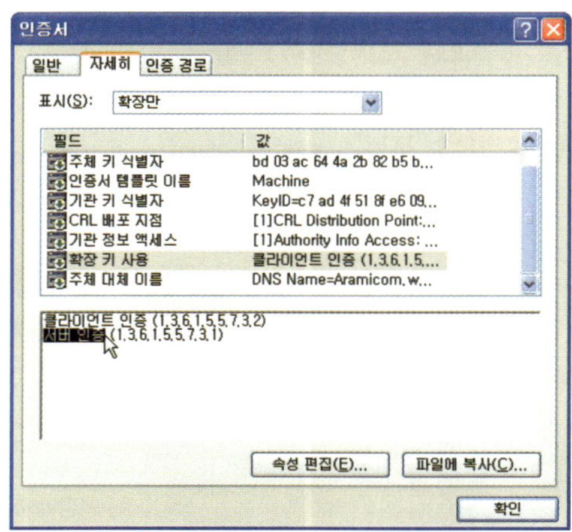

10.26 Web Enrollment에 의한 서버 인증서 발급/요청절차 실험

앞에서는 MMC를 사용하여 AramiCom의 컴퓨터 인증서를 발급받았다. 이 컴퓨터 인증서는 용도가 클라이언트 인증뿐만 아니라 서버인증도 동시에 하는 것이다. 이번에는 Web enrollment 방법을 사용하여, InsuniCom에 대한 서버인증 용도에만 사용되는 서버 인증서를 받도록 한다.

STEP 210 Insuni의 바탕화면의 [시작] ➡ [실행]을 클릭한 후, [실행] 창에서 인증서버 접속을 위한 "http://darongicom/certsrv"를 입력하고, "인증서 요청"을 선택한다. 이후 표시되는 [인증서 요청] 창에서 "고급 인증서 요청"을 클릭한다.

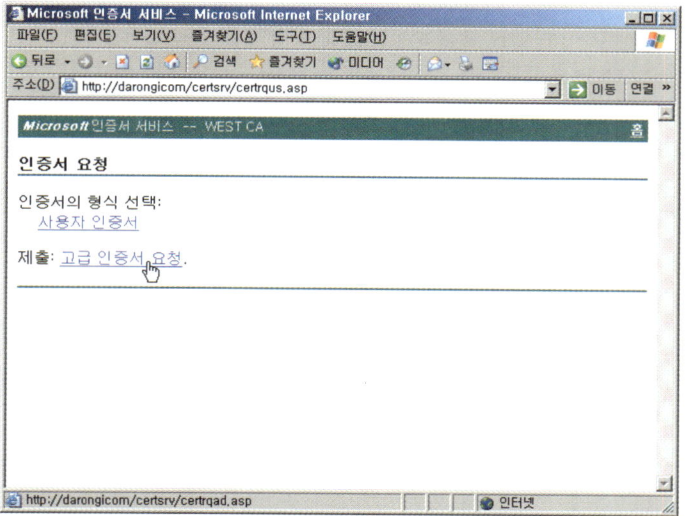

STEP 211 [고급 인증서 요청] 창에서 "이 CA에 요청을…"을 선택한다.

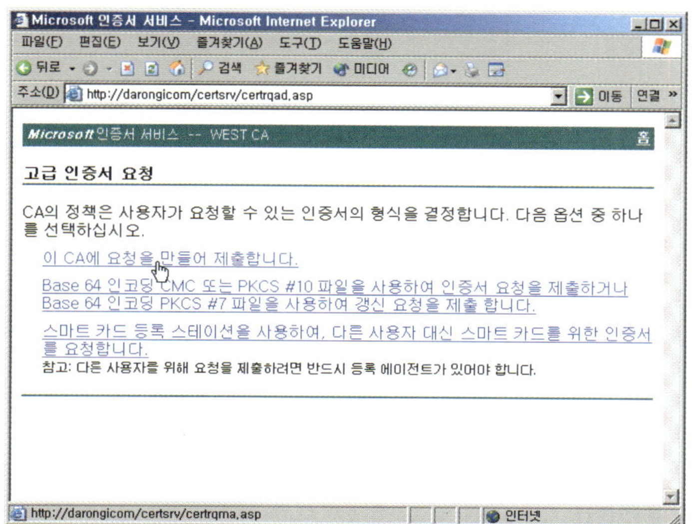

STEP 212 "인증서 탬플릿"에서 [웹 서버]를 선택한다. 이것은 웹 서버용을 지칭하는 것 뿐만 아니라, 일반적인 서버용 인증서용으로 사용 가능하다. 그리고 필요한 정보를 그림과 같이 입력한 후, "제출"을 클릭한다.

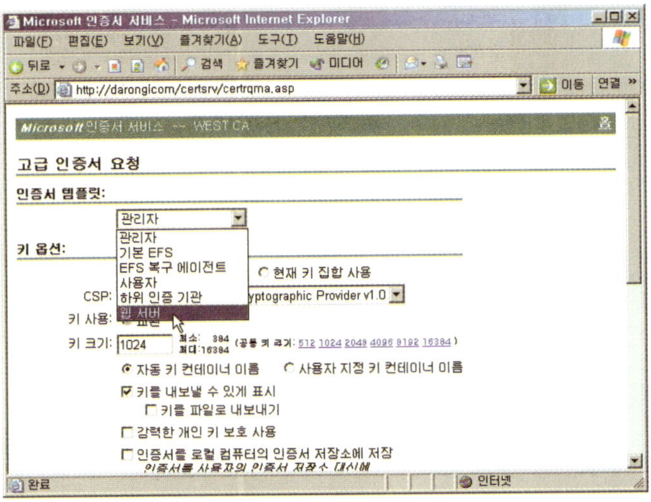

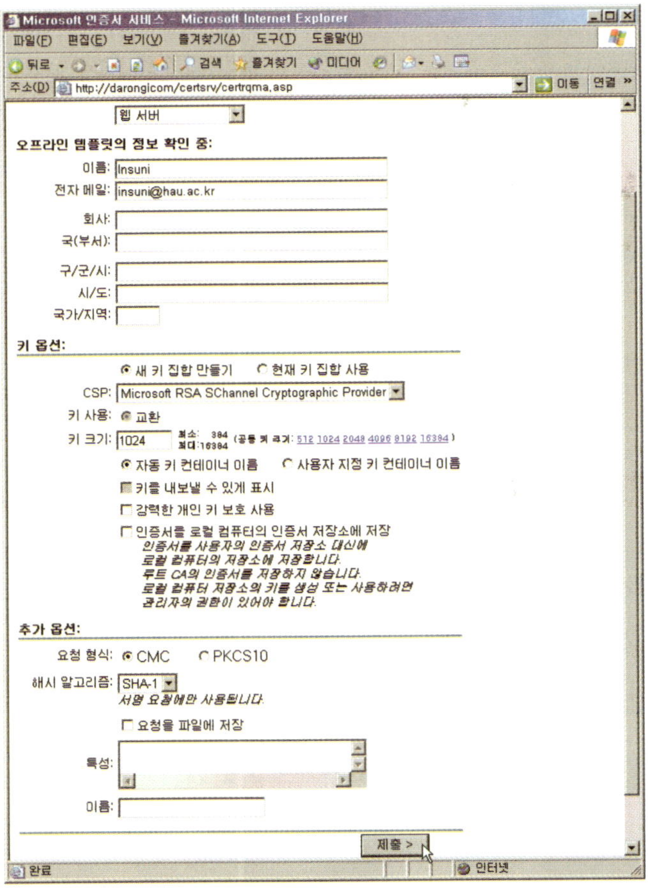

STEP 213 경고 창은 무시하면서, 인증서 발급을 요청한다.

STEP 214 드디어 인증서가 발급되었다고 표시되면, 설치한다.

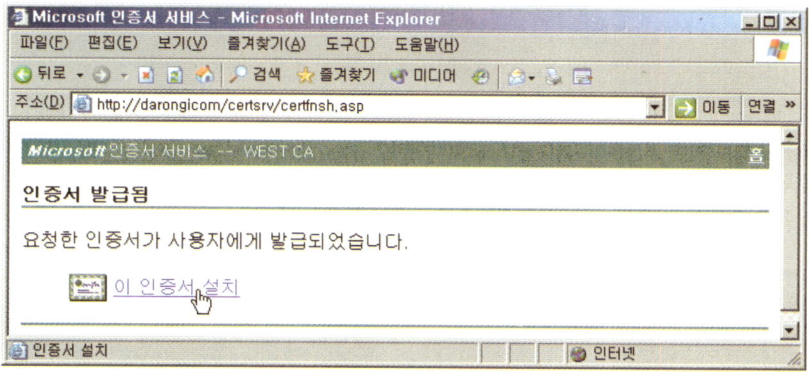

STEP 215 발급된 인증서의 내용을 브라우저에서 확인한다.

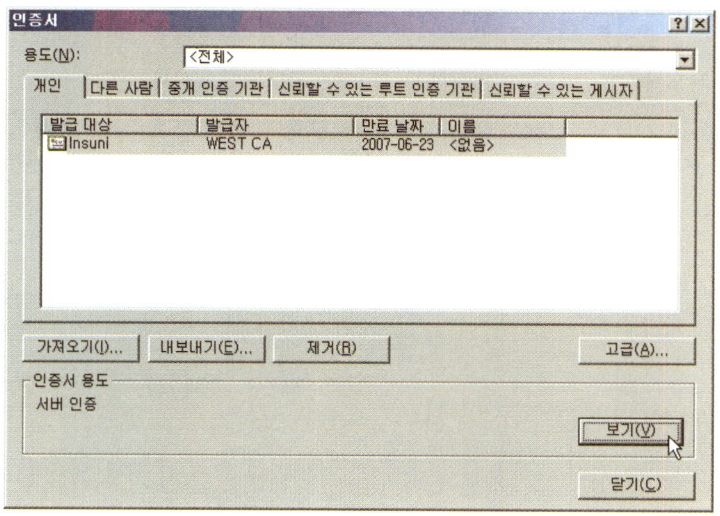

STEP 216 발급된 인증서의 용도가 "서버 인증"인지 확인한다.

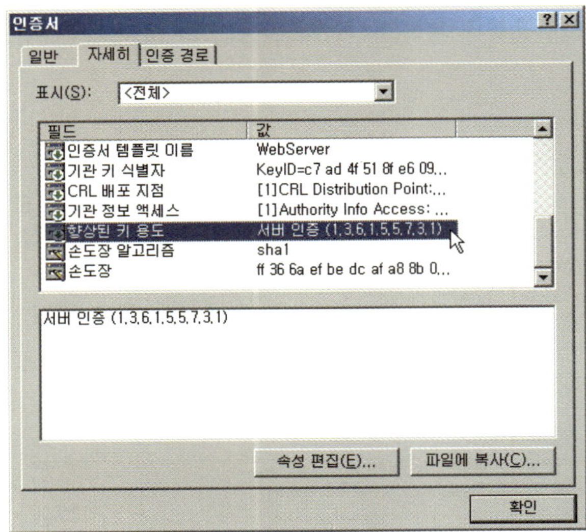

STEP 214 DarnogiCom 인증서버의 WEST CA에서, 발급된 인증서를 확인한다.

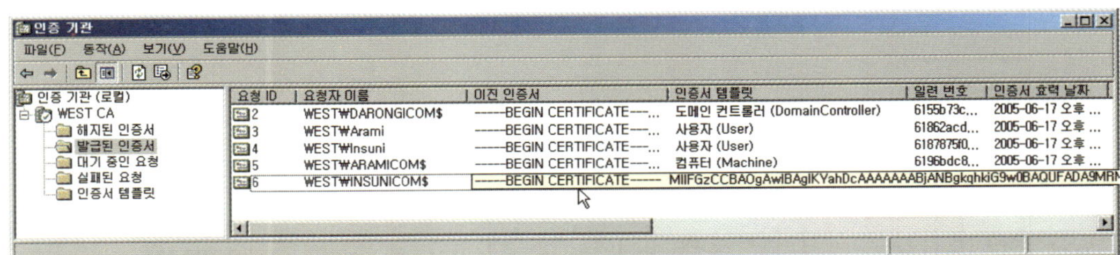

10.27 참고 : Arami 사용자 인증서 발급(고급 인증서 요청 방법)

앞에서, InsuniCom의 서버인증서를 web-enrollment로 발급받았다. 유사한 방법으로, "고급 인증서 요청"시 인증서 템플릿을 [사용자]로 선택하여 Arami의 사용자 인증서를 발급받을 수 있다.

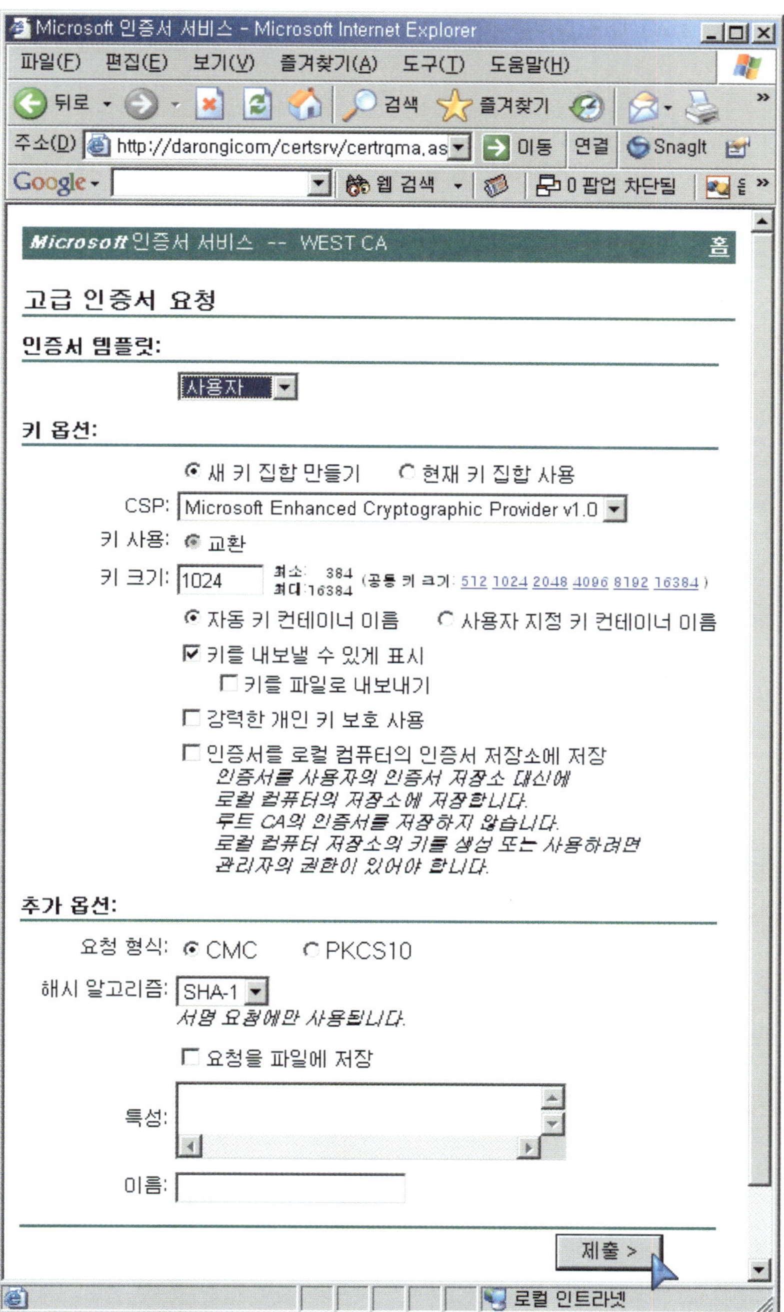

10.28　인증서 해지

사용자가 자신의 인증서를 관리해야 할 경우에는 MMC용 인증서 관리자 스냅인의 보안 기본 설정 대화 상자를 사용해 관리할 수 있다. 이를 위하여, 관리자가 인증서를 마우스 오른쪽 버튼으로 클릭하고 "인증서 해지…" 명령을 선택하여 인증서를 해지하면 된다.

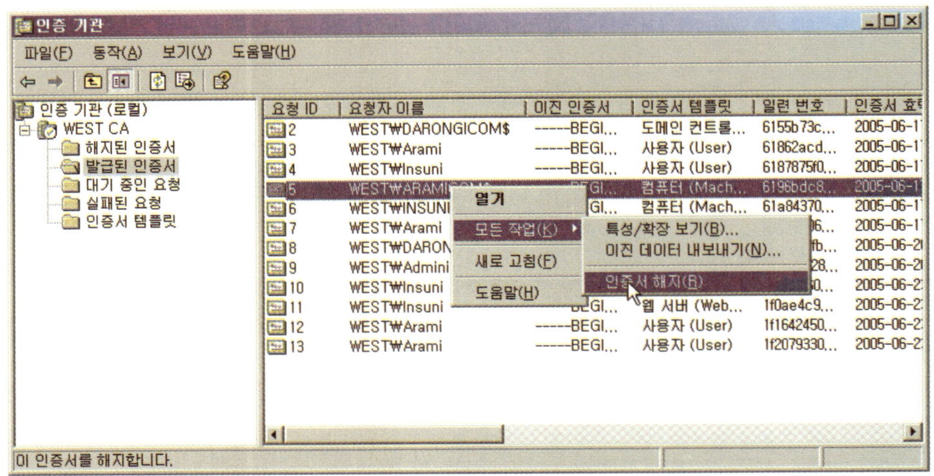

10.29　인증서 내보내기 실험

생성된 인증서를 파일 형태로 export하는 과정은 다음과 같다.

STEP 218　[인증서 내보내기 마법사]를 시작한다.

STEP 219　저장할 인증서 파일 형식을 선택한다. 여기서는 DER로 인코딩하도록 한다.

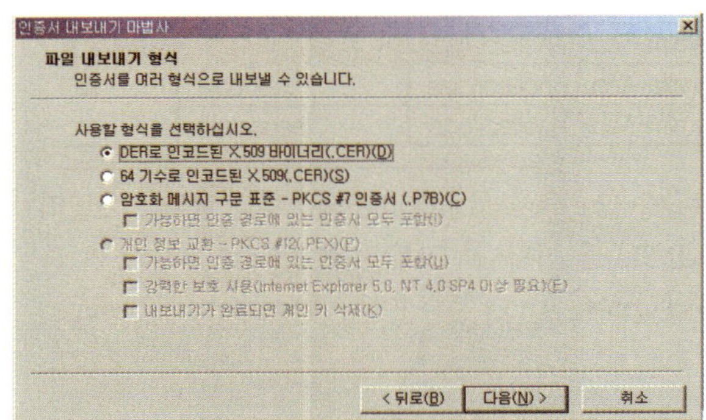

STEP 220 생성된 인증서 파일은 ex1.cer이며, 개인 키는 수납되어 있지 않다.

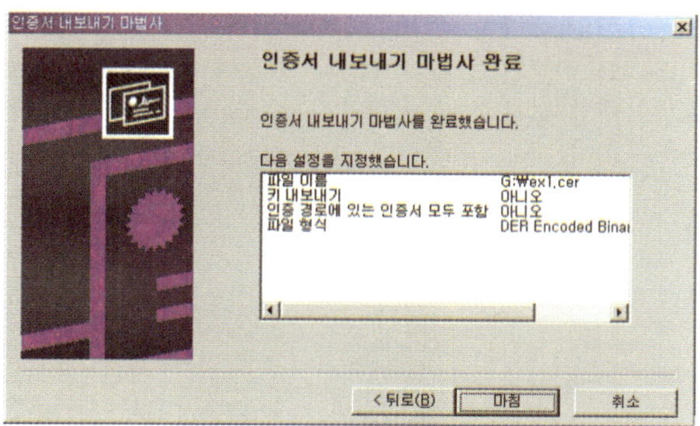

10.30   인증서 가져오기 실험

인증서가 저장된 플래시 메모리로부터 클라이언트 시스템에 불러오는 과정은 다음과 같다.

STEP 221 해당 인증서를 클릭하면, [인증서 가져오기 마법사]가 시작된다.

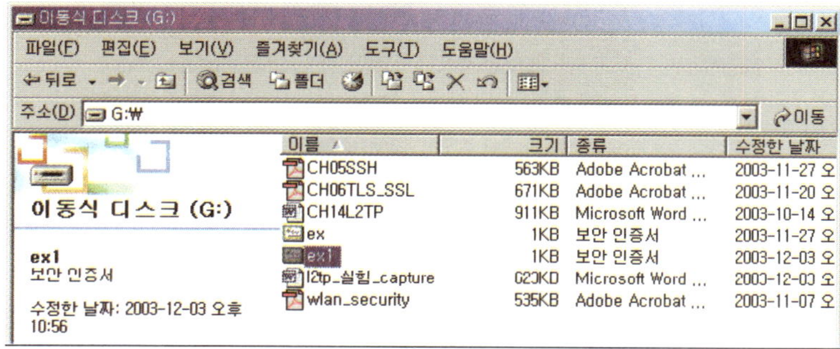

STEP 222 인증서 가져오기 마법사의 [인증서 저장소]를 "자동"으로 설정한다. 이 인증서의 용도에 따라 적절한 폴더에 보관된다.

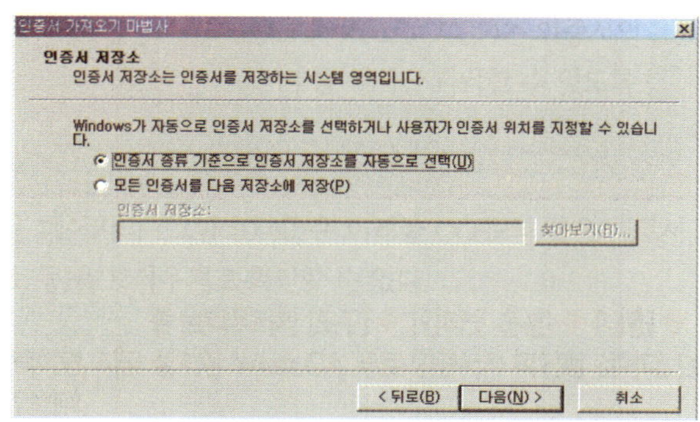

10.31 개인 키와 인증서를 함께 내보내는 과정(PKCS#12) 실험

PC를 새로운 PC로 교체할 때 자신의 인증서와 이에 관련된 개인 키를 모두 export할 필요가 있다. 이 경우, export결과 이전 컴퓨터에는 자신의 개인 키도 삭제하여야 한다. 이러한 export 방법에 대한 절차는 PKCS#12로 규정되어 있으며, 결과적인 파일은 *.pfx 형식을 가진다. 이 절차를 시험하도록 한다.

user로 로그인 한 경우, 다음 절차에 따라 수행한다.

STEP 223 [command] 창에서 mmc.exe를 실행한다.

STEP 224 콘솔 메뉴를 선택하고, [추가/삭제 스냅인]을 선택한다.

STEP 225 [독립실행형 스냅인 추가] 창에 있는 [인증서]를 선택하고, [추가]를 클릭한다.

STEP 226 내 사용자 계정]을 선택한 후, [마침]을 클릭한다.

STEP 227 [추가/삭제 스냅인] 창에서, [OK]를 클릭하면, 관리자에 대한 사용자 인증서 트리가 표시된다. 여기서, 다음 그림과 같이 [인증서] 항목을 선택하고, 오른쪽 창에 해당 관리자의 인증서가 표시된다. 이 예에서는 루트 인증서인 경우이다. 마우스의 오른쪽을 클릭하면서 [모든 작업] ➜ [내보내기]를 선택한다.

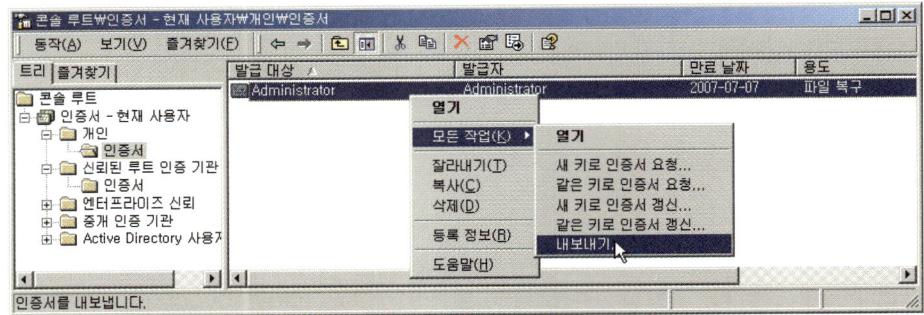

STEP 228 [인증서 내보내기 마법사] 창이 표시되면, [다음]을 클릭하다.

STEP 229 [인증서 내보내기 마법사]의 [개인 키 내보내기] 창에서 [예]를 선택하고 [다음]을 클릭한다.

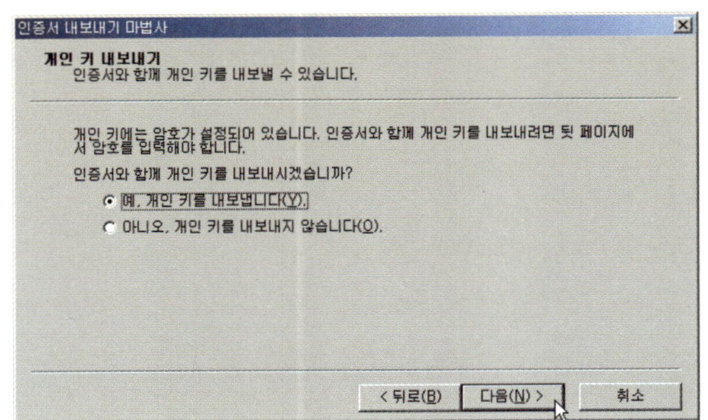

STEP 230 [파일 내보내기 형식] 창에서 pFX 형식으로 내보내면서 완료되면 개인 키를 삭제하도록 한다.

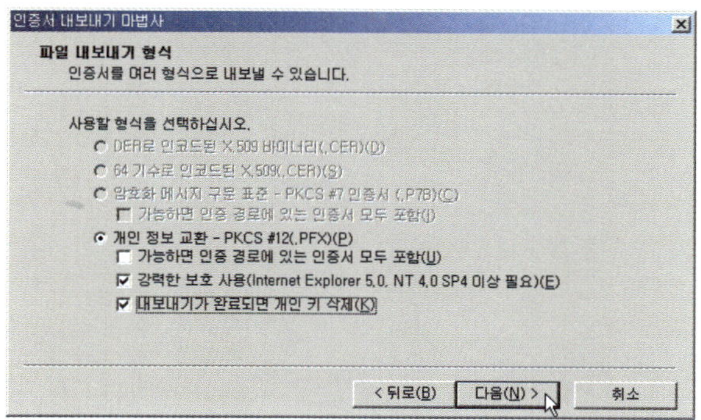

STEP 231 [파일 내보내기 형식] 창에서 pFX 형식으로 내보내면서 완료되면 개인 키를 삭제하도록 한다.

STEP 232 PFX 파일을 나중에 읽어드릴 때 필요한 암호를 설정하여 입력하고 [다음]을 클릭한다.

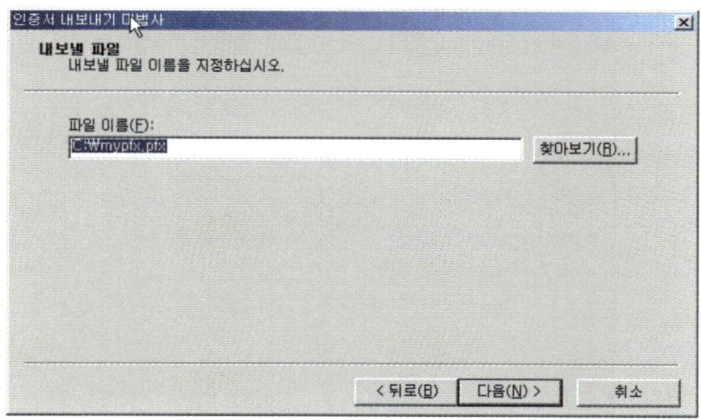

10.32 참고 : Auto-enrollment

오프라인인 경우의 인증서 발급은 PKCS#10 인증서 요청 형식에 따른 파일을 작성하여, 이것을 디스켓에 담아 CA 시스템에 가져가서 이 파일을 처리하여 얻어지는 PKCS#7 형식에 따른 인증서 파일을 생성하고, 이것을 다시 사용자 시스템에 가져와서 설치해야 한다.

윈도우 XP와 2003의 경우, 사용자와 컴퓨터에 대한 인증서를 자동으로 등록하는 기능이 있는데, 이것을 auto-enrollment기능이라고 한다.

사용자는 도메인에 로그인하거나, 시스템이 부팅할 때, 자동으로 액티브 디렉터리에 이 시스템이나 사용자에 대한 인증서를 요청하여 시스템에 저장한다. 물론, 액티브 디렉터리 설정시, 자동 인증서 발급 기능을 설정해 두어야 한다.

이러한 사용자 인증서에 대한 자동등록 및 발급기능은 액티브 디렉터리 서비스 환경에서 smart card logon, SSL, S/MIME 등의 인증서가 필요한 PKI 응용에 편리하다.

연습 문제

[1] 루트 인증서에 대한 설명 중 틀린 것은?

(a) Issuer와 Subject가 다르다.

(b) CA의 공개 키가 수납되어 있다.

(c) 서명 부분은 CA의 개인 키로 서명되어 있다.

(d) 루트 인증서의 서명을 확인하기 위해서는 CA의 공개 키가 필요하다.

[2] 인증서에 포함되지 않는 것은?

(a) Issuer

(b) Subject

(c) 공개 키 정보

(d) 개인 키 정보

(e) 유효기간

(f) 키 용도

(g) 서명

[3] 인증서에 대한 설명 중 틀린 것은 (2개)?

(a) 인증서에 포함된 공개 키는 평문이다.

(b) 서명 부분은 Subject의 개인 키로 서명되어 있다.

(c) 기본적으로 BER로 인코딩된다.

(d) 인증서의 모든 영역이 암호화된다.

[4] CMS에서 규정된 포장 형식이 아닌 것은?

(a) signed-data

(b) enveloped-data

(c) digested-data

(d) encrypted-data

(e) data

(f) authentication-data

(g) signed-and-enveloped-data

[5] CMS에 대한 설명이 틀린 것은?

(a) enveloped-data는 conent를 암호화한다.

(b) enveloped-data는 임의로 생성한 CEK를 암호화하여 상대방에게 전달한다.

(c) digested-data는 conent에 대한 HMAC을 수행하며, 이때 필요한 HMAC키도 함께 전달한다.

(d) encrypted-data는 CEK가 포함되어 있다.

[6] PKCS#7과 CMS에 대한 설명이 틀린 것은?

(a) 메시지의 포장 형식을 규정한 것이다.

(b) signed-data 형식은 인증서를 수납하는 영역도 있다.

(c) signed-data 형식의 서명 부분은 서명자의 공개 키로 암호화된다.

(d) enveloped-data 형식은 Content-Encryption-Key(CEK)로 Content 부분을 암호화한다.

(e) enveloped-data 형식에서 사용하는 CEK를 수신측 RSA 공개 키로 암호화하여 전송할 수도 있다.

(f) enveloped-data 형식에서 사용하는 CEK를 Diffie-Helman 키로 암호화하여 전송할 수도 있다.

(g) enveloped-data 형식에서 사용하는 CEK를 PSK로 암호화하여 전송할 수도 있다.

[7] PKCS#10과 CRMF에 대하여 틀린 것은?

(a) 모두 인증서 발급 요청시 사용하는 메시지의 형식이다.

(b) 이에 대한 응답 메시지도 규정되어 있다.

(c) Subject 이름과 subject의 공개 키도 함께 요청된다.

(d) PKC#10의 경우, Subject의 개인 키로 서명한 서명값도 전송된다.
(e) CRMF 메시지는 CMP나 CMS에 수납되어 전송된다.

[8] 인증서를 export할 때의 파일 형식이 아닌 것은?

(a) PKCS#12

(b) PKCS#7/CMS

(c) Base64 Encoded X.509

(d) DER encoded binary X.509

(e) PKCS #10

[9] 인증서를 export할 때의 개인 키도 함께 저장되는 방법은?

(a) PKCS#12

(b) PKCS#7/CMS

(c) Base64 Encoded X.509

(d) DER encoded binary X.509

(e) PKCS #10

[10] PKI의 구성요소를 모두 골라라.

(a) CA

(b) RA

(c) Certificate

(d) Directory Server

[11] 윈도우 2003의 경우, 암호화된 개인 키는 어디에 보관되어 있는지 확인하라.

[12] 자신의 보안메일(S/MIME)용 인증서의 내용을 IETF의 PKIX 워킹그룹에서 구현한 ViewBER 프로그램을 사용하여 디코딩한 후, 이 인증서의 내용을 분석하라.

[13] MIME형식, 즉, Base64로 인코드된 X.509(.CER) 형식의 인증서 파일을 열어 DER형식의 인증서 파일로 변환하는 프로그램을 작성하라.

제 10 장 X.509 인증서와 PKI

387

Mamo.

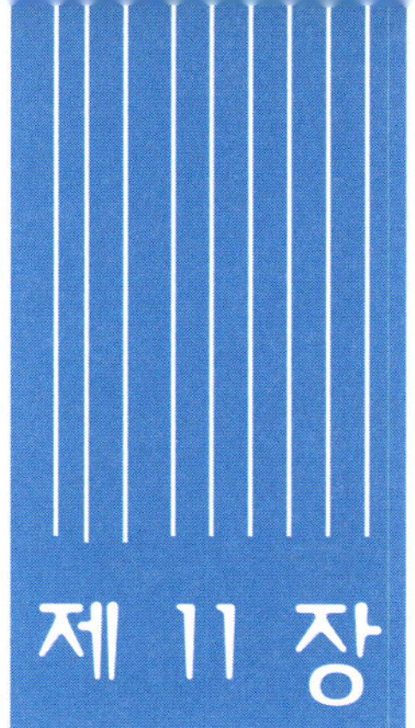

제 11 장

TLS와 SSL

11.1 관련 표준

- RFC 2246, The TLS Protocol Version 1.0, 1999.
- SSLv2, http : //wp.netscape.com/eng/security/SSL_2.html, Netscape, 1995.
- SSL 3.0, http : //wp.netscape.com/eng/ssl3/, Netscape, 1996.
- RFC 2716, PPP EAP TLS Authentication Protocol, 1999.
- RFC 3546, TLS Extensions, 2003.

11.2 TLS와 SSL의 개요

넷스케이프사에서 1994년 7월에 처음으로 개발한 Secure Socket Layer(SSL) v1.0은 HTTP와 같은 응용계층 프로토콜들에 대한 암호화를 지원하는 트랜스포트계층에서의 보안 프로토콜이다. 1994년 12월에 개량된 SSL v2.0이 연속 발표되었으며, 1년 뒤인 1995년 11월에 최종 버전인 3.0 버전이 발표되었다.

그리고, Transport Layer Security(TLS)는 SSL 3.0을 기초로 IETF에서 1999년에 RFC2246 표준으로 만든 것으로서, SSL 3.0과 유사하지만 호환은 되지 않는다. 이러한 TLS/SSL은 다음과 같은 기능을 제공한다.

- 메시지의 압축
- 변조 방지된 종단간 연결로 제공 : HMAC에 의한 메시지 무결성 제공
    - HMAC-MD5
    - HMAC-SHA-1
- 인증서를 이용한 서버 및 클라이언트의 상호인증
- 암호용 공유 비밀 키 설정
    - RSA 공개 키 교환 방식
    - Diffie-Helman 키 교환 방식
- 관용키에 의해 암호화된 종단간 연결로 제공 : 스트림 또는 블록 암호화 방식 사용

- 스트림 암호화 : 40비트와 128비트의 RC4
- 블록 암호화 : IDEA, 40비트와 56비트의 DES, 168비트의 3DES

이러한 기능을 사용한 TLS/SSL의 기본동작은 〈그림 11.1〉과 같다.

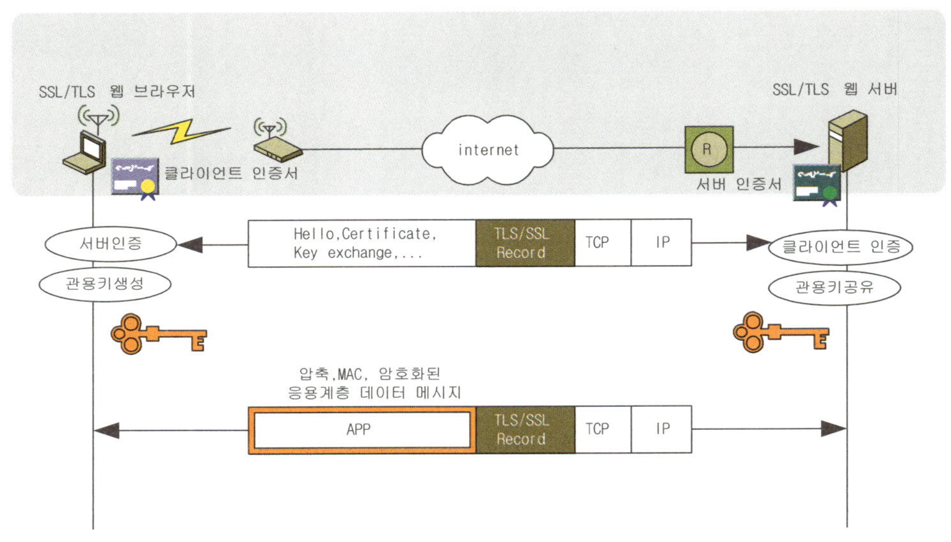

〈그림 11.1〉 TLS/SSL의 동작 개요

본 장에서는 제 12 장에서 다룰 Robust Secure Network을 위한 IEEE 802.11i 표준에서 기본적으로 사용되는 상호인증 프로토콜인 TLS/SSL를 구성하는 제어 프로토콜인 Handshake, Change Cipher Spec, Alert 메시지와 응용계층 메시지들을 수납하는 공통의 Record 프로토콜 메시지에 대하여 소개한다. 또한, 윈도우 2003 웹 서버에 TLS 서버 기능을 설정하여 TLS/SSL의 동작과정을 분석하도록 한다.

11.3 TLS/SSL용 프로토콜의 종류와 동작

TLS는 〈그림 11.2〉와 같이, TCP위에 위치하는 레코드 프로토콜과 이 레코드 프로토콜을 이용하는 Handshake, Change Cipher Spec, Alert 등의 TLS 전용 제어 프로토콜로 구성된다. 응용계층 프로토콜들은 TLS에 의해 협상된 압축, 암호 그리고 MAC 알고리듬에 의해 설정된 보안연결을 통하여 전송된다.

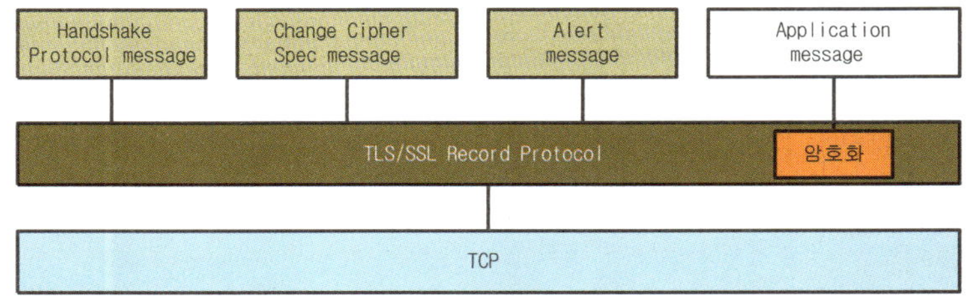

〈그림 11.2〉 TLS/SSL의 계층구조와 프로토콜의 종류

각 프로토콜의 기본 기능은 다음과 같다.

① **레코드 프로토콜** : TLS 레코드 프로토콜의 상위계층인 Handshake, Change Cipher Spec, Alert 등의 제어 메시지와과 응용계층 메시지를 수납하는 프로토콜이다.

② Handshake **프로토콜** : 서버와 클라이언트간의 상호인증을 수행하고, 암호화 알고리듬과 이에 따른 키 교환과정시 사용된다. 협상 내용은 다음과 같다.

- 관용키 교환 방식 협상
- 관용키 암호 방식 협상
- HMAC 방식 협상
- 압축 방식 협상

③ Change Cipher Spec **메시지** : Handshake 프로토콜에 의해 협상된 압축, MAC, 암호화 방식이 이후부터 적용됨을 상대방에게 알릴 때 사용된다.

④ Alert **메시지** : Handshake 과정에서, 상대방이 제시한 암호화 방식을 지원할 수 없는 경우 등에 대한 오류 정보를 상대방에게 알릴 때 사용된다.

⑤ Application **메시지** : Handshake 프로토콜에 의한 협상 완료시, 보호되어 전송된다.

이러한 5가지의 프로토콜 또는 메시지를 사용한 TLS/SSL의 동작은 다음 페이지의 〈그림 11.3〉과 〈그림 11.4〉와 같이 키 교환 방식에 따라 다르다. 이러한 동작은 크게 다음과 같이 구분된다.

- **협상과정** : 지원가능한 알고리듬들을 협상한다. 키 교환 방식(diffie-helman이나 RSA 공개 키 방식), 암호 및 MAC 그리고 압축 방식을 협상한다.
- Premaster **비밀값의 공유 과정** : 이 과정은 키 교환 방식에 따라 다르다.
    - RSA 공개 키 방식 : 클라이언트가 랜덤하게 생성한 premaster 비밀값 K를 서버의 RSA 공개 키값 {e,n}으로 암호화하여 서버에 전달함으로써, 클라이언트와 서버간에 공유한다.
    - Diffie-Helman 키 교환 방식 : 서버의 Diffie-Helman 공개값 Ys가 수납된 인증서를 클라이언트가 수신하여 K를 생성한다. 클라이언트도 자신의 Diffie-Helman공개값 Yc를 별도의 key_exchange 메시지에 수납하여 서버에게 전달함으로써, 이 값으로부터 서버도 동일한 premaster 비밀값 K를 생성하게 된다.
    - 이외에도, ephemeral Diffie-Helman, anonymous Diffie-Helman 등의 다양한 키 교환 방식이 사용된다.
- **공유** premaster **비밀값 K에 의한 대칭 키 생성 과정** : 쌍방이 공유하는 premaster 비밀값 K로부터 TLS master secret(TMS)값을 생성하고, 이로부터 메시지 암호 및 MAC용 대칭키를 생성한다.
- Change_Ciper_Spec **메시지로 협상완료 통지 과정** : 이후 부터의 모든 메시지는 이 키에 의해 암호화됨을 알린다. 이에 대하여, 마지막으로 암호화된 Finished 메시지를 검증용으로 전송하여, 지금까지 협상된 모든 암호 및 인증용 키 값들이 유효한지를 검사하도록 한다.
- **암호화된 메시지 전송과정** : 생성된 암호용 대칭키를 사용하여 암호화된 메시지를 전송한다.

1_ 물론, 서버의 공개 키는 서버의 인증서에 수납된 것을 사용한다.

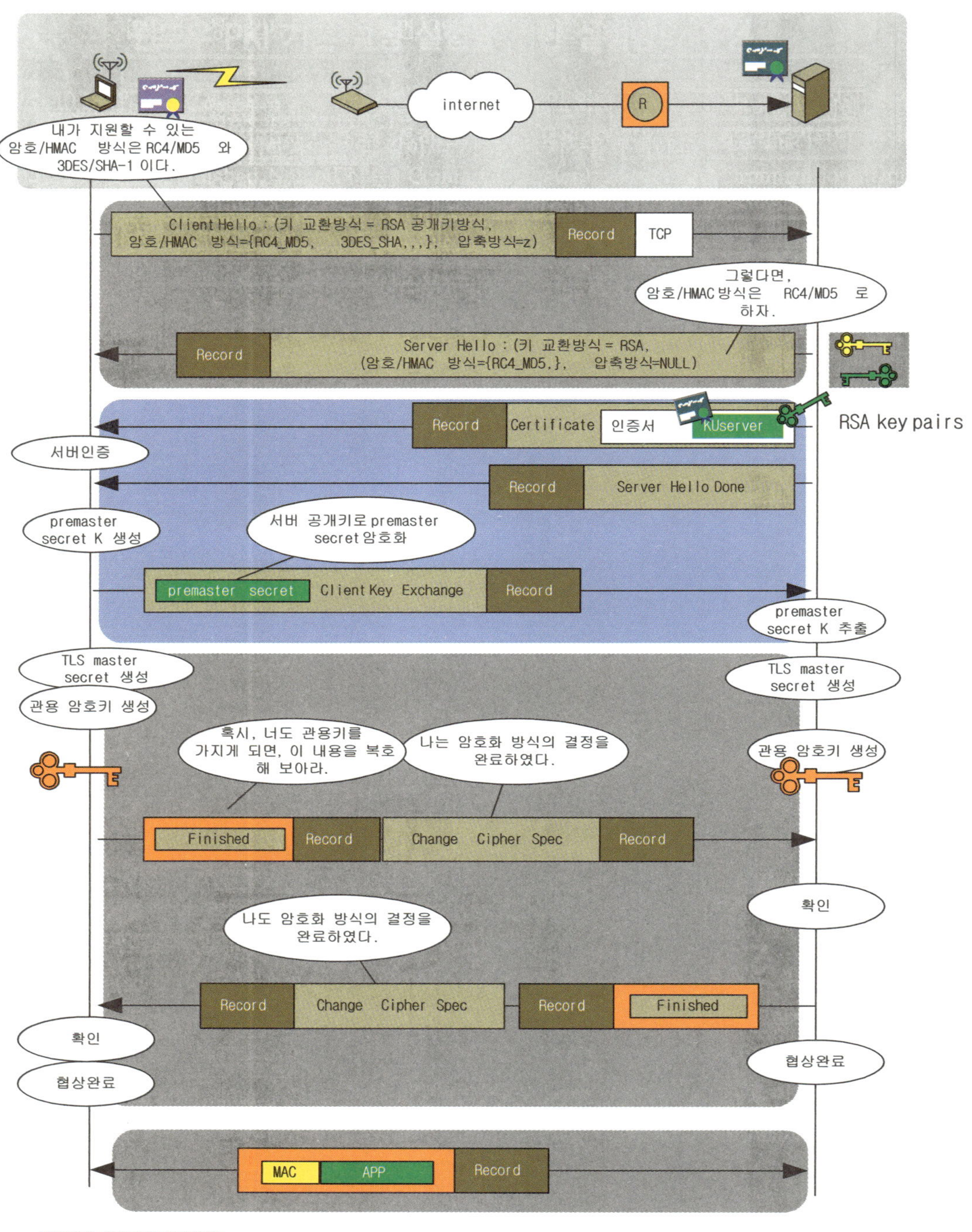

〈그림 11.3〉 RSA 공개 키 방식에 의한 TLS 동작절차의 예(서버인증만 수행하는 경우)

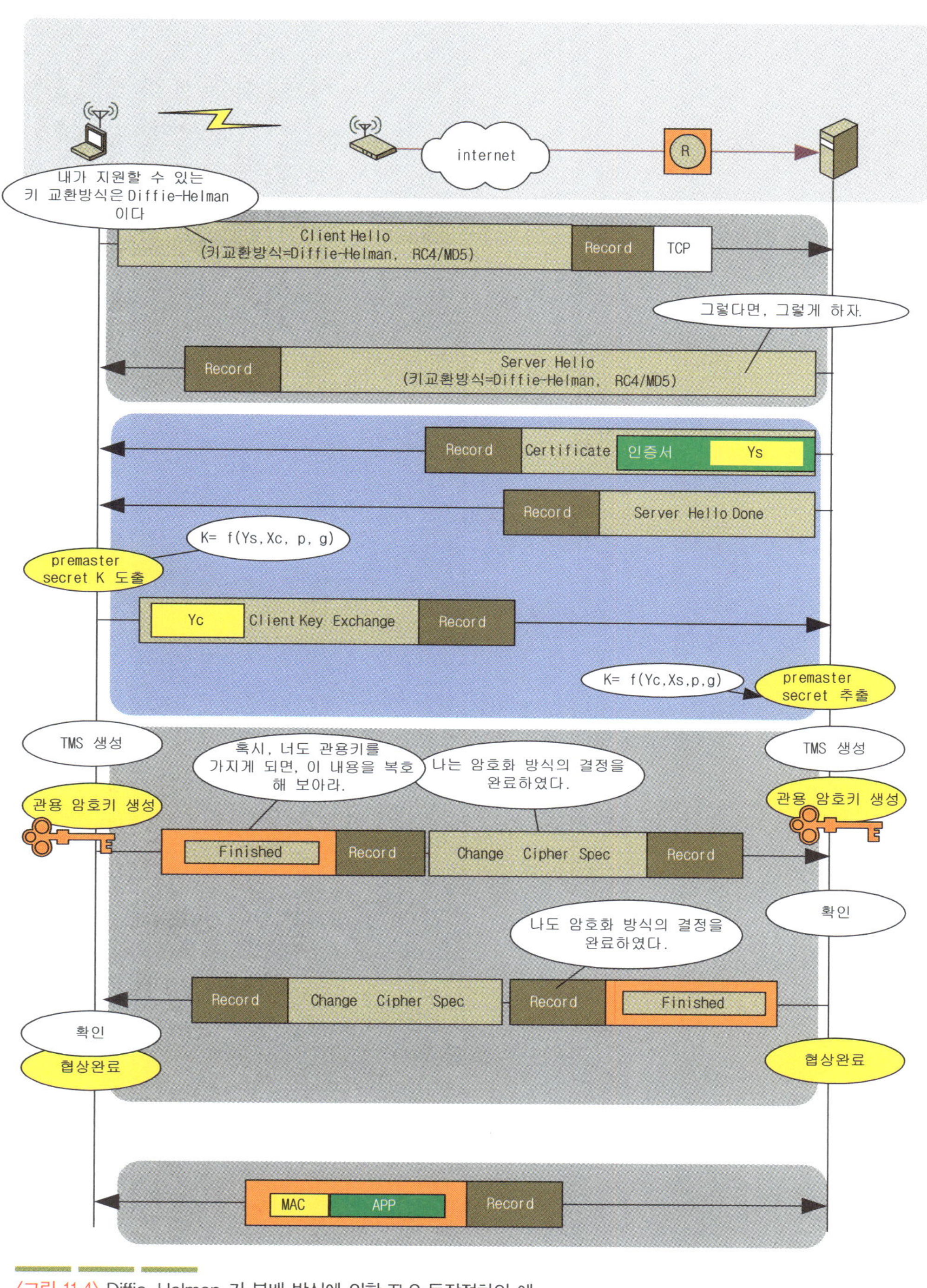

393

〈그림 11.4〉 Diffie-Helman 키 분배 방식에 의한 TLS 동작절차의 예

이러한 TLS/SSL을 사용하는 경우, 다양한 종류의 상위 응용 프로토콜들은 〈그림 11.5〉와 같은 전용 TCP 포트를 사용한다.

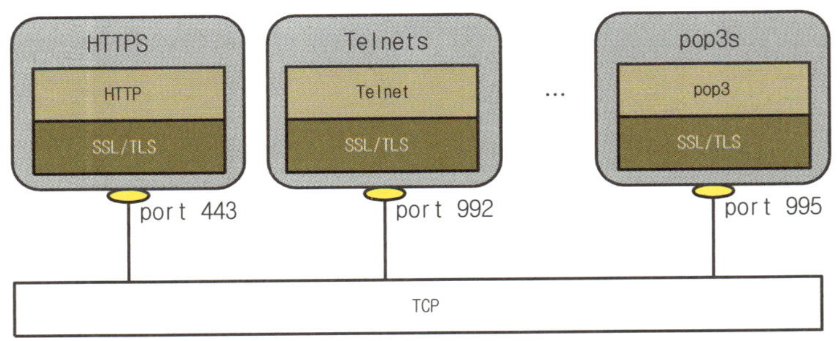

〈그림 11.5〉 SSL/TLS용 TCP 포트의 종류

11.4 TLS 레코드 계층의 동작과 프로토콜의 형식

(1) 레코드 계층의 동작

TLS 레코드 계층의 상위계층인 handshake, change cipher spec, alert 등의 부가적인 제어 프로토콜들을 보안성이 유지되며 전송될 수 있도록 한다. 이를 위하여, 레코드 계층에서는 다음과 같은 4가지의 동작을 수행한다.

- 메시지 분할
- 메시지 인증
- 압축
- 메시지 암호

즉, 전송될 상위계층 메시지들을 일정길이로 분할한 다음, 이것을 압축하고, 압축된 결과에 대한 HMAC 코드를 생성한다. 블록암호화의 경우, 블록크기에 맞추기 위한 패딩을 추가하고, 이 결과에 대하여 암호화 한 후, 레코드 헤더를 부착한 레코드 메시지를 생성하여, TCP에 수납하여 전송한다.

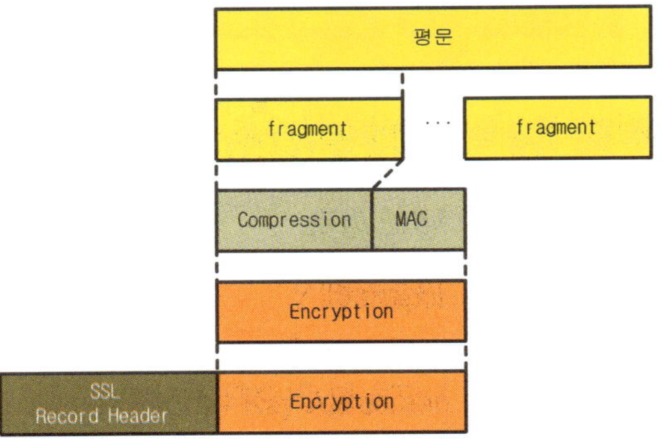

〈그림 11.6〉 TLS record 프로토콜의 동작

이러한 암호 및 압축과정을 위하여, 당연히 쌍방간에 미리 이러한 작업들에 대한 설정을 협상하여야 한다. 이를 위하여, 〈그림 11.7〉과 같은 SSL Handshake, SSL Change Cipher Spec, SSL Alert 등의 제어 메시지들이 사용된다.

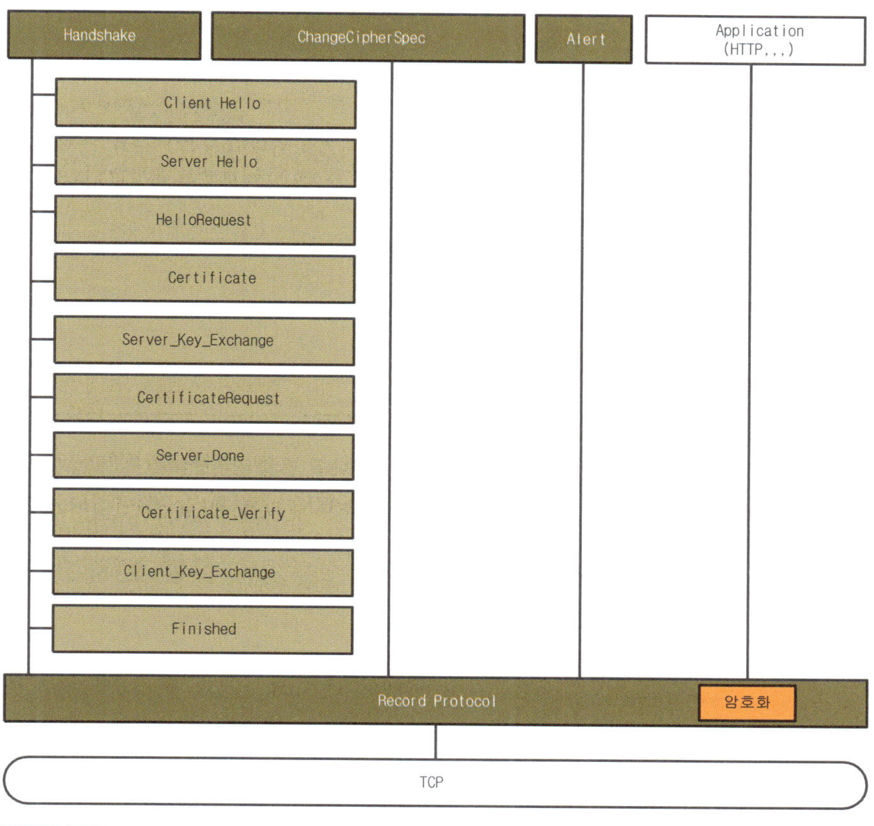

〈그림 11.7〉 TLS 레코드 메시지의 종류

이러한 TLS 레코드 패킷의 기본 형식은 다음과 같다.

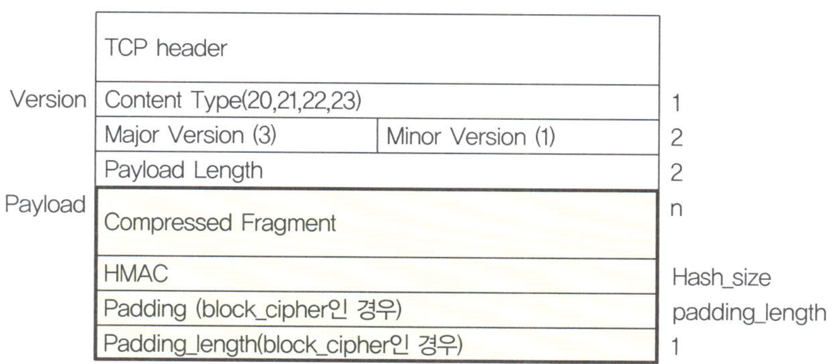

〈그림 11.8〉 TLS 레코드 메시지의 형식

- Content Type : 레코드 메시지의 페이로드에 수납되는 상위계층 프로토콜의 종류를 표시한다.
  - 20 = Change_cipher_spec
  - 21 = Alert
  - 22 = Handshake
  - 23 = Application_data
- 버전 : TLS의 경우, SSL과 호환성을 위하여, version1.0인 경우, major=3, minor=1의 값을 사용한다.
- Payload Length : 평문 또는 암호화된 영역의 길이로서, 압축된 프래그먼트의 길이와 MAC 영역에 대한 길이이다.
- 페이로드 : 평문이거나 쌍방이 결정한 CipherSpec에 따른 암호 방식에 따라 다음과 같이 암호화된다.
  - 스트림 사이퍼 : {압축된 프래그먼트, MAC 코드}로 구성되는 다음과 같은 영역에 대하여 RC4와 같은 스트림 방식으로 암호화된다.

Compressed fragment	
MAC	Hash_size

  - 블록 사이퍼 : RC2/RC5나 DES의 CBC방식의 블록 암호 방식의 경우, 압축된 fragment에 대한 HMAC 코드와 블록 암호화 방식을 위해 패딩된 영역과 패딩길이 영역을 모두 포함하여 8바이트 단위의 블록 방식으로 암호화한다.

Compressed fragment	
MAC	Hash_size
Padding	m
Padding_length= m	1

- MAC : 상위계층에서 전달되는 모든 데이터들은 암호화 과정 직전에 데이터 무결성을 위한 HMAC코드가 부착된다. 이때 부착되는 MAC코드는 다음과 같이 쌍방이 알고 있는 secret값에 의한 hashed MAC(HMAC)에 의해 생성된다.

```
MAC = HMAC_hash(MAC_write_secret || Sequence_number || Content_type || Version ||
          Compressed_length || Compressed_fragment)
```

  - MAC_write_secret : 송신측이 사용하는 비밀 키 값이다. 이 값은 당연히 수신측도 알고 있어야 한다.
  - Sequence 번호 : 8바이트의 길이를 가지는 내부 변수이다. 초기값 0으로부터 시작하여, 매 레코드가 송신될 때 마다 1씩 증가된다. 단, 이 sequence 번호는 실제로 전송되는 값은 아니다.
  - Compressed_Length : 암호화되기 이전의 압축된 프레그먼트의 길이 정보이다.
  - Compressed_Fragment : 암호화되기 이전의 압축된 프레그먼트의 내용이다.
- 패딩 : 이 패딩은 평문의 압축된 프래그먼트의 길이가 블록 암호 방식에서 사용하는 단위 블록길이가 되도록 추가되는 영역이다.

● **패딩길이** : 0~255의 값을 가지며, 패딩 영역의 길이를 표시한다. 결과적으로, 암호화되는 부분은 Compressed fragment, HMAC, 패딩 영역과 1바이트의 패딩길이 영역이다[2].

이러한 레코드 계층이 제공하는 암호, MAC, 압축 알고리듬을 정리하면, 〈그림 11.9〉와 같다.

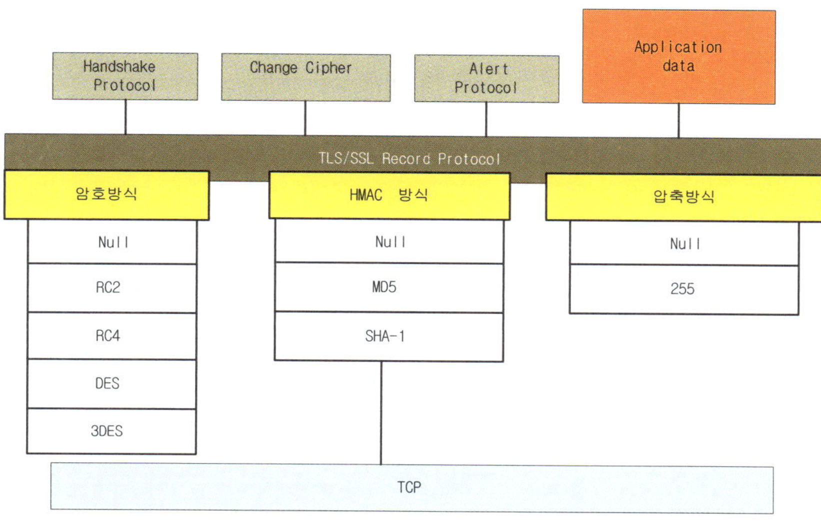

〈그림 11.9〉 Record계층이 지원하는 기능

11.5 TLS 레코드 계층에서 사용하는 HMAC과 암호용 키

TLS가 동작하기 위해서 쌍방은 다음과 같은 알고리듬과 압축,암호, MAC 알고리듬이 상호간에 협상되어야 한다. 이러한 압축, 암호, MAC 방식에 대한 파라미터들의 모음을 SecurityParameter라고 하며, 그 구성요소는 다음과 같다.

```
CompressionMethod = {null}
MACAlgorithm = = { null, md5, sha }
hash_size;
CipherType = { stream, block }
BulkCipherAlgorithm = { null, rc4, rc2, des, 3des, des40 }
key_size;
key_material_length;
master_secret[48];
client_random[32];
server_random[32];
```

2_ 예를 들어, 블록길이가 8바이트이고, Compressed fragment의 길이가 61바이트, MAC의 길이가 20바이트일 때, 패딩이 부착되기 이전의 총 길이는 82바이트이다. 따라거, 블록의 길이가 8바이트 단위로 될려면 최소한 6바이트 길이의 패딩이 부착되어야 하므로, padding_length는 6이 사용된다.

- 압축 알고리듬 : {null(0)}
- MAC 알고리듬 = { null, md5, sha } : TLS에서의 MD5와 SHA-1는 각각 HMAC_MD5와 HMAC_SHA인 HMAC이다.
- Hash size : 해시 결과값의 비트 수
- 암호 방식과 암호 알고리듬
  - cipher type = { stream, block }
  - BulkCipherAlgorithm = { null, rc4, rc2, des, 3des, des40 }
- key_size : 키 길이
  - Stream Cipher
    RC 4-40 : 40비트 키
    RC 4-128 : 128비트 키
  - Block Cipher
    IDEA : 128비트 키
    DES-40 : 40비트 키
    DES : 56비트 키
    3DES : 168비트 키
- Key Material length : 암호용 키 길이
- Master secret : 48바이트의 비밀값으로서 쌍방이 공유한다. 쌍방이 공유하는 premaster secret 값 K로부터 생성된 공유 비밀 값이다. 상세한 절차는 심화학습을 참조하라.
- lient random : 클라이언트가 생성한 임시 랜덤값이다.
- server random : 서버가 생성한 임시 랜덤값이다.

이러한 security parameter들은 다음과 같은 절차에 의해 설정된다.

① Handshake 프로토콜에 의해 암호화 방식, HMAC 방식, 키 길이, 해시길이 등을 협상하고, Premaster Secret K, client/server 랜덤 값도 쌍방이 공유한다.
② Premaster secret K값으로부터 TLS master secret(TMS)을 생성한다.
③ TMS와 client/server random값으로부터 확장된 충분한 길이의 key material을 생성한다.
④ Key material로부터 다음과 같은 6가지의 값들을 생성한다.

  - Client Write Parameters
    Client write MAC secret
    Client write encryption key
    block cipher용 Client write Initial Vector(IV)값
  - Server Write Parameters
    Server write MAC secret
    Server write encryption key
    block cipher용 Server write IV

여기서, client write parameter들은 클라이언트가 서버에 송신하는 메시지들에 대한 MAC secret, key, IV로서, 서버는 이 클라이언트가 송신시 사용하는 이 값들을 알고 있어야 수신되는 레코드들을 처리할 수 있다.

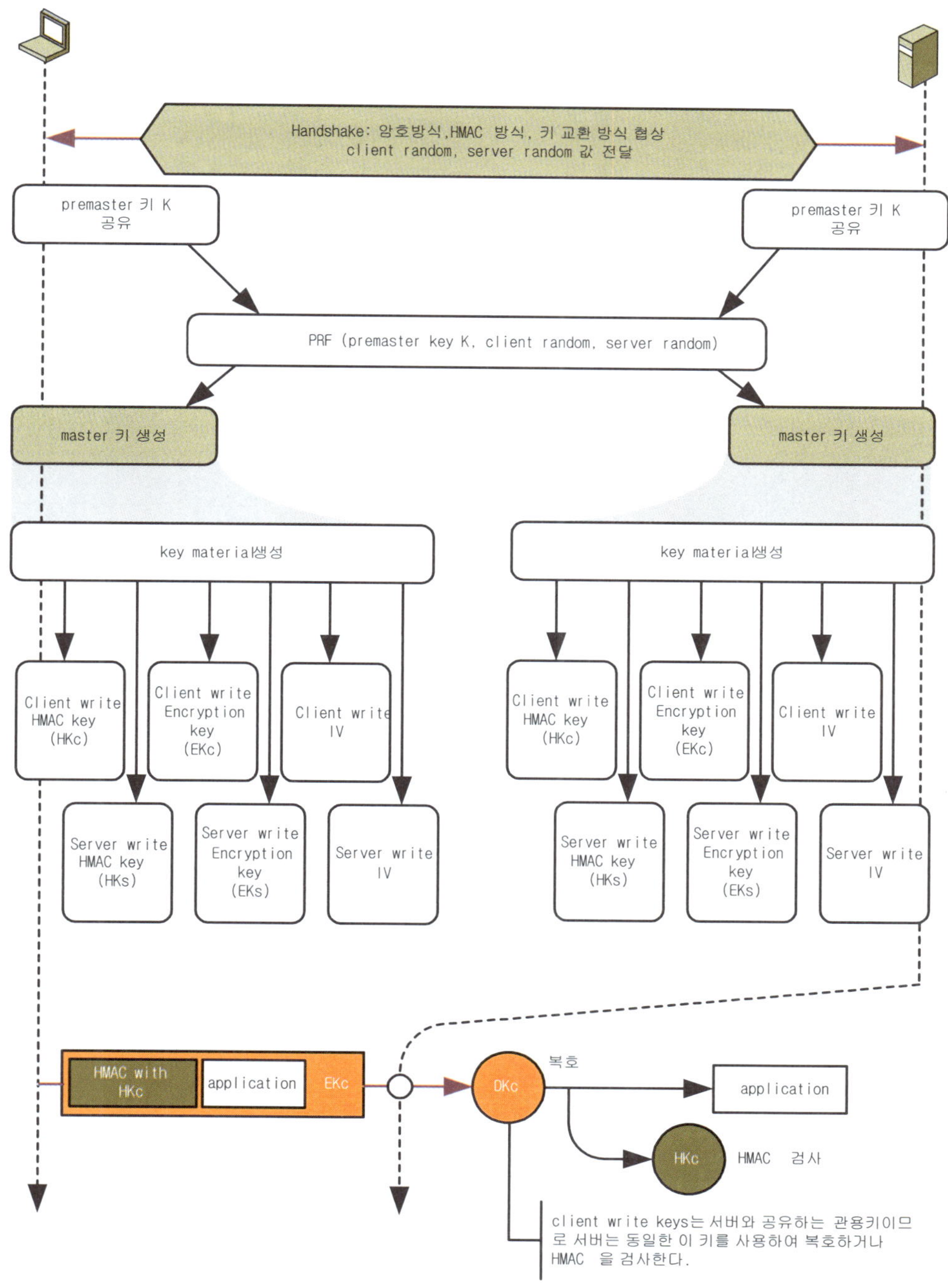

〈그림 11.10〉 암호 및 HMAC용 키 추출과정

11.6 키 교환 방식에 따른 Handshake 프로토콜의 동작절차

서버와 클라이언트간 연결에 대한 보안변수(SecurityParameter)들은 Handshake 프로토콜에 의해 협상된다. 즉, 클라이언트와 서버는 프로토콜 버전을 일치시킨 후, 암호 방식을 선택한다.

이어서, RSA 공개 키 기반의 공유 키 교환 방식이나 Diffie-Helman 키 교환 방식을 사용하여 premaster secret값 K를 공유하고, 이 값으로부터 필요한 암호 및 MAC 키들을 생성한다.

이러한 과정에서 premaster secret값 K를 결정하는 절차는 다음과 같은 키 교환 방식에 따라 다르다.

- RSA 키 교환 방식
  - RSA
  - RSA_EXPORT
- Diffie-Helman 키 교환 방식
  - Anonymous Diffie-Helman
  - Fixed Diffie-Helman
    - DSS로 서명된 Fixed Diffie-Helman (DH_DSS)
    - RSA로 서명된 Fixed Diffie-Helman (DH_RSA)

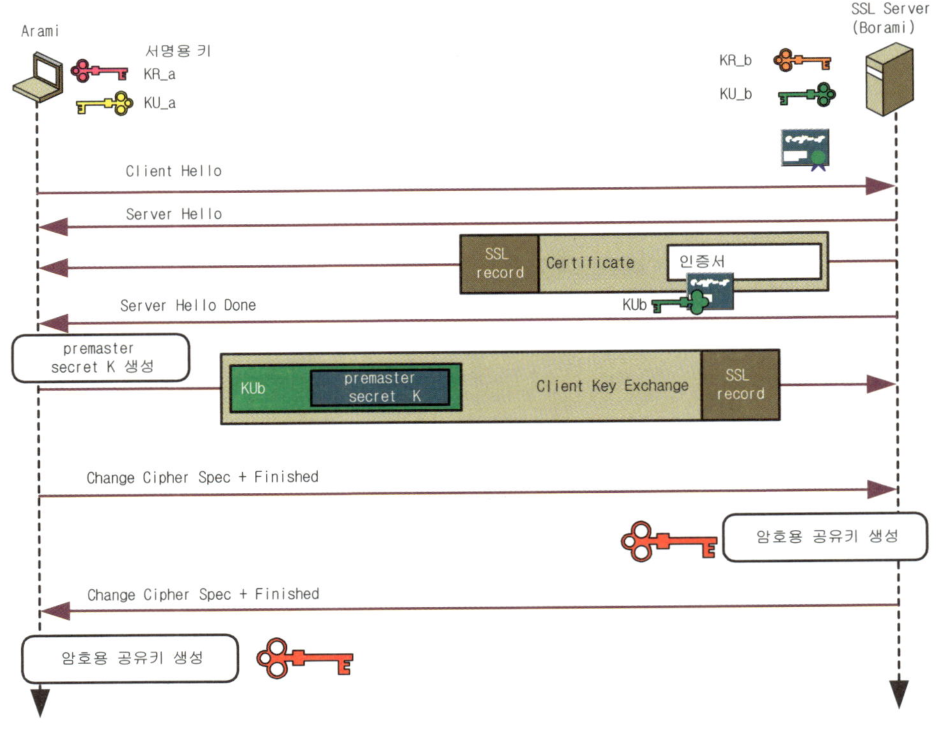

〈그림 11.11〉 RSA 공개 키 교환 방식에 의한 secret key 설정 절차

3_ 윈도우 계열 서버는 RSA 키 교환 방식만 지원하므로, 본 교재에서도 이 방식만 다루도록 한다.

- Ephemeral Diffie-Helman
  - DSS로 서명된 Ephemeral Diffie-Helman (DHE_DSS)
  - DSS로 서명된 Ephemeral Diffie-Helman (DHE_DSS_EXPORT)
  - RSA로 서명된 Ephemeral Diffie-Helman (DHE_RSA)
  - RSA로 서명된 Ephemeral Diffie-Helman (DHE_RSA_EXPORT)

이러한 방법 중 RSA 키 교환 방식의 절차는 다음과 같다.

① 서버는 자신의 RSA 공개 키(KUs)인 {e,n}이 수납된 공인인증서를 보낸다.

② 클라이언트는 서버의 인증서를 확인한 후, premaster secret을 생성하여 이것을 서버의 인증서에 명시된 서버의 공개 키(KUs)로 암호화하여 보낸다.

③ 쌍방은 동일한 premaster secret을 사용하여 TLS master secret(TMS)을 생성할 수 있다.

만약, 서버 입장에서도 클라이언트를 인증하고자 할 때에는 Certificate Request 메시지를 사용하여, 클라이언트의 인증서를 요구한다. 〈그림 11.12〉는 이러한 SSL/TLS의 상호인증 과정이다. 이러한 상호인증 과정은 제 13 장에서 다룰 EAP-TLS 인증절차에서 활용된다.

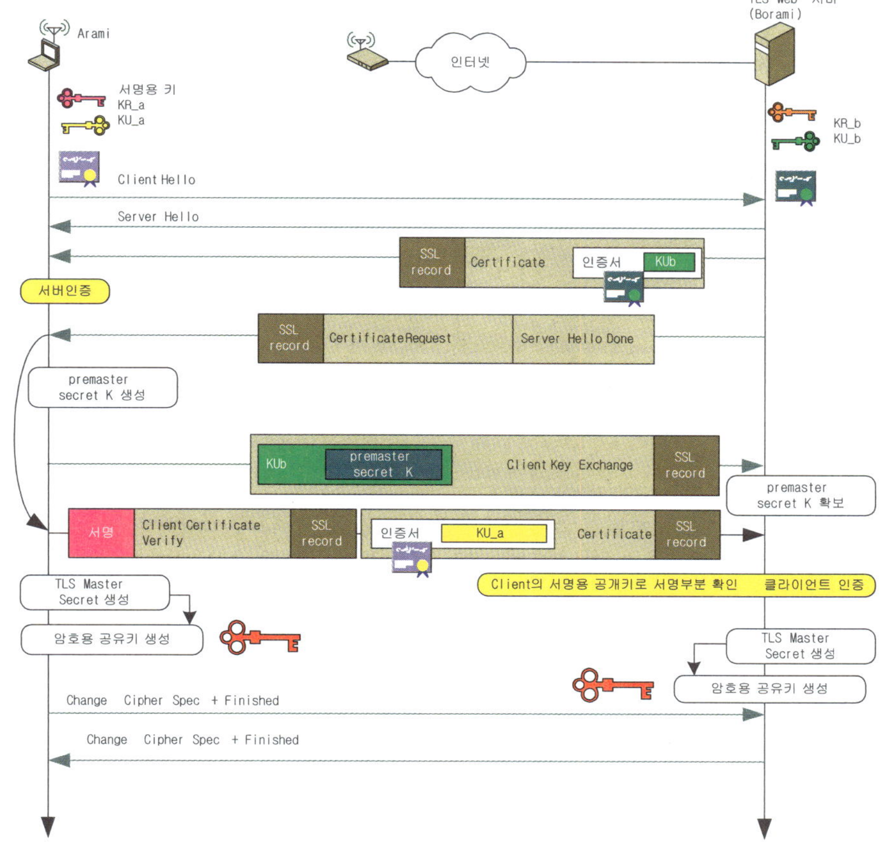

〈그림 11.12〉 클라이언트 인증이 필요한 경우의 동작절차

(2) RSA Export 키 교환 방식

미국을 제외한 나라에서 512비트를 초과하는 RSA 암호용 공개 키를 사용하는 경우, 인증서에는 서명용 공개 키 값만이 수납되어 있으므로, 암호용 RSA 공개 키 {e,n} 값은 별도의 Server Key Exchange메시지에 수납되어 송신된다.

(3) 핸드쉐이킹 절차 요약

지금까지 다루었던 RSA와 Diffie-Helman 키 교환 방식의 절차들을 정리하면 〈그림 11.13〉과 같다.

① Client Hello : 지원 가능한 {암호 방식, 키 교환 방식, 서명 방식, 압축 방식}을 서버에게 알린다.

② Server Hello : 수용 가능한 {암호 방식, 키 교환 방식, 서명 방식, 압축 방식}을 응답한다. 이때, 새로운 세션ID를 할당한다.

③ Server Certificate(optional) : 서버측 RSA 암호용 공개 키{e,n}가 수납된 공인 인증서를 보낸다.

④ Server Key Exchange(optional) : 추가적인 키 값을 수납한다. RSA 방식의 경우, 사용되지 않는다. 반면에, RSA_EXPORT(공개 키가 512비트를 초과하는 경우) 키 교환 방식이 사용될 경우, 인증서에는 서명용 공개 키 값만이 수납되어 있으므로, 암호용 RSA 공개 키 {e,n} 값은 이 메시지에 수납되어 송신된다.

⑤ Certificate Request(optional) : 클라이언트의 인증서를 요구할 때 전송된다.

⑥ Server Hello Done : 서버의 hello 절차가 완료되었음을 알린다.

⑦ Client Certificate(optional) : 서버로 부터의 Certificate Request 메시지에 대한 응답이다. RSA 키 교환 방식인 경우, 자신의 서명용 공인 인증서가 전송된다.

⑧ Client Key Exchange : RSA 키 교환 방식인 경우 : EKUs [premaster secret K] 이 송신된다.

⑨ Certificate Verify(optional) : 자신의 서명용 개인 키로 서명된 서명값이 전송된다. 이것을 수신한 서버는 Client Certificate 메시지에 명시된 클라이언트의 서명용 공개 키로 확인한다.

⑩ (Server) Change Cipher Spec : 지금까지의 협상에 의해 결정된 {암호 방식, 키 교환 방식, 서명 방식, 압축 방식}을 다음부터 적용할 것임을 알린다.

⑪ (Server) Finished : 협상과정에서 전송된 모든 메시지에 대하여 {암호 방식, 키 교환 방식, 서명 방식, 압축 방식}을 적용하여 생성된 검증값을 수납한 메시지이다. 상대방도 동일한 방법으로 생성한 값을 이 검증값과 비교함으로써, 지금까지의 협상절차를 확인한다.

⑫ (Client) Change Cipher Spec : 서버와 동일한 절차로 전송된다.

⑬ (Client) Finished : 서버와 동일한 절차로 전송된다.

⑭ 암호화된 응용계층 메시지의 전송과정이 수행된다.

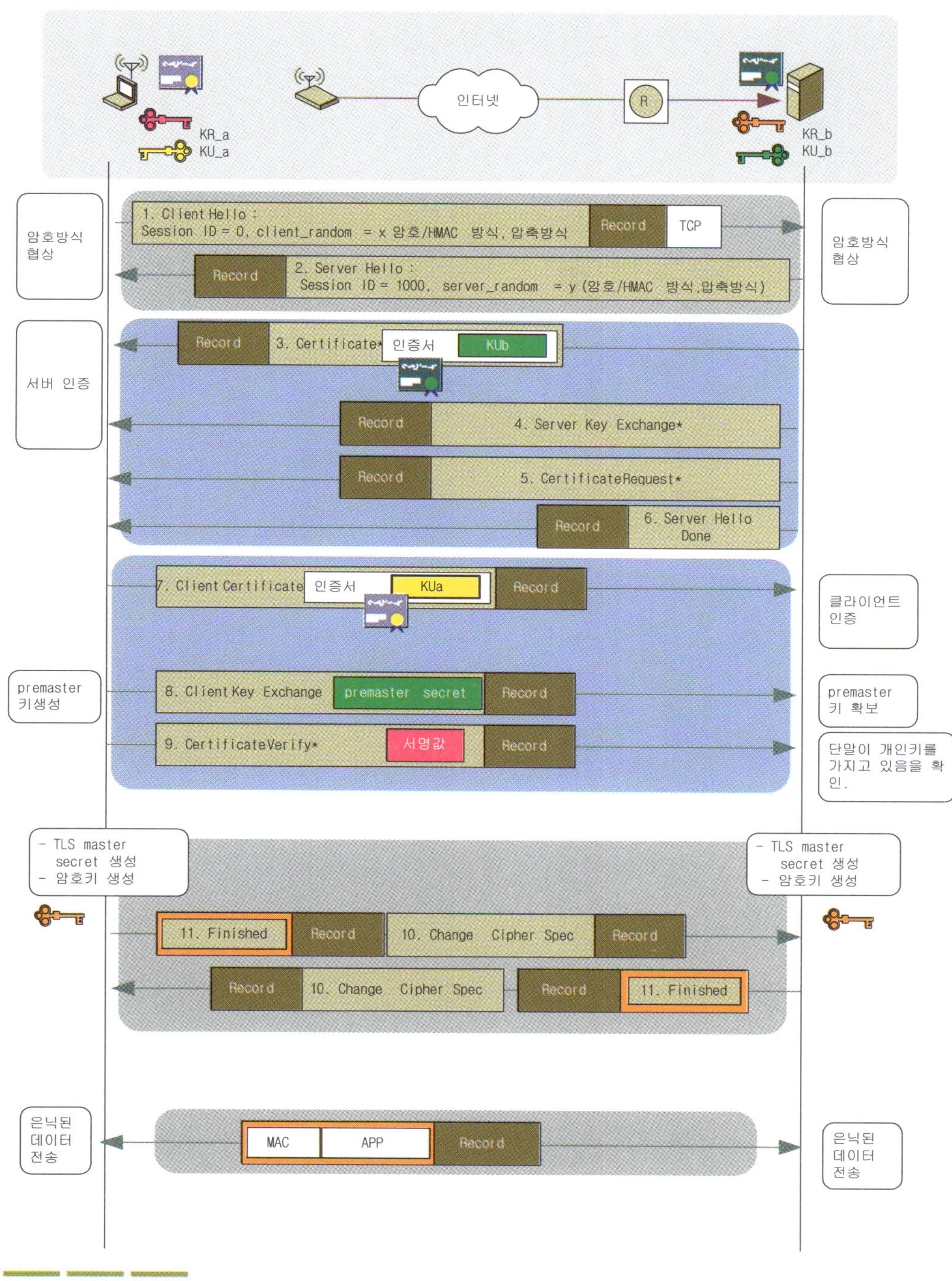

〈그림 11.13〉 SSL/TLS의 Full Handshake 절차

11.7 Handshake 메시지의 형식

(1) Handshake 메시지의 종류

Handshake 프로토콜은 세션에 관련된 보안속성(secure attribute)을 협상하는데 사용되는 여러가지의 메시지들을 정의하며, Finished 메시지를 제외한 모든 메시지가 평문으로 송수신된다.

● 기본 형식 : 모든 Handshake메시지는 다음과 같이 handshake type, length, body로 구성된다.

TLS Record Header	Content Type = 22 (Handshake)		1
	Major Version (3)	Minor Version (1)	2
	Length		2
Handshake Header	HandshakeType (0,1,2,11~16, 20)		1
	length		3
Handshake Body	Body		m

〈그림 11.14〉 Handshake 메시지의 기본 형식

● HandshakeType : Handshake 프로토콜에서 사용되는 메시지들의 종류를 표시하며, 종류는 다음과 같다.
- hello_request(0)
- client_hello(1)
- server_hello(2)
- certificate(11)
- server_key_exchange(12)
- certificate_request(13)
- server_hello_done(14)
- certificate_verify(15)
- client_key_exchange(16)
- finished(20)
- certificate_url(21) : RFC3546
- certificate_status(22) : RFC3546

이러한 메시지들은 하나의 레코드 메시지에 여러 개의 메시지들이 수납되어 전송될 수도 있다.

(2) Hello request 메시지

이것은 서버가 클라이언트에게 TLS 연결을 위한 협상을 개시하도록 client hello 메시지의 송신을 요구할 때 사용된다.

(3) Client hello 메시지

클라이언트가 TLS연결을 시도할 때 최초로 송신되는 메시지로서, 서버로부터의 Hello request에 의한 응답이거나, 기존 연결에 대한 보안협상을 재개할 때에는 자신이 먼저 송신할 수도 있다. 이 메시지를 송신한후, 서버로부터의 server hello 메시지를 기다린다.

이 메시지의 형식은 다음과 같다.

TLS Record Header	Content Type = 22 (Handshake)		1
	Major Version (3)	Minor Version (1)	2
	Length		2
Handshake Header	HandshakeType = 1 (ClientHello)		1
	length		3
	client_version = 3.1		2
random	gmt_unix_time		4
	Random		28
Session ID	Session ID Length		SessionID
	session_id		0~32
cipher_suites	CipherSuite Length		
	CipherSuite #1		2*n
	...		
	CipherSuite #n		
CompressionMethods	CompressionMethod Length		1
	CompressionMethods {0}		1
	...		
	CompressionMethods {0}		1
Extensions	Server_Name Extension		n
	Client_Certificate_URL Extension		n
	Trusted_CA_Keys Extension		N
	Truncated_HAMC Extension		N
	Certificate_Status_Request Extension		n
	EAP-FAST PAC-Opaque Extension		n

〈그림 11.15〉 Client Hello 메시지의 형식

- 0 : Server_Name
- 1 : Max_Fragment_Length
- 2 : Client_Certificate_URL
- 3 : Trusted_CA_Keys
- 4 : Truncated_HAMC
- 5 : Certificate_Status_Request
- 35 : EAP-FAST PAC-Opaque

- client_version : 클라이언트가 원하는 TLS 버전이다.
- random : 클라이언트가 생성한 시간정보와 랜덤한 값으로 다음과 같은 형식으로 구성된다.
  - gmt_unix_time; 4바이트 : 클라이언트 시스템의 현재시간값이다.
  - random_bytes : 28바이트의 랜덤 값으로서, 임시로 설정되는 Nonce 값이다.
- Session_id : 최대 32바이트의 길이를 가지며, 이 연결에 대하여 클라이언트가 사용하고자 하는 세션 식별자이다.
  - 0 : session id영역의 길이가 0인 경우로서, 새로운 security parameter를 생성하고자 할 때 설정되며, 새로운 세션 ID는 서버에 의해 할당된다.
  - 0이 아닌 경우 : 현재 또는 이전에 클라이언트와 서버간에 설정되었던 세션용으로 협상된 cipher spec을 재사용하여 full handshake 프로토콜을 사용하지 않고도 추가의 보안 연결을 설정하고자 할 때에 사용된다.
- Cipher_suites : 클라이언트가 지원 가능한 보안 방식들을 2바이트의 코드값으로 열거한 것이다. 각 CipherSuite는 키 교환 방식, 암호 방식(secret key length 포함), 그리고 MAC 방식이 표시된다. 서버는 이러한 cipher_suite들 중에서 적절한 cipher_suite를 선택한다. 만약 서버가 선택할 수 없는 경우에는 Alert 메시지로 응답하고 연결을 종료한다. CipherSuite 코드는 다음과 같다.

⟨표 11.1⟩ TLS의 RSA 키 교환 방식에서 사용되는 cipher suite 코드값[4]

Cipher Suite	Code
TLS_RSA_WITH_NULL_MD5	{ 0x00,0x01 }
TLS_RSA_WITH_NULL_SHA	{ 0x00,0x02 }
TLS_RSA_EXPORT_WITH_RC4_40_MD5	{ 0x00,0x03 }
TLS_RSA_WITH_RC4_128_MD5	{ 0x00,0x04 }
TLS_RSA_WITH_RC4_128_SHA	{ 0x00,0x05 }
TLS_RSA_EXPORT_WITH_RC2_CBC_40_MD5	{ 0x00,0x06 }
TLS_RSA_WITH_IDEA_CBC_SHA	{ 0x00,0x07 }
TLS_RSA_EXPORT_WITH_DES40_CBC_SHA	{ 0x00,0x08 }
TLS_RSA_WITH_DES_CBC_SHA	{ 0x00,0x09 }
TLS_RSA_WITH_3DES_EDE_CBC_SHA	{ 0x00,0x0A }

  - Compression_methods : 클라이언트가 지원가능한 압축 방식을 열거한다.
- Client_Hello_Extension_List : RFC3546에 정의된 확장된 항목이 수납된다. 그 형식은 다음과 같다. 특히, 제 14장에서 다룰 EAP-FAST인증절차의 경우, Extention_type 35인 EAP-FAST PAC-Opaque는 클라이언트가 PAC를 가지고 있음을 서버에 확인시킬 때 이 Client_Hello메시지에 수납되어 전송된다.

Extension	Extention_Type	1
	Extension_Data	n

4_ RSA 키 교환 방식만 명시하였다. 여기서, {x_with_y_z}는 Cipher Exchange Method =x, Cipher =y, MAC algorithm=z}를 의미한다.

- Extension_Type의 종류
  - 0 : Server_Name
  - 1 : Max_Fragment_Length
  - 2 : Client_Certificate_URL
  - 3 : Trusted_CA_Keys
  - 4 : Truncated_HAMC
  - 5 : Certificate_Status_Request
  - 35 : EAP-FAST PAC-Opaque

(4) Server Hello 메시지

수신된 Client_Hello메시지에 대하여, 수용할 수 있는 경우 서버가 응답하는 메시지이다. 만약 수용할 수 없는 경우에는 Alert 메시지로 응답한다.

TLS Record Header	Content Type = 22 (Handshake)		1
	Major Version (3)	Minor Version (1)	
	Length		2
Handshake Header	HandshakeType = 2 (ServerHello)		1
	length		3
version	ProtocolVersion = 3.1		2
random	gmt_unix_time		4
	Random		28
Session ID	Session ID Length		2
	session_id		
Selected cipher_suites	CipherSuite		2
Selected CompressionMethod	CompressionMethods = {Null, }		1
Extensions	Server Hello Extention List #1		n
	...		n
	...		
	Server Hello Extention List #m		n

〈그림 11.16〉 Server Hello 메시지의 형식

- random : 서버가 생성한 시간과 랜덤값이다. ClientHello 메시지의 random값과는 무관하다.
- Session ID : 서버가 설정하는 세션 구분자이다. 다음과 같이, 직전에 수신된 Client Hello 메시지의 Session ID값에 따라 설정한다.
  - Client session ID 〉0 : 서버는 자신의 세션 캐시 메모리에서 이 세션 ID에 해당하는 정보를 찾을 수 있다면, 이 세션 ID값을 응답함으로써, 이전에 협상된 cipher suite를 재 사용하게 된다. 이 경우, 쌍방은 즉시 Finished 메시지로 세션 협상을 완료한다. 하지만 만약 캐시에 동일한 세션값이 없다면, 서버는 새로운 세션 ID를 생성하여 전송한다.
  - Client session ID = 0 : 새로운 세션 개설 요청으로 간주하여, 서버는 새로운 세션 ID를 전송한다.

- cipher_suite : ClientHello 메시지의 cipher_suites로부터 선택한 하나의 cipher_suite이다.
- compression_method : ClientHello메시지의 compression_methods들 중에서 선택한 하나의 압축 방식이다.
- Server_Hello_Extension_List : RFC3546에 정의된 확장된 항목이 수납된다.

(5) Certificate 메시지

서버 또는 클라이언트가 송신하는 X.509v3 인증서가 수납된다.

TLS Record Header	Content Type = 22 (Handshake)		1
	Major Version (3)	Minor Version (1)	2
	Length		2
Handshake Header	HandshakeType = 11 (Certificate)		1
	length		3
Certificates	Certificates Length		3
Certificate#1	Certificate Length = CL		3
	Certificate		CL
	...		
Certificate#n	Certificate Length = CL		3
	Certificate		CL

〈그림 11.17〉 Certificate 메시지의 형식

- certificate_list : X.509v3 인증서의 리스트로서, 여러 개의 송신측의 인증서가 수납된다.
- 인증서에는 다음과 같은 암호용 또는 디지털 서명용 공개 키가 수납된다.

키 교환 방식	인증서에 포함된 키의 종류
RSA	RSA 공개 키 : {e, n}
RSA_EXPORT	RSA 공개 키 : {e, n} 512비트 이하의 경우 : 암호화나 서명용 공개 키 512비트를 초과한 경우 : RSA 서명 전용 공개 키(e', n')

(6) Server key exchange 메시지

서버가 직전에 송신한 server certificate 메시지에 수납된 인증서의 내용만으로는 클라이언트가 premaster secret (K)를 생성하기에 불충분한 키 정보가 수록된 경우에 추가로 송신된다.
 즉, RSA_EXPORT(공개 키가 512비트를 초과하는 경우) 키 교환 알고리듬을 사용할 경우, 인증서에는 서명용 공개 키 값만이 들어 있으므로, 암호용 공개 키 {e, n} 값은 이 메시지에 수납되어 송신된다. 반면에, RSA , RSA_EXPORT (server certificate메시지에 있는 공개 키의 길이가 512 비트 이하일 때) 키 교환 방식에서는 이 메시지가 불필요하다.

이 메시지의 형식은 다음과 같다.

TLS Record Header	Content Type = 22 (Handshake)	1
	Major Version (3) · Minor Version (1)	2
	Length	2
Handshake Header	HandshakeType = 12 (ServerKeyExchange)	1
	length	3
ServerKeyExchange parameters	ServerRSAParams	
	Signature	

〈그림 11.18〉 Server Key Exchange 메시지의 형식

● **Server Key Exchange Parameter** : RSA_EXPORT 공개 키 교환 방식의 경우, RSA 암호용 공개 키값인 {e,n}는 다음과 같이 수납된다.

ServerRSAParams	rsa_modulus Length	Opaque
	rsa_modulus (n)	1..2^16−1
	rsa_exponent Length	opaque
	rsa_exponent (e)	1..2^16−1

〈그림 11.19〉 Server Key Exchange Parameter(RSA)의 형식

● **Signature** : 다음과 같은 {anonymous, RSA, DSA} 등 3가지의 디지털 서명 방식이 사용된다.
  - anonymous : 서명하지 않음.
  - RSA : 클라이언트와 서버가 사용하는 랜덤값들과 이 메시지의 페이로드에 수납된 key exchange parameters에 대하여 MD5와 SHA-1에 의한 해시값을 각각 구한 후, 클라이언트의 RSA 공개 키값 (상대방으로부터 수신된 Certificate 메시지로부터 획득됨)으로 암호화한 디지털 서명값이 수납된다.

Signature[RSA]	md5_hash length
	md5_hash[16]
	sha_hash length
	sha_hash[20]

〈그림 11.20〉 Server Key Exchange 메시지의 서명 영역의 형식(RSA 디지털 서명의 경우)

```
md5_hash = MD5(ClientHello.random + ServerHello.random + key exchange parameters);
sha_hash = SHA(ClientHello.random + ServerHello.random + key exchange parameters);
```

  - DSA : 클라이언트와 서버가 사용하는 랜덤값들과 이 메시지의 페이로드에 수납된 key exchange parameters에 대한 SHA-1 해시값에 대한 DSA 서명값이 수납된다.

Signature[DSA]	sha_hash length
	sha_hash[20]

〈그림 11.21〉 Server Key Exchange 메시지의 서명 영역의 형식(DSA 디지털 서명의 경우)

> sha_hash = SHA(ClientHello.random + ServerHello.random + key exchange parameters)

(7) Certificate request 메시지

클라이언트에게 인증서의 송신을 요구할 때 사용된다. 이 메시지의 형식은 다음과 같다.

CertificateRequest	ClientCertificateType	certificate_types
	…	
	ClientCertificateType	
	certificate_authorities Length =n	
	certificate_authorities	N

〈그림 11.22〉 Certificate Request 메시지의 형식

- certificate_types : 서버가 필요로 하는 인증서 종류들을 선호도에 따라 나열된다. 인증서의 종류는 다음과 같다.
  - 1 = rsa_sign : RSA 서명용 공개값이 수납된 인증서
  - 2 = dss_sign : DSS 서명용 공개값이 수납된 인증서
- certificate_authorities : 인증기관의 distinguished name(DN)들이다.

(8) Server Hello Done 메시지

이것은 서버에 의해 Server Hello 절차가 완료되었음을 클라이언트에게 알릴 때 사용된다. 따라서, 클라이언트는 이후, key exchange 과정을 개시할 수 있게 된다.

TLS Record Header	Content Type = 22 (Handshake)		1
	Major Version (3)	Minor Version (1)	2
	Length		2
	HandshakeType = 14 (ServerHelloDone)		1
	Length = 0		3

〈그림 11.23〉 Server hello done 메시지의 형식

(9) Client Certificate 메시지

이 메시지는 서버로 부터의 Certificate Request를 수신하였으며, Server Hello Done 메시지를 마지막으로 받은 경우에만 클라이언트로부터 송신되며, Server Certificate 메시지의 형식과 동일하다.

(10) Client Key Exchange 메시지

이 메시지에는 RSA 방식인 경우 클라이언트가 설정한 premaster secret 값(K)를 서버의 공개 키로 암호화

한 값이 수납된다. 이 메시지의 구성은 다음과 같다.

TLS Record Header	Content Type = 22 (Handshake)		1
	Major Version (3)	Minor Version (1)	2
	Length		2
ClientKeyExchange	HandshakeType = 16 (ClientKeyExchange)		1
	Length		3
	RSA Encrypted_PreMaster_Secret		n

〈그림 11.24〉 Client key exchange 메시지의 형식

● RSA encrypted premaster secret : 클라이언트에 의해 생성된 48-byte premaster secret값(K)
은 서버가 보내 준 인증서에 수납된 공개 키값으로 다음 내용이 암호화된다.

Encrypted	Client_Version	2
PreMasterSecret	Random	46

〈그림 11.25〉 Encrypted PreMasterSecret(RSA의 경우)

(11) Certificate verify 메시지

이것은 클라이언트가 송신한 Client Certificate 메시지에 이어, 이 메시지로 자신이 그 인증서에 수납된 공
개 키에 대응되는 개인키를 가지고 있음을 서명값으로 서버에게 증명한다. 즉, 서버는 이 메시지의 서명값을
검사하여, 인증서에 수납된 서명용 공개 키에 대응되는 개인키를 해당 클라이언트가 분명히 가지고 있음을
인증한다. 이 메시지의 형식은 다음과 같다.

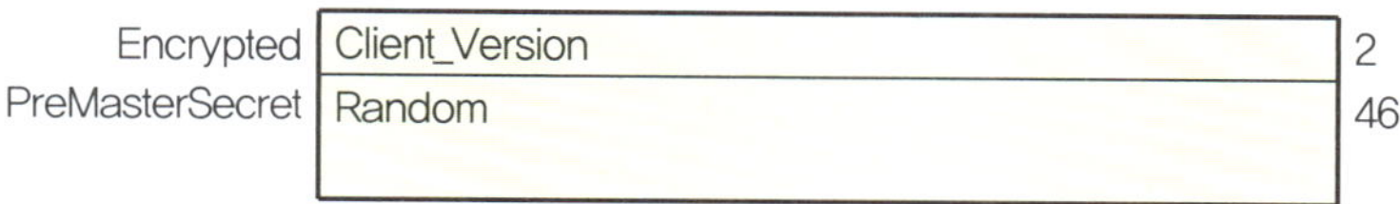

TLS Record Header	Content Type = 22 (Handshake)		1
	Major Version (3)	Minor Version (1)	2
	Length		2
TLS Handshake Header	HandshakeType = 15 (Certificate verify)		1
CertificateVerify	Length		3
	Signature		n

〈그림 11.26〉 Certificate verify 메시지의 형식

● Signature : 다음과 같은 내용에 대한 해시 결과에 대한 RSA 또는 DSS 디지털 서명값이다.
  - md5_hash = MD5(handshake_messages);
  - sha_hash = SHA(handshake_messages)

여기서, handshake_messages라는 것은 Client Hello 메시지의 송수신 초기부터 지금까지 송수신된 모든
handshake 메시지들을 말한다.

(12) Finished 메시지

이 메시지는 Change Cipher Spec 메시지 송신 이후에 전송되며, 키 교환 과정과 상대방에 대한 인증과정이 완료되었음을 표시한다. 또한, 지금까지의 협상과정에 설정된 암호화 알고리듬에 의해 암호화되어 송신되는 첫 번째 메시지로서, 수신측은 이 메시지를 복호하여 암호화가 정당한지 검사할 수 있도록 한다.

TLS Record Header	Content Type = 22 (Handshake)		1
	Major Version (3)	Minor Version (1)	2
	Length		2
TLS Handshake Header	HandshakeType = 20 (Finished)		1
	Length = 0		3
Finished	verify_data		12

〈그림 11.27〉 Finished 메시지의 형식

● verify_data : 이 영역은 master_secret값을 포함하여, 다음과 같이 계산된다.

```
PRF (master_secret,
     finished_label,
     MD5(handshake_messages) + SHA-1(handshake_messages))
```

- finished_label : 지정된 문자열이다. 클라이언트의 경우 "client finished"이며, 서버의 경우에는 "server finished"이다.
- handshake_messages : 지금까지 송수신된 모든 handshake 메시지들을 모두 모은 것이다.

412

11.8 　Change Cipher Spec 메시지

이것은 지금 암호화 방식이 변경되었으며, 이후 전송되는 것들은 모두 지금까지 협상되었던 CipherSpec 과 키 값에 의해 암호 및 압축되어 전송됨을 상대방에게 알린다[5]. 이 메시지는 Finished 메시지가 전송되기 전에 전송되며, 기존의 CipherSpec에 따라 압축 및 암호화된다. 즉, 최초의 SSL연결시에는 changeCipherSpec 영역의 값은 평문으로 된 1의 값을 가진다. 하지만, 이 세션에서의 cipher spec을 변경할 경우에는 changeCipherSpec 영역값이 기존의 cipher spec에 의해 압축 및 암호화된다.

TLS Record Header	Content Type = 20		1
	Version = 3.1	Minor Version (1)	2
	Length (1 또는 n)		1
ChangeCipherSpec	Type = 1 (평문이거나 압축 및 암호화 됨)		1

〈그림 11.28〉 Change cipher spec 메시지의 형식

5_ Handshake 프로토콜과 분리된 이유는 새로운 handshake프로토콜이 사용될 때에도 이 Change cipher spec 프로토콜은 여전히 사용될 수 있도록 한다.

11.9 Alert 메시지

이 Alert 메시지는 세션의 종료 또는 오류발생시 상대방에게 알릴 때 사용된다. 다른 메시지와 마찬가지로, 이 메시지도 암호 및 압축되어 전송될 수 있다.

TLS Record Header	Content Type = 21 (Alert)	1
	Version = 3.1	2
Alert	AlertLevel = {1,2,,,,}	2
	AlertDescription	1

〈그림 11.29〉 Akert 메시지의 형식

- AlertLevel : {warning(1), fatal(2) }
- AlertDescription : 연결단절이나 유효한 인증서가 없는 경우 등에 대한 설명을 숫자로 표시한다.

11.10 TLS Extensions

RFC 3546에 규정된 TLS extension들은 다음과 같다.

(1) Server Name Indication

기존의 TLS는 클라이언트가 선택한 서버의 이름을 알리는 기능이 없었다. 이 확장 영역은 하나의 IP주소에 여러 개의 가상적인 서버가 운용되는 시스템에 대하여 해당 서버를 선택해서 TLS 연결을 설정할 수 있도록 한다. 이를 위하여, client hello 메시지의 이 확장 영역에 해당 서버의 이름들을 "ServerNameList"로 명시할 수 있다.

(2) Maximum Fragment Length Negotiation

기존의 TLS는 분할된 평문의 최대길이가 2^{14}바이트로 고정되어 있었기 때문에 메모리가 제한되어 이것 보다 짧은 길이의 최대길이만 지원하는 단말인 경우에는 어려움이 있었다. 이 확장 영역은 이 최대길이를 협상할 수 있도록 한 것이며, 이 확장 영역을 client hello 메시지에 수납하여 협상한다. 협상 가능한 길이는 2^9 = 514, 2^{10} = 1024, 2^{11} = 2048, 2^{12} = 4096 중에 하나이다.

(3) Client Certificate URLs

기존 TLS는 클라이언트 인증시 client 인증서가 서버에게 전송된다. 이 확장 영역은 자신의 인증서가 보관된 certificate URL을 대신 알려줌으로써, 단말들이 자신의 인증서를 직접 보관하는 수고를 없애는 동시에 대역을 절약할 수 있다. 이러한 확장 영역 사용의 협상을 client hello에 의해 수행하면, 단말은 "CertificateURL"를 "Certificate" 메시지에 수납하여 알려줄 수 있다.

(4) Trusted CA Indication

단말이 CA root키를 가지고 있음을 client hello 메시지로 알릴 때 사용된다.

(5) Truncated HMAC

현재의 TLS cipher suite는 HMAC의 해시 방식으로 MD5 또는 SHA-1만 정의하고 있다. 필요한 경우, hash 결과값의 길이를 80비트로 잘라 MAC값으로 사용하면 대역을 절약할 수 있다. 이를 위하여, extended client hello 메시지로 협상한다.

(6) Certificate Status Request

CRL 정보를 보내는 대신에 OSCP와 같은 certificate-status 프로토콜을 사용하여 서버 인증서의 유효성을 검사하겠다는 협상을 함으로써, 연결 설정시 CRL 정보를 모두 보내는 수고를 경감한다.

(7) EAP-FAST PAC-Opaque

EAP-FAST용 PAC-Opaque를 수납할 때 사용된다. 제 14 장에서 다룰 것이다.

11.11   TLS/SSL의 재연결 과정

지금까지, TLS/SSL 세션을 설정하는 과정은 상호인증을 거쳐 쌍방간의 premaster secret K를 공유하고, 이로부터 대칭 키를 생성한다고 하였다.

하지만, HTTP1.0과 같은 응용 프로그램은 특정 웹 서버에 대하여 트랜잭션마다 TCP 연결 및 해제과정을 반복적으로 수행하므로, 이에 따라 매번 새로운 SSL/TLS 세션을 설정해야 하는 번거로움이 있다.

만약, 쌍방이 세션을 일단 설정한 후 해제할 때, 이 세션에 관련된 Session ID와 premaster secret값들을 일정시간 저장하고 이것을 재사용할 수 있도록 허용한다면, 재연결시 세션 설정용 premaster secret값의 공유절차를 생략할 수 있어 신속하게 연결을 재개할 수 있다. 그 절차는 다음과 같다.

① **클라이언트** : 이미 설정된 세션의 Session ID가 부착된 ClientHello를 전송한다. 물론, 이 메시지의 랜덤값은 새로 생성된 것이다.

② **서버** : 이것에 대하여, 자신의 세션 캐시를 검사한다. 만약 일치하는 것이 있으면 동일한 Session ID값이 수납된 ServerHello 메시지로 응답한다. 결과적으로 쌍방은 {저장되어 있던 premaster secret값, 지금 교환환 Hello 메시지에 수납된 클라이언트와 서버의 랜덤값}을 사용하여 새로운 master secret값을 생성하여 새로운 암호 키가 사용되도록 한다. 만약 일치하는 Session ID가 없으면 서버는 새로운 session ID를 생성하여 full handshake 과정을 진행해야 한다.

③ **서버와 클라이언트** : 클라이언트와 서버는 Change Cipher Spec 메시지와 Finished 메시지를 전송하여, 세션을 재개한다.

④ 재설정이 일단 성공하면, 클라이언트와 서버는 새로운 암호키를 사용하여 응용계층 데이터를 안전하게 전송한다.

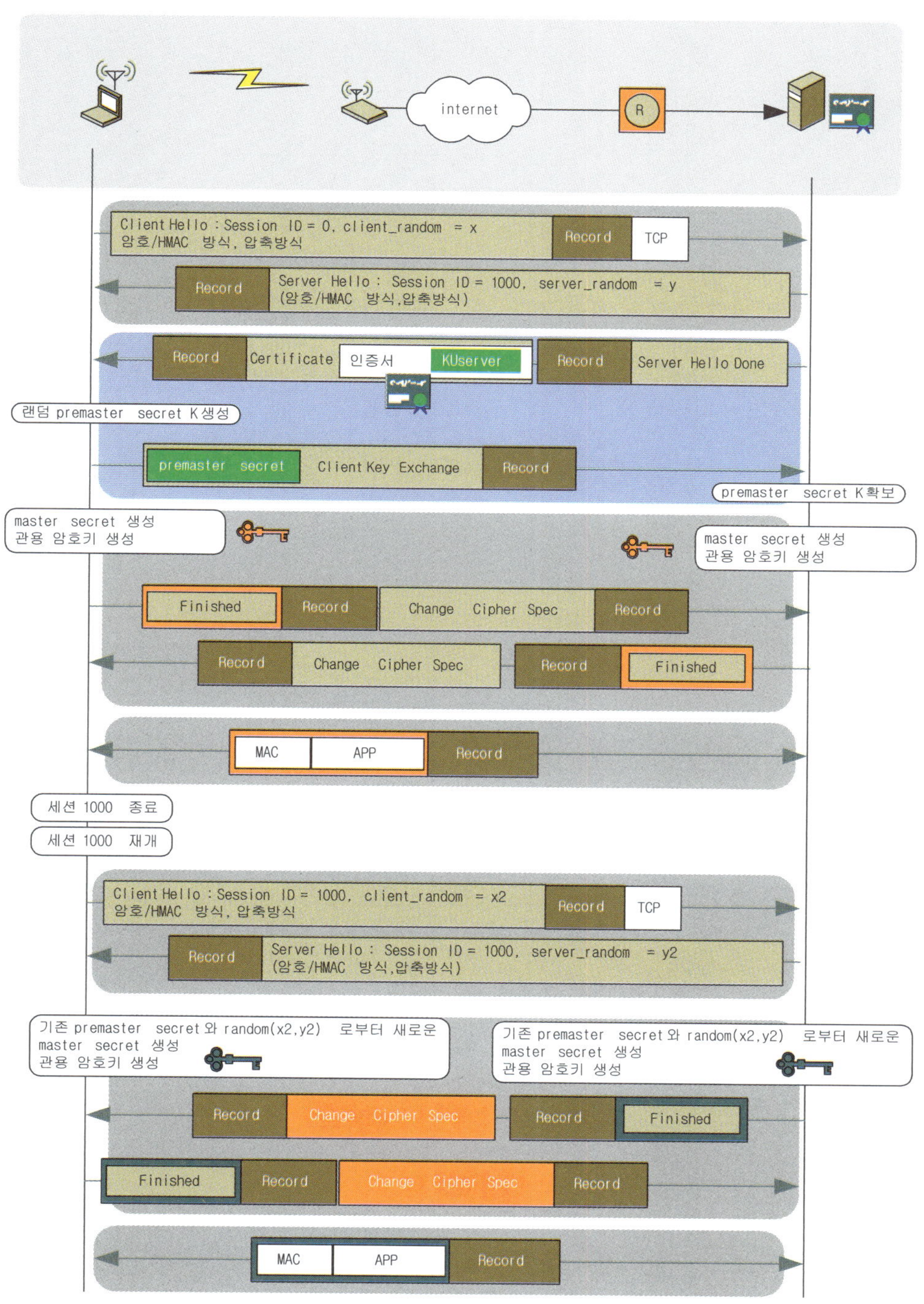

〈그림 11.30〉 재연결 과정

11.12 심화 학습 : Pseudorandom function(PRF)과 Master secret

TLS/SSL에서 pre_master_secret을 TLS_master_secret(TMS)으로 변환하는 방법은 다음과 같은 PRF 함수를 사용한다. 이렇게 계산되는 TMS는 48바이트 길이를 가지지만, premaster secret의 길이는 key exchange 방식에 따라 다르다.

```
TLS_master_secret(TMS) = PRF(premaster_secret, "master secret", ClientHello 메시지의
random값 + ServerHello 메시지의 random값)
```

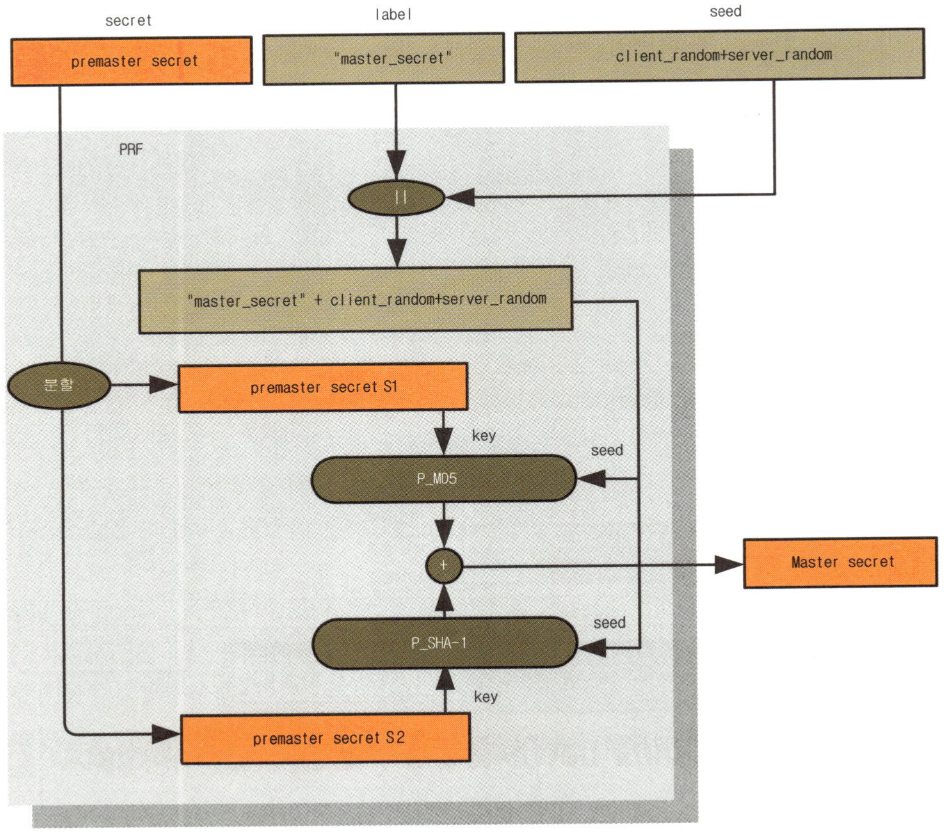

〈그림 11.31〉 TLS의 master key 계산과정

여기서, PRF는 다음과 같이 premaster secret을 2등분한 S1과 S2값을 사용하여, 다음과 같이 HMAC_MD5와 HMAC_SHA-1에 의한 결과에 대하여 exclusive-or한다. 여기서, label은 ASCII 스트링으로서, Null이 없는 스트링이다[6].

6_ 여기서, +기호는 concatenation을 의미한다.

```
PRF(premaster_secret, label, seed) {
P_MD5(S1, label + seed) XOR P_SHA-1(S2, label + seed);
}
```

그리고 P_MD5와 P_SHA-1은 다음과 같은 P_hash(secret, data) 함수를 사용한다.

```
A(0) = seed;

A(i) = HMAC_hash(secret, A(i-1));

P_hash(secret, seed) = HMAC_hash(secret, A(1) + seed) +
            HMAC_hash(secret, A(2) + seed) +
            HMAC_hash(secret, A(3) + seed) + ...
```

이 P_hash() 함수는 필요한 길이 만큼의 데이터가 얻어질 때 까지 반복 수행된다. 예를 들어, SHA-1 해시 방식에 대한 P_SHA-1의 경우, 64byte 길이의 해시값을 얻기 위해서는 A(4)까지 반복하여 80바이트 길이의 해시값을 얻고, 이 결과에서 첫 64바이트 값만 취한다.

11.13 공유 비밀 키 계산과정

압축, 암호 그리고 MAC을 수행하려면, master secret값과 random값으로부터 다음과 같은 6가지의 공유 세션키들을 차례대로 생성할 수 있어야 한다.

- client write MAC secret : 클라이언트가 송신시 사용하는 HMAC용 키
- server write MAC secret : 서버가 송신시 사용하는 HMAC용 키
- client write key : 클라이언트가 송신시 사용하는 암호 키
- server write key : 서버가 송신시 사용하는 암호 키
- client write IV : 클라이언트가 송신시 사용할 블록 암호 방식에 필요한 Initial Vector값
- server write IV : 서버가 송신시 사용할 블록 암호 방식에 필요한 Initial Vector값

이를 위하여, TLS master secret값을 생성할 때와 같이, 충분한 바이트 길이의 키 블록이 생성될 수 있도록 다음과 같은 PRF를 수행한다. 여기서, Server와 Client Hello 메시지에 있던 random값을 seed로 사용함에 주의하라.

```
key_block = PRF(secret, label, seed)
= PRF(TLS master_secret, "key expansion", server_random +client_random);
```

미국 국내에서 사용할 경우, 이 키 블록으로부터 다음과 같은 6가지의 값들을 분할하여 추출한다.

```
client_write_MAC_secret, server_write_MAC_secret,
```

```
client_write_key, server_write_key
client_write_IV, server_write_IV
```

하지만, 미국 국외에서 사용가능한 exportable 암호 방식인 경우, write key는 다음과 같은 작업을 추가로 수행해야 한다.

```
    final_client_write_key = PRF(client_write_key, "client write key",client_random
+ server_random);
    final_server_write_key = PRF(server_write_key,"server write key",client_random +
server_random);
```

그리고 initialization vector들도 별도로 다음과 같이 생성한 후, 이 iv_block을 2개로 분할하여, 최종적인 client_write_IV와 server_write_IV 들을 생성한다. 참고로, 이 경우의 PRF에서는 secret없이 사용됨에 주의하라.

```
iv_block = PRF("", "IV block", client_random + server_random);
```

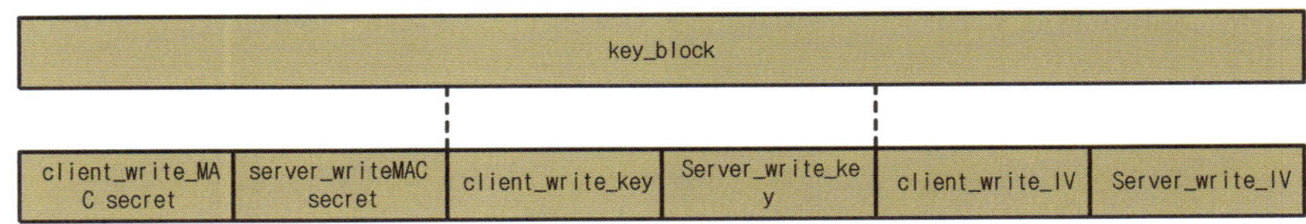

(a) non-exportable cipher의 경우

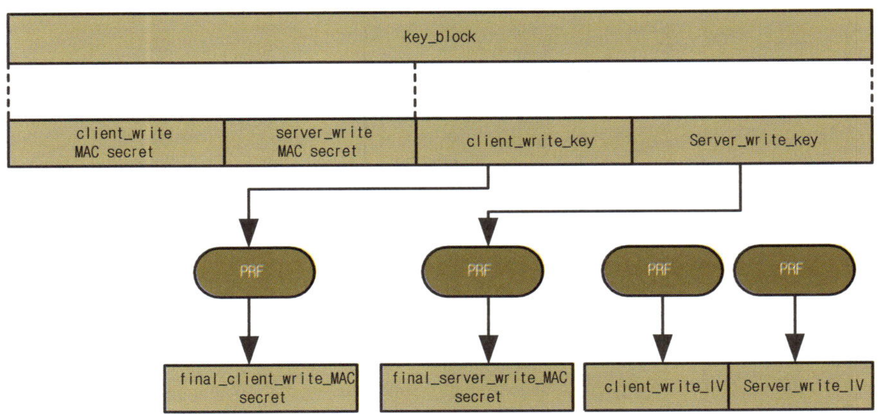

(b) exportable cipher의 경우

〈그림 11.32〉 TLS에서의 key material로부터의 키 추출 과정

(예) TLS_RSA_EXPORT_WITH_RC2_CBC_40_MD5의 경우, 42바이트의 key_block을 다음과 같이 생성한다.

```
key_block = PRF(TLS master_secret, "key expansion", server_random +
client_random)[0..41]
```

이 key_block을 2개의 16바이트 secret값과 2개의 5바이트 암호키로 분할한다.

```
client_write_MAC_secret = key_block[0..15]
server_write_MAC_secret = key_block[16..31]
client_write_key = key_block[32..36]
server_write_key = key_block[37..41]
```

어어서, 최종적인 16바이트 길이의 write key와 8바이트 길이의 iv값을 다음과 같이 생성한다.

```
final_client_write_key = PRF(client_write_key,"client write key", client_random+
server_random)[0..15]
final_server_write_key = PRF(server_write_key, "server write key", client_random +
server_random)[0..15]

iv_block = PRF("", "IV block", client_random + server_random)[0..15]
client_write_IV = iv_block[0..7]
server_write_IV = iv_block[8..15]
```

419

11.14 윈도우 2003에서의 SSL 실험망의 구성

〈그림 11.32〉와 같은 SSL 웹 서버인 InsuniCom을 설치하고, SSL 단말인 Arami가 SSL을 통한 보안 통신을 하도록 한다. 특히, SSL연결을 위해서는 InsuniCom의 컴퓨터 인증서와 Arami의 사용자 인증서가 각각의 시스템에 설치되어 있어야 한다. 이러한 인증서들은 모두 앞 장에서 확보된 것을 활용한다.

또한, 이러한 인증서 기반으로 SSL 채널을 연결했더라도, 액티브 디렉터리 계정에 등록된 사람만이 접근할 수 있는 사용자 인증절차도 추가로 거치도록 한다.

각 시스템의 역할과 수행되어야 할 작업은 다음과 같다.

- DarongiCom : 인증서 서버(West CA)
  - 도메인 컨트롤러
  - 액티브 디렉터리 : 도메인 내 모든 사용자 및 장치들에 대한 계정 등록
  - Enterprise CA : West CA
- InsuniCom : TLS/SSL 웹 서버
  - 웹 서버 기능 수행

- 서버용 인증서(컴퓨터 인증서) 설치 확인
- 사용자 접속시 액티브 디렉터리에 의한 계정 검사
● AramiCom : 접속 단말
- 사용자 Arami에 대한 인증서 설치 확인

여기서, RADIUS 인증서버로 사용했던 Insuni를 TLS 실험을 위하여, Web 서버로 일시 사용한다. 물론, 다른 서버를 web 서버로 사용할 수 있지만, 이미 InsuniCom에는 서버 인증서가 설치되어 있기 때문이다.

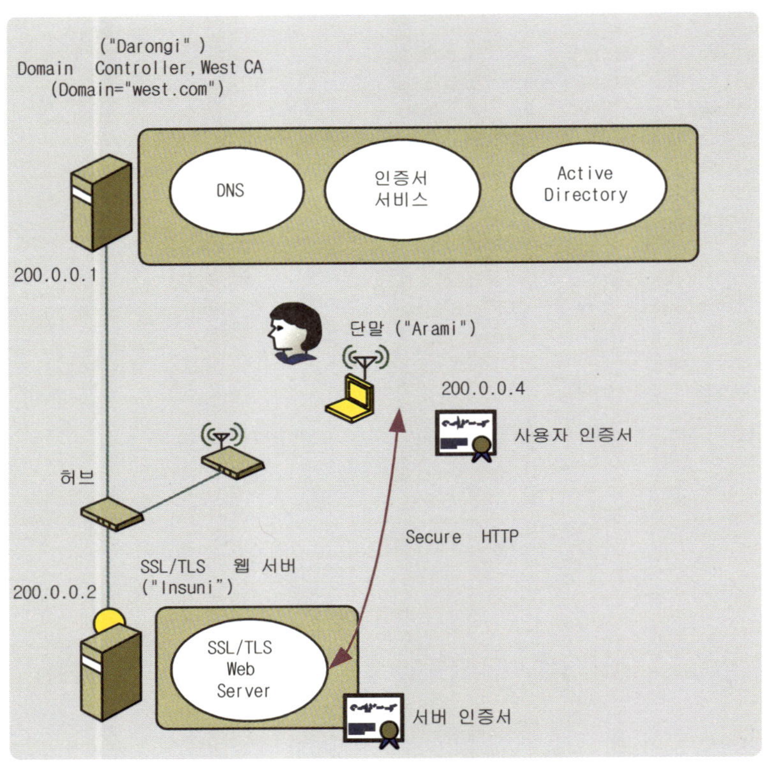

〈그림 11.33〉 SSL/TLS 실험망

11.15   SSL 웹 서버 설치

웹 서버용 인증서는 웹 서버에 접속하는 사용자와의 SSL 보안 연결시에 활용된다. 우리는 앞 장에서 이미 발급받은 InsuniCom의 웹 인증서를 서버인증서로 활용한다.

STEP 233 웹 서버인 InsuniCom의 인터넷 정보 서비스(IIS) 관리자를 이용한다. 이를 위하여, [시작] ➤ [프로그램] ➤ [관리도구] ➤ [인터넷 서비스 관리자]를 클릭한다. 이어서, 해당 웹서버 이름인 [InsuniCom Web Site]를 선택한 후, 마우스 오른쪽 버튼을 누른 다음 [속성]을 클릭한다.

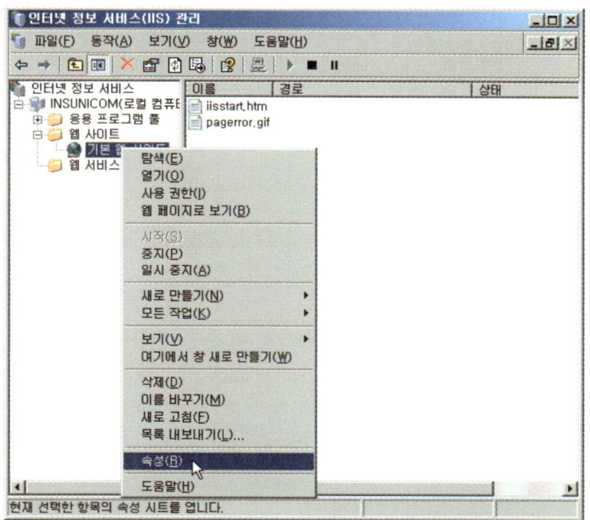

STEP 234 [등록 정보] 창에서 [디렉터리 보안] 탭을 선택하면, 3가지의 보안 방법이 표시되는데, 이 중에서 "보안 통신"의 [서버 인증서]를 선택하여, [웹서버 인증서 마법사]가 시동되도록 한다. 아래 화면에서 "이 리소스를 액세스할 때 … 클라이언트 인증서를 사용합니다."라는 설명문에 있는 클라이언트 인증서란 SSL 연결시 이 서버 입장에서 클라이언트의 인증서를 요구한다는 의미이다.

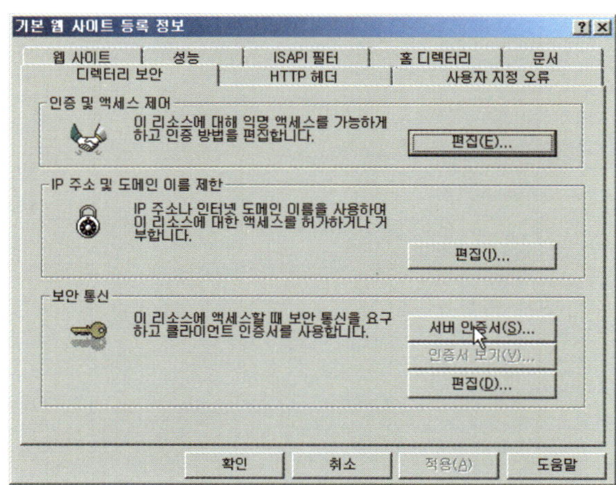

STEP 235 [웹 서버 인증서 마법사]가 시작되면, 다음을 눌러 진행한다.

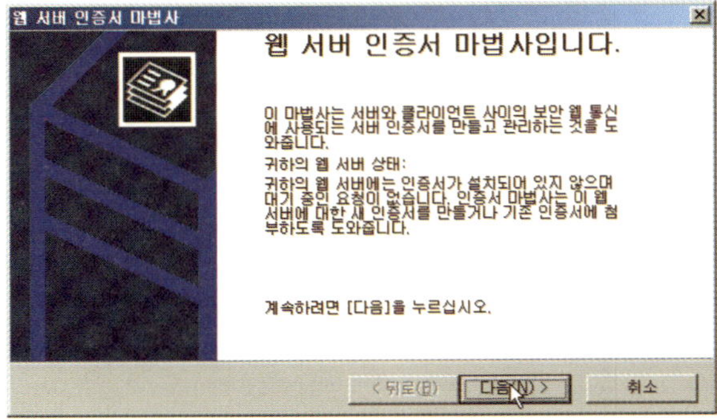

STEP 236 이미 InsuniCom의 컴퓨터 인증서가 있으므로, [기존 인증서를 할당합니다.]를 선택하고 [다음]을 클릭한다.

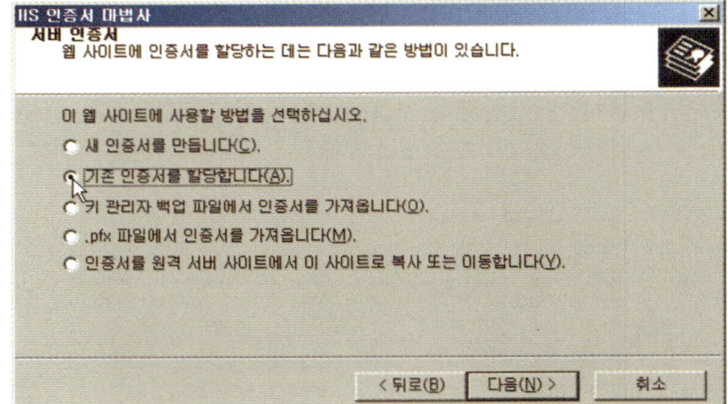

STEP 237 "사용 가능한 인증서"에서 InsuniCom 인증서가 보일 것이다. 이것을 선택하고 [다음]을 클릭한다.

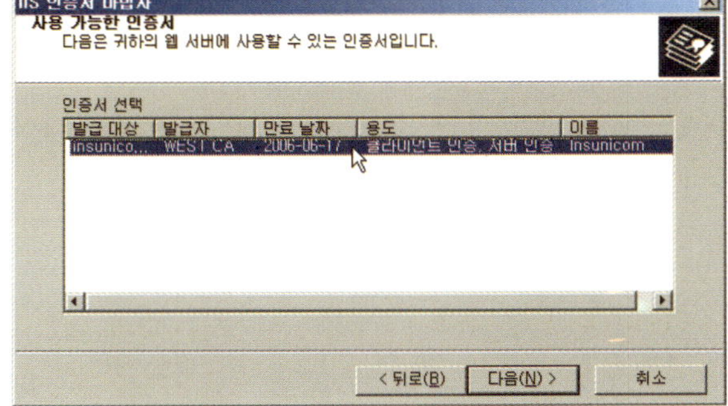

STEP 238 SSL 포트 창에서는 변경없이 [다음]을 선택한다.

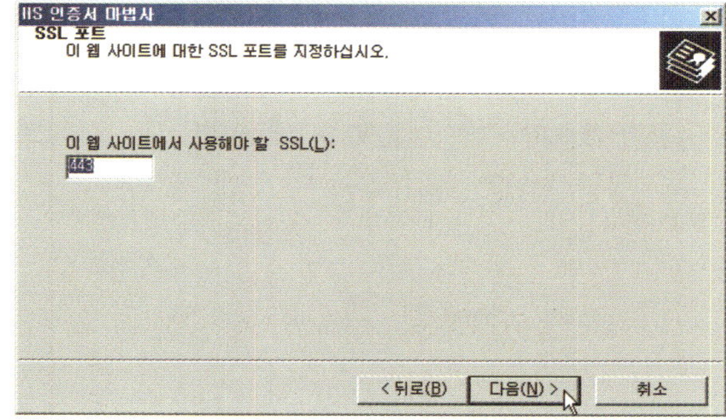

STEP 239 지금까지 수행한 인증서 설치과정의 요약정보가 표시되면, 확인 후 [다음]을 클릭하고 "웹 서버 인증서 마법사"를 종료한다.

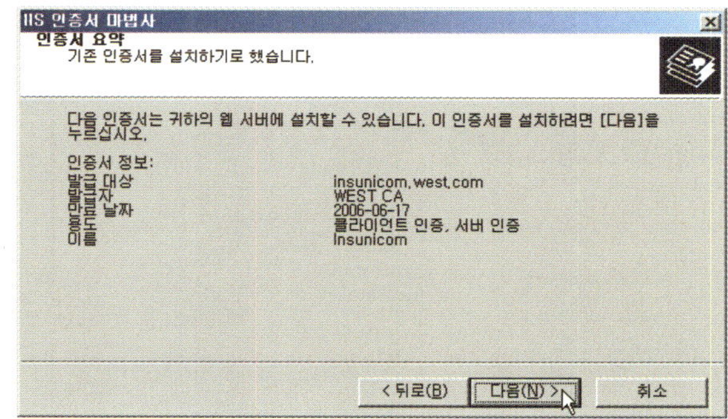

423

STEP 240 [InsuniCom의 웹 사이트 등록 정보]를 확인하면 [디렉터리 보안] 탭 창의 [보안 통신] 부분에 새롭게 [편집]과 [인증서 보기] 버튼이 새로 활성화 된 것을 확인할 수 있다. 웹 사이트가 보안 연결을 요구하도록 설정하기 위해 [보안 통신]영역의 [편집]을 클릭한다.

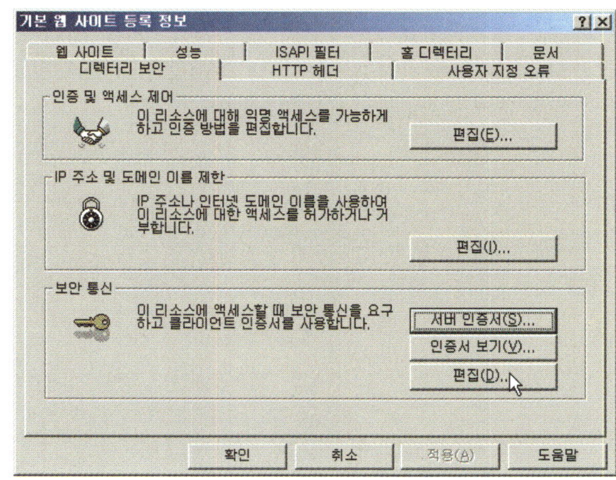

STEP 241 [보안 통신] 창에서, [보안 채널 필요(SSL)]을 선택하여, SSL 연결을 지원하도록 한다. 클라이언트의 인증서도 요구하도록 설정한다.

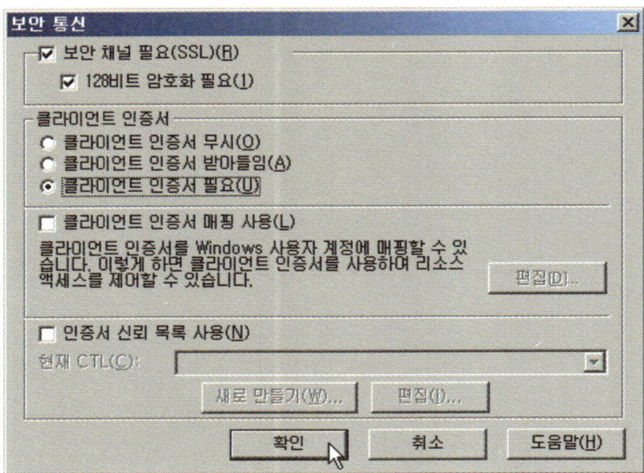

(2) 웹 서버 사용자 접근 제어

웹서버의 사용자 접근제어를 위하여, 액티브 디렉터리의 계정을 활용하도록 설정한다. 물론, 이 웹서버에 직접 사용자계정을 등록할 수 도 있다.

STEP 242 [디렉터리 보안] 탭의 "인증 및 액세스 제어" 항목의 [편집]을 클릭한다.

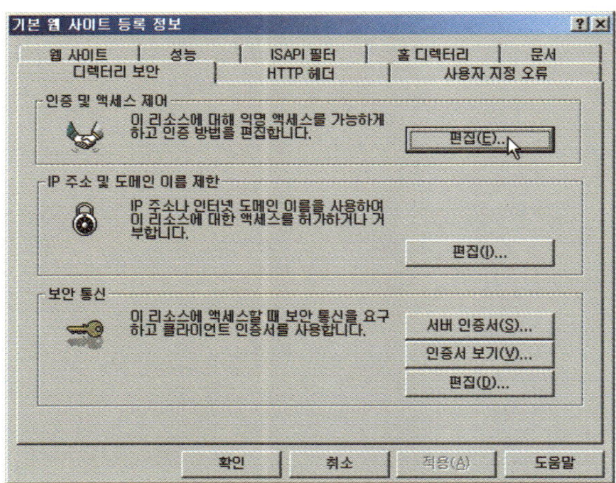

STEP 243 [인증 방법] 창에서, "Windows 도메인 서버의 다이제스트 인증"을 선택한다. 이것은 웹 서버가 사용자 인증을 수행할 때, 사용자 계정을 액티브 디렉터리에 질의할 수 있도록 하기 위함이다. 물론, "Windows 통합 인증"도 가능하다.

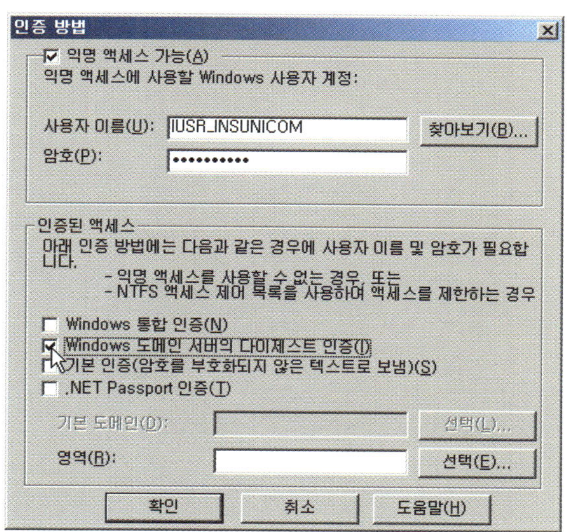

11.16   Arami 클라이언트에 의한 SSL 웹 서버 접근절차

STEP 244 Arami의 인증서는 제 10 장에서 발급받은 것을 사용하도록 한다.

STEP 245 클라이언트인 Arami가 웹서버 InsuniCom의 웹 사이트에 브라우저로 https://Insunicom을 입력하면, 보안 경고창이 보일 것이다. [확인]을 선택한 후 진행한다.

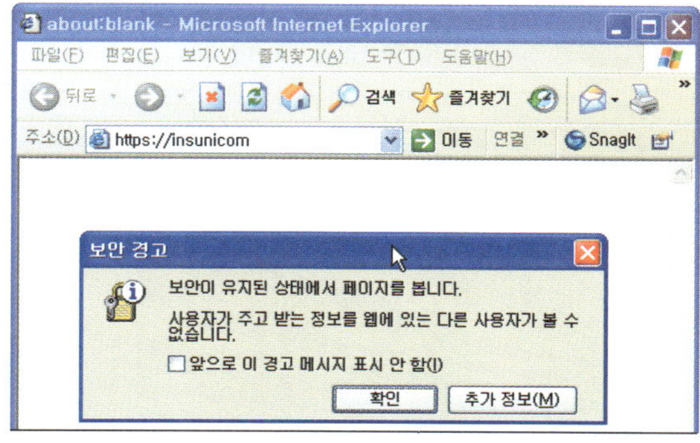

STEP 246 드디어 연결되었다.

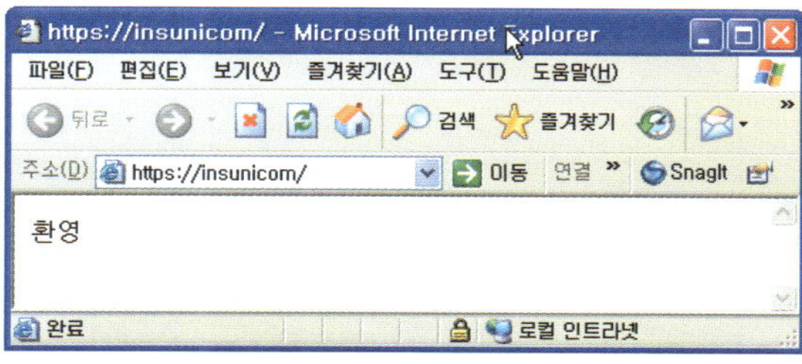

11.17　SSL 패킷 분석

이 과정에서 수집된 SSL 패킷에 대하여 다음과 같이 동작하는지 분석한다.

① Client hello : Client가 client hello={ Protocol Version, random, Session ID, Cipher Suite, Compression Method}를 서버에 보낸다.

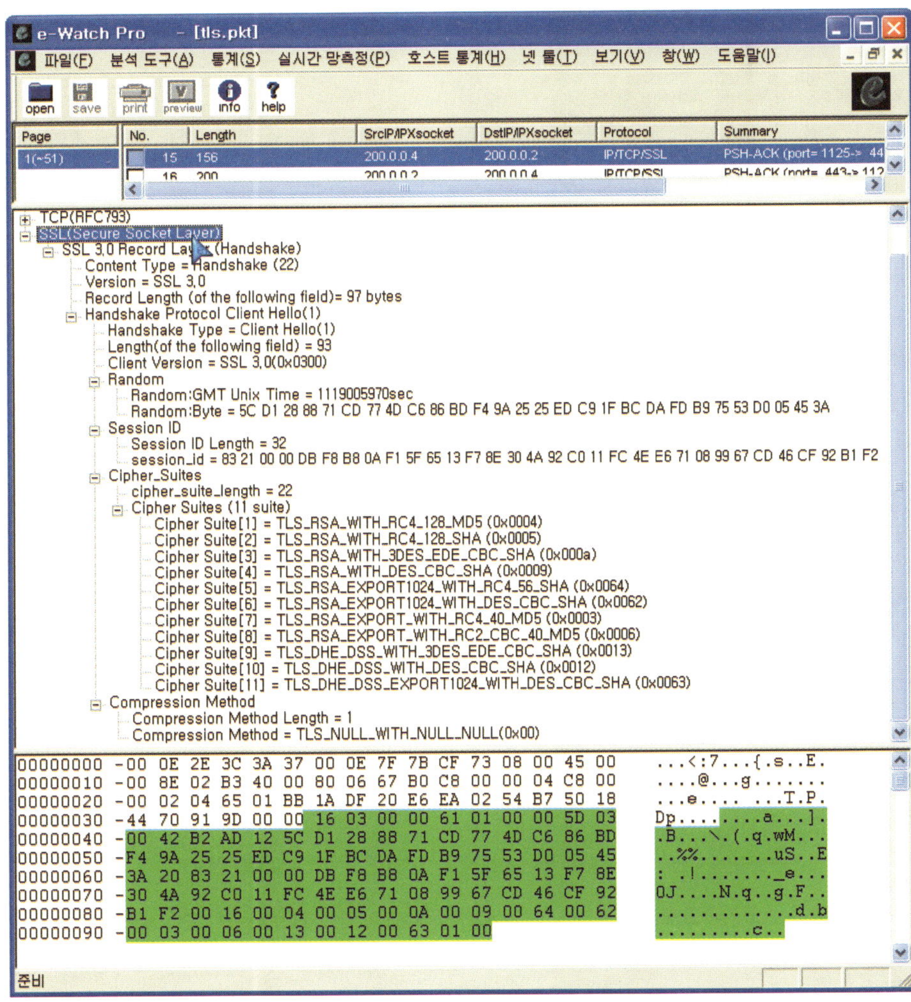

② Server Hello, Certificate, Server Hello Done 메시지 : 하나의 SSL 패킷에 3가지의 메시지가 수납되어 응답된다.

```
MAC
IP-Internet Protocol(RFC791)
TCP(RFC793)
SSL(Secure Socket Layer)
  SSL 3.0 Record Layer (Handshake)
    Content Type = Handshake (22)
    Version = SSL 3.0
    Record Length (of the following field)= 1203 bytes
    Handshake Protocol Server Hello(2)
      Handshake Type = Server Hello(2)
      Length(of the following field) = 70
      Server Version = SSL 3.0(0x0300)
      Random
        Random:GMT Unix Time = 1210152555sec
        Random:Byte = 6E 47 FA 6F A6 09 08 A4 5C B1 B0 5F AF 20 7A 16 4F 54 AC 1C 52 FE 56 7F 70 34 0B 0C
      Session ID
        Session ID Length = 32
        session_id = EB 1C 00 00 5C 39 C5 8B 7E 64 55 84 50 49 C2 64 95 AC 71 48 C0 0F D6 AE 13 5A 4B E6 0C FB
      Selected Cipher Suite = TLS_RSA_WITH_RC4_128_MD5 (0x0004)
      Selected Compression Method = TLS_RSA_WITH_RC4_128_MD5(0xf03ee2c)
    Handshake Protocol Certificate(11)
      Handshake Type = Certificate(11)
      Length(of the following field) = 1121
      Certificate Field of 1121 bytes
    Handshake Protocol Server Hello Done(14)
      Handshake Type = Server Hello Done(14)
      Length(of the following field) = 0

00000000 -00 01 03 45 EE 06 00 01 03 45 E4 43 08 00 45 00    ...E.....E.C..E.
00000010 -04 E0 0B D6 40 00 80 06 5A 39 C8 00 00 03 C8 00    .....@...Z9......
00000020 -00 05 01 BB 05 AD 34 DE FF DD 6F 72 7D DD 50 18    .......4...or}.P.
00000030 -44 0A 12 C2 00 00 16 03 00 04 B3 02 00 00 46 03    D.............F.
00000040 -00 48 21 76 6B 6E 47 FA 6F A6 09 08 A4 5C B1 B0    .H!vknG.o....\..
00000050 -5F AF 20 7A 16 4F 54 AC 1C 52 FE 56 7F 70 34 0B    _. z.OT..R.V.p4.
00000060 -0C 20 EB 1C 00 00 5C 39 C5 8B 7E 64 55 84 50 49    . ....\9..~dU.PI
00000070 -C2 64 95 AC 71 48 C0 0F D6 AE 13 5A 4B E6 0C FB    .d..qH.....ZK...
00000080 -62 91 00 04 00 0B 00 04 61 00 04 5E 00 04 5B 30    b.......a..^..[0
00000090 -82 04 57 30 82 04 01 A0 03 02 01 02 02 0A 61 82    ..WO..........a.
000000A0 -FE 00 00 00 00 00 00 0A 30 0D 06 09 2A 86 48 86    ........0...*.H.
000000B0 -F7 0D 01 01 05 05 00 30 1F 31 0B 30 09 06 03 55    .......0.1.0...U
000000C0 -04 06 13 02 4B 52 31 10 30 0E 06 03 55 04 03 13    ....KR1.0...U...
000000D0 -07 57 45 53 54 20 43 41 30 1E 17 0D 30 34 30 36    .WEST CA0...0406
000000E0 -32 32 31 31 30 39 35 38 5A 17 0D 30 36 30 36 32    22110958Z..06062
000000F0 -32 31 30 30 37 31 36 5A 30 64 31 0B 30 09 06 03    2100716Z0d1.0...
00000100 -55 04 06 13 02 4B 52 31 0E 30 0C 06 03 55 04 08    U....KR1.0...U..
00000110 -13 05 53 65 6F 75 6C 31 10 30 0E 06 03 55 04 07    ..Seoul1.0...U..
00000120 -13 07 47 61 6E 67 4E 61 6D 31 0E 30 0C 06 03 55    ..GangNam1.0...U
00000130 -04 0A 13 05 77 65 73 74 4F 31 0F 30 0D 06 03 55    ....west01.0...U
00000140 -04 0B 13 06 77 65 73 74 4F 55 31 12 30 10 06 03    ....westOU1.0...
00000150 -55 04 03 13 09 62 6F 72 61 6D 69 63 6F 6D 30 5C    U....boramicom0\
00000160 -30 0D 06 09 2A 86 48 86 F7 0D 01 01 01 05 00 03    0...*.H.........
00000170 -4B 00 30 48 02 41 00 C4 9D 42 9F 93 C8 B8 53 64    K.0H.A...B....Sd
00000180 -5A 0D 5F FF F6 71 05 D5 F1 63 D1 20 8B FC D6 BF    Z.^..q...c.
```

- Server Hello : 서버는 클라이언트가 알려준 cipher suite 리스트들 중에서 하나를 선택하여 Server Hello 메시지에 담아 알려준다. 여기선 TLS_RSA_WITH_RC4_128_MD5를 선택한 것을 알 수 있다.
- Certificate : 서버는 자신의 인증서를 보낸다. 이 서버의 인증서에는 서버 자신의 공개 키가 수납되어 있다.
- Server Hello Done : 서버는 Server Hello Done 메시지를 송신함으로써, 클라이언트와의 Hello 메시지 교환과정이 완료되었음을 알린다.

③ Client Key Exchange, Change Cipher Spec, Encrypted Finished 메시지 : 하나의 SSL 메시지
에 수납되어 서버에게 전송된다.

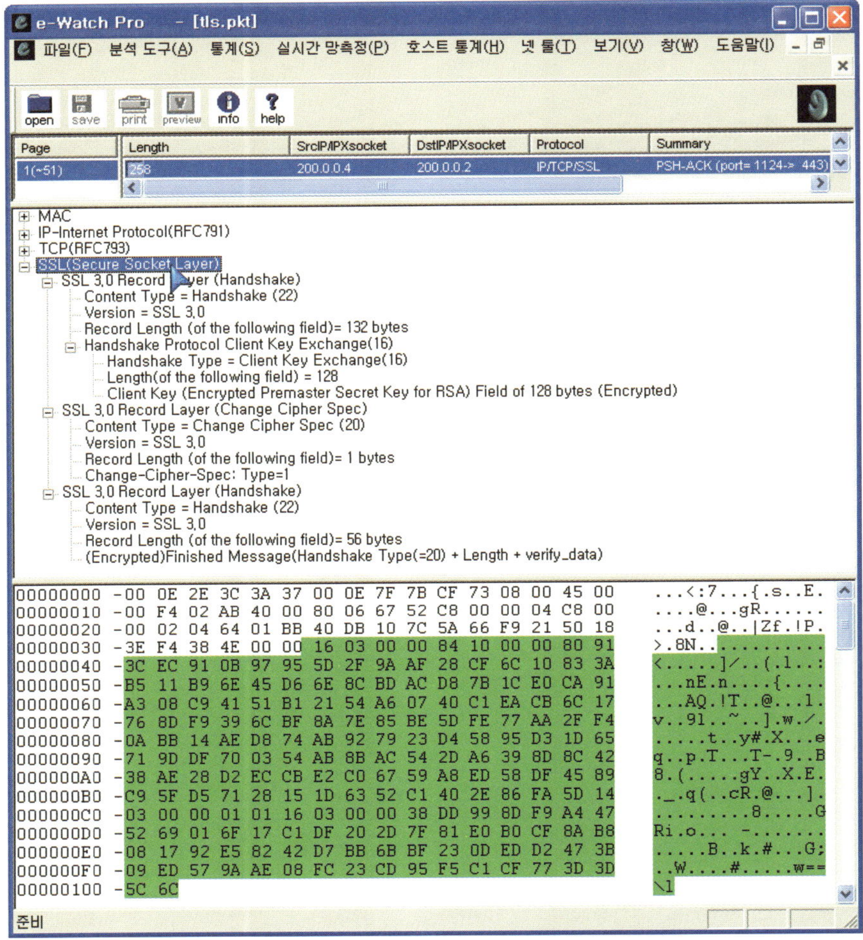

- Client Key Exchange : 클라이언트는 client key exchange 메시지를 서버에게 송신하는데, 서버와
  공유할 premaster키값을 생성하여, 서버로부터 수신된 인증서에 수납되어 있던 서버의 공개 키로 암
  호화하여 서버에게 전달한다.
- Client Cipher Spec : 클라이언트는 change cipher spec 메시지도 송신하는데, 이것은 서버에게 자
  신은 협상된 암호화 파라미터들을 앞으로 사용할 것임을 서버에게 알리는 의미이다.
- Encrypted Finished 메시지 : 클라이언트는 Finished 메시지를 선택된 알고리듬, 키, secret 값으로
  암호화하여 보낸다.

④ 서버로 부터의 Change Cipher Spec, Encrypted Finished 메시지

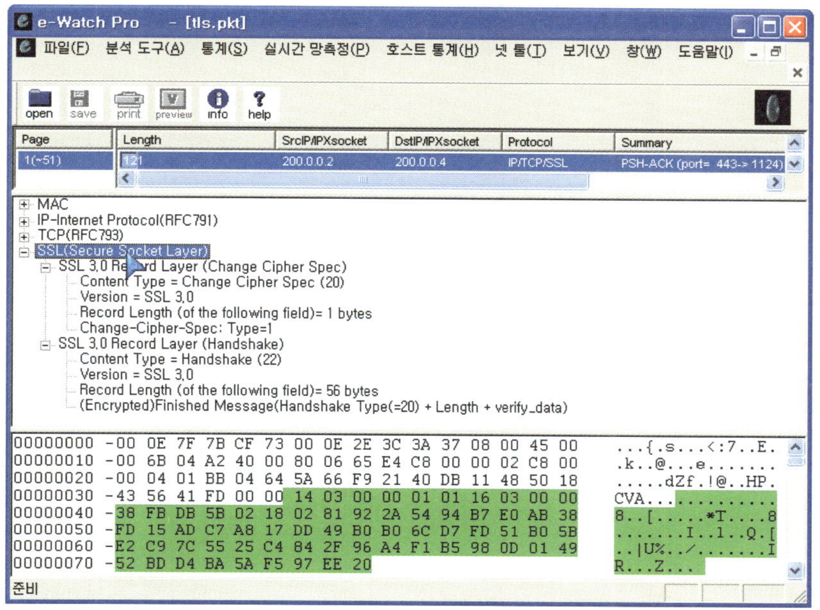

- **Change Cipher Spec** : 클라이언트로부터의 암호화된 finished 메시지를 수신하여, 복호가 성공하면, 서버 자신도 협상된 암호화 파라미터를 앞으로 사용할 것임을 change cipher spec 메시지로 응답한다.
- **Encrypted Handshake Message** : 선택된 Cipher Spec에 의해 암호화된 finished 메시지를 보낸다. 이 메시지의 의미는 클라이언트에게 자신이 진정한 서버임을 인증하는 의미이다.

⑤ Application Data : Handshake 과정의 종료 후, Server와 Client 간에 암호화된 Data들을 전송한다.

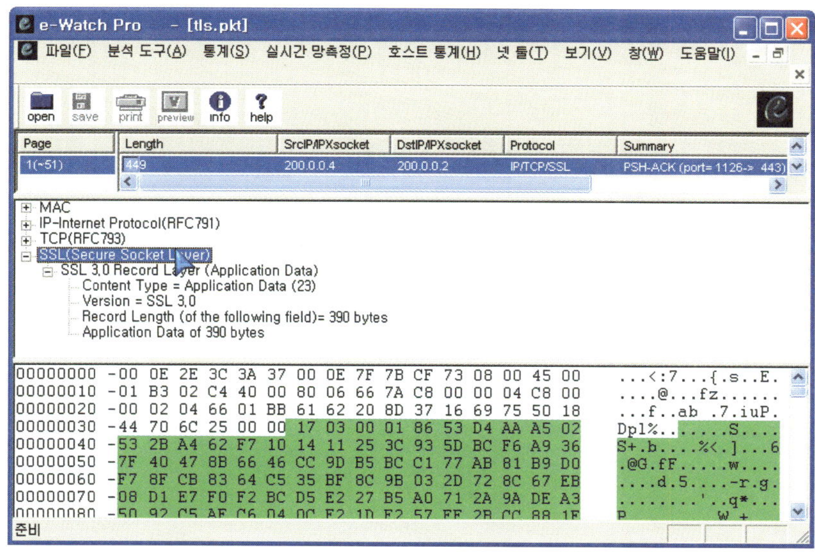

연습 문제

[1] HTTP용 SSL 포트번호는 _____ 이다.
    (a) 443   (b) 80   (c) 110   (d) 8080

[2] TLS의 기능이 아닌 것은?
    (a) 압축   (b) 메시지 무결성
    (c) 공개 키에 의한 메시지 암호화   (d) 공유키에 의한 메시지 암호화

[3] TLS에서 쌍방이 공유하는 premaster 키로부터 생성되는 것이 아닌 것은?
    (a) master key   (b) client_write_MAC secret
    (c) client_read_key   (d) client_write_key

[4] TLS용 프로토콜 중에서 응용계층 메시지를 암호화해서 전송하는 프로토콜은 _____ 이다.
    (a) Record   (b) Change Cipher Spec
    (c) Alert   (d) Handshake

[5] RSA 방식에서 premaster secret은 _____ 에서 설정된다.
    (a) 서버   (b) 클라이언트   (c) any

[6] RSA 방식에서 premaster secret은 _____ 에 의해 암호화되어 전송된다.
    (a) 서버의 공개 키   (b) 클라이언트의 공개 키
    (c) 클라이언트의 개인 키   (d) 서버의 개인 키

[7] RSA 방식에서 master secret은 _____ , _____ , _____ 로부터 생성된다.
    (a) server random   (b) client random
    (c) preshared secret   (d) nonce

[8] Client 인증서 없이 동작하는 RSA 방식의 TLS 협상절차시 전송되는 메시지를 순서대로 정리하라.
    (a) Client Hello   (b) Server Hello
    (c) (Server)Certificate   (d) Server Hello Done
    (e) Client Key Exchange   (f) Change Cipher Spec
    (g) Finished

[9] 클라이언트 인증서를 요구하여 상호인증 절차를 수행하는 RSA 방식의 TLS 협상절차시 전송되는 메시지를 순서대로 정리하라.
    (a) Client Hello   (b) Server Hello
    (c) (Server)Certificate   (d) Server Hello Done
    (e) Client Key Exchange   (f) Change Cipher Spec
    (g) Finished   (h) Certificate Request
    (i) Client Certificate Verify

[10] TLS의 송신 메시지 처리과정을 순서대로 열거하라.
    (a) Fragmentation   (b) Compression
    (c) MAC   (d) Padding
    (e) 암호화

[11] 브라우저에서 https:// 로 접속하는 경우에 대한 설명 중 틀린 것은?

  (a) SSL/TLS가 설치된 보안 웹 서버에 접속한다.

  (b) port 80번으로 접속한다.

  (c) HTTP 메시지는 모두 Recored 계층에서 보안처리되어 전송된다.

  (d) HTTP 메시지를 전송하기 전에 TLS/SSL연결을 위한 handshaking 절차가 수행된다.

[12] 다음과 같은 cipher_suite의 설명 중 틀린 것은?

  (a) DH_DSS_WITH_DES_CBC_SHA : Diffie-Helman 키 교환 방식, DSS 서명, DES_CBC 암호화, HMAC-SHA-1 방식

  (b) DHE_RSA_WITH_DES40_CBC_MD5 : ephemeral Diffie-Helman 키 교환 방식, RSA 서명, DES40_CBC 암호화 방식, HMAC-MD5 방식

  (c) RSA_WITH_DES_CBC_SHA : RSA 키 교환 방식, DES_CBC 암호화, HMAC-SHA-1 방식

  (d) RSA_WITH_DES_CBC_SHA : RSA 서명 방식, DES_CBC 암호화, HMAC-SHA-1 방식

[13] Server Hello 메시지에는 _____ 가 포함되지 않는다.

(a) server random	(b) Session ID
(c) Cipher Suite	(d) Compression method
(e) Certificate	

[14] Client Hello 메시지에 포함된 Session ID가 0이면 _____ 을 의미하고, 그렇지 않으면 _____ 을 의미한다.

(a) 새로운 세션을 설정하고자 함	(b) 기존의 세션을 재개하고자 함
(c) 기존의 세션을 삭제하도록 함	(d) 무의미함

[15] RSA(EXPORT가 아님) 키 교환 방식에서, 서버가 전송하는 Certificate 메시지에는 _____ 이 수납된다.

(a) 서버의 서명용 공개 키	(b) 서버의 암호용 공개 키
(c) 클라이언트의 서명용 공개 키	(b) 클라이언트의 암호용 공개 키

[16] 512비트를 초과하는 RSA_EXPORT 키 교환 방식에서, 서버가 전송하는 Certificate 메시지에는 _____ 이 수납된다.

(a) 서버의 서명용 공개 키	(b) 서버의 암호용 공개 키
(c) 클라이언트의 서명용 공개 키	(d) 클라이언트의 암호용 공개 키

[17] 512비트를 초과하는 RSA_EXPORT 키 교환 방식에서, 서버가 전송하는 Server Key Exchange 메시지에는 _____ 이 수납되고, 서명된다.

(a) 서버의 서명용 공개 키	(b) 서버의 암호용 공개 키
(c) 클라이언트의 서명용 공개 키	(d) 클라이언트의 암호용 공개 키

[18] Certificate Request 메시지는 _____ 에 의해 _____ 하기 위해 전송된다.

(a) 서버	(b) 클라이언트
(c) 클라이언트를 인증	(d) 서버를 인증

[19] Client Key Exchange 메시지는 _____ 에 의해 _____ 를 암호화하여 전송된다.

(a) 서버	(b) 클라이언트
(c) premaster	(d) RSA 공개 키

[20] Client Verify 메시지는 _____ 에 의해 _____ (을)를 개인키로 서명하여 전송함으로써, 인증서에 수납된
공개 키에 대응되는 개인키를 가지고 있음을 알린다.
- (a) 서버
- (b) 클라이언트
- (c) premaster키
- (d) 지금까지 송수신된 메시지의 해시값

[21] Finished 메시지는 _____ 전송된다.
- (a) 세션 종료시
- (b) 협상 완료시
- (c) TCP 연결 종료시
- (d) 세션 재개시

[22] Finished 메시지는 _____ 전송됨으로써, 쌍방이 동일한 키로 협상되었음을 마지막으로 확인할 수 있도록
한다.
- (a) 평문으로
- (b) 협상된 키로 암호화되어

[23] Change Cipher Spec 메시지는 Finished 메시지 보다 _____ 에 전송되어, 지금까지 협상되었던
cipher spec을 활용하도록 상대방에게 알린다.
- (a) Client Verify
- (b) Finished
- (c) Client Key Exchange
- (d) Hello Done

[24] TLS 실험망의 필수적인 구성요소가 아닌 것은?
- (a) Certificate Server
- (b) SSL Web Server
- (c) SSL Web Browser
- (d) Mail Server

[25] SSL 웹서버에도 인증서가 설치되어야 한다. 맞는가?
- (a) 맞다
- (b) 틀리다.

[26] 리눅스 아파치 웹 서버용 TLS/SSL를 www.openssl.org에서 내려 받아 설치하여, 동작을 비교하라.

[27] SSL로 보호되는 IIS 서버에 대한 진단도구로 SSL Diagnostics Version 1.0 이 있는데, 이것은 자체
인증서 발급 및 IIS SSL client와 서버간 핸드쉐이킹 절차를 단 한번의 클릭으로 시뮬레이션 해준다. 마이크
로소프트사에서 내려받아 동작시켜 보라.

정답
[1] (a), [2] (c), [3] (c), [4] (a), [5] (b), [6] (a), [7] (a), (b), (c), [8] (a), (b), (c), (d), (e), (f), (g), [9] (a), (b), (c), (h), (d), (j),
(e), (i), (f), (g), [10] (a), (b), (c), (d), (e), [11] (b), [12] (d), [13] (e), [14] (a), (b), [15] (b), [16] (a), [17] (b), [18] (a), (c), [19]
(b), (c), (a), [20] (b), (d), [21] (b), [22] (b), [23] (d), [24] (a)

제 12 장

IEEE 802.11i

12.1 관련 표준

- IEEE 802.11i, Part11 : WAN MAC and PHY Specifications, Amendment 6 : MAC Security Enhancement, 2004.
- IEEE 802.1x, Standard for Port based Network Access Control, 2001.
- http : //www.ietf.org/internet-drafts/draft-ietf-pppext-eap-ttls-05.txt.
- RFC 3748, Extensible Authentication Protocol (EAP) 2004.
- RFC 2898, PKCS #5 : Password-Based Cryptography Specification Version 2.0,2000.
- RFC 3394, Advanced Encryption Standard (AES) Key Wrap Algorithm, 2002.

12.2 개 요

기존 무선 단말은 액세스 포인트와의 아무런 인증절차가 없는 개방 시스템 인증 방법에 의해 접속한 후, 무선구간을 평문으로 전송한다. 이러한 방법은 전송되는 프레임의 내용이 노출되거나 변조되는 문제가 있을 뿐만 아니라, 해당 무선 장비들에 대한 서비스 거부 공격에 취약하고, 사용료를 지불하지 않은 사용자들도 아무런 제약 없이 액세스 포인트를 거쳐 내부 망이나 외부망을 사용할 수 있는 문제점이 있다.

이러한 문제점은 앞에서 다루었던 WEP 암호 기법과 Shared Key 또는 802.1x/EAP 인증 방식에 의한 사용자 인증절차에 의해 일부 해결된다. 하지만, 이러한 기존 무선 보안 방법도 WEP 키가 노출될 뿐만 아니라, 상호인증 기능이 없어, 불법 액세스 포인트가 사용될 수 있는 등의 문제가 있었다.

2004년, 보다 안전한 Robust Secure Network(RSN)을 위한 무선 LAN 보안 표준인 IEEE802.11i 가 완성되었다. 이것은 기존 WEP 보다 안전한 암호 방식인 스트림 사이퍼 방식의 Temporal Key Integrity Protocol(TKIP)과 블록사이퍼 방식인 counter mode with cipher-block chaining with message authentication code(CTR-CBC-MAC) 프로토콜, 즉, CCMP 암호 방식 등 2가지의 암호 방식을 규정하고 있다.

또한, 고정된 키를 사용하는 WEP의 취약점을 고려하여, 802.1x에서 규정한 EAPoL-Key 프레임을 이용한 4웨이 핸드쉐이킹이라고 부르는 동적 암호키 분배절차도 규정하고 있다. 참고로, 이렇게 동적으로 결정되는 무선구간의 암호키는 EAP-TLS, EAP-TTLS, Protected EAP(PEAP) 등의 인증서 기반의 안전한 사용자 인증절차에서 얻어지는 premaster secret을 이용하여 단말과 AP가 가지고 있는 암호 방식 꾸러미 (ciphersuite)로부터 생성된다[1].

본 장에서는 Robust Security Network(RSN)의 구성을 소개한 후, 보다 안전한 인증 및 공유 비밀키 교환 절차를 다루고, 802.11i를 지원하는 AP와 단말을 사용한 SOHO용 WPA-PSK 방식의 인증 및 암호절차를 실험한다. 인증서버를 활용하는 WPA-Enterprise 방식의 인증 및 암호절차는 제 13 장과 제 14 장에서 다루도록 한다.

12.3 Robust Security Network(RSN)

(1) 개 요

단말과 액세스 포인트간 무선 링크계층 암호화를 위하여, 기존 IEEE 802.11 무선 LAN 규격에서는 RC-4 스트림 암호 방식의 WEP 암호 방식을 사용하였다. 또한, 이들간에는 인증절차 없이 연결을 무조건 허용하는 개방 시스템 인증 방식, 또는 쌍방이 동일한 WEP용 키를 가지고 있음을 단순히 확인하는 공유키 (Shared Key)방식의 링크계층 인증 방식을 사용하였다.

하지만, 이러한 암호 및 인증 방식은 3바이트 길이의 짧은 Initialization Vector(IV)값에 의한 IV충돌이나 고정된 장기키 사용 등에 의해 도청이나 서비스 거부 공격에 취약한 문제가 있음을 앞에서 소개하였다. 또한, 하나의 AP에 접속된 많은 단말들도 동일한 WEP 키를 사용해야 하는 문제도 있었다.

이러한 문제를 해결하기 위하여, 고정된 키를 사용하는 기존의 스트림 사이퍼인 WEP를 개량하여 각 단말마다의 동적으로 생성되는 키를 사용하는 스트림 사이퍼인 TKIP나 보다 강력한 블록 사이퍼인 CCMP라고 하는 새로운 암호 방식뿐만 아니라, EAP 인증절차나 사전 공유키(Pre-Shared Key)와 같은 상호인증절차를 거친 후, 인증절차에서 생성된 키를 활용하여 매 패킷마다 상이한 암호키와 메시지 무결성키에 의해 보호되는 신뢰성 있는 무선망을 robust security network(RSN)이라고 하며, IEEE 802.11i표준에서 이것을 규정하고 있다.

참고로, 이 802.11i 표준은 Wi-Fi Protected Access(WPA) 연합체에서 신속한 상업화를 위하여 제안하였던 암호 방식인 TKIP를 사용하는 WPA-1 규격과 블록 암호 방식의 CCMP를 사용하는 WPA-2규격이 모두 반영된 것이다. 뿐만 아니라, 이 표준은 액세스 포인트를 경유하지 않고 단말과 단말간 연결인 IBSS 환경에서의 보안절차, 다른 액세스 포인트로의 고속 핸드오프시의 보안절차 등도 포함된 종합적인 보안관련 표준으로서, 2004년에 표준이 완성되었다.

그리고 이러한 WPA 규격에는 WPA-Personal과 WPA-Enterprise가 각각 규정되어 있는데, WPA-Personal은 PSK 모드의 WPA인 반면, WPA-Enterprise는 RADIUS 인증서버를 이용한다. 그리고 암호 방식에 따라 TKIP를 사용하는 경우에는 WPA-1 라고 하고, CCMP에 의한 암호화는 WPA-2라고 한다[2].

---

[1] IEEE 802.11i에서는 단말과 인증서버간의 인증과 master secret설정 절차를 authentication and key management (AKM) 서비스라고 부른다.

[2] CCMP를 기본 사용하는 RSN에 비하여, TKIP의 경우에는 Transient Secure Network(TSN)이라고도 부르기도 한다. 즉, RSN = CCMP + 802.1x =WPA2이고, TSN = TKIP + 802.1x = WPA1이다.

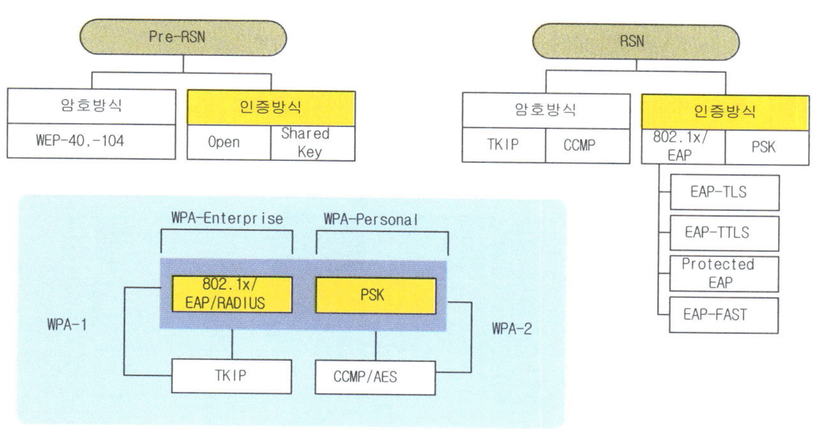

〈그림 12.1〉 RSN의 암호 방식 및 인증 방식

(2) 인증 방식

〈그림 12.2〉와 〈그림 12.3〉은 각각 PSK 인증 방식과 EAP 인증 방식 RSN의 구성요소를 도시한 것이다. 이들은 외부의 인증서버의 유무에 의해 쉽게 구분할 수 있다.

(a) PSK 인증 방식

이것은 인증서버를 설치하지 않는 소규모 망을 위한 것으로서, 액세스 포인트는 단말이 자신과 동일한 비밀키(PSK)를 가지고 있음을 802.1x에 규정된 EAPoL-Key 프레임을 활용한 4-웨이 핸드쉐이킹 절차에서 확인함으로써 단말을 인증한다[3]. 이 방식을 WPA-Personal 방식이라고도 한다. 성공적인 인증시에는 임시 암호키를 256비트 길이의 PSK로부터 생성하여 사용한다. 보통 이 PSK는 RFC2898의 PBKDF(password-based key derivation function)v2알고리듬에 의해 패스워드로부터 생성되며, 무선구간 보호용 암호키 생성을 위한 Pairwise Master Key(PMK)를 위하여, PMK : =PSK가 사용된다.

- **단말** : 액세스 포인트와의 지원 가능한 ciphersuite를 협상한 후, 상호간에 미리 설정된 PSK로부터 유도되는 임시 비밀키인 PMK를 생성한다. 이어, 이 비밀키를 액세스 포인트도 가지고 있는지를 EAPoL-Key프레임을 활용한 4-웨이 핸드쉐이킹 절차를 수행하여 상호인증한다.
- **액세스 포인트** : 4-웨이 핸드쉐이킹 절차로부터 단말도 자신과 동일한 PSK를 가지고 있음을 확인함으로써 사용자를 인증한다. 인증결과에 따라 브리징 기능을 활성화한다.

3_ 비록 PSK 방식이 EAP 패킷을 사용하는 인증절차를 수행하지는 않지만, EAPoL패킷을 사용하므로, IEEE 802.1x의 기능이 있음에 주의하라. 따라서, WAP에서는 이것을 Authenticated Key Management using pre-shared key over 802.1X 방식이라고 한다.

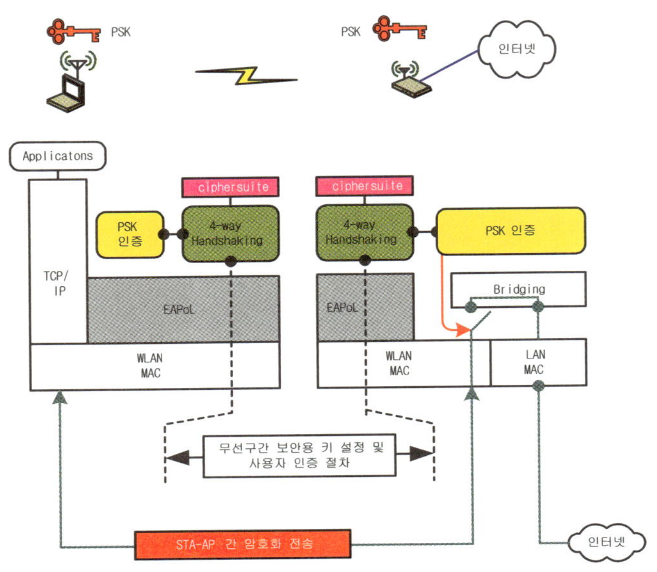

〈그림 12.2〉 802.11i RSN의 구성요소(PSK)

(b) 802.1x/EAP 인증 방식

이것은 단말과 인증서버간에 EAP 인증절차를 수행한 후, 성공적인 인증시 인증서버는 액세스 포인트가 사용할 임시 암호키를 전달하는 방법이다. 이 방식을 WPA-Enterprise 방식이라고도 한다.

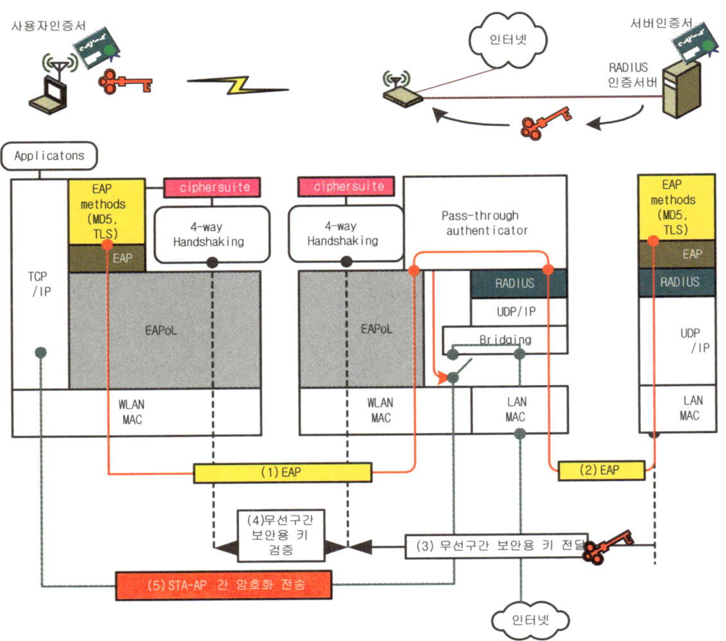

〈그림 12.3〉 802.11i RSN의 구성요소(EAP)

(3) 무선구간 암호 방식

RSN에서는 다음과 같은 두 가지의 암호 방식이 사용된다.

- TKIP 무선구간 보안 방법(WPA-1) : 이것은 메시지 암호화를 수행하는 WEP의 취약점을 해결하기 위하여 Wi-Fi 연합체에서 표준화한 것으로써, 802.11i의 일부로 채택되어 있다[4]. 이것의 핵심은 EAP에 의한 사용자 인증결과로부터, 단말과 액세스 포인트간 무선 채널 보호용 공유 비밀 키를 동적으로 생성하여 무선구간 패킷들에 대한 암호화를 진행한다. 또한, 순서번호가 추가되어 길어진 IV값을 사용한 재시도공격 탐지 기능과 새로운 MIC를 사용한 메시지 무결성을 지원하고, 키의 변경도 가능한 프로토콜인 TKIP가 사용된다.
- CCMP 무선구간 보안 방법(WPA-2) : RC4 스트림 암호 방식을 사용하는 TKIP 대신에 블록 암호 방식을 사용하는 CCMP 방식으로써, 128비트 블록키를 사용하는CCM(Counter Mode Encryption with CBC-MAC) 모드의 AES 블록 암호 방식을 사용한다[5]. 이것은 메시지에 대한 무결성 처리후 암호를 수행한다[6]. 이러한 블록 암호 방식은 802.11i에서 기본사양이다[7].

(4) 무선 LAN의 보안 방법 비교

지금까지 알아 보았던 무선 LAN 보안 방법들에 대한 보안 강도를 비교하면 〈그림 12.4〉와 같다. 제 6 장에서 언급하였듯이, shared key 방식이 open system 인증 방식에 비해 더 취약한 문제점이 있기 때문에, 가급적 이 방식을 사용하지 않는 것이 좋다.

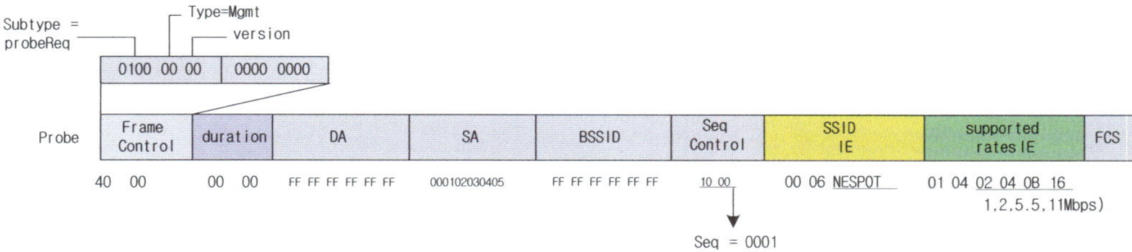

〈그림 12.4〉 무선 LAN 인증 방법의 보안성과 간편성의 비교

그리고, 〈그림 12.5 a,b〉은 기존 Open System이나 Shared Key 방식의 인증 방식과 인증 서버를 사용하는 EAP-MD5 인증 방식을 비교한 것이다. Open System이나 Shared Key 인증 방식으로 경우, 사용자 별 인증 대신에 시스템 수준의 인증만 수행한다. 그리고, EAP-MD5 인증의 경우에는 사용자별로 인증할 수 있는 장점이 있다. 하지만, 모두 한 AP에 접속된 모든 단말들은 동일한 WEP 키를 사용하는 문제가 있다.

4_ 즉, 802.11i에는 secure IBSS, secure fast handoff, secure de-authentication/disassociation, AES-CCMP와 같은 개선된 암호 방식 등이 포함되어 있다

5_ 원래 제안되었던 WRAP 방식은 AES-OCB 기반인데, 관련 특허문제로 CCMP에 의해 802.11i에서 대치되었다.

6_ Authenticated encryption 방식이라고 부른다.

7_ 하지만, WPA에서는 TKIP가 기본 방식이다.

반면에, 〈그림 12.5 c,d〉과 같은 RSN을 지원하는 WPA-Personal 및 WPA-Enterprise의 경우, 패킷별로 상이한 키로 암호화하는 장점이 있으며, 그림에는 표시되어 있지 않지만 AP와의 상호인증 기능과 man-in-the-middle 공격을 탐지하여 대처함으로써 불법 AP 문제를 해결하는 기능이 더 추가되어 있다.

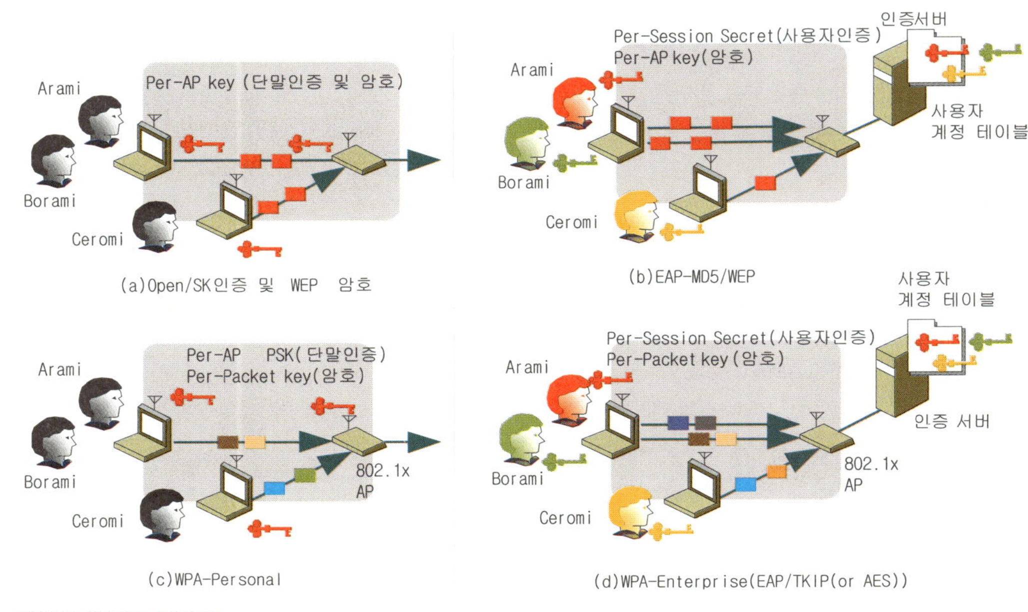

〈그림 12.5〉 무선 LAN 인증 방법의 비교

12.4 RSN 동작절차 개요

튼튼한 무선 보안을 위한 RSN에서는 다음과 같은 4단계의 절차를 수행한다.

- 단계 0 : RSN 지원 여부 탐색과정 및 개방 시스템 인증 및 결합단계
- 단계 1 : 802.1x/EAP 또는 PSK에 의한 사용자 인증 및 PMK(pairwise master key) 확보 단계 8
  - 상호 인증 방법
    - 802.1x/EAP 인증
    - PSK 인증
  - PMK 생성 및 확보
    - 802.1x/EAP 인증의 경우 : 단말과 인증서버가 인증후 공유하는 Master Session Key(MSK)로부터 PMK생성. AP용 MSK는 인증서버가 전달
    - PSK에 의한 사용자 인증 : AP와 단말은 모두 PSK를 PMK로 직접 설정

8_ Pairwise란 의미는 단말과 AP간 유니캐스트 연결을 의미한다. 반면에 Group용어는 브로드캐스트의 의미로써, AP에서 단말로의 방송 연결시 사용된다.

● 단계 2 : EAPoL-Key 프레임을 사용하여, 상대방에 대한 Pairwise Master Key(PMK)보유를 확인하고, 무선구간 보호용 키의 생성 및 전달을 수행[9]

● 단계 3 : 암호화된 패킷전송

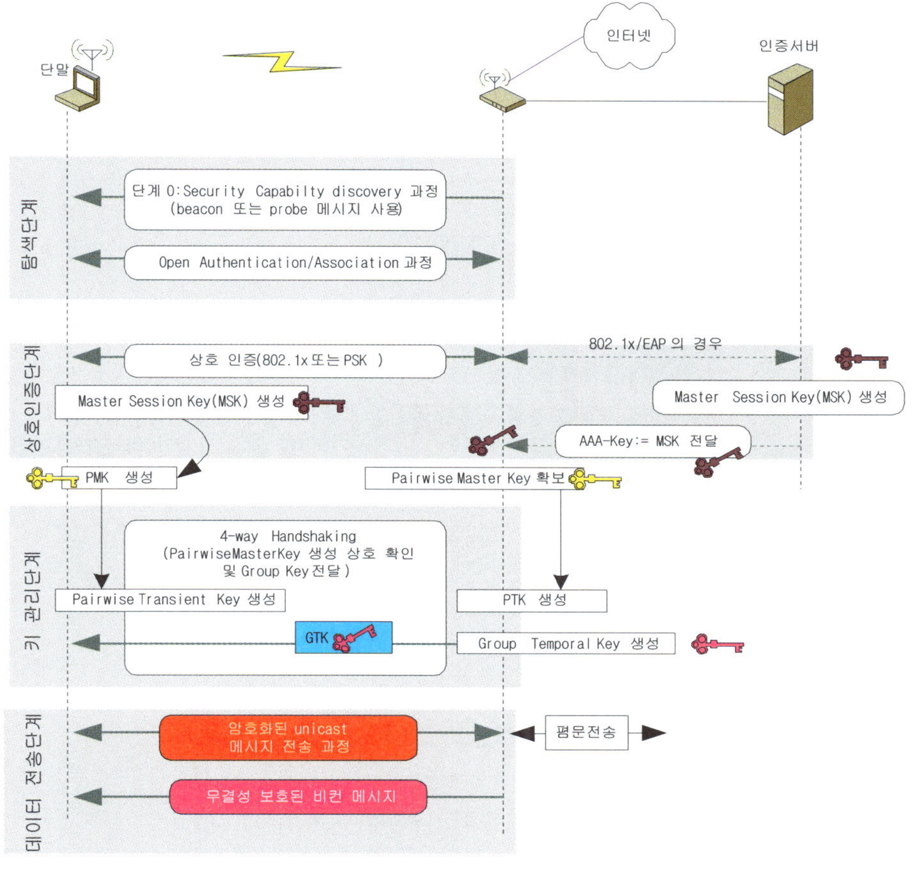

<그림 12.6> 802.11i RSN의 동작절차 개요

12.5 EAP 인증 및 무선 보안 키 분배절차 상세

액세스 포인트를 경유한 단말과 인증서버간에 EAP를 사용한 인증절차와 무선구간 암호용 키 설정절차는 다음과 같다.

[단계 0]

(1) 액세스 포인트는 비컨이나 프로브 응답 프레임의 RSN Information Element(IE) 영역에 지원 가능한 인증 방법, 암호 방식 등을 수납하여 송신한다.

9_ 또는 Secure Association(SA) 설정단계라고도 한다.

(2) 단말은 일단 개방 시스템 인증 방식으로 액세스 포인트와의 인증을 수행한 후, {인증 방법 = IEEE 802.1x}과 선택한 암호 방식을 결합요청 프레임에 수납하여 전송함으로써, 일단 AP에 결합한다.

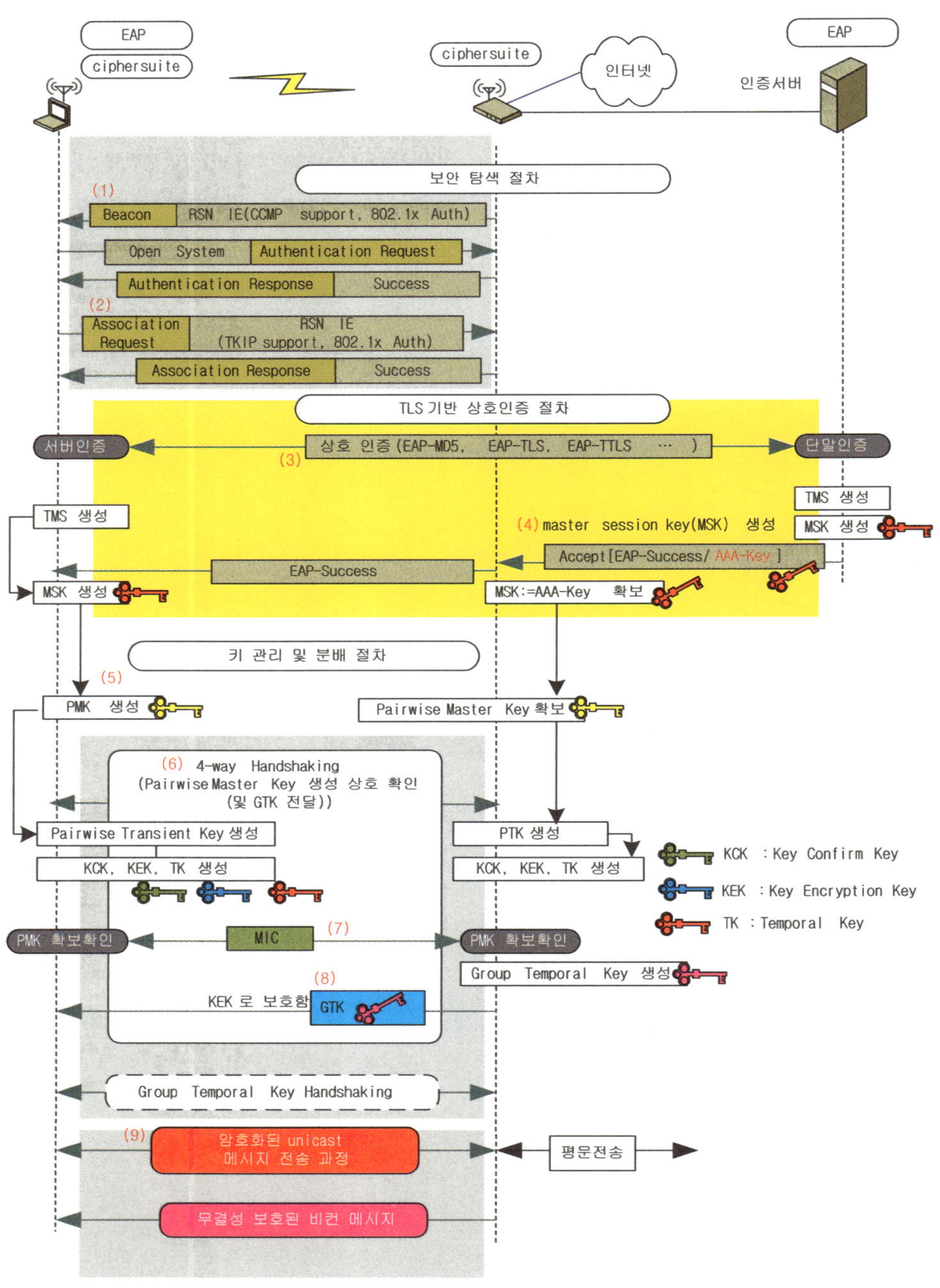

<그림 12.7> RSN 인증 및 암호화 전송과정(802.1x/EAP 방식)

[단계 1]

(3) 단말과 인증서버는 TLS 기반의 EAP 인증절차에 의해 상호인증 받는다. 이 과정에서 공유하는 TLS master secret(TMS)로부터 단말과 인증서버는 Master Session Key(MSK)를 공유한다.

(4) 액세스 포인트는 EAP 인증 프로토콜의 종단이 아니기 때문에, 단말과 액세스 포인트간 무선링크 암호화에 필요한 Master Session Key(MSK)는 이것을 수납한 인증서버로부터의 RADIUS 패킷에 의해 전달받는다.

[단계 2]

(5) 단말과 액세스 포인트는 MSK로부터 Pairwise Master Key(PMK)를 생성한다.

(6) 이어, EAPoL-Key 프레임을 사용한 4-웨이 핸드쉐이킹절차로 규정된 키 관리절차를 통하여, PMK로 부터의 Pairwise Temporal Key(PTK)를 생성하고, 이어 Key Confirmation Key(KCK), Key Encryption Key(KEK), Temporal Key(TK)를 차례로 생성한다.

(7) 이러한 키를 사용하여, 상대방이 PMK를 확보하였는지 검증한 후, 이러한 키의 사용을 실제 데이터 프레임 암호시 적용하도록 한다.

(8) 이때, 비컨 등의 브로드캐스트 프레임 보호용 암호키인 Group Temporal Key(GTK)도 AP가 생성하여 단말에게 안전하게 전달한다.

[단계 3]

(9) Temporal Key(TK)를 사용하여 TKIP나 CCMP에 의한 무선구간 암호화를 수행한다.

12.6 PSK 인증 및 무선 보안 키 분배절차 상세

인증서버를 사용하지 않고, 액세스 포인트와 단말간에 미리 약속된 PSK를 PMK로 직접 설정하고 쌍방간에 이 키의 보유여부를 검증한다. 보통 256비트 길이의 PSK는 {사용자가 입력하는 패스워드, SSID}로부터 생성된다.

[단계 0]

(1) 액세스 포인트는 비컨이나 프로브 응답 프레임의 RSN 정보 영역에 지원 가능한 인증 방법, 암호 방식 등을 수납하여 송신한다.

[단계 1]

(2) 단말은 {인증 방법 = PSK}와 함께 적절한 암호 방식을 선택하여, 결합요청 메시지에 수납하여 개방 시스템 인증 방식으로 액세스 포인트로부터 인증 후 결합한다.

[단계 2]

(3) PSK를 PMK로 직접 설정하고, EAPoL-Key 프레임을 사용한 4-웨이 핸드쉐이킹절차로 규정된 키 관리과정을 통하여 단말과 액세스 포인트간 임시키를 설정하고, 이를 검증한다. 이 과정에서 PMK 확보여부가 인증되면, 동시에, 단말과 AP간에 동일한 PSK를 가지고 있음을 인증할 수 있다.

[단계 3]

(4) TKIP나 CCMP를 통하여 무선구간을 암호화하여 전송한다.

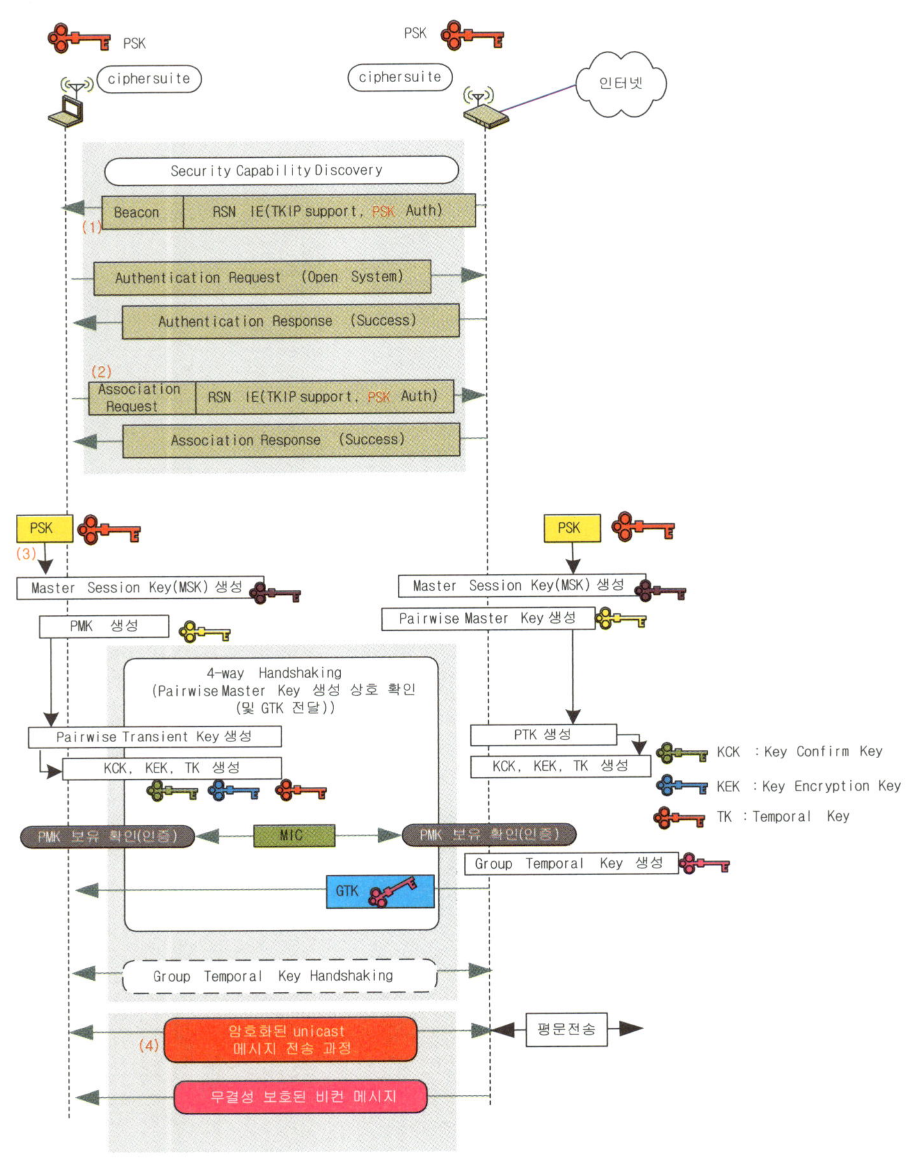

〈그림 12.8〉 RSN 인증 및 암호화 전송 과정(PSK 방식)

12.7 보안 탐색단계 상세 (단계 0)

(1) 개 요

액세스 포인트와 단말간에 지원되는 인증 방식과 암호 방식을 탐색하고, 초기적인 개방 시스템 인증절차 및 결합을 수행하는 단계이다. 단말은 액세스 포인트가 전송하는 비컨 메시지나 프로브 응답 메시지에 수납된

RSN 정보요소에 있는 인증 방법 {Open, SK, 802.1X , PSK}, 암호 방식 {WEP, TKIP, CCMP} 등의 정보로부터 AP의 802.11i 지원여부를 판단한다.

이어, 단말은 개방 시스템 인증절차를 일단 수행한 후, 결합요청 메시지에 자신이 선택한 인증 방법과 암호 방법을 수납하여 결합을 요구한다. 이 과정에서의 모든 패킷들은 평문으로 전송된다.

이러한 초기 인증/연계절차는 단순히 단말이 AP에 선을 연결하는 정도의 절차이며, 사용자 인증은 수행되지 않았다. 이후, RSN에 정의된 추가적인 사용자 수준의 인증절차를 진행해야 한다.

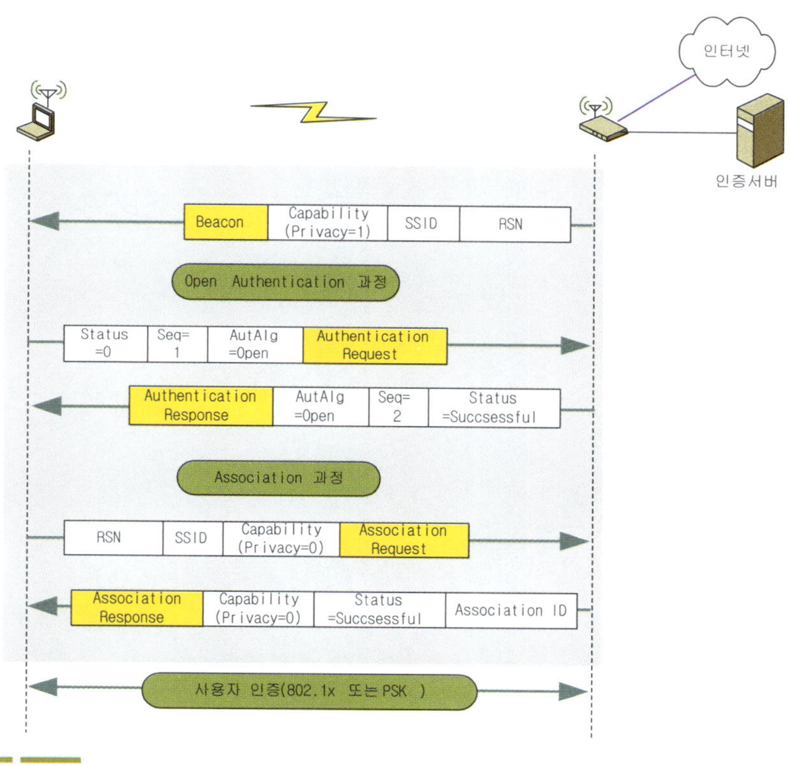

〈그림 12.9〉 탐색 및 초기 인증/결합 과정

(2) RSN 정보요소(Information Element)의 형식

비컨이나 프로브 응답, 연계요청 메시지에 수납되어 전송되는 RSN 정보요소의 형식은 다음과 같다. 여기에는 인증 방법과 Pairwise 암호 방식 선택자, RSN 지원능력, PMK(Pairwiese Master Key)_ID의 개수, PMKID 리스트 등이 수납된다[10].

10_ WPA에서는 RSN IE 대신에 별도의 element ID=221인 WPA IE를 사용한다.

	Element ID = 48 (=RSN IE)		1
	Length		1
	Version = 1		2
Group Ciper Suite Selector	OUI (3)	Suite Type(1)	4
	Pairwise Cipher Suite Count = m		2
Pairwise Cipher Suite Selector-1	OUI (3)	Suite Type(1)	4
	...		
Pairwise Cipher Suite Selector-m	OUI (3)	Suite Type(1)	2
	AKM Suite Count = n		44
AKM Suite Selector-1	OUI (3)	Suite Type(1)	4
	...		
AKM Suite Selector -n	OUI (3)	Suite Type(1)	4
RSN Capabilities	P | N | PRC | GRC | Rsvd		2
	PMKID Count = s		2
PMKID list-1	PMKID-1		16
	...		
PMKID list-s	PMKID-s		16

〈그림 12.10〉 RSN IE의 형식

RSN 정보요소의 각 영역 상세는 다음과 같다.

- Element ID : RSN 정보요소임을 표시하는 48이다.
- 길이 : 이후의 영역에 대한 길이
- 버전 = 1 : 802.11i 규정에 따른 802.1x 키 관리 기능을 수행할 수 있으며, CCMP도 지원함을 의미한다.
- Suite 선택자 : Group, Pairwise, Authentication and Key Management(AKM)용 ciphersuite 리스트는 각각 3바이트의 OUI와 1바이트의 Suite Type으로 구성되는 여러 개의 Suite 선택자값으로 구성된다[11]. 단, 그룹 cipher suite는 1개만 있다.
  - Group Cipher Suite 선택자 : 액세스 포인트가 지원 가능한 브로드캐스트/멀티캐스트 메시지 (예 : 비컨 메시지)에 대한 암호 방식으로 가능한 {WEP, TKIP, CCMP}를 열거한다.
  - Pairwise Cipher Suite 선택자 : 유니캐스트 메시지에 대한 암호 방식으로 가능한 {WEP, TKIP, CCMP}를 열거한다.
  - AKM Suite 리스트 : 지원 가능한 인증 및 키 관리 방법인 {802.1x/EAP, PSK}를 열거한다.

이러한 Suite 선택자 영역은 다음과 같은 {3바이트의 OUI, 1바이트의 Suite Type}으로 구성된다.

OUI	Suite Type	의미
00-0F-AC	0	Group cipher suite
	1	WEP-40

11_ IEEE 802.11i에서는 단말과 AS간의 인증과 master secret 설정절차를 authentication and key management(AKM) 서비스라고 부른다. AKM의 방법으로는 802.1x/EAP와 PSK가 있다.

00-0F-AC	2	TKIP
	3	Rsvd
	4	CCMP
	5	WEP-104
Vendor OUI	X	Vendor specific

(a) CipherSuite의 종류

OUI	Suite Type	인증 방식 및 키 관리 방식	용도
00-0F-AC	0	rsvd	-
	1	802.1x인증 방식	WPA-Enterprise
	2	PSK인증 방식	WPA-Personal
	3-255	Rsvd	-
Vendor OUI	X	Vendor specific	-

(b) AKM Suite의 종류

〈그림 12.11〉 Suite Selector

- RSN 지원능력 플래그 : 자신의 능력을 광고하는 16비트의 비트열로 구성된다.
  - P(Pre-Authentication) (bit 0) : 액세스 포인트가 1로 설정한 경우, 로밍 단말에 대한 신속한 인증 기능을 위한 사전 인증 기능을 AP가 제공함을 표시.
  - N(No Pairwise) (bit 1) : 단말이 WEP default key 0와 pairwise 키를 동시에 제공할 수 없을 경우, 1으로 설정됨. 즉, 액세스 포인트 기능이 없는 단말임을 표시함.
  - PRC(PTK SA Replay Counter)(bit2-3) : PTK Replay Counter의 개수를 지시함.
  - GRC(GTK SA Replay Counter)(bit4-5) : 그룹키 Replay Counter의 개수를 지시함.
- PMKID 리스트와 PMKID : PMKID리스트는 여러 개의 PMKID를 나열한 것이다. 각 PMKID는 단말이 보유하고 있거나 (재)연계할 때 캐시된 PMK 등 여러 개의 PMK가 있을 때, 이들을 용이하게 식별할 수 있도록 하는 번호이다. 각 PMKID는 다음과 같이 해당 PMK와 기타 파라미터를 사용한 16바이트 길이의 HMAC값이다[12].

```
PMKID = HMAC-SHA1-128(PMK, "PMK Name" || AP의 MAC주소 || 단말의 MAC주소)
```

(a) 예1 : 802.1x AKM, CCMP pairwise/Group cipher suite를 모두 지원할 경우의 RSN 정보요소의 형식은 다음과 같다.

Element ID = 0x30(=48)	1
Length = 0x14 (=20)	1
Version = 0x0100	2

12_ PMKID는 여러 곳에서 사용된다. 먼저, 액세스 포인트에게 송신하는 4-웨이 핸드쉐이킹의 첫번째 EAPoL-Key 메시지에 키 데이터 영역에 수납되어, 액세스 포인트에 대하여 자신도 해당 PMK를 가지고 있음을, 즉, PMKSA가 설정되었음(이미 사용자 인증이 완료되었음)을 보인다. 또한, 캐시된 PMK를 사용하여 재결합할 때의 결합요청 메시지에도 수납된다.

Group Ciper Suite Selector	OUI (3)=00 0F AC		Suite Type(1)=04 (CCMP)	4
	Pairwise Cipher Suite Count = 01 00			2
Pairwise Cipher Suite Selector-1	OUI (3)=00 0F AC		Suite Type(1)=04 (CCMP)	4
	AKM Suite Count = 01 00			2
AKM Suite Selector-1	OUI (3)=00 0F AC		Suite Type(1)=01 (802.1x)	4
RSN Capabilities	0	0	00 00 Rsvd = 00	2

(b) 예2 : PSK 인증, TKIP pairwise/Group cipher suites, 사전인증 지원을 사용할 경우의 RSN 정보요소
의 형식은 다음과 같다.

	Element ID = 0x30(=48)			1
	Length = 0x14 (=20)			1
	Version = 0x0100			2
Group Ciper Suite Selector	OUI (3)=00 0F AC		Suite Type(1)=02 (TKIP)	4
	Pairwise Cipher Suite Count = 01 00			2
Pairwise Cipher Suite Selector-1	OUI (3)=00 0F AC		Suite Type(1)=02 (TKIP)	4
	AKM Suite Count = 01 00			2
AKM Suite Selector-1	OUI (3)=00 0F AC		Suite Type(1)=02 (PSK)	4
RSN Capabilities	01 00 : P bit = 1 (Preauthentication capabilities)			2

(3) WPA의 RSN 정보요소(Information Element)의 형식

Wi-Fi Alliance에서 규정한 WiFi-Protect Access(WPA) 규격에서는 802.11i에서 규정된 RSN IE 대신에
다음과 같은 형식의 WPA IE이 사용된다.

	Element ID = 221 (WPA)		1
	Length		1
WPA용으로 추가된 값	00 : 50 : F2 : 01		4
	Version = 1		2
Group Ciper Suite Selector	OUI (3) = 0050F2	Suite Type(1)	4
	Pairwise Cipher Suite Count = m		2
Pairwise Cipher Suite Selector-1	OUI (3)) = 0050F2	Suite Type(1)	4
	...		
Pairwise Cipher Suite Selector-m	OUI (3)	Suite Type(1)	4
	AKM Suite Count = n		2
AKM Suite Selector-1	OUI (3)	Suite Type(1)	4
	...		
AKM Suite Selector -n	OUI (3)	Suite Type(1)	4

RSN Capabilities	P	N	PRC	GRC	Rsvd	2
	PMKID Count = s					2
PMKID list-1	PMKID-1					16
	...					
PMKID list-s	PMKID-s					16

〈그림 12.12〉 WPA IE의 형식

이것은, IEEE 802.11i 표준에 정의된 RSN IE의 Vesion영역 앞에 {WPA OUI+Type = (00 : 50 : F2) : 01}
가 추가되어 있다. 또 다른 차이점은 다음과 같다.

- WPA에서는 CCMP 대신에 TKIP를 기본 암호 방식으로 사용한다.
- RSN capability 영역의 preauthentication 비트는 항상 0으로 설정된다.

(예) probe response 메시지에 RSN IE 대신에 수납된 WPA IE의 예는 다음과 같다. 첫 번째 WPA IE는
Broadcom사 전용의 vendor specific extension 영역이므로, 해당 단말이 무시할 수 있다. 반면에, 두
번째 WPA IE는 OUI/Type=0050F2/01로 시작하므로, WPA에서 규정한 WPA IE임을 알 수 있다.

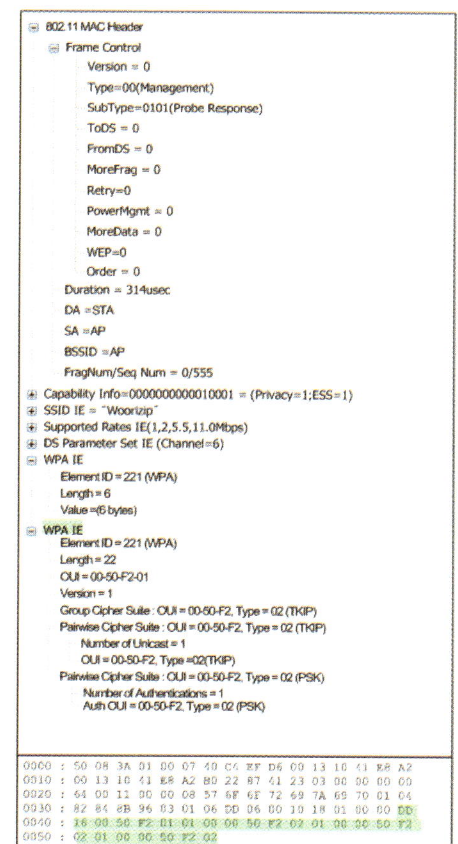

〈그림 12.12(a)〉 MAC계층에서의 ACK와 프레임 분할 전송 동작

12.8 사용자 인증단계 (단계 1)

(1) 인증 방법의 종류

단말은 무선망을 사용할 수 있게끔 액세스 포인트로부터의 사용자인증을 획득해야 한다. 이를 위하여, 다음과 같은 두 가지의 사용자 인증 방법이 사용된다.

- WPA-EAP
- WPA-PSK

(2) WPA/EAP 사용자 인증 방법

단말의 사용자는 802.1x/EAP를 사용하여 액세스 포인트를 경유하여 인증서버와의 상호 인증절차를 특정 EAP 인증 방법(EAP-TLS, PEAP, EAP-TTLS, EAP-FAST)에 의해 수행하고, 이 결과로 액세스 포인트는 해당 단말의 접근을 허용한다.

이 과정에서 인증서버와 단말간에 공유되는 Master Session Key(MSK)가 생성된다. 그리고 인증서버는이러한 인증과정에서 생성된 MSK를 가지지 못한 액세스 포인트에게 RADIUS의 애트리뷰트에 실어 이것을 전달한다.

결국, 단말과 액세스 포인트는 공유하는 MSK로부터 Pairwise Master Key(PMK)를 생성한다. 이 PMK가 설정되었다는 의미는 인증서버와 단말간에 상호인증이 완료되었음을 의미할 뿐만 아니라, 단말과 액세스 포인트간 무선 링크를 보호할 수 있는 키가 확보되었음을 의미한다.

이러한 802.1x/EAP 사용자 인증 방법에서 사용 가능한 EAP 인증 방법으로는 EAP-TLS, PEAP, EAP-TTLS, EAP-FAST 등이 있다. 상세한 내용은 제 13 장과 제 14 장에서 다룬다.

(3) WPA-PSK 방법

인증서버가 없는 WPA-Personal 환경에서는 802.1x/EAP와 같은 사용자 인증절차가 생략된다. 즉, 액세스 포인트는 단말이 자신과 동일한 비밀 키를 가지고 있음을 키 관리 단계의 4-웨이 핸드쉐이킹 절차에서 확인함으로써 단말 시스템을 인증한다.

12.9 키 관리단계 상세 (단계 2)

(1) 개 요

단계 2는 사용자 인증 후, 단말과 액세스 포인트간의 무선링크 보호용으로 사용할 암호키를 설정하는 단계이다. 기존 무선 LAN에서 사용하던 WEP의 가장 큰 취약점은 암호화시 40비트 길이의 고정된 키를 사용하는 것으로써, 전송 중인 데이터를 해커가 충분히 수집하면, WEP 키가 추출될 수 있는 취약점이 있었다. 또한, 이 키는 액세스 포인트와 모든 단말에 수동으로 설정되어야 하는 번거로움도 있다.

이러한 문제점을 해결하기 위해 규정된 802.11i의 키 관리 과정은 사용자 인증절차 후에 수행되는 액세스 포인트와 단말간 무선구간의 전송 보호용 암호키의 확보여부 검증과 그룹 키를 안전하게 분배하는 과정이다.

즉, 단말과 인증서버간의 사용자 인증결과에 의해 단말과 인증서버간에는 동일한 MSK를 설정한다. 이어, 인증서버는 AP에게 MSK를 전달하는데, 단말입장에서는 AP가 과연 자신과 동일한 MSK를 확보하였는지 확인해 보아야 한다. 물론, AP입장에서도 단말이 MSK를 확보하고 있는지 상호 확인해야 할 것이다.

이를 위하여, 단말과 AP는 MSK로부터 생성되는 대칭키인 Pairwise Master Key(PMK)의 보유여부를 쌍방간에 확인하면서, 방송용 그룹키도 전달하는 4-웨이 핸드쉐이킹절차를 수행한다. 이 과정에서는 EAPOL-Key 프레임이 사용된다.

반면에 인증서버 없이 동작하는 WPA-PSK 인증 방식을 사용할 경우에는 액세스 포인트와 단말간에 사전에 설정된 PSK로부터 생성되는 PMK의 확보여부를 4-웨이 핸드쉐이킹 절차에서 상호 검증함으로써, 인증절차를 대신한다.

(2) 유니캐스트용 키 설정을 위한 4-웨이 핸드쉐이킹 절차

MSK로부터 PMK를 생성한 단말과 액세스 포인트는 상대방이 이 PMK를 과연 가지고 있는지 확인하면서, 무선구간의 암호화를 위한 세션 암호키인 유니캐스트용 pairwise temporal key(PTK)와 브로드캐스트용 group temporal key(GTK)의 설정을 위하여 〈그림 12.13〉과 같은 4-웨이 핸드쉐이킹절차를 수행한다.

① **단말과 AP** : 각자 MSK로부터 PMK를 생성한다. 또한, 각자의 nonce값을 랜덤하게 생성하고, 재시도 공격 대비용 순서번호를 생성하는 key replay counter(KRC)값을 초기화한다.

[메시지 1]

② **액세스 포인트** : {ANonce, KRC}가 Key Descriptor에 수납된 EAPOL-Key 메시지를 송신한다. 아직 유니캐스트용 암호키가 설정되지 않았으므로, 이 메시지는 평문으로 전송되어 보호되지 않는다.

③ **단말** : Key Replay Counter(KRC)값이 이전에 사용된 값이면 버린다. 전달된 Anonce값과 AP의 MAC주소 등과 같은 AP의 정보와 자신의 PMK를 활용하여, pairwise temporal key(PTK)를 생성한다. 이것은 PRF{PMK, AP nonce(ANonce), STA nonce(SNonce), AP MAC address(AA), STA MAC address(SPA)}에 의해 생성된다. 생성된 PTK를 분할하여 {EAPOL-Key Confirmation Key(KCK), EAPOL-Key Encryption Key(KEK), Temporal Key(TK)} 등 3개의 키를 생성한다. KCK는 EAPoL-Key메시지에 대한 HMAC값인 MIC 생성용 키로 사용되고, KEK는 AP가 단말에게 Group Key를 알려줄 때 이것을 암호화할 때 사용된다. 그리고, TK는 단말과 AP간 유니캐스트 프레임 암호용 키이다.

[메시지 2]

④ **단말** : {자신의 Nonce값(SNonce), KRC, MIC, 단말의 RSN IE}가 수납된 두 번째 EAPOL-Key메시지로 응답한다. RSN IE에는 자신이 지원할 수 있는 {인증 방법, 암호 방식, PMK_ID 리스트 등}이 수납되어 있다. 그리고 이 메시지 전체에 대한 무결성 보호를 위하여, KCK를 사용한 MIC도 함께 수납하고, 이 메시지가 보호되고 있음을 MIC 플래그로 표시한다.

⑤ **액세스 포인트** : 수신된 두 번째 EAPoL-Key 메시지에 대하여 KRC를 검사한 후, 확보된 SNonce값

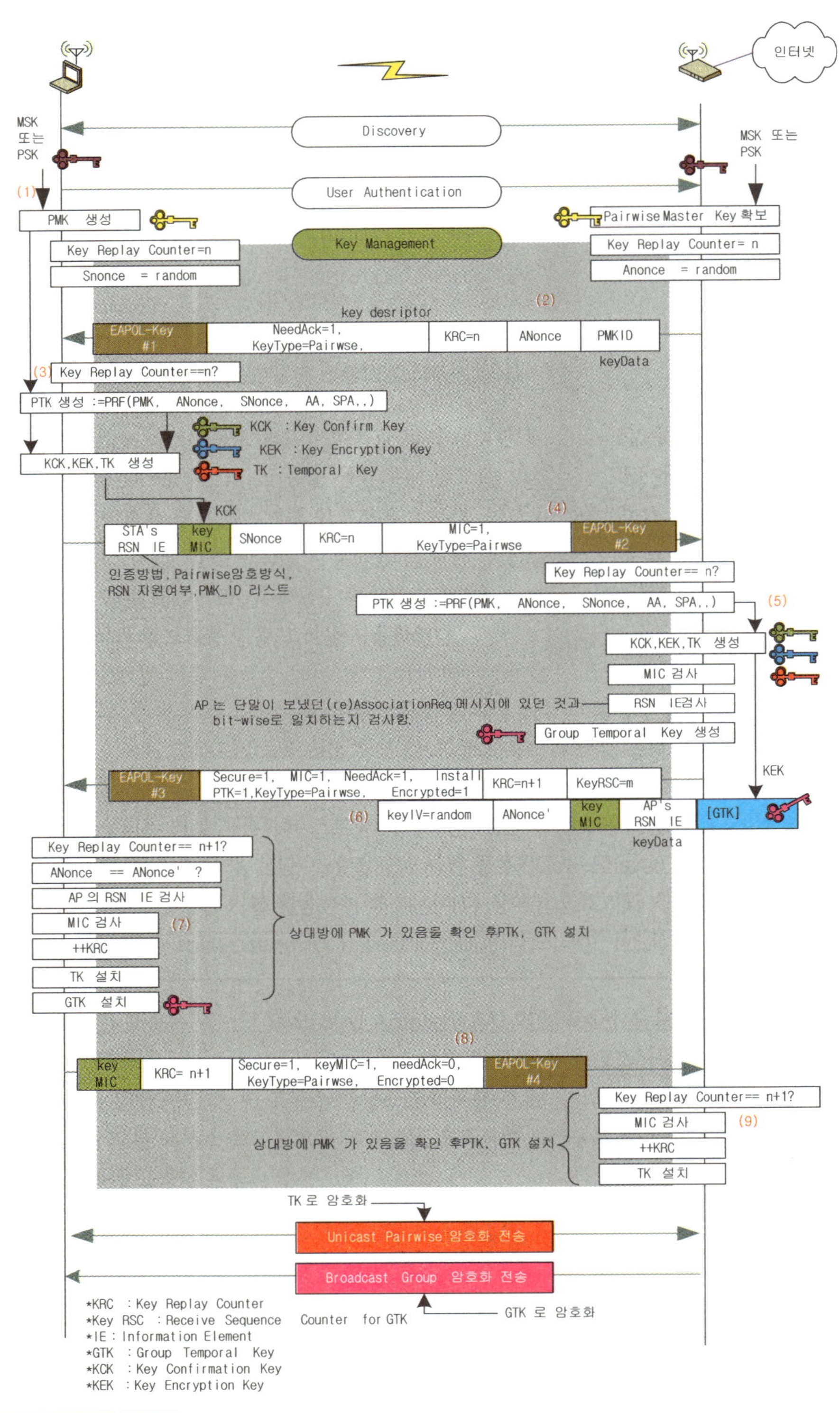

<그림 12.13> 4-way 핸드쉐이킹 절차

을 사용하여 단말과 동일한 방법으로 PTK를 생성하고, 이것을 분할하여 {KCK, KEK,TK}를 얻는다. 이어, KCK를 사용하여 이 메시지에 대한 무결성을 검사하여 이 메시지의 전달과정에서 man-in-the-middle 공격이 없었음을 확인한다. 마지막으로, 단말이 접속 초기에 자신에 연계될 때 지원 가능하다고 알려준 {인증 방법, 암호 방식 등}을 이번에 보내 준 RSN IE와 비교한다. 그리고 방송용 프레임 보호를 위한 Group Temporal Key(GTK)를 생성한다. 결국, 이 2번째 메시지로부터 AP입장에서 단말도 자신과 동일한 PMK를 확보하고 있음을 인증한다.

[메시지 3]

  (6) 액세스 포인트 : GTK를 생성한다. 이어, { ++KRC, 메시지 1에서 사용했던 값과 동일한 Anonce, AP의 RSN IE, EKEK[GTK], MIC 등}이 수납된 세 번째 EAPOL-Key 메시지를 송신한다. 이 메시지의 Install PTK 플래그는 단말에게 이 메시지를 검증 후, PTK를 활용하라는 지시이다.

  (7) 단말 : 수신된 메시지에 대하여 KRC와 Anonce값이 유효한지 검사한 후, AP가 선택한 {인증방법, 암호 방식 등}을 확인하고 무결성을 검사하여, 이 메시지의 전달과정에서 man-in-the-middle 공격이 없었음을 확인한다. 즉, 자신과 동일한 PMK를 AP도 가지고 있음을 상호 인증한다. 이로써, 자신이 확보하고 있는 PMK ➔ PTK로부터 생성한 유니캐스트 프레임 보호용 TK 를 앞으로 적용할 수 있게 되었을 뿐만 아니라, AP가 전달해 준 E_{KEK}[GTK]를 KEK로 복호하여 브로드캐스트용 GTK도 확보한다.

[메시지 4]

  (8) 단말 : AP로 부터의 3번째 메시지에 대한 마지막 ACK의 의미를 가지는 네 번째 메시지로 응답한다[13]. 이제 단말도 암호화된 유니캐스트 패킷과 방송용 패킷을 처리할 수 있음을 알린다.

  (9) AP : 무결성 검사 후, 단말과의 유니캐스트 프레임 암호용 TK를 설치한다. 이로써, 단말과 AP간에는 유니캐스트 패킷과 방송용 패킷을 처리할 수 있게 된다.

(4) 멀티캐스트/브로드캐스트용 그룹 키 설정 절차

그룹키는 일반적으로 AP가 생성하여, 4-웨이 핸드쉐이킹 중 세 번째 메시지에 E_{KEK}[GTK] 암호화하여 단말에게 전달된다.

만약, 4-웨이 핸드쉐이킹 절차 이후에, 액세스 포인트가 새로운 GTK를 단말에 전달할 경우에는 다음과 같은 절차를 별도로 수행한다.

  (1) AP : 새로운 GTK를 생성한다.

[메시지 1]

  (2) AP : KeyType=0(Group key)인 EAPoL-Key 메시지에 E_{KEK}[new GTK]를 수납하여 단말에게 송신한다.

  (3) 단말 : MIC를 검사한 후, E_{KEK}[new GTK]를 복호하여 새로운 GTK를 설치한다.

13_ 이제 더 이상 ACK가 필요없음이 ACK플래그=0로 표시된다.

[메시지 2]

(4) 단말 : ACK의 의미를 가지는 EAPoL-Key 메시지로 응답한다.

(5) AP : 무결성을 검사한 후, 이 새로운 GTK가 적용된 프레임을 방송할 수 있다.

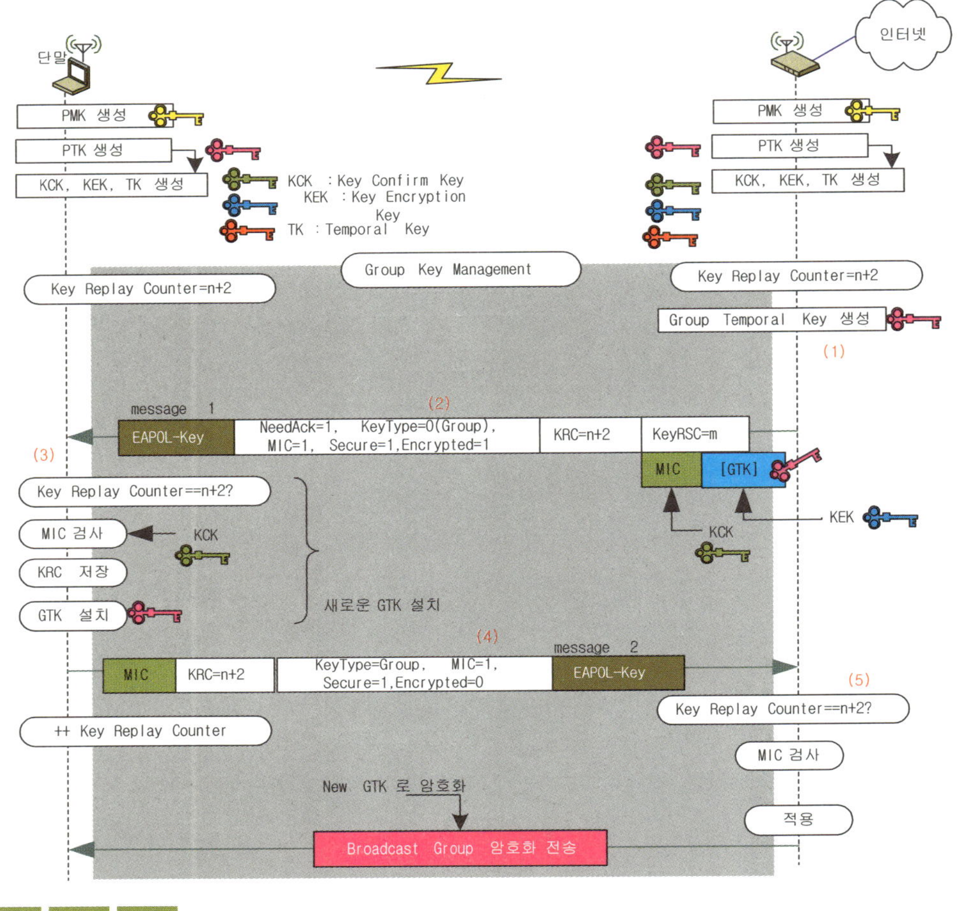

〈그림 12.14〉 Group Key 핸드쉐이킹 절차

12.10 암호 데이터 전송단계 (단계 3)

드디어, 확보된 TK를 Temporal Key Integrity Protocol (TKIP)나 CCMP 암호 방식에 적용시켜 이후 전송되는 프레임에 대한 보호를 수행한다. 특히, TKIP의 경우, AP와 단말이 공유하고 있는 TK로부터 매 프레임마다 상이한 WEP 키가 적용된다. 즉, 〈그림 12.15〉에서 알 수 있듯이, TKIP의 per-packet seed로 사용되는 RC4키는 2단계의 믹서에 의해 매 패킷마다 변경되기 때문에, 고정된 RC4키를 사용하는 WEP 방식보다 우수하다.

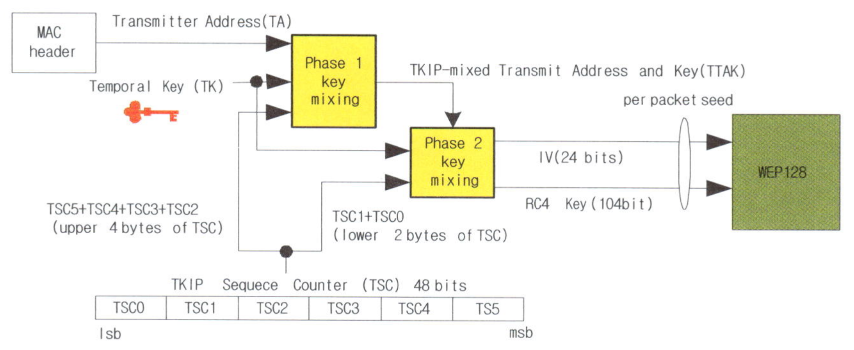

〈그림 12.15〉 TKIP의 키 믹서의 구조

12.11 802.11i 키 상세

(1) Pairwise 키

EAP 기반의 사용자 인증 방식의 경우, 사용자 인증절차에 이어, 단말과 AP가 사용할 유니캐스트프레임에 대한 무선구간 보호용 키는 다음과 같은 절차에 의해 생성된다.

- **Premaster Secret** : 단말과 인증서버간에 TLS 연결설정과정에서, 단말에 의해 최초로 생성되고, 안전하게 서버에게 전달된다.

- **TLS master secret(TMS)** : Premaster Secret으로부터 PRF 함수에 의해 생성된다.

- **Master Session Key(MSK)** : 이것은 단말과 인증서버 각자 TMS에 PRF 함수를 적용하여 64바이트 (512비트) 길이로 생성된다[14]. 인증서버는 액세스 포인트에게 이 MSK를 RADIUS 프로토콜의 MS-MPPE-Recv-Key와 MS-MPPE-Send-Key 애트리뷰트 (RFC2548)에 수납하여 전달한다[15]. 이로서, 단말과 액세스 포인트는 이 MSK를 공유하게 된다.

이 MSK로부터 무선 구간 보호용 키를 다음과 같이 차례로 생성한다.

- **PMK** : 이 PMK의 목적은 단말이나 액세스 포인트에 내장된 어떠한 ciphersuite라도 무선구간 보호용 키를 생성해 낼 수 있을 정도의 충분한 키 꾸러미를 제공하는 것이다. 인증 및 키 관리 방법(AMK) 방식에 따라 다음과 같이 상이한 방법으로 생성된다.
  - 802.1x 인증 방식의 경우 : AAA(=MSK)키 의 첫 256비트 비트 값이다. 즉, PMK : = MSK(0,31)이다.

14_ RFC 3748 EAP 규정에서는 이것을 Master Session Key(MSK)라고도 한다. 본 교재에서는 AAA-Key 또는 MSK를 혼용해서 사용할 것이다.

15_ 인증서버가 이 MSK를 전달하기 때문에 이 키를 AAA-Key라고 부른다 왜 이렇게 AAA-Key를 액세스 포인트에게 전달하는가? 잘 알다시피, 인증서버는 액세스 포인트와 단말간 무선 링크 보호용 ciphersuite에 대하여 알지 못한다. 반면에, 액세스 포인트는 이들 간에 사용된 EAP 인증 방법에 대하여 알지 못한다. 따라서, 단말과 인증서버간 수행되는 인증결과로부터 생성한 MSK(AAA-Key) 를 액세스 포인트에 전달하여, 이 키로부터 단말과 액세스 포인트간 무선구간 보호용 키(TK, GTK 등)를 이들이 가지고 있는 ciphersuite에 의해 생성되도록 함으로써, 인증서버는 무선구간 보호용 특정 ciphersuite를 자신이 가질 필요가 없게 된다.

- PSK 인증 방식의 경우 : PMK := PSK이다. 즉, 인증 서버가 없는 WPA-Personal 환경에서의 인증절차인 PSK 인증 절차의 경우, PSK로부터 PMK가 직접 생성된다
- Pairwise Transient Key(PTK)키 : 유니캐스트 프레임에 대한 보호용 키로써, PMK로부터 다음과 같은 PRF함수에 의해 생성된다. 이 PTK는 분할되어 Key Confirmation Key(KCK), Key Encryption Key(KEK), Temporal Key(TK)로 사용된다.

```
PTK = EAPOL-PRF-X(PMK, "Pairwise key expansion" || Min(AP MAC Addr,STA MAC addr) ||
Max(AP MAC Addr, STA MAC addr) || Min(ANonce,SNonce) || Max(ANonce,SNonce))

EAPOL-PRF-X = Pseudo-Random Function based on HMAC-SHA1, generating a PTK of size X.
TKIP:X = 512, CCMP/WEP:X = 384.
```

- EAPOL-Key Confirmation Key(KCK) : EAPOL-Key integrity key (0-127비트)라고도 하며, 128비트의 이 키는 EAPOL-Key 메시지에 대한 MIC를 계산하는데 사용된다.
- EAPOL-Key Encryption Key(KEK) : (128-255비트) : 128비트의 이 키는 EAPOL-Key 메시지의 내용을 암호화할 때 사용된다. GTK를 암호화하여 EAPOL-Key메시지에 수납할 때 사용된다.
- TK(Temporal Key) : 128~256비트길이의 키로써, 실제 유니캐스트 프레임 암호화시 사용된다. TKIP의 경우, 이 TK는 PTK의 256~511비트 영역으로써, TK의 첫 128 비트 영역은 Temporal Key 1 이라고 하며, 나머지 128비트는 Temporal Key 2라고 한다. 이들의 사용은 단말과 액세스 포인트간의 암호 방식에 따라 결정된다.

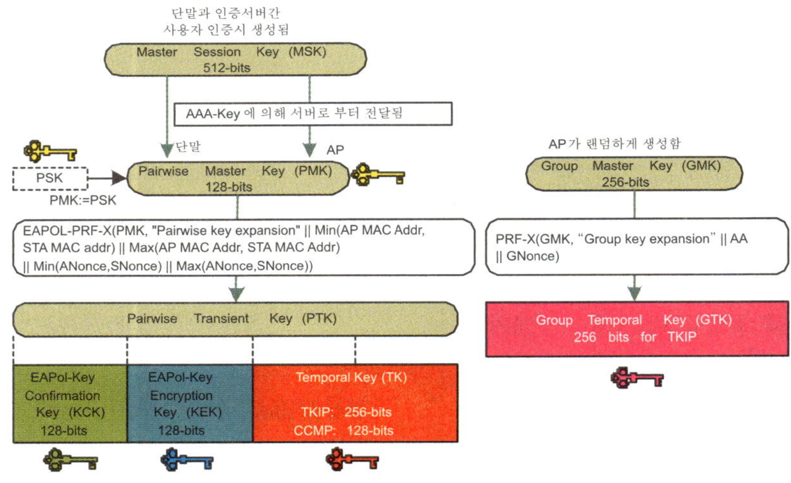

〈그림 12.16〉 802.11i 키의 구성

(2) 그룹 키

비컨 메시지와 같은 AP가 브로드캐스트하는 프레임에 대한 보호용 키는 다음과 같은 Group Master Key (GMK)로부터 생성된다.

- Group Master Key(GMK) : 멀티캐스트/브로드캐스트 프레임 암호용 그룹 키로써 AP가 랜덤하게 설정한다.
- Group Temporal Key(GTK) : GMK로부터 다음과 같은 PRF 함수에 의해 생성되며, 액세스 포인트에서 단말로의 단방향 그룹 키이다. 여기서, GNonce는 액세스 포인트가 생성한 랜덤값이다.

```
GTK := PRF-X(GMK, "Group key expansion" || AA || GNonce)
TKIP의 경우, X=256이다.
```

12.12 802.1x EAPoL-Key 프레임의 상세

이 프레임은 사용자 인증과정 이후, 액세스 포인트와 단말간 링크계층 보안을 위한 pairwise 및 그룹 키 정보를 교환하는 4-way 핸드쉐이킹 절차에서 사용된다.

(1) 구 성

EAPOL-Key 프레임의 형식은 다음과 같다. RC4용 키와 802.11i용 키는 바디 영역에 키 디스크립터 형태로 수납된다.

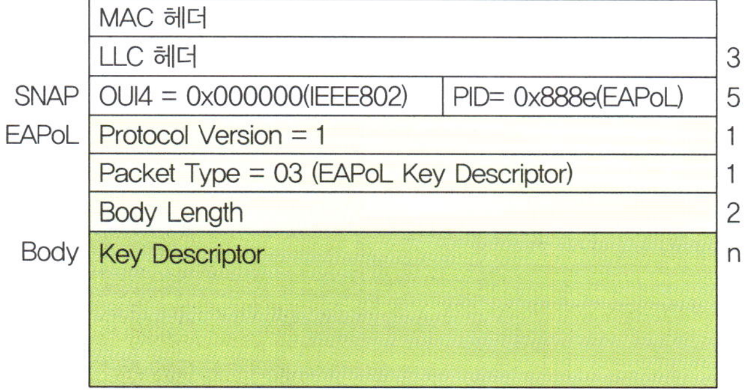

〈그림 12.17〉 EAPOL-Key 프레임 형식

(2) 802.1x 키 디스크립터(Key Descriptor)의 형식

802.1x에서 규정한 키 디스크립터는 Descriptor Type과 Descriptor Body로 구성되며, RC4와 802.11i용으로 각각 정의되어 있다. 이것은 이 영역의 첫 부분에 있는 Descriptor type으로 구분된다.

- RC4 키 디스크립터의 형식(참고) : 이것은 제 9 장에서 다룬 것으로써, RC4 방식으로 키 데이터 영역을 암호화하는 방식이지만, 보안 문제점 때문에 앞으로는 사용되지 않는다.

	lsb	msb	
	Descriptor Type (=1, RC4 Key Descriptor)		1
	Key Length = n		2
	Key Replay Counter(KRC)		8
	EAPOL-Key IV		16
Key Index	Key Index (7-bits)	F	1
	Key Message Digest (HMAC-MD5)		16
	Key Data(optional-Encrypted)		n

〈그림 12.18〉 RC4 Key Descriptor 형식

● 802.11i 키 디스크립터의 형식 : RSN에서 사용되는 새로운 키 디스크립터이다. 앞으로는 이 형식이 사용된다.

	Descriptor Type (=2, 802.11i Key Descriptor)											1
Key Information bits	V(3)	T(2)	r(2)	I	A	M	S	E	Q	D	r(2)	2
	Key Length											2
	Key Replay Counter											8
	Key Nonce											32
	EAPOL-Key IV											16
	KeyRSC											8
	Rsvd											8
	Key MIC											16
	Key Data Length											2
	Key Data(optional-Encrypted)											n

〈그림 12.19〉 802.11i Key Descriptor 형식

(3) 802.11i 키 디스크립터의 상세

● Descriptor type : 키 디스크립터의 식별자로서, 802.11i 키 메시지의 경우, 2이다.
● 키 정보 비트 영역 : 다음과 같이 16비트의 플래그로 구성된다.
  ■ V (비트 0-2) : 키 데이터 영역에 대한 암호 방식이 RC4-TKIP인지 AES-CCMP 방식인지를 표시하는 키 디스크립터 버전을 의미한다.
    • 1 = RC4-TKIP 암호 방식
    • 2 = AES-CCMP 암호 방식
  ■ T (비트 3) : Key Type을 의미하며, 이 EAPOL-Key프레임이 pairwise PTK 생성을 위한 4-웨이 핸드쉐이킹 과정인지 그룹키 핸드쉐이킹 과정인지를 표시한다.
    • 0 : 그룹키 핸드쉐이킹 과정임을 표시한다.
    • 1 : Pairwise PTK 핸드쉐이킹 과정임을 표시한다.
  ■ I (비트 6) : Install을 의미한다.
    • 1 : 이 키 메시지로부터 temporal key (TK)를 생성하여 적용하라고 지시한다.

  - 0 : TK를 적용하지 말도록 지시한다.
- Key Ack(bit 7) : 이 메시지에 대하여 반드시 EAPOL-Key 프레임으로 응답하라고 AP가 지시할 때 설정된다. 즉, need ACK의 의미이다. 이 경우, 단말은 이 메시지의 replay counter와 동일한 값을 사용한 메시지로 응답해야 한다.
- Key MIC(bit 8) : 이 EAPOL-Key 프레임에 MIC가 있음을 표시한다.
- Secure(bit 9) : PTK와 GTK를 확보하였음을 표시하는 것이지, 암호화되었음을 표시하는 것은 아니다.
  - 0 : 액세스 포인트와 단말은 단말이 PTK와 GTK를 확보하기 전에 전송되는 모든 EAPOL-Key프레임에는 이 비트가 0으로 설정된다(즉, 4웨이 핸드쉐이킹 절차의 메시지 1~2에 해당됨).
  - 1 : 액세스 포인트는 단말에게 단말의 초기화를 완료할 때 필요한 마지막 키가 수납된 EAPOL-Key 프레임부터 전송되는 모든 프레임에 1로 설정된다(즉, 4웨이 핸드쉐이킹 절차의 메시지 3~4에 해당됨). 이후, 단말과 액세스 포인트는 해당 보안연계가 해제될 때 까지는 모든 EAPOL-Key 프레임의 이 비트를 1로 설정한다.
- Error(bit 10) : TKIP 프레임에 MIC 오류가 있음을 단말이 보고할 때 설정된다. 단, Request (bit 11)이 1일 때에만 설정 가능하다.
- Request(bit 11) : 단말이 액세스 포인트에게 4-웨이 핸드쉐이킹이나 그룹키 핸드쉐이킹을 개시하자고 요구할 때 설정된다. 또한, 단말이 MIC 오류보고시에도 1로 설정된다. 단, 액세스 포인트는 이 비트를 설정할 수는 없다.
- Encrypted Key Data(bit 12) : 키 데이터 영역이 암호화되었음을 표시한다. 즉, GTK가 수납된 경우, 반드시 1로 설정된다.

● 키 길이 : 바이트 단위의 키 길이를 표시한다. 5인 경우, WEP 40비트 키임을 표시하고, 13인 경우, 104비트의 WEP-128용 키임을 표시한다. CCMP인 경우 16이고, TKIP의 경우에는 32이다.

● Key Replay Counter(KRC) : 단말이 최초로 AP에 결합될 때, 즉, PMK가 설정될 때 0으로 초기화되는 순서번호로서, 단말은 수신한 프레임의 이 순서번호와 동일한 번호가 수납된 프레임으로 응답해야 한다. 이것은 재시도 공격에 대비한 것이다.

● 키 임시값(Key Nonce) : 32바이트 길이로서, 액세스 포인트로 부터의 ANonce나 단말로 부터의 SNonce값이 수납된다.

● EAPOL-Key IV : KEK와 함께 사용되는 16바이트의 랜덤한 값이다. IV가 필요 없는 경우, 0으로 설정된다.

● 키 수신 순서번호(Key RSC : receive sequence counter) : GTK가 수납될 때 사용된다. TKIP의 경우, TSC의 첫 6바이트 값이고, CCMP의 경우, Packet Number(PN) 영역의 첫 6바이트 값이 수납된다. 총 8바이트 영역 중 2바이트는 0으로 채워진다. WEP의 경우, RSC값을 사용하지 않으므로, 모든 값은 0으로 설정된다.

● 키 MIC : EAPOL 메시지 전체에 대한 16 바이트 길이의 MIC값으로서, 사용되는 암호 방식(즉, 키 디스크립터 버전값)에 따라 다르다. 서명시 사용되는 키는 KCK이다.
- 키 디스크립터 버전 = 1 (TKIP) : HMAC-MD5 방식의 해시값이다.
- 키 디스크립터 버전 = 2 (CCMP) : HMAC-SHA1-128 방식의 해시값이다.

- 키 데이터 길이 : 키 데이터 영역의 길이를 표시한다.
- 키 데이터 : 암호화된 키나 RSN 정보요소 등이 수납된다. 암호화된 키가 수납될 경우, 이것은 Key Data Encapsutlation(KDE) 형식의 데이터 영역에 수납된다. 이 키 데이터 영역이 없으면, 즉, Body Length=44이면, 단말은 EAP 인증절차시 생성한 키를 사용한다.

(4) 키 데이터 수(Key Data Encapsutlation : KDE) 형식

802.11i 키 디스크립터의 키 데이터 영역에서, 암호화된 키(예 : 4-way 핸드쉐이킹시 전달되는 GTK)는 다음과 같은 KDE 형식의 데이터 영역에 수납된다.

Type (=0xdd)	1
Length	1
OUI	3
Data Type	1
Data	Length-6

〈그림 12.20〉 키 데이터 영역의 형식

- Type : 항상 0xdd이다.
- Length : 기관 식별자(OUI) 부터 Data까지의 길이정보이다.
- OUI와 DataType : KDE의 종류를 표시한다.

OUI	Data Type	의미
00-0F-AC (IEEE802)	0	Rsvd
	1	GTK KDE
	2	STAKey KDE
	3	MAC Address KDE
	4	PMKID KDE
Vendor OUI	Any	Vendor specific

예 (1) : 그룹키 GTK를 수납한 GTK KDE의 구성은 다음과 같다.

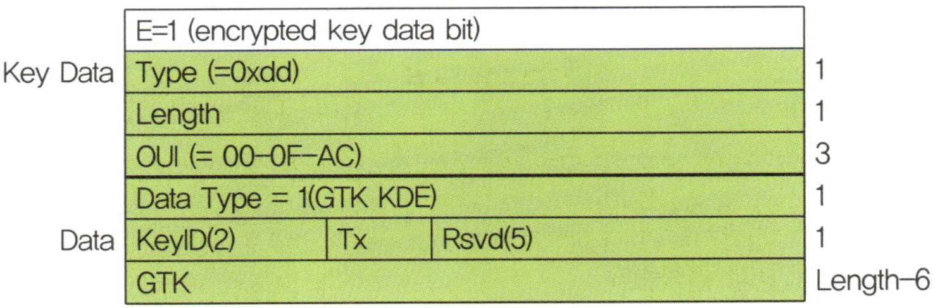

〈그림 12.21〉 GTK KDE가 수납된 키 데이터 영역의 형식

- KeyID : 2비트의 값을 가지며, 4가지 종류의 Key를 지정할 수 있다.
- Tx 비트 : AP가 GTK를 생성하여 단말에게 배포하여 수신용으로만 사용하도록 하는 경우, 이 비트는

0이다. 1인 경우, 이 KDE에 수납된 GTK를 송수신시 암호용 키로 사용하도록 지시한다.

예 (2) : PMKID를 수납한 키 데이터 영역은 다음과 같다.

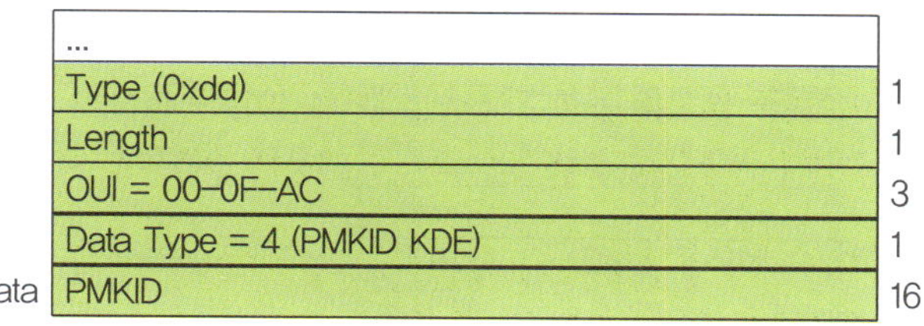

〈그림 12.22〉 PMKID KDE 형식

- PMKID : PMK의 식별자이다[16]. 이 KDE는 단말의 고속 핸드오프 기능을 지원하기 위하여, 캐시된 PMK를 재 사용할 수 있도록 할 때 사용된다.

12.13 참고 : 802.11i의 보안연계(Security Association)

보안연계(Security association)란 프레임 보호를 위해 사용되는 {policy, key} 묶음이다. 이러한 SA를 유지하기 위한 정보들은 쌍방간에 공유되어야 한다. RSN 단말이 유지해야 할 3가지 종류의 SA는 다음과 같다.

- PMKSA : IEEE 802.1X 인증절차나 PSK 방식에 의해 설정된 PMK, 또는 캐시된 PMK가 단말과 AP 간에 확보된 경우, 이들간에 PMKSA가 설정되었다고 한다.
- PTKSA : 4-Way Handshaking에 의해 PTK→{KCK, KEK, TK} 생성이 완료되었을 때, 단말과 AP 간에 PTKSA가 설정되었다고 한다.
- GTKSA : 4-Way Handshaking 절차 중에 AP에 의해 GTK가 단말에 분배되었거나, 별도의 Group Key Handshaking이 성공하여 GTK가 갱신된 경우, 단말과 AP간에 GTKSA가 설정되었다고 한다.

(1) PMKSA

이것은 IEEE 802.1x 인증결과에 의해 다음과 같은 인증서버가 제공한 정보와 AP의 정보로부터 STA와 액세스 포인트간에 쌍방향으로 구성된다. 이 SA는 PMK lifetime동안 캐싱된다.

- PMKID : 해당 SA를 식별하는 식별자.
- AP의 MAC주소
- PMK
- PMK Lifetime
- AKMP(Authenticated Key Management Protocol) : 인증 및 키 관리 방법인 {802.1x/EAP, PSK}

16_ 액세스 포인트에게 송신하는 4-웨이 핸드쉐이킹의 첫 번째 EAPoL-Key 메시지에 키 데이터 영역에 수납될 경우, 액세스 포인트에 대하여 자신도 해당 PMK를 가지고 있음을, 즉, PMKSA가 설정되었음(이미 사용자 인증이 완료되었음)을 보인다.

선택자.
- 기타 SSID와 같은 추가 인증정보

(2) PTKSA

이 쌍방향 PTKSA는 4-Way Handshake절차에 의해 생성되어, 무선구간 보호용 PTK-->{KCK, KEK, TK}를 생성하는데 사용된다. 이것도 PMKSA의 lifetime동안 유효하다. 이 PTKSA는 4-way 핸드쉐이킹 과정 중 Message 3이 단말에 의해 검증된 후와 Message 4가 AP에 의해 검증된 이후에 설정된다. 이 SA는 다음 항목으로 구성된다.

- PTK
- Pairwise cipher suite selector
- 단말과 AP의 MAC주소

(3) GTKSA

이 GTKSA는 4-Way Handshaking중 GTK배포절차 또는 별도의 GTK 갱신을 위한 Group Key Handshake 절차에 의해 생성되며, 단방향이다. 하나의 AP에 대해, 한 개의 GTKSA만 사용되며, 액세스 포인트가 비컨 등의 방송형 프레임을 암호화해서 전송할 때만 사용된다. 이 GTKSA는 다음 항목으로 구성된다.

- Direction vector : 이 GTK가 수신용인지 송신용인지 구분한다. 단말의 경우에는 수신용으로 설정된다.
- Group cipher suite selector
- GTK
- AP의 MAC 주소
- 기타 SSID와 같은 추가 인증정보

12.14 802.11i에서의 Man-in-the-middle 공격 대처 방법

802.11i에서는 MitM공격을 대비하기 위하여 다음과 같은 것이 사용된다.

- EAP-Logoff메시지에 의한 DoS 공격에 대비하기 위하여, 사용하지 않는다.
- 액세스 포인트와 STA MAC주소가 MIC 계산시 사용된다.
- Nonce값을 EAPoL-Key 메시지의 MIC 계산시 사용하여 이 키가 새로 생성된 것임을 보증하면서, 재시도 공격에 대비한다.
- EAPoL-Key 메시지의 Key Information 영역에 있는 Error와 Request 플래그를 사용하여, 단말이 수신한 프레임의 MIC가 틀린 경우, 〈그림 12.23〉과 같은 절차에 의해, 단말과 AP사이에 Man-in-the-middle 공격을 하는 불법 AP가 있다고 간주하고, 이 사실을 AP에게 알려 현재 사용중인 키를 갱신하도록 한다.

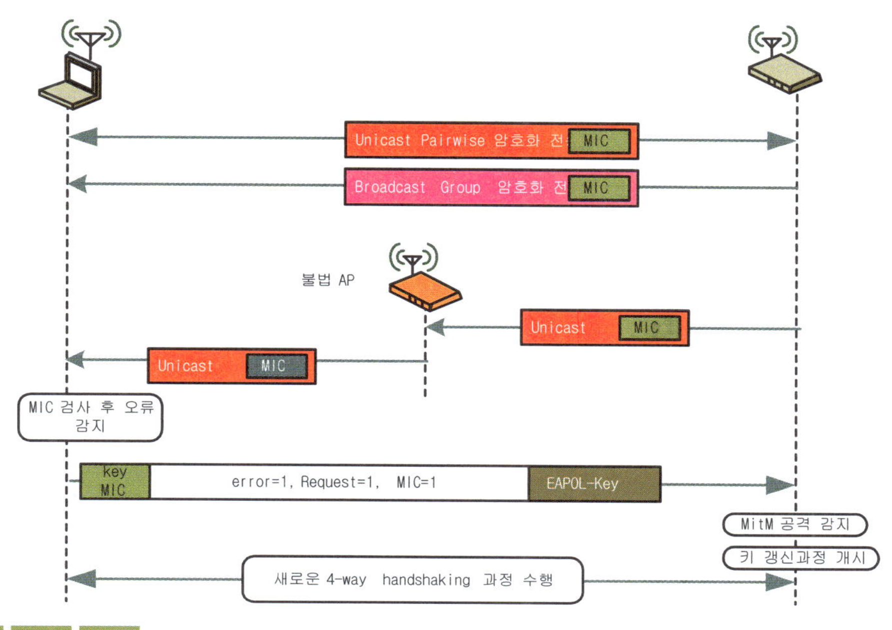

〈그림 12.23〉 80-2.11i의 불법 AP 공격 탐지 절차의 예

12.15 키 캐싱

무선단말은 이동성이 있기 때문에 여러 개의 AP간을 로밍하는 것이 자연스럽다. 키 캐싱은 신속한 로밍을 지원하기 위하여 사용되는 방법 중 하나로 새로운 AP로의 핸드오프시 기존 AP와의 SA를 저장한 후, 나중에 이 AP로 되돌아 왔을 때에는 저장된 SA를 재사용하는 방법이다.

즉, 단말이 원래의 AP로 되돌아 오는 경우, 단말은 해당 SA에 대한 PMKID가 수납된 association request 프레임을 송신한다. 이 요청에 AP가 응답하면, 사용자 인증절차 없이, 즉시 PMK 보유 확인과 PKT→{KCK,KEK,TK} 생성으로 이어지는 4-way handshake 절차를 개시한다. 이러한 경우, handshaking 절차의 1번 메시지에는 반드시 캐시되어 있는 PMK ID가 수납되어야 한다(다음 페이지 〈그림 12.24〉 참조).

12.16 Preauthentication

앞에서 소개한 키 캐싱절차는 이전 AP로 되돌아 온 단말에 대한 접속지연을 감소시키는 장점이 있었다. 반면에, Preauthentication 절차는 이 단말이 이동할 새로운 AP에 대한 신속한 접속을 위하여 사용자 인증절차가 필요한 PMK SA를 미리 설정하는 방법이다. 이를 위하여, 단말이 처음으로 망에 연계될 때에는 완전한 인증절차를 수행한다. 하지만, 이 단말이 어느 곳으로 이동할 것인지를 안다면, 미리 새로운 AP에 대한 인증을 사전에 받도록 하여 인증절차를 간소화시킨다.

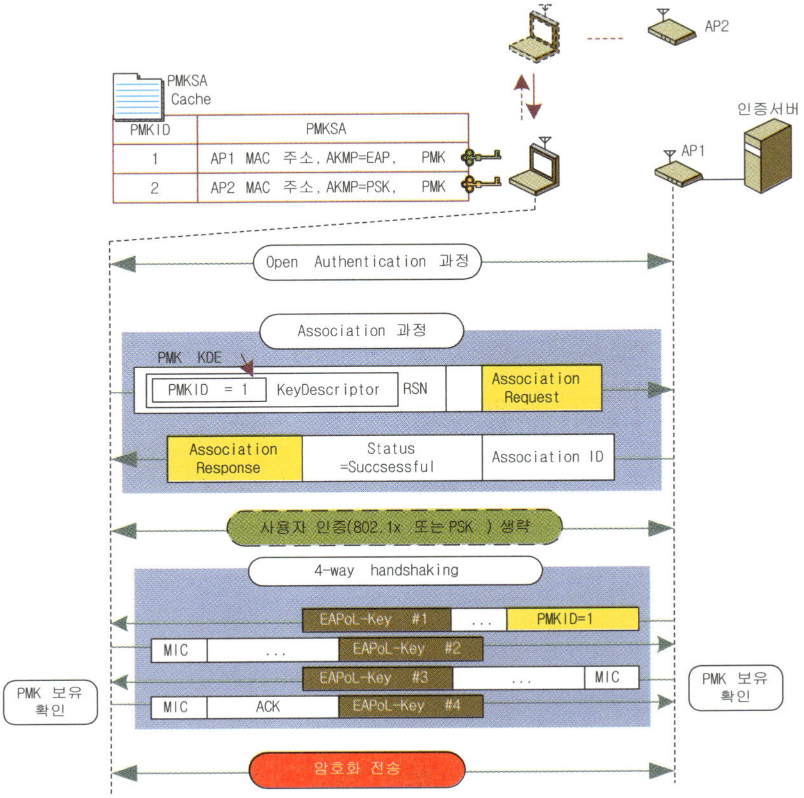

〈그림 12.24〉 PMK 키 캐싱의 예

12.17 WPA-PSK 인증절차 기본 실험

〈그림 12.25〉와 같은 망을 구성하고, 다음과 같이 설정한다.

- **AP 설정** : AP의 인증 방법을 WPA-PSK로 설정한다. 그리고 암호 방식은 TKIP로 설정한다.
- **단말 설정** : PSK로 설정한다.
- **패킷 분석** : Probe Response, authentication request 및 response, Association request, 결합 응답, EAPoL-Key, Data 프레임들을 분석한다.

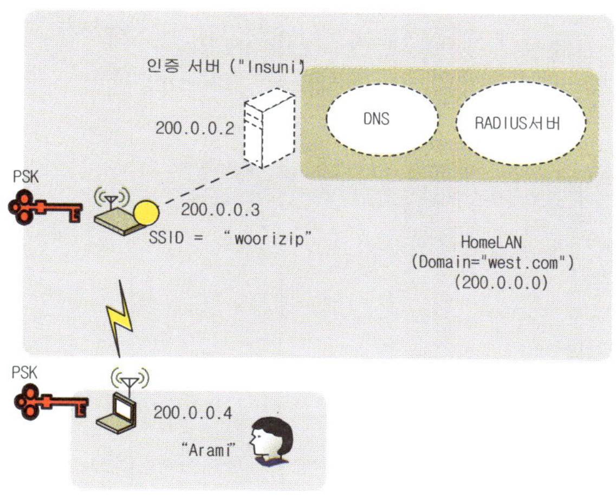

〈그림 12.25〉 무선환경에서의 WPA1-PSK 실험망의 구성

12.18 설 정

(1) AP 설정

AP의 인증 방법을 WPA-PSK로 설정한다. 그리고 암호 방식은 TKIP로 설정한다.

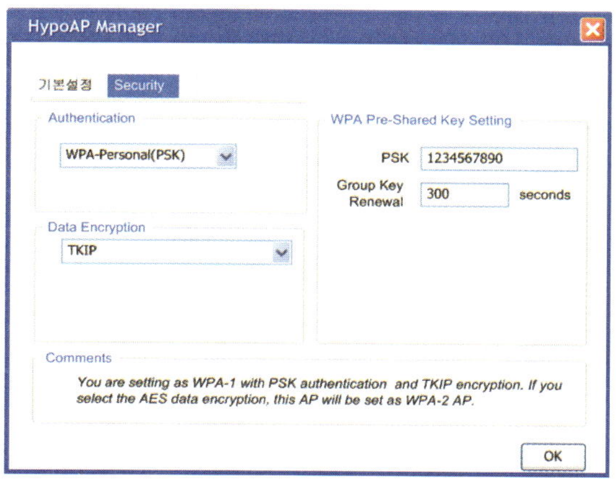

(2) 단말 설정

STEP 247 네트워크 연결의 [무선 네트워크 연결] 아이콘에서 마우스 오른쪽 버튼을 클릭하여 [사용할 수 있는 무선 네트워크 보기] 항목을 선택한다.

TIP : 여기서 [속성]을 선택하여, WPA-PSK, TKIP, 네트워크 키를 입력해도 되지만, 비컨메시지에 해당 AP가 지원하는 보안 방법이 지시되어 있으므로, 다음과 같은 설정은 하지 않아도 된다.

STEP 248 Woorizip이라는 무선 네트워크가 검색되었으며 WPA를 사용하는 네트워크인 것을 확인할 수 있다. [연결]을 클릭한다.

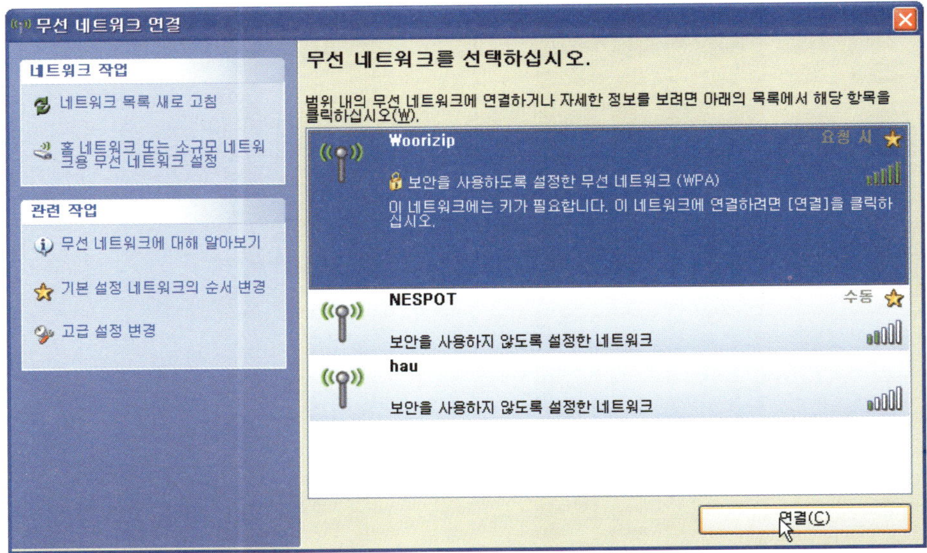

STEP 249 Pre-Shared Key를 입력하라는 화면이 나오면 Key(=llllllllll)를 입력하고 [연결]을 클릭한다.

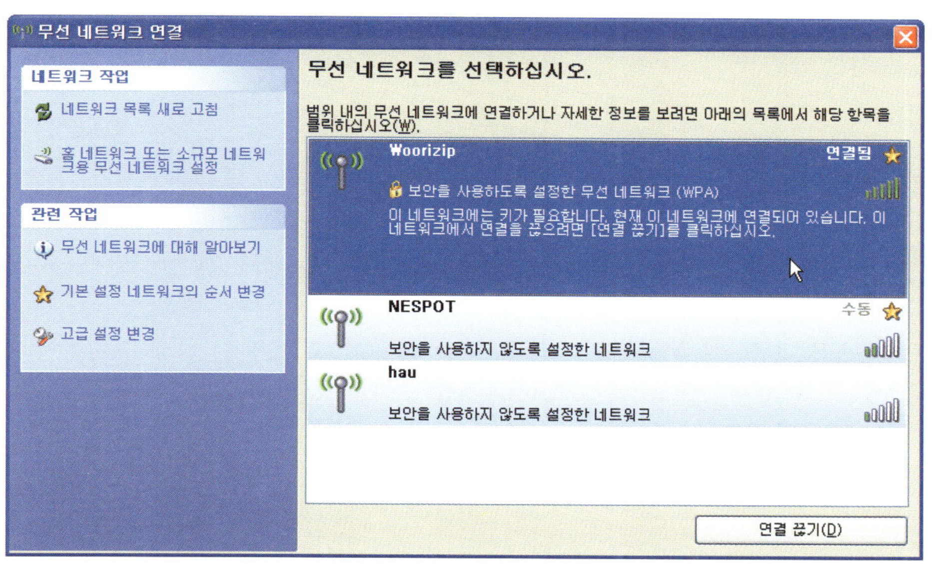

STEP 250 연결된 것을 확인할 수 있다.

STEP 251 단말에서 외부망으로의 연결 여부를 ping을 이용하여 시험한다. 단말에서는 PPPoE 서버를 통하여 외부망의 웹 서버에 접속이 가능하게 됨을 알 수 있다.

12.9 패킷 분석

(1) Probe 응답 메시지

AP의 capability 영역의 내용으로 보아, 보안 기능이 가능함을 알 수 있으며, 지원 가능한 cipher suite 및 AKM suite는 TKIP 암호 방식 및 PSK 인증방식임을 2번째 WPA IE의 내용으로부터 알 수 있다. 단, 첫 번째 WAP IE는 OUI값이 001018로써, 이 AP를 구성하는 Broadcom 칩 고유의 정보이므로, 단말 입장에서는 이것을 무시해도 된다.

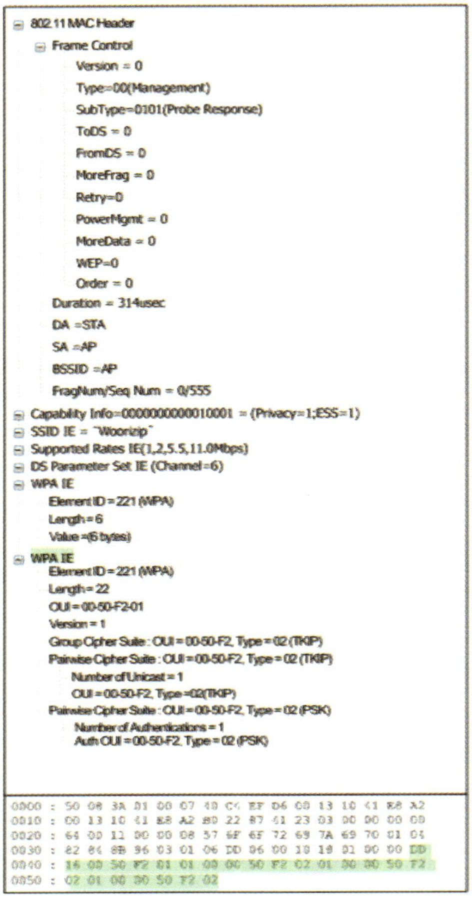

```
802.11 MAC Header
  Frame Control
        Version = 0
        Type=00(Management)
        SubType=0101(Probe Response)
        ToDS = 0
        FromDS = 0
        MoreFrag = 0
        Retry=0
        PowerMgmt = 0
        MoreData = 0
        WEP=0
        Order = 0
    Duration = 314usec
    DA =STA
    SA =AP
    BSSID =AP
    FragNum/Seq Num = 0/555
Capability Info=0000000000010001 = (Privacy=1;ESS=1)
SSID IE = "Woonzip"
Supported Rates IE(1,2,5.5,11.0Mbps)
DS Parameter Set IE (Channel=6)
WPA IE
    Element ID = 221 (WPA)
    Length = 6
    Value =(6 bytes)
WPA IE
    Element ID = 221 (WPA)
    Length = 22
    OUI = 00-50-F2-01
    Version = 1
    Group Cipher Suite : OUI = 00-50-F2, Type = 02 (TKIP)
    Pairwise Cipher Suite : OUI = 00-50-F2, Type = 02 (TKIP)
        Number of Unicast = 1
        OUI = 00-50-F2, Type =02(TKIP)
    Pairwise Cipher Suite : OUI = 00-50-F2, Type = 02 (PSK)
        Number of Authentications = 1
        Auth OUI = 00-50-F2, Type = 02 (PSK)

0000 : 50 08 3A 01 00 07 40 C4 EF D6 00 13 10 41 E8 A2
0010 : 00 13 10 41 E8 A2 80 22 87 41 23 03 00 00 00 00
0020 : 64 00 11 00 00 08 57 6F 6F 72 69 7A 69 70 01 04
0030 : 82 84 8B 96 03 01 06 DD 06 00 10 18 01 00 00 DD
0040 : 16 00 50 F2 01 01 00 00 50 F2 02 01 00 00 50 F2
0050 : 02 01 00 00 50 F2 02
```


(2) 인증요청 및 응답 메시지

RSN 인증절차 이전에 수행하는 일반적인 Open System/ Success절차가 수행된다.

(3) 결합요청 메시지

단말이 AP에게 자신은 802.11g를 지원할 수 있는 capability 가 있으며, 암호화도 가능함을 알린다.
또한, 두 번째 WPA IE에서 알 수 있듯이, Group 및 Pairwise Cipher suite로서 TKIP를 사용하며, AKM
인증절차는 PSK 방식을 사용하고 싶다고 결합을 요청한다.

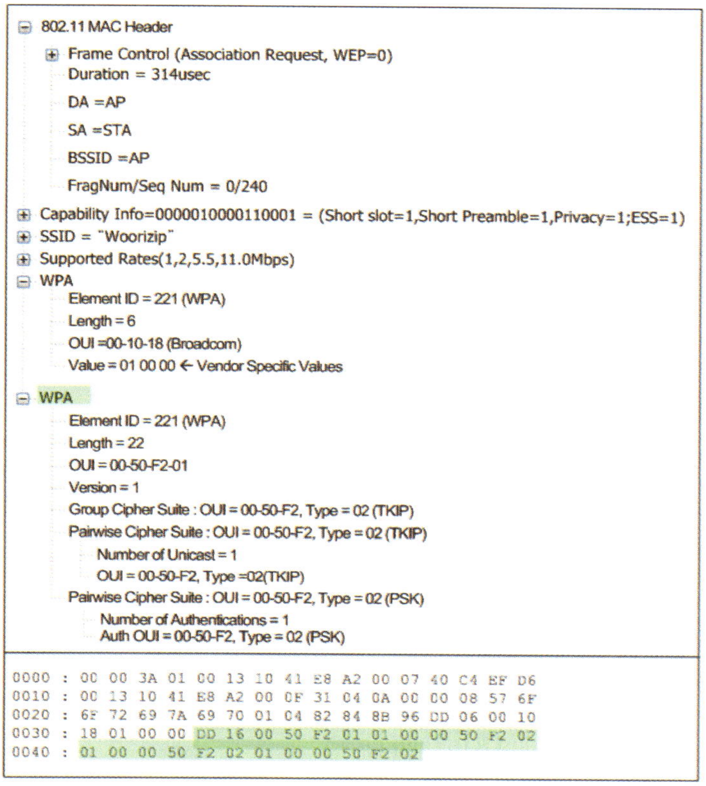

```
□ 802.11 MAC Header
    ⊞ Frame Control (Association Request, WEP=0)
       Duration = 314usec
       DA =AP
       SA =STA
       BSSID =AP
       FragNum/Seq Num = 0/240
⊞ Capability Info=0000010000110001 = (Short slot=1,Short Preamble=1,Privacy=1;ESS=1)
⊞ SSID = "Woorizip"
⊞ Supported Rates(1,2,5.5,11.0Mbps)
□ WPA
       Element ID = 221 (WPA)
       Length = 6
       OUI =00-10-18 (Broadcom)
       Value = 01 00 00 ← Vendor Specific Values
□ WPA
       Element ID = 221 (WPA)
       Length = 22
       OUI = 00-50-F2-01
       Version = 1
       Group Cipher Suite : OUI = 00-50-F2, Type = 02 (TKIP)
       Pairwise Cipher Suite : OUI = 00-50-F2, Type = 02 (TKIP)
           Number of Unicast = 1
           OUI = 00-50-F2, Type =02(TKIP)
       Pairwise Cipher Suite : OUI = 00-50-F2, Type = 02 (PSK)
           Number of Authentications = 1
           Auth OUI = 00-50-F2, Type = 02 (PSK)

0000 : 00 00 3A 01 C0 13 10 41 E8 A2 00 07 40 C4 EF D6
0010 : 00 13 10 41 E8 A2 00 CF 31 04 0A 00 00 08 57 6F
0020 : 6F 72 69 7A 69 70 01 04 82 84 8B 96 DD 06 00 10
0030 : 18 01 00 00 DD 16 00 50 F2 01 01 00 00 50 F2 02
0040 : 01 00 00 50 F2 02 01 00 00 50 F2 02
```

(4) 결합 응답 메시지

결합요청에 대하여, AP는 Status Code=Success로 알리면서, AID값도 함께 할당한다.

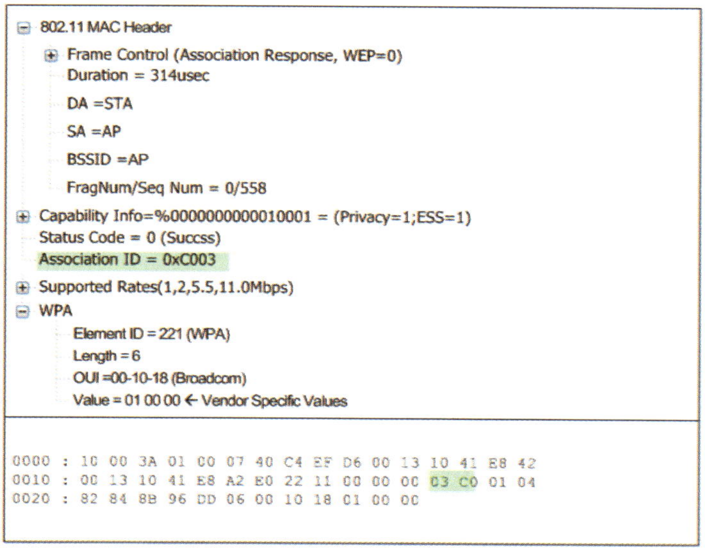

```
□ 802.11 MAC Header
    ⊞ Frame Control (Association Response, WEP=0)
       Duration = 314usec
       DA =STA
       SA =AP
       BSSID =AP
       FragNum/Seq Num = 0/558
⊞ Capability Info=%0000000000010001 = (Privacy=1;ESS=1)
    Status Code = 0 (Succss)
    Association ID = 0xC003
⊞ Supported Rates(1,2,5.5,11.0Mbps)
□ WPA
       Element ID = 221 (WPA)
       Length = 6
       OUI =00-10-18 (Broadcom)
       Value = 01 00 00 ← Vendor Specific Values

0000 : 10 00 3A 01 C0 07 40 C4 EF D6 00 13 10 41 E8 42
0010 : 00 13 10 41 E8 A2 E0 22 11 00 00 00 03 C0 01 04
0020 : 82 84 8B 96 DD 06 00 10 18 01 00 00
```

(5) EAPoL-Key 1 메시지

쌍방간에 PMK의 보유 여부를 확인하기 위한 4-way 핸드쉐이킹 절차중 AP가 단말에게 보내는 첫 번째 EAPoL-Key메시지이다. 이 메시지에는 KRC, Nonce값이 전송됨을 알 수 있다.

```
□ 802.11 MAC Header
  □ Frame Control
          Version = 0
          Type=10(Data)
          SubType=0000(DataOnly)
          ToDS = 0
          FromDS = 1
          MoreFrag = 0
          Retry=0
          PowerMgmt = 0
          MoreData = 0
          WEP=0
          Order = 0
      Duration = 258usec
      DA =STA
      SA =AP
      BSSID =AP
      FragNum/Seq Num = 0/559
□ 802.2 LLC
      DSAP = 0xAA (SNAP)
      SSAP = 0xAA (SNAP)
      Command = 0x03 (Unnumbered Information)
      SNAP = 0x000000 888E (802.1x EAPoL)
□ 802.1x
      Protocol Version = 1
      Packet Type = 3 (EAPoL-Key)
      Body Length = 95
   □ EAPoL-Key
          DescriptorType[1] = 254 (EAPoL WPA Key)
        □ Key Information[2](0x0089)
              .... .... .... .001  Version=TKIP
              .... .... .... 1...  Pairwise Key
              .... .... ..00 ....  Key Index = 0
              .... .... .0.. ....  Not Installed
              .... .... 1... ....  Need ACK
              .... ...0 .... ....  Not MIC
              .... ..0. .... ....  Not Secure
              .... .0.. .... ....  No Error
              .... 0... .... ....  Not Request
              ...0 .... .... ....  Not Encrypted
          Key Length[2] = 32
          WPA Key Replay Counter [8] = 0x0000..0000
          Key Nonce[32] = 0x8E0E..E614
          EAPoL-Key IV[16] = 0x0000..0000
          WPA Key Receive Sequence Counter[8] = 0x0000..0000
          WPA Key ID[8] = 0x0000..0000
          WPA Key MIC[16] = 0x0000..0000
          WPA Key Data Length [2]= 0x0000

0000 : 08 02 02 01 00 07 40 C4 EF D6 00 13 10 41 E8 A2
0010 : 00 13 10 41 E8 A2 F0 22 AA AA 03 00 00 00 88 8E
0020 : 01 03 00 5F FE 00 89 00 20 00 00 00 00 00 00 00
0030 : 00 8E 0E 43 54 31 29 33 27 15 C2 EA 0E 27 96 21
0040 : 2A 88 25 9E CB 20 B8 01 3F B5 57 A9 B6 88 8F E6
0050 : 14 00 00 00 00 00 00 00 00 00 00 00 00 00 00 00
0060 : 00 00 00 00 00 00 00 00 00 00 00 00 00 00 00 00
0070 : 00 00 00 00 00 00 00 00 00 00 00 00 00 00 00 00
0080 : 00 00 00 00 00 00 00
```

(6) EAPoL-Key 2 메시지

4-way 핸드쉐이킹 절차 중 단말이 AP에게 보내는 두 번째 EAPoL-Key 메시지이다. 이 메시지에는 MIC=1로 설정된 키 정보 영역과, KRC, SNonce, MIC, 단말의 WPA IE값이 전송됨을 알 수 있다. 단, IEEE 802.11i가 아닌 WPA의 경우, Need Ack비트와 Install비트는 1로 설정되지 않음에 주의하라.

```
□ 802.11 MAC Header
    ⊞ Frame Control(Type=10(Data), SubType=0000(DataOnly), ToDS=1)
      Duration = 213usec
      DA =AP
      SA =STA
      BSSID =AP
      FragNum/Seq Num = 0/243
  ⊞ 802.2 LLC(SNAP, UI, SNAP=0x000000 888E(802.1x EAPoL))
  □ 802.1x
      Protocol Version = 1
      Packet Type = 3 (EAPoL-Key)
      Body Length = 95
    □ EAPoL-Key
        DescriptorType[1] = 254 (EAPoL WPA Key)
        □ Key Information[2](0x0109)
            .... .... .... .001  Version(TKIP)
            .... .... .... 1...  Pairwise Key
            .... .... ..00 ....  Key Index = 0
            .... .... .0.. ....  Not Installed
            .... .... .... ....  Not Need ACK
            .... ...1 .... ....  MIC
            .... ..0. .... ....  Not Secure
            .... .0.. .... ....  No Error
            .... 0... .... ....  Not Request
            ...0 .... .... ....  Not Encrypted
        Key Length[2] = 0
        WPA Key Replay Counter [8] = 0x0000..0000
        Key Nonce[32] = 0xFA79..4166
        EAPoL-Key IV[16] = 0x0000..0000
        WPA Key Receive Sequence Counter[8] = 0x0000..0000
        WPA Key ID[8] = 0x0000..0000
        WPA Key MIC[16] = 0x0274..61AD
        WPA Key Data Length [2] = 0x0018
        OUI = 0050F201 (WPA)
        Version = 1
        Group Cipher = 0050F2-02 (TKIP)
        Number of Unicast CipherSuites = 1
        Unicast Cipher = 0050F2-02 (TKIP)
        Number of AuthSuites = 1
        Auth Suite = 0050F2-02 (WPA-PSK)

0000 : 08 01 D5 00 00 13 10 41 E8 A2 00 07 40 C4 EF D6
0010 : 00 13 10 41 E8 A2 30 0F AA AA 03 00 00 00 88 8E
0020 : 01 03 00 77 FE 01 09 00 00 00 00 00 00 00 00 00
0030 : 00 FA 79 41 3E D7 A0 BD 38 E5 4F C9 BC 3A 43 81
0040 : 7C BE 94 6E F5 9A F2 65 27 0F 8D 2E CA 5B 73 41
0050 : 66 00 00 00 00 00 00 00 00 00 00 00 00 00 00 00
0060 : 00 00 00 00 00 00 00 00 00 00 00 00 00 00 00 00
0070 : 00 02 74 01 81 C1 07 D0 D8 91 CE 38 FE AE AE 61
0080 : AD 00 18 DD 16 00 50 F2 01 01 00 00 50 F2 02 01
0090 : 00 00 50 F2 02 01 00 00 50 F2 02
```

(7) EAPoL-Key 3 메시지

4-way 핸드쉐이킹 절차 중 AP가 단말에게 보내는 세 번째 EAPoL-Key 메시지이다. 이 메시지에도 역시 need ACK=1, MIC=1로 설정된 키 정보 영역과, KRC+1, KeyRSC, keyMIC, AP의 WPA IE값이 전송됨을 알 수 있다. 하지만, Group Key는 배포하지 않으므로, 키 정보 영역에 Secure비트는 0으로 설정되어 있음에 주의하라.

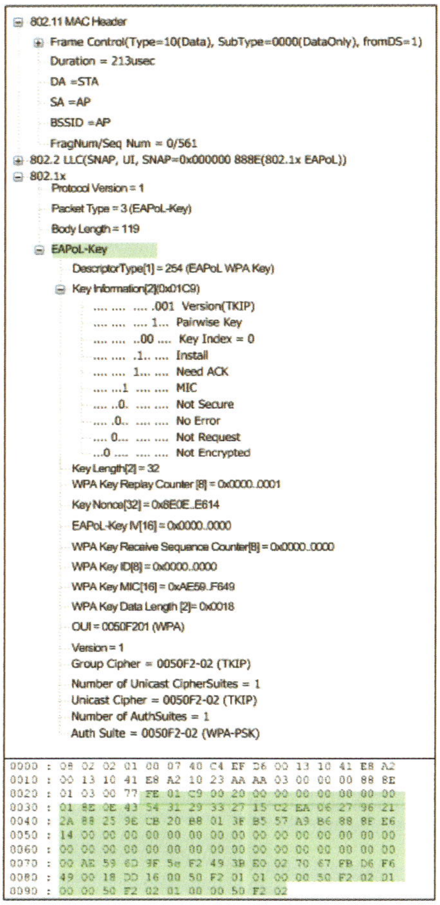

```
☐ 802.11 MAC Header
   ⊞ Frame Control(Type=10(Data), SubType=0000(DataOnly), fromDS=1)
      Duration = 213usec
      DA =STA
      SA =AP
      BSSID =AP
      FragNum/Seq Num = 0/561
⊞ 802.2 LLC(SNAP, UI, SNAP=0x000000 888E(802.1x EAPoL))
☐ 802.1x
      Protocol Version = 1
      Packet Type = 3 (EAPoL-Key)
      Body Length = 119
   ☐ EAPoL-Key
         DescriptorType[1] = 254 (EAPoL WPA Key)
      ☐ Key Information[2](0x01C9)
            .... .... .... .001  Version(TKIP)
            .... .... .... 1...  Pairwise Key
            .... .... ..00 ....  Key Index = 0
            .... .... .1.. ....  Install
            .... .... 1... ....  Need ACK
            .... ...1 .... ....  MIC
            .... ..0. .... ....  Not Secure
            .... .0.. .... ....  No Error
            .... 0... .... ....  Not Request
            ...0 .... .... ....  Not Encrypted
         Key Length[2] = 32
         WPA Key Replay Counter [8] = 0x0000..0001
         Key Nonce[32] = 0x8E0E..E614
         EAPoL-Key IV[16] = 0x0000..0000
         WPA Key Receive Sequence Counter[8] = 0x0000..0000
         WPA Key ID[8] = 0x0000..0000
         WPA Key MIC[16] = 0xAE59..F649
         WPA Key Data Length [2]= 0x0018
         OUI = 0050F201 (WPA)
         Version = 1
         Group Cipher = 0050F2-02 (TKIP)
         Number of Unicast CipherSuites = 1
         Unicast Cipher = 0050F2-02 (TKIP)
         Number of AuthSuites = 1
         Auth Suite = 0050F2-02 (WPA-PSK)

0000 : 08 02 02 01 00 07 40 C4 EF D6 00 13 10 41 E8 A2
0010 : 00 13 10 41 E8 A2 10 23 AA AA 03 00 00 00 88 8E
0020 : 01 03 00 77 FE 01 C9 00 20 00 00 00 00 00 00 00
0030 : 01 8E 0E 43 54 31 29 33 27 15 C2 EA 06 27 96 21
0040 : 2A 88 25 9E CB 20 88 01 3F B5 57 A3 B6 88 8F E6
0050 : 14 00 00 00 00 00 00 00 00 00 00 00 00 00 00 00
0060 : 00 00 00 00 00 00 00 00 00 00 00 00 00 00 00 00
0070 : 00 AE 59 6D 3F 5e F2 49 3B E0 02 70 67 FB D6 F6
0080 : 49 00 18 DD 16 00 50 F2 01 01 00 00 50 F2 02 01
0090 : 00 00 50 F2 02 01 00 00 50 F2 02
```

(8) EAPoL-Key 4 메시지

4-way 핸드쉐이킹 절차 중 AP가 단말에게 보내는 마지막 EAPoL-Key 메시지이다. 이 메시지에는 need ACK=0, MIC=1로 설정된 키 정보 영역과, KRC+1, keyMIC값이 전송됨을 알 수 있다.

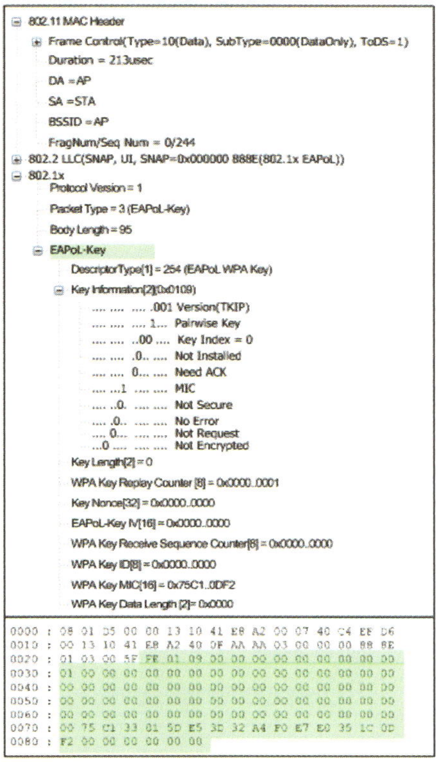

```
□ 802.11 MAC Header
   ⊞ Frame Control(Type=10(Data), SubType=0000(DataOnly), ToDS=1)
     Duration = 213usec
     DA = AP
     SA = STA
     BSSID = AP
     FragNum/Seq Num = 0/244
 ⊞ 802.2 LLC(SNAP, UI, SNAP=0x000000 888E(802.1x EAPoL))
 □ 802.1x
     Protocol Version = 1
     Packet Type = 3 (EAPoL-Key)
     Body Length = 95
   □ EAPoL-Key
       DescriptorType[1] = 254 (EAPoL WPA Key)
     □ Key Information[2](0x0109)
         .... .... .... .001  Version(TKIP)
         .... .... .... 1...   Pairwise Key
         .... .... ..00 ....   Key Index = 0
         .... .... .0.. ....   Not Installed
         .... .... 0... ....   Need ACK
         .... ...1 .... ....   MIC
         .... ..0. .... ....   Not Secure
         .... .0.. .... ....   No Error
         .... 0... .... ....   Not Request
         ...0 .... .... ....   Not Encrypted
       Key Length[2] = 0
       WPA Key Replay Counter [8] = 0x0000..0001
       Key Nonce[32] = 0x0000..0000
       EAPoL-Key IV[16] = 0x0000..0000
       WPA Key Receive Sequence Counter[8] = 0x0000..0000
       WPA Key ID[8] = 0x0000..0000
       WPA Key MIC[16] = 0x75C1..0DF2
       WPA Key Data Length [2] = 0x0000
```

```
0000 : 08 01 D5 00 00 13 10 41 E8 A2 00 07 40 C4 EF D6
0010 : 00 13 10 41 E8 A2 40 0F AA AA 03 00 00 00 88 8E
0020 : 01 03 00 5F FE 01 09 00 00 00 00 00 00 00 00 00
0030 : 01 00 00 00 00 00 00 00 00 00 00 00 00 00 00 00
0040 : 00 00 00 00 00 00 00 00 00 00 00 00 00 00 00 00
0050 : 00 00 00 00 00 00 00 00 00 00 00 00 00 00 00 00
0060 : 00 00 00 00 00 00 00 00 00 00 00 00 00 00 00 00
0070 : 00 75 C1 33 01 5D E5 3D 32 A4 F0 E7 E0 35 1C 0D
0080 : F2 00 00 00 00 00 00
```

(9) Data 메시지

지금까지의 인증과 PMK보유 확인 절차를 거쳐, 데이터를 암호화하여 전송한다. 8바이트 길이의 TKIP 헤더가 평문으로 전송된다. 그림에서 MIC와 ICV값은 모두 암호화된 것을 표시한 것에 불과하다.

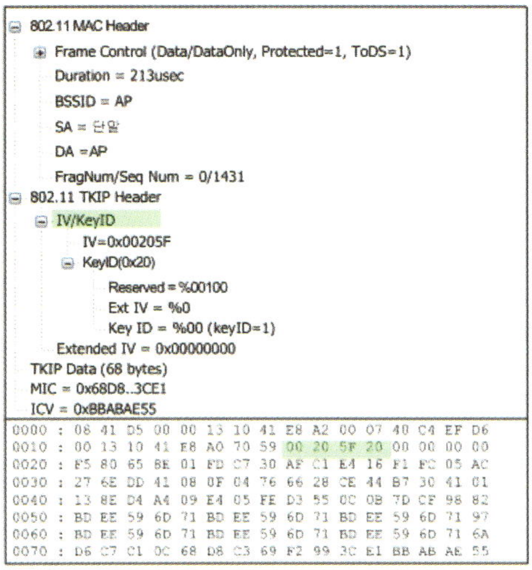

```
□ 802.11 MAC Header
   ⊞ Frame Control (Data/DataOnly, Protected=1, ToDS=1)
     Duration = 213usec
     BSSID = AP
     SA = 단말
     DA = AP
     FragNum/Seq Num = 0/1431
 □ 802.11 TKIP Header
   □ IV/KeyID
       IV = 0x00205F
     □ KeyID(0x20)
         Reserved = %00100
         Ext IV = %0
         Key ID = %00 (keyID=1)
     Extended IV = 0x00000000
   TKIP Data (68 bytes)
   MIC = 0x68D8..3CE1
   ICV = 0xBBABAE55
```

```
0000 : 08 41 D5 00 00 13 10 41 E8 A2 00 07 40 C4 EF D6
0010 : 00 13 10 41 E8 A0 70 59 00 20 5F 20 00 00 00 00
0020 : F5 80 65 8E 01 FD C7 30 AF C1 E4 16 F1 FC 05 AC
0030 : 27 6E DD 41 08 0F 04 76 66 28 CE 44 B7 30 41 01
0040 : 13 8E D4 A4 09 E4 05 FE D3 55 0C 0B 7D CF 98 82
0050 : BD EE 59 6D 71 BD EE 59 6D 71 BD EE 59 6D 71 97
0060 : BD EE 59 6D 71 BD EE 59 6D 71 BD EE 59 6D 71 6A
0070 : D6 C7 C1 0C 68 D8 C3 69 F2 99 3C E1 BB AB AE 55
```

연습 문제

[1] pre-RSN의 취약점이 아닌 것은 ______ 과 ______ 이다.

   (a) WEP 키 노출

   (b) 상호인증 기능 제공

   (c) 불법 AP에 의한 man-in-the-middle 공격에 취약

   (d) 프레임 별 암호화

[2] RSN의 특징이 아닌 것은 ______ 이다.

   (a) TKIP 암호 방식 사용

   (b) AES-CCMP 암호 방식 사용

   (c) EAPoL Key 프레임을 이용한 동적 암호키 분배

   (d) EAP-MD5인증 절차 사용

[3] WPA의 설명 중 틀린 것은 ______ 이다.

   (a) WPA-1은 TKIP 암호 방식을 지원한다.

   (b) WPA-2는 AES-CCMP 암호 방식을 지원한다.

   (c) WPA은 EAP 기반과 PSK 기반을 모두 지원한다.

   (d) WPA-PSK를 WPA-Enterprise 방식이라고 한다.

[4] 802.11i에서 구성요소가 아닌 것은?

   (a) WEP   (b) WPA 지원 AP

   (c) WPA지원 단말   (d) EAP 또는 PSK

[5] 802.11i에서 사용되는 802.1x/EAP 인증 방식이 아닌 것은? (b)

   (a) EAP-TLS   (b) EAP-MD5

   (c) EAP-TTLS   (d) EAP-FAST

   (e) PEAP

[6] EAP에 대한 설명 중 틀린 것은 ?

   (a) EAP는 단말과 NAS간에 이더넷으로 연결된 경우, EAPoL의 프레임에 수납되어 전송된다.

   (b) 브리지와 RADIUS 서버간에는 EAP가 RADIUS 패킷의 애트리뷰트에 실려 전달된다.

   (c) LCP 단계에서, EAP 인증 프로토콜의 종류를 명시하는 프로토콜 타입 영역의 값은 0xC227이다.

   (d) EAP 자체가 구체적인 인증 방식을 규정하고 있다.

[7] 802.11i에서 AKM이란?

   (a) 802.1x/EAP 인증과 PSK 인증절차 및 무선구간 보호용 키 분배절차이다.

   (b) EAP 인증 방법 중 하나이다.

   (c) 무선구간 보호용 키 분배 절차이다.

   (d) 인증절차이다.

[8] EAPoL-Key에 대한 설명 중 틀린 것은 ______ 와 ______ 이다.

   (a) 단말과 RADIUS 인증서버간 암호 키를 전달할 때 사용된다.

   (b) 단말과 AP간 암호 키를 전달할 때 사용된다.

   (c) Pairwise 키를 전달한다.

   (d) Group 키를 전달한다.

[9] 802.11i Pairwise Key Management 절차는 _____ 웨이 핸드쉐이킹으로 수행된다.
  (a) 2
  (b) 3
  (c) 4
  (d) 5

[10] 802.11i Pairwise Key Management절차는 _____ 이후, _____ 전에 수행된다.
  (a) Discovery
  (b) User 인증
  (c) Server 인증
  (d) Crypto-binding

[11] 802.11i Pairwise Key Management 절차에서 그룹 키가 분배된다.
  (a) 맞다
  (b) 틀리다.

[12] EAPoL Key 프레임에 표시되는 Ack 비트는 _____ 의 의미이다.
  (a) 수신된 프레임을 잘 받았음
  (b) 이것을 수신하면 반드시 프레임을 보내도록 요청하는 것

[13] EAPoL Key 프레임에 수납된 Key MIC값은 _____ 를 사용하여 해시된 값이다.
  (a) KCK
  (b) KEK
  (c) TK
  (d) GTK

[14] EAPoL Key 프레임에 수납된 GTK는 _____를 사용하여 암호화된 값이다.
  (a) KCK
  (b) KEK
  (c) TK
  (d) MSK

[15] 802.11i Pairwise Key Management절차의 목적은 _____ 와 _____ 이다.
  (a) 쌍방이 동일한 PMK를 가지고 있는 지 검사
  (b) 쌍방이 동일한 GTK를 가지고 있는 지 검사
  (c) Pairewise 키 분배
  (d) Group 키 분배

정답
[1] (b), (d), [2] (d), [3] (d), [4] (a), [5] (b), [6] (d), [7] (a), [8] (a), (c), [9] (c), [10] (b), (d), [11] (a), [12] (b), [13] (a), [14] (b), [15] (a), (d)

Mamo.

EAP-TLS/EAP-TTLS

13.1 관련 표준

- RFC 4017, Extensible Authentication Protocol(EAP) Method Requirements for Wireless LANs, 2005.
- RFC 3748, Extensible Authentication Protocol(EAP) 2004.
- RFC 2716, PPP EAP TLS Authentication Protocol, 1999.
- RFC 3079 – Deriving Keys for use with Microsoft Point-to-Point Encryption(MPPE), 2001.
- RFC 3579 – RADIUS(Remote Authentication Dial In User Service) Support For Extensible Authentication Protocol(EAP), 2003.
- RFC 3580,IEEE 802.1X Remote Authentication Dial In User Service(RADIUS) Usage Guidelines, 2003.
- TTLS : http : //www.ietf.org/internet-drafts/draft-ietf-pppext-eap-ttls-05.txt
- RFC3546, TLS Extentions, 2003.
- Extensible Authentication Protocol(EAP) Key Management Framework 〈draft-ietf-eap-keying-05.txt〉, 2005.
- RFC 2869bis, RADIUS Support For Extensible Authentication Protocol(EAP). 2003.
- RFC 2548, Microsoft Vendor-specific RADIUS Attributes, 1999.

13.2 개 요

기존 무선 LAN 단말은 AP와의 아무런 사용자 인증절차가 없는 개방 시스템 인증 방법이나 단말과 AP간에 수동으로 설정된 공유 키가 일치하는지를 WEP 암호문의 교환으로 확인하는 수준의 간단한 인증을 사용한다. 하지만, 이 WEP에 의한 암호 방식은 사용중인 키가 노출되는 문제 때문에 안전한 인증을 하지 못하는 문제가 있다.
그리고 이를 개선하기 위해 사용되는 802.1x 포트 보안 기술 기반의 EAP 인증 방식인 EAP-MD5나 Lightweight EAP(LEAP)는 서버 입장에서는 사용자를 인증할 수 있지만, 사용자 입장에서는 인증서버가 유효한 서버인지를 확인하지 못하고 무조건 믿을 수 밖에 없는 일방향 인증 방법이어서, 〈그림 13.1〉과 같이 해커가 불법으로 설치한 불법 액세스포인트에 아무런 의심없이 접속하는 문제가 발생한다.

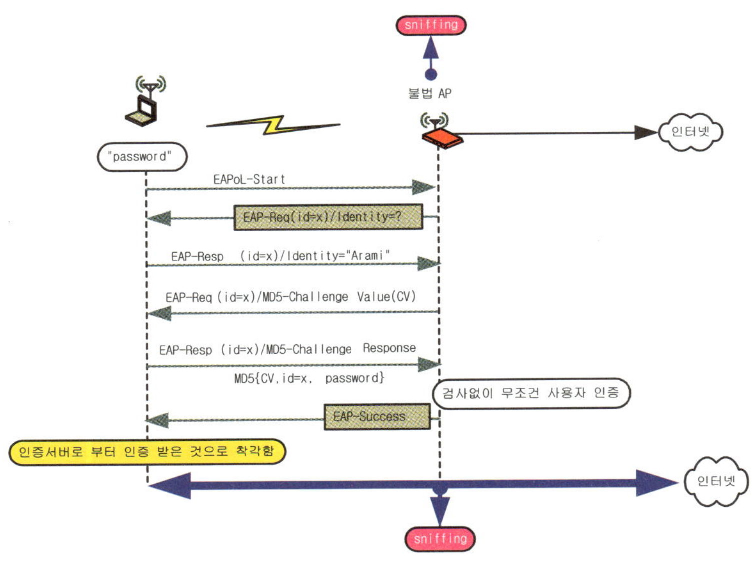

〈그림 13.1〉 EAP-MD5 인증 방식의 문제점

이러한 문제점은 단말 입장에서 유효한 서버인지를 확인하지 않고, 서버 입장에서 단말만 인증하였기 때문에, 즉, 상호인증이 수행되지 않았기 때문에 발생한 것이다.

앞의 제 11 장에서 다루었던 TLS는 〈그림 13.2〉와 같이 각각의 인증서를 이용하여 상호 인증하고, 그 결과에 의해 쌍방간에 공유하는 비밀 키를 생성하여 이후 전송되는 데이터들을 보호하는 프로토콜임을 우리는 알고 있다.

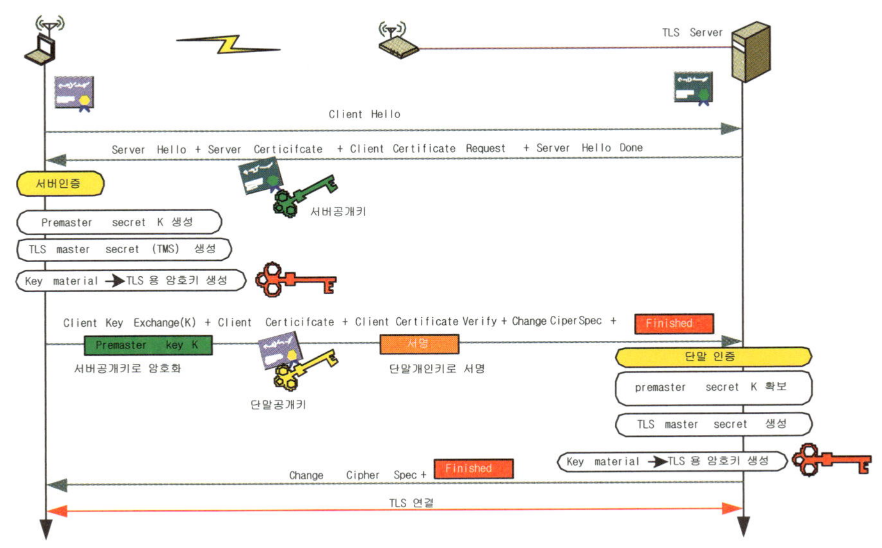

〈그림 13.2〉 TLS의 기본 동작절차

476

이러한 TLS 기능 중의 클라이언트와 서버간 상호인증 기능을 무선 단말인증용으로 활용하여, 단말 입장에서도 AP를 경유하여 인증서버가 유효한 서버인지를 확인하는 상호인증 기능을 지원하는 EAP-TLS, EAP-TTLS, PEAP, EAP-FAST들이 최근에 상용화되고 있다. 이들은 모두 단말과 인증서버간에 설정되는 TLS 기반에서 동작하며, 인증서 사용 여부에 따라 이들을 분류하면 〈그림 13.3〉과 같다.

- 상호 인증서 기반의 상호인증 방식
  - EAP-TLS : 단말과 인증서버 모두 인증서 필요
- 인증서버 인증서만 사용한 TLS 터널 기반의 상호인증 방식
  - EAP-Tunneld TLS(EAP-TTLS)
  - Protected EAP(PEAP)
- Protected Access Credential(PAC)를 사용한 TLS터널 기반의 상호인증 방식[2]
  - EAP-FAST : 인증서 대신에 일종의 패스워드인 Protected Access Credential (PAC)를 사용하여 TLS 터널을 설정한 후, 별도의 EAP 인증 방식으로 사용자를 인증함.

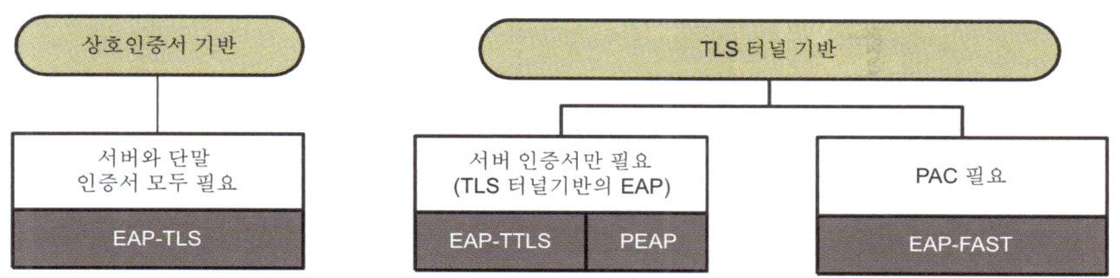

〈그림 13.3〉 안전한 TLS 기반의 상호 인증 방식

이러한 TLS 기반의 인증 방법을 지원할 때, 기존의 RADIUS 인증서버가 TLS절차를 수행하지 못한다면, 이를 대신하는 프록시 인증서버 기능의 인증대리 장치를 액세스포인트와 인증서버간에 추가하여 사용하기도 한다.

본 장에서는 인증서버를 사용하는 WPA-Enterprise환경에서, TLS 기반에서 상호인증절차를 제공하는 EAP-TLS와 EAP-TTLS 인증절차에 대하여 각각 다룬 후, 윈도우 2003 서버를 활용한 EAP-TLS 인증절차를 시험한다. 제 14 장 에서는 나머지 터널 기반의 인증 방식인 PEAP와 EAP-FAST에 대하여 다룰 것이다.

13.3   EAP-TLS의 간략한 동작절차

EAP-TLS 방식의 간략한 동작은 〈그림 13.4〉와 같다.

① 단말은 자신의 ID를 서버로 보내어, TLS 연결절차를 개시한다.

② 단말과 인증서버간에 일반적인 TLS 연결절차에서 수행되는 각자의 인증서를 사용한 상호인증 과정을

1_ 이들은 모두 인증서버가 사용되는 WPA-Enterprise 환경용이다.
2_ 패스워드로부터 생성되는 비밀값이다.

수행한다. 이 과정에서 단말이 임의로 생성한 premaster secret값으로부터 쌍방은 TLS master secret (TMS)를 공유하게 된다.

③ 단말과 서버는 TMS로부터 단말과 액세스 포인트간에 사용할 무선구간 암호용 키 생성용 키인 Master Session Key(MSK)를 생성한다.

④ EAP-TLS 인증서버는 MSK를 액세스 포인트에 전달한다[3].

⑤ 마지막으로, 단말과 AP는 동일한 MSK로부터 무선구간에서 사용될 암호 키를 생성한 후, EAPoL-Key/프레임을 이용한 4-웨이 핸드쉐이킹이라고 부르는 키 보유 확인 및 방송용 그룹키 분배절차를 수행한다.

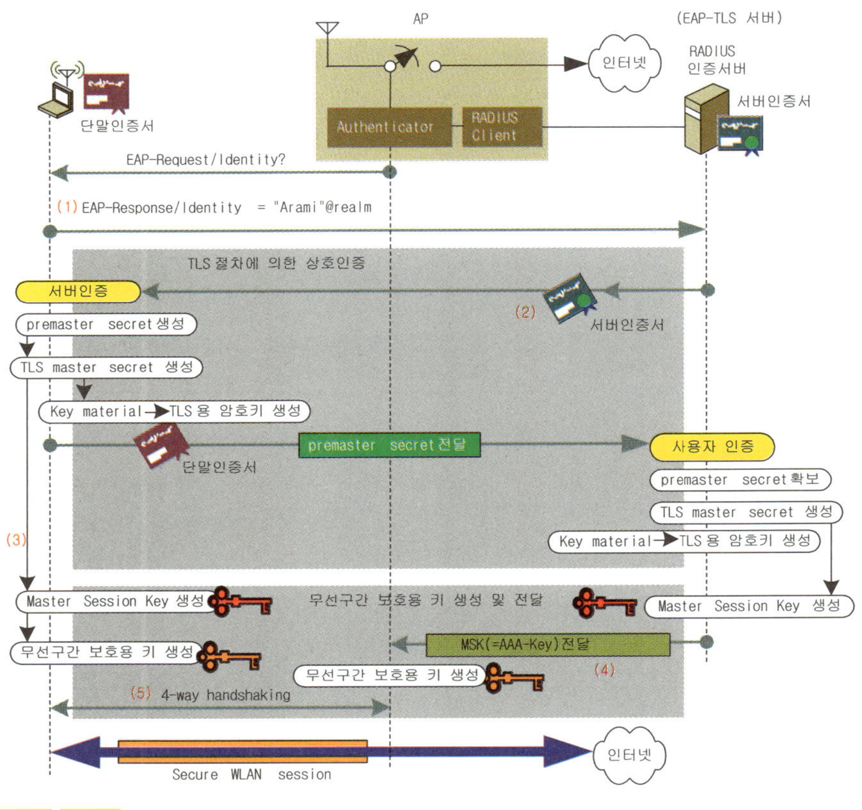

〈그림 13.4〉 간략한 EAP-TLS 인증절차

13.4 TLS 터널 기반 EAP 인증 방법의 간략한 동작절차

단말과 인증서버 모두의 인증서가 사용되는 EAP-TLS가 가장 확실한 인증 방법이지만, 모든 단말에 인증서를 각자 설치하는 것은 비용이나 관리면에서 단점이 있다.

3_ IEEE 802.11i에서는 단말과 인증서버간의 인증과 master secret 설정절차를 authentication and key management(AKM)절차라고 부른다.

따라서 〈그림 13.5〉와 같이, 서버측 인증서만을 사용한 TLS 보안 터널을 설정한 후(이 과정에서는 단말 입장에서 서버를 인증한 상태임), 이 TLS 연결로상에서 다양한 종류의 사용자 인증 방법(MS-CHAPv2 등)을 추가 사용하는 TLS 터널 방식의 EAP 인증 방법인 EAP-TTLS나 PEAP가 시장에서 더 많이 사용되고 있다.

이러한 TLS 터널기반의 EAP 인증 방식 중 EAP-TTLS나 PEAP의 간략한 동작은 다음과 같다.

① 단말과 인증서버간에 서버 인증서만 사용한 TLS 절차에 의해 서버에 대한 인증과정을 먼저 수행한다. 이 과정에서 단말이 임의로 생성한 premaster secret값으로부터 쌍방은 TLS master secret(TMS)를 공유하게 되고, 이로부터 key material을 생성하면서 TLS 터널 보호용 암호키를 생성한다.

② 인증서버는 단말과의 TLS터널상에서 다양한 종류의 EAP 인증 방식(EAP-MD5-Challenge 등)을 사용하여 사용자 인증을 수행한다.

③ 사용자를 인증한 인증서버는 단말과 액세스 포인트간에 사용할 무선구간 암호용 키 생성용 키인 Master Session Key를 액세스 포인트에 전달한다.

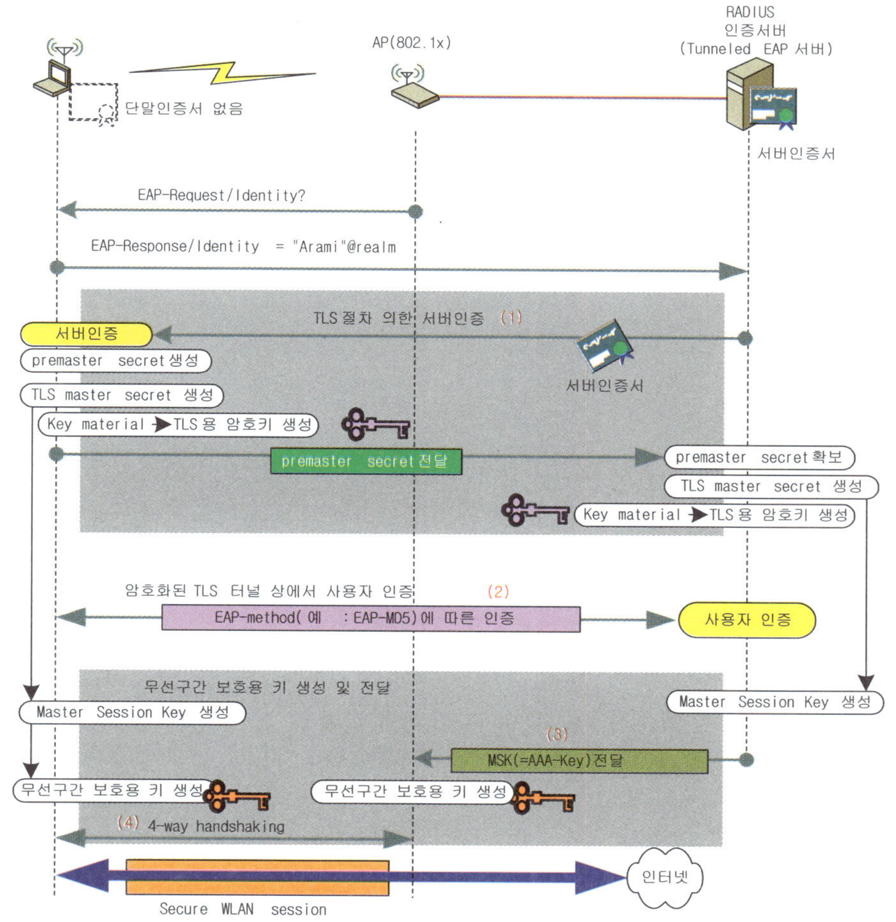

〈그림 13.5〉 간략한 TLS 터널기반의 EAP 인증절차(TTLS-EAP, PEAP의 경우)

④ 마지막으로, 단말과 AP는 동일한 MSK로부터 무선구간에서 사용될 암호키를 단말과 AP가 가지고 있는 ciphersuite로부터 생성하고, EAPoL-Key 프레임을 이용한 4-웨이 핸드쉐이킹이라고 부르는 키 보유 확인 및 방송용 그룹키 분배절차를 수행한다.

또한, 서버 인증서를 사용하는 대신에 단말과 인증서버간에 설정된 PAC를 이용하여 TLS채널을 설정한 후 간단한 인증 방법을 사용하는 EAP-FAST 방식의 간략한 동작절차의 예는 〈그림 13.6〉과 같다.

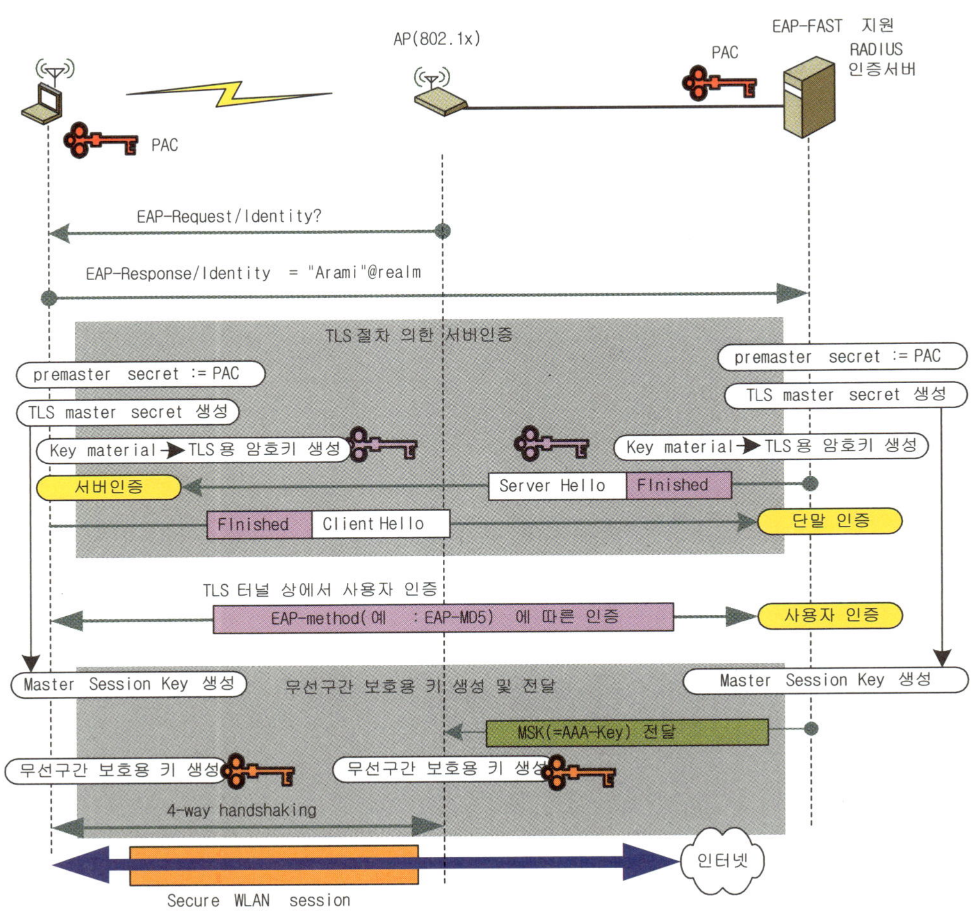

〈그림 13.6〉 PAC 기반의 EAP 인증 절차 (EAP-FAST의 경우)

13.5 EAP 기반 인증 방식에서 필요한 인증서의 종류

인증서를 사용하는 EAP-TLS와 PEAP의 경우 단말과 인증서버가 확보해야 할 인증서는 다음과 같다.

인증 방법	단말측 인증서	RADIUS인증서버측 인증서
EAP-TLS	사용자 인증서	서버 인증서
	서버 인증서 발급기관에 대한 루트 인증서	사용자 인증서 발급기관에 대한 루트 인증서
PEAP/MS-CHAPv2	서버 인증서 발급기관에 대한 루트 인증서	서버 인증서

13.6 EAP 기반 인증 방식에서의 공통적인 키 생성 및 전달절차

앞에서 간략하게 소개하였지만, 이러한 다양한 종류의 EAP 기반의 인증 방식은 공통적으로 다음과 같은 2가지 용도의 키들을 생성한다.

- 단말과 인증서버간 TLS 연결 설정시 생성되는 키
- 단말과 AP간 무선연결에 필요한 키

각 EAP기반의 인증절차는 사용되는 용어나 PRF 함수의 기능이 조금씩 상이하지만, 대체적으로는 유사하기 때문에, RFC2716 EAP-TLS를 기준으로 기술하면 다음과 같다.

(a) 단말과 인증서버간 TLS 연결 설정시 생성되는 키 (RFC2246 TLS)

안전한 EAP 인증절차를 위하여 단말과 서버간에 설정하는 TLS연결시 생성되는 키들은 단말이 랜덤하게 선정한 premaster키로부터 다음과 같이 계산된다.

① 먼저, 48바이트 길이의 TLS_master secret(TMS)는 TLS 핸드쉐이킹 절차에서 전송된 단말과 서버간에 결정된 premaster secret과 Client Hello 메시지에 수납된 nonce값(Client_hello_random), Server Hello 메시지에 수납된 nonce (server_hello_random)값으로부터 다음과 같은 PRF 함수에 의해 생성된다.

```
TLS_Master_Secret[48] = PRF(premaster secret, "master secret", server_random +
client_random,48)
```

② 이어서, 128바이트 길이의 TLS용 키 블록(key material)인 Transient EAP Key(TEK) 블럭을 다음과 같은 PRF를 사용하여 생성한다[5]. 이 TEK는 단말과 서버간 EAP 인증절차를 안전하게 보호하는데 사용되는 TLS 채널용 세션 키이다.

```
TEK block = PRF(TLS_master_secret, "key expansion", server_random + client_random)
```

5_ 지금까지의 과정은 TLS에 규정된 것과 동일하다.

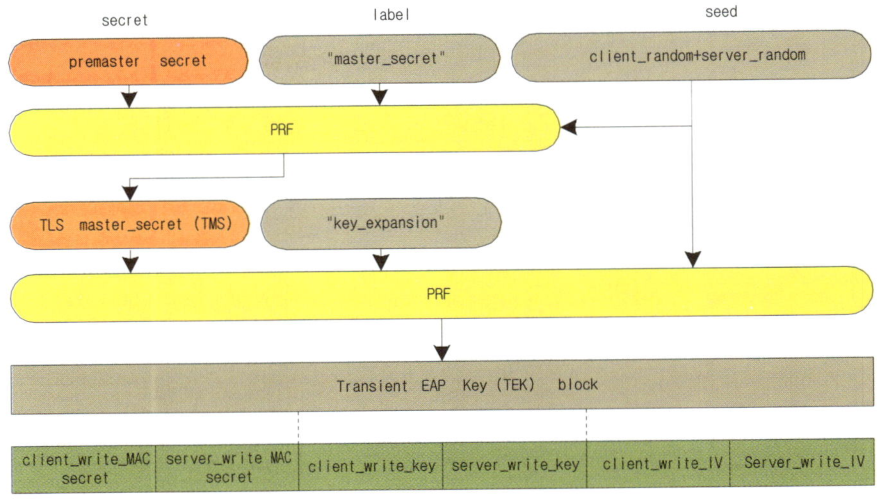

〈그림 13.7〉 RFC 2246 TLS 채널용 키의 구성

(b) 무선구간 보호용 Master Session Key 생성(RFC 2716 EAP-TLS) 및 전달

EAP 인증이 완료되면, 단말과 인증서버는 무선구간 보호용 암호 및 무결성키를 생성할 수 있는 마스터 키인 AAA-Key키를 TLS 채널 설정시 생성된 TLS_master_secret(TMS)으로부터 다음과 같은 절차에 의해 생성한다. 이어, 인증서버는 생성된 AAA-Key를 AP에 RADIUS 메시지로 전달한다.

① 먼저, 단말과 인증서버는 TMS로부터 Master Session Key(MSK), Extended MSK(EMSK), Initial Vector(IV)를 다음과 같이 생성한다.

```
MSK[64] = PRF(TMS, "client EAP encryption", client_random || server_random,0..63)
EMSK [64] = PRF (TMS, "client EAP encryption", client_random || server_random,64..127)
IV[64] = PRF ("", "client EAP encryption", client_random || server_random,64)
```

② 단말과 인증서버는 생성된 MSK, EMSK, IV로부터 AAA-Key를 생성하도록 규정되어 있지만, 실제 구현된 모든 시스템은 다음과 같이 MSK[64]를 직접 AAA-Key로 설정한다[6].

```
AAA-Key[64] := MSK[64]
```

③ 인증서버는 AP에게 이 64바이트 길이의 AAA-Key를 다음과 같은 RADIUS 애트리뷰트를 사용하여 전달한다. 왜냐하면, AP는 TLS 연결시 아무런 관여를 하지 않았기 때문에, 단말처럼 TMS로부터의 AAA-Key를 직접 생성할 수 없기 때문이다. 드디어, 단말과 AP는 AAA-Key를 공유하게 된다.

6_RFC 3748 EAP, RFC2716규정에서는 AAA-Key는 Master Session Key(MSK)이다.

```
MS-MPPE-Recv-Key { AAA-Key[0..31] } : Peer to Authenticator Encryption Key(Enc-RECV-Key)
MS-MPPE-Send-Key { AAA-Key[32..63] } : Authenticator to Peer Encryption Key(Enc-SEND-Key)
```

ⓒ 802.11i 무선구간 암호용 키 생성

단말과 AP가 AAA-Key를 공유하게 되면, 유니캐스트 프레임 보호용 키와 브로드캐스트 프레임 보호용 키를 다음과 같이 생성한다.

① AAA-Key[64]의 첫 32바이트, 즉 AAA-Key[0..31]을 pairwise master key(PMK)로 설정한다.

```
PMK[32] := AAA-Key[32]
```

② PMK로부터 다음과 같은 802.11i 고유의 PRF 함수를 사용하여 Pairwise Temporal Key(PTK)를 생성한다[7]. 이 PTK를 IETF에서는 Transient (wireless) Session Key(TSK)라고 부른다.

```
PTK = EAPOL-PRF-X(PMK, "Pairwise key expansion", Min(AA,SA) ||
    Max(AA, SA) || Min(ANonce,SNonce) || Max(ANonce,SNonce))
Where :

    PMK = AAA-Key(0,31)
    SA = Station MAC address (Calling-Station-Id)
    AA = Access Point MAC address (Called-Station-Id)
    ANonce = Access Point Nonce
    SNonce = Station Nonce
    EAPOL-PRF-X = PRF based on HMAC-SHA1, PTK of size X octets. (X = 64 for TKIP;
    X=48 for CCMP)
```

7_ 단, 기존의 WEP의 경우에는 MSK[0..31]뿐만 아니라 MSK[32..63]도 함께 사용하여 PTK를 생성해야 한다(RFC3580).

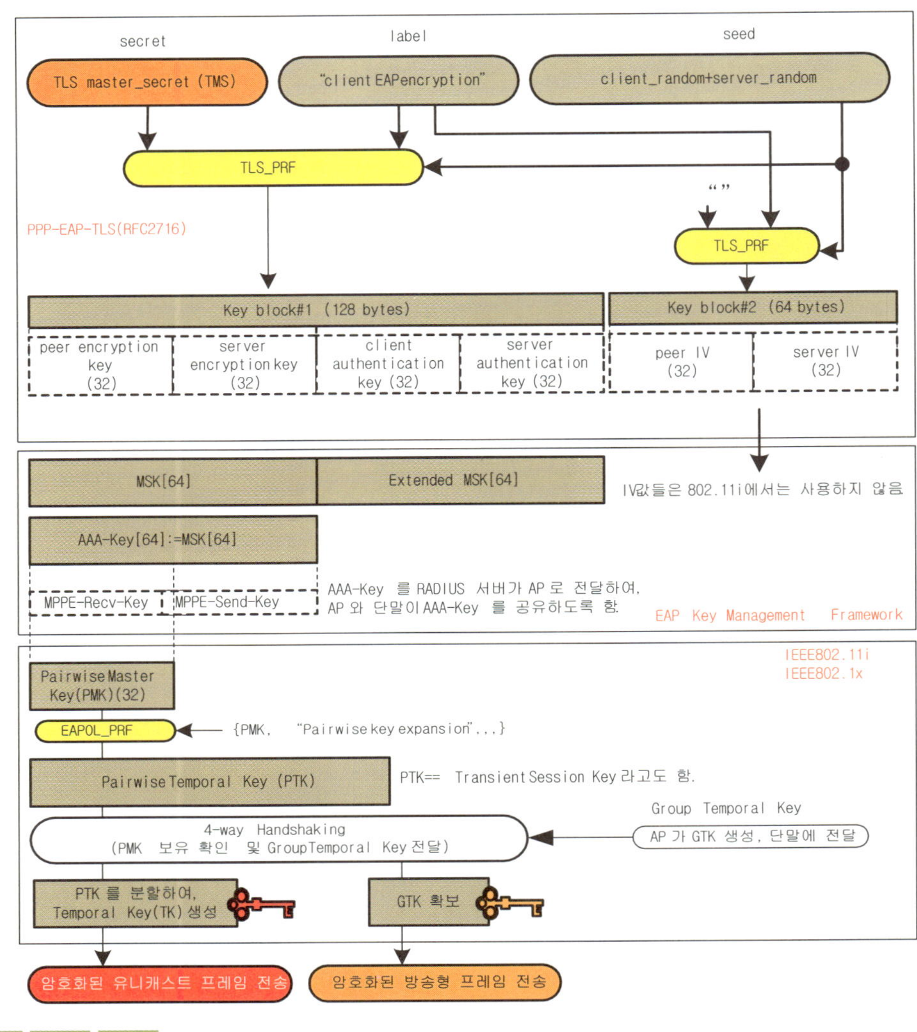

<그림 13.8> 무선구간 보호용 키 생성절차

13.7 EAP-TLS 인증 방식 상세

(1) 개 요

EAP-TLS는 TLS 기능 중 클라이언트와 서버간 상호인증 기능을 무선 단말 인증용으로 활용하는 가장 안정적인 인증서 기반의 인증 방법이다. 하지만, 사용자 및 서버 모두 상호인증을 위해 인증서가 필요하기 때문에, 망의 모든 구성요소들이 모두 인증서를 사용하는 완벽한 PKI 구조에 속해 있다면, 이 방법이 가장 좋은 방법이지만, 그렇지 못한 경우에는 단말마다 인증서를 설치해야 하는 번거로움이 있다.

(2) EAP-TLS 패킷의 구성

EAP-TLS는 EAP 데이터 영역에 TLS 레코드 메시지들을 수납하기 위하여, 〈그림 13.10〉의 하단부에 도시한 것과 같이, EAP-TLS 패킷 헤더를 사용한 EAP-TLS 패킷을 구성한다. EAP-TLS 패킷은 EAP_Type=13으로 시작하여, 플래그, TLS 메시지 길이, TLS 데이터 영역으로 구성된다.

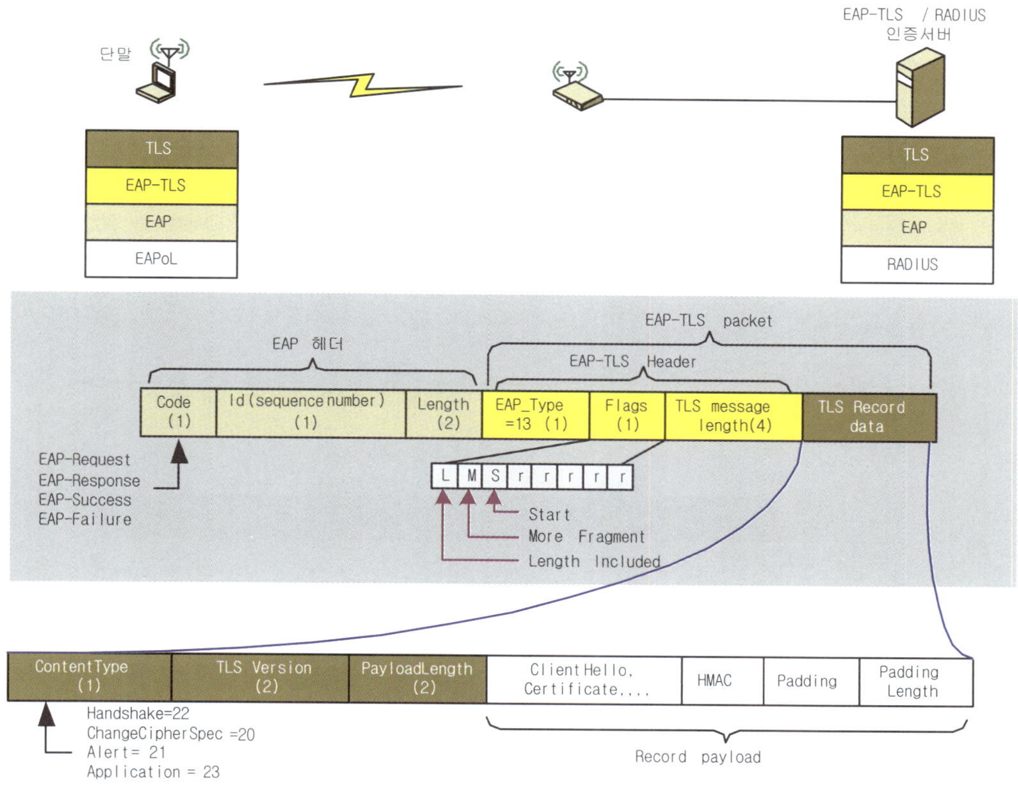

〈그림 13.9〉 EAP-TLS 패킷의 형식

- EAP_Type = 13 (EAP-TLS)
- 플래그
  - L(Length Included) : 이 비트가 1로 설정되면, 4바이트 길이의 TLS 메시지 길이 영역이 있음을 의미한다. EAP-TLS/Start나 EAP-TLS/ACK 메시지의 경우, TLS 데이터 영역이 없으므로, L=0이다.
  - M(More Fragments) : TLS 메시지가 여러 개로 분할되어 전송될 경우, 마지막 프래그먼트를 제외하고는 1로 설정된다.
  - S(Start) : EAP-TLS/Start 메시지임을 표시할 때 설정되며, 이 경우, TLS 데이터 영역은 없다. 참고로, EAP-TLS/ACK 메시지는 명시적으로 없으나, TLS 데이터 영역이 없는 메시지에 S비트가 설정되어 있지 않은 경우, 이것을 ACK 메시지로 간주한다.

(3) EAP-TLS의 동작절차 상세

〈그림 13.10〉에서 알 수 있듯이, EAP-TLS 방식은 서버와 클라이언트간에 TLS 세션을 설정하면서 각각의
인증서를 활용하여 다음과 같이 상호인증한다.

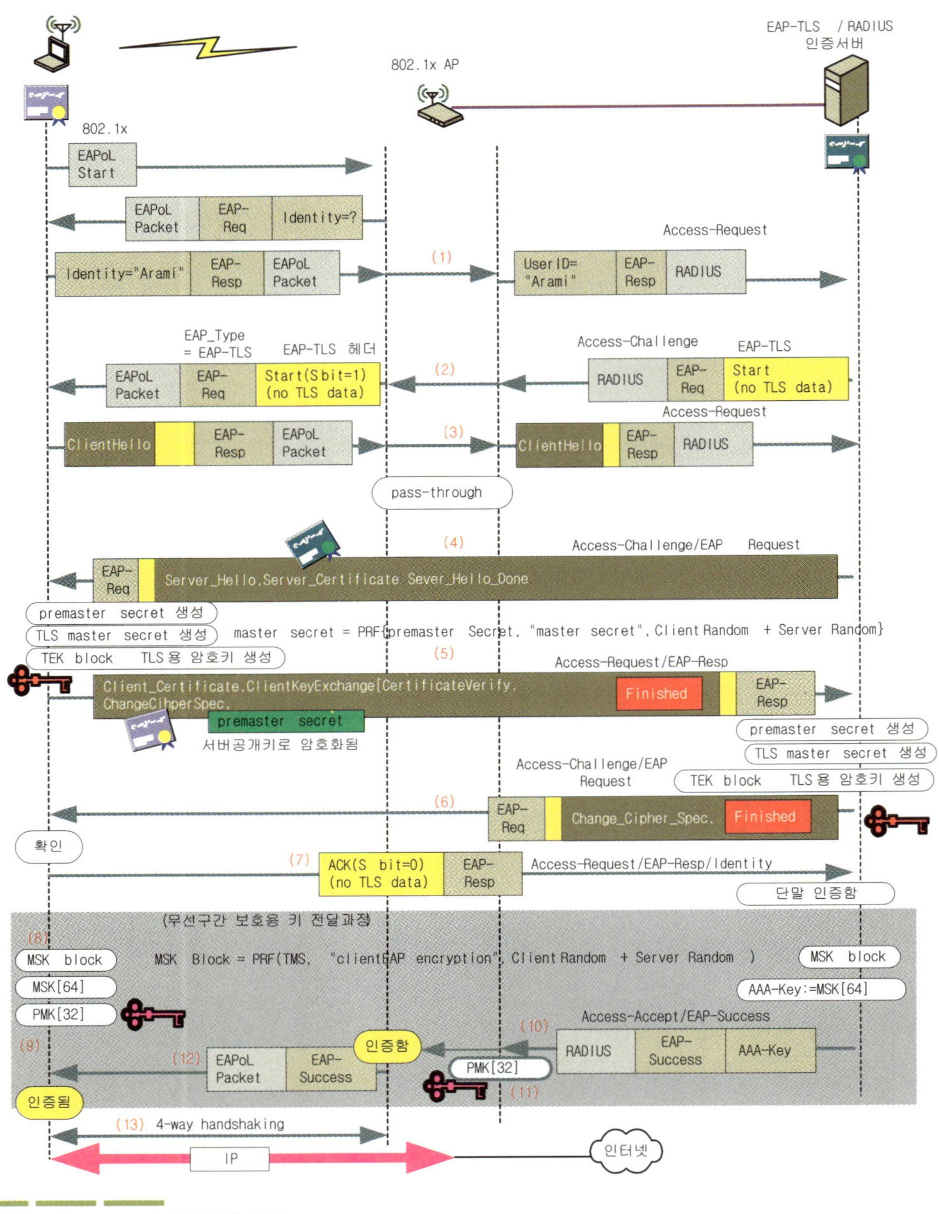

〈그림 13.10〉 EAP-TLS 인증절차 상세

① 단말과 AP간에 통상적인 EAP절차에 의해 user identity 정보가 RADIUS 서버에 전달된다.

② EAP-TLS 서버는 EAP-TLS/Start 메시지로 TLS 터널의 설정을 시도한다.

③ 이에 대하여, 단말은 EAP-TLS 메시지의 페이로드에 TLS Client Hello를 수납하여 응답한다.

④ 서버는 자신의 공개 키가 수납된 서버 인증서와 기타 TLS 레코드를 전송하면서, 단말로부터의 응답을 기다린다.

⑤ 단말은 서버 인증서에 수납된 공개 키로 인증서의 내용을 확인하면서 서버를 인증한다. 그리고 premaster secret K를 생성한 후, 이 값으로부터 TLS_master_secret(TMS)를 생성한다. 이것으로부터 필요한 Transient EAP Key(TEK) 블록을 PRF 함수를 사용하여 생성한다. 이 TEK블록으로부터 단말과 서버간 TLS 보안에 필요한 암호 및 무결성 키를 생성한다. 이어, 서버의 공개 키로 암호화된 premaster secret K와 자신의 인증서 및 기타 TLS 레코드들을 서버에게 전달한다.

⑥ 서버는 단말의 인증서로부터 단말을 인증한 후, 자신의 개인 키로 암호화되어 전달된 premaster secret K를 복호하고, 이로부터 단말과 동일한 PRF 함수를 사용하여 TLS_master_secret(MK), TEK블럭, 암호 및 무결성 키를 차례로 생성한 후, Change Cipher Spec 레코드와 Finished 레코드 메시지로 응답한다.

⑦ 단말은 EAP-TLS/ACK 메시지로 응답하여, 지금까지의 EAP-TLS인증절차를 완료한다. 하지만, 단말 입장에서는 아직 AP로부터의 EAP-Success 메시지에 의한 인증 결과를 통보 받은 것은 아니다. 다음과 같이, AP는 단말과 AP간 무선구간의 암호화를 위한 키를 인증서버로부터 전달받아야만 단말에게 EAP Success 메시지로 인증성공을 알릴 수 있다.

⑧ 상호인증이 완료되면, 단계1에서 확보되었던 단말과 인증서버간 공유 TLS_master_secret(TMS)값으로부터 단말과 액세스 포인트간 무선 채널 암호화를 위한 Master Session Key(MSK)와 Extended MSK를 생성한다.

⑨ 단말은 MSK의 첫 32바이트(128비트)를 Pairwise Master Key(PMK)로 설정하고, 이 키로부터 무선구간 보호용 Pairwise Temporal Key (PTK)와 Group Temporal Key (GTK)를 생성한다.

⑩ AP는 EAP-TLS 인증과정시 아무런 관여를 하지 않았기 때문에, 단말처럼 TMS로부터의 MSK, PMK, PTK와 GTK를 차례로 생성할 수 없다. 따라서, 인증서버는 MSK의 첫 64바이트(512비트)를 RADIUS메시지에 수납하여 AP에 전달한다. 이 MSK를 AAA-Key라고 부른다.

⑪ 액세스 포인트는 인증서버로부터 전달된 AAA-Key값의 첫 32바이트를 Pairwise Master Key(PMK)로 설정하고, 이로부터 PTK와 GTK를 생성한다.

⑫ 액세스 포인트는 드디어 단말에게 EAP Success 메시지로 인증성공을 알린다.

⑬ 4-Way Handshaking에 의해 PMK 확보여부 검증과 GTK를 분배한다.

⑭ 이후, 단말과 AP간에는 무선구간 보호용 암호 키인 PTK와 GTK를 사용, 안전한 데이터 통신을 개시한다.

13.8 TLS 터널 기반의 EAP 인증 프로토콜

(1) 개 요

EAP-TLS 인증 방식이 비록 안전한 상호인증 방법이기는 하지만, 쌍방 모두 인증서가 필요한 문제점이 있다. 따라서, 아직 완전한 PKI 구조가 되어 있지 않은 망 환경에서의 간편한 상호인증을 지원하기 위하여, 서버 인증서만 사용하거나 또는 사전 공유 키(PAC)를 사용하여 TLS 터널을 설정한 후, 단말들은 이 터널상에서 인증서 없이 상호인증하는 다음과 같은 TLS 터널 기반의 EAP 인증 방식이 시장에서 더 선호되고 있다.

- 서버 인증서만 사용하는 방식
  - Protected EAP(PEAP)
  - EAP-TTLS
- Protected Access Credential(PAC) 방식
  - EAP-FAST

이러한 터널 기반의 인증 프로토콜 중에서, PEAP와 EAP-TTLS는 단말이 서버 인증서만을 이용하여 서버를 인증하면서 TLS 터널을 설정한 후, 안전한 TLS 터널상에서 서버가 다양한 사용자 인증 방식(예 : EAP-GTC, EAP-MD5, EAP-MS-CHAPv2 등)으로 단말을 인증하는 방법이다.

반면에, 동일한 터널 방식인 EAP-FAST 인증 방법은 단말 시스템과 인증서버간에 설정된 Protected AccessCredential(PAC)만을 이용하여 TLS 터널을 설정한 후, 사용자별 인증은 기존 인증 방식인 EAP-MD5 또는 EAP-MS-CHAPv2 등을 이용하여 상호 인증한다. 따라서, 서버 인증서 없이도 비교적 안전한 인증절차를 수행할 수 있다.

이러한 3가지의 터널 기반의 EAP 인증 방식의 공통적인 장점으로는 단말의 인증서가 불필요하고, 기존의 액세스 포인트도 802.1x/EAP를 지원할 경우 별도의 하드웨어 변경없이도 단말과 인증서버간에 안전한 인증 방식을 사용할 수 있는 점이다.

(2) 구성요소

TLS 터널 기반의 EAP 인증 방식은 〈그림 13.11〉과 같은 구성요소를 가진다.

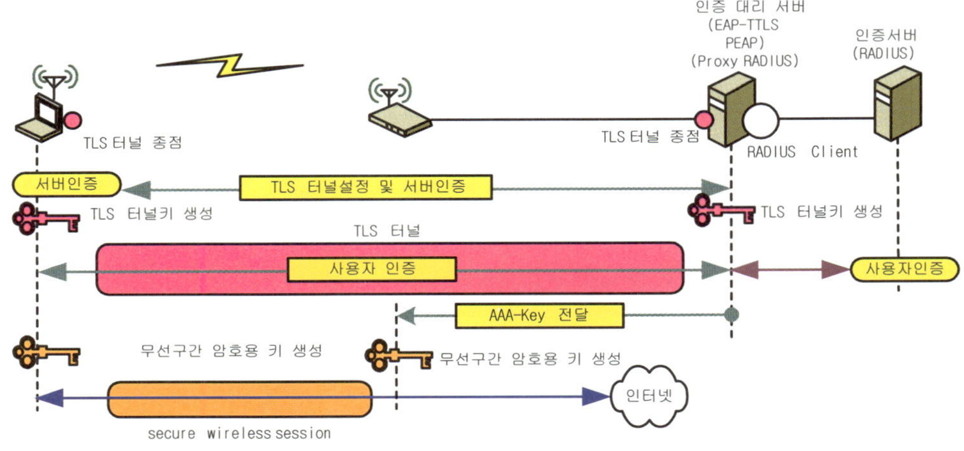

〈그림 13.11〉 TLS 터널 기반의 EAP 인증 시스템의 구성

- 단말 : TLS 터널의 종단이면서, 인증서버에 대한 사용자이다.
- 액세스 포인트 : Authenticator로서, 사용자와 인증 에이전트 또는 인증서버간 인증 관련 메시지들을 중계한다. 인증 결과에 의해 단말의 인터넷 사용을 허가하거나 거부한다.
- 인증서버 : 기존의 RADIUS나 DIAMETER 인증서버이다.

- **인증 에이전트 서버** : 기존의 인증서버가 터널기반의 EAP 인증절차를 지원하지 못하는 경우, 이를 대신하는 프록시 RADIUS 인증서버 기능을 수행하며, 단말과의 TLS터널 종단이 된다. EAP-TTLS인증 방식에서는 EAP-TTLS 서버라고도 한다. EAP-TTLS나 PEAP의 경우에는 서버 인증서가 필요하지만, FAST-EAP의 경우에는 불필요하다. 물론, 이 기능은 하나의 인증서버에 통합될 수도 있다.

(3) 인증절차

TTLS와 PEAP절차에 따른 TLS 터널 방식의 인증절차는 공통적으로 〈그림 13.12〉과 같은 2단계의 인증절차가 수행된다. 이 경우, 서버측 인증서는 필요하지만, 단말의 인증서는 없어도 된다.

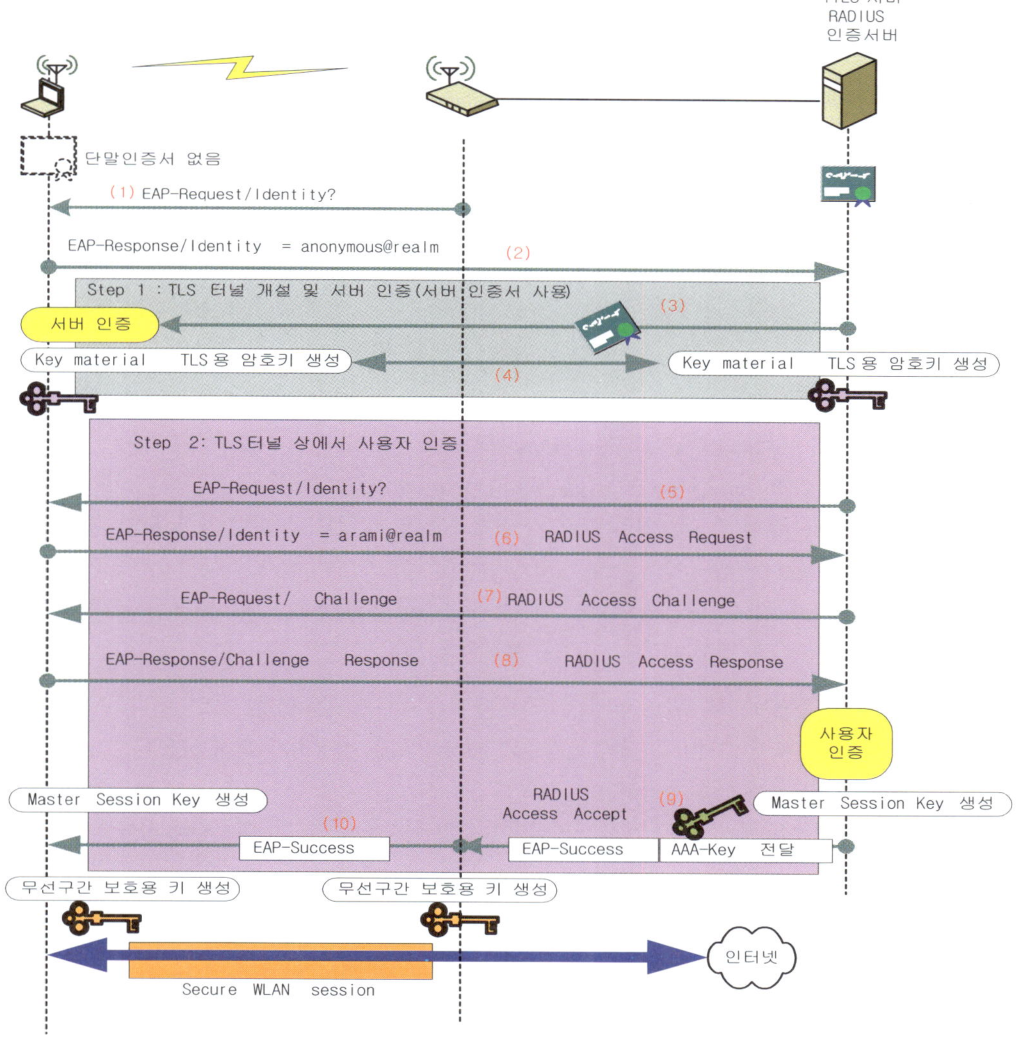

〈그림 13.12〉 간략한 TTLS/EAP-MD5-Challenge 인증절차

예를 들어, TTLS에 의한 터널 설정 후, EAP/MD5-Challenge 인증절차에 따른 동작과정은 다음과 같다.

[단계1 (TLS 터널 설정 및 서버인증)]

먼저, 단말과 인증서버간의 TLS 보안 터널을 설정하기 위하여, 단말은 인증서버의 인증서로 서버를 인증한다. 이 절차는 일반적인 RSA 공개 키 교환에 의한 TLS 연결절차로서, 다음과 같이 안전한 터널이 설정된다.

① AP ➔ 단말 : EAP-Request[Identity]를 전송한다.

② 단말 ➔ AP : 자신의 realm 정보가 들어 있는 EAP-Response[Identity = anonymous@ west.com]를 전송하면, AP는 이것을 RADIUS 서버에 중계한다.

③ AS : 자신의 인증서를 단말로 보내면서 단말과의 TLS 연결 설정절차를 개시한다.

④ 클라이언트 : 서버 인증서로부터 서버를 인증하면서 premaster secret을 생성하고, 이것을 서버 인증서에 수납되었던 서버의 공개 키로 암호화하여 Client_Key_Exchange 레코드에 수납하여 서버로 보내면서 TLS터널을 생성한다. 하지만, 기존 TLS 절차와 달리, 클라이언트의 인증서를 보내지 않기 때문에, 서버입장에서는 아직 사용자를 인증한 것은 아니다.

[단계2 (사용자 인증)]

TLS 터널설정 과정에서 생성된 공유 비밀 키(즉, 터널 키)에 의해 사용자인증시 사용되는 모든 메시지들이 보호되므로, 다양한 종류의 인증 방식인 PAP, CHAP, 또는 EAP-MD5-Challenge, EAP-MS-CHAPv2 등을 이용하여 사용자 인증절차를 수행한다.[8] 이러한 사용자 인증절차를 "inner authentication" 프로토콜 이라고 한다. 다음은 개설된 TLS 터널에서 EAP-MD5-Challenge 인증 방식을 사용한 인증절차의 예이다.

⑤ AS ➔ 단말 : EAP-Request[Identity] 메시지를 송신한다.

⑥ 단말 ➔ AS : 자신의 이름이 들어 있는 EAP-Response[Identity="Arami@west.com"]를 전송한다.

⑦ AS ➔ 단말 : EAP-Request [MD5 Challenge] 메시지를 송신한다.

⑧ 단말 ➔ AS : EAP-Response [MD5 Challenge Response] 를 전송한다.

⑨ AS ➔ AP : 일단 인증할 수 있으면, AS는 무선구간 암호용 키 정보(AAA-Key := MSK)를 TMS로부터 생성한 후 EAP-Success 메시지와 함께 AP로 송신한다.

⑩ AP는 이 AAA-Key로부터 단말과 액세스 포인트간에 사용할 무선구간 보호용 키를 생성한다. 그리고, 단말에게 EAP-Success 메시지로 인증결과를 통보한다.

이러한 두 단계의 인증절차에서 2번의 identity 정보가 사용되는 것에 주의할 필요가 있다. 즉, 단계1에서는 사용자가 속한 도메인용 인증서버를 찾아 이것과의 TLS 터널을 설정하기 위해 사용되는 anonymous@ domain 형식의 identity이다.

반면에, 두 번째의 identity는 설정된 TLS 터널상에서 단말 인증용으로 사용되는 실제 사용자 식별자이다.

8_ 이때, 사용자를 인증하고자 할 때, 사용자의 인증서가 굳이 필요하다면, EAP-TLS 방식을 사용하는 것이 차라리 좋다. 만약, PKI가 완전하게 갖추어지지 않았다면, 대신에 PEAP-MS-CHAPv2를 사용자 인증시 사용하는 것이다.

13.9 Tunneled TLS 인증 방식의 공통적인 문제점 및 Crypto-Binding

(1) TLS 터널 인증 방식의 공통적인 문제점

참고로, TLS 터널 인증 방식은 단말 및 서버 인증서를 모두 사용하는 TLS-EAP 절차와 달리, 단말 인증서가 사용되지 않았기 때문에, {불법 authenticator + 불법 supplicant} 역할을 동시에 수행하는 불법 AP에 의한 man-in-the-middle 공격에 취약한 문제점이 있다.

예를 들어, EAP-TTLS 기반에 EAP-MD5-Challenge 방식의 EAP 인증 방식을 사용하는 경우인 〈그림 13.13〉을 보자. 이 그림에서 해커는 불법 AP이다.

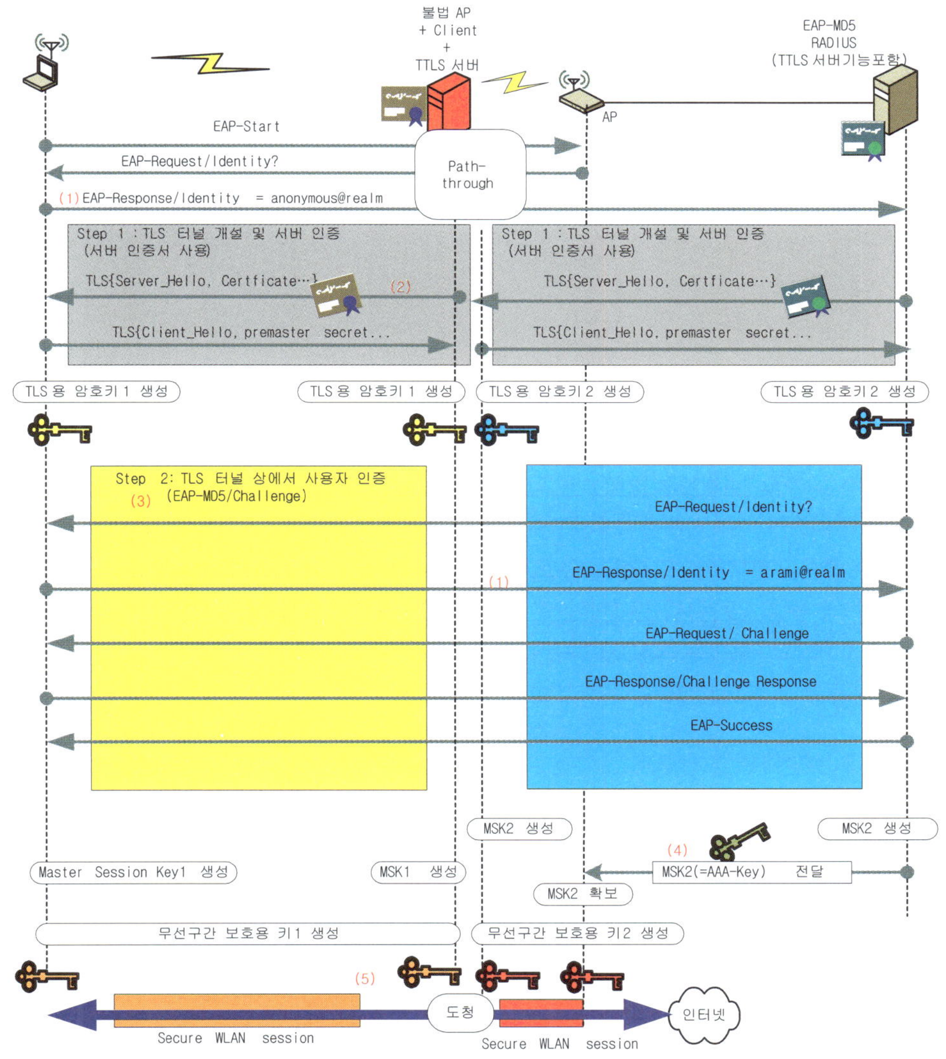

〈그림 13.13〉 불법 AP에 의한 터널 기반의 인증 방식의 문제점

① 단계1에서 단말이 이 불법 AP에 접속하면, 해커는 자신이 단말인 것처럼, EAP 메시지를 중계한다.

② 해커는 자신이 TTLS/인증서버인 것 처럼 자신의 인증서를 사용하여 단말과의 TLS 터널을 개설한다. 동시에, 해커는 자신이 단말인 것 처럼 TTLS/인증서버와의 터널도 설정한다. 이것이 가능한 이유는 단계 1에서 서버가 사용자에 대한 인증절차를 수행하지 않기 때문이다. 결과적으로 단말과 해커, 해커와 인증서버간 각각의 TLS 터널이 생성된다.

③ 단말과 인증서버간의 EAP-MD5-Challenge 방식에 의한 인증절차가 불법 AP를 경유하여 수행된다.

④ 인증서버는 사용자에 대한 인증결과로 생성된 AAA-Key(MSK)를 합법 AP에 전달한다.

⑤ 불법 AP는 합법 AP간에 생성된 무선구간과, 단말과 불법 AP간의 무선구간을 중계함으로써, 도청이 가능하다.

(2) 해결책 : CryptoBinding의 사용

앞에서 제시된 문제점은 단방향으로만 인증된 터널을 사용하여 단계2에서의 사용자 인증을 받기 때문에 발생한다. 즉, 터널 설정시 사용한 인증 방법과 설정된 터널상에서의 사용자 인증 방법이 분리되어 있기 때문이라고도 할 수 있다.

따라서, 이러한 man-in-the-middle 공격에 대비하기 위하여, 단계 1의 TLS 연결 설정시 사용한 TLS_master_secret(TMS)와 같은 outer session key와 단계 2에서 사용자 인증시 사용된 패스워드 등의 inner session key(ISK)를 암호학적으로 결합시켜 다음과 같은 2종류의 키를 새로 생성한다.

- Compound MAC Key(CMK) : 무결성 검증용 키로써, 각각 20바이트 길이의 CMK_B1[20]와 CMK_B2[20]으로 구성된다.
- Compoind Session Key(CSK) : 무선구간 암호 전송용 키로써, 128바이트로 구성된다.

이러한 키는 다음과 같이 생성된다.

① TLS 터널 설정시 사용한 TLS_master_secret(TMS)를 준비한다. 이것을 outer session key라고도 부른다.

② TLS 터널 내에서 사용자 인증시 생성된 Inner Session Key(ISK)를 준비한다. ISK는 EAP-MD5-Challenge 방식의 경우, 패스워드로부터 생성된다[9].

③ 이들을 다음과 같이 결합하여 무결성 검사용 Compound MAC Key(CMK)와 무선구간 암호용 Compoind Session Key(CSK)를 각각 생성한다.

```
CMK_B1[20] = f(TLS_master_secret, ISK, S_NONCE[32])
CMK_B2[20] = f(TLS_master_secret, ISK, C_NONCE | S_NONCE)
CSK[128] = f(TLS_master_secret, ISK, C_NONCE | S_NONCE)
여기서, f는 각 인증 프로토콜에 따라 다르다.
```

이렇게, 단계1과 단계2에서 사용된 각각의 키를 연결하는 과정을 cryptographic binding이라고 한다.

---

[9] 또는 TLS 터널 내에서 다시 EAP-TLS 방식의 inner EAP method가 사용될 경우의 ISK는 새로운 TLS_master secret 이다. 하지만, 굳이 이렇게 사용하지는 않는다.

CMK는 지금까지의 절차를 인증하는데 사용하고, 이후의 데이터 보호는 MSK:=CSK에 의해 수행된다. 이러한 키를 사용하여, 단계2까지의 사용자 인증절차까지 진행된 과정 중에 man-in-the-middle 공격이 있었는지 다음과 같은 절차에 의해 검증한다.

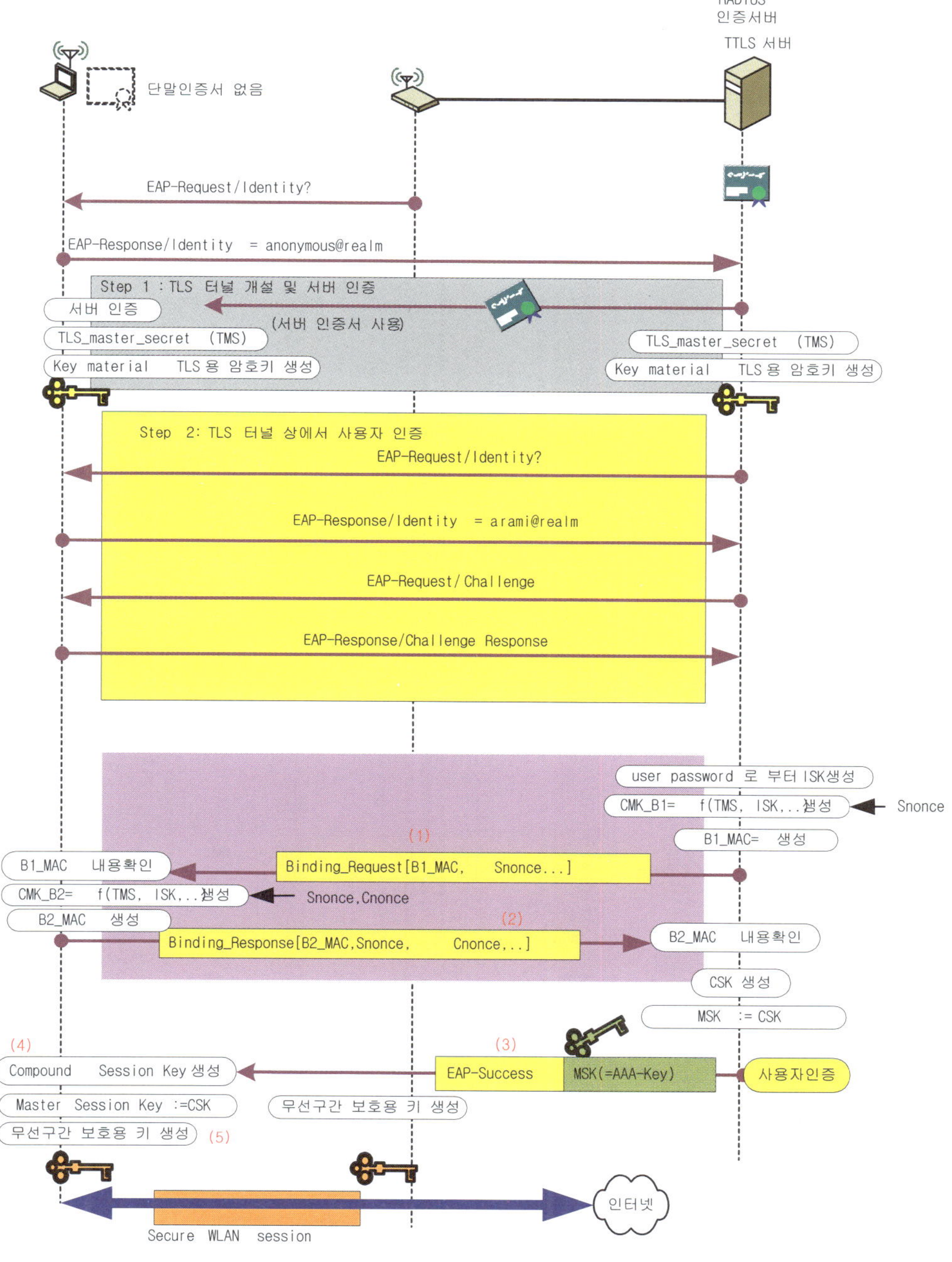

〈그림 13.14〉 Crypto-Binding 절차에 의한 키 분배 절차

① 서버는 CMK_B1 키를 사용하여 계산된 compound keyed MAC (B1_MAC)값과 {S_Nonce, 버전}이 수납된 Binding-Request 메시지(B1)를 단말에 송신한다.

② 단말은 B1 메시지를 수신하면 전달된 S_Nonce값을 활용하여 생성한 자신의 CMK_B1를 사용하여 수신된 메시지의 B1_MAC의 값과 비교한다. 일치하면, 자신의 C_Nonce값에 의한 B2_MAC이 수납된 Binding Response 메시지로 응답한다.

③ 서버는 전달된 메시지의 B2_MAC을 검사하여, 이상이 없는 경우에만 EAP-Success 메시지를 AP에 송신하여, AP로 하여금 단말에게 최종적인 인증성공을 알린다.

④ 이상이 있다면, 즉, 만약 공격자가 있었다면, Binding-Request 메시지에 수납된 B1_MAC값이 무효한 것임을 단말이 감지 할 수 있어 공격이 있음을 탐지할 수 있도록 한다. 마찬가지로, 유효한 B2_MAC이 수납된 B2 메시지도 해커가 서버에게 송신할 수 없도록 한다.

⑤ 이후, 단말과 AP간 무선 링크는 MSK:=CSK로 보호되도록 한다.

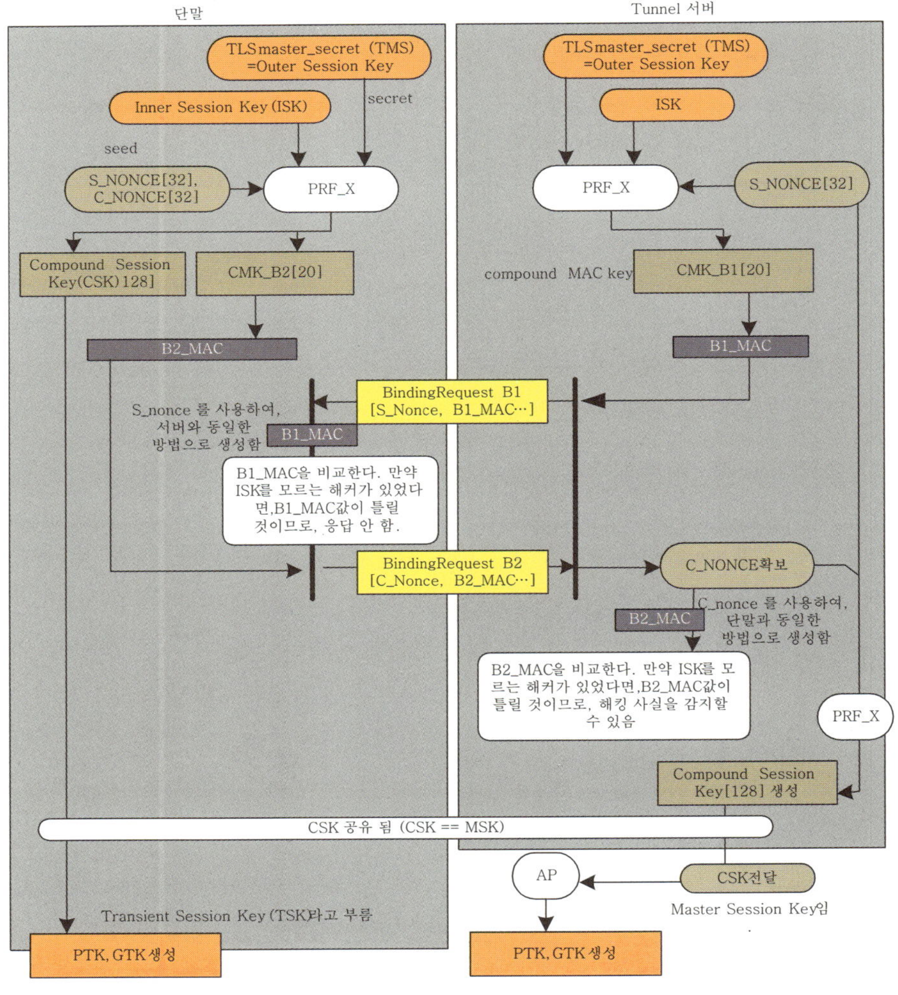

<그림 13.15> Crypto-Binding 절차

〈그림 13.16〉은 불법 AP가 개입되었을 경우, 사용자 인증절차 후 추가적으로 수행하는 Crypto-Binding 절차에 의해 이를 감지하는 과정을 도시한 것이다. 단말은 불법 AP로부터의 Binding-Request 메시지에 대하여 응답을 거부할 것이며, 인증서버 또한 불법 AP로 부터의 Binding-Response 메시지의 무효성을 감지하여 해당 AP에게 AAA-Key를 배포하지 않는다.

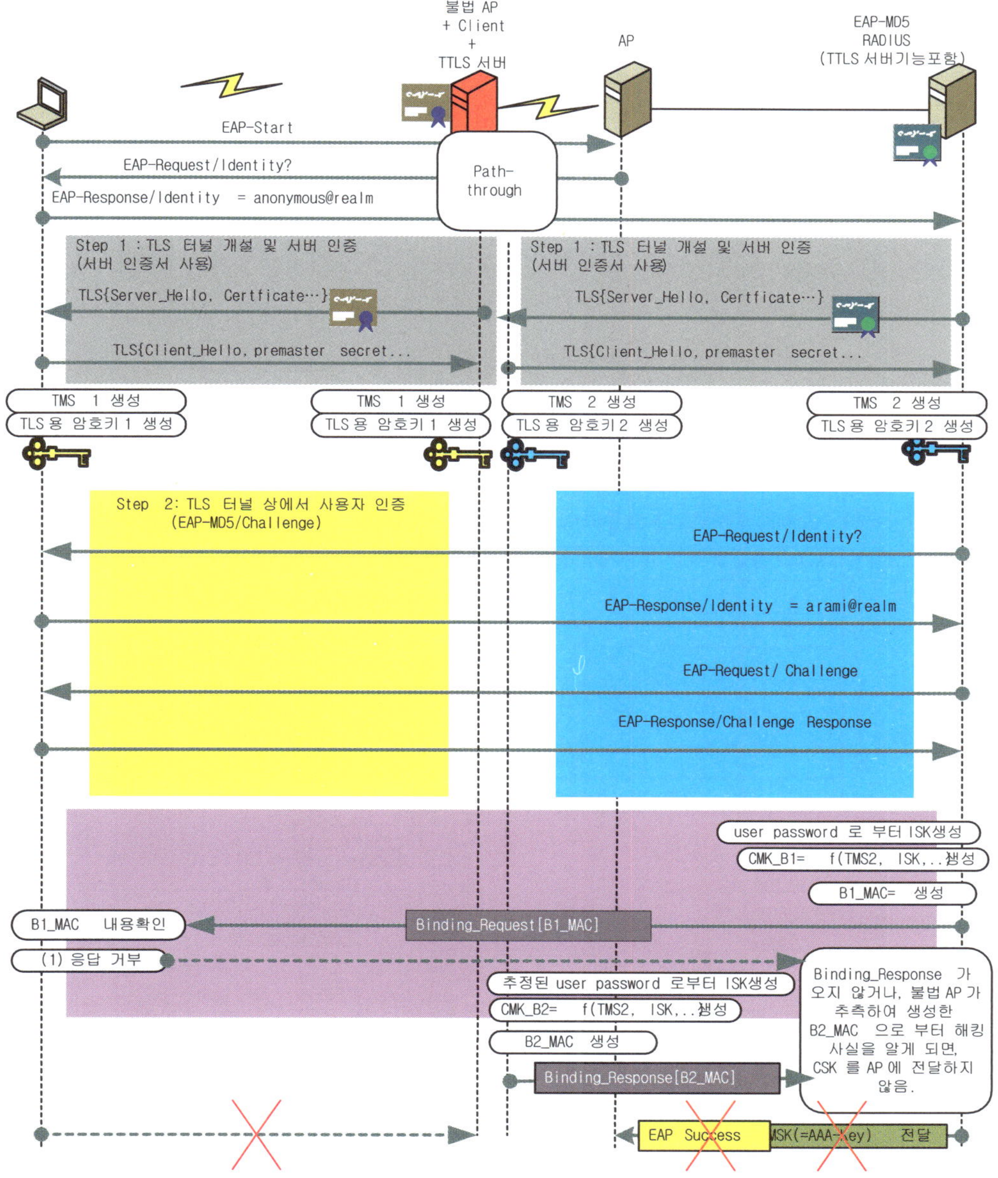

〈그림 13.16〉 Crypto-Binding 절차에 의한 불법 AP 문제점 해결의 예

13.10 EAP Tunneled TLS(EAP-TTLS) 인증 프로토콜

(1) 개 요

EAP-TTLS는 그 이름에서도 알 수 있듯이, 단계 1에서는 인증서버의 인증서를 이용하여 TLS 터널을 설정하고, 단계 2에서는 안전한 TLS 터널상에서 다양한 사용자 인증절차를 수행하는 Tunneled EAP 방식으로 동작하는 2단계 인증 프로토콜이다.

- 단계 1 : 단말은 TTLS 서버측 인증서를 이용하여 유효한 서버인지를 인증하면서 서버와의 TLS 터널을 설정한다.
- 단계 2 : 사용자 인증절차를 모두 암호화된 TLS터널상에서 수행한다. 사용자 인증시 EAP에 의한 다양한 인증 방법(EAP-MD5)이나 기존의 PAP, CHAP, MS-CHAP-V2등이 모두 사용될 수 있다.

이 EAP-TTLS는 다음 장에서 소개할 Protected EAP(PEAP)와 유사하다. 하지만 PEAP에서는 TLS 터널상에서 사용자 인증이 EAP 인증 방법에 의해서만 수행되는 반면에, TTLS는 EAP 인증 방법을 지원할 뿐만 아니라, 기존의 CHAP, PAP, MS-CHAP, MS-CHAPv2인증절차도 지원할 수 있다. 따라서, TTLS가 보다 우수한 호환성을 가지고 있다고 할 수 있다.

(2) 구성요소와 계층구조

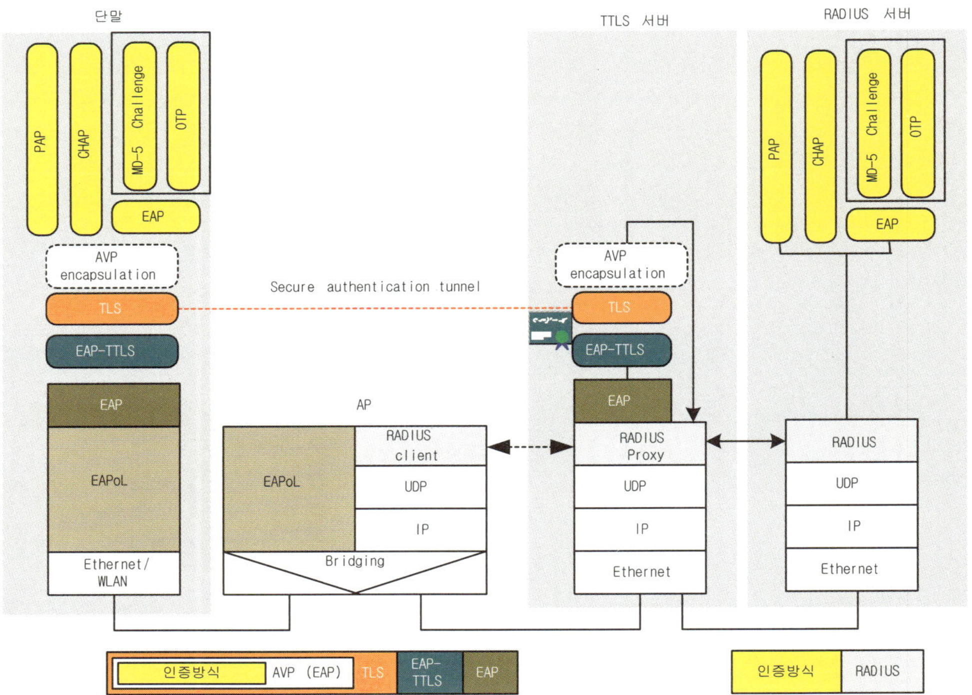

〈그림 13.17〉 EAP-TTLS 시스템의 구성

EAP-TTLS를 지원하기 위한 구성요소는 EAP-TTLS 기능이 있는 단말 및 TTLS 서버 그리고 엑세스 포인트와 인증서버로 구성된다. 특히, 기존의 인증서버와 액세스 포인트간에 위치한 TTLS 서버는 EAP-TTLS와 TLS를 처리하지 못하는 기존의 인증서버를 지원하는 프록시 인증서버 기능을 수행하는 것으로써, TLS 터널의 종단 역할을 수행한다. 물론, 인증서버 시스템에 TTLS 서버 기능이 결합될 수도 있다.

(3) 패킷 형식

EAP-TLS와 마찬가지로 TLS메시지들을 EAP에 수납하기 위하여, EAP-TTLS도 〈그림 13.18〉의 하단부에 도시한 것과 같은 EAP-TTLS 패킷을 구성한다. EAP-TLS 패킷은 EAP-Type값 21로 시작하여, 플래그, TLS 메시지 길이, TLS 데이터 영역으로 구성된다.

- EAP-Type : 21 (EAP-TTLS)
- 플래그

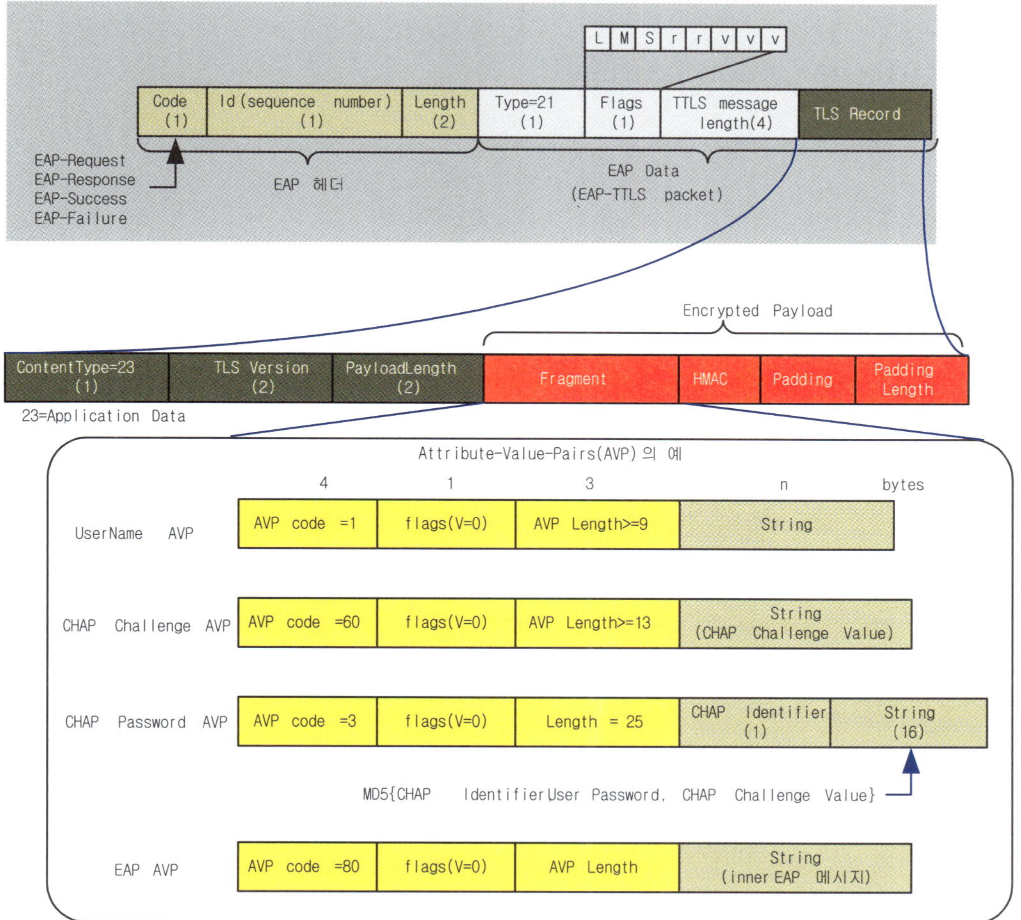

〈그림 13.18〉 EAP-TTLS 메시지의 형식

- L(Length Included) : 이 비트가 1로 설정되면, 4바이트 길이의 TLS 메시지 길이영역이 있음을 의미한다. EAP-TLS/Start나 EAP-TLS/ACK 메시지의 경우, TLS 데이터 영역이 없으므로, L=0이다.
- M(More Fragments) : TLS 메시지가 여러 개로 분할되어 전송될 경우, 마지막 분할 프레임를 제외하고는 1로 설정된다.
- S(Start) : EAP-TLS/Start 메시지임을 표시할 때 설정되며, 이 경우, TLS 데이터 영역은 없다. 참고로, EAP-TTLS/ACK 메시지는 명시적으로 없으나, TLS 데이터 영역이 없는 메시지에 S비트가 설정되어 있지 않은 경우, 이것을 ACK 메시지로 간주한다.
- R(Reserved) : 2비트
- Version (3비트) : EAP_TTLS v1의 경우, 001로 설정된다.

● TLS 메시지 길이 : TLS 데이터 영역의 길이를 표시한다.

● TLS 데이터 : 단계 2에서 전달되는 사용자 인증용 정보 (username, password , EAP 패킷 등)들은 DIAMETER 인증 프로토콜에 정의된 Attribute-Value-Pair(AVP) 형태로 수납된 후, TLS Application Data 형식의 TLS 레코드에 수납된다.

(4) Attribute-value pair(AVP)

TLS Application Data 레코드에 수납되는 EAP-TTLS용 AVP는 DIAMETER 인증 프로토콜에서 정의된 AVP형식을 가진다. 하지만, 이 AVP 형식은 편의를 위해 규정된 것일 뿐 인증서버로 DIAMETER 서버가 반드시 사용될 필요는 없다. AVP의 형식은 〈그림 13.19〉과 같다[10].

AVP Code								4
Flags V	M	r	r	R	r	r	r	1
AVP Length								3
Vendor ID (optional)								4
Data ···								1

〈그림 13.19〉 EAP-TTLS용 AVP 형식

● AVP Code : 4바이트 길이로서, 첫 256개의 AVP값은 RADIUS 인증 프로토콜용 애트리뷰트이고, 256 이상의 값은 모두 Diameter용 애트리뷰트이다.

● AVP 플래그 : AVP 해석시 참고할 플래그이다.
- V(Vendor-Specific) 비트 : 만약 1이면, AVP Code값이 Vendor-ID 영역에 표시된 OUI 코드값으로 지시되는 회사에서 규정한 것임을 표시한다.
- M(Mandatory) 비트 : 1이면, 해당 AVP가 필수사항임을 표시한다.

● AVP 길이 : AVP Code부터 데이터까지의 AVP 전체의 길이를 표시한다.

● Vendor-ID : V비트가1일 때, OUI코드로 표시되는 제조회사 식별자이다.

10_ 참고로, RADIUS의 AVP는 Attribute Code (1), Length(1), Value 형태로 구성된다.

(5) EAP-TTLS 절차를 이용한 TLS 터널 방식의 CHAP 인증 방법

EAP-TTLS에 의한 TLS 터널상에서 기존의 CHAP 인증절차를 수행할 경우, 단말은 다음과 같은 3가지의 AVP를 생성하여, TTLS 터널상에 전송한다.

- User-Name AVP(AVP Code = 1) : UserName 스트링
- CHAP Challenge AVP(AVP Code = 2) : Implicit Challenge 방식에 의한 16바이트 길이의 CHAP Challenge값
- CHAP-Password AVP(AVP Code = 3) : 순서번호인 1바이트 길이의 CHAP Identifier와 MD5{CHAP Identifier, User Password, Challenge Value}로 구성된 CHAP 응답값

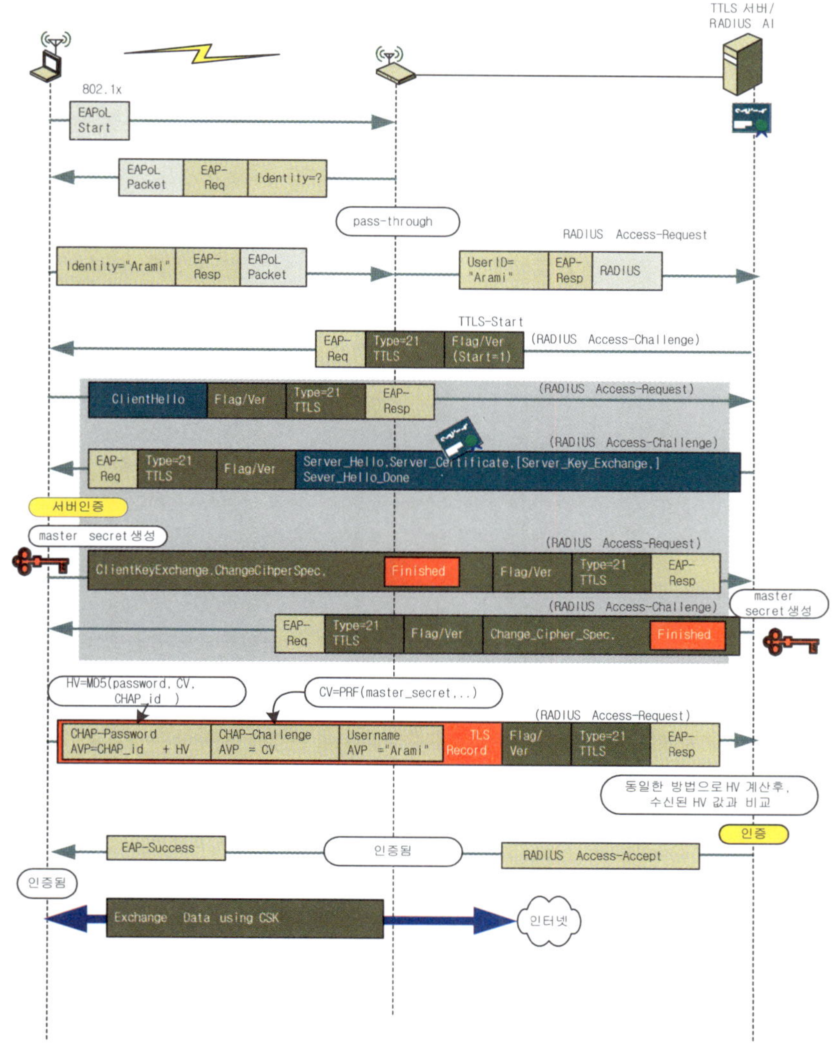

〈그림 13.20〉 EAP-TTLS 절차에 의한 안전한 CHAP 인증 방식의 동작절차

이것을 수신한 TTLS서버는 동일한 방법으로 MD5 해시값을 계산하여, 이 값이 CHAP 응답값과 일치하는지 확인한다. 맞는 경우, 인증서버는 Access-Accept 메시지로 TTLS 서버에게 알리고, TTLS는 다시 EAP-Success 메시지로 알린다.

이렇게 단말이 Challenge값과 MD5 해시값을 동시에 생성하여 서버에게 전송하여 인증받는 절차를 묵시적 챌린지(Implicit Challenge) 방식이라고 한다. 이때 사용되는 챌린지값은 다음과 같이 TLS 터널 설정시 사용된 TLS_master secret과 random값에 의해 계산된다.

```
Challenge value= PRF(TLS_master_secret,"ttls challenge",TLS_client_random + TLS_server_random)
```

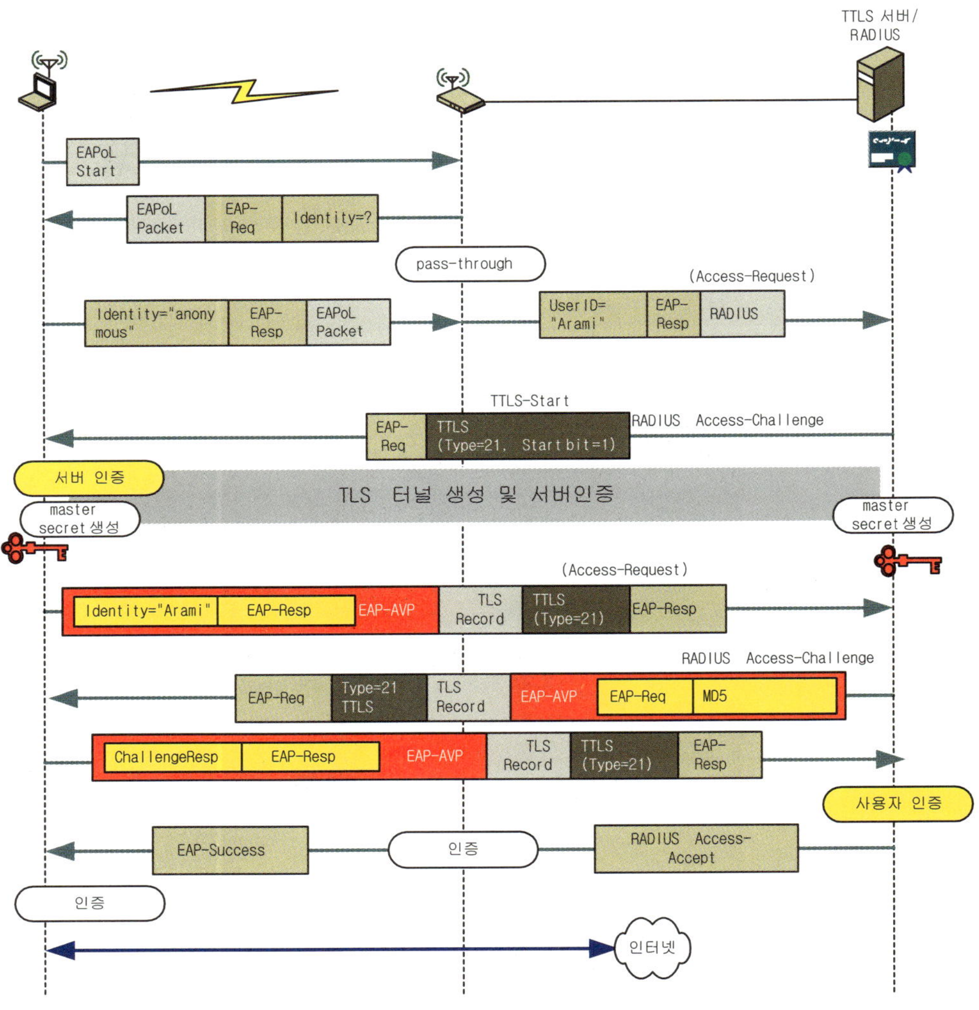

〈그림 13.21〉 EAP-TTLS 절차에 의한 안전한 EAP/MD5-Challenge 인증 방식의 동작절차

(6) EAP-TTLS 절차를 이용한 TLS 터널 방식의 EAP/MD5-Challenge 인증 방법

EAP/MD5-Challenge 인증 방식과 같이, TLS 터널상에서 EAP를 사용하는 모든 Inner EAP 인증절차용 패킷들은 EAP-Message AVP에 수납된다.

- EAP Message AVP(AVP Code = 79) : Inner EAP 인증절차용 패킷을 수납함.
- EAP Message Authenticator AVP (AVP Code = 80)

RADIUS 인증서버는 이 EAP Message 애트리뷰트를 사용하여 MD5-Challenge, OTP, GTC 등 다양한 EAP용 인증 방법을 이용하여 사용자 인증을 수행한다. 〈그림 13.21〉은 TLS 터널 설정에 이어, EAP/MD5-Challenge 방식에 의한 사용자 인증을 수행한 절차이다.

(7) EAP-TTLS의 계층구조

지금까지 예를 들었던 EAP-TTLS 인증절차에 대한 각 시스템의 계층구조는 다음 페이지의 〈그림 13.22〉와 같다.

- 사용자 인증 프로토콜
  - 기존 인증 방식(CHAP, PAP 등) : username, password 등이 해당 AVP에 수납됨
  - EAP 방식의 경우 : EAP AVP에 수납됨.
- AVP : 사용자 인증 프로토콜별 정보를 수납함.
- TLS : TLS 터널 설정을 위한 TLS-Handshake, Change-Cipher-Spec등의 TLS 메시지와 단계 2에서의 사용자 인증 프로토콜이 수납된 AVP들을 안전하게 암호화하여 Application Data 레코드 형식으로 전달한다.
- EAP-TTLS : TTLS 프로토콜 메시지로서, Start, Ack 등의 TTLS 절차를 수행한다.
- EAP : EAP-TTLS 메시지를 수납한다.
- Carrier Protocol : 802.1x EAPoL, RADIUS 등의 EAP를 수납하는 프로토콜이다.

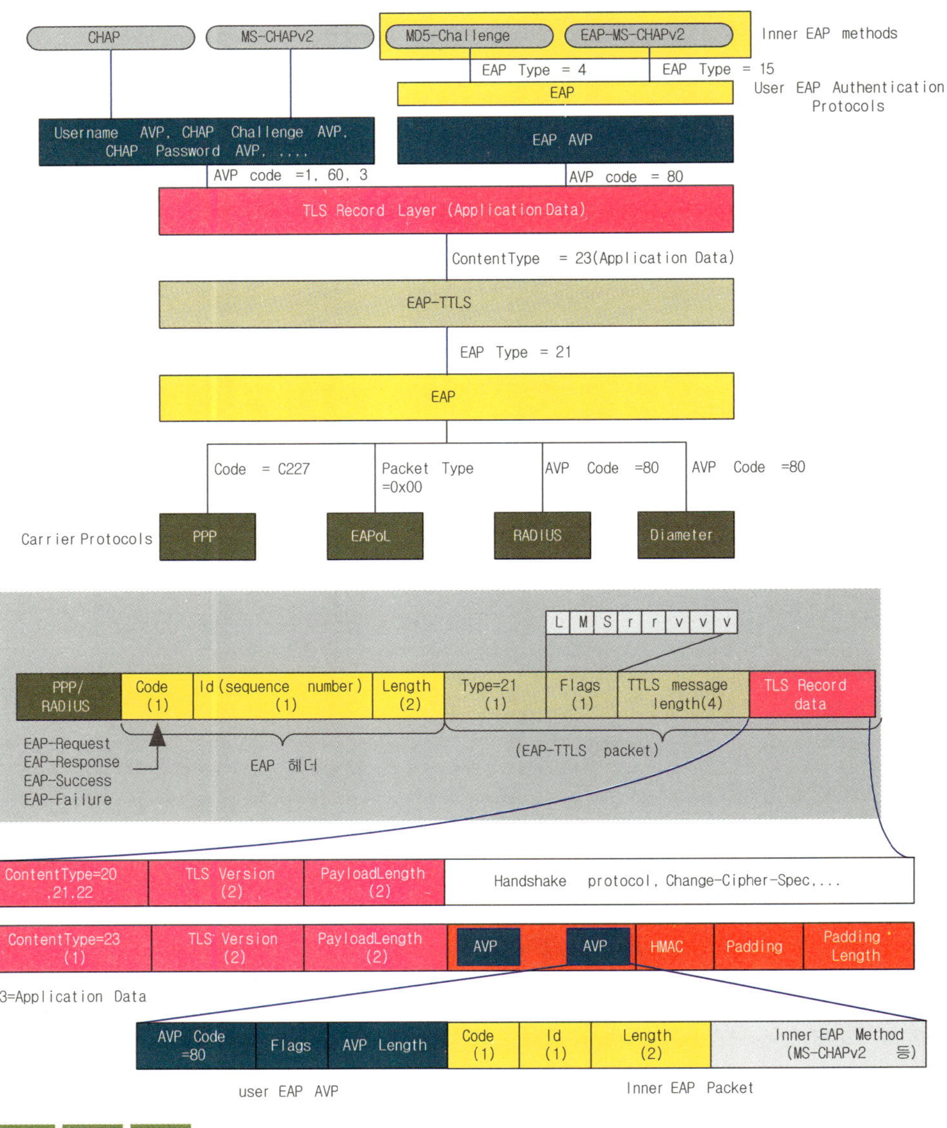

〈그림 13.22〉 EAP-TTLS 계층구조와 패킷 형식

13.11 EAP-TLS 실험

〈그림 13.23〉은 시험환경이다. Access point(AP)와 윈도우 XP/SP2무선단말, 2003/SP1 Darongi(CA, DHCP, DNS), Insuni(RADIUS) 서버로 구성된다. AP를 포함하여 모든 장치들의 Windows Firewall기능을 비활성화시키도록 한다. 인증서를 사용하는 EAP-TLS의 경우 단말과 인증서버가 확보해야 할 인증서는 다음과 같다. 이러한 인증서는 제 10 장에서 수행했던 TLS 실험시 확보한 Arami의 사용자 인증서와 InsuniCom의 서버 인증서를 재활용한다.

단말 Arami측 인증서	RADIUS인증서버측 인증서
사용자 인증서("Arami") 인증서버의 인증서에 대한 루트 인증서 ("West CA")	서버의 컴퓨터 인증서("InsuniCom") 사용자 인증서에 대한 루트 인증서("West CA")

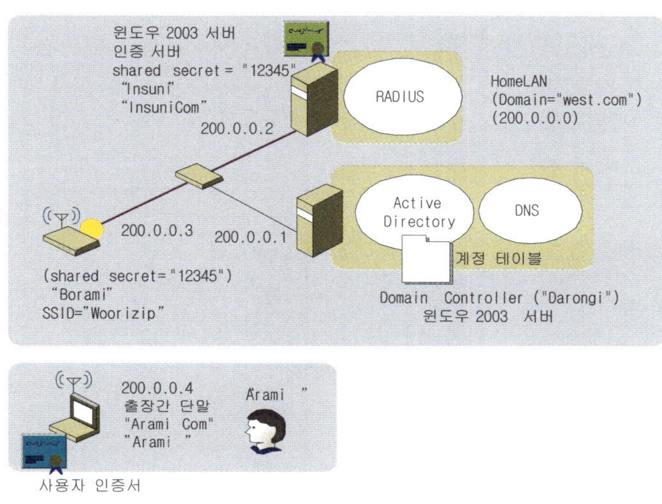

〈그림 13.23〉 EAP-TLS 실험환경

13.12   AP 설정

STEP 252 RADIUS 인증서버를 사용하는 WAP-Enterprise인증 방법을 선택하고, 암호 방식으로 TKIP를 선택한다. 이어, 해당 인증서버 및 shared secret을 설정한다.

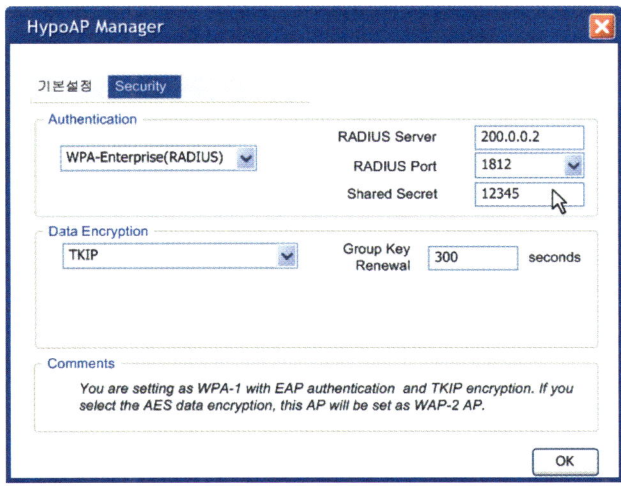

13.13 Domain Controller/CA Darongi 설정

윈도우 2003 서버를 사용한 Darongi는 "west.com"도메인의 도메인 컨트롤러이면서, 사용자 및 컴퓨터의 계정이 등록되는 Active Directory이다. 동시에 이 Darongi는 인증서 서비스도 지원하는 root CA 역할을 하도록 설정할 것이다.

STEP 253 EAP-TLS 단말 Arami와 EAP-TLS 인증절차를 지원하는 RADIUS 인증서버인 InsuniCom이 각각 사용자와 컴퓨터로 등록되어 있는지 Active Directory에서 확인한다. 없다면, 제 1 장을 참조하라.

STEP 254 그리고 Insuni는 다음과 같이 [Domain Admins]가 추가된 것을 확인한다.

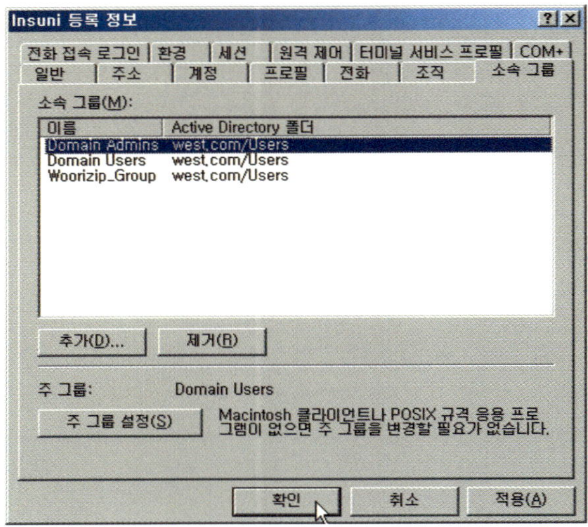

STEP 255 InsuniCom의 서버 인증서가 확보되어 있는지 확인한다. 없다면, 제 11 장을 참조하라.

13.14 인증서 서비스 설정 확인

DarongiCom에서, [인증서 서비스]를 활성화 되어 west.com의 root CA로 동작되고 있는지 확인한다. 그렇지 않다면, 제 11 장을 참조하여 설치한다.

13.15 EAP-TLS/RADIUS 인증서버 InsuniCom 설정

RADIUS 인증서버인 InsuniCom은 EAP-TLS 인증 방식의 인증서버 역할을 수행한다. 이를 위하여, 다음과 같은 설정을 확인하거나 수행한다.

- west.com의 액티브디렉터리에 서버멤버로 등록되어 있는지 확인하여, 사용자 계정을 액티브 디렉터

리에 질의할 수 있도록 한다.

- InsuniCom자신의 서버 인증서가 설치되어 있는지 확인한다.
- 자신의 클라이언트인 AP를 RADIUS Client로 등록되어 있는지 확인한다.
- 모든 사용자에 대한 인증 정책을 설정한다.

STEP 256 [인터넷 인증 서비스] 창을 띄운 후 마우스 오른쪽 버튼을 클릭하여 Domain controller인 Darongi에 Insuni 자신을 등록시키기 위하여 [Active Directory에 서버 등록]을 클릭해 본다. 이것은 RADIUS 서버가 사용자 인증을 수행할 때, 사용자 계정을 액티브 디렉터리에 질의할 수 있도록 하기 위함이다.

STEP 257 자신의 인증서가 이미 설치되어 있는지 브라우저로 확인한다. 없다면, 제 10 장 인증서 발급절차를 참조하여 설치한다.

STEP 258 AP를 자신의 RADIUS 클라이언트로 등록시킨다. 제 8장을 참조한다.

STEP 259 제 8 장 절차에 따라, [인터넷 인증] 서비스에서 [새 원격 액세스 정책]을 다음과 같이 생성한다. 화면에서는 제 8 장에서 수행했던 유선망에서의 정책이 존재하고 있을 것이다. 우리는 이것을 사용하지 않고, 새로운 정책을 생성한다.

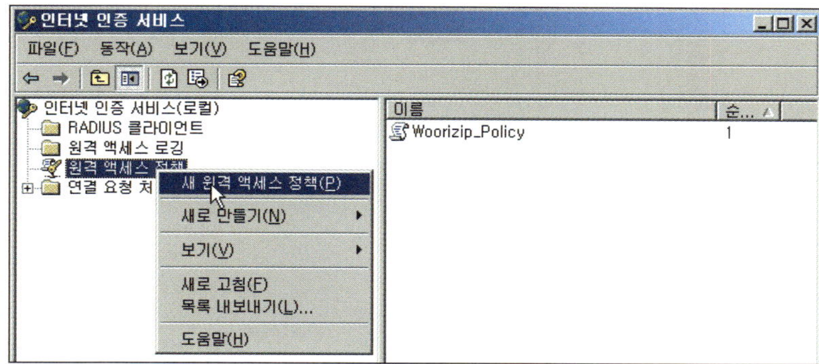

STEP 260 새 정책 이름인 "WOORIZIP_AP_POLICY"을 임의로 입력하고, [다음]을 클릭한다.

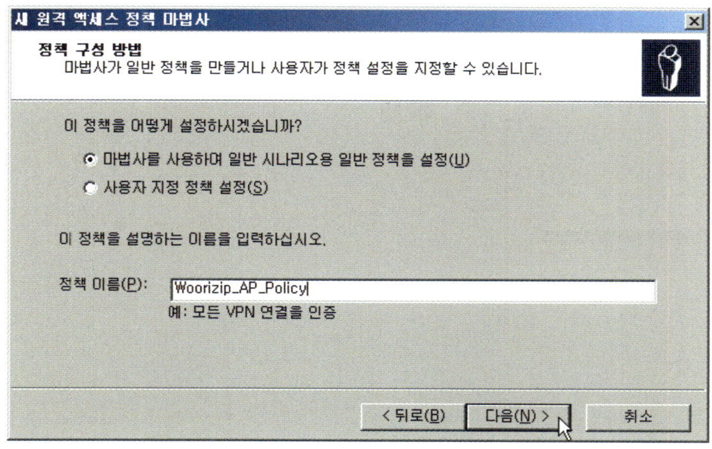

STEP 261 액세스 방법으로 [무선]을 선택하고 [다음]을 클릭한다.

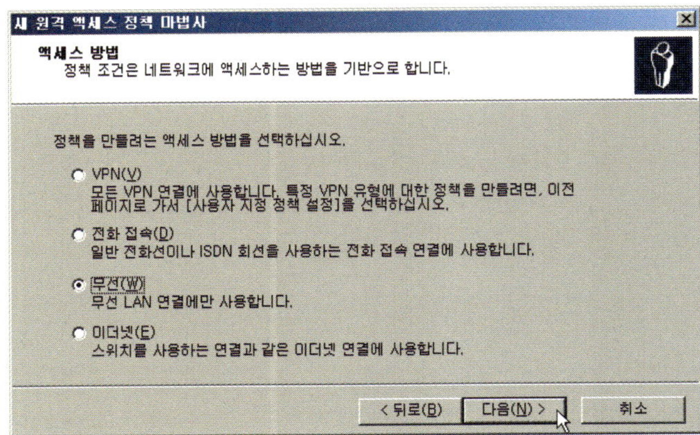

STEP 262 [새 원격 액세스 정책 마법사] 창이 표시된다. [사용자]를 선택하고, [다음]을 클릭한다.

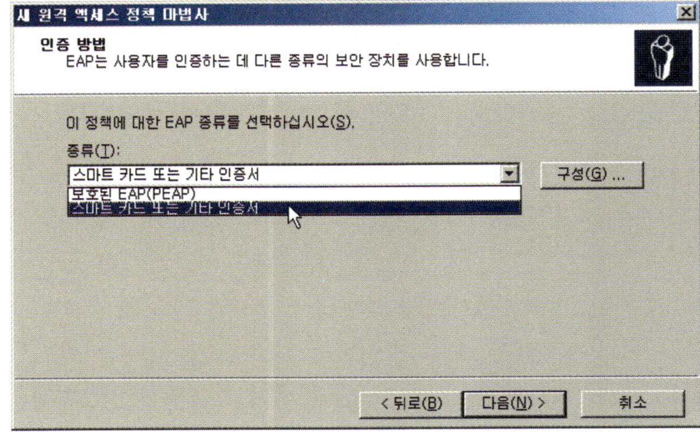

STEP 263 인증 방법으로 [스마트 카드 또는 기타 인증서]를 선택하고 [다음]을 클릭한다.

STEP 264 [구성]을 클릭하여, 자신의 서버 인증서의 보유 여부를 확인한다.

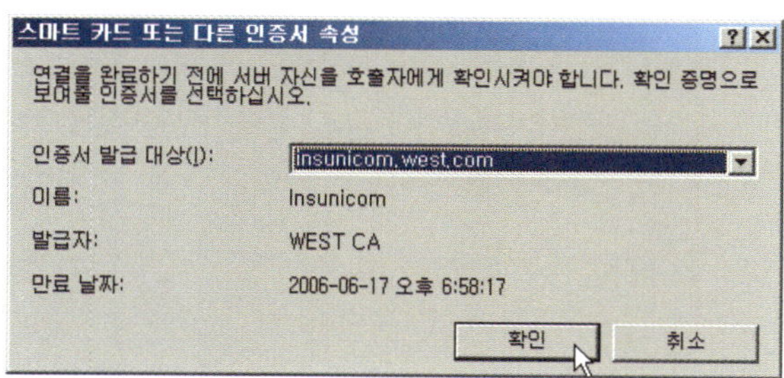

STEP 265 [마침]을 클릭하여 마법사를 완료한다. 이로서, IEEE 802.11 무선 AP로 부터의 인증요청에 답할 수 있게 된다.

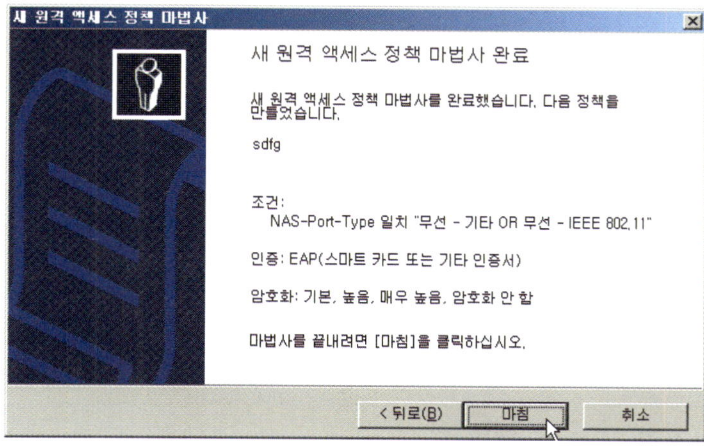

STEP 266 정책이 생성된 것을 확인한다.

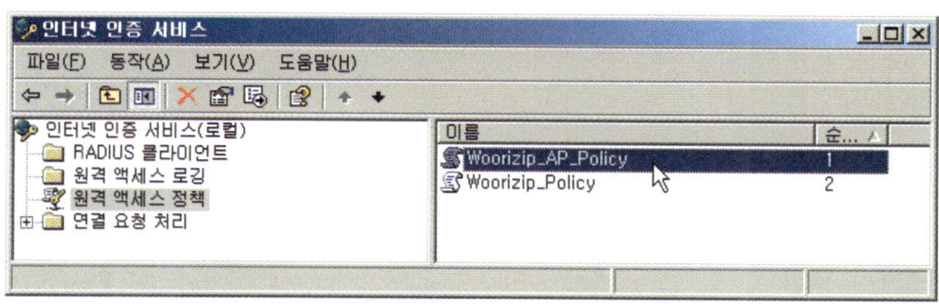

13.16 EAP-TLS 단말 Arami의 설정 및 접속

STEP 267 EAP-TLS 인증 방식을 사용할 Arami는 자신의 사용자 인증서를 확보하고 있어야 한다. 만약에 없다면, 이 인증서를 확보하기 위하여, Open System 인증으로 먼저 무선망에서 접속하여, 제 10 장의 인증서 발급절차에 따라 root 인증서와 Arami의 사용자 인증서를 발급받도록 한다.

STEP 268 [무선 네트워크 연결]에서 마우스 오른쪽 버튼을 클릭하여 [사용할 수 있는 무선 네트워크 보기] 항목을 선택한다.

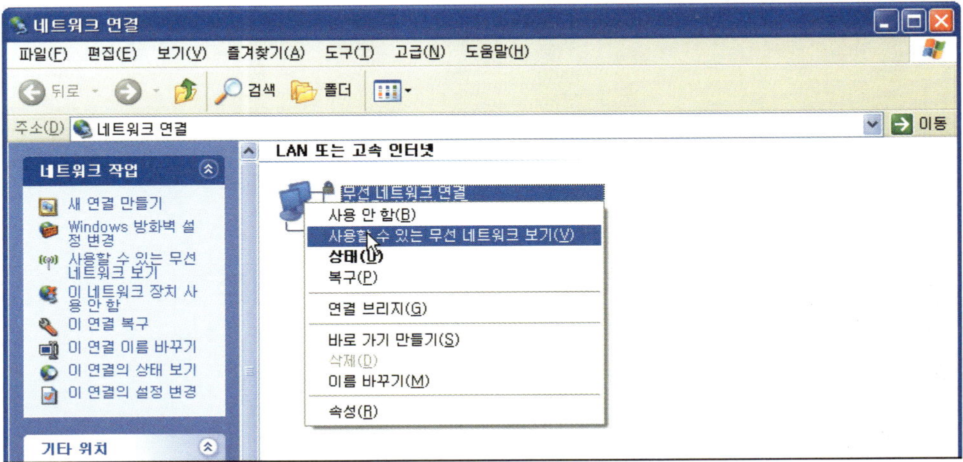

STEP 269 [Woorizip] 무선 네트워크를 선택하고 [고급 설정 변경] 항목을 선택한다. 여기서, Woorizip 무선망은 보안을 사용하는 망임을 알 수 있다.

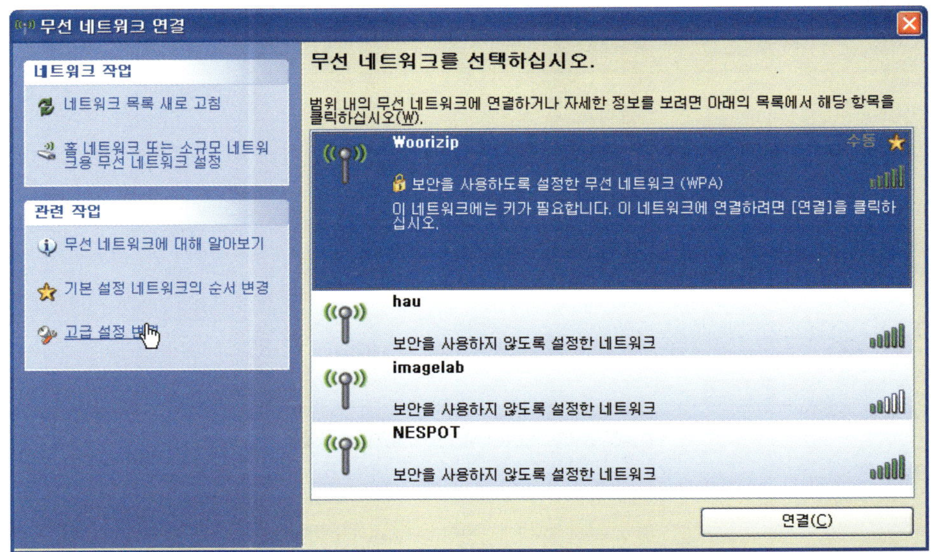

STEP 270 [무선 네트워크 연결 속성]의 [무선 네트워크] 탭으로 이동하여 Woorizip 네트워크의 [속성]을 클릭한다.

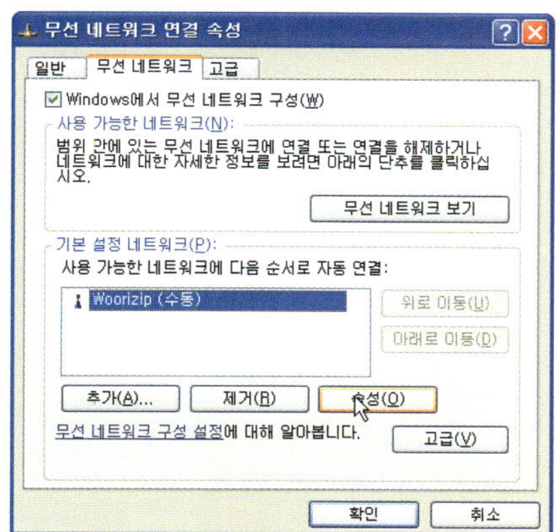

STEP 271 [연결 정보] 탭에서, WPA 인증과 TKIP 암호화를 설정한다.

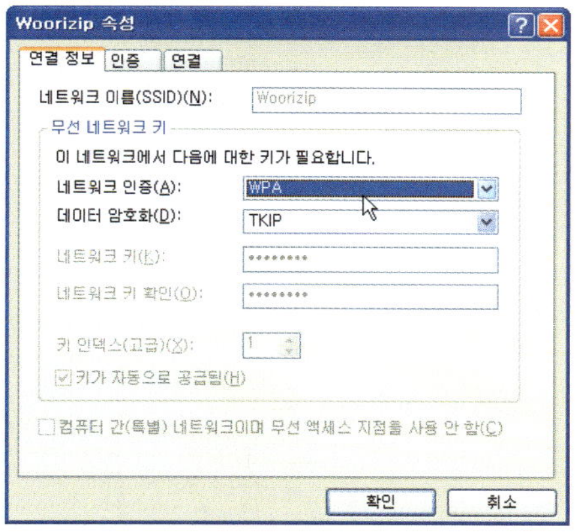

STEP 272 [인증] 탭에서, "스마트 카드 또는 기타 인증서"를 선택하고, [속성]을 클릭하여, 다음과 같이 루트 인증기관을 선택한다.

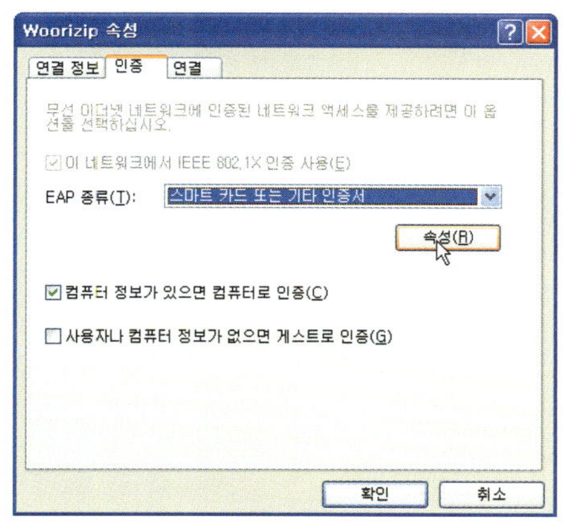

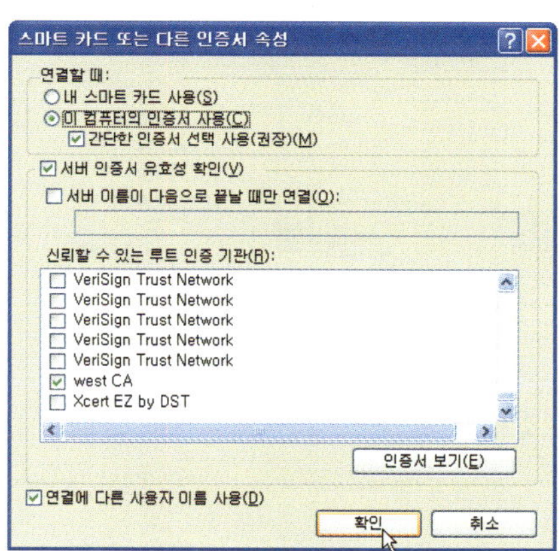

509

STEP 273 연결을 시도하면 다음과 같이 인증서를 확인하라는 창이 뜨면, [확인]을 클릭한다. 이것은 사용자 인증서가 하나 이상 있을 때 해당 인증서를 선택할 수 있도록 한다.

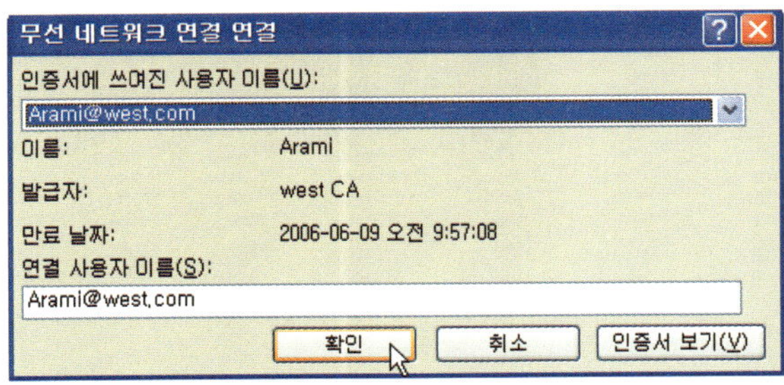

STEP 274 연결이 성공하면, 다음과 같이 "보안을 사용하도록…"된 Woorizip AP에 접속하게 된다.

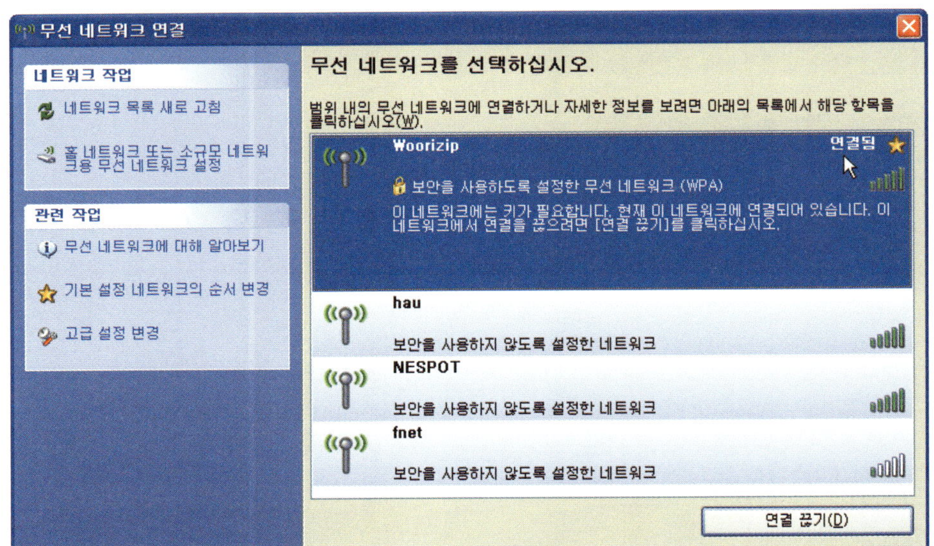

13.17 패킷 분석

각 절차에서 송수신되는 프레임의 상세는 다음과 같다.

① AP ➡ RADIUS Access-Req

이 패킷은 AP가 Arami로부터 수신한 EAP Identity 메시지를 RADIUS 패킷에 수납하여 인증서버에 전달하는 경우이다.

⊞ 802.3 MAC Header
⊞ IP (AP → Insuni)
⊞ UDP
⊟ RADIUS

    ⊞ RADIUS Header (Code=Access Request(1), Packet ID=0x0, Length=141)
    Authenticator[16] = C752..7681
    User Name Attribute = Arami@west.com
    NAS IP Address Attribute = 200.0.0.3
    Called Station ID[14] = 1e03 3030..6132
    Calling Station ID[14] = 1f0e 3030..6436
    NAS ID[14] = 200e 3030..6132
    NAS Port[6] (Value=61) = 0506 0000 003d
    Framed MTU = 1400 (0c06 0000 0578)
    NAS Port Type (value = 19 (WLAN)) = 3d06 0000 0013

    ⊟ EAP Message Attribute(79)

        ⊟ EAP
            Code=02 (Response)
            Identifier = 01
            Length[2] = 19
        EAP-Type=01 (Identity)
        Identity [14] = "Arami@west.com"
    ⊞ EAP Message Authenticator(80)=5012..f6cd

```
0000    00 0e 2e 3c 3a 37 00 13 10 41 e8 a0 08 00 45 00
0010    00 a9 2f 0c 40 00 40 11 7b 32 c8 00 00 03 c8 00
0020    00 02 08 14 07 14 00 95 18 3a 01 00 00 8d c7 52
0030    11 c6 b4 b5 44 47 69 bb 02 c1 94 cf 76 81 01 10
0040    41 72 61 6d 69 40 77 65 73 74 2e 63 6f 6d 04 06
0050    c8 00 00 03 1e 0e 30 30 30 31 33 31 30 34 31 65 38
0060    61 32 1f 0e 30 30 30 37 34 30 63 34 65 66 64 36
0070    20 0e 30 30 31 33 31 30 34 31 65 38 61 32 05 06
0080    00 00 00 3d 0c 06 00 00 05 78 3d 06 00 00 00 13
0090    4f 15 02 00 00 13 01 41 72 61 6d 69 40 77 65 73
00a0    74 2e 63 6f 6d 50 12 e6 94 ff d9 7d 2c 44 d5 df
00b0    35 e0 e5 ce 83 f6 cd
```


⊞ 802.3 MAC Header
⊞ IP (Insuni→AP)
⊞ UDP
⊟ RADIUS
    ⊞ Code=11(Access Challenge), Packet ID=0x0, Length=76
    Authenticator=0x5387..040A
    ⊞ Session Timeout AVP(type=27, leng=6, value=30
    ⊟ EAP Message Attribute(79)

        ⊟ EAP
            Code=01 (Request)
            Identifier = 01
            Length[2] = 06
        ⊟ EAP-TLS
            EAP_Type = 13 (EAP-TLS)
            ⊞ Flag = 0x20 (L=0, M=0, Start=1)
    State AVP (24): Value=0F33..4951
    EAP Message Authenticator(80): Value=145A..3FC9

```
0000 :                                           45 00
0010 : 00 68 26 66 00 00 80 11 84 19 c8 00 00 02 c8 00
0020 : 00 03 07 14 08 14 00 54 3a a2 0b 00 00 4c 53 87
0030 : 0f 5f 7d 48 b9 97 54 a2 fb 64 d1 05 04 0a 1b 06
0040 : 00 00 00 1e 4f 08 01 01 00 06 0d 20 18 18 0f 33
0050 : 02 08 00 00 01 37 00 01 c8 00 00 02 00 00 00 04
0060 : 30 36 49 51 50 12 14 5a 79 d4 29 ad 39 d7 84 45
0070 : 0d 0e b3 f3 fc 3f c9
```

이것에 대하여 Insuni 가 AP에게 RADIUS로 전달하는 EAP_TLS Start 패킷은 다음과 같이, RADIUS 메시지의 Access-Challenge에 수납되어 AP로 전달되고, 이것은 다시 Arami에게 전달될 것이다.

이것은 AP에 의해 다음과 같은 EAPoL 패킷으로 단말에 전달된다.

```
802.11 MAC Header
    Frame Control (Data/DataOnly)
    Duration = 213usec
    DA = 단말
    SA =AP
    BSSID =AP
    FragNum/Seq Num = 0/345
802.2 LLC
    DSAP = 0xAA (SNAP)
    SSAP = 0xAA (SNAP)
    Command = 0x03 (Unnumbered Information)
    SNAP = 0x000000 888E (802.1x EAPoL)
802.1x(EAPoL)
    Protocol Version = 1
    Packet Type = 0 (EAP-Packet)
    Body Length = 6
EAP
    Code=01 (Request)
    Identifier = 01
    Length = 0006
    Type = 13 (EAP-TLS)
    Flag = 0x20 (L=0, M=0, Start=1)
        0... .... Length Field Included = 0
        .0.. .... MoreFragment = 0
        ..1. .... Start =1
```

②
```
0000 : 08 02 02 01 00 07 40 C4 EF D6 00 00 F0 64 01 03
0010 : 00 00 F0 64 01 03 90 15 AA AA 03 00 00 00 88 8E
0020 : 01 00 00 06 01 01 00 06 0D 20
```

③ EAP-TLS Start 메시지를 수신한 Arami는 EAP_TLS 절차를 위하여, Client_Hello 메시지를 송신한다. 이 메시지에는 TLS 절차에서 사용되는 Client Hello 메시지와 내용이 동일하다. 자신이 지원 가능한 cipher_suite와 compression 방식을 client random값과 함께 서버에게 전송한다.

```
□ 802.11 MAC Header
    ⊞ Frame Control (Data/DataOnly)
      Duration = 213usec
      BSSID = AP
      SA =단말
      DA =AP
      FragNum/Seq Num = 0/1000
  ⊞ 802.2 LLC/SNAP
  ⊞ 802.1x(EAPoL) (ver=1, packetType=0,BodyLen=80)
  □ EAP
        Code=02 (Response)
        Identifier = 01
        Length[2] = 80
        EAP_Type = 13 (EAP-TLS)
      □ Flag = 0x80 (L=1, M=0, Start=0)
            1... .... Length Field Included = 1
            .0.. .... MoreFragment = 0
            .... .... Start =0
        TLS message Length [4]= 70
  □ TLS Record (70 bytes)
      □ TLS Record Layer (Handshake Protocol)
            Content Type[1] = 22 (Handshake)
            Version[2]= TLS1.0
            Length[2] = 65
      □ Handshake Protocol (Client Hello)
            Handshake Type = 1(Client Hello)
            Length = 61
            Version= TLS1.0
            Client Random = 0xxyz...
            Session ID length = 0
            Cipher Suites length = 22
         ⊞ Cipher Suites (11 suites)
            Compression Methods Length = 1
         ⊞ Compression Methods(1 method)
```

이것에 대하여 AP가 Insuni에게 RADIUS로 전달하는 패킷은 다음과 같다.

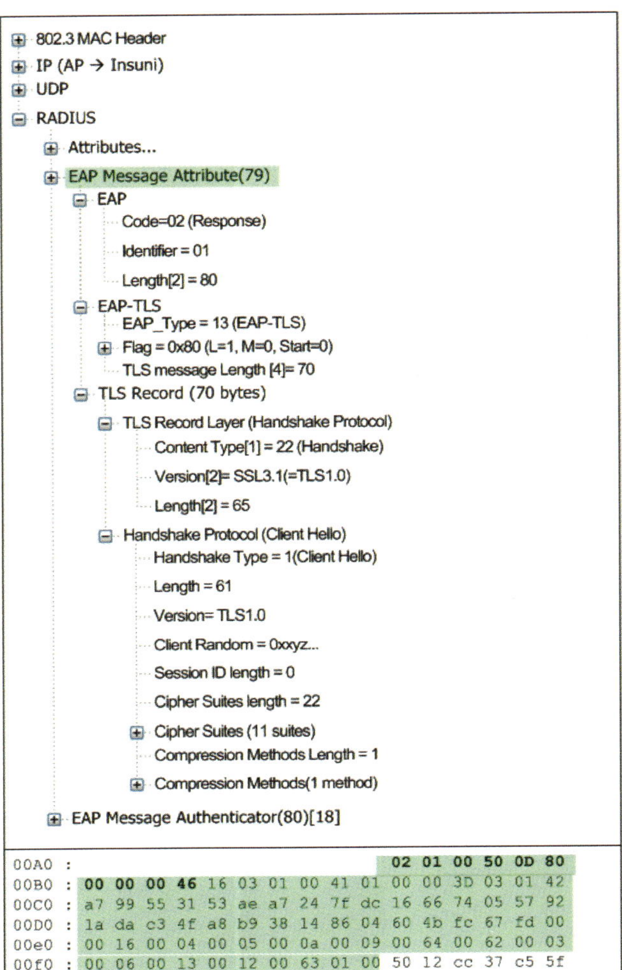

514

④ 서버는 Client Hello 메시지에 대하여 Server Hello, Server Certificate, Server Hello Done 메시지로 응답한다. 이러한 Record를 모두 송신하기 위하여 여러 개의 Access-Challenge RADIUS 메시지가 사용된다.

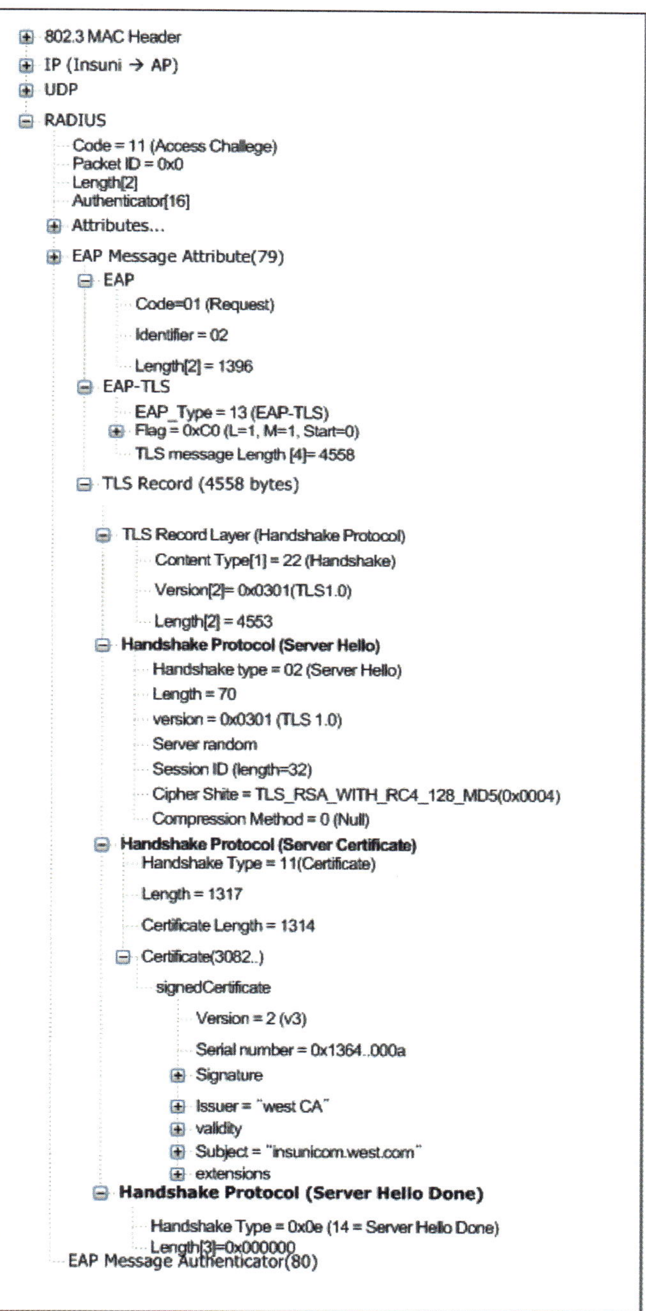

⑤ Arami는 자신의 인증서와 premaster secret이 수납된 client key exchange, certificate verify, change cipher spec 및 암호화된 finished메시지를 서버에 전송한다. 이것도 여러 개의 RADIUS Access Request 메시지에 수납되어 전송된다.

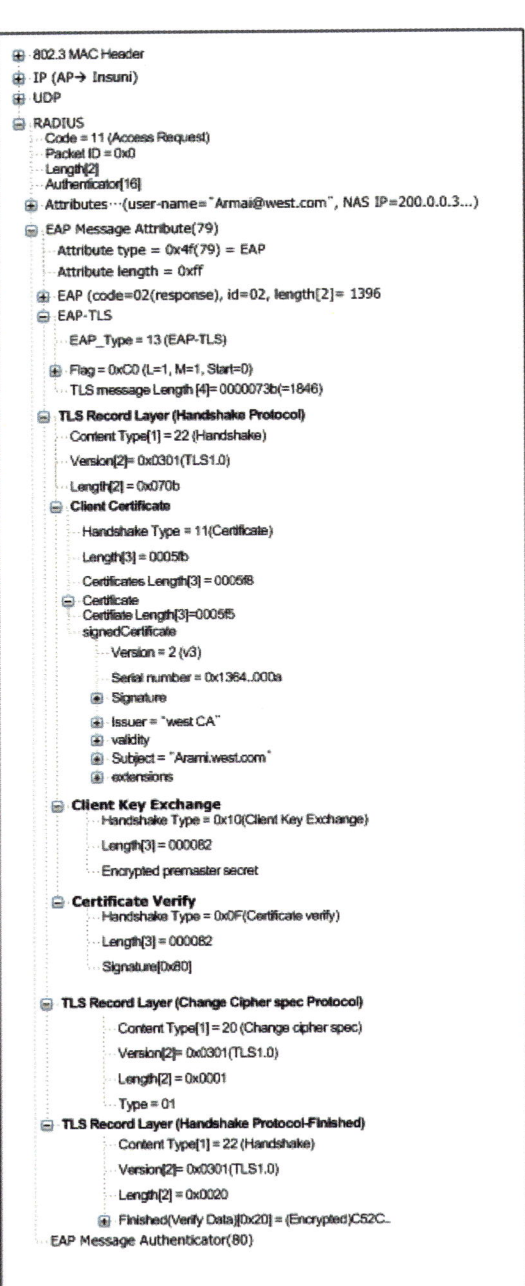

⑥ 서버는 Arami 사용자를 인증하면서, , change cipher spec 및 암호화된 finished 메시지를 Arami에게
응답한다.

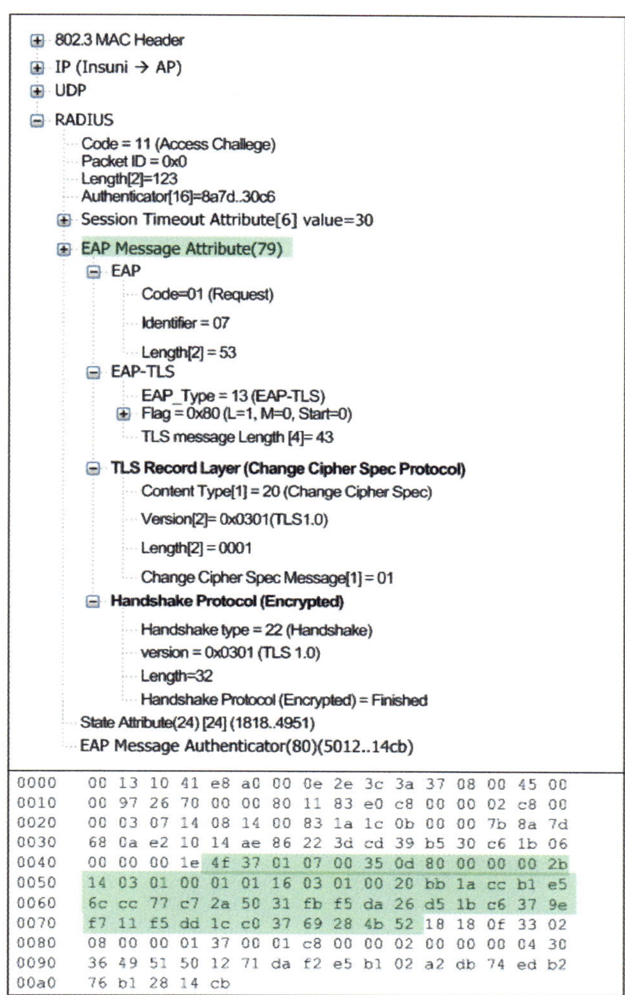

⑦ Arami는 이 메시지에 대하여, TLS 메시지가 비어 있는 EAP-TLS ACK 메시지로 응답한다.

```
⊞ 802.3 MAC Header
⊞ IP (AP → Insuni)
⊞ UDP
⊟ RADIUS
    ⊞ RADIUS Header (Code=Access Request(1), Packet ID=0x0, Length=152)
    ┄ Authenticator[16]
      User Name Attribute = Arami@west.com
    ┄ NAS IP Address Attribute = 200.0.0.3
    ┄ Called Station ID[14]
    ┄ Calling Station ID[14]
    ┄ NAS ID[14]
    ┄ NAS Port[6] (Value=61)
    ┄ NAS Port Type (value = 19 (WLAN))
    ┄ Framed MTU = 1400

    ⊟ EAP Message Attribute(79)
        ⊟ EAP
            Code=02 (Response)
            Identifier = 01
            Length[2] = 80
        ⊟ EAP-TLS
            EAP_Type = 13 (EAP-TLS)
            ⊞ Flag = 0x00 (L=0, M=0, Start=0) ← ACK
    ⊞ EAP Message Authenticator(80)
```

```
0000    00 0e 2e 3c 3a 37 00 13 10 41 e8 a0 08 00 45 00
0010    00 b4 2f 13 40 00 40 11 7b 20 c8 00 00 03 c8 00
0020    00 02 08 14 07 14 00 a0 07 6f 01 00 00 98 9c 2d
0030    c4 9d cd 8f 28 7f c3 f0 3b 87 29 6e 13 6d 01 10
0040    41 72 61 6d 69 40 77 65 73 74 2e 63 6f 6d 04 06
0050    c8 00 00 03 1e 0e 30 30 31 33 31 30 34 31 65 38
0060    61 32 1f 0e 30 30 30 37 34 30 63 34 65 66 64 36
0070    20 0e 30 30 31 33 31 30 34 31 65 38 61 32 05 06
0080    00 00 00 3d 0c 06 00 00 05 78 18 18 0f 33 02 08
0090    00 00 01 37 00 01 c8 00 00 02 00 00 00 04 30 36
00a0    49 51 3d 06 00 00 00 13 4f 08 02 07 00 06 0d 00
00b0    50 12 9d 6b f2 13 ee b9 6a 5f 15 89 60 c7 90 0d
00c0    cb 62
```

⑧ 서버는 EAP-TLS ACK를 수신하면, EAP Success와 AAA-Key를 수납한 MS-MPPE-Recv Key와 MS-MPPE-Send Key를 AP에 전달한다.

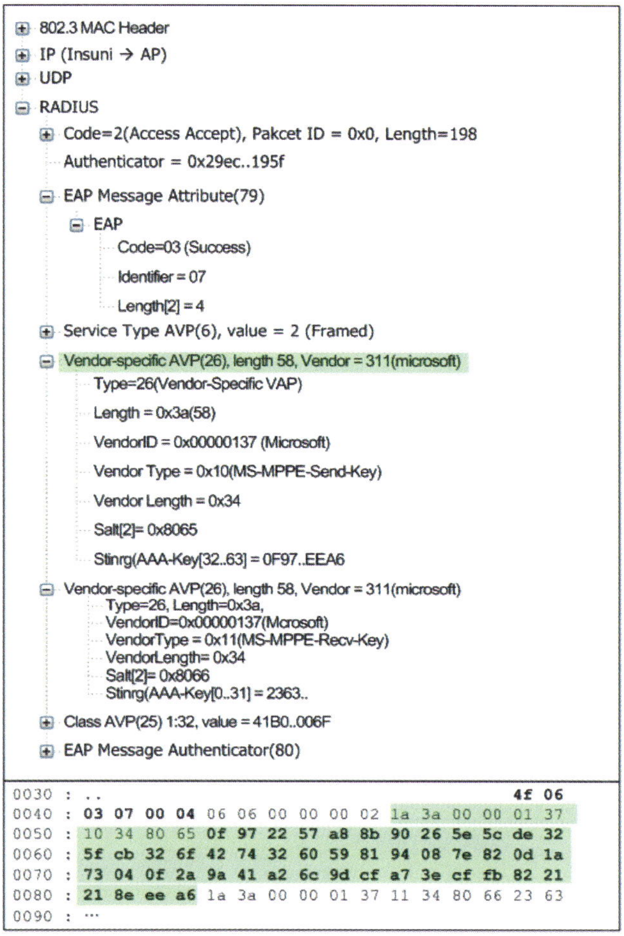

```
⊞ 802.3 MAC Header
⊞ IP (Insuni → AP)
⊞ UDP
⊟ RADIUS
    ⊞ Code=2(Access Accept), Pakcet ID = 0x0, Length=198
    ⋯ Authenticator = 0x29ec..195f
    ⊟ EAP Message Attribute(79)
        ⊟ EAP
              Code=03 (Success)
              Identifier = 07
              Length[2] = 4
    ⊞ Service Type AVP(6), value = 2 (Framed)
    ⊟ Vendor-specific AVP(26), length 58, Vendor = 311(microsoft)
            Type=26(Vendor-Specific VAP)
            Length = 0x3a(58)
            VendorID = 0x00000137 (Microsoft)
            Vendor Type = 0x10(MS-MPPE-Send-Key)
            Vendor Length = 0x34
            Salt[2]= 0x8065
            Stinrg(AAA-Key[32..63] = 0F97..EEA6
    ⊟ Vendor-specific AVP(26), length 58, Vendor = 311(microsoft)
            Type=26, Length=0x3a,
            VendorID=0x00000137(Mcrosoft)
            VendorType = 0x11(MS-MPPE-Recv-Key)
            VendorLength= 0x34
            Salt[2]= 0x8066
            Stinrg(AAA-Key[0..31] = 2363..
    ⊞ Class AVP(25) 1:32, value = 41B0..006F
    ⊞ EAP Message Authenticator(80)

0030 : ..                                              4f 06
0040 : 03 07 00 04 06 06 00 00 00 02 1a 3a 00 00 01 37
0050 : 10 34 80 65 0f 97 22 57 a8 8b 90 26 5e 5c de 32
0060 : 5f cb 32 6f 42 74 32 60 59 81 94 08 7e 82 0d 1a
0070 : 73 04 0f 2a 9a 41 a2 6c 9d cf a7 3e cf fb 82 21
0080 : 21 8e ee a6 1a 3a 00 00 01 37 11 34 80 66 23 63
0090 : ⋯
```


⑨ AP는 인증서버로부터 전달된 EAP-Success 메시지를 Arami에게 전달하고, AAA-Key를 설치한다.

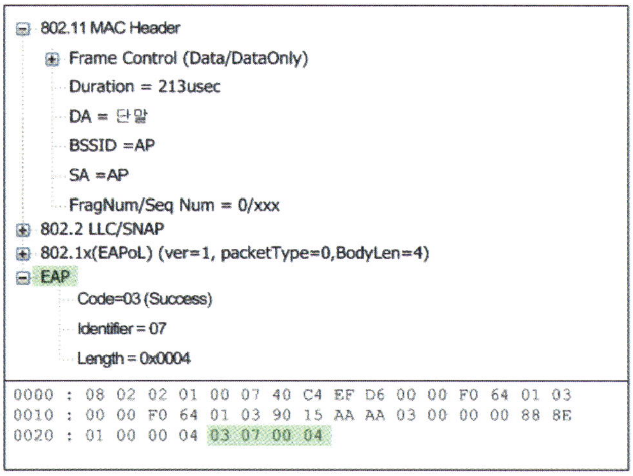

```
⊟ 802.11 MAC Header
    ⊞ Frame Control (Data/DataOnly)
    ⋯ Duration = 213usec
    ⋯ DA = 단말
    ⋯ BSSID =AP
    ⋯ SA =AP
    ⋯ FragNum/Seq Num = 0/xxx
⊞ 802.2 LLC/SNAP
⊞ 802.1x(EAPoL) (ver=1, packetType=0,BodyLen=4)
⊟ EAP
          Code=03 (Success)
          Identifier = 07
          Length = 0x0004

0000 : 08 02 02 01 00 07 40 C4 EF D6 00 00 F0 64 01 03
0010 : 00 00 F0 64 01 03 90 15 AA AA 03 00 00 00 88 8E
0020 : 01 00 00 04 03 07 00 04
```

⑩ 드디어, 단말과 AP간에는 TKIP로 암호화된 데이터 프레임들을 전송하게 된다.

```
802.11 MAC Header
    Frame Control (Data/DataOnly, Protected=1, ToDS=1)
    Duration = 213usec
    BSSID = AP
    SA = 단말
    DA =AP
    FragNum/Seq Num = 0/1431
802.11 TKIP Header
    IV/KeyID
        IV=0x00205F
        KeyID(0x20)
            Reserved = %00100
            Ext IV = %0
            Key ID = %00 (keyID=1)
    Extended IV = 0x00000000
    TKIP Data (68 bytes)
    MIC = 0x68D8..3CE1
    ICV = 0xBBABAE55
0000 : 06 41 D5 00 00 13 10 41 E8 A2 00 07 40 C4 EF D6
0010 : 00 13 10 41 E8 A0 70 59 00 20 5F 20 00 00 00 00
0020 : F5 80 65 8E 01 FD C7 30 AF C1 E4 16 F1 FC 05 AC
0030 : 27 6E DD 41 08 0F 04 76 66 28 CE 44 B7 30 41 01
0040 : 13 8E D4 A4 09 E4 05 FE D3 55 0C 0B 7D CF 98 82
0050 : BD EE 59 6D 71 BD EE 59 6D 71 BD EE 59 6D 71 97
0060 : BD EE 59 6D 71 BD EE 59 6D 71 BD EE 59 6D 71 6A
0070 : D6 C7 C1 0C 68 D8 C3 69 F2 99 3C E1 BB AB AE 55
```

 연습 문제

[1] TLS 기반의 인증절차는 크게 _____ 기반과 _____ 기반으로 구분된다.

(a) Shared Key　　　(b) 인증서　　　(c) PAC　　　(d) Open System

[2] EAP-TLS 인증절차는 반드시 단말과 서버의 인증서가 모두 필요하다.

(a) 맞다.　　　(b) 틀리다.

[3] TLS 터널 기반의 EAP 인증절차의 순서를 정렬하라.

(a) Open System인증

(b) 서버 인증서를 사용한 서버인증

(c) 서버와 클라이언트간 TLS 채널 생성

(d) 암호화된 TLS 채널상에서 EAP사용자 인증

(e) Crypto-binding 절차에 의한 PMK 확보 확인 및 Group Key 전달

(f) 인증서버가 AP로의 AAA-Key 전달

(g) 암호화된 데이터 전송

(h) 클라이언트로부터 premaster secret 전송

[4] PAC 기반의 EAP 인증절차의 순서를 정렬하라.

(a) Open System인증

(b) PAC를 이용한 서버와 클라이언트간 TLS 채널 생성

(c) 암호화된 TLS 채널상에서 EAP 사용자 인증

(d) Crypto-binding 절차에 의한 PMK 확보 확인 및 Group Key 전달

(e) 인증서버가 AP로의 AAA-Key전달

(f) 암호화된 데이터 전송

[5] EAP type으로 틀린 것은 _____ 이다.

(a) EAP_TLS = 13　　　(b) PEAP = 25　　　(c) EAP-TTLS = 20　　　(d) EAP-FAST = 43

[6] Crypto-binding에 대한 설명 중 틀린 것은?

(a) 서버 인증서만 사용하는 터널 기반의 EAP 인증시 불법 AP에 의한 공격 대비

(b) TLS 터널 생성시 사용하는 키와 사용자 인증시 사용하는 키를 결합

(c) CMK와 CSK를 생성하여, 각각 불법 AP 개입여부 확인 및 데이터 암호화에 사용

(d) 사용자 인증 절차 이전에 수행됨

[7] EAP-TTLS의 경우, MD5 및 PAP 등의 기존 인증 방법을 안전하게 수행할 수 있다.

(a) 맞다.　　　(b) 틀리다.

정답
[1] (b), (c), [2] (a), [3] (a), (b), (h), (d), (e), (g), (f), (c), [4] (a), (b), (c), (e), (d), (f), [5] (c), [6] (d), [7] (a)

Mamo.

제 14 장

PEAP/EAP-FAST

14.1 관련 표준

- Microsoft EAP CHAP Extensions 〈draft-kamath-pppext-eap-mschapv2-01.txt〉, 2004.
- PEAPv2 : draft-josefsson-pppext-eap-tls-eap-10.txt
- EAP Flexible Authentication via Secure Tunneling(EAP-FAST) draft-cam-winget-eap-fast-02.txt, 2005.
- RFC3546 TLS Extentions, 2003.
- RFC 2548 Microsoft Vendor-specific RADIUS Attributes, 1999.
- TLS Session Resumption without Server-Side State draft-salowey-tls-ticket-02.txt February 19, 2005.

14.2 개 요

제 13장에서 다루었던 EAP-TTLS와 같이 TLS터널상에서의 사용자를 인증하는 프로토콜인 Protected EAP (PEAP)와 EAP-FAST에 대하여 다루도록 한다. 이들은 각각 인증서버 인증서만 필요하거나 단말과 인증서버 모두 인증서 불필요한 장점이 있다. 그리고 윈도우 2003 서버를 이용한 PEAP실험을 수행한다.

14.3 Protected EAP(PEAP)

(1) 개 요

앞에서 다루었던 EAP-TTLS와 마찬가지로, PEAP도 완전한 PKI 구조가 되어 있지 않은 무선 LAN 환경에서, 서버 인증서만 사용하여, 단말들은 인증서 없이 상호인증하는 간편한 방법이다.

이것은 EAP-TTLS와 유사하게, 단말은 서버 인증서를 이용하여 서버를 인증하면서 TLS 세션을 설정한 후, 안전한 TLS 세션상에서 다양한 종류의 inner EAP 인증 방식(예 : EAP-MD5, EAP-MS-CHAPv2, EAP-TLS 등)으로 사용자를 인증하기 때문에 Protected EAP라는 용어가 사용된다. 참고로, 마이크로소프트사는 윈도우 2003 서버 운영체제에서는 PEAP 기반의 EAP-MS-CHAP-V2 인증 방법을 사용하는데, 이것을 PEAP-MS-CHAPv2라고 부른다.

(2) PEAP-MS-CHAPv2 인증절차 개요

PEAP-MS-CHAPv2 인증절차는 다음과 같이 TLS 채널 설정절차와 사용자 인증절차 등 다음과 같은 두 단계로 수행된다.

- 단계 1(TLS 채널 설정 및 서버인증) : 먼저, 클라이언트와 인증서버간의 TLS 보안 채널을 설정하면서, 클라이언트는 PEAP 인증서버의 인증서로 서버를 인증한다. 하지만, 서버 인증서만 사용하였기 때문에 아직 서버 입장에서는 클라이언트를 인증한 것은 아니다.
- 단계 2(사용자 인증) : TLS 채널 위에서, EAP 기반의 인증방식인 MD5-Challenge, EAP-MS-CHAPv2, EAP-TLS 등 중에서 EAP-MS-CHAPv2을 이용한 사용자 인증절차를 수행한다[1]. 이것을 EAP-in-EAP 인증 방식이라고 한다.

  절차는 다음과 같다.

  - AS → 단말 : EAP-Request[Identity] 메시지를 송신한다.
  - 단말 → AS : 자신의 이름이 들어있는 EAP-Response[Identity="Arami"]를 전송한다.
  - AS → 단말 : EAP-Request [EAP-MS-CHAPv2 Challenge] 메시지를 송신한다.
  - 단말 → AS : EAP-Response [EAP-MS-CHAPv2 Response] 로 응답한다.
  - AS → 단말 : EAP-Request [EAP-MS-CHAPv2 Success] 메시지를 송신한다.
  - 단말 → AS : EAP-Response [EAP-MS-CHAPv2 Ack]로 응답한다.
  - 단말 ↔ AS : Crypto-Binding 절차에 의해 main-in-the-middle 공격 여부를 검증한다.
  - AS → 단말 : EAP-Success 메시지를 송신한다.
  - 단말 ↔ AP : 4-way 핸드쉐이킹 절차에 의해 PMK 확보 여부를 검증한 후, 암호화된 데이터 프레임의 전송이 개시된다.

---

[1] 이때, 사용자를 인증하고자 할 때, 사용자의 인증서가 굳이 필요하다면, inner EAP 인증 방식으로 다시 EAP-TLS방식을 사용하는 것 보다는 처음부터 EAP_TLS를 사용하는 것이 차라리 좋다. PEAP-MS-CHAPv2를 사용자 인증시 사용하는 것은 PKI가 완전하게 갖추어지지 않은 환경에 적합하기 때문이다.

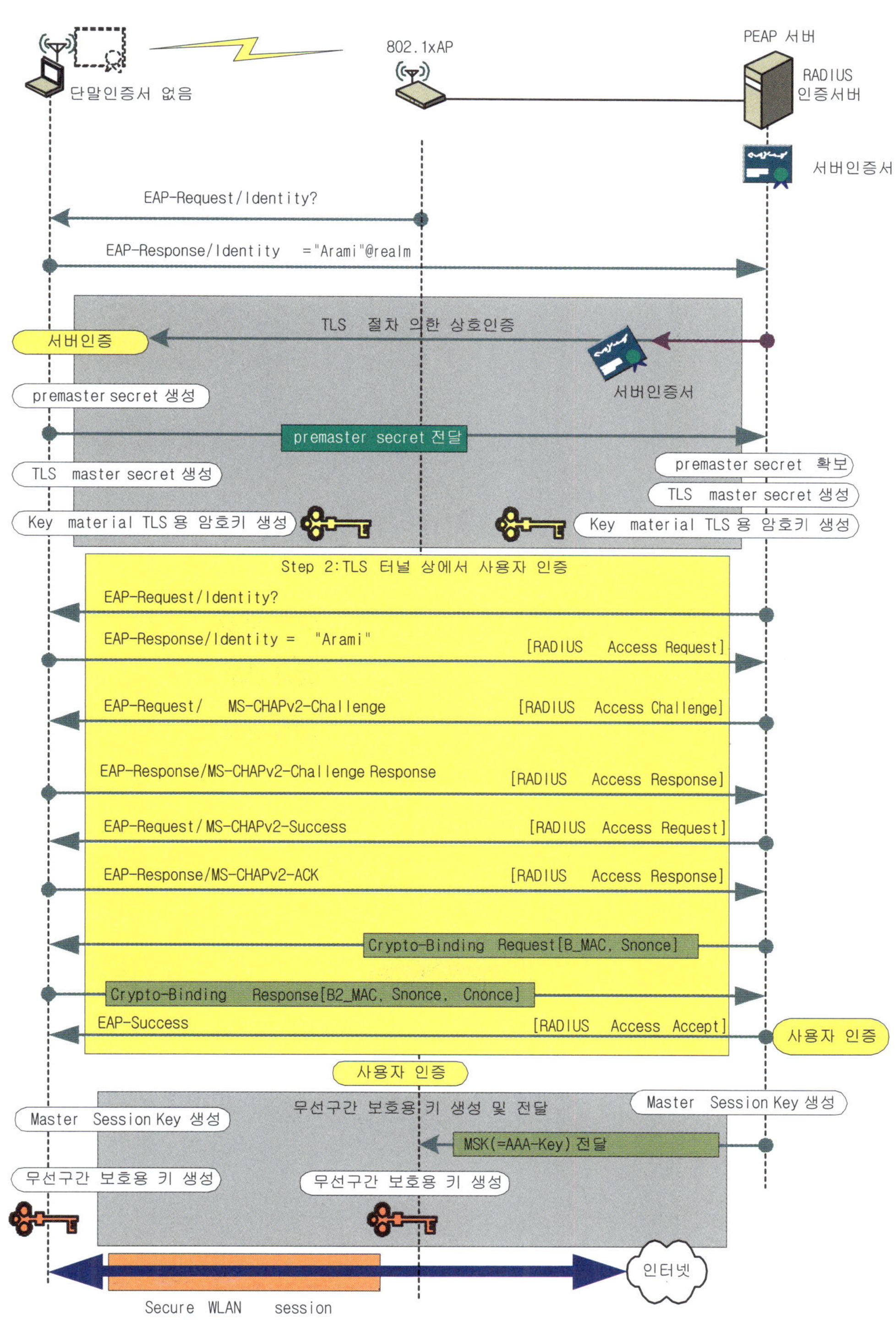

<그림 14.1> PEAP-MS-CHAPv2의 동작절차

(3) 계층구조

각 단계에서의 계층구조는 〈그림 14.2〉와 같다. PEAPv2 패킷은 TLS 터널에 의해 보호되는 TLV와 보호되지 않는 TLV를 가지는데, 이들을 각각 Inner TLV와 Outer TLV라고 한다. 특별히, Outer TLV는 PEAPv2 프로토콜의 첫 2개의 메시지에서만 허용된다. 단계1에서는 서버 인증서와 함께, 서버 식별자 등의 노출 가능한 Outer TLV만 사용하여 TLS 터널을 설정한다. 다양한 종류의 사용자 인증 방식이 지원될 수 있지만, 윈도우 시스템의 경우에는 EAP-MS-CHAPv2만 지원된다.

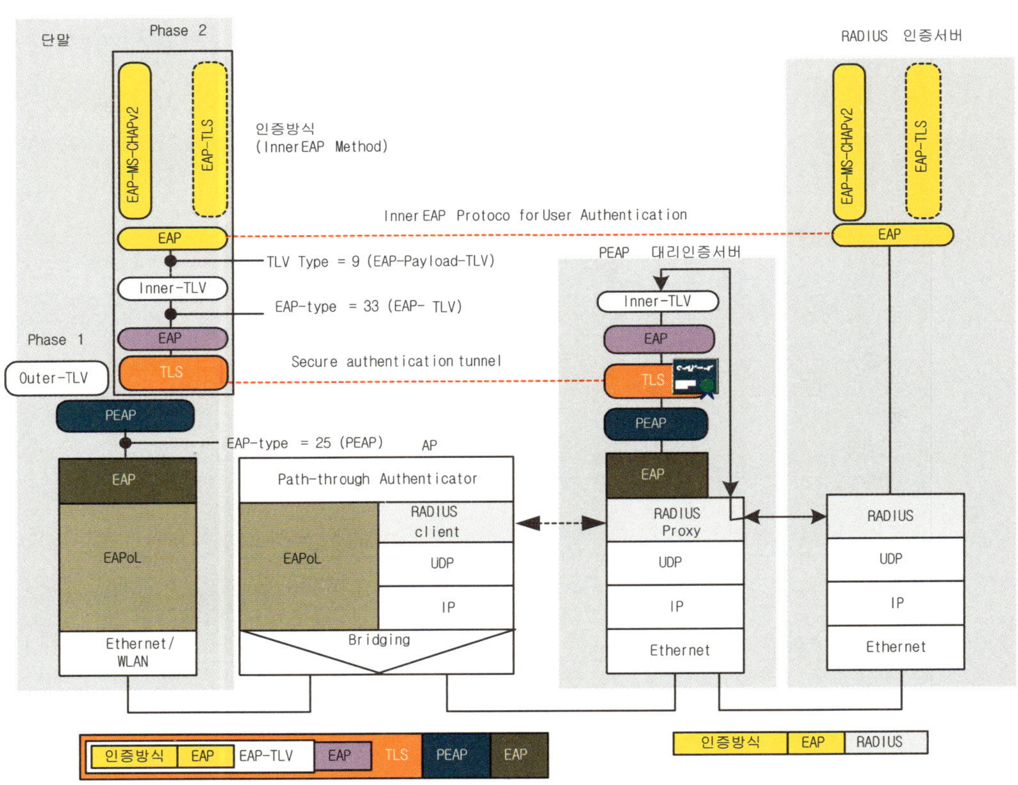

<그림 14.2〉 PEAP 계층구조

14.4 PEAP의 AAA-Key(MSK) 생성절차

먼저, PEAP에서도 EAP-TLS나 EAP-TTLS 처럼, 서버 인증을 수행하는 TLS 채널 설정단계에서 다음과 같은 128바이트의 키 블럭인 Transient EAP Key(TEK) 블록을 TLS_master_secret(TMS)으로부터 생성하고, 이 블록을 6개로 분할하여 TLS 채널 보호용 암호 및 무결성 용 키를 생성한다.

```
TEK block = PRF(TLS_master_secret, "key expansion", server_random + client_random)
```

이어, 개설된 TLS 채널상에서 EAP-MS-CHAPv2와 같은 inner EAP 사용자 인증절차를 수행한다. 이러한 사용자 인증결과로 32바이트 길이의 Inner Session Key(ISK)가 준비된다. MS-CHAP-v2 사용자 인증 경우의 ISK는 패스워드로부터 생성된다.

인증서버가 AP에게 AAA-Key를 전달하기 전에, EAP-TTLS와 유사한 TLS터널방식인 PEAPv2에서도 단말과 서버간에 불법 AP가 없는지 확인하는 crypto-binding절차를 다음과 같이 추가 수행한다[2].

① TLS 터널 설정시 사용한 48바이트 길이의 TLS_master_secret(TMS)를 준비한다.
② TMS를 사용하여 PEAPv2에서 새로 정의된 40바이트 길이의 tunnel key(TK)를 다음과 같이 계산한다[3].

```
tunnel key (TK)[40]=PRF(TMS,"client EAP encryption", client_hello.random +
server_hello.random)
```

③ 먼저, 터널 키(TK)를 사용하여 다음과 같이 Intermediate PMK(IPMK)를 생성한다.

```
IPMK[60] = PEAP-PRF(TK[40],"Inner Methods Compound Keys " | ISK[32], 60);
```

④ IPMK[60]의 첫 40바이트 값인 S-IPMK[40]을 사용하여 무선구간 보호용 Compound Session Key(CSK)를 다음과 같이 계산한다. 그리고 IPMK[60]의 마지막 20바이트를 Compound MAC Key (CMK)[20]로 한다.

```
S-IPMK[40] <-- IPMK[0..39];
CMK[20] <-- IPMK[40..59];
CSK[128] = PRF(S-IPMK[40], "Session Key Generating Function", 128)
```

⑤ CMK[20]를 사용하여 Crypto-Binding 절차를 수행하여 무결성을 검증한다.
⑥ 무결성 검증이 완료되면, 무선구간 암호용 MSK를 생성한다. 이를 위하여, CSK[128]의 첫 64바이트를 MSK로 사용하고, 나머지 64바이트를 EMSK로 사용한다.
⑦ AAA-Key[64] : MSK[64]를 AAA-Key로 할당하여 AP에 전달한다.

2_ 이 절차는 EAP-TTLS에서도 다루었다. 유사하지만, 조금 다름에 주의하라.
3_ 이것을 EAP-TLS에서는 128바이트 길이의 TEK_block이라고 불렀다.

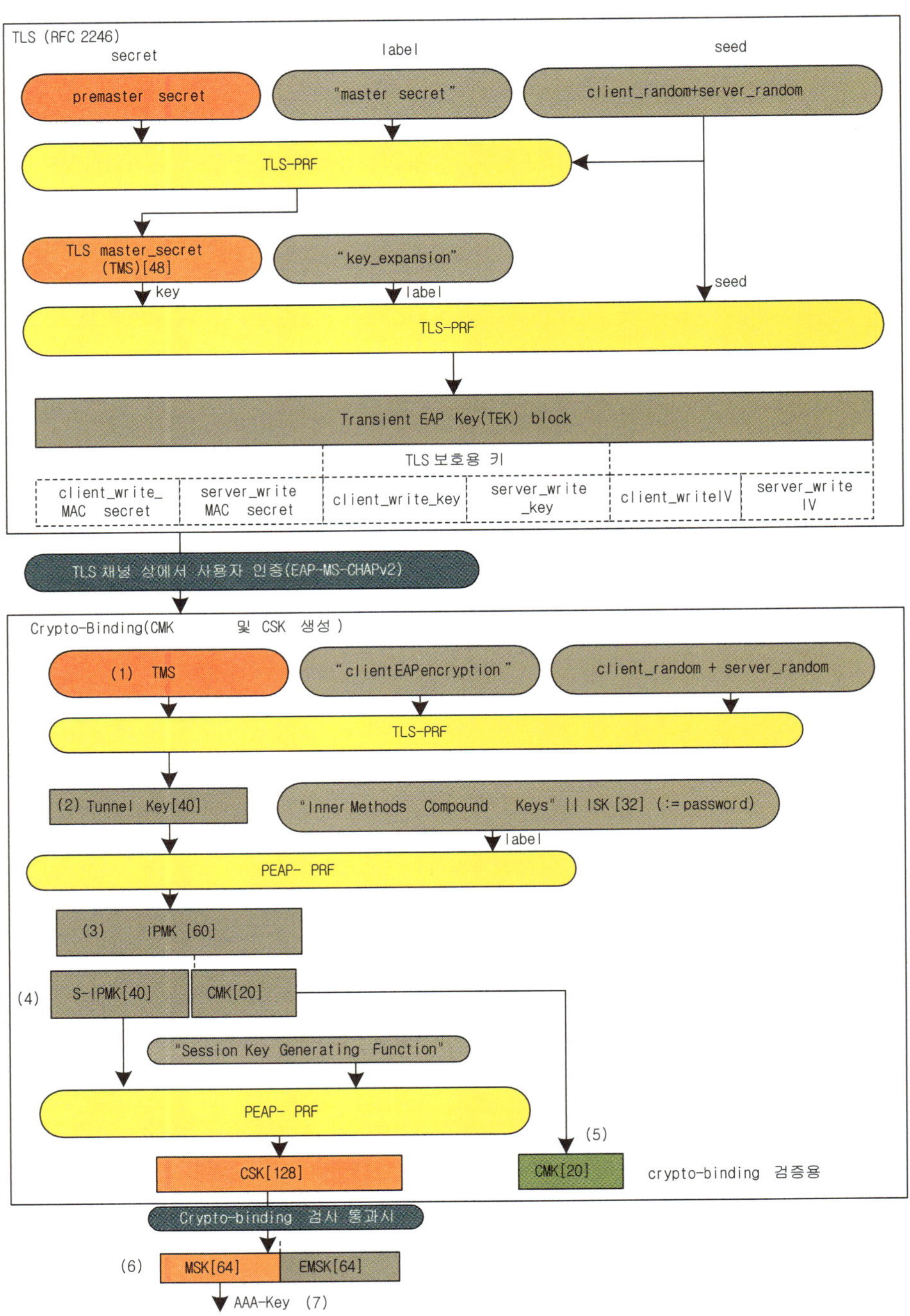

〈그림 14.3〉 PEAP 키 생성절차

14.5 PEAP 메시지 형식

(1) 기본 형식

PEAP는 두 단계 모두에서 사용되는 TLS 메시지들을 EAP에 수납하기 위하여, 다음 페이지의 〈그림 14.4〉의 하단부에 도시된 것과 같은 패킷을 구성한다. 이 형식은 EAP-TLS 형식과 유사한데, 다만, 버전 영역과 EAP-Type값 25로 시작하여, 플래그, TLS 메시지 길이, TLS 데이터 영역으로 구성된다.

- EAP-Type = 25 (PEAP)
- 플래그
  - L(Length Included) : 이 비트가 1로 설정되면, 4바이트 길이의 TLS 메시지 길이 영역이 있음을 의미한다. EAP-TLS-Start나 EAP-TLS-ACK 메시지의 경우, TLS 데이터 영역이 없으므로, L = 0 이다.
  - M(More Fragments) : TLS 메시지가 여러 개로 분할되어 전송될 경우, 마지막 프래그먼트를 제외하고는 1로 설정된다.
  - S(Start) : PEAP-Start 메시지임을 표시할 때 설정되며, 이 경우, TLS 데이터 영역은 없다.
  - T(TLS Length Included) : TLS Length 영역이 포함된 것임을 표시한다.
  - TLS 데이터 : TLS 레코드 형식의 TLS 데이터 영역이다.

참고로, EAP-TLS-ACK 메시지는 명시적으로 없으나, TLS 데이터 영역이 없는 메시지에 S비트가 설정되어 있지 않은 경우, 이것을 ACK 메시지로 간주한다.

- 분할된 메시지 길이 : L = 1일 때만 유효하며, 분할된 전체 길이를 표시한다.
- TLS 메시지 길이 : T = 1일 때만 유효하며, PEAP메시지내의 TLS 데이터 영역의 전체길이를 표시한다[4].

---

[4] TLS 메시지 길이 영역은 EAP-TTLS의 경우 없던 영역이었다. 이 영역이 PEAP에서 필요한 이유는 하나의 PEAP메시지 내에 TLS 데이터 뿐만 아니라, Server ID TLV와 같은 Outer TLV도 함께 전송되기 때문에 이것을 구분하도록 하기 위함이다. 이 TLS 데이터 길이 바깥의 데이터는 바로 Outer TLV 영역이다.

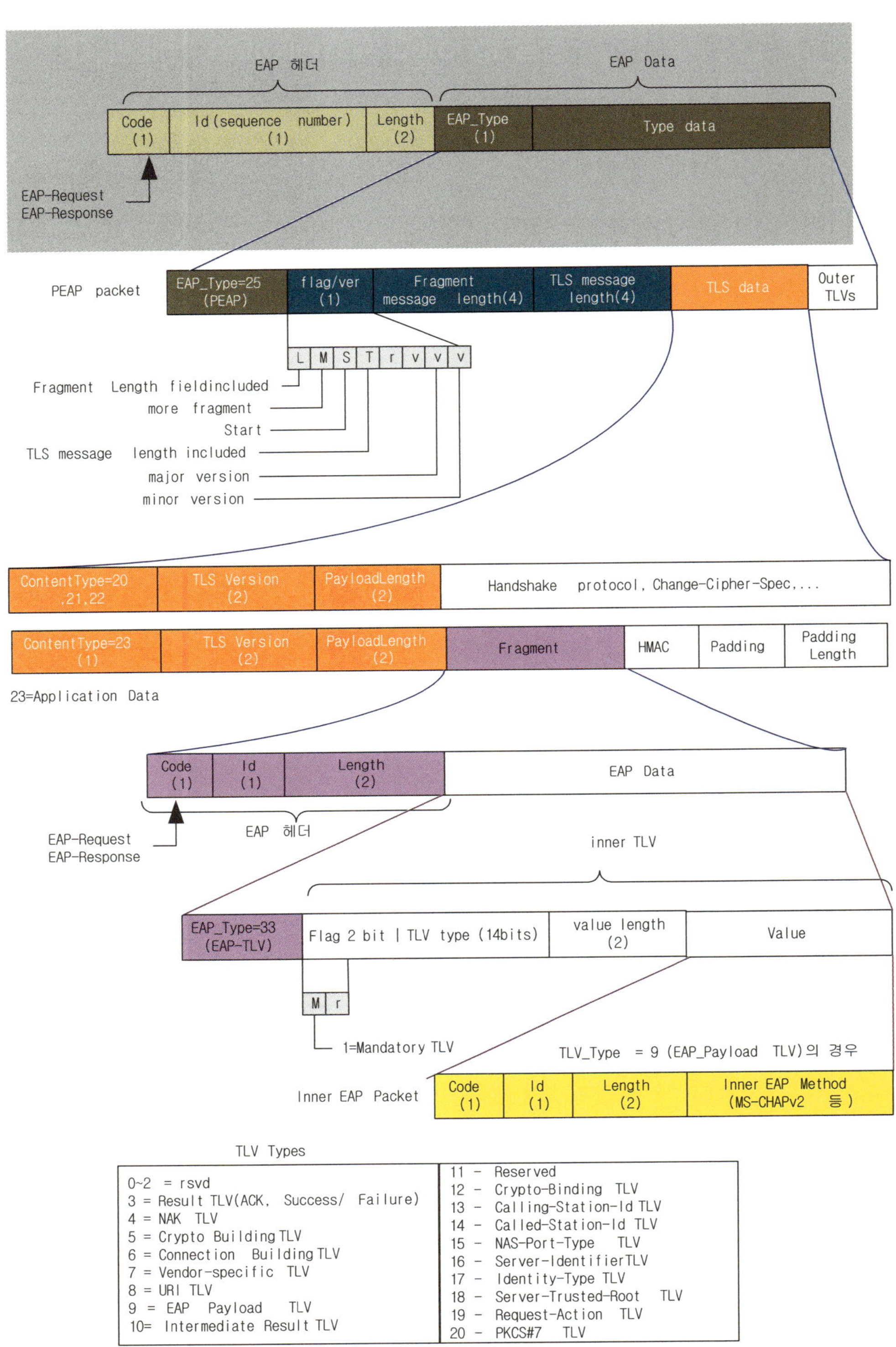

〈그림 14.4〉 PEAP 패킷 형식

단계 1에서 설정된 TLS 터널을 이용하여 사용자 인증을 수행하는 단계 2에서는 TLS application 데이터 레코드 내에 EAP-TLV라고 하는 EAP_Type = 33 형식의 EAP 패킷이 사용된다. 단, 이 EAP-TLV형식의 EAP패킷은 기본적인 EAP 헤더 없이 사용됨에 주의하라. 이 EAP_Type = 33의 EAP 패킷은 0~20번까지 정의된 다양한 종류의 PEAP용 TLV들을 수납하는데 사용된다. 각각의 PEAP용 TLV는 EAP_Type 영역 다음의 TLV_Type값으로 구분된다[5].

각 장치는 PEAP 규격에 규정된 모든 TLV를 지원할 필요는 없지만, EAP 페이로드 TLV, Intermediate Result TLV, vendor-specific TLV, Result TLV, NAK TLV 등은 반드시 지원해야 하는 기본 TLV이다. 특히, TLV_Type = 9인 EAP 페이로드 TLV는 사용자 EAP 패킷을 EAP-TLV 형식의 EAP 패킷에 재 수납할 때 사용됨으로써, 다양한 사용자 인증용 EAP 절차를 안전한 TLS 채널상에서 터널링할 수 있다.

(2) TLV

PEAPv2 패킷은 TLS 터널에 의해 보호되는 TLV와 보호되지 않는 TLV를 가지는데, 이들을 각각 내부 TLV(Inner TLV)와 외부(Outer TLV)라고 한다. 특별히, 외부 TLV는 PEAPv2 프로토콜의 첫 2개의 메시지에서만 허용된다.

(a) Result TLV : PEAP 인증절차의 최종적인 성공 및 실패를 표시한다.

1	0	TLV Type = 3 (Result)	2
Length = 2			2
Status : 1 = Success; 2 = Failure			2

〈그림 14.5〉 Result TLV 형식

(b) NAK TLV : 상대방 요청에 대하여 지원하지 못함을 표시할 때 사용된다.

1	0	TLV Type = 4 (NAK)	2
Length >= 6			2
Vendor ID			4
NAK Type			2
TLVs…			n

〈그림 14.6〉 NAK TLV 형식

- **Vendor-Id** : 4바이트의 길이로서 MSB는0이고, 실제 OUI값은 하위 3바이트에 수납된다. Vendor-Specific TLV가 아닌 TLV의 경우, 이 영역은 0이다.
- **NAK-Type** : 지원하지 못하는 TLV 타입값을 표시한다.
- **TLVs** : 지원하지 못하는 TLV의 내용이 수납된다.

---

[5] EAP-TLV형식을 가지는 EAP 패킷은 PEAP의 단계 2에서 사용될 여러 가지의 TLV들을 수납하는데 사용되는 EAP 패킷이라는 의미이다. 따라서, EAP Type 33은 PEAP-TLV 형식이라고도 한다.

(c) Error-Code TLV

오류 코드를 수납한다.

1	0	TLV Type = 5 (error)	2
Length = 4			2
Error-Code			4

〈그림 14.7〉 ERROR TLV 형식

● Error-Code : Error Codes 1~999는 성공, 1000~1999는 경고, 2000~2999 심각한 오류를 표시한다. 특히, 심각한 오류시에는 연결이 단절된다. 실제로 정의된 코드는 2001= Tunnel_Compromise _Error, 2002=Unexpected_TLVs_Exchanged이다.

(d) Crypto-Binding TLV

쌍방이 지금까지 수행한 단계 1과 단계 2 인증절차 과정에서 불법 AP에 의한 해킹이 개입되었는지를 마지막으로 검증하기 위하여, 제 13 장에서 다루었듯이, Binding Request (B1)와 Binding Response (B2)메시지가 사용되는 crypto-binding절차가 수행되어야 한다.

이 Crypto-Binding TLV는 PEAPv2 단계2에서 수행한 사용자 EAP 인증절차가 성공한 경우, 이러한 crypto-binding절차용 B1 및 B2메시지를 구성한다. 형식은 다음과 같다.

● Version : Crypto-Binding TLV의 버전으로서, 현재값은 2이다. Crypto-Binding TLV의 수신측은 Crypto-Binding TLV에 있는 버전이 PEAP 버전협상시 자신이 송신한 버전값과 같은지 검증하고, 틀리면, 이 TLV를 무시해야 한다.

1	0	TLV Type = 12 (Crypto-Binding)	2
Length = 56			2
Reserved = 00			1
Version = 2			1
Received Version			1
Sub-Type			1
Nonce			32
Compound MAC			20

〈그림 14.8〉 CryptoBinding TLV 형식

● Received Version : 버전 협상시 수신한 PEAP 버전 번호값이다.

● Sub-Type : 현재 규정된 것은 2가지이다.

  ■ 0 – Binding Request
  ■ 1 – Binding Response

● Nonce : 서버 또는 단말이 생성한 난수값으로서, 각 단에서의 compound MAC키 생성용으로 사용된다. 이것은 B1 메시지의 경우 S_NONCE값이며, B2 메시지의 경우에는 C_NONCE 값이다.

  ■ Compound MAC : 이것은 Server MAC (B1_MAC) 이거나 Client MAC (B2_MAC)으로써, CMK(Compound MAC Key) 키를 사용한 HMAC-SHA1-160 keyed MAC 방식에 의해 생성되는

20바이트 값이다.

서버가 전송하는 Crypto-Binding TLV는 마지막 비트가 0인 32바이트 길이의 랜덤한 server_nonce값과 0으로 채운 20바이트 길이의 Compound MAC[20] 영역으로 구성된 Crypto-Binding TLV 전체에 대하여, 다음과 같이 CMK[20] 키를 사용한 20바이트 길이의 HMAC-SHA1 해시된 인증 태그값인 Compound MAC값이 수납된다.

```
Compound MAC[20] = HMAC-SHA1(CMK, [Crypto-Binding TLV with Compound MAC
field=zeroes])
```

반면에, 단말이 응답하는 Crypto-Binding TLV에는 수신한 server_nonce값의 마지막 비트값을 1로 변경한 Crypto-Binding TLV에 대하여 동일한 방법으로 해시된 Compound MAC값이 수납된다.

(e) Connection-Binding TLV

이것은 단말이 인증서버에게 연결과 관련된 정보를 송신할 때 사용되며, 이 정보는 인증서버에 저장된다. 예를 들어, 이 connection binding TLV에는 802.11 MAC주소 또는 SSID가 수납된다.

0	0	TLV Type = 6 (Connection-Binding)	2
Length >=0			
TLVs			2

〈그림 14.9〉 ERROR TLV 형식

- TLVs : 단말이나 AP의MAC주소나 IP 주소 정보, 전송 매체(NAS-Port-Type), SSID 등이다.

(f) Vendor-Specific TLV

이것은 벤더들이 자신들의 고유한 애트리뷰트들을 전송할 때 사용된다. 즉, 여러 개의 Vendor TLV를 이 TLV에 수납하여 송신한다.
형식은 다음과 같다.

1	0	TLV Type = 7(Vendor-specific)	2
Length >=4			2
Vendor-Id			4
Vendor TLVs			n

〈그림 14.10〉 Vendor-specific TLV 형식

- Vendor-Id : 첫번째 바이트는0이고, 나머지 3바이트는 vendor 코드값이다.
- Vendor TLVs : 벤더 고유의 TLV이다.

(g) URI TLV

이것은 서버가 클라이언트에게 특정 자원의 URI를 알려줄 때 사용된다.

0	0	TLV Type = 8 (URI)	2
Length >=0			2
URI···			1

<그림 14.11> URI TLV 형식

(h) EAP-Payload TLV

EAP 요청이나 EAP응답 패킷을 수납하고, 또한 추가의 TLV도 한꺼번에 수납하여 전송할 때 사용된다. 형식은 다음과 같다.

1	0	TLV Type = 9 (EAP Payload)	2
Length >=0			2
EAP Packet···			n
TLVs(선택사양)			

<그림 14.12> EAP-Payload TLV 형식

- **EAP packet** : EAP header(Code, Identifier, Length, Type)가 포함된 완전한 EAP 패킷이 수납된다.
- **TLVs...** : EAP Packet 영역과 관련된 TLV가 선택적으로 수납된다.

(i) Intermediate Result TLV

이것은 각 inner EAP method별 intermediate 성공/실패를 표시한다.

1	0	TLV Type = 10 (Intermediate Result)	2
Length >=2			2
Status			2
TLVs(선택사양)			n

<그림 14.13> Intermediate Result TLV 형식

- **Status** : 1-Success; 2-Failure
- **TLVs** : Intermediate Result TLV와 관련된 내용이 수납된다.

(k) Calling-Station-ID TLV

이것은 단말이 EAP 서버에게 call originator 정보를 알려줄 때 사용된다. PPTP와 같은 VPN에서도 사용되던 TLV로서, 다이얼업 연결의 경우, Called-Station-ID TLV는 단말의 전화번호를 수납한다. IEEE 802.1X의 경우에는 단말의 MAC 주소가 수납된다. 반면에 VPN의 경우에는 단말의 IPv4 또는 IPV6주소가 수납된다.

0	0	TLV Type = 13 (Calling Station ID)	2
Length $\geq$=0			2
String (Calling-Station)			n

〈그림 14.14〉 Calling-Station ID TLV 형식

(l) Called-Station-ID TLV

이것은 단말이 EAP 서버에게 자신이 접속하고 있는 (즉, 호출된) AP 정보를 전송할 때 사용된다. IEEE 802.1X의 경우, AP의 MAC주소이다. VPN의 경우에는 VPN서버의 IPv4 또는 IPv6 주소이다.

0	0	TLV Type = 14 (Called Station ID)	2
Length $\geq$=0			2
String(Called Station)			n

〈그림 14.15〉 Called-Station-ID TLV 형식

(m) NAS-Port-Type TLV

EAP서버에게 단말이 AP접속시 사용한 단말 자신의 물리적 접속부의 종류를 알려줄 때 사용된다.

0	0	TLV Type = 15 (NAS port type)	2
Length=4			2
Value			4

〈그림 14.16〉 NAS-Port-Type TLV 형식

- **Value** : NAS-Port-Type형식의 값이다(RFC2865참조).

(n) Server-Identifier TLV

이것은 EAP서버가 EAP 단말에게 재인증절차 없이 고속으로 세션을 재개할 수 있도록 기존 세션ID를 선택할 수 있는 힌트를 제공한다.

0	0	TLV Type = 16 (Servier ID)	2
Length $\geq$=0			2
String(Idetifier)			n

〈그림 14.17〉 Server-Identifier TLV 형식

(o) Identity-Type TLV

이것은 EAP 서버가 EAP-peer에게 Identity의 정확한 type을 알 수 있는 힌트를 제공할 때 사용된다. 예를 들어, user 또는 machine임을 표시한다.

0	0	TLV Type = 17 (ID type)	2
Length =2			2
Identity-Type			2

〈그림 14.18〉 Identity-Type TLV 형식

- Identity-Type : 1-User; 2-Machine

(p) Server-Trusted-Root TLV

이것은 단말이 EAP 서버에게 PKCS#7형식의 루트 인증서를 요청할 때 사용된다.

0	0	TLV Type = 18 (Server Trusted Root)	2
Length)= 2			2
Credential-Format			2
TLVs			n

〈그림 14.19〉 Server-Trusted-Root TLV 형식

- Credential-Format : 인증서 형식을 표시한다. 1이면 PKCS#7-Server-Certificate-Root이다.
- TLVs : 해당 인증서요청에 관련된 TLV가 수납된다.

(q) PKCS#7 TLV

단말이 요구한 PKCS #7형식의 X.509 인증서를 수납한다.

0	0	TLV Type = 20 (PKCS#7)	2
Length)= 0			2
PKCS#7 data...			n

〈그림 14.20〉 PKCS#7 TLV 형식

(r) Request-Action TLV

이것은 단말이 서버에게 EAP 방식을 협상하도록 요청하거나, 오류가 있는 패킷에 수납된 TLV를 처리하도록 요구할 때 사용된다. 서버는 이 TLV를 무시할 수도 있다.

1/0	0	TLV Type = 19 (Request Action)	2
Length =2			2
Action 1 - Process-TLV; 2 - Negotiate-EAP			2

〈그림 14.21〉 Request-Action TLV 형식

14.6　PEAP의 동작절차 상세

PEAP의 동작절차는 다음 페이지의 〈그림 14.22〉과 같이 2 단계로 구성된다.

(1) 단계 1 (TLS 터널 설정단계)

① AP : 단말에게 EAP-Request{Identity}를 전송한다.

② 단말 : EAP-Response{Identity = "Arami"}로 응답한다. 이때 전송되는 사용자이름은 평문으로 전송된다. 이때, 사용자이름을 숨기기 위하여, anonymous로 전송해도 된다.

③ PEAP서버 : EAP-Request{ S =1}을 송신하여, PEAP 절차를 Start한다.

④ 단말 : EAP-Response{Client_hello}로 응답하여, TLS 채널 설정을 시도한다.

⑤ PEAP서버 : EAP-Request{ Server_hello, Server certificate, Server_hello_done}를 송신하여, 단말에게 자신을 인증하도록 한다.

⑥ 단말 : EAP-Response{Client_key_exchange, Change_cipher_spec,Finished}로 응답한다. 이때, 단말이 생성한 premaster secret을 Client_key_exchange 레코드에 수납한다.

⑦ PEAP 서버 : EAP-Request{Change_cipher_spec,Finished}를 송신하여 TLS 채널의 설정을 완료한다.

(2) 단계 2(사용자 인증단계)

단계 2에서는 서버인증만 수행하여 생성한 TLS Application 채널상에서, EAP-TLV를 이용하여 사용자 인증을 수행하고, Crypto-Binding 절차로 불법 AP에 의한 도청이 있었는지 검증한다.

⑧ PEAP 서버 : 동시에, TLS_Application 레코드에 EAP-TLV[EAP-Payload-TLV[EAP-Request/Identity]] 메시지를 수납하여 사용자 이름을 요청함으로써, 생성된 TLS 채널에서 사용자 인증절차를 개시한다.

⑨ 단말 : 자신의 사용자 ID를 응답한다.

⑩ PEAP 서버 : 사용자를 인증할 수 있으면, EAP-TLV [Result TLV(Success)]로 응답한다. 또한, 지금까지의 절차에서 불법 AP에 의한 도청이 있었는지 검증하기 위한 Crypto-Binding 절차용으로 Crypto-Binding TLV(S_Nonce, B1_MAC),Intermediate-Result TLV(Success)] 메시지도 함께 응답한다. 아직 완전하게 사용자를 인증한 것은 아니다.

⑪ 단말 : EAP-TLV [Result TLV(Success),Intermediate-Result TLV(Success), Crypto-Binding TLV (C_Nonce, B2_MAC)]으로 응답한다.

⑫ 상호인증을 위해 개설한 TLS 채널을 해제한다.

⑬ PEAP 서버 : EAP-Success메시지가 수납된 RADIUS Access-Accept 메시지를 AP에 보낸다. 이때 무선구간 보호용 AAA-Key도 함께 AP에 전달한다.

⑭ AP : EAP Success 메시지를 단말에게 보냄으로써, PEAP 인증절차를 완성한다.

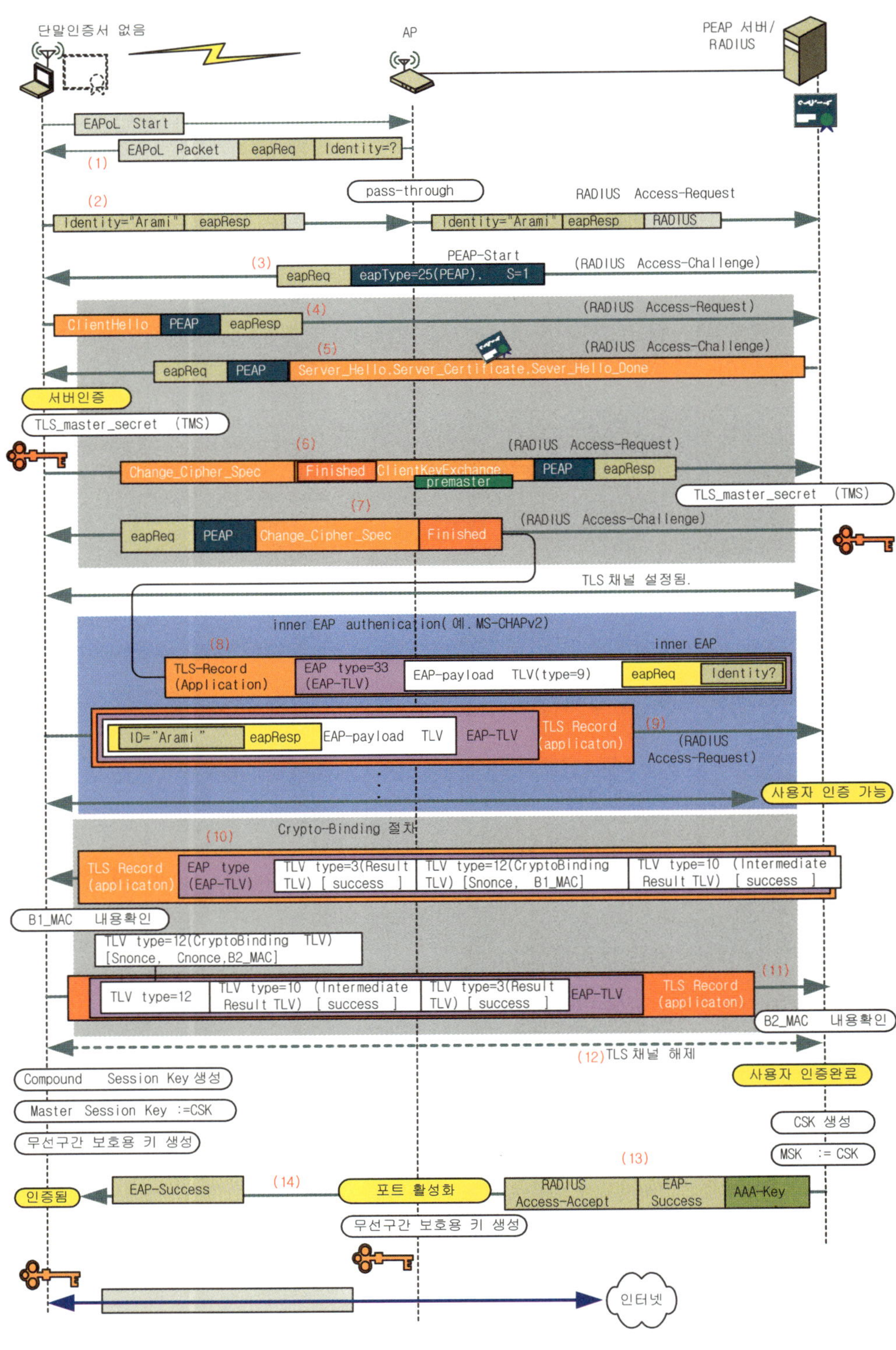

<그림 14.22> PEAP 동작절차 상세

(3) PEAP Fast Reconnect 기능

PEAP는 기존의 TLS 세션을 신속하게 재개할 수 있는 기능도 제공한다. PEAP 단계 2절차가 성공할 때, 인증서버는 단계 1에서 개설되었던 TLS 세션 정보를 캐시해 놓는다. 이 캐시의 내용은 단계2의 성공적인 인증결과에 의해 설정된 것이므로, 이 세션은 단계 1이나 단계 2를 수행할 필요없이 즉시 재개될 수 있다. 이 경우, EAP-Success 메시지가 재인증시도시 즉시 전송된다. 이 과정을 fast reconnect 과정이라고 한다. 이 fast reconnect 과정은 무선LAN과 같이 로밍이 많은 경우의 연결지연을 감소시킬 수 있다. 이것은 Windows 2003 서버, XP, 등에 적용되어 있으며, 윈도우 2000 sp3 이후 버전에도 포함되어 있다.

14.7 EAP-FAST 프로토콜

(1) 개 요

EAP-Cisco라고도 불리는 Lightweight EAP(LEAP)는 사용자와 인증서버간에 {사용자 이름, 해시된 패스워드로 인증하는 프로토콜인데, 사용되는 해시된 패스워드는 dictionary attack에 취약한 문제점이 있다. 이를 해결하기 위한 여러 가지의 방법들은 모두 단말이 서버 인증서를 처리할 수 있어야 하는 번거로움이 있다.
이러한 문제점을 해결하기 위하여, 시스코사가 제안한 새로운 EAP 인증 방법인 EAP-Flexible Authentication via Secure Tunneling(EAP-FAST)는 다른 터널 기법과 같이 TLS 터널을 설정한 후 사용자 인증을 수행한다. 하지만, TLS터널을 설정할 때 서버 인증서를 사용하는 것이 아니라, 단말과 인증서버간에 설정된 패스워드인 Protected Access Credential(PAC)키를 사용하여 상호 인증한다. 이러한 패스워드 기반의 인증절차는 LEAP와 같이 간편한 장점이 있으면서도 LEAP보다 안전하면서, 인증서 기반의 터널방식의 인증절차에 비하여 처리속도가 신속하다. 그리고 LEAP와 달리 IETF에 공개되어 있다. 뿐만 아니라, 802.1X, WPA, 802.11i에 호환된다.

(2) 계층구조

EAP-FAST 인증 시스템의 계층구조는 다음 페이지의 〈그림 14.23〉과 같다.

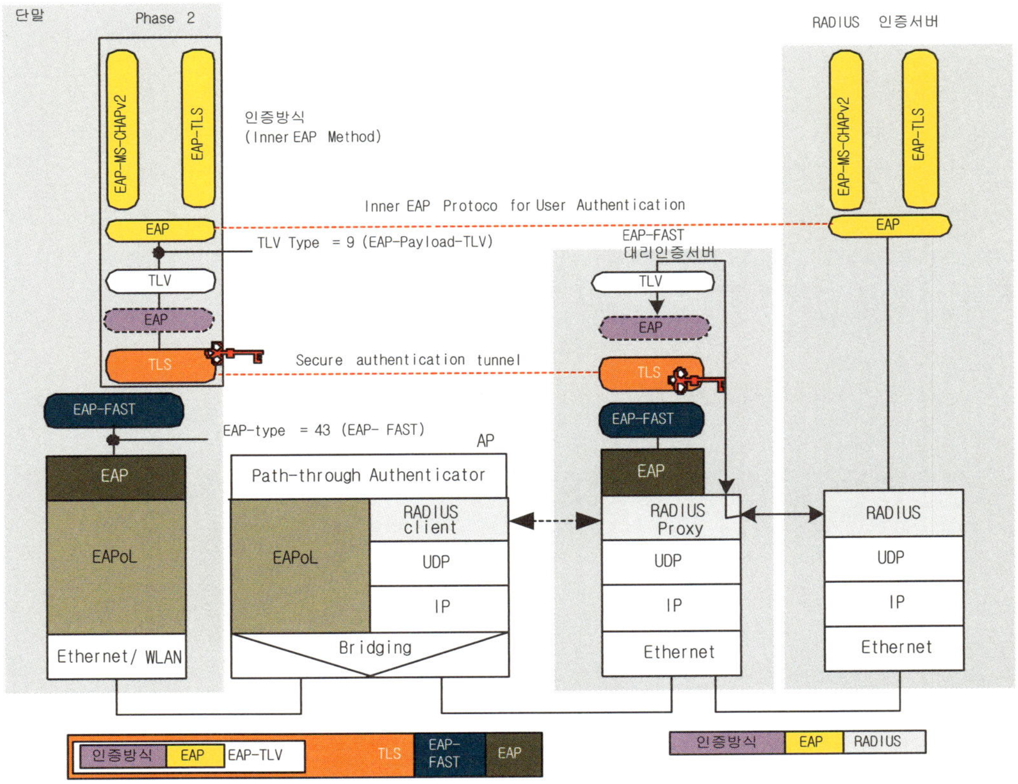

〈그림 14.23〉 EAP-FAST 계층구조

540

(3) PAC의 구성

단계 0에서, 서버가 수동이나 자동으로 단말에게 전달되는 PAC는 다음과 같은 3가지의 요소로 구성된다.

- PAC-Key : Phase 1 터널 설정을 위해 단말이 사용하는 32바이트의 키이다. 이 키는 TLS의 premaster secret으로 간주하면 된다. 하지만, 이 PAC-Key는 서버에 의해 랜덤하게 생성되는 점이 특이하다.

- PAC-Opaque : {PAC-Key, 단말 식별자인 Initiator ID(I-ID), PAC-Key 수명시간 (CRED_LIFETIME) 등}이 수납된 영역으로서, 서버의 master key로 암호화된 가변길이의 영역이다. 물론, 단말은 이 내용을 복호할 수 없기 때문에, opaque(불투명)하다고 한다. 단말은 서버로부터 전달 된 PAC의 내용 중, 이 PAC-Opaque 부분을 저장하고 있다가, 서버에게 이 부분을 전달하여 서버로 하여금 단말의 identity를 검증하고 인증하는데 사용되는 용도로 사용된다.

- PAC-Info : 인증기관 식별자나 PAC 발행측의 식별자를 표시하는 가변길이 정보이다. 또한, PAC-Key 수명시간 등과 같은 정보도 포함되며, 인증서버가 단말에게 PAC를 처음으로 제공하거나 갱신시 전달된다.

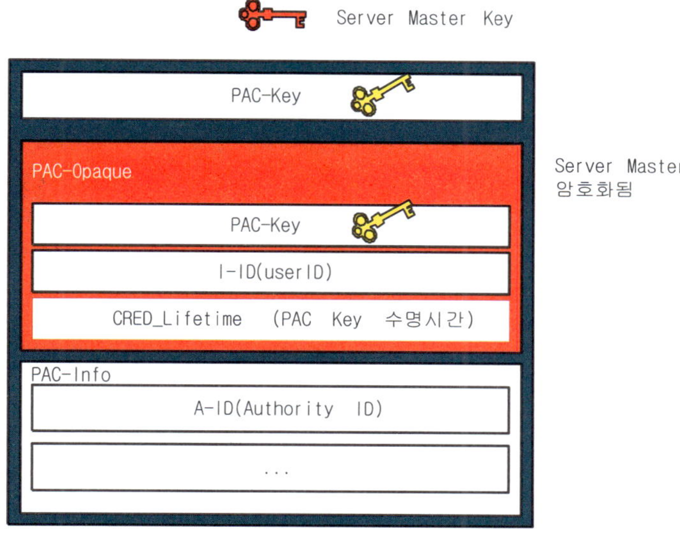

〈그림 14.24〉 PAC의 구성

(4) PAC 전달절차

EAP-FAST 규격은 터널링 절차와 사용자 인증 방법에 대해서만 규정하고 있으므로, 서버가 생성한 PAC를 어떻게 단말에게 안전하게 전달하는지에 대해서는 언급하고 있지 않다. 하지만, 권고하는 PAC 확보 과정은 다음과 같이 2가지가 있다.

- **수동** : 플로피 디스켓 등으로 확보한다.
- **자동** : EAP-FAST 절차와 상관없이 Diffie-Hellman(DH) 키 분배 프로토콜 등을 사용하여 전달할 수 있지만, 이 과정에서 man-in-the-middle(MitM) 공격에 취약할 수 있다.

(5) EAP-FAST 인증절차 개요

이것은 EAP-FAST/MS-CHAPv2 인증 방법의 경우로서, 다음과 같이 TLS 채널 설정절차와 사용자 인증절차 등 다음과 같은 두 단계로 수행된다.

- **단계 1 (TLS 채널 설정 및 서버인증)** : 클라이언트와 인증서버간의 보안 채널을 설정하기 위하여, 클라이언트와 서버간에 공유하는 PAC를 사용한 TLS 연결절차를 수행하여 상호인증 한다. 이때, 단말은 자신이 가지고 있는 PAC의 내용 중에서 PAC-Opaque만 서버에게 전송하는데, 서버는 자신이 PAC-Opaque를 생성할 때 사용한 키를 사용하여 복호함으로서, 상호인증된 TLS 터널을 설정하게 된다. 필요한 경우, 이 단계에서 PAC를 갱신할 수도 있다.

● 단계 2 (사용자 인증) : TLS 터널 내에서, EAP 기반의 인증 방식인 OTP, MD5, EAP-MS-CHAPv2, EAP-TLS 등 중에서 EAP-MS-CHAPv2을 이용한 사용자 인증절차를 수행한다[6]. 이것을 EAP-in-EAP 인증 방식이라고 한다.

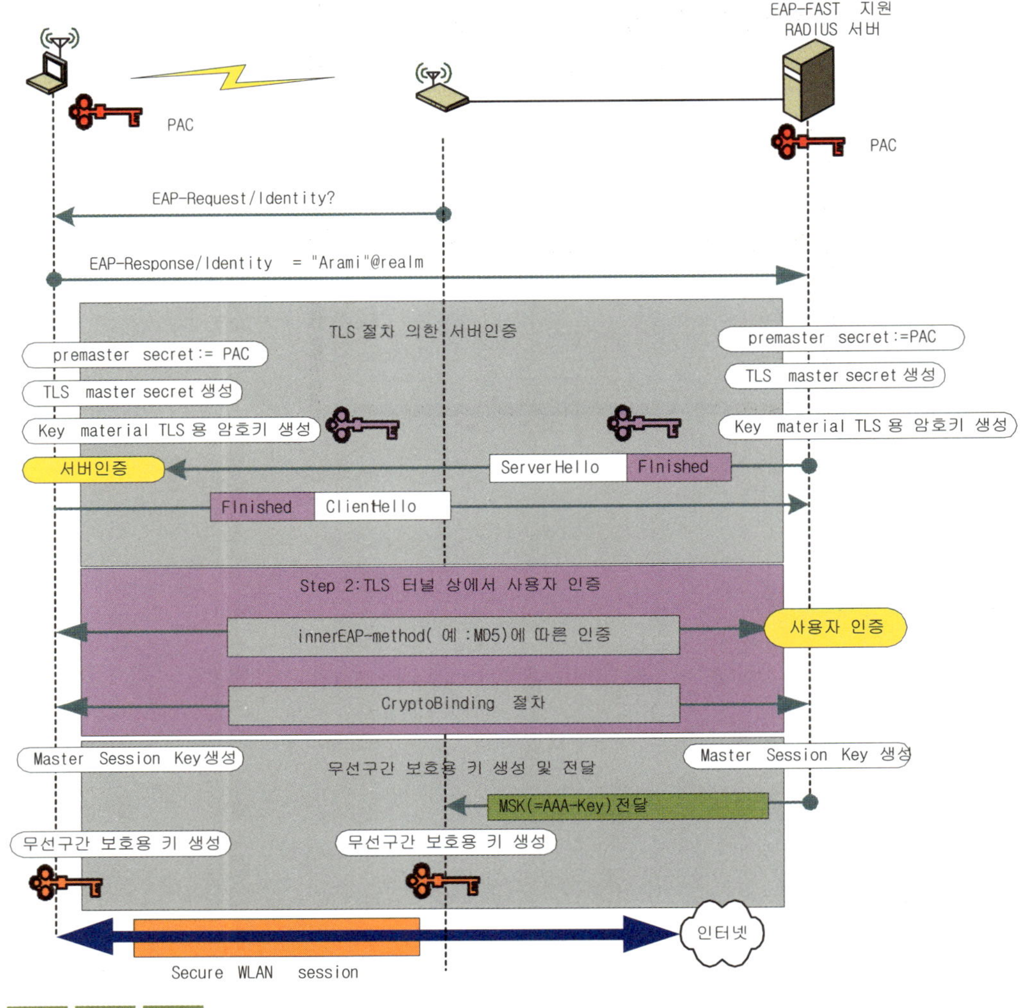

〈그림 14.25〉 EAP-FAST의 간략한 동작절차

6_ 이때, 사용자를 인증하고자 할 때, 사용자의 인증서가 굳이 필요하다면, inner EAP 인증 방식으로 다시EAP-TLS 방식을 사용하는 것 보다는 처음부터 EAP_TLS를 사용하는 것이 차라리 좋다. PEAP-MS-CHAPv2를 사용자 인증시 사용하는 것은 PKI가 완전하게 갖추어지지 않은 환경에 적합하기 때문이다.

14.8　EAP-FAST 패킷 형식

EAP-FAST도 TLS 메시지들을 EAP에 수납하기 위하여, PEAP와 마찬가지로 〈그림 14.26〉과 같은 패킷을 구성한다. PEAP 패킷은 EAP-Type값 43(=EAP-FAST)로 시작하여, 플래그, TLS 메시지길이, TLS 데이터 영역으로 구성된다.

Outer EAP Header	Code=1 (eapReq),2 (eapResp), 3 (eapSuccess),4 (eapFailure)				1
	Identifier				2
	Length = 5+n				2
EAP Data (EAP-FAST)	Type = 43 (EAP-FAST)				1
Flags/Version	L	M	S	r	r	Version (3 bits)	1
	TLS Message Length				4
TLS Data	TLS Record Header				
	(TLV)				
	...				
	(TLV)				n

〈그림 14.26〉 EAP-FAST 패킷 형식

- Type = 43 : EAP-FAST
- 플래그
  - L = Length included
  - M = More fragments : 마지막 fragment일 때에는 0으로 설정됨.
  - S = EAP-FAST start
  - R = Reserved (must be zero)
- 버전 : 1
- TLS 메시지 길이 : L = 1일 때에만 존재하며, TLS 메시지의 길이를 표시한다.
- TLS 데이터 : TLS 레코드 형식으로 수납된다. 즉, TLS 레코드 헤더에 이어, TLS Handshaking, Changer Cipher 등의 메시지가 수납되거나, TLS Application Data 메시지에 EAP-FAST에서 정의된 여러 가지의 TLV들이 수납된다.

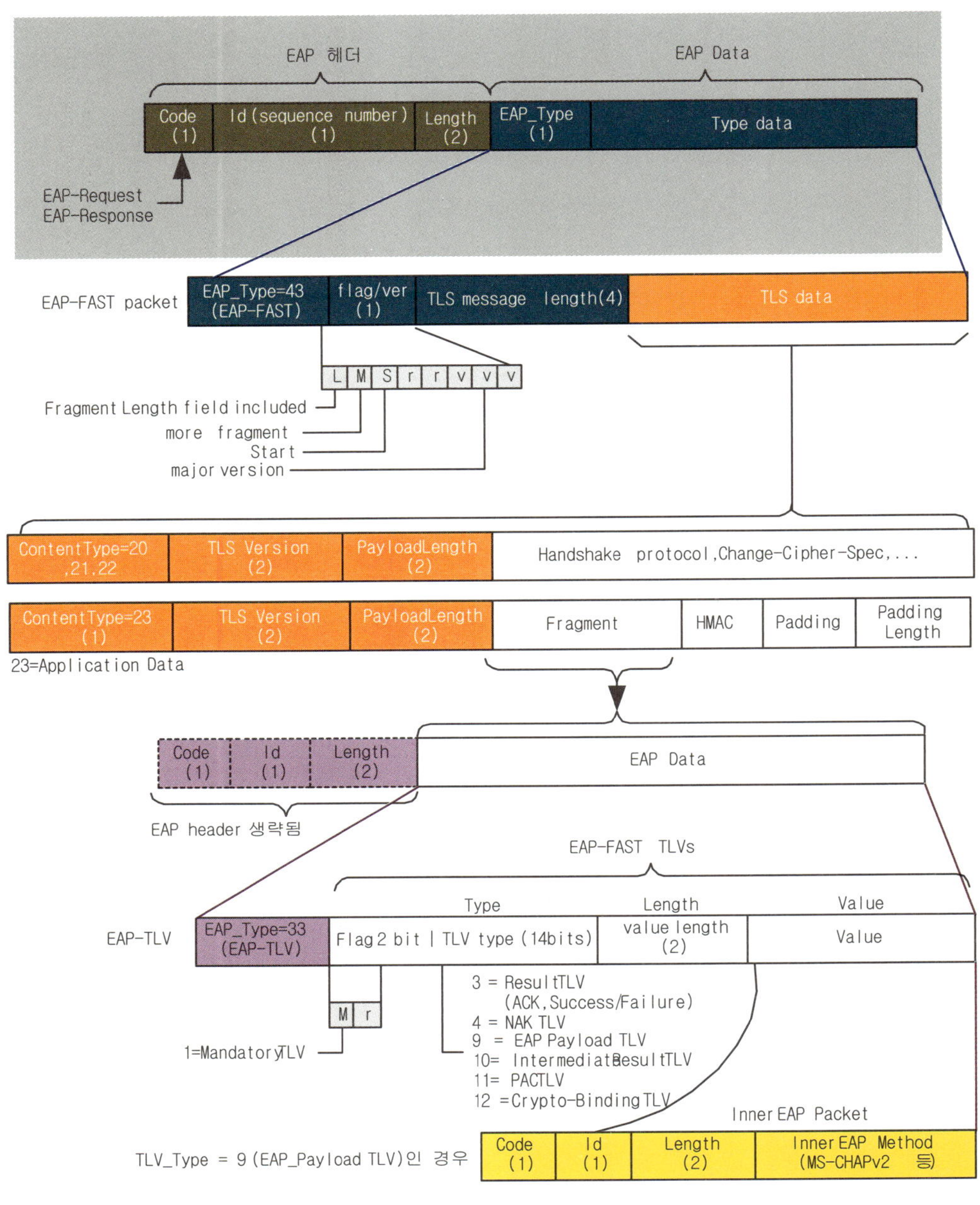

〈그림 14.27〉 EAP-FAST 패킷의 상세 형식

(1) EAP-FAST용 TLV 형식

EAP-FAST용 TLV는 단계 2에서 사용될 EAP-FAST용 메시지들을 수납하는 용도로 사용되며, 새로운 PAC TLV외에 PEAP에 정의된 TLV중 Result, NAK, EAP_Payload, Intermediate Result, Crypto-Binding TLV를 사용한다. 이 TLV중에서 EAP-TLV는 TLS 터널상에서 전송되는 실제 EAP-FAST inner method 패킷들을 수납하는데 사용된다. 기본 형식은 다음과 같다. 여기서, Flag는 M(Mandatory)=1일 때는 이 TLV가 필수 TLV 임을 표시하고, r은 예약된 비트로써 0으로 설정된다. Length는 Value의 길이정보를 표시한다.

Flag/type	M	R	TLV Type (14비트)	2
	Length			2
	Value			2

(a) Result TLV : EAP-FAST 인증절차의 최종적인 성공 및 실패를 표시한다.

1	0	TLV Type = 3	2
Length = 2			2
Status : 1 = Success; 2 = Failure			2

(b) NAK TLV : 상대방 요청에 대하여 지원하지 못함을 표시할 때 사용된다.

1	0	TLV Type = 4	2
Length >= 6			2
Vendor ID			4
NAK Type			2
TLVs(선택사양)			n

- Vendor-Id : 4바이트의 길이로서 MSB는 0이고, 실제 OUI값은 하위 3바이트에 수납된다. Vendor-Specific TLV가 아닌 TLV의 경우, 이 영역은 0이다.
- NAK-Type : 지원하지 못하는 TLV 타입값을 표시한다.
- TLVs : 지원되지 않은 TLV의 내용을 수납하여, NAK의 이유를 알 수 있도록 한다.

(c) EAP-Payload TLV

EAP 요청이나 EAP 응답 패킷을 수납하고, 또한 추가의 TLV도 한꺼번에 수납하여 전송할 때 사용된다. 형식은 다음과 같다.

1	0	TLV Type = 9	2
Length >= 0			2
EAP Packet···			n
TLVs(선택사양)			

- EAP packet : EAP header(Code, Identifier, Length, Type)가 포함된 완전한 EAP 패킷이 수납된다.
- TLVs... : EAP Packet 영역과 관련된 TLV가 선택적으로 수납된다.

(d) Intermediate Result TLV

이것은 각 inner EAP 인증 방법별 중간의 성공/실패를 표시한다.

0	0	TLV Type = 10	2
Length >= 2			2
Status			2
TLVs(선택사양)			n

- Status : 1 = Success; 2 = Failure
- TLVs : Intermediate Result TLV와 관련된 TLV들이 선택적으로 수납될 수 있다.

(e) PAC TLV

서버가 성공적인 인증후 단말용의 새로운 PAC를 분배하거나 갱신할 때 사용된다. 이때, 새로운 PAC는 이 PAC TLV에 {PAC-Key, PAC-Opaque, PAC-Info 애트리뷰트, 기타 애트리뷰트} 형식으로 수납되며, 성공적인 Intermediate Result TLV와 Crypto-Binding TLV 교환 이후에만 분배된다. 단말은 새로운 PAC가 수납된 PAC-TLV를 안전하게 받으면, 반드시 PAC-Acknowledgement TLV로 응답해야 한다.

	0/1	0	TLV Type = 11	2
	Length >= 0			2
PAC Attribute #1	Type			2
	Length			2
	Value			n
	...			
PAC Attribute #n	Type			2
	Length			2
	Value			n

이 PAC TLV를 구성하는 애트리뷰트들은 모두 Type-Length-Value 형식으로 구성된다.

(f) Crypto-Binding TLV

이것은 쌍방이 수행한 지금까지의 터널기반의 사용자 인증절차가 확실함을 마지막으로 검증할 때 사용된다. 이를 위하여, Binding Request (B1)와 Binding Response (B2)메시지가 사용되는데, 이들은 다음과 같이 PEAP의 것과 동일한 형식을 가진다.

1	0	TLV Type = 12	2
Length = 56			2
Reserved = 00			1
Version = 2			1
Received Version			1
Sub-Type			1
Nonce			32
Compound MAC			20

〈그림 14.28〉 CryptoBinding TLV 형식

(2) 애트리뷰트의 종류

PAC-TLV에 수납되는 애트리뷰트의 종류는 다음과 같다.

● **Type 1(PAC-Key 애트리뷰트)** : 서버가 랜덤하게 생성한 32바이트 길이의 PAC-Key가 수납된다. 이 키의 생성자는 A-ID 애트리뷰트로 식별된다.

1	Type = 1 (PAC-Key) · 2
	Length = 32 · 2
	Value (PAC-Key) · 32

● **Type 2(PAC-Opaque 애트리뷰트)** : {PAC-Key, I-ID, CRED_Lifetime} 내용에 대하여 서버가 암호화한 값이 수납된다. 단말은 서버가 암호화한 이 내용을 복호할 수 없기 때문에, 단말 입장에서는 '불투명한(opaque) 데이터'가 수납되어 있다. 단계1에서 단말이 서버에게 자신도 PAC-Key를 가지고 있음을 서버로부터 인증받고자 이 애트리뷰트를 전송할 경우, ClientHello extension 영역[RFC3546]에 수납되어 전송된다. 이 애트리뷰트는 현재의 PAC를 갱신하도록 요청할 때에도 사용된다. 분명히, PAC-Key와 PAC-Opaque간에는 일대일 연관관계가 있으므로, 단말은 단계 1에서 서버로부터 수신한 EAP-FAST/Start 메시지의 PAC-TLV에 수납된 A-ID 애트리뷰트 값을 참조함으로써, 해당 서버로부터 발급받은 PAC-Key와 해당 PAC-Opaque를 선택할 수 있다.

Type = 2 (PAC-Opaque)	2
Value Length	2
Value ({PAC-Key, I-ID, CRED_Lifetime애트리뷰트}로 구성된 PAC가 서버의 키로 암호화 됨.)	n

● **Type 3(CRED_LIFETIME 애트리뷰트)** : PAC값의 UNIX UTC 시간으로 된 만기시간이 수납된다. 이 애트리뷰트는 PAC-Opaque 영역에도 수납되어, 서버가 PAC의 유효성을 검사할 때 사용된다. 또한, PAC-Info 애트리뷰트에 수납될 수도 있다.

Type = 3 (CRED_LIFETIME)	2
Value Length = 4	2
Expiration time	4

● **Type 4(A-ID 애트리뷰트)** : Authority identifier는 이 PAC를 생성한 기관명이다. 서버로부터 전달받은 이 A-ID 속성으로부터 단말은 어떤 PAC를 선택해야 하는지 결정할 수 있다. 서버도 이것이 수납된 단말로부터 수신되는 PAC-Opaque 속성으로부터, PAC생성시 필요한 마스터 키를 선택할 수 있다. 이것은 PAC-Info 애트리뷰트의 첫 영역에 반드시 포함되어야 한다.

Type = 4 (Authority identifier)	2
Value Length	2
Authority identifier String	n

- Type 5(I-ID 애트리뷰트) : Initiator identifier는 해당 PAC가 적용되는 단말 식별자이다. 이 영역은 PAC-Opaque 애트리뷰트에 반드시 포함된다.

Type = 5 (Initiator Identifier)	2
Value Length	2
Initiator identifier String	n

- Type 7(A-ID-Info 애트리뷰트) : Authority Identifier정보는 PAC를 생성한 기관이나 서버의 이름을 수납한 것으로서, PAC-Info 애트리뷰트에는 반드시 포함되어야 한다.

Type = 7 (Authority Identifier Information)	2
Value Length	2
Authority Identifier Information String	n

- Type 8(PAC-Acknowledgement 애트리뷰트) : 이것은 PAC TLV를 수신한 단말이 응답할 때 사용된다. 이 애트리뷰트는 Result TLV에 수납된다.

Type = 8 (PAC-Ack)	2
Length = 2	2
Result : 1=Success; 2 = Failure	n

- Type 9(PAC-Info 애트리뷰트) : 여러 가지의 다른 애트리뷰트 조합으로 구성된다. 최소한 A-ID 애트리뷰트는 반드시 수납되어야 한다.

	Type = 9 (PAC-Info)	2
	Value Length	2
Attributes	Attribute (Type 4= A-ID 애트리뷰트)	n
	Attributes (Type 3,5,6,)	

(3) PAC-Opaque 애트리뷰트가 수납된 TLS Client Hello 메시지

PAC를 구성하는 애트리뷰트 중 하나인 PAC-Opaque 애트리뷰트는 단계1에서 단말이 서버에게 전송하는 TLS ClientHello 메시지의 extension 영역에 단독으로 수납되어 전송될 수 있다. 이 경우의 메시지 형식은 다음과 같다[RFC3546].

	Content Type = 22 (Handshake)		1
TLS Record Header	Major Version (3)	Minor Version (1)	2
Attributes	Length		2
Handshake Header	HandshakeType = 1 (ClientHello)		1
	length		3
body	client_version = 3.1		2
random	gmt_unix_time		4
	Random		28

Session ID	Session ID Length	session_id
	SessionID	0~32
cipher_suites	CipherSuite Length	2*n
	CipherSuite #1	
	...	
	CipherSuite #n	
CompressionMethods	CompressionMethod Length	1
	CompressionMethods {0}	1
	...	
	CompressionMethods {0}	1
Extention List #1	Extention_Type = 35 (EAP-FAST PAC-Opaque)	2
	Extension_Data = PAC-TLV[PAC_Opaque]	n
	...	n
Extention List #n		

〈그림 14.29〉 TLS Client Hello 메시지의 형식

14.9 EAP-FAST용 키 생성

(1) 단계 1 키 생성

단계 1에서, 단말과 서버측간의 TLS 터널 설정시 사용되는 키는 쌍방이 확보하고 있는 공통의 PAC Key[32]로부터 다음과 같이 생성된다.

① TLS 핸드쉐이킹 절차에서 전송되는 {Client Hello 메지시에 수납된 nonce값(Client_hello_random), Server Hello 메시지에 수납된 nonce값인 server_hello_random} 그리고 PAC-Key를 사용하여, EAP-FAST 고유의 PRF인 T-PRF함수에 의해, 다음과 같은 48바이트 길이의 TLS_master_secret(TMS)을 생성한다.

```
TLS_master_secret[48] = T-PRF(PAC-Key[32], "PAC to master secret label hash",
server_hello_random[32] + client_hello_random[32])
```

② 128바이트 길이의 Transient EAP Key(TEK) 블록을 다음과 같이 구한다.

```
TEK block[128] = EAP-FAST-PRF(TMS, "key expansion", server_random + client_random)
```

여기서 사용되는 EAP-FAST 전용 PRF는 TLS에서 사용된 PRF보다 간단하다.

③ 일반적인 TLS 절차와 유사하게, TLS 터널용 암호 및 무결성용 키를 생성하기 위하여, 이 TEK block을 다음과 같이 분할한다.

```
client_write_MAC_secret[20]
server_write_MAC_secret[20]
client_write_key[16]
server_write_key[16]
client_write_IV[IV_size=0]
server_write_IV[IV_size=0]
session_key_seed[40]
```

특징적으로, 마지막에 있는 40바이트 길이의 session_key_seed(SKS)는 client_write_IV나 server_write_IV값 대신에 사용되는 것으로써, 단계 2에서 inner EAP method와 터널에 대한 crypto-binding용으로 사용되는 seed값일 뿐만 아니라, EAP-FAST 세션 키를 생성할 때 사용된다.

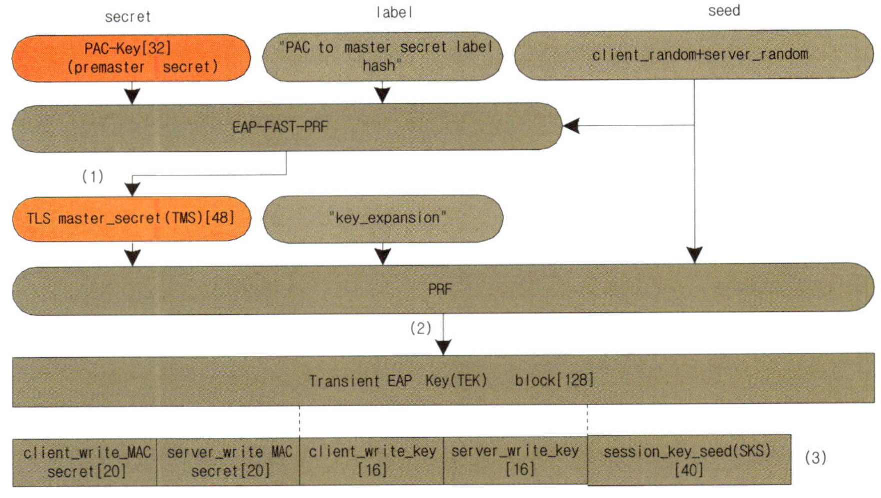

〈그림 14.30〉 EAP-FAST 키 생설절차(단계 1)

(2) 단계 2 키 생성

단계 2에서 사용될 암호 및 MAC 키는, PEAP 인증 프로토콜과 유사하게, 단계 1에서 생성된 Session Key Seed(SKS)[40]와 사용자 인증시 사용한 Inner Session Key(ISK)의 첫 32바이트 값으로부터 다음과 같이 생성되며, crypto-binding 절차에도 사용된다.

① 60바이트의 Inner Methods Compound Key(IMCK)를 다음과 같이 계산한다.

```
IMCK[60] = EAP-FAST-PRF(SKS[40], " Inner Methods Compound Keys ", ISK[32]);
```

② IMCK[60]의 첫 40바이트 값인 S-IMCK[40]을 사용하여 무선구간 보호용 Compound Session

Key(CSK)를 다음과 같이 계산한다. 그리고 IMCK[60]의 마지막 20바이트를 Compound MAC Key (CMK)[20]로 한다.

```
S-IMCK[40] ← IMCK[0..39];
CMK[20] ← IMCK[40..59];
CSK[128] = PRF(S-IMCK[40], "Session Key Generating Function", 128)
```

③ CMK[20]를 사용하여 Crypto-Binding 절차를 수행하여 무결성을 검증한다.

④ 무결성 검증이 완료되면, 무선구간 암호용 MSK를 생성한다. 이를 위하여, CSK[128]의 첫 64바이트를 MSK로 사용하고, 나머지 64 바이트를 EMSK로 사용한다.

⑤ AAA-Key[64] : MSK[64]를 AAA-Key로 할당하여 AP에 전달한다.

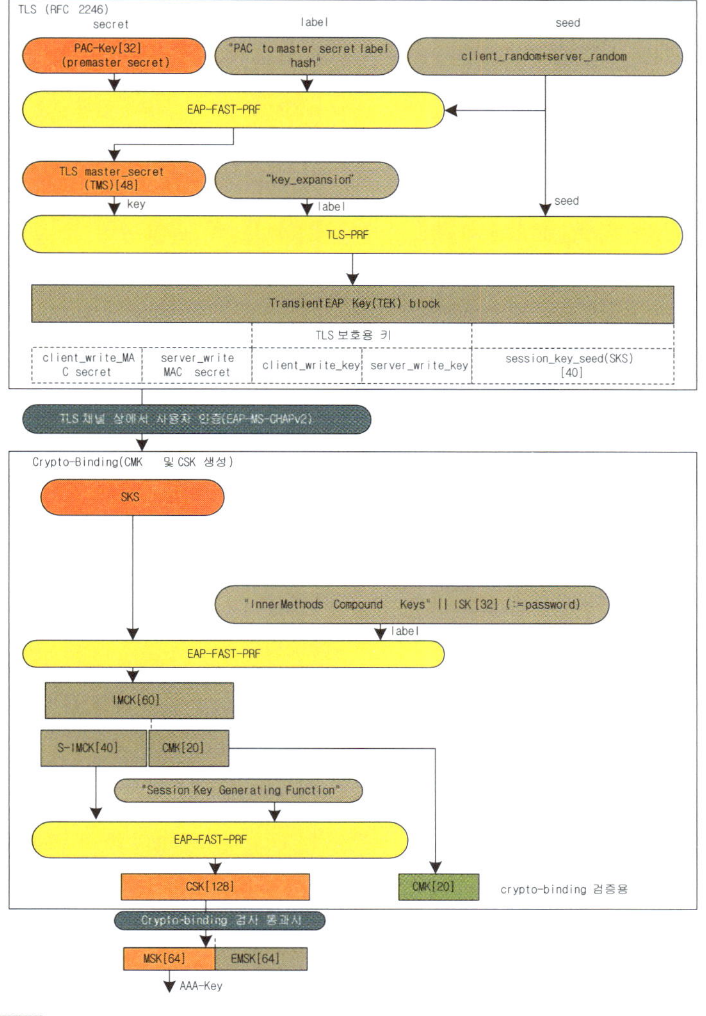

〈그림 14.31〉 EAP-FAST 키 생설절차(단계 2)

14.10 EAP-FAST의 동작절차 상세

이 EAP-FAST 인증 방법은 PAC를 전달하는 단계 0와 두 단계로 이루어지는 인증과정으로 구성된다.

- 단계 0 : PAC를 단말에게 안전하게 전달하는 절차이다. PAC-Key는 TLS의 premaster secret과 동일한 것이라고 해도 된다. 이 PAC-Key는 서버가 랜덤하게 생성하여 비밀리에 단말에게 전달한다.

- 단계 1 : 일단 PAC가 단말에 제공되면, 이 PAC를 사용하여 단말과 인증서버간에 상호인증된 터널을 설정한다. 이 과정에서 단말을 단순히 PAC-Key에 의해 인증했을 뿐, 해당 사용자에 대한 사용자 ID/패스워드 등을 사용한 사용자 인증은 하지 않았음에 주의할 필요가 있다. 그리고 이 단계 1에서는 모두 평문으로 전송되고 있음에도 유의해야 한다. 이 단계 1의 절차는 다음과 같다.

  ① AP ➜ 단말 : EAP-Request[Identity]을 전송한다.
  ② 단말 ➜ RADIUS 서버 : EAP-Response[Identity = "anonymous@west.com"]로 응답한다.
  ③ RADIUS 서버 ➜ 단말 : EAP-Request[S =1, Authority ID="InsuniCom"}] 으로 EAP-FAST 절차 개시를 지시한다.
  ④ 단말 ➜ RADIUS 서버 : EAP-Response[Client_hello] 메시지의 EAP-FAST PAC-Opaque Extension영역에 PAC-Opaque를 수납하여 응답한다.
  ⑤ RADIUS 서버 ➜ 단말 : 서버는 PAC-Opaque를 검사하여 단말을 인증한 후, EAP-Request[Server_hello, Change_cipher_spec, Finished] 를 전송한다.
  ⑥ 단말 ➜ RADIUS 서버 : EAP-Response[Change_cipher_spec, Finished]로 응답함으로써,TLS 채널설정이 완료된다.

- 단계 2(TLS 터널상에서의 사용자 인증절차) : TLS 터널상에서, 실질적인 사용자 인증을 위한 EAP메시지는 EAP Payload TLV에 수납된다. 인증후에는 Crypto Binding 절차에 의해 지금 수행된 인증방법에 대한 터널의 무결성을 검증한다. 예를 들어, 사용자 인증 방법이 MS-CHAPv2인 경우는 다음과 같다.

  ⑦ RADIUS서버 ➜ 단말 : EAP-Request[Identity=?]로 사용자 인증절차를 개시한다.
  ⑧ 단말 ➜ RADIUS 서버 : EAP-Response[Identity = "Arami"]로 응답한다.
  ⑨ RADIUS서버 ➜ 단말 : EAP-Request[Challenge]를 송신한다.
  ⑩ 단말 ➜ RADIUS 서버 : EAP-Response[Challenge Response]로 응답한다.
  ⑪ RADIUS서버 ➜ 단말 : Crypto-Binding절차를 수행한다.
  ⑫ 단말 ➜ RADIUS 서버 : Crypto-Binding절차를 수행한다. 이로써 인증 방법에 대한 터널의 무결성을 검증한다. 이어, TLS 채널을 해제한다.
  ⑬ RADIUS 서버 ➜ AP : EAP-Success 메시지와 무선구간 보호용 AAA-Key를 AP에 전달한다.

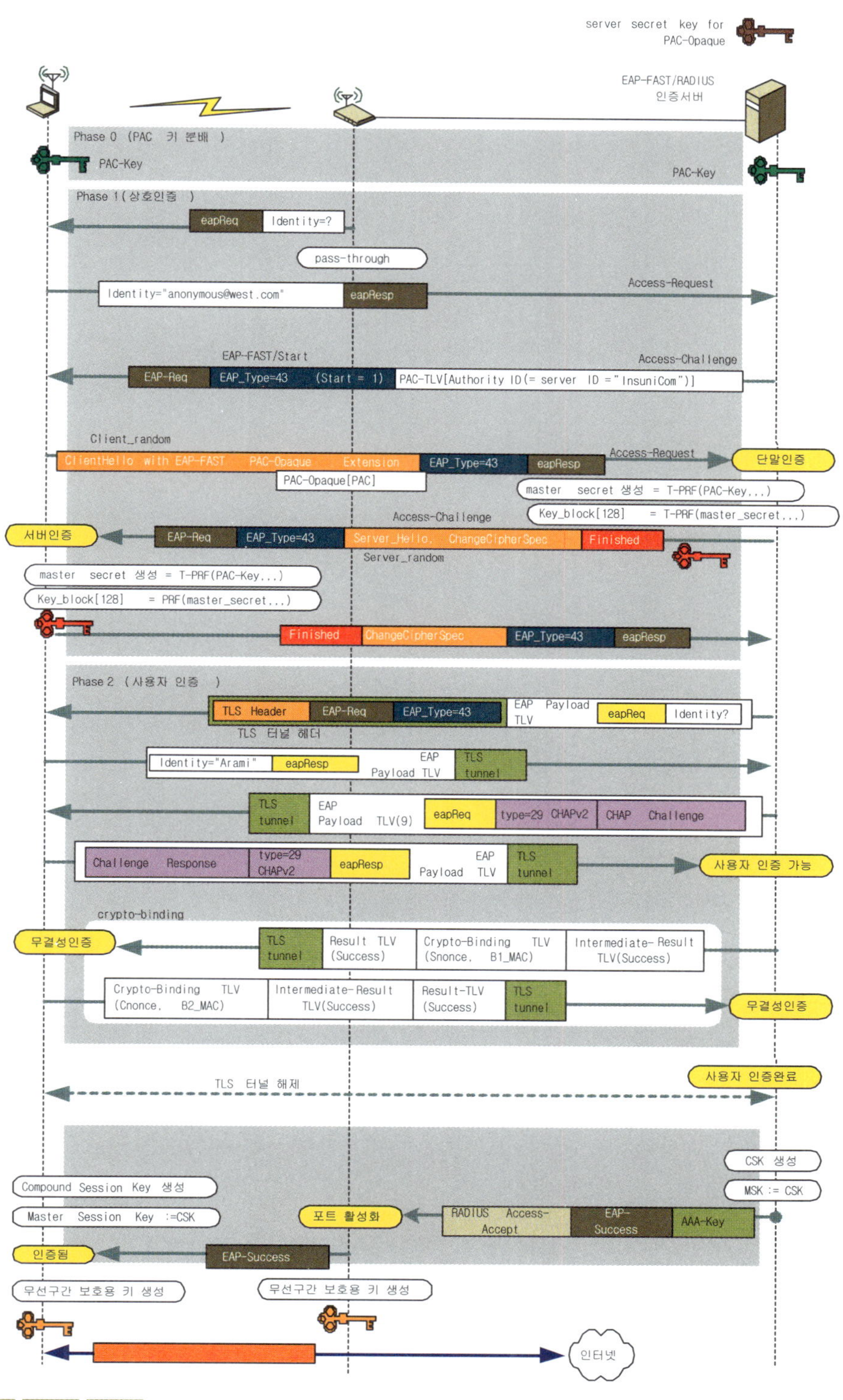

〈그림 14.32〉 EAP-FAST 동작절차 상세

14.11 윈도우 2003을 이용한 PEAP-MS-CHAPv2 실험환경

실험환경은 제 13 장의 EAP-TLS와 동일하다.

14.12 액티브 디렉터리와 인증서 서비스 설정

STEP 275 제 13 장 EAP_TLS의 실험에서와 같이 Arami, InsuniCom이 액티브 디렉터리에 등록되어 있는지 확인한다.

14.13 RADIUS 인증서버 설정

STEP 276 "인터넷 인증 서비스(로컬)"의, [원격 액세스 정책] 항목을 선택시 표시되는 오른쪽 창에 있는 기존 정책을 클릭한다. 우리는 기존 EAP-TLS 방식을 PEAP로 수정할 것이다.

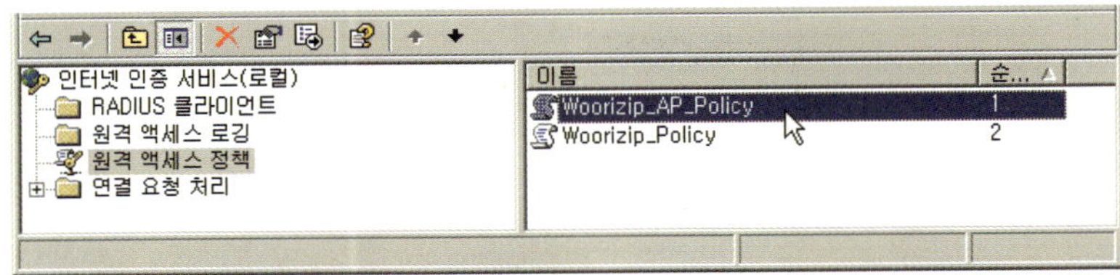

STEP 277 기존 정책의 내용이 표시되면, [프로필 편집]을 클릭한다.

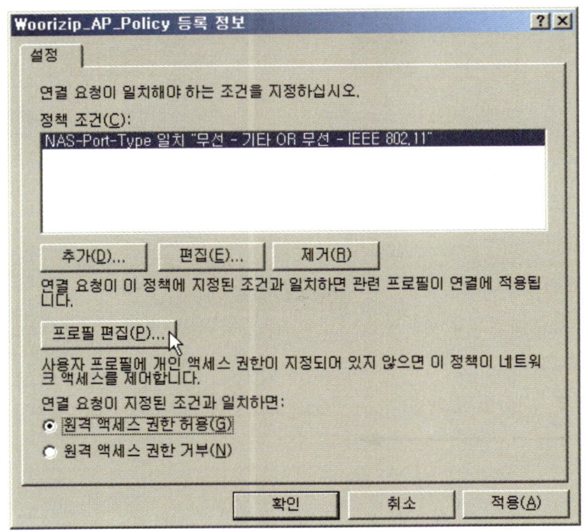

STEP 278 [인증] 탭에서, [EAP 방법]을 클릭한다.

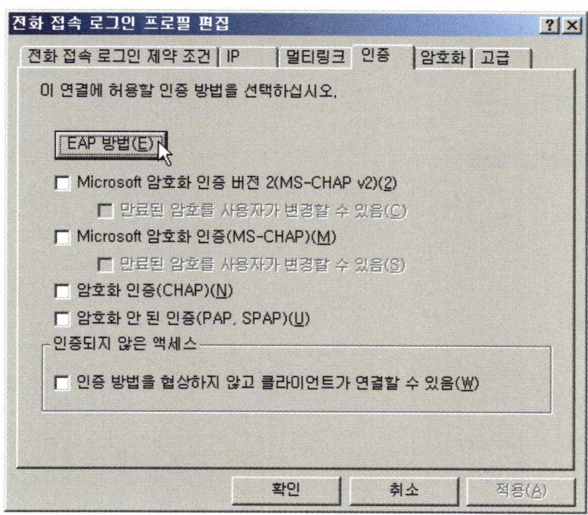

STEP 279 [EAP 공급자 선택] 창에 표시되는 기존 EAP-TLS용 EAP 종류인 "스마트카드 또는 기타 인증서"항목이
표시될 것이다. 이것을 [제거]한 후, 다시 [추가]를 클릭한다.

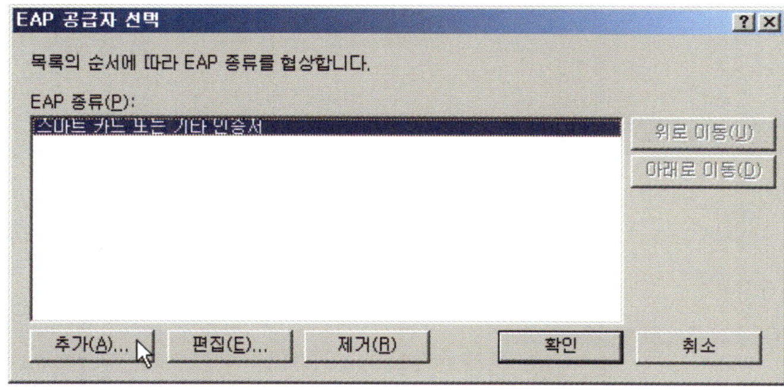

STEP 280 인증 방법으로 [PEAP]를 선택하고 [확인]을 클릭한다.

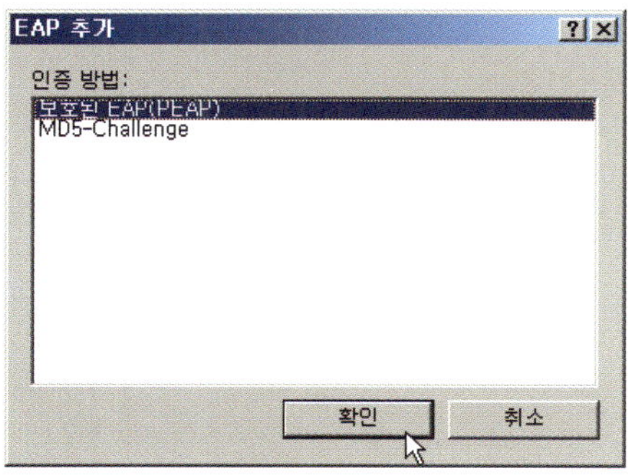

STEP 281 [EAP공급자 선택] 창에 표시된 "보호된 EAP(PEAP)"를 선택하고, [편집]을 클릭하여, 인증서 발급 대상과 EAP 종류를 확인한 후 [확인]을 클릭한다.

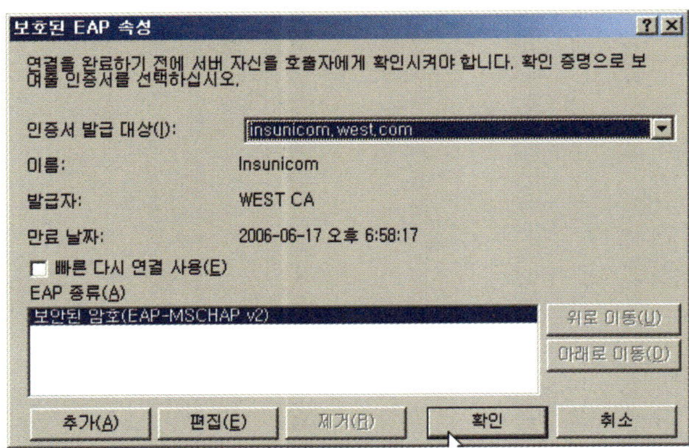

STEP 282 정책이 수정된 것을 확인한다.

14.14 단말 Arami의 설정

STEP 283 [무선 네트워크 연결]에서 마우스 오른쪽 버튼을 클릭하여 [사용할 수 있는 무선 네트워크 보기] 항목을 선택한다.

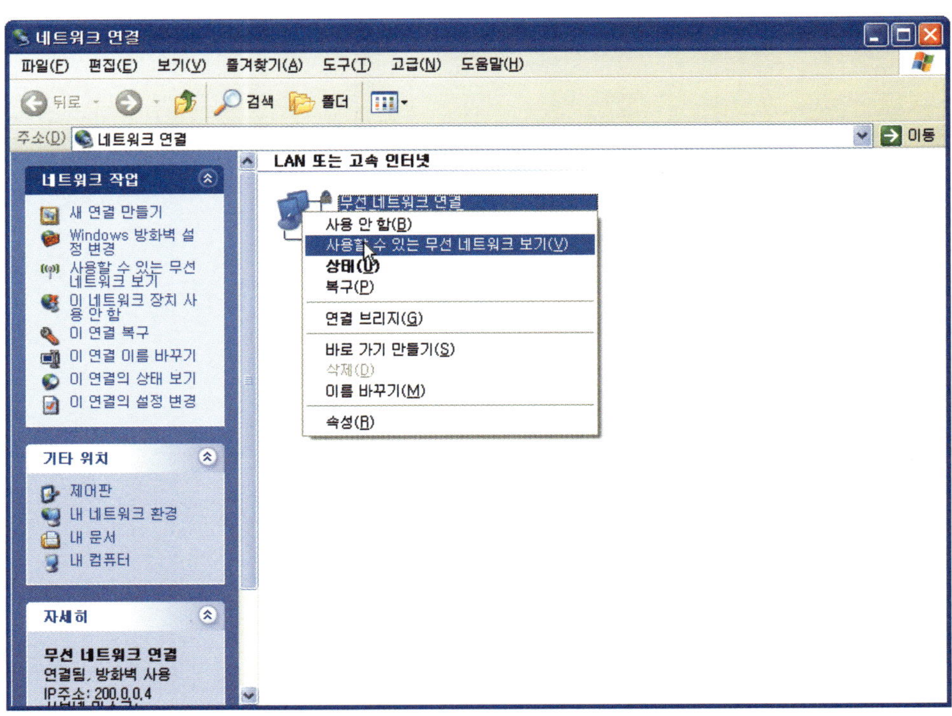

STEP 284 [Woorizip] 무선 네트워크를 선택하고 [고급 설정 변경] 항목을 선택한다.

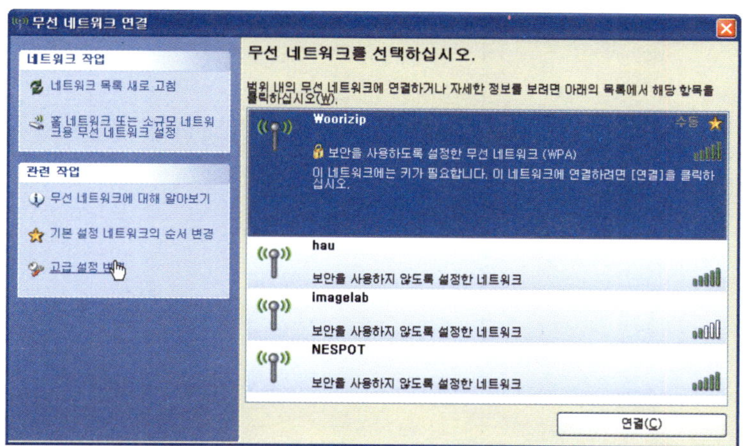

STEP 285 [무선 네트워크] 탭에서 [Woorizip]을 선택한 후 [속성]을 클릭한다.

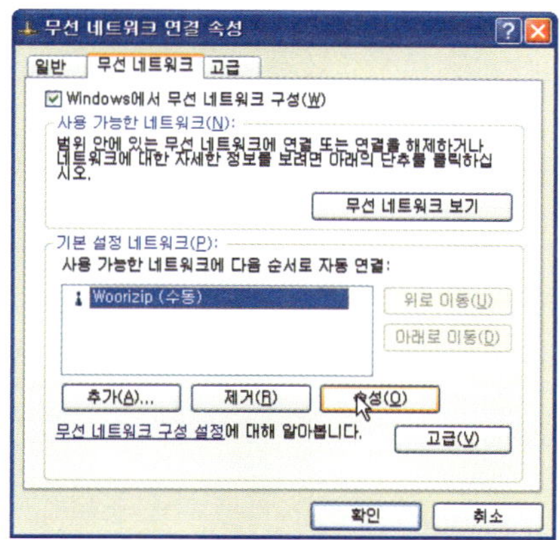

STEP 286 다음과 같이 [WPA], [TKIP] 로 설정되어 있는지 확인한다.

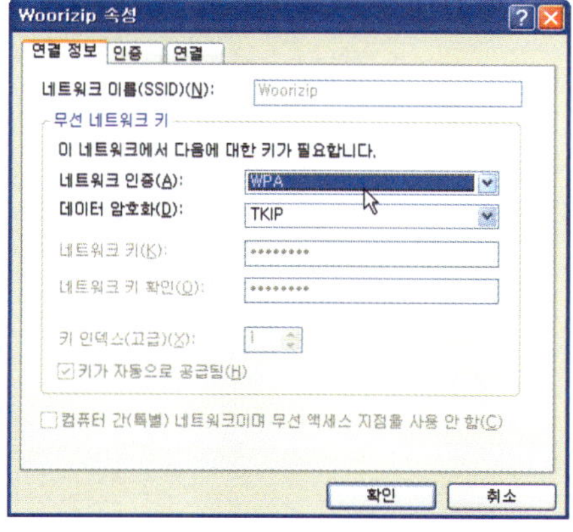

STEP 287 [인증] 탭으로 이동하여 [PEAP]를 선택한 후, [속성]을 클릭한다.

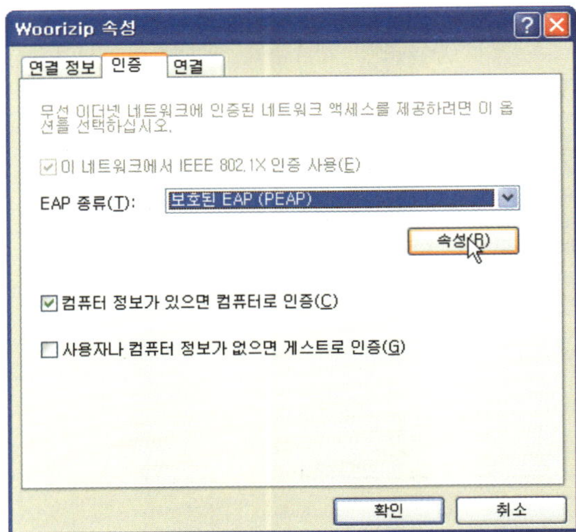

STEP 288 [보호된 EAP 속성] 창에서, 다음과 같이 [서버 인증서 유효성 확인]을 체크하고([다음 서버에 연결] 항목은 체크하지 않아도 된다) 루트 인증기관으로 [west CA]를 선택한다.

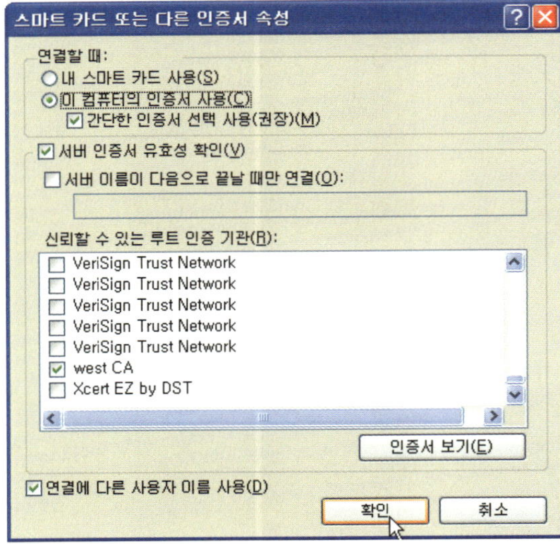

STEP 289 [무선 네트워크 연결] 창에서 [연결]을 클릭하여 연결을 시도한다.

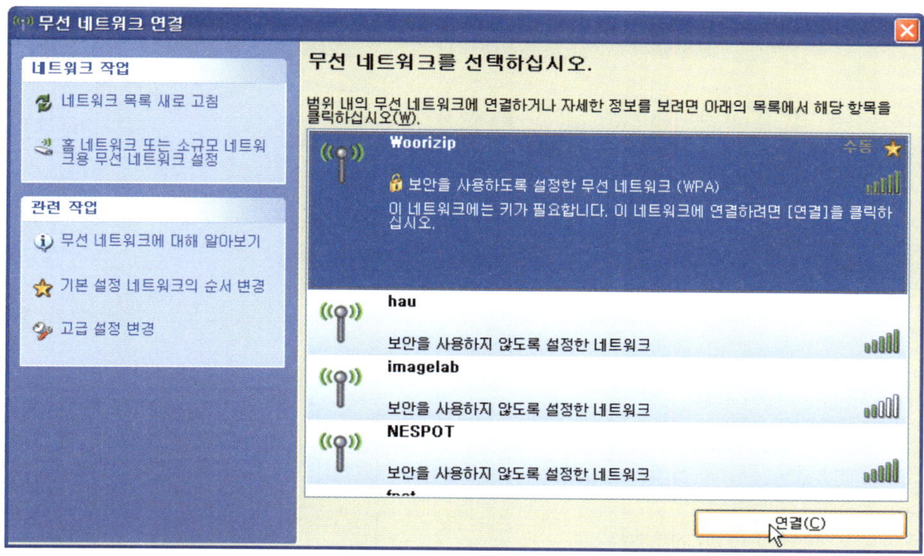

STEP 290 연결이 성공하면 [연결됨] 표시가 된다.

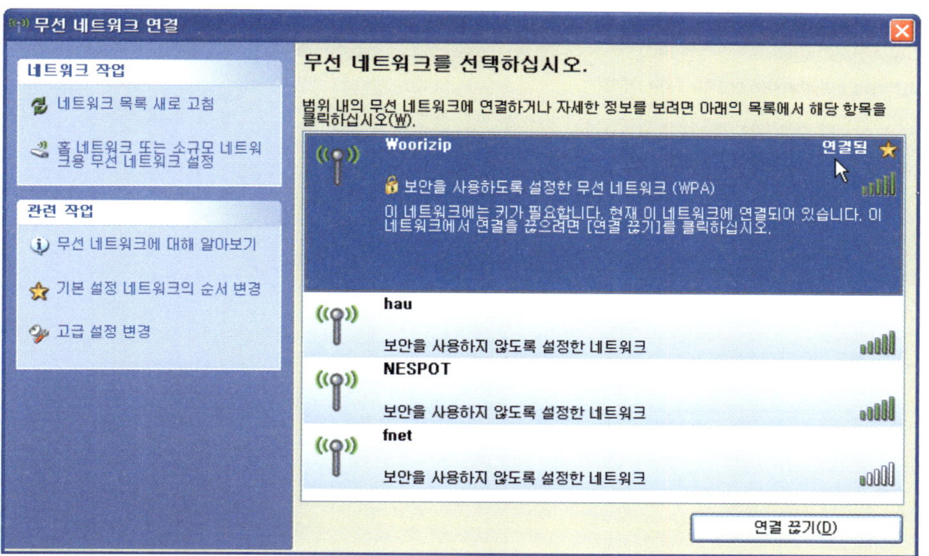

STEP 291 단말에서 외부망으로의 연결 여부를 ping을 이용하여 시험한다. 단말에서는 PPPoE 서버를 통하여 외부망의 웹 서버에 접속이 가능하게 됨을 알 수 있다.

14.15 패킷 분석

PEAP 인증절차에서 송수신되는 프레임의 상세는 다음과 같다.

① AP ➡ RADIUS Access-Req

이 패킷은 AP가 Arami로부터 수신한 EAP Identity 메시지를 RADIUS 패킷에 수납하여 인증서버에 전달하는 경우이다.

```
  802.3 MAC Header
  IP (AP → Insuni)
  UDP
  RADIUS
      RADIUS Header (Code=Access Request(1), Packet ID=0x0, Length=123)
      Authenticator[16] = FD94..7734
      User Name Attribute = Arami
      NAS IP Address Attribute = 200.0.0.3
      Called Station ID[14] = 1e0e 3030..6132
      Calling Station ID[14] = 1f0e 3030..6436
      NAS ID[14] = 200e 3030..6132
      NAS Port[6] (Value=61) = 0506 0000 003d
      Framed MTU = 1400 (0c06 0000 0578)
      NAS Port Type (value = 19 (WLAN)) = 3d06 0000 0013
      EAP Message Attribute(79)
          EAP
              Code=02 (Response)
              Identifier = 01
              Length[2] = 19
          EAP-Type=01 (Identity)
          Identity [14] = "Arami"
      EAP Message Authenticator(80)=5474..7F85
```



```
0000    00 0e 2e 3c 3a 37 00 13 10 41 e8 a0 08 00 45 00
0010    00 97 53 80 40 00 40 11 56 d0 c8 00 00 03 c8 00
0020    00 02 08 0d 07 14 00 83 b2 c5 01 00 00 7b fd 94
0030    65 f7 dc 3b ac cc 1e 90 4f ab de 6f 77 34 01 07
0040    41 72 61 6d 69 04 06 c8 00 00 03 1e 0e 30 30 31
0050    33 31 30 34 31 65 38 61 32 1f 0e 30 30 30 37 34
0060    30 63 34 65 66 64 36 20 0e 30 30 31 33 31 30 34
0070    31 65 38 61 32 05 06 00 00 00 3d 0c 06 00 00 05
0080    78 3d 06 00 00 00 13 4f 0c 02 01 00 0a 01 41 72
0090    61 6d 69 50 12 54 74 52 51 34 16 3c 2a 41 2e 1b
00a0    c2 56 66 7f 85
```

② RADIUS ➡ AP

이것에 대하여 Insuni 가 AP에게 RADIUS로 전달하는 PEAP Start 패킷은 다음과 같이, RADIUS 메시지의 Access-Challenge에 수납되어 AP로 전달되고, 이것은 다시 Arami에게 전달될 것이다.

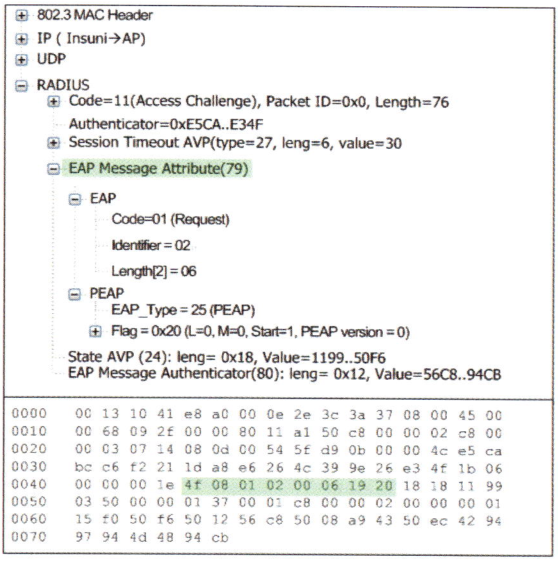

```
⊞ 802.3 MAC Header
⊞ IP ( Insuni→AP)
⊞ UDP
⊟ RADIUS
  ⊞ Code=11(Access Challenge), Packet ID=0x0, Length=76
    Authenticator=0xE5CA..E34F
  ⊞ Session Timeout AVP(type=27, leng=6, value=30
  ⊟ EAP Message Attribute(79)
    ⊟ EAP
        Code=01 (Request)
        Identifier = 02
        Length[2] = 06
    ⊟ PEAP
        EAP_Type = 25 (PEAP)
      ⊞ Flag = 0x20 (L=0, M=0, Start=1, PEAP version = 0)
    State AVP (24): leng= 0x18, Value=1199..50F6
    EAP Message Authenticator(80): leng= 0x12, Value=56C8..94CB
```

```
0000    0C 13 10 41 e8 a0 00 0e 2e 3c 3a 37 08 00 45 00
0010    00 68 09 2f 00 00 80 11 a1 50 c8 00 00 02 c8 00
0020    0C 03 07 14 08 0d 00 54 5f d9 0b 00 00 4c e5 ca
0030    bc c6 f2 21 1d a8 e6 26 4c 39 9e 26 e3 4f 1b 06
0040    00 00 00 1e 4f 08 01 02 00 06 19 20 18 18 11 99
0050    03 50 00 00 01 37 00 01 c8 00 00 02 00 00 00 01
0060    15 f0 50 f6 50 12 56 c8 50 08 a9 43 50 ec 42 94
0070    97 94 4d 48 94 cb
```

③ PEAP Start 메시지를 수신한 Arami는 PEAP 절차를 위하여, Client_Hello 메시지를 송신한다. 이 메시지에는 TLS 절차에서 사용되는 Client Hello 메시지와 내용이 동일하다. 자신이 지원 가능한 cipher_suite와 compression 방식을 client random값과 함께 서버에게 전송한다.

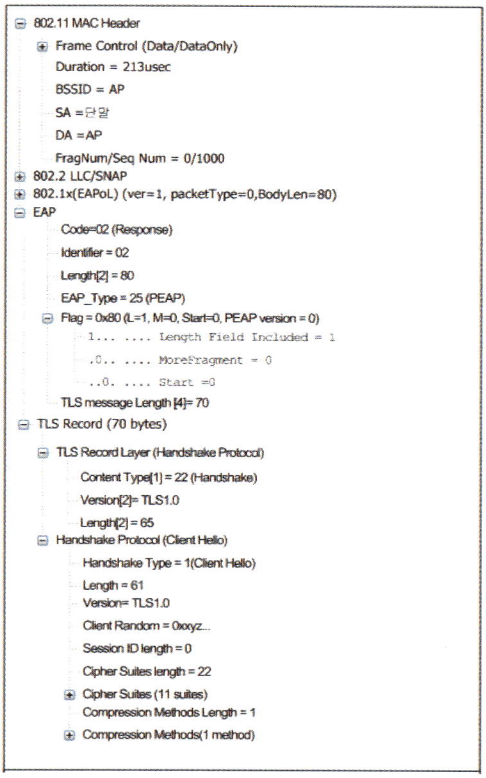

```
⊟ 802.11 MAC Header
  ⊞ Frame Control (Data/DataOnly)
    Duration = 213usec
    BSSID = AP
    SA =단말
    DA =AP
    FragNum/Seq Num = 0/1000
⊞ 802.2 LLC/SNAP
⊞ 802.1x(EAPoL) (ver=1, packetType=0,BodyLen=80)
⊟ EAP
    Code=02 (Response)
    Identifier = 02
    Length[2] = 80
    EAP_Type = 25 (PEAP)
  ⊟ Flag = 0x80 (L=1, M=0, Start=0, PEAP version = 0)
        1... .... Length Field Included = 1
        .0.. .... MoreFragment = 0
        ..0. .... Start =0
    TLS message Length [4]= 70
⊟ TLS Record (70 bytes)
  ⊟ TLS Record Layer (Handshake Protocol)
      Content Type[1] = 22 (Handshake)
      Version[2]= TLS1.0
      Length[2] = 65
  ⊟ Handshake Protocol (Client Hello)
      Handshake Type = 1(Client Hello)
      Length = 61
      Version= TLS1.0
      Client Random = 0xxyz...
      Session ID length = 0
      Cipher Suites length = 22
    ⊞ Cipher Suites (11 suites)
      Compression Methods Length = 1
    ⊞ Compression Methods(1 method)
```

```
⊞ 802.3 MAC Header
⊞ IP (AP → Insuni)
⊞ UDP
⊟ RADIUS
    ⊞ Attributes...
    ⊞ EAP Message Attribute(79) Length=0x52
        ⊟ EAP
              Code=02 (Response)
              Identifier = 02
              Length[2] = 80
        ⊟ EAP-TLS
              EAP_Type = 25 (PEAP)
          ⊞ Flag = 0x80 (L=1, M=0, Start=0, PEAP version = 0)
              TLS message Length [4]= 70
        ⊟ TLS Record (70 bytes)
          ⊟ TLS Record Layer (Handshake Protocol)
                Content Type[1] = 22 (Handshake)
                Version[2]= SSL3.1(=TLS1.0)
                Length[2] = 65
          ⊟ Handshake Protocol (Client Hello)
                Handshake Type = 1(Client Hello)
                Length = 61
                Version= TLS1.0
                Client Random = 0xxyz...
                Session ID length = 0
                Cipher Suites length = 22
            ⊞ Cipher Suites (11 suites)
                Compression Methods Length = 1
            ⊞ Compression Methods(1 method)
    ⊞ EAP Message Authenticator(80)[18] 5012..48f8

0090   02 00 00 00 01 15 f0 50 f6 3d 06 00 00 00 13 4f
00a0   52 02 02 00 50 19 80 00 00 00 46 16 03 01 00 41
00b0   01 00 00 3d 03 01 42 a6 de a8 5d c4 a4 b7 af 8a
00c0   94 a3 81 2e d3 53 ea 19 24 72 45 9d 1a 68 83 a3
00d0   e0 31 74 ef 5a c8 00 00 16 00 04 00 05 00 0a 00
00e0   09 00 64 00 62 00 03 00 06 00 13 00 12 00 63 01
00f0   00 50 12 7a 6e b0 39 6d 44 0f ac cf 6d e9 8f 6b
0100   90 48 f8
```

④ 서버는 Client Hello 메시지에 대하여 Server Hello, Server Certificate, Server Hello Done 메시지로 응답한다. 이러한 Record를 모두 송신하기 위하여 여러 개의 Access-Challenge RADIUS 메시지가 사용된다.

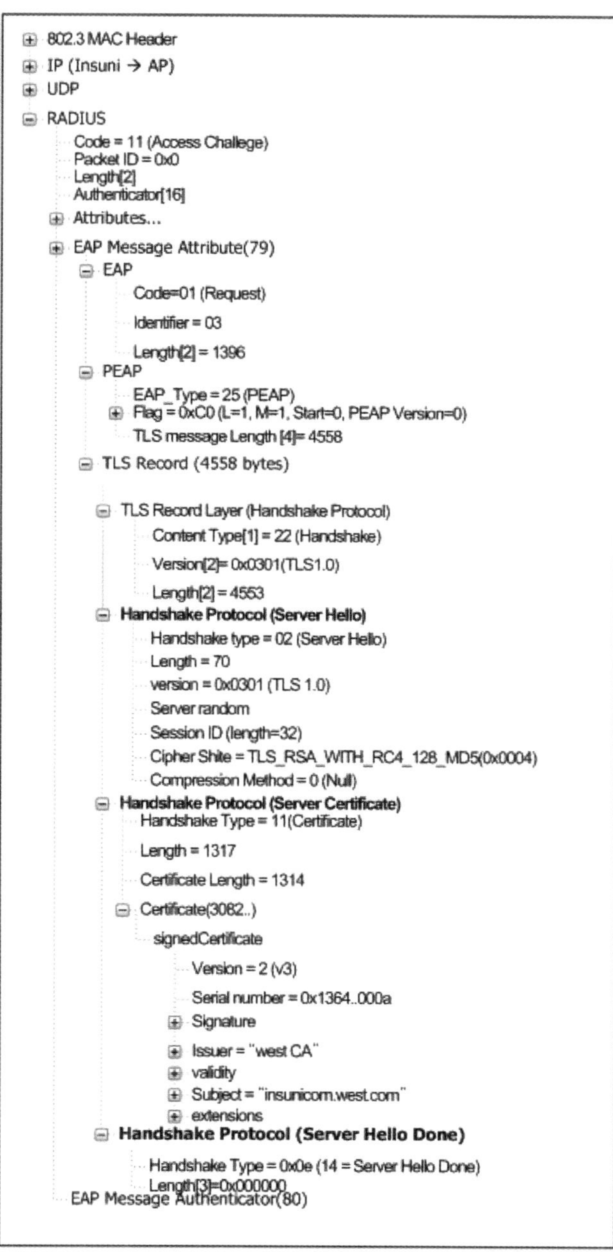

⑤ Arami는 자신의 인증서가 없이, premaster secret이 수납된 client key exchange, change cipher spec 및 암호화된 finished메시지를 서버에 전송한다. 이것도 하나의 RADIUS Access Request 메시지에 수납되어 전송된다.

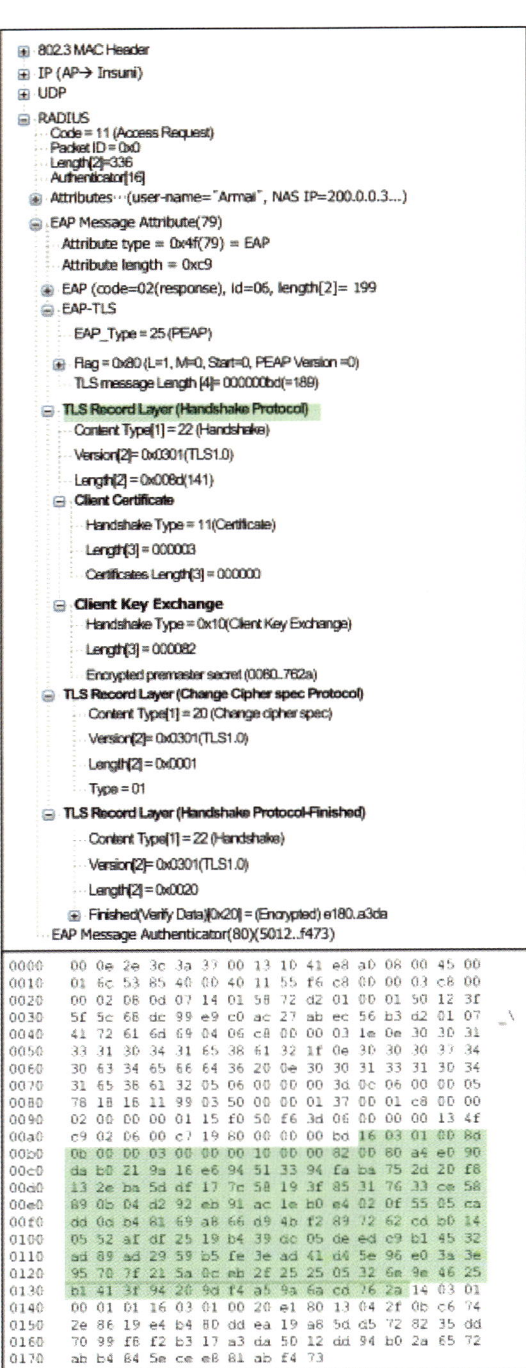

⑥ 서버는 Arami 사용자를 인증하면서, change cipher spec 및 암호화된 finished 메시지를 Arami에게 응답한다.

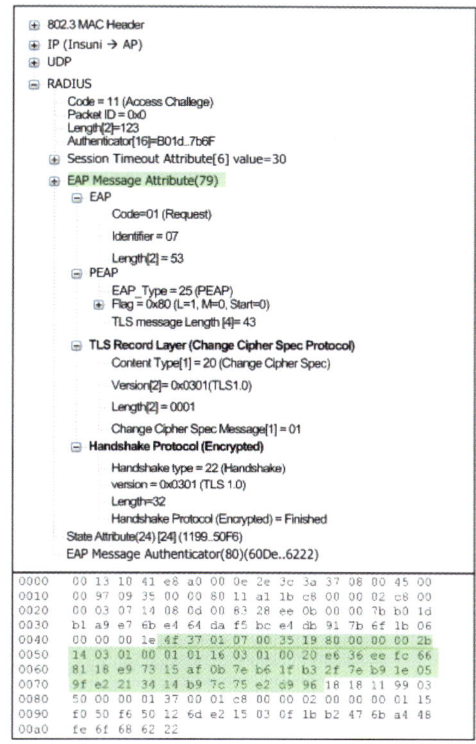

⑦ Arami는 이 메시지에 대하여, TLS 메시지가 비어 있는 PEAP ACK 메시지로 응답한다.

```
⊞ 802.3 MAC Header
⊞ IP (AP → Insuni)
⊞ UDP
⊟ RADIUS
    ⊞ RADIUS Header (Code=Access Request(1), Packet ID=0x0, Length=143)
      Authenticator[16]
      User Name Attribute = "Arami"
      NAS IP Address Attribute = 200.0.0.3
      Called Station ID[14]
      Calling Station ID[14]
      NAS ID[14]
      NAS Port[6] (Value=61)
      NAS Port Type (value = 19 (WLAN))
      Framed MTU = 1400
    ⊞ EAP Message Attribute(79)
      ⊟ EAP
            Code=02 (Response)
            Identifier = 07
            Length[2] =6
      ⊟ PEAP
            EAP_Type = 25 (PEAP)
          ⊞ Flag = 0x00 (L=0, M=0, Start=0) ← ACK
    ⊞ EAP Message Authenticator(80)

0000    00 0e 2e 3c 3a 37 00 13 10 41 e8 a0 08 00 45 00
0010    00 ab 53 86 40 00 40 11 56 b6 c8 00 00 03 c8 00
0020    00 02 08 0d 07 14 00 97 b1 6e 01 00 00 8f a4 6a
0030    06 e7 fd a5 32 e6 db 1c 72 a1 fb bc 36 da 01 07
0040    41 72 61 6d 69 04 06 c8 00 00 03 1e 0e 30 30 31
0050    33 31 30 34 31 65 38 61 32 1f 0e 30 30 30 37 34
0060    30 63 34 65 66 64 36 20 0e 30 30 31 33 31 30 34
0070    31 65 38 61 32 05 06 00 00 00 3d 0c 06 00 00 00 05
0080    78 18 18 11 99 03 50 00 00 01 37 00 01 c8 00 00
0090    02 00 00 00 01 15 f0 50 f6 3d 06 00 00 00 13 4f
00a0    08 02 07 00 06 19 00 50 12 30 4e 5d 29 a0 42 01
00b0    18 b4 98 8d e1 64 ba 3b 1b
```

⑧ 이렇게 설정된 TLS 터널상에서, 서버와 단말간에 Application Data를 가지고 내부 인증절차를 수행한다. 예를 들어, 서버가 전송하는 첫 번째 문장의 예는 다음과 같다(9번째 만에 인증된다).

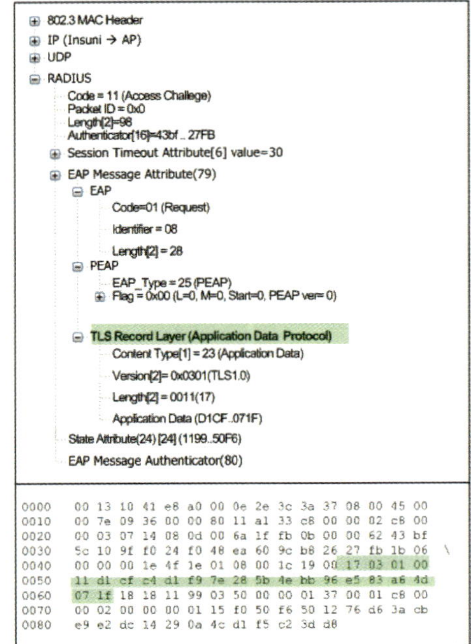

```
⊞ 802.3 MAC Header
⊞ IP (Insuni → AP)
⊞ UDP
⊟ RADIUS
      Code = 11 (Access Challege)
      Packet ID = 0x0
      Length[2]=98
      Authenticator[16]=43bf .. 27FB
    ⊞ Session Timeout Attribute[6] value=30
    ⊞ EAP Message Attribute(79)
      ⊟ EAP
            Code=01 (Request)
            Identifier = 08
            Length[2] = 28
      ⊟ PEAP
            EAP_Type = 25 (PEAP)
          ⊞ Flag = 0x00 (L=0, M=0, Start=0, PEAP ver= 0)

      ⊟ TLS Record Layer (Application Data Protocol)
            Content Type[1] = 23 (Application Data)
            Version[2]= 0x0301(TLS1.0)
            Length[2] = 0011(17)
            Application Data (D1CF..071F)
      State Attribute(24) [24] (1199..50F6)
      EAP Message Authenticator(80)

0000    00 13 10 41 e8 a0 00 0e 2e 3c 3a 37 08 00 45 00
0010    00 7e 09 36 00 00 80 11 a1 33 c8 00 00 02 c8 00
0020    00 03 07 14 08 0d 00 6a 1f fb 0b 00 00 62 43 bf
0030    5c 10 9f f0 24 f0 48 ea 60 9c b8 26 27 fb 1b 06   \
0040    00 00 00 1e 4f 1e 01 08 00 1c 19 00 17 03 01 00
0050    11 d1 cf c4 d1 f9 7e 28 5b 4e bb 96 e5 83 a6 4d
0060    07 1f 18 18 11 99 03 50 00 00 01 37 00 01 c8 00
0070    00 02 00 00 00 01 15 f0 50 f6 50 12 76 d6 3a cb
0080    e9 e2 dc 14 29 0a 4c d1 f5 c2 3d d8
```

⑨ 서버가 사용자를 인증할 수 있게 되면, EAPEAP Success와 AAA-Key를 수납한 MS-MPPE-Recv Key와 MS-MPPE-Send Key를 AP에 전달한다.

```
⊞ 802.3 MAC Header
⊞ IP (Insuni → AP)
⊞ UDP
⊟ RADIUS
    ⊞ Code=2(Access Accept), Pakcet ID = 0x0, Length=198
      Authenticator = 0x29ec..195f
    ⊞ EAP Message Attribute(79)
      ⊟ EAP
            Code=03 (Success)
            Identifier = 0c
            Length[2] = 4
⊞ Service Type AVP(6) : length=06, value[4] = 00000002 (Framed)
⊞ Vendor-specific AVP(26), length=12, Vendor=microsoft, MS CHAP Domain = "\ 001WES"
            AVP type = 0x1a(26, Vendor specific)
            AVP length = 0x0c(12)
            VendorID = 0x00000137 (Microsoft)
            Vendor Type = 0x0a(MS-CHAP-Domain)
            Vendor Length = 06
            Value= "\001WES"
⊞ Vendor-specific AVP(26), length=51, Vendor=microsoft, MS CHAP2 Success[51] = 0153..3946
            AVP type = 0x1a(26, Vendor specific)
            AVP length = 0x33(51)
            VendorID = 0x00000137 (Microsoft)
            Vendor Type = 0x1a(MS-CHAP2-Success)
            Vendor Length = 0x2d
            Value= 0153..3946
⊟ Vendor-specific AVP(26), length 58, Vendor = 311(microsoft), VendorType=0x10(MS-MPPE-Send-Key)
⊟ Vendor-specific AVP(26), length 58, Vendor = 311(microsoft),VendorType=0x10(MS-MPPE-Recv-Key)
⊞ Class AVP(25) 1:32, value = 41B0..006F
⊞ EAP Message Authenticator(80)
0030 : ..                                          4f 06
0040 : 03 0c 00 04 06 06 00 00 00 02 1a 0c 00 00 01 37
0050 : 0a 06 01 57 45 53 1a 33 00 00 01 37 1a 2d 01 53
0060 : 3d 45 41 42 35 32 43 41 37 42 33 37 36 46 32 30
0070 : 33 39 37 35 30 45 37 45 36 34 36 44 36 34 44 31
0080 : 30 38 44 30 45 34 39 39 46 1a 3a 00 00 01 37 10
0090 : ...
```

⑩ AP는 인증서버로부터 전달된 EAP-Success 메시지를 Arami에게 전달하고, AAA-Key를 설치한다.

567


```
⊟ 802.11 MAC Header
    ⊞ Frame Control (Data/DataOnly)
      Duration = 213usec
      DA = 단말
      BSSID =AP
      SA =AP
      FragNum/Seq Num = 0/xxx
⊞ 802.2 LLC/SNAP
⊞ 802.1x(EAPoL) (ver=1, packetType=0,BodyLen=4)
⊟ EAP
        Code=03 (Success)
        Identifier = 07
        Length = 0x0004
0000 : 08 02 02 01 00 07 40 C4 EF D6 00 00 F0 64 01 03
0010 : 00 00 F0 64 01 03 90 15 AA AA 03 00 00 00 88 8E
0020 : 01 00 00 04 03 07 00 04
```

⑪ 드디어, 단말과 AP간에는 TKIP로 암호화된 데이터 프레임들을 전송하게 된다.

연습 문제

[1] Crypto-binding 절차는 _____ 와 _____ 간에 수행된다.

    (a) 단말   (b) AP   (c) 인증서버

[2] Crypto-binding 메시지는 _____ 에 수납된다.

    (a) EAPoL-Key   (b) PEAP의 EAP-Payload TLV   (c) PEAP의 Crypto-binding TLV

[3] PEAP 절차를 순서대로 정렬하라.

    (a) 클라이언트는 PEAP 인증서버의 인증서로 서버를 인증한다.

    (b) TLS 채널 위에서, EAP 기반의 인증 방식 중 하나인 EAP-MS-CHAPv2 을 이용한 사용자 인증절차를 수행한다

    (c) AS ➜ 단말 : EAP-Request[Identity] 메시지를 송신한다.

    (d) 단말 ➜ AS : 자신의 이름이 들어 있는 EAP-Response[Identity="Arami"]를 전송한다.

    (e) AS ➜ 단말 : EAP-Request [EAP-MS-CHAPv2 Challenge] 메시지를 송신한다.

    (f) 단말 ➜ AS : EAP-Response [EAP-MS-CHAPv2 Response] 를 전송한다.

    (g) AS ➜ 단말 : EAP-Request [EAP-MS-CHAPv2 Success] 메시지를 송신한다.

    (h) 단말 ➜ AS : EAP-Response [EAP-MS-CHAPv2 Ack]로 응답한다.

    (i) AS ➜ 단말 : EAP-Success 메시지를 송신한다.

    (j) Crypto-binding절차를 수행한다.

    (k) AAA-Key가 전달된다.

[4] EAP-FAST에 대한 설명 중 틀린 것은?

    (a) 서버 인증서가 필요하다.   (b) PAC를 사용한다.

    (c) TLS 채널을 설정한다.   (d) 인증서버가 필요하다.

[5] PAC를 구성하는 요소가 아닌 것은 _____ 이다.

    (a) PAC-Key   (b) 서버의 키로 암호화된 PAC-Opaque

    (c) PAC-Info   (d) MSK

[6] PAC-Opaque를 구성하는 요소가 아닌 것은 _____ 이다.

    (a) PAC-Key   (b) User ID

    (c) PAC Key lifetime   (d) Authority ID

정답

[1] (a), (c), [2] (c), [4] (a), [5] (d), [6] (d)